Willems/Blank/Mohn

Elektro-Fachkunde 3
Nachrichtentechnik

Von Studiendirektor Helmuth Willems,
Oberstudienrat Dipl.-Phys. Dieter Blank
und Studiendirektor Hans Mohn, Essen

2., neubearbeitete und erweiterte Auflage

Mit 769 teils mehrfarbigen Bildern, 32 Tabellen,
135 Versuchen, 110 Beispielen und 588 Übungsaufgaben

B. G. Teubner Stuttgart 1988

Hinweise auf DIN-Normen in diesem Werk entsprechen dem Stand der Normung bei Abschluß des Manuskriptes. Maßgebend sind die jeweils neuesten Ausgaben der Normblätter des DIN Deutsches Institut für Normung e. V. im Format A4, die durch die Beuth-Verlag GmbH, Berlin und Köln zu beziehen sind. – Sinngemäß gilt das gleiche für alle in diesem Buch angezogenen amtlichen Richtlinien, Bestimmungen, Verordnungen usw.

CIP-Titelaufnahme der Deutschen Bibliothek
Willems, Helmuth:
Elektro-Fachkunde / von Helmuth Willems, Dieter Blank u. Hans Mohn. – Stuttgart: Teubner.
NE: Blank, Dieter:; Mohn, Hans:
3. Nachrichtentechnik. – 2., neubearb. u. erw. Aufl. – 1988
   ISBN 3-519-16807-3

Das Werk einschließlich aller seiner Teile ist urheberrechtlich geschützt. Jede Verwertung in anderen als den gesetzlich zugelassenen Fällen bedarf deshalb der vorherigen schriftlichen Einwilligung des Verlages.

© B. G. Teubner Stuttgart 1988
Printed in Germany

Gesamtherstellung: Passavia Druckerei GmbH Passau
Umschlaggestaltung: Peter Pfitz, Stuttgart

Vorwort

Dieser 3. Teil der Elektro-Fachkunde wendet sich an die Radio- und Fernsehtechniker sowie an die Informationselektroniker. Er schließt an die Grundlagen des 1. Teils an und berücksichtigt sowohl die Lehrpläne der berufsbildenden Schulen als auch die Ausbildungspläne des Handwerks. Darüber hinaus bietet das Buch Fachschülern und Teilnehmern an Meistervorbereitungskursen eine gründliche Einführung in die elektrischen und elektronischen Sachzusammenhänge der Nachrichtentechnik.

Zum besseren Verständnis gehen wir bei der Einführung in neue Teilgebiete nach Möglichkeit von Versuchen aus der Schulpraxis aus. Außerdem erleichtern Anknüpfungen an schon erarbeitete Erkenntnisse den Einstieg. Schaltbilder unterstützen das Verständnis, Merksätze und wichtige Erkenntnisse sind in farbigen Kästen hervorgehoben. Übungsaufgaben am Schluß der Abschnitte geben dem Schüler Gelegenheit, seine Lernerfolge zu prüfen und sich gezielt auf die Gesellenprüfung vorzubereiten. Viele Aufgaben sind an allgemein zugängliche Service-Unterlagen geknüpft und fördern so bewußt die Praxisnähe.

Neu aufgenommen haben wir in der 2. Auflage die Abschnitte 9 (Magnetische Bildaufzeichnung) und 10 (Digitaltechnik). Der jüngste Stand der Technik und Normung wurde berücksichtigt, Fehler haben wir verbessert.

Für Verbesserungsvorschläge und Anregungen aus der Lehr- und Lernpraxis sind Verfasser und Verlag stets dankbar.

Essen, Herbst 1987 H. Willems, D. Blank, H. Mohn

Inhalt

1	**Wechselstromtechnik**	1.1	Grundlagen der Wechselstromtechnik	11
		1.1.1	Periodische Spannungen und Ströme	11
		1.1.2	Frequenz und Wellenlänge	12
		1.1.3	Kenngrößen der Wechselspannung	13
		1.1.4	Zeigerdarstellung sinusförmiger Wechselgrößen	18
		1.1.5	Nichtsinusförmige Wechselgrößen	19
		1.2	Ohmscher Widerstand im Wechselstromkreis	24
		1.2.1	Phasenverschiebung zwischen Spannung und Strom	24
		1.2.2	Wechselstromleistung bei Belastung durch einen Ohmschen Widerstand	26
			Übungsaufgaben zu Abschnitt 1.1 und 1.2	28
		1.3	Kondensator im Wechselstromkreis	29
		1.3.1	Kapazitiver Widerstand	29
		1.3.2	Phasenverschiebung zwischen Spannung und Strom im Kondensatorstromkreis	32
		1.3.3	Wechselstromleistung bei kapazitiver Belastung	33
		1.4	Spule im Wechselstromkreis	35
		1.4.1	Induktiver Widerstand	35
		1.4.2	Phasenverschiebung zwischen Spannung und Strom im Spulenstromkreis	37
		1.4.3	Wechselstromleistung bei induktiver Belastung	39
			Übungsaufgaben zu Abschnitt 1.3 und 1.4	42
		1.5	Zusammengesetzter Wechselstromkreis	43
		1.5.1	Reihenschaltungen	43
		1.5.1.1	Reihenschaltung aus Ohmschem Widerstand und Kondensator (RC-Schaltung)	43
		1.5.1.2	Reihenschaltung aus Ohmschem Widerstand und Spule (RL-Schaltung)	47
		1.5.1.3	Reihenschaltung aus Ohmschem Widerstand, Kondensator und Spule (RCL-Schaltung)	48
		1.5.2	Parallelschaltungen	51
		1.5.2.1	Parallelschaltung aus Ohmschem Widerstand und Kondensator (RC-Schaltung)	51
		1.5.2.2	Parallelschaltung aus Ohmschem Widerstand und Spule (RL-Schaltung)	54
		1.5.2.3	Parallelschaltung aus Ohmschem Widerstand, Kondensator und Spule (RCL-Schaltung)	56
		1.5.3	Schwingkreise	57
		1.5.3.1	Reihenschwingkreis	60
		1.5.3.2	Parallelschwingkreis	63
		1.5.4	Hoch- und Tiefpässe	69
		1.5.4.1	Hoch- und Tiefpässe mit RC-Schaltungen	69
		1.5.4.2	RC-Tiefpaß als Integrierglied	72
		1.5.4.3	RC-Hochpaß als Differenzierglied	74
		1.5.4.4	Hoch- und Tiefpässe mit RL-Schaltungen	75
		1.5.4.5	RL-Hochpaß als Integrierglied	77
		1.5.4.6	RL-Tiefpaß als Differenzierglied	77

1	Wechselstromtechnik, Fortsetzung	1.5.4.7	LC-Hoch- und -Tiefpässe	77
		1.5.4.8	LC-Bandpässe	78
		1.5.5	Bandfilter	79
		1.6	Transformator und Übertrager	82
		1.6.1	Unbelasteter Transformator	83
		1.6.2	Belasteter Transformator	84
			Übungsaufgaben zu Abschnitt 1.5 und 1.6	87
2	Bauelemente der Elektronik	2.1	Stromleitung in Halbleitern	88
		2.1.1	Eigenschaften der Halbleiterwerkstoffe	88
		2.1.2	Eigenleitung	89
		2.1.3	Störstellenleitung	91
		2.2	Stromrichtungsunabhängige Halbleiter (Volumenhalbleiter)	92
		2.2.1	Heißleiter (NTC-Widerstände)	92
		2.2.2	Kaltleiter (PTC-Widerstände)	94
		2.2.3	Spannungsabhängige Widerstände (VDR)	95
		2.2.4	Lichtabhängige Widerstände (LDR)	96
		2.2.5	Feldplatten und Hallgeneratoren	98
			Übungsaufgaben zu Abschnitt 2.1 und 2.2	100
		2.3	Halbleiterdioden und ihre Anwendungen	100
		2.3.1	PN-Übergang	100
		2.3.2	Kennlinien und Kennwerte von Silizium- und Germaniumdioden	103
			Übungsaufgaben zu Abschnitt 2.3.1 und 2.3.2	106
		2.3.3	Gleichrichterschaltungen	107
		2.3.3.1	Einweggleichrichter (E-Schaltung)	107
		2.3.3.2	Zweiweggleichrichter	107
		2.3.3.3	Gleichrichterschaltungen mit Ladekondensator	109
		2.3.4	Spannungsverdoppler- und Vervielfacherschaltungen	111
		2.3.5	Diode als Schalter, Klemmschaltung	114
			Übungsaufgaben zu Abschnitt 2.3.3 bis 2.3.5	116
		2.3.6	Z-Dioden	116
		2.3.7	Schaltungen mit Z-Dioden	118
			Übungsaufgaben zu Abschnitt 2.3.6 und 2.3.7	120
		2.3.8	Halbleiterdioden mit speziellen HF-Eigenschaften	120
		2.3.9	Foto- und Lumineszenzdioden	122
			Übungsaufgaben zu Abschnitt 2.3.8 und 2.3.9	125
		2.4	Bipolare Transistoren	126
		2.4.1	Aufbau und Wirkungsweise	126
		2.4.2	Transistor als Analogverstärker	129
			Übungsaufgaben zu Abschnitt 2.4.1 und 2.4.2	133
		2.4.3	Transistorkennlinien und -kennwerte	133
		2.4.3.1	Eingangskennlinie	133
		2.4.3.2	Ausgangskennlinienfeld, I_B als Parameter	134
		2.4.3.3	Stromsteuerkennlinie	136
		2.4.3.4	Transistor als Vierpol	138
			Übungsaufgaben zu Abschnitt 2.4.3	140
		2.4.4	Verstärkungsermittlung in der Emitterschaltung	140

2	**Bauelemente der Elektronik, Fortsetzung**	2.4.4.1	Verstärkungsermittlung im Mehrquadranten-Kennlinienfeld 140
		2.4.4.2	Verstärkungsberechnung bei Kleinsignalverstärkung 146
			Übungsaufgaben zu Abschnitt 2.4.4 149
		2.4.5	Arbeitspunktstabilisierung 149
		2.4.6	Transistorgrundschaltungen 152
		2.4.6.1	Basisschaltung 153
		2.4.6.2	Kollektorschaltung (Emitterfolger) 155
			Übungsaufgaben zu Abschnitt 2.4.5 und 2.4.6 158
		2.4.7	Gegenkopplung, Verzerrung, Klirrfaktor 158
		2.4.7.1	Gegenkopplung 158
		2.4.7.2	Verzerrung 162
		2.4.8	Grenzwerte, Wärmeableitung 164
			Übungsaufgaben zu Abschnitt 2.4.7 und 2.4.8 168
		2.5	Feldeffekttransistoren 169
		2.5.1	Transistorarten 169
		2.5.2	Sperrschicht-FET 170
		2.5.3	FET-Analogverstärker 173
		2.5.4	Isolierschicht-FET (Verarmungstyp) 173
		2.5.5	Isolierschicht-FET (Anreicherungstyp) 180
			Übungsaufgaben zu Abschnitt 2.5 182
		2.6	Thyristoren und Triggerbauelemente 183
		2.6.1	Thyristor und TRIAC 183
		2.6.2	Triggerbauelemente 187
			Übungsaufgaben zu Abschnitt 2.6 190
		2.7	Elektronen- und Elektronenstrahlröhren 191
		2.7.1	Diode, Triode, Pentode 191
		2.7.2	Aufbau von Elektronenstrahlröhren 194
		2.7.3	Schwarzweiß-Bildröhre 198
		2.7.4	In-line-Farbbildröhre 199
		2.7.5	Lochmasken-Farbbildröhre (Delta-Röhre) 201
		2.7.6	Trinitron-Bildröhre 202
			Übungsaufgaben zu Abschnitt 2.7 204
3	**Grundschaltungen der Elektronik**	3.1	Kopplung von Transistorstufen 205
		3.1.1	Gesamtverstärkung und Anpassung 205
		3.1.2	RC-Kopplung 206
		3.1.3	Transformatorkopplung 207
		3.1.4	Gleichstromkopplung 207
		3.1.5	Verstärker mit gemeinsamer Arbeitspunktstabilisierung 209
		3.1.6	Darlington-Verstärker 210
		3.1.7	Kaskode-Schaltung 211
			Übungsaufgaben zu Abschnitt 3.1 212
		3.2	NF-Leistungsverstärker 213
		3.2.1	Eintakt-A-Verstärker 213
		3.2.2	Gegentaktverstärker mit Ausgangsübertrager (Parallel-Gegentaktverstärker) 215
		3.2.3	Serien-Gegentaktverstärker 217
			Übungsaufgaben zu Abschnitt 3.2 223

3	**Grundschaltungen**	3.3 Differenz- und Operationsverstärker	224
	der Elektronik,	3.3.1 Differenzverstärker	224
	Fortsetzung	Übungsaufgaben zu Abschnitt 3.3.1	228
		3.3.2 Operationsverstärker	228
		3.3.2.1 Begriff, Ein- und Ausgänge, Innenschaltung	228
		3.3.2.2 Kenndaten	230
		3.3.3 Invertierender gegengekoppelter Verstärker	234
		3.3.4 Nichtinvertierender gegengekoppelter Verstärker	236
		3.3.5 Integrierer	239
		3.3.6 Differenzierer	240
		Übungsaufgaben zu Abschnitt 3.3.2 bis 3.3.6	241
		3.4 Hochfrequenzverstärker	242
		3.4.1 Transistorkapazitäten, Rauschen	243
		3.4.2 Selektive Hochfrequenzverstärker	246
		3.4.3 Breitbandverstärker	249
		Übungsaufgaben zu Abschnitt 3.4	251
		3.5 Sinusoszillatoren	252
		3.5.1 LC-Oscillatoren	252
		3.5.1.1 Meißner-Oszillator	252
		3.5.1.2 Induktive Dreipunktschaltung (Hartley-Oszillator)	255
		3.5.1.3 Kapazitive Dreipunktschaltung (Colpitts-Oszillator)	255
		3.5.1.4 Quarzoszillatoren	257
		3.5.2 RC-Oszillatoren	258
		3.5.2.1 Phasenschieber-Generator	258
		3.5.2.2 Wien-Brückengenerator	259
		Übungsaufgaben zu Abschnitt 3.5.1 und 3.5.2	260
		3.6 Spannungsgeregelte Netzgeräte	261
		3.6.1 Stabilisierungsarten	261
		3.6.2 Serienstabilisierte Netzgeräte	262
		3.6.3 Elektronische Sicherung und Strombegrenzung	266
		3.6.4 Grundbegriffe des Regelkreises	268
		3.6.5 Operationsverstärker als Spannungsregler	270
		3.6.6 Spannungswandler	271
		Übungsaufgaben zu Abschnitt 3.6	273
		3.7 Transistor als Schalter	274
		3.7.1 Grundlagen des Schaltbetriebs	274
		3.7.2 Schaltverhalten	275
		3.7.3 Anwendungen des Transistors als Schalter	276
		3.7.3.1 Impulsformer (Schmitt-Trigger)	276
		3.7.3.2 Bistabiler Multivibrator (Flipflop)	278
		3.7.3.3 Monostabiler Multivibrator (Monoflop, Zeitglied)	280
		Übungsaufgaben zu Abschnitt 3.7	282
		3.8 Halbleitertechnologie	283
		3.8.1 Transistortechnologie	283
		3.8.2 Integrierte Halbleiterschaltungen	286
		3.8.2.1 Monolithisch integrierte Schaltungen	286
		3.8.2.2 Schichttechnologien	289
		Übungsaufgaben zu Abschnitt 3.8	290

4	**Grundlagen der Übertragungstechnik**	4.1	Dämpfung und Pegel	291
		4.2	Wellenwiderstand	294
		4.3	Rauschen	296
			Übungsaufgaben zu Abschnitt 4.1 bis 4.3	297
		4.4	Grundlagen der Akustik	298
			Übungsaufgaben zu Abschnitt 4.4	301
		4.5	Elektroakustische Umsetzer	302
		4.5.1	Mikrofon	302
		4.5.2	Lautsprecher	314
		4.5.3	Tonabnehmer, Verzögerungsleitungen	325
			Übungsaufgaben zu Abschnitt 4.5	327
		4.6	Modulation der Trägerwellen	328
		4.6.1	Überlagerung	328
		4.6.2	Amplitudenmodulation (AM)	329
		4.6.3	Frequenzmodulation (FM)	334
			Übungsaufgaben zu Abschnitt 4.6	337
		4.7	Abstrahlung und Ausbreitung elektromagnetischer Wellen	338
		4.7.1	Sendeantennen	338
		4.7.2	Ausbreitung der modulierten Trägerwellen	339
		4.7.3	Empfangsantennen	341
		4.7.4	VDE-Sicherheitsbestimmungen für Antennenanlagen	347
			Übungsaufgaben zu Abschnitt 4.7	348
5	**Rundfunkempfänger**	5.1	Grundlagen der Rundfunkempfangstechnik	349
			Übungsaufgaben zu Abschnitt 5.1	352
		5.2	Überlagerungsempfänger (Super)	353
		5.2.1	Antennenkopplung und HF-Eingangsstufe	356
		5.2.2	Misch- und Oszillatorstufe	364
			Übungsaufgaben zu Abschnitt 5.2.1 und 5.2.2	373
		5.2.3	Zwischenfrequenzverstärker (ZF-Verstärker)	374
		5.2.4	Demodulatoren für AM und FM	377
			Übungsaufgaben zu Abschnitt 5.2.3 und 5.2.4	384
		5.2.5	Automatische Verstärkungsregelung (AVR) und automatische Scharfabstimmung (AFC)	385
		5.2.6	NF-Vorstufe	390
		5.2.7	NF-Endstufe	393
			Übungsaufgaben zu Abschnitt 5.2.5 bis 5.2.7	395
		5.3	Rundfunkstereofonie	395
		5.3.1	Grundlagen stereofoner Übertragung	395
		5.3.2	Multiplexsignal	396
		5.3.3	Stereo-Decoder	399
			Übungsaufgaben zu Abschnitt 5.3	402
6	**Magnetische Schallaufzeichnung**	6.1	Grundlagen der Magnetbandtechnik	403
		6.2	Aufbau von Tonbandgeräten	404
		6.3	Aufnehmen und Löschen	407
		6.4	Wiedergabe, Bandsorten und Spieldauer	409
		6.5	Moderne Aufnahme- und Wiedergabeverfahren	410
			Übungsaufgaben zu Abschnitt 6	412

7	Schwarzweiß-Fernsehtechnik	7.1	Grundlagen der Bildübertragung 413
		7.1.1	Fernsehnormen, BAS-Signal 416
		7.1.2	Bildaufnahmeröhren und Fernsehsender 420
			Übungsaufgaben zu Abschnitt 7.1 423
		7.2	Videoteil und Tonteil des Fernsehempfängers 424
		7.2.1	Kanalwähler (Tuner) 425
		7.2.2	Bild-ZF-Verstärker 430
		7.2.3	Videogleichrichter und Videoverstärker 434
			Übungsaufgaben zu Abschnitt 7.2.1 bis 7.2.3 438
		7.2.4	Ankopplung der Bildröhre 439
		7.2.5	Automatische Verstärkungsregelung (AVR) 442
		7.2.6	Tonteil 446
			Übungsaufgaben zu Abschnitt 7.2.4 bis 7.2.6 447
		7.3	Erzeugung des Rasters 449
		7.3.1	Impulsabtrennstufe (Amplitudensieb) 449
		7.3.2	Ablenkgenerator (Bild- und Zeilenoszillator) 452
			Übungsaufgaben zu Abschnitt 7.3.1 und 7.3.2 459
		7.3.3	Vertikalablenkung (Bildkipp-Endstufe) 460
			Übungsaufgaben zu Abschnitt 7.3.3 469
		7.3.4	Horizontalablenkung (Zeilen-Endstufe) 463
		7.4	Netzgeräte 470
			Übungsaufgaben zu Abschnitt 7.4 472
8	Farbfernsehtechnik	8.1	Grundlagen der Farbübertragung 473
		8.1.1	Farbmetrik 474
			Übungsaufgaben zu Abschnitt 8.1.1 477
		8.1.2	Normen, Farbartsignal, FBAS-Signal, Farbhilfsträger 477
		8.1.3	PAL-System, Farbfernsehsender 484
			Übungsaufgaben zu Abschnitt 8.1.2 und 8.1.3 486
		8.2	PAL-Farbfernsehempfänger 486
		8.2.1	Blockschaltplan eines Farbfernsehempfängers 486
		8.2.2	Tuner, ZF-Verstärker, Video- und Ton-Demulator 488
		8.2.3	Y-Verstärker und Leuchtdichte-Endstufe 490
			Übungsaufgaben zu Abschnitt 8.2.1 bis 8.2.3 494
		8.2.4	Farb-ZF-Verstärker (Farbartverstärker, Chrominanzverstärker) 495
		8.2.5	PAL-Laufzeitdecoder (Ultraschall-Verzögerungsleitung) 499
			Übungsaufgaben zu Abschnitt 8.2.4 und 8.2.5 502
		8.2.6	Synchrondemulatoren und PAL-Schalter 502
		8.2.7	Farbträgeraufbereitung 505
			Übungsaufgaben zu Abschnitt 8.2.6 und 8.2.7 510
		8.2.8	Ansteuerung der Farbbildröhre 511
			Übungsaufgaben zu Abschnitt 8.2.8 517
		8.2.9	Farbtestbild 518
9	Magnetische Bildaufzeichnung	9.1	Grundlagen 520
		9.2	Vergleich der Aufzeichnungssysteme 524
		9.3	Blockschaltplan eines Videorecorders 526

9	Magnetische Bildaufzeichnung, Fortsetzung	9.4	528
		Aufzeichnung des Videosignals	
		9.4.1 Aufnahme des Helligkeitssignals	528
		9.4.2 Aufnahme des Farbartsignals	530
		9.4.3 Wiedergabe des Videosignals	531
		9.5 Tonverarbeitung	533
		9.6 Servoregelung	534
		9.6.1 Kopftrommelservo	535
		9.6.2 Capstanservo	536
10	Digitaltechnik	10.1 Zahlensysteme	538
		10.1.1 Dezimalzahlensystem	538
		10.1.2 Dualzahlensysteme	539
		10.1.3 Oktal- und Sedezimalsystem	541
		10.1.4 Codierung	544
		10.2 Rechnen im Dualzahlensystem	547
		10.2.1 Addition	548
		10.2.2 Substraktion	549
		10.2.3 Multiplikation	552
		10.2.4 Division	552
		Übungsaufgaben zu Abschnitt 10.1 und 10.2	554
		10.3 Mathematische Grundlagen der Digitaltechnik	554
		10.3.1 Binäre Funktionen	554
		10.3.2 Normalform binärer Funktionen	556
		10.3.3 Gesetze der Schaltalgebra	557
		10.4 Vereinfachen von Funktionen	563
		10.4.1 Rechnerisches Verfahren	563
		10.4.2 Quine-McCluskey-Verfahren	564
		10.4.3 Grafisches Verfahren nach Karnaugh-Veitch (KV-Tafeln)	567
		Übungsaufgaben zu Abschnitt 10.3 und 10.4	569
		10.5 Logische Schaltungen	570
		10.5.1 Diodenschaltungen	570
		10.5.2 Dioden-Transistor-Schaltungen	572
		10.5.3 Transistor-Transistor-Schaltungen	574
		10.5.4 Untersuchung von Schaltungen	576
		10.5.5 Entwurf von Schaltungen	578
		10.6 Kippschaltungen, Speicherglieder	581
		10.6.1 Bistabile Kippstufen (Flipflops)	581
		10.6.2 Monostabile Kippstufen (Monoflops)	586
		10.6.3 Astabile Kippstufen (Multivibratoren)	587
		Übungsaufgaben zu Abschnitt 10.5 und 10.6	588
		10.7 Einfache Zählschaltungen (Register)	589
		10.7.1 Zähler	589
		10.7.2 Register	593
		10.8 Einfache Rechenschaltungen	595
		Übungsaufgaben zu Abschnitt 10.7 und 10.8	597
		10.9 PLL-Kreis	597

Sachwortverzeichnis   603

Bildquellenverzeichnis   612

1 Wechselstromtechnik

In elektronischen Geräten werden außer Widerständen noch andere passive Bauelemente verwendet (z. B. Kondensatoren und Spulen). Im Gegensatz zu den Ohmschen Widerständen verhalten sie sich im Wechselstromkreis anders als im Gleichstromkreis.

1.1 Grundlagen der Wechselstromtechnik

1.1.1 Periodische Spannungen und Ströme

Gleichstrom. Die Strom- und Spannungsarten unterscheiden sich durch den zeitabhängigen Verlauf. Ändert sich der Strom in einem betrachteten Zeitraum (t_1 bis t_2 im Bild **1.**1 a) nicht, spricht man von Gleichstrom konstanter Stärke. Dieser tritt auf bei der Stromversorgung von Verstärkern, Rundfunk- und Fernsehempfängern.

Wechselstrom. In der Rundfunktechnik überwiegen die Wechselgrößen, in der Fernsehtechnik kommen Signale mit impulsförmigem Verlauf hinzu. Man spricht von Wechselstrom, wenn in einem betrachteten Zeitraum die Elektrizitätsmenge (Anzahl der Elektronen), die sich in einer Richtung bewegt, gleich der Menge ist, die in entgegengesetzter Richtung fließt (**1.**1 b).

Sprungstrom tritt in der Fernsehtechnik häufig als Folge einer plötzlichen Spannungsänderung auf. Von Sprungstrom spricht man, wenn ein Strom vor einem betrachteten Zeitpunkt einen konstanten Wert und nach diesem Zeitpunkt einen anderen konstanten Wert hat (**1.**1 c).

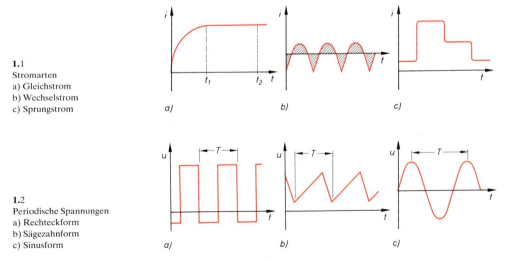

1.1 Stromarten
a) Gleichstrom
b) Wechselstrom
c) Sprungstrom

1.2 Periodische Spannungen
a) Rechteckform
b) Sägezahnform
c) Sinusform

Periodendauer. Die meisten in der Rundfunk- und Fernsehtechnik vorkommenden Ströme und Spannungen haben einen periodischen Verlauf. Charakteristisch für einen periodischen Strom ist, daß sich sein Verlauf nach gleichen Zeitabschnitten wiederholt. Die Zeit, nach der sich der Vorgang wiederholt, heißt Periodendauer oder Periode T. Bild **1.**2 zeigt drei Beispiele. Außer diesen gibt es viele andere Formen periodischer Ströme und Spannungen.

1.1.2 Frequenz und Wellenlänge

Frequenz. Die Anzahl der Perioden während der Zeiteinheit einer Sekunde nennt man Frequenz f. Ihre Einheit heißt 1 Hertz (Hz) nach dem deutschen Physiker H. Hertz. Der technische Wechselstrom z. B. wiederholt seinen Verlauf 50mal in der Sekunde; seine Frequenz ist also 50 Hz. Die Periodendauer T ist in diesem Fall 1/50 s oder 0,02 s oder 20 ms (Millisekunden).

Frequenz $\qquad f = \dfrac{1}{T} \qquad$ Einheit: $[f] = 1\,\text{Hz} = \dfrac{1}{\text{s}}$

Durch Vorsetzen der Abkürzungen erhält man das Vielfache der Einheit:

$\quad$ 1 Kilohertz $\;=\;$ 1 kHz $\;=\;10^3$ Hz $\;=\;$ 1 000 Hz
$\quad$ 1 Megahertz $=$ 1 MHz $=10^6$ Hz $=$ 1 000 000 Hz
$\quad$ 1 Gigahertz $\;=\;$ 1 GHz $\;=\;10^9$ Hz $=$ 1 000 000 000 Hz

Nieder- und Hochfrequenz. Den Bereich der hörbaren Tonfrequenz zwischen 15 Hz und 15 kHz bezeichnet man als Niederfrequenz (NF), den Bereich darüber als Hochfrequenz (HF). Den Hochfrequenzbereich kann man noch weiter unterteilen. In Tabelle **1**.3 sind die Frequenzbereiche mit üblicher Bezeichnung zusammengestellt.

Tabelle **1**.3 **Frequenzen**

VLF (very low frequency)	3 bis 30 kHz	Myriameter-Wellen	100 bis 10 km
LF (low frequency)	30 bis 300 kHz	Kilometer-Wellen	10 bis 1 km
MF (medium frequency)	300 bis 3000 kHz	Hektometer-Wellen	1 bis 100 m
HF (high frequency)	3 bis 30 MHz	Dekameter-Wellen	100 bis 10 m
VHF (very high frequency)	30 bis 300 MHz	Meter-Wellen	10 bis 1 m
UHF (ultra high frequency)	300 bis 3000 MHz	Dezimeter-Wellen	100 bis 10 cm
SHF (super high frequency)	3 bis 30 GHz	Zentimeter-Wellen	10 bis 1 cm
EHF (extremely high frequency)	30 bis 300 GHz	Millimeter-Wellen	10 bis 1 mm
	300 bis 3000 GHz	Dezimillimeter-Wellen	1 bis 0,1 mm

Wellenlänge. In der Rundfunk- und Fernsehtechnik wird statt der Frequenz gelegentlich die Wellenlänge angegeben. Schließt man einen Wechselspannungsgenerator an eine Leitung an, dauert es eine gewisse Zeit, bis der Stromimpuls in einigen Kilometern Entfernung festzustellen ist. Diese Zeit ist allerdings sehr gering, denn elektrische Stromimpulse breiten sich auf einer zweiadrigen Leitung mit etwa 240 000 Kilometer je Sekunde aus. Bei einem Generator mit z. B. 100 kHz kann man entlang der Leitung zu einem bestimmten Zeitpunkt alle 2,4 km gerade den gleichen Verlauf (Augenblickswert) dieser Wechselspannung feststellen, denn in dieser 1 Sekunde sind 100 000 Perioden vergangen (**1**.4).

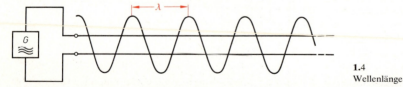

1.4 Wellenlänge

Die Entfernung, bei der sich ein periodischer Vorgang wiederholt, heißt Wellenlänge λ (sprich: lambda). Einheit: $[\lambda] = 1\,\text{m}$

Die Geschwindigkeit, mit der sich ein Wellenzug ausbreitet, bezeichnet man mit Ausbreitungsgeschwindigkeit c. Zwischen c, der Frequenz f und der Wellenlänge λ besteht folgender Zusammenhang: Wird die Ausbreitungsgeschwindigkeit c höher, nimmt die Entfernung zu, bei der sich ein bestimmter periodischer Vorgang wiederholt. Ist aber die Frequenz des Generators höher, ergeben sich in einer Sekunde mehr Perioden – die Wellenlänge λ ist geringer.

Wellenlänge	$\lambda = \dfrac{c}{f}$	f in Hz $\quad c$ in $\dfrac{m}{s}\quad \lambda$ in m

Für die Ausbreitung elektromagnetischer Wellen in Luft und im Vakuum gilt: Die Ausbreitungsgeschwindigkeit elektromagnetischer Wellen entspricht etwa der Lichtgeschwindigkeit

$$c = 300\,000 \, \frac{km}{s}.$$

Damit läßt sich jeder elektromagnetischen Welle eine Wellenlänge zuordnen:

Frequenz	10 kHz	100 kHz	1 MHz	10 MHz	100 MHz	1 GHz	10 GHz	100 GHz
Wellenlänge	30 km	3 km	300 m	30 m	3 m	3 dm	3 cm	3 mm

Beispiel 1.1 Welcher Wellenlänge einer elektromagnetischen Welle entspricht eine Frequenz von 7,0 MHz?

Lösung $\lambda = \dfrac{c}{f} = \dfrac{300\,000\,000 \text{ m/s}}{7\,000\,000 \text{ 1/s}} = \dfrac{300}{7} \text{ m} = \mathbf{42{,}9 \text{ m}}$

In der Farbfernsehtechnik nutzt man die niedrige Ausbreitungsgeschwindigkeit von Schallwellen in Festkörpern, um periodische Vorgänge zu verzögern. Man wandelt elektrische Schwingungen in Schallwellen um, schickt sie durch einen Glaskörper und wandelt sie wieder zurück in elektrische Schwingungen.

Beispiel 1.2 Welche Länge muß ein Glaskörper haben, wenn sich ein periodischer Vorgang von $T = 64$ μs Periodendauer mit einer Geschwindigkeit von $c = 5300$ m/s ausbreitet und um eine volle Wellenlänge λ verzögert am Ausgang erscheinen soll?

Lösung $f = \dfrac{1}{T} = \dfrac{1}{64\,\mu s} = 15\,625 \text{ Hz} \qquad \lambda = \dfrac{c}{f} = \dfrac{5300 \text{ m/s}}{15\,625 \text{ 1/s}} = 0{,}339 \text{ m}$

Der Glaskörper muß **33,9 cm** lang sein.

1.1.3 Kenngrößen der Wechselspannung

Die meisten der in der Nachrichtentechnik vorkommenden zeitabhängigen Spannungen haben sinusförmigen Verlauf (**1.5**). Aber auch alle anderen periodischen Spannungen lassen sich in sinusförmige Spannungen zerlegen (s. Abschn. 1.1.5). Zeitabhängige Spannungen oder Ströme werden in der Elektrotechnik mit kleinen Buchstaben (u oder i) gekennzeichnet.

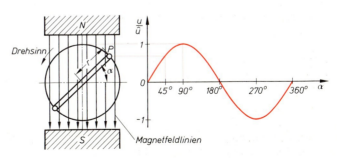

1.5 Erzeugung einer sinusförmigen Wechselspannung

Um die einzelnen Begriffe sinusförmiger Wechselspannungen oder -ströme zu verstehen, muß deren Erzeugung erläutert werden. Dazu wird nach Bild **1**.5 die gleichförmige Drehbewegung eines Leiters in einem konstanten Magnetfeld betrachtet. Die Drehung der gezeichneten Leiterschleife erfolgt in mathematisch positivem Sinn, d. h. entgegen dem Uhrzeigersinn. Durch die Bewegung des Leiters im Magnetfeld wird eine Spannung erzeugt (Induktion).

Scheitelwert. Beginnt man mit der Zählung des Drehwinkels α dann, wenn Leiterschleife und horizontale Mittellinie parallel zueinander verlaufen, ist die induzierte Spannung u bei diesem Winkel Null. Sie hat einen Maximalwert $\hat{u}$, wenn sich die Leiterschleife um 90° weiterbewegt hat. Im Verlauf der weiteren Drehung nimmt die Spannung wieder ab und erreicht bei 180° erneut den Wert Null. Dort ändert die induzierte Spannung ihre Richtung. Bis 360°, also bis zum Erreichen der Ausgangsstellung, hat die Spannung negative Werte. Trägt man zu jedem Winkel α die zugehörige Spannung u bzw. den durch sie bewirkten Strom i auf, erhält man einen geschlossenen Linienzug. Diese Darstellung wird L i n i e n d i a g r a m m   genannt. Das Liniendiagramm in Bild **1**.6 zeigt

> Jedem Drehwinkel α der Leiterschleife läßt sich eine Spannung u zuordnen.

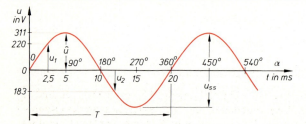

1.6 Kenngrößen der Wechselspannung

Bei der Kennzeichnung mit $\hat{u}$ für den höchsten auftretenden Spannungswert als S c h e i t e l w e r t $\hat{u}$ (sprich: u–Scheitel) läßt sich die Zuordnung mathematisch beschreiben durch die Sinusfunktion $u = \hat{u} \sin \alpha$.

Augenblickswert (Zeitwert). Ähnlich wie man den zurückgelegten Weg s eines Fahrzeugs mit gleichförmiger Geschwindigkeit v durch die Formel $s = v \cdot t$ berechnet, kann auch die beschriebene Spannungserzeugung in Abhängigkeit der Zeit dargestellt werden, wenn an Stelle des zurückgelegten Weges der Winkel α betrachtet wird und die W i n k e l g e s c h w i n d i g k e i t ω (sprich: Omega) der rotierenden Leiterschleife bekannt ist.

> Zu jedem Zeitpunkt t kann man den zurückgelegten Winkel α angeben nach der Formel
> $$\alpha = \omega \cdot t$$

Setzt man diese Beziehung in die Sinusfunktion ein, läßt sich zu jedem Augenblick die Spannung u der rotierenden Leiterschleife errechnen:

> **Augenblickswert** $\qquad\qquad u = \hat{u} \cdot \sin(\omega \cdot t)$

Aus Bild **1**.6 läßt sich direkt ablesen, daß das Verhältnis einer beliebigen Zeit t zur gesamten Periodendauer T gleich dem Verhältnis aus dem dazugehörigen Winkel α zur gesamten Umdrehung einer Leiterschleife von 360° ist, d. h.

$$\frac{t}{T} = \frac{\alpha}{360°} \quad \text{oder} \quad \alpha = \frac{360°}{T} \cdot t.$$

Durch Einsetzen dieser Gleichung in die Sinusfunktion erhält man eine weitere Formel zur Ermittlung der Augenblickswerte einer Spannung in Abhängigkeit der Zeit:

$$u = \hat{u} \cdot \sin\left(\frac{360°}{T} \cdot t\right)$$

Beispiel 1.3 Wie groß ist der Augenblickswert der technischen Wechselspannung zur Zeit $t = 3{,}33$ ms nach dem Nulldurchgang? ($\hat{u}$ ist Bild **1.6** zu entnehmen.)

Lösung $\quad u = 311 \text{ V} \cdot \sin\left(\dfrac{360° \cdot 3{,}33 \text{ ms}}{20 \text{ ms}}\right) \quad u = 311 \text{ V} \cdot \sin 60° \parallel \sin 60° = 0{,}866 \quad u = \mathbf{269}$ **V**

Spitze-Spitze-Wert. Mit einem Oszilloskop kann man zeitabhängige Wechselspannungen sichtbar machen. Man liest dabei aber keine Augenblickswerte und selten Scheitelwerte, sondern meist den Spitze-Spitze-Wert u_{ss} der Spannung ab. Das ist der Spannungswert von der positiven Spitze bis zur negativen Spitze (**1.6**). Bei symmetrischen Spannungen ist der Spitze-Spitze-Wert doppelt so groß wie der Scheitelwert.

Spitze-Spitze-Wert $\qquad\qquad u_{ss} = 2 \cdot \hat{u}$

Beispiel 1.4 Wie groß ist der Scheitelwert einer Wechselspannung, wenn an einem Oszilloskop ein Spitze-Spitze-Wert von $u_{ss} = 622$ V abgelesen wird?

Lösung $\quad u_{ss} = 2\hat{u} \quad$ oder $\quad \hat{u} = \dfrac{u_{ss}}{2} = \dfrac{622 \text{ V}}{2} = \mathbf{311}$ **V.**

Kreisfrequenz. Der Winkel $\alpha = 360°$ für eine volle Umdrehung der Leiterschleife nach Bild **1.5** kann auch mit Hilfe des zurückgelegten Weges auf dem Umfang eines Kreises mit dem Radius r mit $U = 2\pi r$ angegeben werden. Bildet man hieraus das Verhältnis vom Umfang U zum Radius r, erhält man mit $U/r = 2\pi$ eine Möglichkeit, den Winkel $\alpha = 360°$ eines vollen Kreises mit einer Zahl $2\pi = 6{,}28$ anzugeben.

Dieses Verhältnis von zurückgelegtem Weg auf dem Umfang eines Kreises zum Kreisradius nennt man das **Bogenmaß** eines Winkels.

Demnach ist 2π das Bogenmaß des Winkels von $360°$. Setzt man dieses Bogenmaß in die Sinusfunktion zur Ermittlung der Augenblicksspannung ein, erhält man mit

$$u = \hat{u} \cdot \sin\left(\frac{2\pi}{T} \cdot t\right)$$

und wegen $\dfrac{1}{T} = f$ mit $u = \hat{u} \cdot \sin(2\pi f \cdot t)$

zwei weitere Formeln für die Bestimmung von Augenblickswerten. Das Produkt aus dem Bogenmaß 2π für einen vollen Kreis und der Frequenz f wird Kreisfrequenz ω genannt.

Kreisfrequenz $\qquad\qquad \omega = 2\pi f \qquad\qquad f$ in Hz $\quad \omega$ in $\dfrac{1}{\text{s}}$

Zu beachten ist, daß Kreisfrequenz und Winkelgeschwindigkeit zwei unterschiedliche Bezeichnungen für denselben physikalischen Vorgang sind.

Beispiel 1.5 Wie groß ist der Augenblickswert u einer Wechselspannung mit dem Scheitelwert $\hat{u} = 10$ V, der Frequenz $f = 1$ kHz zum Zeitpunkt $t = 0{,}2$ ms?

Lösung Man rechnet entweder a) im Gradmaß oder b) im Bogenmaß.

a) $u = \hat{u} \cdot \sin\left(\dfrac{360°}{T} \cdot t\right) = \hat{u} \cdot \sin(360° \cdot f \cdot t)$

$u = 10\,\text{V} \cdot \sin\left(360° \cdot 10^3\,\dfrac{1}{\text{s}} \cdot 0{,}2 \cdot 10^{-3}\,\text{s}\right) = \mathbf{9{,}51\,V}$

b) $u = \hat{u} \cdot \sin\left(\dfrac{2\pi}{T} \cdot t\right) = \hat{u} \cdot \sin(2\pi \cdot f \cdot t)$

$u = 10\,\text{V} \cdot \sin\left(2\pi \cdot 10^3\,\dfrac{1}{\text{s}} \cdot 0{,}2 \cdot 10^{-3}\,\text{s}\right) = \mathbf{9{,}51\,V.}$

Achtung: Viele Taschenrechner ermöglichen eine direkte Berechnung der Sinuswerte, auch wenn der Winkel im Bogenmaß statt im Gradmaß angegeben wird. Die entsprechenden Rechenschritte müssen den Anleitungen entnommen werden.

Phase – Phasenverschiebung. Durch verschiedene Bauelemente der Elektrotechnik kann man eine Spannung gegenüber einer anderen verzögern (verschieben). Die Nulldurchgänge der einen Spannung finden zu anderen Zeitpunkten statt als die der anderen Spannung. Man sagt, beide Spannungen haben unterschiedliche **Phasen** oder sind gegeneinander phasenverschoben. Die Phasenverschiebung wird mit dem griechischen Buchstaben φ (sprich: phi) bezeichnet. Für die Spannungen in Bild **1.7** sagt man, die Spannung u_2 eilt der Spannung u_1 um 45° nach oder die Phasenverschiebung beträgt $\varphi = 45°$.

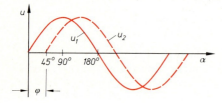

1.7 Gegenseitige Phasenlage von Wechselgrößen

Mit dem Begriff Phase läßt sich die Formel zum Berechnen des Augenblickswerts einer sinusförmigen Spannung so angeben:

Sinusförmige Spannung mit Phasenverschiebung	$u = \hat{u} \cdot \sin\left(\dfrac{2\pi}{T} \cdot t + \varphi\right)$ $u = \hat{u} \cdot \sin(2\pi f \cdot t + \varphi)$ $u = \hat{u} \cdot \sin(\omega t + \varphi)$	$u, \hat{u}$ in V T, t in s φ im Bogenmaß ω in $\dfrac{1}{\text{s}}$ $\quad f$ in Hz

Beispiel 1.6 Wie groß ist der Augenblickswert einer Wechselspannung mit dem Scheitelwert $\hat{u} = 10\,\text{V}$ der Frequenz von $f = 1\,\text{kHz}$ und dem Phasenwinkel $\varphi = 45°$ zum Zeitpunkt $t = 1\,\text{ms}$?

Lösung a) mit Hilfe des Gradmaßes:

$u = \hat{u} \cdot \sin(360° \cdot f \cdot t + \varphi) = 10\,\text{V} \cdot \sin\left(360° \cdot 10^3\,\dfrac{1}{\text{s}} \cdot 10^{-3}\,\text{s} + 45°\right) = \mathbf{7{,}07\,V}$

b) mit Hilfe des Bogenmaßes:
Es muß zunächst das Bogenmaß des Phasenwinkels $\varphi = 45°$ errechnet werden. Aus der Verhältnisgleichung $\dfrac{45°}{360°} = \dfrac{\varphi}{2\pi}$ erhält man $\varphi = \dfrac{45°}{360°} \cdot 2\pi = 0{,}785$.

Dann folgt

$u = \hat{u} \cdot \sin(2\pi \cdot f \cdot t + 0{,}785) = 10\,\text{V} \cdot \sin\left[\left(2\pi \cdot 10^3\,\dfrac{1}{\text{s}} \cdot 10^{-3}\,\text{s} + 0{,}785\right)\right] = \mathbf{0{,}707\,V.}$

Effektivwert. Legt man eine Wechselspannung an einen Verbraucher (z.B. an eine Glühlampe), stellt man fest, daß ein bestimmter Wert dieser Spannung dieselbe Wirkung hat wie eine entsprechende Gleichspannung (z.B. gleiche Helligkeit der Glühlampe entspricht gleicher Wärmeleistung). Diesen Wert nennt man Effektivwert u_{eff} der Wechselspannung, da er denselben Effekt (dieselbe Wirkung) hat wie eine Gleichspannung der Größe U, d.h. $u_{eff} = U$.

Zwischen Scheitelwert und Effektivwert einer Wechselspannung besteht ein Zusammenhang, den man aus der Leistung ableiten kann. Trägt man den zeitlichen Verlauf des sinusförmigen Stroms durch einen Widerstand grafisch auf und berechnet die Augenblickswerte der Wärmeleistung dieses Wechselstroms nach $P_t = u \cdot i = i^2 \cdot R$, erkennt man, daß die Wärmeleistung P_t für den Widerstand R vom Quadrat des Wechselstroms i abhängt. Nach Bild 1.8 hat die i^2-Kurve die doppelte Frequenz von i. Sie hat nur positive Werte. Ihr Mittelwert ist das Quadrat eines entsprechenden Gleichstroms (Effektivwert = quadratischer Mittelwert):

$$I^2 = \frac{\hat{i}^2}{2}$$

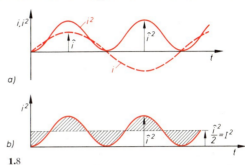

1.8 Zusammenhang zwischen Effektivwert und Scheitelwert
a) i- und i^2-Kurve
b) Effektiv- und Scheitelwert

Zieht man auf beiden Seiten die Wurzel, erhält man:

Effektivwert eines sinusförmigen Wechselstroms	$I = i_{eff} = \dfrac{\hat{i}}{\sqrt{2}}$

Gleiches gilt für die Wechselspannung:

Effektivwert einer sinusförmigen Wechselspannung	$U = u_{eff} = \dfrac{\hat{u}}{\sqrt{2}}$

Unter besonderen Bedingungen läßt sich die elektrische Leistung auch aus den Scheitelwerten von Strom und Spannung berechnen (s. Abschn. 1.2.2). Durch Umstellen der Formeln für den Effektivwert nach den Scheitelwerten erhält man:

Scheitelwert einer sinusförmigen Wechselspannung	$\hat{u} = \sqrt{2} \cdot U$
Scheitelwert eines sinusförmigen Wechselstroms	$\hat{i} = \sqrt{2} \cdot I$

Der Scheitelwert einer sinusförmigen Spannung ist um den Scheitelfaktor $\sqrt{2}$ größer als der Effektivwert. Für andere Formen von Wechselspannungen oder Wechselströmen gelten andere Scheitelfaktoren.

Tabelle **1.9 Scheitelfaktoren**

Spannung, Strom	Scheitelfaktor
Sinusform	$\sqrt{2}$
Dreieckform	$\sqrt{3}$
Sägezahnform	$\sqrt{3}$
Rechteckform	1

Beispiel 1.7 Eine sägezahnförmige Spannung hat 84 V (Spitze-Spitze-Wert). Wie groß ist ihr Effektivwert?

Lösung $u_{ss} = 2 \cdot \hat{u} \quad \hat{u} = \dfrac{u_{ss}}{2} = \dfrac{84\,\text{V}}{2} = 42\,\text{V}$

$U = \dfrac{\hat{u}}{\sqrt{3}} = \dfrac{42\,\text{V}}{\sqrt{3}} = \mathbf{24{,}2\ V}$

1.1.4 Zeigerdarstellung sinusförmiger Wechselgrößen

Neben der Darstellung sinusförmiger Größen in Liniendiagrammen, die den zeitlichen Verlauf der Augenblickswerte wiedergeben, können Beziehungen zwischen verschiedenen sinusförmigen Größen auch in einem Zeigerdiagramm veranschaulicht werden. Die Erstellung eines Zeigerdiagramms ist jedoch nur sinnvoll, wenn während des zu betrachtenden Zeitraums keine Veränderung in der Phasenlage der dargestellten Wechselgrößen auftritt.

Zwischen Zeigerdiagramm und Liniendiagramm besteht folgender Zusammenhang: Bei Wahl eines geeigneten Maßstabs (z. B. 100 V = 1 cm) kann man einen Zeiger (Pfeil) zeichnen, dessen Länge dem Scheitelwert $\hat{u}$ bzw. $\hat{i}$ entspricht. Liegt dieser Zeiger ähnlich der Leiterschleife zur Erzeugung einer Induktionsspannung (1.10) zum Zeitpunkt $t = 0$ in der horizontalen Ausgangsstellung (Fußpunkt des Zeigers im Mittelpunkt des Kreises), kann bei Drehung des Zeigers gegen den Uhrzeigersinn der zu jedem Winkel gehörige Augenblickswert der Wechselgröße durch den senkrechten Abstand der Zeigerspitze von der Mittellinie abgelesen werden. In Bild **1.**10 werden zum Vergleich Linien- und Zeigerdiagramm gegenübergestellt. Für $\alpha = 30°$ liest man sowohl im Liniendiagramm, als auch im Zeigerdiagramm den Spannungswert $u = 1,5$ V ab.

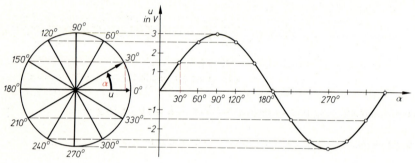

1.10 Zusammenhang zwischen Linien- und Zeigerdiagramm

Treten mehrere Wechselgrößen gleicher Frequenz f, aber mit unterschiedlichem Phasenwinkel φ auf, legt man einen beliebigen Zeiger als Bezugsgröße in die Nullinie. An der Lage der anderen Zeiger kann dann die Phasenverschiebung dieser Wechselgrößen gegenüber der Bezugsgröße abgelesen werden. Das Zeigerdiagramm in Bild **1.**11 zeigt eine Spannung u, die zum Zeitpunkt $t = 0$ dem Strom gegenüber eine Phasenverschiebung von $\varphi = 30°$ hat. Daraus folgt, daß die Spannung u dem Strom i gegenüber um den Winkel $\varphi = 30°$ vorauseilt.

Bei bekannter Frequenz kann auf der horizontalen Achse auch die Zeit eingetragen werden. Dann stellt sich in der mathematischen Beschreibung der Zusammenhang so dar:

Strom: $\qquad i = \hat{i} \cdot \sin(360° \cdot f \cdot t)$
vorauseilende Spannung: $\qquad u = \hat{u} \cdot \sin(360° \cdot f \cdot t + 30°)$.

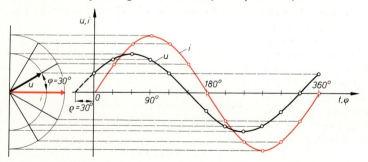

1.11 Zeiger- und Liniendiagramm für Strom und (um 30° phasenverschobene) Spannung

Beispiel 1.8 Wie sehen Zeiger- und Liniendiagramme und die zugehörigen Sinusfunktionen für folgende sinusförmige Wechselgrößen aus? (**1.**12)
$\hat{u} = 3$ V, Phasenwinkel $\varphi_u = 45°$,
$\hat{i} = 2$ A, Phasenwinkel $\varphi_i = 75°$,
$f = 1$ kHz
a) ohne Bezug beider Größen zueinander,
b) Spannung $\hat{u}$ als Bezugsgröße,
c) Strom $\hat{i}$ als Bezugsgröße.

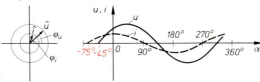

Lösung Zur Berechnung im Bogenmaß müssen zunächst die Phasenwinkel umgerechnet werden.

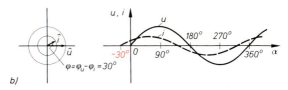

$\varphi_u = 45° = \dfrac{2\pi}{360°} \cdot 45° = \dfrac{\pi}{4}$

$\varphi_u = 0{,}785$

$\varphi_i = 75° = \dfrac{2\pi}{360°} \cdot 75° = \dfrac{5}{12}\pi$

$\varphi_i = 1{,}31$

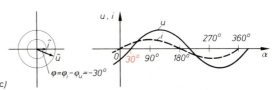

$\varphi_i - \varphi_u = 75° - 45° = 30°$

$= \dfrac{2\pi}{360°} \cdot 30° = \dfrac{\pi}{6} = 0{,}524$

1.12 a) ohne Bezugsgröße, b) Bezugsgröße: Spannung, c) Bezugsgröße: Strom

a) $u = \hat{u} \sin(2\pi f \cdot t + \varphi_u) = 3\,\text{V} \cdot \sin\left(2\pi \cdot 10^3 \dfrac{1}{\text{s}} \cdot 0\,\text{s} + 0{,}785\right) = \mathbf{2{,}12\ V}$

$i = \hat{i} \sin(2\pi f \cdot t + \varphi_i) = 2\,\text{A} \cdot \sin\left(2\pi \cdot 10^3 \dfrac{1}{\text{s}} \cdot 0\,\text{s} + 1{,}31\right) = \mathbf{1{,}93\ A}$

b) $u = \hat{u} \sin(2\pi f \cdot t) = 3\,\text{V} \cdot \sin\left(2\pi \cdot 10^3 \dfrac{1}{\text{s}} \cdot 0\,\text{s}\right) = \mathbf{0\ V}$

$i = \hat{i} \sin(2\pi f \cdot t + 30°) = 2\,\text{A} \cdot \sin\left(2\pi \cdot 10^3 \dfrac{1}{\text{s}} \cdot 0\,\text{s} + 0{,}524\right) = \mathbf{1{,}0\ A}$

c) $u = \hat{u} \cdot \sin(2\pi f \cdot t - 30°) = 3\,\text{V} \cdot \sin\left(2\pi \cdot 10^3 \dfrac{1}{\text{s}} \cdot 0\,\text{s} - 0{,}524\right) = \mathbf{-1{,}5\ V}$

$i = \hat{i} \cdot \sin(2\pi f \cdot t) = 2\,\text{A} \cdot \sin\left(2\pi \cdot 10^3 \dfrac{1}{\text{s}} \cdot 0\,\text{s}\right) = \mathbf{0\ A}$

1.1.5 Nichtsinusförmige Wechselgrößen

Impuls. Zu den nichtsinusförmigen Wechselgrößen gehören z. B. Impulse. Von einem Impuls spricht man, wenn die Dauer einer Spannung oder eines Stroms im Vergleich zur Periodendauer klein ist. Impulsspannungen kommen in der Fernsehtechnik häufig vor (z. B. Zeilenimpulse für die Synchronisation der Horizontalablenkung des Fernsehempfängers). Bei ihnen kann man die Gleichspannungskomponente (arithmetischer Mittelwert) aus der Kurvenform und dem Tastverhältnis berechnen (**1.**13).

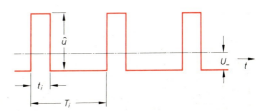

1.13 Berechnung der Gleichspannungskomponente bei pulsierenden Spannungen

Tastverhältnis V nennt man das Verhältnis der Periodendauer T_i der Rechteckimpulsfolge zur Impulsdauer t_i. Das Tastverhältnis ist immer >1. Gelegentlich wird auch der Tastgrad g (Kehrwert des Tastverhältnisses) angegeben.

Tastverhältnis	$V = \dfrac{T_i}{t_i}$
Tastgrad	$g = \dfrac{1}{V} = \dfrac{t_i}{T_i}$

Die Gleichspannungskomponente einer rechteckförmigen Impulsfolge berechnet man aus dem Scheitelwert und dem Tastverhältnis:

$$U = \frac{\hat{u}}{V}$$

Ist der Zeitverlauf des Impulses nicht genau rechteckförmig, wird die Impulsdauer t bei 50% der Amplitude bestimmt (**1**.14).

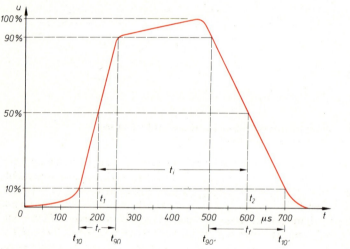

1.14 Impulsdauer t_i, Anstiegszeit t_r und Abfallzeit t_f eines Impulses

Anstiegszeit und Abfallzeit sind weitere Begriffe bei Spannungsimpulsen. Anstiegszeit t_r (rise time) und Abfallzeit t_f (fall time) gibt man als Differenz der Zeiten bei 10% und bei 90% des Maximalwerts an.

Beispiel 1.9   Wie groß sind Impulsdauer, Anstiegszeit und Abfallzeit des im Bild **1**.14 dargestellten Impulses, wenn auf dem Oszilloskop für die Zeitachse 100 µs je Teilung eingestellt ist?

Lösung $t_i = t_2 - t_1 = 600\ \mu s - 200\ \mu s = \mathbf{400\ \mu s}$
$t_r = t_{90} - t_{10} = 250\ \mu s - 150\ \mu s = \mathbf{100\ \mu s}$
$t_f = t'_{10} - t'_{90} = 700\ \mu s - 500\ \mu s = \mathbf{200\ \mu s}$

Unter Flankensteilheit S versteht man das Verhältnis der Spannungsänderung je Zeiteinheit eines Impulses. Bei einem nichtlinearen Verlauf der Flanke werden die Spannungsänderungen bei 10% und bei 90% der Amplitude abgelesen.

Flankensteilheit	$S = \dfrac{\Delta U}{\Delta t}$

Beispiel 1.10 Die Vorderflanke des im Bild **1.**15 dargestellten Impulses hat bei einem angenommenen Maximalwert von 10 V eine Flankensteilheit von

$$S = \frac{\Delta U}{\Delta t} = \frac{9\,\text{V} - 1\,\text{V}}{250\,\mu\text{s} - 150\,\mu\text{s}} = \frac{8\,\text{V}}{100\,\mu\text{s}} = 0{,}08\,\frac{\text{V}}{\mu\text{s}} = \mathbf{80\,\frac{V}{ms}}.$$

Zusammengesetzte Signalspannungen infolge Addition von Augenblickswerten kommen in der Rundfunk- und Fernsehtechnik oft vor. Für zwei Spannungen u_1 und u_2 gleicher Frequenz, aber unterschiedlicher Phase ist die Addition im Liniendiagramm 1.15 dargestellt. Wir stellen fest:

> Die Summenkurve zweier sinusförmiger Wechselgrößen mit gleicher Frequenz ergibt wieder eine Sinuskurve mit gleicher Frequenz.

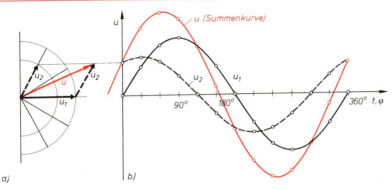

1.15 Addition zweier phasenverschobener Spannungen gleicher Frequenz
a) Zeigerdiagramm, b) Liniendiagramm

Die Addition zweier oder mehrerer Spannungen oder Ströme gleicher Frequenz kann zu einem beliebigen Zeitpunkt t auch im Zeigerdiagramm durchgeführt werden. Dazu verschiebt man den zweiten Zeiger so weit (Parallelverschiebung), daß er mit seinem Fußpunkt an die Spitze des ersten Zeigers zu liegen kommt. Ein dritter Zeiger würde entsprechend mit seinem Fußpunkt an die Spitze des zweiten Zeigers angesetzt usw. Zeichnet man einen Pfeil vom Fußpunkt des ersten Pfeils zum Endpunkt des letzten Pfeils, stellt dieser Größe und Phasenlage der Summenspannung oder des Summenstroms dar. Diese Addition im Zeigerdiagramm ist in Bild **1.**15 ausgeführt.

Die Addition sinusförmiger Wechselgrößen unterschiedlicher Frequenz ergeben keine reinen Sinuskurven, so daß eine Darstellung im Zeigerdiagramm entfällt.

Für periodisch wiederkehrende Schaltvorgänge braucht der Elektrotechniker häufig eine rechteckig verlaufende Wechselspannung. In Fernsehgeräten und Elektronenstrahl-Oszilloskopen dient eine sägezahnförmig verlaufende periodische Wechselspannung zur Ablenkung des Elektronenstrahls. Alle nichtsinusförmigen, periodisch verlaufenden Wechselgrößen lassen sich nach einem mathematischen Verfahren (dem Fourier-Prinzip) durch Addition sinusförmiger Wechselgrößen erzeugen. Nach diesem Verfahren überlagert (addiert) man der **Grundschwingung** einer Wechselspannung oder eines Wechselstroms bestimmte **Oberschwingungen** (Schwingungen, deren Frequenzen ganzzahlige Vielfache der Grundfrequenz sind) zu einer **Summenschwingung**. Im gleichen Verhältnis, wie die Frequenzen der Oberschwingung zunehmen (und entsprechend die Periodendauern abnehmen), werden die Amplituden der Oberschwingung verkleinert (die 1. Oberschwingung hat die doppelte Frequenz, also die halbe Periodendauer und damit die halbe Amplitudenhöhe der Grundschwingung).

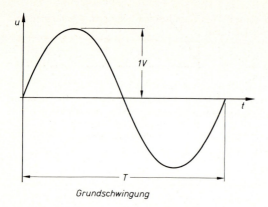

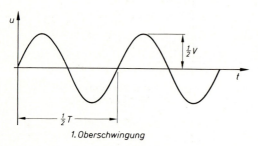

1. Oberschwingung

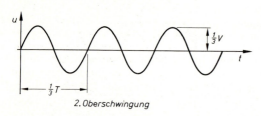

2. Oberschwingung

3. Oberschwingung

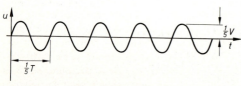

4. Oberschwingung

1.16 Grundschwingung und ihre ersten vier Oberschwingungen

Bild **1.**16 zeigt untereinander eine Grundschwingung für $f = 50$ Hz mit ihren ersten 4 Oberschwingungen $f_1 = 100$ Hz, $f_2 = 200$ Hz, $f_3 = 300$ Hz und $f_4 = 400$ Hz mit den passend verkleinerten Amplituden. In Bild **1.**17 wird der Aufbau einer Summenkurve für eine Rechteck- und eine Sägezahnschwingung veranschaulicht. Zur Konstruktion werden jeweils die Grundschwingung und zwei Oberschwingungen herangezogen. Die Fortsetzung dieses Additionsverfahrens läßt erkennen:

> Je mehr bestimmte Oberschwingungen zur Grundschwingung addiert werden, desto mehr nähern sich die entstehenden Summenkurven der idealen Rechteck- bzw. Sägezahnschwingungen.

Der Aufbau einer Rechteckspannung aus einer Vielzahl von Sinusschwingungen läßt sich umkehren. D. h., daß eine vorhandene Rechteckspannung in eine Grundschwingung und eine große Anzahl von Oberschwingungen zerlegt werden kann. Daraus folgt, daß Impulse hoher Flankensteilheit aus einer Vielzahl von Oberschwingungen bestehen können. Diese Kenntnis ist sehr wichtig für das nötige Spektrum zur Übertragung von Impulsen durch einen Sender.

Klirrfaktor. Verzerrungen nichtsinusförmiger Wechselgrößen gegenüber reinsinusförmigen werden durch den Klirrfaktor k beschrieben. Der Klirrfaktor ist das Verhältnis der Effektivwerte (quadratische Mittelwerte) der Oberschwingungen zum Gesamtwert der Wechselgröße.

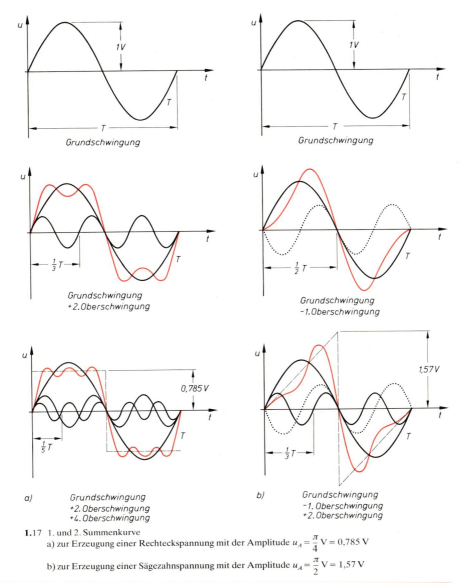

1.17 1. und 2. Summenkurve
a) zur Erzeugung einer Rechteckspannung mit der Amplitude $u_A = \frac{\pi}{4}$ V = 0,785 V

b) zur Erzeugung einer Sägezahnspannung mit der Amplitude $u_A = \frac{\pi}{2}$ V = 1,57 V

Klirrfaktor $\qquad k = \sqrt{\dfrac{u_1^2 + u_2^2 + u_3^2 + \cdots}{u_0^2 + u_1^2 + u_2^2 + u_3^2 + \cdots}} \qquad$ k ohne Einheit

Der Klirrfaktor kann auch durch die entsprechenden Stromanteile berechnet werden.

Beispiel 1.11 Gesucht wird der Klirrfaktor der Rechteckschwingung.
Die Amplitude der Grundschwingung von 400 Hz beträgt $u_0 = 4$ V,
die der 2. Oberschwingung von 1,2 kHz $u_2 = 1,33$ V,
die der 4. Oberschwingung von 2 kHz $u_4 = 0,8$ V,
die der 6. Oberschwingung von 2,8 kHz $u_6 = 0,57$ V,
die der 8. Oberschwingung von 3,6 kHz $u_8 = 0,44$ V,
die der 10. Oberschwingung von 4,4 kHz $u_{10} = 0,36$ V.

Lösung
$$k = \sqrt{\frac{1{,}33^2 + 0{,}8^2 + 0{,}57^2 + 0{,}44^2 + 0{,}36^2}{4^2 + 1{,}33^2 + 0{,}8^2 + 0{,}57^2 + 0{,}44^2 + 0{,}36^2}} = \mathbf{0{,}40}$$

Der Klirrfaktor einer Rechteckschwingung beträgt also etwa 40%. Das ist gleichzeitig der größte Wert eines Klirrfaktors, der durch Verzerrung einer sinusförmigen Schwingung entstehen kann. Der Klirrfaktor wird bei der Qualitätsbeurteilung von Verstärkern angegeben. Für HiFi-Verstärker wird ein Klirrfaktor $< 1\%$ gefordert.

Sind die Amplituden der Oberschwingungen sehr klein gegenüber der Grundschwingung, wird der Nenner unter der Wurzel im wesentlichen durch die Amplitude der Grundschwingung bestimmt. Der Klirrfaktor läßt sich dann berechnen nach der Formel:

Klirrfaktor bei sehr kleinen Oberschwingungen
$$k \approx \sqrt{\frac{u_1^2 + u_2^2 + u_3^2 + \cdots}{u_0^2}} = \frac{\sqrt{u_1^2 + u_2^2 + u_3^2 + \cdots}}{u_0}$$

1.2 Ohmscher Widerstand im Wechselstromkreis

1.2.1 Phasenverschiebung zwischen Spannung und Strom

Versuch 1.1 Ein Ohmscher Widerstand wird nach Bild **1.**18 an einen Sinusgenerator bei einer Frequenz von $f = 0{,}5$ Hz angeschlossen. Es sollen die Zeigerausschläge von Spannungs- und Strommesser (Nullpunkt in der Mitte der Skala) miteinander verglichen werden.
Der Vergleich zeigt folgenden Zusammenhang:

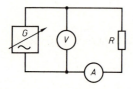

1.18
Spannungs- und Strommessung am Ohmschen Widerstand

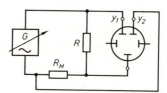

1.19
Aufnahme des zeitlichen Verlaufs von Strom und Spannung mit dem Oszilloskop

---

Das Hin- und Herpendeln der Zeiger beider Meßgeräte verläuft völlig synchron, d. h. Maximalausschläge und Durchgänge der Zeiger durch die Nullage treten bei Spannungs- und Strommesser stets gleichzeitig auf.

Versuch 1.2 Die Schaltung nach Bild **1.**19 zeigt, daß die Nulldurchgänge von Spannung und Strom auch bei höheren Frequenzen gleichzeitig auftreten. Dazu wurde in Schaltung nach Bild **1.**18 an Stelle von Spannungs- und Strommesser ein Oszilloskop eingesetzt.
Da das Oszilloskop keine direkte Möglichkeit zur Strommessung bietet, ist ein zusätzlicher kleiner Meßwiderstand R_M in Reihe mit dem Verbrauchswiderstand R geschaltet. Der Strom erzeugt an dem Meßwiderstand R_M einen Spannungsabfall, der proportional (verhältnisgleich) zu dem durch ihn fließenden Strom i ist und somit zur Darstellung des zeitlichen Stromverlaufs auf den Kanal 2 des Oszilloskops geschaltet wird. Wählt man am Frequenzgenerator nacheinander die Frequenzen $f = 0{,}5$ Hz (wie in Versuch 1.1), $f = 50$ Hz und $f = 5$ kHz, erhält man auf dem Bildschirm die Liniendiagramme von Spannung und Strom (s. Abschn. 1.1.3).

Ergebnis:

> Eine Änderung der Frequenz hat keinen Einfluß auf die Maximalwerte von Spannung und Strom.

Für alle im Versuch 1.2 gewählten Frequenzen durchlaufen Spannungs- und Stromkurve **gleichzeitig** ihre positiven und negativen Spitzenwerte. Zwischen ihnen besteht keine Phasenverschiebung. Dies bedeutet, wie Bild **1.**20 zeigt:

> Strom und Spannung liegen beim Ohmschen Widerstand in Phase. Somit ist $\varphi = 0$.

1.20
Zeiger- und Liniendiagramm für Strom und Spannung am Ohmschen Widerstand

Für das Zeigerdiagramm folgt damit:

> Beim Ohmschen Widerstand haben Strom- und Spannungszeiger dieselbe Lage. Beide Zeiger liegen im Zeigerdiagramm immer aufeinander.

Für sehr hohe Frequenzen wird dieses Verhalten durch andere Erscheinungen beeinflußt (s. Abschn. 3.4).

Ohmsches Gesetz im Wechselstromkreis. Die im Versuch 1.2 auf dem Bildschirm des Oszilloskops dargestellten Kurven für den zeitlichen Verlauf von Strom und Spannung werden mathematisch durch die Formeln

$$u = \hat{u} \cdot \sin \omega t \quad \text{und} \quad i = \hat{i} \cdot \sin \omega t$$

beschrieben. Für jeden Augenblick, d.h. zu jeder beliebigen Zeit t, errechnet sich der Quotient aus Spannung und Strom demnach zu

$$\frac{u}{i} = \frac{\hat{u} \cdot \sin \omega t}{\hat{i} \cdot \sin \omega t} = \frac{\sqrt{2} \cdot u_{\text{eff}} \cdot \sin \omega t}{\sqrt{2} \cdot i_{\text{eff}} \cdot \sin \omega t} = \frac{u_{\text{eff}}}{i_{\text{eff}}}.$$

Da nach Abschn. 1.1.3 die Effektivwerte von Wechselstromgrößen den Gleichstromwerten entsprechen, kann aus diesem Quotienten der Ohmsche Widerstand für den Wechselstromkreis berechnet werden:

$$\frac{u_{\text{eff}}}{i_{\text{eff}}} = \frac{U}{I} = R$$

Aus den Ergebnissen von Versuch 1.2 folgt damit:

> Für den Ohmschen Widerstand im Wechselstromkreis gilt das Ohmsche Gesetz.

Beispiel 1.12 An einem Ohmschen Widerstand wird bei Anlegen einer Wechselspannung mit dem Scheitelwert $\hat{u} = 10\,\text{V}$, $f = 50\,\text{Hz}$ ein Strom $i_{\text{eff}} = 70{,}7\,\text{mA}$ gemessen.
a) Wie groß ist der Widerstand?
b) Wie ändert sich der Widerstand, wenn die Frequenz f von 50 Hz auf 500 Hz erhöht wird?

Lösung a) Nach dem Ohmschen Gesetz ist $R = \dfrac{U}{I} = \dfrac{u_{\text{eff}}}{i_{\text{eff}}}$.

Aus $\hat{u} = \sqrt{2} \cdot u_{\text{eff}}$ folgt durch Umstellen $u_{\text{eff}} = \dfrac{\hat{u}}{\sqrt{2}}$.

Setzt man dies in die Formel des Ohmschen Gesetzes ein, erhält man

$$R = \frac{U}{I} = \frac{0{,}707 \cdot \hat{u}}{i_{\text{eff}}} = \frac{0{,}707 \cdot 10\,\text{V}}{70{,}7 \cdot 10^{-3}\,\text{A}} = \mathbf{100\,\Omega}.$$

b) Der Widerstand ändert sich nicht, weil der Ohmsche Widerstand im Wechselstromkreis unabhängig von der Frequenz ist.

1.2.2 Wechselstromleistung bei Belastung durch einen Ohmschen Widerstand

Der Augenblickswert P_t einer elektrischen Wechselstromleistung ist von den Augenblickswerten der Spannung $u = \hat{u} \cdot \sin \omega t$ und des Stroms $i = \hat{i} \cdot \sin \omega t$ abhängig. Das Produkt aus Augenblicksspannung u und Augenblicksstrom i ist ein Maß für den Augenblickswert der elektrischen Leistung P_t. Das heißt

$$P_t = u \cdot i \quad \text{oder} \quad P_t = i^2 \cdot R = \frac{u^2}{R}.$$

Bild **1.**21 zeigt den zeitlichen Verlauf für Spannung u, Strom i und Leistung P_t des Wechselstroms über eine Periodendauer T. Spannungs- und Stromkurve durchlaufen gleichzeitig in der ersten Periodenhälfte positive Werte und in der zweiten negative Werte. Dagegen verläuft die Leistungskurve des Wechselstroms ausschließlich oberhalb der Zeitachse. Dabei zeigt sie allerdings auch einen sinusförmigen Verlauf. Neben dem Maximalwert der Leistung, der sich bei maximaler Spannung und maximalem Strom ergibt, zeigt der zeitliche Verlauf der Leistungskurve ein weiteres Maximum innerhalb einer Periodendauer, genau dann, wenn Spannungs- und Stromkurve den negativen Spitzenwert annehmen. Man kann daraus ableiten:

> Die Wechselstromleistung P_t hat die doppelte Frequenz wie die Spannung u oder der Strom i.

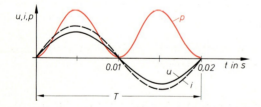

1.21
Zeitlicher Verlauf von Strom, Spannung und Leistung bei Belastung durch einen Ohmschen Widerstand

Mathematisch erklärt sich das zweite Maximum im zeitlichen Verlauf der Leistungskurve dadurch, daß das Produkt zweier negativer Größen wiederum eine positive Größe ergibt. Da die Maximalwerte für die Wechselspannung mit $\hat{u}$ und für den Wechselstrom mit $\hat{i}$ angegeben werden erhält man in diesen Fällen

$$\hat{u} \cdot \hat{i} = (-\hat{u}) \cdot (-\hat{i}) = P_{\max}.$$

Elektrotechnisch bedeutet die nur oberhalb der Zeitachse verlaufende Leistungskurve, daß die in einem Ohmschen Widerstand erzeugte Wechselstromleistung von der Stromrichtung unabhängig ist.

Effektivwert der Leistung. Wie im Gleichstromkreis kennzeichnet die Fläche zwischen der Leistungskurve und der Zeitachse ein Maß für die elektrische Arbeit W, die in einem Verbraucher in eine andere Energieform umgewandelt wird.

Elektrische Arbeit	$W = P \cdot t$	W in Ws $\quad P$ in W $\quad t$ in s

In Bild **1.22** ist die elektrische Arbeit durch die schraffierte Fläche unterhalb der Leistungskurve gekennzeichnet.

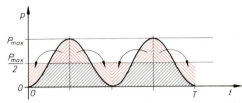

1.22
Leistungskurve bei Belastung durch einen Ohmschen Widerstand und Umwandlung der Fläche unter der Leistungskurve in ein flächengleiches Rechteck $\dfrac{P_{max}}{2} \cdot T$

Das mathematisch aufwendige Verfahren zur Berechnung der Fläche unterhalb der Leistungskurve bei Wechselstrom läßt sich umgehen, wenn man diese Fläche wie in Bild **1.22** für eine Periode T in ein flächengleiches Rechteck verwandelt. Hierzu zieht man parallel zur Zeitachse eine Gerade im Abstand der halben maximalen Leistung $P_{max} = \hat{u} \cdot \hat{\imath}$. Werden die so entstandenen Flächenteile oberhalb dieser Geraden in die Lücken unterhalb der Geraden verlagert, ergibt sich für eine Periodendauer wie im Gleichstromkreis eine Rechteckfläche.

Während im Gleichstromkreis die verrichtete Arbeit durch das Rechteck $P_t \cdot t$ berechnet werden kann, läßt sich die im Wechselstromkreis verrichtete Arbeit entsprechend der schraffierten Fläche unter der Leistungskurve aus dem Produkt der halben maximalen Leistung $\dfrac{P_{t\,max}}{2}$ und der Zeit t ermitteln.

> Die Fläche unter der Leistungskurve und damit die effektive (wirksame) elektrische Arbeit während einer Periodendauer T ist halb so groß wie das Rechteck aus dem maximalen Leistungswert und der Zeit.
> $$W = \frac{P_{t\,max}}{2} \cdot T$$

Im Vergleich mit dem Gleichstromkreis bedeutet das:

> Die effektive Leistung P entspricht der halben maximalen Leistung. $\quad P = \dfrac{P_{t\,max}}{2}$

Zu diesem Ergebnis gelangt man auch, wenn man statt der Maximalwerte von Strom und Spannung die Effektivwerte einsetzt.

$$P_t = \frac{P_{t\,max}}{2} = \frac{\hat{u} \cdot \hat{\imath}}{2} = \frac{\sqrt{2} \cdot u_{\text{eff}} \cdot \sqrt{2} \cdot i_{\text{eff}}}{2} = u_{\text{eff}} \cdot i_{\text{eff}} = U \cdot I$$

Das ist der in Abschn. 1.1.3 abgeleitete Effektivwert der Leistung.

> Die Leistungsformel $P = U \cdot I$ gilt nur dann für den Wechselstromkreis, wenn zwischen Spannung und Strom keine Phasenverschiebung auftritt.

Beispiel 1.13 An einem Ohmschen Widerstand liegt eine Wechselspannung mit dem Scheitelwert $\hat{u} = 10\,\text{V}$, $f = 50\,\text{Hz}$. Der gemessene Strom hat die Größe $I = i_{\text{eff}} = 70{,}7\,\text{mA}$.
a) Wie groß ist die effektive Leistung P?
b) Wie ändert sich die Leistung, wenn statt der Wechselspannung eine Gleichspannung $U = 10\,\text{V}$ an denselben Widerstand angeschlossen wird?

Lösung

a) $P_t = \dfrac{P_{t\max}}{2} = \dfrac{\hat{u} \cdot \hat{i}}{2} = \dfrac{\hat{u} \cdot I \cdot \sqrt{2}}{2}$ $P = \dfrac{10\,\text{V} \cdot \sqrt{2} \cdot 70{,}7 \cdot 10^{-3}\,\text{A}}{2} = \mathbf{0{,}5\,W}$

b) Aus der Wechselstromleistung $P = I^2 \cdot R$ errechnet man den Widerstand zu

$$R = \frac{P}{I^2} = \frac{0{,}5\,\text{W}}{(0{,}0707\,\text{A})^2} = 100\,\Omega.$$

Die Leistung erhält man dann mit

$$P = \frac{u^2}{R} = \frac{10^2\,\text{V}^2}{100\,\Omega} = \mathbf{1\,W}.$$

Die in Bild **1**.21 dargestellte Leistungskurve läßt sich auch für jeden beliebigen Zeitpunkt mathematisch beschreiben. Dazu werden in die Leistungsformel die Augenblickswerte für Spannung und Strom eingesetzt:
$P_t = u \cdot i = \hat{u} \cdot \sin(\omega t) \cdot \hat{i} \cdot \sin(\omega t) = \hat{u} \cdot \hat{i} \cdot (\sin(\omega t))^2$

Beispiel 1.14 Welchen Augenblickswert hat die Leistung P_t in einem Ohmschen Widerstand nach $t = 0{,}01\,\text{s}$, wenn die Maximalwerte $\hat{u} = 10\,\text{V}$, $\hat{i} = 20\,\text{mA}$ und die Frequenz $f = 50\,\text{Hz}$ gegeben sind?

Lösung $P_t = u \cdot i = \hat{u} \cdot \hat{i} \,(\sin(\omega t))^2 = \hat{u} \cdot \hat{i}\,\sin^2(2\pi \cdot f \cdot t)$

$P_t = 10\,\text{V} \cdot 20 \cdot 10^{-3}\,\text{A} \cdot \left[\sin\left(2\pi \cdot 50\,\dfrac{1}{\text{s}} \cdot 0{,}01\,\text{s}\right)\right]^2 = \mathbf{0}$

Das Ergebnis läßt sich auch direkt an der Leistungskurve in Bild **1**.21 ablesen. Nach einer Zeit $t = 0{,}01\,\text{s}$ (also nach einer halben Periodendauer bei $f = 50\,\text{Hz}$), berührt die Leistungskurve gerade die Zeitachse. Ihr Augenblickswert ist somit Null.

Übungsaufgaben zu Abschnitt 1.1 und 1.2

1. Welche Bedingung muß erfüllt sein, damit ein Strom als Wechselstrom bezeichnet werden kann?
2. Was versteht man unter einem Sprungstrom?
3. Skizzieren Sie die Liniendiagramme einiger wichtiger periodisch verlaufender Ströme und Spannungen.
4. Geben Sie den formelmäßigen Zusammenhang zwischen Periodendauer T und Frequenz f an. Welche Maßeinheiten haben die beiden Größen?
5. Wie ist die Wellenlänge für einen periodisch verlaufenden Vorgang festgelegt, und wie ändert sie sich in Abhängigkeit von der Ausbreitungsgeschwindigkeit c und der Frequenz f?
6. Skizzieren Sie für eine Periodendauer T eine sinusförmige Wechselspannung und kennzeichnen Sie einen Augenblickswert u, den Scheitelwert $\hat{u}$, den Spitze-Spitze-Wert u_{ss}, den Mittelwert und den Effektivwert $U = u_{\text{eff}}$.
7. Wie sind Tastverhältnis und Tastgrad festgelegt?
8. Welches Verhältnis wird durch den Klirrfaktor angegeben?
9. Warum gilt für einen Ohmschen Widerstand im Wechselstromkreis das Ohmsche Gesetz?
10. Erklären Sie anhand einer Skizze, warum die effektive Leistung im Wechselstromkreis bei Ohmscher Belastung die gleiche Größe hat, wie die Leistung im Gleichstromkreis und warum das Maximum der Leistungskurve $P_{t\max}$ im Wechselstromkreis doppelt so groß ist, wie die effektive Leistung.

1.3 Kondensator im Wechselstromkreis

1.3.1 Kapazitiver Widerstand

Versuch 1.3 Ein Kondensator $C = 100\,\mu F$ wird nach Bild **1.**23 an einen Sinusgenerator mit $U = 10\,V$, $f = 0{,}5\,Hz$ angeschlossen. Die Zeigerausschläge von Spannungs- und Strommesser (Nullpunkt in der Mitte der Skala) werden verglichen.

Ergebnis:

> Die Zeiger beider Meßgeräte pendeln im Rhythmus der angelegten Frequenz. Zwischen Strom und Spannung ist eine Phasenverschiebung festzustellen.

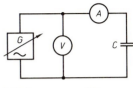

1.23 Spannungs- und Strommessung an einem Kondensator

Für Gleichstrom bildet der Kondensator ein unüberwindbares Hindernis. Das Hin- und Herpendeln des Strommesserzeigers beweist, daß dies für den Wechselstromkreis nicht mehr gilt. Die ständig wechselnden positiven und negativen Halbperioden der Wechselspannung bewirken ein entsprechendes Auf- und Entladen des Kondensators. Die zum Aufladen des Kondensators nötige Energie wird beim Entladen wieder an den Signalgenerator zurückgeliefert. Somit pendelt die Energie im Mittel einer Periodendauer zwischen Kondensator und Signalgenerator hin und her.

Versuch 1.4 Zum Messen der Effektivwerte von Spannung und Strom wird der Versuch 1.3 geändert, indem man die Meßgeräte auf Wechselstrommessung umschaltet und einen Kondensator $C = 4\,\mu F$ verwendet. Der Frequenzgenerator wird auf $f = 50\,Hz$ eingestellt.

Ergebnis Für die eingestellten Wechselspannungen von $U_1 = 6\,V$, $U_2 = 12\,V$ und $U_3 = 24\,V$ mißt man die Ströme $I_1 = 7{,}5\,mA$, $I_2 = 15\,mA$ und $I_3 = 30\,mA$.
Die Effektivwerte der Ströme nehmen demnach im gleichen Verhältnis wie die angelegten Spannungen zu.

> Bei konstanter Frequenz f verhält sich im Kondensatorstromkreis der Strom I zur Spannung U proportional.

Damit entspricht das Verhalten des Kondensators bei konstanter Frequenz dem eines Ohmschen Widerstands.

Errechnet man aus den Meßwerten des Versuchs 1.4 für den Kondensator den Widerstand in gleicher Weise wie beim Ohmschen Widerstand (als Quotient aus Spannungs- und Stromeffektivwerten), erhält man in allen drei Fällen den Widerstandswert von $800\,\Omega$. Man bezeichnet diesen Widerstand als **kapazitiven Widerstand** X_C.

Das Ergebnis des Versuchs 1.4 zeigt:

> Der kapazitive Widerstand X_C eines Kondensators ist von der Höhe der angelegten Wechselspannung U unabhängig.

Blindwiderstand. Zum Auf- bzw. Abbau des elektrischen Feldes im Kondensator wird Energie vom Signalgeber geliefert bzw. zurückerhalten. Nach außen wird dabei keine Leistung abgegeben. X_C wird deshalb auch Blindwiderstand genannt.

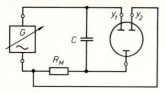

Versuch 1.5 Man setzt in dem Stromkreis nach Bild **1.**24 bei $U = 10$ V und bei konstanter Frequenz $f = 50$ Hz nacheinander die Kondensatoren $C_1 = 2$ µF, $C_2 = 4$ µF und $C_3 = 8$ µF ein.

Ergebnis Es werden die Ströme $I_1 = 3{,}8$ mA, $I_2 = 7{,}5$ mA und $I_3 = 15$ mA gemessen.

1.24 Aufnahme des zeitlichen Verlaufs von Strom und Spannung mit dem Oszilloskop

Aus dem Vergleich der Kondensatorkapazitäten mit den zugehörigen Strömen ist abzulesen:

> Der Kondensatorstrom I steigt proportional zur Kapazität C.

Der ansteigende Strom bei konstanter Ausgangsspannung U in Versuch 1.5 ist auf eine Abnahme des kapazitiven Widerstands X_C zurückzuführen. Die Berechnung dieses Widerstands liefert in der Reihenfolge der gewählten Kapazitäten die Werte $X_{C1} = 1{,}6$ kΩ, $X_{C2} = 800$ Ω und $X_{C3} = 400$ Ω. Daraus ist zu folgern:

> Eine Vergrößerung der Kapazität C hat ein Abnehmen des kapazitiven Widerstands X_C zur Folge, und zwar ändert sich $X_C \sim \dfrac{1}{C}$.

Versuch 1.6 Bei konstanter Wechselspannung $U = 10$ V werden in der Schaltung nach Bild **1.**24 für den Kondensator $C = 4$ µF nacheinander die Frequenzen $f_1 = 50$ Hz, $f_2 = 100$ Hz und $f_3 = 200$ Hz am Frequenzgenerator eingestellt.

Ergebnis Die gemessenen Ströme betragen $I_1 = 12{,}5$ mA, $I_2 = 25$ mA und $I_3 = 50$ mA.

Ein Vergleich der Strom- und Frequenzwerte zeigt:

> Mit zunehmender Frequenz f im Kondensatorstromkreis steigt der Strom I proportional an.

Auch in diesem Fall kann die Stromerhöhung bei konstanter Ausgangsspannung nur auf die Widerstandsabnahme bei zunehmender Frequenz zurückgeführt werden. Die Berechnung des kapazitiven Widerstands X_C aus den zugehörigen effektiven Spannungs- und Stromwerten bestätigt dieses Ergebnis. In der gewählten Frequenzreihenfolge in Versuch 1.6 berechnet man die Widerstandswerte zu $X_{C1} = 800$ Ω, $X_{C2} = 400$ Ω und $X_{C3} = 200$ Ω. Damit gilt:

> Der kapazitive Widerstand X_C eines Kondensators verhält sich umgekehrt proportional zur Frequenz f.
>
> $$X_C \sim \frac{1}{f}$$

Faßt man die in den Versuchen 1.5 und 1.6 gefundenen Abhängigkeiten des kapazitiven Widerstands von der Frequenz f und der Kapazität C zusammen, ergibt sich:

$$X_C \sim \frac{1}{f \cdot C}$$

Eine Gegenüberstellung der Blindwiderstände X_C aus Versuch 1.6 mit dem Ausdruck $\frac{1}{f \cdot C}$ zeigt, daß die Zahlenwerte hierfür gerade um den Faktor 6,28 oder 2π größer sind als die der ermittelten Blindwiderstände.

f	X_C	$\frac{1}{f \cdot C}$
Hz	Ω	Ω
50	800	5000
100	400	2500
200	200	1250

Dividiert man die Zahlenwerte für $\frac{1}{f \cdot C}$ durch 2π, erhält man den Blindwiderstand X_C.

Als Formel lautet der Sachverhalt

$$X_C = \frac{1}{2 \cdot \pi \cdot f \cdot C}.$$

Mit unserer Festlegung aus Abschn. 1.1.3, wonach das Produkt $2 \cdot \pi \cdot f$ als Kreisfrequenz ω bezeichnet wurde, vereinfacht sich die hergeleitete Formel zur Bestimmung des kapazitiven Widerstands X_C. Der kapazitive Widerstand X_C errechnet sich als Kehrwert des Produkts aus der Kreisfrequenz ω und der Kapazität C.

$$X_C = \frac{1}{\omega \cdot C} \qquad X_C \text{ in } \Omega \quad \omega \text{ in } \frac{1}{s} \quad C \text{ in } F$$

Beispiel 1.15 Wie groß ist der kapazitive Widerstand X_C des in Versuch 1.4 benutzten Kondensators mit $C = 4\,\mu F$ bei einer Frequenz von $f = 50$ Hz?

Lösung $X_C = \frac{1}{\omega \cdot C} = \frac{1}{2\pi \cdot f \cdot C} = \frac{1}{2 \cdot \pi \cdot 50\,\text{Hz} \cdot 4 \cdot 10^{-6}\,\text{F}} = \mathbf{796\,\Omega}$

Beispiel 1.16 Wie verändert sich der kapazitive Widerstand eines Kondensators mit $C = 16\,\mu F$ in der Zuleitung eines Lautsprechers im Bereich der hörbaren Frequenzen zwischen $f_1 = 50$ Hz und $f_2 = 20\,000$ Hz?

Lösung $f_1: X_{C1} = \frac{1}{2 \cdot \pi \cdot f_1 \cdot C} = \frac{1}{2 \cdot \pi \cdot 50\,\text{Hz} \cdot 16 \cdot 10^{-6}\,\text{F}} = \mathbf{199\,\Omega}$

$f_2: X_{C2} = 2 \cdot \pi \cdot f_2 \cdot C = \frac{1}{2 \cdot \pi \cdot 20 \cdot 10^3\,\text{Hz} \cdot 16 \cdot 10^{-6}\,\text{F}} = \mathbf{0,5\,\Omega}$

Funkentstörung mit Kondensatoren. Ein Kondensator wirkt in Hochfrequenzstromkreisen aufgrund seines geringen Widerstands wie ein Kurzschluß. Er kann daher hochfrequente Störspannungen, wie sie an vielen elektrischen Maschinen und Geräten entstehen, kurzschließen und dadurch unschädlich machen. Solche Störspannungen treten überall dort auf, wo Stromkreise betriebsmäßig unterbrochen werden: an allen Maschinen mit Stromwendern (Gleichstromgeneratoren und -motoren, Einphasen- und Drehstrom-Stromwendermotoren), elektrischen Weckern, Glimmzündern für Leuchtstofflampen, Temperaturreglern (z.B. in Heizkissen),

Zündunterbrechern in Kraftfahrzeugen usw. Die Störungen rufen in Funkgeräten Störgeräusche und in Fernsehgeräten Bildstörungen hervor. Der Entstör-Kondensator muß die hochfrequente Störspannung überbrücken. Bild **1**.25 zeigt als Beispiel für geringe Entstöransprüche die Entstörung eines Stromwendermotors durch zwei Kondensatoren. Darin ist C_2 ein Berührungsschutzkondensator. Er muß durchschlagsicher gebaut sein, weil bei einem Durchschlag die Netzspannung am Motorgehäuse läge. Berührungsschutzkondensatoren erhalten auf ihrem Gehäuse den Aufdruck ⊤. Die Entstörkondensatoren haben Kapazitäten zwischen 2000 und 100000 pF. Funkentstörte Geräte tragen das Funkschutzzeichen (**1**.26).

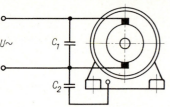

1.25 Funkentstörung mit Kondensatoren

1.26 VDE-Funkschutzzeichen (N = normal)

1.3.2 Phasenverschiebung zwischen Spannung und Strom im Kondensatorstromkreis

Versuch 1.7 Die Schaltung nach Bild **1**.24 wird geändert, indem man an Stelle des Spannungs- und Strommessers ein Oszilloskop schaltet. Die Darstellung des Stroms wird dabei durch eine dem Strom proportionale Spannung an einem Widerstand R_M abgegriffen. Dieser Widerstand muß zur Vermeidung von Meßfehlern klein (d. h. in der Größenordnung des Strommesser-Innenwiderstands) gehalten werden.

Ergebnis Bild **1**.27 zeigt das auf dem Bildschirm erscheinende Liniendiagramm für Spannung und Strom. Sowohl die Spannungs- als auch die Stromkurve zeigen einen sinusförmigen Verlauf. Die Liniendiagramme verdeutlichen einen wesentlichen Unterschied zu denen beim Ohmschen Widerstand.

Spannung und Strom sind im Kondensatorstromkreis zueinander phasenverschoben.

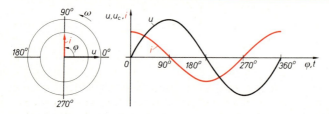

1.27 Linien- und Zeigerdiagramm für Strom und Spannung im Kondensatorstromkreis

Der Vorgang, der zu dieser Phasenverschiebung führt, läßt sich so veranschaulichen: Im Gleichstromkreis ist ein Kondensator geladen, wenn der Ladestrom Null wird, d. h. wenn die Gegenspannung u_C, die sich über den Kondensatorplatten aufbaut, gleich der angelegten Spannung u ist. Den gleichen Ladevorgang findet man im Wechselstromkreis. Auch hier ist der Kondensator geladen, wenn kein Ladestrom i mehr fließt. Das entspricht in dem Liniendiagramm nach Bild **1**.27 der Stelle, an der die Stromkurve die Zeitachse schneidet, also den Wert Null annimmt. Zu diesem Zeitpunkt hat die Kondensatorspannung u_C den maximalen Spannungswert wie die angelegte Spannung u.

Nachdem die Spannung u ihren Maximalwert bei $\varphi = 90°$ durchlaufen hat, wird der Kondensator entladen. Der Entladestrom ist dem Ladestrom entgegengesetzt gerichtet. Er verläuft im Liniendiagramm also unterhalb der Zeitachse. In dem Augenblick, in dem die angelegte Spannung das Vorzeichen wechselt, d. h. die Zeitachse bei $\varphi = 180°$ schneidet, verläuft die Kurve am steilsten. Nun fließt der maximale Strom. Der Kondensator wird erneut mit umgekehrter Polarität geladen. Hat die Spannung u bei $\varphi = 270°$, also nach ¾ Periodendauer, ihren niedrigsten Wert (negativer Höchstwert) erreicht, wird wie beim Aufladevorgang mit umgekehrter Polarität bei $\varphi = 90°$ (¼ Periodendauer) der Ladestrom Null. Der Kondensator ist zu diesem Zeitpunkt wieder aufgeladen. Steigt die Spannung danach wieder an, entlädt sich der Kondensator erneut. Der größte Wert dieses Stroms wird am Ende der gesamten Periodendauer, also nach $\varphi = 360°$, erreicht. Danach wiederholt sich der gesamte Vorgang periodisch.

Die in Bild **1.**27 gestrichelte Kurve für die Kondensatorspannung u_C stellt die mit der elektrischen Ladung und dem elektrischen Feld verbundene Spannung zwischen den Kondensatorbelägen dar. Diese Ladung und damit auch die entsprechende Spannung u_C sind der angelegten Spannung u in jedem Augenblick gleich, aber entgegengesetzt gerichtet. Man sagt, u_C verläuft zu u gegenphasig. Die Konstruktion der Kurve für die Kondensatorspannung u_C erhält man, indem man die Kurve der angelegten Spannung u um 180° nach links, also zeitlich vorverlegt.

Bezieht man diese Konstruktionsweise auf die Kurve des Kondensatorstroms i, erreicht man ihren Verlauf durch Verschiebung der Spannungskurve u um 90° nach links, d.h. um eine zeitliche Vorverlegung von einer Viertelperiode.

> Im Kondensatorstromkreis eilt der Strom der angelegten Spannung um $\varphi = 90°$ voraus.

Blindstrom, Blindwiderstand. Im Gegensatz zum Strom, der durch einen Ohmschen Widerstand fließt und keine Phasenverschiebung gegenüber der anliegenden Spannung hat, bezeichnet man Ströme in Blindwiderständen, die um 90° gegenüber der angelegten Spannung verschoben sind, als Blindströme.

1.3.3 Wechselstromleistung bei kapazitiver Belastung

Wie beim Ohmschen Widerstand hängt auch die Wechselstromleistung eines kapazitiven Widerstands vom Produkt der Augenblickswerte u und i ab. Weil der Strom aber hier der Spannung um 90° vorauseilt, erhält man einen Kurvenverlauf für die Leistung nach Bild **1.**28.

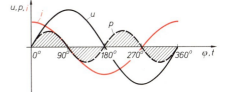

1.28
Wechselstromleistung bei kapazitiver Belastung

Übereinstimmend mit dem zeitlichen Leistungsverlauf beim Ohmschen Widerstand zeigt sich auch bei kapazitiver Belastung eine Frequenzverdopplung gegenüber der Ausgangsspannung u. Im Gegensatz zur Wechselstromleistung am Ohmschen Widerstand (vgl. Bild **1.**21) verläuft aber die Leistungskurve nach Bild **1.**28 zu gleichen Teilen sowohl oberhalb der Zeitachse (im positiven) als auch unterhalb der Zeitachse (im negativen Bereich). Mathematisch läßt sich der Verlauf der Leistungskurve durch die Vorzeichen für die Spannungs- und Stromkurve innerhalb der einzelnen Viertelperioden leicht erklären.

	0°–90°	90°–180°	180°–270°	270°–360°
Spannung u	+	+	–	–
Strom i	+	–	–	+
Leistung $P_t = U \cdot i$	+	–	+	–

Was bedeutet aber eine negative Leistung? Da die Fläche zwischen Leistungskurve und Zeitachse ein Maß für die Arbeit ist (s. die schraffierte Fläche in Bild **1.**28), wird während der Zeit t, in der die Leistungskurve oberhalb der Zeitachse verläuft, dem Kondensator Energie zugeführt. Diese Energie wird im elektrischen Feld des Kondensators gespeichert. Beim Entladen des Kondensators wird diese Energie dem Feld entzogen und wieder dem Netz zugeführt. Dieser Vorgang wiederholt sich während einer Periode zweimal. Von geringfügigen Verlusten abgesehen, kann man also folgern:

> Im Kondensator wird keine nennenswerte wirksame Leistung (Wirkleistung) nach außen abgegeben.

Kapazitive Blindleistung heißt die Leistung, die zur Aufrechterhaltung des elektrischen Wechselfelds im Kondensator dient. Sie ergibt sich aus dem Produkt der Effektivwerte von Spannung und Strom bei rein kapazitiver Belastung.

$$Q_C = U \cdot I_C$$

Leistungsverlust. Exakt tritt der geschilderte Sachverhalt der reinen Blindleistung bei Kondensatoren niemals auf. Weil alle Dielektrika, die den Raum zwischen den Kondensatorplatten ausfüllen, mehr oder weniger schlechte Leiter sind, können geringe Ströme durch den Isolationswiderstand hindurchfließen. Sie bewirken zusammen mit der anliegenden Spannung einen effektiven (wirksamen) Leistungsverlust. Ein weiterer Leistungsverlust ergibt sich durch die Umformierung (Umpolarisation) der Moleküle des Dielektrikums. Er ist eng mit dem Auf- und Abbau des elektrischen Felds im Kondensator verbunden, deshalb wird er bei höheren Frequenzen (d. h. bei schnelleren Auf- und Entladevorgängen) merklich größer.

Verlustfaktor. Die Leistungsverluste des Kondensators wirken angenähert wie die Leistung Ohmscher Widerstände. Die dem Stromkreis durch diese Leistungsverluste entzogene Energie wird in Wärme umgewandelt. Durch den Ohmschen Charakter des Energieverlusts im Kondensator gegenüber der rein kapazitiven Belastung verschiebt sich die Stromkurve geringfügig. Diese Verschiebung wird gemessen durch den Abstand, den die wirkliche Stromkurve gegenüber der Stromkurve eines völlig verlustfreien Kondensators (90° Phasenverschiebung gegenüber der Spannungskurve) bildet. Je größer die Verluste im Kondensator sind, desto mehr wird der Einfluß des Ohmschen Widerstands (0° Phasenverschiebung gegenüber der Spannungskurve) wirksam. Als Maß für den Leistungsverlust eines Kondensators wählt man den Winkel δ (sprich: delta), um den sich die Stromkurve des Kondensators von der des verlustfreien Kondensators entfernt. Die Höhe des Leistungsverlusts eines Kondensators wird durch das Verhältnis von Wirkstrom i_R und Kondensatorstrom i_C oder entsprechend durch den Winkel δ gekennzeichnet. In der Mathematik nennt man das Verhältnis Tangens des Winkels δ $\left(\text{Symbolisch: } \tan \delta = \frac{i_R}{i_C}\right)$. Da $\tan \delta$ proportional zum Verluststrom wächst, wird er in der Elektrotechnik mit Verlustfaktor bezeichnet.

> **Verlustfaktor eines Kondensators** $\qquad \tan \delta = \dfrac{i_R}{i_C}$

Ersatzschaltbild. Um die beschriebenen Zusammenhänge beim Kondensator im Wechselstromkreis rechnerisch berücksichtigen zu können, wählt man bei den nicht mehr vernachlässigbar kleinen Verlusten (z. B. bei sehr hohen Frequenzen) ein Ersatzschaltbild nach Bild **1.**29. Es besteht aus einem idealen Kondensator, der nur von einem Blindstrom durchflossen wird und damit völlig verlustfrei arbeitet, und aus einem parallel geschalteten Ohmschen Widerstand, durch den der gesamte Verluststrom (d.h. der zur Erwärmung führende Wirkstrom) fließt. Bild **1.**30 zeigt das Linien- und Zeigerdiagramm zu dem Ersatzschaltbild **1.**29. Es verdeutlicht den Zusammenhang und den Sinn des Ersatzschaltbilds. Die Phasenlage des Stroms eines verlustbehafteten Kondensators ist gegenüber dem Strom bei verlustfreier Arbeitsweise des Kondensators ($\varphi = 90°$) um den Verlustwinkel δ kleiner. Der Strom i_C ergibt sich nun als geometrische Addition eines reinen Blindstroms ($\varphi = 90°$) und eines kleinen Wirkstroms ($\varphi = 0°$).

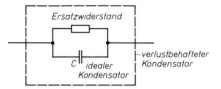

1.29 Ersatzschaltbild eines verlustbehafteten Kondensators

1.30 Linien- und Zeigerdiagramm des verlustbehafteten Kondensators

Beispiel 1.17 Wie groß ist die Phasenverschiebung zwischen Spannung und Strom für einen Kondensator von $C = 10000$ pF, bei dessen Fertigung Hartpapier als Isolierstoff verwendet wurde? Der Verlustfaktor wird für Hartpapier bei einer Frequenz von 1 MHz mit 0,025 angegeben.

Vergleichen Sie diese Phasenverschiebung mit der eines Kondensators, der Polystyrol als Isolierstoff enthält und dessen Verlustfaktor mit $4 \cdot 10^{-4}$ bei der Frequenz 1 MHz angegeben wird.

Lösung $\tan \delta = 0{,}025 \Rightarrow \delta = 1{,}43°$

Im Zeigerdiagramm weicht der Strompfeil um diesen Winkel von dem eines verlustfreien, idealen Kondensators (d.h. von 90°, bezogen auf die Spannung) ab. Die Phasenverschiebung vermindert sich durch den ermittelten Verlustwinkel zu
$\varphi = 90° - \delta = 90° - 1{,}43° = \mathbf{88{,}57°}$.

Für den Kondensator mit Polystyrol als Isolierstoff erhält man nach gleicher Rechnung eine erheblich kleinere Abweichung von $\delta = 0{,}023°$ und dementsprechend eine Phasenverschiebung von
$\varphi = 90° - \delta = 90° - 0{,}023° = \mathbf{89{,}98°}$.

Phasenverschiebungen dieser Größenordnung können in den meisten Fällen als vernachlässigbar angesehen werden.

1.4 Spule im Wechselstromkreis

1.4.1 Induktiver Widerstand

Versuch 1.8 Eine Spule ohne Eisenkern mit der Induktivität $L = 10$ mH wird nach Bild **1.**31 an eine sinusförmige Wechselspannung $U = 10$ V, $f = 500$ Hz angeschlossen. Der gemessene Effektivwert des Stroms beträgt $I = 32$ mA.

Ergebnis Für Gleichstrom besitzt die Spule aufgrund des Leiterwiderstands einen sehr kleinen Ohmschen Widerstand. Im Vergleich dazu hat der Widerstand, der sich nach dem Ohmschen Gesetz als Quotient aus Wechselspannung und Wechselstrom ergibt, den hohen Widerstand von 32 Ω.

Der zusätzliche Wechselstromwiderstand entsteht durch die Selbstinduktionsspannung beim Auf- und Abbau des magnetischen Felds der Spule. Die Energie zum Aufbau des magnetischen Felds wird beim Abbau wieder an das Netz zurückgeliefert. Somit wird, abgesehen von dem geringfügigen Verlust durch den vernachlässigbar kleinen Ohmschen Widerstand der Spule, keine Energie nach außen abgeführt, d.h. die Spule bildet einen Blindwiderstand. Da der Blindwiderstand auf die Induktivität L der Spule zurückzuführen ist, heißt er **induktiver Widerstand** X_L.

Versuch 1.9 In der Schaltung nach Bild **1.**31 werden bei einer Frequenz von $f = 500$ Hz nacheinander die Spannungen $U = 6$ V, 12 V und 24 V an die eisenlose Spule $L = 10$ mH angeschlossen.

Ergebnis Vergleicht man die dazu gemessenen Ströme von $I = 185$ mA, 370 mA und 740 mA, kann man folgern:

> Spannung und Strom verhalten sich im Spulenstromkreis bei konstanter Frequenz verhältnisgleich (proportional).

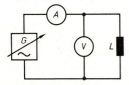

1.31
Spannungs- und Strommessung an einer Spule

Geringfügige Abweichungen sind auf den hier vernachlässigten Ohmschen Widerstand zurückzuführen. Der nach dem Ohmschen Gesetz aus den eingestellten Spannungs- und den gemessenen Stromeffektivwerten des Versuchs 1.9 ermittelte Blindwiderstand X_L ist in allen drei untersuchten Fällen etwa 32 Ω. Das Ergebnis dieses Versuchs zeigt:

> Der induktive Widerstand X_L einer eisenlosen Spule ist von der Höhe der angelegten Wechselspannung unabhängig.

Versuch 1.10 Man setzt in den Stromkreis nach Bild **1.**31 bei konstanter Ausgangsspannung $U = 10$ V und konstanter Frequenz $f = 500$ Hz nacheinander die Spulen $L = 10$ mH, 20 mH und 40 mH ein.

Ergebnis Es fließen die Ströme $I = 320$ mA, 160 mA und 80 mA. Aus den Verhältnissen der Induktivitäten und der Ströme ergibt sich:

> Der Strom I in einem Spulenstromkreis verhält sich umgekehrt proportional zur Induktivität L der Spule.
>
> $$i \sim \frac{1}{L}$$

Der abnehmende Strom bei konstanter Ausgangsspannung U ist auf eine Zunahme des induktiven Widerstands zurückzuführen. Berechnet man in der Reihenfolge der in Versuch 1.10 gewählten Induktivitäten nach dem Ohmschen Gesetz aus anliegender Spannung und gemessenen Stromwerten den induktiven Widerstand X_L, erhält man $X_L = 32$ Ω, 64 Ω und 128 Ω. Diese Ergebnisse zeigen:

> Der induktive Widerstand einer Spule X_L steigt proportional zu ihrer Induktivität L.
>
> $$X_L \sim L$$

Versuch 1.11 Bei konstanter Wechselspannung $U = 10$ V werden in der Schaltung nach Bild **1.**31 für eine Spule mit $L = 10$ mH nacheinander die Frequenzen $f = 500$ Hz, 1000 Hz und 2000 Hz am Frequenzgenerator eingestellt.

Ergebnis Die zugehörigen Ströme betragen $I = 320$ mA, 160 mA und 80 mA.

Ein Vergleich von Strom- und Frequenzverhältnissen zeigt:

> Der Strom I in einem Spulenstromkreis nimmt mit steigender Frequenz f ab.

Die Abnahme des Stroms im Spulenstromkreis bei konstanter Ausgangsspannung ist wiederum auf eine Vergrößerung des induktiven Widerstands zurückzuführen. Die Berechnung der induktiven Widerstände aus den zugehörigen effektiven Spannungs- und Stromwerten führt zu den Widerstandswerten $X_L = 32\,\Omega$, 64 Ω und 128 Ω in der Reihenfolge der gewählten Frequenzen von $f = 500$ Hz, 1000 Hz und 2000 Hz nach Versuch 1.11. Somit folgt:

> Der induktive Widerstand X_L einer Spule verhält sich proportional zur Frequenz f.

Faßt man zur Berechnung des induktiven Widerstands X_L die untersuchten Abhängigkeiten zu einer Formel zusammen, erhält man eine zahlenmäßige Übereinstimmung mit den aus Spannungs- und Stromwerten errechneten Widerstandswerten, wenn statt der Frequenz f die Kreisfrequenz ω eingesetzt wird (s. Abschn. 1.1.3). Zusammenfassend zeigen die Versuche:

> Der induktive Widerstand ergibt sich aus dem Produkt von Kreisfrequenz ω und Induktivität L.
>
> **Induktiver Widerstand** $\qquad X_L = \omega \cdot L \qquad\qquad X_L$ in $\Omega \quad \omega$ in $\dfrac{1}{\text{s}} \quad L$ in H

Beispiel 1.18 Wie groß ist der induktive Widerstand einer Spule von $L = 2$ mH bei einer Frequenz von $f = 50$ kHz?
Lösung $X_L = \omega \cdot L = 2 \cdot \pi \cdot f \cdot L = 2 \cdot \pi \cdot 50 \cdot 10^3$ Hz $\cdot 2 \cdot 10^{-3}$ H $=$ **628 Ω**

Beispiel 1.19 Wie verändert sich der induktive Widerstand X_L einer Spule $L = 2$ mH in der Zuleitung eines Lautsprechers im Bereich der hörbaren Frequenzen zwischen $f_1 = 50$ Hz und $f_2 = 20\,000$ Hz?
Lösung $f_1 = 50$ Hz: $X_{L1} = 2 \cdot \pi \cdot f_1 \cdot L = 2 \cdot \pi \cdot 50$ Hz $\cdot 2 \cdot 10^{-3}$ H $=$ **0,6 Ω**
$f_2 = 20$ kHz: $X_{L2} = 2 \cdot \pi \cdot f_2 \cdot L = 2 \cdot \pi \cdot 20 \cdot 10^3$ Hz $\cdot 2 \cdot 10^{-3}$ H $=$ **251 Ω**

Für größere Frequenzen bildet die Spule ein größeres Hindernis. Man kann sie zur „Drosselung" des Stroms einsetzen (Drosselspule). Die niedrigen Frequenzen werden besser „durchgelassen", weil der induktive Widerstand mit abnehmender Frequenz kleiner wird.

1.4.2 Phasenverschiebung zwischen Spannung und Strom im Spulenstromkreis

Versuch 1.12 Die Schaltung nach Bild **1.**31 wird wie in Bild **1.**32 geändert, indem man an Stelle des Spannungs- und Strommessers ein Oszilloskop in den Spulenstromkreis schaltet. Die Darstellung des Stroms wird dabei durch eine dem Strom i proportionale Spannung u an einem Ohmschen Widerstand R_M

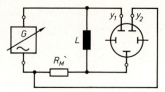

1.32 Aufnahme des zeitlichen Verlaufs von Strom und Spannung im Spulenstromkreis

abgegriffen. Dieser Widerstand muß zur Vermeidung von Meßfehlern klein (d.h. in der Größenordnung des Strommesser-Innenwiderstands) gehalten werden.

Ergebnis Bild 1.33 zeigt das auf dem Bildschirm erscheinende Liniendiagramm für Spannung u und Strom i. Man erkennt neben dem deutlich sinusförmigen Verlauf der Stromkurve:

> Spannung u und Strom i sind im Spulenstromkreis zueinander phasenverschoben.

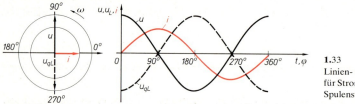

1.33 Linien- und Zeigerdiagramm für Strom und Spannung im Spulenstromkreis

Zur Erklärung dieser Phasenverschiebung sind in Bild 1.33 die angelegte Spannung u, der Strom i und die dadurch induzierte Spannung u_{qL} dargestellt. Nach der Lenzschen Regel wirkt u_{qL} während des Stromanstiegs der Stromrichtung entgegen und bewirkt dadurch eine Verminderung des Stromanstiegs selbst. Im Liniendiagramm verläuft deshalb die u_{qL}-Kurve während des Stromanstiegs zwischen 0° und 90° unterhalb der Zeitachse. In dem Moment, in dem der Strom i seinen Maximalwert erreicht (d.h. kein weiterer Stromanstieg erfolgt), ist die Selbstinduktionsspannung Null.

Nach Überschreiten des Maximalwerts bei 90° nimmt der Strom i wieder bis auf Null (bei 180°) ab, wobei die Selbstinduktionsspannung u_{qL} nach der Lenzschen Regel jetzt dem Strom gleichgerichtet ist, um den Stromabfall aufzuhalten. Der gleiche Vorgang wiederholt sich zwischen 180° und 360° mit dem entgegengesetzten Vorzeichen für den induzierten Strom i. Beschreibt man das Verhalten des induzierten Stroms zur angelegten Spannung u, die entgegengesetzt gleich der Selbstinduktionsspannung ist, gilt:

> Im Spulenstromkreis eilt der Strom i der angelegten Spannung u um $\varphi = 90°$ nach.

Verzerrung der Stromkurve bei magnetisch gesättigtem Spulenkreis. Der in Bild 1.33 dargestellte sinusförmige Verlauf des Spulenstroms i gilt streng genommen nur für eisenlose Spulen. Für Spulen mit Eisenkern bleibt dieser sinusförmige Verlauf nur so lange erhalten, wie zwischen der magnetischen Feldstärke (d.h. dem Magnetisierungsstrom) und der magnetischen Flußdichte ein lineares Verhältnis (Proportionalität) besteht (1.34). Das ist der Fall, so lange die Permeabilitätszahl μ_r annähernd konstant ist.

Mit zunehmender Magnetfeldstärke, also mit beginnender Sättigung des Eisens, bleibt der induktive Widerstand nicht mehr konstant. Folglich ergibt sich ein von der Sinusform abweichender Stromverlauf (1.35). Man spricht von einer „Verzerrung der Stromkurve". Die Verzerrungen sind für ansteigenden und abnehmenden Magnetisierungsstrom nicht gleich, was sich durch Ummagnetisierungseffekte im Eisenkern erklären läßt (s. Elektro-Fachkunde 1 von Hille/Schneider, Abschn. 3.2.3).

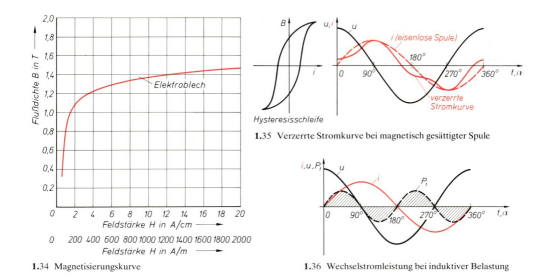

1.34 Magnetisierungskurve

1.35 Verzerrte Stromkurve bei magnetisch gesättigter Spule

1.36 Wechselstromleistung bei induktiver Belastung

Blindstrom, Blindwiderstand. Wie beim Kondensator wird auch der Strom durch eine ideale Spule ohne Ohmschen Widerstand als Blindstrom bezeichnet, weil er gegenüber der Spannung um 90° verschoben ist.

1.4.3 Wechselstromleistung bei induktiver Belastung

Die Wechselstromleistung des induktiven Widerstands hängt wie beim Ohmschen Widerstand vom Produkt der Augenblickswerte u und i ab. Multipliziert man die Spannungs- und Stromwerte eines rein induktiven Widerstands über eine Periode, erhält man den in Bild **1.36** dargestellten Leistungsverlauf. Übereinstimmend mit dem Leistungsverlauf am kapazitiven Widerstand (s. Bild **1.28**) verläuft die Leistungskurve nach Bild **1.36** zu gleichen Teilen unterhalb bzw. oberhalb der Zeitachse, also im negativen bzw. positiven Bereich. Eine mathematische Erklärung für den Verlauf der Leistungskurve ergibt sich aus den Vorzeichen für die Spannungs- und Stromkurve innerhalb der einzelnen Viertelperioden.

	0° bis 90°	90° bis 180°	180° bis 270°	270° bis 360°
Spannung u	+	−	−	+
Strom i	+	+	−	−
Leistung $P_i = u \cdot i$	+	−	+	−

Die Fläche zwischen Leistungskurve und Zeitachse ist in Bild **1.36** schraffiert. Sie ist, wie bei den Betrachtungen für den Ohmschen und kapazitiven Widerstand, ein Maß für die Arbeit. Während der Zeit, in der die Leistungskurve im Positiven verläuft, ist die Arbeit positiv, d.h. der Spule wird aus dem Signalgenerator Energie zum Aufbau des Magnetfelds zugeführt. Beim Abbau des Magnetfelds wird diese Energie der Spule wieder entzogen und an den Generator zurückgeliefert. Dieser Vorgang wiederholt sich während einer Periode zweimal, weil es für die aufzuwendende oder zurückgelieferte Energie belanglos ist, ob das magnetische Feld in der positiven oder negativen Richtung auf- bzw. abgebaut werden muß. Ohne die geringfügigen Verluste durch den hier zunächst als vernachlässigbar anzusehenden Ohmschen Widerstand der Spule kann man folgern:

> In der eisenlosen Spule wird keine nennenswerte wirksame Leistung nach außen abgeführt.

Induktive Blindleistung nennt man die Leistung, die nur zur Aufrechterhaltung des magnetischen Wechselfelds in der Spule dient. Durch sie wird keine andere Energie erzeugt oder verbraucht. Berechnen läßt sich die induktive Blindleistung Q_L aus dem Produkt der Effektivwerte von Spannung U und Strom I_L.

| Induktive Blindleistung | $Q_L = U \cdot I_L$ | Q_L in W |

Neben der Maßeinheit W ist auch noch das var (Voltampere reaktiv) gebräuchlich.
Exakt tritt der geschilderte Sachverhalt reiner Blindleistung wegen des Ohmschen Widerstands des Leiterwerkstoffs von Spulen niemals auf. In bestimmten Fällen kann dieser Energieverlust durch den Ohmschen Widerstand nicht vernachlässigt werden. Der Verlust wird dann bei der Berechnung berücksichtigt, indem man eine Reihenschaltung aus einer völlig verlustfreien Spule und einem Ohmschen Widerstand von der Größe des Leiterwiderstands betrachtet.

> Der Leistungsverlust einer eisenlosen Spule wird durch den Ohmschen Widerstand des Spulenwerkstoffs verursacht.

Bei einer Spule mit Eisenkern treten mit zunehmender Frequenz weitere Verluste durch die Ummagnetisierungsarbeit des Eisens und Wirbelstromverluste hinzu. Diese Verluste lassen sich näherungsweise berücksichtigen, wenn man einen Ohmschen Widerstand R_E parallel zur verlustfreien Spule einsetzt. Durch diesen Wirkwiderstand wird dem Stromkreis Energie entzogen, die ebenfalls in Wärme umgewandelt wird.

Phasenverschiebung. Die gesamten Leistungsverluste sind der Grund dafür, daß die beschriebene Phasenverschiebung von $\varphi = 90°$ zwischen Spannung und Strom bei rein induktiver Belastung niemals genau gelten kann.

Stellt man sich eine verlustbehaftete Spule ohne Berücksichtigung der Eisenverluste wie in Bild **1.**37a als Reihenschaltung einer Spule mit einem rein induktiven Blindwiderstand X_L und einem Ohmschen Widerstand R_L vor, kann man die sich einstellende Phasenverschiebung in ähnlicher Weise wie beim verlustbehafteten Kondensator erklären: Beide Widerstände werden durch den sich zeitlich ändernden Strom i durchflossen. Dieser Strom eilt der Spannung u_L am induktiven Widerstand um 90° nach. Gleichzeitig erzeugt aber der in Reihe liegende Ohmsche Widerstand infolge des durch ihn fließenden Stroms i einen Spannungsabfall u_W, der keine Phasenverschiebung zum fließenden Strom aufweist. Die resultierende Spannung u dieser beiden aufeinander senkrecht stehenden Spannungspfeile von u_W und u_L erhält man wie beim

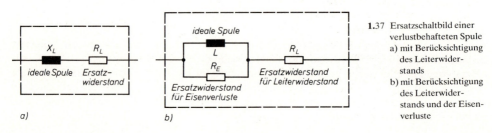

1.37 Ersatzschaltbild einer verlustbehafteten Spule
a) mit Berücksichtigung des Leiterwiderstands
b) mit Berücksichtigung des Leiterwiderstands und der Eisenverluste

Kondensator durch geometrische Addition. Bild **1**.38 entnimmt man, daß der Phasenverschiebungswinkel φ zwischen anliegender Spannung u und Strom i um den Verlustwinkel δ kleiner als 90° wird, d. h. $\varphi = 90° - \delta$. Ähnlich wie beim Kondensator das Verhältnis $\dfrac{i_R}{i_C}$ ein Maß für den Energieverlust bildete, wird bei der eisenlosen Spule das Verhältnis von Wirkspannung u_w und Blindspannung u_L (mathematisch: $\tan \delta = \dfrac{u_w}{u_L}$) mit Verlustfaktor bezeichnet.

Verlustfaktor einer eisenlosen Spule $\tan \delta = \dfrac{u_w}{u_L}$

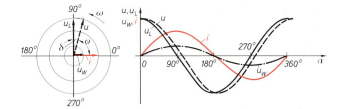

1.38
Linien- und Zeigerdiagramm einer
verlustbehafteten Spule

Die Leistungskurve für die verlustbehaftete Spule ist zwar wieder durch die Multiplikation der Augenblickswerte von u und i wie in Bild **1**.39 zu ermitteln, doch sind die Flächen zwischen Leistungskurve und Zeitachse im positiven und negativen Bereich nicht mehr gleich groß wie bei einer verlustlosen Spule.

Um die in Bild **1**.39 gestrichelte Fläche in die Blindleistung des rein induktiven Anteils und in die Wirkleistung des Ohmschen Widerstands aufzuteilen, muß man die Flächen unterhalb der Zeitachse von den Flächen oberhalb der Zeitachse subtrahieren. Die Flächenanteile die sich gegenseitig aufheben, bilden die Energien, die mit der Aufrechterhaltung des Magnetwechselfelds verknüpft sind und nicht in eine andere Energieform überführt werden. Die verbleibende positive Fläche hingegen kennzeichnet wie beim Ohmschen Widerstand die Energie, die in Form von Wärme dem Stromkreis entzogen wird (s. Abschn. **1**.5).

Beispiel 1.20 **Der Verlustfaktor einer Spule mit Eisenkern von** $L = 10$ µH wird für eine Frequenz von $f_1 = 3$ MHz mit 0,5 angegeben. Für die Frequenz $f_2 = 300$ kHz erhöht sich der Wert auf 2,15.
Berechnen Sie für beide Frequenzen die Phasenverschiebung zwischen Spannung und Strom.

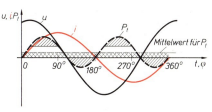

1.39 Leistungskurve einer verlustbehafteten Spule (ohne Eisenverluste)

Lösung a) $f_1 = 3$ MHz:
$\tan \delta = 0{,}5 \;\Rightarrow\; \delta = 26{,}5°$
Die Phasenverschiebung zwischen Spannung und Strom beträgt damit
$\varphi = 90° - \delta = 90° - 26{,}5° = \mathbf{63{,}5°}.$
b) $f_2 = 300$ kHz:
$\tan \delta = 2{,}15 \;\Rightarrow\; \delta = 65{,}14°$
Entsprechend erhält man für die Phasenverschiebung:
$\varphi = 90° - \delta = 90° - 65{,}14° = \mathbf{24{,}86°}.$

Beispiel 1.21 An einer verlustbehafteten Spule wird bei einer bestimmten Frequenz eine Phasenverschiebung $\varphi = 50°$ zwischen Spannung und Strom gemessen. Um wieviel % ist die Blindspannung u_L größer als die Wirkspannung u_w?

Lösung $\delta = 90° - \varphi = 90° - 50° = 40°$. Daraus
$\tan \delta = \tan 40° = 0{,}8391$.

Wegen $\tan \delta = \dfrac{u_w}{u_L}$ folgt

$u_L = \dfrac{u_w}{\tan \delta} = 1{,}19 \, u_w$.

Damit ist u_L um **19%** größer als u_w.

Übungsaufgaben zu den Abschnitten 1.3 und 1.4

1. Welchen frequenzabhängigen Widerstand wählt man, wenn eine Zunahme des Widerstandswerts a) mit steigender, b) mit fallender Frequenz erwünscht ist?
2. Geben Sie die Phasenverschiebung zwischen Spannung und Strom a) bei einem verlustfreien Kondensator, b) bei einer verlustfreien Spule an.
3. Wodurch weicht die Phasenverschiebung von Aufgabe 2 in Wirklichkeit ab?
4. Welche Aussagen kann man der Angabe des Verlustfaktors entnehmen?
5. Was versteht man unter Blindstrom, Blindspannung, Blindwiderstand und Blindleistung?
6. Worin unterscheiden sich die Leistungen bei einer kapazitiven bzw. induktiven Belastung im Vergleich zu einer rein Ohmschen Belastung?
7. Warum treten bei Spulen mit Eisenkern evtl. Verzerrungen in der Stromkurve auf?
8. In der Schaltung nach Bild **1**.40 werden nacheinander die Effektivwerte von Strom und Spannung für einen Widerstand $R = 100 \, \Omega$, einen Kondensator $C = 4 \, \mu F$ und eine Spule $L = 20 \, mH$ gemessen. Berechnen Sie für den Kondensator und für die Spule die Frequenz, die am Frequenzgenerator eingestellt werden müßte, um für die Blindwiderstände X_C und X_L zahlenmäßig die gleichen Widerstandswerte zu messen, die beim Ohmschen Widerstand angezeigt werden.

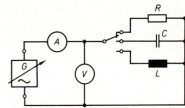

1.40

1.5 Zusammengesetzter Wechselstromkreis

1.5.1 Reihenschaltungen

> Bei der Reihenschaltung von Widerständen ist die Stromstärke in allen Teilwiderständen gleich groß.

Dieser Satz, der die Reihenschaltung Ohmscher Widerstände im Gleichstromkreis beschreibt, bleibt auch für die Reihenschaltung von Blind- und Ohmschen Widerständen im Wechselstromkreis gültig.

1.5.1.1 Reihenschaltung aus Ohmschem Widerstand und Kondensator (RC-Schaltung)

Versuch 1.13 Bild **1**.41 zeigt den Stromkreis, der zur Untersuchung einer Reihenschaltung aus Ohmschem Widerstand und Kondensator dienen soll. Betrachtet werden die Liniendiagramme auf dem Oszilloskop. Wählt man die Lage der Stromkurve im Liniendiagramm so, daß der ansteigende Strom die Zeitachse im Ursprung des Koordinatensystems schneidet, ist damit auch die Lage des Stromzeigers im Zeigerdiagramm bestimmt (z.Z. $t = 0$ und nach jeder weiteren Periode fällt der Stromzeiger mit der positiven horizontalen Achse des Zeigerdiagramms zusammen).

Ergebnis Zwischen Spannung u und Strom i besteht am Ohmschen Widerstand keine Phasenverschiebung. Folglich liegt der Spannungszeiger u_R im Zeigerdiagramm parallel zum Strompfeil i. Am Kondensator dagegen eilt der Strom der Spannung um 90° voraus. Nach Festlegung des Stroms i als Bezugsgröße kann man auch sagen, die Spannung u_c eilt dem Strom i um 90° nach. Damit zeigt der Spannungspfeil von u_c im Liniendiagramm **1**.42 nach unten.

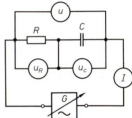

1.41 Schaltung zum Versuch 1.13

Algebraische Addition. Will man aus dem Verlauf der Augenblicksspannungen u_R am Ohmschen Widerstand und u_c am Kondensator den Kurvenverlauf der Gesamtspannung u ermitteln, kann dies im Liniendiagramm erreicht werden, indem man an beliebig vielen Stellen die Spannungswerte u_R und u_c algebraisch addiert. Dies geschieht nach dem Prinzip der Addition von Zahlen. Die Pfeile werden so aneinandergesetzt, daß an die Spitze des ersten Pfeils der Fußpunkt des zweiten angesetzt wird. Der Pfeil, der vom Fußpunkt des ersten Pfeils zur Spitze des letzten zeigt, stellt das Ergebnis dieser Addition dar. Im Liniendiagramm in Bild **1**.42 ist diese Addition für die Augenblickswerte der Spannungen u_R und u_c bei $\alpha = 45°$ und $\alpha = 150°$ durchgeführt. Der Kurvenverlauf, der sich nach dieser Konstruktion für die Augenblicksspannung u ergibt, ist punktiert gezeichnet. Die Phasenverschiebung φ zwischen Strom i und der Gesamtspannung u läßt sich im Liniendiagramm durch den Abstand der Maximalpunkte der Strom- und Gesamtspannungskurve ablesen. φ liegt, wie bereits im Abschn. 1.2 bei den Kondensatorverlusten beschrieben, zwischen 0° (reine Ohmsche Belastung) und 90° (reine kapazitive Belastung).

Geometrische Addition. Das diesen Verhältnissen entsprechende Zeigerdiagramm läßt sich auch ohne algebraische Addition im Liniendiagramm direkt durch geometrische Addition konstruieren. Das Verfahren verläuft wie bei der algebraischen Addition. Dadurch, daß die Richtungen der Pfeile von u_R und u_C um 90° gegeneinander verschoben sind, ergibt ihre Addition ein rechtwinkliges Dreieck, wie es Bild **1**.42 zeigt.

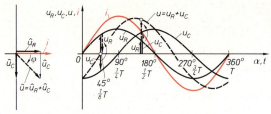

1.42 Linien- und Zeigerdiagramm zum Versuch 1.13

Die Verhältnisse in diesem rechtwinkligen Dreieck ändern sich nicht, gleichgültig, welche Augenblickswerte zur Konstruktion herangezogen werden (1.43a). Häufig werden die Maximalwerte $\hat{u}_c$, $\hat{u}_R$ und $\hat{u}$ (1.43b) oder die Effektivwerte U_c, U_R und U (1.43c) zur Darstellung von Zeigerdiagrammen ausgewählt. Dabei ist es üblich, die gemeinsame Größe (hier der Strom i) in der Horizontalen nach rechts zu zeichnen. Mit dieser Vereinbarung liegen alle anderen Größen des Wechselstromkreises fest.

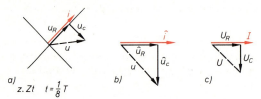

1.43 Zeigerdiagramme zur Addition von Wechselwerten
a) Augenblickswerte zur Zeit $t = \dfrac{T}{8}$, b) Maximalwerte,
c) Effektivwerte

Scheinwiderstand (Impedanz). Als Ergebnis der geometrischen Addition reiner Blindgrößen und reiner Wirkgrößen erhält man stets ein rechtwinkliges Dreieck, dessen längste Seite (Hypotenuse) der Gesamtspannung u oder dem Gesamtstrom i entspricht. Da bei der RC-Reihenschaltung dieses Dreieck durch Addition von Spannungen entsteht, nennt man es auch Spannungsdreieck. In einer reinen RC-Reihenschaltung ändert sich die Richtung des Stromzeigers gegenüber den Spannungszeigern von u_R, u_c und u nicht. Demnach kann man nach Division der einzelnen Spannungen im Spannungsdreieck durch die Größe des Stroms auch die Widerstände berechnen. Die Zeigerrichtung der Spannungen kann dann entsprechend Bild 1.44 übertragen werden.

Der scheinbare Widerstand, den man durch Division von Gesamtspannung U und Strom I errechnet, heißt Scheinwiderstand oder Impedanz Z.

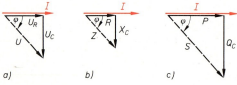

1.44 Ergebnisse des Versuchs 1.13
a) Spannungsdreieck, b) Widerstandsdreieck,
c) Leistungsdreieck

Da alle Spannungsgrößen des Spannungsdreiecks bei der Konstruktion des Widerstandsdreiecks durch denselben Stromwert I dividiert werden, verlängern oder verkürzen sich die Zeiger je nach Maßstabswahl gegenüber denen des Spannungsdreiecks. Das so konstruierte Dreieck aus den Widerstandszeigern nennt man Widerstandsdreieck.

Die Verhältnisse von Wirk-, Blind- und Scheinwiderständen untereinander sind dieselben wie die der entsprechenden Größen im Spannungsdreieck.
Die Phasenverschiebung φ bleibt unverändert.

Genau so wie man bei der Division der Spannungsgrößen des Spannungsdreiecks durch die gemeinsame Stromgröße zu einem ähnlichen Dreieck (Widerstandsdreieck) gelangt, läßt sich durch die Multiplikation der Spannungen mit der Größe des gemeinsamen Stroms I ein ähnliches rechtwinkliges Dreieck konstruieren. Die Längen der so ermittelten Zeiger bilden ein Maß für die elektrische Leistung der Teilwiderstände bzw. des Scheinwiderstandes.

Scheinleistung. Die der Wirkspannung U_R proportionale Wirkleistung errechnet sich als Produkt aus $P = U_R \cdot I$, die der Blindspannung proportionale Blindleistung aus $Q = U_C \cdot I$ und die der Gesamtspannung proportionale Leistung aus $S = U \cdot I$. Weil die Größe dieser Gesamtleistung nur als Produkt der Größen von Gesamtspannung U und gemeinsamem Strom I auftritt, kann man den Anteil von Wirk- und Blindleistung aus ihr allein nicht entnehmen. Sie wird deshalb als Scheinleistung S bezeichnet. Als Maßeinheit ist neben dem Watt (W) das Voltampere (VA) gebräuchlich.

Spannungs-, Widerstands- und Leistungsdreiecke für den Versuch 1.13 sind in Bild **1.44** zusammengestellt. Aus den geometrischen Verhältnissen der rechtwinkligen Dreiecke lassen sich mit Hilfe des Lehrsatzes von Pythagoras die Berechnungen von Gesamtspannung U, Scheinwiderstand Z und Scheinleistung S herleiten.

> Die Größen von Gesamtspannung U, Scheinwiderstand Z und Scheinleistung S ergeben sich als Quadratwurzel aus der Summe der Quadrate der zugehörigen Wirk- und Blindgrößen.
> $$U = \sqrt{U_R^2 + U_C^2} \qquad Z = \sqrt{R^2 + X_C^2} \qquad S = \sqrt{P^2 + Q^2}$$

Die Phasenverschiebung φ zwischen Gesamtspannung U und Strom I ist im Spannungsdreieck gleichbedeutend mit dem Winkel zwischen Gesamtspannung und der zum Strom phasengleichen Wirkspannung U_R. Im Widerstandsdreieck entspricht sie dem Winkel zwischen Scheinwiderstand Z und Wirkwiderstand R. Im Leistungsdreieck liegt dieser Winkel zwischen Scheinleistung S und Wirkleistung P. Nach den trigonometrischen Funktionen kennzeichnet der Tangens eines Winkels das Verhältnis von Gegenkathete zu Ankathete. Damit hat man in allen drei Dreiecken die Möglichkeit zur Berechnung der Phasenverschiebung φ. Man liest an den Dreiecken ab:

> Der Tangens des Phasenverschiebungswinkels φ ergibt sich aus dem Verhältnis von Blindgröße zu Wirkgröße.
> $$\tan\varphi = \frac{U_C}{U_R} \qquad \tan\varphi = \frac{X_C}{R} \qquad \tan\varphi = \frac{Q}{P}$$

Mit Hilfe der Seitenverhältnisse im rechtwinkligen Dreieck bzw. der trigonometrischen Funktionen können folgende mathematischen Zusammenhänge hergeleitet werden:

> **Wirkgrößen** $\qquad U_R = U \cdot \cos\varphi \qquad R = Z \cdot \cos\varphi \qquad P = S \cdot \cos\varphi$
> **Blindgrößen** $\qquad U_C = U \cdot \sin\varphi \qquad X_C = Z \cdot \sin\varphi \qquad Q_C = S \cdot \sin\varphi$

Aus Gesamtspannung, Scheinwiderstand oder Scheinleistung lassen sich bei Kenntnis der Phasenverschiebung φ die Wirk- und Blindgrößen ermitteln:

> **Wirkgrößen** berechnet man durch Multiplikation von Gesamtgrößen bzw. Scheingrößen mit dem Faktor $\cos\varphi$.
> **Blindgrößen** berechnet man durch Multiplikation von Gesamtgrößen bzw. Scheingrößen mit dem Faktor $\sin\varphi$.

Die Faktoren $\cos\varphi$ und $\sin\varphi$ können niemals größere Werte als 1 annehmen. Damit sind rein rechnerisch alle Wirk- und Blindgrößen kleiner als die Gesamt- bzw. Scheingrößen. In den Dreiecken ist dieser Zusammenhang anschaulich klar, da die Hypotenuse (U, Z oder S) stets größer als die Katheten (U_R und U_C, R und X_C oder P und Q_C) sein muß.

Leistungsfaktor. In der Formel zur Berechnung der Wirkleistung $P = S \cdot \cos\varphi$ ist der Faktor $\cos\varphi$ demnach ein Verkleinerungsfaktor, um den die interessierende Wirkleistung P kleiner als die Scheinleistung ist. Man bezeichnet deshalb $\cos\varphi$ als Leistungsfaktor.

Beispiel 1.22 In der Schaltung nach Bild **1.**45 wird bei Anlegen einer Spannung $U = 10\,\text{V}$, $f = 5\,\text{kHz}$, die Wirkspannung $U_R = 6\,\text{V}$ gemessen. Der Ohmsche Widerstand $R = 1\,\text{k}\Omega$ ist bekannt.

Wie groß sind a) Strom I, b) Blindspannung U_C, c) Kapazität C, d) Phasenverschiebung φ, e) Wirkleistung P? f) Wie sehen Spannungs-, Widerstands- und Stromdreieck aus?

Lösung a) Nach dem Ohmschen Gesetz gilt:
$$I = \frac{U_R}{R} = \frac{6\,\text{V}}{10^3\,\Omega} = \mathbf{6\,mA}$$

b) Aus $U = \sqrt{U_R^2 + U_C^2}$ erhält man durch Umstellen
$$U_C = \sqrt{U^2 - U_R^2} = \sqrt{100\,\text{V}^2 - 36\,\text{V}^2} = \sqrt{64\,\text{V}^2} = \mathbf{8\,V}.$$

c) Aus $X_C = \dfrac{U_C}{I} = \dfrac{8\,\text{V}}{6 \cdot 10^{-3}\,\text{A}} = 1{,}33\,\text{k}\Omega$

und $X_C = \dfrac{1}{\omega C} = \dfrac{1}{2\pi f C}$

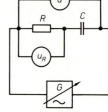

1.45 Schaltung zum Beispiel 1.22

erhält man durch Umstellen nach C und Einsetzen von X_C:
$$C = \frac{1}{2 \cdot \pi \cdot f \cdot X_C} = \frac{1}{2 \cdot \pi \cdot 5 \cdot 10^3\,\text{Hz} \cdot 1{,}33 \cdot 10^3\,\Omega} = 24 \cdot 10^{-9}\,\text{F} = \mathbf{24\,nF}.$$

d) $\tan\varphi = \dfrac{U_C}{U_R} = \dfrac{8\,\text{V}}{6\,\text{V}} = 1{,}33 \Rightarrow \varphi = \mathbf{53{,}13°}.$

Genau so erhält man aus dem Verhältnis der Widerstände
$$\tan\varphi = \frac{X_C}{R} = \frac{1{,}33\,\text{k}\Omega}{1\,\text{k}\Omega} = 1{,}33 \Rightarrow \varphi = \mathbf{53{,}13°}.$$

e) $P = U_R \cdot I = 6\,\text{V} \cdot 6\,\text{mA} = \mathbf{36\,mW}.$

Bei Kenntnis der unter d) berechneten Phasenverschiebung kann man die Wirkleistung auch folgendermaßen errechnen:
$P = S \cdot \cos\varphi = U \cdot I \cdot \cos\varphi$
$P = 10\,\text{V} \cdot 6\,\text{mA} \cdot \cos 53{,}13° = 10\,\text{V} \cdot 6 \cdot 10^{-3}\,\text{A} \cdot 0{,}6 = \mathbf{36\,mW}$

Spannungs-, Widerstands- und Stromdreieck sind in Bild **1.**46 dargestellt.

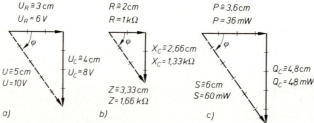

1.46 Ergebnisse des Beispiels 1.22
a) Spannungsdreieck (Maßstab 1 cm ≙ 2 V), b) Widerstandsdreieck (Maßstab 1 cm ≙ 500 Ω), c) Leistungsdreieck (Maßstab 1 cm ≙ 10 mW

1.5.1.2 Reihenschaltung aus Ohmschem Widerstand und Spule (RL-Schaltung)

Versuch 1.14 Bild **1**.47 zeigt den Stromkreis, der zur Untersuchung des Verhaltens von Ohmschem Widerstand und Spule in einer Reihenschaltung dienen soll.

Das dazugehörige Liniendiagramm, das am Oszilloskop dargestellt werden kann, zeigt Bild **1**.48. (Zur Erzeugung dieses Liniendiagramms auf dem Bildschirm eines Oszilloskops braucht man entsprechend der Anzahl der darzustellenden Größen ein Gerät mit 4 Kanälen.) Die Darstellungen von Liniendiagramm und Zeigerdiagramm werden so gewählt, daß der den Widerständen X und R gemeinsame Strom i als Bezugsgröße gewählt ist. (Positiver Nulldurchgang des Stroms im Ursprung des Liniendiagramms.)

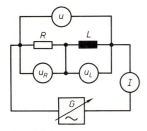

1.47 Schaltung zum Versuch 1.14

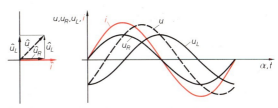

1.48 Linien- und Zeigerdiagramm zum Versuch 1.14

Ergebnis Wie in der RC-Reihenschaltung ist aufgrund der Phasengleichheit von Wirkspannung U_R und Strom I der Spannungszeiger U_R parallel zum Stromzeiger I gezeichnet. Da der Strom in Spulen der Spannung um $\varphi = 90°$ nacheilt, muß der Spannungspfeil für U_L um $\varphi = 90°$ in Zählrichtung des Winkels (entgegen dem Uhrzeigersinn) voreilen.

Die Augenblickswerte der Gesamtspannung u ermittelt man im Liniendiagramm punktweise durch arithmetische Addition der Wirkspannung u_R und der Blindspannung u_L, den Spitzenwert $\hat{u}$ bzw. den Effektivwert U im Zeigerdiagramm dagegen durch geometrische Addition (s. Abschn. 1.5.1.1). Bild **1**.47 zeigt Liniendiagramm und Zeigerdiagramm für die Effektivwerte. Wegen des Nacheilens des Stroms I bei Induktivitäten zeigt bei der RL-Reihenschaltung der Blindspannungszeiger U_L nach oben, wenn wie bei der RC-Reihenschaltung der Strom I als Bezugsgröße gewählt wird.

Spannungsdreieck, Widerstandsdreieck, Leistungsdreieck. Der Zusammenhang zwischen Spannungsdreieck, Widerstandsdreieck und Leistungsdreieck wird mathematisch in gleicher Weise beschrieben wie bei der RC-Reihenschaltung. Damit gelten alle in Abschn. 1.5.1.1 hergeleiteten Formeln entsprechend.

Wirkgrößen	$U_R = U \cdot \cos \varphi$	$R = Z \cdot \cos \varphi$	$P = S \cdot \cos \varphi$
Blindgrößen	$U_L = U \cdot \sin \varphi$	$X_L = Z \cdot \sin \varphi$	$Q_L = S \cdot \sin \varphi$

Dasselbe gilt für den Leistungsfaktor $\cos \varphi$.

Beispiel 1.23 In einer Schaltung nach Bild **1**.47 werden bei einer Frequenz von $f = 10$ kHz die Wirkspannung $U_R = 3$ V und die Blindspannung $U_L = 4$ V an der Induktivität $L = 68$ mH gemessen. Wie groß sind
 a) Gesamtspannung U,
 b) Strom I,
 c) Scheinwiderstand Z,
 d) Phasenverschiebung φ,
 e) Blindleistung Q_L,
 f) Zeichnen Sie ein maßstäbliches Spannungs-, Widerstands- und Leistungsdreieck.

Lösung

a) $U = \sqrt{U_R^2 + U_L^2} = \sqrt{9\,V^2 + 16\,V^2} = \sqrt{25\,V^2} = \mathbf{5\,V}$

b) Für den Blindwiderstand X_L errechnet man zunächst

$X_L = \omega = 2 \cdot \pi \cdot f \cdot L = 2 \cdot \pi \cdot 10^4\,Hz \cdot 68 \cdot 10^{-3}\,H$

$X_L = 4{,}27\,k\Omega$ und daraus

$I = \dfrac{U_L}{X_L} = \dfrac{4\,V}{4{,}27 \cdot 10^3\,\Omega} = \mathbf{0{,}94\,mA}.$

c) Der Ohmsche Widerstand errechnet sich aus

$R = \dfrac{U_R}{I} = \dfrac{3\,V}{0{,}94\,mA} = 3{,}2\,k\Omega$, woraus man den Scheinwiderstand errechnen kann zu

$Z = \sqrt{R^2 + X_L^2} = \sqrt{(3{,}2\,k\Omega)^2 + (4{,}27\,k\Omega)^2} = \sqrt{10{,}24 \cdot 10^6\,\Omega^2 + 18{,}23 \cdot 10^6\,\Omega^2} = \mathbf{5{,}33\,k\Omega}.$

d) $\tan\varphi = \dfrac{X_L}{R} = \dfrac{4{,}27\,k\Omega}{3{,}2\,k\Omega} = 1{,}33$ und daraus $\varphi = \mathbf{53{,}13°}$

Es läßt sich in diesem Fall auch rechnen:

$\tan\varphi = \dfrac{U_L}{U_R} = \dfrac{4\,V}{3\,V} = 1{,}33 \Rightarrow \varphi = \mathbf{53{,}13°}$

oder

$\cos\varphi = \dfrac{U_R}{U} = \dfrac{3\,V}{5\,V} = 0{,}6 \Rightarrow \varphi = \mathbf{53{,}1°}.$

e) $Q_L = U_L \cdot I = 4\,V \cdot 0{,}94\,mA = \mathbf{3{,}76\,mW}$

f) Die Formen der drei Dreiecke zeigt Bild **1.**49.

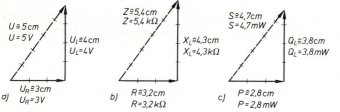

1.49 Ergebnisse des Beispiels 1.23
a) Spannungsdreieck (Maßstab 1 cm ≙ 1 V)
b) Widerstandsdreieck (Maßstab 1 cm ≙ 1 kΩ)
c) Leistungsdreieck (Maßstab 1 cm ≙ 1 mW)

1.5.1.3 Reihenschaltung aus Ohmschem Widerstand, Kondensator und Spule (RCL-Schaltung)

Versuch 1.15 Bild **1.**50 zeigt den Stromkreis zur Untersuchung des Verhaltens einer RCL-Schaltung. Das zugehörige Liniendiagramm, das sich im Bildschirm eines Oszilloskops zeigen läßt, und das daraus resultierende Zeigerdiagramm sind in Bild **1.**51 dargestellt. Wie bei der Reihenschaltung üblich, ist als gemeinsame Bezugsgröße der Strom i gewählt.

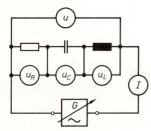

1.50 Schaltung zum Versuch 1.15

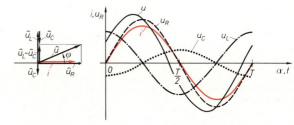

1.51 Linien- und Zeigerdiagramm zum Versuch 1.15

Ergebnis Da der Strom i der Kondensatorspannung u_C um 90° voreilt, der Spulenspannung u_L aber um 90° nacheilt, entsteht insgesamt zwischen den Blindspannungen u_C und u_L eine Phasenverschiebung von $\varphi = 180°$.

Im Zeigerdiagramm liegen somit beide Blindspannungszeiger auf einer Linie, so daß sie wegen ihrer unterschiedlichen Richtung einfach voneinander subtrahiert werden können. Nach der Subtraktion bleibt ein Zeiger für Differenz der Blindspannungen übrig. Dieser Differenzzeiger zeigt in Richtung der Spulenspannung U_L, wenn die Zeigerlänge von U_L größer als die von U_C ist. Man spricht in diesem Fall von einer induktiven Phasenverschiebung zwischen Blind- und Wirkspannung oder von einer induktiven Belastung durch den Blindwiderstand. Im anderen Fall ($U_C > U_L$) nennt man die Phasenverschiebung oder die Belastung durch den Blindwiderstand kapazitiv. Bei festen Frequenzen können beide RCL-Reihenschaltungen durch einfache RL- (für $U_L > U_C$) bzw. RC-Schaltungen ($U_C > U_L$) ersetzt werden.

Für den Versuch 1.15 sind in Bild **1.**52a Spannungs-, Widerstands- und Leistungsdreieck im Zusammenhang mit den aus den Dreiecken hergeleiteten Formeln für eine induktive Belastung zusammengefaßt:

$$U = \sqrt{U_R^2 + (U_L - U_C)^2} \qquad Z = \sqrt{R^2 + (X_L - X_C)^2} \qquad S = \sqrt{P^2 + (Q_L - Q_C)^2}$$

$$\tan \varphi = \frac{U_L - U_C}{U_R} = \frac{U_{Bl}}{U_R} \qquad \tan \varphi = \frac{X_L - X_C}{R} = \frac{X_{Bl}}{R} \qquad \tan \varphi = \frac{Q_L - Q_C}{P} = \frac{Q_{Bl}}{P}$$

$$U_R = U \cdot \cos \varphi \qquad R = Z \cdot \cos \varphi \qquad P = S \cdot \cos \varphi$$

$$U_{Bl} = U_L - U_C = U \cdot \sin \varphi \qquad X = X_L - X_C = Z \cdot \sin \varphi \qquad Q = Q_L - Q_C = S \cdot \sin \varphi$$

Im Fall kapazitiver Belastung erhält man die Dreiecke nach Bild **1.**52b, in denen der Gesamtspannungszeiger U nach unten (d.h. in Richtung der Kondensatorspannung U_C) zeigt.

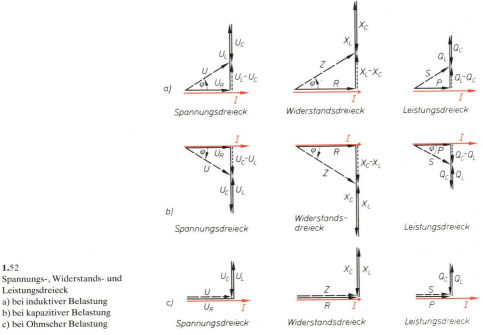

1.52
Spannungs-, Widerstands- und Leistungsdreieck
a) bei induktiver Belastung
b) bei kapazitiver Belastung
c) bei Ohmscher Belastung

$$U = \sqrt{U_R^2 + (U_C - U_L)^2} \qquad Z = \sqrt{R^2 + (X_C - X_L)^2} \qquad S = \sqrt{P + (Q_C - Q_L)^2}$$

$$\tan \varphi = \frac{U_C - U_L}{U_R} = \frac{U_{Bl}}{U_R} \qquad \tan \varphi = \frac{X_C - X_L}{R} = \frac{X_{Bl}}{R} \qquad \tan \varphi = \frac{Q_C - Q_L}{P} = \frac{Q_{Bl}}{P}$$

$$U_R = U \cdot \cos \varphi \qquad R = Z \cdot \cos \varphi \qquad P = S \cdot \cos \varphi$$

$$U = U_C - U_L = U \cdot \sin \varphi \qquad X = X_C - X_L = Z \cdot \sin \varphi \qquad Q = Q_C - Q_L = S \cdot \sin \varphi$$

Tritt der Fall ein, daß Kondensator- und Spulenspannung gleich groß sind, heben sie sich bei der Subtraktion nach Bild **1**.52 c gegeneinander auf. Die Blindspannungsdifferenz $U_C - U_L$ wird Null. Der Gesamtwiderstand ist in diesem Fall nur noch durch den Ohmschen Widerstand bestimmt. Eine Phasenverschiebung φ tritt nicht mehr auf, so daß bei der Konstruktion auch kein Dreieck zustande kommen kann.

Beispiel 1.24 Für die Schaltung nach Bild **1**.50 sollen bei einer Spannung $U = 10$ V, $f = 100$ kHz folgende Bauteile eingesetzt werden: $R = 20\,\Omega$, $C = 100$ nF, $L = 0{,}05$ mH.
a) Wie groß ist die Impedanz Z?
b) Wie groß ist der Strom I?
c) Wie berechnet man die Phasenverschiebung φ zwischen Spannung U und Strom I?
d) Wie zeichnet man Spannungs-, Widerstands- und Leistungsdreieck?

Lösung a) Zum Einsetzen in die Formel

$$Z = \sqrt{R^2 + (X_L - X_C)^2} \quad \text{oder} \quad Z = \sqrt{R^2 + (X_C - X_L)^2}$$

werden zunächst induktiver und kapazitiver Widerstand berechnet:

$$X_L = \omega L = 2\pi f L = 2\pi \cdot 10^5 \,\text{Hz} \cdot 0{,}05 \cdot 10^{-3}\,\text{H} = 31{,}4\,\Omega$$

$$X_C = \frac{1}{\omega C} = \frac{1}{2\pi f C} = \frac{1}{2\pi \cdot 10^5 \,\text{Hz} \cdot 100 \cdot 10^{-9}\,\text{F}} = 16\,\Omega$$

Der induktive Widerstand X_L ist größer als der kapazitive X_C. Daraus folgt, daß insgesamt eine induktive Belastung vorliegt.

Durch Einsetzen dieser Größen in die Formeln erhält man

$$Z = \sqrt{(20\,\Omega)^2 + (31{,}4\,\Omega - 16\,\Omega)^2} = \sqrt{400\,\Omega^2 + 237{,}2\,\Omega^2} = \mathbf{25{,}3\,\Omega.}$$

b) Aus $Z = \dfrac{U}{I}$ erhält man $I = \dfrac{U}{Z} = \dfrac{20\,\text{V}}{25{,}3\,\Omega} = \mathbf{790\,mA.}$

c) $\tan \varphi = \dfrac{X}{R} = \dfrac{X_L - X_C}{R} = \dfrac{31{,}4\,\Omega - 16\,\Omega}{20\,\Omega} = 0{,}77 \Rightarrow \varphi = \mathbf{37{,}6°.}$

Da eine induktive Belastung vorliegt ($X_L > X_C$), eilt der Strom I der Spannung U um 37,6° nach.

d) Siehe Bild **1**.53.

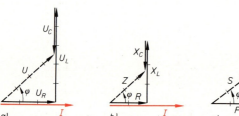

1.53
Ergebnisse des Beispiels 1.24
a) Spannungsdreieck
b) Widerstandsdreieck
c) Leistungsdreieck

1.5.2 Parallelschaltungen

> Bei der Parallelschaltung von Widerständen ist die Spannung für alle Teilwiderstände gleich groß.

Dieser Satz, der die Parallelschaltung Ohmscher Widerstände im Gleichstromkreis beschreibt, bleibt auch für die Parallelschaltung von Blind- und Ohmschen Widerständen im Wechselstromkreis gültig.

1.5.2.1 Parallelschaltung aus Ohmschem Widerstand und Kondensator (RC-Schaltung)

Versuch 1.16 Bild **1.**54 zeigt den Stromkreis zur Untersuchung des Verhaltens einer Parallelschaltung aus Ohmschem Widerstand und Kondensator. Zur Darstellung des Liniendiagramms auf dem Bildschirm eines Oszilloskops wählt man die gemeinsame Spannung u als Bezugsgröße. Damit liegt der Ursprung des Koordinatensystems im Schnittpunkt der ansteigenden Spannungskurve mit der Zeitachse. Demzufolge fällt auch in der Darstellung als Zeigerdiagramm der Spannungszeiger u mit der positiven horizontalen Achse zusammen (**1.**55).

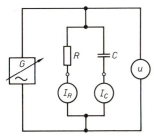
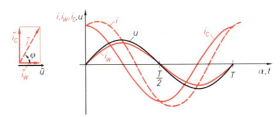

1.54 Schaltung zum Versuch 1.16

1.55 Linien- und Zeigerdiagramm zum Versuch 1.16

Ergebnis Da zwischen Spannung u und Strom i_R am Ohmschen Widerstand keine Phasenverschiebung auftritt, liegt der Stromzeiger i parallel zum Spannungszeiger u. Der Strom durch den Kondensator i_C eilt der Spannung u um 90° voraus, so daß sein Zeiger nach oben zeigt.

Zur Ermittlung des Gesamtstroms i verfährt man im Linien- und Zeigerdiagramm wie bei der algebraischen und geometrischen Addition der Spannungen (s. Abschn. 1.5.1). Der Phasenverschiebungswinkel φ wird am einfachsten im Zeigerdiagramm zwischen dem Spannungszeiger u und dem Zeiger des Gesamtstroms i abgelesen. Er liegt je nach Größenverhältnis vom Ohmschen und kapazitiven Widerstand zwischen 0° (reine Ohmsche Belastung) und 90° (reine kapazitive Belastung).

Stromdreieck. Durch geometrische Addition der Stromzeiger von i_R und i_C erhält man in jedem Augenblick ein rechtwinkliges Dreieck, dessen längste Seite ein Maß für den Gesamtstrom i der Parallelschaltung ist. Das so konstruierte Dreieck der Stromzeiger heißt Stromdreieck. Üblicherweise wird bei seiner Darstellung der Wirkstrom i_R in horizontaler Richtung (parallel zur Gesamtspannung u) gezeichnet. Statt der Maximalwerte verwendet man häufig die Effektivwerte I, I_R und I_C zur Darstellung von Stromdreiecken (**1.**56 a).

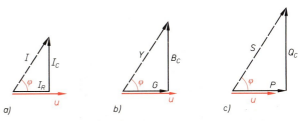

1.56 Ergebnisse des Versuchs 1.16
a) Stromdreieck, b) Leitwertdreieck, c) Leistungsdreieck

Leitwertdreieck. Bei der Reihenschaltung wurde der Gesamtwiderstand (Impedanz) durch die geometrische Addition aller Teilwiderstände ermittelt. Entsprechend einfach war die Konstruktion des Widerstandsdreiecks für die Reihenschaltung. Dagegen ist die Konstruktion zum Ermitteln des Gesamtwiderstands einer Parallelschaltung aufwendiger. Das läßt sich leicht einsehen, wenn man beachtet, daß in der Parallelschaltung der Gesamtwiderstand kleiner als der kleinste Einzelwiderstand wird. Betrachtet man jedoch statt der Widerstandswerte die Leitwerte, gilt für Parallelschaltungen:

> Der Gesamtleitwert einer Parallelschaltung ergibt sich aus der Summe der Einzelleitwerte.

Entsprechend der Wirk-, Blind- und Scheinwiderstände wird bei der Parallelschaltung unterschieden nach

$$\text{Wirkleitwert} \quad G = \frac{1}{R}$$

$$\text{Blindleitwert} \quad B = \frac{1}{X}$$

$$\text{Scheinleitwert} \quad Y = \frac{1}{Z}.$$

Da für alle Stromzeiger im Stromdreieck die Lage des Spannungszeigers unverändert bleibt, kann wie beim Widerstandsdreieck die Berechnung der Leitwertzeigerlängen aus dem Quotienten der Ströme I, I_R und I_C und der gemeinsamen Spannung U vorgenommen werden. Man erhält ein ähnliches Dreieck wie das Stromdreieck, das sich nur in der Größe (bedingt durch die Umrechnung und durch den gewählten Maßstab) unterscheidet (**1.**56b).

> Die Verhältnisse von Wirk-, Blind- und Scheinleitwerten untereinander sind dieselben wie die ihnen entsprechenden Größen im Stromdreieck. Die Phasenverschiebung φ bleibt damit im Leitwertdreieck gegenüber dem Stromdreieck unverändert.

Leistungsdreieck. Multipliziert man die durch ihre Zeiger dargestellten Ströme mit der gemeinsamen Spannung U, erhält man ein Dreieck, dessen Zeiger als Produkte aus Strömen und Spannung ein Maß für die Leistung angeben. Sie bilden wie die Zeiger der Ströme und Leitwiderstände ein Leistungsdreieck, das dem Stromdreieck und dem Leitwertdreieck ähnlich ist. Verhältnisse von Wirk-, Blind- und Scheingrößen sowie die Phasenverschiebung bleiben auch hier unverändert (**1.**56c).

Aus den geometrischen Verhältnissen der Dreiecke in Bild **1.**56 lassen sich mit Hilfe des Lehrsatzes von Pythagoras die Formeln zur Berechnung von Gesamtstrom I, Scheinleitwert Y und Scheinleistung S herleiten.

> Die Größen von Gesamtstrom I, Scheinleitwert Y und Scheinleistung S erhält man als Quadratwurzel aus der Summe der Quadrate der zugehörigen Wirk- und Blindgrößen.
>
> $$I = \sqrt{I_R^2 + I_C^2} \qquad Y = \sqrt{G^2 + B^2} \qquad S = \sqrt{P^2 + Q^2}$$

Phasenverschiebung. Der zwischen Strom I und Wirkstrom I_R (parallel zur gemeinsamen Spannung U) liegende Phasenverschiebungswinkel φ des Stromdreiecks entspricht dem Winkel zwischen Gesamtleitwert Y und Wirkleistung G im Widerstandsdreieck und dem zwischen Scheinleistung S und Wirkleistung P liegenden Winkel im Leistungsdreieck. Mathematisch formuliert bedeutet das:

Der Tangens des Phasenverschiebungswinkel φ ergibt sich aus dem Verhältnis von Blindgröße zu Wirkgröße.

$$\tan\varphi = \frac{I_C}{I_R} \qquad \tan\varphi = \frac{B_C}{G} \qquad \tan\varphi = \frac{Q_C}{P}$$

Entsprechend gilt für die Berechnung der Wirk- oder Blindgrößen:

Wirkgrößen	$I_R = I \cdot \cos\varphi$	$G = Y \cdot \cos\varphi$	$P = S \cdot \cos\varphi$
Blindgrößen	$I_C = I \cdot \sin\varphi$	$B_C = Y \cdot \sin\varphi$	$Q_C = S \cdot \sin\varphi$

Beachten Sie: Leistungsdreiecke und mit ihnen verbundene Berechnungen von Leistungswerten oder Leistungsfaktoren bei der RC-Parallelschaltung unterscheiden sich nicht von denen der RC-Reihenschaltung.

Beispiel 1.25 In der Schaltung nach Bild **1**.57 sind Widerstand $R = 520\,\Omega$, Kondensator $C = 3{,}3\,\mu\text{F}$ und die Spannung $U = 6\,\text{V}$ bei $f_1 = 50\,\text{Hz}$ bekannt.
Wie errechnet man die Frequenz f_2, bei der der Scheinwiderstand Z_2 der Schaltung auf $^1/_{10}$ des Scheinwiderstands bei der Anfangsfrequenz $f_1 = 50\,\text{Hz}$ zurückgeht?

Lösung Zur Berechnung des Scheinwiderstands Z muß zunächst der Blindwiderstand bei $f_1 = 50\,\text{Hz}$ ermittelt werden.

$$X_{C_1} = \frac{1}{\omega C} = \frac{1}{2\pi f_1 C} = \frac{1}{2\cdot\pi\cdot 50\,\text{Hz}\cdot 3{,}3\cdot 10^{-6}\,\text{F}} = 1{,}04\,\text{k}\Omega$$

Danach wird der Scheinleitwert bei $f_1 = 50\,\text{Hz}$.

1.57 Schaltung zum Beispiel 1.25

$$Y_1 = \sqrt{G^2 + B_{C_1}^2} = \sqrt{\left(\frac{1}{R}\right)^2 + \left(\frac{1}{X_C}\right)^2} = \sqrt{\left(\frac{1}{520\,\Omega}\right)^2 + \left(\frac{1}{1040\,\Omega}\right)^2} = 0{,}00215\,\frac{1}{\Omega}\quad\text{und daraus}$$

$$Z_1 = \frac{1}{Y_1} = \frac{1}{0{,}00215\,\frac{1}{\Omega}} = 465\,\Omega\quad\text{errechnet.}$$

Bei der Frequenz f_2 soll die Impedanz
$Z_2 = 0{,}1\,Z_1 = 0{,}1\cdot 465\,\Omega = 46{,}5\,\Omega$ sein.
Entsprechend ergibt sich der Scheinleitwert Y_2 zu

$$Y_2 = \frac{1}{Z_1} = \frac{1}{46{,}5\,\Omega} = 0{,}0215\,\frac{1}{\Omega}.$$

Da nur der Blindleitwert B_C mit der Frequenz veränderlich ist, erhält man nach seiner Berechnung

$$B_{C_2} = \sqrt{Y_2^2 - G^2} = \sqrt{\left(0{,}0215\,\frac{1}{\Omega}\right)^2 - \left(\frac{1}{1040\,\Omega}\right)^2} = 0{,}02148\,\frac{1}{\Omega}$$

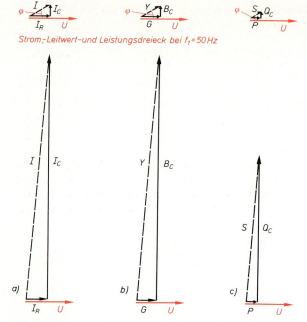

den Blindwiderstand X_{C_2} des Kondensators aus

$$X_{C_2} = \frac{1}{B_{C_2}} = \frac{1}{0{,}02148 \frac{1}{\Omega}} = 46{,}55\,\Omega$$

und damit aus

$$X_{C_2} = \frac{1}{\omega_2 C} = \frac{1}{2\pi f_2 C}$$

die Frequenz

$$f_2 = \frac{1}{2\pi \cdot X_{C_2} \cdot C}$$

$$f_2 = \frac{1}{2\pi \cdot 46{,}55\,\Omega \cdot 3{,}3 \cdot 10^{-6}\,\text{F}}$$

$$f_2 = \mathbf{1{,}036\,kHz.}$$

Bei Erhöhung der Frequenz von $f_1 = 50$ Hz auf $f_2 = 1036$ Hz verringert sich die Impedanz der Schaltung um das 10fache (**1.58**).

1.58 Ergebnisse des Versuchs **1.**25
 a) Stromdreieck, b) Leitwertdreieck, c) Leistungsdreieck

1.5.2.2 Parallelschaltung aus Ohmschem Widerstand und Spule (RL-Schaltung)

Versuch 1.17 Bild **1.**59 zeigt den Stromkreis zur Untersuchung des Verhaltens einer Parallelschaltung aus Ohmschen Widerstand und Spule. Die dazugehörigen Linien- und Zeigerdiagramme sind in Bild **1.**60 dargestellt.

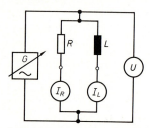

1.59 Schaltung zum Versuch 1.17

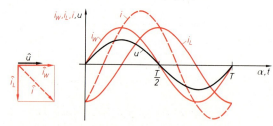

1.60 Linien- und Zeigerdiagramm zum Versuch 1.17

Wählt man wie bei der RC-Parallelschaltung die allen Stromkreisgliedern gemeinsame Spannung U als Bezugsgröße beim Festlegen des Anfangspunkts im Liniendiagramm, liegen die entsprechenden Zeiger für den in Phase liegenden Wirkstrom I_R und den um 90° nacheilenden Spulenstrom I_L im Zeigerdiagramm fest. Punktweise Addition der Stromkurven im Liniendiagramm führt zur Konstruktion des Kurvenverlaufs des Scheinstroms i. Der Phasenverschiebungswinkel φ läßt sich aus der Lage des Zeigers für den Scheinstrom I zum Spannungszeiger U oder zu dem Spannungszeiger in Phase liegenden Wirkstromzeiger I ablesen.

Ergebnis Der Winkel φ liegt wie bei der Reihenschaltung aus Spule und Widerstand zwischen 0° (reine Ohmsche Belastung) und 90° (rein induktive Belastung).

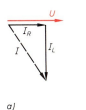
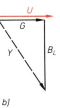
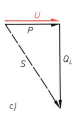

1.61
Ergebnisse des Versuchs 1.17
a) Stromdreieck
b) Leitwertdreieck
c) Leistungsdreieck

Stromdreieck, Leitwertdreieck, Leistungsdreieck. Geht man beim Erstellen der Dreiecke für die RL-Parallelschaltung wie bei der RC-Parallelschaltung in Abschn. 1.5.2.1 vor, gelangt man zu den Dreiecken in Bild **1.**61. Die an diesen ähnlichen Dreiecken abzulesenden mathematischen Beziehungen zwischen Wirk-, Blind- und Scheingrößen und dem Phasenverschiebungswinkel lassen sich zusammenfassen:

	$I = \sqrt{I_R^2 + I_L^2}$	$Y = \sqrt{G^2 + B_L^2}$	$S = \sqrt{P^2 + Q_L^2}$
	$\tan \varphi = \dfrac{I_L}{I_R}$	$\tan \varphi = \dfrac{B_L}{G}$	$\tan \varphi = \dfrac{Q_L}{P}$
Wirkgrößen	$I_R = I \cdot \cos \varphi$	$G = Y \cdot \cos \varphi$	$P = S \cdot \cos \varphi$
Blindgrößen	$I_C = I \cdot \sin \varphi$	$B_C = Y \cdot \sin \varphi$	$Q_L = S \cdot \sin \varphi$

Beispiel 1.26 An einer Spannung $U = 10$ V, $f = 500$ kHz liegen ein Widerstand $R = 220$ Ω und eine verlustfreie Spule $L = 50$ µH parallel. Wie berechnet man
a) die Teilströme I_R und I_L sowie den Gesamtstrom I,
b) die Impedanz Z,
c) die Wirkleistung P, Blindleistung Q_L und Scheinleistung S,
d) die Phasenverschiebung φ?

Lösung

a) $X_L = \omega \cdot L = 2 \cdot \pi \cdot f \cdot L = 2 \cdot \pi \cdot 500 \cdot 10^3 \,\text{Hz} \cdot 50 \cdot 10^{-6} \,\text{H}$

$X_L = 157 \,\Omega$

$I_R = \dfrac{U}{R} = \dfrac{10\,\text{V}}{220\,\Omega} = \mathbf{45{,}5\,mA}$

$I_L = \dfrac{U}{X_L} = \dfrac{10\,\text{V}}{157\,\Omega} = \mathbf{63{,}7\,mA}$

$I = \sqrt{I_R^2 + I_L^2} = \sqrt{(45{,}5\,\text{mA})^2 + (63{,}7\,\text{mA})^2} = \mathbf{78{,}3\,mA}$

b) $Z = \dfrac{1}{G} = \dfrac{1}{\sqrt{G_R^2 + G_L^2}} = \dfrac{1}{\sqrt{\dfrac{1}{R^2} + \dfrac{1}{X_L^2}}} = \dfrac{1}{\sqrt{\dfrac{1}{(220\,\Omega)^2} + \dfrac{1}{(157\,\Omega)^2}}} = \mathbf{127{,}8\,\Omega}$

c) $P = U \cdot I_R = 10\,\text{V} \cdot 45{,}5\,\text{mA} = \mathbf{0{,}455\,W}$

$Q = U \cdot I_L = 10\,\text{V} \cdot 63{,}7\,\text{mA} = \mathbf{0{,}637\,W\,(var)}$

$S = \sqrt{P^2 + Q^2} = \sqrt{0{,}455^2\,\text{W}^2 + 0{,}637^2\,\text{W}^2} = \mathbf{0{,}783\,W\,(VA)}$

d) $\tan \varphi = \dfrac{P}{S} = \dfrac{0{,}455\,\text{W}}{0{,}783\,\text{W}} = 0{,}581$

$\varphi = \mathbf{30{,}2°}$

1.5.2.3 Parallelschaltung aus Ohmschen Widerstand, Kondensator und Spule (RCL-Schaltung)

Versuch 1.18 Bild **1.**62 zeigt den Stromkreis zur Untersuchung einer Parallelschaltung aus einem Ohmschen Widerstand R, einem Kondensator C und einer Spule L. Wählt man, wie bei Parallelschaltungen üblich, für das zugehörige Linien- und Zeigerdiagramm als Bezugsgröße die gemeinsame Spannung U, so ergeben sich die Darstellungen in Bild **1.**63.

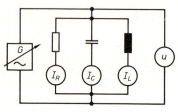
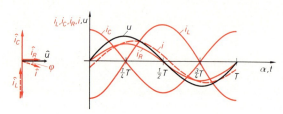

1.62 Schaltung zum Versuch 1.18

1.63 Linien- und Zeigerdiagramm zum Versuch 1.18

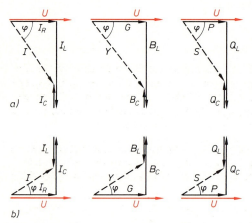

1.64 Strom-, Leitwert- und Leistungsdreieck
a) bei überwiegend induktiver Belastung
b) bei überwiegend kapazitiver Belastung

Ergebnis Der in Phase mit der Spannung U liegende Wirkstrom I_R wird mit der Differenz aus Kondensatorstrom I_C (Voreilen gegenüber der Spannung U um $\varphi = 90°$) und Spulenstrom I_L (Nacheilen gegenüber der Spannung U um $\varphi = 90°$) zum Scheinstrom I geometrisch zusammengesetzt. Je nach Größe dieser Blindströme ergibt sich eine Phasenverschiebung φ zwischen Spannung U und Scheinstrom I, die entweder kapazitiv ($I_C > I_L$) oder induktiv ($I_L > I_C$) genannt wird.

Stromdreieck, Leitwertdreieck, Leistungsdreieck. Die geometrische Zeigeraddition der Blind- und Wirkgrößen ist in Bild **1.**64a für überwiegenden kapazitiven und in Bild **1.**64b für induktiven Blindstrom dargestellt. Aus den Dreiecken mit überwiegendem kapazitiven Blindstrom kann man folgende Formeln herleiten:

$$I = \sqrt{I_R^2 + (I_C - I_L)^2} \qquad Y = \sqrt{G^2 + (B_C - B_L)^2} \qquad S = \sqrt{P^2 + (Q_C - Q_L)^2}$$

$$\tan \varphi = \frac{I_C - I_L}{I_R} = \frac{I_{Bl}}{I_R} \qquad \tan \varphi = \frac{B_C - B_L}{G} = \frac{B}{G} \qquad \tan \varphi = \frac{Q_C - Q_L}{P} = \frac{Q}{P}$$

Wirkgrößen $\quad I_R = I \cdot \cos \varphi \qquad\qquad G = Y \cdot \cos \varphi \qquad\qquad P = S \cdot \cos \varphi$

Blindgrößen $\quad I_{Bl} = I_C = I_L = I \cdot \sin \varphi \qquad B = B_C - B_L = Y \cdot \sin \varphi \qquad Q = Q_C - Q_L = S \cdot \sin \varphi$

Im Fall überwiegenden induktiven Blindstroms werden in den Formeln die Stromdifferenzen $I_C - I_L$ durch den Ausdruck $I_L - I_C$ ersetzt.

Beispiel 1.27 Wie berechnet man für die Schaltung nach Bild **1.**62 die Größe des Kondensators C, wenn bei $U = 12$ V, $f = 1$ MHz, $R = 1$ kΩ und $L = 20$ µH eine kapazitive Phasenverschiebung von $\varphi = 30°$ erreicht werden soll?

Lösung

$$\tan \varphi = \frac{B_C - B_L}{G}$$

$$B_C = G \cdot \tan \varphi + B_L = \frac{1}{R} \tan \varphi + \frac{1}{X_L} = \frac{\tan \varphi}{R} + \frac{1}{2 \cdot \pi f \cdot L}$$

$$B_C = \frac{\tan 30°}{1 \cdot 10^3 \, \Omega} + \frac{1}{2\pi \cdot 10^6 \, \text{Hz} \cdot 20 \cdot 10^{-6} \, \text{H}}$$

$$B_C = 5{,}77 \cdot 10^{-4} \frac{1}{\Omega} + 7{,}96 \cdot 10^{-3} \frac{1}{\Omega} = 7{,}96 \cdot 10^{-3} \frac{1}{\Omega}$$

$$X_C = \frac{1}{B_C} = \frac{1}{7{,}96 \cdot 10^{-3} \frac{1}{\Omega}} = 117 \, \Omega$$

Aus $X_C = \dfrac{1}{2\pi f C}$ erhält man dann

$$C = \frac{1}{2\pi \cdot f \cdot X_C} = \frac{1}{2\pi \cdot 10^6 \, \text{Hz} \cdot 117 \, \Omega} = 1{,}36 \cdot 10^{-9} \, \text{F} = \mathbf{1{,}36 \, nF.}$$

1.5.3 Schwingkreise

Durch Multiplikation der Augenblickswerte von Spannung u und Strom i entstehen die Leistungskurven P_t, die als Sinuskurven die doppelte Frequenz gegenüber der Ausgangsfrequenz der angelegten Spannung u aufweisen. Nach Abschn. 1.3.3 und 1.4.3 verlaufen die Leistungskurven für einen idealen Kondensator und eine ideale Spule zu gleichen Teilen unterhalb und oberhalb der Zeitachse. In beiden wird keine Energie nach außen abgeführt.

Versuch 1.19 Nach Bild **1.**65 werden ein Kondensator $C = 100$ µF und eine Spule $L = 630$ H in Reihe an eine Gleichspannung $U = 24$ V geschaltet. Nach kurzzeitigem Aufladen des Kondensators und anschließendem Abtrennen der Spannungsversorgung wird der Stromverlauf an einem Strommesser mit Nullpunkt in der Skalenmitte beobachtet.

Ergebnis Der Strommesser zeigt beim Zuschalten der Spannung U den Ladestrom des Kondensators an. Sobald der Stromkreis von der Spannungsversorgung abgetrennt ist, läßt sich ein periodisches Hin- und Herpendeln des Stroms mit einer Periodendauer von etwa 0,6 s am Meßgerät ablesen. Wie kommt dieser Wechselstrom zustande?

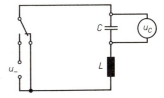

1.65 Schaltung zum Versuch 1.19

Die Antwort kann aus der Darstellung des Wechselstroms i und den damit verknüpften Leistungskurven von Kondensator und Spule in Bild **1.**66 abgelesen werden: Im Kondensator wird in einer Viertelperiode beim Aufbau des elektrischen Feldes Energie gespeichert, die in der nächsten Viertelperiode beim Abbau dieses Feldes wieder an den Generator zurückgeliefert wird. In ähnlicher Weise verläuft der Vorgang in einer verlustfreien Spule, in der während einer Viertelperiode Energie zum Aufbau des Magnetfelds aufgewendet wird, die in der nächsten Viertelperiode beim Abbau dieses Wechselfelds ebenfalls wieder an den Generator zurückgeliefert wird. Beide Vorgänge laufen gegenphasig ab, da der Strom i während des Umladevorgangs durch die Spule hindurchfließen muß. Dabei erzeugt er in der Spule zwischen zwei geladenen Zuständen des Kondensators ein Magnetfeld. Der Kurvenverlauf der Leistungen

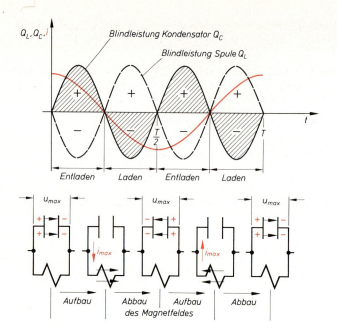

1.66
Blindleistung an verlustfreier Spule und verlustfreiem Kondensator

an Kondensator und Spule kann mit dem Vorgang des Energietransports bei einem Pendel verglichen werden, bei dem die Energie auch ständig zwischen Lageenergie (potentieller Energie) und Bewegungsenergie (kinetischer Energie) wechselt.

Das Hin- und Herschwingen eines Pendels geschieht selbständig nach einmaligem Anstoßen des Pendels. In gleicher Weise schwingt die Energie zwischen Kondensator und Spule, wenn im Stromkreis einmalig eine Ladungsbewegung in Gang gesetzt worden ist. Man bezeichnet einen Stromkreis dieser Art als **elektrischen Schwingkreis**.

> Ein idealer elektrischer Schwingkreis besteht im wesentlichen aus einem Kondensator und einer Spule. In ihm schwingt die Energie ständig zwischen Spule und Kondensator hin und her.

Idealer Schwingkreis. Wenn aber die Energie, die in gleichen periodischen Abständen hin- und herpendelt, dieselbe bleibt (also keine Energie verlorengeht), müssen auch die Blindleistungen beider Bauteile Q_L und Q_C, der Strom I, der durch Kondensator und Spule fließt, sowie die Effektivwerte der an beiden Bauteilen anliegenden Spannungen U_L und U_C gleich sein. Eine Fremdspannung zum Aufrechterhalten dieses Hin- und Herpendelns in einem elektrischen Schwingkreis ist im Idealfall nicht erforderlich.

Gedämpfter Schwingkreis. Ähnlich wie aber ein Fadenpendel infolge des Luftwiderstands und der Reibung in der Aufhängung einen mehr oder minder großen Teil der in dem System gespeicherten Energie in Wärmeenergie umsetzt und dadurch nach einer gewissen Zeit zur Ruhe kommt, führen auch die Verluste in Form der Wirkwiderstände in Kondensator und Spule sowie die Abstrahlung (Antenne) zu Energieverlusten. Je nach Größe dieser Verluste kommt der Schwingkreis nach einer bestimmten Zeit zur Ruhe. Schwingkreise dieser Art bezeichnet man im Gegensatz zu den idealen Schwingkreisen als gedämpfte Schwingkreise. Will man dieses verhindern, muß dem Schwingkreis ständig Energie in der Höhe der Verluste zugeführt werden.

Aus der Überlegung heraus, daß in einem Schwingkreis die Effektivwerte von Strom und Spannung beim Hin- und Herpendeln gleich groß sind, kann man direkt folgern, daß damit auch das Verhältnis aus beiden Größen, d.h. ihre Blindwiderstände X_C und X_L gleich groß sein müssen.

> In einem idealen Schwingkreis aus Kondensator und Spule muß gelten:
> $$X_L = X_C$$

Berücksichtigt man die Abhängigkeiten der Blindwiderstände von der Kreisfrequenz ω, erhält man die Gleichung

$$\omega L = \frac{1}{\omega c}.$$

Umgestellt nach der Kreisfrequenz ω erhält man

$$\omega = \frac{1}{\sqrt{LC}}.$$

Eigenfrequenz. Mit dieser Gleichung für die Kreisfrequenz läßt sich die Frequenz ermitteln, mit der der ideale Schwingkreis nach einmaligem Ausstoßen selbständig weiterschwingt. Die Frequenz ω_0 ist für die Kombination von L und C eine charakteristische eigene Frequenz dieses Schwingkreises. Sie heißt deshalb Eigenfrequenz oder Resonanzfrequenz.

> **Eigenfrequenz** $\qquad \omega_0 = \dfrac{1}{\sqrt{LC}} \qquad$ ω_0 in 1/s
> L in H
> C in F

Beispiel 1.28 Berechnen Sie die Induktivität L einer Spule, die durch Zusammenschalten mit einem Kondensator $C = 10\,\mu\text{F}$ zur Eigenfrequenz von $f_0 = 50$ Hz führt.

Lösung Aus der Thomsonschen Schwingungsformel $\omega_0 = \dfrac{1}{\sqrt{LC}}$ erhält man durch Quadrieren $\omega_0^2 = \dfrac{1}{LC}$ und nach Umstellen und Einsetzen von $\omega_0 = 2 \cdot \pi \cdot f_0$

$$L = \frac{1}{\omega_0^2 \cdot C} = \frac{1}{(2 \cdot \pi \cdot f_0)^2 \cdot C} = \frac{1}{4\pi^2 \cdot f_0^2 \cdot C} = \frac{1}{4\pi^2 (50\,\text{Hz})^2 \cdot 10 \cdot 10^{-6}\,\text{F}} = \mathbf{1\,H}.$$

Nach dem englischen Physiker W. Thomson heißt die Formel für die Eigenfrequenz ω_0 Thomsonsche Schwingungsformel.

Was geschieht, wenn man einen Schwingkreis aus Kondensator und Spule an eine Spannung U schaltet, deren Frequenz ω nicht mit der Eigenfrequenz ω_0 dieses Schwingkreises übereinstimmt? Wegen der unterschiedlichen induktiven und kapazitiven Widerstände wird bei dieser Frequenz nicht dieselbe Blindleistung zwischen Spule und Kondensator hin- und herpendeln, die es bei der Übereinstimmung von angelegter Frequenz ω und Eigenfrequenz ω_0 des Schwingkreises (Resonanzfall) der Fall ist.

1.5.3.1 Reihenschwingkreis

Versuch 1.20 Ein Schwingkreis aus einer Reihenschaltung von Kondensator $C = 10\ \mu\text{F}$ und Spule $L = 1$ H wird nach Bild **1.**67 an einen Frequenzgenerator mit sinusförmiger Ausgangsspannung von $U = 24$ V angeschlossen. Beobachtet man den Gesamtstrom I sowie die Teilspannungen U_L und U_C, während die Frequenz von $f_1 = 1$ Hz bis $f_2 = 100$ Hz verändert wird, erhält man die in Bild **1.**68a und b dargestellten Kurvenverläufe in Abhängigkeit der Frequenz f (nach Beispiel 1.28 hat ein Schwingkreis mit diesen Bauelementen die Eigenfrequenz von $f_0 = 50$ Hz).

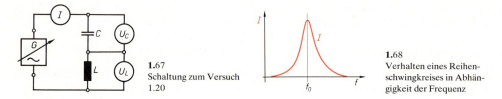

1.67 Schaltung zum Versuch 1.20

1.68 Verhalten eines Reihenschwingkreises in Abhängigkeit der Frequenz

Ergebnis Bild **1.**68 zeigt das typische Resonanzverhalten eines Reihenschwingkreises in der Nähe der Eigenfrequenz $f_0 = 50$ Hz. Der Strom steigt mit zunehmender Frequenz f steil an, erreicht genau bei der Eigenfrequenz f_0 einen Maximalwert und nimmt dann mit weiter ansteigender Frequenz wieder ab.

Zur Erklärung dieses Verhaltens des Reihenschwingkreises muß man den Verlauf der Blindwiderstände X_C und X_L in Abhängigkeit der Frequenz f betrachten. Der kapazitive Blindwiderstand X_C ist für kleine Frequenzen sehr groß und nimmt mit zunehmender Frequenz ab ($X_C \sim 1/f$), während der induktive Blindwiderstand ein proportionales Verhalten zur Frequenz aufweist ($X_L \sim f$). Für Frequenzen f, die unterhalb der Eigenfrequenz f_0 liegen, überwiegt daher der kapazitive, für Frequenzen oberhalb der Eigenfrequenz der induktive Widerstand. Erreicht die Generatorfrequenz f die Eigenfrequenz f_0, wird die Impedanz zu Null, da nach Abschn. 1.5.3 beide Blindwiderstände zwar die gleiche Größe, aber die umgekehrte Richtung im Widerstandsdreieck aufweisen und sich damit aufheben ($Z = X_C - X_L$). Der gesamte Kurvenverlauf für die Impedanz Z und den sich daraus bei konstanter Spannung U einstellenden Strom I wird in Bild **1.**69a (gestrichelte Kurven) dargestellt. Beide Kurven treten in der Praxis nicht auf, weil die Impedanz wegen der Verlustwiderstände R_V in Kondensator, Spule und Zuleitungen niemals genau Null und der Strom damit nie unendlich groß werden kann (Resonanzkatastrophe!). Für die Praxis geben die ausgezogenen Kurven in Bild **1.**69a für Z und I das Verhalten des Reihenschwingkreises wieder.

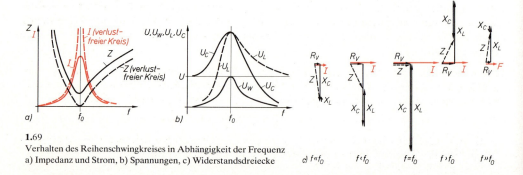

1.69 Verhalten des Reihenschwingkreises in Abhängigkeit der Frequenz
a) Impedanz und Strom, b) Spannungen, c) Widerstandsdreiecke

Das Verhalten der Blind- und Wirkspannungen kann man gut aus dem Diagramm **1.**69b und den daneben befindlichen Widerstandsdreiecken ablesen. Bei niedrigen Frequenzen ($f \ll f_0$) überwiegt X_C, so daß am Kondensator nahezu die gesamte Spannung abfällt. Die Spannung an der Spule ist fast Null, der Strom ist sehr klein. Mit zunehmender Frequenz $f(f<f_0)$ nimmt die Impedanz Z wegen des abfallenden Blindwiderstands X_C und des zunehmenden Blindwiderstands X_L ab ($Z = X_C - X_L$), so daß I bei konstanter Spannung U stark zunimmt. Da diese Stromzunahme im wesentlichen von der Differenz der Blindwiderstände $Z = X_C - X_L$, die Blindspannungen aber durch das Produkt des Gesamtstroms I mit den einzelnen Blindwiderständen selbst bestimmt werden, kommt es zu einem steilen Anstieg der Spannungen U_C und U_L, die bei Erreichen der Eigenfrequenz f_0 wegen $X_C = X_L$ gleich groß, aber entgegengesetzt gerichtet sind. Der Strom I wird dann nur noch durch den Verlustwiderstand R_V bestimmt. Mit weiter ansteigender Frequenz ($f > f_0$) nimmt der Strom I wieder ab, weil nun X_L größer als X_C wird und damit auch die wieder ansteigende Impedanz $Z = X_L - X_C$ den Strom stärker begrenzt. Demzufolge nehmen die Blindspannungswerte wieder ab. Für sehr große Frequenzen ($f \gg f_0$) überwiegt der Blindwiderstand X_L, so daß nahezu die gesamte Spannung U an der Spule abfällt.

Saugkreis. Wegen des geringen Widerstands eines Reihenschwingkreises im Resonanzfall ($f = f_0$) eignet sich dieser besonders dazu, anderen Frequenzen als f_0 einen größeren Widerstand entgegenzusetzen und nur eine bestimmte Frequenz (die Eigenfrequenz) nahezu ungehindert „hindurchzulassen". Wegen dieser Eigenschaft nennt man den Reihenschwingkreis auch Saugkreis.

Reihen- oder Spannungsresonanzkreis. Da die Spannungsüberhöhungen an den Blindwiderständen im Reihenschwingkreis unter Resonanzbedingungen ($f = f_0$) am größten werden, wird der Reihenschwingkreis auch als Reihenresonanz- oder Spannungsresonanzkreis bezeichnet.

Bild **1.**70 zeigt die Stromeffektivwerte zweier Reihenresonanzkreise in Abhängigkeit der ihnen aufgezwungenen Frequenz f. Beide Resonanzkreise sind bis auf die Ohmschen Verlustwiderstände R_V aus den gleichen Bauteilen aufgebaut. Von daher ist auch zu erklären, daß beide Resonanzkreise dieselbe Eigenfrequenz f_0 haben und damit der größte Strom in diesem Fall zwischen Kondensator und Spule hin- und herpendelt.

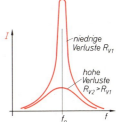

1.70 Ströme im Reihenschwingkreis bei verschiedenen Verlustwiderständen

Die Kurve des zweiten Resonanzkreises, dessen Ohmscher Widerstand größer gewählt wurde ($R_{V2} > R_{V1}$), verläuft flacher. Der Grund liegt darin, daß bei gleicher außen anliegenden Gesamtspannung U – bedingt durch den größeren Ohmschen Widerstand R_{V2} – nur ein geringerer Strom I fließen kann. Die Stromkurve in Abhängigkeit der Frequenz verläuft daher wesentlich flacher und verbreitert sich um so deutlicher, je mehr der Einfluß des Ohmschen Widerstands R_V und der damit verbundenen Verlustleistung gegenüber der hin- und herpendelnden Blindleistung zunimmt.

Die für den Kurvenverlauf in Bild **1.**70 gewählten Ohmschen Widerstände R_{V1} und R_{V2} verdeutlichen den Einfluß, den die nicht vernachlässigbaren Verlustwiderstände von Spule und Kondensator immer in Reihenschwingkreisen hervorrufen. Man kann daher folgern:

> In einem Reihenschwingkreis mit hohen Verlustwiderständen erhält man eine flachere und breitere Resonanzkurve als in verlustärmeren Schwingkreisen.

Schwingkreisgüte. Nach Bild **1.**69 tritt im Resonanzfall für die Blindspannungen U_L und U_C eine deutliche Überhöhung gegenüber der Gesamtspannung U ein. Es kann dabei vorkommen, daß die Blindspannungen den tausendfachen Wert der anliegenden Spannung U annehmen

(Spannungsfestigkeit der Blindwiderstände!). Die Spannungsüberhöhung der Blindspannungen gegenüber der Gesamtspannung ist ein Kennzeichen für die Güte des Schwingkreises.

Das Verhältnis von Kondensatorspannung U_C oder Spulenspannung U_L zur Gesamtspannung U heißt Güte des Schwingkreises. Das Formelzeichen für die Schwingkreisgüte ist das griechische ϱ (sprich: rho).

$$\varrho = \frac{U_C}{U} = \frac{U_L}{U} \qquad \varrho \text{ ohne Einheit}$$

Weil im Resonanzfall die Gesamtspannung mit der reinen Wirkspannung U_W oder U_R identisch ist ($U_W = U$), kann die Schwingkreisgüte direkt aus dem Verhältnis der Blindspannungen und Wirkspannung (**1**.69) ermittelt werden:

$$\varrho = \frac{U_C}{U_W} = \frac{U_L}{U_W}$$

Aus der Kenntnis heraus, daß die Teilspannungen in einer Reihenschaltung im gleichen Verhältnis zueinander stehen wie die zugehörigen Teilwiderstände, ergibt sich weiterhin:

$$\frac{U_C}{U_W} = \frac{X_C}{R} \qquad \text{bzw.} \qquad \frac{U_L}{U_W} = \frac{X_L}{R}$$

oder entsprechend:

Schwingkreisgüte $\qquad \varrho = \dfrac{X_C}{R} = \dfrac{1}{\omega_0 \cdot R \cdot C} \qquad$ bzw. $\qquad \varrho = \dfrac{X_L}{R} = \dfrac{\omega \cdot L}{R}$

Beispiel 1.29 Wie berechnet man in einem Reihenschwingkreis mit $U = 10$ V, $f = 0{,}5$ kHz, $C = 4$ µF, $L = 10$ mH und $R = 10\,\Omega$
a) die Impedanz Z?
b) den Strom I?
c) Wie sieht in diesem Fall das Spannungsdreieck aus?
d) Wie ändern sich die Verhältnisse, wenn die Frequenz von $f = 0{,}5$ kHz auf $f = 2{,}5$ kHz erhöht wird?
e) Bei welcher Frequenz f nimmt die Impedanz Z den kleinsten Widerstandswert an?

Lösung
a) $Z = \sqrt{R^2 + (X_L - X_C)^2}$

$X_L = \omega \cdot L = 2\pi \cdot f \cdot L = 2 \cdot \pi \cdot 0{,}5 \cdot 10^3\,\text{Hz} \cdot 10 \cdot 10^{-3}\,\text{H} = 31{,}4\,\Omega$

$X_C = \dfrac{1}{\omega C} = \dfrac{1}{2\pi \cdot f \cdot C} = \dfrac{1}{2\pi \cdot 0{,}5 \cdot 10^3\,\text{Hz} \cdot 4 \cdot 10^{-6}\,\text{F}} = 79{,}5\,\Omega$

$X_L - X_C = 79{,}5\,\Omega - 31{,}4\,\Omega = 48{,}1\,\Omega$

$Z = \sqrt{(10\,\Omega)^2 + (48{,}1\,\Omega)^2} = \mathbf{49{,}1\,\Omega}$

b) $I = \dfrac{U}{Z} = \dfrac{10\,\text{V}}{49{,}1\,\Omega} = \mathbf{204\,\text{mA}}$

c) $U_L = X_L \cdot I = 31{,}4\,\Omega \cdot 0{,}204\,\text{A} = \mathbf{6{,}4\,\text{V}}$
$U_C = X_C \cdot I = 79{,}5\,\Omega \cdot 0{,}204\,\text{A} = \mathbf{16{,}2\,\text{V}}$
$U_R = R \cdot I = 10\,\Omega \cdot 0{,}204\,\text{A} = \mathbf{2{,}04\,\text{V}}$

Mit dem Maßstab 1 cm $\triangleq$ 4 V erhält man das Zeigerdiagramm nach Bild **1**.71 a. Wegen $U_C > U_L$ liegt eine kapazitive Belastung vor.

1.71 Spannungsdreiecke
a) $f = 500$ Hz
b) $f = 2{,}5$ kHz

d) In gleicher Weise ergibt sich für die zweite Frequenz $f_2 = 2{,}5$ kHz:

$$X_L = 2 \cdot \pi \cdot 2{,}5 \cdot 10^3 \text{Hz} \cdot 10 \cdot 10^{-3} \text{H} = 157 \, \Omega$$

$$X_C = \frac{1}{2 \cdot \pi \cdot 2{,}5 \cdot 10^3 \text{Hz} \cdot 4 \cdot 10^{-6} \text{F}} = 15{,}9 \, \Omega$$

$$Z = \sqrt{(10 \, \Omega)^2 + [(15{,}9 \, \Omega) - (157 \, \Omega)]^2} = 141{,}5 \, \Omega$$

$$I = \frac{10 \, \text{V}}{141{,}5 \, \Omega} = 70{,}7 \, \text{mA}$$

$U_L = \mathbf{11{,}1 \, V}$

$U_C = \mathbf{1{,}12 \, V}$

Wegen $U_L > U_C$ liegt eine induktive Belastung bei dieser Frequenz vor (**1.**71b).

e) Aus der Formel für die Impedanz

$$Z = \sqrt{R^2 + (X_L - X_C)^2}$$

errechnet man die kleinste Impedanz für den Fall, bei dem die Differenz der Blindwiderstände Null wird (Resonanzfall!). Man erhält

$$Z = \sqrt{R^2 + 0} = R.$$

Mit der Thomsonschen Schwingungsformel $\omega = \dfrac{1}{\sqrt{LC}}$ errechnet man

$$f = \frac{1}{2\pi \sqrt{LC}} = \frac{1}{2\pi \sqrt{10 \cdot 10^{-3} \text{H} \cdot 4 \cdot 10^{-6} \text{F}}} = \mathbf{795 \text{ Hz.}}$$

1.5.3.2 Parallelschwingkreis

Bild **1.**72 zeigt die Schaltung eines Schwingkreises, in dem ein Kondensator $C = 10$ µF und eine Spule $L = 1$ H parallel an einen Frequenzgenerator mit sinusförmiger Ausgangsspannung $U = 10$ V angeschlossen sind. Betrachtet man nur den gestrichelt gezeichneten Teil der Schaltung, erkennt man den reinen Schwingkreis wieder, wie er in Abschn. 1.5.3 behandelt wird. Wegen der parallel zu Spule und Kondensator von außen angelegten Spannung U spricht man von einem Parallelschwingkreis. Die Eigenfrequenz dieses Schwingkreises liegt nach Versuch 1.20 bei $f_0 = 50$ Hz.

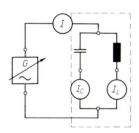

1.72 Parallelschwingkreis

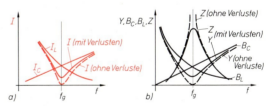

1.73 Verhalten eines Parallelschwingkreises in Abhängigkeit der Frequenz
 a) Blindströme und Gesamtstrom
 b) Leitwerte und Impedanz

Versuch 1.21 Verändert man die Frequenz am Generator von $f_1 = 1$ Hz bis $f_2 = 100$ Hz, erhält man für die Ströme die in Bild **1.**73a dargestellten Kurven.

Zur Erklärung des Verhaltens von Blind- und Gesamtstrom wird die Frequenzabhängigkeit der Widerstände bzw. Leitwerte der Bauteile herangezogen (**1.**73b). Für sehr kleine Frequenzen ($f \ll f_0$) haben der kapazitive Widerstand X_C den größten und der induktive Widerstand X_L den kleinsten Wert. Umgekehrt verhalten sich die Leitwerte B_C und B_L. Mit zunehmender Frequenz

($f < f_0$) nimmt der Blindleitwert des Kondensators B_C zu und der der Induktivität B_L ab, bis sie bei Erreichen der Resonanzfrequenz ($f = f_0$) denselben Wert annehmen. Dadurch werden im völlig verlustfreien Schwingkreis der Gesamtleitwert Y als Differenz der Blindleitwerte zu Null und die Impedanz Z als Kehrwert unendlich groß. Wird die Frequenz weiter gesteigert ($f > f_0$), nehmen B_C zu und B_L ab, so daß ihre Differenz Y wieder größer und die Impedanz Z wieder kleiner werden.

> Bei Resonanzfrequenz erreicht der Parallelschwingkreis seinen maximalen Widerstandswert. Der Gesamtstrom I wird dadurch minimal.

Sperrkreis. Der Parallelschwingkreis zeigt also bei niedrigen Frequenzen das Verhalten einer Spule. Bei hohen Frequenzen überwiegt der Blindleitwert des Kondensators, damit fließt auch durch den Kondensator der größere Strom. Das Verhalten des Parallelschwingkreises ähnelt in diesem Bereich dem Verhalten eines Kondensators. Man kann auch sagen, daß der Parallelschwingkreis bei f_0 dem Strom ein Hindernis – eine Sperre – entgegensetzt (Sperrkreis). In der Rundfunk- und Fernsehtechnik findet der Parallelschwingkreis häufige Anwendung, da er wegen des abnehmenden Widerstands außerhalb der Resonanzfrequenz die anderen Frequenzen als die Resonanzfrequenz „kurzschließt" und damit unterdrückt (Antenne).

Stromresonanz. Wenn der Gesamtstrom I unter Resonanzbedingungen im Idealfall Null wird (vgl. die gestrichelte Kurve in Bild **1.**73a), nehmen wegen der Resonanzbedingung $B_C = B_L$ die zwischen Kondensator und Spule hin- und herfließenden Blindströme ihren größten gemeinsamen Wert an. Man spricht in diesem Fall von Stromresonanz. Der Extremfall $Y = 0$ tritt wegen der unvermeidbaren Verluste von Kondensator und Spule niemals ein, so daß sich in der Praxis die ausgezogenen Kurven in Bild **1.**73a und b ergeben.

Um den Einfluß von Verlustwiderständen auf die Resonanzkurve zu verdeutlichen, werden zwei verschieden große Ohmsche Widerstände $R_2 > R_1$ als Parallelwiderstände zum Schwingkreis hinzugeschaltet. Das sich dadurch ergebende Verhalten zeigt Bild **1.**74 in Gegenüberstellung zum verlustfreien Fall. Man erkennt, daß mit abnehmender Größe dieser Widerstände die Resonanzkurve deutlich breiter und flacher wird und sich mehr und mehr von dem Verhalten eines idealen (d.h. verlustfreien) Parallelschwingkreis entfernt. Um die Verluste von Spule L und Kondensator C mit zu berücksichtigen, wird in Bild **1.**75a ein Parallelschwingkreis mit den Ersatzschaltbildern von Kondensator und Spule betrachtet.

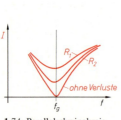

1.74 Parallelschwingkreis mit verlustbehafteten Bauelementen

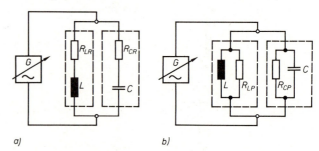

1.75 Umwandlung einer Reihenschaltung in eine Parallelschaltung
a) vorher, b) nachher

Die genaue Berechnung dieser Schaltung erfordert großen mathematischen Aufwand. Man umgeht ihn, wenn die beiden Reihenschaltungen im Kondensator- und Spulenkreis in Parallelschaltungen umwandelt. Dazu soll zunächst der Zweig aus der Reihenschaltung von idealer Spule L und Spulenverlustwiderstand R_{LR} betrachtet werden.

Gesucht ist der Widerstandswert R_{LP}, der als Parallelwiderstand zum induktiven Widerstand X_L in Bild **1.**75b denselben Gesamtwiderstand R_P ergibt wie der Reihenwiderstand R_R aus dem induktiven Widerstand X_L und dem dazu in Reihe liegenden (bekannten) Widerstand R_{LR}.

Wenn die Schaltungen nach Bild **1.**75a gleichwertig sein sollen, müssen ihre Widerstände gleich sein ($R_R = R_P$). Dabei ergeben sich der Ersatzwiderstand der Reihenschaltung R_R zu

$$R_R = R_{LR} + X_L$$

und der Ersatzwiderstand der Parallelschaltung R_P zu

$$R_P = \frac{R_{LP} \cdot X_L}{R_{LP} + X_L}.$$

Durch Gleichsetzen erhält man

$$R_{LR} + X_L = \frac{R_{LP} \cdot X_L}{R_{LP} + X_L}$$

und nach Multiplikation dieser Gleichung mit dem Nenner

$$(R_{LR} + X_L)(R_{LP} + X_L) = R_{LP} \cdot X_L$$
$$R_{LR} \cdot R_{LP} + R_{LR} X_L + R_{LP} X_L + X_L^2 = R_{LP} \cdot X_L.$$

Subtrahiert man das auf beiden Seiten der Gleichung vorkommende Produkt $R_{LP} \cdot X_L$ und stellt die erhaltene Gleichung nach dem Produkt aus Reihen- und Parallelersatzwiderstand um, ergibt sich als übersichtliche Formel

$$R_{LR} \cdot R_{LP} = -X_L^2 - R_{LR} X_L.$$

Bei technischen Spulen kann man davon ausgehen, daß für den Resonanzfall der Verlustwiderstand R_{LR} sehr viel kleiner als der induktive Widerstand ist. In der Formel könnte unter diesen Umständen das Produkt aus $R_{LR} \cdot X_L$ gegenüber dem Quadrat des sehr viel größeren induktiven Widerstands X_L vernachlässigt werden, so daß man nach Division durch R_{LR} schreiben kann:

$$R_{LP} \approx -\frac{X_L^2}{R_{LR}}.$$

Das Minuszeichen in dieser Überschlagsformel sagt etwas über die unterschiedliche Richtung von Widerstandszeiger R_{LP} und Leitwertzeiger $1/R_{LR} = G_{LR}$ aus. Nach Bild **1.**75a sind diese Zeiger entgegengesetzt gerichtet. Da hier zur überschläglichen Berechnung nur die Längen dieser Zeiger, nicht aber ihre Richtungen von Interesse sind, kann man folgern:

> Die Reihenschaltung aus einer idealen Spule L mit einem Ohmschen Verlustwiderstand R_{LR} kann in eine gleichwertige Parallelschaltung umgerechnet werden. Den zur Spule angenommenen Parallelwiderstand berechnet man nach der Formel
>
> $$R_{LP} \approx \frac{X_L^2}{R_{LR}}.$$

An der Formel läßt sich ablesen, daß bei kleinem Verlustwiderstand einer Spule R_{LR} der errechnete Parallel-Ersatzwiderstand R_{LP} sehr groß wird.

Beispiel 1.30 Wie berechnet man den Parallelwiderstand R_{LP}, der den Verlustwiderstand $R_V = R_{LR} = 10\,\Omega$ einer Spule $L = 10$ mH bei der Frequenz $f = 100$ kHz ersetzen soll?

Lösung Den induktiven Widerstand berechnet man nach
$X_L = \omega \cdot L = 2\pi \cdot f \cdot L = 2\pi \cdot 10^5 \text{ Hz} \cdot 10 \cdot 10^{-3}$ H = **6,28 kΩ**.

Damit erhält man einen scheinbaren Parallelwiderstand von

$$R_{LP} \approx \frac{X_L^2}{R_{LR}} = \frac{(2\pi \cdot 10^3\,\Omega)^2}{10\,\Omega} = \mathbf{3{,}95\text{ M}\Omega}.$$

Beim Betrachten eines realen Kondensators als Reihenschaltung aus einem idealen (verlustfreien) Kondensator C und einem Ohmschen Widerstand R_{CR} (der die Verluste des Kondensators darstellt) läßt sich ein scheinbarer Parallelwiderstand R_{CP} wie bei der realen Spule berechnen. Man erhält nach ähnlicher Entwicklung

$$R_{CP} \approx \frac{X_C^2}{R_{CR}}.$$

Mit Hilfe der berechneten Ersatzwiderstände R_{LP} und R_{CP} kann man komplizierte Schwingkreisschaltungen nach Bild **1.**76 in einfachere Schaltungen umwandeln. Dazu faßt man die beiden Ersatz-Parallelwiderstände R_{LP} und R_{CP} zu einem gemeinsamen Ohmschen Widerstand R_P zusammen und erhält so die Schaltung nach Bild **1.**77. Der gemeinsame Parallelwiderstand R_P wird dann berechnet nach

$$R_P = \frac{R_{LP} \cdot R_{CP}}{R_{LP} + R_{CP}}.$$

Der gemeinsame Parallelwiderstand R_P bietet den Vorteil, Schwingkreisschaltungen mit verlustbehafteten Bauelementen einfach nach den Formeln eines gedämpften Parallelschwingkreises behandeln zu können (s. Abschn. 1.5.2.3).

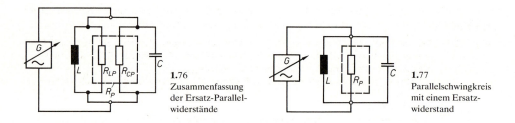

1.76 Zusammenfassung der Ersatz-Parallelwiderstände

1.77 Parallelschwingkreis mit einem Ersatzwiderstand

Normalerweise ist der in Reihe liegende Verlustwiderstand R_{CR} eines Kondensators sehr klein gegenüber dem Ohmschen Widerstand R_{LR} des Spulenwerkstoffs (vgl. hierzu die Beispiele 1.17 und 1.20). Daraus folgt, daß der berechnete parallelliegende Widerstand R_{CP} sehr viel größer als der entsprechende berechnete Widerstand einer Spule R_{LP} wird. Weil in einer Parallelschaltung jedoch der kleinste Widerstand (hier R_{LP}) die obere Grenze für den Parallelwiderstand R_P angibt, macht man keinen großen Fehler, wenn man als gesamten berechneten Parallelwiderstand nur den Spulenwiderstand der Berechnung einsetzt:

$$R_P = R_{LP} = \frac{X_L^2}{R_{LR}}$$

Ein großer scheinbarer Parallelwiderstand beeinflußt also den Parallelschwingkreis, indem er Spannungs- und Stromkurven in der Umgebung der Resonanzfrequenz stärker ausprägt, d.h. schmäler macht. Demgegenüber bewirkt ein kleinerer Ersatz-Parallelwiderstand R_P eine verbreiterte Resonanzkurve, wie dies in Bild **1.**79 für eine größere Dämpfung im Parallelschwingkreis dargestellt ist.

> Kleinere Parallelwiderstände R_P führen zu größerer Dämpfung eines Parallelschwingkreises als größere.

Impedanz im Resonanzfall. Will man den maximalen Wert der Impedanz eines Parallelschwingkreises nach Bild **1**.76 für den Resonanzfall berechnen, sofern zu den bekannten Größen L und C auch der durch den Ohmschen Widerstand des Spulenmaterials bedingte Verlustwiderstand R_{LR} bekannt ist, vereinfacht sich die Berechnung.

Da wegen der Resonanzbedingung induktiver Widerstand X_L und kapazitiver Widerstand X_C gleich groß sein müssen und die Differenzwerte beider Größen damit Null werden, bleibt als einziger resultierender Widerstand der Ohmsche Ersatzwiderstand R_P für die Impedanzgröße verantwortlich. Wegen $X_L = X_C$ im Resonanzfall kann man in der Formel zum Berechnen des Parallelwiderstands R_P das Quadrat des induktiven Widerstands durch das Produkt

$$X_L^2 = X_L \cdot X_C$$

ersetzen. Damit erhält man bei gleichzeitigem Einsetzen des induktiven und kapazitiven Widerstands

$$R_P \approx \frac{X_L^2}{R_{LR}} = \frac{X_L \cdot X_C}{R_{LR}} = \frac{\omega \cdot L \cdot \frac{1}{\omega C}}{R_{LR}} = \frac{L}{R_{LR} \cdot C}.$$

Mit der Bezeichnung R_V als Verlustwiderstand für den Reihenwiderstand R_{LR} der Spule wird daraus einfach

$$R_P \approx \frac{L}{R_v \cdot C}.$$

Diese vereinfachte Formel gilt nur für die Resonanzfrequenz. Außerhalb der Resonanzfrequenz müssen die komplizierteren Formeln zur Berechnung von R_{LP} bzw. R_{CP} herangezogen werden.

Beispiel 1.31 Wie groß ist die maximale Impedanz eines Parallelschwingkreises aus einer Spule $L = 1$ mH mit einem Verlustwiderstand $R_{LR} = 30\ \Omega$ und einem Kondensator $C = 1$ nF mit einem Verlustwiderstand $R_{CR} = 2\ \Omega$ bei Resonanzfrequenz f_0,
a) wenn der Verlustwiderstand des Kondensators R_{CR} bei der Berechnung unberücksichtigt bleibt,
b) berücksichtigt wird?
c) Wie groß ist der Fehler, der bei dieser Vernachlässigung auftritt?

Lösung a) $R_P' \approx \dfrac{L}{R_v \cdot C} = \dfrac{L}{R_{LR} \cdot C} = \dfrac{10^{-3}\,\text{H}}{30\,\Omega \cdot 10^{-9}\,\text{F}} = \mathbf{33{,}3\ k\Omega}$

b) Zur Berechnung des Verlustwiderstands nach

$$R_P = \frac{R_{LP} \cdot R_{CP}}{R_{LP} + R_{CP}}$$ müssen zunächst R_{CP} und R_{LP} errechnet werden.

Da bei Resonanzbedingung $\omega_0 = \sqrt{LC}$ gilt, folgt

$$R_{CP} \approx \frac{X_C^2}{R_{CR}} = \frac{\left(\frac{1}{\omega \cdot C}\right)^2}{R_{CR}} = \frac{\frac{LC}{C^2}}{R_{CR}} = \frac{L}{C \cdot R_{CR}} = \frac{10^{-3}\,\text{H}}{10^{-9}\,\text{F} \cdot 2\,\Omega} = 500\ \text{k}\Omega$$

$$R_{LP} \approx \frac{X_L^2}{R_{LR}} = \frac{(\omega \cdot L)^2}{R_{LR}} = \frac{\frac{1}{LC} \cdot L^2}{R_{LR}} = \frac{L}{C \cdot R_{LR}} = \frac{10^{-3}\,\text{H}}{10^{-9}\,\text{F} \cdot 30\,\Omega} = 33{,}3\ \text{k}\Omega.$$

Nach Einsetzen erhält man

$$R_P = \frac{33{,}3\ \text{k}\Omega \cdot 500\ \text{k}\Omega}{33{,}3\ \text{k}\Omega - 500\ \text{k}\Omega} = \mathbf{31{,}2\ k\Omega}.$$

c) $f = \dfrac{R_P' - R_P}{R_P} \cdot 100\% = \dfrac{33\ \text{k}\Omega - 31{,}2\ \text{k}\Omega}{33\ \text{k}\Omega} \cdot 100\% = \mathbf{5{,}45\ \%}.$

Der Fehler ist verhältnismäßig klein. Ob eine Berücksichtigung des Widerstands R_{CR} von Bedeutung ist, muß von Fall zu Fall entschieden werden.

Gütegrad. Wie aus den Kurven nach Bild **1**.74 und den dazugehörigen Zeigerdiagrammen zu ersehen ist, treten infolge der hohen Spannungen in der Nähe der Resonanzfrequenz f_0 beim Parallelschwingkreis entsprechend hohe Ströme in den Blindwiderständen auf. Im Resonanzfall (wenn $B_L = B_C$ bzw. $X_L = X_C$ ist) sind diese Ströme wegen der gemeinsamen außen anliegenden Spannung gleich groß. Ähnlich wie beim Reihenschwingkreis die Spannungsüberhöhung als Maß für die Güte dieses Schwingkreises gewählt wurde, kann die Stromüberhöhung im Resonanzfall im Parallelschwingkreis als Angabe für die Güte dieses Schwingkreises herangezogen werden.

$$\varrho = \frac{I_L}{I} = \frac{I_C}{I}$$

Setzt man in dieser Formel an Stelle der Ströme den Quotienten aus der anliegenden gemeinsamen Spannung U und den Blindwiderständen ein, erhält man

$$\varrho = \frac{I_L}{I} = \frac{\dfrac{U}{X_L}}{\dfrac{U}{R_P}} = \frac{R_P}{X_L}$$

und bei Einsetzen des Resonanzwiderstands für R_P

$$\varrho = \frac{R_P}{X_L} = \frac{\dfrac{X_L^2}{R_V}}{X_L} = \frac{X_L}{R_V} = \frac{\omega_0 L}{R_V},$$

eine Formel für die Güte des Parallelschwingkreises. Entsprechend gilt

$$\varrho = \frac{1}{\omega \cdot R C},$$

so daß die Güte genau wie beim Reihenschwingkreis aus den bekannten Daten des Schwingkreises ohne Berechnung oder Messung der Ströme direkt bestimmbar ist.

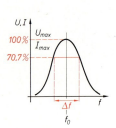

1.78 Resonanzkurve, Bandbreite

Bandbreite. In vielen Fällen ist es uninteressant, die Güte eines Schwingkreises als Verhältnis der Blindwiderstände X_C oder X_L zum Ohmschen Widerstand R wie beim Reihenschwingkreis oder als Kehrwert wie beim Parallelschwingkreis anzugeben. Weil die Dämpfung von Schwingkreisen einen wesentlichen Einfluß auf die Resonanzkurven von I bzw. U haben (s. Bild **1**.70 und **1**.75), hat man vereinbart, die Breite der Resonanzkurve in einer bestimmten Höhe, bezogen auf den Maximalwert anzugeben. Bild **1**.78 zeigt, daß oberhalb einer bestimmten maximalen Spannung U_{max} oder des maximalen Stroms I_{max} im Resonanzfall je nach Dämpfung des Resonanzkreises ein unterschiedlich breites Frequenzband aus der gesamten Kurve herausgeschnitten wird. Wählt man als Höhe dieses Schwellenswerts 70,7% (nämlich $^1/_2\sqrt{2} \cdot 100\%$) des Maximalwerts der Resonanzkurve, ist das herausgeschnittene Frequenzband bei schwacher Dämpfung schmal, bei größerer Dämpfung dagegen breit. Das Frequenzband, auch Bandbreite Δf genannt, ist somit ein Maß für die Güte des Resonanzschwingkreises.

> Die Differenz zwischen oberer Frequenz f_2 und unterer Frequenz f_1, bei der die Resonanzkurve oberhalb 70,7% des maximalen Spannungs- oder Stromwerts im Resonanzfall liegt, heißt Bandbreite Δf des Resonanzschwingkreises.

Je kleiner die Bandbreite Δf des Resonanzschwingkreises ist, desto besser ist die Güte ϱ dieses Kreises. Mit Hilfe der Bandbreite kann man die Güte als Verhältnis der Resonanzfrequenz f_0 zur Bandbreite Δf angeben:

$$\varrho = \frac{f_0}{\Delta f}.$$

Beispiel 1.32 Wie groß ist die Schwingkreisgüte für die in Bild **1**.79 dargestellten Fälle von Parallelschwingkreisen?

Lösung Man zieht in Höhe von $0{,}707 \cdot U_{max}$ parallel zur horizontalen Achse Linien zu den jeweiligen Kurven. Von den Schnittpunkten dieser Parallelen mit den Kurven fällt man das Lot und liest die Frequenzdifferenz $f_2 - f_1 = \Delta f$ als Bandbreite ab. Nach Division der Resonanzfrequenz f_0 durch die Bandbreite Δf ergeben sich

a) $\varrho_1 = \dfrac{f_{01}}{\Delta f}$

$\varrho_1 = \dfrac{3{,}5 \text{ kHz}}{4{,}32 \text{ kHz} - 2{,}85 \text{ kHz}} = \mathbf{2{,}38}$

b) $\varrho_2 = \dfrac{f_{02}}{\Delta f}$

$\varrho_2 = \dfrac{3{,}5 \text{ kHz}}{6 \text{ kHz} - 2 \text{ kHz}} = \mathbf{0{,}875}.$

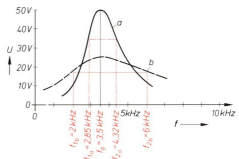

1.79 Resonanzkurve zum Beispiel 1.32

1.5.4 Hoch- und Tiefpässe

1.5.4.1 Hoch- und Tiefpässe mit RC-Schaltungen

Versuch 1.22 Die in Bild **1**.80 aufgebaute RC-Schaltung ist im Prinzip bereits in Versuch 1.13 zur Betrachtung der Spannungsdreiecke behandelt worden. Im Gegensatz zum Versuch 1.13 werden hier jedoch die Effektivspannungen U_R und U_C am Widerstand $R = 10 \text{ k}\Omega$ bzw. am Kondensator $C = 22 \text{ nF}$ des Spannungsteilers für Frequenzen zwischen $f_1 = 10 \text{ Hz}$ und $f_2 = 100 \text{ kHz}$ untersucht.

Ergebnis Wegen der Frequenzabhängigkeit des Blindwiderstands $X_C = 1/\omega C$ bildet der Kondensator für kleine Frequenzen ein nahezu unüberwindbares Hindernis, so daß die Gesamtspannung U fast ausschließlich am Kondensator abfällt. Mit zunehmender Frequenz f wird der Blindwiderstand X_C kleiner. Dadurch verringert sich der Spannungsabfall am Kondensator in gleichem Maß, wie die Spannung am Widerstand U_R zunimmt. Bei sehr großen Frequenzen wird X_C sehr klein. Nahezu die gesamte Spannung liegt dann am Widerstand.

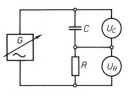

1.80 Schaltung zum Versuch 1.22

In Tabelle **1**.81 sind die Werte für den Blindwiderstand und die Teilspannungen U_C und U_R aufgeführt, wenn am Frequenzgenerator eine Gesamtspannung von $U = 10 \text{ V}$ eingestellt wird. Da die Teilspannungsverhältnisse an dem Spannungsteiler von der Eingangsspannung des Frequenzgenerators unabhängig sind und nur durch die unterschiedliche Frequenz bestimmt werden, gibt man die Spannungen U_C und U_R auch in Teilen der Eingangsspannung U an.

Trägt man die Spannungsverhältnisse aus Teilspannungen und Gesamtspannungen für den Kondensator U_C/U und für den Widerstand U_R/U in Abhängigkeit aller Frequenzen zwischen

Tabelle **1.81 Blindwiderstand X_C und Teilspannungen bei $U = 10$ V**

f	X_C	U_C	U_C/U	R	U_R	U_R/U
10 Hz	723 kΩ	9,93 V	0,993	10 kΩ	0,63 V	0,063
100 Hz	72,3 kΩ	9,86 V	0,986	10 kΩ	1,67 V	0,167
1 kHz	7,23 kΩ	5,83 V	0,583	10 kΩ	8,12 V	0,812
10 kHz	723 Ω	0,72 V	0,072	10 kΩ	9,97 V	0,997
100 kHz	72,3 Ω	0,07 V	0,007	10 kΩ	9,99 V	0,999

10 Hz und 100 kHz in ein Diagramm ein, erhält man die in Bild **1.**82 dargestellten Kurven. (Zu beachten ist der logarithmische Maßstab für die horizontale Achse, auf der die Frequenz f aufgetragen ist.) Die Kurven verdeutlichen, daß am Kondensator C des Spannungsteilers für die niedrigen Frequenzen die größten Teilspannungen zu erwarten sind, während am Widerstand R die Restspannung abfällt. Bei höheren Frequenzen kehren sich die Verhältnisse um, d. h. am Widerstand wird dann praktisch die volle Eingangsspannung wirksam, während am Kondensator eine kleine Restspannung anliegt. Je nach Höhe der Teilspannungen sagt man, die Frequenzen werden besser ,,durchgelassen'' bzw. ,,gesperrt''.

> Die Kurven für U_C/U bzw. U_R/U in Abhängigkeit der Frequenz heißen Durchlaßkurven.

Liegt der Durchlaßbereich einer Schaltung bei niedrigen oder (bezogen auf die Tonfrequenzen) tiefen Frequenzen, spricht man von einem Tiefpaß, entsprechend bei hohen Frequenzen von einem Hochpaß.
Demnach heißen die in Bild **1.**82 dargestellten Kurven auch Durchlaßkurve eines Tiefpasses U_C/U bzw. Durchlaßkurve eines Hochpasses U_R/U.

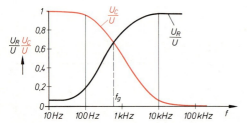

1.82 Amplituden-Frequenzdarstellung zum Versuch 1.22

1.83 Spannungsdreieck für Grenzfrequenz f_g

Grenzfrequenz. Bild **1.**83 zeigt ein Spannungsdreieck für einen RC-Tiefpaß, bei dem die Spannungszeiger von U_C und U_R die gleiche Länge haben. Bildet man bei dieser Frequenz das Verhältnis U_C/U oder U_R/U, erhält man in beiden Fällen wegen $U_C = U_R$ den Zahlenwert

$$\frac{U_C}{U} = \frac{U_C}{\sqrt{U_C^2 + U_R^2}} = \frac{U_C}{\sqrt{U_C^2 + U_C^2}} = \frac{U_C}{\sqrt{2\,U_C^2}} = \frac{U_C}{\sqrt{2}\,U_C} = \frac{1}{\sqrt{2}} = 0{,}707.$$

> Die Frequenz, bei der das Spannungsverhältnis $U_C/U = U_R/U = 0{,}707$ auftritt, heißt Grenzfrequenz f_g.

Im Diagramm **1.**82 sind sowohl für den RC-Tiefpaß als auch für den RC-Hochpaß die Grenzfrequenzen f_g eingetragen.

Verwendet man in den Diagrammen zur Darstellung der Durchlaßkurven bei Hoch- und Tiefpässen auf der horizontalen Achse statt der Frequenzen eine Verhältniszahl aus eingestellter Frequenz f und Grenzfrequenz f_g, gelangt man zu einer für alle RC-Hoch- bzw. -Tiefpässe identischen Darstellung. Bild **1.**84 zeigt diese Durchlaßkurven für einen RC-Tiefpaß und einen RC-Hochpaß.

Unterhalb der beiden Durchlaßkurven ist eine ebenfalls häufig gewählte Darstellung von Durchlaßkurven ergänzt, wobei statt des Spannungsverhältnisses U_C/U bzw. U_R/U auf der vertikalen Achse die Phasenverschiebung φ in Abhängigkeit des Frequenzverhältnisses f/f_g aufgetragen ist. Bei Pässen wird in der Regel der Phasenwinkel φ zwischen Ausgangs- und Eingangsspannung angegeben. Das ist beim Tiefpaß der Winkel φ_C zwischen U_C und U_L, beim Hochpaß der Winkel φ_C zwischen U_R und U.

Durch diese Festlegung des Winkels ergibt sich: Im Durchlaßbereich eines Passes ist der Phasenwinkel zwischen Ausgangs- und Eingangsspannung kleiner als 45° und im Sperrbereich größer als 45°. Da nach den trigonometrischen Beziehungen am Spannungsdreieck in Bild **1.**83 für den RC-Tiefpaß $U_C/U = \sin\varphi$ und für den RC-Hochpaß $U_R/U = \cos\varphi$ gelten, lassen sich beide Darstellungsformen der Durchlaßkurven mit Hilfe des Taschenrechners direkt ineinander umrechnen.

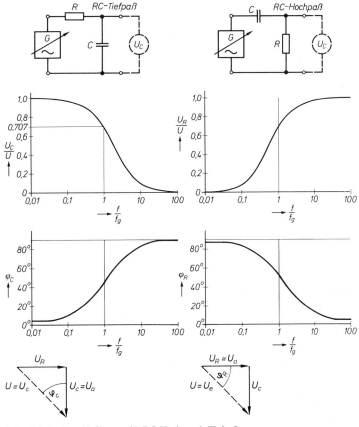

1.84 Relative Durchlaßkurven für RC-Hoch- und -Tiefpaß

1.5.4.2 RC-Tiefpaß als Integrierglied

Versuch 1.23 Ein RC-Tiefpaß wird nach Bild **1**.85 über einen Wechselschalter wahlweise an eine Spannung $U_1 = +10$ V, 0 oder -10 V angeschlossen. Die Spannung U_C am Kondensator und die Spannung U am Schalter werden am Oszilloskop dargestellt.

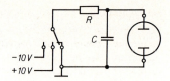

1.85 Schaltung zum Versuch 1.23

Zeitkonstante. Beim Einschalten t_1 entsteht auf dem Bildschirm der in Bild **1**.86 dargestellte Vorgang, der als Aufladekurve eines Kondensators bekannt ist. Die Zeit, die vom Einschaltzeitpunkt an vergeht, bis die Kondensatorspannung 63% des Endwerts bei vollständiger Aufladung erreicht hat, heißt Zeitkonstante τ. Sie ergibt sich als Produkt aus Widerstandswert und Kondensatorkapazität $\tau = R \cdot C$. Je kleiner dieses Produkt aus den Größen der verwendeten Bauteile ist, um so steiler verläuft die Aufladekurve (vgl. gestrichelte Kurve in Bild **1**.86).

Anders ausgedrückt: Der Kondensator wird um so schneller aufgeladen, je kleiner die Zeitkonstante $\tau = R \cdot C$ gewählt wird. Wird die anliegende Spannung U wieder abgeschaltet, entlädt sich der Kondensator über den Widerstand entsprechend der Kurven in Bild **1**.86a.

Schaltet man zur Zeit t_2 statt der Spannung 0 in Versuch 1.23 direkt die negative Spannung $U = -10$ V ein, wird der Kondensator entladen und zugleich mit umgekehrter Polarität aufgeladen (**1**.86b).

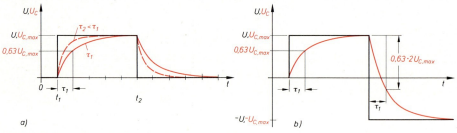

1.86 Einschaltvorgang am RC-Tiefpaß. a) Ein- und Ausschaltung, b) Ein- und Umschaltung

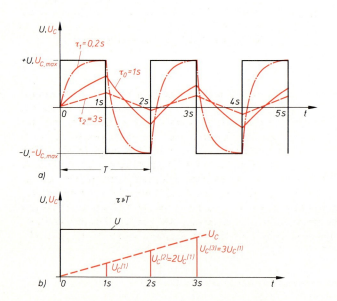

Versuch 1.24 Der Versuch 1.23 wird geändert, indem man an Stelle des Schalters einen Frequenzgenerator mit rechteckförmiger Ausgangsspannung und $f = 0,5$ Hz schaltet.

Ergebnis Bild **1**.87 zeigt die periodisch wiederkehrenden Auf- und Entladekurven sowohl des verwendeten Tiefpasses mit der Zeitkonstanten $\tau_0 = 1$ s als auch je eine weitere Kurve für eine kleinere ($\tau_1 < \tau_0$) und größere Zeitkonstante ($\tau_2 > \tau_0$) im eingeschwungenen Zustand. U_C pendelt dann symmetrisch um die t-Achse.

1.87
Rechteckspannung am RC-Tiefpaß
a) Pulsierende Spannung
b) Integrierglied

Wandelt man den Versuch 1.24 ab, indem man einen Tiefpaß mit einer um den Faktor 1:100 verkleinerten Zeitkonstante wählt und entsprechend die 100fache Frequenz f am Frequenzgenerator einstellt, erhält man dieselben Kurven. Daraus kann man herleiten:

> Die Form der periodischen Ausgangsspannung an einem Tiefpaß hängt von dem Verhältnis von Zeitkonstante τ und Periodendauer T ab.

Während für $\tau/T = 1$ die nach Versuch 1.24 beschriebene Auf- bzw. Entladekurve als Ausgang am Tiefpaß erscheint, gleicht sich diese Kurve für $\tau/T < 1$ immer mehr dem Verlauf der Eingangsspannung an. Im umgekehrten Fall für $\tau/T > 1$ gleicht die Ausgangskurve mit zunehmender Größe von τ/T einer Dreieckskurve.

> Einen RC-Tiefpaß mit der Eigenschaft $\tau/T \gg 1$ nennt man Integrierglied.

Integrierglieder liefern in Abhängigkeit der Zeit eine Ausgangsspannung, die proportional der Fläche zwischen Eingangskurve und Zeitachse ist (**1.**87b). Bild **1.**88 zeigt einige periodische Eingangsspannungen mit den am Ausgang des RC-Integriergliedes erscheinenden Spannung.

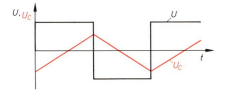

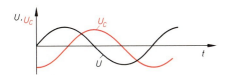

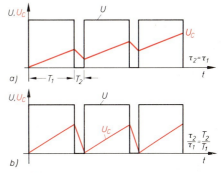

1.89 Erzeugung einer Sägezahnkurve

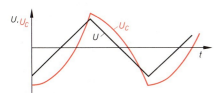

1.88 Periodische Ein- und Ausgangsspannung am RC-Integrierglied

Die Sägezahnspannung wird zu Ablenkungszwecken von Elektronenstrahlen verwendet. Um sie zu erzeugen, muß die Zeitspanne T_1 für den Spannungsanstieg groß gegen die Zeitspanne T_2 für den Spannungsabfall gewählt werden (**1.**89). Bei gleichen Zeitkonstanten für den Auf- und Entladevorgang ergäbe sich die Kurve nach Bild **1.**89a, da der Kondensator nicht schnell genug entladen werden kann. Eine schnellere Entladung bis auf den Ausgangswert erreicht man dagegen, wenn während der Zeit T_2 eine andere, entsprechend kleinere Zeitkonstante τ_2 gewählt wird. Die daraus herleitbare Bedingung für die Zeitkonstanten des RC-Integriergliedes lautet damit

$$\frac{\tau_1}{\tau_2} = \frac{T_1}{T_2}.$$

1.5.4.3 RC-Hochpaß als Differenzierglied

Versuch 1.25 Der Versuch ist gegenüber dem Versuch 1.24 geändert, indem Kondensator und Widerstand vertauscht sind (**1.**90).

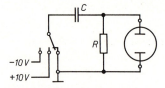

1.90 Schaltung zum Versuch 1.25

Ergebnis Am Widerstand fällt die Differenzspannung U_R zwischen Eingangsspannung U und Kondensatorspannung U_C ab. U_R ist z. Z. des Einschaltens ($t = t_1$) maximal, da die Kondensatorspannung schnellen Spannungsänderungen nicht sofort folgt (**1.**91a). Durch die zunehmende Auflading des Kondensators steigt U_C bis auf die Höhe der anliegenden Eingangsspannung U an. Gleichzeitig wird die Differenzspannung U_R am Widerstand zu Null. Beim Ausschalten zur Zeit $t = t_2$ ist die Gesamtspannung sofort Null. Der Kondensator entlädt sich über den Widerstand (umgekehrte Stromrichtung entspricht negativer Spannung am Widerstand). Bild **1.**91b zeigt die Differenzspannung am Widerstand für den Fall, daß z. Z. $t = t_2$ von der Eingangsspannung $U = 10$ V auf $U = -10$ V umgeschaltet wird.

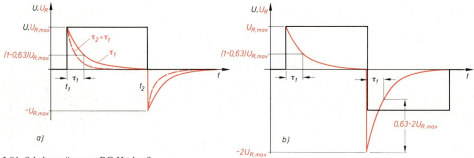

1.91 Schaltvorgänge am RC-Hochpaß
a) Ein- und Ausschaltung, b) Ein- und Umschaltung

Wählt man wie bei der Untersuchung des Tiefpasses als Integrierglied die gleichen Verhältnisse von Zeitkonstanten τ und Periodendauer T einer periodischen Rechteckspannung, erhält man auch hier die sich ergebenden Differenzspannungen am Widerstand (**1.**92).

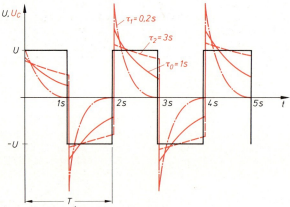

1.92 Rechteckspannung am RC-Hochpaß

Für die Abhängigkeit der Kurvenform von dem gewählten Verhältnis von Zeitkonstanten τ und Periodendauer T gilt hier: Mit zunehmender Größe von $\tau/T > 1$ gleicht sich der Kurvenverlauf immer mehr dem der Eingangsspannung an. Wird das Verhältnis τ/T sehr viel kleiner als 1, nimmt die am Widerstand anliegende Differenzspannung zwischen Eingangsspannung und Spannung am Widerstand immer mehr die Form eines Nadelimpulses an.

Einen Hochpaß mit der Eigenschaft $\tau/T \ll 1$ nennt man Differenzierglied.

Bild **1.**93 zeigt einige periodische Eingangsspannungen mit denen am Ausgang des RC-Differenziergliedes erscheinenden Spannung. Aus den Kurven erkennt man:

Die Ausgangsspannung erscheint als Maß für die Änderungsgeschwindigkeit der Eingangsspannung.

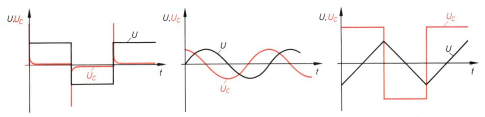

1.93 Periodische Ein- und Ausgangsspannungen am RC-Differenzierglied

1.5.4.4 Hoch- und Tiefpässe mit RL-Schaltungen

Versuch 1.26 Nach der in Bild **1.**94 aufgebauten RL-Schaltung werden die Effektivwerte der Spannung U_R an einem Widerstand $R = 6,8$ kΩ und der Spannung an einer Spule $L = 200$ mH zwischen $f_1 = 10$ Hz und $f_2 = 100$ kHz untersucht.

Ergebnis In Tabelle **1.**95 sind in Abhängigkeit einiger Frequenzen Blindwiderstand, Blindspannung, Wirkspannung sowie die Verhältnisse dieser Spannungen zur Gesamtspannung U zusammengestellt.

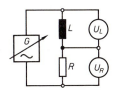

1.94 Schaltung zum Versuch 1.26

Tabelle **1.**95 **Blindwiderstand X_C und Teilspannungen $U = 10$ V**

f	X_L	U_L	U_L/U	R	U_R	U_R/U
10 Hz	12,6 Ω	0,02 V	0,002	6,80 kΩ	9,99 V	0,999
100 Hz	126 Ω	0,19 V	0,019	6,80 kΩ	9,99 V	0,998
1 kHz	1,26 kΩ	1,81 V	0,181	6,80 kΩ	9,83 V	0,983
10 kHz	1,26 kΩ	8,80 V	0,890	6,80 kΩ	4,76 V	0,476
100 kHz	126 kΩ	9,95 V	0,995	6,80 kΩ	0,958 V	0,096

Bild **1.**96 zeigt den gesamten Kurvenverlauf für die Spannungsverhältnisse U_L/U und U_R/U in Abhängigkeit der Frequenz f.

1.96 Relative Durchlaßkurven für RL-Hoch- und -Tiefpaß

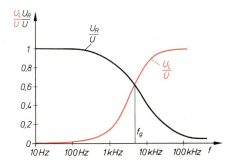

Aufgrund des niedrigen Blindwiderstands X_L bei kleinen Frequenzen fällt zunächst der größte Teil der Gesamtspannung am Ohmschen Widerstand R ab. Bei höheren Frequenzen steigt das Verhältnis U_L/U an, während der am Ohmschen Widerstand abfallende Spannungsanteil U_R/U im gleichen Maß abnimmt.

Legt man die Grenzfrequenz f_g gleichermaßen fest, wie dies bei den RC-Pässen geschehen ist, folgt daraus für die gleichen Zeigerlängen von U_L und U_R das Zeigerdiagramm nach Bild **1.97**. Für das Verhältnis von Blindspannung U_L zur Gesamtspannung U gilt dann wegen der Bedingung $U_L = U_R$

$$\frac{U_L}{U} = \frac{U_L}{\sqrt{U_L^2 + U_R^2}} = \frac{U_L}{\sqrt{U_L^2 + U_L^2}} = \frac{U_L}{\sqrt{2U_L^2}} = \frac{U_L}{U_L \cdot \sqrt{2}} = \frac{1}{\sqrt{2}} = 0{,}707.$$

1.97 Spannungsdreieck für Grenzfrequenz

Setzt man die in Bild **1.96** auf der horizontalen Achse aufgetragenen Frequenzen zu dieser für $U_L = U_R$ berechneten Grenzfrequenz ins Verhältnis und wählt dieses Verhältnis als neuen Maßstab für die horizontale Achse einer Darstellung (wie in Bild **1.84** für den RC-Tief- und Hochpaß), erhält man die in Bild **1.98** dargestellten Kurven. Sie sind für alle Hoch- und Tiefpässe gleich.

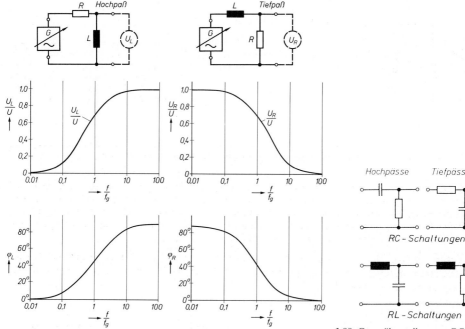

1.98 Amplituden und Phasenverschiebung für RL-Hoch- und -Tiefpaß

1.99 Gegenüberstellung von RC- und RL-Hoch- und -Tiefpaß

Bei Gegenüberstellung des Verhaltens von RC- und RL-Pässen erkennt man aus Bild **1.84** und **1.98**, daß immer dann eine Übereinstimmung zwischen einem RC-Tiefpaß und einem RL-Tiefpaß eintritt, wenn in der RC-Schaltung an die Stelle des Kondensators der Widerstand und an die Stelle des Widerstands die Spule treten. Bild **1.99** zeigt diese Gemeinsamkeiten im Zusammenhang.

1.5.4.5 RL-Hochpaß als Integrierglied

Wegen der Übereinstimmung in der Funktionsweise zwischen einem RL-Hochpaß und einem RC-Hochpaß sind auch die Eigenschaften hinsichtlich ihrer Verwendung als Integrierglieder dieselben. Deshalb gelten alle Kurven, die in Bild **1.**88 im Zusammenhang mit dem RC-Hochpaß entwickelt wurden. Zu unterscheiden ist gegenüber den RC-Pässen die Berechnung der Zeitkonstanten τ, die sich für einen RL-Paß nach $\tau = L/R$ berechnen läßt.

1.5.4.6 RL-Tiefpaß als Differenzierglied

Entsprechend der Übereinstimmung von RC- und RL-Schaltungen nach Bild **1.**98 gelten mit der Zeitkonstanten $\tau = L/R$ dieselben Eigenschaften für RL-Schaltungen, wie sie in Abschn. 1.5.4.4 für die RC-Differenzierglieder beschrieben sind.

1.5.4.7 LC-Hoch- und Tiefpässe

Beim Betrachten der Durchlaßkurven von RC- und RL-Hoch- und Tiefpässen fällt der sehr flache Übergang zwischen Sperr- und Durchlaßbereich auf. Verursacht wird dieser flache Übergang bei den RC- und RL-Pässen durch den Ohmschen Widerstand R. Kann man diesen Übergang steiler gestalten, wenn man statt der Widerstände Spulen verwendet? Zur Beantwortung wird ein einfacher RC-Hochpaß nach Abschn. 1.5.4.1 betrachtet:

Versuch 1.27 In dem Versuchsaufbau 1.22 wird an Stelle des Widerstands eine Spule mit $L = 2{,}2$ H geschaltet (**1.**100) und die Ausgangsspannung in Abhängigkeit i der Frequenz betrachtet (**1.**101).

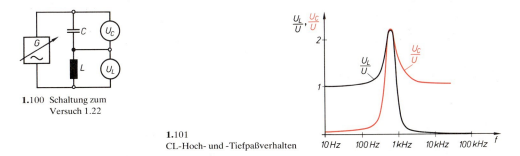

1.100 Schaltung zum Versuch 1.22

1.101 CL-Hoch- und -Tiefpaßverhalten

Ergebnis Die Schaltung läßt sich vergleichen mit einem Reihenschwingkreis, dessen Resonanzfrequenz f_0 etwa der Grenzfrequenz f_g des RC-Hochpasses in Versuch 1.22 entspricht. Die erwartete Verbesserung des Hochpaßverhaltens durch den Austausch von R durch L zeigt sich nur für steileren Übergang (**1.**101). Nachteilig wirkt sich dagegen aus, daß die Spannungsverhältnisse U_C/U für den Hochpaß und U_L/U für den Tiefpaß in der Nähe der Resonanzfrequenz deutlich überhöht ist.

Das für einen Hochpaß störende Resonanzverhalten des Schwingkreises nach Bild **1.**100 kann man weitgehend reduzieren, wenn in Reihe ein weiterer, gleich großer Kondensator wie im Eingang geschaltet wird (**1.**102 a).

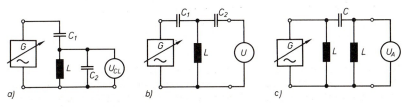

1.102 Schaltung zum Versuch 1.27
a) Grundschaltung, b) T-Schaltung Hochpaß, c) π-Schaltung Hochpaß

π-Schaltung. Ordnet man in der Versuchsschaltung die Bauteile etwas anders an, erkennt man, daß die bestimmenden Bauteile des LC-Hochpasses die Form des Buchstaben *T* haben (**1.**102b). Die gleichen Ergebnisse, wie sie in Bild **1.**101 dargestellt sind, erzielt man, wenn statt des zweiten Kondensators in Bild **1.**100 eine zweite Spule in Reihe zum Belastungswiderstand parallel zum Generator schaltet (**1.**102c). Nach der Anordnung der Bauelemente wird diese Schaltung im Gegensatz zur *T*-Schaltung π-Schaltung genannt.

Die LC-Hochpässe können noch weiter verbessert werden, indem man mehrere *T*- und π-Glieder hintereinander schaltet.

Durch Vertauschen von Spulen und Kondensatoren in den Schaltungen der LC-Hochpässe nach Bild **1.**102b und c gelangt man zu den LC-Tiefpässen, die gegenüber den RC- und RL-Tiefpässen die gleichen verbesserten Eigenschaften aufweisen wie die Hochpässe (**1.**103).

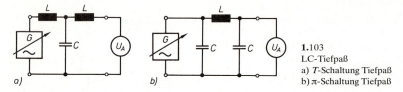

1.103
LC-Tiefpaß
a) *T*-Schaltung Tiefpaß
b) π-Schaltung Tiefpaß

Berechnen der Grenzfrequenz. Da es sich bei den LC-Pässen im Prinzip um Schwingkreise handelt, hat der Ohmsche Belastungswiderstand R für das Verhalten und für die Grenzfrequenz f_g einen bedeutenden Einfluß. Als Anhaltspunkt zur Berechnung von Spule- und Kondensatorgröße geht man davon aus, daß die Blindwiderstände X_C und X_L bei der Grenzfrequenz ungefähr die Größe des Belastungswiderstands haben sollen:

$$X_L = \omega_g \cdot L \approx R \qquad \text{und} \qquad X_C = \frac{1}{\omega_g \cdot C} \approx R$$

Beachten Sie: In den Schaltungen ist der berechnete Wert für die Größe des nur einmal auftretenden Bauteils mit dem Faktor 2 zu multiplizieren.

Beispiel 1.33 Wie ermittelt man für einen LC-Hochpaß mit einem Belastungswiderstand $R = 10\,\text{k}\Omega$ die Größen der Kondensatoren und Spulen, wenn a) die *T*-Schaltung und b) die π-Schaltung aufgebaut werden soll und Frequenzen oberhalb $f_g = 5\,\text{kHz}$ durchgelassen werden sollen?

Lösung Aus $R \approx \omega_g \cdot L$ berechnet man die Induktivität zu

$$L \approx \frac{R}{\omega_g} = \frac{R}{2 \cdot \pi \cdot f_g} = \frac{10 \cdot 10^3\,\Omega}{2 \cdot \pi \cdot 5 \cdot 10^3\,\text{Hz}} = 320\,\text{mH}$$

und aus $R \approx \dfrac{1}{\omega_g \cdot C}$ die Kapazität zu

$$C \approx \frac{1}{\omega_g \cdot R} = \frac{1}{2 \cdot \pi \cdot f_g \cdot R} = \frac{1}{2 \cdot \pi \cdot 5 \cdot 10^3\,\text{Hz} \cdot 10 \cdot 10^3\,\Omega} = 3{,}18\,\text{nF}.$$

Mit diesen Werten errechnet man
a) für die *T*-Schaltung des Hochpasses die Induktivität
L' zu $L' = 2 \cdot L = 2 \cdot 320\,\text{mH} = \mathbf{640\,mH}$
b) für die π-Schaltung die Kapazität des Kondensators
C' zu $C' = 2 \cdot C = 2 \cdot 3{,}18\,\text{nF} = \mathbf{6{,}36\,nF.}$

1.5.4.8 LC-Bandpässe

Hoch- und Tiefpässe gestatten es, Frequenzen bis zu einer bestimmten Grenzfrequenz zu unterdrücken oder durchzulassen. Oft ist es jedoch erforderlich, bestimmte Frequenzbänder durchzulassen (Bandpässe) oder zu unterdrücken (Bandsperren). Im einfachsten Fall kann dies durch die in Abschn. 1.5.3 beschriebenen einfachen Schwingkreise geschehen. Dabei muß man einen Kompromiß zwischen dem Erreichen einer hohen Güte (steiler Flankenanstieg) und großem Durchlaßbereich (große Dämpfung) eingehen. Eine Möglichkeit, beides miteinander zu verbinden, bietet das Hintereinanderschalten von verschiedenen Reihen- und Parallelschwingkreisen. Je nach Anordnung dieser Zusammenschaltung wird eine unterschiedliche Funktionsweise erreicht.

Versuch 1.28 An einen Funktionsgenerator mit sinusförmiger Ausgangsspannung werden nach Bild **1.**104 zwei Parallelkreise und ein Reihenschwingkreis geschaltet, wobei alle Schwingkreise die gleichen kapazitiven und induktiven Größen aufweisen. Die Frequenz wird im Bereich von $f_1 = 10\,Hz$ bis $f_2 = 100\,kHz$ verändert.

Ergebnis Bis in die Nähe der Resonanzfrequenz der zusammengeschalteten Schwingkreise tritt am Ausgang keine nennenswerte Spannung auf, weil unterhalb der Resonanzfrequenz der Reihenschwingkreis aufgrund des kapazitiven Widerstandes sperrt. In der Umgebung der Resonanzfrequenz wird die Impedanz des Reihenschwingkreises Null und die des Parallelschwingkreises sehr groß, so daß der höchste Spannungsabfall am Ausgang gemessen wird. Für höhere Frequenzen wird die Impedanz des Reihenschwingkreises wieder größer, so daß am Ausgang nur eine verschwindend kleine Spannung anliegt.

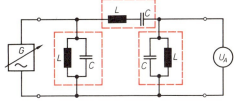

1.104 Bandpaßschaltung

Aufgrund der gleichen Verlustwiderstände der Spulen wirkt der Bandpaß auch innerhalb des Durchlaßbereichs wie ein Spannungsteiler, der die Eingangsspannung im Verhältnis 2:1 zur Ausgangsspannung teilt. Dadurch kann die Ausgangsspannung maximal 50 % der Eingangsspannung erreichen.

Wiederholt man den Versuch 1.28, indem man an Stelle der Parallelschwingkreise je einen Reihenschwingkreis und entsprechend statt des Reihenschwingkreises einen Parallelschwingkreis mit den gleichen Bauelementen einsetzt, erhält man eine **Bandsperre**, die bis auf einen Bereich um die Resonanzfrequenz alle anderen Frequenzen hindurchläßt.

1.5.5 Bandfilter

Bei der Ausstrahlung von Rundfunk- und Fernsehfrequenzen werden nicht nur die Nennfrequenz, sondern auch benachbarte Frequenzen übertragen. Beim Empfang sind diese Nachbarfrequenzen eine Voraussetzung dafür, daß eine gute Ton- bzw. Bildqualität gesichert wird.

Nach Abschn. 1.5.3 und 1.5.4.8 kann man zur Ausfilterung einer bestimmten Frequenz Schwingkreise oder Bandpässe einsetzen. Sie haben jedoch die geschilderten Nachteile bei der Hervorhebung (Trennschärfe) des herauszufilternden Frequenzbands und der auftretenden Verluste. Am einfachsten erreicht man die gewünschte Filterung eines Frequenzbands mit einem Verfahren, bei dem zwei oder mehrere Schwingkreise miteinander gekoppelt werden.

Die Kopplung kann dabei sowohl induktiv als auch kapazitiv erfolgen. Diese Zusammenkopplung mehrerer Schwingkreise bezeichnet man mit **Bandfilter**.

Bandfilterkopplung. Man kann die Einzelschwingkreise auf verschiedene Weise zu Bandfiltern koppeln. Im folgenden werden nur die wichtigsten behandelt, die durch Kombinationen noch erweitert werden können.

Einfache induktive (magnetische) Kopplung. Die Energie wird induktiv (d. h. über ein magnetisches Wechselfeld) vom Primärkreis auf den Sekundärkreis des Filters übertragen (**1.**105a).

Kapazitive Kopfpunktkopplung. Hier verbindet ein kleiner Koppelkondensator beide Hochpunkte (Kopfpunkte, Scheitelpunkte) miteinander. In diesem Fall werden die Spulen gegeneinander abgeschirmt. Die Kapazität des Koppelkondensators C_k bestimmt den Kopplungsgrad.

Er bildet einen hohen Widerstand für niedrige Frequenzen, die deshalb mit geringer Spannung übertragen werden. Für niedrige Frequenzen besteht eine lose Kopplung, für hohe eine feste Kopplung (**1.**105b).

Kapazitive Fußpunktkopplung. Sie verhält sich genau umgekehrt wie die Kopfpunktkopplung. Die Kreise haben an den Fußpunkten einen gemeinsamen Koppelkondensator C_k, dessen Spannungsabfall in den Sekundärkreis übertragen wird. Bei niedrigen Frequenzen steigt die Spannung durch den höheren Widerstand des Kondensators, und die Kopplung wird fester oder stärker (**1.**105c).

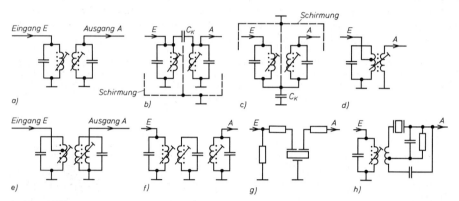

1.105 Bandfilter
a) einfache induktive (magnetische) Kopplung, b) kapazitive Kopfpunktkopplung, c) kapazitive Fußpunktkopplung, e) und d) Kopplung über eine Anzapfung, f) drei- und mehrkreisige Filter, g) und h) keramische Resonatoren

Kopplung über eine Anzapfung. In vielen Fällen wird der Primär- oder Sekundärkreis des Filters nicht direkt am Scheitelpunkt mit dem Transistor verbunden, sondern über eine Anzapfung. Dadurch verringern sich die Kreisdämpfungen (die durch den Widerstand des angeschlossenen Transistors bewirkt werden), und die Kreisgüte steigt. Um den Folgetransistor günstig anzupassen, verzichtet man mitunter auf einen vollständigen Sekundärkreis und verwendet nur eine Koppelspule zur Ankopplung (**1.**105d). Ähnlich wirkt die Filterschaltung in Bild **1.**105e. Vom Sekundärkreis überträgt man die Signalspannung auf eine Koppelspule, die ihrerseits den Folgetransistor speist.

Drei- und mehrkreisige Bandfilter (**1.**105f) ergeben hohe Trennschärfen. Der Primärkreis überträgt durch induktive Kopplung einen Teil der Signalspannung auf den Sekundärkreis und dieser auf den Tertiärkreis. Der Sekundärkreis dient als Koppelglied; seine räumliche Lage und sein Abstand von den anderen beiden Spulen bestimmen den Koppelgrad zwischen Filtereingang und -ausgang. Durch Bewegen des Sekundärkreises kann man den Kopplungsfaktor und damit die Bandbreite des Filters beeinflussen.

Keramische Resonatoren nach Bild **1.**105g und h bestehen aus zwei elektrostatischen Wandlern (vgl. Abschn. 4.5.3) und einem Keramikkörper bestimmter Größe und Form. Am Eingang der Schaltung werden die elektrischen Schwingungen in mechanische umgewandelt; dabei wird der Keramikkörper in Resonanz gebracht. Am Filterausgang setzt man die mechanischen Schwingungen wieder in elektrische um. Die Flankensteilheit dieser Filter ist recht groß. Keramische Resonatoren verwendet man allein oder auch in Kombination mit Induktivitäten und Kapazitäten.

Bandbreite und Flankensteilheit. Bandfilter haben die Eigenschaft, aus einem Frequenzgemisch ein bestimmtes Frequenzband auszufiltern. Die Bandbreite eines Bandfilters hängt von der Intensität der Kopplung beider Kreise ab. Beim Bandfilter sind Bandbreite und Flankensteilheit der Durchlaßkurve zum Teil nicht voneinander abhängig.

> Die Bandbreite eines Filters wird im wesentlichen von der Kopplung, die Flankensteilheit in erster Linie von der Güte der Schwingkreise bestimmt.

Kopplungsgrad. Durch Verschieben der Spulen oder Verändern der Koppelkondensatoren wird der Kopplungsgrad eines Bandfilters verändert. Dadurch werden Bandbreite und Verstärkung beeinflußt. Nach der Intensität der Kopplung (Kopplungsgrad) unterscheidet man verschiedene Kopplungsarten: die lose, mittlere und feste Kopplung.

Bei der losen oder unterkritischen Kopplung nach Bild **1.**106a ist der Kopplungsfaktor 0,01 bis 0,1 (vgl. hierzu Abschn. 1.6). Eine lose Kopplung ergibt sich, wenn die Spulen einen großen Abstand voneinander haben oder wenn man ihre Achsen senkrecht oder im spitzen Winkel zueinander anordnet. Bei loser Kopplung wird die Filterkurve schmal und spitz, die Bandbreite ist gering.

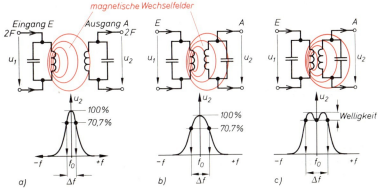

1.106 Kopplungsarten
a) lose Kopplung ($k = 0{,}01$ bis $0{,}1$), unterkritische Kopplung, b) mittlere Kopplung ($k = 0{,}1$ bis $0{,}3$), kritische Kopplung, c) feste Kopplung ($k = 0{,}3$ bis $0{,}5$), überkritische Kopplung

Eine mittlere oder kritische Kopplung nach Bild **1.**106b arbeitet mit einem Kopplungsfaktor k zwischen 0,1 und 0,3. Der Abstand der Spulen ist geringer, dadurch wird das Signal intensiver übertragen. Spannung u_2 und Bandbreite steigen, weil auch die etwas schwächeren magnetischen Wechselfelder, die für die Frequenzen weiter neben der Resonanzfrequenz entstehen, die Sekundärspule erreichen.

> Bei kritischer Kopplung ist der Kopplungsfaktor k gleich dem Verlustfaktor d eines Einzelkreises.

Die feste oder überkritische Kopplung verlangt einen Kopplungsfaktor k von 0,3 bis 0,5. Die Übertragungskurve verformt sich dabei nach Bild **1.**106c zu einer doppelhöckerigen Kurve mit zwei Resonanzmaxima und einer Einsattelung in der Mitte. Die Höcker liegen symmetrisch zur Mittenfrequenz. Je stärker die Kopplung, desto tiefer die Einsattelung und desto weiter auseinander die Höcker. Die Bandbreite legt man dabei nicht in der Höhe des 0,707fachen der Höckerspannung fest, sondern im Bereich der Einsattelung bei der Mittenfrequenz. Man erkennt an der Übertragungskurve deutlich, daß sich die beiden Schwingkreise trotz gleicher Abstimmung gegenseitig beeinflussen (verstimmen).

1.6 Transformator und Übertrager

Transformatoren sind elektrische Betriebsmittel, deren Wirkung auf den Gesetzen der elektromagnetischen Induktion beruht. Transformatoren haben in der Regel zwei oder mehrere getrennte Wicklungen, die über ein gemeinsames Magnetfeld miteinander gekoppelt sind. Aufgabe des Transformators in der Energietechnik ist es, Spannungen und Ströme einer festen Frequenz mit möglichst geringen Verlusten in Spannungen oder Ströme mit höheren oder kleineren Werten umzusetzen. In der Nachrichtentechnik nennt man den Transformator Übertrager. Er muß ein ganzes Frequenzband möglichst gleichmäßig, ohne Bevorzugung oder Dämpfung einzelner Frequenzen übertragen. Der Übertrager hat meist die Aufgabe, Generator- und Verbraucherwiderstände aneinander anzupassen.

Transformatoren für Meßzwecke nennt man **Meßwandler**. Sie setzen sehr große oder sehr kleine Ströme oder hohe Spannungen in solche Ströme oder Spannung um, die problemlos gemessen werden können.

Den grundsätzlichen Aufbau eines Transformators oder Übertragers und dessen Symbol zeigt Bild **1**.107. Der Transformator besteht aus einem geschlossenen Eisenkern, der sich zum Unterdrücken der Wirbelströme und Hysteresisverluste (Eisenverluste) aus einzelnen dünnen Transformatorenblechen, bei höheren Frequenzen aus einer Eisenpulver- oder Eisenoxidmasse (Ferritkern) zusammensetzt. Der Eisenkern trägt zwei Wicklungen. Der Eingangswicklung (Primärwicklung, Primärseite) führt man durch eine Wechselspannung elektrische Energie zu, der Ausgangswicklung (Sekundärwicklung, Sekundärseite) entnimmt man elektrische Energie.

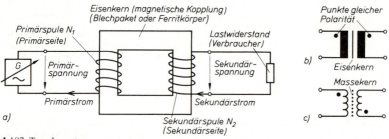

1.107 Transformator
a) Aufbau
b) Symbol eines Transformators oder Übertragers mit Eisenkern (Punkte gleicher Polarität angegeben)
c) Übertrager mit Massekern (Punkte gleicher Polarität nicht angeben)

Die Wirkungsweise eines Übertragers in der Nachrichtentechnik und eines Transformators in der Energietechnik sind grundsätzlich gleich (**1**.108). Die Primärwechselspannung U_1, die hier mit dieser augenblicklichen Polung angenommen ist, treibt den Strom I_1 durch die Primärspule. Der Strom I_1 erzeugt um die Leiter der Primärspule ein zirkulares Feld, dessen Richtung sich nach der Uhrzeigerregel wie eingezeichnet

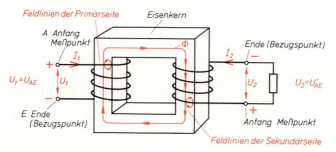

1.108
Spannungen, Ströme und magnetischer Fluß am Grundmodell eines Transformators

ergibt. Im Eisenkern entsteht der Fluß Φ in der gezeigten Richtung. Er durchsetzt die Sekundärspule und erzeugt nach dem Induktionsgesetz in ihr eine Spannung. Die Richtung dieser Spannung muß nach der Lenzschen Regel so sein, daß der Sekundärstrom durch sein Magnetfeld das Feld Φ schwächt oder verstärkt – je nachdem, ob Φ zu- oder abnimmt. Bei gleichem Windungssinn der Wicklungen und gleichen Bezugspunkten besteht zwischen den Spannungen U_1 und U_2 keine Phasenverschiebung.

1.6.1 Unbelasteter Transformator

Beim unbelasteten Transformator ist die Wirkungsweise besonders deutlich zu erkennen. Er wirkt wie eine Induktivität. Der Magnetisierungsstrom I_m erzeugt das magnetische Wechselfeld Φ (1.109). Zwischen dem Magnetisierungsstrom und der Eingangsspannung U_1 besteht (wie bei einer reinen Induktivität) eine Phasenverschiebung von 90°. Der Leerlaufstrom I_1 hat in Wirklichkeit gegenüber der Spannung U_1 eine etwas kleinere Phasenverschiebung als der Magnetisierungsstrom I_m, weil das Ummagnetisieren des Eisens Wärme erzeugt und darum eine Belastung mit einem Wirkwiderstand ist (I_v).

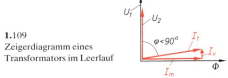

1.109 Zeigerdiagramm eines Transformators im Leerlauf

Das vom Magnetisierungsstrom I_m erzeugte Wechselfeld induziert in der Primärwicklung die Spannung U_0, die etwa so groß ist wie die angelegte Spannung U_1. Bei gleichem Wickelsinn und gleicher Windungszahl der Sekundärwicklung entsteht in ihr die gleiche Spannung mit der gleichen Phasenlage (U_2).

Versuch 1.29 Zwei Spulen mit gleichem Wickelsinn und gleichen Windungszahlen werden gemeinsam auf einen Eisenkern gesteckt. Die Spulenenden sind die Bezugspunkte, ihre Anfänge die Meßpunkte. Eine kleine Wechselspannung (z. B. 12 V) speist die Primärspule. Mit dem Oszilloskop werden die Phasenlagen der Spannungen verglichen.

Ergebnis Bei gleichem Wickelsinn der Spulen und gleichen Bezugspunkten sind die Phasenlagen der Spannungen gleich.

Versuch 1.30 Der Versuch 1.29 wird wiederholt. Allerdings wird eine der beiden Spulen vom Eisenkern abgezogen und, um 180° gedreht, wieder aufgesteckt. Die Phasenlagen werden bei gleichen Bezugspunkten wie im Versuch 1.29 verglichen.

Ergebnis Bei entgegengesetztem Wickelsinn der Spulen und gleichen Bezugspunkten sind die Phasen der Spannungen entgegengesetzt.

> Die Phasenlagen des Eingangs- und Ausgangssignals an einem Übertrager hängt vom Wicklungssinn der Spulen oder von der Wahl ihrer Bezugspunkte ab.

In manchen Anwendungsfällen (z. B. Oszillatorschaltungen) sind die Phasenbeziehungen wichtig. Dann werden die Anschlüsse gleicher Polarität im Schaltsymbol des Übertragers durch Punkte angegeben (1.107b).

Spannungsübersetzung

Versuch 1.31 Ein U-Kern mit Joch erhält bei gleicher Primärwicklung $N_1 = 600$ Windungen nacheinander Sekundärwicklungen verschiedener Windungszahlen ($N_2 = 100$ bis 1200 Windungen). Die Primärspannung beträgt 220 V. Vergleichen Sie die Primärwindungszahl mit der Sekundärwindungszahl einerseits und die Eingangs- mit der Ausgangsspannung andererseits.

Ergebnis Ist die Sekundärwindungszahl gleich der Primärwindungszahl (also $N_1 = 600$ und $N_2 = 600$), sind auch Primär- und Sekundärspannung gleich. Ist die Sekundärwindungszahl $N_2 = 300$, also halb so groß wie die Primärwindungszahl, ist die Sekundärspannung $U_2 = 110$ V = halb so groß wie die Primärspannung U_1. Ist das Windungszahlverhältnis umgekehrt (z.B. $N_1 = 600$, $N_2 = 1200$), ist auch das Verhältnis der Spannungen umgekehrt (also $U_1 = 220$ V, $U_2 = 440$ V).

> Im Leerlauf ist beim Transformator das Verhältnis der Spannungen gleich dem Verhältnis der Windungszahlen. Man nennt das Verhältnis der Spannungen die Spannungsübersetzung.
>
> $$\frac{U_1}{U_2} = \frac{N_1}{N_2}$$

1.6.2 Belasteter Transformator

Schließt man an die Sekundärwicklung einen Verbraucher (Last) an, sinkt die Sekundärspannung U_2 auf einen Wert ab, der kleiner ist, als er sich aus der Formel für die Spannungsübersetzung ergibt. Das kommt daher, daß ein kleiner Teil des Flusses nicht die Sekundärwicklung durchsetzt, sondern sich als primärer **Streufluß** durch die Luft schließt. Weitere Ursachen sind die Spannungsabfälle, die durch die Wirkwiderstände in den Wicklungen entstehen.

Der Wirkungsgrad von Transformatoren liegt meist über 0,92. Dabei sind Eingangs- und Ausgangsleistung etwa gleich groß.

$P_1 \approx P_2$

$I_1 \cdot U_1 = I_2 \cdot U_2$; durch Umstellen erhält man

> $$\frac{U_1}{U_2} = \frac{I_2}{I_1}. \quad \text{Daraus folgt:} \quad \frac{N_1}{N_2} = \frac{U_1}{U_2} = \frac{I_2}{I_1}.$$
>
> Man nennt das Verhältnis der Ströme die Stromübersetzung.
>
> Beim belasteten Transformator verhalten sich die Ströme umgekehrt wie die Windungszahlen.

In der Nachrichtentechnik bezeichnet man häufig das Verhältnis der Windungszahlen, Spannungen oder Ströme mit $ü$.

Widerstandsübersetzung. Zwischen dem Wechselstrom-Eingangswiderstand $Z_1 = U_1/I_1$ und dem Wechselstrom-Ausgangswiderstand $Z_2 = U_2/I_2$ besteht folgender Zusammenhang

Daraus folgt: $\dfrac{Z_1}{Z_2} = \dfrac{U_1 \cdot I_2}{I_1 \cdot U_2} = \dfrac{N_1 \cdot N_1}{N_2 \cdot N_2} = \dfrac{N_1^2}{N_2^2} = ü^2.$

> $$ü = \sqrt{\frac{Z_1}{Z_2}}$$
>
> Widerstände am Übertrager werden im Quadrat des Übersetzungsverhältnisses transformiert.

Diese Eigenschaft benutzt man in der Nachrichtentechnik häufig zur Anpassung von Mikrofonen, Lautsprechern usw. an einen Verstärker.

Kopplungsfaktor und Streuung

Versuch 1.32 Ein U-Kern mit Joch wird mit zwei gleichen Spulen versehen. Zuerst wird das Joch fest aufgelegt und das Spannungsverhältnis gemessen. Danach wird zwischen U-Kern und Joch ein kräftiger Pappstreifen (1 bis 2 mm) gelegt und die Messung wiederholt.

Ergebnis Bei satt aufliegendem Joch ist das Spannungsverhältnis etwa gleich dem Verhältnis der Windungszahlen. Mit Luftspalt (Pappe wirkt wie Luft) ist die Sekundärspannung deutlich geringer als die Primärspannung.

Weil der magnetische Fluß eine Luftstrecke (Pappe) durchsetzt, steigt der magnetische Widerstand im magnetischen Kreis, d.h. der Fluß wird geschwächt – die Sekundärspannung sinkt. Außerdem treten bei belasteten Sekundärwicklungen **Streufelder** auf. Darum wird die Sekundärspule nicht mehr von allen in der Primärspule erzeugten Feldlinien durchflutet: In der Ausgangswicklung wird eine geringere Spannung erzeugt, als das Verhältnis der Windungszahlen erwarten läßt. Der Streufluß durchsetzt nur die Primärspule. Die Kopplung der beiden Transformatorspulen und der Energiefluß geschehen über den beide Spulen durchsetzenden magnetischen Fluß. Durchsetzt der ganze magnetische Fluß die Ausgangswicklung, ist die Kopplung sehr fest. Sie ist lose, wenn nur ein Teil des magnetischen Flusses durch die Sekundärwicklung geht.

> Je größer der Streufluß, desto loser die Kopplung.

Der Kopplungsfaktor ist der Quotient aus dem Verhältnis der Spannungen und Windungszahlen.

$$k = \frac{\dfrac{U_2}{U_1}}{\dfrac{N_2}{N_1}} = \frac{U_2 \cdot N_1}{U_1 \cdot N_2}$$

Netztransformatoren und Übertrager ohne Luftspalt haben eine feste Kopplung. Der Kopplungsfaktor ist etwa 1.

Gebräuchliche Kernblechschnitte (1.110). Damit die Leerlaufströme bei Transformatoren möglichst gering sind, baut man die Eisenkerne so auf, daß der magnetische Fluß nahezu vollständig durch Eisen verläuft. Die Einzelbleche werden so aufeinandergeschichtet, daß sich ihre Stoßstellen überlappen. Moderne Bandkerne haben keinen Luftspalt; bei Schnittbandkernen vermeidet man durch genaues Planschleifen die Entstehung eines Luftspalts.

> Der Leerlaufstrom steigt mit größerem Luftspalt.

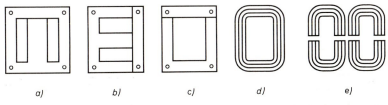

1.110 Die gebräuchlichsten Formen für Transformatorenbleche nach DIN 41 302
a) M-Schnitt, b) EI-Schnitt, c) UI-Schnitt, d) Bandkern, e) Schnittbandkern

Die Wicklungen stellt man gewöhnlich aus Kupferlackdraht her. Sie sitzen auf einem oder mehreren Spulenkörpern aus Kunststoff oder aus Hartpapier in Schachtelbauweise. Kleintransformatoren und kleine Übertrager werden häufig mit Kunstharz vergossen.

Der Spartransformator hat nur eine durchgehende Wicklung mit einer oder mehreren Anzapfungen (**1.**111). Die ihm entnommene Leistung wird zum größten Teil durch Stromleitung über die gemeinsame Primär/Sekundärwicklung übertragen und nur zum geringeren Teil durch Induktion. Auf diese Weise spart man Wickelkupfer und Kernmaterial.

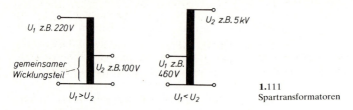

1.111 Spartransformatoren

Beim Spartransformator sind Eingangs- und Ausgangswicklung direkt verbunden. Er bewirkt darum keine Netztrennung.

Mit einem Spartransformator kann man auch Spannungen herunter- und hinauftransformieren. Die Gleichung für das Übersetzungsverhältnis

$$\ddot{u} = \frac{N_1}{N_2} = \frac{U_1}{U_2}$$

gilt hier genauso wie beim üblichen Transformator mit zwei getrennten Wicklungen.

Die Anwendung von Spartransformatoren liegt hauptsächlich bei Stelltransformatoren, Vorschalttransformatoren bei Natriumdampflampen und Zeilentransformatoren in Fernsehgeräten (s. Abschn. 7).

Der Spartransformator darf nicht als Schutztransformator zur Speisung von Kleinspannungsanlagen verwendet werden, weil die Leiter der Kleinspannungsanlage eine unzulässig hohe Spannung gegen Erde führen können. Die Verwendbarkeit des Spartransformators ist dadurch eingeschränkt, daß seine Benutzung nicht zulässig ist, wenn aus Sicherheitsgründen die elektrische Trennung nötig ist (**1.**112).

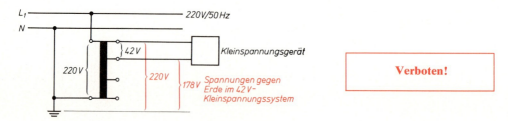

1.112 Spartransformatoren dürfen nicht verwendet werden, wenn eine Netztrennung vorgeschrieben ist, weil unzulässig hohe Spannungen gegen Erde auftreten können

Übungsaufgaben zu Abschnitt 1.5 und 1.6

1. Worin stimmen Spannungsdreiecke, Widerstandsdreiecke und Leistungsdreiecke bei der Reihenschaltung von Blind- und Wirkwiderständen überein?
2. Welche Dreiecke wählen Sie bei der Parallelschaltung von Blind- und Wirkwiderständen?
3. Warum kann man RCL-Reihen- und Parallelschaltungen für feste Frequenzen durch RL- bzw. RC-Reihen- und Parallelschaltungen ersetzen?
4. Warum kann es beim Zusammenschalten von Spule und Kondensator zu Schwingungen kommen?
5. Wann spricht man von einem idealen, wann von einem gedämpften Schwingkreis?
6. Welche Bedeutung hat die Eigenfrequenz für einen Schwingkreis? Unter welchen Bedingungen kann man sie aus der Kenntnis der Bauteile berechnen?
7. Nennen Sie die Bedingungen für das Auftreten von Resonanz in einem Schwingkreis.
8. In welchen Schwingkreisen tritt Resonanz, in welchen Spannungsresonanz auf?
9. Wie ermitteln Sie aus einer Resonanzkurve die Bandbreite eines Schwingkreises?
10. Skizzieren Sie durch einfache RC- bzw. RL-Kombinationen Hoch- bzw. Tiefpässe?
11. Nennen Sie die wesentlichen Unterscheidungsmerkmale zwischen RC- und RL-Pässen und einem RL-Paß.
12. Skizzieren Sie den Verlauf der Ausgangsspannung a) für ein Integrierglied, b) für ein Differenzierglied, wenn am Eingang eine Rechteckspannung anliegt.
13. Erläutern Sie die Unterschiede zwischen Hochpaß, Tiefpaß, Bandpaß und Bandsperre.
14. Welche Vorteile bietet ein Bandfilter gegenüber einem Bandpaß?
15. Geben Sie verschiedene Kopplungsarten für Bandfilter an.

2 Bauelemente der Elektronik

2.1 Stromleitung in Halbleitern

2.1.1 Eigenschaften der Halbleiterwerkstoffe

Leitfähigkeit. Ausgangswerkstoffe für Dioden und Transistoren sind Silizium und Germanium. Diese halbleitenden Werkstoffe unterscheiden sich gegenüber Leitern und Nichtleitern in zweifacher Weise:

> Der spezifische Widerstand von Halbleitern liegt bei Raumtemperatur (25 °C) zwischen dem von Leitern und Nichtleitern (**2.**1). Er sinkt mit zunehmender Temperatur.

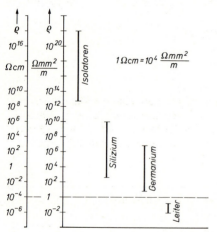

2.1 Spezifische Widerstände von Leitern, Halbleitern und Isolatoren

Versuch 2.1 Der hochohmige Sperrwiderstand einer Germaniumdiode wird mit einem einfachen Widerstandsmeßgerät (Batterie und Drehspulinstrument) gemessen. Mit einem Lötkolben oder Fön wird die Diode erwärmt und die Widerstandsänderung beobachtet.

Ergebnis Der Widerstand sinkt mit zunehmender Erwärmung.

Wertigkeit. Die meisten chemischen Elemente (mit Ausnahme der Edelgase) können untereinander chemische Verbindungen eingehen, da sie durch Aufnahme von Elektronen ihre äußere Elektronenschale auf 8 Elektronen auffüllen oder durch Abgabe von Elektronen die äußere Schale entleeren wollen (Ionenbindung). Sie streben Edelgascharakter an (**2.**2).

Silizium und Germanium haben 4 Elektronen auf der äußeren Schale. Diese können sie abgeben oder durch Aufnahme weiterer 4 Elektronen die Schale auffüllen.

> Silizium (Si) und Germanium (Ge) sind vierwertig

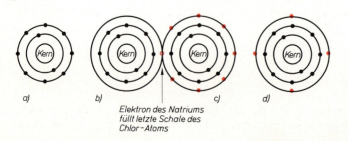

2.2 Elektronenverteilung
  a) Neon Ne (Außenschale mit 8 Elektronen gefüllt)
  b) Natrium Na (1 Elektron auf der Außenschale)
  c) Chlor Cl (7 Elektronen auf der Außenschale)
  d) Silizium Si (4 Elektronen auf der Außenschale)

Kristallaufbau. Wie die meisten festen Stoffe ordnen sich die Atome von Si und Ge beim Abkühlen streng geometrisch zu einer Kristallstruktur an. Hierbei übernehmen die 4 Elektronen die Bindungsaufgabe (Valenz) zwischen den einzelnen Atomen in der Weise, daß jeweils ein Elektronenpaar abwechselnd zwei benachbarte Atome umkreist (Elektronenpaarbindung, **2.**3).

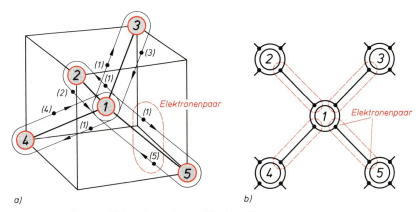

2.3 Kristallaufbau von Silizium, Germanium und Kohlenstoff
   a) Elementarzelle mit Elektronenpaar
   b) Vorderansicht der Elementarzelle

Halbleitende Werkstoffe. Neben Silizium und Germanium sind noch eine Anzahl von intermetallischen Verbindungen (chemische Verbindung von zwei Metallen untereinander) gebräuchlich, deren halbleitende Eigenschaft darin besteht, daß sich ihr Widerstand durch den Einfluß einer physikalischen Größe (Wärme, elektrische Spannung, Licht oder Magnetfeld) verändert.

Tabelle **2.**4 **Halbleitende Werkstoffe**

Halbleiter	chemisches Kurzzeichen	Elektronen auf der Außenschale	Haupt-Anwendung
Germanium	Ge	4	Dioden, Transistoren,
Silizium	Si	4	Fotoelemente, Thyristoren usw.
Selen/Zink	Se/Zn	Se: 6/Zn: 2	Gleichrichter
Galliumarsenid	GaAs	Ga: 3/As: 5	Leuchtdioden
Indiumantimonid	InSb	In: 3/Sb: 5	Hallgeneratoren
Zinksulfid	ZnS		
Cadmiumsulfid	CdS	Zn, Cd, Pb: 2	Fotoelemente, Fotowiderstände
Bleisulfid	PbS	S: 6	

2.1.2 Eigenleitung

Technologische Anforderungen. Damit Silizium und Germanium zur Herstellung von Halbleiterbauelementen verwendet werden können, müssen sie zwei Forderungen erfüllen:
– Si und Ge müssen einen extrem hohen Reinheitsgrad haben, der sich in % nicht mehr ausdrücken läßt. Erzielt wird ein Reinheitsgrad von je einem Fremdatom auf 10^{10} Si-Atomen.

– Si und Ge können nur als Einkristalle verwendet werden, d.h., die Kristallstruktur des ganzen Körpers muß gleichmäßig sein.

Die temperaturabhängige Leitfähigkeit der Halbleiter ergibt sich folgendermaßen: In der Nähe des absoluten Nullpunkts ($T = 0K$) sind alle Elektronen für Bindungsaufgaben gebunden, so daß keine freien Elektronen für den Ladungstransport (Strom) vorhanden sind.

> Die Halbleiter sind bei $T = 0K$ Isolatoren.

Wird der Halbleiterkristall erwärmt, gerät das Kristallgefüge in Schwingungen. Bereits bei Raumtemperatur (25 °C) ist dem Halbleiter soviel Wärmeenergie zugeführt worden, daß durch die sich vergrößernde Schwingbewegung der Atome die Bindungen einzelner Valenzelektronen aufreißen. Es entstehen freie Elektronen, die sich im Kristallgitter bewegen, sie diffundieren (lat. zerstreuen, durchdringen). Dadurch steigt die Leitfähigkeit. Wenn ein negatives Elektron sein Atom verläßt, hinterläßt es dort eine positive Fehlstelle. Diese Fehlstelle heißt Defektelektron oder Loch (**2.**5).

> Elektron (−) und Loch (+) sind ein Ladungsträgerpaar. Durch Energiezufuhr entstehen in einem Halbleiter bewegliche Ladungsträgerpaare.
>
> Die Leitfähigkeit des reinen Halbleiterkristalls bei Energiezufuhr nennt man Eigenleitfähigkeit (kurz Eigenleitung) oder Intrinsic-Leitfähigkeit.

Rekombination (lat. Wiedervereinigung). Elektronen und Löcher wandern ziellos im Kristallgitter. Trifft ein Elektron auf ein Loch, neutralisieren sich ihre Ladungen, das Ladungsträgerpaar verschwindet (**2.**5).

> Bei der Rekombination von freien Elektronen und Löchern verschwinden die freibeweglichen Ladungsträgerpaare.

Bewegungsrichtungen. Entsteht z.B. bei Atom *A* Paarbildung, kann von Atom *B* ein Elektron in das entstandene Loch bei *A* wandern. Es hinterläßt aber bei *B* ein Loch, das durch ein Elektron des Atoms *C* aufgefüllt wird, usw. Es finden eine Elektronenbewegung von *E* nach *A* und eine Löcherbewegung von *A* nach *E* statt (**2.**6).

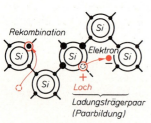

2.5 Paarbildung und Rekombination im Halbleiterkristall

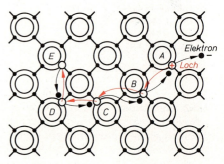

2.6 Elektronen- und Löcherbewegung im Halbleiterkristall

Elektronen und Löcher bewegen sich in entgegengesetzter Richtung durch den Halbleiterkristall.

Durch Anlegen einer Spannung an den Kristall werden die Zickzack-Bewegungen der Ladungsträger gerichtet: Die Elektronen wandern zum Pluspol und die Löcher zum Minuspol der Spannungsquelle.

2.1.3 Störstellenleitung

Störstellen. Reinstes Si und Ge sind zwar Ausgangswerkstoffe für die Herstellung von Halbleiterbauelementen (Dioden, Transistoren, usw.). Deren Wirkungsweise ergibt sich aber erst daraus, daß die Ausgangswerkstoffe mit drei- oder fünfwertigen Elementen dotiert (gezielt verunreinigt) werden (**2.**7). Diese Fremdatome bewirken Störstellen im Kristallgitter und erhöhen seine elektrische Leitfähigkeit.

Die Wirkungsweise von Halbleiterbauelementen beruht auf der Störstellenleitung. Diese entsteht in Halbleitern, die mit drei- bzw. fünfwertigen Elementen dotiert sind.
Durch Dotieren wird die Leitfähigkeit des Halbleiters erhöht.

Tabelle **2.**7 **Dotierungselemente**

dreiwertig		fünfwertig	
Bor	(B)	Stickstoff	(N)
Aluminium	(Al)	Phosphor	(P)
Gallium	(Ga)	Arsen	(As)
Indium	(In)	Antimon	(Sb)

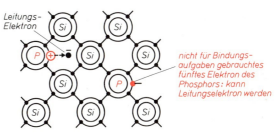

2.8 Mit fünfwertigem Phosphor dotiertes Silizium (N-Leitung)

Warum die elektrische Leitfähigkeit durch die Dotierung wächst, versteht man durch folgende Erklärung:

N-Dotierung, N-Leitung. Werden die Halbleiterkristalle mit **fünfwertigen** Stoffen dotiert, sind nur 4 Elektronen für Bindungsaufgaben nötig. Das fünfte Elektron verläßt schon bei geringer Energiezufuhr (d.h. niedriger Temperatur) das Atom und bewegt sich frei im Kristallgitter und erhöht dessen Leitfähigkeit (**2.**8). Dabei hinterläßt es ein positives Loch oder Defektelektron. Da die Elektronen (negative Ladungsträger) im Kristall frei beweglich sind, spricht man von N-Leitung. Die fünfwertigen Atome heißen Donatoren (lat. Geber).

N-Leitung ist die Elektronenbewegung im fünfwertig dotierten Halbleiterkristall.

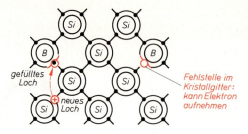

2.9 Mit dreiwertigem Bor dotiertes Silizium (P-Leitung)

P-Dotierung, P-Leitung. Durch Dotieren mit dreiwertigen Elementen (Akzeptoren, lat. Nehmer) bleibt eine für den Kristallaufbau notwendige Bindung unbesetzt (**2.9**). Diese Störstelle ist zwar elektrisch neutral, verhält sich aber wie ein Loch und entzieht einem anderen Atom ein Elektron. Damit ist zwar diese Stelle besetzt, aber bei dem anderen Atom ein positiv geladenes Loch entstanden. Dieses wird mit einem weiteren Elektron aufgefüllt. Ausgehend von der Ursache (Fehlstelle bei Akzeptor-Atom), findet hier eine Bewegung von positiven Ladungsträgern statt, also eine P-Leitung. Auch durch diese Maßnahme erhöht sich die Leitfähigkeit des Kristalls.

P-Leitung ist die Löcherleitung im dreiwertig dotierten Halbleiterkristall.

Majoritäts- und Minoritätsträger. In jedem dotierten Halbleiterkristall finden zwei Leitungsvorgänge gleichzeitig statt: Eigen- und Störstellenleitung. Dabei machen die eingebrachten Störstellen-Ladungsträger den größeren Stromanteil aus.

Im N-leitenden Werkstoff sind als bewegliche Ladungsträger die Elektronen gegenüber Löchern in der Überzahl. Sie sind Majoritätsträger. Im P-leitenden Material sind die Löcher Majoritätsträger und die Elektronen Minoritätsträger.

Germanium- und Siliziumhalbleiter können nur in dem Temperaturbereich betrieben werden, in dem die Störstellenleitung überwiegt. Im Bereich überwiegender Eigenleitung gehen die Eigenschaften der Bauelemente verloren. Die oberen Temperaturgrenzwerte liegen bei Bauelementen aus Ge bei max. 100°C und aus Si bei max. 200°C. Hierbei sind unbedingt die Datenblätter der Bauelemente-Hersteller zu beachten!

2.2 Stromrichtungsunabhängige Halbleiter (Volumenhalbleiter)[1]

2.2.1 Heißleiter (NTC-Widerstände)

Die Widerstandsabnahme des Halbleiters bei steigender Temperatur wird bei den NTC-Widerständen oder Heißleitern ausgenutzt. Durch Auswahl bestimmter Heißleiter-Werkstoffe (z.B. Magnesiumoxid, Magnesium-Nickel-Oxid) lassen sich Widerstandskennlinien mit mehr oder weniger stark ausgeprägter Widerstandsänderung erzielen. Die Bezugstemperatur für die Kennlinien ist 20°C oder 25°C (**2.10**).

Heißleiter (NTC-Widerstände) verringern ihren Widerstand bei Erwärmung.

---

[1] Siehe auch Bd. 1, Abschn. 1.4.

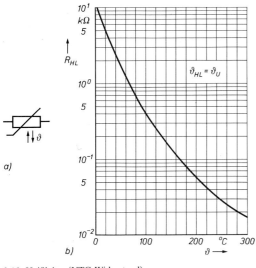
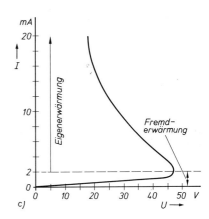

2.10 Heißleiter (NTC-Widerstand)
  a) Schaltzeichen
  b) Widerstand in Abhängigkeit von der Umgebungstemperatur
  c) U-I-Kennlinie bei konstanter Umgebungstemperatur $\vartheta_U = 25\,°C$

Anwendungen. Fließt nur ein kleiner Strom durch den Heißleiter, so daß er sich durch den Strom nicht merklich erwärmen kann, verändert sich sein Widerstandswert nur mit der Umgebungstemperatur (Fremderwärmung). Er wird deshalb bei Temperaturmeß- und -regelungsschaltungen eingesetzt. Die Skala des Meßwerks kann man in °C eichen (**2.11** a).

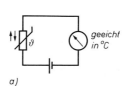
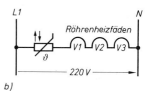

2.11 Typische Anwendungsfälle von Heißleitern
  a) Temperaturmessung durch Fremderwärmung
  b) Einschaltstrombegrenzung

Bei älteren mit Röhren bestückten Fernsehgeräten wird ein NTC-Widerstand in Reihe zu den Röhrenheizfäden geschaltet. Er begrenzt den Einschaltstromstoß der kalten Heizfäden durch seinen großen Kaltwiderstand. Mit zunehmender Eigenerwärmung durch den Strom sinkt sein Widerstand so weit, daß der vorgeschriebene Strom durch die Heizfäden der Röhre fließen kann (**2.11** b).

Datenblattauszug eines Heißleiters

Typ	$R\,20\,°C$	$R\,25\,°C$	TK	ϑ_{max}
K 26	6 kΩ	5 kΩ	−3,8%/K	100 °C

2.2.2 Kaltleiter (PTC-Widerstände)

Wie im Abschnitt 2.1.3 erwähnt, kann ein dotierter Halbleiter auch PTC-Charakter haben. Bei Auswahl geeigneter Werkstoffe (z.B. Bariumtitanat) wird dieses Verhalten durch weitere, komplizierte Vorgänge im Festkörper verstärkt (**2.**12).

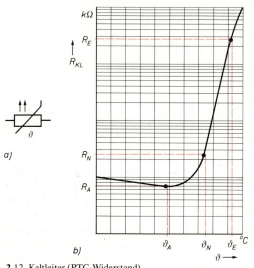
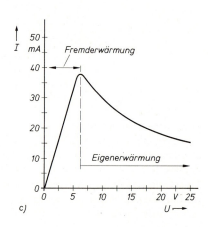

2.12 Kaltleiter (PTC-Widerstand)
 a) Schaltzeichen
 b) Widerstand in Abhängigkeit von der Umgebungstemperatur
 R_E = höchstzulässiger Widerstandswert
 R_N = Widerstand bei Bezugstemperatur ($\vartheta_N = 20°C$)
 R_A = niedrigster Widerstandswert
 c) U-I-Kennlinie bei konstanter Umgebungstemperatur $\vartheta_U = 20°C$

Datenblattauszug eines Kaltleiters

Typ	R_N (25°C)	TK	R_E bei ϑ_E	ϑ_E
E 220 ZZ/13	50 Ω	+25%/K	2 kΩ	100°C

> Kaltleiter (PTC-Widerstände) vergrößern ihren Widerstand bei Erwärmung.

Der Einsatzbereich bei Fremderwärmung entspricht dem des NTC-Widerstands.
In Farbfernsehgeräten wird ein PTC-Widerstand in Reihe zur Entmagnetisierungsspule für die Lochmaske geschaltet. Hierdurch fließt im Einschaltaugenblick durch die Spule ein erwünscht großer Strom zum Entmagnetisieren der Lochmaske, der anschließend durch die Eigenerwärmung des PTC-Widerstands auf einen Mindestwert absinkt (**2.**13).

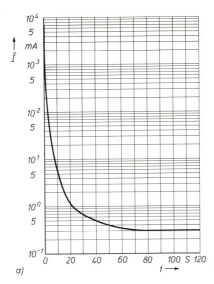
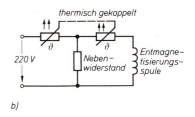

2.13
Reduzieren des Lochmasken-Entmagnetisierungsstroms durch eigenerwärmte Kaltleiter
a) zeitlicher Verlauf des Spulenstroms
b) Schaltung

Wirkungsweise. Im Einschaltmoment fließt ein größerer Strom (ca. 5 A) durch die Entmagnetisierungsspule als durch R_N ($R_N > R_S$). Nach Erwärmung der Kaltleiter übernimmt R_N den größeren des noch vorhandenen Stroms [$R_N < (R_{PTC2} + R_S)$], so daß der Strom durch die Spule auf den unbedeutenden Anteil von ca. 0,5 mA absinkt.

Temperaturabhängige Widerstände werden auch Thermistoren genannt (**therm**ally sensitive res**istor**).

2.2.3 Spannungsabhängige Widerstände (VDR)

Versuch 2.2 Mit der in Bild **2.**14 gezeigten Versuchsanordnung wird die U-I-Kennlinie eines VDR aufgenommen. Aus den einzelnen U-I-Wertepaaren werden die jeweiligen Widerstandswerte des VDR errechnet.

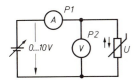

Ergebnis Der Widerstandswert sinkt mit zunehmender Spannung.

2.14 Aufnahme der U-I-Kennlinie eines VDR
$P2$ ist hochohmig (Transistorvoltmeter)

Spannungsabhängige Widerstände – auch als VDR (**v**oltage **d**ependent **r**esistor) oder Varistor (**vari**able resi**stor**) bezeichnet – bestehen aus gepreßtem Siliziumkarbidpulver mit Bindemittel. An den Berührungsstellen der einzelnen Körner bilden sich Dioden aus, die ungeordnet zueinander liegen (**2.**15 auf S. 94). Diese Dioden erfordern eine bestimmte Durchlaßspannung, um Strom fließen zu lassen. Mit Erhöhung der Spannung werden immer mehr Diodenstrecken leitend, so daß der Strom überproportional zur Spannung ansteigt.

> Der Widerstandswert des VDR sinkt mit zunehmender Spannung.

Je nach Form und Größe der Siliziumkarbidkörner können die Kennlinien von Varistoren unterschiedlich verlaufen.

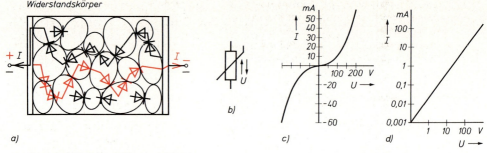

2.15 Spannungsabhängiger Widerstand (VDR)
a) Dioden im VDR und mögliche Stromwege
b) Schaltzeichen
c) Kennlinie im linearen Maßstab
d) Kennlinie im logarithmischen Maßstab

Anwendung. VDR werden häufig parallel zu Spulen und Relais geschaltet, um die hohe Selbstinduktionsspannung beim Abschalten kurzzuschließen und damit überspannungsempfindliche Bauelemente (Schalter, Transistoren) zu schützen. Die VDR werden so ausgewählt, daß ihr Widerstandswert bei Betriebsspannung extrem groß ist und nur während der Überspannung stark absinkt (**2.16**). Außerdem kann man VDR zur Spannungsstabilisierung verwenden, da die Spannung trotz Stromänderung ziemlich konstant bleibt.

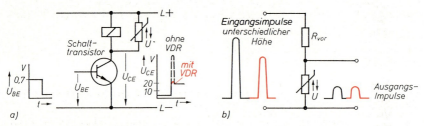

2.16 Anwendungsbeispiele des VDR
a) Unterdrücken der Selbstinduktionsspannung beim sperrenden Transistor
b) Spannungsstabilisierung

2.2.4 Lichtabhängige Widerstände (LDR)

Versuch 2.3 Ein LDR 03 wird an ein Widerstandsmeßgerät angeschlossen. Zunächst wird er mit der Hand abgedeckt und sein Widerstandswert notiert. Dann wird der LDR beleuchtet und die Widerstandsänderung beobachtet.
Ergebnis:

> Lichtabhängige Widerstände verringern ihren Widerstand bei Beleuchtung.

Licht ist ebenso wie Wärme eine Energieform (elektromagnetische Schwingungen), die Halbleiteratome anregen kann, so daß sich Elektronen aus ihren Bindungen lösen. Dieser Fotoeffekt (Leitfähigkeitserhöhung durch Lichteinfall) wird in Fotowiderständen oder LDR (**l**ight **d**ependent **r**esistor) genutzt. Als Werkstoffe verwendet man vor allem Cadmiumsulfid (CdS),

Cadmiumselenid (CdSe) und Bleisulfid (PbS). Die Kennlinie zeigt das Widerstandsverhalten in Abhängigkeit von der Beleuchtungsstärke (2.17). Den Grundaufbau eines LDR zeigt Bild 2.17c. Um eine möglichst große Empfindlichkeit zu erreichen, hat man die metallisierten Anschlußbahnen mäanderförmig angeordnet.

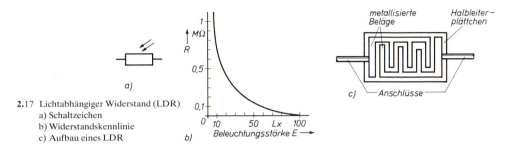

2.17 Lichtabhängiger Widerstand (LDR)
 a) Schaltzeichen
 b) Widerstandskennlinie
 c) Aufbau eines LDR

Datenblattauszug eines Fotowiderstands

Typ	Widerstand bei 1000 lx[1]	Widerstand bei Dunkelheit	maximale Betriebsspannung	maximale Verlustleistung
LDR 03	75 bis 300 Ω	10 MΩ	150 V	0,2 W

[1]) Zum Vergleich: helle Mondnacht ≙ 0,5 lx, gut beleuchteter Arbeitsplatz ≙ 800 bis 1000 lx.

Fotowiderstände reagieren ähnlich wie das menschliche Auge je nach Farbton unterschiedlich empfindlich. Sie müssen deshalb nach dem Anwendungsfall ausgewählt werden.
Licht und Wärme sind elektromagnetische Wellen (aber mit wesentlich kürzeren Wellenlängen als Rundfunkwellen). Jeder Farbton entspricht einer bestimmten Wellenlänge (2.18).

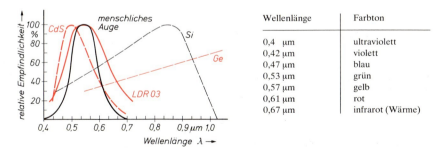

Wellenlänge	Farbton
0,4 μm	ultraviolett
0,42 μm	violett
0,47 μm	blau
0,53 μm	grün
0,57 μm	gelb
0,61 μm	rot
0,67 μm	infrarot (Wärme)

2.18 Spektrale Empfindlichkeit von Halbleitern im Vergleich zum menschlichen Auge

Anwendung. In einer Reihenschaltung mit einer Quecksilberzelle (konstante Spannung) und einem Meßgerät ergibt der LDR einen Belichtungsmesser (2.19). Wird ein LDR mit einer Relaiswicklung in Reihe geschaltet, zieht der Anker an, wenn eine bestimmte Beleuchtungsstärke überschritten wird (**2**.20). Hieraus ergeben sich verschiedene Einsatzbereiche: Lichtschranke, Dämmerungsschalter oder automatische Kontrastregelung im FS-Gerät in Abhängigkeit von der Raumhelligkeit.

2.19 Belichtungsmesser

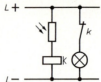

2.20 Helligkeitsabhängige Relaissteuerung mit LDR (z.B. Lichtschranke)

2.2.5 Feldplatten und Hallgeneratoren

Feldplatte (Hallsonde). Wird ein stromdurchflossener Leiter einem Magnetfeld ausgesetzt, bewegt er sich im Feld rechtwinklig zu den Feldlinien (**2**.21). Bringt man ein Halbleiterplättchen (z.B. aus Indiumarsenid) in ein Magnetfeld und legt eine Gleichspannung an, werden die Elektronen auf ihrer Bahn seitlich abgelenkt – aber in entgegengesetzter Richtung (negative Ladungsträger). Diese Verlängerung des Stromwegs entspricht einer Widerstandserhöhung. In die Feldplatten sind schmale metallisch leitende Zonen eingebracht, auf denen die Elektronen zurückgeführt werden. Somit durchlaufen sie unter dem Einfluß des Magnetsfelds einen Zickzack-Kurs (**2**.22).

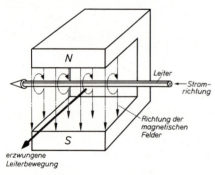

2.21 Ablenkung eines stromdurchflossenen Leiters mit Magnetfeld

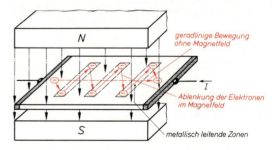

2.22 Richtung des Elektronenstroms in der Feldplatte mit und ohne Feldeinfluß

Datenblattauszug einer Feldplatte (**2**.23)

Typ	Grundwiderstand R_0	relative Widerstandsänderung R_B/R_0 bei ±0,3 Tesla	$R_B^{1)}/R_0$ (±1 T)
FP 17L200J	200 Ω	1,85	8,5

---

[1]) Das Verhältnis R_B/R_0 gibt an, wievielmal größer der Widerstandswert der Feldplatte ist, wenn die Flußdichte auf 0,3 T bzw. 1 T erhöht wird. Die Richtung des Magnetfelds spielt keine Rolle, weil sich bei einer Umkehr des Magnetfelds die Ablenkrichtung in der Hallsonde ebenfalls umkehrt.

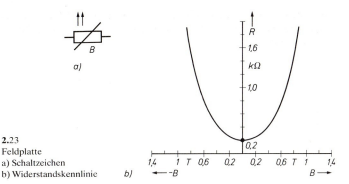

2.23 Feldplatte
a) Schaltzeichen
b) Widerstandskennlinie

Hallgenerator. Der Hallgenerator ist ein rechteckiges Halbleiterplättchen, an dessen vier Stirnseiten elektrische Kontakte angebracht sind. Der Generator wird so in einen Erregerstromkreis geschaltet, daß ein Strom I_H durch die Platte zum gegenüberliegenden Anschluß fließt. Unter dem Einfluß des Magnetfelds werden die Elektronen abgelenkt und verursachen an dem einen seitlichen Anschluß ein negatives Potential. Am gegenüberliegenden Anschluß entsteht gleichzeitig ein positives Potential (**2.24**). Diese Hallspannung U_H ist abhängig von Flußdichte, Feldrichtung und Plattendicke (**2.25**).

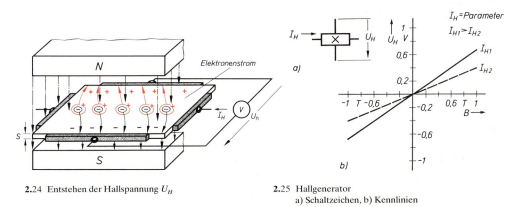

2.24 Entstehen der Hallspannung U_H

2.25 Hallgenerator
a) Schaltzeichen, b) Kennlinien

| **Hallspannung** | $U_H = \dfrac{R_H \cdot I_H \cdot B}{s}$ | R_H = Hallkonstante in $\dfrac{\text{m}^3}{\text{A} \cdot \text{s}}$
 I_H = Hallstrom in A
 B = magnetische Flußdichte in T
 s = Plattendicke in m |

Verwendet werden Feldplatten und Hallgeneratoren in kontaktlosen Steuerungen von Maschinen, zum direkten Messen der magnetischen Flußdichte und auch als Ersatz für den Unterbrecherkontakt in Kraftfahrzeugen. Sie unterliegen keinem Verschleiß.

Feldplatten vergrößern ihren Widerstand mit zunehmender magnetischer Flußdichte. Hallgeneratoren erzeugen eine zur Flußdichte proportionale Hallspannung.

Beispiel 2.1 $B = 0{,}3$ T, $R_H = 0{,}1 \cdot 10^{-3} \dfrac{\text{m}^3}{\text{A} \cdot \text{s}}$, $s = 0{,}15$ mm,

$I_H = 60$ mA

$$U_H = \frac{R_H \cdot I_H \cdot B}{s} = \frac{0{,}1 \cdot 10^{-3} \dfrac{\text{m}^3}{\text{A} \cdot \text{s}} \cdot 60 \cdot 10^{-3}\,\text{A} \cdot 0{,}3 \dfrac{\text{Vs}}{\text{m}^2}}{0{,}15 \cdot 10^{-3}\,\text{m}} = \mathbf{12\,mV}$$

Übungsaufgaben zu Abschnitt 2.1 und 2.2

1. Nennen Sie die wesentlichen Merkmale von Halbleitern?
2. Wie entsteht Eigenleitung im Halbleiter?
3. Warum werden Silizium und Germanium dotiert? Welche Dotierungsstoffe werden verwendet, und welche Wertigkeit haben sie?
4. Wie entsteht Störstellenleitung im Halbleiterkristall?
5. Skizzieren Sie die Schaltzeichen eines Heißleiters und eines Kaltleiters.
6. Erläutern Sie die Wirkungsweise der Schaltung in Bild **2**.13.
7. Ermitteln Sie die Widerstandswerte des VDR im Bild **2**.15 für $U = 10$ V, 50 V, 100 V, 150 V und zeichnen Sie die Kennlinie $R = f(U)$.
8. Welcher Halbleiterwerkstoff hat eine ähnliche spektrale Empfindlichkeit wie das menschliche Auge?
9. Beschreiben Sie die Wirkungsweise der Schaltung im Bild **2**.20 und nennen Sie zwei mögliche Anwendungsfälle.
10. Wie reagieren Feldplatte und Hallgenerator, wenn die Richtung des wirksamen Magnetfelds plötzlich umgepolt wird?

2.3 Halbleiterdioden und ihre Anwendungen

2.3.1 PN-Übergang

PN-Übergang ohne außen angelegte Spannung. Werden je ein P- und N-leitender Halbleiterkristall in Kontakt gebracht, entsteht an der Berührungszone eine Grenzschicht. Die in der Nähe dieser Schicht vorhandenen Elektronen des fünfwertigen Dotierungsstoffs diffundieren in den angrenzenden Bereich des P-Gebiets und rekombinieren dort mit den Löchern. Dies geschieht auch, wenn keine äußere Spannung am PN-Übergang liegt. Elektronen und Löcher wandern von einem Kristall in den anderen, nur jeweils in entgegengesetzter Richtung (**2**.26).

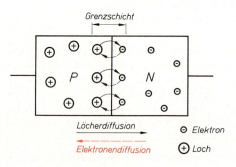

2.26 Diffusion von Elektronen und Löchern im PN-Halbleiter

Die Diffusionen erfolgen, damit die für den Kristallaufbau notwendigen vier Bindungen vollständig sind.

Die Diffusion der Ladungsträger bewirkt, daß sich die ursprünglich elektrisch neutralen Grenzbereiche der Kristallzonen aufladen: Die N-Schicht wird durch die Abwanderung der Elektronen positiv, die P-Schicht durch Abwanderung der Löcher negativ geladen. Diese Raumladungen rufen ein starkes elektrisches Feld hervor, dessen Kraft eine weitere Diffusion der übrigen Ladungsträger verhindert, denn die diffusionsbereiten Ladungsträger müssen gegen dieses Feld wandern.

Auf diese Weise kann sich die Sperrschicht nur in unmittelbarer Nähe des PN-Übergangs bilden und nicht über beide Dotierungszonen vollständig ausbreiten.

Da die beschriebenen physikalischen Verhältnisse in der Grenzschicht zwischen P- und N-Halbleiter keine weitere Bewegung von Ladungsträgern zulassen, wird die Grenzschicht zur Sperrschicht und hat Isolatoreigenschaft.

Die Sperrschicht wirkt als Isolator.

Diffusionsspannung. Durch die Raumladungen entsteht ein elektrisches Feld, dessen Feldstärke an der Sperrschicht eine Potentialdifferenz, die Diffusionsspannung, hervorruft. Diese ist je nach Halbleiterwerkstoff unterschiedlich hoch.

Die Diffusionsspannung beträgt bei Silizium ca. 0,7 V und bei Germanium ca. 0,3 V bei 25 °C.

Sperrschichtkapazität. Die Struktur der Sperrschicht mit den beiden unterschiedlichen Potentialen und dazwischenliegenden Isolator von ca. 1 μm Dicke entspricht dem Aufbau eines Kondensators (**2.**27).

Die Sperrschicht bildet eine Sperrschichtkapazität.

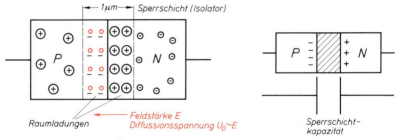

2.27 Sperrschicht am PN-Übergang ohne äußere Spannung
E = Elektrisches Feld, U_D = Diffusionsspannung

PN-Übergang in Durchlaßrichtung vorgespannt (**2.**28 auf S. 100). Schließt man den Pluspol einer Gleichspannungsquelle am P-Halbleiter und den Minuspol am N-Halbleiter an, werden die Majoritätsträger des N-Halbleiters (Elektronen) vom elektrischen Feld der außen angelegten Spannung in die Sperrschicht gedrängt, wo Sie mit den Löchern rekombinieren können. Ebenso rekombinieren die Löcher des P-Halbleiters mit den Löchern in der Sperrschicht. Diese wird dadurch schmaler, bis sie bei entsprechend hoher Spannung verschwindet, so daß ein Strom fließen kann.

Schwellenspannung. Die Spannung, bei der ein merklicher Stromfluß einsetzt, heißt Schleusen- oder Schwellenspannung. Wird die Außenspannung geringfügig erhöht, nimmt der Strom sehr stark zu. Zur Strombegrenzung muß daher stets ein Widerstand im Stromkreis vorhanden sein.

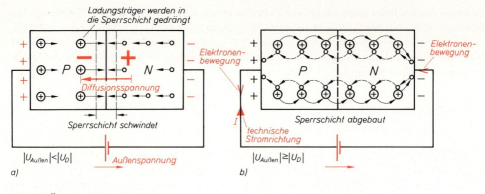

2.28 PN-Übergang in Durchlaßrichtung
a) $|U_{Außen}| < |U_D|$ b) $|U_{Außen}| \geq |U_D|$

> Liegen Pluspol einer Spannungsquelle am P-Halbleiter und Minuspol am N-Halbleiter, fließt Strom, wenn die Schwellspannung erreicht ist.

PN-Übergang in Sperrichtung vorgespannt (2.29). Polt man die Spannungsquelle um, werden unter dem Einfluß ihres elektrischen Feldes weitere Elektronen aus dem Sperrschichtbereich des N-Halbleiters zum Pluspol gezogen und vom Minuspol Elektronen in den Sperrschichtbereich des P-Halbleiters gedrängt. Die Sperrschicht verbreitert sich, da im N-Halbleiter die Elektronen weitere positive Fehlstellen hinterlassen und im P-Halbleiter die zusätzlichen Elektronen mit weiteren Löchern in der Nähe des PN-Übergangs rekombinieren, so daß dort die negative Raumladung größer wird.

> Liegen Pluspol einer Spannungsquelle am N-Halbleiter und Minuspol am P-Halbleiter, fließt kein Strom über die Dotierungsatome.

Versuch 2.4 Eine Siliziumdiode 1N4004 wird in Reihe mit einer Lampe 6 V/0,3 W an 6 V Gleichspannung geschaltet.

Ergebnis Je nach Polung der Diode leuchtet die Lampe auf.

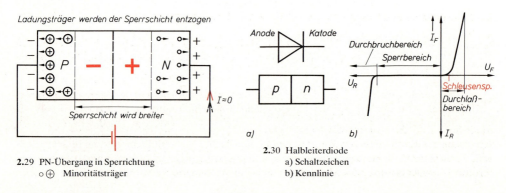

2.29 PN-Übergang in Sperrichtung
○ ⊕ Minoritätsträger

2.30 Halbleiterdiode
a) Schaltzeichen
b) Kennlinie

Diode. Je nach Richtung der angelegten Spannung leitet oder sperrt der PN-Übergang den Stromfluß. Dieser Effekt wird in Halbleiterdioden genutzt. Die Bezeichnung Diode stammt aus der Röhrentechnik. Sie ist ein elektronisches Bauelement mit den beiden Elektroden Katode und Anode (**2.**30). Der Pfeil des Diodenschaltzeichens weist in die Stromrichtung, der Strich kennzeichnet den N-Kristall, die Anschlüsse heißen Anode (P) und Katode (N).

> Die Diode leitet den Strom nur in einer Richtung (Pluspol an Anode, Minuspol an Katode).

Einfluß der Eigenleitung auf das Sperrverhalten einer Diode, Sperrstrom. Bei Raumtemperatur ist die ladungsträgerarme Sperrschicht schwach eigenleitend. Durch äußere Energiezufuhr (Wärme, Licht) entstehen in der Sperrschicht weitere Ladungsträgerpaare, die den Sperrstrom anwachsen lassen. Er beträgt bei Zimmertemperatur und 10 V Spannung bei Si-Dioden 5 pA bis 50 nA, bei vergleichbaren Germaniumdioden ca. 5 bis 50 µA.

> Durch die in Sperrichtung betriebene Diode fließt ein geringer Sperrstrom. Er ist stark temperaturabhängig.

Lawinendurchbruch. Wird die Sperrspannung erhöht, bleibt der Sperrstrom praktisch konstant, da schon bei sehr kleiner Sperrspannung ($\approx 0,1$ V) die wenigen freien Ladungsträger in Bewegung sind. Bei einer hohen Sperrspannung nimmt der Sperrstrom plötzlich lawinenartig zu – die Diode hat den Durchbruch erreicht. Durch die hohe Feldstärke in der Sperrschicht werden die freien Minoritätsträger (Elektronen) des Siliziums stark beschleunigt. Sie schlagen weitere Elektronen aus den Bindungen, so daß eine Art Kettenreaktion eintritt – der Strom schwillt lawinenartig an. Diese Art des Durchbruchs heißt Lawinen- oder Avalanche-Durchbruch.

Zenerdurchbruch. Bei sehr stark dotierten Dioden mit Sperrschichtdicken von weniger als 0,1 µm finden Durchbrüche schon bei Sperrspannungen unter 6 V statt. Durch die hohe Feldstärke werden die Valenzelektronen der Dotierungsatome so stark auf ihren Bahnen gestört, daß die Elektronenbindungen aufbrechen und die freigesetzten Elektronen die Sperrschicht überwinden können. Der Strom setzt bei Zenerdurchbruch allmählicher ein als beim Lawinendurchbruch, steigt aber dann ebenfalls stark an.

> Bei der Durchbruchspannung steigt der Sperrstrom stark an.

2.3.2 Kennlinien und Kennwerte von Silizium- und Germaniumdioden

Kennlinien bei Raumtemperatur, Achsenkennzeichnung. Strom- und Spannungsachse werden im positiven und negativen Teil unterschiedlich gekennzeichnet. Der positive Teil zeigt die Vorwärts- oder Durchlaßrichtung (Index F = Forward), der negative die Rückwärts- oder Sperrichtung (Index R = **R**everse). Die Achsenabschnitte tragen unterschiedliche Maßstäbe. Bild **2.**31 zeigt Meßschaltungen, mit denen die Kennlinien von Dioden punktweise erfaßt werden. Zu beachten ist die unterschiedliche Anordnung der Meßgeräte.

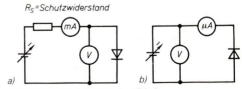

2.31 Kennlinienaufnahme einer Diode
a) Durchlaßbereich, b) Sperrbereich

Versuch 2.5 **Darstellung von Diodenkennlinien mit dem Oszilloskop** (2.32). Die Reihenschaltung einer Diode mit einem Vorwiderstand wird an einer veränderbaren Wechselspannung bis ca. 100 V betrieben. Über die Diode wird die Spannung U_F bzw. U_R abgegriffen. Der Diodenstrom I_F bzw. I_R ist proportional der am Widerstand abfallenden Spannung. Wird zusätzlich in Reihe eine Diode 1N4006 o. ä. geschaltet, kann man je nach Polung dieser Diode Durchlaß- und Sperrbereich der Testdiode darstellen.

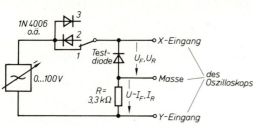

2.32 Kennlinienaufnahme mit dem Oszilloskop
Schalterstellung: *1* vollständige Kennlinie, *2* Durchlaßbereich, *3* Sperrbereich

Das Schirmbild zeigt die gewohnte Diodenkennlinie einschließlich Durchbruchbereich (kurzzeitig einstellen). Bei einigen Oszilloskopen erscheint die Kennlinie spiegelverkehrt. Wird die Testdiode mit einem Lötkolben erwärmt, kann man die Verschiebung der Durchlaßkennlinie und die Erhöhung des Sperrstroms erkennen – besonders gut bei Germaniumdioden.

Durchlaßbereich. Bei der Si-Diode setzt nennenswerter Stromfluß (I_F) erst bei ca. 0,7 V (Schwellspannung $U_{(TO)}$, turn on, engl. einschalten) ein. Er steigt sehr stark an (steile Kennlinie). Bei der Ge-Diode verläuft die Kennlinie flacher, der Strom steigt aber schon bei $U_{(TO)} \approx 0,3$ V an. Aufgrund ihrer höheren Temperaturfestigkeit lassen sich mit Si-Dioden höhere Durchlaßströme bewältigen als mit Ge-Dioden.

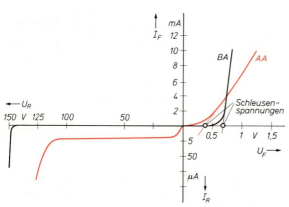

2.33 Kennlinien von Si- und Ge-Dioden (nicht maßstäblich)

Sperrbereich. Schon bei $U_R \approx 0,1$ V fließt ein Sperrstrom I_R, der bis zur Durchbruchspannung ziemlich konstant bleibt. Dann erfolgt der plötzliche Stromanstieg. Wegen der hohen Verlustleistung (Wärme) im Durchbruch darf die Durchbruchspannung im Betrieb nicht erreicht werden (Ausnahme: Z-Dioden). Die Durchbruchspannungen von Germanium Dioden liegen bei höchstens 100 V, von Silizium-Dioden von 50 V bis über 1000 V.

Bild **2.33** zeigt die vollständigen Kennlinien der Universaldioden BAY 45 und AA 117.

Tabelle **2.34** **Kenndaten von Si- und Ge-Dioden**

Dioden-typ	Halbleiter-material	Durchlaßspannung U_F			I_{FM}	U_{RM}	I_R bei U_R	ϑ_j
		bei 1 mA	bei 10 mA	bei 100 mA				
BAY 45	Si	0,66 V	0,8 V	0,97 V	250 mA	150 V	$\dfrac{20\text{ nA}}{150\text{ V}}$	150 °C
AA 117	Ge	0,4 V	1,2 V	–	150 mA	115 V	$\dfrac{4\text{ μA}}{10\text{ V}}$	75 °C

I_{FM} = höchstzulässiger Spitzendurchlaßstrom ϑ_j = maximale Sperrschichttemperatur U_{RM} = höchstzulässige Spitzensperrspannung.

Temperatureinfluß auf die Kennlinie (2.35). Mit zunehmender Sperrschichttemperatur geraten die Ladungsträger stärker in Bewegung. Es ergeben sich drei Konsequenzen:

a) Die Schwellspannung sinkt, und die Kennlinie wird in etwa parallel verschoben. Ihre Abweichung beträgt ca. -2 mV bis -3 mV je Kelvin Temperaturerhöhung.

b) Der Sperrstrom steigt. Je 10 K mehr bewirken im Mittel eine Verdopplung des Stroms.

c) Die Durchbruchspannung bei Lawinendurchbruch erhöht sich geringfügig: Durch die wärmebedingte starke Bewegung aller Elektronen sinkt die Wahrscheinlichkeit, daß beschleunigte Elektronen andere treffen, damit der Durchbruch eintritt. Die Spannung und damit die Feldstärke am PN-Übergang müssen größer werden, um mehr Elektronen aus ihren Bindungen zu reißen. Beim Zenerdurchbruch begünstigt die erhöhte Temperatur das Bestreben der Ladungsträger, die Sperrschicht zu durchbrechen. Die Durchbruchspannung sinkt dadurch.

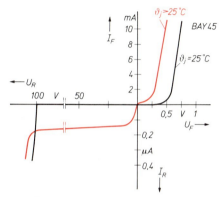

2.36 Durchlaßwiderstand einer Diode

2.35 Diodenkennlinie bei Erwärmung

Versuch 2.6 Eine Si-Diode 1N4004 in Durchlaßrichtung wird in Reihe mit einer Lampe 6 V/0,3 A an die Gleichspannung 6 V geschaltet. I_F und U_F werden gemessen. Eine weitere Lampe wird parallel zur ersten geschaltet, dann mißt man erneut Strom und Spannung der Diode. Für beide Versuche werden die Durchlaßwiderstände r_{F1} und r_{F2} errechnet.

Ergebnis Mit steigendem Strom sinkt r_F.

Durchlaßwiderstand einer Diode (2.36). Der Gleichstromwiderstand der leitenden Diode ist abhängig vom Arbeitspunkt. Er errechnet sich aus $r_F = U_F/I_F$ und sollte möglichst klein sein, um bei der Gleichrichtung einen großen Stromfluß zuzulassen.

Der Sperrwiderstand einer Diode wird entsprechend dem Gleichstrom-Durchlaßwiderstand ermittelt: $r_R = U_R/I_R$. Er liegt je nach angelegter Sperrspannung zwischen $10^{10}\,\Omega$ und 10 MΩ (Si-Dioden) bzw. 2 MΩ und 100 kΩ (Ge-Dioden).

> Siliziumdioden haben meist kleinere Durchlaßwiderstände und größere Sperrwiderstände als Germaniumdioden.

Die Kennzeichnung von Halbleiterbauelementen ist noch nicht international genormt. In Deutschland wird überwiegend eine Buchstaben-Ziffern-Kombination angewendet, die aus 2 Buchstaben und 3 Ziffern oder 3 Buchstaben und 2 Ziffern besteht. Die Ziffern bedeuten eine fortlaufende Kennzeichnung und keine technische Aussage.

1. Buchstabe: Art des Halbleitermaterials
2. Buchstabe: Art des Bauelements
3. Buchstabe: Industrie-Typen

1. Buchstabe
A Ausgangsmaterial Germanium
B Ausgangsmaterial Silizium
C III-IV-Material, z. B. Galliumarsenid
D andere Legierungen, z. B. Indium-Antimonid
R Halbleitermaterial für Fotohalbleiter und Hallgeneratoren

2. Buchstabe (Auszug)
A Diode
B Kapazitätsdiode
C Transistor für NF-Anwendungen
D Leistungstransistor für NF-Anwendungen
E Tunneldiode
F HF-Transistor
L HF-Leistungstransistor
P Strahlungsempfindliches Halbleiterbauelement, z. B. Fotoelement
Q Strahlungerzeugendes Halbleiterbauelement, z. B. Lumineszenzdiode
R Steuer- und Schaltbauelemente mit Durchbruchcharakteristik z. B. Thyristor
S Transistor für Schaltanwendungen
T Leistungsschalter, z. B. Thyristor
U Leistungstransistor für Schalteranwendungen
Y Leistungsdiode
Z Z-Dioden

3. Buchstabe: z. B. U, V, W, X, Y, Z
Ältere Kennzeichnungen für Dioden sind OA... und für Transistoren OC... mit folgender zwei- bis dreistelliger Zahl. Nach der amerikanischen JEDEC-Norm werden Dioden mit 1N..., Transistoren mit 2N..., Feldeffekt-Transistoren mit 3N... und einer zwei- bis vierstelligen Zahl gekennzeichnet. Auch fünfstellige Zahlen allein sind üblich.

Übungsaufgaben zu Abschnitt 2.3.1 und 2.3.2

1. Wie entsteht beim PN-Übergang die Sperrschicht?
2. Was versteht man beim PN-Übergang unter Diffusion?
3. Unter welchen Bedingungen wird der PN-Übergang stromdurchlässig?
4. Wie kommt der Lawinendurchbruch zustande?
5. Warum müssen bei der Kennlinienaufnahme einer Diode Strom- und Spannungsmesser je nach Aufnahme des Durchlaß- und Sperrbereichs unterschiedlich angeordnet sein? (s. Bild **2.**31)
6. Ermitteln Sie die Schwellspannung der Diode AA 117 bei einer Sperrschichttemperatur $\vartheta_j = 75\,°C$, wenn $U_F(25\,°C) = 0,4\,V$ beträgt ($TK_{U_F} = -2,5\,mV/K$).
7. Wie groß ist der Sperrstrom der Diode AA 117 bei $\vartheta_j = 75\,°C$, wenn $I_R(25\,°C) = 4\,\mu A$ beträgt?
8. Wie wird anhand der Kennlinie der Gleichstromwiderstand einer in Durchlaßrichtung betriebenen Diode ermittelt?
9. Um welche Halbleiterbauelemente handelt es sich: a) BA 127, b) BB 103, c) AC 127, d) BD 130, e) 2N3055, f) BZY 83, g) BU 110, h) 1N60?

2.3.3 Gleichrichterschaltungen

Zur Stromversorgung elektronischer Schaltungen sind Gleichspannungen nötig, die durch Gleichrichtung von Wechselspannungen gewonnen werden können. Da Dioden nur in einer Richtung Strom durchlassen, kann man sie als Gleichrichter verwenden.

2.3.3.1 Einweggleichrichter (E-Schaltung)

Versuch 2.7 Eine Reihenschaltung aus einem Widerstand $R = 100\,\Omega$ und einer Diode 1N4004 wird an eine sinusförmige Wechselspannung $U = 24\,V$ gelegt. Die Spannung am Widerstand wird nacheinander mit einem Oszilloskop, einem Drehspul- und einem Dreheisenmeßgerät gemessen.

Wirkungsweise (2.37). Nur während der positiven Halbschwingung fließt Strom, da die Anode positiver als die Katode ist. Der Strom ruft einen Spannungsabfall U_g am Lastwiderstand hervor. An der Katode liegt der Pluspol der Gleichspannung. Der Maximalwert von U_g ist um U_F kleiner als $\hat{u}_1$ ($\hat{u}_1 = U_{gM} + U_F$).

> Bei der Einweggleichrichtung wird eine Halbschwingung der Eingangswechselspannung genutzt.

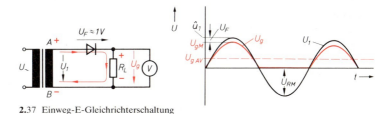

2.37 Einweg-E-Gleichrichterschaltung

Gleichrichtwert. Wird U_g mit einem Drehspulinstrument gemessen, zeigt dies den arithmetischen Mittelwert (mittlere Gleichspannung) der gleichgerichteten Spannung an.

$$U_{gAV} = \frac{\hat{u}_1}{\pi} = 0{,}318 \cdot \hat{u}_1 \qquad (U_F \text{ vernachlässigt})$$

Das Dreheiseninstrument dagegen zeigt den Effektivwert der gleichgerichteten Spannung an, der z.B. wichtig für die Leistungsberechnung ist.

$$U_{g\,\text{eff}} = \frac{\hat{u}_1}{2}$$

2.3.3.2 Zweiweggleichrichter

Mittelpunktschaltung (M-Schaltung). Mit der Mittelpunktschaltung werden beide Halbschwingungen der Eingangsspannung genutzt. Dazu ist ein Transformator mit Mittelanzapfung nötig.

Wirkungsweise (2.38). Während der positiven Halbschwingung fließt der Strom von A über $V1$ und R_L nach B. Wegen der Spannungsaddition an den Teilwicklungen des Transformators besteht an C negatives Potential, und $V2$ sperrt. Während der negativen Halbschwingung leitet $V2$, und $V1$ sperrt, wobei der

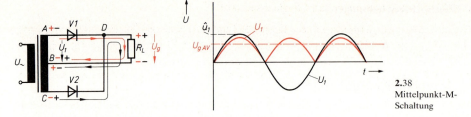

2.38 Mittelpunkt-M-Schaltung

Strom in derselben Richtung durch R fließt wie bei der positiven Halbschwingung. Durch Ausnutzung beider Halbschwingungen ergibt sich:

$$U_{gAV} = \frac{2}{\pi} \cdot \hat{u}_1 = 0{,}636 \cdot \hat{u}_1 \quad (U_F \text{ vernachlässigt})$$

($\hat{u}_1$ ist der Spitzenwert der Spannung einer Wicklungshälfte).

Brückengleichrichterschaltung (B-Schaltung). Bei der Brückengleichrichterschaltung oder Graetzschaltung verwendet man einen Transformator ohne Mittelanzapfung, braucht jedoch vier Dioden.

Wirkungsweise (2.39). Während der positiven Halbschwingung leiten $V1$ und $V3$, da bei diesen die Anoden positiver als die Katoden sind. Der Strom fließt von Transformator (A) über $V1$, R_L, $V3$ nach B. Während der negativen Halbschwingung fließt er von B über $V2$, R_L und $V4$, wobei er auch hier durch R_L die gleiche Richtung wie bei der positiven Halbschwingung hat.

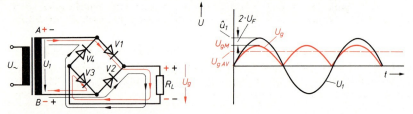

2.39 Brücken-B-Gleichrichterschaltung

Die Beziehung zwischen der Spitzenspannung des Transformators und der Ausgangsspannung ist die gleiche wie bei der Mittelpunktschaltung:

$$U_{gAV} = 0{,}636 \cdot \hat{u}_1 \quad (U_F \text{ vernachlässigt})$$

Bei kleinen Wechselspannungen muß jedoch die Reihenschaltung der jeweiligen leitenden beiden Dioden berücksichtigt werden:

$$U_{gM} = \hat{u}_1 - 2 \cdot U_F$$

Bei der Mittelpunkt- und Brückenschaltung werden beide Halbschwingungen der Eingangswechselspannung genutzt.

2.3.3.3 Gleichrichterschaltungen mit Ladekondensator

Versuch 2.8 Eine Einweggleichrichterschaltung nach Bild 2.40 mit Diode 1N4004, $R_L = 100\,\Omega$ und parallelgeschaltetem Elektrolyt-Kondensator als Ladekondensator $C_L = 500\,\mu F$ wird an $U1 = 24\,V$ betrieben und die Spannung U_g oszillografiert.

Ergebnis Die Spannung am Ladekondensator hat etwa sägezahnförmigen Verlauf. Ihr Spitzenwert ist kleiner als $\hat{u}$ der Wechselspannung.

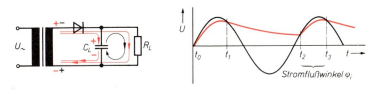

2.40 Einweggleichrichter mit Ladekondensator

Wegen des hohen Wechselspannungsanteils der gleichgerichteten Spannung wird parallel zum Lastwiderstand ein Ladekondensator geschaltet.

> Der Ladekondensator glättet die Ausgangsspannung und vergrößert die mittlere Gleichspannung

Wirkungsweise. Während des ersten Teils der positiven Halbschwingung (t_0 bis t_1) lädt sich C_L über V auf $\hat{u}_1 - U_F$. Sobald der Augenblickswert der Eingangsspannung kleiner als $\hat{u}_1$ wird, sperrt die Diode durch die am Kondensator vorhandene Gegenspannung. In der folgenden Sperrphase der Diode entlädt sich C_L über R_L (t_1 bis t_2). Erst wenn der Augenblickswert der Eingangsspannung größer ist als $U_C + U_F$ (t_2) leitet die Diode erneut und lädt C_L nach (bis t_3). Da die Zeitachse auch mit einer Winkeleinteilung versehen werden kann (s. Abschn. 1.1.3), bezeichnet man die Zeit, in der die Diode leitet, auch als Stromflußwinkel φ_i.

Mittelwert. Entsprechend der Zeitkonstanten $\tau = R_L \cdot C_L$ wird C_L mehr oder weniger stark entladen (2.41). Im unbelasteten Zustand ist U_C eine Gleichspannung mit der Höhe $\hat{u}_1 - U_F$. Ihr Mittelwert wird um so kleiner, je stärker sich C_L entlädt, d.h. je größer I_L ist. Gleichzeitig wächst der Wechselspannungsanteil (Brummspannung).

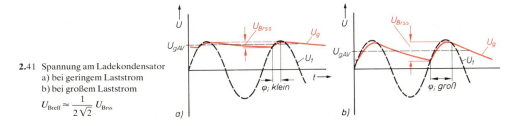

2.41 Spannung am Ladekondensator
a) bei geringem Laststrom
b) bei großem Laststrom

$U_{Breff} \approx \dfrac{1}{2\sqrt{2}} U_{Brss}$

Der Ladekondensator wird üblicherweise so bemessen, daß der Effektivwert der Brummspannung etwa 5% der mittleren Gleichspannung beträgt. Dazu gilt für C_L:

$$C_L = \dfrac{k \cdot I_L}{f_{Br} \cdot U_{Br\,eff}}$$

U in V $\quad$ C in F
I in A $\quad$ f in Hz

Schaltung	k	f_{Br}
Einweg	0,25	$1 \cdot f_\sim$
Zweiweg	0,2	$2 \cdot f_\sim$

Beim Zweiweggleichrichter ist C_L nur ca. 0,4mal so groß wie beim Einweggleichrichter, da seine Spannung nicht so stark absinkt und er zweimal während einer Periode der Eingangswechselspannung nachgeladen wird.

> Bei der Zweiweggleichrichtung kann die Kapazität des Ladekondensators wesentlich kleiner gewählt werden als bei der Einweggleichrichtung.

Diodenströme. Während der leitenden Phase der Diode (t_1 bis t_2) fließt durch die Diode der Strom des Lastwiderstands und der (Nach-)ladestrom des Ladekondensators (**2.42**). Dieser nimmt die Ladungsmenge auf, die er während der Sperrphase der Diode (t_2 bis t_3) über den Widerstand wieder abgibt. Deshalb muß in dem kleineren Zeitintervall t_1 bis t_2 ein größerer Strom fließen als im größeren Intervall t_2 bis t_3. Die Größe des Stroms ist abhängig von den Zeitkonstanten $\tau = R_L \cdot C_L$ (= mehr oder weniger starke Entladung des Kondensators), vor allem aber von Innenwiderständen des Transformators und der Diode. Der Ladestrom kann bei kleinem Innenwiderstand bis zum 50fachen Wert des mittleren Gleichstroms erreichen. Um solche Extremwerte zu vermeiden, wird oft der Innenwiderstand der Spannungsquelle durch einen Diodenvorwiderstand (zwischen 0,5 und 10 Ω) künstlich erhöht. Diodenhersteller geben für Dioden mindestens zwei Durchlaßströme an: den mittleren Gleichstrom I_{FAV} und den periodischen Spitzenstrom I_{FM}, der 10 bis 30mal größer als I_{FAV} ist.

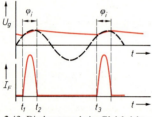

2.42 Diodenstrom beim Gleichrichter mit Ladekondensator

> In Gleichrichterschaltungen mit Ladekondensator ist der Ladestrom erheblich größer als der mittlere Gleichstrom.

Sperrspannungen, Einweggleichrichter. Während der Sperrphase behält der Ladekondensator eine Gegenspannung, die im Leerlauf der Schaltung etwa $\hat{u}_1$ ist. Deshalb liegt beim negativen Maximum der Eingangsspannung zwischen Anode und Katode der Diode die Summe aus Trafospannung und Kondensatorspannung:

$$U_R = 2 \cdot \hat{u}_1 = \hat{u}_{1SS}.$$

> In der Einweggleichrichterschaltung mit Ladekondensator ist die Diodensperrspannung so groß wie der Spitze-Spitze-Wert der Eingangswechselspannung.

Mittelpunktschaltung. Unabhängig von der Belastung der Gleichrichterschaltung durch Widerstand oder Kondensator bleibt $U_R = 2 \cdot \hat{u}_1$ (s. Gleichrichterschaltung mit Ohmschem Lastwiderstand).

Brückenschaltung. Hier ist unabhängig von der Art der Belastung $U_R = \hat{u}_1$.

2.3.4 Spannungsverdoppler- und Vervielfacherschaltungen

Soll aus einer Wechselspannung eine Gleichspannung gewonnen werden, die höher als $\hat{u}_1$ ist, verwendet man Spannungsverdoppler- oder Vervielfacherschaltungen (z.B. Hochspannungserzeugung für Oszilloskop- und Farbbildröhren).

> Die Ausgangsspannung von Verdoppler- und Vervielfacherschaltungen ist größer als die Eingangswechselspannung.

Zweipulsverdoppler (Delon- oder Greinacherschaltung)

Versuch 2.9 Eine Verdopplerschaltung nach Bild **2.**43 wird aufgebaut, die Teilspannungen U_{C1} und U_{C2} und die Summenspannung $U_{C1} + U_{C2}$ werden gemessen.

Wirkungsweise. Während der Punkt A des Transformators positiver ist als Punkt B, wird $C1$ über die leitende Diode $V1$ auf $\hat{u}_1$ geladen. Die Diode $V2$ lädt $C2$ auf, wenn B positiver als A ist. An den in Reihe geschalteten Kondensatoren liegen $U_{C1} + U_{C2} = 2 \cdot \hat{u}_1$.

Da beide Halbschwingungen für die Erzeugung der Ausgangsspannung genutzt werden, heißt diese Schaltung Zweipulsverdoppler.

> Der Zweipulsverdoppler besteht aus je einer Einweggleichrichterschaltung für die positive und negative Halbschwingung der Eingangswechselspannung.

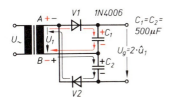

2.43 Zweipulsverdoppler (Delon- oder Greinacherschaltung)

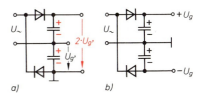

2.44 Anwendung der Zweipulsverdopplung
a) volle und halbe Ausgangsspannung
b) positive und negative Spannung

Diese Schaltung läßt sich auf verschiedene Weise anwenden (**2.**44):
- als Spannungsverdoppler, wenn $C1$ oder $C2$ geerdet sind (positive oder negative Spannung gegen Masse),
- zur Erzeugung zweier Spannungen von U_g und $2 \cdot U_g$, wenn am Mittelpunkt der Kondensatoren zusätzlich eine Spannung abgegriffen wird (niedrige Spannung für NF- und HF-Vorstufen, höhere Spannung für Endstufen),
- zur Erzeugung je einer positiven und negativen Spannung mit nur einer Transformatorwicklung, wenn der Mittelpunkt von C_1 und C_2 geerdet wird (Spannungsversorgung von Operationsverstärkern).

Einpulsverdoppler (Villard- oder Siemensschaltung)

Versuch 2.10 Eine Verdopplerschaltung nach Bild **2.**45 mit $C1 = C2 = 500\,\mu\text{F}$ wird aufgebaut, U_{C1} und U_{C2} werden gemessen.

Wirkungsweise. Während Punkt A der Trafowicklung negativer als B ist, lädt die Diode $V1$ den Kondensator $C1$ auf $\hat{u}_1$. Im Maximum der positiven Halbwelle liegt an der gesperrten Diode $V1$ $2 \cdot \hat{u}_1$. Diese Spannung wird über die dann leitende Diode $V2$ und $C2$ übertragen. Es liegen an C_1 die Spannung $\hat{u}_1$ und an C_2 die Spannung $2 \cdot \hat{u}_1$.

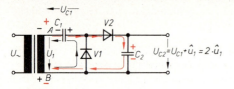

2.45 Einpulsverdoppler (Villard- oder Siemensschaltung)

Da nur jeweils eine Halbschwingung für die Erzeugung der Ausgangsspannung genutzt wird, heißt diese Schaltung Einpulsverdoppler.

> Beim Einpulsverdoppler wird die Wechselstromquelle nur innerhalb einer Halbschwingung belastet.

Anwendung. Im Unterschied zur Delonschaltung kann man einen Pol der Gleichspannung direkt mit der Wechselspannungsquelle verbinden, so daß diese Schaltung auch ohne Transformator direkt am Wechselstromnetz betrieben werden kann (Netzteil von Farbfernsehgeräten).

Spannungsvervielfacher- oder Kaskadenschaltung

Versuch 2.11 Der Einpulsverdoppler 2.45 wird entsprechend Bild 2.46 auf eine Vervierfacherschaltung erweitert. Die Teilspannungen an den Kondensatoren und die Summenspannungen $U_{C1} + U_{C3}$ bzw. $U_{C2} + U_{C4}$ werden gemessen.

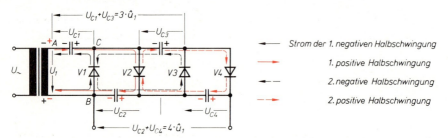

2.46 Spannungsvervierfacher (Kaskade)

Wenn A negativer ist (negative Halbschwingung), leitet $V1$ und lädt $C1$ auf. Wenn A positiver als B ist, leitet $V2$ und lädt $C2$ auf $2 \cdot \hat{u}_1$. Nächste negative Halbschwingung (A negativer als B): $V1$ leitet wieder. Damit liegt das Potential des Punkts C auch an B (U_F vernachlässigt); $V2$ sperrt, da die Anode über $V1$ am Minuspol des Kondensators $C2$ liegt. Gleichzeitig leitet $V3$, so daß die Spannung von $C2$ über $V1$ (leitet!) und $V3$ auf $C3$ übertragen wird. An der Reihenschaltung von $C1$ und $C3$ liegt eine Spannung $U_{C1} + U_{C2} = \hat{u}_1 + 2\,\hat{u}_1 = 3\,\hat{u}_1$. Es handelt sich um eine Spannungsverdreifachung.

Wird parallel zu $V3$ noch eine Kombination $V4/C4$ geschaltet, lädt $V4$ (über $V2$) $C4$ auf die Spannung des Kondensators $C3$ ($2 \cdot \hat{u}_1$), wenn $V3$ sperrt. Über $C2$ und $C4$ ergibt sich eine Summenspannung $U_{C2} + U_{C4} = 2 \cdot 2 \cdot \hat{u}_1 = 4 \cdot \hat{u}_1$.

Es bedarf mehrerer Ladezyklen, bis sich die oben beschriebenen Spannungsverhältnisse an den Kondensatoren einstellen.

Der Einpulsverdoppler läßt sich durch Aneinanderreihen weiterer Dioden-Kondensator-Kombinationen zur Vervielfacher- oder Kaskadenschaltung erweitern (Kaskade = stufenförmiger Wasserfall).

Die Kaskade ließe sich theoretisch beliebig erweitern, praktisch ist ihr jedoch bei einer Versechsfachung die Grenze gesetzt. Da die Gleichspannung durch Kondensatorladung gewonnen werden kann, wird der Innenwiderstand der Schaltung zunehmend größer (geringe Belastbarkeit). Nur mit großen Kapazitätswerten kann man eine ausreichend belastbare Gleichspannung erreichen.

Vervielfacherschaltungen haben einen großen Innenwiderstand.

Siebschaltungen. Zum Betrieb elektronischer Geräte braucht man eine stark „geglättete" Gleichspannung, wie sie eine Batterie liefert. Dazu wird die am Ladekondensator anstehende und noch mit Brummspannung behaftete Gleichspannung über eine RC- oder RL-Siebschaltung geleitet.

RC-Siebglied (2.47a). Widerstand R_S und Kondensator C_S bilden einen frequenzabhängigen Spannungsteiler (Tiefpaß). Der Kondensator hat einen niedrigen Widerstand für die überlagerte Wechselspannung. Die Siebwirkung ist um so größer, je größer der Wirkwiderstand im Verhältnis zum Blindwiderstand des Kondensators ist.

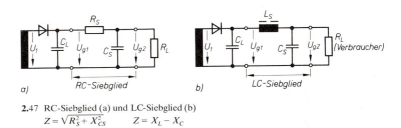

2.47 RC-Siebglied (a) und LC-Siebglied (b)
$Z = \sqrt{R_S^2 + X_{CS}^2}$ $Z = X_L - X_C$

Bestimmung des Glättungsfaktors G. Der zeitliche Verlauf der Brummspannung ist etwa sägezahnförmig. Bei der Berechnung des Glättungsfaktors nimmt man jedoch vereinfachend an, daß die Spannung sinusförmig ist und die gleiche Amplitude hat, da der Oberschwingungsanteil (der den sägezahnförmigen Verlauf herstellt) noch besser gesiebt wird als die Grundschwingung.

Glättungsfaktor eines RC-Glieds $G = \dfrac{U_{g1}}{U_{g2}} = \dfrac{Z}{X_C}$. Da $R \gg X_C$ gewählt wird, ist $Z \approx R$.

$$G \approx \frac{R}{X_C} = R_S \cdot 2\pi f C_S, \quad f = f_{Br}$$

Einweg: $f_{Br} = 50\,\text{Hz}$
Zweiweg: $f_{Br} = 100\,\text{Hz}$

Das Verhältnis $R : X_C$ läßt sich nicht beliebig vergrößern. Um kleine Blindwiderstände zu erreichen, müssen große Kapazitätswerte (Elektrolytkondensatoren) verwendet werden.

Der Widerstandswert von R_S wird in seiner Größe begrenzt. Der gesamte Gleichstrom des Lastwiderstands (z.B. Verstärker) fließt durch R_S und ruft dort einen unerwünschten Spannungsabfall hervor. Mit zunehmender Belastung sinkt die Ausgangsgleichspannung. Gleichzeitig steigt der Wechselspannungsanteil, weil C_S über R_L stärker entladen wird.

Mit einer hohen Pulsfrequenz von mehreren Kilohertz (wie z.B. der Zeilenfrequenz $f = 15625$ Hz) erreicht man mit kleineren Kapazitätswerten eine gleichgroße Siebwirkung wie bei Netzfrequenz.

LC-Siebung (**2.**47b). Wird an Stelle von R_S eine Spule („Drossel") eingesetzt, entfällt der Gleichspannungsabfall an L_S, und die Siebwirkung vergrößert sich.

Glättungsfaktor eines LC-Glieds $\quad G = \dfrac{U_{g1}}{U_{g2}} = \dfrac{X_L - X_C}{X_C} \quad X_L \gg X_C$, d.h. $X_L - X_C \approx X_L$

$$G \approx \frac{X_L}{X_C} = (2\pi f)^2 \cdot L_S \cdot C_S, \quad f = f_{Br}$$

Wegen ihrer Größe, des Preises und unerwünschten magnetischen Streufelds werden Drosseln bei Netzgeräten der Radio- und Fernsehtechnik nicht mehr verwendet. Die Gleichspannung für HF-Verstärker wird jedoch häufig über ein LC-Siebglied geglättet, um HF-Spannungen nicht über die Spannungsversorgung von einer Verstärkerstufe in die andere zu „verschleppen".

Durch Siebglieder wird die Ausgangsspannung eines Gleichrichters stark geglättet.

2.3.5 Diode als Schalter, Klemmschaltung

Schalterdioden. In der Unterhaltungselektronik werden immer häufiger mechanische Schalter in HF-Kreisen und NF-Eingangswähler durch Schalterdioden ersetzt. Hierdurch erfolgt eine räumliche Trennung von Tastensatz und Schaltstelle. Während im Tastensatz eine unkritische Gleichspannung geschaltet wird, die die Schalterdiode in den leitenden bzw. sperrenden Zustand bringt, wird die eigentliche Schalterfunktion unmittelbar an der kritischen Stelle im HF-Kreis wahrgenommen (**2.**48).

Schalterdioden ersetzen mechanische Schalter.

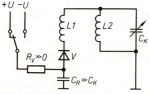

2.48 Bereichsumschaltung mit Schalterdiode

Wirkungsweise. Bei der Schalterstellung $+U$ ist V leitend, schaltet $L1$ über ihren kleinen Durchlaßwiderstand und die große Kapazität des C_R an Masse und somit parallel zu $L2/C_K$. In der Stellung $-U$ sperrt V, und $L1$ ist unwirksam. Der Ohmsche Sperrwiderstand der Diode muß dann sehr groß, die Sperrschichtkapazität muß sehr klein sein (hoher Blindwiderstand). R_V verhindert, daß HF-Spannungen über Zuleitungen in andere Stufen des Geräts übertragen werden.

Klemmschaltung. Über den Kondensator eines Differenziergliedes wird immer nur der Wechselspannungsanteil einer Impuls-Mischspannung übertragen (s. Abschn. 1.5.4.3). Mit der Klemmschaltung ist es jedoch möglich, den positiven oder negativen Spitzenwert der Pulsspannung an einen festen Bezugspegel zu klemmen (Spitzenklemmung).

Versuch 2.12 Eine Versuchsschaltung nach Bild **2.**49 ist aufzubauen, die Oszillogramme der Ausgangsspannung $U2$ sind zu überprüfen. Daten: $R = 47\,\text{k}\Omega$, $C = 1\,\mu\text{F}$, Diode 1N4148, $f = 1\,\text{kHz}$, $U_{ss} = 5\,\text{V}$.

> Mit der Klemmschaltung (Spitzenklemmung) wird der Spitzenwert einer Pulsspannung auf einen festen Bezugsspannungspegel geklemmt.

Bild **2.**49 b zeigt eine Klemmschaltung, mit der der negative Spitzenwert der Eingangsspannung auf 0 V geklemmt wird und somit Ausgangs- gleich Eingangsspannung ist.

Wirkungsweise. Beim Differenzierglied ohne Klemmdiode (2.49a) wird der Kondensator C während des positiven Impulses über R_L geladen und während der Impulspause geringfügig entladen ($\tau_{RC} \gg T$). Dadurch entsteht eine Wechselspannung am Widerstand.

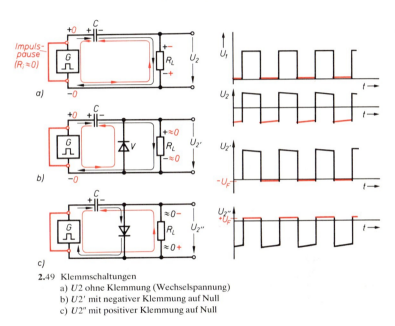

2.49 Klemmschaltungen
 a) $U2$ ohne Klemmung (Wechselspannung)
 b) $U2'$ mit negativer Klemmung auf Null
 c) $U2''$ mit positiver Klemmung auf Null

Durch Einfügen einer Klemmdiode mit der eingezeichneten Polarität (2.49b) kann die Spannung am Widerstand während der Impulspause nicht mehr den negativen Höchstwert erreichen, weil die Diode ab $U_2 = 0{,}7\,\text{V}$ leitet und den Kondensator über den Generatorinnenwiderstand praktisch entlädt. Während des nächsten positiven Impulses wird der Kondensator erneut über R_L geladen, so daß $U_2 \approx U_1$ ist. Der Kondensator hat also zu Beginn jedes Impulses immer den gleichen Ladezustand: $U_C = 0{,}7\,\text{V}$, ungefähr 0 V. Der negative Spitzenwert der Eingangsspannung wird auf 0 V geklemmt.

Durch Umpolen der Diode wird der positive Spitzenwert auf 0 V geklemmt. Durch Einfügen einer Gleichspannungsquelle (Z-Diode) in Reihe zur Tastdiode kann man auf andere Spannungen positiv oder negativ klemmen.

Die Spitzenklemmung kann nur bei periodischen Eingangsspannungen erreicht werden. Wo diese Bedingung nicht erfüllt wird, aber trotzdem auf ein bestimmtes Potential geklemmt werden soll (z.B. auf den sogenannten Schwarzwert im Fernsehgerät), verwendet man die Tastklemmung.

Übungsaufgaben zu Abschnitt 2.3.3 bis 2.3.5

1. Beschreiben Sie den Stromverlauf bei der Einweggleichrichtung ohne Ladekondensator und fertigen Sie das Diagramm $I = f(t)$ des Stroms an.
2. Stellen Sie tabellarisch Vor- und Nachteile der drei Gleichrichterschaltungen gegenüber.
3. Welche Aufgabe hat der Ladekondensator?
4. Wie groß muß die Sperrspannung einer Diode bei der Einweggleichrichtung mit Ladekondensator mindestens sein? Begründen Sie Ihre Antwort.
5. Beschreiben Sie den Zusammenhang zwischen Höhe der Brummspannung, mittlerer Gleichspannung und Belastung einer Gleichrichterschaltung.
6. Beschreiben Sie die Wirkungsweise der Delon-Schaltung.
7. Wann wird überwiegend die Villard-Schaltung verwendet?
8. Welchen Vor- und Nachteil haben alle Verdopplerschaltungen gegenüber Gleichrichterschaltungen?
9. Warum läßt sich eine Kaskade nicht beliebig erweitern?
10. Warum läßt sich der Siebfaktor eines RC-Siebglieds nicht beliebig vergrößern?
11. Worin liegen die besonderen Vorteile von Schalterdioden gegenüber mechanischen Schaltern?
12. Worin unterscheidet sich die Ausgangsspannung eines RC-Differenzierglieds von dem einer Klemmschaltung?
13. Beschreiben Sie die Wirkungsweise der positiven Spitzen-Klemmung auf Null (Bild **2.**47c).

2.3.6 Z-Dioden

Z-Dioden (früher nach dem deutschen Physiker Zenerdioden genannt) können aufgrund ihrer Dotierung im Durchbruchbereich betrieben werden, ohne daß sie zerstört werden.

> Z-Dioden werden im Durchbruchbereich betrieben.

Durch einen Vorwiderstand muß der Strom begrenzt werden, damit die maximale Verlustleistung der Diode ($P_{tot} = U_Z \cdot I_{ZAV}$) nicht überschritten wird. Die Höhe der Durchbruchspannung kann, je nach Dotierung, zwischen 2,7 V und 300 V liegen. Durchbruchspannungen über ca. 6 V werden durch den Lawinendurchbruch, Spannungen unter 6 V durch den Zenerdurchbruch verursacht (s. Abschn. 2.3.1).

Versuch 2.13 Die Kennlinien der Z-Dioden ZF 3,9 und ZF 9,1 werden mit dem Oszilloskop dargestellt und gedeutet (**2.**50).

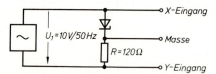

2.50
Darstellung von Z-Dioden-Kennlinien mit dem Oszilloskop
(Stromachse je nach Gerät spiegelbildlich)

Kennlinien. Z-Dioden aus Silizium haben die gleichen Kennlinien wie Silizium-Dioden. Da der Durchbruchbereich bei Z-Dioden der wichtigere ist, wird dieser üblicherweise in den ersten Quadraten eines $I_Z - U_Z$-Koordinatensystems gelegt (**2.**51). Die vom Hersteller angegebene Höhe der Zenerspannung U_{ZN} wird immer bei einem bestimmten Meßstrom (dem Zenerstrom) angegeben, der meist im geraden Teil der Kennlinie liegt.

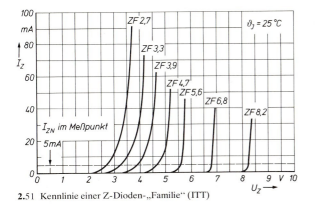

2.51 Kennlinie einer Z-Dioden-„Familie" (ITT)

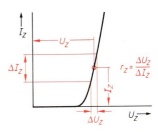

2.52 Differentieller Widerstand der Z-Diode

Je nach Durchbruchmechanismus und Höhe der Zenerspannung verlaufen die Kennlinien unterschiedlich steil. Im Bereich um $U_Z = 6$ V sind sie besonders steil, da hier beide Durchbrüche gleichzeitig wirksam sind. Hieraus ergeben sich abhängig von der Durchbruchspannung unterschiedliche differentielle Widerstände (**2.52**).

Z-Dioden mit $U_Z \approx 6$ V haben den kleinsten differentiellen Widerstand.

Temperaturabhängigkeit der Kennlinie. Wegen der unterschiedlichen Durchbruchmechanismen (s. Abschn. 2.3.2) werden bei steigender Sperrschichttemperatur Zenerspannungen über 6 V größer und unter 6 V kleiner. Im Übergangsbereich bei ca. 6 bis 7 V heben sich die gegenläufigen Temperaturabhängigkeiten auf, so daß dort die Zenerspannung praktisch temperaturunabhängig ist.

Zenerspannungen über 6 V haben einen positiven, unter 6 V einen negativen Temperaturkoeffizienten. Zenerspannungen um 6 V sind temperaturunabhängig.

Kennzeichnung. Zusätzlich zu der für Halbleiter üblichen Kennzeichnung werden bei Z-Dioden noch die Zenerspannung und deren Toleranz, bezogen auf den aufgedruckten Wert, angegeben.

Der erste Buchstabe nach der Grundtypbezeichnung gibt die Toleranz an:

B = ±2%, C = ±5%, D = ±10% vom aufgedruckten Wert.

Die folgende Bezeichnung gibt die Zenerspannung an, z.B.:

BZY 83 | C | 5 V 6
Grund- | Tol. | Zener-
typ | 5% | spannung = 5,6 V

Neben dieser genormten Bezeichnungsweise werden Z-Dioden auch einfach mit Z..., ZF..., ZD..., ZL..., ZY..., usw. bezeichnet, wobei z.B. die ZF 5,6 zu einem Grundtyp ZF gehört und die Zenerspannung $U_Z = 5{,}6$ V (Toleranz nicht erkennbar) hat.

Tabelle 2.53 **Kenndaten von Z-Dioden**

Typ	U_{ZN} bei $I_{Zmeß}$	I_{ZAV}[1])	P_{tot}	r_Z
BZX 97 C 3 V 3	3,1 bis 3,5 V / 5 mA	160 mA	500 mW	< 85 Ω
BZX 97 C 6 V 8	6,4 bis 7,2 V / 5 mA	58 mA	500 mW	< 8 Ω
BZY 97 C 12	11,4 bis 12,7 V / 5 mA	35 mA	500 mW	< 20 Ω
ZL 6,8	6,0 bis 7,5 V / 100 mA	150/1150 mA[2])	1,3/10,5 W[1])	1 Ω

[1]) I_{ZAV} = maximal zulässiger Mittelwert des Zenerstroms.
[2]) Mit Kühlblech AL 125 × 125 × 2.

2.3.7 Schaltungen mit Z-Dioden

Spannungsstabilisierung (Parallelstabilisierung). Da die Durchbruchspannung bei Z-Dioden unabhängig von der Größe des Stroms annähernd konstant ist, eignen sie sich zur Spannungsstabilisierung. Parallel zur Z-Diode wird die stabilisierte Spannung abgegriffen (2.54). Der Vorwiderstand begrenzt den Strom durch die Z-Diode.

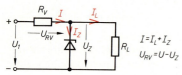

2.54 Spannungsstabilisieren mit Z-Diode

Versuch 2.14 Eine Versuchsschaltung entsprechend Bild 2.54 ist aufzubauen mit $R_v = 100\,\Omega$, ZY 6, 8, ohne Lastwiderstand. Die Ausgangsspannung U_Z wird gemessen, wenn $U1 = 10\,V$, $12\,V$, $14\,V$ beträgt.

Ergebnis U_Z bleibt fast konstant.

Versuch 2.15 In der Schaltung aus Versuch 2.14 werden bei $U1 = 12\,V$ verschiedene Lastwiderstände eingefügt: $R_{L1} = 1,5\,k\Omega$, $R_{L2} = 1\,k\Omega$ und $R_{L3} = 470\,\Omega$. U_Z wird gemessen.

Ergebnis U_Z sinkt geringfügig, wenn R_L kleiner wird.

Wirkungsweise. Ändert sich die Eingangsspannung, ändert sich auch der Strom durch die Diode, weil U_Z konstant bleibt und über R_v mehr oder weniger Spannung abfallen muß.

Ändert sich der Laststrom bei konstanter Eingangsspannung, teilen sich die Ströme I_Z und I_L anders auf; ihre Summe (I) bleibt aber konstant, da sich U_{R_v} nicht geändert hat. Als Nachteil dieser Stabilisierungsschaltung ergibt sich, daß bei Leerlauf ($I_L = 0$) der größte Strom durch die Diode fließt.

> Bei Leerlauf der Spannungsstabilisierungsschaltung wird die Z-Diode am stärksten belastet.

Grenzen der Stabilisierung. Die Stabilisierungsschaltung ist unter folgenden Bedingungen unwirksam:

a) Der Laststrom I_L ist so groß, daß der Zenerstrom Null wird – die Diode erreicht nicht mehr die Durchbruchspannung, und die Spannung U_{RL} ergibt sich aus dem Spannungsteilerverhältnis zwischen R_L und R_v.

b) Wird die Eingangsspannung zu groß oder der Vorwiderstand zu niedrig bemessen, kann der Zenerstrom über den Maximalwert I_{ZAV} ansteigen – die Diode wird durch Überlastung zerstört.

Berechnung des Vorwiderstands. Durch den Vorwiderstand R_v fließt der Summenstrom $I_Z + I_L$. Er muß so ausgelegt sein, daß mindestens der minimale Strom I_{Zmin} fließen kann.

$$R_v = \frac{U_{Rv}}{I} = \frac{U_1 - U_Z}{I_L + I_{Zmin}}$$

Die Stabilisierungseigenschaft wird besser, je größer R_v, genauer das Verhältnis R_v/r_z ist. Bei gegebenem Strom I muß dann aber die Eingangsspannung sehr groß sein, wodurch die Leistungsaufnahme des Vorwiderstands unerwünscht hoch wird. Deshalb wählt man die Eingangsspannung $U1$ etwa doppelt so groß wie U_Z. Der minimale Zenerstrom liegt bei $0{,}1 \cdot I_{ZAV}$, dabei sind bei 400-mW- bis 1-W-Dioden Werte zwischen 5 bis 10 mA sinnvoll. Der maximale Zenerstrom I_{ZAV} ergibt sich aus der Verlustleistung der Diode:

$$I_{ZAV} = \frac{P_{tot}}{U_Z}$$

Beispiel 2.2 Gegeben ist eine Z-Diode BZY 97 C 6V8, $P_{tot} = 500$ mW
$U_Z = 6{,}8$ V, $I_{Zmin} = 10$ mA (gewählt). Gesucht: $I_{ZAV}, I_{Lmax}, U1, R_v$.

$I_{ZAV} = \dfrac{P_{tot}}{U_Z} = \dfrac{0{,}5\,\text{W}}{6{,}8\,\text{V}} = \mathbf{73{,}5\ mA}$

$I_{Lmax} = I_{ZAV} - I_{Zmin} = \mathbf{63{,}5\ mA}$
$U1 = \mathbf{14\ V}$ ($U1 \approx 2 \cdot U_Z$, gewählt)
$R_v = \dfrac{U1 - U_Z}{I_L + I_{Zmin}} = \dfrac{14\,\text{V} - 6{,}8\,\text{V}}{73{,}5\,\text{mA}} = 98\,\Omega \approx \mathbf{100\ \Omega}$

Die Schaltung stabilisiert, wenn der Laststrom zwischen 0 und 63 mA schwankt.

Wechselspannungsbegrenzer (2.55). Betreibt man die Stabilisierungsschaltung nach Bild 2.54 mit einer Wechselspannung, wird diese zweifach begrenzt: Ist u_1 größer als U_Z, begrenzt die Diode die positive Halbschwingung auf U_Z. Während der negativen Halbschwingung leitet die Diode, da sie in Durchlaßrichtung arbeitet ($U_F = 0{,}7$ V). Bei sehr großer Eingangsspannung sind die Flanken der Ausgangsspannung so steil, daß sich in etwa eine Rechteckspannung ergibt.

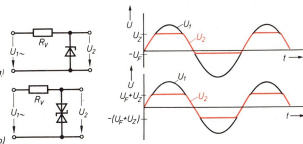

2.55 Wechselspannungsbegrenzung
 a) unsymmetrische Begrenzung
 b) symmetrische Begrenzung

Sollen beide Halbschwingungen symmetrisch begrenzt sein, müssen zwei Z-Dioden gegeneinander in Reihe geschaltet werden.
Bei beiden Halbschwingungen leiten $V1$ und $V2$, weil jeweils gleichzeitig die eine Diode in Durchlaßrichtung und die andere im Durchbruch betrieben werden.

> Zwei gegeneinander in Reihe geschaltete Z-Dioden begrenzen und stabilisieren eine Wechselspannung auf $U_{2SS} = 2 \cdot (U_F + U_Z)$.

Anwendung. Als Gehörschutzgleichrichter im Fernsprechapparat, damit laute Störimpulse auf eine erträgliche Lautstärke begrenzt werden.

Übungsaufgaben zu Abschnitt 2.3.6 und 2.3.7

1. Skizzieren Sie die Kennlinie je einer Z-Diode mit $U_{Z1} = 2{,}7$ V, $U_{Z2} = 6{,}8$ V, $U_{Z3} = 10$ V. Begründen Sie den unterschiedlichen Verlauf.
2. Ermitteln Sie den differentiellen Widerstand der ZF 3,9 in Bild **2.**51 bei $I_Z = 30$ mA.
3. Beschreiben Sie ausführlich die Wirkungsweise der Z-Diodenstabilisierung nach Bild **2.**54 gegenüber Laststromschwankungen.
4. Wann wird die Z-Diode in einer Stabilisierungsschaltung am stärksten belastet?
5. Berechnen Sie R_v, wenn folgende Werte gegeben sind: $U = 12$ V, $U_Z = 7$ V, $R_L = 330\,\Omega$, $I_{Z\,min} = 10$ mA.
6. Wie müßten zwei Si-Dioden geschaltet werden, damit an einem Meßwerk unabhängig von der Polung höchstens eine Spannung von 0,6 V anliegt?

2.3.8 Halbleiterdioden mit speziellen HF-Eigenschaften

Die im folgenden beschriebenen Dioden verwendet man vor allem in Rundfunk- und Fernsehgeräten. Daneben gibt es Dioden, deren Hauptanwendungen im Höchstfrequenzbereich liegen und die hier nicht behandelt werden können.

Kapazitätsvariationsdiode (Varicap)

Sperrschichtkapazität. Wird eine Diode in Sperrichtung betrieben, besteht zwischen dem N-leitenden und dem P-leitenden Material eine Sperrschicht (s. Abschn. 2.3.2), die man als Dielektrikum eines Kondensators auffassen kann: Die leitfähigen Gebiete der N- und P-Schicht bilden die Elektroden eines Kondensators. Die Kapazität läßt sich allgemein mit dieser Gleichung berechnen:

$$C = \frac{\varepsilon_0 \cdot \varepsilon_r \cdot A}{s}$$

ε_0 = elektrische Feldkonstante
ε_r = Dielektrizitätszahl
A = Fläche der Platte
s = Abstand der Platten

Für die Kapazität eines PN-Übergangs sind A die Querschnittsfläche der Sperrschicht und s die Sperrschichtbreite. Vergrößert man die Sperrspannung einer Diode, nimmt die Sperrschichtbreite zu. Wird s größer, verkleinert sich die Kapazität C. Die Sperrschichtkapazität nimmt mit steigender Sperrspannung ab (**2.**56).

> Eine Kapazitätsvariationsdiode (auch Kapazitätsdiode oder Varicap genannt) ist ein in Sperrichtung betriebener PN-Übergang, dessen Kapazität durch eine Gleichspannung veränderbar ist.

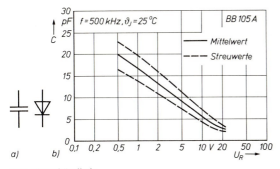 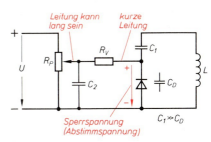

2.56 Kapazitätsdiode
a) Schaltzeichen
b) Kapazität in Abhängigkeit von der Sperrspannung

2.57 Frequenzabstimmung mit Kapazitätsdiode

Verwendung. Kapazitätsdioden werden zur Schwingkreisabstimmung in Empfängern und Sendern sowie zur Frequenzmodulation von FM-Sendern eingesetzt. Bild **2.57** zeigt eine Frequenzabstimmung mit Kapazitätsdiode.

Wirkungsweise. Die mit dem Potentiometer R_P eingestellte Gleichspannung (Abstimmspannung) bestimmt die Kapazität C der Diode und damit die Frequenz. Je höher die Sperrspannung ist, desto kleiner ist die Kapazität und desto höher ist die Frequenz. Der Tiefpaß aus R_v und C_2 soll verhindern, daß die HF-Spannung durch das Potentiometer teilweise kurzgeschlossen wird oder auf andere Schwingkreise gelangt, die man durch die gleiche Spannung abstimmt. Der Kondensator C_1 verhindert einen Kurzschluß der Abstimmspannung über die Schwingkreisspule. Seine Kapazität muß groß gegen die Diodenkapazität sein, wenn er die Resonanzfrequenz des Kreises nicht merklich beeinflussen soll.

Je nach Frequenz des Empfangsbereichs gibt es verschiedene Kapazitätsdioden (**2.58**).

Tabelle **2.58 Kenndaten von Kapazitätsdioden**

	$U_{R/V}$	C_{pF} bei	$U_{R/V}$	Anwendungen
BB 104	30	14 bis 40	30 bis 3	UKW-Abstimmung (100 MHz)
BB 105	28	2 bis 17,5	25 bis 1	VHF/UHF-Abstimmung (200 bis 800 MHz)
BB 113	32	13 bis 250	30 bis 1	LMK-Abstimmung

Metall-Halbleiterdiode (Spitzen- und Schottky-Diode). Die bei der Varicap gewünschte Kapazität des PN-Übergangs stört für viele Anwendungszwecke in der Hochfrequenztechnik. Sie kann sogar die eigentliche Gleichrichterwirkung aufheben, da über die Sperrschichtkapazität der HF-Wechselstrom fließen kann. Für HF-Anwendungen muß deshalb die Sperrschichtkapazität klein sein. Dies ermöglichen Metall-Halbleiterdioden.

Germanium-Spitzenkontaktdiode. Auf ein Germaniumplättchen ist federnd die Spitze eines Metalldrahts aufgesetzt (**2.59**). Die sich bildende Sperrschicht zwischen Metalldraht und N-leitendem Germaniumplättchen hat wegen des punktförmigen Kontakts eine sehr geringe Kapazität. Durch den Metall-Halbleiter-Kontakt entsteht gleichzeitig eine gute Ladungsträgerbeweglichkeit, so daß die Sperrschichtkapazität schnell von Ladungsträgern geräumt werden und diese Diode

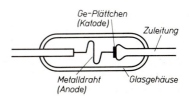

2.59 Germanium-Spitzendiode

sehr schnell schalten kann. Außerdem hat die Germaniumdiode sehr niedrige Schleusenspannung, so daß sie sich zum Gleichrichten kleiner HF-Spannungen (Demodulation im Empfänger) eignet.

Schottky-Diode (Hot-carrier-Diode). Den Metall-Halbleiter-Kontakt kann man bei Siliziumdioden genauer und besser herstellen. Die Schottky-Diode hat bei höherer Belastbarkeit und geringen Fertigungstoleranzen gleich gute Hochfrequenzeigenschaften wie die Germanium-Spitzenkontakt-Diode. Sie ist bis zu Frequenzen von 50 GHz einsetzbar.

> Metall-Halbleiterdioden haben eine geringe Sperrschichtkapazität und eignen sich besonders für die HF-Gleichrichtung.

PIN-Dioden sind Siliziumdioden, bei denen zwischen dem P- und dem N-dotierten Bereich eine sehr schwach P- und N-dotierte und damit hochohmige I-Zone eingeschoben ist. Diese verhält sich wie eigenleitendes Si (I wie **i**ntrinsic, eigenleitend).

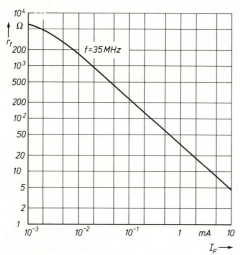

2.60 Durchlaßwiderstand der PIN-Diode BA 379 in Abhängigkeit vom Durchlaßstrom

Die Kennlinie der PIN-Diode entspricht etwa einer normalen Si-Diode, da die I-Zone (in Durchlaßrichtung betrieben) von Ladungsträgern überschwemmt und niederohmig wird. In Sperrichtung wirkt der gesperrte, nun verbreitete PN-Übergang.

Durchlaßwiderstand. Die besondere Eigenschaft der PIN-Diode macht sich erst ab Frequenzen von ca. 3 MHz bemerkbar. Dann verhält sie sich wie ein Wirkwiderstand, dessen Widerstandswert vom Durchlaßstrom I_F gesteuert werden kann. Den Widerstand kann man etwa im Verhältnis 1:1000 verändern (**2.**60).

Anwendung. Wegen dieser Eigenschaft wird die Diode überwiegend als Spannungsteiler (Abschwächer) in HF-Eingangsstufen von Fernsehempfängern eingesetzt. Der erforderliche Gleichstrom wird im Empfänger automatisch aus der Höhe des Eingangssignals gewonnen (s. Abschn. 7.2.1).

2.3.9 Foto- und Lumineszenzdioden

Fotodiode. Wie beim Fotowiderstand lassen sich die Ladungsträger der Fotodiode durch Lichteinfall beeinflussen. Durch entsprechenden technologischen Aufbau ist sichergestellt, daß die Sperrschicht dem einfallenden Licht ausgesetzt wird. Fotodioden bestehen aus Silizium, Germanium oder Galliumarsenid. Sie sind im Rot- und Infrarotbereich besonders empfindlich.

Wird die Fotodiode in Sperrichtung betrieben, erhöht sich der Sperrstrom mit zunehmender Beleuchtungsstärke, da im PN-Übergang bei Lichteinfall zusätzliche Ladungsträger freigesetzt werden. Bei völliger Dunkelheit fließt der Dunkelstrom I_{RS}, der in der gleichen Größenordnung wie bei üblichen Si-Dioden liegt. Unter dem Einfluß des Lichts verschiebt sich die Kennlinie parallel, ähnlich wie bei der Erwärmung (**2.61**). Bei konstanter Sperrspannung entspricht dies einer Widerstandsabnahme.

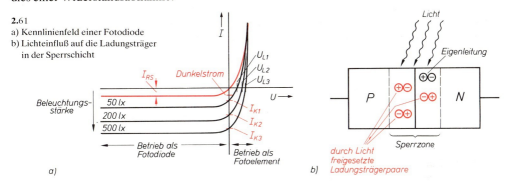

2.61
a) Kennlinienfeld einer Fotodiode
b) Lichteinfluß auf die Ladungsträger in der Sperrschicht

> Fotodioden werden in Sperrichtung betrieben. Der Sperrstrom steigt mit der Beleuchtungsstärke.

Wird die Fotodiode durch eine Hilfsspannung in Sperrichtung betrieben, kann sie schaltungstechnisch wie ein Fotowiderstand verwendet werden (**2.62a**). Sie ist zwar etwa 1000mal unempfindlicher, reagiert aber auf Helligkeitsänderungen 10^6mal schneller. Dadurch erweitert sich der Anwendungsbereich der Fotodioden gegenüber den -widerständen erheblich.

Fotoelement. Betreibt man die Fotodiode ohne Hilfsspannung, liefert sie einen der Beleuchtungsstärke (und Belastung) entsprechenden Strom (**2.62b**).

Kurzschlußstrom, Leerlaufspannung.
Aus den Kennlinien (**2.61a**) ist zu erkennen, daß bei Bestrahlung auch dann ein Strom I_K durch die Diode fließt, wenn $U=0$, d.h. die Diode kurzgeschlossen ist (Punkte I_{K1} bis I_{K3}). Bei Leerlauf liefert die Diode eine Spannung U_L (U_{L1} bis U_{L3}). Die Diode wird als Fotoelement betrieben. Entsprechend ändert sich ihr Schaltzeichen!
Beim Fotoelement BPX 41 z.B. liegen I_K bei 20 mA und U_L bei der 330 mV. Wegen der geringen Leistungsabgabe müssen diese Elemente in Leistungsanpassung betrieben werden.

2.62 Betriebsarten von Fotodioden
a) Fotodiode mit Hilfsspannung mit Schaltzeichen
b) Fotodiode als Fotoelement geschaltet mit Schaltzeichen

> Fotodioden ohne Hilfsspannung sind Fotoelemente, die einen von der Beleuchtung abhängigen Strom liefern.

Solarzellen sind großflächige Silizium-Fotoelemente. Sie können unter Sonneneinstrahlung eine Leerlaufspannung $U_L = 550$ mV oder einen Kurzschlußstrom $I_K = 35$ mA je cm² Fläche liefern. In Leistungsanpassung betrieben, ergibt sich eine Leistung von ca. 10 mW/cm². Der erreichte Wirkungsgrad zwischen eingestrahlter Sonnenenergie (Bestrahlungsstärke $E \approx 100$ mW/cm², Solar-Konstante) und maximal abgegebener Leistung beträgt etwa 10%. Zur Erhöhung der Leistung werden die Solarzellen zu Batterien in Reihe und parallelgeschaltet.

> Solarzellen sind großflächige Fotoelemente. Sie dienen zur Stromversorgung von Verbrauchern mit geringer Leistung.

Lumineszenzdiode (Leuchtdiode). Bei einer in Durchlaßrichtung geschalteten Diode wird bei der Rekombination von Ladungsträgern im Bereich des PN-Übergangs Energie frei. Sie macht sich in der Regel als Wärme bemerkbar. Einige Halbleiterwerkstoffe geben einen Teil dieser Energie in Form von Licht ab. Diese Selbststrahlung wird Lumineszenz genannt und in Lumineszenzdioden (Leuchtdioden oder LED = **l**ight **e**mitting **d**iode) ausgenutzt (**2.63**).

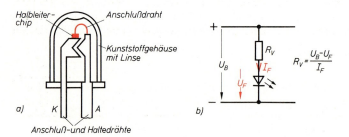

2.63 Lumineszenzdiode (LED)
a) Aufbau, b) Schaltung

Die Grundwerkstoffe dieser Dioden sind Galliumarsenid (GaAs), Galliumphosphid (GaP) und Galliumarsenid-Phosphid (GaAsP). Je nach gewünschtem Farbton wird mit Zink, Silizium oder Stickstoff dotiert. Der für die Energieumwandlung nötige PN-Übergang wird durch Dotierung mit Zink Silizium, Schwefel und anderen Elementen hergestellt.

> Leuchtdioden (LED) erzeugen Licht durch Energieumwandlung im PN-Übergang. Sie werden in Durchlaßrichtung betrieben.

Polung. Ihre Schwellspannung U_F liegt zwischen 1,2 V und 2,7 V, wobei gleichzeitig die Sperrspannung U_R kleiner als 10 V (bis zu 2 V) ist. Grund hierfür ist die hohe Dotierung des PN-Übergangs (wie bei Zenerdioden). Deshalb ist stets auf richtige Polung zu achten. Im Wechselstrombetrieb darf die Sperrspannung der Diode nicht überschritten werden (Antiparallelschaltung einer Schutzdiode usw.).

Tabelle **2.64** zeigt die verschiedenen Leuchtdiodenarten und ihre typischen Eigenschaften.

Anwendung. Wegen des geringen Lichtwirkungsgrads von 1‰ bis 2,5% werden Leuchtdioden im Bereich des sichtbaren Lichtes nur als Anzeigen verwendet. Hier werden sie oft zu LED-Reihen, diese wiederum zu Siebensegment-Zifferanzeigen zusammengefaßt. Aufgrund ihrer hohen Lebensdauer und Robustheit sind sie Glühlampen überlegen. Die hohe Grenzfrequenz

Tabelle 2.64 **Optische und elektrische Eigenschaften der LED-Arten**

Grundwerkstoff	Lichtfarbe	U_F bei I_F	I_{Fmax}	Anwendung
Ga As	infrarot	1,2 V 100 mA	100 mA, 10 A (1 µs)	Strahlschranken, Optokoppler
Ga As Ga P Ga As P	rot	1,2 V 100 mA 2,2 V 15 mA 1,7 V 50 mA	100 mA, 10 A (1 µs) 15 mA 50 mA, 1 A (1 µs)	Anzeige- elemente
Ga P Ga As P	gelb	2,7 V 15 mA 2,8 V 50 mA	50 mA 1 A (1 µs)	
Ga P	grün	2,7 V 15 mA	50 mA, 1 A (1 µs)	

erlaubt die optische Übertragung von Signalen bis ca. 10 MHz z.B. in Infrarot-Fernbedienungen und Infrarot-FS-Tonübertragungen.

In Opto-Kopplern (2.65) sind je eine GaAs-Diode und eine Fotodiode bzw. ein Fototransistor in einem Gehäuse untergebracht, aber elektrisch voneinander isoliert (Isolierspannung bis 5 kV). Somit kann man elektrische Signale über diese „Lichtleitung" übertragen, wie z.B. zur Thyristoransteuerung.

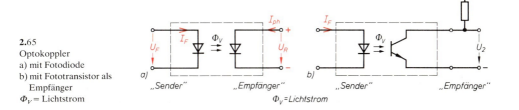

2.65
Optokoppler
a) mit Fotodiode
b) mit Fototransistor als
 Empfänger
Φ_V = Lichtstrom

LED werden als Anzeigeelemente und zur optischen Übertragung von Signalen verwendet.

Übungsaufgaben zu Abschnitt 2.3.8 und 2.3.9

1. Skizzieren Sie eine Schaltung zur Frequenzabstimmung mit Kapazitätsdiode und begründen Sie die Notwendigkeit der verwendeten Bauelemente.
2. Welche spezielle Eigenschaft haben Metall-Halbleiterdioden?
3. Geben Sie Einsatzbereich und Einsatzzweck der PIN-Diode an.
4. Unterscheiden Sie zwischen LDR, Fotoelement, Fotodiode, Solarzelle und LED.
5. Durch welche Schaltungsmaßnahmen wird erreicht, daß eine Fotodiode einmal ähnlich wie ein LDR, zum anderen als Fotoelement arbeitet?
6. Was sind Solarzellen, welche Eigenschaft haben sie und wo werden sie heute angewendet?
7. Betrachten Sie die LED-Anzeige eines Taschenrechners und skizzieren Sie die Anordnung der einzelnen LED.
8. Warum lassen sich LED nicht für Beleuchtungszwecke einsetzen?

2.4 Bipolare Transistoren

2.4.1 Aufbau und Wirkungsweise

Zonenfolge. Wenn man einen Halbleiterkristall abwechselnd N-, dann P- und wieder N-dotiert, entsteht ein NPN-Transistor – vorausgesetzt, daß zwei Bedingungen erfüllt sind: Die Dotierungsstärke muß von Zone zu Zone geringer werden, und die mittlere P-Zone muß extrem dünn sein (ca. 1 bis 100 µm). Ist die Schichtenfolge umgekehrt, entsteht ein PNP-Transistor. Die äußeren Anschlußelektroden heißen Emitter (lat.: Aussender, stark dotiert) und Kollektor (lat.: Sammler), die mittlere Elektrode heißt Basis (lat.: Grundlage, **2.**66).

Versuch 2.16 Mit einem einfachen Widerstandsmeßgerät werden die Diodenstrecken eines unbekannten Transistors durchgemessen (**2.**65 c und d). Zuvor stellt man die Polarität der im Meßgerät eingebauten Batterie fest, indem man Durchlaß- und Sperrichtung einer bekannten Diode ausmißt. Dann stellt man Durchlaß- und Sperrichtung der beiden Transistor-Diodenstrecken fest.

Ergebnis Bei funktionsfähigen Transistoren muß die Emitter-Kollektorstrecke unabhängig von der Polung des Widerstandsmessers sperren.

Diodenersatzbild (**2.**66 c und d). Durch die Zonenfolge NPN bzw. PNP entstehen zwei Sperrschichten. Man kann den Transistor als zwei gegeneinandergeschaltete Dioden auffassen (Diodenersatzbild). Will man überprüfen, ob ein Transistor defekt ist oder ob es sich um einen NPN oder PNP-Transistor handelt, kann man die Diodenstrecken mit einem Widerstandsmeßgerät durchmessen.

Anschlußfolge. Emitter und Kollektor eines Transistors dürfen nicht vertauscht werden, da der Emitter u.a. stärker dotiert ist. Meist ist der Kollektor mit dem Gehäuse verbunden, um die Wärme abzuleiten, die vor allem in der Basis-Kollektor-Sperrschicht entsteht.

Genormte Schaltzeichen. Im Transistor-Schaltzeichen wird die Emitterdiode durch einen Pfeil dargestellt, der in die Richtung der N-Zone zeigt. Außerdem zeigt der Emitterpfeil die konventionelle (technische) Stromrichtung von plus nach minus.

> Der Emitter wird mit dem Diodenpfeil gekennzeichnet.

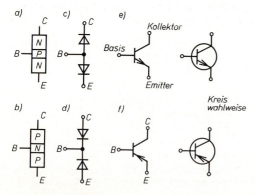

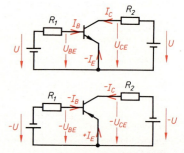

2.66 NPN- und PNP-Transistor
a) und b) Zonenfolge
c) und d) Diodenersatzbild
e) und f) Schaltzeichen

2.67 Betriebsspannungen beim NPN- und PNP-Transistor. $R1$ und $R2$ sind hier Strombegrenzungswiderstände

Betriebsspannungen (**2.**67). Damit der Transistor arbeiten kann, muß die Basis-Emitterdiode (Eingangsdiode) in Durchlaßrichtung betrieben werden. Dies bedeutet für den NPN-Transistor: Pluspol der Spannungsquelle U_{BE} liegt an der Basis. Die Strom-Spannungskennlinie $I_B = f(U_{BE})$ entspricht einer Diodenkennlinie. Im Normalbetrieb darf die Basis-Kollektordiode (Ausgangsdiode) nicht leitend sein. Das heißt für den NPN-Transistor, der Minuspol der Spannungsquelle U_{CE} muß mit dem Emitter und der Pluspol mit dem Kollektor verbunden sein. Beim PNP-Transistor sind beide Spannungsquellen umzupolen.

> Im Normalbetrieb liegen Basis-Emitter-Diode in Durchlaßrichtung und Basis-Kollektor-Diode in Sperrichtung.

Vorzeichen von Spannungen und Strömen. Beim Transistor werden alle Spannungen positiv gekennzeichnet, bei denen das Potential des Meßpunkts (erste im Index aufgeführte Elektrode) positiver als das des Bezugspunkts (zweitgenannte Elektrode) ist.

Beispiel 2.3   Beim NPN-Transistor ist die Basis (Meßpunkt) positiver als der Emitter: $+U_{BE}$. Beim PNP-Transistor ist die Basis negativer als der Emitter: $-U_{BE}$.

Ausgehend von der konventionellen Stromrichtung, ergeben sich Ströme, die in den Transistor hineinfließen, und andere, die herausfließen. Alle hineinfließenden Ströme werden mit einem positiven, alle herausfließenden mit einem negativen Vorzeichen versehen (**2.**68).

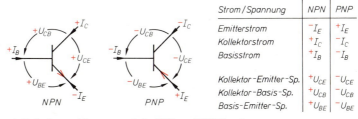

2.68 Ströme und Spannungen beim NPN- und PNP-Transistor

Da sich aus verschiedenen Gründen der NPN-Transistor durchgesetzt hat, sollen alle Erläuterungen am Beispiel des NPN-Transistors durchgeführt werden. Sie gelten unter Berücksichtigung von Spannungs- und Stromrichtungen auch für PNP-Transistoren.

Versuch 2.17   Nach der Schaltung **2.**69 werden mit $R2$ Basisströme I_B von 2 bis 10 mA in 2 mA-Stufen eingestellt und die zugehörigen Kollektorströme I_C gemessen. Außerdem wird an $P2$ abgelesen, bei welcher Basis-Emitterspannung U_{BE} ein merkbarer Basisstrom einsetzt.

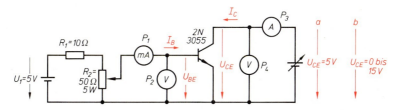

2.69   Abhängigkeit des Kollektorstroms
      a) vom Basisstrom, wenn U_{CE} konstant gehalten wird
      b) von der Kollektorspannung, wenn der Basisstrom konstant gehalten wird
      $P2$ ist Digitalvoltmeter (DVM)

Ergebnis Der Kollektorstrom ist je nach Transistor 50- bis 120 mal größer als der Basisstrom. I_C steigt annähernd proportional zu I_B an. Nennenswerter Basisstromfluß setzt bei $U_{BE} \approx 0{,}55$ V ein.

Versuch 2.18 Nachdem bei $U_{CE} = 5$ V ein Kollektorstrom $I_C = 200$ mA eingestellt worden ist, wird U_{CE} zunächst bis 15 V erhöht, dann bis 0 V gesenkt und die Änderung des Kollektorstroms beobachtet.

Ergebnis Bei Kollektorspannungen zwischen 0,3 V und 15 V ändert sich I_C nur geringfügig und fällt erst bei $U_{CE} \approx 0{,}3$ V stark ab.

Wirkungsweise des NPN-Transistors (2.70). Wird die Spannung U_{BE} größer als die Schwellspannung der Basis-Emitterdiode, setzt Elektronen-Stromfluß vom Emitter in Richtung auf die Basis ein. Die Elektronen der Emitter-N-Zone überschwemmen die dünne, ladungsträgerarme Basiszone, können dort aber nur zu einem Teil mit den wenigen Löchern rekombinieren. Der weitaus größere Teil (zwischen 90 und 99,9%) gerät in den Einfluß des positiven Kollektorpotentials und dringt ungehindert in die N-leitende Kollektorzone ein. Dies geschieht auch deshalb, weil in der P-dotierten Basis die Elektronen Minoritätsträger sind und der PN-Übergang zwischen Basis und Kollektor für Majoritätsträger gesperrt, für Minoritätsträger aber leitend ist. Je dünner die Basiszone ist, desto größer ist der Teil des Emitterstroms, der zum Kollektor fließt. Das Verhältnis zwischen Kollektor- und Basisstrom heißt Kollektor-Basis-Gleichstromverhältnis B.

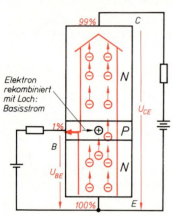

2.70 Stromverteilung im NPN-Transistor

Der Emitterstrom ist die Summe aus Basis- und Kollektorstrom $I_E = I_C + I_B$.

Kollektor-Basis-Gleichstromverhältnis $\quad B = \dfrac{I_C}{I_B}$

Das Kollektor-Basis-Gleichstromverhältnis beträgt bei Leistungstransistoren ($I_C > 1$ A) zwischen 10 und 50, bei Kleinleistungstransistoren zwischen 50 und 900.

Beispiel 2.4 Ein Basisstrom $I_B = 15$ µA ruft einen Kollektorstrom $I_C = 5$ mA hervor. Wie groß sind I_E und B?

Lösung $\quad I_E = I_C + I_B = 5\text{ mA} + 0{,}015\text{ mA} = \mathbf{5{,}015\text{ mA}}$

$$B = \frac{I_C}{I_B} = \frac{5\text{ mA}}{15\text{ µA}} = 333$$

Kollektorstromsteuerung. Erhöht man z. B. die Basisspannung geringfügig, fließt ein größerer Basisstrom. Geichzeitig wächst der Kollektorstrom B mal stärker als der Basisstrom.

Man kann mit einem kleinen Basisstrom einen wesentlich größeren Kollektorstrom steuern.

Einfluß der Kollektorspannung. Schon eine geringe Spannung U_{CE} entzieht dem Kollektor alle ankommenden Elektronen. Wird die Kollektorspannung erhöht, bewirkt sie keinen nennenswerten Kollektorstromanstieg, weil die Anzahl der injezierten Elektronen (lat.: eingebracht) von der Basis-Emitterspannung beeinflußt wird.

> Schon bei einer kleinen Kollektorspannung U_{CE} hat der Kollektorstrom I_C einen Sättigungswert erreicht.

Beim PNP-Transistor spielen sich die gleichen Vorgänge ab, jedoch sind die Ströme in der Emitter- und Kollektorzone Löcherströme. Da bei beiden Transistorarten die Ströme aus Ladungsträgern beider Polaritäten bestehen, heißen diese Transistoren **bipolar**.

2.4.2 Transistor als Analogverstärker

In den meisten Anwendungsfällen der Radio- und Fernsehtechnik werden Transistoren verwendet, um kleine Eingangsspannungen und -ströme zu großen Ausgangsspannungen und -strömen zu verstärken. Die Form der Signale muß erhalten bleiben, jedoch sind die Amplituden vergrößert. Da Eingangs- und Ausgangssignale einander ähnlich sind, arbeitet der Transistor als Analogverstärker (griech.: ähnlich).

Die Spannungen u_e und u_a (u = Wechselspannung) im Bild **2.**71 sind analog. u_{a2} ist gegenüber u_e zusätzlich invertiert (lat.: umkehren), die Signalform ist aber erhalten geblieben.

> Entsprechen sich Eingangs- und Ausgangssignal in ihren Formen, arbeitet der Transistor als Analogverstärker.

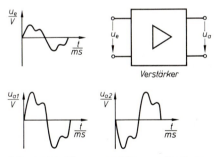

2.71 Analoge Eingangs- und Ausgangssignale eines Verstärkers

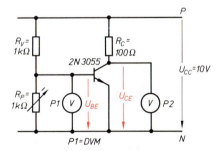

2.72 Emittergrundschaltung

Emittergrundschaltung. Wird in Reihe zum Transistor ein Widerstand R_C geschaltet, entsteht ein Spannungsteiler aus R_C und dem Widerstand der Kollektor-Emitterstrecke R_{CE} (**2.**72). Die Basisspannung wird mit dem Spannungsteiler aus R_v und R_p eingestellt, so daß eine gesonderte Basisspannungsquelle entfällt. Alle Spannungen werden gegen Emitter als gemeinsamer Elektrode für Eingangs- und Ausgangssignal bezogen. Deshalb heißt diese Schaltungsart des Transistors Emitter(grund)schaltung.

Versuch 2.19 Bei der Versuchsschaltung nach Bild **2.**72 wird die Basisspannung U_{BE} mit R_p von null Volt an erhöht und gleichzeitig U_{CE} mit $P2$ kontrolliert. U_{BE} wird am besten mit einem Digitalvoltmeter ($P1$) gemessen.

Ergebnis Solange U_{BE} unter 0,6 V liegt, bleibt $U_{CE} = U_{CC}$ (U_{CC} = Betriebsspannung). Erhöht man U_{BE} weiter, sinkt U_{CE} von U_{CC} bis auf ca. 0,2 V, wobei sich mit U_{BE} jeder Zwischenwert für U_{CE} einstellen läßt.

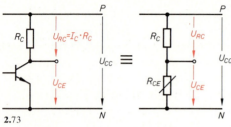

2.73
Spannungsteiler aus Kollektorwiderstand R_C und dem Widerstand der Kollektor Emitterstrecke R_{CE}

Spannungsteilung. Stellt man U_{BE} so ein, daß die Schwellspannung überschritten wird (bei Silizium-Transistoren ca. 0,6 V), fließt ein Basisstrom I_B, der einen um B mal größeren Kollektorstrom hervorruft ($I_C = B \cdot I_B$). Am Kollektorwiderstand – auch Arbeits- oder Lastwiderstand genannt – entsteht eine Spannung $U_{RC} = I_C \cdot R_C$, so daß U_{CE} um U_{RC} kleiner als die Betriebsspannung U_{CC} ist (**2.**73).

Kollektorspannung $\qquad U_{CE} = U_{CC} - I_C \cdot R_C$

Arbeitspunkt. Damit der Transistor als Analogverstärker arbeiten kann, muß seine Basisspannung U_{BE} ohne Eingangssignal so eingestellt werden, daß die Kollektorspannung U_{CE} etwa die Hälfte der Betriebsspannung U_{CC} beträgt ($U_{CE} \approx 0{,}5 \cdot U_{CC}$). Damit ist der Arbeitspunkt des Verstärkers festgelegt.

Unter Arbeitspunkt versteht man alle Spannungen und Ströme, die sich ohne Eingangssignal einstellen.

Wenn der Arbeitspunkt eingestellt ist, kann sich die Kollektorspannung analog, jedoch invertiert, zur Basisspannungsänderung erhöhen oder verringern.

Beispiel 2.5 Wird die Basisspannung in Bild **2.**74 um einen geringen Betrag von U_{BE0} im Arbeitspunkt auf U_{BE1} erhöht, steigt der Basisstrom I_B und bewirkt einen um etwa B mal größeren

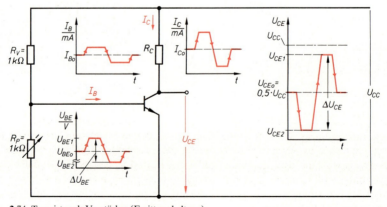

2.74 Transistor als Verstärker (Emitterschaltung)

Kollektorstromanstieg. U_{R_C} erhöht sich proportional zu I_C, und U_{CE} sinkt von U_{CE0} im Arbeitspunkt auf U_{CE1}, da der Widerstand der Kollektor-Emitterstrecke mit wachsendem Kollektorstrom abnimmt.

„Wirkungskette": $U_{BE}\uparrow, I_B\uparrow, I_C\uparrow, U_{R_C}\uparrow, U_{CE}\downarrow$ $\uparrow$: steigt $\downarrow$: sinkt

Wird die Basisspannung von U_{BE0} auf U_{BE2} gesenkt, steigt U_{CE} von U_{CE0} auf U_{CE2}. Die Spannungsänderungen werden invertiert.

Der Kollektorwiderstand (Lastwiderstand) bildet mit dem Widerstand der Kollektor-Emitterstrecke einen Spannungsteiler, dessen Teilerverhältnis durch Basisstrom bzw. -spannung gesteuert wird.

Versuch 2.20 Bei der Schaltung aus Versuch 2.19 wird die Kollektorspannung mit R_p auf $U_{CE1} = 3$ V, dann auf $U_{CE2} = 9$ V eingestellt und in beiden Fällen die Basisspannungen U_{BE1} bzw. U_{BE2} notiert. Man bildet die Differenzen $\Delta U_{CE} = U_{CE1} - U_{CE2}$ und $\Delta U_{BE} = U_{BE1} - U_{BE2}$ und vergleicht sie miteinander.

Ergebnis ΔU_{CE} ist wesentlich größer als ΔU_{BE}, und ΔU_{CE} hat ein negatives Vorzeichen.

Spannungsverstärkung. Ändert man die Basisspannung um wenige Millivolt, erreicht man damit eine Kollektorspannungsänderung von einigen Volt, die durch die große Kollektorstromänderung hervorgerufen wird: Der Transistor verstärkt die Eingangsspannungs- und -stromänderung.

Der Transistor in Emitterschaltung verstärkt und invertiert Spannungsänderungen.

Werden die Änderungen der entsprechenden Ausgangs- und Eingangsgrößen zueinander ins Verhältnis gesetzt, ergeben sich die drei Betriebsverstärkungen des Transistors: (**2.75**):

Tabelle **2.75**
Verstärkungen des Transistors in Emitterschaltung

Stromverstärkung	$V_i = \dfrac{\Delta I_C}{\Delta I_B}$
Spannungsverstärkung	$V_u = \dfrac{\Delta U_{CE}}{\Delta U_{BE}}$
Leistungsverstärkung	$V_P = \dfrac{\Delta I_C \cdot \Delta U_{CE}}{\Delta I_B \cdot \Delta U_{BE}} = V_i \cdot V_u$

Versuch 2.21 Bei einer Transistor-Verstärkerschaltung entsprechend **2.76**a auf S. 132 wird zunächst ohne Signalspannungsquelle mit R_p der Arbeitspunkt auf $U_{CE} = 0{,}5 \cdot U_{CC}$ eingestellt. Dann nimmt man die Oszillogramme an den Punkten 1 bis 4 auf, wobei $\Delta U_a = \Delta U_{CE} = 4$ V betragen soll, und vergleicht sie mit Bild **2.76**b. Aus den Spannungswerten von ΔU_a und ΔU_e wird V_U berechnet.

Ergebnis V_u ist größer als 100. Eingangs- und Ausgangsspannung sind Wechselspannungen, die Spannungen an Basis und Kollektor haben einen Gleichspannungsanteil.

Signaleinspeisung und -auskopplung. Um eine Eingangswechselspannung zu verstärken, wird sie über den Kondensator $C1$ auf die Basis des Transistors gekoppelt (**2.77**). Der Kondensator verhindert, daß der Gleichstrom über den Basisvorwiderstand auch über den Innenwiderstand der Wechselspannungsquelle fließt, wodurch der Arbeitspunkt verschoben würde. An der Basis

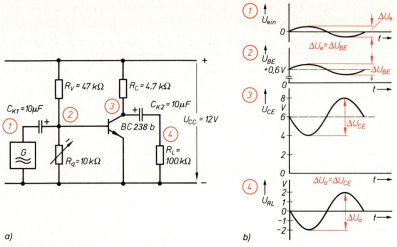

2.76 Verstärkerschaltung
a) Emitterschaltung mit Signaleinkopplung
b) zeitlicher Verlauf der Spannungen

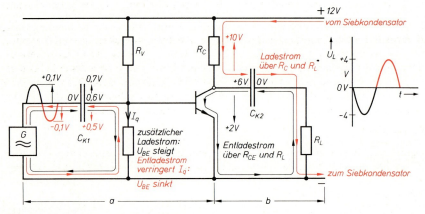

2.77 Wechselspannungsein- und -auskopplung
a) Eingangskreis
b) Ausgangskreis

überlagern sich Gleich- und Wechselspannung zur Mischspannung $U_{BE} + \Delta U_{BE}$, wobei $\Delta U_{BE} = \Delta U_e$ ist. Der am Kollektor angeschlossene Koppelkondensator $C2$ trennt von der Mischspannung $U_{CE} + \Delta U_{CE}$ den Wechselspannungsanteil ab, daß am Lastwiderstand R_L eine Wechselspannung anliegt.

> Koppelkondensatoren trennen Gleich- und Wechselstromkreis.

Um die Verstärkungen eines Transistors in Emitterschaltung zu ermitteln, braucht man Kennlinien. Zur Verstärkungsberechnung sind die Kennwerte des Transistors erforderlich (s. Abschn. 2.4.3).

Übungsaufgaben zu den Abschnitten 2.4.1 und 2.4.2

1. Welche Bedingungen müssen bei der Basiszone eines Transistors erfüllt werden?
2. Zeichnen Sie die genormten Schaltzeichen von NPN- und PNP-Transistor.
3. Wie müssen die Spannungen U_{BE} und U_{CE} für einen PNP-Transistor gepolt sein?
4. Ein PNP-Transistor AC126 hat bei $-I_C = 1{,}5$ mA einen Stromverstärkungsfaktor $B = 120$. Wie groß sind $-I_B$ und I_E?
5. Welche Aufgabe hat der Kollektorwiderstand beim Analogverstärker?
6. Warum muß beim Analogverstärker ein Arbeitspunkt eingestellt werden?
7. Erklären Sie, wie der Transistor in Emitterschaltung eine Eingangswechselspannung verstärkt und invertiert.
8. Welche Aufgabe haben die Koppelkondensatoren? Begründen Sie Ihre Antwort.

2.4.3 Transistorkennlinien und -kennwerte

Um die gegenseitigen, meist nichtlinearen Abhängigkeiten der Ströme und Spannungen des Transistors erkennbar zu machen, sind Kennlinien und Kennlinienfelder erforderlich. Aus den Kennlinien kann man Kennwerte ermitteln, die das Verhalten des Transistors im Arbeitspunkt kennzeichnen. Sie beziehen sich auf den Transistor in Emitterschaltung, weil sie am häufigsten verwendet wird.

Statische und dynamische Kennwerte. Man unterscheidet zwischen statischen (= Gleichstrom-) Kennwerten und dynamischen (= Wechselstrom-)Kennwerten. Statische Kennwerte werden ermittelt, indem man Gleichspannung oder -strom für einen bestimmten Arbeitspunkt festlegt und die Abhängigkeit einer anderen Gleichstromgröße hiervon angibt. Beim Bestimmen von dynamischen Kennwerten wird eine elektrische Größe in einem Bereich um den Arbeitspunkt geändert (z.B. um ΔI) und deren Auswirkung auf eine andere Größe beschrieben.

2.4.3.1 Eingangskennlinie

Die Abhängigkeit des Basisstroms I_B von der Basisspannung zeigt die Eingangskennlinie $I_B = f(U_{BE})$, U_{CE} = konstant (**2.78** a). Bei der Kennlinienaufnahme muß die Kollektorspannung

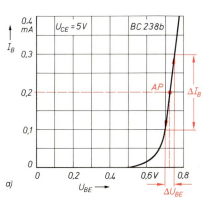
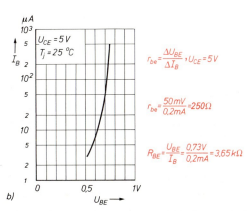

2.78 a) Eingangskennlinie $I_B = f(U_{BE})$ eines Silizium-NPN-Transistors mit Gleichstrom- und differentiellem Eingangswiderstand R_{BE} und r_{be}
b) logarithmische Darstellung

U_{CE} auf einen konstanten Wert gehalten werden. Die Kennlinie entspricht in ihrem Verlauf der Durchlaßkennlinie einer Diode. Sie wird meist im logarithmischen Maßstab dargestellt (**2.**78b).

> Eingangskennlinie $I_B = f(U_{BE})$, U_{CE} = konstant

Versuch 2.22 Die Eingangskennlinie eines Leistungstransistors 2N3055 wird mit der Meßanordnung **2.**69 aufgenommen. U_{CE} = 5 V wird einer Spannungsquelle mit kleinem Innenwiderstand entnommen, U_{BE} mit einem Digitalvoltmeter gemessen und zwischen 0,55 V und ca. 0,75 V in 50-mV-Schritten eingestellt. I_B sollte aber 25 mA nicht überschreiten. Die Meßreihe muß zügig durchgeführt werden, damit sich die Kennlinie durch Erwärmung des Transistors nicht verschiebt.

Ergebnis Die Kennlinie hat den typischen Verlauf einer Siliziumdioden-Kennlinie.

Differentieller Eingangswiderstand. Um den differentiellen oder Wechselstrom-Eingangswiderstand zu bestimmen, legt man auf der Eingangskennlinie einen Arbeitspunkt fest. Wird in einem Bereich um diesen Punkt die Basisspannung U_{BE} um ΔU_{BE} geändert, entsteht eine Basisstromänderung ΔI_B (**2.**78). Der differentielle Eingangswiderstand ergibt sich als Quotient aus ΔU_{BE} und ΔI_B.

> **Differentieller Eingangswiderstand** $r_{be} = \dfrac{\Delta U_{BE}}{\Delta I_B}$, U_{CE} = **konstant**

Beispiel 2.6 Der Versuch 2.22 hat u.a. folgende Meßwerte erbracht: Bei U_{BE1} = 0,6 V ist I_{B1} = 1,3 mA; bei U_{BE2} = 0,65 V ist I_{B2} = 3,3 mA. Wie groß ist r_{be}?

$$r_{be} \equiv \frac{\Delta U_{BE}}{\Delta I_B} = \frac{U_{BE2} - U_{BE1}}{I_{B2} - I_{B1}} = \frac{0{,}65\,\text{V} - 0{,}60\,\text{V}}{3{,}3\,\text{mA} - 1{,}3\,\text{mA}} = \frac{50\,\text{mV}}{2\,\text{mA}} = 25\,\Omega$$

Tabelle **2.**79 **Wechselstromeingangswiderstand des Transistors BC 238 bei verschiedenen Basisströmen**

I_B in µA	r_{be} in kΩ
1	50
10	5
100	0,5
1000	0,05

Der differentielle Eingangswiderstand ist oft so klein, daß er die Wechselspannungsquelle (Mikrofon, Tonabnehmer usw.) stark belastet (**2.**79).

> Der differentielle Eingangswiderstand ist stark arbeitspunktabhängig.

2.4.3.2 Ausgangskennlinienfeld, I_B als Parameter

Aus dem Ausgangskennlinienfeld wird die Abhängigkeit des Kollektorstroms I_C von Kollektorspannung U_{CE} und Basisstrom I_B erkennbar (**2.**80). Wird ein bestimmter Basisstrom eingestellt, steigt I_C annähernd proportional zur Spannung U_{CE} an und erreicht bei der Kollektorsättigungsspannung $U_{CE\,\text{sat}}$ = 0,05 V bis 1,2 V einen Sättigungswert. Wird U_{CE} über $U_{CE\,\text{sat}}$ hinaus erhöht, wächst I_C nur noch geringfügig.

Stellt man einen größeren Basisstrom ein, erreicht I_C auch einen höheren Sättigungswert. Zur Aufnahme des Kennlinienfelds $I_C = f(U_{CE})$ muß deshalb I_B für je eine Kennlinie konstant gehalten werden; I_B ist ein Parameter (griech. = charakteristische Konstante).

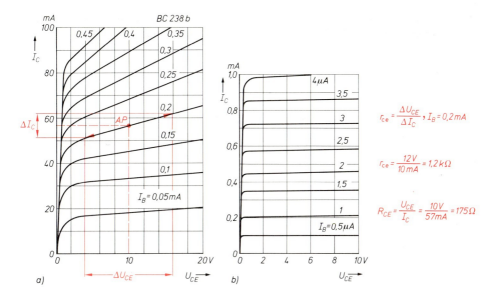

2.80 a) Ausgangskennlinienfeld $I_C = f(U_{CE})$, I_B als Parameter mit den Ausgangswiderständen R_{CE} und r_{ce}, b) Ausschnitt

Versuch 2.23 Mit der Meßschaltung 2.81 werden einzelne Kennlinien $I_C = f(U_{CE})$ mit dem Oszilloskop dargestellt. An $R3$ fällt eine dem Kollektorstrom proportionale Spannung ab. Mit $R2$ wird ein Basisstrom $I_{B1} = 0,5$ mA eingestellt und die Kennlinie größtmöglich dargestellt. Verringert man I_B in 0,1-mA-Stufen, werden andere Kennlinien abgebildet. Sie werden vom Oszilloskopschirm auf Transparentpapier abgezeichnet. (Je nach Anschluß der X-Platten im Gerät erscheinen bei einigen Oszilloskopen die Kennlinien spiegelverkehrt.)

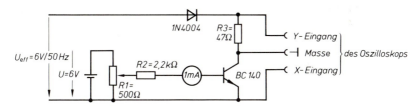

2.81 Darstellung der Ausgangskennlinien $I_C = f(U_{CE})$, $I_B =$ Parameter mit dem Oszilloskop

Wechselstromausgangswiderstand r_{ce}. Die Änderung der Kollektorspannung um ΔU_{CE} in einem sehr großen Bereich hat eine geringe Kollektorstromänderung ΔI_C zur Folge, wenn dabei der Basisstrom konstant bleibt. Der Arbeitspunkt wandert auf einer Kennlinie des Ausgangskennlinienfelds mit I_B als Parameter (2.80). Der Quotient aus ΔU_{CE} und ΔI_C heißt Wechselstromausgangswiderstand r_{ce}. Er liegt meist in der Größenordnung von ca. 1 kΩ und mehreren 10 kΩ und ist wie r_{be} arbeitspunktabhängig.

$$\text{Wechselstromausgangswiderstand} \quad r_{ce} = \frac{\Delta U_{CE}}{\Delta I_C}, \quad I_B = \text{konstant}$$

2.4.3.3 Stromsteuerkennlinie

Den Zusammenhang zwischen Kollektor- und Basisstrom $I_C = B \cdot I_B$ stellt die Stromsteuerkennlinie $I_C = f(I_B)$, U_{CE} = konstant dar (**2.**82). Da der Stromverstärkungsfaktor (Kollektor-Basisstromverhältnis) in einem mittleren Kollektorstrombereich größer als bei kleinen und großen Strömen ist, verläuft die Kennlinie leicht gekrümmt.

> Stromsteuerkennlinie $\quad I_C = f(I_B), \quad U_{CE}$ = konstant

Kollektor-Basisstromverhältnis. Liegt die Stromsteuerkennlinie eines Transistors vor, kann man zu einem bestimmten Basisgleichstrom I_B den Kollektorgleichstrom I_C entnehmen. Der Quotient aus I_C und I_B heißt Kollektor-Basisstromverhältnis oder Stromverstärkungsfaktor B.

> **Kollektor-Basisstromverhältnis** $\quad B = \dfrac{I_C}{I_B}, \quad U_{CE}$ = konstant

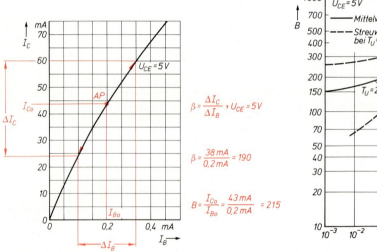
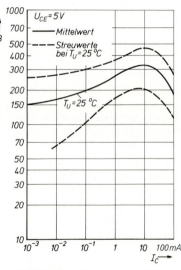

2.82 Stromsteuerkennlinie $I_C = f(I_B)$ mit Kollektor-Basisstromverhältnis B und Kurzschlußstromverhältnis β

2.83 Kollektor-Basisstromverhältnis $B = f(I_C)$

Die Kennlinie des Kollektor-Basisstromverhältnisses $B = f(I_C)$, U_{CE} = konstant zeigt, daß B je nach Kollektorstrom unterschiedlich groß ist (**2.**83). Um hohe Verstärkungen zu erreichen, legt man den Arbeitspunkt eines Verstärkers oft in den Strombereich mit großem Kollektor-Basisstromverhältnis.

> Kennlinie des Kollektor-Basisstromverhältnisses $\quad B = f(I_C), \quad U_{CE}$ = konstant

Versuch 2.24 Entsprechend Bild **2.**69 wird bei einem Transistor 2N3055 bei $U_{CE} = 5$ V ein Basisstrom $I_{B1} = 2$ mA eingestellt. I_C und U_{BE} werden notiert. I_B wird nun auf $I_{B2} = 1{,}5$ mA, dann auf $I_{B3} = 2{,}5$ mA geändert. Die dazugehörigen Werte von U_{BE} und I_C werden gemessen. U_{CE} muß konstant gehalten werden! Aus den Strom- und Spannungsdifferenzen lassen sich β und r_{be} berechnen.

Kurzschlußstromverstärkung. Zur Bestimmung der Kurzschlußstromverstärkung β legt man zunächst auf der Stromsteuerkennlinie einen Arbeitspunkt fest. Wird nun I_B um einen Betrag ΔI_B geändert, entsteht dadurch eine Kollektorstromänderung ΔI_C (2.80). Das Verhältnis aus beiden Stromänderungen ist die Kurzschlußstromverstärkung β. Die Kollektorspannung muß konstant bleiben. Die Kurzschlußstromverstärkung entspricht der Steigung der Stromsteuerkennlinie im Arbeitspunkt.

> **Kurzschlußstromverstärkung** $\quad \beta = \dfrac{\Delta I_C}{\Delta I_B}, \quad U_{CE} = \text{konstant}$

Beispiel 2.7 Bei einem Transistor BC 140 sind folgende Ströme gemessen worden: Bei $I_{B1} = 50\,\mu\text{A}$ ist $I_{C1} = 4{,}5\,\text{mA}$; bei $I_{B2} = 60\,\mu\text{A}$ ist $I_{C2} = 5{,}5\,\text{mA}$. Wie groß ist β?

$$\beta = \frac{\Delta I_C}{\Delta I_B} = \frac{I_{C2} - I_{C1}}{I_{B2} - I_{B1}} = \frac{1\,\text{mA}}{10\,\mu\text{A}} = 100$$

Kollektor-Basisstromverhältnis und Kurzschlußstromverstärkung lassen sich auch im Ausgangskennlinienfeld mit I_B als Parameter ermitteln (2.84).
Kurzschlußstromverstärkung und differentieller Eingangswiderstand sind die beiden wichtigsten Kennwerte, mit denen die Verstärkung einer Transistorstufe berechnet werden können (2.85, s. a. Abschn. 2.4.4.2).

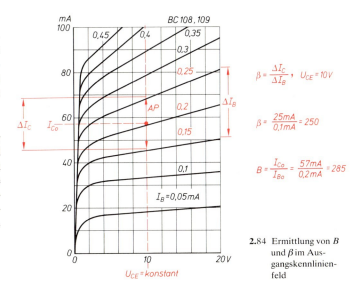

2.84 Ermittlung von B und β im Ausgangskennlinienfeld

Tabelle 2.85 **Transistor-Kennwerte** (Auszug)

Statische Kennwerte		Dynamische Kennwerte	
Kollektor-stromverhältnis	$B = \dfrac{I_C}{I_B}$, $U_{CE} =$ konstant	Kurzschluß-Stromverstärkung	$\beta = h_{21} = \dfrac{\Delta I_C}{\Delta I_B}$, $U_{CE} =$ konstant
Gleichstrom-Eingangswiderstand	$R_{BE} = \dfrac{U_{BE}}{I_B}$, $U_{CE} =$ konstant	Wechselstrom-Eingangswiderstand	$r_{be} = h_{11} = \dfrac{\Delta U_{BE}}{\Delta I_B}$, $U_{CE} =$ konstant
Gleichstrom-Ausgangswiderstand	$R_{CE} = \dfrac{U_{CE}}{I_C}$, $I_B =$ konstant	Wechselstrom-Ausgangswiderstand	$r_{ce} = \dfrac{1}{h_{22}} = \dfrac{\Delta U_{CE}}{\Delta I_C}$, $I_B =$ konstant

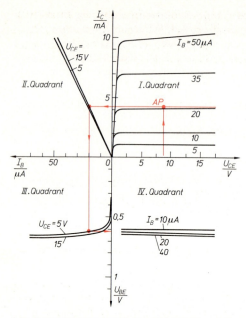

Für die Aufnahme der Eingangs- und Stromsteuerkennlinie muß die Kollektorspannung U_{CE} konstant gehalten werden. Wählt man andere Spannungswerte für U_{CE}, ergeben sich neue Kennlinien, die jedoch kaum voneinander abweichen (z. B. **2.**86, $U_{CE}=5$ V, $U_{CE}=10$ V). Deshalb begnügt man sich mit einer Kennlinie bei einer mittleren Spannung U_{CE} (z. B. 5 V oder 1 V).

Mehrquadranten-Kennlinienfeld. Ausgangskennlinienfeld mit I_B als Parameter, Stromsteuer- und Eingangskennlinie lassen sich in drei Quadranten eines Koordinatensystems eintragen (**2.**86). Jede Achse trägt dabei eine andere Bezeichnung. Ein festgelegter Arbeitspunkt auf einer Kennlinie findet sich auf den anderen wieder.

2.86 Mehrquadranten-Kennlinienfeld der Emitterschaltung
  I. Quadrant: Ausgangskennlinienfeld $I_C = f(U_{CE})$
 II. Quadrant: Stromverstärkungs-Kennlinienfeld
     $I_C = f(I_B)$
III. Quadrant: Eingangskennlinienfeld $U_{BE} = f(I_B)$
IV. Quadrant: Spannungsrückwirkungs-Kennlinienfeld
     $U_{BE} = f(U_{CE})$

> Im Mehrquadranten-Kennlinienfeld sind Ausgangskennlinienfeld, Stromsteuer- und Eingangskennlinie in Bezug zueinander dargestellt. Hier läßt sich die Wirkungsweise einer Verstärkerstufe verdeutlichen (s. Abschn. 2.4.4.1).

Außer den erwähnten Kennlinien und Kennwerten gibt es zahlreiche weitere, deren Kenntnis hier jedoch nicht erforderlich ist.

2.4.3.4 Transistor als Vierpol

Man kann einen Transistor als elektrisches Betriebsmittel („schwarzer Kasten", „black-box") mit je zwei Eingangs- und Ausgangsklemmen auffassen: Zwischen Basis und Emitter liegt die Eingangsspannung, zwischen Kollektor und Emitter die Ausgangsspannung. Basis- und Kollektorstrom sind entsprechend Eingangs- und Ausgangsströme (**2.**87).

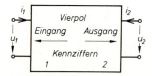 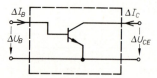

2.87 Transistor als Vierpol
Gleichspannungsversorgung wird nicht berücksichtigt

Hybridgleichungen[1]). Ein solcher „schwarzer Kasten" heißt Vierpol. Die Abhängigkeit zweier elektrischer Größen von zwei anderen läßt sich in zwei Hybridgleichungen niederschreiben. In diesen Gleichungen werden Wechselstromgrößen verwendet, weil die Gleichströme und -spannungen „nur" die Aufgabe haben, den Transistor in Betrieb zu setzen (Arbeitspunkteinstellung). Mit den Hybrid-Gleichungen wird dargestellt:

---

[1]) hybrid (griech.: hier etwa Mischwert). Die h-Parameter sind gemischt: 1 Widerstand, 1 Leitwert, 2 Verhältnisgrößen mit der Einheit 1.

1. Gleichung: ΔU_{BE} in Abhängigkeit von ΔI_B und ΔU_{CE}, d.h. der Einfluß einer Basisstromänderung und einer Kollektorspannungsänderung auf die Basisspannung,
2. Gleichung: ΔI_C in Abhängigkeit von ΔI_B und ΔU_{CE}, d.h. der Einfluß einer Basisstromänderung und einer Kollektorspannungsänderung auf den Kollektorstrom (2.88).

Tabelle 2.88 **Hybridgleichungen**

Hybridgleichungen	
für den Transistor in Emitterschaltung	allgemeine Form für einen beliebigen Vierpol
$\Delta U_{BE} = h_{11e} \cdot \Delta I_B + h_{12e} \cdot \Delta U_{CE}$ $\Delta I_C = h_{21e} \cdot \Delta I_B + h_{22e} \cdot \Delta U_{CE}$	$u_1 = h_{11} \cdot i_1 + h_{12} \cdot u_2$ $i_2 = h_{21} \cdot i_1 + h_{22} \cdot u_2$
	u und i stellen Wechselspannungen und -ströme dar

***h*-Parameter.** Die Faktoren h_{11e} („e" für Emitterschaltung) bis h_{22e} heißen Hybridparameter der Emitterschaltung.

Bestimmungen der *h*-Parameter. Wird eine der Wechselstromgrößen auf der rechten Seite der Gleichung null, kann die Gleichung nach dem übriggebliebenen h-Parameter umgestellt werden (2.89). $\Delta I_B = 0$ heißt, daß kein Basiswechselstrom fließt, die Basis also leerläuft. $\Delta U_{CE} = 0$ heißt, daß kein Kollektorwechselspannungsanteil auftritt, der Kollektor also wechselspannungsmäßig gegen Emitter kurzgeschlossen ist. Dann ist U_{CE} konstant.

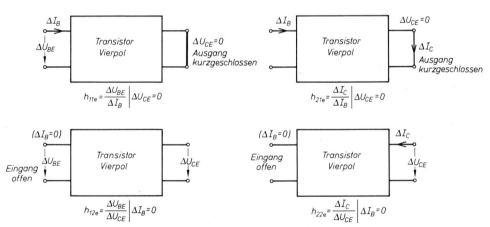

2.89 *h*-Parameter des Transistors in Emitterschaltung

Aus der ersten Gleichung ergibt sich für $\Delta U_{CE} = 0$:
$\Delta U_{BE} = h_{11e} \cdot \Delta I_B + h_{12e} \cdot 0$, durch Umstellen wird $h_{11e} = \Delta U_{BE}/\Delta I_B$, U_{CE} = konstant, bzw. $\Delta U_{CE} = 0$
Die Ziffern im Index geben an, daß die verwendeten Größen Eingangsspannung oder -strom sind (hier „1", bei Ausgangsgrößen „2"). Ähnlich werden die anderen Parameter ermittelt. Sie sind identisch mit den zuvorbeschriebenen dynamischen Kennwerten.

$h_{11e} = r_{be}$ (Kurzschluß-Eingangswiderstand, da $\Delta U_{CE} = 0$ bzw. U_{CE} = konstant ist)

$h_{21e} = \beta$ (Kurzschluß-Wechselstromverstärkung, da $\Delta U_{CE} = 0$ bzw. U_{CE} = konstant ist)

$h_{22e} = 1/r_{ce}$ (Leerlauf-Ausgangsleitwert, da $\Delta I_B = 0$ bzw. I_B = konstant ist)

$h_{12e} = \Delta U_{BE}/\Delta U_{CE}$, $\Delta I_B = 0$ konstant: Leerlaufrückwirkung. Sie ist im Niederfrequenzbereich von untergeordneter Bedeutung, da eine Kollektorspannungsänderung nur eine äußerst geringe Basisspannungsänderung bewirkt.

In der Tabelle **2.**129 im Abschnitt 2.4.8 sind die Kennwerte des „NPN-Transistors BC 238 für NF-Vor- und Treiberstufen sowie universelle Aufwendungen" aufgeführt.

Übungsaufgaben zu Abschnitt 2.4.3

1. Warum verwendet man nur je eine Eingangs- und Stromsteuerkennlinie und keine Kennlinienfelder?
2. Begründen Sie den Ausgangskennlinienverlauf.
3. Ermitteln Sie aus der Stromsteuerkennlinie des BC 238 (**2.**82) den Stromverstärkungsfaktor B für $I_{C1} = 10$ mA, $I_{C2} = 50$ mA und $I_{C3} = 70$ mA.
4. Ermitteln Sie aus der Eingangskennlinie (**2.**78) h_{11e} des BC 238 für $I_B = 75\,\mu A$ (Arbeitspunkt) und $\Delta I_B = 50\,\mu A$.
5. Ermitteln Sie B und h_{21e} des BC 238 (**2.**80b) für $I_B = 1{,}5\,\mu A$ (Arbeitspunkt) und $\Delta I_B = 1\,\mu A$ bei $U_{CE} = 6$ V. Vergleichen Sie die Ergebnisse.

2.4.4 Verstärkungsermittlung in der Emitterschaltung

Je nach Höhe der Wechselspannungen und -ströme führt der Transistor Klein- oder Großsignalverstärkung durch. Wenn die Ausgangsspannung eine geringe Amplitude hat und sich alle Spannungen und Ströme des Transistors nur geringfügig um den Arbeitspunkt ändern, führt der Transistor eine Kleinsignalverstärkung durch. Sind die Wechselstromkennwerte im Arbeitspunkt bekannt, kann man die Verstärkung berechnen.

Bei der Großsignalverstärkung beträgt die Ausgangsspannung mehrere Volt. Die arbeitspunktabhängigen Kennwerte ändern sich wegen der gekrümmten Kennlinien so stark, daß sich die Verstärkung nicht mehr berechnen läßt. Sie ist nur im Mehrquadrantenkennlinienfeld zu ermitteln.

2.4.4.1 Verstärkungsermittlung im Mehrquadranten-Kennlinienfeld

Arbeitspunkteinstellung und Verstärkungsvorgang lassen sich im Mehrquadranten-Kennlinienfeld verdeutlichen.

Arbeitsgerade. Im Ausgangskennlinienfeld wird die Arbeitsgerade eingetragen (**2.**90). Durch die Reihenschaltung aus R_C und R_{CE} wird die Kollektorspannung U_{CE} abhängig von Kollektorstrom I_C und Kollektorwiderstand R_C. Den Zusammenhang zwischen I_C und U_{CE} beschreibt die Gleichung der Widerstands- oder Arbeitsgeraden.

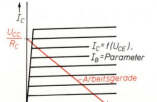

2.90 Arbeitsgerade im Ausgangskennlinienfeld des Transistors $I_C = f(U_{CE})$, I_B = Parameter

$$I_C = \frac{U_{RC}}{R_C}; \quad U_{RC} = U_{CC} - U_{CE} \quad (U_{CC} = \text{Betriebsspannung})$$

Gleichung der Arbeitsgeraden $\quad I_C = \dfrac{U_{CC} - U_{CE}}{R_C}$

Die Lage der Geraden im Ausgangskennlinienfeld $I_C = f(U_{CE})$ des Transistors läßt sich am einfachsten durch ihre Endpunkte bestimmen (**2**.89).
a) Transistor sperrt: $I_{C1} = 0$, $U_{CE1} = U_{CC}$
b) Transistor leitet: $U_{CE2} = 0$ (theoretisch),

$$I_{C2} = \dfrac{U_{CC}}{R_C}$$

Die Verbindungslinie ist die Arbeitsgerade. Der Widerstandswert von R_C bestimmt die Steigung der Geraden, eine Änderung der Betriebsspannung bewirkt eine Parallelverschiebung (**2**.91).

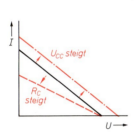

2.91 Drehung und Verschiebung der Arbeitsgeraden

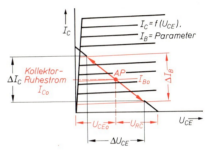

2.92 Arbeitspunkt und Aussteuerung im Ausgangskennlinienfeld
$I_C = f(U_{CE})$, I_B = Parameter

Arbeitspunkt. Fließt ein Basisstrom I_B, stellt sich bei gegebener Betriebsspannung und einem bestimmten Lastwiderstand ein Arbeitspunkt ein. Im Ausgangskennlinienfeld $I_C = f(U_{CE})$, I_B = konstant ist dies der Schnittpunkt der Arbeitsgeraden mit der dem Basisstrom entsprechenden Ausgangskennlinie. Mit I_B liegen auch I_C, U_{CE} und U_{RC} fest, sie lassen sich direkt ablesen (**2**.92). Durch Spiegelungen an der Stromsteuerkennlinie $I_C = f(I_B)$ und der Eingangskennlinie $I_B = f(U_{BE})$ im Mehrquadranten-Kennlinienfeld kann man auch U_{BE} im Arbeitspunkt ermitteln.

Der Basisstrom legt den Arbeitspunkt auf der Arbeitsgeraden fest.
Änderungen des Basisstroms verschieben den Arbeitspunkt auf der Geraden und rufen Kollektorstrom- und -spannungsänderungen hervor.

Verstärkungsermittlung. Sind Betriebsspannung und Kollektorwiderstand gegeben, kann man die Arbeitsgerade ins Ausgangskennlinienfeld eintragen.

Beispiel 2.8 $U_{CC} = 12\,\text{V}$, $R_C = 4{,}7\,\text{k}\Omega$ (**2**.93). Der Arbeitspunkt wird bei $U_{CE} \approx 0{,}5 \cdot U_{CC}$ festgelegt. Folgende Spannungen und Ströme im Arbeitspunkt lassen sich ablesen: $U_{CE} = 6{,}5\,\text{V}$, $I_C = 1{,}3\,\text{mA}$, $I_B = 5\,\mu\text{A}$, $U_{BE} = 0{,}6\,\text{V}$. Wird I_B z.B. um $\pm 3\,\mu\text{A}$ auf $I_{B1} = 8\,\mu\text{A}$ bzw. $I_{B2} = 2\,\mu\text{A}$ geändert, ergeben sich die in der Tabelle **2**.94 aufgeführten Werte.

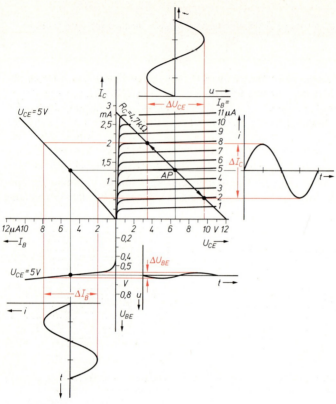

2.93 Verstärkungsermittlung im Mehrquadranten-Kennlinienfeld

Tabelle 2.94
Spannungen und Ströme für $\Delta I_B = 6\,\mu A$

$\dfrac{I_B}{\mu A}$	$\dfrac{I_C}{mA}$	$\dfrac{U_{CE}}{V}$	$\dfrac{U_{BE}}{V}$
8	2,0	3,2	0,63
2	0,55	9,8	0,57

$\Delta I_B = I_{B1} - I_{B2} = 8\,\mu A - 2\,\mu A = 6\,\mu A$
$\Delta I_C = I_{C1} - I_{C2} = 2\,mA - 0{,}55\,mA = 1{,}45\,mA$
$\Delta U_{BE} = U_{BE1} - U_{BE2} = 0{,}63\,V - 0{,}57\,V = 60\,mV$
$\Delta U_{CE} = U_{CE1} - U_{CE2} = 3{,}2\,V - 9{,}8\,V = -6{,}6\,V$

Die Verstärkungen des Transistors gibt Tabelle 2.95 an.

Tabelle 2.95 **Transistorverstärkungen**

Stromverstärkung	$V_i = \dfrac{\Delta I_C}{\Delta I_B} = \dfrac{1{,}45\,mA}{6\,\mu A} = 242$
Spannungsverstärkung	$V_u = \dfrac{\Delta U_{CE}}{\Delta U_{BE}} = \dfrac{-6{,}6\,V}{60\,mV} = -110$
Leistungsverstärkung	$V_p = V_u \cdot V_i = 110 \cdot 242 = 26620$

Das negative Vorzeichen wird meist weggelassen; es zeigt an, daß zwischen Ausgangs- und Eingangsspannung eine Phasendrehung von 180° (Invertierung) besteht.

Die Verstärkung eines Transistors in Emitterschaltung kann man im Mehrquadranten-Kennlinienfeld ermitteln.

Arbeitspunkt, Signalgröße, Verzerrung. Die Lage des Arbeitspunkts hängt von der Aufgabe der Verstärkerstufe ab. Für kleine Kollektorspannungsänderungen (Kleinsignalverstärkung) legt man ihn meist in die untere Hälfte der Geraden, um eine unnötige Erwärmung des Transistors zu vermeiden (2.96a). Sollen große Kollektorspannungsänderungen erreicht werden (Großsignalverstärkung), muß er etwa in der Mitte der Geraden liegen. Dann ist $U_{CE} \approx 0{,}5 \cdot U_{CC}$ (2.96b). Bei ungünstigem Arbeitspunkt wird entweder die positive oder die negative Halbschwingung des Ausgangssignals begrenzt, d.h., das Ausgangssignal ist verzerrt.

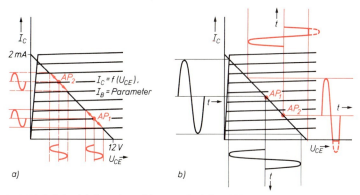

2.96 Einfluß des Arbeitspunkts auf Aussteuerbarkeit und Verzerrungen
 a) mögliche Arbeitspunkte bei Kleinsignalverstärkung
 b) richtiger (AP_1) und falscher Arbeitspunkt (AP_2) bei Großsignalverstärkung
 $I_C = f(U_{CE})$, I_B = Parameter

Versuch 2.25 In der Grundschaltung des Versuchs 2.21 (S. 132) wird der Arbeitspunkt bei gleichbleibender Eingangswechselspannung durch Verstellen von R_p geändert und das Ausgangssignal beobachtet.

Ergebnis Wird die Kollektorspannung um etwa ± 3 V vom ursprünglichen Arbeitspunkt $U_{CE} = 0{,}5 \cdot U_{CC}$ verschoben, bleiben die Verstärkung und die Form des Ausgangssignals etwa erhalten. Bei zu hoher oder zu niedriger U_{CE} wird das Signal verzerrt.

Um eine möglichst große unverzerrte Ausgangsspannung zu erzielen, muß der Arbeitspunkt bei $U_{CE} \approx 0{,}5 \cdot U_{CC}$ liegen.

Arbeitspunkteinstellung durch Basisvorwiderstand. Am einfachsten wird der Basisstrom I_B im Arbeitspunkt über einen Vorwiderstand R_v eingestellt, an dem I_B einen Spannungsabfall $U_{Rv} = U_{CC} - U_{BE}$ hervorruft (2.97).

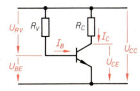

2.97 Basisspannungseinstellung über Basisvorwiderstand

(siehe Beispiel 2.9 auf S. 144)

$$I_C = \frac{U_{CC} - U_{CE}}{R_C} = \frac{12\,\text{V} - 5\,\text{V}}{4{,}7\,\text{k}\Omega} = \mathbf{1{,}49\,mA}$$

$$I_B = \frac{I_C}{B} = \frac{1{,}49\,\text{mA}}{300} = \mathbf{4{,}97\,\mu A}$$

$$R_v = \frac{U_{CC} - U_{BE}}{I_B} = \frac{12\,\text{V} - 0{,}6\,\text{V}}{4{,}97\,\mu\text{A}} = \mathbf{2{,}3\,M\Omega}$$

> **Basisvorwiderstand** $\quad R_v = \dfrac{U_{CC} - U_{BE}}{I_B}$
>
> Mit dem Basisvorwiderstand wird der Basisstrom im Arbeitspunkt eingestellt.

U_{BE} wird bei Siliziumtransistoren und Basisströmen im µA-Bereich mit ca. 0,6 V, bei Germanium-Transistoren mit etwa 0,25 V bis 0,3 V angenommen.

Meist muß I_B aus den Angaben des Kollektorstromkreises ermittelt werden, wenn kein Kennlinienfeld vorliegt.

Basisspannungsteiler. Die Basisspannung kann mit einen Spannungsteiler eingestellt werden (**2**.98). Damit die Spannung auch bei schwankendem Basisstrom fast konstant bleibt, muß der Querstrom durch R_P 5- bis 10mal größer als der Basisstrom sein. Hieraus ergeben sich die Formeln für die beiden Widerstände.

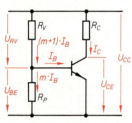

2.98 Basisspannungseinstellung über Basisspannungsteiler

(siehe Beispiel 2.9)

$I_C = \dfrac{U_{CC} - U_{CE}}{R_C} = 1{,}49 \text{ mA}$

$I_B = \dfrac{I_C}{B} = 4{,}97 \text{ µA}$

$R_v = \dfrac{U_{CC} - U_{BE}}{(m+1) \cdot I_B} = \dfrac{12 \text{ V} - 0{,}6 \text{ V}}{11 \cdot 4{,}97 \text{ µA}} = 209 \text{ k}\Omega$

$R_P = \dfrac{U_{BE}}{m \cdot I_B} = \dfrac{0{,}6 \text{ V}}{49{,}7 \text{ µA}} = 12 \text{ k}\Omega$

> $R_p = \dfrac{U_{BE}}{I_q} = \dfrac{U_{BE}}{m \cdot I_B} \quad m = 5 \dots 10 \qquad R_v = \dfrac{U_{CC} - U_{BE}}{I_q + I_B} = \dfrac{U_{CC} - U_{BE}}{(m+1) \cdot I_B}$
>
> Mit dem Basisspannungsteiler wird eine konstante Basisspannung eingestellt.

Beispiel 2.9 Gegeben ist ein Transistor BC108b mit $B = 300$, $U_{CC} = 12$ V, $U_{CE} = 5$ V, $R_C = 4{,}7$ kΩ, $m = 10$. Gesucht sind R_v als Basisvorwiderstand bzw. die beiden Widerstände des Basisspannungsteilers.

Basisstrom- und -spannungssteuerung. Bei Großsignalaussteuerung ist trotz sinusförmiger Eingangsspannung die Ausgangsspannung nicht immer exakt sinusförmig. Diese Verzerrung hat ihre Ursache in der gekrümmten Transistoreingangskennlinie $I_B = f(U_{BE})$, $U_{CE} =$ konstant, d.h. der arbeitspunktabhängigen Größe des Eingangswiderstands. Je nach Lage des Arbeitspunkts und dem Innenwiderstand der Signalspannungsquelle können die Verzerrungen vermindert werden.

Basisstromsteuerung. Liegt der Arbeitspunkt noch im gekrümmten Teil der Eingangskennlinie, entsteht beim Absenken der Basisspannung auf U_{BE1} eine kleinere Basisstromänderung als beim Anstieg auf U_{BE2} (**2**.99a). Dieser Arbeitspunkt wird jedoch überwiegend bei Kleinsignalaussteuerung mit geringem Kollektorstrom eingestellt.

Eine Linearisierung der Basisstromänderung wird durch Basisstromsteuerung erreicht. Dazu verwendet man eine Signalspannungsquelle mit großem Innenwiderstand oder einen hochohmigen Basisvorwiderstand, der mit dem Transistor-Eingangswiderstand einen Spannungsteiler bildet. Der Basisstrom wird fast ausschließlich durch ΔU_e und R_v bestimmt:

$$\Delta I_B = \frac{\Delta U_e}{R_v + r_{be}} \qquad R_v \gg r_{be} \qquad \Delta I_B \approx \frac{\Delta U_e}{R_v}$$

Ist ΔU_e sinusförmig, ergeben sich sinusförmige Basis- und Kollektorstromänderungen, weil in diesem Teil der Kennlinie der Kollektorstrom direkt proportional zum Basisstrom ist ($I_C = B \cdot I_B$). Aufgrund des sich ständig ändernden Eingangswiderstands r_{be} (gekrümmte Kennlinie) ist dann die Basisspannung ΔU_{BE} nicht mehr sinusförmig (**2.99** a).

<hr />

Durch Basisstromsteuerung mit einem hochohmigen Basisvorwiderstand wird die nichtlineare Verzerrung des Basisstroms durch die gekrümmte Eingangskennlinie aufgehoben.

<hr />

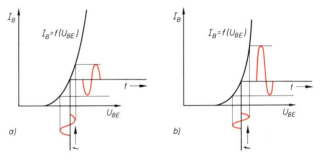

2.99 Verzerrung
a) der Basisspannung bei Basisstromsteuerung
b) des Basisstroms bei Basisspannungssteuerung

Basisspannungssteuerung. Bei großem Kollektorruhestrom liegt der Arbeitspunkt des Verstärkers im geradlinigen Teil der Spannungssteuerkennlinie $I_C = f(U_{BE})$. Für große Kollektorstromänderungen wählt man die Basisspannungssteuerung. Die Signalspannungsquelle ist dann niederohmig und prägt der folgenden Schaltung eine sinusförmige Spannung auf. Da der Kollektorstrom in diesem Teil der Spannungssteuerkennlinie $I_C = f(U_{BE})$ annähernd linear von der Basisspannung abhängt, ergeben sich sinusförmige Kollektorstrom- und -spannungsänderungen. Die Stromsteuerkennlinie $I_C = f(I_B)$ ist in diesem Bereich stärker gekrümmt. Wegen des nichtlinearen Eingangswiderstands r_{be} ist der Basiswechselstrom nun verzerrt (**2.99** b).
Leistungsverstärker arbeiten zur Erzielung großer Kollektorstrom- und -spannungsänderungen und Ausgangsleistungen mit Basisspannungssteuerung.

<hr />

Bei der Basisspannungssteuerung bewirkt die sinusförmige Spannung der niederohmigen Signalspannungsquelle eine entsprechende Kollektorstromänderung, weil der Arbeitspunkt im geradlinigen Teil der Spannungssteuerkennlinie liegt.

<hr />

Die linearisierende Wirkung ist bei der Spannungssteuerung nicht so ausgeprägt wie bei der Stromsteuerung. Deshalb sind Gegenkopplungsmaßnahmen erforderlich (s. Abschn. 2.4.6).

2.4.4.2 Verstärkungsberechnung bei Kleinsignalverstärkung

Sind die Wechselstromkennwerte (*h*-Parameter) des Transistors im Arbeitspunkt bekannt, lassen sich Spannungs-, Strom- und Leistungsverstärkung genau berechnen. In der Praxis begnügt man sich mit der überschlagsmäßigen Ermittlung dieser Werte.

Da im folgenden nur Wechselspannungen und -ströme betrachtet werden, sind zur besseren Unterscheidung Kleinbuchstaben „*u*" und „*i*", bei Gleichstromgrößen Großbuchstaben „*U*" und „*I*" verwendet worden.

Wechselstromersatzbild. Zum Berechnen der Wechselstromverstärkung braucht man ein Wechselstromersatzbild des Transistors in Emitterschaltung. Zwischen Basis- und Emitteranschluß liegt der Eingangswiderstand r_{be}, zwischen Kollektor- und Emitteranschluß der Ausgangswiderstand r_{ce}. Die Basisstromänderung i_B ruft die Stromänderung $\beta \cdot i_B$ hervor.

Sind die Kapazitätswerte aller Kondensatoren einer Verstärkerstufe so groß, daß ihre Blindwiderstände für den Wechselstrom Kurzschlüsse darstellen ($X_C \approx 0$), verändert sich die Schaltung bezüglich ihres Wechselstromverhaltens (**2.**100).

Da auch die Spannungsquelle bzw. der Siebkondensator des Netzgeräts einen sehr kleinen Wechselstromwiderstand besitzen, haben für den Wechselstrom Plus- und Minuspol der Spannungsquelle gleiches Potential. Aus den Reihenschaltungen von R_v mit R_p des Basisspannungsteilers und aus Kollektorwiderstand R_C mit Transistorinnenwiderstand r_{ce} werden Parallelschaltungen.

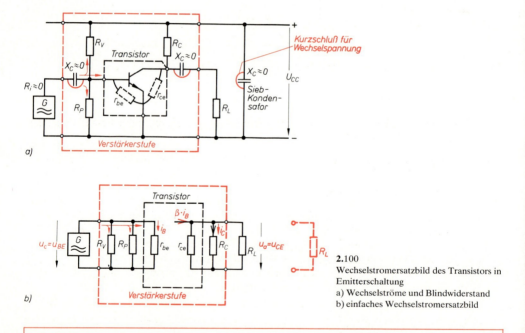

2.100 Wechselstromersatzbild des Transistors in Emitterschaltung
a) Wechselströme und Blindwiderstand
b) einfaches Wechselstromersatzbild

Stufen-Eingangswiderstand der Emitterschaltung $r_{ein} = r_{be} \| R_v \| R_p$

Stufen-Ausgangswiderstand $r_{aus} = r_{ce} \| R_C = \dfrac{r_{ce} \cdot R_C}{r_{ce} + R_C}$

Wechselstromverstärkung. Weil sich die Kollektorspannung U_{CE} bei Kleinsignalverstärkung nur geringfügig ändert, kann man setzen:

Wechselstromverstärkung $\quad V_i = \dfrac{\Delta I_C}{\Delta I_B} = \dfrac{i_C}{i_B} \approx \beta = h_{21e}$

Herleitung. Im Wechselstromersatzbild 2.100b erkennt man, daß sich der Strom $\beta \cdot i_B$ in die Ströme i_{ce} und i_C aufteilt:

$$\beta \cdot i_B = i_C + i_{ce}$$

Die Teilströme verhalten sich wie die Leitwerte:

$$\dfrac{i_{ce}}{i_C} = \dfrac{R_C}{r_{ce}} \qquad i_{ce} = i_C \cdot \dfrac{R_C}{r_{ce}}$$

$$\beta \cdot i_B = i_C + i_C \cdot \dfrac{R_C}{r_{ce}} = i_C \cdot \left(1 + \dfrac{R_C}{r_{ce}}\right) = i_C \cdot \left(\dfrac{R_C + r_{ce}}{r_{ce}}\right)$$

$$i_C = \beta \cdot i_B \cdot \left(\dfrac{r_{ce}}{R_C + r_{ce}}\right)$$

Wechselstromverstärkung in Emitterschaltung $\quad V_i = \dfrac{i_C}{i_B} = \beta \cdot \left(\dfrac{r_{ce}}{R_C + r_{ce}}\right)$

Da in der Praxis oft $R_C \ll r_{ce}$ ist, kann i_{ce} vernachlässigt werden. Dann sind $\beta \cdot i_B \approx i_C$ und

$$V_i = \dfrac{i_C}{i_B} \approx \dfrac{\beta \cdot i_B}{i_B} = \beta = h_{21} \qquad (R_C \ll r_{ce}).$$

Wechselspannungsverstärkung. Der Kollektorwechselstrom $\beta \cdot i_B$ ruft an der Parallelschaltung aus r_{ce} und R_C die Ausgangswechselspannung u_{CE} hervor.

$$u_{CE} = \beta \cdot i_B \cdot (r_{ce} \| R_C)$$

Weil $i_B = \dfrac{u_{BE}}{r_{be}}$ ist, ergibt sich

$$u_{CE} = \beta \cdot \dfrac{u_{BE}}{r_{be}} \cdot \left(\dfrac{r_{ce} \cdot R_C}{r_{ce} + R_C}\right).$$

Wechselspannungsverstärkung in Emitterschaltung $\quad V_u = \dfrac{u_{CE}}{u_{BE}} = \dfrac{\beta}{r_{be}} \cdot \left(\dfrac{r_{ce} \cdot R_C}{r_{ce} + R_C}\right)$

Da oft $R_C \ll r_{ce}$ ist, beeinflußt r_{ce} den Gesamtwiderstand der Parallelschaltung kaum: $r_{ce} \| R_C \approx R_C$. So ergibt sich die

---

Wechselspannungs-verstärkung $\quad V_u = \dfrac{u_{CE}}{u_{BE}} \approx \dfrac{\beta}{r_{be}} \cdot R_C = \dfrac{h_{21}}{h_{11}} \cdot R_C \quad (R_C \ll r_{ce}).$

Die Leistungsverstärkung ist das Produkt aus Strom- und Spannungsverstärkung.

> Leistungsverstärkung $\qquad V_p = V_u \cdot V_i$

Bei Belastung einer Verstärkerstufe mit einem Lastwiderstand R_L sinken V_u und V_i, weil ein zusätzlicher Teil des Stroms über R_L fließt. Der Lastwiderstand kann auch der Eingangswiderstand der folgenden Verstärkerstufe sein (**2.**100b).

$$u_{CE} = \beta \cdot i_B \cdot (r_{ce} \| R_C \| R_L) \approx \beta \cdot i_B \cdot (R_C \| R_L)$$

> $$V_u'' \approx \frac{\beta}{r_{be}} \cdot (R_C \| R_L) = \frac{h_{21}}{h_{11}} \cdot \left(\frac{R_C \cdot R_L}{R_C + R_L} \right) \quad (r_{ce} \gg R_C, R_L)$$

Verstärkungsberechnung mit Hilfe des Kollektorgleichstroms. Für die Verstärkungsberechnung mit den vorstehenden Gleichungen muß man mindestens die Parameter h_{11} und h_{21} im Arbeitspunkt kennen. Mit einer einfachen Faustformel läßt sich schnell überschlagsmäßig die Spannungsverstärkung einer Stufe ermitteln.

> $$V_u \approx \frac{I_C \cdot R_C}{26\,\text{mV}} = \frac{U_{RC}}{26\,\text{mV}} \qquad (I_C \text{ ist der Kollektorgleichstrom!})$$

Herleitung. Aus der Transistortheorie hat man hergeleitet:

$I_B \cdot r_{be} = U_T = 26\,\text{mV} \qquad U_T$ ist die Temperaturspannung; sie beträgt immer 26 mV.

$$r_{be} = \frac{U_T}{B}$$

Mit $\beta \approx B$ und $V_u \approx \frac{\beta}{r_{be}} \cdot R_C$ wird

$$V_u \approx \frac{B}{\frac{U_T}{I_B}} \cdot R_C = \frac{B \cdot I_B \cdot R_C}{U_T} = \frac{I_C \cdot R_C}{U_T} = \frac{U_{RC}}{U_T}.$$

Beispiel 2.10 $U_{CE} = 6\,\text{V}$, $U_{RC} = 6\,\text{V}$. Berechnen Sie V_u (**2.**101).

$$V_u \approx \frac{U_{RC}}{U_T} = \frac{6\,\text{V}}{26\,\text{mV}} = 230$$

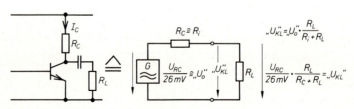

2.101 Verstärkungsberechnung über den Kollektorgleichstrom

> Aus der Gleichspannung am Kollektorwiderstand läßt sich die Spannungsverstärkung einer Stufe in Emitterschaltung ermitteln.

Wird die Stufe mit einem Lastwiderstand belastet, verringert sich die Verstärkung im Verhältnis $R_L:(R_L+R_C)$ (Spannungsteiler!).

$$V'_u = V_u \cdot \frac{R_L}{R_L + R_C} = k \cdot V_u$$

V'_u = Stufenverstärkung mit nachgeschaltetem Lastwiderstand
k = Kopplungsfaktor (<1)

Übungsaufgaben zu Abschnitt 2.4.4

1. Bestimmen Sie den Widerstandswert des Lastwiderstands in Bild **2.**102.

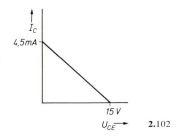

2.102

2. Durch welche elektrischen Größen wird der Arbeitspunkt im Ausgangskennlinienfeld eines Transistors festgelegt?

3. Beschreiben Sie das Verfahren, wie man Strom- und Spannungsverstärkung im Mehrquadranten-Kennlinienfeld bei gegebenen R_C und U_{CC} bestimmt.

4. Von dem im Bild **2.**76 verwendetem Transistor sind folgende Daten im Arbeitspunkt bekannt:

$h_{11} = 5{,}85\ \text{k}\Omega$, $h_{21} = 330$,

$r_{ce} = \dfrac{1}{h_{22}} = \dfrac{1}{22\ \mu\text{S}}$, $U_{CE} = 6\ \text{V}$.

Berechnen Sie V_u, V_i und V_p einmal mit und einmal ohne r_{ce}.

5. Vergleichen Sie die Ergebnisse von v_u aus Aufgabe 5 mit denen aus der Verstärkungsberechnung über den Kollektorgleichstrom.

2.4.5 Arbeitspunktstabilisierung

Arbeitspunktverlagerung. Der eingestellte Arbeitspunkt einer Verstärkerstufe kann sich durch zwei Einflußgrößen verlagern: durch Exemplarstreuung und Temperatureinfluß.

Exemplarstreuung. Die Kennwerte von Transistoren gleichen Typs unterliegen relativ großen Toleranzen, durch die sich beim Austausch des Bauelements andere Bertriebswerte einstellen (**2.**83, Kollektor-Basisstromverhältnis).

Temperatureinfluß. Wird der Transistor erwärmt, spielen sich zwei Vorgänge ab:
– Die Eingangskennlinie $I_B = f(U_{BE})$ verschiebt sich, und die Schwellspannung wird kleiner.
– Durch die erhöhte Leitfähigkeit des Kristalls vergrößert sich das Kollektor-Basisstromverhältnis.

Alle genannten Einflüsse bewirken, daß bei gleicher Basisspannung U_{BE} ein größerer Kollektorstrom fließt. Der Arbeitspunkt verlagert sich zu kleineren Spannungen U_{CE} hin, was zu Verzerrungen führen kann. Zum anderen kann sich der Transistor durch den größeren Strom weiter erwärmen, bis er sich selbst zerstört. Deshalb muß der Arbeitspunkt durch eine der folgenden Schaltungsmaßnahmen stabilisiert werden.

> Der Arbeitspunkt muß gegen Exemplarstreuungen und Temperatureinfluß stabilisiert werden.

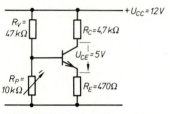

2.103 Arbeitspunktstabilisierung durch Emitterwiderstand (Stromgegenkopplung)

Stabilisierung durch Emitterwiderstand (Stromgegenkopplung). Der Temperatureinfluß ist besonders groß, wenn die Basisspannung über einen Basisspannungsteiler eingestellt wird. Ein Emitterwiderstand R_E stabilisiert den Arbeitspunkt (**2.**103). An R_E entsteht ein zusätzlicher Spannungsfall U_{RE}; die Spannung U_B an der Basis ist um U_{RE} größer als U_{BE} ($U_B = U_{RE} + U_{BE}$).

Versuch 2.26 Ein Transistor BC 107b wird entsprechend Bild **2.**103 ohne R_E betrieben. U_{CE} wird auf 5 V eingestellt und mit einem Meßgerät kontrolliert, während der Transistor mit der Hand erwärmt wird.

Ergebnis Die Kollektorspannung sinkt.

Versuch 2.27 Nachdem ein Emitterwiderstand $R_E = 270\,\Omega$ eingesetzt und U_{CE} erneut auf 5 V eingestellt worden ist, wird der Transistor wieder erwärmt.

Ergebnis U_{CE} ändert sich nur noch geringfügig.

Wirkungsweise. Steigt der Kollektorstrom an, wenn der Transistor erwärmt wird, ruft er am R_E einen zusätzlichen Spannungabfall hervor. Da U_B über den Spannungsteiler konstant gehalten wird, sinkt U_{BE}, wenn U_{RE} steigt. Hierdurch werden Basis- und Kollektorstrom vermindert. Der Kollektorstrom stellt sich auf einen Wert ein, der geringfügig vom Sollwert beim kalten Transistor abweicht.

> $\vartheta\uparrow: I_C\uparrow, U_{R_E}\uparrow, U_{BE}\downarrow \mid I_C\downarrow$ $\uparrow$: steigt, $\downarrow$: sinkt; nach | ist zu erkennen, daß die Störung ($I_C\uparrow$) ausgeregelt worden ist.

Auch Exemplarstreuungen lassen sich mit dem Emitterwiderstand ausregeln. Der Kollektorstrom kann ansteigen, wenn ein Ersatztransistor ein größeres Kollektor-Basis-Stromverhältnis als ursprünglich verwendet.

> $B\uparrow: I_C\uparrow, U_{R_E}\uparrow, U_{BE}\downarrow \mid I_C\downarrow$
> Der Emitterwiderstand stabilisiert den Arbeitspunkt.

Die beste Stabilisierung wird erreicht, wenn der Spannungsabfall an R_E etwa 0,1 bis 0,2 von U_{CC} beträgt.

Der Emitterwiderstand setzt außerdem die Verstärkung der Stufe herab (s. Abschn. 3.1.5). Um diesen Effekt aufzuheben, schaltet man einen Kondensator parallel zum Widerstand.

Stabilisierung durch Kollektorspannungs-Gegenkopplung. Wird der Basiswiderstand nicht direkt mit der Betriebsspannungsquelle verbunden sondern zum Kollektor geführt, ergibt sich ebenfalls eine Arbeitspunktstabilisierung.

Versuch 2.28 Ein Transistor BC 107b wird entsprechend Bild **2.**104a mit $R_C = 4{,}7$ kΩ und $R_V = R_{V1} + R_{V2} = 1$ MΩ + 1 MΩ (stellbar) an $U_{CC} = 12$ V betrieben. Mit R_{V2} wird eine Kollektorspannung $U_{CE} = 5$ V eingestellt. Der Transistor wird erwärmt.

Ergebnis Die Kollektorspannung sinkt bei Erwärmung, jedoch nicht so stark wie im Versuch 2.26.

Versuch 2.29 Nachdem R_V zwischen Kollektor und R_C angeschlossen und $U_{CE} = 5$ V erneut eingestellt worden ist (**2.**104b), wird der Transistor wieder erwärmt.

Ergebnis Die Kollektorspannung sinkt nur noch geringfügig.

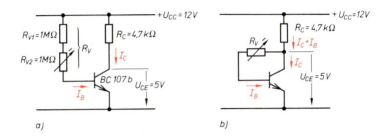

2.104 Arbeitspunktstabilisierung durch Spannungsgegenkopplung
a) unstabilisiert
b) stabilisiert

Wirkungsweise. Bei dem erwärmten und leitfähigeren Transistor sinkt die Kollektorspannung U_{CE}. Weil sie die Basis mit Spannung versorgt, verringert sich auch U_{BE}. Der etwas geringere Basisstrom begrenzt den Kollektorstromanstieg, so daß sich eine neue mittlere Kollektorspannung einstellt.

> Über den Basisvorwiderstand bewirkt die Kollektorspannung eine Arbeitspunktstabilisierung.
> $\vartheta\uparrow : I_C\uparrow, U_{R_C}\uparrow, U_{CE}\downarrow, U_{BE}\downarrow | I_C\downarrow$.

Arbeitspunktstabilisierung durch Heißleiter. Parallel zur Basis-Emitterstrecke wird ein Heißleiter geschaltet, der sich in der Nähe des erwärmten Transistors befindet oder auf seinem Kühlkörper montiert ist (2.105).

Wirkungsweise. Bei steigender Erwärmung des Transistors sinkt der Widerstandswert des NTC, womit sich die Basisspannung entsprechend verringert. Der Kollektorstrom stellt sich auf einen stabilisierten Wert ein.

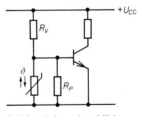

2.105 Arbeitspunktstabilisierung durch NTC

> Das durch den Kollektorstrom erwärmte Transistorgehäuse bewirkt über einen Heißleiter im Basisspannungsteiler eine Arbeitspunktstabilisierung.
> $\vartheta\uparrow : I_C\uparrow, P_v\uparrow, R_{NTC}\downarrow, U_{BE}\downarrow | I_C\downarrow, P_v\downarrow$.

Wegen des niederohmigen Spannungsteilers und der notwendigen kräftigen Erwärmung der Transistoren wird diese Art der Temperaturstabilisierung nur bei Leistungsverstärkern angewendet.

Leistungsbegrenzung durch $U_{CE}=0{,}5 \cdot U_{CC}$. Wird die Kollektorspannung gleich der halben Betriebsspannung gewählt, nimmt die Leistung des Transistors ab, wenn sich der Arbeitspunkt durch Erwärmung verschieben sollte.

Wirkungsweise. Diese Gesetzmäßigkeit entspricht der Leistungsanpassung von Spannungsquellen: R_C bildet den Innenwiderstand einer Spannungsquelle mit der Leerlaufspannung U_{CC} (2.106). Der Widerstand der Kollektor-Emitterstrecke bildet den Lastwiderstand. Im Fall $R_C=R_{CE}$ gibt die Quelle ihre größte Leistung ab. Ist $R_C \neq R_{CE}$, ist in jedem Fall die Verlustleistung des Transistors kleiner; er kann sich nicht weiter erwärmen.

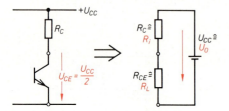

2.106 Leistungsbegrenzung durch $U_{CE}=0{,}5 \cdot U_{CC}$

Eine Arbeitspunktstabilisierung durch diese Maßnahme eignet sich nur bei großen Kollektorwiderständen. Transistoren in Leistungsverstärkern erwärmen sich zusätzlich durch die Basisverlustleistung, so daß dort diese Maßnahme nicht hilft.

2.4.6 Transistorgrundschaltungen

Ähnlich wie bei der Emitterschaltung können auch Basis oder Kollektor gemeinsame Elektrode für Eingangs- und Ausgangssignal sein. Es entstehen 3 verschiedene Grundschaltungen, die Emitter-, Basis- oder Kollektorschaltung heißen (2.107). Die Eigenschaften der Grundschaltungen weichen zum Teil erheblich voneinander ab (2.108).

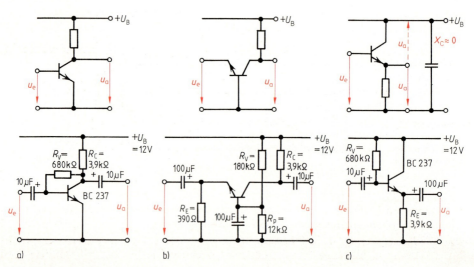

2.107 Transistorgrundschaltung (Prinzip und schaltungstechnische Durchführung)
    a) Emitterschaltung
    b) Basisschaltung
    c) Kollektorschaltung

Tabelle 2.108 **Transistorgrundschaltungen**

Eigenschaft	Emitter-schaltung	Kollektor-schaltung	Basis-Schaltung
Stromverstärkung V_i	groß (>100)	groß (>100)	<1
Spannungsverstärkung V_u	groß (>100)	<1	groß (>100)
Leistungsverstärkung V_p	groß ($\approx 10^4$)	mittel (≈ 100)	mittel (≈ 100)
Eingangswiderstand r_e	mittel ($\approx$ 1 bis 5 kΩ)	groß bis $10^6\,\Omega$	klein 10 bis 50 Ω
Ausgangswiderstand r_a	mittel (1 bis 5 kΩ)	klein (10 bis 200 Ω)	groß ($\approx R_C$)
Phasendrehung	180°	keine	keine
obere Grenzfrequenz	mittel	hoch	hoch
Anwendungen	NF-Verstärker HF-Verstärker bis 10 MHz	Impedanzwandler	Oszillatoren und HF-Verstärker bis 1 GHz

2.4.6.1 Basisschaltung

Die Eingangswechselspannung wird am Emitter eingekoppelt und am Kollektor verstärkt entnommen (2.109). Die Basis wird über den Basiskondensator C_B wechselspannungsmäßig geerdet. Erhöht man die Emitterspannung, verringert sich die wirksame Basis-Emitterspannung, weil die Basisspannung U_B über den Spannungsteiler fest eingestellt ist ($U_B = U_{BE} + U_E$). Somit sinkt der Kollektorstrom, und die Kollektorspannung steigt an. Die Spannungsverstärkung der Basisschaltung ist etwa gleichgroß wie die der Emitterschaltung, da in beiden Fällen die wirksame Basisspannungsänderung, die den Kollektorstrom steuert, gleich groß ist. Die Wirkung ist dieselbe, ob der Emitter konstantes Potential hat und z.B. die Spannung an der Basis sinkt (Emitterschaltung) oder die Basis konstantes Potential hat und die Spannung am Emitter steigt (Basisschaltung).

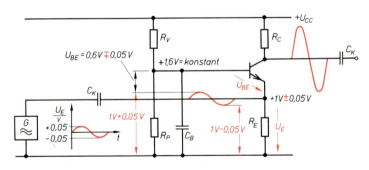

2.109 Basisschaltung mit Spannungen
$\Delta U_{BE} = -\Delta U_E$

Spannungsverstärkung der Basisschaltung $\quad V_u \approx \dfrac{\beta}{r_{be}} \cdot (r_{ce} \parallel R_C)$

Stromverstärkung. Weil der Kollektorstrom kleiner als der Emitterstrom ist, ergibt eine Emitterstromänderung auch eine geringere Kollektorstromänderung. Die Stromverstärkung V_i ist kleiner eins.

$$i_C = i_E - i_B \qquad V_i = \frac{i_C}{i_E} = \frac{i_E - i_B}{i_E} = \frac{i_E}{i_E} - \frac{i_B}{i_E}$$

> **Stromverstärkung der Basisschaltung** $\quad V_i = \dfrac{i_C}{i_E} = 1 - \dfrac{i_B}{i_E} < 1$
>
> Beim Transistor in Basisschaltung ist die Stromverstärkung kleiner als eins.

Der niedrige Eingangswiderstand ergibt sich aus dem großen Eingangsstrom und der kleinen Eingangsspannung.

Der Eingangsstrom i_e teilt sich in die drei Ströme $i_e = i_{R_E} + i_C + i_B$ auf, von denen i_B und i_{R_E} im Verhältnis zu i_C sehr klein sind und vernachlässigt werden können (**2.**110).

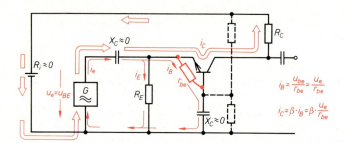

2.110
Wechselstromverteilung in der Basisschaltung

$$r_e = \frac{u_e}{i_e} \qquad i_e \approx i_C = \beta \cdot i_B = \beta \cdot \frac{u_{BE}}{r_{be}}$$

Da u_{BE} auch u_e ist (Phasendrehung nicht berücksichtigt), ergibt sich:

$$i_e \approx \beta \cdot \frac{u_e}{r_{be}} \qquad \frac{u_e}{i_e} \approx \frac{r_{be}}{\beta}$$

> **Eingangswiderstand der Basisschaltung** $\quad r_e \approx \dfrac{r_{be}}{\beta} = \dfrac{h_{11}}{h_{21}}$

Unter Berücksichtigung des parallel geschalteten R_E ist

$$r_e = \frac{r_{be}}{\beta} \,\|\, R_E = \frac{\dfrac{r_{be}}{\beta} \cdot R_E}{\dfrac{r_{be}}{\beta} + R_E}.$$

Beispiel 2.11 Im Arbeitspunkt hat ein HF-Transistor $r_{be} = 3\,\text{k}\Omega$ und $\beta = 200$. Der Emitterwiderstand ist $R_E = 270\,\Omega$. Wie groß ist der Eingangswiderstand der Basisschaltung r_e.

$$r_e = \frac{\dfrac{r_{be}}{\beta} + R_E}{\dfrac{r_{be}}{\beta} \cdot R_E} = \frac{\dfrac{3000\,\Omega}{200} \cdot 270\,\Omega}{\dfrac{3000\,\Omega}{200} + 270\,\Omega} = \mathbf{14{,}2\,\Omega}$$

Wird R_E nicht berücksichtigt, erhält man einen Eingangswiderstand $r_e = 15\,\Omega$. R_E kann deshalb in der Regel vernachlässigt werden.

Phasenwinkel zwischen Eingangs- und Ausgangsspannung. Weil ein Ansteigen der Emitterspannung ebenfalls zum Anwachsen der Kollektorspannung führt, besteht zwischen Eingangs- und Ausgangsspannung keine Phasendrehung.

> Die Basisschaltung hat einen kleinen Eingangswiderstand. Eingangs- und Ausgangswechselspannung sind gleichphasig.

Anwendung. Die Basisschaltung wird vor allem in Hochfrequenzschaltungen verwendet, weil dort eine Widerstandsanpassung an niederohmige HF-Leitungen notwendig ist. Außerdem erhöht sich die obere Grenzfrequenz des Transistors (s. Abschn. 3.4.1).

2.4.6.2 Kollektorschaltung (Emitterfolger)

Die Eingangswechselspannung wird an der Basis eingekoppelt und am Emitter entnommen (**2.111**a). Der Kollektorwiderstand entfällt, weil an ihm keine Spannung abgegriffen wird. Der Arbeitspunkt wird so eingestellt, daß am Emitterwiderstand etwa die halbe Betriebsspannung abfällt.

Wird z.B. die Basisspannung erhöht, steigen Kollektor- und Emitterstrom an. Dadurch erhöht sich die Spannung an R_E, d.h., die Emitterspannung folgt der Basisspannung. Den Kollektorstromanstieg bewirkt die Differenzspannung $\Delta U_{BE} = \Delta U_e - \Delta U_E$, die den Stromfluß der Basis-Emitterstrecke beeinflußt. Deshalb ist die Ausgangs- kleiner als die Eingangswechselspannung (**2.111** b u. c).

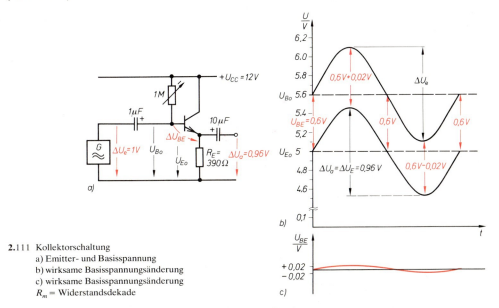

2.111 Kollektorschaltung
  a) Emitter- und Basisspannung
  b) wirksame Basisspannungsänderung
  c) wirksame Basisspannungsänderung
  R_m = Widerstandsdekade

Versuch 2.30 Eine Kollektorschaltung wird entsprechend Bild **2.111**a aufgebaut und die Spannungsverstärkung V_u bestimmt.

Ergebnis Die Spannungsverstärkung V_u ist kleiner als eins.

> **Spannungsverstärkung der Kollektorschaltung** $\quad V_u = \dfrac{u_a}{u_e} = 1 - \dfrac{u_{BE}}{u_e} < 1$
>
> Beim Transistor in Kollektorschaltung ist die Spannungsverstärkung kleiner als eins. Eingangs- und Ausgangsspannung sind phasengleich.

Versuch 2.31 Der Stufeneingangswiderstand r_e wird mit einer Widerstandsdekade 10 kΩ bis 2 MΩ als Vorwiderstand ermittelt. R_m wird so weit vergrößert, bis u_a auf die Hälfte gesunken ist. Dann ist $R_m = r_e$.

Ergebnis Der Eingangswiderstand beträgt über 100 kΩ.

Eingangswiderstand. Die Basisstromänderung i_B hängt von der wirksamen Basisspannungsänderung u_{BE} ab. Um diese Stromänderung zu erreichen, muß die Eingangswechselspannung erheblich größer als u_{BE} sein, weil gleichzeitig die Emitterspannung mit ansteigt. Die große Eingangsspannung und der geringe Basisstrom ergeben einen großen Eingangswiderstand (**2.**112).

$$u_e = u_{BE} + u_E$$
$$u_E \approx i_C \cdot R_E = \beta \cdot i_B \cdot R_E$$
$$u_{BE} = i_B \cdot r_{be}$$
$$u_E = i_B \cdot r_{be} + i_B \cdot \beta \cdot R_E = i_B \cdot (r_{be} + \beta \cdot R_E)$$

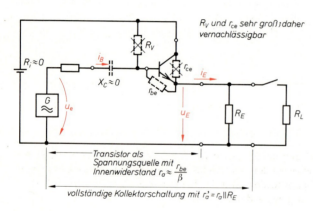

2.112
Wechselstromeingangs- und -ausgangswiderstand der Kollektorschaltung
R_v und r_{ce} sind sehr groß, daher vernachlässigbar

> **Eingangswiderstand der Kollektorschaltung** $\quad r_e = \dfrac{u_e}{i_B} = r_{be} + \beta \cdot R_E \approx \beta \cdot R_E$

Beispiel 2.12 $\beta = 330$, $r_{be} = 3$ kΩ, $R_E = 4{,}7$ kΩ. Wie groß ist r_e?
$\qquad r_e = r_{be} + \beta \cdot R_E = 3\,\text{kΩ} + 330 \cdot 4{,}7\,\text{kΩ} = 1{,}55\,\text{MΩ}$ (r_{be} kann vernachlässigt werden)

Weil der Basisvorwiderstand R_v wechselstrommäßig parallel zum Transistoreingangswiderstand liegt, muß er berücksichtigt werden. Ist z. B. $R_v = 1$ MΩ, reduziert sich r_e auf $r'_e = 1{,}55\,\text{MΩ} \parallel 1\,\text{MΩ}$ $r'_e \approx 600$ kΩ.

> **Stufen-Eingangswiderstand** $\qquad r'_e \approx (\beta \cdot R_E) \parallel R_v$

Ausgangswiderstand. Der Transistor ist für den Emitterwiderstand eine Wechselspannungsquelle mit Innenwiderstand. Belastet man diese Quelle mit R_E, sinkt die Leerlaufspannung auf die Spannung u_E, und es fließt ein Emitterwechselstrom i_E. Um den Innenwiderstand (= Ausgangswiderstand r_a des Transistors) zu bestimmen, ermittelt man zuerst die Leerlaufspannung u_{E0}; R_E wird in Gedanken abgeschaltet. Dann schließt man die Ausgangsklemmen gedanklich kurz und ermittelt den Kurzschlußstrom I_{E_k}. Der Quotient aus Leerlaufspannung und Kurzschlußstrom ist der Innen- bzw. Ausgangswiderstand r_a.

$$R_i = \frac{U_0}{I_k} \quad \text{bzw.} \quad r_a = \frac{u_{E0}}{i_{E_k}}$$

Leerlauffall: Da weder Emitter- noch Basiswechselstrom fließen, ist $u_{E0} = u_e$.
Kurzschlußfall: Es fließt der Kurzschlußstrom $i_{Ek} \approx \beta \cdot i_B$.

$$i_B = \frac{u_e}{R_{i\,Gen} + r_{be}}$$

$R_{i\,Gen}$ ist der Innenwiderstand der Signalspannungsquelle und darf hier nicht vernachlässigt werden.

$$i_{E_k} \approx \beta \cdot i_B = \beta \cdot \frac{u_e}{R_{i\,Gen} + r_{be}}$$

$$r_a = \frac{u_{e0}}{i_{E_k}} \approx \frac{u_e}{\dfrac{\beta \cdot u_e}{R_{i\,Gen} + r_{be}}} = \frac{R_{i\,Gen} + r_{be}}{\beta}$$

Transistorausgangswiderstand in der Kollektorschaltung $\quad r_a \approx \dfrac{R_{i\,Gen} + r_{be}}{\beta}$

In der Praxis hat die Kollektorschaltung immer einen Emitterwiderstand, schon um den Arbeitspunkt einzustellen. Parallel zu R_E wird der eigentliche Lastwiderstand der Stufe geschaltet (z. B. ein Lautsprecher oder der Eingangswiderstand der folgenden Stufe). Für diesen Lastwiderstand gehört R_E noch zum Stufenausgangswiderstand.

Stufenausgangswiderstand der Kollektorschaltung $\quad r_a' = r_a \| R_E \approx \left(\dfrac{R_{i\,Gen} + r_{be}}{\beta}\right) \| R_E$

Beispiel 2.13 Die Signalspannungsquelle ist ein Kristall-Tonabnehmersystem mit $R_i = 100\,\text{k}\Omega$. Der Transistor hat im Arbeitspunkt $\beta = 330$ und $r_{be} = 3\,\text{k}\Omega$. Der Emitterwiderstand beträgt $R_E = 4,7\,\text{k}\Omega$. Wie groß ist der Stufenausgangswiderstand?

$$r_a = \left(\frac{R_i + r_{be}}{\beta}\right) \| R_v, \quad r_a = \left(\frac{100\,\text{k}\Omega + 3\,\text{k}\Omega}{330}\right) \| 4,7\,\text{k}\Omega = \frac{312\,\Omega \cdot 4,7\,\text{k}\Omega}{312\,\Omega + 4,7\,\text{k}\Omega} = \mathbf{293\,\Omega}$$

Wird R_E in der Rechnung nicht berücksichtigt, ergibt sich $r_a = 312\,\Omega$. R_E kann also vernachlässigt werden.

> Die Kollektorschaltung hat einen großen Eingangs- und einen kleinen Ausgangswiderstand. Sie paßt hochohmige Signalspannungsquellen an die folgende niederohmige Schaltung an. Der Innenwiderstand der Signalspannungsquelle beeinflußt den Ausgangswiderstand entscheidend.

Anwendung. Wegen des großen Eingangs- und des kleinen Ausgangswiderstands wird die Kollektorschaltung (Emitterfolger) als Impedanzwandler eingesetzt (s. Abschn. 3.1.4).

Übungsaufgaben zu Abschnitt 2.4.5 und 2.4.6

1. Warum muß der Arbeitspunkt beim Analogverstärker stabilisiert werden?
2. Wie funktioniert die Arbeitspunktstabilisierung mit Emitterwiderstand?
3. Wie wird mit Hilfe der Kollektorspannungs-Gegenkopplung der Arbeitspunkt stabilisiert, wenn der Transistor gegen einen anderen mit höherer Stromverstärkung ausgewechselt wird?
4. Warum ist bei der Basisschaltung $V_i < 1$?
5. Bei welchen Verstärkern wird die Temperaturstabilisierung mit Heißleiter angewendet?
6. Warum ist bei der Kollektorschaltung $V_u < 1$?
7. Wodurch kommt der große Eingangswiderstand der Kollektorschaltung zustande?
8. Warum werden Kollektorschaltungen als Impedanzwandler eingesetzt?
9. Wodurch wird bei der Kollektorschaltung auch eine Leistungsverstärkung erzielt?

2.4.7 Gegenkopplung, Verzerrung, Klirrfaktor

Wird ein Teil des Ausgangssignals eines Verstärkers auf den Eingang zurückgeführt, findet eine Rückkopplung statt. Verstärkt das zurückgeführte Signal das Eingangssignal zusätzlich, spricht man von einer Mitkopplung. Schwächt das Rückkopplungssignal das Eingangssignal, liegt eine Gegenkopplung vor.

> **Mitkopplung** – Eingangs- und rückgekoppelter Teil des Ausgangssignals haben gleiche Phasenlage.
> **Gegenkopplung** – Eingangs- und Rückkopplungssignal sind gegenphasig.

2.4.7.1 Gegenkopplung

Entsprechend Bild **2.**113 wird ein Teil der Ausgangsspannung $u_{GK} = k \cdot u_a$ gegenphasig auf den Eingang gekoppelt. Damit die Höhe der Ausgangsspannung erhalten bleibt, muß die Eingangsspannung um u_{GK} erhöht werden. Die Betriebsverstärkung der Stufe ist damit kleiner als ohne Gegenkopplung.

$$u'_e = u_e + k \cdot u_a \qquad k = \frac{u_{Gk}}{u_a} < 1 \text{ Kopplungsfaktor}$$

$$V'_u = \frac{u_a}{u'_e} = \frac{u_a}{u_e + k \cdot u_a}$$

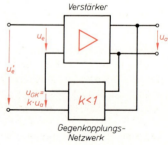

2.113 Prinzip der Gegenkopplung

Wird mit $\dfrac{\dfrac{1}{u_e}}{\dfrac{1}{u_e}}$ erweitert, ist $V_u'' = \dfrac{\dfrac{u_a}{u_e}}{\dfrac{u_e}{u_e} + k \cdot \dfrac{u_a}{u_e}}$. $\quad \dfrac{u_a}{u_e} = V_u \qquad V_u'' = \dfrac{V_u}{1 + k \cdot V_u}$

V_u = Spannungsverstärkung ohne Gegenkopplung, V_u'' = Betriebsverstärkung mit Gegenkopplung. Bei sehr großer Stufenverstärkung V_u ist $k \cdot V_u \gg 1$.

Betriebsverstärkung mit Gegenkopplung $\qquad V_u'' \approx \dfrac{V_u}{k \cdot V_u} = \dfrac{1}{k}$

Dann wird die Verstärkung einer Stufe nur durch den Kopplungsfaktor k bestimmt. Die Eigenschaften des Transistors wie Exemplarstreuung oder Temperaturabhängigkeit beeinflussen die Verstärkung nicht mehr.

Gegenkopplungsarten. Erfolgt die Gegenkopplung über einen Ohmschen Widerstand, wirkt sie auf die Gleich- und Wechselstromeigenschaften des Verstärkers ein. Maßnahmen zur Arbeitspunktstabilisierung sind Gegenkopplungen, denn sie wirken Exemplarstreuungen und temperaturbedingten Arbeitspunktänderungen entgegen. Die Gegenkopplungsspannung kann ein Teil der Ausgangsspannung sein ($u_{GK} = k \cdot u_{CE}$) oder durch den Ausgangsstrom hervorgerufen werden. Dies wird schaltungstechnisch durch den Emitterwiderstand erreicht, an dem die zum Kollektorstrom ($i_C \approx i_E$) proportionale Spannung abfällt.

Versuch 2.32 Eine Verstärkerstufe entsprechend Bild 2.114 wird zunächst mit Emitterkondensator C_E in Betrieb genommen. Bei einer Ausgangsspannung $u_{aSS} = 6$ V werden Eingangsspannung u_{eSS} gemessen und V_u berechnet (u_{eSS} bzw. u_{aSS} = Spitze-Spitze-Werte). Nun wird der Emitterkondensator entfernt und das Ausgangssignal beobachtet. Bei gleichbleibender Eingangsspannung bestimmt man u_{aSS} und berechnet erneut V_u''. Zur Kontrolle wird u_{eSS} so weit erhöht, daß $u_{aSS} = 6$ V beträgt, und V_u'' bestimmt.

Ergebnis Mit C_E ist $V_u > 100$, ohne C_E ist $V_u'' \approx 10$. Das Ausgangssignal ist ohne C_E weniger verzerrt.

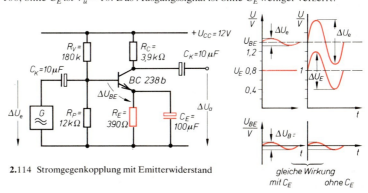

2.114 Stromgegenkopplung mit Emitterwiderstand

Stromgegenkopplung durch Emitterwiderstand. Eine Basisspannungsänderung u_{BE} ruft über die Kollektor- bzw. Emitterstromänderung i_E eine gleichphasige Spannungsänderung u_E hervor. Diese schwächt die Wirkung der Basisspannung u_{BE} (s. Abschn. 2.4.6.2, Kollektorschaltung). Damit die Kollektorstromänderung die gleiche Höhe behält, muß man die Eingangswechselspannung erhöhen – die Verstärkung der Stufe ist kleiner als ohne Emitterwiderstand.
Je größer der Emitterwiderstand im Verhältnis zum Kollektorwiderstand ist, desto kleiner wird die Spannungsverstärkung. Die Wechselspannungsanteile an R_E und R_C verhalten sich wie die Widerstände, da durch beide etwa der gleiche Strom fließt ($i_C \approx i_E$).

$$u_e = u_{BE} + u_E$$

$$V_u' = \frac{u_a}{u_e} = \frac{u_a}{u_{BE} + u_E} \qquad u_a = i_C \cdot R_C, \qquad u_{BE} = \frac{i_C}{\beta} \cdot r_{be}, \qquad u_E \approx i_C \cdot R_E$$

Ist $u_{BE} \ll u_E$, vereinfacht sich die Gleichung.

Betriebsverstärkung mit Emitterwiderstand $\qquad V_u' = \dfrac{R_C}{R_E + \dfrac{r_{be}}{\beta}} \approx \dfrac{R_C}{R_E}$

Die vereinfachte Gleichung gilt bis $V_u' \approx 10$. Dann muß die Spannung u_{BE}, die am Eingangswiderstand des Transistors vorhanden ist, mit berücksichtigt werden.

Mit dieser Gegenkopplung wird der Eingangswiderstand erhöht, weil bei gleicher Basisstromänderung eine größere Eingangswechselspannung erforderlich ist (s. Abschn. 2.4.6.2).

Bei der Stromgegenkopplung mit Emitterwiderstand wird die Stufenverstärkung herab-, der Eingangswiderstand dagegen heraufgesetzt.

Emitterkondensator C_E. Soll der Arbeitspunkt des Verstärkers über R_E stabilisiert werden und gleichzeitig die hohe Spannungsverstärkung erhalten bleiben, wird der Wechselspannungsanteil am Emitter mit dem Emitterkondensator kurzgeschlossen. Der Emitter hat dann wechselspannungsmäßig Massepotential, und der Verstärker arbeitet, als wenn kein Emitterwiderstand vorhanden wäre.

Der Blindwiderstand des Kondensators ist frequenzabhängig. Mit abnehmender Frequenz steigt der Blindwiderstand, und die gegenkoppelnde Wirkung des Emitterwiderstands nimmt zu. Bei der Grenzfrequenz hat die Stufe noch 70,7% der maximalen Verstärkung. Die Kapazität läßt sich deshalb mit der unteren Grenzfrequenz berechnen. Parallel zum Kondensator liegt der Stufenausgangswiderstand. Er entspricht dem der Kollektorschaltung, denn C_E liegt zwischen Emitter und Masse (s. Abschn. 2.4.6.3).

$$r_a = \frac{R_{i\text{Gen}} + r_{be}}{\beta} \parallel R_E \qquad R_E \text{ kann vernachlässigt werden.}$$

$$f_g = \frac{1}{2\pi \cdot r_a \cdot C_E} \qquad f_g \approx \frac{1}{2\pi \cdot \left(\dfrac{R_{i\text{Gen}} + r_{be}}{\beta}\right) \cdot C_E} = \frac{\beta}{2\pi \cdot (R_{i\text{Gen}} + r_{be}) \cdot C_E} \qquad \begin{array}{l} f_g = \text{untere} \\ \text{Grenzfrequenz} \end{array}$$

Emitterkondensator $\qquad C_E \approx \dfrac{\beta}{2\pi \cdot f_g \cdot (R_{i\text{Gen}} + r_{be})}$

Der Emitterkondensator hebt die Wechselspannungsgegenkopplung des Emitterwiderstands auf. C_E bestimmt die untere Grenzfrequenz.

$R_{i\text{Gen}}$ kann auch der Ausgangswiderstand der vorhergehenden Stufe sein: $r_{a1} = R_C \parallel r_{ce}$.
Bei Niederfrequenzverstärkern liegt der Kapazitätswert zwischen 10 und 200 µF.

Beispiel 2.14 $f_g = 50$ Hz, $r_{be} = 3$ kΩ, $R_{i_{Gen}} = 5$ kΩ, $\beta = 330$. Bestimmen Sie den Emitterkondensator.

$$C_E \approx \frac{\beta}{2\pi \cdot f_g \cdot (R_{i_{Gen}} + r_{be})} = \frac{330}{2\pi \cdot 50 \frac{1}{s} \cdot (5\,k\Omega + 3\,k\Omega)} = \mathbf{131\,\mu F}$$

Wird R_E mit berücksichtigt, ergibt sich $C_E = 138$ μF.

Bootstrapkondensator (engl. Stiefelschlaufen, hier sinngemäß: Ansteuerhilfe). Der Eingangswiderstand des Transistors erhöht sich durch den Emitterwiderstand. Der Basisspannungsteiler reduziert ihn jedoch, weil beide Widerstände wechselspannungsmäßig parallel zum Transistoreingangswiderstand liegen. Diesen Einfluß vermindert der Bootstrapkondensator. Die Basis wird nicht direkt am Spannungsteiler, sondern über einen Vorwiderstand R_3 angeschlossen (**2.115**). Über R_3 fließt ohne Bootstrapkondensator zusätzlich zu i_B ein Wechselstrom i_3.

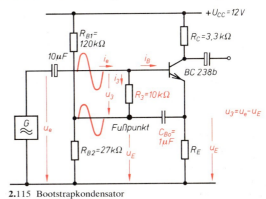

Der Bootstrapkondensator koppelt die Emitterwechselspannung auf den Fußpunkt von R_3, so daß sich hier die Spannung phasengleich mit der Eingangsspannung ändert (s. Abschn. 2.4.6.2, Kollektorschaltung). Da nun die Wechselspannungsdifferenz $u_{R3} = u_e - u_E$ sehr klein ist, wird auch der Wechselstrom durch R_3 wesentlich geringer. Wäre $u_e = u_E$, flösse gar kein Wechselstrom durch R_3. Wenn aber bei gleichgroßer Eingangswechselspannung u_e weniger Strom durch R_3 fließt, muß sich R_3 scheinbar vergrößert haben.

2.115 Bootstrapkondensator

Der Bootstrapkondensator vergrößert den Wechselstromeingangswiderstand einer Verstärkerstufe.

Je größer der rückgekoppelte Emitterwechselspannungsanteil, je kleiner also die Verstärkung ist, desto größer wird der Einfluß des Bootstrapkondensators. Erreichbare Werte sind für $r_e = 1$ bis $2\,M\Omega$ bei gleichzeitiger Spannungsverstärkung $V_u = 5$ bis 2. Da der Bootstrapkondensator die untere Grenzfrequenz beeinflußt, muß er eine große Kapazität haben (ca. 10 μF).

Spannungsgegenkopplung durch Basisvorwiderstand. Der Basisvorwiderstand wird am Kollektor angeschlossen (**2.116a**). Der Basiswechselstromanteil ruft eine Kollektorspannungs-

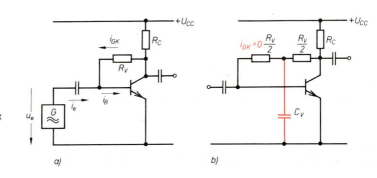

2.116
a) Spannungsgegenkopplung durch R_V
b) Aufheben der Wechselstromgegenkopplung durch C_V

änderung hervor, die gegenphasig zur Basisspannung verläuft. Der über R_v zurückgekoppelte Strom i_{GK} schwächt den Eingangswechselstrom. Damit die wirksame Basisstromänderung erhalten bleibt, muß der Eingangswechselstrom um den Gegenkopplungsstrom größer sein. Das erreicht man nur mit einer höheren Eingangswechselspannung. Die Spannungsverstärkung sinkt deshalb. Mit dieser Art der Gegenkopplung sinkt der Eingangswiderstand. Die relativ geringe Wechselspannungsgegenkopplung kann unwirksam gemacht werden, wenn ein Kondensator C_v den rückgekoppelten Wechselspannungsanteil nach Masse kurzschließt (**2.**116b).

> Die Spannungsgegenkopplung durch den Basisvorwiderstand senkt Verstärkung und Eingangswiderstand der Stufe.

Frequenzabhängige Spannungsgegenkopplung. Wird ein Kondensator von einigen hundert Picofarad zwischen Kollektor und Basis geschaltet, entsteht eine frequenzabhängige Gegenkopplung (**2.**117a). Mit zunehmender Frequenz sinkt der Kondensatorblindwiderstand, so daß der Grad der Gegenkopplung steigt. Die Verstärkung sinkt. Damit setzt man die obere Grenzfrequenz des Verstärkers herab, so daß ein NF-Verstärker nicht auch unerwünschte HF-Spannungen mitverstärkt (**2.**117b). Weitere Beispiele frequenzabhängiger Gegenkopplungen findet man in Vorverstärker-Entzerrer für magnetische Tonabnehmer und Klangeinstellstufen.

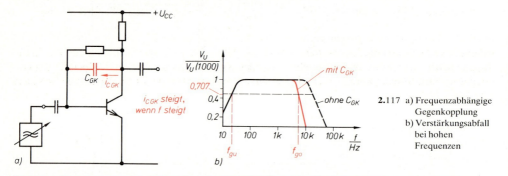

2.117 a) Frequenzabhängige Gegenkopplung
b) Verstärkungsabfall bei hohen Frequenzen

> Gegenkopplungen über frequenzabhängige Netzwerke beeinflussen den Frequenzgang eines Verstärkers.

2.4.7.2 Verzerrung

Entsprechen Amplitude und Signalform des verstärkten Ausgangssignals nicht dem Eingangssignal, ist dies verzerrt worden (Signal = Strom oder Spannung). Man unterscheidet lineare und nichtlineare Verzerrungen.

Lineare Verzerrungen. Bedingt durch Koppelkondensatoren, Schalt- und Sperrschichtkapazitäten und frequenzabhängigen Gegenkopplungen nimmt die Verstärkung zu niedrigen und zu hohen Frequenzen ab. Die Amplitude des Ausgangssignals ist in diesen Grenzbereichen niedriger, obwohl das Eingangssignal stets die gleiche Höhe hat (**2.**118).

> Die frequenzabhängige Änderung der Amplitude eines verstärkten Signals heißt lineare Verzerrung.

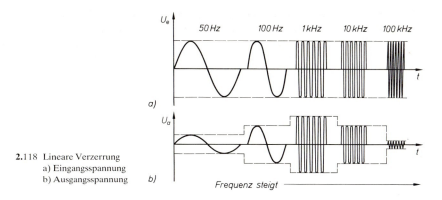

2.118 Lineare Verzerrung
a) Eingangsspannung
b) Ausgangsspannung

Frequenzgang. Diese Frequenzabhängigkeit der Verstärkung wird als Frequenzgang eines Verstärkers bezeichnet (**2.**117b). Bei den Grenzfrequenzen ist die Verstärkung auf 70% der Verstärkung bei 1 kHz abgesunken. die Bandbreite ist der Frequenzbereich zwischen oberer und unterer Grenzfrequenz.

Bandbreite $\quad \Delta f = f_{go} - f_{gu} \quad\quad f_{go} =$ obere, $f_{gu} =$ untere Grenzfrequenz

Nichtlineare Verzerrung. Durch den Einfluß der gekrümmten Transistorkennlinien bei Großsignalverstärkung – auch durch falsche Lage des Arbeitspunkts oder durch Übersteuerung – wird ein sinusförmiges Eingangssignal nichtlinear verzerrt, d.h. die Form des Signals geändert (**2.**119).

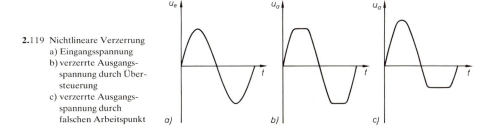

2.119 Nichtlineare Verzerrung
a) Eingangsspannung
b) verzerrte Ausgangsspannung durch Übersteuerung
c) verzerrte Ausgangsspannung durch falschen Arbeitspunkt

Veränderungen der Signalform sind nichtlineare Verzerrungen.

Oberschwingungen. Jede nichtsinusförmige Spannung läßt sich in Sinusspannungen zerlegen, deren Frequenzen und Amplituden in einem bestimmten Verhältnis zueinander stehen. Die Spannungen mit höheren Frequenzen als die der Grundschwingungen nennt man Oberschwingungen (s. Abschn. 1,1.5).

Klirrfaktor. Das Verhältnis aus der Spannung der Oberschwingungen zur Gesamtspannung (Effektivwerte!) heißt Klirrfaktor k. Er gibt die Höhe der nichtlinearen Verzerrungen an und liegt für eine brauchbare Übertragungsqualität bei ca. 5%. HIFI-Verstärker dürfen nach DIN 45 500 einen Klirrfaktor von höchstens 1% haben.

| Klirrfaktor | $k = \sqrt{\dfrac{u_1^2 + u_2^2 + u_3^2 + \cdots}{u_0^2 + u_1^2 + u_2^2 + u_3^2 + \cdots}}$ | k ohne Einheit |

Die Gegenkopplung setzt den Klirrfaktor wie die Verstärkung herab.

2.4.8 Grenzwerte, Wärmeableitung

Grenzwerte sind absolute Strom-, Spannungs- oder Leistungswerte, deren Überschreitung zur Zerstörung des Transistors führen.

Verlustleistung. Der Transistor entnimmt der Gleichspannungsquelle die Kollektorverlustleistung $P_{CE} = U_{CE} \cdot I_C$ und die Basisverlustleistung $P_{BE} = U_{BE} \cdot I_B$. Da P_{CE} in der Regel sehr viel größer als P_{BE} ist, entspricht P_{CE} näherungsweise der Gesamtverlustleistung P_v des Transistors.

| Verlustleistung | $P_v \approx U_{CE} \cdot I_C$ |

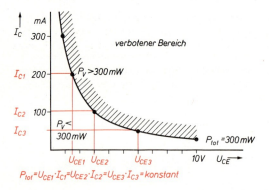

2.120 Verlustleistungshyperbel

Diese Leistung verursacht die Erwärmung des Transistors. Sie darf den Grenzwert P_{tot} (= P_{total}) nicht überschreiten, weil sonst der Transistor durch Überhitzung zerstört wird.

Verlustleistungshyperbel. Berechnet man für eine konstante Leistung P_{tot} zu verschiedenen Spannungen U_{CE} die entsprechenden Ströme I_C und trägt diese Punkte im Ausgangskennlinienfeld $I_C = f(U_{CE})$ ein, ergibt die Verbindungslinie aller Punkte die Verlustleistungshyperbel (**2.**120).

> Die Leistungshyperbel ist die Verbindungslinie aller Punkte U_{CE}/I_C für eine konstante Leistung P_{tot}.
> Im Dauerbetrieb darf kein Transistor-Arbeitspunkt oberhalb dieser Linie liegen.

Kollektordurchbruchspannung $U_{(BR)CE}$. Bei zu großer Kollektordurchbruchspannung bricht die in Sperrichtung betriebene Kollektor-Basisdiode durch, und der Kollektorstrom steigt lawinenartig an. Je nach Anschluß der Basis (Leerlauf, Kurzschluß, Gegenspannung) verschiebt sich der Spannungswert von $U_{(BR)CE}$, und die Durchbruchkennlinie ändert ihren Verlauf (**2.**121).

Kollektorspitzenstrom I_{CM}. Auch wenn bei kleinen Kollektorspannungen U_{CE} die Verlustleistung noch nicht erreicht ist, darf ein bestimmter Kollektorspitzenstrom I_{CM} nicht überschritten werden, weil sonst die Stromdichte im Halbleiterkristall zu groß und die Kristallstruktur zerstört wird.

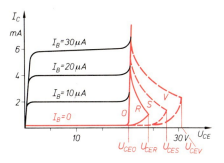

2.121 Kollektor-Emitter-Durchbruchspannung $U_{(BR)CE}$
je nach Basisanschluß
U_{CE0} bei leerlaufender Basis ($I_B = 0$)
U_{CER} mit Widerstand zwischen Basis und Emitter
U_{CES} Basis-Emitterstrecke kurzgeschlossen
U_{CEV} negative Basisspannung $U_{EB} = 1$ bis 3 V

Kollektorreststräme sind zwar keine Grenzwerte im oben genannten Sinn, engen aber den Arbeitsbereich des Transistors ein. Bei offener Basis fließt durch den gesperrten PN-Übergang der Basis-Kollektordiodenstrecke ein stark temperaturabhängiger Kollektor-Reststrom I_{CE0} (2.122). Er wird durch Verunreinigungen der Transistoroberfläche und die Eigenleitung des Halbleitermaterials hervorgerufen. Wird die Basis-Emitter-Strecke mit einem Widerstand überbrückt oder kurzgeschlossen, fließen die kleinen Reststräme I_{CER} (mit Widerstand) bzw. I_{CES} (kurzgeschlossen = shorted). Der kleinste Reststrom fließt, wenn die Basis-Emitterdiode mit ca. 1 bis 3 V in Sperrichtung betrieben wird (I_{CEV}). In Datenblättern werden auch die etwa gleichgroßen Ströme I_{CB0} oder I_{EB0} (Emitter bzw. Kollektor nicht angeschlossen) angegeben.

Bei Silizium-Kleinleistungstransistoren haben diese Reststräme untergeordnete Bedeutung, weil sie im nA-Bereich (25°C) liegen. Germanium-Transistoren mit Reststrümen im µA-Bereich (25°C) sind bei höherer Sperrschichttemperatur und leerlaufender Basis praktisch nicht mehr zu sperren.

> Transistorreststräme sind stark temperaturabhängig.

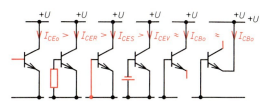

2.122 Kollektorreststräme

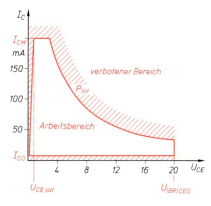

2.123 Arbeitsbereich eines Transistors

Der gesamte Arbeitsbereich des Transistors, auch unter Berücksichtigung von I_{CE0} und $U_{CE\,sat}$, ist im Bild **2.123** dargestellt.

> Der Arbeitsbereich eines Transistors wird begrenzt durch Verlustleistungshyperbel P_{tot}, Kollektordurchbruchspannung $U_{(BR)CE}$, Kollektorspitzenstrom I_{CM}, Kollektor-Sättigungsspannung $U_{CE\,sat}$ und Kollektorreststrom I_{CE0}.

Durchbruch zweiter Art (Second Breakdown, engl.: Zusammenbruch). Bei Leistungstransistoren können sich unter dem Einfluß einer hohen Kollektorspannung im Kristall Inseln bilden, in denen die Stromdichte wesentlich höher als im übrigen Kristall ist (**2.**124). Dort kann schon bei verhältnismäßig kleinen Kollektorströmen schnell die maximale Stromdichte überschritten werden, obwohl P_tot noch nicht erreicht ist. Der Kristall erwärmt sich punktuell so stark, daß er schmilzt und zerstört wird. Diesen Vorgang nennt man den „zweiten Durchbruch" im Unterschied zum Spannungsdurchbruch bei $U_{(BR)CE}$. Durch spezielle Technologien und geringe Kollektorströme läßt sich der zweite Durchbruch vermeiden.

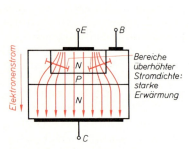

2.124 Verdeutlichung des Durchbruchs zweiter Art (Second Breakdown)

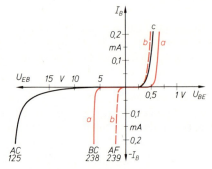

2.125 Vollständige Eingangskennlinien
a) eines Planartransistors
b) eines Mesatransistors
c) eines Legierungstransistors

Emitter-Basis-Durchbruchspannung $U_{(BR)EB}$. Wird die Basis-Emitterdiode in Sperrichtung betrieben, kann ein Spannungsdurchbruch stattfinden, wenn die Sperrspannung zu groß ist. Sie beträgt bei Germaniumtransistoren bis ca. 20 V, beim Ge-Mesa-Transistor (z. B. AF 239) nur etwa 0,3 bis 1 V(!). Bei Siliziumtransistoren liegt die Sperrspannung bei 5 bis 8 V mit dem ausgeprägten Kennlinienknick einer Z-Diode (**2.**125).

> Die Emitter-Basisdiode erreicht schon bei einer kleinen Sperrspannung U_{EB} den Durchbruch.

Sperrschichttemperatur, Wärmewiderstand. Die in der Basis-Kollektor-Sperrschicht entstehende Verlustwärme Q, die proportional der Verlustleistung P_V ist, muß an die umgebende Luft abgegeben werden. Dazu muß die Sperrschichttemperatur immer größer als die Umgebungstemperatur sein (= Wärmeabgabe durch Konvektion und Strahlung). Gehäuseform, -material und andere Faktoren stellen den Wärmefluß einem Wärmeübergangswiderstand entgegen.

> Der Wärme(übergangs)widerstand erschwert die Abgabe der Verlustleistung an die Umgebung.

Ist der Wärmeübergang schlecht (großer Wärmewiderstand), wird die Temperatur der Sperrschicht zu hoch, weil nur eine geringe Wärmemenge abgestrahlt werden kann. Dieser Zusammenhang läßt sich in einem elektrischen Ersatzbild verdeutlichen (**2**.126). Die Sperrschicht (junction) bildet eine Wärmequelle mit der Temperatur ϑ_J. Die Verlustleistung P_v (Wärmemenge Q je Zeit) „fließt" über den Wärmewiderstand R_{th} zur Luft und bewirkt einen Temperaturunterschied zwischen Sperrschicht und Umgebung $\Delta\vartheta = \vartheta_J - \vartheta_U$. Der Wärmewiderstand R_{thU} läßt sich aus Temperatur und Leistung berechnen.

Wärmewiderstand
$$R_{thU} = \frac{\vartheta_J - \vartheta_U}{P} = \frac{\Delta\vartheta}{P}$$

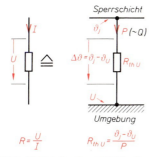

2.126 Elektrisches Ersatzbild für die Wärmeableitung zwischen Sperrschicht und Umgebung

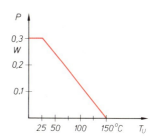

2.127 Leistungsreduzierung bei erhöhter Umgebungstemperatur ϑ_U

Leistungsreduzierung. Die maximale Verlustleistung P_{tot} wird vom Hersteller so festgelegt, daß bei $\vartheta_U = 25\,°C$ (manchmal $\vartheta_U = 45\,°C$) die Sperrschichttemperatur den Höchstwert $\vartheta_{J\,max}$ hat. Bei steigender Umgebungstemperatur muß die Leistung herabgesetzt werden, weil sich sonst die Sperrschichttemperatur wie die Umgebungstemperatur erhöhen würde. Ist bei $\vartheta_U = \vartheta_{J\,max}$ die Temperaturdifferenz $\vartheta_J - \vartheta_U = 0$, kann keine Wärme mehr abgestrahlt werden: $P_v = 0$. Die bei $\vartheta_U = 25\,°C$ (45 °C) angegebene maximale Verlustleistung darf auch bei niedrigeren Temperaturen nicht überschritten werden. Bild **2**.127 verdeutlicht diese Zusammenhänge.

Kühlkörper. Bei Transistoren mit Kühlkörper setzt sich der gesamte Wärmewiderstand R_{thU} aus mehreren Teilwiderständen zusammen (**2**.128): $R_{thU} = R_{thG} + R_{thGK} + R_{thK}$.

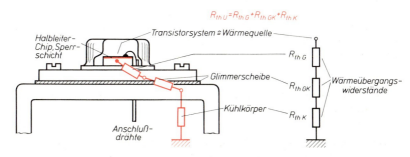

2.128 Wärmewiderstände zwischen Sperrschicht und Umgebung

R_{thG} ist der Wärmeübergangswiderstand zwischen Sperrschicht und Gehäuseboden. Er ist vom Anwender nicht beeinflußbar und muß dem Datenblatt des Bauelements entnommen werden.

R_{thGK} ist der Widerstand der Glimmerscheibe bei isolierter Montage. Er beträgt für TO-3-Gehäuse 1,25 K/W, für SOT-32 immerhin 8 K/W. Durch Einstreichen mit Wärmeleitpaste kann er auf 0,35 K/W bzw. 4 K/W gesenkt werden.

R_{thK} ist der Wärmewiderstand des Kühlkörpers. Er kann in weiten Grenzen beeinflußt werden und hängt ab von Material, Form, Farbe und Lage des Körpers. Ein großer schwarzer, senkrecht angeordneter Kühlkörper aus Kupfer oder Aluminium mit vielen Rippen hat einen besonders kleinen Wärmewiderstand.

Tabelle **2.129 Grenz- und Kennwerte des NPN-Transistors BC 238 für NF-Vor- und Treiberstufen sowie universelle Anwendungen**

Grenzdaten	**Statische Kenndaten**	BC 238A	BC 238B	BC 238C
Kollektor-Emitter-Spannung $U_{CES} = 30\,V$ $U_{CEO} = 20\,V$				
Emitter-Basis-Spannung $U_{EBO} = 5\,V$	Stromverstärkung bei $I_C = 2\,mA$	120 bis 220	180 bis 480	380 bis 800
Kollektor-Spitzen-Strom $I_{CM} = 200\,mA$ Basisstrom $I_B = 50\,mA$	Dynamische Kenndaten	A	B	C
Sperrschichttemperatur $\vartheta_J = 150\,°C$ Gesamtverlustleistung $P_{tot} = 300\,mW$ Wärmewiderstand $R_{thU} = 420\,K/W$	h_{11e} h_{12e} h_{21e} h_{22e}	1,6 bis 4,5 $1{,}5 \cdot 10^{-4}$ 125 bis 260 18	3,2 bis 8,5 $2 \cdot 10^{-4}$ 240 bis 500 30	6 bis 15 kΩ $3 \cdot 10^{-4}$ 450 bis 900 6 μS
Basis-Emitterspannung bei $U_{CE} = 5\,V$ I_C in mA 0,1 2 20 100 U_{BE} in V 0,5 0,62 0,73 0,83	Kollektorsättigungsspannung Basissättigungsspannung Kollektor-Reststrom bei $U_{CE} = 30\,V$	$U_{CE\,sat}$ $U_{BE\,sat}$ U_{CES}	0,07 V bis 0,2 V 0,73 V bis 0,87 V 0,2 nA (<15 nA)	

Übungsaufgaben zum Abschnitt 2.4.7 und 2.4.8

1. Erklären Sie die Begriffe Rück-, Mit- und Gegenkopplung.
2. Warum verringert der Emitterwiderstand die Spannungsverstärkung?
3. Welche Aufgabe hat der Bootstrapkondensator?
4. Welche Auswirkung hat der Emitterkondensator auf den Frequenzgang einer Verstärkerstufe? Bewirkt er eine lineare Verzerrung? Begründen Sie Ihre Antwort.
5. Wodurch können beim Transistorverstärker nichtlineare Verzerrungen auftreten?
6. Was versteht man unter Klirrfaktor?
7. Durch welche Kennlinien wird der Arbeitsbereich eines Transistors begrenzt?
8. Warum wird bei der Berechnung von P_{tot} die Basisverlustleistung meist vernachlässigt?
9. Welche Bedingungen muß ein Kühlkörper insgesamt erfüllen, damit er eine hohe Wärmemenge abstrahlen kann?
10. Welche Verlustleistung darf ein BC 238 höchstens erreichen, wenn seine Sperrschichttemperatur $\vartheta_J = 150\,°C$, die Umgebungstemperatur $\vartheta_U = 45\,°C$ und $R_{thU} = 330\,K/W$ betragen?

2.5 Feldeffekttransistoren

2.5.1 Transistorarten

Feldeffekttransistoren (FET) sind Halbleiterwiderstände aus N- oder P-leitendem Silizium oder anderen Halbleitermaterialien. Ihr Widerstandswert wird durch ein elektrisches Feld gesteuert, das in den stromleitenden Kanal hineinwirkt. Im Gegensatz zu bipolaren Transistoren brauchen sie keinen nennenswerten Steuerstrom, so daß praktisch keine Steuerleistung erforderlich ist. Da der Strom entweder nur aus Elektronen oder Löchern besteht, heißen diese Transistoren im Unterschied zu den bipolaren (NPN- oder PNP-)Transistoren unipolar (lat. etwa: einfach gepolt).

Steuerfeld. Der Stromfluß im Kanal kann auf zwei Weisen gesteuert werden. Beim Sperrschicht-Feldeffekt-Transistor, auch J-FET (engl. Junction-FET) oder PN-FET genannt, ist das steuernde Feld die Raumladungszone eines gesperrten PN-Übergangs, die in den Kanal reicht (**2.**130). Mit zunehmender Sperrspannung dehnt sie sich aus und verengt den stromdurchlässigen Kanalquerschnitt, so daß dessen Widerstand steigt.

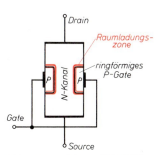

2.130 N-Kanal-Sperrschicht-FET

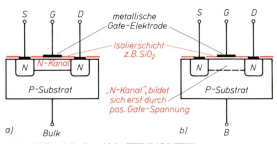

2.131 N-Kanal-Isolierschicht-FET (MOS-FET)
a) Verarmungstyp
b) Anreicherungstyp

Liegt der stromleitende Kanal zwischen zwei Kondensatorbelägen, entsteht ein Isolierschicht-FET, (IG-FET, engl. Isolated-Gate-FET), weil die Steuerelektrode vom Kanal isoliert ist. Je nach Art der Isolierschicht oder des Halbleitergrundmaterials sind diese Transistoren unterschiedlich bezeichnet: MASFET, MISFET, MOSFET, MNOSFET. Wegen einer Reihe von Vorteilen hat sich der MOS-FET durchgesetzt (MOS-FET, engl. *M*etal-*O*xide-*S*emiconductor-FET = Metall-Oxid-Halbleiter, der Isolator ist Siliziumoxid SiO_2).

Die IG-FET werden in zwei Gruppen eingeteilt. Ist ein relativ niederohmiger Kanal vorhanden, der durch das Steuerfeld hochohmig wird, handelt es sich um einen Verarmungstyp. Bildet sich ein stromleitender Kanal erst unter Einfluß des Felds aus, liegt ein Anreicherungstyp vor (**2.**131).

> Feldeffekttransistoren sind durch ein elektrisches Feld gesteuerte Widerstände. Die Steuerung erfolgt fast leistungslos.

Anschlüsse. Der Steueranschluß eines FET wird Gate (engl. Tor) der mit dem Emitter vergleichbare Anschluß des Kanals Source (engl. Quelle) und der dem Kollektor entsprechende Anschluß Drain (engl. Senke) genannt. Bekommt das den FET enthaltende Siliziumplättchen (Substrat, lat.: Grundlage) auch einen Anschluß, heißt dieser Bulk.

Versuch 2.33 Mit einem Widerstandsmeßgerät werden die Widerstände zwischen je zwei Elektroden eines Sperrschicht FET (BF 245) gemessen.

Ergebnis Nur die Source-Drain-Strecke hat unabhängig von der Polung des Meßgeräts einen Widerstand von mehreren 100Ω. Bei den Messungen zwischen Gate und den beiden anderen Elektroden ist das typische Verhalten einer Diode festzustellen.

Schaltzeichen. Die Übersicht 2.132 zeigt die Schaltzeichen der FET, von denen es je einen N- und P-Typ gibt. Im Gegensatz zum bipolaren Transistor wird hier entweder das Gate oder der Bulk (beim MOS-FET) mit dem Diodenpfeil versehen. Beim N-Kanal-J-FET z. B. ist das Gate P-dotiert, beim N-Kanal-MOS-FET der Bulk. Der Strich zwischen Drain und Source symbolisiert den Kanal. Da dieser beim Anreicherungstyp erst gebildet wird, ist er gestrichelt. Bei den IG-FET besteht keine elektrische Verbindung zwischen Gate und Kanal daher das Kondensatorschaltzeichen.

	FET					
Sperrschicht-FET		Isolierschicht-FET				
		Verarmungstyp		Anreicherungstyp		
P-Kanal	N-Kanal	P-Kanal	N-Kanal	P-Kanal	N-Kanal	

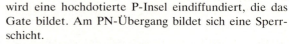

2.132 Einteilung und Schaltzeichen der Feldeffekttransistoren
   D = Drain, S = Source, G = Gate, B = Bulk

2.5.2 Sperrschicht-FET

Weil Aufbau und Wirkungsweise von P- und N-Kanal-FET unter Berücksichtigung der entgegengesetzten Dotierung und Spannungen gleich sind, wird im folgenden der N-Kanal-FET beschrieben.

Im Prinzip besteht der N-Kanal-Sperrschicht-FET aus einem schwach N-dotierten Siliziumplättchen, an dessen Enden Drain- und Source-Anschluß angebracht sind (2.130). Ringförmig wird eine hochdotierte P-Insel eindiffundiert, die das Gate bildet. Am PN-Übergang bildet sich eine Sperrschicht.

Bild 2.133 zeigt, wie ein Sperrschicht-FET mit der Planar-Technologie hergestellt wird.

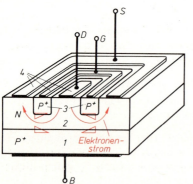

2.133 Schnitt durch einen in Planartechnik hergestellten Sperrschicht-FET
   1 P^+-Substrat, *2* N-Kanal, *3* ringförmige P^+-Gate-Insel, *4* Metallisierung der Anschlüsse

170

Drainstromsteuerung (2.134a). Schaltet man die Drain-Source-Strecke an eine Spannung U_{DS}, fließt ein Drainstrom I_D durch den relativ niederohmigen Kanal (I_D = 3 bis 25 mA, je nach FET-Typ). Gate und Source müssen dann gleiches Potential haben. Am gesperrten PN-Übergang zwischen P-Gate und N-Kanal entsteht eine isolierende Raumladungszone. Sie erweitert sich zum Drain hin keilförmig, weil zwischen Gate und Drain die höhere Sperrspannung vorhanden ist.

Legt man zwischen Gate und Source eine negative Spannung $-U_{GS}$, verbreitert sich die Raumladungszone und engt den Kanal weiter ein. Bei der Gate-Abschnürspannung $-U_{GSP}$ nimmt die Zone den gesamten Kanal ein, so daß kein Drainstrom mehr fließen kann. Die Gatespannung $-U_{GSP}$ beträgt je nach FET-Typ zwischen 2,5 V und 7,5 V.

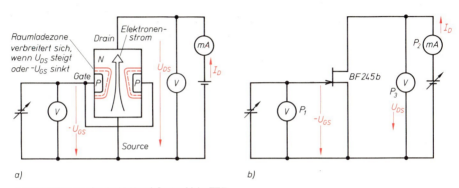

2.134 Wirkungsweise des N-Kanal-Sperrschicht-FET
a) Prinzip, b) Meßschaltung zur Kennlinienaufnahme $I_D = f(-U_{GS})$

Eine negative Gatespannung senkt den Drainstrom. Bei der Gate-Abschnürspannung U_{GSP} fließt kein Strom I_D mehr.

Versuch 2.34 Entsprechend Bild **2.134b** wird der FET BF 245B mit einer Drain-Source-Spannung U_{DS} = 10 V betrieben. Gate und Source sind zunächst kurzgeschlossen. Der Drainstrom wird mit P2 gemessen und notiert. Nun legt man zwischen Gate und Source eine negative, einstellbare Spannung $-U_{GS}$. Während die Spannung in 0,5 V-Stufen von 0 Volt abwärts eingestellt wird, werden die zugehörigen Ströme notiert. Außerdem wird die Spannung $-U_{GSP}$ ermittelt, bei der kein Drainstrom mehr fließt. Die Wertepaare $-U_{GS}/I_D$ werden als Kennlinie $I_D = f(-U_{GS})$, U_{DS} = 10 V dargestellt.

Ergebnis Je negativer das Gate ist, desto kleiner ist der Drainstrom. Bei $-U_{GSP} \approx 5$ V ist $I_D = 0$ mA.

Der N-Kanal-Sperrschicht-FET darf nicht mit einer positiven Gate-Source-Spannung betrieben werden, weil dann die Gate-Source-Diode leitet und der Transistor zerstört wird.

Die Polarität der Drain-Source-Spannung U_{DS} ist beliebig, jedoch muß die Gate-Diode eines Sperrschicht-FET immer in Sperrichtung betrieben werden.

Die Steuerkennlinie $I_D = f(-U_{GS})$, U_{DS} = konstant (**2.135a**) zeigt den Zusammenhang zwischen Gatespannung und Drainstrom. Sie ist in einem weiten Bereich annähernd geradlinig und nur im Bereich der Abschnürspannung stark gekrümmt.

Einfluß der Drainspannung. Werden Gate und Source miteinander verbunden und die Drainspannung U_{DS} am Kanal von 0 Volt erhöht, wächst eine Raumladungszone in den Kanal hinein und verengt ihn, weil die Sperrspannung der Gatediode steigt. Innerhalb eines Spannungsbereichs zwischen 0 V und der Abschnür- oder Pinch-off-Spannung U_{DSP} von einigen Volt steigt der Drainstrom I_D annähernd proportional zu U_{DS} an. Dies bedeutet, daß der Kanalwiderstand konstant bleibt, obwohl sich der Kanalquerschnitt durch die Raumladungszone verringert. Die Drainspannung ruft nämlich eine große Feldstärke hervor, die die Ladungsträger (Elektronen) durch den Kanal treibt und noch den abschnürenden Einfluß der Raumladungszone ausgleicht.

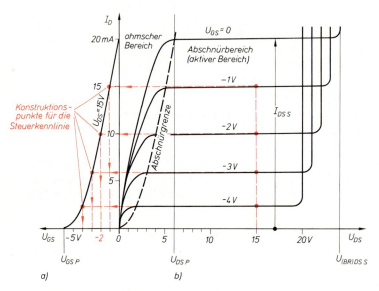

2.135 Kennlinien des N-Kanal-Sperrschicht-FET
    a) Steuerkennlinie $I_D = f(U_{GS})$, U_{DS} = konstant
    b) Ausgangskennlinienfeld $I_D = f(U_{DS})$, U_{GS} als Parameter

Wird die Drainspannung weiter erhöht, wächst der Einfluß der Raumladungszone so stark, daß der Kanalwiderstand ansteigt, und zwar etwa im gleichen Maß wie U_{DS}. Deshalb erhöht sich der Drainstrom ab U_{DSP} nur noch geringfügig. Daß der Drainstrom nicht völlig unterbunden wird wie bei $-U_{GSP}$, liegt daran, daß die Feldstärke im Kanal ebenfalls gestiegen ist und so den Stromfluß aufrecht erhält.

> Bei der Abschnürspannung U_{DSP} erreicht der Drainstrom seinen Sättigungswert I_{DSS}.

Wird das Gate mit einer zusätzlichen negativen Spannung $-U_{GS}$ betrieben, engt die auch ohne Drainspannung U_{DS} vorhandene Raumladungszone schon den Kanal ein. Die Abschnürung erfolgt bei einer kleineren Drainspannung, so daß der Drainstrom nicht mehr seinen Höchstwert I_{DSS} erreichen kann.
Das Ausgangskennlinienfeld $I_D = f(U_{DS})$ verdeutlicht diese Zusammenhänge. Es entsteht, wenn die Gatespannung konstant gehalten wird, während I_D abhängig von U_{DS} ermittelt wird. $-U_{GS}$ ist Parameter (**2.**135 b).

Versuch 2.35 Mit dem Oszilloskop lassen sich die Ausgangskennlinien $I_D = f(U_{DS})$ darstellen (2.136, s. a. Versuch 2.23). Mit $R1$ wird $-U_{GS}$ zwischen 0 V und 4 V in 0,5 V-Stufen eingestellt und jede Kennlinie auf Transparentpapier übertragen.

Liegt das Ausgangskennlinienfeld vor, kann man daraus die Steuerkennlinie konstruieren. Man entnimmt bei einer festen Drainspannung (U_{DS} = konstant) für je einen Gatespannungswert den Drainstrom und trägt I_D abhängig von $-U_{GS}$ in ein I_D-U_{GS}-Koordinatenkreuz ein.

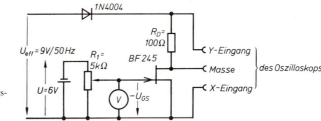

2.136 Darstellung der Ausgangskennlinien mit dem Oszilloskop

Drain-Source-Durchbruchspannung $U_{(BR)DS}$. Erreicht die Drain-Source-Spannung einen Wert, der bei etwa 20 bis 30 V liegt, kommt der gesperrte PN-Übergang der Drain-Gate-Diode in den Lawinendurchbruch – der Drainstrom steigt stark an. Je negativer das Gate ist, um so kleiner wird $U_{(BR)DS}$.

Gleichstrom-Eingangswiderstand. Da zwischen Gate und Source eine gesperrte Silizium-Diode mit einem Sperrstrom von ca. 1 bis 5 nA liegt, ergibt sich ein Gleichstrom-Eingangswiderstand von 0,2 bis 1 GΩ. Er ist jedoch, bedingt durch die Materialeigenleitung, temperaturabhängig.

2.5.3 FET-Analogverstärker

Feldeffekttransistoren können wie bipolare Transistoren in drei Verstärker-Grundschaltungen betrieben werden:

- Sourceschaltung ≙ Emitterschaltung
- Drainschaltung ≙ Kollektorschaltung
- Gateschaltung ≙ Basisschaltung

Die sich entsprechenden Schaltungen haben auch ähnliche Eigenschaften. Aufgrund der günstigen FET-Eigenschaften (hoher Eingangswiderstand, wenig gekrümmte Kennlinie und daraus resultierende geringe Verzerrung und geringes Rauschen) haben Schaltungen mit FET vor allem in der Hochfrequenztechnik an Bedeutung gewonnen.

Sourceschaltung. Der Kanal des FET (Drain-Source-Strecke) bildet mit dem Drainwiderstand einen Spannungsteiler. Der Gatewiderstand R_G dient nicht zur Erzeugung der Gatespannung. Diese Aufgabe übernimmt der Sourcewiderstand R_S (Arbeitspunkteinstellung).

Versuch 2.36 Bei der im Bild 2.137 gezeigten Sourceschaltung wird ohne Eingangssignal zunächst mit R_S der Arbeitspunkt so eingestellt, daß $U_{RD} \approx U_{DS}$ ist. Der Widerstandswert von R_D wird notiert und die Spannung an R_S ($= -U_{GS}$) gemessen. Dann ermittelt man V_u bei $U_{DS} = 10$ V.

Ergebnis $R_S \approx 500\,\Omega, -U_{GS} \approx 1,5\,V, V_u \approx 6$

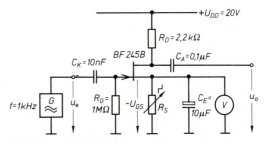

2.137 Sperrschicht-FET in Sourceschaltung

Automatische Gatespannungserzeugung. Im Gegensatz zum bipolaren Transistor muß die Eingangsdiode in Sperrichtung betrieben werden. Je negativer beim N-Kanal-FET das Gatepotential gegenüber dem Source ist, desto kleiner ist der Drainstrom (**2.**138).

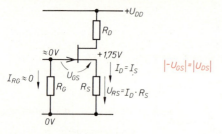

2.138 Automatische Gatespannungserzeugung

Die zur Arbeitspunkteinstellung notwendige Gatevorspannung $-U_{GS}$ wird am Sourcewiderstand R_S gewonnen, so daß eine getrennte Gatespannungsquelle entfällt. An R_S entsteht eine dem Drainstrom I_D proportionale Spannung U_{RS}, der Source hat dadurch positives Potential. Da der Gatestrom wegen des gesperrten PN-Übergangs im nA-Bereich liegt, entsteht am Gatewiderstand R_G kein nennenswerter Spannungsabfall, so daß das Gate Nullpotential hat. Somit ist das Gate negativer als Source. Die Spannung am Sourcewiderstand ist die Gatevorspannung $-U_{GS}$. Über den Drainstrom stellt sich die Gatevorspannung automatisch ein: Erhöhter Drainstrom bewirkt eine größere Spannung an R_S, die als negative Gatespannung den Drainstrom drosselt. Es stellt sich ein bestimmter Mittelwert für I_D ein.

> Bei der automatischen Gatevorspannungserzeugung ist die negative Gate-Source-Spannung $-U_{GS}$ gleich der Spannung am Sourcewiderstand.

Der Sourcewiderstand R_S sorgt außerdem für die Arbeitspunktstabilisierung. Der Kondensator C_S hebt die durch R_S entstandene Wechselstromgegenkopplung auf.
Der Widerstandswert des Sourcewiderstands wird aus Gatespannung und Drainstrom berechnet.

> **Sourcewiderstand** $\qquad R_S = \dfrac{|U_{GS}|}{I_D}$

Beispiel 2.15 $\quad -U_{GS} = 1{,}75\,\text{V},\ I_D = 3{,}3\,\text{mA} \qquad R_S = \dfrac{|U_{GS}|}{I_D} = \dfrac{1{,}75\,\text{V}}{3{,}3\,\text{mA}} = \mathbf{530\,\Omega}$

Der Eingangskoppelkondensator bildet mit dem Eingangswiderstand der Verstärkerstufe einen Hochpaß. Da der Gatewiderstand mit ca. 1 MΩ wesentlich kleiner als der Eingangswiderstand des FET ist, muß er bei der Berechnung der unteren Grenzfrequenz berücksichtigt werden.

> **Eingangskoppelkondensator** $\qquad C_K = \dfrac{1}{2\pi \cdot f_g \cdot R_G}$

Beispiel 2.16 Bei $f_g = 50$ Hz und $R_G = 1$ MΩ ist

$$C_K = \frac{1}{2 \cdot 3{,}14 \cdot 50\,\frac{1}{\text{s}} \cdot 10^6\,\Omega} = \mathbf{3{,}18\ nF}.$$

> Der Eingangskoppelkondensator bei der Sourceschaltung eines FET hat eine wesentlich geringere Kapazität als bei der Emitterschaltung eines bipolaren Transistors.

Verstärkungsermittlung im Ausgangskennlinienfeld. Liegt das Ausgangskennlinienfeld $I_D = f(U_{DS})$, U_{GS} als Parameter vor und sind Betriebsspannung U_{DD} und Lastwiderstand R_D bekannt, kann die Großsignalverstärkung eines FET in Sourceschaltung bestimmt werden (**2.**139).

Beispiel 2.17 FET BF 245 B, $U_{DD} = 20\,V$, $R_D = 2{,}2\,k\Omega$. Zunächst wird die Widerstandsgerade eingetragen (Endpunkte bei $I_D = 9{,}09\,mA$ bzw. $U_{DD} = 20\,V$). Der günstigste Arbeitspunkt liegt bei $-U_{GS} = 1{,}75\,V$. Diese Spannung, die am Sourcewiderstand zur Arbeitspunkteinstellung abfällt, reduziert den Aussteuerbereich des Transistors. Die Widerstandsgerade muß deshalb parallel verschoben werden; sie läuft bei $I_D = 0\,mA$ durch $U_{DS} = 20\,V - 1{,}75\,V = 18{,}25\,V$. Der Transistor läßt sich zwischen $-U_{GS1} = 1\,V$ und $-U_{GS2} = 2{,}5\,V$ aussteuern. Diese Gatespannungsänderung $\Delta U_{GS} = U_{GS1} - U_{GS2} = 1{,}5\,V$ bewirkt eine Drainspannungsänderung $\Delta U_{GS} = U_{GS1} - U_{GS2} = 6{,}4\,V - 16{,}3\,V = -9{,}9\,V$. Die Spannungsverstärkung beträgt

$$V_u = \frac{|\Delta U_{DS}|}{\Delta U_{GS}} = \frac{9{,}9\,V}{1{,}5\,V} = \mathbf{6{,}6}.$$

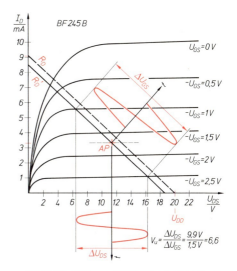

2.139 Verstärkungsermittlung im Ausgangskennlinienfeld

> Der FET hat in der Sourceschaltung nur eine geringe Spannungsverstärkung.

Erhöht man den Widerstandswert von R_D, verläuft die Arbeitsgerade flacher und die Spannungsverstärkung wird größer. Jedoch muß die Eingangswechselspannung ΔU_{GS} verringert werden.

Wechselstrom-Kennwerte, Eingangsleitwert. Zwischen Gate und Source liegt die Sperrschichtkapazität von wenigen pF parallel zum Sperrwiderstand der Diode. Bei hohen Frequenzen setzt sie den Eingangswiderstand von $0{,}5\,G\Omega$ auf etwa $4\,k\Omega$ bei $200\,MHz$ herab. In Datenblättern wird der Kehrwert des Eingangswiderstands, der Eingangsleitwert g_{11S} angegeben (Index „S" für Source-Schaltung $\triangleq$ Emitter-Schaltung).

> **Eingangsleitwert** $\qquad g_{11s} = \dfrac{\Delta I_{GS}}{\Delta U_{GS}}$, $U_{DS} = $ konstant

FET haben einen sehr großen Gleichstrom-Eingangswiderstand. Die Sperrschichtkapazität der Gate-Source-Diode reduziert den Wechselstrom-Eingangswiderstand bei hohen Frequenzen.

Der Ausgangswiderstand wird wie beim bipolaren Transistor ermittelt. Er liegt je nach FET-Typ und Arbeitspunkt zwischen 5 kΩ und 100 kΩ.

Kurzschluß-Ausgangswiderstand $\quad r_{ds} = \dfrac{\Delta U_{DS}}{\Delta I_D}, \; -U_{GS} = \text{konstant}$

Steilheit. Im Gegensatz zum bipolaren Transistor wird der Drainstrom im aktiven Bereich ($U_{DS} > U_{DSP}$) nur durch die Gatespannung gesteuert. Den Einfluß einer Gatespannungsänderung auf den Drainstrom nennt man Vorwärts-Steilheit. Sie beschreibt die Steigung (Steilheit) der Steuerkennlinie $I_D = f(-U_{GS})$, $U_{DS} = $ konstant in einem bestimmten Arbeitspunkt (**2.140**).

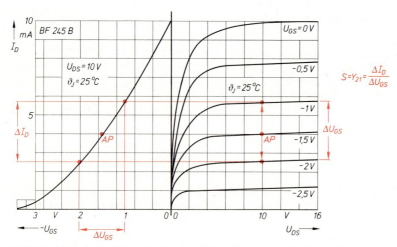

2.140 Ermittlung der Steilheit an der Steuerkennlinie und im Ausgangskennlinienfeld

Vorwärts-Steilheit $\quad S = Y_{21} = \dfrac{\Delta I_D}{\Delta U_{GS}}, \; U_{DS} = \text{konstant} \quad S \text{ in } \dfrac{\text{mA}}{\text{V}} \text{ oder mS}$

Die Steilheit gibt an, um wieviel Milliampere sich der Drainstrom bei einer Gatespannungsänderung von einem Volt ändert (U_{DS} bleibt konstant).

Der Zahlenwert der Steilheit ist dem Datenblatt des Transistors zu entnehmen oder als Steigungsfaktor aus der Steuerkennlinie zu ermitteln. Er kann auch im Ausgangskennlinienfeld bestimmt werden, wenn man bei der Drainspannung U_{DS} die Gatespannung um ΔU_{GS} ändert und die zugehörige Drainstromänderung ΔI_D ermittelt.

Beispiel 2.18 Im Kennlinienfeld **2.140** soll die Steilheit im Arbeitspunkt $-U_{GS} = 1{,}75$ V ermittelt werden. Die Basisspannungsänderung beträgt z. B. $\Delta U_{GS} = U_{GS1} - U_{GS2} = 2{,}5$ V $- 1$ V $= 1{,}5$ V. Die erreichte Drainstromänderung $\Delta I_D = I_{D1} - I_{D2} = 5{,}6$ mA $- 1{,}1$ mA $= 4{,}5$ mA.

$$\text{Steilheit} \quad S = \frac{\Delta I_D}{\Delta U_{GS}} = \frac{4{,}5\,\text{mA}}{1{,}5\,\text{V}} = 3\,\frac{\text{mA}}{\text{V}} = 3\,\text{mS}$$

Um die Kleinsignalverstärkung des FET in Sourceschaltung zu bestimmen, verwendet man ein Wechselstromersatzbild, das dem für die Emitterschaltung ähnelt (**2.141**). Der Ausgangswiderstand r_{ds} liegt wegen des niedrigen Wechselstromwiderstands der Spannungsquelle parallel zum Drainwiderstand R_D. Der geringe Blindwiderstand von C_S überbrückt den Sourcewiderstand R_S wechselstrommäßig. Da der Eingangswiderstand bei niedrigen Frequenzen im Gigaohm-Bereich groß ist, bleibt der Gateanschluß im Transistorinnern offen.

Eine Änderung der Gatespannung u_{GS} bewirkt eine Drainstromänderung i_D.

$i_D = S \cdot u_{GS} \quad S = $ Steilheit

Die Stromänderung i_D ruft an den parallel geschalteten Widerständen r_{ds} und R_D die Spannungsänderung u_{DS} hervor.

$$u_{DS} = i_D \cdot \frac{r_{ds} \cdot R_D}{r_{ds} + R_D}$$

Da $i_D = S \cdot u_{GS}$ ist, ergibt sich

$$u_{DS} = S \cdot u_{GS} \cdot \left(\frac{r_{ds} \cdot R_D}{r_{ds} + R_D} \right).$$

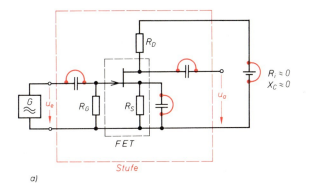

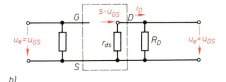

2.141 Einfaches Wechselstromersatzbild des FET in Sourceschaltung
a) Blindwiderstände und Wechselspannungen
b) Ersatzbild

Spannungsverstärkung in Sourceschaltung $\quad V_u = \dfrac{u_{DS}}{u_{GS}} = S \cdot \dfrac{r_{ds} \cdot R_D}{r_{ds} + R_D}$

Ist – wie oft in der Praxis üblich – $r_{ds} \gg R_D$ (z. B. 100 kΩ : 5 kΩ), fließt der meiste Strom durch R_D und r_{ds} kann vernachlässigt werden. Die Gleichung vereinfacht sich:

Spannungsverstärkung $\quad V_u \approx S \cdot R_D$

Beispiel 2.19 Bei einem Drainwiderstand $R_D = 2{,}2$ kΩ und der ermittelten Steilheit $S = 3$ mS beträgt die Spannungsverstärkung $V_u \approx S \cdot R_D = 3$ mS $\cdot 2{,}2$ kΩ $= \mathbf{6{,}6}$

Um hohe Verstärkungen zu erzielen, müssen S und R_D groß sein. Die Steilheit ist um so größer, je höher der Drainstrom I_D ist (s. Steuerkennlinie **2.**135). Damit bei einem großen Drainwiderstand auch ein entsprechend großer Strom fließen kann, muß man die Betriebsspannung U_{DD} erhöhen. Die höchste erreichbare Spannungsverstärkung in der Sourceschaltung liegt bei $V_u \approx 20$, weil die Betriebsspannung die maximale Drain-Sourcespannung U_{DSM} nicht überschreiten darf.

Drainschaltung. Da bei der Drainschaltung am Sourcewiderstand die halbe Betriebsspannung abfallen soll, muß die Gatespannung über einen Gatespannungsteiler erzeugt werden (**2.**142 a). Er ist so zu bemessen, daß das Gatepotential negativer als das Sourcepotential ist. Den Gatereststrom von typisch 5 nA braucht man bei der Berechnung des Spannungsteilers nicht zu berücksichtigen. Der Wechselstromeingangswiderstand der Stufe entspricht der Parallelschaltung der beiden Spannungsteilerwiderstände.

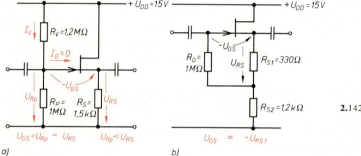

2.142 Gatespannungserzeugung in der Drainschaltung
a) mit Gatespannungsteiler
b) automatisch

Stufeneingangswiderstand der Drainschaltung $r_{ein} \approx \dfrac{R_{S1} \cdot R_{S2}}{R_{S1} + R_{S2}}$

Bei der in **2.**142b gezeigten Schaltung wird $-U_{GS}$ wie bei der Sourceschaltung durch R_{S1} erzeugt. Der untere Teil des Sourcewiderstands bewirkt eine Gegenkopplung, die den Eingangswiderstand der Stufe beträchtlich erhöht. Werte bis zu 100 MΩ können so erreicht werden. Wegen der großen Gegenkopplung über R_S hat die Drainschaltung eine Spannungsverstärkung $V_U < 1$.

Die Drainschaltung hat einen hohen Eingangs- und einen niedrigen Ausgangswiderstand. Sie wird als Impedanzwandler für sehr hochohmige Signalspannungsquellen verwendet.

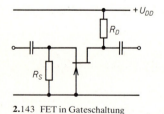

2.143 FET in Gateschaltung

Gateschaltung. Entsprechend der Basisschaltung des bipolaren Transistors hat die Gateschaltung einen niedrigen Eingangswiderstand, weil der Source-Strom gesteuert werden muß (**2.**143). Gleichzeitig wird eine Erhöhung der oberen Grenzfrequenz erreicht, so daß sich diese Schaltung für Hochfrequenzverstärker eignet. Wegen des geringen Rauschens übertrifft sie Schaltungen mit bipolare Transistoren.

2.5.4 Isolierschicht-FET (Verarmungstyp)

Aufbau (2.144). Der Isolierschicht-FET (IG-FET) als Verarmungstyp (auch Depletion-Typ, selbstleitend oder normally on genannt) enthält wie der PN-FET einen stromleitenden Kanal, der je nach Typ N- oder P-dotiert ist. Die metallische Gate-Elektrode wird hier jedoch durch eine extrem dünne Isolierschicht (ca. 0,1 μm) aus SiO_2 vom Kanal getrennt. Das entgegengesetzt dotierte Grundmaterial (Subtrat) – beim N-Kanal-Typ ist es P-dotiert – erhält einen eigenen Anschluß als Bulk. Dieser wird oft schon im Gehäuse mit dem Source verbunden, kann aber auch als getrennte Steuerelektrode verwendet werden.

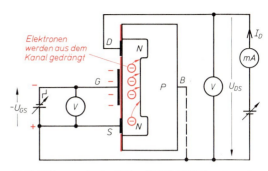

2.144 Wirkungsweise des N-Kanal-MOS-FET, Verarmungstyp

Der PN-Übergang zwischen Kanal und Substrat muß immer in Sperrichtung bleiben.

Wirkungsweise, Gate und Source kurzgeschlossen. Nach dem Anlegen einer Spannung U_{DS} bildet sich zwischen Gate und Kanal ein elektrisches Feld, das zum Drain hin stärker wird. Dieses Feld drängt die negativen Ladungsträger aus dem Kanal in Richtung Substrat, so daß der Kanal mehr und mehr von beweglichen Ladungsträgern geräumt wird. Es entsteht der gleiche Kennlinienverlauf $I_D = f(U_{DS})$, $U_{GS} = 0$ wie beim J-FET.

Gatevorspannung, Kennlinien. Erhält das Gate eine negative Spannung, wird wie beim N-Kanal-J-FET der Drainstrom kleiner. Ist die Abschnürspannung $-U_{GSP}$ erreicht, fließt kein Drainstrom mehr.

Da das Gate vom Kanal isoliert ist, kann es auch mit einer positiven Spannung betrieben werden. Dann werden vom elektrischen Feld aus dem Substrat zusätzlich negative Ladungsträger (Minoritätsträger im Substrat) in den Kanal gezogen. Dadurch wird der Kanal noch leitender (Anreicherungsbereich). Der Eingangswiderstand bleibt trotzdem sehr hochohmig. Bild **2.**145 zeigt die vollständigen Kennlinienfelder eines N-Kanal-MOS-FET (Verarmungstyp).

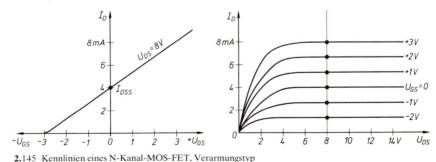

2.145 Kennlinien eines N-Kanal-MOS-FET, Verarmungstyp

Der Isolierschicht-FET (Verarmungstyp) kann mit negativer und positiver Gate-Source-Spannung betrieben werden.

Die Spannung sollte in beiden Richtungen nicht größer als die Gate-Abschnürspannung sein.

Kennwerte. Bedingt durch die Isolierschicht, liegt der Gleichstrom-Eingangswiderstand von MOS-FET im Teraohm-Bereich (10^{12} Ω). Alle anderen Kenn- und Grenzwerte des IG-FET entsprechen denen des J-FET.

Die Verstärkerschaltungen mit MOS-FET (Verarmungstyp) entsprechen denen mit Sperrschicht-FET. Da der Gateleckstrom beim MOS-FET um mehrere Zehnerpotenzen geringer als beim J-FET ist, kann der Gatewiderstand einen wesentlich höheren Wert haben.

Gatespannungsteiler (2.146). Da die Steuerkennlinie $I_D = f(U_{GS})$ im Bereich $U_{GS} \approx 0$ V die höchste Steilheit hat, legt man den Arbeitspunkt oft dorthin. Die Gatespannung muß dann mit einem Spannungsteiler aus R_{G1} und R_{G2} eingestellt werden, wobei die Spannungen an R_{G2} und am Sourcewiderstand R_S gleich groß sein müssen. R_S dient hier zur Arbeitspunktstabilisierung.

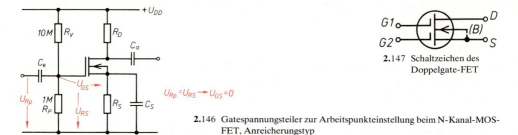

2.147 Schaltzeichen des Doppelgate-FET

2.146 Gatespannungsteiler zur Arbeitspunkteinstellung beim N-Kanal-MOS-FET, Anreicherungstyp

Doppelgate-FET (Dual-Gate-FET). Zwischen Drain und Source läßt sich eine weitere Gate-Elektrode anbringen. Beide Gates steuern dann den Drainstrom I_D. 2.147 zeigt das Schaltzeichen eines N-Kanal-Dual-Gate-MOS-FET vom Verarmungstyp. Diese Transistoren werden zunehmend in HF-Vor- und -Mischstufen hochwertiger Rundfunk- und Fernsehgeräte eingesetzt.

2.5.5 Isolierschicht-FET (Anreicherungstyp)

Aufbau. Der Anreicherungs-FET (auch Enhancement-Typ oder normally off genannt) hat keinen stromleitenden Kanal. Bild 2.148 verdeutlicht den Aufbau. Die eindiffundierten N-Zonen des N-Kanal-Typs stellen Source- und Drain-Anschluß dar. Die Substratdiode muß auch hier in Sperrichtung betrieben werden.

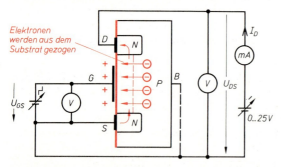

2.148 Einfluß der positiven Gatespannung auf die Elektronen beim N-Kanal-MOS-FET, Anreicherungstyp

Wirkungsweise, Kennlinien. Ist die Gate-Source-Spannung $U_{GS} = 0$, fließt beim Anlegen einer positiven Spannung U_{DS} kein Strom, da zwischen dem Source- und Drain-Anschluß keine leitende Verbindung besteht. Wird zwischen Gate und Source eine positive Spannung U_{GS} gelegt, bewirkt das elektrische Feld zwischen Gate und Substrat, daß Elektronen des Substrats (Minoritätsträger) in die Nähe der Gate-Zone gelangen.

Bei einem bestimmten Schwellwert der Gate-Source-Spannung $U_{GS(TO)}$ (Gate-Source-turn-on-Spannung) sind so viele Elektronen zwischen Source und Gate vorhanden, daß ein Drainstrom I_D fließen kann. Mit

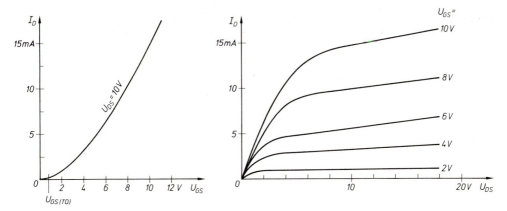

2.149 Kennlinien eines N-Kanal-MOS-FET, Anreicherungstyp

zunehmender Gate-Source-Spannung steigt auch I_D bis zu einem Sättigungswert an. Unter dem Einfluß der Drain-Source-Spannung U_{DS} entstehen Ausgangskennlinien $I_D = f(U_{DS})$ wie bei den anderen FET, nur hat sich der Parameter U_{GS} geändert (2.149).

> Beim N-Kanal-IG-FET (Anreicherungstyp) fließt erst dann Drainstrom, wenn die positive Gate-Source-Spannung den Wert $U_{GS(TO)}$ überschritten hat.

Die Kennwerte des Anreicherungstyps liegen in den gleichen Größenordnungen wie die des Verarmungstyps.

Verstärker (2.150). Wird der MOS-FET (Anreicherungstyp) in Verstärkerschaltungen betrieben, muß seine Gatespannung wie beim bipolaren Transistor durch einen Spannungsteiler aus R_{G1} und R_{G2} erzeugt werden. Die Widerstandswerte liegen im 10-MΩ-Bereich, weil kein Gatestrom fließt.

Vertikal-FET. Bedingt durch die dünne Isolierschicht, liegt die Drain-Gate-Durchbruchspannung bei einigen -zig Volt.
Durch den geänderten technologischen Aufbau des Vertikal-FET (auch V-FET) können Drain-Gate-Durchbruchspannungen von mehreren 100 V erreicht werden. Der V-FET ist ein Anreicherungs-FET.

Umgang mit MOS-FET. Wegen der an der dünnen Isolierschicht auftretenden Feldstärke, schlägt diese Schicht schon bei U_{GS}- bzw. U_{GD}-Spannungen von 60 bis 90 V durch. Die Feldstärke beträgt bei einer Schichtdicke von $s = 0{,}1$ μm bei einer Spannung von 10 V immerhin $E = U/s = 100$ MV/m. Im Vergleich dazu beträgt die Durchschlagsfeldstärke des Vakuums $E_D = 1$ MV/m! Durch statische Aufladung ist schnell die Durchschlagsspannung der kleinen Gate-Kapazität erreicht. Zwei Maßnahmen schützen den FET:

a) Bis zum Einbau in eine Schaltung werden alle Elektroden mit einem Ring kurzgeschlossen. Integrierte MOS-Schaltkreise werden in graphitiertem (= elektrisch leitendem) Schaumstoff transportiert.

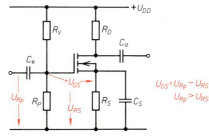

2.150 Gatespannungserzeugung beim N-Kanal-MOS-FET, Anreicherungstyp

b) Parallel zur Gate-Source- bzw. Gate-Drain-Strecke werden Z-Dioden integriert, die bei einer bestimmten Durchbruchspannung leitend werden (**2.**151). Weil sie im Normalbetrieb des Transistors gesperrte PN-Übergänge sind, verringern sie den Eingangswiderstand des Transistors bis auf Werte des PN-FET-Eingangswiderstands.

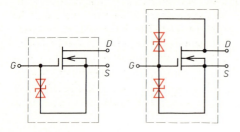

2.151
Integrierte Schutzdioden gegen Gate-Überspannungen

Statische Aufladungen der Gate-Zone zerstören den MOS-FET.

Vergleich zwischen NPN-Transistor und N-Kanal FET. Tabelle **2.**152 stellt die wichtigsten Eigenschaften der Transistoren gegenüber. Sie beziehen sich auf die Emitter- bzw. Source-Schaltung. Die Spannungsverstärkung der FET ist wesentlich kleiner, weil der Wechselspannungsanteil der Spannung U_{GS} mehrere Volt betragen muß, um die gleiche Ausgangsspannungsänderung wie bei bipolaren Transistor zu erreichen.

Tabelle **2.**152 **Vergleich zwischen NPN-Transistor und N-Kanal-FET (Emitter- bzw. Sourceschaltung)**

Eigenschaft	NPN	J-FET	MOS-FET Verarmung	MOS-FET Anreicherung
Eingangswiderstand	klein	sehr groß	sehr groß	sehr groß
mittlere Basis- bzw. Gatespannung	+0,6 V	−1 bis −3 V	etwa 0 V	+2 bis +5 V
Spannungsverstärkung (abhängig von der Schaltung)	groß	klein	klein	klein, beim V-FET groß

Übungsaufgaben zum Abschnitt 2.5

1. Worin unterscheiden sich Feldeffekt-Transistoren in ihrer Wirkungsweise grundsätzlich von bipolaren Transistoren?
2. Warum muß der N-Kanal-J-FET mit einer negativen Gate-Spannung betrieben werden?
3. Ermitteln Sie im Kennlinienfeld **2.**139 die Spannungsverstärkung des FET in Sourceschaltung mit $R_D = 4{,}7$ kΩ und $U_{DD} = 20$ V.
4. Ermitteln Sie nach dem Kennlinienfeld **2.**139 die Steilheit im Arbeitspunkt $-U_{GS} = 2{,}25$ V und berechnen Sie überschlagsmäßig die Spannungsverstärkung. Vergleichen Sie die Ergebnisse mit denen der Aufgabe 3.
5. Worin besteht der Unterschied in der Wirkungsweise zwischen einem MOS-FET Anreicherungstyp und einem Verarmungstyp?
6. Worauf ist beim Umgang mit MOS-FETs zu achten?
7. Was bedeuten die Spannungen $-U_{GSP}$, U_{DSP}, $U_{GS(TO)}$, und welche Bedeutung haben sie für die Wirkungsweise der FET?
8. Erklären Sie die automatische Gatespannungserzeugung beim Sperrschicht-FET.
9. Wie wird die Gatespannung des MOS-FET, Anreicherungstyp erzeugt?

2.6 Thyristoren und Triggerbauelemente

2.6.1 Thyristor und TRIAC

In der modernen Elektronik verdrängen Thyristoren zunehmend Relais und Schütze als elektronische Schalterbauelemente. Thyristoren können bei hohen Spannungen und Strömen große Leistungen schalten, was mit Transistoren nicht möglich ist. Dabei sind Thyristoren praktisch verschleißfrei und brauchen nur eine geringe Steuerleistung. Im Gegensatz zum Transistor genügt ein Strompuls an der Steuerelektrode (Gate), um den Thyristor dauernd in den leitenden Zustand zu bringen. Er kann jedoch nur durch besondere Maßnahmen gesperrt werden.

Triggerbauelemente arbeiten im Prinzip ähnlich wie Thyristoren. Sie haben aber in der Regel die Aufgabe, Spannungs- und Strompulse zu erzeugen, mit denen z. B. Thyristoren angesteuert werden (**2.**153).

Thyristoren können große Leistungen schalten. Sie brauchen nur eine geringe Steuerleistung.

Tabelle **2.**153 **Thyristoren, Triggerbauelemente und Anzahl der dotierten Schichten**

	Zahl der Halbleiterschichten			
	fünf	vier	drei	zwei
Name des Bauelements	TRIAC Fünfschichtdiode	Tyristor, PUT, Vierschichtdiode	DIAC Trigger-Diode	UJT

Begriffsbestimmung. Der Name Thyristor ist eine Zusammensetzung der Begriffe Thyratron und Transistor und bezeichnet ein Bauelement, das die Eigenschaften der Schaltröhre Thyratron mit einer transistorähnlichen Halbleiterstruktur verbindet. Im englischsprachigen Raum heißt er SCR (**S**ilicon **c**ontrolled **r**ectifier = gesteuerter Silizium-Gleichrichter).

Schichtaufbau. Werden je ein NPN- und PNP-Transistor so zusammengeschaltet, daß die Kollektor-Emitterstrecke des einen jeweils als Basisvorwiderstand des anderen Transistors wirkt, entsteht eine Thyristor-Nachbildung (**2.**154). Faßt man die entsprechenden P- und N-Schichten zusammen, erhält man ein Vierschichtbauelement mit der Zonenfolge PNPN.

Die Hauptanschlüsse heißen Anode (+) und Katode (−), die Steueranschlüsse Anodengate (G_A) und Katodengate (G_K). Am häufigsten werden Thyristoren mit Katodengate verwendet.

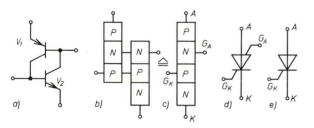

2.154 Thyristor
a) Thyristor-Ersatzschaltung aus Transistoren
b) Schichtaufbau
c) Vierschichtbauelement mit zwei Elektroden
d) Schaltzeichen der Thyristor-Tetrode
e) Schaltzeichen des am häufigsten verwendeten P-Gate-Thyristors

Diodenersatzbild. Der PNPN-Kristall enthält drei Sperrschichten, so daß man das Bauelement als Reihenschaltung von drei Dioden auffassen kann (**2.**155). In Vorwärtsrichtung (Pluspol einer Spannungsquelle an der Anode) sperrt nur die mittlere Diode, während in Rückwärtsrichtung beide äußeren Dioden sperren.

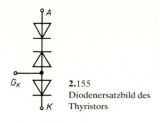

2.155 Diodenersatzbild des Thyristors

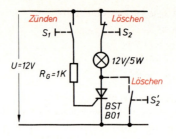

2.156 Zünden und Löschen eines Thyristors

Versuch 2.37 Entsprechend Bild **2.**156 wird ein Thyristor an Gleichspannung betrieben. Die Spannung muß von 0 V auf $U_B = 12$ V gestellt werden. Taster $S1$ wird kurzzeitig betätigt und die Lampe beobachtet. Dann betätigt man kurz den Öffner $S2$. Nach erneutem Zünden durch $S1$ wird der Thyristor zwischen Anode und Katode kurzgeschlossen. Die Betriebsspannung wird umgepolt und $S1$ erneut betätigt.

Ergebnis

a) Die Lampe leuchtet nach Betätigung der Taste $S1$ auf.
b) Sie erlischt erst, wenn $S2$ betätigt oder der Thyristor kurzgeschlossen wird.
c) Nach jeder Löschung muß der Thyristor erneut über $S1$ gezündet werden.
d) Bei negativer Spannung U_{AK} kann der Thyristor nicht gezündet werden.

Zünden des Thyristors durch Gate-Steuerimpuls. Aus Bild **2.**157a ist zu erkennen, daß wegen der hochohmigen Basis-Kollektorstrecken beide Transistoren sperren. Bei einer positiven Anodenspannung U_{B0} kann der Thyristor in den leitenden Zustand gebracht (gezündet) werden, wenn das Katodengate eine positive Gleichspannung oder einen positiven Stromimpuls bekommt. Dies entspricht einem Basisstrom des NPN-Transistors, der aufgesteuert wird. Die niederohmige Kollektor-Emitterstrecke ermöglicht einen Basisstrom des PNP-Transistors, der ebenfalls leitend wird, so daß sich beide Transistoren gegenseitig aufsteuern. Die Spannung U_{AK} der gekippten Anordnung beträgt jetzt nur noch ca. 0,8 bis 1,2 V und ist die Summe aus U_{BE} des einen und $U_{CE\,sat}$ des anderen Transistors (**2.**157b).

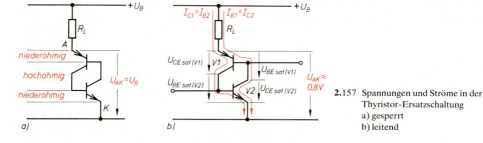

2.157 Spannungen und Ströme in der Thyristor-Ersatzschaltung
a) gesperrt
b) leitend

Die gleiche Wirkung hat ein negativer Stromimpuls am Anodengate (P-Gate-Thyristor). Der Puls muß so hoch und lang sein, daß die mittlere Sperrschicht in den leitenden Zustand kommen kann. Das Kennlinienfeld (**2.**158) verdeutlicht den Einfluß des Gatestroms auf die Zündung.

> Ein positiver Puls am Katodengate bzw. ein negativer Puls am Anodengate läßt den Thyristor bei der Kippspannung U_{B0} in den leitenden Zustand kippen. Je größer der Steuerstrom ist, desto kleiner wird U_{B0}.

Zünden durch Spannungserhöhung (Überkopfzündung). Erhöht man die Betriebsspannung auf $U_{B0\,(null)}$, kommt der mittlere PN-Übergang in den Durchbruch. Der Thyristor kippt dann ohne Gatesteuerung in den leitenden Zustand. Da Thyristoren für hohe Nullkippspannungen $U_{B0\,(null)}$ gefertigt werden, ist diese Art der Zündung unüblich. Triggerdioden können dagegen nur auf diese Weise gezündet werden.

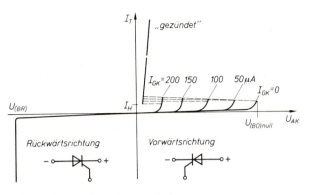

2.158 Kennlinienfeld eines P-Gate-Thyristors

Bei der Überkopfzündung kippt der Thyristor bei der Nullkippspannung $U_{B0\,(null)}$ auch ohne Gateimpuls in den leitenden Zustand.

Zünden durch schnelle Spannungsänderung. Auch ein plötzlicher Anstieg der Betriebsspannung kann den Thyristor zünden. Dann fließt ein Strom, der die Sperrschichtkapazität des gesperrten mittleren PN-Übergangs lädt. Er hat die gleiche Wirkung wie ein Steuerimpuls am Gate.

Löschen des Thyristors durch Stromreduzierung. Der Thyristor wird gelöscht (d.h. in den sperrenden Zustand gebracht), wenn der Durchlaßstrom kleiner als der Haltestrom I_H wird. Das ist der kleinste Strom, bei dem sich das Bauelement gerade noch im leitenden Zustand befindet. Man erreicht dies, indem man entweder kurzzeitig den Stromkreis unterbricht oder den leitenden Thyristor zwischen Anode und Katode kurzschließt, damit der Laststrom über den Taster fließt. Wird der Thyristor als steuerbarer Gleichrichter im Wechselstromkreis eingesetzt, löscht er automatisch in jeder Periode, wenn der Wechselstrom null wird (2.159). Der

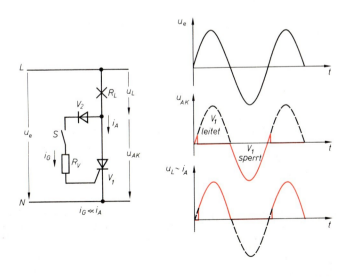

2.159 Thyristor als steuerbarer Gleichrichter im Wechselstromkreis

Thyristor wird zu Beginn jeder positiven Halbschwingung der Wechselspannung ($U_{AK} > 0$) über R_v erneut gezündet. Für den Sperrvorgang ist die Freiwerdezeit von einigen µs erforderlich, da die Ladungsträger aus der mittleren Sperrschicht erst abfließen müssen. Thyristoren können deshalb in Stromkreisen mit schnellen Strom- und Spannungsänderungen nur bedingt eingesetzt werden, weil sie entweder unkontrolliert zünden oder nicht gelöscht werden können.

> Thyristoren werden durch Unterschreiten des Haltestroms I_H gelöscht.

Für kleine Schaltleistungen gibt es abschaltbare Thyristor-Tetroden. Sie können durch einen negativ gerichteten Strompuls am Katodengate gelöscht werden.

Versuch 2.38   Die Schaltungsanordnung aus Bild 2.156 mit Lampe, Thyristor und Schalter $S1$ wird entsprechend Bild 2.160 erweitert. Der Thyristor wird durch Betätigen von $S1$ gezündet. $S2$ wird betätigt und die Lampe beobachtet. Dann betätigt man in schneller Folge $S1$ und $S2$ abwechselnd.

Ergebnis   Die Lampe erlischt beim Betätigen von $S2$. Bei schneller Schaltfolge kann die Lampe nicht immer gelöscht werden.

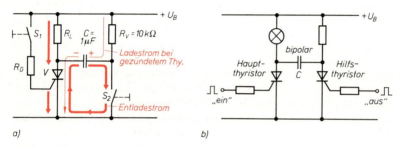

2.160   Löschen des Thyristors durch Strom-Kommutierung
a) mit mechanischem Schalter, b) mit Hilfsthyristor

Löschen durch Kommutierung des Durchlaßstroms. Wenn der Thyristor V leitet, lädt sich der Kondensator C über den Vorwiderstand R_v und V auf. Wird $S2$ betätigt, entlädt sich C über $S2$ und V. Der Entladestrom fließt im Thyristor gegen den Laststrom. Zu Beginn der Entladung ist der Entladestrom größer als der Laststrom, so daß sich kurzzeitig der Anodenstrom I_{AK} umkehrt, bis die mittlere Sperrschicht von Ladungsträgern freigeräumt ist. Der Thyristor ist gelöscht. Die Zeitkonstante $\tau = R_v \cdot C$ muß so klein sein, daß beim Betätigen des Tasters $S2$ der Kondensator voll geladen ist. Wird $S2$ durch einen weiteren Thyristor ersetzt, können beide Thyristoren wechselweise gezündet und gelöscht werden. Nach diesem Prinzip arbeitet z. B. die Zeilenendstufe eines Farbfernsehgeräts.

Anwendungen. Im Bereich der Fernsehtechnik werden Thyristoren vor allem in geregelten Gleichspannungsnetzgeräten und Zeilenendstufen eingesetzt (s. Abschn. 7.3.4). In der elektrischen Energietechnik verwendet man Thyristoren, um große Gleich- und Wechselstromleistungen zu schalten und zu steuern.

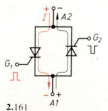

2.161 Antiparallelgeschaltete P-Gate-Thyristoren, zweifache Ansteuerung notwendig

TRIAC. Werden zwei Thyristoren antiparallel geschaltet und entsprechend angesteuert (2.161), kann man sie als Schalter in Wechselstromnetzen einsetzen, ohne daß gleichzeitig die Spannung gleich-

186

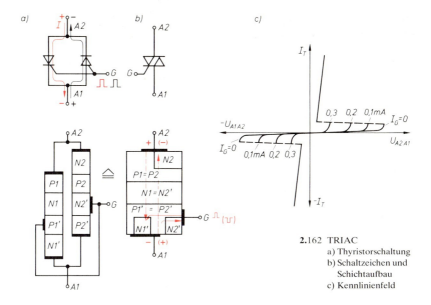

2.162 TRIAC
a) Thyristorschaltung
b) Schaltzeichen und Schichtaufbau
c) Kennlinienfeld

gerichtet wird. Vereinigt man beide Thyristoren zu einem Bauelement, heißt dies TRIAC (**tri**ode for **a**lternating **c**urrent) und braucht nur einen Gateanschluß (**2.**162). Der TRIAC hat zwei Vorwärtsrichtungen. Die Hauptanschlüsse heißen A_1 und A_2.

Die Stromrichtung des Gatestrom-Impulses ist beliebig, jedoch zündet der TRIAC am besten, wenn die Polaritäten der Spannungen denen der Thyristoren entsprechen.

Die Kenndaten des TRIAC entsprechen weitgehend denen des Thyristors. Er kann jedoch keine schnellen Spannungs- und Stromänderungen verarbeiten.

Der TRIAC faßt zwei antiparallel geschaltete Thyristoren zu einem Bauelement. Er wird als Halbleiterschalter in Wechselstromkreisen verwendet.

2.6.2 Triggerbauelemente

Hierzu gehören Vier- und Fünfschichtdiode, Triggerdiode und Unijunctiontransistor. Sie haben ähnliche Eigenschaften wie Thyristor und TRIAC, sperren also in Vorwärtsrichtung bis zur Höhe der Nullkippspannung $U_{B0\,(\text{null})}$. Dann kippen sie in den leitenden Zustand, wobei die Spannung bis zu einer Durchlaßspannung zusammenbricht.

Die Vierschichtdiode entspricht im Aufbau einem Thyristor ohne Gateanschlüsse und kann nur durch Überschreiten der Nullkippspannung $U_{B0\,(\text{null})}$ gezündet werden (**2.**163a auf S. 188). Diese liegt je nach Diode zwischen 20 und 250 V. Vierschichtdioden werden zum Zünden von Thyristoren und zur Erzeugung von Sägezahnspannungen verwendet.

Fünfschichtdiode. Werden zwei Vierschichtdioden antiparallel geschaltet, ergibt sich eine Fünfschichtdiode. Sie zeigt unabhängig von der Polung der Betriebsspannung das Kippverhalten der Vierschichtdiode (**2.**163b).

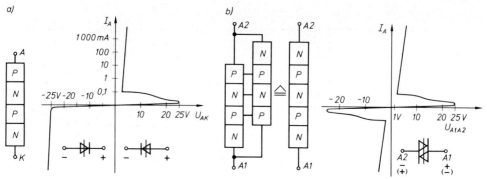

2.163 Vier- und Fünfschichtdiode: Schichtaufbau, Schaltzeichen und Kennlinie
a) Vierschichtdiode
b) Fünfschichtdiode

Der DIAC (**di**ode for **a**lternating **c**urrent, oft als Triggerdiode bezeichnet) ist ein Dreischichtbauelement mit der Transistorzonenfolge NPN oder PNP. Wegen des symmetrischen Aufbaus hat der DIAC zwei Vorwärtsrichtungen. Er verhält sich wie ein Transistor, dessen Basis-Emitterstrecke mit einem Widerstand überbrückt ist (**2.121**, U_{CER}). Bei der Kippspannung U_{B0} (= Durchbruchspannung U_{CER} des Transistors) setzt der Lawinwndurchbruch ein, die Kennlinie springt um einige Volt zurück (**2.164**). Die Spannungsdifferenz ist zwar nicht so ausgeprägt wie bei der Fünfschichtdiode, doch kann der DIAC in vielen Anwendungen diese teurere Diode ersetzen. DIAC werden überwiegend zum Zünden von TRIAC eingesetzt.

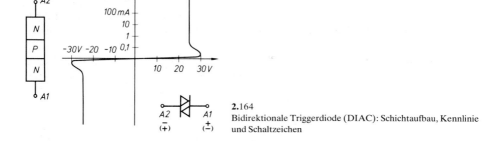

2.164 Bidirektionale Triggerdiode (DIAC): Schichtaufbau, Kennlinie und Schaltzeichen

Der Unijunction-Transistor (UJT; unijunction, engl. eine Sperrschicht), auch Doppelbasis-Diode genannt, besteht im Modell aus einem schwach N-dotierten Siliziumplättchen, in das etwa in der Mitte eine stark P-dotierte Insel eindiffundiert ist (**2.165**). Die N-Anschlüsse heißen Basis 1 und 2, der P-Anschluß heißt Emitter. Im Ersatzbild des UJT ist eine Diode in der Mitte eines Spannungsteilers angeschlossen, der aus den Teilwiderständen zwischen $B1$ und E bzw. E und $B2$ besteht.

Wirkungsweise. Die Emitterdiode wird leitend, wenn eine Spannung $U_{EB1} = U_p$ (Höckerspannung) größer ist als $U_F + U_A$.

$$U_p = U_F + U_A, \quad U_A = \frac{R_{B1}}{R_{B1} + R_{B2}} \cdot U_{BB} = \eta \cdot U_{BB}$$

$$U_p = U_F + \eta \cdot U_{BB}$$

U_F = Schleusenspannung des PN-Übergangs
U_A = Teilspannung am internen Spannungsteiler

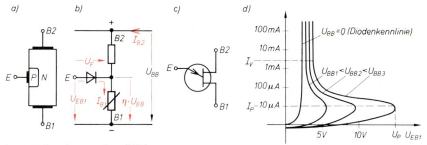

2.165 Unijunction-Transistor (UJT)
a) Modell, b) Ersatzschaltung, c) Schaltzeichen, d) Kennlinien

Dann wird die schwach dotierte Zone R_{B1} von Ladungsträgern überschwemmt und niederohmig. U_A sinkt, U_{EB1} auch, da $U_F = 0{,}7$ V = konstant ist. D. h. bei steigendem Strom sinkt U_{EB} (siehe Kennlinie 2.165d). Durch Ändern der Spannung U_{BB} läßt sich die Höckerspannung U_p zwischen ca. 0,6 V und einem Höchstwert einstellen.

Versuch 2.39 Die Basis-Basisstrecke des UJT wird mit den Widerständen R_{B1} und R_{B2} in Reihe geschaltet. Der Emitter liegt am Spannungsteiler aus R_v und C. Die Spannungsverläufe von U_E und U_a werden mit dem Oszilloskop dargestellt.

Während R_{v2} verändert wird, beobachtet man die Oszillogramme.

Ergebnis An R_{B1} ist eine Pulsspannung, am Emitter eine Sägezahnspannung zu erkennen. Die Frequenz der Spannung wird höher, je kleiner R_{v2} wird.

Pulsgenerator mit UJT (2.166). Im Einschaltmoment ist der UJT gesperrt. Der Kondensator lädt sich über R_v bis zur Höckerspannung U_{EB1} auf. Der UJT zündet, und der Kondensator entlädt sich über die Basis-Emitterstrecke und R_{B1}, wobei an R_{B1} ein Spannungspuls entsteht. Unterschreitet der Entladestrom den Haltestrom des UJT, sperrt dieser wieder, und U_a fällt auf 0 V. Der Kondensator lädt sich erneut auf U_{EB1} auf, so daß der nächste Kippvorgang stattfinden kann. Am Kondensator erkennt man den typischen Spannungsverlauf bei der Aufladung. Der steile Abfall der Spannung entsteht durch den geringen Widerstand des Entladestromkreises.

Die Frequenz des Kippgenerators wird maßgeblich von der Zeitkonstanten $\tau = R_v \cdot C$ bestimmt, die Amplitude der Ausgangsspannung hängt vom Verhältnis der Widerstände R_{B1} und R_{B2} ab. Mit dem Spannungspuls an R_{B1} kann ein Thyristor angesteuert werden.

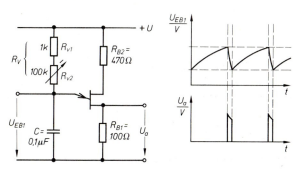

2.166 Puls- und Sägezahngenerator mit UJT

> Unijunction-Transistoren werden zur Ansteuerung von Thyristoren und in Sägezahngeneratoren verwendet.

Programmierbarer Unijunction-Transistor (PUT, **2.**167). Wird das Anodengate G_A einer Thyristor-Tetrode über einen Spannungsteiler an eine positive Spannung gelegt und die Anodenspannung U_{AK} von null Volt erhöht, kippt der Thyristor in den leitenden Zustand, wenn U_{AK} etwa 0,6 V größer als die Spannung am Gate ist (**2.**154a, Basis des PNP-Transistors). Die Spannung U_{AK} bricht auf einen Wert von 2 bis 3 Volt zusammen.

Diese Schaltungsanordnung zeigt das gleiche Schaltverhalten wie ein Unijunction-Transistor, wenn dort die Spannung U_{EB1} geändert wird. Während jedoch beim UJT die Größe der Höckerspannung U_p durch das Spannungsteilerverhältnis des Interbasiswiderstands festgelegt ist, kann die Höckerspannung des Thyristors bei gleichbleibender Betriebsspannung durch das Teilerverhältnis der beiden äußeren Widerstände eingestellt werden – der „UJT" ist programmierbar (PUT).

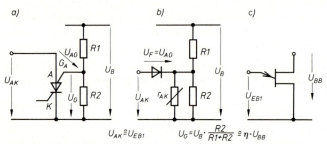

2.167 Thyristortetrode als programmierbarer Unijunction-Transistor (PUT)
   a) Prinzipschaltung
   b) Ersatzschaltung
   c) UJT im Vergleich

> Beim Programmierbaren Unijunction-Transistor PUT läßt sich die Höhe der Höckerspannung durch das Teilerverhältnis des Anodengate-Spannungsteilers einstellen.
>
> $$\text{UJT:}\ U_{EB1} = \eta \cdot U_{BB} + U_{(T0)} \qquad \text{PUT:}\ U_{AK} = U_B \cdot \frac{R2}{R1+R2} + 0{,}6\ \text{V}$$

Der Talstrom I_v ist ebenfalls abhängig vom äußeren Spannungsteiler. Man faßt $R1$ und $R2$ gedanklich zu einer Parallelschaltung zusammen. Je größer der Widerstandswert dieses Ersatzwiderstands ist, desto kleiner kann I_v werden.

Übungsaufgaben zu Abschnitt 2.6

1. Geben Sie Schichtfolge, Elektroden und Schaltzeichen eines Thyristors an.
2. Beschreiben Sie die Wirkungsweise eines Thyristors mit Hilfe des Transistorersatzbilds.
3. Beschreiben Sie Maßnahmen zum Zünden von Thyristoren.
4. Beschreiben Sie Maßnahmen zum Löschen von Thyristoren.
5. Welche schaltungstechnische Vereinfachung bringt der TRIAC gegenüber zwei antiparallel geschalteten Thyristoren?
6. Wovon hängt beim UJT und beim PUT die Größe der Höckerspannung ab?
7. Beschreiben Sie die Wirkungsweise eines Pulsgenerators mit UJT.

2.7 Elektronen- und Elektronenstrahlröhren

2.7.1 Diode, Triode, Pentode

Versuch 2.40 Anode und Katode einer Hochvakuumdiode PY 88 werden über einen Strommesser miteinander verbunden (**2.168**). Die Heizspannung wird eingeschaltet und der Zeigerausschlag des Meßgeräts beobachtet. Dann schaltet man eine stellbare Gleichspannung 0 bis 20 V zwischen Anode und Katode und beobachtet den Stromanstieg.

Ergebnis Auch ohne äußere Spannung fließt in der geheizten Röhre ein Anodenstrom. Er steigt stark an, wenn zusätzlich eine positive Anodenspannung angelegt wird.

Glühemission. Wird ein Metall stark (auf etwa 800 bis 900 °C) erhitzt, treten an seiner Oberfläche Elektronen aus. Da das Metall durch den Entzug der Elektronen positiv ionisiert wird und die Luftmoleküle der Umgebung die Elektronen stark abbremsen, werden sie sofort in die Metalloberfläche zurückgedrückt. In einem Glaskolben mit extrem niedrigen Luftdruck (Hochvakuum) bildet sich an der geheizten Elektrode (Katode) eine Elektronenwolke. Die Katode besteht aus einem Nickelröhrchen, das mit einer gut emittierenden Schicht versehen ist und meist durch eine isolierte Heizwendel erhitzt wird (indirekte Heizung).

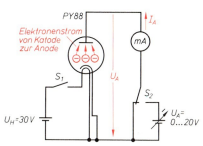

2.168 Einfluß der Katodenheizung und der Anodenspannung auf den Anodenstrom einer Diode

Diode. Die Elektronen werden von einer zweiten Elektrode, der positiv geladenen Anode aufgenommen. Katode und Anode bilden die Elektroden einer Diode (Zweipol-Röhre **2.169**).

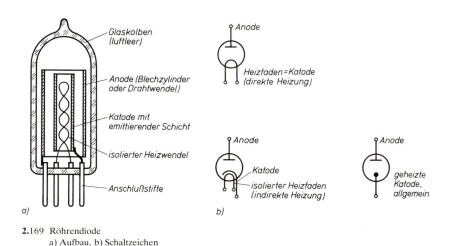

2.169 Röhrendiode
a) Aufbau, b) Schaltzeichen

Auch bei außen kurzgeschlossenen Elektroden fließt schon ein geringer Anlaufstrom. Der Anodenstrom I_A steigt stark an, wenn die Anode positiver als die Katode wird (Raumladegebiet). Eine geringe negative Spannung der Anode gegenüber der Katode unterdrückt den Strom völlig (**2.170**). Die Anodenspannung ist etwa 5- bis 10mal größer als die Durchlaßspannung von Halbleiterdioden.

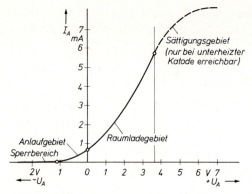

Im Hochvakuum eines Glaskolbens sendet die geheizte Katode Elektronen aus, die von der positiven Anode angenommen werden. Es fließt Anodenstrom.

2.170 $I_A - U_A$-Kennlinie einer Diode

Triode, Steuergitter. Zwischen Anode und Katode wird eine zusätzliche Elektrode angebracht, das Steuergitter. Es ist ein feiner, gewendelter Draht, der dicht um die röhrenförmige Katode gewickelt ist. Diese Dreielektrodenröhre heißt Triode (**2.**171a).

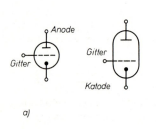

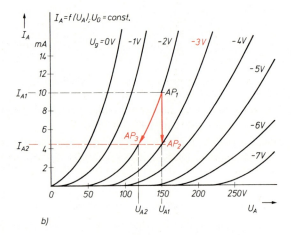

2.171 Triode
a) Schaltzeichen, wahlweise Kreis oder Oval
b) Ausgangskennlinienfeld $I_A = f(U_A)$, U_G = konstant

Versuch 2.41 Eine Triode EC 92 wird entsprechend Bild **2.**172 mit einer Anodenspannung $U_A = 150$ V betrieben. Die Gitterspannung wird langsam von 0 V auf -5 V gesenkt und dabei der Anodenstrom gemessen.

Ergebnis Je negativer das Gitter gegenüber Katode wird, desto kleiner ist der Anodenstrom.

Versuch 2.42 Bei einer fest eingestellten Gitterspannung $-U_G = 1$ V wird die Anodenspannung nach Bild **2.**172 von 50 auf 200 V erhöht und die Anodenstromänderung beobachtet. Der Versuch wird mit $-U_G = 2$ V und $U_A = 50$ V bis 270 V wiederholt.

Ergebnis Der Anodenstrom steigt mit der Anodenspannung an, ohne einen Sättigungswert zu erreichen. Ist die Gitterspannung negativer, läßt sich die gleiche Stromstärke nur bei einer größeren Anodenspannung erreichen.

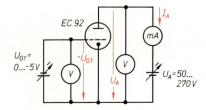

2.172 Anodenstromsteuerung in einer Triode durch Gitter- und Anodenspannungsänderung

Anodenstromsteuerung. Bei der Gitterspannung von 0 Volt verhält sich die Triode wie eine Diode, d. h., die Höhe des Anodenstroms läßt sich direkt von der Anodenspannung beeinflussen. Wird das Gitter negativer als die Katode, übt es auf die negativen Elektronen eine abstoßende Wirkung aus, so daß der Anodenstrom geschwächt wird. Bei entsprechend negativer Gitterspannung wird der Anodenstrom völlig unterdrückt. Die Steuerwirkung des Gitters ist wesentlich größer als die der Anode, da es sich dichter an der Katode befindet.

Gitterstrom. Das Steuergitter darf nicht positiv gegenüber der Katode werden, weil dann ein Teil des Elektronenstroms zum Gitter und nicht zur Anode fließt. Dies hat Verzerrungen und Überlastung der Röhre zur Folge.

Da im Normalbetrieb kein Gitterstrom fließt, wird der Anodenstrom leistungslos gesteuert.

> In der Triode steuert eine negative Gitterspannung den Anodenstrom. Die Röhre braucht keine Steuerleistung.

Das Ausgangskennlinienfeld $I_A = f(U_A)$, $-U_G$ als Parameter (**2.**171 b) läßt erkennen, daß der Anodenstrom sowohl von der Steuergitterspannung als auch von der Anodenspannung – stärker als beim Transistor der Kollektorstrom von der Kollektorspannung – beeinflußt wird.

Wird der Arbeitspunkt (AP_1) bei konstanter Anodenspannung $U_{A1} = 150$ V und $U_{G1} = -2$ V durch Verändern der Gitterspannung auf $U_{G2} = -3$ V auf AP_2 verschoben, ergibt sich eine Anodenstromänderung von $I_{A1} = 10$ mA auf $I_{A2} = 4,4$ mA. Die gleiche Anodenstromänderung erhält man, wenn man bei konstant gehaltener Gitterspannung die Anodenspannung von $U_{A1} = 150$ V auf $U_{A2} = 118$ V herabgesetzt (AP_3).

In Verstärkerschaltungen mit Trioden lassen sich wegen des Einflusses der Anodenspannung auf den Anodenstrom (= Anodenrückwirkung) nur geringe Stufenverstärkungen erzielen.

Bei der Pentode (griech.: Fünfpolröhre) sind zwischen Steuergitter und Anode Schirmgitter und Bremsgitter angeordnet (**2.**173 a).

Schirmgitter. Um die Anodenrückwirkung zu verringern, erhält das Schirmgitter eine konstante positive Spannung. Die Anodenspannung kann kaum noch den Anodenstrom beeinflussen; es entstehen Ausgangskennlinien ähnlich wie beim Feldeffekttransistor (**2.**173 b u. c).

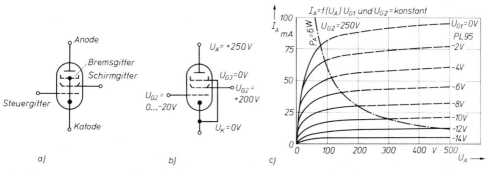

2.173 Pentode
  a) Schaltzeichen, Bremsgitter intern mit Katode verbunden
  b) Schaltzeichen mit getrennt herausgeführtem Bremsgitter
  c) Ausgangskennlinienfeld $I_A = f(U_A)$, U_{G1} und U_{G2} = konstant

> Durch die konstante positive Spannung des Schirmgitters wird die Steuerwirkung der Anodenspannung auf den Anodenstrom unterbunden.

Bremsgitter. Durch die positive Spannung des Schirmgitters werden die Elektronen so stark beschleunigt, daß sie beim Aufprall auf die Anode weitere Elektronen herausschlagen. Diese Sekundärelektronen fliegen zum Schirmgitter und vermindern den Anodenstrom. Durch das Bremsgitter, das meist mit der Katode verbunden ist und somit negatives Potential hat, werden die Elektronen im Raum zwischen Schirmgitter und Anode abgebremst und noch entstehende Sekundärelektronen zu ihr zurückgeführt.

> Das Bremsgitter unterdrückt den Sekundärelektroneneffekt.

Elektronenröhren sind – bis auf die Elektronenstrahlröhren (Bildröhren usw.) – von Halbleiterbauelementen verdrängt worden. Deshalb wurde hier auf eine weitere Darstellung der Elektronenröhre als Verstärkerröhre verzichtet. Da das strahlerzeugende System einer Elektronenstrahlröhre im Prinzip einer Pentode entspricht, müssen wir Aufbau und Anodenstromsteuerung kennen.

2.7.2 Aufbau von Elektronenstrahlröhren

Zur bildlichen Darstellung elektrischer Signale verwendet man Elektronenstrahlröhren (Braunsche Röhren, benannt nach den deutschen Physiker Braun). Es sind Hochvakuumröhren, in denen ein gebündelter Elektronenstrahl auf einem Bildschirm einen Leuchtpunkt erzeugt, der waagrecht und senkrecht abgelenkt wird. Bild **2.**174 zeigt den Aufbau einer solchen Röhre. Sie enthält strahlerzeugendes System, Elektronenoptik mit Anode, Strahlablenkung und Leuchtschirm.

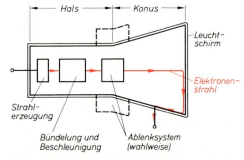

2.174 Aufbau einer Elektronenstrahlröhre

Versuch 2.43 Bei voller Bildschirmhelligkeit mißt man Katoden- und Wehneltpotential einer Fernsehbildröhre und berechnet daraus die negative Gitterspannung $-U_{G1}$, die auf die Katode bezogene ist. Die gleichen Untersuchungen werden bei dunklem Schirm durchgeführt.

Ergebnis Je dunkler der Bildschirm, desto negativer ist der Wehneltzylinder gegenüber Katode (s. Abschn. 2.7.1, Triode).

Strahlerzeugung und Helligkeitseinstellung. Eine indirekt geheizte Katode befindet sich im Innern einer weiteren rohrförmigen Elektrode mit einer Lochblende, dem Wehneltzylinder (Wehnelt, deutscher Physiker). Die von der Katode ausgesendeten Elektronen werden von der stark positiven Anodenspannung so stark beschleunigt, daß sie durch den Wehneltzylinder und eine Lochanode hindurch auf den Bildschirm fliegen (**2.**175). Durch die Energie dieser Elektronen werden beim Aufprall auf die Leuchtschicht Elektronen der Leuchtstoffatome kurzzeitig auf eine energiereichere Umlaufbahn gebracht. Beim Rückfallen auf ihre ursprüngliche Bahn geben sie die Energie in Form von Lichteinheiten ab. Diese Erscheinung nennt man Fluoreszenz. Die Lichtstärke des Leuchtpunkts nimmt allmählich ab. Dieses Nachleuchten (Phosphoreszenz) beträgt je nach Art des Leuchtstoffs zwischen 1 µs und mehreren Sekunden, bei Fernsehbildröhren z. B. einige Millisekunden.

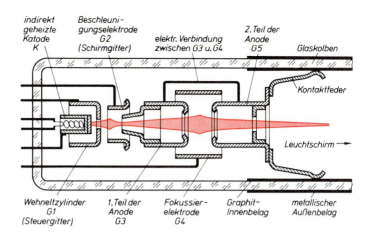

2.175 Elektronenstrahlsystem einer Schwarzweiß-Bildröhre (doppelte Originalgröße)

Die Innenseite des Glaskolbens ist mit einem leitenden Graphitbelag ausgekleidet, der mit der Anode verbunden ist. Die Sekundärelektronen werden von diesem Belag angezogen und zum Pluspol der Anodenspannungsquelle geführt, womit der Stromkreis zwischen Anode und Katode geschlossen ist.

Die Helligkeit des noch unscharfen Bildpunktes entspricht der Menge und Geschwindigkeit der aufprallenden Elektronen. Eine negative Spannung zwischen Wehneltzylinder und Katode steuert die Intensität (Stärke, Menge) des Elektronenstrahls wie das Steuergitter einer Elektronenröhre. Bei stark negativem Wehneltzylinder (bis ca. −100 V gegen Katode) ist der Elektronenstrom völlig unterbunden, der Bildschirm bleibt dunkel. Bild **2.**176 zeigt die Steuerkennlinie einer Schwarzweiß-Bildröhre.

> Mit der negativen Spannung des Wehneltzylinders wird die Helligkeit des Lichtpunktes beeinflußt.

Versuch 2.44 Der Einfluß des Focus-Stellers eines Oszilloskops wird bei ausgeschalteter Strahlablenkung untersucht und, wenn möglich, die Spannung an der Fokussierelektrode gemessen. Der Einfluß der Punkthelligkeit auf die Fokussierung wird beobachtet.

Ergebnis Punktschärfe ist abhängig von der Spannung an der Fokussierelektrode, aber auch von der Helligkeit.

> Mit der Spannung an der Fokussierelektrode läßt sich die Schärfe des Bildpunkts einstellen.

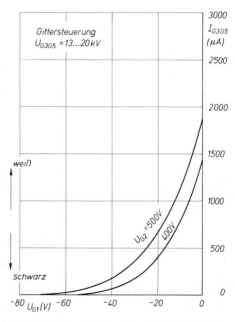

2.176 Steuerkennlinie einer Schwarzweiß-Bildröhre

Elektronenoptik. Der aus dem Wehneltzylinder austretende leicht gebündelte Elektronenstrahl wird in der Elektronenoptik zum Punkt fokussiert (focus lat.: Brennpunkt). Die Elektronenoptik besteht aus mehreren rohrförmigen Elektroden (Gitter), die mit unterschiedlich hohen positiven Spannungen betrieben werden (2.177).

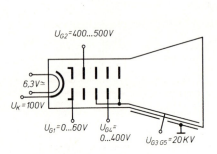

2.177 Schaltzeichen und Energieversorgung einer Schwarzweiß-Bildröhre

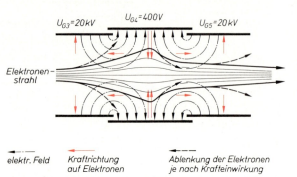

2.178 Fokussierung des Elektronenstrahls

Wirkungsweise. Zwischen den Gittern entstehen elektrische Felder, die die gleiche Wirkung auf den Elektronenstrahl haben wie ein Linsensystem auf Lichtstrahlen: Die Elektronen werden entgegengesetzt zur Feldrichtung abgelenkt (2.178). Dadurch wird der Strahl zunächst aufgeweitet, dann wieder gebündelt.

Das Fokussiersystem einer Schwarzweiß-Bildröhre besteht aus folgenden Elektroden (2.177):
- $G2$ als Beschleunigungselektrode, die wie ein Schirmgitter mit einer konstanten Spannung betrieben wird (ca. 500 V);
- $G3$ als erster Teil der Anode mit sehr hoher positiver Spannung (bis 20 kV);
- $G4$ als Fokussierelektrode mit einer mittelhohen einstellbaren Spannung zur Schärferegulierung 0 bis 400 V. Die Spannung U_{G4} wird so eingestellt, daß der Brennpunkt des Elektronenstrahls auf dem Leuchtschirm liegt;
- $G5$ ist der zweite Teil der Anode.

Je nach Anforderung an die Strahlschärfe können in einer Elektronenstrahlröhre bis zu 6 Fokussierelektroden vorhanden sein.

> Die Bündelung (Fokussierung) des Elektronenstrahls geschieht durch elektrische Felder.

Strahlablenkung. Damit das träge menschliche Auge eine Linie oder ein Bild wahrnimmt, wird der Leuchtpunkt schnell über den Bildschirm geführt. Um jede Stelle des Schirms zu erreichen, wird der Strahl in einem Ablenksystem horizontal und vertikal abgelenkt. Dazu verwendet man elektrische oder magnetische Felder.

Elektrische Ablenkung. Bei Oszilloskopenröhren wird die Ablenkung durch zwei um 90° zueinander versetzte Plattenpaare durchgeführt. Das senkrecht stehende Paar bewirkt die horizontale oder X-Ablenkung, das liegende Paar die vertikale oder Y-Ablenkung. Der negative Elektronenstrahl wird jeweils von der positiven Platte angezogen (2.179). Die Strahlablenkung ist fast trägheitslos, so daß sehr schnelle Vorgänge dargestellt werden können. Zur Ablenkung sind allerdings verhältnismäßig hohe Spannungen nötig. Sie werden um so größer, je stärker der Elektronenstrahl beschleunigt worden ist, d. h. je größer die Anodenspannung ist.

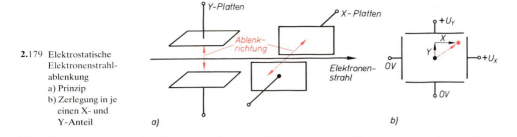

2.179 Elektrostatische Elektronenstrahlablenkung
a) Prinzip
b) Zerlegung in je einen X- und Y-Anteil

> Durch Spannung an den Ablenkplatten wird elektrostatisch abgelenkt.
> Elektrostatische Ablenkung ist nur für kleine Ablenkwinkel geeignet.

Versuch 2.45 Der Leuchtpunkt eines Oszilloskopenschirms wird durch Annähern eines Hufeisenmagnets von vorn abgelenkt. Ablenkrichtung und Richtung des Dauermagnetfelds werden in Beziehung gebracht.

Ergebnis Die Ablenkung geschieht rechtwinklig zum Magnetfeld.

Magnetische Ablenkung. Um bei Bildröhren geringer Bautiefe mit großem Leuchtschirm den Strahl ausreichend abzulenken, benutzt man Ablenkspulen. Auf einem gemeinsamen Ferritkern befinden sich zwei Spulenpaare, in denen durch Ablenkströme zwei senkrecht aufeinanderstehende Magnetfelder erzeugt werden (2.180a).

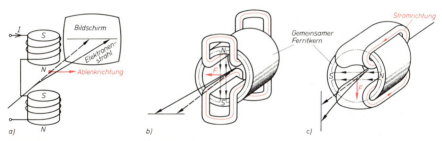

2.180 Magnetische Elektronenstrahlablenkung
a) Ablenkspule, b) Sattelspule, c) Toroidspule

In Fernsehgeräten wählt man Spulen unterschiedlicher Bauart. Zur Horizontalablenkung werden Sattelspulen verwendet, die innerhalb eines Ferritkerns liegen (2.180b). Zur Vertikalablenkung nimmt man Toroidspulen, die um den Ferritkern gewickelt sind (2.180c). Der Strom durchfließt die Toroidspulen gegensinnig, so daß die gleichnamigen Magnetpole der Spulenfelder zusammenliegen. Damit der Magnetkreis jeder Spule geschlossen ist, muß das Magnetfeld aus dem Kern austreten. Die Ablenkeinheit wird von außen auf den Bildröhrenhals geschoben und schmiegt sich der Wölbung des Glaskolbens an. Nachteile dieser Ablenkung sind die hohe Ablenkleistung und die frequenzabhängige Verformung des Ablenkstroms durch die Induktivitäten. Deshalb verwendet man magnetische Ablenkung nur für feste Ablenkfrequenzen. Dem stehen hoher Ablenkwinkel (bis 110°) und geringe Abhängigkeit der Ablenkung von der Anodenspannung als Vorteil gegenüber.

> Ablenkströme bewirken eine Strahlablenkung rechtwinklig zu den ablenkenden Magnetfeldern. Zur magnetischen Ablenkung braucht man eine Ablenkleistung.

2.7.3 Schwarzweiß-Bildröhre

Bilddarstellung. Zur Darstellung von Fernsehbildern nimmt man großformatige Bildröhren. Der Leuchtpunkt wird zeilenweise schnell und gleichzeitig langsam von oben nach unten über den Bildschirm geführt, so daß scheinbar der ganze Bildschirm gleichzeitig erhellt ist. Die eigentliche Bildinformation wird durch Hell-Dunkel-Steuerung des Punktes erreicht, indem man die Spannung zwischen Katode und Wehneltzylinder verändert.

Bauform (2.181). Weil die Röhre eine geringe Bautiefe haben soll, wird magnetisch abgelenkt. Heute verwendet man ausschließlich Bildröhren mit 110° Ablenkwinkel (diagonal) und Schirmdiagonalen von 31 bis 65 cm. Das Seitenverhältnis des Schirms beträgt etwa 5 : 4.

Unfallverhütung. Auf dem großen, fast luftleeren Glaskolben lastet die enorme Gewichtskraft der Luft von etwa 30 kN. Schon eine geringe Beschädigung des Kolbens kann zur Implosion führen, wobei die zunächst ineinanderstürzenden Glasteile durch die Wucht des Zusammenpralls auseinanderschießen. Beim Hantieren mit Bildröhren sind deshalb grundsätzlich folgende Regeln zu beachten:

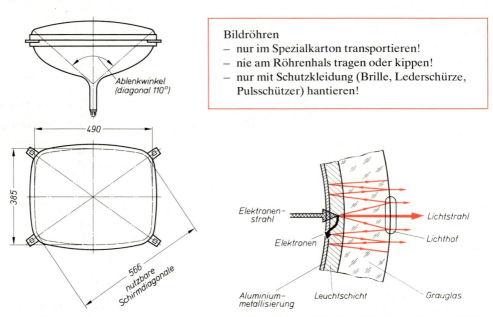

Bildröhren
– nur im Spezialkarton transportieren!
– nie am Röhrenhals tragen oder kippen!
– nur mit Schutzkleidung (Brille, Lederschürze, Pulsschützer) hantieren!

2.181 Bildröhrendiagnonale und Ablenkwinkel

2.182 Aufbau des Bildschirms (Ausschnitt, Dickenverhältnisse nicht maßstäblich)

Aufbau des Leuchtschirms (2.182). Als Leuchtstoffe werden nebeneinander liegende blau- und grünleuchtende Materialien verwendet, deren Mischlicht dem Tageslicht ähnlich ist. Die Leuchtschicht wird mit einer hauchdünnen, aufgedampften Aluminiumschicht hinterlegt. Sie läßt die Elektronen zur Leuchtschicht durchdringen und reflektiert gleichzeitig den Lichtanteil, der nach innen abgestrahlt würde. Außerdem schützt diese Schicht die Leuchtschicht vor negativen Ionen der noch im Kolben vorhandenen Gasreste. Diese Gasreste werden wie die Elektronen zum Bildschirm beschleunigt, lassen sich aber wegen ihrer Masse kaum ablenken, prallen auf die Bildschirmmitte und würden eine ungeschützte Leuchtschicht zerstören.

Die Aluminiumschicht ist elektrisch leitend mit dem schwarzen Graphit-Innenbelag und dem Anodenanschluß verbunden und führt die Elektronen ab.

Die Röhrenfrontplatte besteht aus Grauglas, das einen Teil des an der Glasinnenseite mehrfach reflektierten Lichtes abschwächt und dadurch den Lichthof um den Punkt verkleinert. Dieses Glas verringert auch die Reflexion der Raumbeleuchtung.

Der Kolben der Fernsehbildröhre ist außen ebenfalls mit Graphit beschichtet. Er bildet mit dem Innenbelag einen Kondensator mit einer Kapazität von 1 bis 2,5 nF je nach Röhrengröße und wirkt als Ladekondensator für die Anodenspannung (s. Abschn. 7.3.4).

Zur Großbildprojektion von Fernsehbildern bis 2,5 m × 3,5 m Kantenlänge werden Bildröhren mit kleinem Bildschirm (72 mm × 96 mm), aber extremer Helligkeit verwendet. Ihre Anodenspannung beträgt bis 50 kV.

Bildaufnahmeröhren (Kameraröhren) gehören ebenfalls zu den Elektronenstrahlröhren. Ihre Wirkungsweise unterscheidet sich aber grundlegend von den hier dargestellten Röhren. Deshalb sind sie getrennt in Abschnitt 7.1.2 erläutert.

2.7.4 In-line-Farbbildröhre

Farbbildröhren nutzen die Eigenschaft des menschlichen Auges, nebeneinanderliegende leuchtende Farbpunkte zu einer Mischfarbe zusammenzufassen. Auf diese Weise lassen sich durch additive Farbmischung aus den drei Grundfarben rot, grün und blau sämtliche Farben darstellen (s. Abschn. 8.1.1).

Versuch 2.46 Der weiß leuchtende Bildschirm einer In-line-Farbbildröhre wird mit einer Lupe betrachtet. Es sind Farbtripel (tripel, lat.: aus drei Dingen) aus je einem rot-, grün- und blauleuchtenden Farbpunkt zu erkennen. Bei größerem Abstand von der Bildröhre verschmelzen die Farbpunkte zu weiß.

Aufbau. Die In-line-Farbbildröhre entspricht in ihrer Form der Schwarzweiß-Bildröhre (**2.**183a).

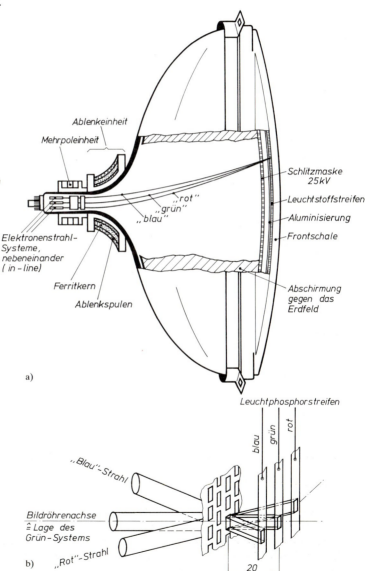

2.183 In-line-Farbbildröhre a) Schnitt, b) Wirkungsweise der Schlitzmaske

199

Sie enthält drei getrennte Elektronenstrahlsysteme, die im Röhrenhals nebeneinander (engl.: in line) liegen. Der Bildschirm ist mit Streifen von drei Leuchtstoffen versehen. Sie verlaufen senkrecht von oben nach unten und leuchten durch Elektronenbeschuß rot bzw. blau oder grün auf. In ca. 20 mm Abstand vom Bildschirm befindet sich innen eine Schlitzmaske aus Stahlblech mit etwa 400 000 über- und nebeneinander angeordneten Schlitzen. Die Elektronenstrahlen der drei Strahlkanonen treten gleichzeitig durch denselben Schlitz, treffen jeweils einen der drei Leuchtstreifen und regen ihn zum Leuchten an (**2.**183b). Weil die Schlitze schmaler als die Leuchtstreifen sind, ist die Landung eines Elektronenstrahls auf „seinem" Farbstreifen sichergestellt.

> Bei der In-line-Farbbildröhre treffen drei Elektronenstrahlen durch eine Schlitzmaske auf die zugehörigen Leuchtstreifen für die Grundfarben rot, grün und blau.

Die Maske ist wie die Aluminisierung der Leuchtschicht und der Innenbelag mit der Bildröhrenanode verbunden, so daß etwa 80% des Elektronenstroms über die Maske abfließen und sie erwärmen. Durch die wärmebedingte Ausdehnung würde sich die Zuordnung der Streifen an den Schlitzen verschieben. Deshalb sorgen Bimetallfedern für eine Temperaturkompensation der Maskenaufhängung. Eine hohe Anodenspannung von 25 kV sichert die ausreichende Bildhelligkeit trotz der hohen Verluste (**2.**184).

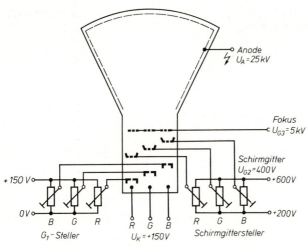

2.184 Energieversorgung der Farbbildröhre

Farbreinheit und Konvergenz (konvergieren, lat.: zusammenlaufen). Für den einwandfreien Betrieb einer Farbbildröhre müssen zwei Bedingungen erfüllt sein:

> Farbreinheit: Jeder Elektronenstrahl darf nur die ihm zugehörigen Farbstreifen treffen.
> Konvergenz: Die drei Elektronenstrahlen müssen gleichzeitig durch denselben Schlitz der Schlitzmaske gehen.

Farbreinheitsfehler treten durch die wärmebedingte Ausdehnung der Streifenmaske und Fertigungstoleranzen auf. Hinzu kommt, daß die Maske unter dem Einfluß des ständigen Erdmagnetfelds und durch die Magnetfelder der Elektronenstrahlen allmählich magnetisiert wird und dadurch die Elektronen geringfügig ablenkt. Die Bildröhren haben deshalb im Kolbeninnern ein Abschirmblech, das den Erdfeldeinfluß mindert. Zusätzlich wird um die Röhre eine Entmagnetisierungsspule gelegt, durch die beim Einschalten des Geräts ein allmählich abklingender Wechselstrom fließt (s. Abschn. 2.2.2). Die Stromaufnahme dieser Spule aus dem Wechselstromnetz kann im Einschaltmoment bis zu 5 A betragen. Die übrigen Farbreinheitsfehler, die wegen der nebeneinander liegenden Elektronenstrahlsysteme vor allem in horizontaler Richtung auftreten, korrigiert man durch drehbare Dauermagnetringe am Bildröhrenhals.

Konvergenzfehler. Werden die Elektronenstrahlen abgelenkt, entstehen Bildverzerrungen. Da die Bildröhre keine Kugeloberfläche hat, sondern flach gewölbt ist, wird der Weg des Elektronenstrahls an den Ecken länger als in der Bildschirmmitte. Die Folge sind Kissenverzerrungen (**2.185**). Größtenteils werden sie durch speziell geformte unlineare Ablenkfelder korrigiert, die man durch entsprechend verformte Ablenkströme oder geformte Ablenkspulen (in Strangwickeltechnik) erreicht. Das System Bildröhre–Ablenkeinheit ist selbstkonvergierend.

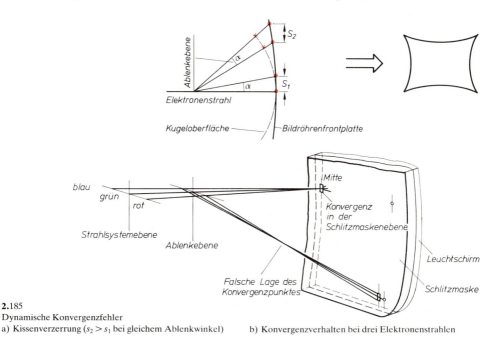

2.185
Dynamische Konvergenzfehler
a) Kissenverzerrung ($s_2 > s_1$ bei gleichem Ablenkwinkel)   b) Konvergenzverhalten bei drei Elektronenstrahlen

Dynamische Konvergenz. Wegen der größeren Bildschirmbreite sind die Verzerrungen in horizontaler Richtung größer als in vertikaler. Deshalb ist eine zusätzliche Ost-West-Korrektur (horizontal) notwendig. Bei älteren In-line-Bildröhren trägt die Ablenkeinheit zusätzlich Spulen für die dynamische Konvergenz. Bei neueren Bildröhrengenerationen reicht eine Amplitudenänderung des horizontalen Ablenkstroms, während ein Bild geschrieben wird.

> Dynamische Konvergenzfehler entstehen an den Bildschirmrändern. Sie können nur durch magnetische Wechselfelder beseitigt werden.

Statische Konvergenz. Da die Elektronenstrahlsysteme für blau und rot nicht in der Bildröhrenachse liegen, erfordern sie weitere Konvergenzkorrekturen. Dazu dienen mehrere unterschiedlich magnetisierte Ferritringe, die auf dem Bildröhrenhals sitzen und sich gegeneinander verdrehen lassen. Bild **2.**186 zeigt die Wirkung einer solchen **Mehrpoleinheit** auf die einzelnen Elektronenstrahlen.

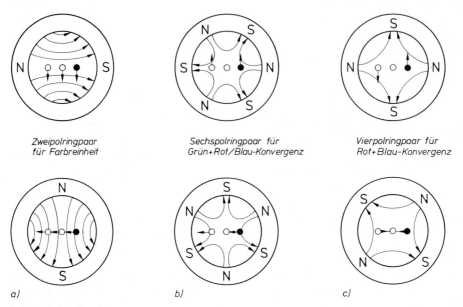

2.186 Mehrpoleinheit
    a) Zweipolringpaar für Farbreinheit
    b) Sechspolringpaar für grün + rot/blau-Konvergenz
    c) Vierpolringpaar für rot + blau-Konvergenz

2.7.5 Lochmasken-Farbbildröhre (Delta-Röhre)

Aufbau. Bei der älteren Delta-Farbbildröhre liegen die drei Elektronenstrahlsysteme um rund 120° zueinander versetzt im Röhrenhals (**2.**187). Statt einer Schlitzmaske wird eine Lochmaske mit etwa 400 000 runden Löchern verwendet. Die drei Elektronenstrahlen treffen durch dasselbe Loch jeweils einen der drei punktförmig eingebrachten Leuchtphosphore und lassen sie

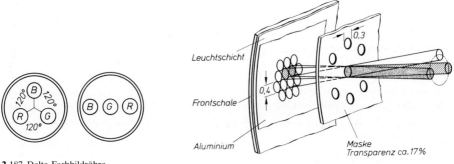

2.187 Delta-Farbbildröhre
    a) Systemanordnung, b) Wirkungsweise der Lochmaske

rot bzw. grün oder blau aufleuchten. Nach der Anordnung der Elektronenstrahlsysteme bilden je drei Leuchtpunkte die Ecken eines gleichseitigen Dreiecks (Farbtripel).

> Jedem Loch in der Lochmaske der Delta-Röhre ist ein Farbtripel auf dem Bildschirm zugeordnet.

Statische Konvergenz. Für die Bildschirmmitte ist die Konvergenzbedingung verhältnismäßig leicht zu erfüllen. Fertigungstechnische Toleranzen (unterschiedliche Neigung der Elektronenkanonen zur Bildröhrenachse) haben eine Abweichung des Strahlverlaufs zur Folge. Durch drei außen angebrachte Dauermagnete der Radial-Konvergenzeinheit werden die Strahlen in Richtung auf den Mittelpunkt verschoben (**2.**188). Zusätzlich verschiebt man den Blaustrahl tangential mit dem Blauschiebemagnet der Lateraleinheit (lateral, lat.: seitlich).

Farbreinheit. Mit den Farbreinheitsmagneten werden alle Strahlen gleichzeitig verschoben, bis jeder Farbpunkt gleichmäßig hell leuchtet. (Mit der Lupe prüfen.) An den Schirmrändern wird die Farbreinheit durch Verschieben der Ablenkeinheit erzielt.

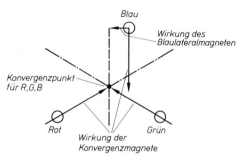

2.188 Wirkungsweise der Konvergenzmagnete

Dynamische Konvergenz. Da kein Elektronenstrahlsystem in der Bildröhrenachse liegt, treten außer den Kissen auch Trapezverzerrungen auf. Beide überlagern sich. Bild **2.**189 zeigt, wie die einzelnen Elektronenstrahlen ohne dynamische Konvergenz den Bildschirm überschreiben. Je größer der Ablenkwinkel der Strahlen ist, um so stärker treten diese Fehler auf. Zur Korrektur sind erheblich mehr Maßnahmen als bei der In-line-Röhre erforderlich: Die magnetischen Felder der Radial-Konvergenz- und des Blaulateral-Magneten werden durch zusätzliche Wechselfelder beeinflußt (Konvergenzspulen). Dagegen müssen die Ablenkströme in horizontaler Richtung (Ost-West-Korrektur) und in vertikaler Richtung (Nord-Süd-Korrektur) in der Höhe verändert werden.

Wegen dieses hohen Korrekturaufwands sowie der geringeren Transparenz (Durchlässigkeit) und Schärfe ist die Delta-Röhre von der In-line-Röhre verdrängt worden.

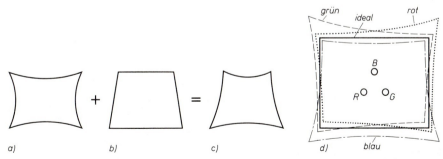

2.189 Dynamische Konvergenzfehler bei der Delta-Röhre
    a) Kissenverzerrung
    b) Trapezverzerrung
    c) Resultierender Fehler
    d) Konvergenzfehler der drei Farben

2.7.6 Trinitron-Bildröhre

Aufbau. Die japanische Trinitron-Röhre enthält nur ein Elektronensystem, in dem drei getrennt erzeugte Strahlen durch eine gemeinsame elektronische Linse gebündelt werden (2.190). Sie treten durch ein „elektrisches Prisma" nebeneinander (in-line) aus. Die Farbauswahl geschieht durch ein Blendengitter, das aus einem 0,1 mm dicken Stahlblech mit durchgehenden, nebeneinanderstehenden Schlitzen besteht. Zur besseren Stabilität werden drei feine horizontale Hilfsdrähte zusätzlich eingebracht. Wegen der geringen Abschattung des Bildschirms durch diese Maske hat diese Röhre etwa 30% mehr Transparenz als die In-line-Röhre. Der Leuchtschirm besteht aus senkrecht angeordneten Farbstreifen der Reihenfolge rot, grün, blau usw.

Konvergenz. Diese Bildröhre hat den Vorteil, daß bei vertikaler Ablenkung kein Konvergenzfehler wie bei der In-line-Röhre auftritt. Der bei horizontaler Ablenkung entstehende Konvergenzfehler wird zum Teil dadurch korrigiert, daß die Röhrenoberfläche zylindrisch gewölbt ist und somit etwa den Kreisbogen der Konvergenzpunkte entspricht (2.189a). Die Konvergenzfehler werden durch das elektrische Prisma erzeugt.

Eigenschaften. Um dem Blendengitter die notwendige Stabilität zu geben, muß der Rahmen äußerst stabil aufgebaut sein. Das bedeutet ein beträchtliches Mehrgewicht gegenüber der In-line-Röhre. Allerdings haben Trinitrons wegen der geringeren Abschattung durch das Blendegitter einen höheren Wirkungsgrad.

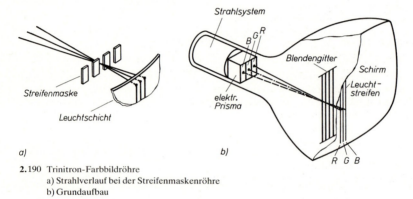

2.190 Trinitron-Farbbildröhre
a) Strahlverlauf bei der Streifenmaskenröhre
b) Grundaufbau

Übungsaufgaben zu Abschnitt 2.7

1. Welchen Einfluß übt die Steuergitterspannung auf den Anodenstrom einer Röhre aus?
2. Beschreiben Sie die Wirkung des Schirmgitters.
3. Wie lassen sich Helligkeit und Schärfe des Bildpunkts einer Elektronenstrahlröhre beeinflussen?
4. Beschreiben Sie den Aufbau einer Schwarz-Weiß-Bildröhre.
5. Auf welche Art kann der Elektronenstrahl in einer Elektronenstrahlröhre abgelenkt werden? Nennen Sie Vor- und Nachteile beider Verfahren.
6. Beschreiben Sie Aufbau und Wirkungsweise einer In-line-Farbbildröhre.
7. Klären Sie die Begriffe statische und dynamische Konvergenz und Farbreinheit, Nord-Süd- und Ost-West-Korrektur.
8. Warum hat die In-line-Röhre die Delta-Röhre verdrängt?

3 Grundschaltungen der Elektronik

3.1 Kopplung von Transistorstufen

3.1.1 Gesamtverstärkung und Anpassung

Gesamtverstärkung. Um große Verstärkungen zu erzielen, schaltet man mehrere Transistor-Verstärkerstufen hintereinander (Kopplung). Die Gesamtverstärkung von zwei Stufen

$$V_{u1} = \frac{u_{a1}}{u_{e1}} \quad \text{und} \quad V_{u2} = \frac{u_{a2}}{u_{e2}} = \frac{u_{a2}}{u_{a1}} \quad \text{beträgt:}$$

$$V_{u\,ges} = \frac{u_{a2}}{u_{e1}} = \frac{u_{a2}}{u_{a1}} \cdot \frac{u_{a1}}{u_{e1}} = V_{u1} \cdot V_{u2}.$$

Beispiel 3.1   Nach Bild 3.1

1. Verstärkerstufe

$$V_{u1} = \frac{u_{a1}}{u_{e1}} = \frac{200\,\text{mV}}{10\,\text{mV}} = 20$$

$$V_{u\,ges} = \frac{u_{a2}}{u_{e2}} = \frac{2\,\text{V}}{10\,\text{mV}} = \mathbf{200} \quad \text{oder}$$

$$V_{u\,ges} = V_{u1} \cdot V_{u2} = 20 \cdot 10 = \mathbf{200}$$

2. Verstärkerstufe

$$V_{u2} = \frac{u_{a2}}{u_{e1}} = \frac{2\,\text{V}}{20\,\text{mV}} = 10$$

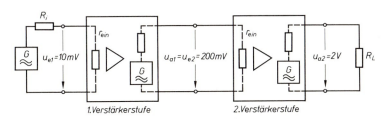

3.1 Gesamtverstärkung eines zweistufigen Verstärkers

Bei den Spannungsverstärkungen handelt es sich um Betriebsverstärkungen, d. h. der Eingangswiderstand der folgenden Verstärkerstufe belastet die vorherige, so daß deren Leerlaufausgangsspannung sinkt.

Anpassung. Der Eingangswiderstand der zweiten Verstärkerstufe entspricht der Parallelschaltung der beiden Basis-Spannungsteilerwiderständen mit dem Transistoreingangswiderstand. Um die größtmögliche Leistung zu übertragen, müssen Eingangs- und Ausgangswiderstand der beiden Stufen gleich groß sein. Dies ist in der Praxis selten der Fall, so daß eine Fehlanpassung besteht. Moderne Transistorverstärker haben jedoch eine so hohe Stufenverstärkung, daß eine Spannungs- und Leistungsminderung durch Fehlanpassung ausgeglichen werden kann.

3.1.2 RC-Kopplung

Die einfachste Art der Kopplung zweier Stufen besteht darin, das Signal über einen Koppelkondensator vom Kollektor zur Basis zu übertragen (**3.**2). Durch die gleichspannungsmäßige Trennung können die Arbeitspunkte der Stufen einzeln eingestellt werden. Der Verstärker enthält jedoch viele Einzelbauelemente.

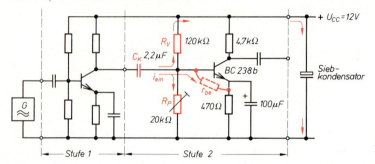

3.2
Verstärker mit RC-Kopplung

Untere Grenzfrequenz. Das RC-Glied aus C_K und dem Eingangswiderstand r_{ein} bestimmt als Hochpaß die untere Grenzfrequenz des Verstärkers.

Untere Grenzfrequenz $$f_{gu} = \frac{1}{2\pi \cdot C_K \cdot r_{ein}}$$

Beispiel 3.2 Bei einer Verstärkerstufe mit $r_{be} = 3\,\text{k}\Omega$ und einem Basisspannungsteiler, bestehend aus $R_v = 180\,\text{k}\Omega$ und $R_p = 12\,\text{k}\Omega$, soll der Koppelkondensator für $f_g = 50\,\text{Hz}$ berechnet werden.

Lösung Zunächst wird der Stufeneingangswiderstand ermittelt.

$$\frac{1}{r_{ein}} = \frac{1}{r_{be}} + \frac{1}{R_v} + \frac{1}{R_p} = \frac{1}{3\,\text{k}\Omega} + \frac{1}{12\,\text{k}\Omega} + \frac{1}{180\,\text{k}\Omega} \quad r_{ein} = 2{,}37\,\text{k}\Omega$$

$$C_K = \frac{1}{2\pi \cdot f_g \cdot r_{ein}} = \frac{1}{2\pi \cdot 50\,\frac{1}{\text{s}} \cdot 2{,}37\,\text{k}\Omega} = \mathbf{1{,}34\,\mu F}$$

Versuch 3.1 Bei der Emitterschaltung (Stufe 2 im Bild **3.**2) wird bei $f = 1\,\text{kHz}$ eine unverzerrte Ausgangsspannung $u_{aSS} = 5\,\text{V}$ eingestellt. Die Eingangswechselspannung u_{eSS} wird gemessen. Sie muß während der folgenden Meßreihe konstant bleiben! Dann mißt man die Ausgangsspannung bei verschiedenen Frequenzen, und zwar bei 20, 50, 100, 200, 500, 1000 Hz usw. bis 50 kHz. Der Frequenzgang $u_a = f(f)$ wird skizziert. Zur Kontrolle der Skizze werden die Grenzfrequenzen gemessen, bei denen die Ausgangsspannung noch 70,7% der Spannung bei 1 kHz beträgt.

Ergebnis Im Frequenzbereich zwischen 100 Hz und 20 kHz ist die Ausgangsspannung praktisch konstant.

Bei der Reihenschaltung mehrerer gleicher Stufen steigt die untere Grenzfrequenz des Gesamtverstärkers an, da bei f_g alle Stufen nur noch 70% der maximalen Verstärkung aufweisen. Diese müssen miteinander multipliziert werden. Man wählt deshalb große Kapazitätswerte für den Koppelkondensator von mehreren µF im NF-Bereich und legt die untere Grenzfrequenz je Stufe sehr tief.

Grenzfrequenz des Gesamtverstärkers $$f'_g = f_g \cdot (\sqrt{2})^{(n-1)}$$ f_g = Grenzfrequenz je Stufe
n = Anzahl der Stufen

Beispiel 3.3 Fünfstufiger Verstärker mit $f_g = 50\,\text{Hz}$
$f'_g = f_g \cdot (\sqrt{2})^{(n-1)} = 50\,\text{Hz} \cdot 1{,}41^{(5-1)} = 50\,\text{Hz} \cdot 4 = \mathbf{200\,Hz}$

Obwohl die untere Grenzfrequenz jeder Stufe 50 Hz beträgt, ist die Grenzfrequenz des fünfstufigen Verstärkers nur noch 200 Hz.

Weil auch der Emitterkondensator die untere Grenzfrequenz beeinflußt, müssen beide Kapazitäten ausreichend groß gewählt werden.

> Bei der RC-Kopplung werden die Verstärkerstufen gleichspannungsmäßig getrennt. Koppel- und Emitterkondensator beeinflussen die untere Grenzfrequenz.

3.1.3 Transformatorkopplung

Verstärkerstufen können mit einem Transformator gekoppelt werden (3.3). Durch entsprechende Wahl des Übersetzungsverhältnisses lassen sich die Stufen leistungsanpassen. Tansformatoren beeinflussen jedoch durch ihren frequenzabhängigen Blindwiderstand und ihre Wicklungskapazitäten den Frequenzgang des Verstärkers nachteilig. Darum verwendet man heute Transformatoren zur Stufenkopplung nur noch in Sonderfällen:

– zur Leistungsanpassung und Phasendrehung (Mittelanzapfung) in NF-Leistungsendstufen (s. Abschn. 3.2.2),

– in Form von Bandfiltern in HF-Verstärkern (s. Abschn. 3.4.2),

– zur Impulsübertragung und -formung in Fernsehgeräten.

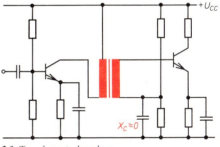

3.3 Transformatorkopplung

> Transformatoren als Koppelelemente von Transistorstufen beeinflussen den Frequenzgang des Verstärkers ungünstig.

3.1.4 Gleichstromkopplung

Bei der Gleichstrom- oder galvanischen Kopplung wird das Signal ohne Koppelkondensator direkt auf die nächste Stufe gekoppelt (3.4a auf S. 208). Damit ist auch eine Übertragung von Geichspannungspegeln möglich. Weil die Basisspannung des zweiten Transistors gleich der Kollektorspannung des ersten ist, muß die Emitterspannung von V2 um U_{BE} niedriger sein als U_{CE1}. Dadurch wird der Aussteuerbereich des zweiten Transistors eingeengt. Der Arbeitspunkt der folgenden Stufe wird von den Spannungspegeln der Vorstufe beeinflußt, so daß Maßnahmen zur Arbeitspunktstabilisierung notwendig sind.

> Mit gleichspannungsgekoppelten Verstärkern können Gleichspannungspegel übertragen werden.

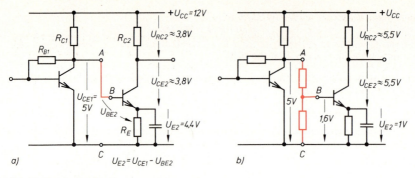

3.4 Gleichstromkopplung
  a) direkte Kopplung   b) Kopplung über Spannungsteiler

Basisspannungsteiler. Die Kopplung der Transistoren kann über einen Basisspannungsteiler erfolgen, der die Basisspannung des zweiten Transistors einstellt, so daß dessen Aussteuerbereich größer wird (**3.**4b). Die Arbeitspunkte beider Stufen müssen getrennt stabilisiert werden. Nachteilig wirkt sich aus, daß auch das Wechselspannungssignal durch den Spannungsteiler verringert wird.

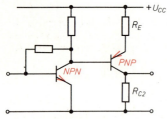

3.5 NPN-PNP-Kombination

NPN-PNP-Kombination. Verwendet man abwechselnd je einen NPN- und PNP-Transistor in Emitterschaltung, kann man beim zweiten Transistor einen größeren Aussteuerungsbereich erreichen (**3.**5). Auch hier müssen beide Stufen getrennt stabilisiert werden.

Kollektor-Emitterstrecke und Kollektorwiderstand des ersten Transistors bilden den Basisspannungsteiler des zweiten. Wird z.B. der NPN-Transistor durch Erwärmung leitender, steuert er auch den PNP-Transistor auf. Deshalb werden der Arbeitspunkt des V1 durch Spannungs- und der des V2 durch Stromgegenkopplung stabilisiert.

Wechsel der Transistor-Grundschaltungen (**3.**6). Werden die beiden Transistoren wechselweise in Emitter- und Kollektorschaltung betrieben, können diese Verstärker den verschiedenen Anpassungsfällen gerecht werden. Die Spannungs-Verstärkung ist höchstens so groß wie die der Stufe in Emitterschaltung.

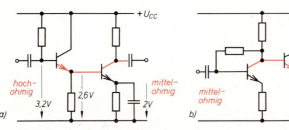

3.6 Wechsel der Transistorgrundschaltungen
  a) Kollektor- und Emitterschaltung
  b) Emitter- und Kollektorschaltung

3.1.5 Verstärker mit gemeinsamer Arbeitspunktstabilisierung

Mit der in Bild **3**.7 gezeigten Schaltung lassen sich bei minimalen Bauelementeaufwand hohe Verstärkung und Arbeitspunktstabilisierung verknüpfen. Die Schaltung wird so angelegt, daß an R_E eine Spannung von 0,8 bis 1,5 V abfällt. Daraus ergeben sich alle anderen Spannungen. Über R_v erhält der Transistor $V1$ seine Basisvorspannung, R_E dient zur Arbeitspunktstabilisierung beider Stufen.

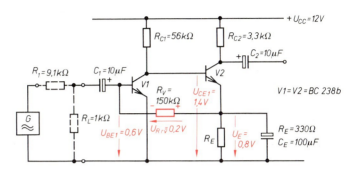

3.7 Gemeinsame Arbeitspunktstabilisierung für $V1$ und $V2$

Versuch 3.2 Bei einem zweistufigen, gleichstromgekoppelten Verstärker (**3**.7) wird die Spannungsverstärkung bei $u_{aSS} = 5$ V bestimmt. Da die Eingangsspannung sehr klein ist, teilt man die Ausgangsspannung des NF-Generators mit einem Spannungsteiler 9,1 kΩ zu 1 kΩ. Das Oszilloskop mißt die Generatorspannung, und das Ergebnis $u_a : u_{Gen}$ ist mit 10 zu multiplizieren.

Ergebnis $V_u \approx 2000$

Mit diesem Verstärker lassen sich Spannungsverstärkungen bis ca. 2000 erreichen. Der Verstärker mit gemeinsamer Arbeitspunktstabilisierung wird darum als Standardschaltung vielfältig eingesetzt (Mikrofon- und Entzerrer-Vorverstärker).

Arbeitspunktstabilisierung. Wird z.B. der Transistor $V2$ durch einen anderen Transistor mit größerem Kollektor-Basisstromverhältnis ersetzt, entsteht durch den größeren Kollektorstrom eine höhere Spannung am Emitterwiderstand. Über R_v wird die Basisspannung von $V1$ erhöht, so daß größerer Basis- und Kollektorstrom durch $V1$ fließen. I_{C1} bewirkt, daß die Kollektorspannung von $V1$ und die Basisspannung von $V2$ sinken und damit $V2$ weniger leitet. Der Kollektorstrom von $V2$ stellt sich auf einen neuen Mittelwert ein, der nur geringfügig vom Ursprungswert abweicht.

Spannungsgegenkopplung. Wird die Ausgangswechselspannung über R_R auf den Emitter von $V1$ zurückgekoppelt, erreicht man eine Spannungsgegenkopplung, mit der sich die Gesamtverstärkung einstellen läßt (**3**.8). Das zur Emitterwechselspannung u_E phasengleiche Signal u_a vergrößert u_E, so daß auch die Eingangswechselspannung u_e größer werden muß. Die Gesamtverstärkung V'_u sinkt. V'_u entspricht dem Verhältnis der Widerstände R_R zu R_E.

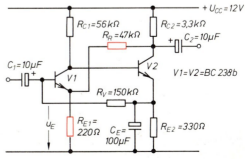

3.8 Zweistufiger Verstärker mit Spannungsgegenkopplung

Herleitung

$u_E \approx u_e$, da $u_{BE} \ll u_E$ (Gegenkopplung durch R_E)

$$V'_u = \frac{u_a}{u_e} \approx \frac{u_a}{u_E}$$

$$\frac{u_a}{u_E} \approx \frac{R_R + R_E}{R_E} \quad \text{(Spannungsteiler)} \quad \frac{u_a}{u_E} \approx \frac{R_R}{R_E} + \frac{R_E}{R_E} = \frac{R_R}{R_E} + 1$$

Eigentlich müßte der Ausgangswiderstand r_a des $V1$, der zwischen Emitter und Masse liegt, noch berücksichtigt werden. Er ist aber wegen der geringen Ströme im $V1$ größer als R_E und kann deshalb vernachlässigt werden.

Stufenverstärkung des gegengekoppelten zweistufigen Verstärkers $\qquad V'_u \approx \dfrac{R_R}{R_E}$

3.1.6 Darlington-Verstärker

Eine Sonderform des direkt gekoppelten Verstärkers bildet der Darlington-Verstärker (**3.**9). Hier werden die Kollektoren der beiden Transistoren parallelgeschaltet. Der Emitterstrom des ersten Transistors ist der Basisstrom des zweiten. Beide Stufen haben eine Stromverstärkung.

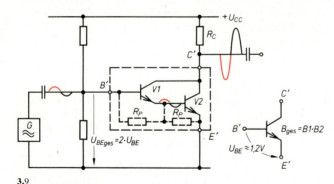

$$B_1 = \frac{I_{C1}}{I_{B1}} \qquad B_2 = \frac{I_{C2}}{I_{B2}}$$

$$I_{B2} = I_{E1} \approx I_{C1}$$

$$B_{ges} = \frac{I_{C2}}{I_{B1}} \approx \frac{I_{C2}}{I_{C1}} \cdot \frac{I_{C1}}{I_{B1}} = B_1 \cdot B_2$$

Die Basis-Emitterspannung der Gesamtschaltung beträgt $2 \cdot U_{BE} \approx 1{,}2\,\text{V}$.

3.9 Darlington-Schaltung und NPN-Ersatztransistor

Der Darlington-Verstärker entspricht einem Transistor mit großem Kollektor-Basisstromverhältnis $B_{ges} \approx B_1 \cdot B_2$.

Häufig wird parallel zur Basis-Emitterstrecke ein Widerstand geschaltet, damit bei Erwärmung der Kollektorstromanstieg des ersten Transistors nicht den Arbeitspunkt des zweiten zu sehr verschiebt.

Beide Transistoren können auf einem Halbleiterchip zusammengefaßt und in einem Gehäuse untergebracht werden, sie heißen Darlington-Transistoren. Ihr Kollektor-Basisstromverhältnis B beträgt zwischen 1000 und 2000 bei Leistungs- und 10000 bis 20000 bei Kleinleistungsdarlingtons.

Komplementär-Darlington. Schaltet man einen NPN- und PNP-Transistor zu einem Darlington zusammen, entsteht eine Komplementär-Darlingtonschaltung (**3.**10; komplementär, lat.: ergänzen).

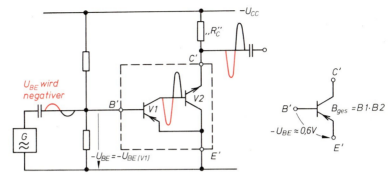

3.10 Komplementär-Darlington und PNP-Ersatztransistor

Wirkungsweise. Transistor $V1$ wird in Emitterschaltung und Transistor $V2$ in Kollektorschaltung betrieben, wobei $V1$ das Eingangssignal invertiert ($V2$ aber nicht). Bei der angegebenen Betriebsspannung kann nur dann eine Invertierung erfolgen, wenn ein PNP-Transistor in Emitterschaltung betrieben wird. D.h., die gesamte Schaltung wirkt als PNP-Transistor. Beide Transistoren haben eine Stromverstärkung, so daß sich wie beim Darlington ein Kollektor-Basisstromverhältnis $B_{ges} \approx B_1 \cdot B_2$ ergibt. Die Schwellspannung U_{BE} beträgt hier nur etwa 0,6 V.

> Der Komplementär-Darlington entspricht einem Ersatztransistor vom Leitfähigkeitstyp des ersten Transistors mit großem Kollektor-Basisstromverhältnis.

3.1.7 Kaskode-Schaltung

Bei der Kaskode-Schaltung werden zwei Transistoren gleichspannungsmäßig in Reihe geschaltet (**3.**11). Der untere Transistor kann in Emitterschaltung betrieben werden, der zweite arbeitet in Basisschaltung. Die Z-Diode stabilisiert die Basisspannung von $V1$ und schließt gleichzeitig den Wechselspannungsanteil über ihren kleinen differentiellen Widerstand kurz.

Eigenschaften. Die Stromverstärkung entspricht etwa der des unteren Transistors in Emitterschaltung, die Spannungsverstärkung der des oberen Transistors in Basisschaltung: Der niedrige Eingangswiderstand des oberen Transistors belastet den Ausgangswiderstand (Innenwiderstand) des unteren so stark, daß die Ausgangswechselspannung praktisch kurzgeschlossen wird. Die Verstärkung des unteren Transistors ist demnach etwa eins.

Zusammengefaßt hat die Stufe folgende Eigenschaften:

- V_i von $V1$ (Emitterschaltung)
- V_u von $V2$ (Basisschaltung)
- r_{ein} von $V1$ (Emitterschaltung)
- r_{aus} von $V2$ (Basisschaltung)

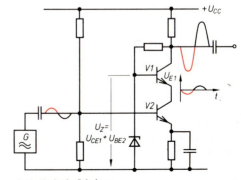

3.11 Kaskode-Schaltung

Der Vorteil dieser Schaltung liegt darin, daß der Einfluß der Basis-Kollektor-Kapazität auf die obere Grenzfrequenz klein gehalten wird und diese Stufe für Verstärker im Hochfreqenzbereich mit den Vorteilen von Emitter- und Basisschaltung eingesetzt werden kann. Außerdem kann die Betriebsspannung so groß wie die Summe der Durchbruchspannungen beider Transistoren sein ($U_{CC} \approx U_{CE\,01} + U_{CE\,02}$).

> Die Kaskode-Schaltung wirkt wie ein Transistor mit sehr großer Kollektor-Emitter-Durchbruchspannung. Sie hat eine hohe Grenzfrequenz.

Übungsaufgaben zum Abschnitt 3.1

1. Wie groß ist die Gesamtverstärkung eines dreistufigen Verstärkers, dessen Betriebsverstärkung je Stufe $V_u = 80$ beträgt?
2. Warum müssen moderne Transistor-Verstärkerstufen nicht mehr leistungsangepaßt werden?
3. Aus welchen Gründen wird die RC-Kopplung besonders häufig verwendet?
4. Skizzieren Sie den Stromlaufplan eines gleichstromgekoppelten, zweistufigen Verstärkers mit großem Eingangs- und kleinem Ausgangswiderstand mit $V_u > 1$.
6. Erklären Sie, wie die Spannungen U_{BE1}, U_{CE1} und U_{BE2} des zweistufigen Verstärkers in Bild **3.**7 zustandekommen.
7. Weisen Sie nach, daß die Spannungsgegenkopplung im Bild **3.**8 auch den Arbeitspunkt stabilisiert.
8. Skizzieren Sie einen PNP-Darlington und einen Komplementär-Darlington, der wie ein NPN-Transistor wirkt. Beschreiben Sie die Wirkungsweisen beider Schaltungen.

3.2 NF-Leistungsverstärker

3.2.1 Eintakt-A-Verstärker

Zum Betrieb von Lautsprechern muß ein NF-Verstärker elektrische Wechselstromleistung aufbringen. Dazu sind entsprechend große Kollektorstrom- und -spannungsänderungen erforderlich. Damit auch so große Signalamplituden wenig verzerrt werden, legt man den Arbeitspunkt des Leistungstransistors auf die Mitte der Arbeitsgeraden (A-Verstärker). Zum Erreichen hoher Ausgangsleistungen brauchen bipolare Transistoren eine Steuerleistung. Sie wird von der ansteuernden Stufe, der Treiberstufe (**3.**12) geliefert. Bei Verstärkern mit FET und Röhren entfällt die Treiberstufe wegen der leistungslosen Ansteuerung.

3.12
Blockbild eines NF-Verstärkers mit bipolaren Transistoren

Vorverstärker, überwiegend Spannungsverstärkung — *Treiberstufe liefert Steuerleistung für Endstufe* — *Leistungsendstufe* — *Lautsprecher benötigt elektrische Leistung*

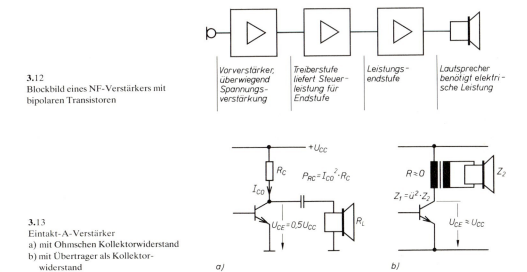

3.13
Eintakt-A-Verstärker
a) mit Ohmschen Kollektorwiderstand
b) mit Übertrager als Kollektorwiderstand

Ausgangsübertrager. Wird das Signal über einen Kondensator am Kollektorwiderstand R_C ausgekoppelt, entsteht auch bei nichtangesteuerter Verstärkerstufe ($u_e = 0$) am Ohmschen Widerstand R_C eine Gleichstromleistung $P_{RC} = (I_{C0})^2 \cdot R_C$. Sie setzt den Wirkungsgrad des Verstärkers herab und sorgt für unnötige Erwärmung (3.13a).

Statt dessen verwendet man einen Ausgangsübertrager mit vernachlässigbar kleinem Wirkwiderstand, so daß im nichtangesteuerten Fall die volle Betriebsspannung am Transistor anliegt ($U_{CE} \approx U_{CC}$, **3.**14). Der Scheinwiderstand des Lautsprechers wird in den Kollektorkreis übertragen und bestimmt über das Übersetzungsverhältnis des Übertragers die Lage einer Widerstandsgeraden, die nur bei Ansteuerung des Transistors wirksam ist.

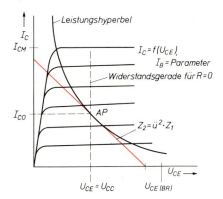

3.14
Lage der Widerstandsgeraden im Kennlinienfeld

Um mit einem Transistor die größtmögliche Wechselstromleistung zu erzielen, müssen folgende Bedingungen erfüllt werden:

Der Arbeitspunkt muß auf der Mitte der Arbeitsgeraden und zugleich auf der Leistungshyperbel mit P_{tot} liegen. Die Arbeitsgerade darf die Leistungshyperbel nur berühren (Tangente!).

Die Betriebsspannung darf höchstens halb so groß wie die Kollektordurchbruchspannung $U_{CE(BR)}$ sein. Wegen des unvermeidlichen Spannungsfalls am Ohmschen Widerstand des Übertragers und des zur Arbeitspunktstabilisierung nötigen Emitterwiderstand wird U_{CE} auf $0{,}9 \cdot U_{CC}$ festgelegt.

Der maximale Kollektorstrom I_{CM} darf nicht überschritten werden.

Werden vor allem die ersten beiden Bedingungen nicht eingehalten, treten Verzerrungen oder Leistungsminderungen auf.

Kollektorstrom, -spannung, -verlustleistung. Die folgenden Überlegungen gelten für den Idealfall, daß bei leitendem Transistor die Kollektorspannung $U_{CE} = 0\,\text{V}$ ist und die Wechselstromgrößen sinusförmig und unverzerrt sind. Im nichtangesteuerten Zustand beträgt die Kollektorspannung $U_{CE} = U_{CC}$ und es fließt ein Kollektorruhestrom I_{C0}. Die Kollektorverlustleistung beträgt: $P_= = U_{CC} \cdot I_{C0} = P_{tot}$ (3.15a). Bei Vollaussteuerung des Transistors sinkt die Kollektorspannung U_{CE} auf 0 V, wenn der Basisstrom ansteigt. Gleichzeitig erreicht I_C seinen Höchstwert $2 \cdot I_{C0}$. Sinken Basis- und Kollektorstrom, entsteht eine Kollektorspannung, die größer als die Betriebsspannung ist. Dies ist aus der Selbstinduktionswirkung des Übertragers zu erklären, an dem bei sinkendem Strom eine Spannung entsteht, die die gleiche Richtung wie

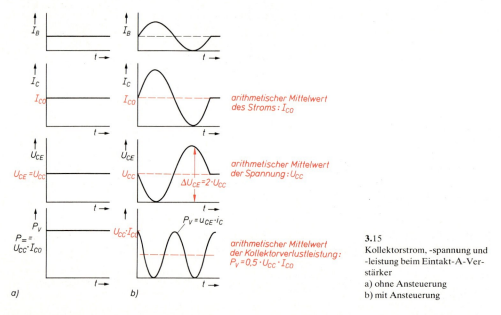

3.15
Kollektorstrom, -spannung und -leistung beim Eintakt-A-Verstärker
a) ohne Ansteuerung
b) mit Ansteuerung

die Betriebsspannung hat. U_{CE} beträgt dann $2 \cdot U_{CC}$. Das Produkt aus den Augenblickswerten ($i_C \cdot u_{CE}$) ist die augenblickliche Kollektorverlustleistung P_v. Ihr Mittelwert sinkt mit zunehmender Aussteuerung von $U_{CC} \cdot I_{C0}$ auf $P_v = 0{,}5 \cdot U_{CC} \cdot I_{C0}$ (3.15b). Die Spannungsquelle gibt aber unabhängig von der Aussteuerung im Mittel einer Periode die Gleichstromleistung $P_= = U_{CC} \cdot I_{C0}$ ab, so daß die Differenz aus Gleichstromleistung $P_=$ und Verlustleistung P_v die Wechselstromleistung des Lautsprechers ist.

Wechselstromleistung	$P_\sim = P_= - P_v = 0{,}5 \cdot P_=$ (Vollaussteuerung)
Wirkungsgrad	$\eta = \dfrac{P_\sim}{P_=} = 0{,}5$

Dieser Zusammenhang läßt sich auch dem Transistor-Kennlinienfeld $I_C = f(U_{CE})$ entnehmen (**3**.16). $P_=$ entspricht der Rechteckfläche, die durch U_{CC} und I_{C0} aufgespannt wird, $P_\sim$ ist die Fläche eines der beiden Dreiecke zwischen $P_=$ und der Arbeitsgeraden.

$$P_= = U_{CC} \cdot I_{C0} \quad \text{(Rechteckfläche)}$$

$$P_\sim = \frac{\Delta U_{CE}}{2\cdot\sqrt{2}} \cdot \frac{\Delta I_C}{2\cdot\sqrt{2}} = 0{,}5 \cdot \frac{\Delta U_{CE}}{2} \cdot \frac{\Delta I_C}{2} = 0{,}5 \cdot \hat{u}_{CE} \cdot \hat{i}_C \quad \text{(Dreieckfläche)}$$

Da bei Vollaussteuerung $\hat{u}_{CE} = U_{CC}$ und $\hat{i}_C = I_{C0}$ sind, ergibt sich für

$$P_\sim = 0{,}5 \cdot U_{CC} \cdot I_{C0} = 0{,}5 \cdot P_=.$$

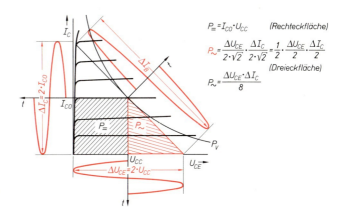

3.16
Gleich- und Wechselstromleistung bei Vollaussteuerung

Weil die Kollektorspannung wegen der Sättigungsspannung $U_{CE\,sat}$ nicht 0 V betragen kann und die schon erwähnten Spannungen am Emitter- und Wirkwiderstand des Übertragers vorhanden sind, ist der Wirkungsgrad noch kleiner als 50%.

Eintakt-A-Verstärker entnehmen der Energiequelle eine konstante, hohe Leistung $P_= = U_{CC} \cdot I_{C0}$. Die Verlustleistung des Transistors sinkt mit zunehmender Aussteuerung. Der Wirkungsgrad liegt unter 50%.

Wegen der gekrümmten Transistor-Steuerkennlinie entstehen hohe Verzerrungen und ein hoher Klirrfaktor.

3.2.2 Gegentaktverstärker mit Ausgangsübertrager (Parallel-Gegentaktverstärker)

Schaltung. Um hohe Ausgangsleistungen bei günstigem Wirkungsgrad zu erzielen, werden die beiden Endtransistoren im Gegentakt geschaltet (**3**.17). Dazu braucht man einen Ausgangsübertrager mit mittelangezapfter Primärwicklung und eine Signalspannungsquelle, die beide

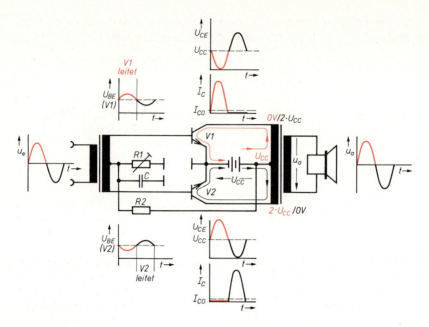

3.17 Spannungen und Ströme in einer Gegentakt-B-Endstufe mit Ausgangs- und Eingangsübertrager

Transistoren gleichzeitig gegenphasig angesteuert. In der Regel ist dies ein Treiberübertrager mit mittelangezapfter Sekundärwicklung. Der Arbeitspunkt der Transistoren wird mit $R1$ und $R2$ in den unteren Teil der Spannungssteuerkennlinie gelegt (B-Betrieb), d.h., die Kollektorruheströme sind annähernd Null (**3.**18). Jeder Transistor kann nur eine Halbschwingung des Eingangssignals verstärken, sie werden deshalb abwechselnd leitend. Man erreicht dies durch den mittelangezapften Treibertransformator, dessen Sekundärspannungen gegeneinander um 180° phasengedreht sind. Während z.B. der Transistor $V1$ während der positiven Halbschwingung leitet, sperrt $V2$, dessen Eingangswechselspannung im gleichen Zeitraum negativ gerichtet ist.

Bei der folgenden Halbschwingung leitet $V2$, und $V1$ sperrt. Im Kollektorstromkreis des einzelnen Transistors einschließlich der zugehörigen Teilwicklung des Ausgangsübertragers fließt nur während e i n e r Halbschwingung Strom. Die Stromrichtung im Übertrager wechselt aber von Halbschwingung zu Halbschwingung, so daß in der Sekundärwicklung eine Wechselspannung entsteht.

Weil bei nichtangesteuertem Verstärker nur ein geringer Ruhestrom fließt, ist die Leistungsaufnahme aus der Energiequelle gering. Mit wachsender Eingangssignalamplitude steigen auch die nötige Gleichstrom- und Transistorverlustleistung. Der Wirkungsgrad des Gegentakt-B-Verstärkers beträgt in der praktischen Anwendung bei Vollaussteuerung etwa 70%. Wegen der aussteuerungsabhängigen Leistungsaufnahme werden diese Verstärker besonders bei Batteriegeräten verwendet.

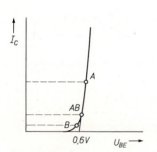

3.18 Arbeitspunkte bei Leistungsverstärkern

Ersatzbilder (**3.**19). Bezüglich der Spannungsquelle sind beide Transistoren parallel geschaltet (daher Parallel-Gegentaktverstärker). Bei Aussteuerung liegt jedoch jeder Transistor wechselstrommäßig in Reihe zu einer Übertrager-Wicklungshälfte, wodurch sich der Wechselstrom-Innenwiderstand vergrößert. Da Übertrager verwendet werden, läßt sich der Innenwiderstand an die Lautsprecherimpedanz anpassen.

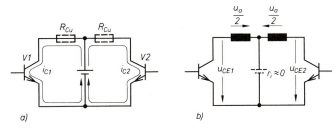

3.19 Ersatzschaltungen des Parallel-Gegentaktverstärkers
 a) Gleichstrommäßige Parallelschaltung beider Transistoren (statisches Verhalten)
 b) Reihenschaltung bei Wechselstrombetrachtung (dynamisches Verhalten)

Übertrager. Das mit den meisten Nachteilen behaftete Bauelement des Parallel-Gegentaktverstärkers ist der Ausgangsübertrager. Großes Gewicht und Volumen, hoher Preis, nichtlineare Übertragung der Frequenzen durch Streuinduktivität und Wicklungskapazitäten kennzeichnen ihn. Deshalb werden Parallel-Gegentaktverstärker heute nur noch verwendet, wenn eine Leistungsanpassung erforderlich ist.

Gegentakt-B-Verstärker entnehmen der Energiequelle eine mit der Aussteuerung wachsende Leistung. Ihr Wirkungsgrad liegt bei 70%.

Die Übertrager beim Parallel-Gegentaktverstärker verursachen lineare und nichtlineare Verzerrungen.

3.2.3 Serien-Gegentaktverstärker

Beim Serien-Gegentaktverstärker werden zwei Transistoren in Reihe geschaltet. Handelt es sich um zwei Transistoren vom gleichen Leitungstyp (z. B. 2 × NPN), müssen sie gegenphasig angesteuert werden. Koplementäre Endtransistoren werden dagegen gleichphasig angesteuert (**3.**20). Um einen niedrigen Ausgangswiderstand zu erreichen, betreibt man die Transistoren in Kollektorschaltung. Im einfachsten Fall werden zwei Spannungsquellen in Reihe geschaltet. Sie

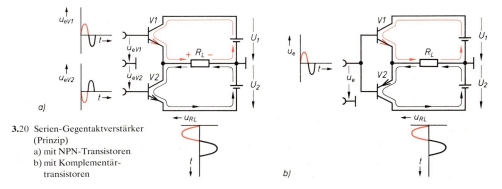

3.20 Serien-Gegentaktverstärker
 (Prinzip)
 a) mit NPN-Transistoren
 b) mit Komplementär-
    transistoren

bilden mit den Endtransistoren eine abgeglichene Brückenschaltung. Der Lautsprecher liegt im Brückenzweig.

Serien-Gegentaktverstärker mit zwei NPN-Transistoren. Während z.B. der Transistor $V1$ leitet und $V2$ sperrt, fließt der Kollektorstrom I_{C1} von der Quelle 1 durch $V1$ und den Lautsprecher R_L. Leitet $V2$, sperrt $V1$ gleichzeitig, so daß der Kollektorstrom I_{C2} von der Quelle 2 durch den Lautsprecher und $V2$ fließt, wobei sich die Stromrichtung durch R_L umgekehrt hat. An R_L entsteht eine Wechselspannung, die phasengleich zur Eingangsspannung an $V1$ ist. Die beiden Spannungsquellen werden abwechselnd belastet.

Komplementär-Serien-Gegentaktverstärker. Sind die Transistoren $V1$ und $V2$ komplementär, können im einfachsten Fall ihre Basen miteinander verbunden werden. Der Basisspannungsteiler aus zwei gleichgroßen Widerständen stellt eine Basisspannung von null Volt ein. Während $V1$ beim Anstieg der Basisspannung leitet, bleibt $V2$ gesperrt und umgekehrt, so daß auch hier durch den Lastwiderstand ein Wechselstrom fließt. Wegen der einfachen Ansteuermöglichkeit hat sich der Komplementärverstärker durchgesetzt.

Ausgangsleistung und Wirkungsgrad. Werden beide Transistoren nicht angesteuert, entnehmen sie den Spannungsquellen fast keine Leistung, da der Ruhestrom annähernd Null ist. Bei Vollaussteuerung entnimmt jeder Endtransistor „seiner" Spannungsquelle die folgende Leistung (**3.**21):

$$P = \frac{U_{CC}}{2} \cdot \hat{i}_C \cdot \frac{1}{\pi} \qquad \left(\frac{1}{\pi} \cdot \hat{i}_C = 0{,}318 \cdot \hat{i}_C \text{ ist der arithmetische Mittelwert des Stroms.}\right)$$

Für eine Periode ist $P_= = 2 \cdot \dfrac{U_{CC}}{2} \cdot \hat{i}_C \cdot \dfrac{1}{\pi} = \dfrac{U_{CC} \cdot \hat{i}_C}{\pi}$.

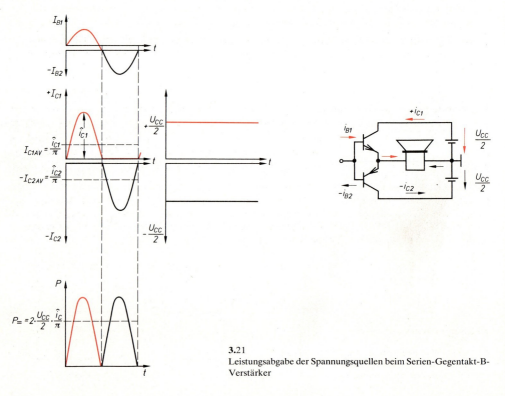

3.21 Leistungsabgabe der Spannungsquellen beim Serien-Gegentakt-B-Verstärker

Die im Lautsprecher umgesetzte Wechselstromleistung beträgt

$$P_\sim = \frac{\hat{u}_a}{\sqrt{2}} \cdot \frac{\hat{i}_a}{\sqrt{2}}.$$

Bei Vollaussteuerung sind $\hat{u}_a \approx \frac{U_{CC}}{2}$ und $\hat{i}_a \approx \hat{i}_c$.

Wirkungsgrad
$$\eta = \frac{P_\sim}{P_=} = \frac{U_{CC} \cdot \hat{i}_C \cdot \pi}{2 \cdot \sqrt{2} \cdot \sqrt{2} \cdot U_{CC} \cdot \hat{i}_C} = \frac{\pi}{4} = 0{,}785$$

In der Praxis wird ein Wirkungsgrad von etwa 0,7 erreicht.
Wenn Lastwiderstand und Betriebsspannung des Verstärkers bekannt sind, läßt sich einfach die Sinusausgangsleistung bei Vollaussteuerung ermitteln.

$$P_\sim = \frac{(U_{a\,eff})^2}{R_L} \qquad U_{a\,eff} = \frac{U_{CC}}{2} \cdot \frac{1}{\sqrt{2}} \qquad \boxed{P_\sim = \frac{U_{CC}^2}{4 \cdot (\sqrt{2})^2 \cdot R_L} = \frac{U_{CC}^2}{8\,R_L}}$$

In der Praxis müssen Kollektorsättigungsspannung $U_{CE\,sat}$ und die Spannungen an den Emitterwiderständen von U_{CC} abgezogen werden, so daß man mit $u_{a\,SS} \approx 0{,}9 \cdot U_{CC}$ rechnen muß.

$$P_\sim \approx \frac{(0{,}9 \cdot U_{CC})^2}{8\,R_L} = \frac{0{,}81}{8} \cdot \frac{U_{CC}^2}{R_L} \approx \frac{U_{CC}^2}{10\,R_L}$$

Die maximale Ausgangsleistung des Serien-Gegentaktverstärkers ist abhängig von der Höhe der Betriebsspannung und des Lastwiderstands. Der Wirkungsgrad beträgt etwa 70%.

Die Ausgangsleistung läßt sich nur vergrößern, wenn man die Betriebsspannung erhöht oder den Lastwiderstand verringert. Beiden Maßnahmen sind aber Grenzen gesetzt, weil im einen Fall die Kollektor-Durchbruchspannung $U_{CE(BR)}$ und im anderen Fall der maximale Kollektorstrom I_{CM} überschritten werden. Die Endtransistoren müssen für diesen Fall gegen Überstrom gesichert werden, damit sie nicht beim Unterschreiten der angegebenen Lautsprecherimpedanz zerstört werden.

Ersatzbilder. Bezüglich der Gleichspannung U_{CC} sind beide Transistoren in Reihe geschaltet. Wechselspannungsmäßig liegen sie parallel zum Lastwiderstand, woraus sich ein niedriger dynamischer Innenwiderstand bis zu wenigen zehntel Ohm ergibt (**3.22**). Serien-Gegentaktverstärker werden deshalb nicht in Leistungs-, sondern in Spannungsanpassung betrieben.

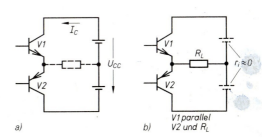

3.22
Ersatzbilder der Serien-Gegentaktendstufe
a) Gleichstromersatzbild
b) Wechselstromersatzbild

Auskoppelkondensator. In den meisten Anwendungsfällen wird der Serien-Gegentaktverstärker mit einer Spannungsquelle $U_{CC} = U_1 + U_2$ betrieben. In Reihe zum Lastwiderstand wird ein Koppelkondensator geschaltet (**3.23**), der mit seiner sehr großen Kapazität den Strom der Halbschwingung liefern muß, wenn $V2$ leitet.

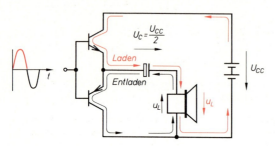

3.23
Wirkungsweise des Auskoppelkondensators C_k

Wirkungsweise. Im Ruhestand des Verstärkers fällt an jedem Transistor bei richtig eingestelltem Arbeitspunkt die halbe Betriebsspannung ab, und C_L hat sich über V_1 und R_L ebenfalls auf $U_{CC}/2$ geladen.

Leitet $V1$, fließt ein Ladestrom über $V1$ und R_L, der an R_L einen Spannungsanstieg bewirkt. Leitet $V2$, fließt ein Entladestrom über $V2$ und R_L in umgekehrter Richtung, so daß an R_L eine Wechselspannung entsteht. Trotz des hohen Lade- und Entladestroms ändert sich die Spannung an C_L nur geringfügig, weil sein Kapazitätswert je nach Lastwiderstand zwischen 500 und 5000 µF liegt. Aus Sicherheitsgründen (z.B. bei Unsymmetrie der Endstufe) wird die Nennspannung des Kondensators mit etwa $0{,}7 \cdot U_{CC}$ gewählt.

Grenzfrequenz. C_L und R_L bilden einen Hochpaß. Für die Berechnung von C_L gilt:

Aus $\quad f_{gu} = \dfrac{1}{2\pi R_L \cdot C_L} \quad\quad$ **Auskoppelkondensator** $\quad C_K = \dfrac{1}{2\pi \cdot f_{gu} \cdot R_L}$

Beispiel 3.4 $\quad f_{gu} = 20\,\text{Hz},\ R_L = 4\,\Omega$ (Wirkwiderstand)

$$C_K = \dfrac{1}{2\pi \cdot f_{gu} \cdot R_L} = \dfrac{1}{2\pi \cdot 20\,\frac{1}{\text{s}} \cdot 4\,\Omega} = 1{,}99\,\text{mF} \approx \mathbf{2000\ \mu F}$$

> Der Auskoppelkondensator muß eine große Kapazität haben. Er beeinflußt die untere Grenzfrequenz des Verstärkers.

Versuch 3.3 Die in Bild **3.**24 dargestellte Komplementärendstufe wird in Betrieb genommen, wenn der Widerstand $R_B = 0\,\Omega$ ist und die Dioden kurzschließt. Mit einem hochohmigen Meßgerät kann man die Mittenspannung U_M messen. Nun werden bei einem Eingangssignal $u_{eSS} = 3\,\text{V}$ Eingangs- und Ausgangsspannung oszillografiert.

Ergebnis Die Mittenspannung beträgt 6 V, das Ausgangssignal ist im Nulldurchgang stark verzerrt und beträgt etwa 1,8 V.

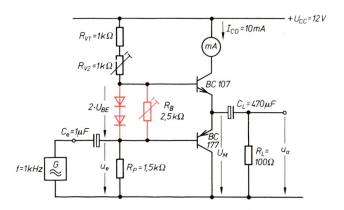

3.24
Komplementär-Gegentaktendstufe
mit Ruhestromeinstellung

Versuch 3.4 In den Kollektorstromkreis des Transistors $V1$ wird ein Amperemeter geschaltet und durch Ändern von R_B ohne Ansteuerung ein Ruhestrom $I_C = 10\,\text{mA}$ eingestellt. Nun steuert man erneut mit $u_{eSS} = 3\,\text{V}$ an und oszillografiert Ein- und Ausgangssignal.

Ergebnis Das Ausgangssignal ist jetzt unverzerrt und beträgt etwa 3 V. Verringert man R_B, treten die Verzerrungen wieder auf.

Ruhestromeinstellung. Werden beide Basen der Endtransistoren direkt miteinander verbunden, fließt kein Kollektorstrom, weil die Basisschwellspannung noch nicht erreicht ist. Erst wenn der Augenblickswert der Eingangsspannung diese Schwellspannung überschreitet, setzt Kollektorstromfluß ein. Im Zeitraum t_1 bis t_2 beträgt die Ausgangsspannung 0 V, obwohl sich die Eingangsspannung ändert (**3.**25). Da diese Verzerrungen von der Lage des Arbeitspunkts herrühren, heißen sie Übernahme- oder B-Verzerrungen.

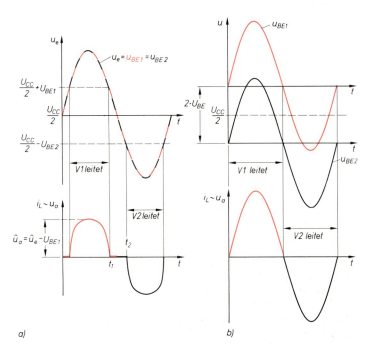

3.25
Arbeitspunkteinstellung
beim Komplementär-
Gegentakt-B-Verstärker
a) Übernahme-(B)-
  Verzerrungen durch
  $U_{BE1} = U_{BE2} = 0$
b) unverzerrte Ausgangs-
  spannung durch
  Basisvorspannungen
  U_{BE1} bzw. $-U_{BE2}$

Um die Verzerrungen auszuschalten, legt man den Arbeitspunkt so, daß ein geringer Ruhestrom fließt (**3.**18, AB-Betrieb). Dazu fügt man z.B. zwischen den Basisanschlüssen zwei Siliziumdioden ein, an denen die Durchlaßspannung $U_F \approx 2 \cdot U_{BE}$ abfällt. Mit dem Widerstand $R2$ parallel zu den Dioden kann der Ruhestrom von 10 bis 100 mA je nach Leistung eingestellt werden.

> Übernahme- oder B-Verzerrungen entstehen, wenn der Ruhestrom der Endstufe zu gering ist.

Eine Arbeitspunktstabilisierung ergibt sich, wenn die Dioden in der Nähe der Endstufentransistoren angeordnet sind. Bei Erwärmung der Endstufe verringern sich die Schwellspannungen der Dioden wie die Basis-Emitterspannungen der Endtransistoren, so daß der Kollektorstrom nicht weiter ansteigt. Häufig verwendet man einen Heißleiter, der auf das Transistorkühlblech montiert wird. Durch den niedrigeren Widerstand des NTC bei Erwärmung werden die Basisspannungen der Endstufentransistoren verringert. Zusätzlich erhalten die Endstufentransistoren Emitterwiderstände von 0,33 Ω bis 1 Ω zur Arbeitspunktstabilisierung.

Die im Bild **3.**26 dargestellte praktische Ausführung der Komplementärendstufe enthält eine Reihe Änderungen zum Bild **3.**24.

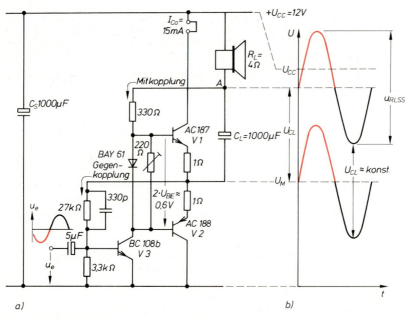

3.26 a) Komplementär-Gegentaktendstufe mit Treibertransistor
b) Wirkungsweise der Ansteuerhilfe durch Mitkopplung

Treibertransistor. An Stelle eines der beiden Basisspannungsteilerwiderstände setzt man einen Transistor ein. Dessen Arbeitspunkt wird so eingestellt, daß der Gleichstromwiderstand der Kollektor-Emitterstrecke so groß wie der Basisvorwiderstand ist. Dann arbeitet die Endstufe symmetrisch ($U_{CE1} = U_{CE2}$). Treiber- und Endstufe sind gleichstromgekoppelt.

> Der Treibertransistor verstärkt die Eingangsspannung, da die Endtransistoren in Kollektorschaltung arbeiten, und liefert die Steuerleistung für die Endstufe.

Stabilisierung der Mittenspannung. Der Treibertransistor erhält seine Basisspannung aus der Mittenspannung. Hierdurch stabilisiert sich die Mittenspannung, wenn die Symmetrie der Endstufe gestört wird. Sinkt z. B. die Spannung U_{CE2} durch unterschiedliche Erwärmung der Endtransistoren, erhält der Treibertransistor $V3$ eine niedrigere Basisspannung. Seine Kollektorspannung U_{CE3} steigt an, und die Basispotentiale der Endstufentransistoren werden positiver. Transistor $V1$ wird mehr, Transistor $V2$ weniger leitend, so daß U_{CE2} etwa auf den ursprünglichen Wert ansteigt. Gleichzeitig findet eine Wechselstromgegenkopplung statt, die zum Verringern von Verzerrungen erwünscht ist.

Ansteuerhilfe. Der Basisspannungsteiler der Endtransistoren besteht aus dem Schwingspulenwiderstand des Lautsprechers und R_{v2}. Über den Auskoppelkondensator wird das Ausgangssignal gleichphasig auf die Basen zurückgeführt (Mitkopplung).

Verbände man R_{v2} ähnlich wie im Bild **3.**24 direkt mit U_{CC}, könnten die Endtransistoren nicht voll ausgesteuert werden. Bei einer positiven Halbschwingung der Eingangsspannung z.B. braucht $V1$ einen großen Basisstrom. Dieser ruft an R_v einen zusätzlichen Spannungsabfall hervor, der dem Anstieg der Eingangsspannung entgegenwirkt und verhindert, daß der Transistor voll leitet.

Wird die Ausgangsspannung über C_L zurückgeführt, steigt während der positiven Halbschwingung die Spannung am Punkt A ebenfalls an, so daß die Basisversorgungsspannung größer als U_{CC} wird. Durch $V1$ kann ein größerer Basisstrom fließen, so daß er bis zur Kollektorsättigungsspannung U_{CEsat} aufgesteuert werden kann.

Bei großen Ausgangsleistungen werden an Stelle der Komplementärtransistoren Darlington- und Komplementär-Darlingtonstufen eingesetzt.

Übungsaufgaben zum Abschnitt 3.2

1. Welche Aufgabe haben NF-Leistungsverstärker?
2. Wie ist der Wirkungsgrad eines Leistungsverstärkers definiert?
3. Nennen Sie drei wichtige Gründe, warum Eintakt-A-Verstärker nicht mehr verwendet werden.
4. Welche Gleichstromleistung entnimmt ein Gegentakt-B-Verstärker mindestens der Energiequelle, wenn seine Sinus-Ausgangsleistung $P_\sim = 100\,\text{W}$ beträgt?
5. Welche überschlagsmäßig berechnete Sinusausgangsleistung hat ein Serien-Gegentakt-B-Verstärker mit $U_{CC} = 60\,\text{V}$ an $R_L = 8\,\Omega$?
6. Wie entsteht am Lautsprecher eines Serien-Gegentakt-B-Verstärkers mit Komplementärtransistoren eine Wechselspannung?
7. Warum braucht man bei Endstufen mit bipolaren Transistoren eine Treiberstufe?
8. Was sind B-Verzerrungen, und wie kann man sie aufheben?
9. Welche Maßnahmen zur Arbeitspunktstabilisierung eines Serien-Gegentaktverstärkers werden angewendet?
10. Warum haben sich Serien-Gegentaktverstärker durchgesetzt?
11. Welche Aufgaben hat der Auskoppelkondensator?
12. Welche Kapazität muß der Auskoppelkondensator haben, wenn der Wirkwiderstand des Lautsprechers $R_L = 7{,}2\,\Omega$ und die untere Grenzfrequenz $f_{gu} = 25\,\text{Hz}$ betragen?

3.3 Differenz- und Operationsverstärker

3.3.1 Differenzverstärker

Aufbau (3.27). Beim Differenzverstärker bilden die Kollektor-Emitterstrecken zweier Transistoren mit ihren Kollektorwiderständen eine Brückenschaltung. Der gemeinsame Emitterwiderstand ist verhältnismäßig hochohmig und prägt der Schaltung einen konstanten Strom ein. Bei gleichen Transistoren und Kollektorwiderständen fließt durch jeden Transistor der halbe Emitterstrom. Die Spannungen an den Kollektorwiderständen sind gleich groß, und die Brücke ist abgeglichen. Wird einer der beiden Transistoren leitender als der andere, gerät die Brücke ins Ungleichgewicht, und es entsteht eine Ausgangsspannung zwischen den beiden Kollektoren.

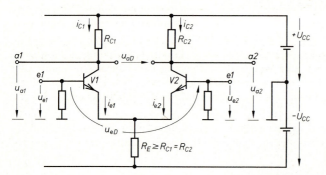

3.27 Differenzverstärker

Versorgungsspannungen. Der Differenzverstärker kann aus einer Spannungsquelle betrieben werden. Vielfach verwendet man zwei in Reihe geschaltete Spannungsquellen, deren Mitte Bezugspotential (Masse) ist. Die Arbeitspunkte der Transistoren werden dann so eingestellt, daß die Basen Bezugspotential haben. Dann können die Koppelkondensatoren entfallen, und der Differenzverstärker kann Gleichspannungen verstärken.

Ein- und Ausgänge. Die Basisanschlüsse der Transistoren sind die Eingänge e_1 und e_2, die Kollektoren die Ausgänge a_1 und a_2. Daraus ergeben sich die Eingangs- und Ausgangsspannungen: u_{e1} und u_{e2} sind die Basissteuerspannungen gegen den Bezugspunkt (Masse) gemessen, ihre Differenz wird als Eingangsdifferenzspannung u_{eD} bezeichnet. Analog dazu sind u_{a1} und u_{a2} die Ausgangsspannungen gegenüber Masse und u_{aD} deren Differenz.

> Eingangsdifferenzspannung $u_{eD} = u_{e1} - u_{e2}$ Ausgangsdifferenzspannung $u_{aD} = u_{a2} - u_{a1}$

Differenzansteuerung (3.28). Wird das Potential der Basis von $V2$ konstant gehalten und das Basispotential von $V1$ z.B. um 20 mV erhöht, fließt ein größerer Kollektorstrom durch $V1$, und die Kollektorspannung $U_{CE1} = U_{a1}$ sinkt z.B. um 1 V. Da die Summe der Emitterströme beider Transistoren konstant ist, sinkt I_{E2} im gleichen Maß, wie I_{E1} steigt. D.h., die Kollektorspannung U_{CE2} steigt um 1 V. Die Differenzausgangsspannung zwischen den beiden Kollektoren beträgt demnach 2 V.

Hält man das Basispotential von $V1$ konstant und erhöht die Basisspannung von $V2$ um 20 mV, sinkt $U_{CE2} = U_{a2}$ um 1 V, und U_{CE1} steigt entsprechend. Die Spannung am Ausgang a_1 ändert

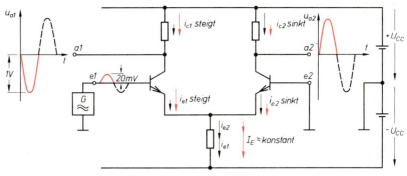

3.28 Differenzverstärker mit unsymmetrischer Ansteuerung $u_{eD} = 20$ mV

sich gleichphasig mit der Spannung am Eingang e_2 und gegenphasig mit der Spannung am Eingang e_1. Bezogen auf den Ausgang a_1 sind e_1 der invertierende Eingang und e_2 der nichtinvertierende Eingang.

Gleichgroße Ausgangsspannungen entstehen, wenn gleichzeitig das Basispotential von $V1$ um 10 mV erhöht und das von $V2$ um 10 mV gesenkt werden. Die Differenz beider Potentialänderungen ergibt wiederum 20 mV (**3.29**). Das Verhältnis aus u_{a1} (gegen Masse) zu u_{eD} heißt Differenzverstärkung V_{uD}.

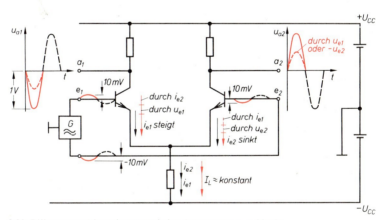

3.29 Differenzverstärker mit symmetrischer Ansteuerung $u_{ed} = 20$ mV

Differenzverstärkung $\qquad V_{uD} = \dfrac{u_{a1}}{u_{eD}}$

Versuch 3.5 Der im Bild **3.30** dargestellte Differenzverstärker arbeitet mit einer Betriebsspannung. Deshalb müssen die Basen über Spannungsteiler auf halbe Betriebsspannung gebracht werden. Wegen der unvermeidlichen Toleranzen der Widerstände und Transistoren muß die Spannung zwischen den Kollektoren auf 0 V eingestellt werden. Nun stellt man eine Eingangswechselspannung so ein, daß die Wechselspannung am Ausgang a_1 $U_{a1\,eff} = 1{,}4$ V beträgt (mit hochohmigem Instrument messen). Dann werden u_{a2} und

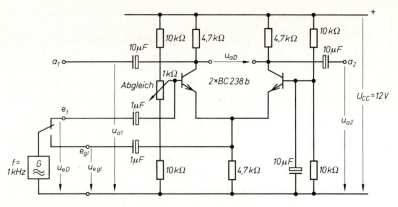

3.30 Differenzverstärker mit einer Betriebsspannung

die Wechselspannung zwischen den Ausgängen gemessen. Mit einem Oszilloskop prüft man die Phasenlagen zwischen e_1 und a_1 bzw. e_1 und a_2.

Ergebnis $|u_{a1}| = |u_{a2}|$, $U_{aD\,eff} = 2{,}8$ V. Zwischen u_{e1} und u_{a1} besteht eine Invertierung, zwischen u_{e1} und u_{a1} keine.

Versuch 3.6 Die Signalspannungsquelle wird am Emitterwiderstand angeschlossen. Damit wird Gleichtaktansteuerung simuliert. Die Signalspannung erhöht man so weit, daß $U_{a1\,eff}$ wieder 1,4 V beträgt. Wie im Versuch 3.5 werden u_{a2} und u_{aD} gemessen.

Ergebnis u_{a1} und u_{a2} sind annähernd gleich groß und phasengleich zu u_E. Die Differenzspannung u_{aD} ist etwa Null.

Gleichtaktansteuerung liegt vor, wenn beide Basen miteinander verbunden und gleichphasig angesteuert werden (**3.31**). Die Basisspannungsänderungen können dann im Idealfall keine Kollektorspannungsänderungen bewirken, weil die Kollektorströme wegen des Emitterwiderstands konstant bleiben. Tatsächlich ändert sich I_E geringfügig, weil der Emitterwiderstand keine ideale Konstantstromquelle ist. Es entstehen Ausgangsspannungen, die aber kleiner als die Eingangsspannung sind. Die Gleichtaktverstärkung ist < 1.

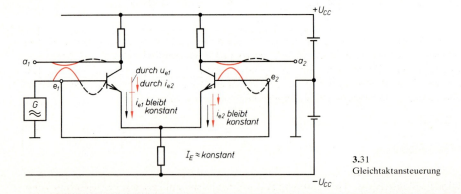

3.31 Gleichtaktansteuerung

Der Differenzverstärker verstärkt die Differenz der Eingangsspannungen und unterdrückt Gleichtaktsignale.

Das Verhältnis zwischen Differenz- und Gleichtaktverstärkung heißt Gleichtaktunterdrückung G.

> **Gleichtaktunterdrückung** $G = \dfrac{V_{uD}}{V_{uGl}}$

Konstantstromquelle (3.32). Ersetzt man den Emitterwiderstand durch eine Stromquelle, die unabhängig vom Belastungswiderstand einen konstanten Strom liefert, wird die Gleichtaktunterdrückung wesentlich besser.

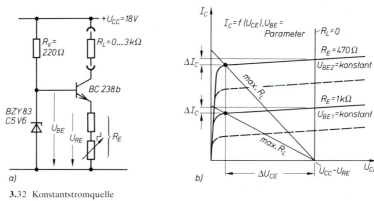

3.32 Konstantstromquelle
a) Stromlaufplan
b) Einfluß des Lastwiderstands auf den Konstantstrom

Versuch 3.7 Die Konstantstromquelle aus Bild **3.**32 wird zunächst mit einem Emitterwiderstand $R_E = 470\,\Omega$ in Betrieb genommen. In Reihe zu R_L schaltet man ein Milliamperemeter ein. Der Kollektorstrom wird beobachtet, während man R_L von 0 bis 5 kΩ erhöht. Zwei weitere Meßreihen werden mit $R_{E2} = 1$ kΩ und $R_{E3} = 2{,}2$ kΩ durchgeführt.

Ergebnis Trotz geänderter Kollektorwiderstände bleibt I_C in einem weiten Bereich konstant. Die Höhe von I_C wird geringer, wenn R_E vergrößert wird.

Aufbau und Wirkungsweise. Der Lastwiderstand liegt im Kollektorkreis eines Transistors. Wie aus dem Ausgangskennlinienfeld ersichtlich, hängt die Höhe des Kollektorstroms direkt von der Basisspannung ab. Die Kollektorspannung hat dagegen nur einen geringen Einfluß auf den Kollektorstrom. Basisspannung und damit Basis- und Kollektorstrom werden über eine Z-Diode und einen Emitterwiderstand fest eingestellt.

> **Konstantstrom** $\qquad I_C \approx I_E = \dfrac{U_Z - U_{BE}}{R_E}$

Die Z-Diode stabilisiert die Basisspannung gegen Betriebsspannungsschwankungen und Temperatureinfluß. Mit R_E läßt sich die Höhe des Kollektorstroms einstellen. Verändert man den Kollektorwiderstand, ändert sich auch die Kollektorspannung. Im Ausgangskennlinienfeld ist dies durch die verschiedenen Widerstandsgeraden zu erkennen. Der Kollektorstrom bleibt aber in einem bestimmten Arbeitsbereich konstant.

Die Konstantstromquelle im Differenzverstärker (**3.**33) an Stelle des Emitterwiderstands hält die Summe der Kollektorströme von V_1 und V_2 konstant: $I_E = I_{E1} + I_{E2}$. Bei gleichphasiger Ansteuerung können die Kollektorströme nicht steigen, so daß auch die Kollektorspannungen annähernd gleich bleiben. Die Gleichtaktverstärkung wird sehr klein. Dagegen bewirkt die Differenzansteuerung, daß jede Kollektorstromänderung ΔI_{C1} eine genau gleiche, aber entgegengesetzte Stromänderung ΔI_{C2} zur Folge hat. Dadurch werden die Spannungsänderungen an den Kollektoren von V_1 und V_2 symmetrisch.

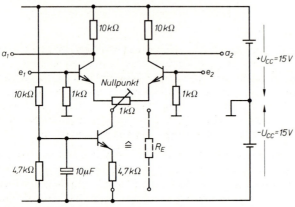

Anwendung. Als hochwertige Vorverstärker werden Differenzverstärker eingesetzt, wo die Gleichtaktunterdrückung besondere Bedeutung hat: z.B. bei HIFI-Verstärkern, um die auf beide Transistoren wirkende Brummspannung des Netzteils zu unterdrücken. Integrierte Differenzverstärker bilden grundsätzlich den Eingangsverstärker von Operationsverstärkern.

3.33 Differenzverstärker mit Konstantstromquelle

Übungsaufgaben zum Abschnitt 3.3.1

1. Skizzieren Sie einen Differenzverstärker mit Emitterwiderstand und Maßnahme zur Nullpunktkorrektur.
2. Was besagt der Ausdruck Differenzverstärkung?
3. Was versteht man unter Gleichtaktverstärkung und -unterdrückung?
4. Welche Aufgabe hat der gemeinsame Emitterwiderstand beim Differenzverstärker?
5. Warum werden zur Stromversorgung des Differenzverstärkers oft zwei Spannungsquellen verwendet?
6. Begründen Sie, daß bezogen auf den Ausgang a_1 im Bild **3.**27 e_1 der invertierende und e_2 der nichtinvertierende Eingang sind.
7. Erklären Sie die Wirkungsweise der Konstantstromquelle.

3.3.2 Operationsverstärker

3.3.2.1 Begriff, Ein- und Ausgänge, Innenschaltung

Begriff. Operationsverstärker sind universell einsetzbare mehrstufige, gleichspannungsgekoppelte Verstärker. Ursprünglich wurden sie für Rechner entwickelt, in denen sie die Rechenoperationen durchführten (daher der Name). Durch Hinzufügen weniger externer Bauelemente lassen sie sich zahlreichen Anwendungen anpassen. Operationsverstärker werden heute ausschließlich als integrierte Schaltungen (IC) gefertigt und bestehen aus mehreren Transistorstufen, die für die gewünschten Eigenschaften sorgen:

- hohe Leerlaufverstärkung (10^4 bis $2 \cdot 10^5$),

- hoher Eingangswiderstand ($>1\,M\Omega$),

- geringer Ausgangswiderstand ($<100\,\Omega$),

- geradliniger Frequenzgang.

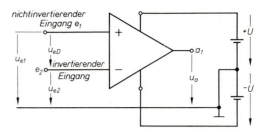

3.34 Operationsverstärker, Eingänge und Ausgänge

Ein- und Ausgang. Operationsverstärker haben meist zwei Eingänge und einen Ausgang. Zwischen den Spannungen am Eingang e_2 und am Ausgang a besteht eine Phasendrehung von 180°; deshalb heißt e_2 invertierender Eingang. Die Spannungen an e_1 und a sind phasengleich: e_1 ist der nichtinvertierende Eingang. Ungeachtet der tatsächlichen Gesamtschaltung ist sein Schaltzeichen ein Dreieck dargestellt (**3.34**), worin der invertierende Eingang mit minus ($-$) und der nichtinvertierende mit plus ($+$) gekennzeichnet sind. Wenn es zum Verständnis der Schaltungsfunktion nicht erforderlich ist, können die Anschlüsse für die Betriebsspannungen weggelassen werden.

Im Prinzip bestehen Operationsverstärker aus mehreren Baugruppen (**3.35**). Eingangsverstärker (mehrstufiger Differenzverstärker mit Konstantstromquelle), frequenzkompensierter Verstärker, Leistungsverstärker (oft Serien-Gegentaktverstärker), Differenz- und Gegentaktverstärker bedingen meist den Betrieb mit je einer positiven und negativen Betriebsspannung. Eingangs- und Ausgangsspannungen beziehen sich auf die geerdete Mitte der Spannungsquellen.

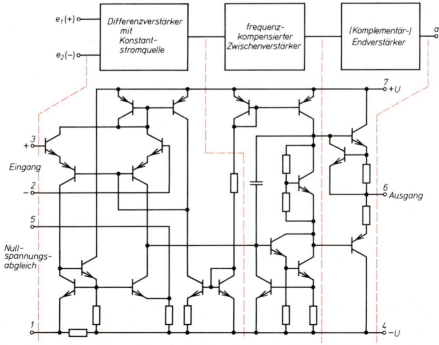

3.35 Blockschaltplan und Innenschaltung des integrierten Operationsverstärkers TBA 221

3.3.2.2 Kenndaten

Tabelle 3.36 **Kenndaten des Operationsverstärkers TBA 221**

Betriebsspannung	$U_{Bat} = \pm 18$ V	
Eingangsspannung	$U_e = \pm 15$ V	
Maximale Eingangsdifferenzspannung	$U_{eD} = \pm 30$ V	Grenzdaten
Kurzschlußdauer	$t_z = \infty$	
Eingangsstrom	$I_e = 80$ nA	
Eingangswiderstand	$R_e = 2$ MΩ	
Ausgangsspannung	$U_{aSS} = \pm 13$ V	
Ausgangskurzschlußstrom	$I_{aS} = 18$ mA	
Ausgangswiderstand	$R_a = 75$ Ω	Kenndaten
Spannungsverstärkung, $R_L = 2$ kΩ	$V_u = 100$ dB	
Gleichtaktunterdrückung	$G = 90$ dB	
Eingangsnullstrom	$I_{e0s} = 20$ nA	
Anstiegsflanke	$\dfrac{U_{ass}}{t} = 0{,}5 \dfrac{\text{V}}{\mu\text{s}}$	

Leerlaufverstärkung. Eine Spannungsdifferenz u_{eD} zwischen den Eingängen e_1 und e_2 bewirkt eine Ausgangsspannung u_a. Es kann sich dabei um Gleich- oder Wechselspannungen handeln. Die Leerlaufverstärkung V_u, auch Verstärkung bei offener Schleife (open loop gain G_{ol}) genannt, ist das Verhältnis von Ausgangs- zur Eingangsspannungsdifferenz.

Leerlaufverstärkung $\qquad V_u = \dfrac{u_a}{u_{eD}} = \dfrac{u_a}{u_{e2} - u_{e1}}$

Sie wird bei einem bestimmten Lastwiderstand angegeben, wobei $R_L \gg r_{\text{aus}}$ ist. V_u liegt bei mindestens 10 000.
In den Datenblättern wird das Verstärkungsmaß V_u in dB angegeben (dezi-Bel nach dem amerikan. Ingenieur Bell). Das ist ein einheitenloser Zahlenwert, der das logarithmische Verhältnis zweier Spannungen, Ströme oder Leistungen zueinander angibt. dB ist keine eigentliche Einheit, sie soll nur den Unterschied zwischen Verstärkung und Verstärkungsmaß verdeutlichen.

Spannungsverstärkungsmaß $\qquad V_{u/\text{dB}} = 20 \cdot \lg \dfrac{u_a}{u_{eD}} = 20 \cdot \lg V_u$

Bild **3**.37 verdeutlicht den Zusammenhang zwischen Verstärkung und Verstärkungsmaß.

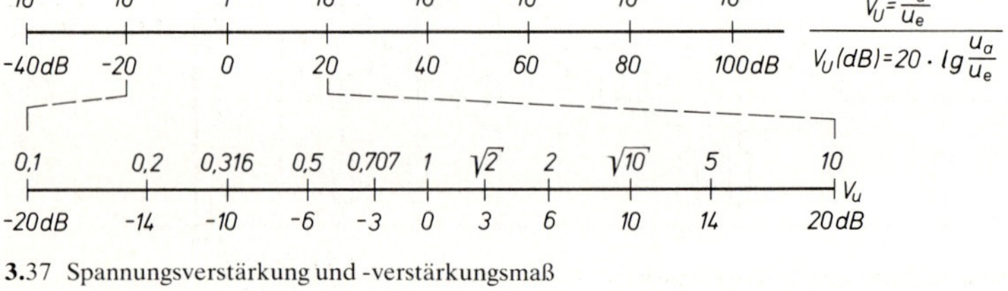

3.37 Spannungsverstärkung und -verstärkungsmaß

Beispiel 3.5 Der Operationsverstärker 741 hat ein Spannungsverstärkungsmaß $V_u = 100$ dB. Wie groß sind die Spannungsverstärkung und die Eingangsdifferenzspannung ΔU_{eD} für eine maximale Ausgangsspannung $\Delta U_a = 26$ V?

$$V_{u/\text{dB}} = 20 \cdot \lg V_u \qquad \frac{V_{u/\text{dB}}}{20} = \lg V_u$$

$\frac{V_{u/\text{dB}}}{20}$ ist der Exponent zur Basis 10, d.h.
Spannungsverstärkung $V_u = 10^{\frac{V_{u/\text{dB}}}{20}}$.

$$V_u = 10^{\frac{100}{20}} = 10^5 = \mathbf{100\,000}$$

$$V_u = \frac{u_a}{u_{eD}} = \frac{\Delta U_a}{\Delta U_{eD}}; \quad \Delta U_{eD} = \frac{\Delta U_a}{V_u} = \frac{26\,\text{V}}{10^5} = \mathbf{260\,\mu V}$$

Das Beispiel sagt aus: Ist die Spannung am nichtinvertierenden Eingang 130 µV größer als am invertierenden Eingang, beträgt die Ausgangsspannung +13 V. Es spielt keine Rolle, welche Gleichspannung beide Eingänge haben. Maßgeblich ist die Differenzspannung (**3.**38).

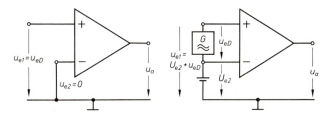

3.38 Bildung der Differenzeingangsspannung

Beispiel 3.6 $U_a = 0$, wenn $U_{e1} = U_{e2} = 0$ V oder $U_{e1} = U_{e2} = +10$ V oder $U_{e1} = U_{e2} = -10$ V usw.
aber: $U_a = -13$ V, wenn $U_{e1} = 0$ V und $U_{e2} \geq +130\,\mu$V oder
$U_{e1} = +10$ V und $U_{e2} \geq +10{,}00013$ V oder
$U_{e1} = -10$ V und $U_{e2} \geq -9{,}99987$ V usw.
bzw.: $U_a = +13$ V, wenn $U_{e1} = 0$ V und $U_{e2} \leq -130\,\mu$V oder
$U_{e1} = +10$ V und $U_{e2} \leq +9{,}99987$ V oder
$U_{e1} = -10$ V und $U_{e2} \leq -10{,}00013$ V usw.

Höhere Eingangsdifferenzspannungen als $\pm 130\,\mu$V werden nicht weiter verstärkt, da der Verstärker den Sättigungsbereich erreicht hat. Den Zusammenhang $U_a = f(U_{eD}) = f(U_{e2} - U_{e1})$ stellt die Übertragungs- oder Transferkennlinie dar (**3.**39).

> Operationsverstärker haben eine so große Leerlaufverstärkung, daß eine Eingangsdifferenzspannung unter einem Millivolt ausreicht, um den Verstärker in den Sättigungsbereich zu bringen.

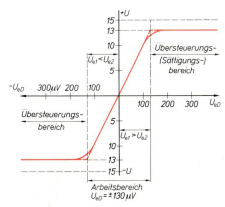

3.39 Übertragungskennlinie eines Operationsverstärkers

Gleichtaktverstärkung. Werden beide Eingänge parallelgeschaltet, liefert der Operationsverstärker fast keine Ausgangsspannung. Die Gleichtaktverstärkung ist äußerst gering (**3**.40).

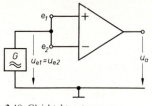

3.40 Gleichtaktansteuerung

Gleichtaktverstärkung $\qquad V_{uG} = \dfrac{u_a}{u_{e1}} = \dfrac{u_a}{u_{e2}} = \dfrac{u_a}{u_e}$

Gleichtaktverstärkungsmaß $\qquad V_{uG/dB} = 20 \cdot \lg \dfrac{u_a}{u_e}$

In den Datenblättern der Operationsverstärker wird die Gleichtaktunterdrückung angegeben. Sie ist das Verhältnis aus Differenz- zu Gleichtaktverstärkung in dB.

Gleichtaktunterdrückung $\qquad g = \dfrac{V_u}{V_{uG}}$

Gleichtaktunterdrückungsmaß $\qquad G/\text{db} = 20 \cdot \lg \dfrac{V_u}{V_{uG}} = 20 \cdot \lg g \qquad G/\text{dB} = V_{u/dB} - V_{uG/dB}$

Beispiel 3.7 Beim Operationsverstärker TBA 221 (741) beträgt das Differenzverstärkungsmaß 100 dB und das Gleichtaktunterdrückungsmaß 90 dB. Wie groß ist die Gleichtaktverstärkung?

Lösung Gleichtaktverstärkungsmaß $V_{uG} = V_u - G = 100\,\text{dB} - 90\,\text{dB} = \mathbf{10\,dB}$

Gleichtaktverstärkung $\quad V_{uG} = 10^{\frac{V_{uG/dB}}{20}} = 10^{\frac{10}{20}} = 10^{0,5} = \mathbf{3{,}16}$

Bei Gleichtaktansteuerung hat der Operationsverstärker noch eine Gleichtaktverstärkung von 3,16, was im Verhältnis zur Differenzverstärkung von 100 000 vernachlässigbar ist.

Frequenzgang. In der Nachrichtentechnik gilt, daß das Produkt aus Bandbreite Δf und Verstärkung V_u konstant ist. Ursache für den Verstärkungsrückgang bei niedrigen Frequenzen sind die Hochpässe aus Koppelkondensatoren und Eingangs- bzw. Lastwiderständen. Da Operationsverstärker gleichstromgekoppelt sind, beträgt die untere Grenzfrequenz null Hertz. Bei hohen Frequenzen bilden die Kapazitäten der Bauelemente Tiefpässe mit Ein- und Ausgangswiderstand, so daß das Ausgangssignal abgeschwächt wird (s. Abschn. 3.5.1, Transistor als HF-Verstärker).

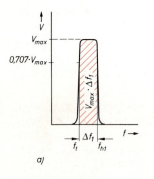
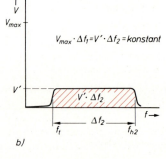

3.41 Bandbreiten-Verstärkungsprodukt eines Verstärkers
a) ohne Gegenkopplung
b) mit Gegenkopplung

> Das Bandbreiten-Verstärkungsprodukt ist eine charakteristische Konstante des Verstärkers (**3.**41).
>
> Bandbreiten-Verstärkungsprodukt $V_u \cdot \Delta f =$ konstant.

Die Verstärkung des Operationsverstärkers nimmt deshalb mit steigender Frequenz ab. Der Verstärkungsabfall beginnt schon bei einer niedrigen Frequenz und setzt beim TBA 221 bei etwa 10 Hz ein (**3.**42). Bei speziellen Operationsverstärkern beginnt er bei etwa 100 kHz. Die Frequenz, bei der die Leerlaufverstärkung auf 70,7% oder -3 dB der Gleichstromverstärkung abgefallen ist, heißt Leerlauf-Grenzfrequenz f_{g0}.

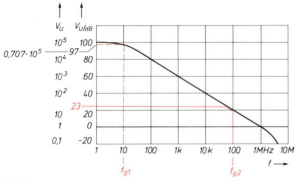

3.42 Frequenzgang
a) der Leerlaufverstärkung (schwarz),
b) des gegengekoppelten Verstärkers mit $V'_u = 23$ dB (rot)

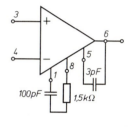

3.43
Externe Frequenzkompensation beim Operationsverstärker MIC 709
Ziffern = Anschlußstifte

Durch interne, manchmal auch außen anzubringende RC-Glieder oder Kondensatoren wird der Frequenzgang so eingestellt, daß ein Verstärkungsabfall von 6 dB je Oktave gleich 20 dB je Dekade erreicht wird (**3.**43). Das heißt umgerechnet, daß bei der jeweils doppelten Frequenz (Oktave) die Verstärkung auf 50% bzw. je Dekade auf 10% gesunken ist. Bei dieser Bedingung arbeitet der Verstärker frei von wilden Schwingungen.

> Die Leerlaufverstärkung des Operationsverstärkers ist stark frequenzabhängig.

Wird durch Gegenkopplung die Verstärkung herabgesetzt, bleibt sie auch bei höheren Frequenzen konstant, wodurch obere Grenzfrequenz und Bandbreite steigen.

Beispiel 3.8   Beim TBA 221 beträgt die Leerlaufgrenzfrequenz $f_{g0} = 10$ Hz. Wie groß ist die Verstärkung bei 1 kHz und 10 kHz?

Aus der Frequenzgangskurve ist zu entnehmen, daß bei 1 kHz noch eine Verstärkung von 60 dB und bei 10 kHz von 40 dB vorhanden sind.

Eingangs-Offsetspannung und -strom. Beim Operationsverstärker sollte die Ausgangsspannung $U_a = 0$ V sein, wenn beide Eingänge mit Masse verbunden sind. Aufgrund von Fertigungstoleranzen des Halbleiterchips ist jedoch U_a nicht Null. Um die Ausgangsspannung auf 0 V zu bringen, muß zwischen den Eingängen auch ohne Ansteuerung eine Eingangsnullspannung U_{eos} oder Eingangs-Offsetspannung (offset: Fehlbetrag) liegen. Diese Spannung ruft am

Eingangswiderstand des Verstärkers den Eingangsnullstrom (Eingangs-Offsetstrom) I_{eos} von einigen Nanoampere hervor. Ein Offsetabgleich wird in der Praxis jedoch nur dann an Operationsverstärkern vorgenommen, wenn bei einem geerdeten Eingang die Ausgangsspannung unbedingt 0 V betragen soll. Bild **3.**44 zeigt den Offsetspannungsabgleich, bei dem Operationsverstärkern 709 und 741.

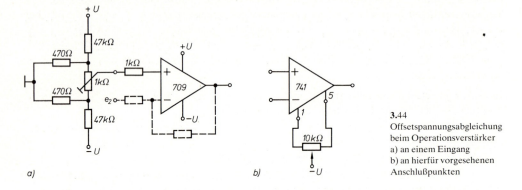

3.44
Offsetspannungsabgleichung beim Operationsverstärker
a) an einem Eingang
b) an hierfür vorgesehenen Anschlußpunkten

> Die Eingangsnullspannung ist die Spannungsdifferenz $U_{eos} = U_{e1} - U_{e2}$, die zwischen die Eingänge des Operationsverstärkers gelegt werden muß, damit die Ausgangsspannung $U_a = 0$ wird.
>
> Der Eingangsnullstrom ist die Stromdifferenz zwischen den Eingangsströmen ($I_{eos} = I_{e1} - I_{e2}$), die eine Ausgangsspannung $U_a = 0$ bewirkt.

3.3.3 Invertierender gegengekoppelter Verstärker

In der Praxis wird die hohe Leerlaufverstärkung des Operationsverstärkers selten ausgenutzt. Zur Verstärkungsminderung wird er deshalb gegengekoppelt (**3.**45), d.h. ein Teil der Ausgangsspannung wird über den Gegenkopplungswiderstand R_r auf den invertierenden Eingang zurückgeführt. Eingangs- und Rückkopplungssignal müssen gegenphasig sein. Der nichtinvertierende Eingang wird direkt oder über einen Widerstand $R2$ mit Masse verbunden. $R2$ entspricht der Parallelschaltung aus R_v und R_r.

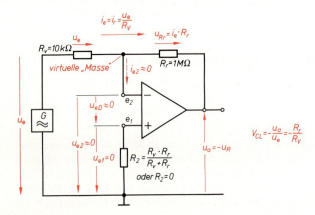

3.45
Invertierender Verstärker

> Widerstand am nichtinvertierenden Eingang $R_2 = \dfrac{R_v \cdot R_r}{R_v + R_r}$

Damit wird erreicht, daß sich bei einer Änderung der Eingangsströme (z. B. durch Erwärmung) die Spannungen an beiden Eingängen in gleichem Maß ändern (Gleichtaktunterdrückung).

Virtueller Nullpunkt. Der nichtinvertierende Eingang hat Nullpotential (Masse), weil wegen des hohen Eingangswiderstands kein Strom durch $R2$ fließt. Wegen der äußerst geringen Eingangsspannungsdifferenz kann man sagen, daß der invertierende Eingang scheinbar auch Nullpotential hat. Man bezeichnet deshalb diesen Schaltungspunkt als „virtuellen" Nullpunkt (virtuell, lat.: scheinbar).

Betriebsverstärkung. Um die Verstärkung des gegengekoppelten invertierenden Verstärkers zu ermitteln, werden folgende Vereinfachungen angesetzt:

$u_{eD} = 0$. Zumindest ist u_{eD} im Verhältnis zu u_{e1} und u_{e2} vernachlässigbar klein und mit herkömmlichen Meßgeräten kaum meßbar (µV).

$i_{e2} = 0$. Der Eingangswiderstand ist erheblich größer als R_v und R_r.

$V_u \to \infty$. Die Leerlaufverstärkung ist viel größer als die zu erzielende Betriebsverstärkung V_{CL} (CL = closed loop, engl.: geschlossene Schleife, gemeint ist die Gegenkopplung).

$r_a = 0$. Zumindest ist $r_a \ll R_r$.

Der invertierende Eingang muß über einen Vorwiderstand R_v betrieben werden, an dem die gesamte Eingangsspannung abfällt ($u_{eD} = 0$). Der Strom $i_e = u_{eD}/R_v$, der diesen Spannungsabfall hervorruft, fließt nicht in den Verstärker hinein ($i_e = 0$), sondern über R_r zum Ausgang. Da hier wie in einer Reihenschaltung zweier Widerstände ein Strom fließt, stehen u_{e2} und u_a im gleichen Verhältnis zueinander wie R_v und R_r. Außerdem sind Eingangs- und Ausgangsspannung gegenphasig. Wenn z. B. u_e positiv gegenüber Masse ist, muß wegen derselben Stromrichtung durch beide Widerstände u_a negativ sein (**3.**45).

$$u_e = i_e \cdot R_v \quad \text{und} \quad u_R = -u_a = i_e \cdot R_r$$

$$V_{CL} = \frac{u_a}{u_e} = -\frac{i_e \cdot R_r}{i_e \cdot R_v}$$

> Betriebsverstärkung des invertierenden gegengekoppelten Operationsverstärkers
>
> $$V_{CL} = \frac{u_a}{u_{e2}} = -\frac{R_r}{R_v}$$
>
> Beim invertierenden gegengekoppelten Operationsverstärker ist die Betriebsverstärkung V_{CL} gleich dem Verhältnis der Widerstände R_r und R_v.
> Der Eingangswiderstand ist gleich dem Vorwiderstand R_v.

Beispiel 3.9 Ein Operationsverstärker soll eine Betriebsverstärkung $V_{CL} = -100$ haben. Gewählt wird ein Vorwiderstand $R_v = 10\ \text{k}\Omega$. Wie groß ist R_r?

Lösung $V_{CL} = -\dfrac{R_r}{R_v} \to R_r = -V_{CL} \cdot R_v = -(-100) \cdot 10\ \text{k}\Omega = \mathbf{1\ M\Omega}$

Mit $R_r = 1\ \text{M}\Omega$ hat der Operationsverstärker eine Betriebsverstärkung $V_{CL} = -100$.

Versuch 3.8 Ein Operationsverstärker TBA 221 wird entsprechend Bild **3.**45 als invertierender Verstärker geschaltet. Er wird mit einer sinusförmigen Wechselspannung $u_{eSS} = 0{,}1$ V angesteuert. Mit dem Oszilloskop mißt man die Spannung am invertierenden Eingang und am Ausgang. Dann bestimmt man die Betriebsverstärkung aus u_{aSS} und u_{eSS}.

Ergebnis Die Spannung am Eingang e_2 ist nicht meßbar. Die Betriebsverstärkung $V_{CL} \approx -100$.

3.3.4 Nichtinvertierender gegengekoppelter Verstärker

Beim nichtinvertierenden Verstärker erfolgt die Gegenkopplung über den Spannungsteiler R_r/R_p zum invertierenden Eingang e_2. Die Eingangsspannung u_e wird dem nichtinvertierenden Eingang e_1 zugeführt. Ein Vorwiderstand ist höchstens zur besseren Gleichtaktunterdrückung notwendig (**3.**46).

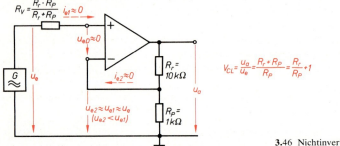

3.46 Nichtinvertierender Verstärker

Vorwiderstand am nichtinvertierenden Eingang $\qquad R_v = \dfrac{R_r \cdot R_p}{R_r + R_p}$

Der Eingangsstrom ist etwa Null, so daß der nichtinvertierende Operationsverstärker einen äußerst großen Eingangswiderstand hat.

Betriebsverstärkung. Da die Differenzspannung $u_{eD} \approx 0$ beträgt, ist die Spannung am invertierenden Eingang so groß wie die Eingangsspannung und gleichphasig (**3.**46). Eingang e_2 erhält seine Spannung über den Spannungsteiler R_r/R_p vom Ausgang. Das heißt, Ausgangs- und Eingangsspannung verhalten sich wie das Teilerverhältnis des Spannungsteilers.

Spannungsteiler $\qquad \dfrac{u_a}{u_e} = \dfrac{R_r + R_p}{R_p} = \dfrac{R_r}{R_p} + \dfrac{R_p}{R_p} = \dfrac{R_r}{R_p} + 1$

Betriebsverstärkung des nichtinvertierenden, gegengekoppelten Operationsverstärkers $\qquad V_{CL} = \dfrac{u_a}{u_e} = \dfrac{R_r}{R_p} + 1$

Der Eingangswiderstand des nichtinvertierenden Operationsverstärkers ist sehr hoch.

Beispiel 3.10 Welche Betriebsverstärkung hat ein Operationsverstärker, wenn $R_r = 100$ kΩ und $R_p = 1$ kΩ sind?

$$V_{CL} = \frac{R_r}{R_p} + 1 = \frac{100\,\text{k}\Omega}{1\,\text{k}\Omega} + 1 = \mathbf{101}$$

Versuch 3.9 Ein Operationsverstärker wird entsprechend Bild **3**.46 als nichtinvertierender Verstärker geschaltet und mit einer sinusförmigen Wechselspannung $u_{eSS} = 0{,}1$ V angesteuert. Mit dem Oszilloskop mißt man die Spannungen an beiden Eingängen und am Ausgang. Dann bestimmt man die Betriebsverstärkung.

Ergebnis Alle Spannungen sind phasengleich. Die Spannungen an den Eingängen sind gleichgroß. Die Betriebsverstärkung $V_{CL} \approx 100$.

Vergleicht man die Phasenlage der Spannung am invertierenden Eingang mit der Ausgangsspannung, entsteht der Eindruck, daß zwischen u_{e2} und u_a keine Invertierung stattfindet. Tatsächlich ist aber u_{e1} um u_{eD} (wenige μV) größer als u_{e2} und bestimmt damit die Phasenlage des Ausgangssignals.

Verwendung einer Betriebsspannung (**3**.47). Operationsverstärker, die mit je einer positiven und negativen Gleichspannung betrieben werden, können auch mit e i n e r Spannung arbeiten. Dazu verbindet man den zweiten Betriebsspannungsanschluß mit Masse. Das Potential des nichtinvertierenden Eingangs wird beim invertierenden Verstärker mit einem Spannungsteiler aus zwei gleichen Widerständen auf die halbe Betriebsspannung gebracht. Das Ausgangspotential stellt sich auf die gleiche Höhe ein, weil die Potentiale beider Eingänge gleich groß sind und über den Gegenkopplungswiderstand kein Strom fließt. Da beim nichtinvertierenden Verstärker die Ausgangsspannung um das Spannungsteilerverhältnis aus R_r und R_p größer ist, wird durch einen Spannungsteiler aus $R1$ und $R2$ das Potential am nichtinvertierenden Eingang so eingestellt, daß $U_a = 0{,}5 \cdot U_{CC}$ ist. Wegen der Gleichspannungen an Ein- und Ausgang müssen Koppelkondensatoren für Wechselspannungsverstärkung verwendet werden.

Nichtinvertierender Verstärker als Impedanzwandler (**3**.48). Werden Ausgang und invertierender Eingang des Operationsverstärkers miteinander verbunden, haben die Spannungen an den

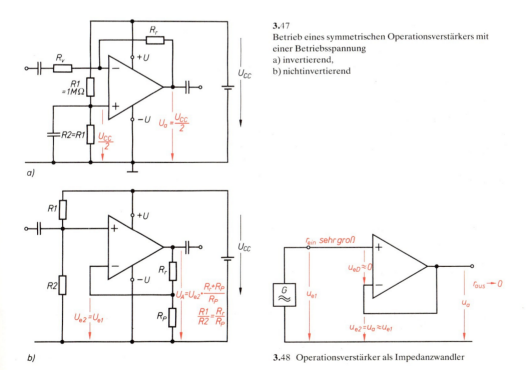

3.47 Betrieb eines symmetrischen Operationsverstärkers mit einer Betriebsspannung
a) invertierend,
b) nichtinvertierend

3.48 Operationsverstärker als Impedanzwandler

beiden Eingängen und am Ausgang gleiche Amplitude und Phasenlage. Während jedoch der Eingangswiderstand des nichtinvertierenden Eingangs sehr hochohmig ist, beträgt der Ausgangswiderstand nur wenige Ohm – bei TBA 221 typisch 75 Ω. Der Operationsverstärker arbeitet ähnlich wie ein Transistor in Kollektorschaltung als Impedanzwandler.

> Werden Ausgang und invertierender Eingang des Operationsverstärkers kurzgeschlossen, arbeitet er als Impedanzwandler.

Trennung von Gleich- und Wechselstromgegenkopplung. Die Toleranzen eines Operationsverstärkers werden um so mehr ausgeglichen, je stärker er gegengekoppelt ist. Mit der Gleichstromgegenkopplung sinkt aber auch die Betriebsverstärkung. Man trennt deshalb beim nichtinvertierenden Verstärker den Spannungsteilerwiderstand R_p durch einen Kondensator gleichspannungsmäßig vom Gegenkopplungszweig (**3.**49). Über den Gegenkopplungswiderstand R_r ist der Verstärker gleichspannungsmäßig vollständig gegengekoppelt, weil wegen des hohen Eingangswiderstands kein Strom über R_r fließt. Für Wechselspannung ist dagegen der Blindwiderstand des Kondensators verschwindend gering, so daß der Spannungsteiler aus R_r und R_p wirksam wird. Die Betriebsverstärkung entspricht dem Spannungsteilerverhältnis.

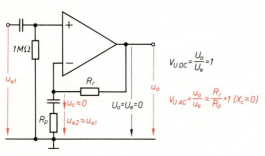

3.49 Operationsverstärker mit Wechselspannungsgegenkopplung

Bedingt durch den frequenzabhängigen Blindwiderstand hat der Verstärker jetzt eine untere Grenzfrequenz, da bei Gleichspannungsansteuerung die Betriebsverstärkung eins ist.

> Die Trennung von Gleich- und Wechselstromgegenkopplung bewirkt, daß Fertigungstoleranzen und Temperatureinfluß des Operationsverstärkers ausgeglichen werden und sich gleichzeitig jede gewünschte Wechselstromverstärkung einstellen läßt.

Summierverstärker. Mit Hilfe eines Operationsverstärkers lassen sich Teilspannungen addieren und gleichzeitig verstärken (**3.**50). Für jeden Eingang e_1 bis e_n läßt sich getrennt die Verstärkung $v_u = R_r/R_v$ berechnen. Die Ausgangsspannung ist die Summe der teilverstärkten Spannungen.

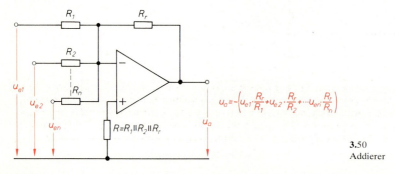

3.50 Addierer

Die Ausgangsspannung kann jedoch nicht größer als die Betriebsspannung werden (Begrenzung). Der Widerstand am nichtinvertierenden Eingang entspricht der Parallelschaltung aller Widerstände der Addierschaltung:

Gesamtausgangsspannung eines Addierers
$$u_a = -\left(u_{e1} \cdot \frac{R_r}{R_1} + u_{e2} \cdot \frac{R_r}{R_2} + \cdots u_{en} \cdot \frac{R_r}{R_n}\right)$$

Widerstand $R2$ des nichtinvertierenden Eingangs $R = R1 \| R2 \| \ldots R_n \| R_r$

3.3.5 Integrierer

Werden die Ohmschen Widerstände R_r und R_v durch Blind- oder Scheinwiderstände ersetzt, können die Schaltungen mit Operationsverstärkern die verschiedensten Eigenschaften erhalten.

Der Integrierer ist ein invertierender Verstärker, bei dem der Rückkoppelwiderstand R_r durch einen Kondensator ersetzt wird (**3.**51).

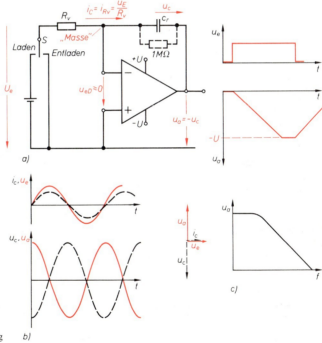

3.51
Integrierer
a) Gleichspannungsansteuerung
b) Wechselspannungsansteuerung
c) Frequenzgang der Ausgangsspannung

Wirkungsweise. Wird der invertierende Eingang des Operationsverstärkers über den Vorwiderstand R_v an eine positive Gleichspannung geschaltet, fließt ein konstanter Strom durch R_v und lädt den Kondensator C_r. Da je Zeitabschnitt die gleiche Ladungsmenge $\Delta Q = I \cdot \Delta t$ auf die Kondensatorbeläge fließt, steigt seine Spannung U_c zeitlinear an. Bezogen auf Nullpotential sinkt die Ausgangsspannung zeitlinear bis zur negativen Sättigungsgrenze $-13\,\text{V}$. Diese Spannung ist erreicht, wenn der Kondensator die Gesamtladung $Q = C \cdot U_a$ trägt.

Mit $Q = I \cdot t_{ges}$ und $I = I_e = \dfrac{U_{e2}}{R_v}$ ergibt sich die Ladezeit

$$t_{ges} = \frac{Q}{I_e} = \frac{C \cdot U_a}{\dfrac{U_e}{R_v}} = C \cdot R_v \cdot \frac{U_a}{U_e}.$$

> Ladezeit des Kondensators
> bei konstanter Eingangsspannung
> $$t_{ges} = C \cdot R_v \cdot \frac{U_a}{U_e}$$

Die Ladezeit läßt sich nicht beliebig verändern, indem z. B. der Vorwiderstand vergrößert wird. Der Ladestrom muß immer größer als der Eingangs-Offsetstrom des Verstärkers sein.

Wird die Eingangsspannung kurzgeschlossen, entlädt sich der Kondensator mit der gleichen Geschwindigkeit, wie er sich geladen hat. Bei einer Rechteckeingangsspannung liefert der Integrierer eine Dreieckspannung.

Verhalten bei Sinuseingangsspannung (3.51 b). Der Lade- und Entladestrom des Kondensators ist auch der Strom durch den Widerstand R_v. Ist die Eingangsspannung eine Sinuswechselspannung, fließt durch R_v und C ein Sinuswechselstrom. Da beim Kondensator der Strom der Spannung um 90° vorauseilt, entsteht beim Integrierer eine Phasenverschiebung von 90° zwischen Eingangs- und Ausgangsspannung, wobei u_a wegen der Invertierung vorauseilt.

> Der Integrierer verändert die Form der Eingangsspannung in der gleichen Weise, wie dies durch ein ideales Integrierglied geschieht.

Mit Hilfe von Integrierern lassen sich annähernd verlustfreie Spulen und Kondensatoren auch mit großen Induktivitäten bzw. Kapazitäten einfach simulieren. Allerdings sinkt die Ausgangsspannung mit zunehmender Frequenz, denn der Blindwiderstand des Kondensators im Gegenkopplungszweig sinkt und reduziert dadurch die Betriebsverstärkung des Operationsverstärkers.

3.3.6 Differenzierer

Wird der Ohmsche Widerstand R_v durch einen Kondensator ersetzt, entsteht ein Differenzier-Verstärker, dessen Verhalten dem eines idealen Differenzierglieds entspricht. Die Spannung am Widerstand R_r ist proportional dem Ladestrom von C_v (3.52).

Wirkungsweise. Wird z. B. C_v an eine Gleichspannung geschaltet, hat kurzzeitig der invertierende Eingang das gleiche Potential wie das Eingangssignal, weil der Kondensator noch keine Ladung hat. Der Operationsverstärker ist völlig übersteuert, und die Ausgangsspannung „springt" auf den negativen Sättigungswert. Der Kondensator lädt sich schnell über R_r auf, wobei sein Ladestrom sinkt und u_a vom negativen Höchstwert ansteigt. Nach der Kondensatorladung sind i_c und u_a gleich Null. Der Differenzierer zeigt das typische Ausgangssignal eines Differenzierglieds.

Bei Sinus-Eingangswechselspannung liefert der Differenzierer eine um 90° nacheilende sinusförmige Wechselspannung: Der Kondensatorstrom eilt der Spannung um 90° voraus, ebenso die Spannung am Gegenkopplungswiderstand ($i_C = i_R$). Wegen der Invertierung eilt dann u_a der Eingangsspannung nach.

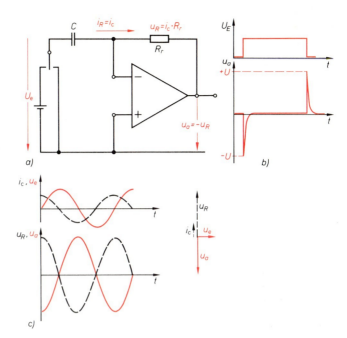

3.52
Differenzierer
a) Prinzipschaltung
b) Gleichspannungsansteuerung
c) Wechselspannungsansteuerung

Verwendung. Differenzierer werden nur selten verwendet. Jede geringfügige Schwankung der Eingangsspannung bewirkt einen Lade- oder Entladestromstoß durch C_v, der sich als starke Ausgangsspannungsänderung bemerkbar macht. Da schon Rauschanteile der Eingangsspannung auf diese Weise vergrößert werden können, neigen diese Schaltungen zu wilden Schwingungen.

Weitere Anwendungen von Operationsverstärkern werden in den folgenden Kapiteln beschrieben.

Übungsaufgaben zu den Abschnitten 3.3.2 bis 3.3.6

1. Welche Anforderungen muß ein Operationsverstärker erfüllen?
2. Wie heißen die Eingänge des Operationsverstärkers?
3. Wie groß ist die Leerlaufverstärkung V_u eines Operationsverstärkers, dessen Verstärkungsmaß $V_u = 83$ dB beträgt?
4. Skizzieren Sie den Frequenzgang der Leerlaufverstärkung.
5. Durch welche Maßnahme kann man eine große obere Grenzfrequenz eines Operationsverstärkers erreichen?
6. Was versteht man unter Offsetspannung, und welche Auswirkung hat sie auf die Ausgangsspannung?
7. Beschreiben Sie die Wirkungsweise der Gegenkopplung beim invertierenden Verstärker.
8. Warum ist die Eingangsdifferenzspannung beim nichtübersteuerten Verstärker mit herkömmlichen Geräten nicht meßbar?
9. Beschreiben Sie die Wirkungsweise der Gegenkopplung beim nichtinvertierenden Verstärker.
10. Wie groß ist die Betriebsverstärkung des nichtgegengekoppelten Verstärkers, wenn $R_r = 100$ kΩ und $R_p = 2,2$ kΩ betragen?
11. Warum werden häufig Gleich- von Wechselstromgegenkopplung getrennt, und durch welche Schaltungsmaßnahme wird dies erreicht?
12. Erklären Sie, wie der Integrierer bei Rechteckspannungsansteuerung eine Dreieckspannung liefert.

3.4 Hochfrequenzverstärker

3.4.1 Transistorkapazitäten, Rauschen

Sollen Signale mit Frequenzen von mehr als 100 kHz verstärkt werden, müssen spezielle Hochfrequenztransistoren (AF… oder BF…) verwendet werden. Niederfrequenztransistoren (AC… bzw. BC…) eignen sich wegen ihres Systemaufbaus nicht dazu. Zwischen Basis, Kollektor und Emitter befinden sich Kapazitäten, die mit den parallelgeschalteten Widerständen der PN-Übergänge RC-Glieder bilden und die Verstärkung des Transistors bei hohen Frequenzen herabsetzen. Bei Niederfrequenz machen sich die Kapazitäten nicht bemerkbar, weil die Zeitkonstanten der RC-Glieder niedrig sind. Bei HF-Transistoren werden die Kapazitäten durch kleinflächige PN-Übergänge und die besondere Gestalt der Basis- und Emitterzone klein gehalten.

Die Vorgänge im Transistor bei Hochfrequenz sind äußerst kompliziert und führen zu umfangreichen Ersatzbildern. Die folgenden Ausführungen können deshalb nur stark vereinfacht die Zusammenhänge wiedergeben.

> Die Kapazitäten im Innern eines Transistors bilden mit den Widerständen RC-Glieder, die die Eingangs- und Ausgangsspannungen und -ströme beeinflussen und die Verstärkungen mit steigender Frequenz herabsetzen.

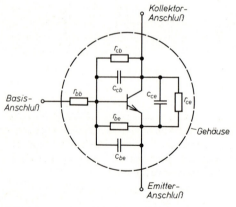

3.53 Widerstände und Kapazitäten beim Transistor

Der Transistoreingangswiderstand r_{be} setzt sich aus dem Basisbahnwiderstand r_{bb} und dem Widerstand des eigentlichen PN-Übergangs zusammen. Der Basisbahnwiderstand ist der Widerstand des schwachdotierten Siliziums zwischen Basisanschluß und der Basiszone. Parallel zum Widerstand des PN-Übergangs befindet sich die Diffusions-Kapazität c_{be} der leitenden Basis-Emitterdiode (**3**.53). Der gesperrte PN-Übergang zwischen Basis- und Kollektor bildet ebenfalls eine RC-Parallelschaltung, bestehend aus Rückwirkungskapazität c_{cb} und Rückwirkungswiderstand. Zwischen den Ausgangsklemmen Kollektor und Emitter liegt die Parallelschaltung aus r_{ce} und der Schaltkapazität c_{ce}.

Diffusionskapazität. Die Basis-Emitterstrecke wird in Durchlaßrichtung betrieben. Die Ladungsträger, die die Emitterzone verlassen, durchqueren mit verhältnismäßig geringer Geschwindigkeit den Basisraum, so daß der Kollektorstrom zum Emitterstrom zeitlich verzögert ist. Diese Phasenverschiebung steigt mit der Frequenz an und erreicht annähernd 90° bei sinusförmigen Strömen. In der Basiszone sind also die beweglichen Ladungsträger (Elektronen beim NPN-Transistor) nicht gleichmäßig verteilt, sondern zu einem bestimmten Zeitpunkt befinden sich z. B. in der Nähe der Emitterzone mehr Elektronen als in der Nähe der Kollektor-Sperrschicht. Eine unterschiedliche Ladungsverteilung ist aber nur beim Kondensator vorhanden. Diese Eigenschaft des leitenden PN-Übergangs, die durch die langsame Diffusion der

Ladungsträger hervorgerufen wird, heißt Diffusionskapazität. Sie beträgt bei NF-Transistoren bis 10 nF. Da der parallelliegende Widerstand des PN-Übergangs relativ niederohmig ist, macht sich die Diffusionskapazität im NF-Bereich noch nicht bemerkbar, jedoch beginnt der Verstärkungsabfall des NF-Transistors bei einigen 10 kHz.

Bei HF-Transistoren erreicht man Diffusionskapazitäten von weniger als 100 pF durch spezielle Technologien (= Herstellungsverfahren, s. Abschn. 3.8.1, Drift-Transistor).

Rückwirkungskapazität. Die an sich kleine Kollektor-Basis- oder Rückwirkungskapazität c_{cb} von wenigen Picofarad macht sich in der Emitterschaltung besonders störend bemerkbar (3.54). Die Kollektorwechselspannung $u_a = V_u \cdot u_e$ bewirkt einen Strom i_{cb} durch c_{cb}, der zusammen mit dem Basiswechselstrom i_B im Basisstromkreis fließt. Die Rückwirkungskapazität ist scheinbar parallel zur Diffusionskapazität c_{be} geschaltet, jedoch mit der Spannungsverstärkung V_u multipliziert als $c'_{cb} = V_u \cdot c_{cb}$, da die größere Kollektorwechselspannung einen um V_u größeren Strom durch c_{cb} treibt, als dies durch die Eingangswechselspannung geschähe. Die Rückwirkungskapazität trägt zur weiteren Absenkung der oberen Grenzfrequenz bei.

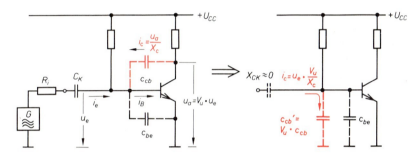

3.54 Einfluß der Rückwirkungskapazität in der Emitterschaltung

Bedingt durch die Phasenverschiebungen der einzelnen RC-Glieder, kann der Strom über die Rückwirkungskapazität in einem bestimmten Frequenzbereich phasengleich zum Eingangsstrom werden. Bei entsprechend hoher Verstärkung beginnt die Stufe zu schwingen und ist als Verstärker nicht mehr brauchbar. Durch geeignete Gegenkopplungsmaßnahmen (Neutralisation, s. Abschn. 5.2.3) wird die Schwingneigung der Stufe unterdrückt.

> Diffusions- und Rückwirkungskapazität beeinflussen entscheidend die Verstärkung des Transistors in Emitterschaltung. Durch die Rückwirkung neigt die Stufe zum Schwingen.

Frequenzgang der Stromverstärkung (3.55 s. S. 244). Durch die Diffusions- und Rückwirkungskapazität wird die Stromverstärkung β beeinflußt. Während z. B. β bei niedrigen Frequenzen konstant ist, sinkt sie ab einer bestimmten Frequenz. Die Frequenz, bei der die Stromverstärkung nur noch 0,707 des Höchstwerts beträgt, heißt β-Grenzfrequenz der Emitterschaltung. Wird die Frequenz weiter erhöht, sinkt β schließlich bei der Transitfrequenz f_T auf eins. Diese Transitfrequenz wird in Datenblättern angegeben. Je höher die Transitfrequenz ist, desto größer ist auch der Frequenzbereich, in dem der Transistor eine hohe Stromverstärkung hat. Da sich die Kapazitäts- und Widerstandswerte mit dem Kollektorstrom ändern, ist auch die Transitfrequenz arbeitspunktabhängig.

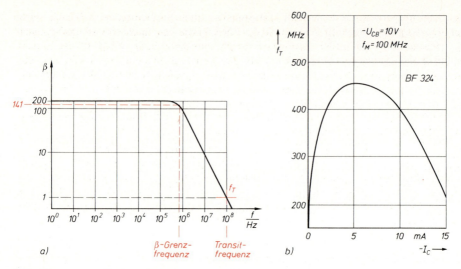

3.55 a) Frequenzgang der Kurzschlußstromverstärkung β b) Transitfrequenz in Abhängigkeit vom Kollektorstrom

> Die Stromverstärkung nimmt mit steigender Frequenz ab und ist bei der Transitfrequenz f_T auf eins gesunken. Die Transitfrequenz ist arbeitspunktabhängig.

Basisschaltung (3.56). In der Basisschaltung ist die Basis wechselspannungsmäßig geerdet. Parallel zur frequenzbeeinflussenden Diffusionskapazität liegt nun der niederohmige Transistoreingangswiderstand $r_{be} : \beta$. Die Zeitkonstante dieses RC-Glieds ist äußerst klein, so daß die obere Grenzfrequenz entsprechend hoch ist. Die Rückwirkungskapazität ist ebenfalls direkt geerdet und wird deshalb nicht mit V_u verstärkt im Eingangskreis wirksam. Da dieser Teil der Rückwirkung entfällt, neigt die Basisschaltung weniger zum Schwingen als die Emitterschaltung. Lediglich Schaltkapazitäten können eine Schwingneigung hervorrufen.

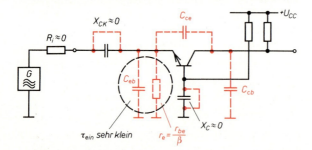

3.56
Einfluß der Kapazitäten in der Basisschaltung

Die α-Grenzfrequenz der Basisschaltung ist etwa β-mal größer als die β-Grenzfrequenz. Zwar hat die Basisschaltung keine Stromverstärkung, aber ihre Spannungsverstärkung ist bei hohen Frequenzen immer noch größer als die der Emitterschaltung.

> Zur Verstärkung sehr hoher Frequenzen kann nur die Basisschaltung verwendet werden.

Rauschen. Aufgrund der wärmebedingten Bewegung der Atome im Kristallgitter bewegen sich die Elektronen nicht gleichmäßig in einem Widerstand. Diese ständigen Stromschwankungen um einen Mittelwert herum entsprechen einem Wechselstromanteil, der alle Frequenzen enthält und als Rauschen wahrgenommen wird. Im gleichen Maß wie der Strom schwankt die Spannung am Widerstand. Die Rauschspannung ist um so größer, je stärker der Widerstand erwärmt, d.h. je größer die Bewegung der Atome im Kristallgitter ist, je höher der Widerstandswert und je größer die Bandbreite des Rauschspektrums sind. So liefert ein 50-kΩ-Widerstand bei Raumtemperatur und einer Bandbreite $\Delta f = 20$ kHz eine Rauschspannung von 3,6 µV. Das Produkt aus Rauschspannung und -strom ist die Rauschleistung P_r.

Beim Transistor treten neben dem Widerstandsrauschen weitere Rauschursachen auf. Die Rauschleistung des Transistors ist arbeitspunkt- und frequenzabhängig. Sie erreicht in einem bestimmten Kollektorstrom- und Frequenzbereich ihren niedrigsten Wert. Daraus ergeben sich Ein- und Ausgangswiderstände des Transistors für minimales Rauschen. Aus diesem Grund sind HF-Verstärkerstufen nicht leistungs-, sondern rauschangepaßt, weil die Signalspannungen teilweise nur wenig größer als die Rauschspannungen sind.

> In HF-Verstärkern werden Transistoren häufig rauschangepaßt.

Rauschabstand und -maß. Am Eingang eines Verstärkers treten eine Signalleistung P_{S1} ($\triangleq$ Leistung des Nutzsignals) und eine Rauschleistung P_{R1} auf. Beide werden durch den Transistor zu $P_{S2} = v_p \cdot P_{S1}$ und $P_{R2} = v_p \cdot P_{R1}$ verstärkt. Da außerdem im Transistor eine Eigenrauschleistung P_{Ri} entsteht, vergrößert sich die Ausgangsrauschleistung auf

$$P_{R\,ges} = P_{R2} + P_{Ri} = v_p \cdot P_{R1} + P_{Ri}.$$

Setzt man $P_{R\,ges}$ und P_{R2} zueinander ins Verhältnis, erhält man die Rauschzahl F. Sie ist arbeitspunkt- und frequenzabhängig (**3.**57).

$$F = \frac{P_{R\,ges}}{P_{R2}} = \frac{P_{R2} + P_{Ri}}{P_{R2}} = 1 + \frac{P_{Ri}}{P_{R2}} = 1 + \frac{P_{Ri}}{v_p \cdot P_{R1}}$$

Ein rauschfreier Transistor hätte demnach eine Rauschzahl $F = 1$, da $P_{Ri} = 0$ ist.

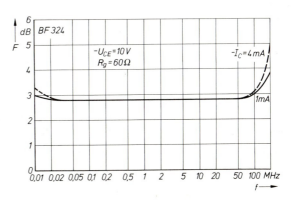

3.57
Rauschzahl und -maß in Abhängigkeit von der Frequenz

In Datenblättern wird F in dB angegeben. Es handelt sich um das **Rauschmaß** und drückt das logarithmische Verhältnis $P_{R\,ges}$ zu P_{R2} aus.

> HF-Transistoren haben kleine Rauschzahlen.
>
> **Rauschzahl** $F = 1 + \dfrac{P_{Ri}}{v_p \cdot P_{R1}}$ **Rauschmaß** $F / dB = 10 \cdot \lg F$

3.4.2 Selektive Hochfrequenzverstärker

In der HF-Technik werden überwiegend selektive (lat.: auswählen) oder Schmalbandverstärker verwendet. Sie zeichnen sich durch hohe Verstärkung und eine definierte Bandbreite aus. Als frequenzselektive Bauelemente werden LC-Parallelschwingkreise oder Keramikfilter, seltener Quarzfilter verwendet.

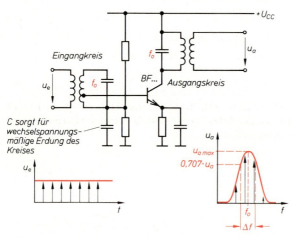

3.58 Selektiver HF-Verstärker mit Einzelkreisen

Verstärkung, Bandbreite. Der Kollektorschwingkreis ersetzt den Kollektorwiderstand R_C. Der Eingangsschwingkreis liefert eine frequenzabhängige Spannung u_e (**3.**58). Diese wird vom Transistor verstärkt, wobei die Stufenverstärkung am größten ist, wenn Eingangs- und Ausgangskreis dieselbe Resonanzfrequenz haben. Die folgende Stufe wird je nach Anforderung an die Bandbreite über einen Kondensator, eine Spule oder einen weiteren Schwingkreis angekoppelt.

Arbeiten Eingangs- und Ausgangskreis auf gleicher Resonanzfrequenz, wird die Bandbreite kleiner als die des Einzelkreises. Bei den Grenzfrequenzen beträgt die Ausgangsspannung je Kreis $u = 0{,}707 \cdot u_{max}$. D.h., die Ausgangsspannung der zweikreisigen Verstärkerstufe beträgt bei den Grenzfrequenzen $u = 0{,}707 \cdot 0{,}707 \cdot u_{max} = 0{,}5 \cdot u_{max}$.

In der Rundfunktechnik liegt die geforderte Bandbreite fest (z.B. 9 kHz bei Mittel- und Langwellenempfang und 250 kHz bei UKW-Empfang). Um einer Bandbreitenabnahme eines mehrstufigen Verstärkers entgegenzuwirken, werden entweder die Resonanzfrequenzen der Einzelkreise gegeneinander versetzt oder Bandfilter verwendet.

Bei der Bandfilterkopplung wird die folgende Verstärkerstufe über eine zweite Schwingkreisspule angekoppelt (**3.**59). Mit dem Kopplungsgrad läßt sich eine gewünschte Durchlaßkurve einstellen (s. Abschn. 1.5.5). Bei kritisch gekoppelten Bandfiltern beeinflussen sich die Schwingkreise gegenseitig, so daß die Gesamtgüte schlechter wird: Die Bandbreite ist etwa doppelt so groß wie die des Einzelkreises. Bei mehrstufigen Verstärkern werden die Flanken der Gesamtdurchlaßkurve (= Bandbreite) steiler, so daß in einem bestimmten Frequenzbereich die Ausgangsspannung des Verstärkers konstant ist und an den Grenzen stark abfällt. Bezogen auf den Empfang von UKW-Rundfunksendern bedeutet dies, daß alle Informationen im Frequenzbereich von 200 kHz linear unverzerrt verstärkt und alle Frequenzen außerhalb dieses Bereichs unterdrückt werden (s. Abschn. 5.2.3).

Anpassung. Transistorein- und -ausgangswiderstände und -kapazitäten bedämpfen und verstimmen die Schwingkreise. Der niedrige Eingangswiderstand kann den Schwingkreis so stark bedämpfen, daß die Bandbreite zu groß und die Ausgangsspannung zu klein werden. Der Eingangswiderstand muß deshalb an die Eigenschaften des Schwingkreises angepaßt werden.

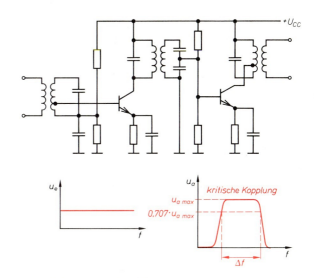

3.59 HF-Verstärker mit Bandfilterkopplung

Induktive Anpassung. Schließt man die Basis an die Anzapfung der Schwingkreisspule an, wird der Transistoreingangswiderstand wie beim Transformator mit dem Quadrat des Übersetzungsverhältnisses in den Kreis transformiert (**3**.60).

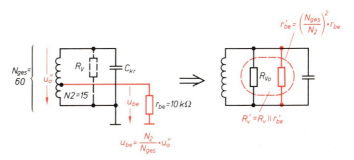

3.60 Transformation des Transistoreingangswiderstands in den Schwingkreis

Transformierter Eingangswiderstand $\qquad r'_e = r_e \cdot \left(\dfrac{N_{ges}}{N_2}\right)^2$

Dadurch wird der Kreis weniger bedämpft. Gleichzeitig wird wegen des Übersetzungsverhältnisses die Eingangsspannung des Transistors kleiner als die Leerlaufspannung des Schwingkreises. Das folgende Beispiel zeigt, daß dieser scheinbare Nachteil klein ist gegenüber den Ergebnissen, die sich bei einer direkten Parallelschaltung des Transistoreingangswiderstands zeigen. Die Verstimmung des Kreises durch die Diffusionskapazität wird nicht berücksichtigt, denn die Spule kann durch Verstellen des Ferritkerns abgestimmt werden.

Beispiel 3.11 Ein Schwingkreis für $f_0 = 460$ kHz besteht aus $C = 250$ pF und $L = 479$ µH mit $N = 60$ Windungen. Die Bandbreite wird mit $\Delta f = 5$ kHz angenommen. In welchem Maß verändern sich Bandbreite und Ausgangsspannung des Kreises, wenn a) der Transistoreingangswiderstand $r_e = 10$ kΩ direkt oder b) r_e an einem Spulenabgriff bei $N2 - 15$ Windungen angeschlossen werden? Die Leerlaufausgangsspannung wird mit $u_a = 10$ mV angesetzt.

Lösung Mit $\Delta f = 5$ kHz und $f_0 = 460$ kHz ergibt sich die Leerlaufgüte des Schwingkreises

$$Q_0 = \frac{f_0}{\Delta f} = \frac{460 \text{ kHz}}{5 \text{ kHz}} = 92.$$

Der leerlaufende Kreis hat einen Verlustwiderstand

$$R_{v0} = Q_0 \cdot X_L = Q_0 \cdot 2\pi \cdot f_0 \cdot L = 92 \cdot 2\pi \cdot 460 \cdot 10^3 \frac{1}{\text{s}} \cdot 479 \cdot 10^{-6} \text{ H}$$

$R_{v0} = 127$ kΩ.

a) Wird der Eingangswiderstand des Transistors direkt parallel geschaltet, ist der Verlustwiderstand

$R'_v = R_{v0} \| r_e = 127$ kΩ $\|$ 10 kΩ $= 9{,}29$ kΩ. Die Güte sinkt auf

$$Q' = \frac{R'_v}{X_L} = \frac{9{,}27 \text{ kΩ}}{1{,}38 \text{ kΩ}} = 6{,}7.$$ Die Bandbreite steigt auf

$$\Delta f' = \frac{f_0}{Q} = \frac{460 \text{ kHz}}{6{,}7} = \mathbf{69 \text{ kHz}} \text{ (!)}.$$

Die Ausgangspannung des Kreises sinkt wie der Verlustwiderstand

$$\frac{u'_a}{u_a} = \frac{R'_v}{R_{v0}} = \frac{9{,}29 \text{ kΩ}}{127 \text{ kΩ}} = 0{,}073$$

$u'_a = 0{,}073 \cdot u_a = 0{,}073 \cdot 10$ mV, $u'_a = \mathbf{0{,}73 \text{ mV}}$.

b) Wird der Transistoreingangswiderstand über die Anzapfung bei 15 Windungen eingekoppelt, ist der transformierte Eingangswiderstand

$$r'_e = r_e \cdot \left(\frac{N_{\text{ges}}}{N_2}\right)^2$$

$$r'_e = \left(\frac{N_{\text{ges}}}{N_2}\right)^2 \cdot 10 \text{ kΩ} \cdot \left(\frac{60}{15}\right)^2 = 160 \text{ kΩ}.$$ Der Verlustwiderstand beträgt

$R''_v = R_{v0} \| r'_e = 127$ kΩ $\|$ 160 kΩ $= 70{,}8$ kΩ.

Güte $Q'' = \dfrac{R''_v}{X_L} = \dfrac{70{,}8 \text{ kΩ}}{1{,}38 \text{ kΩ}} = 51{,}3$

Bandbreite $\Delta f'' = \dfrac{f_0}{Q''} = \dfrac{460 \text{ kHz}}{51{,}3} = \mathbf{9 \text{ kHz}}$

Basisspannung $u_{be} = \dfrac{N_2}{N_{\text{ges}}} \cdot u''_a = \dfrac{N_2}{N_{\text{ges}}} \cdot \dfrac{R''_v}{R_{v0}} \cdot u_a = \dfrac{15 \cdot 70{,}8 \text{ kΩ} \cdot 10 \text{ mV}}{60 \cdot 127 \text{ kΩ}}$

$u_{be} = \mathbf{1{,}39 \text{ mV}}$

Bild **3.61** verdeutlicht die Ergebnisse.

Wird der Transistoreingangswiderstand über einen Spulenabgriff in den Schwingkreis transformiert, beeinflußt er die Schwingkreiseigenschaften wesentlich weniger als beim direkten Anschluß des Transistors.

Durch die Lage des Abgriffs kann man die Eigenschaften des Kreises den Anforderungen anpassen.

3.61
Resonanzkurven eines Schwingkreises bei unterschiedlicher Bedämpfung

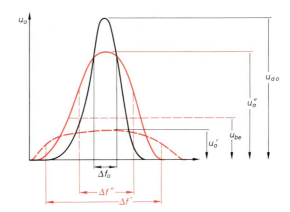

u_{ao} = Leerlauf-Ausgangsspannung des Kreises ohne Transistoreingangswiderstand r_{be}
u'_a = Leerlauf-Ausgangsspannung des Kreises bei direktem Parallelschalten von r_{be}
u''_a = Leerlauf-Ausgangsspannung des Kreises bei Anpassung von r_{be}

Kapazitive Anpassung. Der Transistoreingangswiderstand kann auch über einen kapazitiven Spannungsteiler in den Kreis transformiert werden. Das Widerstandsverhältnis zwischen r_e und r'_e ist zum Quadrat der Blindwiderstände proportional (**3.62**).

$$\frac{r'_e}{r_e} = \left(\frac{X_{C1} + X_{C2}}{X_{C2}}\right)^2 = \left(\frac{\frac{1}{C1} + \frac{1}{C2}}{\frac{1}{C1}}\right)^2 = \left(\frac{\frac{C1+C2}{C1 \cdot C2}}{\frac{1}{C2}}\right)^2 = \left(\frac{(C1+C2) \cdot C2}{C1 \cdot C2}\right)^2$$

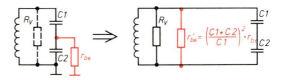

3.62
Ankopplung des Transistors durch kapazitiven Spannungsteiler

Transformierter Eingangswiderstand $\quad r'_e = \left(\dfrac{X_{C1}+X_{C2}}{X_{C2}}\right)^2 \cdot r_e = \left(\dfrac{C1+C2}{C2}\right)^2 \cdot r_e$

Der Einfluß von Transistorausgangswiderstand r_{ce} und -kapazität c_{ce} auf den Ausgangsschwingkreis wird ebenfalls durch Widerstandstransformation in Grenzen gehalten.

3.4.3 Breitbandverstärker

Beim Breitbandverstärker ist die Verstärkung innerhalb eines großen Frequenzbereichs konstant. Typische Beispiele sind Videoverstärker von Fernsehgeräten oder Y-Verstärker von Oszilloskopen, die linear Gleichspannungen und Wechselspannungen bis 5 MHz und darüber verstärken. Weil beim Transistor das Produkt aus Bandbreite mal Verstärkung konstant ist (s. Abschn. 3.3.2.2), wird die große Bandbreite durch eine starke Gegenkopplung erreicht, die die Verstärkung herabsetzt. Deshalb haben Breitbandverstärker eine geringere Stufenverstärkung als selektive Verstärker (**3.63**).

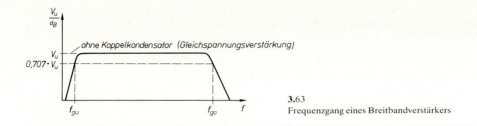

3.63 Frequenzgang eines Breitbandverstärkers

> Breitbandverstärker haben eine geringe Stufenverstärkung.

Verantwortlich für den Verstärkungsabfall bei hohen Frequenzen sind Diffusionskapazität c_{be} und transformierte Rückwirkungskapazität $c'_{cb} = V_u \cdot c_{be}$ im Eingangskreis sowie Ausgangskapazität c_{ce} und Schaltkapazitäten c_s im Ausgangskreis. Die Eingangskapazitäten bilden mit dem Generatorinnenwiderstand einen Tiefpaß. Dessen Zeitkonstante läßt sich durch einen niedrigen Innenwiderstand klein halten. Der Einfluß der Ausgangskapazitäten wird durch einen relativ niederohmigen Kollektorwiderstand gemindert. Damit hält man die Zeitkonstante des Ausgangs-RC-Glieds niedrig und erzielt eine hohe obere Grenzfrequenz (s. Abschn. 7.2.3).

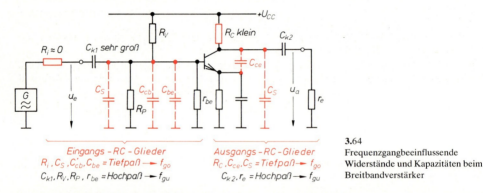

3.64 Frequenzgangbeeinflussende Widerstände und Kapazitäten beim Breitbandverstärker

Frequenzabhängige Gegenkopplung. Dem Verstärkungsabfall bei den hohen Frequenzen kann man durch eine frequenzabhängige Gegenkopplung entgegenwirken. Sie wird durch RC-Glieder in der Emitterleitung des Transistors realisiert (**3.65**).

Wirkungsweise. Bei Gleichspannungsansteuerung und niedrigen Frequenzen bewirkt der Emitterwiderstand R_{E1} die Gegenkopplung und stellt die niedrigste Verstärkung ein, weil der Blindwiderstand von C_E sehr groß ist. Mit zunehmender Frequenz würde ohne C_E die Stufenverstärkung sinken. Da der Blindwiderstand von C_E gleichzeitig abnimmt, wird R_{E2} parallel zu R_{E1} wirksam, so daß der Gegenkopplungsgrad

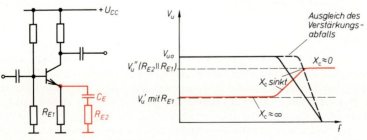

3.65 Einfluß der frequenzabhängigen Gegenkopplung

geringer und dem Verstärkungsabfall entgegengewirkt wird. Im oberen Frequenzbereich ist $X_C \approx 0$, und die Wechselspannungsgegenkopplung wird durch die Parallelschaltung aus R_{E1} und R_{E2} bestimmt. Dann erfolgt ein starker Abfall der Verstärkung (**3.**65).

> Durch Gegenkopplungen ist beim Breitbandverstärker die Verstärkung in einem großen Frequenzbereich konstant.

Die untere Grenzfrequenz eines Breitbandverstärkers wird durch den Hochpaß aus Eingangskoppelkondensator und Transistoreingangswiderstand r_{be} festgelegt. Bei Verstärkern, die auch Gleichspannungen verstärken sollen, muß der Koppelkondensator entfallen.

Übungsaufgaben zum Abschnitt 3.4

1. Welche Kapazitäten und Widerstände beeinflussen die Verstärkung eines Transistors bei hohen Frequenzen?
2. Warum macht sich die große Diffusionskapazität bei Niederfrequenz nicht verstärkungsmindernd bemerkbar?
3. Was versteht man unter der Transitfrequenz f_T?
4. Warum wird bei HF-Verstärkern häufig die Basisschaltung verwendet?
5. Was ist Rauschanpassung beim HF-Verstärker?
6. Wozu werden selektive Verstärker mit Bandfiltern verwendet?
7. Warum muß der Transistoreingangswiderstand an den Schwingkreis angepaßt werden?
8. Wie kann die Anpassung schaltungstechnisch realisiert werden?
9. Welche Eigenschaften hat ein Breitbandverstärker?
10. Durch welche schaltungstechnischen Maßnahmen läßt sich die Bandbreite eines Breitbandverstärkers vergrößern?

3.5 Sinusoszillatoren

3.5.1 LC-Oszillatoren

Zur Erzeugung von Hochfrequenzschwingungen werden Oszillatoren (lat.: Schwingungserzeuger) verwendet. Sie enthalten ein frequenzbestimmendes Glied (z.B. einen Schwingkreis), ein verstärkendes Bauelement (Transistor oder Operationsverstärker), Mitkopplungseinrichtung und Amplitudenbegrenzung (3.66).

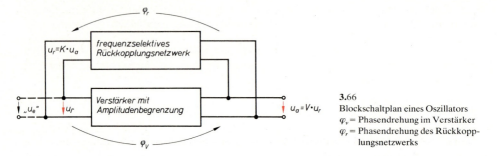

3.66
Blockschaltplan eines Oszillators
φ_v = Phasendrehung im Verstärker
φ_r = Phasendrehung des Rückkopplungsnetzwerks

Schwingbedingungen. Ein Teil des Ausgangssignals $u_r = k \cdot u_a$ wird gleichphasig zu einer gedachten Eingangsspannung auf den Eingang eines Verstärkers zurückgekoppelt, so daß Mitkopplung entsteht. Selbsterregung, d.h. selbsttätige Schwingungserzeugung tritt ein, wenn die rückgekoppelte Spannung mindestens so groß ist wie die Spannung, die die gleiche Höhe der Ausgangsspannung bewirkt hätte.

$$u_r \geq \text{,,}u_e\text{''} = \frac{u_a}{V_u} \quad \text{Da } u_r = k \cdot u_a \text{ ist, ergibt sich}$$

$$u_r = k \cdot u_a \geq \frac{u_a}{V_u} \qquad k \cdot u_a \geq \frac{u_a}{V_u} \qquad \text{bzw.} \qquad k \cdot V_u \geq \frac{u_a}{u_a} = 1.$$

Das Produkt $k \cdot V_u$ bezeichnet man als Ringverstärkung des rückgekoppelten Verstärkers.

Schwingbedingungen

- Amplitudenbedingung: Ringverstärkung $k \cdot V \geq 1$
- Phasenbedingung: Der Phasenwinkel zwischen Rückkopplungs- und gedachter Eingangsspannung ist Null.

Aus der Vielzahl von Oszillatorschaltungen sollen im folgenden die wichtigsten beschrieben werden.

3.5.1.1 Meißner-Oszillator

Grundschaltung (3.67). Das frequenzbestimmende Glied des nach seinem Erfinder benannten Meißner-Oszillators ist ein meist im Kollektorstromkreis angeordneter Schwingkreis. Über eine Koppelspule wird ein Teil der Wechselspannung auf die Basis zurückgeführt. Der Oszillator kann nur arbeiten, wenn durch entsprechenden Anschluß oder Wicklungssinn der Koppelspule die 180°-Phasendrehung der Emitterschaltung rückgängig gemacht wird und die Ringverstärkung $k \cdot V_u = 1$ ist.

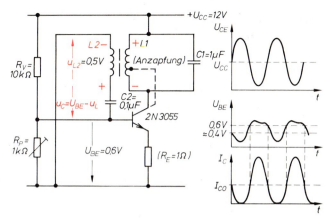

3.67 Meißner-Oszillator

> Beim Meißner-Oszillator erfolgt die Rückkopplung durch einen Übertrager.

Versuch 3.10 Bei dem im Bild **3.**67 gezeigten Meißner-Oszillator besteht der Übertrager aus zwei Demonstrationsspulen mit $N1 = 1200$ und $N2 = 600$ Windungen. Als Kern wird ein geblätterter I-Kern verwendet. Mit R_p wird der Arbeitspunkt $I_C \approx 50$ mA eingestellt, wenn $L1$ und $L2$ räumlich getrennt sind. Dann schiebt man $L2$ langsam auf den Kern und betrachtet die Ausgangsspannung mit dem Oszilloskop. Falls keine Schwingungen einsetzen, vertauscht man die Anschlüsse von $L2$ oder dreht die Spule. Durch Ändern von R_p läßt sich eine Sinusspannung erreichen. Anschließend werden Basis- und Emitterspannung ($U_E \sim I_C$) oszillografiert und in bezug zur Ausgangsspannung skizziert.

Wirkungsweise. Über den Basisspannungsteiler wird U_{BE} so eingestellt, daß Kollektorstrom fließen kann. Die Oszillatorschwingung setzt ein, wenn sich $C2$ über R_v auf U_{BE} geladen hat. Der Strom durch $L1$ steigt stark an, wodurch in $L2$ eine Spannung induziert wird. $L2$ wirkt als zweite Spannungsquelle, die dem Spannungsteiler parallelgeschaltet ist. Sie muß so gepolt sein, daß die induzierte Spannung die Basisspannung unterstützt, d.h. der Transistor leitender wird (Phasenbedingung). Mit fortschreitender Zeit nimmt die Geschwindigkeit ab, mit der sich der Strom durch $L1$ ändert, wodurch die Spannungen u_{L2} und U_{BE} und dadurch I_C abnehmen. Bei annähernd gesperrtem Transistor führt der Schwingkreis $L1/C1$ eine Sinusschwingung durch, bis die Spannung an $L2$ die gleiche Polarität wie zu Beginn des Schwingvorgangs aufweist. Dann wird der Transistor wieder leitender und führt durch den höheren Kollektorstrom dem Schwingkreis die Energie zu, die zur Aufrechterhaltung der ungedämpften Schwingung notwendig ist.

Amplitudenbegrenzung. Durch die Amplitudenbegrenzung wird die Verstärkung des Transistors beeinflußt. Beim Schwingungseinsatz ist U_{BE} groß, und der Transistor hat eine hohe Verstärkung. Die Ringverstärkung $k \cdot V$ ist >1. Mit zunehmender Wechselspannungsamplitude steigt die mittlere Gleichspannung am Kondensator $C2$, da die Basis-Emitterdiode als Gleichrichter für die Spannung u_{L2} wirkt (**3.**68 auf S. 252). Zusammen mit der Gleichspannung an R_p ergibt sich eine mittlere Basisspannung, die den Arbeitsplatz des Transistors in den Bereich niedriger Kollektorströme verschiebt. Die Verstärkung des Transistors nimmt ab. Ein stabiler Oszillatorbetrieb ist erreicht, wenn die Ringverstärkung $k \cdot V_u = 1$ beträgt.

Anpassung. Die niedrigen Eingangs- und Ausgangswiderstände r_{be} und r_{ce} des Transistors bedämpfen den Kollektorschwingkreis, dessen Ausgangsspannung verringert wird. Deshalb wird der Kollektor über eine Anzapfung der Schwingkreisspule angekoppelt und somit eine Widerstandsanpassung erreicht.

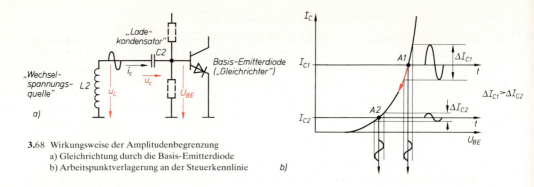

3.68 Wirkungsweise der Amplitudenbegrenzung
a) Gleichrichtung durch die Basis-Emitterdiode
b) Arbeitspunktverlagerung an der Steuerkennlinie

Serien- und Parallelspeisung (3.69). Sind, wie in der Grundschaltung, Transistor und Schwingkreis in Reihe geschaltet, spricht man von Serienspeisung. Anstelle des Schwingkreises kann ein Ohmscher Widerstand eingesetzt werden. Die dort entstehende Wechselspannung wird über den Kondensator $C3$ dem Schwingkreis zugeführt. Dadurch vermeidet man, daß der Kollektorgleichstrom in der Spule eine Vormagnetisierung hervorruft, die bei Spulen mit Eisenkern Induktivitäts- und damit unerwünschte Frequenzänderungen des Oszillators verursacht. Diese Art der Meißnerschaltung wird häufig in Rundfunkgeräten verwendet. Dort ist der Schwingkreiskondensator Teil eines Mehrfachdrehkondensators, dessen Rotoren untereinander und mit der Masse verbunden sind.

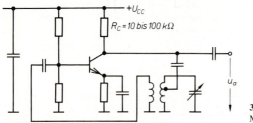

3.69
Meißner-Oszillator mit Parallelspeisung

Meißner-Oszillator in Basisschaltung (3.70). Die Rückkopplung kann vom Kollektor zum Emitter erfolgen, wobei keine Phasendrehung zwischen Ausgangs- und Rückkopplungssignal notwendig ist. Die Basis ist über den Kondensator C_B wechselspannungsmäßig geerdet. Der äußerst niedrige Eingangswiderstand der Basisschaltung bedämpft den Schwingkreis sehr stark, so daß die Schwingkreisspule angezapft ist. Der Vorteil dieser Schaltung wird beim Einsatz im Rundfunkgerät sichtbar: Durch die wechselspannungsmäßig geerdete Basis gelangt keine hochfrequente Oszillatorspannung über Basis und Antenne als Störstrahlung nach außen (s. Abschn. 5.2.2, selbstschwingende Mischstufe).

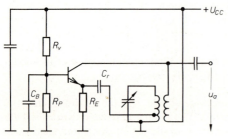

3.70 Meißner-Oszillator in Basisschaltung

> Beim Meißner-Oszillator in Basisschaltung tritt keine hochfrequente Störstrahlung auf.

3.5.1.2 Induktive Dreipunktschaltung (Hartley-Oszillator)

Der Rückkopplungsübertrager des Meißner-Oszillators läßt sich zu einer Spule mit Anzapfung zusammenfassen. Die Anzapfung wird wechselspannungsmäßig geerdet (**3.**71). Die Spannungen zwischen der Anzapfung und den beiden Spulenenden sind gegeneinander um 180° phasengedreht, so daß die Phasenbedingung der Emitterschaltung erfüllt ist. Wegen der drei Spulenanschlüssen heißt dieser Oszillator induktive Dreipunktschaltung. Der Schwingkreiskondensator $C1$ liegt parallel zur Gesamtspule. C_r trennt Gleich- von Wechselstromkreis und bewirkt die Amplitudenbegrenzung.

> Bei der induktiven Dreipunktschaltung (Hartley-Oszillator) sorgt eine angezapfte Schwingkreisspule für die Phasendrehung zwischen Ausgangs- und Rückkoppelsignal.

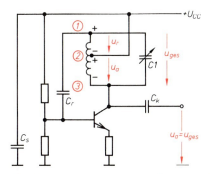

3.71 Induktive Dreipunktschaltung (Hartley-Oszillator) in Emitterschaltung

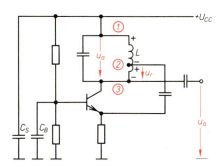

3.72 Hartley-Oszillator in Basisschaltung
L = Spartransformator

Beim Hartley-Oszillator in Basisschaltung besteht zwischen Ausgangs- und Rückkoppelspannung keine Phasendrehung (**3.**72). Die Schwingkreisspule wirkt als Spartransformator.

3.5.1.3 Kapazitive Dreipunktschaltung (Colpitts-Oszillator)

Die Spannungsteilung zwischen Ausgangs- und Rückkoppelsignal kann auch durch Kondensatoren erfolgen, deren Teilspannungen proportional zu den Blindwiderständen sind (**3.**73). Man braucht nur eine einfache Spule. Beim Colpitts-Oszillator in Emitterschaltung wird die Mitte zwischen den beiden Kondensatoren geerdet, so daß wie beim Hartley-Oszillator die nötige Phasendrehung entsteht.

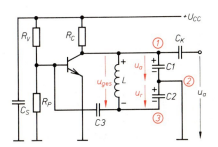

3.73
Kapazitive Dreipunktschaltung (Colpitts-Oszillator) in Emitterschaltung

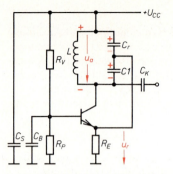

Bei der kapazitiven Dreipunktschaltung (Colpitts-Oszillator) sorgen zwei in Reihe geschaltete Kondensatoren für Spannungsteilung und Phasendrehung.

3.74 Colpitts-Oszillator in Basisschaltung

Beim Colpitts-Oszillator in Basisschaltung wird eine Seite der Schwingkreisspule wechselspannungsmäßig geerdet, weil hier keine Phasendrehung auftreten darf (**3.74**). Die Kondensatoren wirken nur als Wechselspannungsteiler.

Colpitts-Oszillator für hohe Frequenzen (**3.**75). Während bei niedrigen Frequenzen zwischen Eingangs- und Ausgangsspannung der Basisschaltung keine Phasenverschiebung besteht, bleibt bei steigender Frequenz die Ausgangsspannung u_a hinter der Eingangsspannung u_e zurück. Diese Phasenverschiebung, die im UKW-Bereich (100 MHz) annähernd 90° beträgt, wird durch das RC-Glied aus Transistoreingangswiderstand r_{be} und Basis-Emitterkapazität C_{be} hervorgerufen. Bei diesen Frequenzen könnte ein Oszillator nicht schwingen, weil die Phasenbedingung $\varphi = 0°$ nicht erfüllt ist. Die im Innern des Transistors entstandene Phasenverschiebung wird durch ein äußeres RC-Glied rückgängig gemacht. Es besteht aus dem Rückkopplungskondensator C_r und dem Emitterwiderstand R_E. C_r hat mit einer Kapazität von 2 bis 5 pF einen Blindwiderstand, der wesentlich größer als der Emitterwiderstand ist. Die Ausgangsspannung ruft einen Strom durch C_r und R_E hervor, der ihr um fast 90° vorauseilt. Die Spannung u_E am Emitterwiderstand ist gleichphasig mit i_r und eilt u_a um 90° voraus. Damit ist die rückgekoppelte Spannung u_E phasengleich mit der gedachten Eingangsspannung u_e, und die Phasenbedingung des Oszillators ist erfüllt.

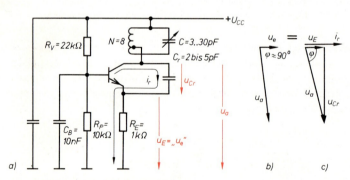

3.75 Colpitts-Oszillator für hohe Frequenzen
  a) Stromlaufplan
  b) Phasenbeziehung zwischen Ausgangs- und Eingangsspannung einer Basisschaltung bei hohen Frequenzen
  c) Rückdrehung der Phase durch Rückkopplungskondensator

Weil das RC-Glied R_E/C_r nicht vollständig die Phasenverschiebung des Transistors rückgängig machen kann, wird meist eine zusätzliche Spule mit dem Emitterwiderstand zusammengeschaltet. Mit ihrer veränderbaren Induktivität kann die Phasenbedingung erfüllt werden.

Die geschilderten Verhältnisse treffen bei gegebenen Bauelementen nur in einem schmalen Frequenzbereich zu. Deshalb lassen sich diese Oszillatoren nicht stark in ihrer Frequenz ändern.

> Beim UKW-Oszillator wird die transistorbedingte Phasenverschiebung zwischen Ausgangs- und Eingangsspannung durch ein äußeres RC-Glied aufgehoben.

3.5.1.4 Quarzoszillatoren

Zur Erzeugung hochstabiler Hochfrequenzen werden Quarzoszillatoren verwendet. Im Gegensatz zu LC-Oszillatoren läßt sich die Schwingfrequenz nur geringfügig verändern. Sie entspricht der Eigenresonanzfrequenz des Quarzes.

Der Quarz ist ein SiO_2-Kristall, an dessen Seiten zwei Kontaktflächen angebracht sind. Unter dem Einfluß einer elektrischen Spannung verformt er sich. Ein Spannungsimpuls versetzt ihn in mechanische Schwingungen, die sich an den Anschlüssen wieder als abklingende Wechselspannung mit hoher Frequenzkonstanz bemerkbar macht (**3.**76). Elektrisch verhält sich der Quarz

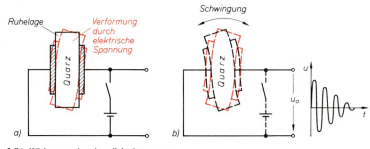

3.76 Wirkungsweise eines Schwingquarzes
    a) Anstoß durch elektrische Spannung
    b) gedämpfte mechanische Schwingung bewirkt Wechselspannung

wie ein Schwingkreis hoher Güte. Aus seinem Ersatzbild ist zu entnehmen, daß er zwei Resonanzfrequenzen hat (**3.**77). Er kann als Serien- wie auch als Parallelschwingkreis verwendet werden. Die beiden Resonanzfrequenzen liegen dicht beieinander. Durch die Schaltung, in der der Quarz arbeitet, wird erst die Art der Resonanz festgelegt.

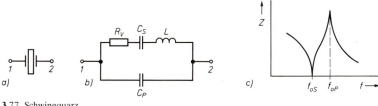

3.77 Schwingquarz
    a) Schaltzeichen   b) Elektrisches Ersatzbild   c) Resonanzkurve

R_v = Verlustwiderstand
L = Quarzinduktivität
f_{oS} = Serienresonanzfrequenz mit C_s und L
f_{oP} = Parallelresonanzfrequenz mit L, C_p und C_s
C_s = Quarzkapazität
C_p = Elektroden- und Halterungskapazität

Beim Colpitts-Oszillator im Bild **3.**78 ersetzt der Quarz einen Parallelschwingkreis. Beim Oszillator im Bild **3.**79 liegt er als niederohmiger Serienschwingkreis im Rückkopplungszweig und sorgt für eine starke Mitkopplung in seiner Serienresonanzfrequenz. Beide Stufen arbeiten in Emitterschaltung, so daß die Gesamtphasendrehung 360° bzw. 0° beträgt und die Phasenbedingung erfüllt ist. Mit dem Ziehkondensator C_z kann die Resonanzfrequenz geringfügig nachgestellt werden. Die Frequenzgenauigkeit eines Quarzoszillators liegt bei 10^{-6} oder besser, d.h., bei einer Schwingfrequenz von 1 MHz beträgt die Abweichung ± 1 Hz oder weniger.

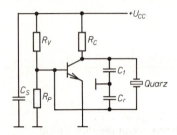

3.78 Schwingquarz als Parallelschwingkreis im Colpitts-Oszillator

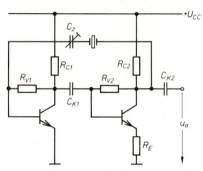

3.79 Schwingquarz als Serienschwingkreis

> Quarzoszillatoren arbeiten äußerst frequenzstabil.

3.5.2 RC-Oszillatoren

3.5.2.1 Phasenschieber-Generator

Sinusgeneratoren lassen sich auch aufbauen, wenn im Rückkopplungszweig RC-Glieder vorhanden sind. Beim RC-Phasenschieber-Generator geschieht die Rückkopplung über drei hintereinander geschaltete RC-Glieder (**3.**80). An jedem Glied zwischen Ausgangs- und Eingangsspannung eine Phasenverschiebung, die je nach Frequenz unterschiedlich groß ist. Drei RC-Glieder sind notwendig, da die maximale Phasenverschiebung eines Glieds keine 90° beträgt. Bei einer bestimmten Frequenz (Oszillatorfrequenz) beträgt die Gesamtphasenverschiebung 180°, womit die Phasenbedingung der Emitterschaltung erfüllt ist. Weil jeder Spannungsteiler den vorherigen belastet, ist die Phasenverschiebung jedes Glieds auch bei gleichen Bauteilen nicht 60°.

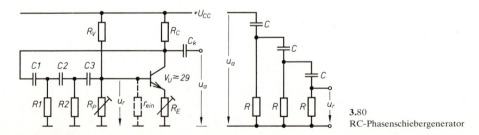

3.80 RC-Phasenschiebergenerator

Gleichzeitig findet eine Spannungsteilung zwischen Ausgangs- und Eingangsspannung der Phasenschieberkette im Verhältnis 1:29 statt, so daß der Oszillator nur schwingen kann, wenn der Transistor eine Spannungsverstärkung $V_u \geq 29$ hat ($k \cdot V \geq 1$). Ein Emitterwiderstand bewirkt nach dem Einschwingen die notwendige Verstärkungsbegrenzung auf $k \cdot V = 1$.

Beim RC-Phasenschieber-Generator wird die Phasendrehung der Emitterschaltung durch eine RC-Phasenschieberkette zur Basis rückgängig gemacht, so daß der Oszillator schwingt.

Das Ausgangssignal ist relativ stark verzerrt, weil der Arbeitspunkt einen großen Teil der gekrümmten Eingangskennlinie durchläuft. Durch sorgfältigen Abgleich des Arbeitspunkts mit dem Basisspannungsteiler und durch Einstellen der Verstärkung mit dem Emitterwiderstand lassen sich brauchbare Ergebnisse erzielen. Eine Frequenzabstimmung ist schlecht möglich, da gleichzeitig drei Kondensatoren oder Widerstände geändert werden müssen.

3.5.2.2 Wien-Brückengenerator

Beim Wien-Brückengenerator wird das rückgekoppelte Signal einer gemischten RC-Reihen- und -Parallelschaltung zugeführt (**3.**81). An der Parallelschaltung wird das Rückkoppelsignal entnommen. Die beiden RC-Glieder bewirken Phasenverschiebungen. Bei der RC-Reihenschaltung eilt der Strom i der Spannung u_1 voraus. In der Parallelschaltung teilt sich i in i_w und i_c und eilt i_w ebenfalls voraus. u_r ist phasengleich mit i_w. Die Eingangsspannung u_{ein} ist die geometrische Summe aus u_1 und u_r. u_{ein} und u_r sind gleichphasig, wenn die Phasenwinkel φ_1 und φ_2 der beiden RC-Glieder gleich groß sind. Bei gleichgroßen Widerstands- und Kondensatorwerten ist dieser Fall bei $\varphi_1 = \varphi_2 = 45°$ erreicht. Die Oszillatorfrequenz ist gleich der Grenzfrequenz der RC-Glieder. Hieraus läßt sich auch das Teilerverhältnis zwischen Ausgangs- und Eingangsspannung 1:3 ermitteln: Bei der Grenzfrequenz sind der Scheinwiderstand der RC-Reihenschaltung $Z_1 = 1{,}41 \cdot R$ und der Scheinwiderstand der Parallelschaltung $Z_2 = 0{,}707 \cdot R$. Die Spannungen u_1, u_{ein} und u_r sind gleichphasig; damit ist $u_r = {}^1/_3 \cdot u_{ein}$.

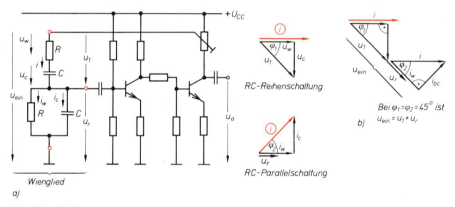

3.81 Wien-Brückengenerator
a) Stromlaufplan
b) Zeigerdiagramme der Ströme und Spannungen im Wienglied bei der Schwingfrequenz

Die für den Oszillatorbetrieb nötige Gesamtphasendrehung des Verstärkers von 360° wird von zwei Stufen in Emitterschaltung durchgeführt. Sie müssen so stark gegengekoppelt sein, daß die Gesamtverstärkung $V_u = 3$ im eingeschwungenen Zustand beträgt.

Beim Wien-Brückengenerator wird das Ausgangssignal über eine RC-Reihen- und Parallelschaltung zurückgeführt. Ausgangs- und Rückkoppelsignal sind bei der Schwingfrequenz gleichphasig.

Anwendungen. Wien-Brückengeneratoren arbeiten im Frequenzbereich von 1 Hz bis mehreren Megahertz. Werden $R1$ und $R2$ als Tandempotentiometer ausgebildet, läßt sich die Frequenz in weiten Grenzen (bis zu 1:1000) verändern, was mit LC-Oszillatoren nicht möglich ist. Außerdem entfällt die im NF-Bereich notwendige große Induktivität des LC-Oszillators. Deshalb setzt man den Wien-Brückengenerator überwiegend in diesem Frequenzbereich ein.

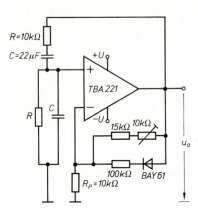

Wien-Brückengenerator mit Operationsverstärker (**3.**82). Anstelle des zweistufigen Transistorverstärkers kann man einen Operationsverstärker verwenden. Bedingt durch den Phasenwinkel $\varphi = 360°$ bzw. 0° wird das vom Ausgang rückgekoppelte Signal über das Wienglied dem nicht invertierenden Eingang zugeführt. Über die Gegenkopplung zum invertierenden Eingang stellt man eine Verstärkung $V_u > 3$ ein, damit der Oszillator anschwingt. Die Amplitudenbegrenzung erfolgt durch eine Diode im Gegenkopplungszweig, die als spannungsabhängiger Widerstand arbeitet und so die Verstärkung regelt.

3.82 Wien-Brückengenerator mit Operationsverstärker

Übungsaufgaben zum Abschnitt 3.5.1 und 3.5.2

1. Welche Bedingungen müssen erfüllt sein, damit ein Oszillator schwingt?
2. Aus welchen Funktionseinheiten besteht ein Sinusoszillator?
3. Welche Bauteile erfüllen beim Meißner-Oszillator in Emitterschaltung die in Aufgabe 2 genannten Funktionen?
4. Warum wird der Meißner-Oszillator in Basisschaltung häufig in der Rundfunktechnik verwendet?
5. Welche besondere Schaltungsmaßnahme ist nötig, damit ein UKW-Oszillator in Basisschaltung arbeiten kann?
6. Wie erfolgt beim Hartley-Oszillator in Emitterschaltung die Phasendrehung zwischen Ausgangs- und Rückkoppelspannung?
7. Welche Aufgaben erfüllt die Schwingungskreisspule des Hartley-Oszillators in Basisschaltung?
8. Warum läßt sich ein Colpitts-Oszillator in Emitterschaltung nur mit Parallelspeisung konstruieren?
9. Skizzieren Sie den Stromlaufplan des Colpitts-Oszillators in Basisschaltung und erklären Sie seine Wirkungsweise.
10. Welche Eigenschaften eines Quarzes werden in Oszillatoren genutzt?
11. Warum eignen sich Quarzoszillatoren nicht für den Einsatz in herkömmlichen Rundfunkgeräten?
12. Wieviel RC-Glieder sind mindestens nötig, um eine Gesamtphasenverschiebung zwischen Eingangs- und Ausgangsspannung von 180° zu erreichen?
13. Welche Spannungsverstärkung muß der Transistor eines RC-Phasenschieber-Generators mindestens haben?
14. Wie groß ist die Phasenverschiebung zwischen Ausgangs- und Rückkoppelspannung eines Wien-Brückengenerators?
15. Warum kann ein Wien-Brückengenerator mit einem Transistor nicht funktionieren? Prüfen Sie auch die Möglichkeit, den Transistor in Kollektorschaltung zu betreiben.
16. Warum werden im NF-Bereich überwiegend RC- statt LC-Oszillatoren verwendet?

3.6 Spannungsgeregelte Netzgeräte

3.6.1 Stabilisierungsarten

Viele elektronische Betriebsmittel brauchen eine von Belastungs- und Netzspannungsschwankungen unabhängige, konstante Versorgungsgleichspannung. Der Innenwiderstand einer solchen Spannungsquelle paßt sich automatisch den geänderten Bedingungen an (**3.**83). Als Stabilisierungsarten werden die Parallel- und die Serienstabilisierung verwendet.

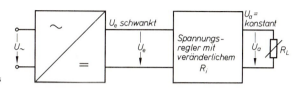

3.83
Blockbild eines spannungsgeregelten Netzgeräts

Bei der Parallelstabilisierung sind Lastwiderstand und ein veränderlicher Widerstand (z. B. eine Z-Diode) parallel geschaltet und haben einen gemeinsamen Vorwiderstand (Bild **3.**84, s. Abschn. 2.3.7). Bei konstanter Eingangsspannung fließt durch R_v ein konstanter Strom $I_e = I_L + I_Z$. Die Ausgangsspannung U_a ist die Differenz aus Eingangsspannung und Spannung am Vorwiderstand: $U_a = U - U_{Rv} = U - (I_L + I_Z) \cdot R_v$. Vergrößert sich z. B. der Laststrom I_L, weil der Lastwiderstandswert kleiner wird, sinkt im gleichen Maß I_Z, damit I_e und die Ausgangsspannung U_a konstant bleiben. Die Schaltung gleicht auch Schwankungen der Eingangsspannung aus. Steigt die Eingangsspannung, wird I_Z ebenfalls größer, so daß die Spannung an R_v steigt und U_a konstant bleibt.

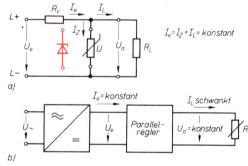

3.84 Parallelstabilisierung
a) Prinzipschaltplan
b) Konstanter Eingangsstrom trotz schwankenden Laststroms

Parallelstabilisierungen werden immer dann eingesetzt, wenn trotz Laststromschwankungen der Eingangsstrom konstant bleiben soll. Weil stets ein zusätzlicher Strom durch die Z-Diode fließt, der zudem im Leerlauf seinen Höchstwert hat, muß die Diode für eine hohe Verlustleistung geeignet sein. Oder die Schaltung wird wegen ihren geringen schaltungstechnischen Aufwands für kleine Lastströme von einigen Milliampere verwendet.

> Bei der Parallelstabilisierung hält ein parallel zum Lastwiderstand geschalteter spannungsabhängiger Widerstand die Ausgangsspannung konstant. Die Stromaufnahme bleibt auch bei Laststromschwankungen gleich.

Bei der Serienstabilisierung bilden Lastwiderstand und ein veränderlicher Vorwiderstand (z. B. der Kollektor-Emitterstrecke eines Transistors) einen Spannungsteiler (**3.**85). Der dem Gleichrichter entnommene Strom I_e entspricht dem Laststrom. Soll die Ausgangsspannung bei größerem Lastwiderstand oder gestiegener Eingangsspannung konstant bleiben, muß sich der

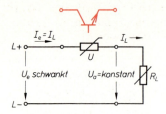

3.85 Prinzipschaltung einer Serienstabilisierung

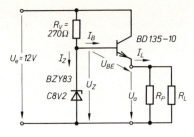

3.86 Serienstabilisierung

Widerstandswert von $R_v = R_{CE}$ selbsttätig vergrößern. Die Serienstabilisierung ist ohne Schutzmaßnahme nicht kurzschlußfest, da bei sinkendem Lastwiderstand auch der Vorwiderstandswert kleiner wird (**3.**86). Die Verlustleistung des Transistors steigt, bis er zerstört wird.

Da in den meisten Anwendungsfällen nur kurzzeitig hohe Lastströme auftreten, ist die Serienstabilisierung wirtschaftlicher als die Parallelstabilisierung.

> Bei der Serienstabilisierung hält ein vor den Lastwiderstand geschalteter spannungsabhängiger Widerstand die Ausgangsspannung konstant.

3.6.2 Serienstabilisierte Netzgeräte

Stelltransistor. Eine einfache Konstantspannungsquelle zeigt Bild **3.**86. Ein Stelltransistor als spannungsabhängiger Vorwiderstand wird in Kollektorschaltung betrieben. Die Parallelschaltung aus Lastwiderstand R_L und „Vorlast" R_p bildet den Emitterwiderstand. R_p hat die Aufgabe, bei abgeschaltetem Lastwiderstand den Emitterstromkreis zu schließen ($R_p \geq 10 \cdot R_{L\,max}$). Die Z-Diode stellt eine konstante Basisspannung ein. Über R_v fließen I_Z und I_B, wobei I_B der „Laststrom" der Stabilisierungsschaltung aus R_v und Z-Diode ist. Der Strom durch den Lastwiderstand bewirkt eine Ausgangsspannung, die um die Basis-Emitterspannung des Transistors kleiner ist als die Spannung der Z-Diode.

Versuch 3.11 Entsprechend Bild **3.**86 wird ein Serienspannungsregler aufgebaut. Die Ausgangsspannung wird bei $R_{L1} = 100\,\Omega$, $R_{L2} = 47\,\Omega$ und $R_{L3} = 22\,\Omega$ gemessen. Dann wird bei $R_{L1} = 100\,\Omega$ die Eingangsspannung auf $U_{e2} = 15\,\text{V}$ angehoben bzw. auf $U_{e3} = 10\,\text{V}$ gesenkt und jeweils U_a gemessen.

Ergebnis Die Ausgangsspannung sinkt geringfügig bei stärkerer Belastung (R_{L3}) bzw. zu kleiner Eingangsspannung.

Regelung. Verringert sich z.B. R_L (größerer Laststrom), steigt U_{BE}, weil U_Z konstant bleibt. Der Transistor wird leitfähiger, so daß durch R_L mehr Strom fließen kann. Die Ausgangsspannung $U_a = I_L \cdot R_L$ bleibt somit ebenfalls fast konstant. Die Abweichung vom ursprünglichen Wert beträgt nur die wenigen Millivolt, um die die wirksame Basisspannung U_{BE} für einen größeren Kollektorstrom ansteigen muß.

Ändert sich die Eingangsspannung, bleibt die Ausgangsspannung konstant, weil die Basisspannung des Transistors durch die Z-Diode stabilisiert ist. Zwar hat eine Änderung der Eingangsspannung auch eine Kollektorspannungsänderung zur Folge, doch hat diese wiederum keinen großen Einfluß auf den Kollektorstrom I_C (s. Ausgangskennlinienfeld des Transistors). Wenn I_C konstant bleibt, ändert sich auch U_a nicht.

Der Laststrom, den diese Stabilisierungsschaltung liefert, ist um den Stromverstärkungsfaktor B des Transistors größer, als wenn die Z-Diode allein die Stabilisierung vornähme. Bei großen Strömen von mehr als einem Ampere verwendet man Darlington-Transistoren.

Die Ausgangsspannung ist stets um die Basis-Emitterspannung des Stelltransistors niedriger als die stabilisierte Basisspannung, unabhängig von der Belastung und der Eingangsspannung.

Ausgangsspannung $\quad U_a = I_L \cdot R_L = U_Z - U_{BE}$

Beispiel 3.12 Aus einer Eingangsspannung $U_e = 12\,\text{V}$ soll eine stabilisierte Ausgangsspannung $U_a = 7{,}5\,\text{V}$ mit einem maximalen Laststrom $I_{L\,\text{max}} = 0{,}3\,\text{A}$ gewonnen werden.

Um den geeigneten Transistor zu finden, wird seine Verlustleistung berechnet.

$P_v = U_{CE} \cdot I_C = (U_e - U_a) \cdot I_L \quad I_L = I_E \approx I_C$
$P_v = (12\,\text{V} - 7{,}5) \cdot 0{,}3\,\text{A} = 1{,}35\,\text{W}$

Gewählt wird ein Transistor mit $P_{tot} > P_v = 1{,}35\,\text{W}$ (z. B. BD 135-10). Seine mittlere Stromverstärkung ist $B = 100$.

Zur Bestimmung von R_v werden I_Z und I_B und U_Z gebraucht. I_Z wird mit 10 mA festgelegt. Das ist der Mindeststrom für eine stabile Z-Spannung (s. Abschn. 2.3.7). Der Basisstrom ist

$$I_B = \frac{I_C}{B} = \frac{0{,}3\,\text{A}}{100} = 3\,\text{mA}.$$

Bei einer Ausgangsspannung $U_a = 7{,}5\,\text{V}$ ist $U_Z = U_a + U_{BE} = 7{,}5\,\text{V} + 0{,}7\,\text{V} = 8{,}2\,\text{V}$.

Vorwiderstand $\quad R_v = \dfrac{U_e - U_Z}{I_Z + I_B} = \dfrac{12\,\text{V} - 8{,}2\,\text{V}}{10\,\text{mA} + 3\,\text{mA}} = 292\,\Omega$

Mit einem Widerstand der Reihe E 12 von $270\,\Omega$ funktioniert die Schaltung ebenfalls.

Im Kurzschlußfall werden mehrere Grenzdaten des Transistros überschritten, so daß er zerstört wird. Bei kurzgeschlossenen Ausgangsklemmen sind $U_a = 0\,\text{V}$ und $U_{BE} = 0{,}7\,\text{V}$. Da die Z-Diode nicht mehr im Durchbruch arbeitet, fließt durch den Vorwiderstand allein der Basistrom des Transistors. Er beträgt

$$I_B = \frac{U_e - U_{BE}}{R_v} = \frac{12\,\text{V} - 0{,}7\,\text{V}}{293\,\Omega} = 38{,}5\,\text{mA}.$$

Mit einem Stromverstärkungsfaktor $B = 100$ beträgt der Kollektorstrom $I_C = B \cdot I_B = 100 \cdot 38{,}5$ mA $= 3{,}85\,\text{A}$. Damit ist der maximale Kollektorstrom des BD 135 mit $I_{CM} = 1\,\text{A}$ weit überschritten. Außerdem ist die Verlustleistung mit $P_v = U_e \cdot I_C = 12\,\text{V} \cdot 3{,}85\,\text{A} = 46{,}2\,\text{W}$ wesentlich größer als $P_{tot} = 8\,\text{W}$ des BD 135.

Um den Stelltransistor gegen Überlast und Kurzschluß zu schützen, müssen elektronische Kurzschlußsicherungen verwendet werden (s. Abschn. 3.6.3).

Kenndaten. Die Qualität einer Spannungsstabilisierung wird daran gemessen, wie gut sie Eingangsspannungs- und Belastungsänderungen ausregelt.

Stabilisierungsfaktor. Wird die Eingangsspannung geändert, schwankt auch die Ausgangsspannung geringfügig. Der Stabilisierungsfaktor S vergleicht die relativen Spannungsänderungen. D.h., die Eingangsspannungsänderung ΔU_e wird auf die Eingangsgleichspannung U_e und die Ausgangsspannungsänderung ΔU_a auf die Ausgangsgleichspannung U_a bezogen.

Stabilisierungsfaktor
$$S = \frac{\frac{\Delta U_e}{U_e}}{\frac{\Delta U_a}{U_a}} = \frac{\Delta U_e \cdot U_a}{\Delta U_a \cdot U_e}$$

Beispiel 3.13 Eine Eingangsspannungsänderung $\Delta U_e = 1$ V bewirkt eine Ausgangsspannungsänderung $\Delta U_a = 50$ mV, $U_E = 12$ V, $U_a = 7{,}5$ V.

$$S = \frac{\Delta U_e \cdot U_a}{\Delta U_a \cdot U_e} = \frac{1\,\text{V} \cdot 7{,}5\,\text{V}}{50\,\text{mV} \cdot 12\,\text{V}} = 32$$

Die Eingangsspannungsschwankung kann auch die Brummspannung der ungesiebten Gleichspannung sein (**3.**87). Für das Beispiel bedeutete dies, daß bei einer Eingangsbrummspannung $U_{ebr} = 1$V die Ausgangsbrummspannung $U_{abr} = 50$ mV beträgt.

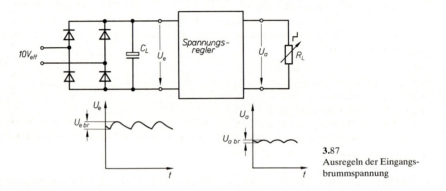

3.87 Ausregeln der Eingangsbrummspannung

Neben der stabilisierenden Eigenschaft übernimmt die Spannungsregelung die Funktion eines Siebglieds.

Dynamischer Innenwiderstand. Wird der Laststrom geändert, schwankt auch die Ausgangsspannung in geringem Maß. Aus beiden Änderungen kann man den dynamischen Innenwiderstand berechnen (**3.**88).

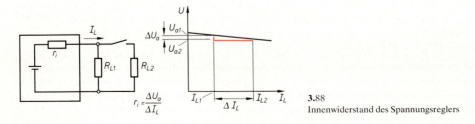

3.88 Innenwiderstand des Spannungsreglers

Dynamischer Innenwiderstand $\quad r_i = \dfrac{\Delta U_a}{\Delta I_L} = \dfrac{U_{a1} - U_{a2}}{I_{L2} - I_{L1}}$

Beispiel 3.14 Ändert sich die Ausgangsspannung um $\Delta U_a = 0{,}2$ V, wenn der Laststrom von 0 bis 0,3 A schwankt, ist

$$r_i = \frac{\Delta U_a}{\Delta I_L} = \frac{0{,}2 \text{ V}}{0{,}3 \text{ A}} = \mathbf{0{,}67 \; \Omega}.$$

Weil sich die Ausgangsspannung trotz großer Stromschwankung wenig ändert, ist der dynamische Innenwiderstand einer Spannungsstabilisierungsschaltung sehr klein.

Regelverstärker. Um Eingangsspannungs- und Laststromschwankungen besser ausregeln zu können, erweitert man die Stabilisierungsschaltung um einen Regelverstärker. Außerdem kann die Ausgangsspannung verändert werden (3.89).

Der Transistor $V2$ wird in Emitterschaltung betrieben, R_C ist gleichzeitig Kollektorwiderstand von $V2$ und Basisvorwiderstand von $V1$. Die Emitterspannung von $V2$ wird über die Z-Diode eingestellt, diese wiederum wird über R_v mit der stabilisierten Ausgangsspannung betrieben, so daß Eingangsspannungsänderungen keine Wirkung auf U_Z haben.

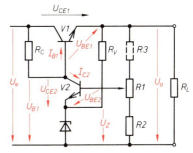

3.89 Serienstabilisierung mit Regelverstärker

Spannungseinstellung. Mit R_1 werden Arbeitspunkt und Höhe der Ausgangsspannung U_a eingestellt. Wird der Schleifer des Potentiometers in Richtung $+U_a$ gestellt, leitet $V2$ mehr, und an R_C fällt eine größere Spannung ab. U_{BE} des $V1$ sinkt und damit die Ausgangsspannung. Die kleinste einstellbare Ausgangsspannung beträgt $U_Z + U_{BE(V2)}$ bei voll leitendem Transistor $V2$. Beim Stellen des Schleifers in Richtung auf $R2$ vergrößert sich U_a. Mit dem Verhältnis $R1$ zu $R2$ läßt sich die größtmögliche Ausgangsspannung einstellen; die an $R2$ vorhandene Spannung beträgt dann $U_Z + U_{BE(V2)}$. Am Stelltransistor soll aber mindestens eine Kollektorspannung $U_{CE1} = 2$ V übrigbleiben.

Regelung. Schwankungen der Eingansspannung und des Laststroms werden fast vollständig ausgeregelt. Steigt z.B. die Eingangsspannung, steigt U_a an. Dadurch erhöht sich über $R1$ die Basisspannung von $V2$. Dieser wird leitender, da U_Z konstant bleibt. Über R_C fließt mehr Kollektorstrom von $V2$, so daß die Basisspannung von $V1$ ($U_{B1} = U_{CE2} + U_Z$) ebenfalls kleiner wird. Insgesamt sinkt die Basis-Emitterspannung U_{BE} von $V1$, so daß dessen Kollektor-Emitter-Strecke hochohmiger wird. Die Kollektorspannung U_{CE1} wird gerade so viel größer, daß U_a praktisch konstant bleibt.

Der gleiche Regelungsvorgang findet statt, wenn der Laststrom sinkt, R_L also größer wird. Dann müßte U_a auch steigen, weil das Widerstandsverhältnis aus R_L und dem Kollektor-Emitterwiderstand r_{CE} des Transistors $V1$ verändert ist. Bei günstiger Schaltungsauslegung läßt sich erreichen, daß die Ausgangsspannung weitgehend konstant bleibt, der Innenwiderstand des Geräts also nahezu null Ohm beträgt.

3.6.3 Elektronische Sicherung und Strombegrenzung

Zum Schutz spannungsgeregelter Netzgeräte gegen Überlastung dienen elektronische Sicherungen. Thermische oder elektromagnetische Überstromschutzorgane (Sicherungen) reichen in der Regel wegen ihrer Abschaltträgheit nicht aus, die elektronischen Bauelemente zu schützen.

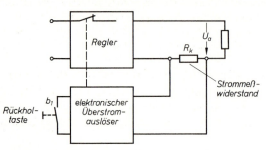

Zwei Verfahren werden verwendet: Entweder wird bei zu großem Strom wie bei einer Sicherung die Energieversorgung abgeschaltet und der Verbraucher stromlos (elektronische Sicherung), oder der Strom wird durch den Verbraucher auf einen (meist einstellbaren) Höchstwert begrenzt (Strombegrenzung). Bild **3.**90 zeigt das Prinzip der elektronischen Sicherung.

3.90 Prinzip der elektronischen Sicherung

Elektronische Sicherung. In die Zuleitung des Netzgeräts wird ein Strommeßwiderstand R_k geschaltet (**3.**91). Parallel dazu liegt die Katoden-Gatestrecke eines Thyristors $V3$. Der Laststrom I_L ruft an R_k eine proportionale Spannung U_k mit der angegebenen Polarität hervor. R_k ist so bemessen, daß bei der Abschaltstromstärke I_k etwa 0,7 V anliegen, so daß der Thyristor zündet. Über die leitende Anoden-Katodenstrecke des Thyristors wird die Basis des Stelltransistors $V1$ auf Nullpotential gebracht, so daß er sperrt. Der Strom ist abgeschaltet.

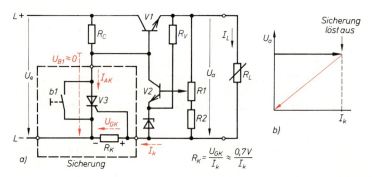

3.91 Elektronische Sicherung und Abschaltkennlinie

> **Strommeßwiderstand** $\qquad R_k = \dfrac{U_{Gk}}{I_k}$

Um das Gerät wieder betriebsbereit zu machen, wird der Thyristor kurzzeitig mit der Rückholtaste $b1$ überbrückt, damit er löscht. Sollte der Kurzschluß noch vorhanden sein, zündet $V3$ sofort nach dem Öffnen des Tasters wieder.

Die Abschaltung eines spannungsgeregelten Netzgeräts eignet sich nicht, wenn nachgeschaltete Kondensatoren geladen werden müssen oder Glühlampen einen Teil der Last ausmachen. Der Einschaltstromstoß löst dann sofort die elektronische Sicherung aus.

> Die elektronische Sicherung schaltet im Überlastungs- oder Kurzschlußfall den Verbraucher stromlos.

Strombegrenzung (3.92). Schaltet man an Stelle des Thyristors die Basis-Emitterstrecke eines Transistor $V3$ parallel zum Widerstand R_k, erhält man eine Strombegrenzung. Erreicht die Spannung U_k – bedingt durch einen hohen Laststrom I_k – die Schwellspannung des Transistors $V3$, beginnt dieser zu leiten, und seine Kollektorspannung U_{CE} sinkt. Damit reduzieren sich auch die Basisspannung des Stelltransistors und die Ausgangsspannung, und zwar immer soweit, daß ein konstanter Strom fließt. Ist die Ursache für den Überstrom behoben, sinkt U_k unter die Schwellspannung von $V3$, dieser sperrt wieder, und die Ausgangsspannung steigt selbsttätig auf den ursprünglichen Betrag an.

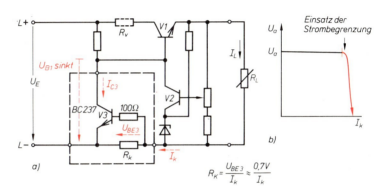

3.92
a) Strombegrenzung
b) Begrenzungskennlinie

> Bei der Strombegrenzung fließt im Überlastungs- oder Kurzschlußfall ein konstanter Strom durch den Laststromkreis.

Die Strombegrenzung kann nur dann verwendet werden, wenn der Verbraucher schadlos einen großen Stromfluß vertragen kann. Außerdem tritt im Kurzschlußfall am Stelltransistor $V1$ die hohe Verlustleistung $P_v = U_e \cdot I_k$ auf. Vielfach wird deshalb ein Widerstand R_v in Reihe geschaltet, der einen Teil der Kurzschlußleistung vom Stelltransistor übernimmt.

Beispiel 3.15 Der Spannungsregler aus Bild 3.86 soll mit einer Strombegrenzung nach Bild 3.93 versehen werden. Wie groß ist der Kurzschlußstrom, wenn die Verlustleistung des Transistors $P_{tot} = 8\,\text{W}$ beträgt, und welchen Wert muß R_k haben?

$$P_v \leq P_{tot} = I_k \cdot U_e \qquad I_k \leq \frac{P_{tot}}{U_e} = \frac{8\,\text{W}}{12\,\text{V}} = \mathbf{0{,}67\,A}$$

$$R_k \geq \frac{U_{BE}}{I_k} = \frac{0{,}6\,\text{V}}{0{,}67\,\text{A}} = \mathbf{0{,}9\,\Omega} \quad \text{gewählt wird } R_k = 1\,\Omega.$$

Versuch 3.12 Die Stabilisierungsschaltung aus Bild 3.86 wird um die Strombegrenzung entsprechend Bild 3.93 erweitert. R_k beträgt $2\,\Omega$. Der Regler wird mit $R_L = 470\,\Omega$, $220\,\Omega$, $100\,\Omega$, $47\,\Omega$, $22\,\Omega$, $10\,\Omega$ und $5\,\Omega$ belastet, dann zwischen den Ausgangsklemmen kurzgeschlossen, wobei immer U_a und I_L gemessen werden. Aus den Meßwerten wird die Begrenzungskennlinie $U_a = f(I_L)$ gezeichnet.

Ergebnis Bei $R_L \leq 22\,\Omega$ sinkt die Ausgangsspannung ab, während der Laststrom nur noch geringfügig ansteigt.

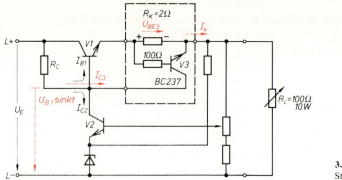

3.93
Strombegrenzung

Die Schaltung zur Strombegrenzung wird oft zwischen Emitter des Stelltransistors und Verbraucher gelegt (**3.**93). Wird durch erhöhten Stromfluß und entsprechender Spannung an R_k der Transistor $V3$ leitend, bildet seine Kollektor-Emitterstrecke einen Nebenschluß zur Basis-Emitterstrecke des Stelltransistors. Dessen U_{BE} wird begrenzt, und damit auch der Laststrom. Der durch R_C und $V3$ fließende Strom senkt das Basispotential des Stelltransistors ab, so daß auch die Ausgangsspannung sinkt.

3.6.4 Grundbegriffe des Regelkreises

Regelkreis. Die Stabilisierungsschaltung enthält einen Regelkreis, in dem ständig ein eingestellter Sollwert mit dem Istwert verglichen und etwaige Abweichungen sofort korrigiert werden.

Blockschaltplan (**3.**94). Die einzelnen Teile eines Regelkreises werden zu einem Blockschaltplan zusammengefügt um den Wirkungsablauf der Regelung darzustellen. Er läßt den Weg der einzelnen Signale erkennen und heißt daher auch Signalflußplan.

3.94
Blockschaltplan der Regelung

> Der Regelkreis besteht aus Regelstrecke, Signal- oder Meßwertumformer, Sollwerteinsteller, Vergleicher und Regelverstärker.
>
> Die bauliche Zusammenfassung mehrerer Glieder heißt Regler.

Wirkungsweise (3.95). Der Transistor $V1$ ist die Regelstrecke, die Ausgangsspannung U_a die Regelgröße x. Der Spannungsteiler aus $R1$ und $R2$ hat zwei Aufgaben. Einmal stellt er den Sollwert der Ausgangsspannung ein, zum zweiten greift er einen Teil des Istwerts x_i der Ausgangsspannung ab und führt ihn der Basis von $V2$ zu. Er bildet also den Signalwertumformer.

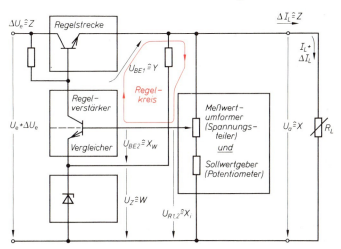

3.95 Serienstabilisierung als Regelung

Das durch die Z-Diode konstante Emitterpotential U_Z des Transistors $V2$ ist die Führungsgröße w. Zwischen Basis und Emitter der $V2$ werden x_i und w verglichen, wobei die Differenz aus beiden ($U_{BE} = U_{R2} - U_Z$) die Regelabweichung $x_w = x_i - w$ ist. Sie ruft über den Kollektorstrom I_{C2} einen wesentlich größeren Spannungsabfall an R_C hervor: Der Transistor $V2$ arbeitet als Regelverstärker. Die Basis-Emitterspannung U_{BE1} des Transistors $V1$ als Differenz zwischen Kollektorspannung des $V2$ und der Ausgangsspannung U_a ist die Stellgröße y. Mit ihr wird die Regelstrecke so beeinflußt, daß Soll- und Istwert gleich sind.

Ändert sich der Istwert ($x_i\uparrow$) unter dem Einfluß einer Störgröße z (z. B. Erhöhung der Eingangsspannung bzw. Vergrößerung des Lastwiderstands), bewirkt dies im Vergleicher eine zusätzliche Regelabweichung ($x_w\uparrow$), die die Stellgröße ($y\downarrow$) beeinflußt. Über die Regelstrecke wird die Störung ausgeregelt.

> Bei der Regelung werden in einem geschlossenen Regelkreis Ist- und Sollwert einer Regelgröße automatisch verglichen und Abweichungen ausgeglichen.
>
> $U_e\uparrow: U_a\uparrow, U_{BE2}\uparrow, U_{C2}\downarrow, U_{BE1}\downarrow \mid U_a\downarrow$

Reglerarten. Weil sich beim stabilisierten Netzgerät Stell- und Regelgröße kontinuierlich gegenseitig beeinflussen, handelt es sich um einen stetigen Regler. Spräche dagegen die Regelung nur an, wenn die Regelgröße einen oberen oder unteren Grenzwert erreicht (Zweipunktregler), läge ein unstetiger Regler vor.

In Rundfunk- und Fernsehgeräten sind eine Reihe von Regelkreisen zu finden:

Maßnahmen zur Arbeitspunktstabilisierung von Transistoren,
Spannungs- und stromgeregelte Netzgeräte,
Automatische Verstärkungsregelungen AVR,
Automatische Frequenzkorrekturen AFC und PLL bei Senderabstimmungen und
Synchronisation des Bildkipp- und Zeilenoszillators in Fernsehgeräten,
Drehzahlregelungen bei Motoren von Kassettentonband- und Videoaufzeichnungsgeräten.

3.6.5 Operationsverstärker als Spannungsregler

Operationsverstärker können als Regelverstärker verwendet werden, wenn ein hoher Stabilisierungsfaktor erwünscht ist (**3.**96). Vom Spannungsteiler $R1$ und $R2$ wird dem invertierenden Eingang der Teil des Istwerts x_i zugeführt. Die stabilisierte Teilspannung des Potentiometers R_p ist die Führungsgröße w. Da die Eingangsdifferenzspannung U_{eD} des Operationsverstärkers etwa 0 V beträgt, stellt sich U_a so ein, daß die Teilspannung an $R2$ so groß wie U_{e1} ist.

Bedingt durch die Innenschaltung des Verstärkers, kann die Ausgangsspannung nicht bis Null gestellt werden. Dies ist nur möglich, wenn eine negative Versorgungsspannung für den Operationsverstärker vorhanden ist.

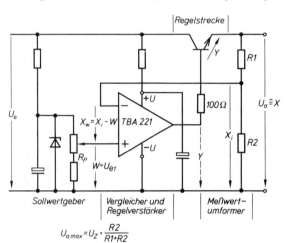

3.96 Spannungsregler mit Operationsverstärker

Integrierte Spannungsregler. Die gesamte Spannungsregelung einschließlich der Strombegrenzung wird oft zu einem integrierten Schaltkreis zusammengefaßt. Für eine feste Ausgangsspannung hat er nur drei Anschlußfahnen. Es gibt integrierte Spannungsregler für Lastströme bis zu 5 A. Die Bilder **3.**97 a und b zeigen einige gebräuchliche Regler. Der Regler LM317K hat eine einstellbare Ausgangsspannung.

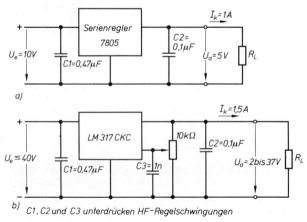

3.97 Spannungsstabilisierung mit integrierten Spannungsreglern
a) für eine Festspannung
b) für einstellbare Ausgangsspannung

3.6.6 Spannungswandler

Wird bei einem batteriebetriebenen Rundfunkgerät die Senderabstimmung mit Kapazitätsdioden durchgeführt, muß die Batteriespannung von 7,5 V oder 9 V auf etwa 35 V Gleichspannung zum Betrieb der Kapazitätsdioden erhöht werden. Wie geschieht das?

Soll eine Gleichspannung in eine Wechselspannung oder eine höhere Gleichspannung umgeformt werden, verwendet man Spannungswandler.

Wandlerarten. Im Prinzip wird beim Eintaktspannungswandler die Primärwicklung eines Transformators an einer Gleichspannung betrieben, die durch einen elektronischen Schalter periodisch ein- und ausgeschaltet wird (**3.**98). Das in der Primärwicklung auf- und abbauende Magnetfeld erzeugt in der Sekundärwicklung eine dem Windungszahlverhältnis entsprechende Wechselspannung, die wiederum gleichgerichtet und eventuell spannungsstabilisiert wird.

3.98
Prinzip eines Eintaktspannungswandlers

Bei größeren Leistungen wird ein Gegentaktspannungswandler verwendet, bei dem die Primärwicklung unterteilt ist und die Teilwicklungen wechselweise eingeschaltet werden (**3.**99). Meist arbeiten die Wandler als Oszillatoren mit Frequenzen bis etwa 20 kHz. Wo jedoch eine konstante Schwingfrequenz erforderlich ist (z. B. 50 Hz), wird der Wandlertransistor oder -thyristor von einem Oszillator fremdgesteuert.

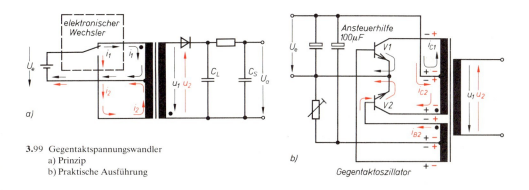

3.99 Gegentaktspannungswandler
a) Prinzip
b) Praktische Ausführung

> Beim Spannungswandler wird der Strom durch die Primärwicklung eines Transormators periodisch ein- und ausgeschaltet, wodurch in der Sekundärwicklung eine Wechselspannung entsteht.

Als Eintaktwandler werden häufig Leistungsoszillatoren in abgewandelter Meißnerschaltung verwendet (**3.**100). Der Transistor übt die Funktion des Schalters aus, der die Schwingkreisspule $L1$ an- und abschaltet. Es kommt hier nicht auf sinusförmige Ausgangsspannung an, sondern auf hohen Wirkungsgrad. Deshalb wird der Transistor stark mitgekoppelt, wodurch

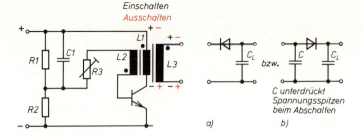

3.100
Eintaktspannungswandler mit Gleichrichter
a) als Sperrwandler
b) als Flußwandler

der Strom in der Spule schnell ansteigt und abfällt. Neben der Rückkopplungswicklung $L2$ besteht der Transformator aus der Sekundärwicklung $L3$, an der die höhere Wechselspannung entnommen wird. Als Schwingkreiskondensator wirken Wicklungs- und Schaltkapazitäten, so daß der Wandler mit der hohen Schwingfrequenz von 1 kHz bis 20 kHz arbeitet. Wegen diesen hohen Frequenzen besteht der Kern des Transformators aus Ferrit und ist wesentlich kleiner als der eines Netztransformators für 50 Hz. Auch die nach der sekundärseitigen Gleichrichtung verwendeten Lade- und Siebkondensatoren sind um ein bis zwei Zehnerpotenzen kleiner als die bei Netzfrequenz verwendeten, weil der Siebfaktor mit der mit der Pulsfrequenz des Gleichrichters steigt.

Die Polung der Gleichrichterdiode entscheidet, ob ein Wandler als Fluß- oder Sperrwandler arbeitet.

Beim Flußwandler wird die Diode leitend, wenn der Strom durch die Primärwicklung ansteigt. Während dieses Zeitraums wird der Spannungsquelle direkt Energie entnommen und über den Transformator dem Verbraucher bzw. Ladekondensator übertragen. Beim Absinken des Stroms sperrt die Diode.

Beim Sperrwandler leitet die Diode, wenn der Strom durch die Primärspule abgeschaltet wird. Die Diode führt die in der Spule gespeicherte Energie dem Verbraucher zu. Während des Stromanstiegs in der Primärspule sperrt die Diode.

Die pulsmäßige Belastung der Spannungsquelle ist beim Flußwandler höher als beim Sperrwandler, da im ersten Fall der nachgeschaltete Verbraucher direkt auf die Spannungsquelle wirkt. Im zweiten Fall ist während der Energieentnahme aus der Spannungsquelle der Verbraucher von ihr getrennt. Der Zeitraum, in dem die Spule die Energie speichern kann, ist größer. Der Energiefluß zum Verbraucher bzw. Ladekondensator findet statt, wenn der Wandlertransformator von der Spannungsquelle getrennt ist.

> Beim Sperrwandler wird die Energie in der Spule zwischengespeichert.

Spannungswandler dürfen nicht leerlaufen. Bedingt durch das schnelle Abschalten des Primärstroms, entsteht eine Selbstinduktionsspannung, die in die Sekundärspule transformiert wird. Die Spannung ist um so größer, je weniger der Transformator bedämpft ist. Die Spannungsspitzen im Leerlauf können zum Durchschlag der Kollektor-Emitterstrecke des Transistors oder der Sekundärwicklung führen.

> Spannungswandler dürfen nicht leerlaufen.

Übungsaufgaben zum Abschnitt 3.6

1. Wie unterscheiden sich die Wirkungsweisen von Serien- und Parallelstabilisierung?
2. Welche Aufgabe übernimmt der Stelltransistor in der Serienstabilisierung?
3. Wie verhält sich die Stabilisierung nach Bild **3.**86, wenn der Laststrom sinkt?
4. Welchen Innenwiderstand hat ein Netzgerät, dessen Ausgangsspannung von $U_{a1} = 12\,\text{V}$ auf $U_{a2} = 11{,}9\,\text{V}$ sinkt, wenn der Strom von $I_1 = 0{,}5\,\text{A}$ auf $I_2 = 1{,}5\,\text{A}$ steigt?
5. Welche Aufgabe hat der Regelverstärker?
6. Wie arbeitet eine elektronische Sicherung mit Thyristor?
7. Wie arbeitet die Strombegrenzung im Bild **3.**93?
8. In welchen Fällen ist die Strombegrenzung einer Abschaltung vorzuziehen?
9. Fertigen Sie von der Stabilisierungsschaltung im Bild **3.**86 den Blockschaltplan eines Regelkreises an und benennen Sie die Aufgaben der Bauteile.
10. Beschreiben Sie mit den Begriffen der Regelungstechnik, welche Auswirkung die Störgröße $z = \Delta I_L$ hat.
11. Warum werden zunehmend integrierte Spannungsregler verwendet?
12. Nennen Sie Verwendungsmöglichkeiten von Spannungswandlern.
13. Worin unterscheiden sich Fluß- und Sperrwandler?

3.7 Transistor als Schalter

3.7.1 Grundlagen des Schaltbetriebs

Der Transistor kann in einer geeigneten Schaltung die Aufgabe eines schnellen und prellfreien elektronischen Schalters übernehmen. Durch entsprechende Ansteuerung der Basis erreicht man, daß der Transistor entweder voll leitend (Schalter geschlossen) oder gesperrt ist (Schalter geöffnet) – er arbeitet im Digitalbetrieb (lat. hier sinngemäß: in Stufen).

Versuch 3.13 Mit der Schaltung nach Bild **3.**101 wird die Schaltfunktion des Transistors 2N3055 untersucht. Die Instrumente $P1$ und $P2$ messen Basis- und Kollektorstrom. Man bringt den Schalter in Stellung „Ein", beobachtet die Wirkung und mißt die Ströme. Bei leitendem Transistor überbrückt man versuchsweise die Emitter-Kollektor-Strecke und beobachtet dabei die Lampenhelligkeit.

Ergebnis Wird der Schalter in Stellung „Ein" gebracht, leuchtet die Lampe: $I_B = 30$ mA, $I_C = 0{,}3$ A. Auch beim Kurzschluß der Kollektor-Emitter-Strecke wird die Lampe nicht heller.

> Beim Schalttransistor gibt es wie beim Relais nur zwei Betriebszustände: Ein und Aus.

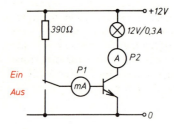

3.101 Transistor als Schalter;
 Grundverhalten eines Transistors

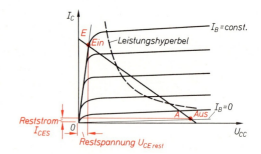

3.102 Arbeitspunkte im Kennlinienfeld bei Schaltbetrieb

Ein-Zustand. Der Widerstand der Emitter-Kollektor-Strecke muß durch eine entsprechend hohe Basisspannung (oder einen Basisstrom) möglichst niederohmig werden (0,5 bis 10 Ω). Am leitenden Transistor bleibt aber eine kleine Spannung, die Kollektorrestspannung $U_{CE\,rest}$. Sie liegt je nach Transistortyp zwischen 0,05 und 1,5 V und kann auch bei größtem Basisstrom nicht unterschritten werden (**3.**102). Damit der Schaltvorgang im Transistor möglichst schnell erfolgt, läßt man einen höheren (2- bis 3fachen) Basisstrom zu, als er zum erreichen des Aussteuerungsendpunktes „Ein" nötig ist – der Transistor wird übersteuert. Den Faktor, um den der Basisstrom größer ist als erforderlich, nennt man Übersteuerungsfaktor.

Durchlaßwiderstand. Kollektorrestspannung und Kollektorstrom verursachen einen inneren „Übergangswiderstand" des leitenden Transistors, der deutlich höher als beim mechanischen Schalter ist.

Aus-Zustand (**3.**102). Solange der Basisstromkreis nicht geschlossen ist, fließen weder Basis- noch Kollektorstrom, die Kollektorspannung ist gleich der Betriebsspannung – der Transistor wirkt wie ein geöffneter Schalter. Tatsächlich fließt aber ein sehr geringer Kollektorstrom I_{CEB}. Er beträgt bei Siliziumtransistoren 0,1 bis 100 nA, ist aber stark temperaturabhängig.

Der Sperrwiderstand liegt je nach Transistortyp und Temperatur zwischen 50 kΩ und 100 MΩ. Von den beiden Widerständen im Durchlaß- und Sperrzustand her betrachtet, ist der Transistor ein schlechter Schalter. Diesem Nachteil stehen aber folgende Vorteile gegenüber:

– sehr hohe Schaltgeschwindigkeit (MHz-Bereich),
– Prellfreiheit,
– praktisch kein Verschleiß.

3.7.2 Schaltverhalten

Schaltzeiten. Die Übergänge zwischen Ein- und Auszustand des Transistors sind auch bei sprunghafter Änderung des Steuersignals nicht abrupt, sondern gleitend. Zwischen der Steuergröße und dem Ausgangssignal ergeben sich deshalb gewisse Zeitunterschiede (**3.**103). Die Einschaltzeit wird um so kürzer, je größer der Übersteuerungsfaktor ist. Allerdings steigt dann auch die Ausschaltzeit.

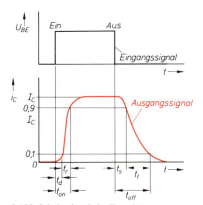

3.103 Schaltzeiten beim Transistor
(Schaltzeiten sind dem Datenblatt zu entnehmen)

Die Verlustleistung des Transistors ist im Schaltbetrieb geringer als im Analogbetrieb. Die Lastgerade schneidet die P_{tot}-Linie (**3.**102). Im Digitalbetrieb muß man jedoch nur darauf achten, daß die Arbeitspunkte für beide Schaltzustände außerhalb der Grenzleistungshyperbel liegen. Außerdem muß der Arbeitspunkt möglichst schnell von einem zum anderen Aussteuerungsendpunkt verlagert werden. Solange die Schaltzeiten kurz sind, wird der Transistor nicht unzulässig stark erwärmt. Seine Verlustleistung ergibt sich aus der Formel

$$P_v = \frac{P_{EIN} \cdot t_{EIN} + P_{AUS} \cdot t_{AUS}}{t_{EIN} + t_{AUS}} \quad \text{in Watt.}$$

Bei induktiven und kapazitiven Lastwiderständen verlaufen Ein- und Ausschaltvorgang nicht mehr auf einer geraden Linie wie beim Wirkwiderstand, sondern auf verschiedenen Bahnkurven mit zeitlicher Verzögerung (**3.**104). Daß bei induktiver Last der Kollektorstrom sprunghaft ansteigt, verhindert die Induktivität der Spule. Im Augenblick des Ausschaltens bildet sich am

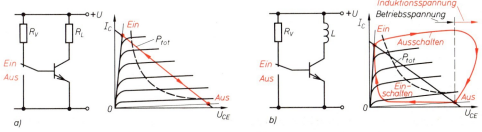

3.104 Weg des Arbeitspunkts eines Transistors im Kennlinienfeld bei verschiedenen Lastarten
   a) Ohmsche Last   b) induktive Last

Transistor eine hohe Spannungsspitze, die sich aus der Induktionsspannung der Spule und der Betriebsspannung U_{CC} zusammensetzt (Reihenschaltung). Der Ausschaltvorgang verläuft deshalb weit außerhalb der Grenzleistungshyperbel. Der Augenblickswert beider Spannungen steigt so weit an, daß der Transistor durch die Spannungsspitze zerstört werden kann.

3.105 Wirkung der Schutzdiode bei induktiver Last

Schutzdiode. Die Beschaltung des Transistors mit einer Schutzdiode (Abfangdiode, Freilaufdiode) dämpft die Spannungsspitze (3.105). In dem Augenblick, in dem die Induktionsspannung die Speisespannung um die Schleusenspannung der Diode übertrifft, wird die Diode leitend und verhindert dadurch ein weiteres Ansteigen der Induktionsspannung. Man muß die Diode so schalten, daß sie sperrt, wenn der Transistor leitet.

3.7.3 Anwendungen des Transistors als Schalter

3.7.3.1 Impulsformer (Schmitt-Trigger)

Versuch 3.14 Ein Schmitt-Trigger wird nach Bild **3.**106 aufgebaut. Zunächst stellt man R so ein, daß das Lämpchen nicht leuchtet ($V2$ gesperrt). Danach vergrößert man den Stellwiderstand langsam, bis die Lampe aufleuchtet. Schließlich verkleinert man R wieder und merkt sich die Punkte am Stellwiderstand, bei denen die Lampe aufleuchtet bzw. erlischt.

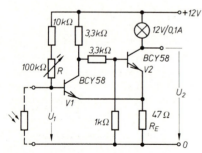

3.106 Grundschaltung des Schmitt-Triggers

Ergebnis Die Lampe leuchtet plötzlich auf. Wird R weiter verkleinert, ändert sich die Helligkeit der Lampe nicht. Die Lampe erlischt erst wieder, wenn man R stark vergrößert. Zwischen Ein- und Ausschaltpunkt ist ein merkbarer Unterschied.

Die Wirkungsweise des Schmitt-Triggers beruht darauf, daß beide Transistoren über einen gemeinsamen Emitterwiderstand und über einen Spannungsteiler gekoppelt sind. Im Ruhefall ist z.B. der Transistor V_2 leitend (R groß). Über den gemeinsamen Emitterwiderstand R_E fließt der Emitterstrom des Transistors $V2$. Der Spannungsabfall an ihm und die Vorspannung über R bewirken, daß Transistor $V1$ gesperrt bleibt. Der Basisspannungsteiler für Transistor $V2$ liegt darum nahezu an der vollen Speisespannung, dadurch bleibt $V2$ leitend, seine Kollektorspannung ist gering (3.107).
Überschreitet die Eingangsspannung U_1 einen bestimmten Wert ($U_{RE} + U_{schl}$), schaltet $V1$ vom Sperrzustand in den Durchlaßzustand. Seine Kollektorspannung sinkt, $V2$ sperrt, weil seine Basisspannung der

Emitterspannung gegenüber negativer wird. Transistor V2 bleibt so lange gesperrt, wie V1 leitet. Der Trigger kippt in seine Ausgangslage zurück, wenn die Eingangsspannung die Schaltschwelle in umgekehrter Richtung überschreitet.

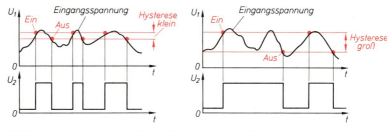

3.107 Ausgangsspannungen des Schmitt-Triggers bei unterschiedlichen Hysteresen

> Der Schmitt-Trigger kippt, wenn die Eingangsspannung eine bestimmte Amplitude erreicht, und schaltet wieder zurück, wenn dieser Schwellwert unterschritten wird.

Hysterese. Aus dem Versuch 3.14 geht hervor, daß die Umschaltung des Schmitt-Triggers nicht bei gleicher Eingangsspannung erfolgt. Diese Differenz der Schaltspannungen bezeichnet man als Hysterese der Schaltung. Ursache dafür ist, daß sich die Transistoren gegenseitig weit übersteuern. Durch die Wahl der Widerstände (in erster Linie des gemeinsamen Emitterwiderstands) kann man die Hysterese beeinflussen (**3.**107). Die Hysterese bestimmt weitgehend den Verlauf der Ausgangsspannung.

Beschleunigungskondensator. Der Kondensator C, parallel zu R_2, bewirkt eine Steigerung der Umschaltgeschwindigkeit (**3.**108). Ist $V1$ gesperrt, lädt sich der Kondensator mit der eingezeichneten Polarität auf. Wird $V1$ leitend, fällt das Potential am Punkt A stark ab, C kann sich über die eingezeichneten Wege entladen. Beide Entladeströme bewirken ein negatives Potential an der Basis von $V2$ (Punkt B). Der Transistor wird dadurch sehr schnell in den Sperrzustand gebracht.

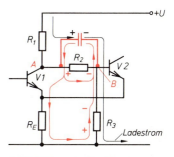

3.108 Wirkung des Beschleunigungskondensators

Schmitt-Trigger mit OP. Die Schaltung eines Schmitt-Triggers mit einem Operationsverstärker zeigt Bild **3.**109. Weil die Ausgangsspannung eines Schmitt-Triggers nur sprunghaft zwischen zwei konstanten Werten pendeln kann, verursacht eine Eingangsspannung beliebiger Form stets eine rechteckige Ausgangsspannung mit festgelegter Amplitude und Flankensteilheit. Der Ausgang der Schaltung ist über einen Spannungsteiler R_1/R_2 mit dem nichtinvertierenden Eingang verbunden. Die Eingangsspannung (Steuerspannung) wird dem invertierenden Eingang zugeführt. Über den Spannungsteiler R_1/R_2 erreicht man eine Mitkopplung, denn ein Teil der Ausgangsspannung wird dem nichtphasendrehenden Eingang zugeführt. Die Schaltschwellen

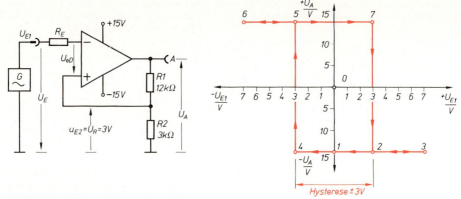

3.109 Schmitt-Trigger mit Operationsverstärker

des Triggers werden durch den Betrag der am nichtinvertierenden Eingang wirkenden zurückgeführten Spannung bestimmt, also durch das Teilerverhältnis $R_1/R_2 = 4:1$. Bei übersteuertem Verstärker beträge U_{R2} entweder $+3$ V oder -3 V.

Es wurde bereits deutlich, daß der OP umschaltet und übersteuert (begrenzt), wenn bei Leerlaufverstärkung die Eingangsspannung geringfügig vom exakten Wert Null abweicht. Ist die Spannung am invertierenden Eingang $U_{E1} \leq +3$ V, betragen Ausgangsspannung $U_A = +15$ V und $U_R = +3$ V (Punkte 6 bis 7 im Diagramm). Denn $U_{E1} < U_{E2}$ bewirkt eine positive Ausgangsspannung (s. Abschn. 3.3.2.2, Beispiel 3.6). Wird U_{E1} geringfügig größer als $+3$ V, kippen wegen der Invertierung U_A auf -15 V und U_R auf -3 V (Punkte 7 bis 2). Dieser Vorgang geht mit sehr großer Schnelligkeit vor sich; darum werden die Umschaltflanken sehr steil. Die Eingangsdifferenzspannung $U_{eD} = U_{E1} - U_{E2}$ beträgt nun $+6$ V, der Verstärker ist übersteuert.

Ein Umkippen des Triggers auf $U_A = +15$ V ist dann wieder möglich, wenn U_{E1} geringfügig kleiner als -3 V ist (Punkte $2 \to 1 \to 4 \to 5$).

Die Differenz der Umschaltspannungen (im Beispiel ± 3 V) wird Hysterese genannt. Sie wird durch das Spannungsteilerverhältnis R_1/R_2 bestimmt.

Anwendungen des Schmitt-Triggers. Die dargestellte Triggerschaltung wird in der Unterhaltungselektronik häufig verwendet. Sie dient nicht nur zur Erzeugung von Rechteckspannungen aus Sinusspannungen oder Spannungen anderer Kurvenformen, sondern auch zur Rekonstruktion verformter Rechteckimpulse und Schwellwertschaltern (Colorkiller).

3.7.3.2 Bistabiler Multivibrator (Flipflop)

Versuch 3.15 Die Schaltung nach Bild **3.**110 wird aufgebaut und eingeschaltet. Durch Spannungsmessungen an den Punkten A und B gegen 0 stellt man den Schaltzustand beider Transistoren fest. Die Schaltung wird mehrfach ein- und ausgeschaltet.

Ergebnis Stets ist einer der beiden Transistoren leitend und der andere gesperrt.

Wirkungsweise. Beim Anlegen der Betriebsspannung wird in einem der beiden Transistoren der Kollektorstrom etwas stärker ansteigen als im anderen (Streuwerte). Steigt z.B. der Kollektorstrom in Transistor $V2$ etwas stärker als in $V1$, wird der Spannungsabfall an R_{L2} steigen.

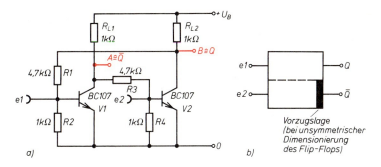

3.110
a) Grundschaltung
b) Kurzzeichen eines Flipflops

Vorzugslage (bei unsymmetrischer Dimensionierung des Flip-Flops)

Dadurch wird $V1$ eine geringe Basisvorspannung erhalten – sein Basisstrom sinkt und mit ihm sein Kollektorstrom. Der Spannungsabfall an R_{L1} sinkt, deshalb steigt die Basisspannung an $V2$ noch weiter an – sein Kollektorstrom steigt usw.

Dieser Vorgang läuft weiter ab, bis $V1$ gesperrt und $V2$ übersteuert ist. Das Flipflop hat damit einen stabilen Zustand. Durch Auslegung der Widerstände kann man erreichen, daß das Flipflop stets nach dem Einschalten in die gleiche Lage kippt (z. B. $V2$ geöffnet). Das Flipflop hat dann eine Vorzugslage.

Versuch 3.16 Der Versuch 3.15 wird wiederholt. Durch kurzzeitiges Überbrücken von $R2$ oder $R4$ sperrt man jedoch den jeweils leitenden Transistor und beobachtet die Ausgangsspannungen. Durch eine fremde Spannungsquelle legt man kurzzeitig positive oder negative Spannungen an die Basis des jeweils leitenden (negativ) oder gesperrten (positiv) Transistors. Die Schaltzustände werden notiert.

Ergebnis Man kann das Flipflop durch geeignete Maßnahmen in seinen Schaltzuständen beeinflussen, d. h. man kann es setzen oder rücksetzen (kippen).

> Durch Sperren des stromführenden Transistors mit einem negativen Impuls an der Basis oder durch Öffnen des gesperrten Transistors mit positiven Impulsen kann man eine Schaltung umschalten (kippen). Diese Schaltung heißt bistabiler Multivibrator oder Flipflop.

Für eine vollständige Kipp-Periode (Kippzyklus) sind zwei aufeinanderfolgende Steuerimpulse nötig. Es ergibt sich eine Frequenzteilung. Die Ausgangsfrequenz einer Flipflop-Stufe ist gleich der halben Eingangsfrequenz.

Statische Eingänge. Wenn das Umschalten des Flipflops an jedem Transistor einzeln möglich sein soll, führt man beide Basisanschlüsse getrennt heraus. Eingänge dieser Art heißen statische Eingänge.

Dynamischer Eingang. Ist nur ein Eingang zur Umschaltung vorgesehen, muß man die Basisanschlüsse gegenseitig entkoppeln. Die Entkopplungsdioden $V3$ und $V4$ (**3.111**) sind von der Basis- und Kollektorseite (über $R7$ und $R8$) so vorgespannt, daß ein nega-

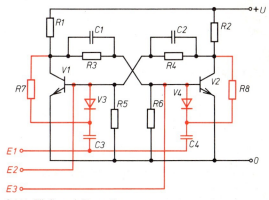

3.111 Flipflop mit Dynamikvorsatz

tiver Impuls am gemeinsamen Eingang nur zum leitenden Transistor gelangen kann, weil die Diode am jeweils gesperrten Transistor in Sperrichtung vorgespannt ist. Die Kondensatoren $C1$ und $C2$ sind Beschleunigungskondensatoren.

Anwendungen. In Farbfernsehgeräten werden bistabile Multivibratoren als elektronische Schalter zum Umpolen der Phasenlage des Farbhilfsträgers benutzt. Bild **3.**112 zeigt einen entsprechenden Schaltungsausschnitt. Zur Ansteuerung des Schalters werden Impulse im Zeilen- und Halbzeilenrhythmus aus dem Ablenkteil des Fernsehgerätes benutzt. Das Flipflop ist eines der wichtigsten Bausteine in der EDV, der Elektronik sowie der Steuerungs- und Regelungstechnik geworden.

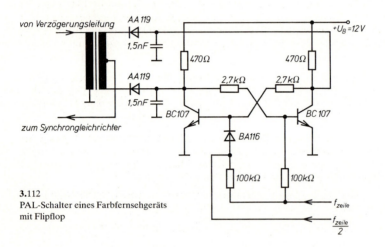

3.112
PAL-Schalter eines Farbfernsehgeräts mit Flipflop

3.7.3.3 Monostabiler Multivibrator (Monoflop, Zeitglied)

Wenn in einer bistabilen Kippschaltung einer der beiden Spannungsteiler zwischen Kollektor- und Basisanschlüssen durch ein RC-Glied ersetzt wird, erhält man eine monostabile Kippschaltung, auch Monoflop oder monostabiler Multivibrator genannt. Solche Schaltungen haben nur einen stabilen Betriebszustand. Jeder zugeführte Synchronisierimpuls löst einen vollen Kippvorgang aus. Bild **3.**113 zeigt die Grundschaltung eines monostabilen Multivibrators.

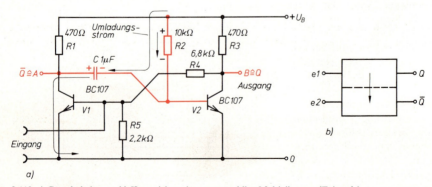

3.113 a) Grundschaltung, b) Kurzzeichen eines monostabilen Multivibrators (Zeitstufe)

Versuch 3.17 Man baut die Grundschaltung eines Monoflops nach Bild **3**.113 auf und setzt sie in Betrieb. Durch Spannungsmessungen an den Punkten A und B stellt man die Schaltzustände der Transistoren fest. Durch einen kurzen positiven Spannungsimpuls macht man $V1$ kurzzeitig leitend und beobachtet die Schaltzustände beider Transistoren.

Ergebnis Nach dem Einschalten der Schaltung leitet $V2$. Macht man $V1$ durch einen kurzen Impuls leitend, steigt die Ausgangsspannung plötzlich an. Nach einigen Sekunden kippt die Schaltung wieder in die Ruhelage zurück.

Wirkungsweise. Im stabilen Zustand ist $V2$ leitend, weil ein Ladestromstoß über $R1$ und C den zweiten Transistor schneller öffnet; dadurch sperrt $V1$. Der Kondensator C lädt sich mit der eingezeichneten Polarität auf. Macht man durch einen Impuls $V1$ leitend, beginnt sich C über $R2$ und $V1$ umzuladen. Dabei entsteht an $R2$ und damit an der Basis von $V2$ eine negative Spannung – $V2$ sperrt. Hat die Spannung am Kondensator die Schwellspannung des Transistors $V2$ erreicht, öffnet dieser, und die Ruhelage ist wieder erreicht. Die Dauer des unstabilen Zustands ist von der Zeitkonstanten $\tau = R2 \cdot C$ abhängig.

> Der monostabile Multivibrator (Monoflop) hat nur einen stabilen Zustand. Nach dem erzwungenen Kippen durch einen Impuls, fällt er nach der Zeit t wieder in den stabilen Zustand zurück.

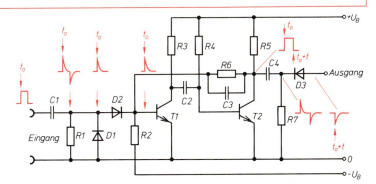

3.114
Schaltung zur Impulsverzögerung

Anwendungen. Meist wird der monostabile Multivibrator als Zeitglied oder als Impulsformer verwendet (**3**.114). Tritt in dieser Schaltung ein Auslöseimpuls ein, wird er durch den Dynamikvorsatz differenziert und in seiner negativen Flanke unterdrückt. Die positive Flanke läßt den Multivibrator in den unstabilen Zustand kippen. Nach dem Zurückkippen differenziert man am Ausgang abermals den Impuls, unterdrückt jedoch hier die positive Flanke. Der negative Impuls erscheint um die Zeit t verzögert.

Monostabiler Multivibrator mit OP. Die Multivibratorschaltung mit OP ist eine Erweiterung der Triggerschaltung (**3**.115). Im Gegenkopplungszweig liegt das RC-Glied $R1$, $C2$. Die Diode

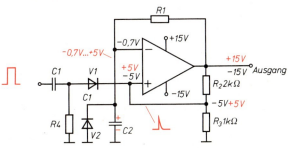

3.115
Zeitglied mit Operationsverstärker

$V2$ verhindert eine Umladung von $C2$, der Kondensator $C2$ kann sich deshalb nur mit der gezeigten Polarität aufladen. Beim Einschalten geht die Schaltung in den stabilen Zustand über (schwarz eingetragene Spannungen). Trifft ein Triggerimpuls ein (rot eingetragen), fällt die Schaltung in den instabilen Zustand (rot eingetragene Spannungen). Der Kondensator $C2$ wird von $-0{,}7\,\text{V}$ auf $+5\,\text{V}$ umgeladen. Ist diese Spannung erreicht, verschwindet die Differenzspannung an den Eingängen, und die Schaltung kippt wieder in den stabilen Zustand zurück.

Der astabile Multivibrator hat keinen stabilen Zustand. Er gehört zu den Impulserzeugern und wird im Abschnitt 7.3.2 ausführlich beschrieben.

Übungsaufgaben zum Abschnitt 3.7

1. Erläutern Sie die Begriffe Digitalbetrieb und Analogbetrieb für einen Transistor.
2. Warum darf der Arbeitspunkt des Transistors im Schaltbetrieb die P_{tot}-Linie schneiden?
3. Welche Aufgabe hat die Diode, die man einer Induktivität parallelschaltet, wenn ein Transistor die Induktivität (z. B. Relais) steuert?
4. Was versteht man unter der Hysterese eines Schmitt-Triggers?
5. Wie wirkt ein Beschleunigungskondensator in einer Kippschaltung?
6. Wodurch kann man die Hysterese eines Schmitt-Triggers mit OP beeinflussen?
7. Welche Aufgabe hat ein Dynamikvorsatz beim Flipflop?
8. Wovon hängt die Verzögerungszeit eines Zeitglieds ab?

3.8 Halbleitertechnologie

3.8.1 Transistortechnologie

Halbleiterbauelemente werden nach verschiedenen Verfahren je nach Art des Halbleiterwerkstoffes und Verwendungszwecks hergestellt.

Legierungsverfahren   Diffusionsverfahren   Ionenimplantation
(veraltet)

                Einfache Diffusion   Planarverfahren
                                       Epitaxial-Planar-Verfahren

Beim Legierungsverfahren dringen die Atome des verflüssigten Dotierungselements in den Halbleiter ein, z.B. Indium in Germanium. Da durch andere Technologien Bauelemente mit besseren Eigenschaften hergestellt werden können und sich dieses Verfahren weniger zur Massenproduktion eignet, wird es heute nicht mehr angewendet.

Beim Diffusionsverfahren dringen die Atome der sich im gasförmigen Zustand befindlichen Dotierungsstoffe in die Oberfläche von Halbleiterplättchen ein, die in einem Diffusionsofen auf Weißglut erhitzt werden. Die Eindringtiefe und die Verteilung der Dotierungsatome (Dotierungsprofil) kann man durch die Temperatur des Ofens und durch die Einwirkzeit sehr genau einstellen. Die am häufigsten verwendeten Mesa- und Planartransistoren werden nach diesem Verfahren hergestellt.

> Beim Diffusionsverfahren befinden sich die Dotierungsstoffe im gasförmigen Zustand.

Mesa-Transistoren. Ausgangsmaterial für mehrere hundert NPN-Transistoren ist eine N-dotierte Siliziumscheibe mit 50 mm Durchmesser und 0,2 mm Dicke. Sie bildet später den Kollektor.

Die Oberfläche wird durch Diffusion eines 3wertigen Elements P-leitend umdotiert. Anschließend deckt man die Oberfläche mit Siliziumoxid SiO_2 ab, einem extrem guten Isolator. Mit Hilfe eines Fotoverfahrens werden in diese Schicht je Transistor zwei Fenster geätzt. In einem komplizierten Vorgang wird zunächst ein Fenster mit einer Maske abgedeckt und durch das andere erneut N-dotiert (Emitter). Man verschiebt die Abdeckmaske um wenige µm und dampft durch das Fenster Gold auf (Basisanschluß).

Die Scheibe wird in Einzelsysteme zerschnitten und jede Seite eines Transistors abgeätzt, so daß die Form eines Tafelbergs (span.: Mesa) entsteht (**3.**116a). Dadurch verringern sich die Basisfläche und die Basis-Kollektorkapazität. Dann lötet man das Transistorsystem auf einen Metallblock, der gleichzeitig Kollektoranschluß ist und die Wärmeableitung übernimmt.

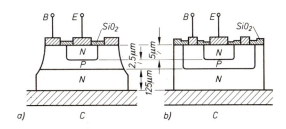

3.116
Zweifach diffundierter Transistor
a) als Mesa-Transistor
b) als Planar-Transistor

Planar-Transistor (plan, lat.: eben). Siliziumtransistoren und monolithisch integrierte Schaltungen (monolithisch, griech. aus einem Block, Einkristall) werden heute fast ausschließlich im Planarverfahren hergestellt. Man verwendet plangeschliffene P- oder N-dotierte Siliziumscheiben, die von der Oberfläche her inselartig umdotiert werden. Durch mehrfach aufeinanderfolgende Dotierungsprozesse entstehen je Scheibe Hunderte von Transistoren oder integrierte Schaltungen. Die Funktion der Abdeckmasken übernimmt das hochisolierende Siliziumoxid SiO_2.

Herstellung von NPN-Transistoren. Die N-leitende Siliziumscheibe (Kollektor) von 30 bis 70 mm Durchmesser wird mit Siliziumoxid SiO_2 überzogen. In einem ersten Foto- und Ätzprozeß werden Fenster in die Isolationsschicht gebracht, durch die die Diffusion mit 3wertigen Bor erfolgt (Basiszonen). Man schließt die Oberfläche wieder mit SiO_2 und ätzt erneut Fenster für die Emitterdiffusion ein. Nach der Phosphor-Diffusion (5wertig) werden in einem letzten Oxidations-, Foto- und Ätzprozeß Anschlußpunkte für die Emitter- und Basisdrähte freigelegt, während die übrige Kristalloberfläche durch SiO_2 geschützt ist (**3.**116b). Nach den Diffusionsprozessen liegen in der Kristallscheibe mehrere Hundert funktionsfähige Transistorsysteme nebeneinander. Man zerschneidet die Scheibe in diese Einzelsysteme und baut sie in Gehäuse ein.

> Beim Planarverfahren erfolgen alle Diffusionsprozesse von der Oberfläche her durch geätzte Fenster in der Siliziumoxid-Schicht.

Epitaxial-Verfahren (griech.: darüber angeordnet). Um den ursprünglichen N-leitenden Kristall mehrfach umdotieren zu können, darf dieser nur schwach dotiert sein. Damit liegt aber zwischen dem Kollektor und seinem Anschluß der große Kollektor-Bahn-Widerstand, der eine hohe Kollektorsättigungsspannung $U_{CE\,sat}$ bewirkt (**3.**117). Beim Epitaxial-Verfahren läßt man auf eine stark N-dotierte Si-Scheibe eine ca. 20 µm dicke schwach dotierte N-Schicht aufwachsen, in die die Transistorsysteme eindiffundiert werden. Nach diesen Zusatzverfahren werden Epitaxial-Mesa- und Epitaxial-Transistoren hergestellt (**3.**118). Sie haben eine dünne Basiszone, niedrige Kollektor-Emitter-Sättigungsspannung, geringe Restströme (durch die Reinheit der Epitaktischen Schicht bedingt) und geringe Kapazitäten, was zu hohen Grenzfrequenzen, hoher Stromverstärkung und geringen Laufzeiten führt. Epitaxial-Planar-Transistoren werden in allen Bereichen der Elektronik eingesetzt.

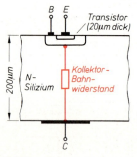

3.117
Tatsächliches Dickenverhältnis zwischen Transistor und Siliziumscheibe

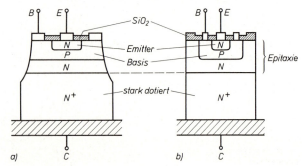

3.118
a) Epitaxial-Mesa-Transistor
b) Epitaxial-Planar-Transistor

Beim Epitaxial-Planarverfahren läßt man eine dotierte Siliziumschicht auf den Grundkristall aufwachsen.

Ionenimplantation (lat.: einpflanzen). Zur Herstellung von Feldeffekttransistoren und integrierten Schaltkreisen mit mehreren tausend Transistorfunktionen wird neuerdings die Ionenimplantation angewendet. Die Dotierungsatome werden in einem elektrischen Feld ionisiert und mit hoher Geschwindigkeit in das Halbleitermaterial geschossen. Die Eindringtiefe der Ionen läßt sich sehr genau steuern, und die PN-Übergänge sind scharf abgegrenzt, so daß schädliche Kapazitäten und die Größe des einzelnen Transistorsystems verringert werden (**3.**119).

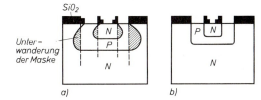

3.119
Vergleich zwischen einem a) im Planar- und b) im Ionenimplantationsverfahren hergestellten Transistor

Bei der Ionenimplantation werden die ionisierten Dotierungsatome in den Halbleiter geschossen.

Die Entwicklung von Transistoren zielt im NF-Bereich auf hohe Verlustleistung und Kollektor-Emitterdurchbruchspannung bei großem Kollektor-Basisstromverhältnis und einer Transitfrequenz im 100-kHz-Bereich. Transistoren für den HF-Bereich sollen Transitfrequenzen im Gigahertzbereich, geringes Rauschmaß und niedrige Eigenkapazitäten haben. Daß sich diese Ziele teilweise widersprechen, es aber trotzdem zu technologischen Lösungen kommt, soll an zwei Beispielen erläutert werden.

Emittergeometrie. Damit bei Leistungstransistoren die zulässige Stromdichte im Halbleiterkristall nicht überschritten wird, muß die Fläche der PN-Übergänge groß sein (**3.**120). Damit

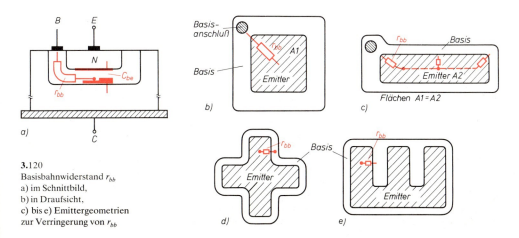

3.120
Basisbahnwiderstand r_{bb}
a) im Schnittbild,
b) in Draufsicht,
c) bis e) Emittergeometrien zur Verringerung von r_{bb}

erhöht sich die Diffusionskapazität c_{be} zwischen Emitter und Basis, die wegen der dünnen Basiszone für ein hohes Kollektor-Basisstromverhältnis schon sehr groß ist. Da der Basisanschluß beim Planartransistor seitlich neben dem Emitter liegt, befindet sich zwischen der Mitte der Emitter-Basisdiode und dem Anschlußpunkt der Basisbahnwiderstand r_{bb}. Er bildet mit c_{be} einen Tiefpaß, der die obere Grenzfrequenz des Transistors mitbestimmt.

Außerdem ist die Basis-Emitterdiode durch den inneren Spannungsabfall an r_{bb} am Rand des PN-Übergangs leitender als in der Mitte, was zu einer ungleichen Stromverteilung im Kristall führt. Das technologische Problem liegt darin, bei gleichbleibender Fläche den Basis-Bahnwiderstand zu verringern, d. h. den Abstand zwischen Flächenmittelpunkt und Basisanschluß zu verkürzen. Dies wird erreicht, indem man statt einer Kreis- oder Quadratfläche ein langgezogenes Rechteck wählt, bei dem der Abstand zwischen Mittellinie und Rand gering ist. Um den Platz auf einem Halbleiterchip optimal zu nutzen, verwendet man fingerartige Emittergeometrien (**3.**120c bis e).

Drifttransistor. Um bei HF-Transistoren die Laufzeit der Ladungsträger zwischen Emitter und Kollektor zu verringern, werden diese stark beschleunigt. Innerhalb der Basiszone nimmt die Konzentration der nachträglich eindotierten Atome in Richtung zum Kollektor ab, wodurch der Widerstand entsprechend ansteigt. Die elektrische Feldstärke zwischen Emitter und Kollektor wächst mit dem Widerstand und beschleunigt die Ladungsträger stärker (Driftfeld). Zusammen mit den gleichzeitig erreichten geringen Kapazitäten zwischen Emitter, Basis und Kollektor ergibt sich das gute HF-Verhalten dieser Transistoren.

3.8.2 Integrierte Halbleiterschaltungen

Vollständige Baugruppen von elektronischen Schaltungen lassen sich aus Platzgründen zu kompakten Einheiten, den integrierten Schaltungen, kurz IS bzw. IC (integrated circuit) zusammenfassen. Je nach Herstellungsverfahren und Integrationsdichte unterscheidet man zwischen integrierten Schaltungen in Schicht- und Halbleitertechnologie.

```
                    Integrierte Schaltungen
                             |
     ┌───────────────────────┼───────────────────────┐
monolithisch            Dickschicht-            Dünnfilm-
integrierte Schaltungen Schaltungen             Schaltungen
```

3.8.2.1 Monolitisch integrierte Schaltungen

Bei monolithisch integrierten Schaltungen werden sowohl Dioden und Transistoren (aktive Bauelemente) als auch Widerstände und Kondensatoren (passive Bauelemente) in die Oberfläche einer Siliziumscheibe eindiffundiert. Man wendet die Planartechnologie an. Hierbei wird die dotierte Siliziumhalbleiterscheibe von 30 bis 70 mm Durchmesser und 0,2 mm Dicke in gegeneinander isolierte Wannen geteilt, in die die Einzelschaltelemente diffundiert werden. Je Halbleiterscheibe können bis zu 500 integrierte Schaltungen gleichzeitig gefertigt werden. Durch Massenproduktion gleichartiger Schaltungen lassen sich Entwicklungs- und Herstellungskosten je Schaltkreis äußerst klein halten.

> Bei den monolithisch integrierten Schaltkreisen werden viele Bauelemente nebeneinander in einen Siliziumträger diffundiert.

Isolation der Schaltelemente in Halbleiterkristall. Um die Einzelschaltelemente voneinander und vom Trägermaterial (Substrat) zu trennen, werden verschiedene Verfahren angewendet.

Bei der diffundierten Sperrschicht-Isolation besteht das Substrat aus P-Silizium. Man diffundiert je Schaltelement N-Zonen ein. Das Substrat wird im Betrieb auf das negativste Spannungspotential gehalten, so daß die PN-Übergänge zwischen P-Substrat und N-Inseln in Sperrrichtung liegen (**3.**121a).

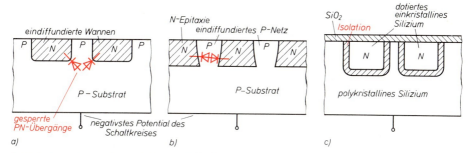

3.121 Isolation der Schaltelemente bei monolithisch integrierten Schaltungen
  a) durch diffundierte Sperrschicht-Isolation
  b) durch epitaktische Sperrschicht-Isolation
  c) durch Oxidations-Isolation

Bei der epitaktischen Sperrschicht-Isolation läßt man auf das P-Substrat eine schwach dotierte N-Schicht aufwachsen. In diese wird ein P-leitendes Gitternetz diffundiert, das bis ins P-Substrat dringt, so daß wiederum zwischen N-Zonen und P-Substrat gesperrte PN-Übergänge liegen (**3.**121b). Da diese PN-Übergänge parasitäre Kapazitäten und Übergangswiderstände haben, die bei der Anwendung der IC erhebliche Schwierigkeiten bringen, verwendet man häufig die Oxidationsisolation. Hier sind einkristalline N-Inseln in hochisolierende SiO_2-Wannen untergebracht. Das Substrat besteht aus polykristallinem Silizium (**3.**121c). Mit diesem allerdings aufwendigen Verfahren lassen sich raumsparende Schaltteileanordnungen herstellen.

> Die Schaltelemente werden im Siliziumsubstrat durch gesperrte PN-Übergänge oder Isolierschichten aus Siliziumoxid von einander getrennt.

Schaltelemente in integrierter Technologie (**3.**122 auf S. 288)

Transistor. Im Unterschied zum Einzeltransistor müssen alle Anschlüsse des integrierten Transistors an der Oberfläche der Siliziumscheibe liegen. Das Kollektorgebiet muß schwach dotiert, also hochohmig, die Zuleitung jedoch niederohmig sein (s. Epitaxialverfahren). In der IC-Technologie wird dieses Problem gelöst, indem man im ersten Diffusionsvorgang stark dotierte N-Inseln ins P-Substrat diffundiert und darauf eine schwach dotierte epitaktische Schicht wachsen läßt. Alle weiteren Prozesse laufen wie bei der Herstellung von Einzeltransistoren ab, wo durch mehrfaches Umdotieren zunächst die P-leitende Basiszone und dann die N-Emitterzone diffundiert werden. Der stark N-dotierte Kollektoranschluß erscheint im Schnittbild eines IC eingegraben. Für PNP-Transistoren im P-Substrat wird ein weiterer Diffusionsprozeß gebraucht.

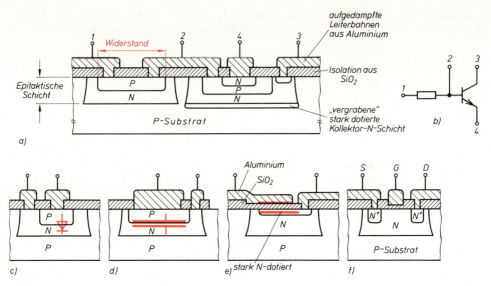

3.122 Monolithisch integrierte Schaltelemente
a) Transistor mit Basisvorwiderstand
b) Stromlaufplan zu a)
c) Diode
d) Sperrschicht-Kondensator
e) Isolierschicht-Kondensator
f) MOS-FET

Dioden werden wie Transistoren hergestellt, jedoch entfällt das Eindiffundieren der Emitterzone.

Widerstände entstehen schon dadurch, daß an die N-Insel zwei Kontakte angebracht werden. Der Widerstandswert richtet sich nach der Dotierungsstärke, dem Querschnitt und der Länge der Zone. Aus Platzgründen stellt man Widerstände bis höchstens 50 kΩ her. Sie haben große Toleranzen und Temperaturkoeffizienten. Bei Spannungsteilern heben sich diese negativen Eigenschaften allerdings auf.

Kondensatoren werden als Sperrschichtkondensator eines gesperrten PN-Übergangs oder Isolierschichtkondensator hergestellt. Beim letzteren ist die hochdotierte N-Insel eine Elektrode. Auf die isolierende SiO_2-Schicht wird ein Aluminiumbelag als Gegenelektrode aufgedampft. Die Kapazität hängt vor allem von der Fläche ab, da die Isolierschicht nicht beliebig dünn sein kann. Deshalb werden Kapazitäten bis höchstens 500 pF integriert.

> Integrierte monolithische Halbleiterschaltungen bestehen aus Platzgründen überwiegend aus widerstandsgekoppelten Verstärkern ohne Koppelkondensatoren.

Isolierschicht-FET bestehen im Prinzip aus der Kombination von Widerstand und Isolierschichtkondensator. Das Gate hat dann eine wesentlich geringere Fläche als der Kondensatorbelag. Es können auch mehrere Gates je Transistor aufgebracht werden. Man bezeichnet dieses Verfahren als MOS-Technologie.

Eigenschaften und Entwicklungstendenzen der monolitisch integrierten Schaltungen. Mit den integrierten Halbleiterschaltungen wurde es möglich, vielstufige Verstärker auf einem Chip von ca. 1,5 bis 5 mm Kantenlänge zu verdichten. Die Grenzen der Entwicklung liegen z. Zt. in der Herstellung von Analogschaltungen für den Hochfrequenzbereich ab 50 MHz, bedingt durch die Schaltungskapazitäten und die Verlustleistungen der integrierten Transistoren. In der Digitaltechnik arbeiten die Transistoren als Schalter, so daß die Wärmeprobleme geringer sind. Die höchste Schaltfrequenz liegt je nach Schaltkreisfamilie zwischen ca. 30 MHz (TTL-Technologie = **T**ransistor-**T**ransistor-**L**ogik) und 200 MHz (ECL = **E**mittergekoppelte **L**ogik). Um hohe Schaltgeschwindigkeiten bei geringster Leistungsaufnahme und hoher Integrationsdichte (= Anzahl der Schaltelemente je Chip) zu erzielen, werden Abwandlungen der MOS-Technologien wie CMOS (= Komplementär-MOS) oder LOCMOS (= **L**ocal **O**xidation of **S**ilicon) verwendet.

Die Integrationsdichte bei bipolaren Schaltkreisen liegt bei 50 bis 500 Transistorfunktionen je Chip, bei den LSI-Großschaltkreisen (**L**arge-**S**kale-**I**integration, engl. = Integration im großen Maßstab) bis ca. $5 \cdot 10^4$. Es sollen bis zu 10^6 Transistorfunktionen je Chip erreicht werden.

3.8.2.2 Schichttechnologien

Wird eine so weit reichende Integration wie bei monolitisch integrierten Schaltungen nicht gewünscht oder nur Kleinserien gebraucht oder enthält die Schaltung zu viele passive Schaltelemente, greift man auf die Dickschicht- und Dünnfilmtechnologie zurück. Hier werden die passiven Schaltelemente auf eine isolierende Trägerplatte aus Glas oder Keramik aufgebracht. Aktive Schaltelemente müssen bei Bedarf nachträglich angebracht werden.

Bei der Dickschichttechnologie werden auf einer keramischen Trägerplatte im Siebdruckverfahren die passiven Schaltelemente aufgetragen und eingebrannt. Der Herstellungsprozeß erfolgt in mehreren Stufen:
- Aufdrucken und Einbrennen der Leiterbahnen und Kondensatorbeläge (z. B. aus Silber),
- Aufdrucken von Widerstandsbahnen aus Metallen oder Metalloxiden,
- Überziehen der Oberfläche mit Glaskeramik als Kondensatordielektrikum,
- Aufdrucken und Einbrennen der Kondensatorgegenelektroden.

Meist werden nach diesem Verfahren Widerstände und Kondensatoren zusammengefaßt, um Platz und Montagekosten zu sparen. Kondensatoren mit Kapazitäten von mehreren µF und aktive Schaltelemente lötet man getrennt auf und bringt die Gesamtschaltung in ein Gehäuse.

In der Dünnschichttechnik werden die passiven Schaltelemente auf ein Glas- oder Keramiksubstrat aufgestäubt (Tantaltechnologie) oder im Vakuum aufgedampft (Nickel-Chrom-, Goldtechnologie). Die „Dicke" der aufgebrachten Schichten liegt bei 0,01 bis 0,1 µm – daher die Bezeichnung Dünnfilmtechnik.

Die Leitungszüge bestehen aus Gold, die Widerstände je nach Widerstandswert und Herstellungsverfahren aus Metallegierungen oder Metalloxiden, die Dielektrika der Kondensatoren aus Silizium-, Aluminium- oder Tantaloxid. Wegen der geringen Schichtdicken lassen sich die Widerstands- und Kapazitätswerte abgleichen, wobei mit Laserstrahl vorhandenes Material abgetragen wird.

Alle Prozesse werden im Vakuum oder unter Schutzgas (Argon) durchgeführt, so daß die Schichten eine hohe Reinheit und Güte haben. Die Widerstände haben keine parasitären Kapazitäten, weil sie auf ein isolierendes Substrat aufgebracht wurden. Spezielle Transistoren und integrierte Halbleiterschaltkreise werden in Form von Chips z. T. ohne Gehäuse auf metallische Gebiete des Substrats gebracht und durch dünne Gold- und Silberdrähte mit der übrigen

Dünnfilmschaltung verbunden (**3.**123). Diese Hybrid-Schaltkreise (griech.: gemischt) verbinden die Vorteile beider IC-Technologien miteinander. Dünnfilmschaltungen lassen sich für nahezu jeden Anwendungsbereich bis zur Höchstfrequenztechnik herstellen.

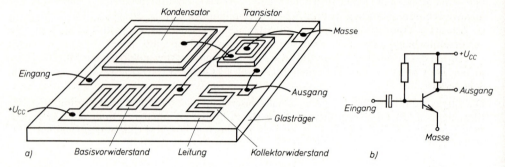

3.123 Hybrid-Dünnfilm-Schaltkreis mit nachträglich aufgelötetem Transistor (a) und Stromlaufplan dazu (b)

> Bei den Schichttechnologien werden passive Schaltelemente auf isolierende Trägerplatten aufgebracht.

Übungsaufgaben zum Abschnitt 3.8

1. Wie werden beim Diffusionsverfahren Halbleiter dotiert?
2. Wie werden Transistoren im Planarverfahren hergestellt?
3. Welche Aufgabe übernimmt das Siliziumoxid dabei?
4. Welchen Einfluß übt die epitaktische Schicht auf die Eigenschaften von Transistoren aus?
5. Was sind monolithisch integrierte Schaltkreise?
6. Worin unterscheidet sich der Aufbau eines integrierten Transistors vom Einzeltransistor in Planartechnik?
7. Warum werden Kondensatoren und Widerstände nur begrenzt monolithisch integriert?
8. In welchen Fällen verwendet man Schichtschaltungen?
9. Was sind Hybrid-Schaltkreise?

4 Grundlagen der Übertragungstechnik

4.1 Dämpfung und Pegel

Versuch 4.1 Ein RC-Tiefpaß ($R = 10$ kΩ, $C = 22$ nF) wird durch einen Sinusgenerator mit den Frequenzen 100 Hz, 500 Hz, 750 Hz, 1 kHz und 10 kHz gespeist. Mit dem Oszilloskop werden jeweils Ein- und Ausgangsspannung gemessen.

Ergebnis Die Ausgangsspannung ist bei verschiedenen Frequenzen unterschiedlich hoch.

Übertragungsfaktor. Bei jeder elektrischen Signalübertragung treten Verluste ein. Sie entstehen durch Leistungsverbrauch an den Widerständen des elektrischen Übertragungskanals (**4**.1). Das Verhältnis der Ausgangsleistung zur Eingangsleistung nennt man Übertragungsfaktor A. Aus praktischen (meßtechnischen) Gründen gibt man allerdings häufig statt der Ein- und Ausgangsleistungen die entsprechenden Spannungen oder Schalldrücke an.

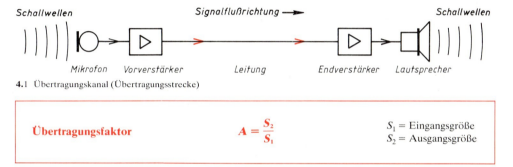

4.1 Übertragungskanal (Übertragungsstrecke)

Übertragungsfaktor	$A = \dfrac{S_2}{S_1}$	S_1 = Eingangsgröße S_2 = Ausgangsgröße

Wenn gleichartige Größen (z.B. Leistungen) auftreten, hat der Übertragungsfaktor keine Einheit. Bei ungleichen Größen (z.B. Schalldruck und Spannung) hat er eine Einheit, hier z.B. µbar/V. Einen Übertragungsfaktor >1 nennt man Verstärkungsfaktor (s. Abschn. 3.3.2.2).

Dämpfungsfaktor. Der Kehrwert des Übertragungsfaktors heißt Dämpfungsfaktor D.

Dämpfungsfaktor	$D = \dfrac{1}{A} = \dfrac{S_1}{S_2}$

An einem Übertragungskanal, der ton- oder hochfrequente Signale überträgt, nehmen Leistung und Spannung nicht gleichmäßig, sondern in einem logarithmischen Verhältnis ab. Deshalb ist es praktischer, das Dämpfungs- oder Verstärkungsmaß als ein logarithmisch anwachsendes Maß anzugeben. Für die Dämpfung a gilt die Formel

Dämpfung	$a = \lg \dfrac{P_1}{P_2}$ in B (Bel)[1].	P_1 = Eingangsleistung P_2 = Ausgangsleistung

---

[1]) Alexander Graham Bell, anglo-amerikanischer Physiologe u. Techniker, 1847 bis 1922.

Im allgemeinen genügt es, nur mit dem Dämpfungsmaß zu rechnen. Da bei einer Verstärkung $P_2 > P_1$ ist, wird der entstehende Bruch <1; dadurch werden Logarithmus und Dämpfungsmaß negativ.

Beispiel 4.1 In eine Leitung wird eine Signalleistung von 500 mW eingespeist. Am Ausgang kann eine Leistung von 5 mW entnommen werden. Das Dämpfungsmaß ist

$$a = \lg \frac{P_1}{P_2} = \lg \frac{500 \text{ mW}}{5 \text{ mW}} = \lg 100 = \mathbf{2\ B.}$$

Beispiel 4.2 Die am Verstärkereingang eingespeiste Signalleistung beträgt 20 mW. Am Verstärkerausgang entstehen 20 W. Das Dämpfungsmaß ist jetzt

$$a = \lg \frac{P_1}{P_2} = \lg \frac{20 \text{ mW}}{20 \text{ W}} = \lg \frac{1}{1000} = \mathbf{-3\ B.}$$

Das genaue Messen sehr kleiner Leistungen ist sehr schwierig. In der Praxis wählt man daher gern Größen, von denen die Leistung abhängt. So sind z.B. bei konstantem Widerstand Spannung und Leistung quadratisch miteinander verknüpft:

$$P = \frac{U^2}{R} \qquad \begin{aligned} U &= \text{Spannung} \\ R &= \text{Widerstand} \end{aligned}$$

Treten an Stelle der Leistungen P_1 und P_2 die entsprechenden Spannungen, ergibt sich für die Dämpfung (vereinfacht, ohne Berücksichtigung der Widerstände)

$$a = \lg \frac{U_1^2}{U_2^2} \quad \text{und daraus} \quad a = 2\lg \frac{U_1}{U_2} \text{ in B.} \qquad \begin{aligned} U_1 &= \text{Eingangsspannung} \\ U_2 &= \text{Ausgangsspannung} \end{aligned}$$

Bel und Dezibel. In der Praxis wird die Dämpfung stets in Dezibel (dB) angegeben, weil Bel ungünstige (kleine) Zahlen ergibt und bei Dezibel ganze Zahlen (evtl. mit einer Kommastelle) genügen. Das dB ist der zehnte Teil eines B. So ergibt sich

für die Leistungsdämpfung $\quad a = 10 \lg \dfrac{P_1}{P_2} \quad$ in dB

für die Spannungsdämpfung $\quad a = 20 \lg \dfrac{U_1}{U_2} \quad$ in dB.

Beispiel 4.3 In einem Übertragungskanal wird die Hälfte der eingespeisten Leistung aufgezehrt. Wie groß ist die Leistungsdämpfung in dB?

Lösung $\quad a = 10 \lg \dfrac{P_1}{P_2} = 10 \lg \dfrac{2}{1} = 10 \cdot 0{,}3010 = \mathbf{3{,}01\ dB}$

Beispiel 4.4 Am Eingang eines Verstärkers liegt eine Steuerspannung von 8 mV. Die Ausgangsspannung beträgt 8 V. Welche Spannungsdämpfung ergibt sich?

Lösung $\quad a = 20 \lg \dfrac{U_1}{U_2} = 20 \lg \dfrac{8 \cdot 10^{-3}}{8 \text{ V}} = 20 \lg \dfrac{1}{1000} = 20(-3) = \mathbf{-60\ dB}$

Streng genommen gelten diese Formeln nur, wenn die Widerstände am Eingang und am Ausgang eines Verstärkers oder eines anderen Übertragungskanals übereinstimmen und Leistungsanpassung vorliegt (**4.2**). Sind die Widerstände nicht gleich groß, ergibt sich die Spannungsdämpfung nach dieser Formel:

$$A = 10 \lg \left[\left(\frac{U_1}{U_2}\right)^2 \cdot \frac{Z_2}{Z_1} \right] \text{ in dB} \qquad Z_1 \text{ und } Z_2 : \text{Scheinwiderstände}$$

In der Technik hat sich diese strenge Berechnungsformel nicht durchgesetzt; allgemein bleiben die Scheinwiderstände unberücksichtigt.

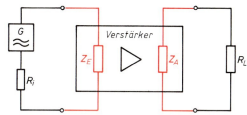

4.2
Vollständig angepaßter Übertragungskanal mit gleichen Widerständen R_i, Z_E, Z_A, R_L
R_i = Innenwiderstand des Generators
Z_E = Eingangswiderstand des Verstärkers (Impedanz)
Z_A = Ausgangswiderstand des Verstärkers (Impedanz)
R_L = Lastwiderstand

Pegel. Unter einem Pegel versteht man in der Elektrotechnik das Verhältnis einer gemessenen Spannung (oder Leistung) zu einer entsprechenden Bezugsgröße. Beim absoluten Pegel werden Spannungen, Ströme und Leistungen auf Normalwerte U_0, I_0 und P_0 bezogen. Diese Normalwerte sind international festgelegt. Sie ergeben sich an den Klemmen eines Generators, der einen Innenwiderstand von 600 Ω hat und bei Leistungsanpassung eine Leistung von 1 mW abgibt (**4.3**). Die Normalwerte errechnen sich zu $U_0 = 0{,}775$ V, $I_0 = 1{,}29$ mA, $P_0 = 1$ mW, $R_0 = 600$ Ω.

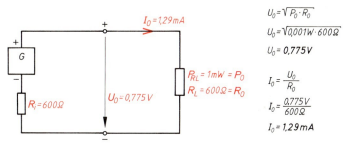

4.3
Festlegung der Normalwerte

Der absolute Spannungspegel L_u ergibt sich aus der Formel

$$L_u = 20 \lg \frac{U}{U_0} \text{ in dB} \qquad (L_u \text{ von engl. level} \triangleq \text{Pegel, Niveau}).$$

Neben dem absoluten wird vielfach noch der **relative** Pegel angegeben. Hier setzt man andere (beliebige) Größen U_x, I_x, P_x, R_x als Bezugsgrößen. So wird in Antennenanlagen die Bezugsspannung U_x mit 1 µV an einem Widerstand von 60 Ω angenommen. Der Pegel ergibt sich nach

$$L_u = 20 \lg \frac{U}{U_x} \text{ in dB µV} \qquad (\text{lies: dB über µV oder dB-Mikrovolt}).$$

Bei Pegelangaben in dB µV erhält man meist nur positive Werte, weil die tatsächlich vorkommenden Antennenspannungen über 1 µV liegen.

Beispiel 4.5 Ein Antennenverstärker liefert an einem Meßpunkt die Ausgangsspannung von 50 mV. Der absolute und der relative Pegel sind zu berechnen.

Lösung
$$L_u = 20 \lg \frac{U}{U_0} = 20 \lg \frac{50 \cdot 10^{-3} \,\text{V}}{0{,}775 \,\text{V}} = 20 \lg 0{,}0645 = -\mathbf{23{,}8 \,dB}$$

$$L_u = 20 \lg \frac{U}{U_x} = 20 \lg \frac{50 \cdot 10^{-3} \,\text{V}}{1 \cdot 10^{-6} \,\text{V}} = 20 \lg 50\,000 = \mathbf{93{,}98 \,dB\,\mu V}$$

Zwischen Pegel und Dämpfung bestehen Zusammenhänge. Von den Pegelwerten an zwei verschiedenen Punkten einer Schaltung kann man auf die Dämpfung oder Verstärkung schließen. Der Unterschied in den Leitungspegeln ist gleich der Dämpfung oder der Verstärkung. Für den Spannungspegel gilt das gleiche, allerdings müssen hier auch die Eingangs- und Ausgangsscheinwiderstände übereinstimmen:

$$a = P_1 - P_2 \quad \text{bzw.} \quad a = L_{u1} - L_{u2} \text{ bei } Z_1 = Z_2$$

Beispiel 4.6 Am Eingang einer Antennenleitung wird ein Pegel von 89 dB µV gemessen, am Ausgang beträgt er nur noch 64 dB µV. Die Dämpfung ist zu berechnen.

Lösung $L_{u1} - L_{u2} = 89 \,\text{dB}\,\mu V - 64 \,\text{dB}\,\mu V = \mathbf{25 \,dB}$

Bei Verstärkern ergeben sich negative Dämpfungswerte, die einer Verstärkung entsprechen.

4.2 Wellenwiderstand

Versuch 4.2 Schließt man zwischen Außen- und Innenleiter einer Koaxialleitung einen HF-Generator an, zeigt ein zwischen Leitung und Generator liegender Strommesser einen geringen Stromfluß an, auch wenn die Enden offen sind (**4.4**). Der Generator wird durch die Leitung so belastet, als ob ein Widerstand bestimmter Größe mit ihm verbunden wäre.

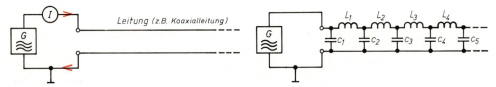

4.4 HF-Generator mit offener Koaxialleitung   **4.5** Ersatzschaltung einer HF-Leitung

Ursache für das Verhalten der offenen Leitung sind die in jeder Leitung vorhandenen Induktivitäten und Kapazitäten. Man kann sich auch die Induktivität der Gesamtleitung in viele kleine Teilinduktivitäten zerlegt vorstellen, die gleichmäßig über die Leitung verteilt sind (**4.5**). Außerdem wirken Außen- und Innenleiter wie die Beläge eines Kondensators. Die Leitung hat also eine gewisse Kapazität, die um so größer ist, je länger die Leitung und je geringer der Abstand zwischen den Leitern sind. Bei der Ersatzschaltung einer HF-Leitung in Bild **4.6** erkennt man, daß über die Kapazität ein Wechselstrom fließen kann, der allerdings durch die Induktivitäten der Leitung mehr und mehr geschwächt wird.

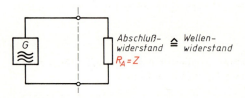

4.6
Ersatzschaltung einer abgeschlossenen HF-Leitung

Wellenwiderstand. Der durch die HF-Leitung gebildete Widerstand heißt Wellenwiderstand. Ist die **Induktivität** L der Leitung (bezogen auf die Längeneinheit) groß, dann ist auch der Wellenwiderstand Z groß. Ist dagegen die **Kapazität** C der Leitung groß, ist der Wellenwiderstand Z klein. Zum Berechnen des Wellenwiderstands verwendet man die Formel

$$Z = \sqrt{\frac{\frac{L}{1\,m}}{\frac{C}{1\,m}}} = \sqrt{\frac{L \cdot 1\,m}{C \cdot 1\,m}} = \sqrt{\frac{L}{C}} \text{ in } \Omega. \qquad \boxed{Z = \sqrt{\frac{L}{C}} \text{ in } \Omega}$$

Die Einheit Ω bekommt der Wellenwiderstand durch die Einheitengleichung

$$\Omega = \sqrt{\frac{\frac{V \cdot s}{A}}{\frac{A \cdot s}{V}}} = \sqrt{\frac{V^2 \cdot s}{A^2 \cdot s}} = \frac{V}{A}.$$

Um den Wellenwiderstand zu bestimmen, muß man Induktivität und Kapazität messen. Beim Messen der Induktivität ist die Leitung am Ende kurzzuschließen, bei der Kapazität bleibt sie offen. Die Länge der Leitung hat keinen Einfluß auf den Wellenwiderstand, denn die in die Gleichung eingesetzten Werte Induktivität je Längeneinheit (1 m) und Kapazität je Längeneinheit (1 m) ergeben, daß die Länge herausfällt. Die Wellenwiderstände der in der Praxis verwendeten Antennenleitungen betragen im allgemeinen 60 Ω, 75 Ω, 120 Ω und 240 Ω.

> Der Wellenwiderstand Z einer Leitung ist ein Kennwert, der von der Leitungsinduktivität und der Leitungskapazität je Meter abhängt.

Der Wellenwiderstand darf nicht mit dem Ohmschen Verlustwiderstand oder dem Scheinwiderstand der Leitung verwechselt werden.

Versuch 4.3 Zwei parallel aufgespannte Drähte von 4,5 m Länge, 1 mm Durchmesser und 18 cm Abstand werden durch einen UKW-Generator ($f = 100$ MHz) gespeist. Die Spannung zwischen den Drähten längs der Leitung wird gemessen (oder mit einem Lämpchen nachgewiesen).

Ergebnis Die Messungen zeigen Spannungsnullstellen und Spannungsmaxima gleichmäßig über die Leitung verteilt. Es bilden sich stehende Wellen.

Stehende Wellen. Speist man eine am Ende offene Leitung mit HF-Energie, kann diese am Ende nicht weitergegeben oder umgewandelt werden, sondern wird reflektiert. Auf der Leitung überlagern sich hin- und rücklaufende Energiebeträge (Schwingungen) zu stehenden Wellen. Stehende Wellen können z. B. Geisterbilder auf dem Fernsehschirm erzeugen.

> Eine Leitung kann die Energie nur dann vollständig übertragen, wenn an ihrem Ende ein bestimmter Abschlußwiderstand vorhanden ist, der genau den Wert des Wellenwiderstands hat.

Umgekehrt läßt sich sagen:

> Der Wellenwiderstand entspricht dem Abschlußwiderstand einer Leitung, bei dem am Leitungsende keine Reflexionen und keine stehenden Wellen auftreten.

Der Wellenwiderstand heißt deshalb auch Widerstand einer unendlich langen Leitung (**4.6**). Der Wellenwiderstand einer Leitung hängt also von ihrem technischen Aufbau und den verwendeten Isolationsstoffen ab, die bekanntlich Induktivität und Kapazität bestimmen. Mit den folgenden Formeln lassen sich die Wellenwiderstände von Koaxial- und Flachbandleitungen hinreichend genau berechnen:

Flachleitungen $\quad Z \approx \dfrac{\ln \dfrac{2a}{d}}{\sqrt{\varepsilon_r}} \cdot 120\,\Omega \qquad$ a = Abstand der Leiterachsen in mm
$\qquad\qquad\qquad\qquad\qquad\qquad\qquad\qquad$ d = Durchmesser des Inleiters in mm

Koaxialleitungen $\quad Z \approx \dfrac{\ln \dfrac{D}{d}}{\sqrt{\varepsilon_r}} \cdot 60\,\Omega \qquad$ D = Innendurchmesser des Außenleiters in mm
$\qquad\qquad\qquad\qquad\qquad\qquad\qquad\qquad$ ε_r = Dielektrizitätszahl

In Antennenanlagen ist es wichtig, daß alle Leitungen und Anschlüsse mit Widerständen abgeschlossen sind, die gleich den Wellenwiderständen sind. Nur so lassen sich Reflexionsstellen (Stoßstellen) vermeiden. Stehende Wellen beweisen, daß die Energie über eine Leitung nicht oder nur zum Teil übertragen wird.

4.3 Rauschen

Versuch 4.4 Ein UKW-Rundfunkgerät wird (ohne Antenne) auf einen Kanal eingestellt, der durch keinen Sender belegt ist.

Ergebnis Aus dem Lautsprecher ertönt ein Rauschen.

Ursache. Die Rauschspannung besteht aus einer großen Anzahl kleiner Wechselspannungen, deren Frequenzen sich über den gesamten Hörbereich, bis hin zu höchsten Frequenzen erstrecken. Hervorgerufen werden die Rauschspannungen in den Transistoren, Röhren und Widerständen eines Verstärkers. In dessen Eingangsstufen machen sie sich am stärksten bemerkbar, weil sie dort am meisten verstärkt werden und das Nutzsignal klein ist (s. Abschn. 3.4.1).

Im Rauschen sind alle Frequenzen mit etwa gleichen Leistungsanteilen enthalten. Darum spricht man in Anlehnung an die Optik von einem „weißen Rauschen".

Widerstandsrauschen. Durch die unregelmäßige Wärmebewegung der freien Leitungselektronen treten zwischen den Enden jedes Leiters geringe Spannungen sehr unterschiedlicher Amplituden und Frequenzen auf. Widerstände sind Leitungsstücke. Zwischen ihren Anschlüssen stehen geringe Rauschspannungen: das Wärme- oder Widerstandsrauschen. Seine Frequenzen und Amplituden verteilen sich gleichmäßig über das ganze Frequenzgebiet (**4.7**).

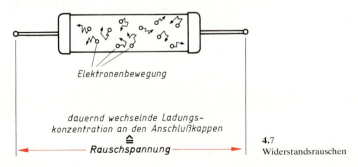

4.7 Widerstandsrauschen

Transistorrauschen. Transistoren liefern Rauschspannungen, die sich vor allem in HF-Eingangsstufen störend bemerkbar machen. Die Spannung entsteht bei bipolaren Transistoren besonders im Kollektorkreis. Die unterschiedlichen Elektronenbewegungen und sprunghafte Widerstandsänderungen an den PN-Übergängen sind Rauschquellen. In den Datenblättern stellt man das Rauschen durch die Rauschzahl dar.

FET-Rauschen. Feldeffekttransistoren erzeugen durch ihren völlig anderen Leitungsmechanismus erheblich geringere Rauschspannungen als bipolare Transistoren. Deshalb verwendet man sie häufig in HF-Eingangsteilen.

Röhrenrauschen. Auch Röhren liefern Rauschspannungen, vor allem Mehrgitterröhren (Tetroden, Pentoden). Der Anodenstrom einer Röhre ist nicht kontinuierlich; er besteht aus einer großen Anzahl einzelner Elektronen, die zeitlich in ungleichmäßiger Dichte auf die Anode treffen (Schroteffekt). Die zeitlich ungleichmäßige Ladung der Anode wirkt wie eine geringe Wechselspannung, deren Frequenz alle denkbaren Werte annehmen kann.

Bei Mehrgitterröhren tritt als weitere Rauschquelle das sog. Stromverteilungsrauschen auf. Es wird durch winzige Unregelmäßigkeiten in der Aufteilung des Katodenstroms hervorgerufen.

Kreisrauschen. Eine Rauschspannung tritt nicht nur an direkt sichtbaren Bauelementen und Widerständen auf, sondern auch am Resonanzwiderstand eines Schwingkreises.

Antennenrauschen. Auch Antennen sind Rauschquellen. Für die Rauschstärke ist – ähnlich wie beim Schwingkreis – die Wirkung ihres Widerstands verantwortlich. Dazu kommen noch die von der Antenne aus dem Weltall aufgenommene Rauschleistung (galaktisches Rauschen) sowie die Rausch- und Störspannungen durch atmosphärische Störungen.

> Alle Rauschquellen wirken am Rundfunk- oder Fernsehgerät gemeinsam und gleichzeitig. Bei störungsfreiem Empfang muß das Nutzsignal deshalb erheblich größer sein als das gesamte Rauschsignal. Das Rauschverhalten eines Empfängers gibt die Rauschzahl an. Sie wird mit einem geeichten Rauschgenerator ermittelt.

Der Rauschabstand (Störabstand) ist das Verhältnis von Signalleistung zur Rauschleistung. Er wird in dB angegeben. Bei 0 dB Störabstand ist am Verstärkereingang das Rauschsignal gleich dem Nutzsignal. Die untere Grenze der Sprachverständlichkeit beträgt 10 dB.

Übungsaufgaben zu Abschnitt 4.1 bis 4.3

1. Was versteht man unter dem Übertragungsfaktor?
2. Wodurch unterscheiden sich die Einheiten Bel und Dezibel?
3. Was versteht man unter einem Pegel?
4. Von welchen Größen hängt der Wellenwiderstand einer Leitung ab?
5. Welche Ursachen hat das Widerstandsrauschen?
6. Geben Sie die wichtigsten Rauschquellen an, die bei einer HF-Signalübertragung auftreten.

4.4 Grundlagen der Akustik

Die Akustik (gr. akuein: hören) ist die Lehre vom Schall. Sie befaßt sich vor allem mit der mechanischen und elektrischen Erzeugung und den Gesetzmäßigkeiten der Schallwellen – also von Luftschwingungen, die unser Gehör als Schall empfindet.

Wenn man eine Stimmgabel anschlägt, wird sie in mechanische Schwingungen versetzt. Dadurch bewegen sich auch die anliegenden Luftteilchen. So entstehen Luftdruckschwankungen, die sich nach allen Seiten ausbreiten.

Schallwellen sind Längswellen. Sie kommen dadurch zustande, daß das schwingende Medium (Material, Stoff) abwechselnd verdichtet und verdünnt wird (**4.**8). Querwellen (Transversalwellen) schwingen dagegen quer (senkrecht) zu ihrer Fortbewegungsrichtung. Wasserwellen und elektromagnetische Wellen z. B. sind Transversalwellen.

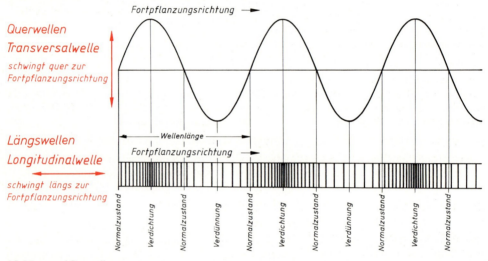

4.8 Längs- und Querwellen

Schalldruck. Schallwellen erzeugen in der Luft Dichteschwankungen und damit Druckschwankungen. Diesen Wechseldruck nennt man Schalldruck p. Seine Einheit ist $1\,\text{N/m}^2$. Häufig gibt man den Schalldruck aber auch in bar an (1 bar = $10^5\,\text{N/m}^2$).

Frequenz. Die Höhe eines Tons ist durch die Frequenz festgelegt. Sie ist von der Schnelligkeit abhängig, mit der Luftverdichtungen und -verdünnungen aufeinander folgen. Je geringer die Wellenlänge, desto höher die Frequenz des Tons (Tonhöhe).

Versuch 4.5 Ein NF-Verstärker wird mit einem Mikrofon betrieben. Die Ausgangsspannung des Verstärkers stellt man durch ein Oszilloskop dar. Zunächst erzeugt man einen Sinuston (Sinusgenerator mit Lautsprecher), dann verschiedene Vokale (langgezogenes a, o usw.), schließlich ein Geräusch durch langsames Zusammendrücken von Pergamentpapier. Zuletzt schlägt man ein Lineal heftig auf die Tischplatte.

Ergebnis Das Orziloskop zeichnet völlig verschiedene Schwingungen auf, die dem Bild **4.**9 entsprechen.

Schallereignisse. Die große Vielfalt und Verschiedenartigkeit der Schalläußerungen (Schallereignisse) und Schallempfindungen teilt man in vier Hauptarten ein: in Töne (reine sinusförmige Schwingungen), Klänge, Geräusche und Knalle (**4.**9).

4.9 Hauptarten von Schallereignissen

Töne. Ein reiner Ton im physikalischen Sinn ist eine sinusförmige Schwingung, wie sie in Bild **4.**8 als Querwelle dargestellt ist. In Wirklichkeit sind Schallwellen Längswellen; doch lassen sich die Eigenschaften einer Schwingung leichter darstellen, wenn sie als Querwelle gezeichnet werden.

Klänge. Reine Töne kommen in der Natur praktisch nicht vor; sie lassen sich nur elektronisch erzeugen. Was umgangssprachlich als Ton bezeichnet wird, ist fast immer ein Klang, d.h. aus mehreren Tönen zusammengefaßt.

Geräusche sind unregelmäßig verlaufende Luftverdichtungen und -verdünnungen. Sie bestehen aus einem Durcheinander von starken und schwachen, langen und kurzen Schallwellen.

Ein Knall ist eine kurze, unregelmäßige Erschütterung der Luft, bei der starke Luftverdichtung und -verdünnung kurzzeitig aufeinander folgen.

Grundton und Oberwellen. Wenn der gleiche Ton – z.B. der Grundton (Kammerton) a1 = 440 Hz – auf verschiedenen Instrumenten gespielt wird, klingt er sehr unterschiedlich. Das kommt daher, daß ein Musikinstrument keine reinen Töne erzeugt, sondern Tongemische (Klänge). Der Grundton ist zwar überall gleich; dazu kommen jedoch Töne meist der doppelten, dreifachen, vierfachen usw. Frequenz (Oberwellen) mit sehr unterschiedlicher Intensität (**4.**10).

Dadurch erhalten die Musikinstrumente ihre charakteristischen Klangfarben (s. Abschn. 1.1.5).

Wenn die Oberwellen eines Klangs durch Filter unterdrückt werden, bleibt nur der Grundton übrig. Durch ihn kann man das Musikinstrument nicht mehr erkennen, denn die charakteristische Klangfarbe ist verlorengegangen.

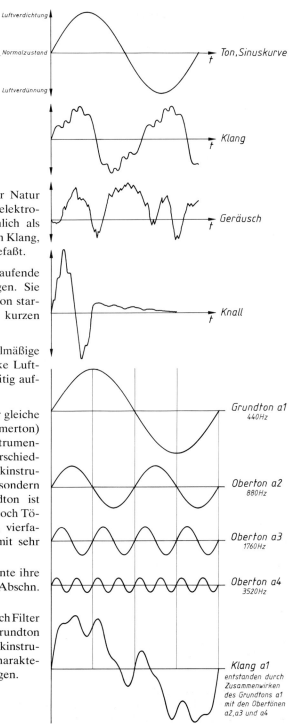

4.10 Zustandekommen eines einfachen Klangs

In der Elektroakustik, der Radio- und Fernsehtechnik spielen die genannten Zusammenhänge eine große Rolle. Um die Klänge der verschiedenen Musikinstrumente und der menschlichen Stimmen möglichst naturgetreu zu übertragen und wiederzugeben, müssen alle Übertragungsglieder und Verstärker eine sehr große Bandbreite haben, d.h., sie müssen viele Oberwellen (auch die mit sehr hohen Frequenzen) unverfälscht übertragen, verstärken und wiedergeben.

Versuch 4.6 Zwei stellbare Tongeneratoren speisen zwei Lautsprecher. Beide Generatoren werden zunächst mit gleicher Frequenz betrieben, dann wird einer geringfügig in der Frequenz verstellt (Schwebung).

Ergebnis Man hört die Differenzfrequenz als Ton.

Schwebungen entstehen, wenn sich Schwingungen benachbarter Frequenzen überlagern. Die Frequenz der Schwebung ist gleich der Frequenzdifferenz beider Schwingungen. Liegen beide Grundschwingungen im Tonfrequenzbereich, kann man ihre Schwebung als dritten Ton hören.

Der Hörbereich des menschlichen Ohrs reicht von etwa 16 Hz bis 16 kHz. Die Hörgrenze für hohe Töne ist verschieden und nimmt mit zunehmendem Lebensalter ab. Die größte Empfindlichkeit unserer Ohren liegt bei etwa 3000 Hz. Das Ohr empfindet also den gleichen Schalldruck bei verschiedenen Frequenzen unterschiedlich laut.

Lautstärke. Bild **4.**11 zeigt die Zusammenhänge zwischen Schalldruck und Schallpegel, Lautstärke und Frequenz. Die Kurven geben an, welcher Schalldruck in Abhängigkeit von der Frequenz im menschlichen Ohr den gleichen Lautstärkeeindruck erzeugt. Bei 30 Hz liegt die eben noch wahrnehmbare Lautstärke (Hörschwelle) bei etwa 0,2 bar (Schallpegel ca. 65 dB). Wenn die Frequenz auf 1000 Hz ansteigt, nimmt das Ohr bereits einen Schalldruck von $0,2 \cdot 10^{-4}$ µbar wahr. Bei höheren Frequenzen geht die Empfindlichkeit wieder zurück. Die obere Kurve zeigt die Schmerzschwelle an (120 phon). Die „gehörrichtige Lautstärkeeinstellung" bei Radio- und Fernsehgeräten berücksichtigt diese Empfindlichkeitskurven.

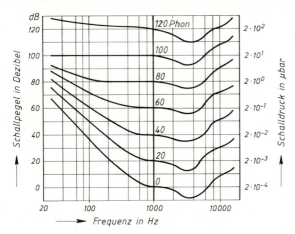

Tabelle **4.**12 **Schallgeschwindigkeit**

Stoff bei 20°C	Schallgeschwindigkeit m/s
Eisen	5100
Glas	5000
Holz	3400
Wasser	1450
Luft	343
Gummi	50

4.11 Empfindlichkeitskurve des menschlichen Gehörs

Dynamik des Ohrs. Der niedrigste hörbare Schalldruck beträgt 1000 Hz bei $2 \cdot 10^{-4}$ µbar, der höchste $2 \cdot 10^2$ µbar. Das entspricht einem Verhältnis von $1:10^6$. Dieses Verhältnis nennt man Dynamik des Ohrs. In Rundfunk- und Fernsehgeräten läßt man nur eine Dynamik von 1:500 zu.

Schallgeschwindigkeit. Schallwellen breiten sich von der Schallquelle kugelförmig aus. Die Ausbreitungs- oder Schallgeschwindigkeit hängt von der Art des Stoffes, in dem sich die Schallwellen ausbreiten, und von seiner Temperatur ab (**4.**12).

Schallreflexion. Schallwellen werden wie alle Wellen nach dem Reflexionsgesetz (Einfallswinkel = Reflexionswinkel) zurückgeworfen. Wenn das reflektierende Hindernis (Wände, Gebäude usw.) mindestens 17 m von der Schallquelle entfernt ist, hört man den zurückgeworfenen Schall deutlich als Echo. Bei kürzerem Weg stört der früher eintreffende reflektierte Laut den ursprünglichen. Man spricht dann von Nachhall. Er macht sich besonders in leeren Zimmern bemerkbar. Die Reflexion kann in geschlossenen Räumen mehrfach hintereinander erfolgen, ehe sie das Ohr erreicht. Diese Schallwellen haben so große Laufzeiten, daß ein Ton oder Klang langsamer abklingt, als wenn er nicht reflektiert würde. Die Zeitspanne, in der der Schalldruck eines kurzen oder zeitlich begrenzten Schallereignisses um 60 dB abfällt, nennt man Nachhallzeit. In ungünstigen Fällen kann sie so groß werden, daß gesprochene Worte fast unverständlich werden (Hallen, Kirchen). Je nach Raumgröße erweisen sich Nachhallzeiten zwischen 0,4 und 1 Sekunde als günstigste Werte für Sprache und Musik.

In Studios für Tonaufzeichnungen wird die Nachhallzeit der Räume mit baulichen und elektronischen Mitteln verändert. Man mischt den Nachhall der Aufnahme oder Sendung in der gewünschten Intensität bei. Durch die Raumgestaltung, die Formgebung der Decken und Wände, die Ausstattung und die Wahl verschiedener schallschluckender Wand- und Deckenverkleidungen (Absorption) kann man den Nachhall beeinflussen.

Für akustische Messungen muß man den Nachhall so weit reduzieren, daß er nicht mehr wahrgenommen wird. In einem solchen schalltoten Raum gibt es keine Reflexion mehr. Hier kann man Messungen an Lautsprechern und Mikrofonen vornehmen.

Akustische Rückkopplung. Wenn in einer Verstärkeranlage Schallwellen vom Lautsprecher zum Mikrofon zurückgelangen, kann ein greller Pfeifton entstehen, der eine weitere Übertragung von Sprache und Musik unmöglich macht. Diese Erscheinung heißt akustische Rückkopplung (Mitkopplung). Dabei werden bestimmte Frequenzbereiche so kräftig verstärkt, daß das gesamte Übertragungssystem (Mikrofon – Verstärker – Lautsprecher) mit dieser Frequenz zu schwingen beginnt und alle anderen Signale überflutet.

Übungsaufgaben zu Abschnitt 4.4

1. Wodurch unterscheiden sich Längswellen und Querwellen?
2. Wie heißen die vier Hauptgruppen von Schallereignissen, und wodurch unterscheiden sie sich?
3. Wodurch entsteht eine Schwebung?
4. In welchem Frequenzbereich liegt die größte Empfindlichkeit des menschlichen Ohrs?
5. Wodurch entsteht eine akustische Rückkopplung?
6. Wie kann man eine akustische Rückkopplung beim Aufstellen einer Verstärkeranlage vermeiden?

4.5 Elektroakustische Umsetzer

4.5.1 Mikrofon

Um akustische Signale über große Entfernungen zu übertragen, müssen die Luftschwingungen, die wir als Schall empfinden, durch elektroakustische Wandler (Umsetzer) in elektrische Ströme und Spannungen umgewandelt werden. Dies geschieht durch Mikrofone am Beginn des Übertragungswegs. Am Ende des Wegs werden die verstärkten elektrischen Signale wieder in Luftschwingungen (Schall) zurückverwandelt. Die entsprechenden elektroakustischen Umsetzer heißen Lautsprecher.

Der Schall versetzt die Mikrofonmembran in mechanische Bewegung, wodurch sie Ströme und Spannungen erzeugen. Beim Lautsprecher ist der Vorgang umgekehrt: elektrische Ströme und Spannungen verursachen mechanische Bewegungen einer Membran, die sie auf die umgebende Luft überträgt und damit Schall erzeugt.

Man unterscheidet Kohlemikrofone, dynamische, Kristall- und Kondensatormikrofone.

Das Kohlemikrofon (4.13) besteht aus einem Gehäuse aus nicht leitendem Material, das mit feinkörnigem Kohlegrieß (Kohlepulver) gefüllt und durch eine dünne metallische Membran nach vorn abgeschlossen ist. Eine Kontaktplatte hat einen Anschluß nach außen, der über einen empfindlichen Strommesser mit einer Spannungsquelle verbunden ist. Die Metallmembran bildet den zweiten Anschluß. Da Kohle den elektrischen Strom leitet, ist der Stromkreis über das Mikrofon geschlossen. Die Kohlekörner setzen dem Strom einen verhältnismäßig großen Widerstand entgegen.

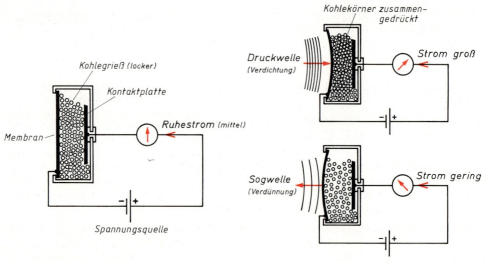

4.13 Kohlemikrofon im Grundstromkreis

Die Schallschwingung drückt die Membran nach innen und das Kohlepulver zusammen. Dadurch erhöht sich die Leitfähigkeit der Kohle etwas, ihr Widerstand verringert sich – der Stromfluß steigt an. Umgekehrt gibt die Membran bei einer Luftverdünnung dem Unterdruck etwas nach und wölbt sich elastisch nach außen. Die Kohlekörnchen liegen lockerer aufeinander, ihr Widerstand vergrößert sich – der Stromfluß sinkt (4.14).

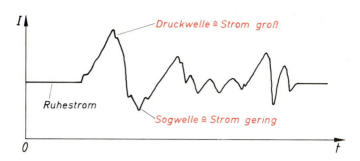

4.14 Vom Kohlemikrofon bewirkte Stromänderung

> Kohlemikrofone setzen Schalldruckänderungen in Widerstandsänderungen und damit in Stromänderungen um, wenn sie an eine Gleichspannungsquelle angeschlossen sind.

Die vom Mikrofon verursachten Stromänderungen sind pulsierende Geichströme, die Richtung des Stromverlaufs ändert sich nicht. In den meisten Fällen muß die Stromänderung in eine Spannungsänderung umgesetzt werden. Dazu schaltet man einen Übertrager in den Stromkreis (**4.15**).

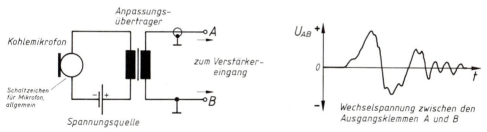

4.15 Grundschaltung eines Kohlemikrofons und erzeugte Wechselspannung an der Sekundärseite des Übertragers

Die Stromänderungen in der Primärspule verursachen durch die Feldänderung im Eisen eine entsprechende Wechselspannung auf der Sekundärseite des Übertragers. Gleichzeitig gestattet der Übertrager durch sein Windungszahlverhältnis eine günstige Anpassung des niederohmigen Kohlemikrofons an den hochohmigen Verstärkereingang. Während die Leitungen auf der niederohmigen Primärseite lang sein dürfen und nicht abgeschirmt werden müssen, sind die Zuleitungen auf der hochohmigen Sekundärseite nur verhältnismäßig kurz auszulegen und wegen der hohen Brummempfindlichkeit sorgfältig abzuschirmen.

Übertragungsfaktor des Kohlemikrofons. Kohlemikrofone haben im Ruhezustand meist einen Eigenwiderstand von 60 bis 120 Ω und einen Übertragungsfaktor B von etwa 100 mV/µbar. Übertragungsfaktor nennt man das Verhältnis zwischen der am Mikrofon abgegebenen Wechselspannung und dem Schalldruck, der diese Spannung verursacht. Man gibt ihn meist für eine Frequenz von 1000 Hz an und bezeichnet ihn auch als „Empfindlichkeit". Das Kohlemikrofon hat mit einem Übertragungsfaktor von 100 mV/µbar eine große Empfindlichkeit.

Vorteile des Kohlemikrofons. Es ist billig und hat einen großen Übertragungsfaktor.

Nachteile des Kohlemikrofons. Ein Nachteil ist der schlechte Frequenzgang. Der Frequenzgang zeigt die Frequenzabhängigkeit des Übertragungsfaktors. Bestimmt wird er, indem man im schalltoten Raum Schallwellen verschiedener Frequenz, aber gleichen Schalldrucks von vorn aufs Mikrofon richtet und die abgegebenen Spannungen mißt. Wie Bild **4.**16 zeigt, ist der Übertragungsfaktor des Kohlemikrofons zwischen 100 und 4500 Hz am größten. Nicht mehr verarbeitet werden Töne unter 100 Hz und über 5000 Hz. Kohlemikrofone kommen deshalb für Rundfunkübertragungen nicht in Betracht.

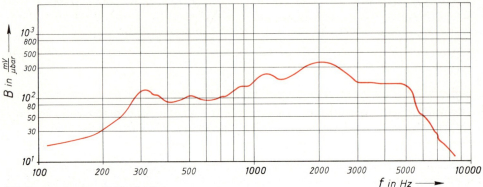

4.16 Frequenzgang eines Kohlemikrofons

Weitere Nachteile sind die starken **Verzerrungen** und das starke **Rauschen.** Dieses entsteht, weil sich die Übergangswiderstände zwischen den Kohlekörnern auch ohne Druckschwankungen ändern.

Man verwendet Kohlemikrofone vor allem in der Fernsprechtechnik.

> Kohlemikrofone haben einen großen Übertragungsfaktor, aber schlechte Übertragungseigenschaften.

Das dynamische Mikrofon hat bessere Übertragungseigenschaften. Es wird als Tauchspul- und als Bändchenmikrofon hergestellt. Das Tauschspulmikrofon (**4.**17) heißt so, weil bei ihm eine kleine, leichte Spule in ein starkes Magnetfeld eintaucht und sich unter dem Schalldruck hin und her bewegt. Die Spule ist an einer Membran befestigt, die gleichzeitig als Zentrierung wirkt. Durch die Bewegung der Spule im Magnetfeld wird eine tonfrequente Wechselspannung induziert. Sie ist ein Abbild der Schallwellen und wird im Verstärker auf die gewünschte Signalgröße verstärkt.

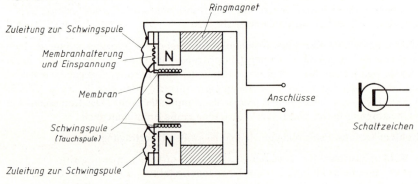

4.17 Dynamisches Mikrofon (Tauchspulmikrofon)

Vorteile des dynamischen Mikrofons. Es hat im Bereich der Tonfrequenz eine gleichmäßige Empfindlichkeit (**4.18**). Hochwertige Tauchspulmikrofone erreichen Studioqualität und sind für Musikaufnahmen geeignet. Dynamische Mikrofone haben eine lange Lebensdauer und sind mechanisch unempfindlich. Man setzt sie deshalb als gute Gebrauchsmikrofone für Diktier- und Heimtonbandgeräte ein. Wegen des geringen Schwingspulenwiderstands sind sie unempfindlich gegen elektrische Störfelder und können deshalb über lange Leitungen (bis 20 m) mit dem Verstärkereingang verbunden werden. Hervorzuheben ist, daß die nichtlinearen Verzerrungen selbst bei hohem Schalldruck gering sind. Der Klirrfaktor liegt unter 1%.

Nachteilig ist der sehr kleine Übertragungsfaktor (**4.18**). Die geringe Ausgangsspannung erfordert eine entsprechend höhere Verstärkung.

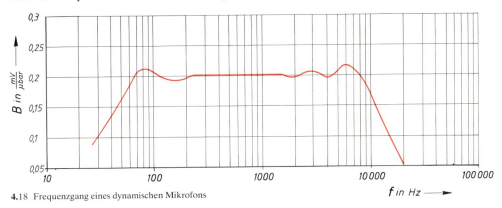

4.18 Frequenzgang eines dynamischen Mikrofons

> Dynamische Mikrofone setzen Schalldruckänderungen durch Induktion in Wechselspannungen um. Sie sind langlebig, unempfindlich gegen elektrische Störfelder und fast verzerrungsfrei. Ihr Übertragungsfaktor ist jedoch sehr klein.

Das Kristallmikrofon nutzt den piezoelektrischen Effekt aus. Wenn man bestimmte Kristalle (z. B. Quarz, Turmalin, Seignettesalz) auf Druck, Zug oder Biegung beansprucht, verschiebt sich das Kristallgefüge elastisch gegeneinander. Auf den Grenzflächen der Kristallplättchen bilden sich elektrische Ladungen verschiedener Polarität und damit elektrische Spannungen. Ändert man die Kraft, die auf den Kristall wirkt, ändert sich in gleichem Maß die Ladung auf seinen Grenzflächen. Es entsteht eine Wechselspannung, die man über aufgedampfte Aluminiumelektroden abnehmen kann. Darauf beruhen Kristallmikrofone und Kristalltonabnehmer.

Bild **4.19** zeigt den Aufbau eines Kristallmikrofons. Ein dünnes Quarzscheibchen ist beidseitig mit sehr dünnen Aluminiumelektroden versehen. Eine leichte Aluminiummembran folgt den

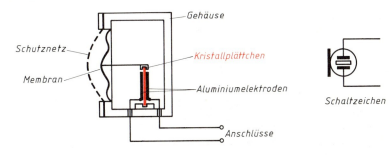

4.19 Kristallmikrofon

Schwankungen des Schalldrucks und überträgt sie über einen zentrisch angeordneten Druckstift auf das Kristallplättchen. Die entstehenden elektrischen Signalspannungen werden über die Anschlußleitungen abgenommen.

Übertragungsfaktor des Kristallmikrofons. Bild **4.**20 zeigt den Frequenzgang eines Kristallmikrofons. Der Übertragungsfaktor ist recht hoch und überdeckt einen breiten Frequenzbereich. Ursache für den verhältnismäßig glatten Kurvenverlauf ist, daß der Kristall unterhalb seiner Eigenfrequenz (Resonanz) einen nahezu frequenzunabhängigen Übertragungsfaktor hat. Der hohe Innenwiderstand (z.B. 1,8 MΩ) erfordert einen Verstärker mit großem Eingangswiderstand. Durch den Aufbau bekommt das Kristallmikrofon eine Eigenkapazität von 500 bis 1000 pF.

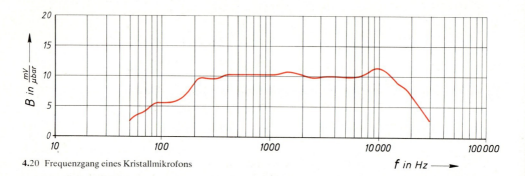

4.20 Frequenzgang eines Kristallmikrofons

Vorteile des Kristallmikrofons. Es ist einfach aufgebaut und liefert hohe Spannungen. Deshalb ist es preiswert und wird viel verwendet, vor allem in Sprechanlagen, aber auch als Kleinstmikrofon.

Nachteilig ist die Empfindlichkeit gegen Feuchtigkeit und Wärme (Kristalle sind hygroskopisch = wasseranziehend). Beim Besprechen des Mikrofons gelangen stets Feuchtigkeit und Wärme ins Innere des Mikrofonsystems. Auch gegen äußere elektrische Felder müssen Kristallmikrofone sorgfältig abgeschirmt werden.

Für hochwertige Musikaufnahmen ist das Kristallmikrofon nicht geeignet, weil die nichtlinearen Verzerrungen (Klirrfaktor) verhältnismäßig groß sind.

> Kristallmikrofone setzen Schalldruckwellen über den piezoelektrischen Effekt in Wechselspannungen um. Sie sind einfach und liefern hohe Spannungen, sind aber sehr empfindlich gegen Feuchtigkeit und Wärme.

Versuch 4.7 Zwei gut isolierte Metallplatten werden mit einer hohen Gleichspannung (1000 V) aufgeladen. Mit einem statischen Voltmeter (Elektrometer) wird die Spannung gemessen. Dann entfernt man die Platten voneinander.

Ergebnis Die Spannung steigt.

Das Kondensatormikrofon arbeitet nach dem elektrostatischen Prinzip. Legt man an einen Kondensator über einen hohen Widerstand eine Gleichspannung und verändert seine Kapazität durch Bewegen einer Kondensatorplatte, wird die Spannung am Kondensator vergrößert oder verkleinert. Auch der Strom (Lade-Entlade-Strom) ändert sich durch den Widerstand – Kapazitätsänderungen werden in Spannungsänderungen umgewandelt. Das ist die NF-Schaltung.

Niederfrequenzschaltung im Kondensatormikrofon (4.21). Das Kondensatormikrofon besteht aus zwei voneinander isolierten Kondensatorbelägen. Der eine Belag besteht aus einer leitenden (vergoldeten) dünnen Kunststoffmembran, die den Schalldruckschwankungen leicht folgen kann. Ihr gegenüber liegt eine massive feststehende Elektrode. Zwischen beiden befindet sich das Dielektrikum (Luft). Die Kapazität beträgt 20 bis 80 pF. Über einen sehr hochohmigen Ladewiderstand ist eine Spannungsquelle angeschlossen.

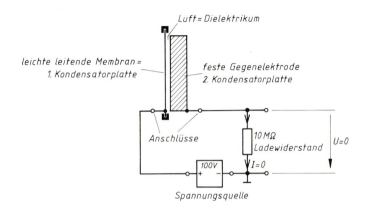

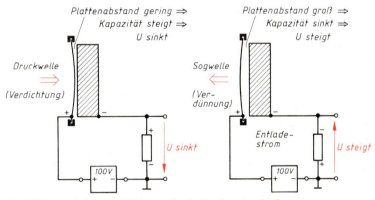

4.21 NF-Grundschaltung und Wirkungsweise des Kondensatormikrofons

Im Ruhestand (Mittellage der Membran) ist der Kondensator aufgeladen, der Ladestrom wird zu Null. Folgt die Membran einer Druckwelle, verkleinert sich der Abstand der beweglichen Membran von der feststehenden Gegenelektrode. Dadurch steigt die Kapazität etwas an. Weil die Ladung durch die große Zeitkonstante fast gleich bleibt, muß die Spannung am Mikrofon nach der Formel $U = Q/C$ fallen. Am Widerstand entsteht eine Spannung mit der eingezeichneten Polarität. Während der Sogwelle (Luftverdünnung) verkleinert sich die Kapazität des Kondensators. Dadurch entlädt er sich etwas. Außerdem steigt die Spannung am Mikrofon. Die Lade- und Entladeströme sind äußerst gering. Um merkbare Signalspannungen und große Zeitkonstanten zu erzielen, muß man den Ladewiderstand sehr groß wählen (10 bis 50 MΩ).

Die am Ladewiderstand entstehende Spannung zeigt Bild **4.**22. Man erkennt, daß die Ausgangsspannung bei unerregtem Mikrofon Null ist. Druck- und Sogwellen verursachen am Ausgang der Schaltung eine Wechselspannung.

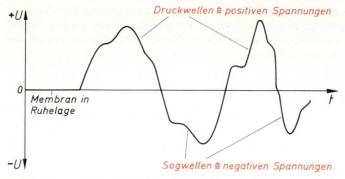

4.22 Spannungsverlauf am Ladewiderstand des Kondensatormikrofons

Den Aufbau eines Kondensatormikrofons zeigt Bild **4.**23. Die Goldschicht ist von der Elektrodenoberfläche durch die Löcher bis zur Rückseite der Elektrode geführt. Die Lochung der Gegenelektrode ist nötig, um die Luft (Dielektrikum) ungehindert strömen zu lassen. Ein vergoldeter Kontaktring stellt den Kontakt her. Die Kontaktabnahme an der Membran geschieht über das Metallgehäuse.

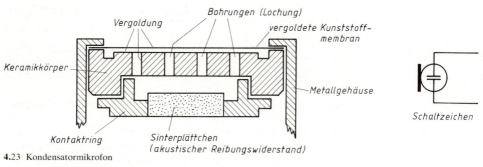

4.23 Kondensatormikrofon

Der Übertragungsfaktor eines Kondensatormikrofons liegt bei 0,8 bis 1,6 mV/μbar. Er ist im Übertragungsbereich zwischen 20 Hz und 20 kHz fast gleichbleibend; darum erfüllen Kondensatormikrofone höchste Ansprüche. Bild **4.**24 zeigt den Frequenzgang. Hier wird das Übertragungsmaß a in dB abhängig von der Frequenz angegeben.

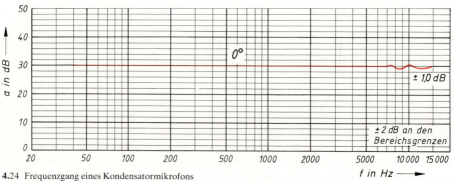

4.24 Frequenzgang eines Kondensatormikrofons

Der sehr große Innenwiderstand des Kondensatormikrofons (10 bis 50 MΩ) macht seine Zuleitungen (Anschlußleitungen) sehr störempfindlich. Außerdem bilden die Zuleitungen störende Kapazitäten. Deshalb baut man den Mikrofonverstärker in das Mikrofongehäuse, unmittelbar hinter dem Mikrofonsystem ein.

Mikrofonverstärker. Den Stromlaufplan zeigt Bild **4.25**. Durch die Verwendung von Feldeffekttransistoren in den Eingangsstufen erreicht man besonders geringes Rauschen und sehr hohe Eingangswiderstände. Der Verstärker besteht aus der Eingangsstufe $V1$ mit nachgeschaltetem Impedanzwandler $V2$ in Kollektorschaltung. In einem Spannungswandler mit $V3$ erzeugt man aus der geringen Speisespannung (z. B. 9 V) eine hohe Gleichspannung (z. B. 80 V), die zur Speisung der Mikrofonkapsel erforderlich ist. Der gesamte Vorverstärker findet im Mikrofongehäuse Platz.

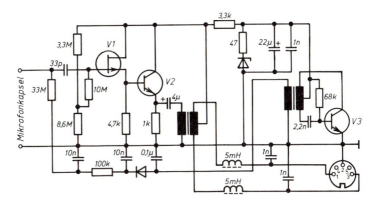

4.25 NF-Vorverstärker für ein Kondensatormikrofon

Phantomschaltung. Um das Mikrofon und seinen Vorverstärker mit der nötigen Betriebsspannung zu versorgen, wählt man häufig die Phantomschaltung (Phantom = Trugbild). Sie besteht darin, daß der Speisestrom über die elektrische Mitte der beiden symmetrischen Tonleitungen dem Mikrofon zugeführt und über die Abschirmung der Zuleitungen (Masse) zurückgeführt wird (**4.26**). Der Speisestrom fließt je zur Hälfte über die NF-Leitungen. Die Widerstände $R1$ und $R2$ bilden einen künstlichen Mittelpunkt. Auch im Mikrofonverstärker bildet sich durch die aufgeteilte Sekundärseite des Übertragers ein künstlicher Mittelpunkt. Die Spulenhälften $L1$ und $L2$ werden jeweils vom halben Speisestrom gegensinnig durchflossen. Darum wird der Übertrager nicht vormagnetisiert (Verzerrungen).

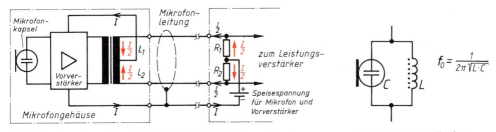

4.26 Mikrofonspeisung über das NF-Anschlußkabel (Phantomspeisung)

4.27 Kondensatormikrofon als Schwingkreiskapazität

Bei der Hochfrequenzschaltung (HF-Schaltung) liegt die Mikrofonkapsel des Kondensatormikrofons als Kreiskapazität in einem Schwingkreis (**4.27**). Bei unerregtem Mikrofon stellt sich dort eine bestimmte Resonanzfrequenz f_0 ein. Im Rhythmus der eintreffenden Schall-

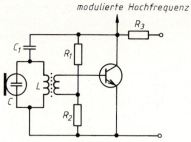

druckschwankungen verändert das Kondensatormikrofon seine Kapazität und damit die Resonanzfrequenz des Schwingkreises. Er ist das frequenzbestimmende Glied einer Oszillatorschaltung. Darum ändert sich mit den Schalldruckschwankungen auch die Arbeitsfrequenz des Oszillators (**4.**28). Durch die Anordnung des Mikrofons im Oszillator entsteht eine Frequenzmodulation (s. Abschn. 4.6.3). Nach der Demodulation (s. Abschn. 5.2.4) des HF-Signals werden die HF-Reste über ein Tiefpaßfilter ausgesiebt und einem NF-Vorverstärker zugeführt (**4.**29).

4.28 Kondensatormikrofon als Schwingkreiskapazität einer einfachen Oszillatorschaltung

Am Ausgang des Vorverstärkers steht das NF-Signal zur Verfügung und wird über eine abgeschirmte Leitung dem Leistungsverstärker zugeführt.

In HF-Schaltung hat das Kondensatormikrofon einen kleinen Scheinwiderstand. Es arbeitet mit einem Klirrfaktor um 0,1 %.

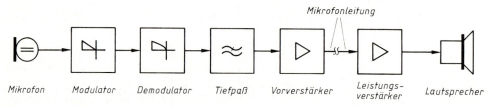

4.29 Blockbild eines Kondensatormikrofons in HF-Schaltung

Das Elektret-Kondensatormikrofon ist eine Sonderform mit einer metallisierten Elektretmembran. Das Elektret ist das elektrostatische Gegenstück zum Dauermagneten. Wie dieser magnetische Felder, so speichert das Elektret elektrische Felder (**4.**30a). Im Elektret ist die elektrische Dipolbildung „eingefroren". Den Aufbau zeigt Bild **4.**30b. Elektret-Kondensatormikrofone bieten hervorragende Qualität bei verhältnismäßig niedrigem Preis. Sie übertreffen die Forderungen nach DIN 45 500.

Vorteile des Kondensatormikrofons. Hochwertige Qualität und gleichmäßiger Frequenzgang zeichnen es aus. Deshalb benutzt man es als Studio- und Meßmikrofon.

> Kondensatormikrofone setzen Schalldruckwellen durch die Veränderung der Kondensatorkapazität (Mikrofonkapazität) in Wechselspannungen um.

Richtcharakteristik. Die Eignung eines Mikrofons hängt nicht nur von seinem Wirkungsprinzip ab, sondern auch von seiner Richtwirkung. Es gibt sehr richtungsempfindliche Mikrofone, die nur die in einer bestimmten Richtung auftreffenden Schallwellen in elektrische Signale verwandeln. Andere Mikrofone dagegen sind für Schallwellen aus allen Richtungen gleich empfindlich.

Versuch 4.8 Ein feststehendes Mikrofon ist mit einem NF-Verstärker verbunden. Dessen Ausgangsspannung wird gemessen (NF-Voltmeter oder Oszilloskop). Das Mikrofon wird aus verschiedenen Richtungen, aber gleichen Abständen mit einem 1-kHz-Ton erregt.

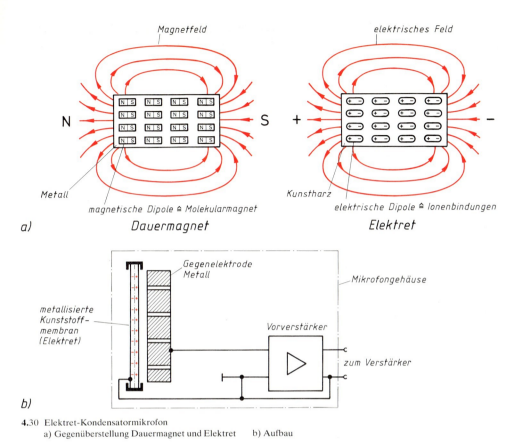

4.30 Elektret-Kondensatormikrofon
a) Gegenüberstellung Dauermagnet und Elektret   b) Aufbau

Ergebnis Die angezeigten Signalspannungen sind je nach verwendetem Mikrofon stark oder gar nicht von der Richtung der eintreffenden Schallwellen abhängig.

Die Richtwirkung von Mikrofonen veranschaulicht man durch Polarkoordinaten (Richtcharakteristik, Richtdiagramm). Man zeichnet die Abhängigkeit z.B. der Ausgangsspannung von der Richtung der auftreffenden Schallwellen ein. Bild **4.**31 zeigt ein Beispiel: Die Strahlen geben

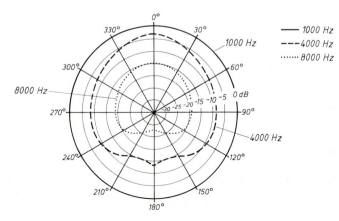

4.31
Richtcharakteristik eines Mikrofons

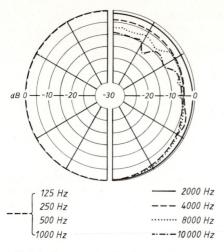

die Richtung der Schallwellen an. Dabei ist festgelegt, daß bei 0° die Schallwellen direkt von vorn aufs Mikrofon treffen. Die konzentrischen Kreise stellen die Skala für das Übertragungsmaß in dB, die Ausgangsspannung in mV oder den Richtungsfaktor K dar. Der Richtungsfaktor ist das Verhältnis des Übertragungsfaktors B in der jeweiligen Richtung zum Übertragungsfaktor B_0 in der Bezugsrichtung (z.B. 0°). Im Schnittpunkt (Mittelpunkt) aller Koordinaten ist das Mikrofon.

Die Richtcharakteristik eines Mikrofons, das von allen Seiten gleich gut anspricht, wäre die Kugeloberfläche. Da sie schlecht darzustellen ist, zeichnet man im Diagramm einen Kreis als Schnittkurve der Kugeloberfläche (4.31). Dieses Diagramm gilt allerdings nur für die Frequenz von 1000 Hz. Das Mikrofon nimmt nicht alle Frequenzen aus allen Richtungen gleich gut auf.

4.32 Polardiagramm eines Kondensatormikrofons

Bei höheren Frequenzen (z.B. 4000 Hz) spricht es besser auf Schallschwingungen an, die von vorn kommen; für die Frequenz von 8000 Hz ergibt sich eine andere Kurve. Deshalb mißt man die verschiedenen Frequenzen und bringt sie als Kurvenschar in ein gemeinsames Koordinatensystem. Bei symmetrischen Kennlinien stellt man meist nur eine Kurvenhälfte dar (4.32). Die wichtigsten Richtcharakteristiken haben Kugel-, Achter-, Nieren- oder Herzform (Kardioide), Super-Kardioide- und Keulenform (4.33).

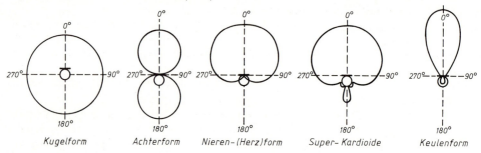

4.33 Die wichtigsten Richtcharakteristiken

Es ist nicht immer richtig, Mikrofone mit gleichen Empfindlichkeiten von allen Seiten zu verwenden (Kugel-Kreis-Charakteristik). Für die Übertragung musikalischer Darbietungen aus einem mit Publikum gefüllten Saal z.B. eignen sich Mikrofone mit einseitiger Richtcharakteristik besser (Nieren- oder Super-Kardioide-Charakteristik).

> Die Richtcharakteristik eines Mikrofons muß der Verwendung entsprechen.

Druckmikrofon. Mikrofone mit abgeschlossenem Innenraum haben Kugelcharakteristik. Bei ihnen ist nur die Membranvorderseite dem Schalldruck offen ausgesetzt. Da die Schallwellen ungeachtet ihrer Richtung und Herkunft an jedem Punkt des Luftraums einen Druck ausüben, ruft auch ein hinter dem Mikrofon erzeugter Ton an der Vorderseite einen Schalldruck hervor. Man nennt solche Mikrofone daher Druckmikrofone.

Druckdifferenzmikrofon (Gradientenempfänger) heißt ein Mikrofon, dessen Membrane Druckunterschiede auf ihrer Vorder- und Rückseite aufnehmen, also von beiden Seiten offen sind. Durch Verwendung verschiedener Materialien zum Abdecken der Mikrofonrückseite (akustische Widerstände, akustische Reibungswiderstände, s. Bild **4.**23) erzielt man verschiedene Richtcharakteristiken. Für stereofone Aufnahmen kombiniert man zwei Mikrofonsysteme in einem Gehäuse oder stellt zwei bzw. mehrere getrennte Mikrofone auf.

Beim Mikrofonanschluß ist auf die richtige Anpassung des Widerstands zwischen Mikrofon und Verstärker zu achten. Bei Fehlanpassungen kommt es zu erheblichen Störungen des gesamten Übertragungskanals. Der Anschluß (Ausgangsklemmen) des Mikrofons kann symmetrisch oder asymmetrisch geschaltet sein (**4.**34).

4.34
Mikrofonschaltungen
a) asymmetrische Schaltung
b) symmetrische Schaltung

Bei der unsymmetrischen Schaltung ist eine Leitung mit der Masse des folgenden Vorverstärkers oder Verstärkers verbunden und in der Regel gleichzeitig die Abschirmung (Schirmung).

Bei der symmetrischen Schaltung sind beide Leitungen dem Mikrofongehäuse und der Abschirmung gegenüber gleichwertig. Die Abschirmung umfaßt beide Signalleitungen. Störfelder wirken sich auf beide gleichzeitig und mit gleicher Intensität aus; dadurch bleiben sie unwirksam. Beim Anschluß eines derartigen Mikrofons muß auch der Verstärkereingang symmetrisch sein.

Die meisten Verstärker haben unsymmetrische Eingänge. Darum sind auch die Mikrofone gewöhnlich mit asymmetrischen Ausgängen versehen.

Bild **4.**35 zeigt Beispiele für die Kontaktbelegung fünfpoliger Steckvorrichtungen für Mikrofone. Neben der symmetrischen und asymmetrischen Schaltung sind unterschiedliche Kontaktbelegungen für nieder-, mittel- und hochohmige Innenwiderstände zu berücksichtigen. Außerdem gibt es jeweils eine Ausführung für Mono- und Stereowiedergabe.

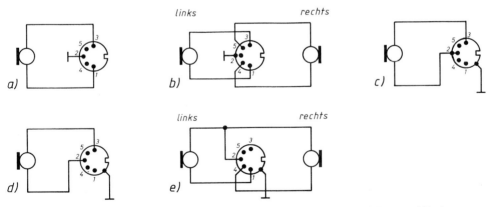

4.35 Mikrofonanschlüsse (Beispiele) nach DIN 41 524 und 45 594 (alle Stecker mit Blick auf die Lötanschlüsse)
    a) symmetrisch, geringer Innenwiderstand (50 bis 300 Ω)
    b) stereo, symmetrisch, geringer Innenwiderstand (50 bis 300 Ω)
    c) asymmetrisch, geringer Innenwiderstand (50 bis 300 Ω)
    d) asymmetrisch, mittlerer bis hoher Innenwiderstand (500 Ω bis 150 kΩ)
    e) asymmetrisch, stereo, mittlerer bis hoher Innenwiderstand (500 Ω bis 150 kΩ)

4.5.2 Lautsprecher

Arten. Lautsprecher setzen am Ende des Übertragungskanals elektrische Signale wieder in akustische um. Wie bei den Mikrofonen unterscheidet man dynamische, elektrostatische und piezoelektrische Lautsprecher (Kristall-Lautsprecher). Je nach Aufgabe und Bauform gibt es Oval-, Rund-, Flach-, Tiefton-, Mittelton- und Hochtonlautsprecher, Druckkammerlautsprecher usw. (**4.**36).

Die Lautsprecherdaten sind in DIN 45 500, DIN 45 570, DIN 45 573 und DIN 45 574 weitgehend festgelegt.

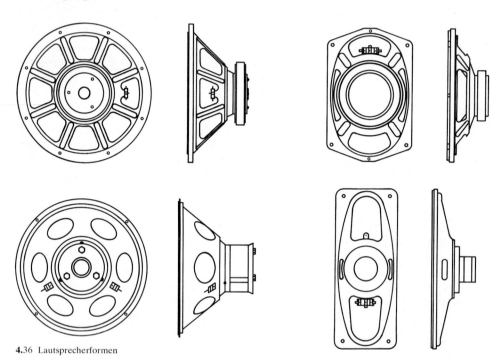

4.36 Lautsprecherformen

Die Dauerlast (Nennbelastung) ist nach DIN 45 573 T 2 im Betrieb mit Rauschen (Rauschleistung) ermittelt. Diese Belastung vertragen Lautsprechersysteme bei ungünstigstem Betriebszustand (d. h. freiliegend) im Dauerbetrieb ohne bleibende Schäden. Nach Einbau in ein Gehäuse oder eine Schallwand liegt die Belastbarkeit je nach Bedämpfung höher. Bei Gehäuselautsprechern gelten die Angaben für die gesamte Kombination. Für einzelne Frequenzbereiche, besonders für hohe Frequenzen, kann die Belastbarkeit (bei Prüfung mit Sinuston) niedriger liegen.

Die Spitzenbelastbarkeit (music power) gibt die Belastungsspitzen an, die bei Lautsprecherbetrieb mit Sprache und Musik unter normalen Einbaubedingungen kurzzeitig ohne Gefahr auftreten dürfen. Bei günstigen Betriebsverhältnissen (kein akustischer Kurzschluß, besonders gute Bedämpfung bei Tieftonlautsprechern bzw. Unterdrückung tiefer Frequenzen durch einen Vorschaltkondensator bei Mittel- und Hochtonlautsprechern) liegt die zulässige Belastung noch über den Listenangaben. Für HiFi-Lautsprecher ist in DIN 45 500 T 7 der Begriff Grenzbelastung genormt. Danach muß der Lautsprecher von 150 Hz bis zur unteren Grenzfrequenz eine Belastung mit Sinustönen in Höhe des angegebenen Werts (z. B. 20 W) vertragen, ohne daß ein Anstoßen der Schwingspule oder Membran hörbar wird oder andere Klirrerscheinungen auftreten. Der Begriff „Grenzbelastbarkeit" ist klarer und löst daher in zunehmendem Maß die „Spitzenbelastbarkeit" ab.

Die Resonanzfrequenz (Eigenresonanz f_n) wird mit einer Toleranz von ±10% bei Frequenzen über 100 Hz angegeben. Bei Gehäuselautsprechern sind Lautsprechersysteme und Gehäuse aufeinander abgestimmt. Die Toleranzen der Nennresonanzfrequenz liegen hier noch enger.

Der Übertragungsbereich der Lautsprecher ist so ermittelt, daß der Schalldruckabfall bei den Grenzfrequenzen 10 dB gegenüber dem mittleren Schalldruck beträgt. Für HiFi-Lautsprecher reicht der Übertragungsbereich nach DIN 45500 mindestens von 50 bis 12500 Hz. Der Abfall gegenüber dem Mittelwert für die Frequenzen zwischen 100 und 4000 Hz darf dabei nur 8 dB betragen.

Die Impedanz (Nennscheinwiderstand Z_n) der Schwingungsspulen bezieht sich auf eine Frequenz von 1000 Hz. Ihre Toleranz beträgt maximal ±10%. Der Übertragungsfaktor B eines Lautsprechers gibt für eine Frequenz von 1000 Hz das Verhältnis des erzeugten Schalldrucks zu der am Lautsprecher angelegten Signalspannung in μbar/V an. Er ist die Umkehrung des Übertragungsfaktors für Mikrofone.

Der dynamische Lautsprecher ist die wichtigste Lautsprecherart. Er entspricht im Aufbau dem Tauchspulenmikrofon (**4.**37). Wenn man nicht besonders auf einen dynamischen Lautsprecher hinweisen will, benutzt man das Schaltzeichen eines allgemeinen Lautsprechers.

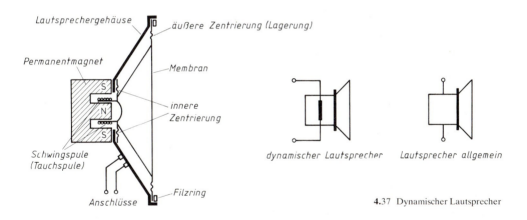

4.37 Dynamischer Lautsprecher

Das Magnetfeld wird durch einen kräftigen Dauermagneten erzeugt. Moderne Magnetwerkstoffe erzeugen bei kleinen Abmessungen sehr starke Magnetfelder, so daß im engen Lufspalt des Magnetsystems eine hohe magnetische Induktion herrscht (z. B. 1,1 T). In diesen ringförmigen Luftspalt taucht eine Spule, die durch eine Zentriereinrichtung in der Spaltmitte gehalten und mit einer kegelförmigen (Konus) Membran fest verbunden ist. Fließt durch die Schwingspule der Signalwechselstrom, bewegen sich Schwingspule und Membran je nach Stromrichtung im Rhythmus des Signals.

Versuch 4.9 Ein dynamischer Lautsprecher ohne Schallwand oder Gehäuse wird mit den Polen einer Taschenlampenbatterie (4,5 V) verbunden.

Ergebnis Je nach Polung der Batterie wird die Membran kräftig nach innen oder außen ausgelenkt.

Je nach Membranlagerung und -durchmesser werden dynamische Lautsprecher als Tieftonlautsprecher (weiche Lagerung, großer Durchmesser), Mitteltonlautsprecher oder Hochtonlautsprecher (Kalottenhochtöner, harte Lagerung, kleiner Durchmesser) gebaut und verwendet.

Vorzüge des dynamischen Lautsprechers. Sein Scheinwiderstand liegt bei etwa 5 Ω. Dynamische Lautsprecher haben einen breiten Übertragungsbereich und einen verhältnismäßig guten Wirkungsgrad. Sie sind robust und zuverlässig. Bild **4.**38 zeigt den Frequenzgang eines dynamischen Lautsprechers.

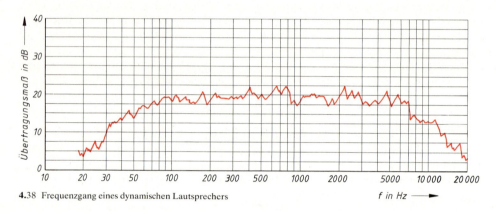

4.38 Frequenzgang eines dynamischen Lautsprechers

Dynamische Lautsprecher sind wie Tauchspulenmikrofone aufgebaut. Sie haben einen breiten Übertragungsbereich, sind robust und zuverlässig, deshalb auch am meisten anzutreffen.

Der elektrostatische Lautsprecher ist im Prinzip wie ein Kondensatormikrofon aufgebaut, allerdings ist er wesentlich größer (**4.39**). Wenn ein elektrostatischer Lautsprecher direkt mit der Signalspannung gesteuert wird, bewegt sich die leichte Metallmembran mehr oder weniger stark auf die feststehende Gegenelektrode zu. Hierbei entstehen Schalldruckschwankungen, die wir als Schall empfinden.

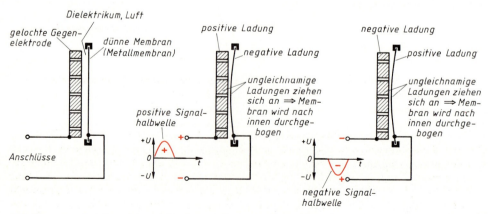

4.39 Frequenzverdopplung eines statischen Lautsprechers ohne Vorspannung

Bei der direkten Speisung des Kondensatorlautsprechers ergeben sich Schwierigkeiten: Beide Signalhalbschwingungen (die positive und die negative) laden den Kondensator (Lautsprecher) auf und biegen die Membran nach innen. Wenn die Halbschwingungen abklingen (Nulldurchgang), geht die Membran in ihre Ausgangslage zurück. Jede der beiden Halbschwingungen erzeugt also eine geringe Luftverdünnung und beim Zurückfedern (Nulldurchgang) eine geringe Luftverdichtung. Der Lautsprecher bewirkt darum eine Frequenzverdopplung.

Die Frequenzverdopplung verhindert man, indem man die Membran durch eine Hilfsspannung (Gleichspannung von 60 bis 100 V) vorspannt, d.h. etwas nach innen durchbiegt (**4**.40). Zusätzlich wirkt die Signalspannung am Ausgang des Verstärkers. Bei gleicher Richtung addieren sich Hilfsspannung und Ausgangssignalspannung, die Ladung des Kondensatorlautsprechers wird größer, und die Membran wird stärker nach innen gebogen. Bei entgegengesetzten Richtungen der beiden Spannungen ist die Aufladung geringer, und die Membran biegt sich schwächer als im Ruhefall. Für eine positive Signalhalbwelle entsteht also nur eine Luftverdünnung, für eine negative nur eine Luftverdichtung – eine Frequenzverdopplung ist ausgeschlossen.

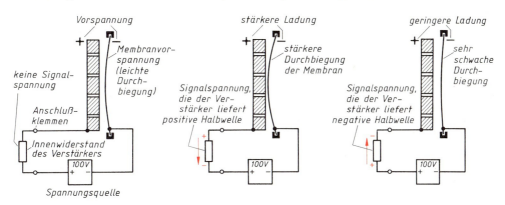

4.40 Statischer Lautsprecher mit Vorspannung

Elektrostatische Lautsprecher benutzt man in der Regel nur als Hochtonlautsprecher. Sie haben einen geringen Wirkungsgrad. Bild **4**.41 zeigt die Schaltung. Zur Anpassung des hochohmigen Lautsprechers an den Verstärker wird hier ein Übertrager benutzt.

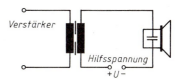

4.41 Anschluß eines statischen Lautsprechers

> Elektrostatische Lautsprecher haben nur einen geringen Wirkungsgrad und erfordern eine Hilfsspannung.

Piezoelektrischer Lautsprecher (Kristall-Lautsprecher). Auch der piezoelektrische Effekt, auf dem das Kristallmikrofon beruht, ist umkehrbar. Unter dem Einfluß der Spannung verformt sich der einseitig eingespannte Seignettekristall etwas. Ein Kristall-Lautsprecher besteht aus einem einseitig eingespannten Kristallplättchen, das an der freien Seite mit der Membran verbunden ist (**4**.42). Über metallische Anschlüsse auf seinen Längsseiten wird die Signalwechselspannung zugeführt. Sie bringt das Kristallplättchen und damit die Membran zum Schwingen. Bild **4**.43 zeigt das Symbol des Kristall-Lautsprechers und seine Grundschaltung.

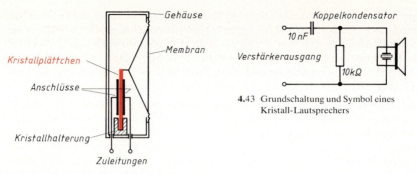

4.43 Grundschaltung und Symbol eines Kristall-Lautsprechers

4.42 Kristall-Lautsprecher

Kristall-Lautsprecher haben einen hohen Scheinwiderstand (30 bis 50 kΩ) und werden ausschließlich als Hochtonlautsprecher verwendet. Ein kapazitativer Widerstand von 25 kΩ entspricht bei einer Frequenz von 1 kHz einer Kapazität von etwa 6,5 nF. Kristall-Lautsprecher bilden für den Verstärker eine kapazitive Belastung. Das Kristallelement darf nicht zu stark belastet werden, sonst wird die Wiedergabe verzerrt oder das Biegeelement zerbricht. Für niedrige Frequenzen sind so große Schwingungsamplituden nötig, daß man leicht die Bruchgrenze erreicht. Man baut Kristall-Lautsprecher deshalb nur für geringe Leistungen.

> Piezoelektrische Lautsprecher baut man ausschließlich als Hochtonlautsprecher für geringe Leistungen.

Druckkammerlautsprecher sind dynamische Lautsprecher besonderer Bauart. Im Druckkammersystem wird die Luft durch die Formgebung der Membran und des Gehäuses stark verdichtet. So erreicht man durch ein verhältnismäßig kleines Magnetsystem mit kleiner Membran eine große Schalleistung.

Bild **4.**44 zeigt den Schnitt eines Druckkammersystems. Die Membran aus steifem, undurchlässigem Hartgewebe oder Aluminiumblech ist fest mit der Schwingspule verbunden. Umschlossen wird sie von einer Druckkammer, die aus dem Magnetsystem mit der Schwingspule und auf der anderen Seite aus einem Trichterstück besteht, das in einem Rohrstutzen endet. Das Formstück aus Kunststoff bewirkt eine gleichmäßige Belastung der Membran.

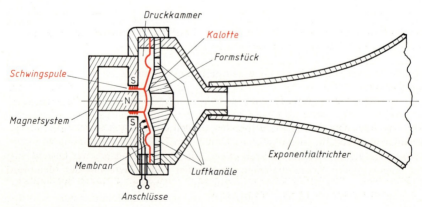

4.44 Druckkammersystem

Die schwingende Membran erzeugt in der Kammer Druckwellen, die sich durch den engen Rohrstutzen mit großer Geschwindigkeit nach außen fortpflanzen. In der hohen Luftgeschwindigkeit steckt eine große Schalleistung. Je länger der Schalltrichter, desto wirkungsvoller ist er. Seine Form folgt einer Exponentialkurve (logarithmischen Kurve). Meist ist er wie in Bild **4**.45 gefaltet (Reflextrichter) und verdoppelt damit seine Wirkung. Seine Lautstärke ist wesentlich höher als die einer Schallwand.

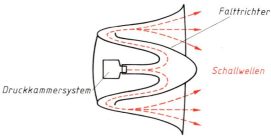

4.45
Druckkammersystem mit Falttrichter

Vorzüge der Druckkammerlautsprecher. Sie bevorzugen mittlere und hohe Tonlagen, eignen sich deshalb besonders für Durchsagen auf Sportplätzen, Bahnhöfen usw. In Rundfunk- und Fernsehgeräten verwendet man sie manchmal als Mittel-Hochtonlautsprecher, wobei der Schalltrichter dem Gehäuse angepaßt wird.

Kalottenlautsprecher sind ebenfalls eine Sonderform der dynamischen Lautsprecher (4.46). Der ringförmige Luftspalt, in den die Schwingspule eintaucht, ist mit einer halbkugelförmigen Kalotte überdeckt. Sie ist fest mit der Schwingspule verbunden, beide sind durch eine kleine steife Membran zentriert. Die Membranmasse einschließlich Kalotte ist sehr gering, darum kann die leichte Kalotte sehr raschen Schwingungen folgen.

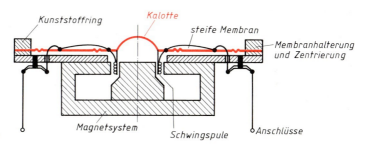

4.46
Kalotten-Mitteltonlautsprecher

> Man verwendet Kalottenlautsprecher für mittlere und hohe Töne. Sie haben einen besseren Wirkungsgrad als statische und piezoelektrische Lautsprecher.

Vorzüge des Kalottenlautsprechers. Man verwendet ihn für mittlere und hohe Töne. Er hat einen besseren Wirkungsgrad als statische und piezoelektrische Lautsprecher. Sein Scheinwiderstand ist so groß wie bei anderen dynamischen Lautsprechern. Deshalb kann man dynamische Tieftonlautsprecher sehr gut mit Kalotten-Mitteltonlautsprechern oder Kalotten-Hochtonlautsprechern kombinieren.

> Druckkammer- und Kalottenlautsprecher sind Sonderbauformen des dynamischen Lautsprechers. Sie haben einen sehr guten Wirkungsgrad.

Versuch 4.10 Ein freistehender, drehbar angeordneter Lautsprecher ohne Gehäuse und Schallwand wird nacheinander mit folgenden Frequenzen betrieben: 100 Hz, 200 Hz, 500 Hz, 2 kHz, 6 kHz, 10 kHz, 12 kHz. Bei jeder Frequenz dreht man den Lautsprecher langsam im Winkel von 360° um seine senkrechte Achse. Die Lautstärkeeindrücke werden notiert.

Ergebnis Bei niedrigen Signalfrequenzen hat der Lautsprecher keine ausgeprägte Richtcharakteristik. Je höher die abgestrahlte Frequenz ist, desto stärker wird die Bündelung der Schallwellen.

Die Richtcharakteristik eines dynamischen Lautsprechers zeigt Bild **4**.47. Man erkennt, daß der Lautsprecher Schallwellen bis zu 200 Hz nahezu kugelförmig abstrahlt. Bei höheren Frequenzen tritt allmählich eine stärkere Bündelung in Achsrichtung auf, bei 6 kHz wird die Richtcharakteristik keulenförmig. Bei hohen Frequenzen schwingt nicht mehr die ganze Membran, sondern nur noch der innere Teil. Der übrige Membrankonus wirkt dann wie der Schalltrichter eines Druckkammersystems. Deshalb ist die Richtwirkung eines Lautsprechers vom Membrandurchmesser ihrer Tiefe und Form abhängig. Man drückt sie durch den Bündelungsgrad aus.

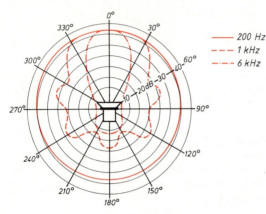

4.47 Richtcharakteristik eines Lautsprechers

Um eine ausgeprägte Richtwirkung für hohe Frequenzen zu vermeiden, haben manche Lautsprecher in der Membranmitte einen kleinen Hochtonkonus oder Klangzerstreuer. Ovallautsprecher haben eine günstigere Breitenwirkung für hohe Töne. Ursache dafür ist die Membranform.

> Bei niedrigen Frequenzen breiten sich die Schallwellen kugelförmig aus, bei hohen dagegen keulenförmig.

Als Breitbandlautsprecher bezeichnet man nach DIN 45570 Lautsprecher, die im Übertragungsbereich von 80 bis 11 200 Hz einen nahezu gleichmäßigen Frequenzgang aufweisen. HiFi-Lautsprecher müssen nach DIN 45500 einen Übertragungsbereich von 50 bis 12 500 Hz haben.

Versuch 4.11 Ein Lautsprecher wird zunächst ohne Gehäuse, danach mit einer Schallwand und schließlich in einem geschlossenen Gehäuse betrieben (Musik).

Ergebnis Die Musik klingt ohne Gehäuse dünn und blechern. Bei Einsatz einer Schallwand bessert sich der Ton, wird aber erst im geschlossenen Gehäuse voll.

Akustischer Kurzschluß. Lautsprecher, die ohne Schallwand oder Gehäuse frei im Raum arbeiten, klingen dünn und blechern. Sie geben tiefe Töne kaum wieder. Grund dafür ist ein akustischer Kurzschluß. Hervorgerufen wird er dadurch, daß die vor und hinter dem Lautsprecher abgestrahlten Schallwellen gegeneinander um 180° phasenverschoben sind und sich ohne Behinderung aufheben.

Bild **4**.48 veranschaulicht diesen Vorgang. Bewegt sich die Membran nach vorn, entsteht an der Vorderseite des Lautsprechers eine Verdichtung, an der Rückseite eine Verdünnung. Schallwand oder Gehäuse können die Druckunterschiede (Schalldruck) teilweise oder vollständig auslöschen. Ist der Weg von vorn um den Lautsprecher herum kleiner als die Wellenlänge des jeweiligen Schallereignisses, fallen Druck- und Sogwellen zusammen. Für hohe Frequenzen tritt diese Wirkung wegen der geringen Wellenlänge nicht auf.

Die Schallwand verhindert einen akustischen Kurzschluß für tiefe Töne, denn ein Druckausgleich ist nicht mehr in vollem Umfang möglich (**4.**49). Je niedriger allerdings die wiederzugebende Signalfrequenz sein soll, desto größer muß die Schallwand sein. Für die Übertragung von 60 Hz braucht man eine Schallwand von mindestens 3 × 3 m! Solche Ausmaße sind un-

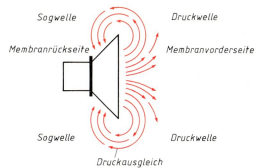

4.48 Lautsprecherchassis ohne Gehäuse (akustischer Kurzschluß)

praktisch. Besser ist es daher, die Schallwand als ein hinten offenes Gehäuse (Radio- oder Fernsehgerät) oder einen geschlossenen Kasten (Box) auszubilden.

Empfängergehäuse sind gewöhnlich zur guten Abstrahlung tiefer Töne (Bässe) zu klein. Deshalb müssen die Bässe kräftig verstärkt (angehoben) werden. In der Box gibt es gar keinen akustischen Kurzschluß. Allerdings darf ihr Volumen nicht zu klein sein, weil sonst die eingeschlossene Luftmenge gering ist und zu wenig nachgibt, wodurch die Membranbewegung gehemmt wäre. Durch Auskleiden der Box mit Steinwolle oder Polsterwatte vermeidet man Resonanzstellen und erzielt einen gleichmäßigen Frequenzgang.

Um einen akustischen Kurzschluß zu vermeiden und auch tiefe Töne voll wiederzugeben, brauchen Lautsprecher eine Schallwand.

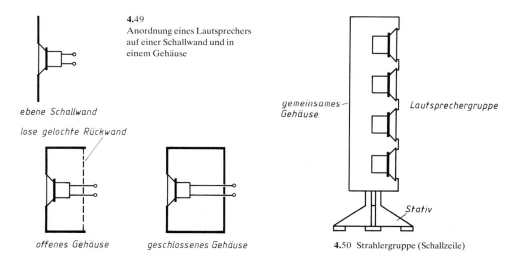

4.49 Anordnung eines Lautsprechers auf einer Schallwand und in einem Gehäuse

4.50 Strahlergruppe (Schallzeile)

Lautsprechergruppen. Besondere Wirkungen im Frequenzgang der Richtcharakteristik erzielt man durch Kombination mehrerer gleicher oder verschiedenartiger Lautsprecher. Mehrere gleichartige Lautsprecher senkrecht übereinander mit gleicher Abstrahlrichtung angeordnet, ergeben eine ausgeprägte Richtwirkung (**4.**50). Solche Strahlergruppen (Schallzeilen) benutzt man vor allem im Freien, in Räumen mit starkem Nachhall (Kirchen) sowie in großen Sälen.

Beim Anschluß mehrerer Lautsprecher an einem Verstärker ist darauf zu achten, daß der Gesamtwiderstand aller angeschlossenen Lautsprecher dem vorgeschriebenen Anpassungswiderstand des Verstärkers entspricht oder etwas größer ist (Überanpassung). Bild **4.**51 gibt Schaltungs- und Rechenbeispiele.

Zusammengeschaltete Lautsprecher müssen den Schall gleichphasig abstrahlen, d. h. zur gleichen Zeit die gleiche Membranbewegung ausführen. Zur Prüfung oder zum Vergleich von Lautsprechern unbekannter Polarität legt man deshalb eine Gleichspannung von 2 bis 4 V (Taschenlampenbatterie) an die Anschlüsse. Alle Lautsprecher müssen dabei die gleiche Membranbewegung machen. In Stromlaufplänen sind die Punkte gleicher Polarität anzugeben (**4.**51).

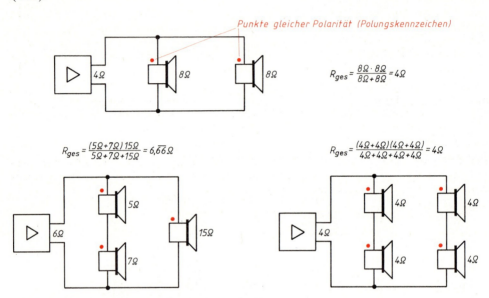

4.51 Anpassung von Lautsprechergruppen an einen Verstärker

Eine gleichmäßige Schallabstrahlung über den gesamten Hörbereich erreicht man durch Zusammenschalten mehrerer Lautsprecher mit verschiedenen Frequenzbereichen. Deshalb haben gute Boxen Übertragungskanäle, z.B. für tiefe, mittlere und hohe Töne. Je nach Aufbau und Membrandurchmesser wird die Abstrahlung bestimmter Frequenzbereiche bevorzugt.

Frequenzweichen. Die Lautsprecher werden über Frequenzweichen (Filter, s. Abschn. 1.5.4) angeschlossen, die nur die jeweils bevorzugten Signalfrequenzen an den einzelnen Lautsprechern wirken lassen. Im einfachsten Fall (**4.**52) wird der Tieftonlautsprecher über eine Drossel, der Hochtonlautsprecher dagegen über einen Kondensator gespeist.

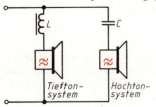

4.52 Einfache Frequenzweiche

Kondensatoren (Kapazitäten) und Drosseln (Induktivitäten) haben einen frequenzabhängigen Wechselstromwiderstand (Scheinwiderstand, Impedanz). Dem Tieftonlautsprecher schaltet man eine Drossel vor, weil die Induktivität hohen Frequenzen einen großen Widerstand entgegensetzt. Durch den Tieftonlautsprecher fließen deshalb nur Signalströme niedriger Frequenzen. Der Vorschaltkondensator des Hochtonlautsprechers bildet für niedrige Signalfrequenzen einen hohen, für hohe dagegen einen geringen Blindwiderstand. Deshalb führt man dem Hochtonlautsprecher nur Signale hoher Frequenz zu.

Eine bessere Trennung zwischen tiefen und hohen Frequenzbändern ermöglichen die Schaltungen nach Bild **4.**53. Ein Parallelkondensator zum Tieftonsystem schließt die restlichen Schwingungen hoher Frequenzen kurz. Eine zum Hochtonsystem parallel geschaltete Drossel ist für niedrige Signalfrequenzen ein Kurzschluß. Für die Parallel- und Reihenschaltung der Lautsprecher gelten gleiche Wirkungen der Filter.

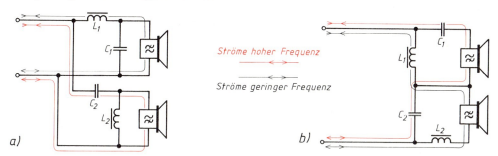

4.53 Frequenzweiche besserer Trennung von hohen und niedrigen Tonfrequenzen
a) Parallelschaltung   b) Reihenschaltung

Bild **4.**54 zeigt eine Kombination aus Tief-, Mittel- und Hochtonsystemen. Der Schalldruckverlauf der einzelnen Lautsprecher ist angegeben. Insgesamt entsteht eine gleichmäßige Schalldruckkurve über einen großen Frequenzbereich.

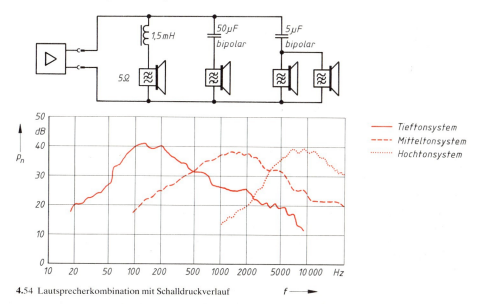

4.54 Lautsprecherkombination mit Schalldruckverlauf

Große Verstärkeranlagen arbeiten mit dem genormten 100-V-Ausgang. An den Ausgangsklemmen liegen bei Nennbelastung des Verstärkers 100 V. Die angeschlossenen Lautsprecher werden durch getrennte Übertrager an die 100-V-Leitung angepaßt (**4.**55). Die Übertrager müssen so bemessen sein, daß dabei an den Lautsprechern die gewünschten Leistungen auftreten. Jeder Übertrager muß sekundär die Impedanz des angeschlossenen Lautsprechers haben.

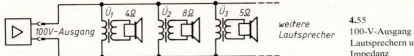

4.55 100-V-Ausgang mit angepaßten Lautsprechern unterschiedlicher Impedanz

Die Impedanz der Primärwicklung wird nach dieser Formel berechnet:

$$\text{Primärimpedanz} = \frac{(100\,\text{V})^2}{\text{gewünschte Leistung}} \qquad \boxed{Z = \frac{U^2}{P}}$$

Beispiel 4.7 Bei 8 W Leistungsaufnahme des Lautsprechers ist die Primärimpedanz $\frac{10\,000\,\text{V}^2}{8\,\text{W}} = 1250\,\Omega$

Insgesamt kann man an eine 100-V-Anlage so viele Lautsprecher anschließen, daß die entnommene Gesamtleistung der Nennleistung des Verstärkers entspricht. Nach VDE 0100 gelten für 100-V-Anlagen die Vorschriften für Starkstromanlagen!

> Lautsprecher kann man über Frequenzweichen zu Lautsprecherkombinationen zusammenschließen. Dabei müssen alle Lautsprecher gleichphasig angeschlossen sein.

Lautstärkeeinstellung. Bei gleichzeitiger Versorgung mehrerer Räume mit Sprache oder Musik ist es häufig wünschenswert, die Lautstärke der Lautsprecher einzeln einstellen zu können. Eine einfache Einstellung ermöglicht ein Drahtpotentiometer mit etwa 10fachem Widerstand des Lautsprechers, meist 50 Ω (**4.56**a). Die Belastbarkeit des Potentiometers muß mit der des Lautsprechers übereinstimmen. Beim Verstellen eines Potentiometers werden auch die übrigen

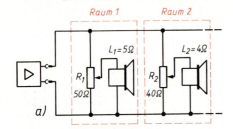
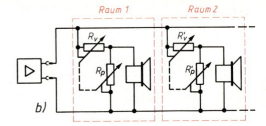

4.56 Lautstärkeeinsteller an Lautsprechern
 a) einfache Potentiometer b) L-Einsteller

Lautsprecher etwas in der Lautstärke beeinflußt, denn die Belastung des Verstärkers ändert sich. Abhilfe schafft ein L-Einsteller (**4.56**b). Die Schleifen der Potentiometer R_v und R_p sowie R_v' und R_p' sind mechanisch miteinander gekoppelt, so daß beim Verstellen in eine Richtung R_v hochohmiger und R_p niederohmiger werden. Dabei bleiben der Gesamtwiderstand der Anordnung und die Belastung des Verstärkers konstant.

Die genormten Anschlüsse für Lautsprecher und Kopfhörer sind in Bild **4.57** dargestellt.

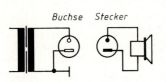
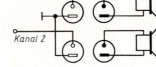
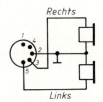

4.57 Lautsprecher- und Kopfhöreranschlüsse

4.5.3 Tonabnehmer, Verzögerungsleitungen

Tonabnehmer sind Wandler, die die nichtelektrischen Größen der in die Schallplattenrillen eingeprägten mechanischen Änderungen in elektrische Spannungen und Ströme umsetzen. Die wellenförmigen Auslenkungen der eingepreßten Rillen entsprechen den aufgenommenen Tonfrequenzschwingungen. Man unterscheidet dabei zwei Schriftarten: die ursprünglich verwendete Tiefenschrift (Edison-Schrift) und die später für monaurale (einkanalige Wiedergabe; mono) Schallplatten genommene Seitenschrift (Berliner Schrift, **4.**58). Bei Stereo-Schallplatten werden durch eine Kombination beider Schriften zwei Informationen in der gleichen Rille untergebracht.

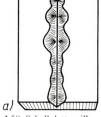
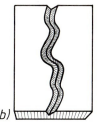

4.58 Schallplattenrillen
a) Tiefschrift (Edison-Schrift)
b) Seitenschrift (Berliner Schrift)

Wie die Mikrofone und Lautsprecher arbeiten auch die Tonabnehmer nach dem dynamischen und dem Kristallprinzip.

Beim magnetischen Tonabnehmer (Magnetsystem, elektromagnetischer Tonabnehmer) wird durch die Auslenkung des Abtaststifts der Fluß im magnetischen Kreis geändert. In der Spule wird eine der Auslenkgeschwindigkeit des Ankers (Abtaststift) proportionale Spannung erzeugt (**4.**59 a). Bei niedrigen Frequenzen ist die Auslenkgeschwindigkeit geringer als bei hohen. Deshalb erhält man auch für tiefere Töne eine geringere Ausgangsspannung als für hohe. Diesen Spannungsrückgang nach tiefen Frequenzen hin muß man mit einem Entzerrer rückgängig machen.

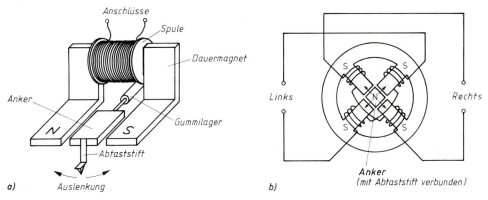

4.59 Magnetsysteme
a) einfaches Magnetsystem (mono) b) vierpoliges Magnetsystem (stereo)

Bild **4.**59 b zeigt den Aufbau eines vierpoligen Magnetsystems für stereofone Wiedergabe. Die genormten Anschlüsse für Tonabnehmer sind in Bild **4.**60 dargestellt.

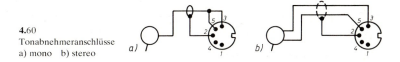

4.60 Tonabnehmeranschlüsse
a) mono b) stereo

Der Kristall-Tonabnehmer entspricht in Aufbau und Wirkungsweise dem Kristallmikrofon (**4.**61). Die Auslenkung des Abtaststifts wird über den Stifthalter auf ein Kristallplättchen übertragen. Über dünnen Aluminiumelektroden wird die Signalspannung abgenommen. Sie verhält sich proportional zur Auslenkung. Kristall-Tonabnehmer brauchen keine Entzerrung. Ihre Ausgangsspannung reicht aus, um einfache NF-Verstärker voll auszusteuern. Ihre nichtlinearen Verzerrungen sind verhältnismäßig groß.

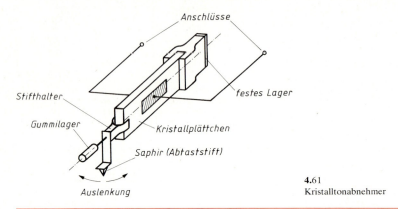

4.61
Kristalltonabnehmer

Monaurale Schallplatten verwenden Tiefenschrift oder Berliner Schrift, Stereoplatten kombinieren beide in der gleichen Rille.

Akustische Verzögerungsleitungen als Nachhalleinrichtung gehören ebenfalls zu den Wandlern (**4.**62). Durch ein elektromagnetisches Antriebssystem, das dem dynamischen Lautsprecher entspricht, werden elektrische Schwingungen in mechanische umgesetzt. Diese Schwingungen werden nicht an die Luft, sondern auf eine oder mehrere Schraubenfedern übertragen. Die Laufzeit der Schwingungen in den Federn ist verhältnismäßig lang (z.B. 0,01 bis 2,55 s). Am Ende der Federn wird ein ähnliches Magnetsystem wie am Anfang von den Federn erregt und erzeugt eine Signalspannung zur Aussteuerung des Verstärkers. Bild **4.**63 zeigt die Anschlußmöglichkeit der Halleinrichtung an einen Stereoverstärker.

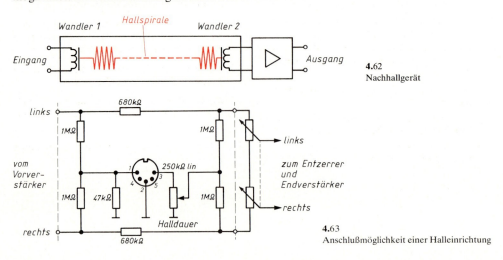

4.62
Nachhallgerät

4.63
Anschlußmöglichkeit einer Halleinrichtung

Ultraschallverzögerung. Im Farbfernsehgerät wird das Signal mit Hilfe einer Ultraschallverzögerungsleitung in zwei Komponenten aufgespalten (s. Abschn. 8.2.5). Sie verzögert das Farbartsignal um 63,943 µs. Ein piezoelektrischer Wandler (ähnlich einem Kristall-Lautsprecher) setzt das Farbartsignal an der Stirnfläche eines Spezialglasstabs in eine Ultraschallwelle mit der Frequenz 4,43 MHz um (**4.**64). Nach Durchlaufen der Verzögerungsleitung wird die Ultraschallwelle durch einen gleichen Wandler wie im Kristallmikrofon in ein elektrisches Signal zurückverwandelt. Im Glaskörper breiten sich die Schallschwingungen erheblich langsamer aus als die entsprechenden elektrischen Signale in der Leitung.

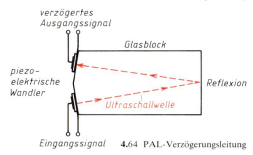

4.64 PAL-Verzögerungsleitung

Ultraschallgeber und -mikrofone zur Fernbedienung von Fernsehgeräten arbeiten meist mit piezoelektrischen Wandlern.

Übungsaufgaben zu Abschnitt 4.5

1. Das veraltete Kohlemikrofon wurde durch andere Mikrofonarten ersetzt. Geben Sie einige dieser Arten und ihre Vorzüge an.
2. Warum muß beim Kohlemikrofon ein Übertrager mit in den Stromkreis geschaltet werden?
3. Warum dürfen dynamische Mikrofone über lange Leitungen mit dem Verstärker verbunden werden, Kondensatormikrofone dagegen nicht?
4. Warum muß der Verstärkereingang bei Verwendung eines Kristallmikrofons hochohmig sein?
5. In welchem Anwendungsfall wird das Kondensatormikrofon mit einer hohen Gleichspannung betrieben? Begründen Sie Ihre Meinung.
6. Was versteht man unter einer Phantomspeisung?
7. Welchen Vorteil hat ein Elektret-Kondensatormikrofon gegenüber einem gewöhnlichen Kondensatormikrofon?
8. Wie erreicht man stereofone Mikrofonaufnahmen?
9. Welche Lautsprecherdaten sind beim Bau einer Lautsprecherbox zu berücksichtigen?
10. Welche Bedeutung hat die Resonanzfrequenz bei Lautsprechern?
11. Vier Lautsprecher haben jeweils eine Impedanz von 4 Ω. Sie müssen zu einer Lautsprechergruppe mit dem Gesamtimpedanz von 4 Ω geschaltet werden. Zeichnen Sie den Stromlaufplan.
12. Wodurch kommt es bei elektrostatischen Lautsprechern zu einer Frequenzverdopplung? Erklären Sie den Zusammenhang.
13. Warum bilden Kristall-Lautsprecher für die Endstufe eine kapazitive Belastung?
14. In welchem Bereich werden Druckkammerlautsprecher hauptsächlich verwendet?
15. Wie kann man beim Bau von Lautsprecherboxen Resonanzstellen vermeiden?
16. Elektromagnetische Tonabnehmer müssen über einen Entzerrervorverstärker betrieben werden. Begründen Sie diese Maßnahme.
17. Wie werden stereofone Informationen in den Schallplattenrillen untergebracht?
18. Welche Vor- und Nachteile hat ein Kristall-Tonabnehmer gegenüber einem Magnetsystem?
19. Erklären Sie die Wirkungsweise einer einfachen Nachhalleinrichtung.

4.6 Modulation der Trägerwellen

Das natürliche Frequenzband der Sprache und Musik läßt sich nicht direkt von einer Antenne abstrahlen. Eine Antenne kann nämlich nur dann wirkungsvoll elektromagnetische Energie abstrahlen, wenn sie etwa ein Viertel so lang ist wie die Wellenlänge der abzustrahlenden Frequenz. Nur dann fließen in ihr so starke Resonanzströme, daß sich ein kräftiges Fernfeld bildet. Einer mittleren Sprachfrequenz von 100 Hz (Normalfrequenz) entspricht aber eine Länge der elektromagnetischen Welle von 300 km. Die Antenne, die diese Frequenz abstrahlen könnte, müßte also 75 km hoch sein!

Um tonfrequente Nachrichten in praktisch vertretbarer Weise einwandfrei abzustrahlen, verlagert man die Niederfrequenz in den Bereich der Hochfrequenz. Diese Verschiebung geschieht durch eine Modulationsschaltung und einen hochfrequenten Träger. Als Träger kommen zwei Schwingungstypen in Frage: eine ununterbrochene Sinusschwingung oder eine periodische Folge von Impulsen. Bild **4.65** gibt einen Überblick über die gebräuchlichsten Modulationsarten. Für die Rundfunk- und Fernsehtechnik sind die Amplituden- und die Frequenzmodulation von besonderer Bedeutung.

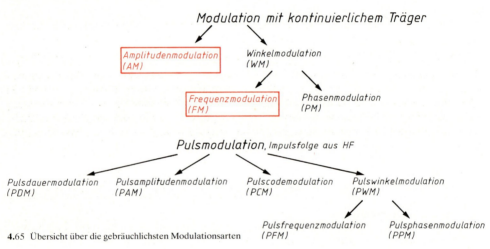

4.65 Übersicht über die gebräuchlichsten Modulationsarten

Im Empfänger wird die Modulation durch Demodulation wieder rückgängig gemacht.

4.6.1 Überlagerung

Versuch 4.12 Die Ausgänge zweier niederohmiger Tonfrequenzgeneratoren werden nach Bild **4.66** an einen Spannungsteiler $R_1 = 2\,\text{k}\Omega$, $R_s = 10\,\text{k}\Omega$ angeschlossen. Die Spannung an R_2 wird oszillografiert. Das Frequenzverhältnis der Tongeneratoren muß mindestens 1:10 betragen (z.B. 1 kHz, 10 kHz).

Ergebnis Die Schwingungen an R_2 sind überlagert (**4.66**b).

Hoch- und niederfrequente Schwingungen können sich auf verschiedene Weise beeinflussen. Bild **4.66** zeigt das Schaltschema zweier Generatoren. HF- und NF-Generatoren wirken auf zwei lineare Widerstände $R1$ und $R2$. Die an $R2$ entstehenden Spannungen zeigen typische

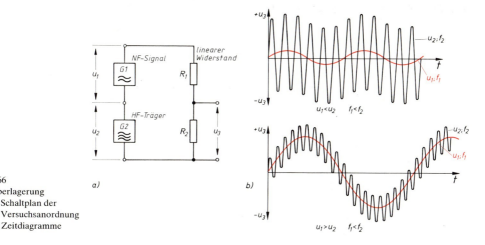

4.66
Überlagerung
a) Schaltplan der Versuchsanordnung
b) Zeitdiagramme

Bilder reiner Überlagerung, d.h. der Addition von Teilspannungen. Die Amplituden und Frequenzen der Einzelschwingungen beeinflussen sich gegenseitig nicht. Es treten keine neuen Schwingungen auf. Die überlagerten Schwingungen kann man durch Filter wieder trennen.

Die Schwebung ist ein Sonderfall der Überlagerung (**4.67**). Sie entsteht, wenn zwei Teilschwingungen nahezu die gleiche Frequenz haben. Je nach augenblicklicher Phasenlage verstärken oder schwächen sich die beiden Schwingungen. Bei gleicher Phasenlage ist die Gesamtspannung gleich der Summe der Einzelspannungen, bei entgegengesetzter Phasenlage gleich der Differenz. Die periodischen Amplitudenschwankungen empfängt das Ohr als Ton (Schwebungsfrequenz).

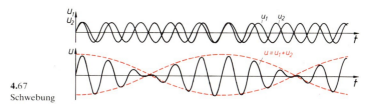

4.67 Schwebung

4.6.2. Amplitudenmodulation (AM)

Begriff. Unter Amplitudenmodulation versteht man die Steuerung der Amplitude eines hochfrequenten Trägers entsprechend dem zeitlichen Verlauf der niederfrequenten Modulationsspannung. Die Trägerfrequenz Ω muß dabei stets groß sein gegenüber der Modulationsfrequenz ω (Signalfrequenz).

Versuch 4.13 Versuch 4.12 wird wiederholt, doch ersetzt man den Widerstand R_1 durch eine Diode (z. B. Germaniumdiode, **4.68** auf S. 330). Das Ergebnis wird mit dem Bild **4.66**b verglichen.

Entstehung. Eine Amplitudenmodulation entsteht durch die Wirkung der gekrümmten Kennlinie eines nichtlinearen Widerstands. Der Widerstand der Diode ist durch die NF-Signalspannung steuerbar. Die überlagerte Hochfrequenz wird darum im Takt der Niederfrequenz einmal besser, einmal schlechter durch die Diode gelassen. Die Folge ist, daß der HF-Strom im Rhythmus der NF schwankt und an $R2$ eine periodisch schwankende, d.h. amplitudenmodulierte

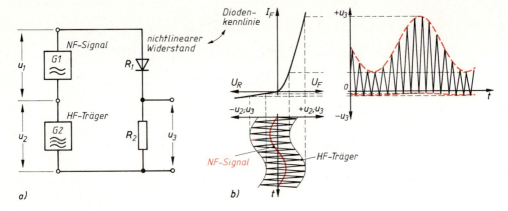

4.68 Modulation der Trägerschwingung an einer Diodenkennlinie
  a) Schaltplan der Versuchsanordnung
  b) Zeitdiagramme

Spannung $u3$ aufbaut (**4.68**b). Wichtig für das Auftreten einer Amplitudenmodulation ist, daß im Stromkreis ein Bauelement mit geknickter oder gekrümmten Kennlinie vorhanden ist. Um einen symmetrischen amplitudenmodulierten Spannungsverlauf zu erzielen, wird der Widerstand $R2$ durch einen Schwingkreis ersetzt, dessen Resonanzfrequenz der Trägerfrequenz entspricht.

Versuch 4.14 Der Versuch 4.13 wird wiederholt, jedoch statt des Widerstands $R2$ ein Parallelschwingkreis eingefügt, dessen Resonanzfrequenz auf die Trägerfrequenz eingestellt ist.

Ergebnis Das Schirmbild zeigt einen symmetrischen amplitudenmodulierten Spannungsverlauf.

Den zeitlichen Verlauf der HF-Schwingungen bei einer Amplitudenmodulation zeigt Bild **4.69** auf S. 331. Neben der Signalschwingung oder Modulationsschwingung (a) und der Trägerschwingung (b) treten zwei Seitenbandschwingungen (c und d) auf. Diese Seitenbandschwingungen oder Seitenfrequenzen bilden die Summenfrequenz $\Omega + \omega$ (c) und die Differenzfrequenz $\Omega - \omega$ (d) von Trägerfrequenz und NF-Signal. Die ursprüngliche NF-Signalfrequenz ω kommt in der modulierten Schwingung f nicht mehr vor; sie wird durch zwei neue Schwingungen mit je der halben Amplitude der alten Frequenz ersetzt (s. Abschn. 1.1.5).
Die beiden Seitenschwingungen ergeben addiert das Modulationsprodukt (e). Aus ihm und der Trägerschwingung wird die amplitudenmodulierte Schwingung.

> Eine Amplitudenmodulation besteht aus einer Trägerschwingung und zwei Seitenschwingungen.

Das Frequenzspektrum am Eingang und am Ausgang eines Modulators zeigt Bild **4.70**a und b (auf S. 332). Besteht die Modulationsfrequenz aus mehreren Frequenzen (**4.70**c), ergeben sich am Ausgang entsprechend viele obere und untere Seitenfrequenzen (Spektrum). Beim Übertragen eines ganzen Frequenzbands (Sprache, Musik oder Bildinhalt) treten zwei vollständige Seitenbänder auf (**4.70**d).

Modulationsgrad. Das Verhältnis vom Amplitudenhub U_M zur Trägeramplitude U_T heißt Modulationsgrad m. Er bestimmt die Lautstärke bei der Signalübertragung.

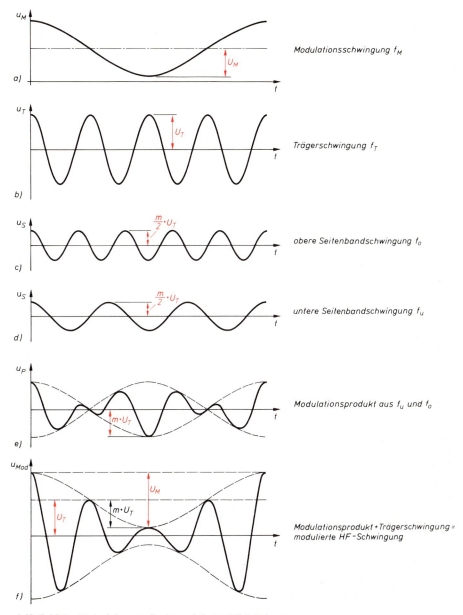

4.69 Zeitlicher Verlauf einer amplitudenmodulierten HF-Schwingung

Der Modulationsgrad bestimmt die Lautstärke.

Modulationsgrad $$m = \frac{U_M}{U_T}$$

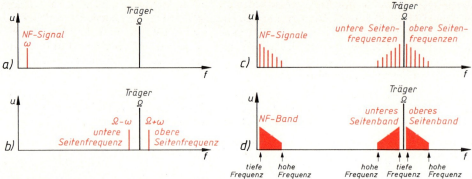

4.70 Frequenzspektren bei der Amplitudenmodulation
 a) Träger und NF-Signal
 b) Träger mit unterer und oberer Seitenfrequenz
 c) NF-Signal und Träger mit den entsprechenden Seitenfrequenzen
 d) NF-Band und Träger mit den entsprechenden Seitenbändern

Bei Vollaussteuerung ist der Modulationsgrad $m=1$. Dabei erreicht die Trägeramplitude während des negativen Maximums der Signalspannung den Wert Null. Wird $m>1$, treten starke Verzerrungen auf (Übermodulation).

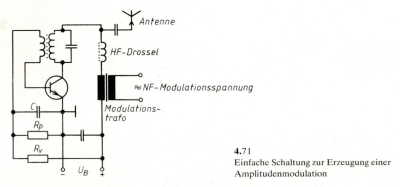

4.71 Einfache Schaltung zur Erzeugung einer Amplitudenmodulation

Bild **4.71** zeigt eine einfache Oszillatorschaltung (Meißner-Oszillator), in der über einen Transformator die NF-Signalspannung die Trägerschwingung (Oszillatorspannung) moduliert. Bild **4.72** stellt modulierte Trägerschwingungen dar, die Töne verschiedener Frequenz und Lautstärke übertragen.

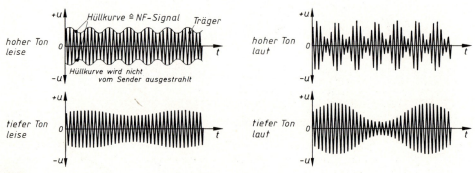

4.72 Amplitudenmodulation, Töne verschiedener Höhe und Lautstärke

Amplitudenmodulation mit Trägerunterdrückung. In der Runfunk-Stereofonie und in der Fernsehtechnik muß bei der Amplitudenmodulation der Träger der modulierten HF-Schwingung unterdrückt werden. In diesem Fall erscheinen am Ausgang nur noch die beiden Seitenbänder, die die in einen höheren Frequenzbereich umgesetzte Modulation als Summe und Differenz enthalten. Zur verzerrungsfreien Rückgewinnung der Signalspannung muß man im Demodulator den HF-Träger wieder zusetzen.

Versuch 4.15 Nach Bild **4.**73 d ist ein Ringmodulator aufzubauen. Die Spannung der Modulationsfrequenz f_m hat einen Wert von $U_{ss} = 2$ V, die der Trägerfrequenz von etwa $U_{ss} = 10$ bis 15 V. Die modulierte Trägerspannung ist am 2.Übertrager gegen Masse nachzumessen (Triggerung extern vom HF-Träger).

Ergebnis Auf dem Bildschirm entsteht das Modulationsprodukt **4.**74 (auf S. 334). Man erkennt deutlich die Phasensprünge.

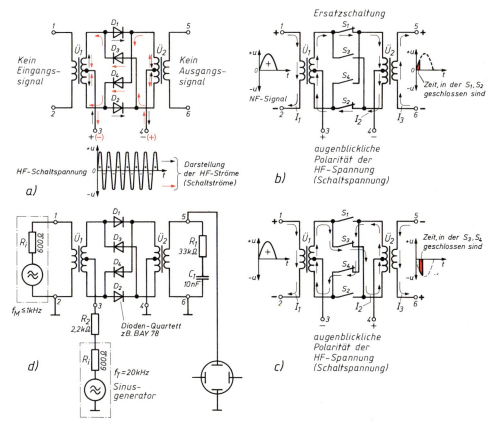

4.73 Ringmodulator und Ersatzschaltung
  a) Schaltung eines Ringmodulators
  b) positive Halbschwingung des NF-Signals S_1 und S_2 geschlossen
  c) positive Halbschwingung des NF-Signals S_3 und S_4 geschlossen
  d) Versuchsaufbau

Ringmodulator. Für Amplitudenmodulation mit Trägerunterdrückung eignet sich ein Ringmodulator (**4.**73). Er besteht aus vier Dioden und zwei symmetrischen HF-Übertragern (HF-Transformatoren) mit Mittelanzapfungen.

An den Klemmen 1 und 2 liegt die Modulationsspannung f_m, an 3 und 4 die Trägerfrequenzspannung (f_T). Die Diodenpaare $D1$, $D2$ und $D3$, $D4$ werden jeweils durch die positiven oder negativen Spitzen der Trägerhalbwellen geöffnet und gesperrt. Sie wirken als Schalter. Weil sich die Magnetfelder in den exakt symmetrischen Wicklungshälften der Übertrager aufheben, tritt ohne Modulationsspannung am Ausgang keine Trägerspannung auf (**4.**73a). Liegt jedoch zwischen den Klemmen 1 und 2 eine Modulationsspannung, tritt deren Momentanwert (Augenblickswert) während der Stromflußphase auch über den Ausgangsklemmen auf. Zur Vereinfachung sind in Bild **4.**73b und c die Dioden durch Schalter $S1$, $S2$ und $S3$, $S4$ ersetzt. Sie werden durch die jeweilige Polung der HF-Trägerspannung abwechselnd geöffnet und geschlossen.

Zunächst sei angenommen, daß $S1$, $S2$ geschlossen und $S3$, $S4$ geöffnet sind. Das Eingangssignal gelangt vom Übertrager $Ü1$ an den Übertrager $Ü2$ und schließlich an die Ausgangsklemmen 5 und 6 (**4.**73b). Dort tritt, solange $S1$, $S2$ geschlossen sind, eine positive Signalspannung auf. Im nächsten Moment ändert der HF-Träger seine Polarität. Dadurch werden $S1$, $S2$ geöffnet und $S3$, $S4$ geschlossen (**4.**73c). Nun wird die Signalspannung vom Übertrager $Ü1$ über die Schalter $S3$, $S4$ in umgekehrter Richtung an $Ü2$ geleitet. Die umgekehrte Stromrichtung an $Ü2$ erzeugt eine entsprechend umgepolte Signalspannung an den Ausgangsklemmen.

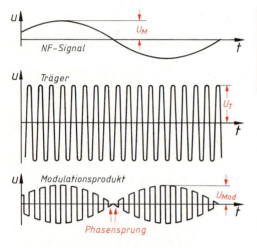

Im Takt der Trägerhalbwellen polt sich die Modulationsspannung durch die Umschaltung der Dioden periodisch um, wird „zerhackt".

4.74 Signale an den Klemmen eines Ringmodulators

Am Modulatorausgang ergibt sich der in Bild **4.**74 dargestellte symmetrisch zur Nullachse liegende Spannungsverlauf. In den Nulldurchgängen des Modulationsprodukts entsteht jeweils ein Phasensprung von 180°, weil hier sowohl die Signalspannung als auch der HF-Träger die Polarität wechseln (**4.**75).

Modulationsspannung	+ + + +	– – – –	+ + + +	– . . . .
Trägersspannung	+ – + –	+ – + –	+ – + –	+ . . . .
Ausgangsspannung	+ – + –	– + – +	+ – + –	– . . . .

Phasensprünge

4.75 Vorzeichen von Modulations-, Träger- und Ausgangsspannung am Ringmodulator

4.6.3 Frequenzmodulation (FM)

Frequenzhub. Bei der Frequenzmodulation ändert sich statt der Amplitude die Dauer der Trägerschwingung im Rhythmus der NF-Signalspannung um einen Mittelwert. Diese Frequenzabweichung vom Mittelwert heißt Frequenzhub Δf. Bild **4.**76 gibt ein einfaches Beispiel. Die Größe des Frequenzhubs hängt von der Amplitude der Tonfrequenzspannung ab, d. h. von der

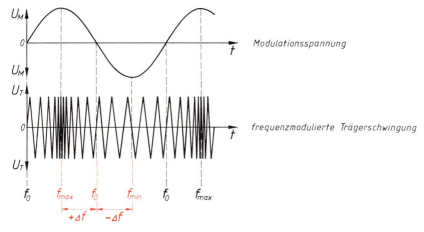

4.76 Frequenzmodulierte Trägerschwingung und entsprechende Modulationsspannung

Lautstärke der zu übertragenden Darbietung. Der Frequenzhub steigt mit wachsender Lautstärke.

Die Frequenzänderungen können schnell oder langsam sein. Je schneller sie sind, desto höher ist die Frequenz des übertragenen Tons. Die Modulationsfrequenz bestimmt die Anzahl der Hubänderungen.

Modulationsindex. Das Verhältnis des Frequenzhubs zur Signalfrequenz nennt man Modulationsindex m.

Modulationsindex $m = \dfrac{\Delta f}{f_M}$ Δf = Frequenzhub
f_M = Signalfrequenz   (Modulations-, Niederfrequenz)

Bild **4.77** zeigt den Zusammenhang zwischen verschiedenen Modulationsfrequenzen und Lautstärken mit den frequenzmodulierten Trägerschwingungen.

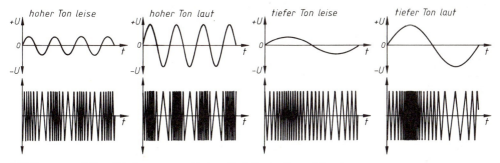

4.77 Frequenzmodulierte Schwingungen verschiedener Tonhöhen und Lautstärken

---

Bei der Frequenzmodulation wird die Lautstärke vom Frequenzhub, die Tonhöhe von der Anzahl der Frequenzänderungen bestimmt.

Frequenzmodulierte Schwingungen haben bei der Übertragung eines einzelnen Sinustons Seitenbänder, die sich ober- und unterhalb des Trägers unendlich weit ausdehnen. Die Amplituden dieser Seitenbänder fallen allerdings außerhalb des Frequenzbereichs (der dem Frequenzhub entspricht) sehr schnell ab. Es genügen deshalb für den FM-Rundfunk ein Frequenzhub von ±75 kHz und zur Übertragung des Fernsehtons ein Frequenzhub von ±50 kHz. Nach der angegebenen Formel berechnet man den Modulationsindex für den FM-Rundfunk:

$$m = \frac{\Delta f}{f_M} = \frac{75 \cdot 10^3 \, \text{Hz}}{15 \cdot 10^3 \, \text{Hz}} = 5 \qquad f_M = \text{höchste Modulationsfrequenz (15 kHz)}$$

Der Frequenzabstand der Sender wurde mit 100 kHz festgelegt. Bei einem Frequenzhub des Fernsehtons von ±50 kHz und der höchsten Modulationsfrequenz von 15 kHz ergibt sich ein Modulationsindex von 3,3. Wegen der erforderlichen Bandbreite eignet sich die FM-Modulation für Rundfunkübertragungen im Lang-, Mittel- und Kurzwellenbereich nicht.

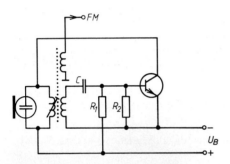

Eine einfache Schaltung zur Erzeugung frequenzmodulierter Schwingungen zeigt Bild **4.**78. Die Kapazität des frequenzbestimmenden Schwingkreises wird durch ein Kondensatormikrofon gebildet. Beim Besprechen ändert sich seine Kapazität und damit die Oszillatorfrequenz. Dadurch werden die HF-Schwingungen des Oszillators im Rhythmus der Schallschwingungen frequenzmoduliert.

4.78 FM-Modulationsschaltung mit Kondensatormikrofon

Im Oszillatorschwingkreis kann man auch andere steuerbare Blindwiderstände verwenden, z.B. Kapazitätsdioden oder Reaktanzröhren (elektronische Nachbildung eines Blindwiderstands). Die Modulatorschaltung mit einer Varactordiode BA 138 stellt Bild **4.**79 dar.

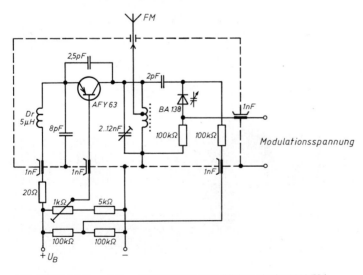

4.79 FM-Modulationsschaltung mit Kapazitätsdiode (Kleinsender für 144 MHz)

336

Wesentlicher Vorteil der FM-Modulation gegenüber der AM-Modulation ist, daß Störungen fast ausschließlich die Amplitude eines Trägers, aber fast nie seine Frequenz beeinflussen können.

> Störspannungen durch Amplitudenmodulation werden bei der Übertragung durch Frequenzmodulation unwirksam.

Übungsaufgaben zu Abschnitt 4.6

1. Warum wird das NF-Signal nicht direkt über die Sendeantenne abgestrahlt?
2. Welche Antennenlängen sind zur Abstrahlung folgender Trägerwellen nötig?
   a) 500 kHz, b) 1,6 MHz, c) 90 MHz, d) 670 MHz.
3. Wodurch unterscheiden sich Überlagerung und Modulation?
4. Woraus besteht eine amplitudenmodulierte Spannung?
5. Was versteht man unter dem Modulationsgrad m?
6. Erklären Sie einen Ringmodulator und skizzieren Sie den Schaltplan.
7. Wodurch unterscheiden sich AM und FM? Nennen Sie die wesentlichen Merkmale.
8. Zeichnen Sie je eine Modulationsschaltung AM und FM.
9. Wie ermittelt man den Modulationsindex für ein frequenzmoduliertes Signal?

4.7 Abstrahlung und Ausbreitung elektromagnetischer Wellen

4.7.1 Sendeantennen

Im geschlossenen Schwingkreis pendelt die Energie zwischen Induktivität und Kapazität hin und her. Dabei bilden sich abwechselnd zwischen den Kondensatorplatten ein elektrisches Feld und in der Spule ein Magnetfeld (s. Abschn. 1.5.3).

Offener Schwingkreis. Bild **4**.80 veranschaulicht sein Entstehen. Beim Auseinanderziehen der Kondensatorplatten ergeben sich nach wie vor elektrische Felder. Die Spule wird dabei zum geraden Leiter. Um den Leiter (Spule) entstehen magnetische Feldlinien. Zieht man die Platten vollständig auseinander, erhält man einen offenen Schwingkreis. Bei symmetrischem Aufbau heißt er Dipol. Das elektrische Feld eines offenen Schwingkreises bildet sich frei im Raum, das Magnetfeld steht senkrecht zum elektrischen Feld kreisförmig um den Leiter. Ein offener Schwingkreis strahlt elektromagnetische Energie (Wellen) ab oder nimmt sie auf – er ist eine Antenne.

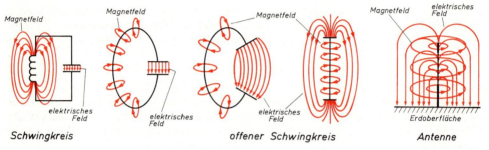

4.80 Vom Schwingkreis zur Antenne

Eine Antenne ist ein offener Schwingkreis.

Versuch 4.16 Ein UKW-Meßsender ($f = 100$ MHz) wird über zwei Glühlämpchen mit zwei Stabantennen veränderbarer Stablängen verbunden. Die Länge beider Stäbe wird gleichmäßig verändert.

Ergebnis Die Lämpchen leuchten hell, wenn jeder Stab $1/4$ der eingespeisten Wellenlänge beträgt.

Eine Antenne kann nur dann wirkungsvoll elektrische und magnetische Energie abstrahlen oder aufnehmen, wenn sie mindestens ein Viertel so groß ist wie die abgestrahlte Wellenlänge. Beim Abstrahlen der Energie werden die elektrischen und magnetischen Felder von den neu entstehenden Feldern verdrängt. Dabei treten abwechselnd magnetische und elektrische Feldlinien mit wechselnder Richtung auf (**4**.81).

Bei senkrechter Anordnung der Sendeantenne schwingen die elektrischen Felder in senkrechten Ebenen, bei horizontaler Anordnung in horizontalen Ebenen (Polarisationsebene). Die wirksamen Elemente der Empfangsantenne müssen in der gleichen Polarisationsebene liegen wie die Sendeantenne. Weil waagrechte Antennen keine vertikal polarisierten Wellen und senkrechte Antennen keine horizontal polarisierten Wellen aufnehmen, kann man durch verschiedene Polarisation der Sende- und Empfangsantennen Störungen von Sendern gleicher Frequenz vermindern. Durch Einflüsse der Umgebung können jedoch auch Wellen mit gedrehter Polarisation entstehen, die in annähernd richtiger Lage auf Empfangsantennen mit anderer Polarisationsrichtung treffen. Deshalb gelingt die vollständige Trennung zweier Sender verschiedener Polarisation nicht.

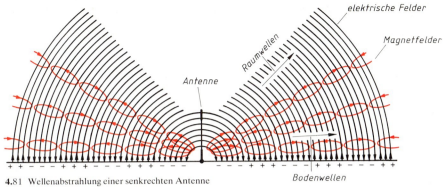

4.81 Wellenabstrahlung einer senkrechten Antenne

4.7.2 Ausbreitung der modulierten Trägerwellen

Eine Sendeantenne strahlt die elektromagnetischen Wellen gleichmäßig nach allen Richtungen in den Raum aus. Da dies oft nicht erwünscht ist, erzeugt man durch eine besondere Form der Antenne eine Richtwirkung. Die Ausbreitung der abgestrahlten Wellen hängt außerdem stark von ihrer Wellenlänge (Frequenz) ab. Schließlich beeinflussen auch die Erdoberfläche und die Lufthülle der Erde die Wellenausbreitung.

Langwellen (LW, 150 bis 300 kHz) breiten sich trotz der Erdkrümmung längs der Erdoberfläche aus. Sie sind **Bodenwellen** (4.82). Mit großen Sendeleistungen kann man deshalb weite Entfernungen überbrücken. Der LW-Empfang wird jedoch oft durch atmosphärische Entladungen (Gewitter) und andere Störspannungen beeinträchtigt. Außerdem kann man im Langwellenbereich nur wenige Sender unterbringen (Kanalbreite 9 kHz).

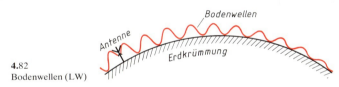

4.82 Bodenwellen (LW)

Im Mittelwellenband (MW, 525 bis 1605 kHz) übermittelt die Bodenwelle tagsüber den Empfang. Nach Sonnenuntergang werden jedoch auch die von der Erde in den Raum gestrahlten Wellen (**Raumwellen**) in der Ionosphäre (Heaviside-Schicht[1], 90 bis 130 km Höhe) gebrochen und reflektiert (4.83). Etwa 60 km vom Sender entfernt treffen die Bodenwellen und die

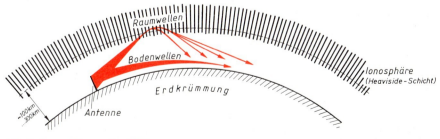

4.83 Boden- und Raumwellen (MW)

---

[1] Oliver Heaviside, britischer Physiker und Elektriker 1850 bis 1925.

reflektierten Raumwellen mit vergleichbaren Feldstärken gleichzeitig auf die Empfangsantennen. Dabei ändert sich die gegenseitige Phasenlage ständig, so daß die beiden Wellen eine größere oder kleinere Spannung in der Empfangsantenne erzeugen. Bei gleicher Feldstärke und entgegengesetzter Polarität können sich Raum- und Bodenwelle vollständig auslöschen und so die bekannte Schwunderscheinung (Fading) hervorrufen. In großer Entfernung vom Sender wird nur noch die reflektierte Raumwelle empfangen.

Die Kurzwellen (KW, 3 bis 30 MHz) benutzen ausschließlich die Raumwellen zur Übertragung. Die Reflexionsfähigkeit der Ionosphäre ist für diese Wellenlänge so hoch, daß man mit verhältnismäßig kleinen Sendeleistungen große Entfernungen überbrücken kann. Kurzwellen eignen sich gut für den Weitverkehr, weil es zu Mehrfachreflexionen in der Heaviside-Schicht und an der Erdoberfläche kommt (**4.**84). Die reflektierenden Schichten ändern sich allerdings mit den Tages- und Jahreszeiten. Schwunderscheinungen sind im Kurzwellenbereich besonders störend.

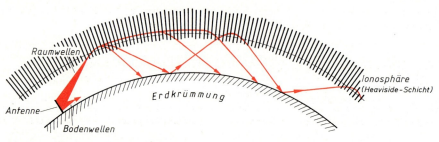

4.84 Kurzwellen (KW, Mehrfachreflexion)

Ultrakurzwellen (UKW, 30 bis 300 MHz, VHF-Bereich) breiten sich fast geradlinig aus. Die Beugung längs der Erdoberfläche, die bei Lang- und Mittelwellen weitreichende Bodenwellen bewirkt, ist praktisch nicht vorhanden. Nur in Ausnahmefällen kommt es zu Reflexionen in der Heaviside-Schicht. UKW-Senderwellen werden bei normalen Verhältnissen in der Atmosphäre nur so weit gekrümmt, daß der Horizont eines ebenen Geländes scheinbar um 15% erweitert wird (**4.**85). Außerhalb dieses Bereichs nimmt die Senderfeldstärke rasch ab (quasioptische Wellenausbreitung; quasi = scheinbar). Nach oben abgestrahlte Wellen durchdringen die Ionosphäre und verschwinden im Weltraum. Deshalb arbeitet man bei der Raumfahrt stets im UKW-Bereich und noch höheren Frequenzen.

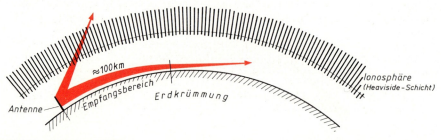

4.85 Ultrakurzwellen (UKW)

Ultrakurzwellen werden von allen großen Körpern reflektiert. Hinter hohen Gebäuden und Hügeln liegen deshalb Schattenzonen mit erheblich geschwächter Empfangsfeldstärke. Andererseits sind die Feldstärken reflektierter Ultrakurzwellen manchmal so stark, daß die Empfangsantennen sowohl das direkte Sendersignal als auch das reflektierte Signal aufnehmen (**4.**86). Dadurch kommt es zu Störungen (Geisterbilder beim Fersehen).

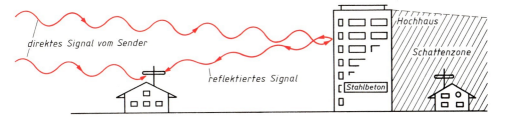

4.86 Reflexions- und Schattenzonen beim UKW-Empfang

Im Gegensatz zu Lichtwellen durchdringen UKW-Schwingungen Nebel, Rauch und Hauswände. Allerdings werden sie von Metallteilen und von Stahlbeton reflektiert.

> Langwellen sind Bodenwellen, die große Entfernungen überbrücken können, aber sehr störanfällig sind. Mittelwellen sind Bodenwellen und nach Sonnenuntergang auch Raumwellen, die sich gegenseitig auslöschen können (Schwund).
> Kurzwellen sind besonders für den Weitverkehr geeignete Raumwellen.
> Ultrakurzwellen breiten sich geradlinig und daher nur in einem begrenzten Bereich aus.

Dezimeter- und Zentimeterwellen (UHF und SHF, 300 MHz bis 30 GHz) werden mit abnehmender Länge durch Regen- und Schneefälle beeinflußt. SHF eignen sich besonders für die Radartechnik.
Tab. **4.**87 bietet einen Überblick über die Frequenzbereiche für Ton- und Fernsehrundfunk und deren Modulationsarten in der Bundesrepublik Deutschland.

Tabelle **4.**87 **Frequenzbereiche**

Bezeichnung	Kurz-zeichen	Modulation		Kanal-breite	Kanäle	Frequenzen	Wellenlängen	Polari-sation
		Bild	Ton					
Langwellenbereich	L		AM	9 kHz	–	150–285 kHz	2000–1050 m	V
Mittelwellenbereich	M		AM	9 kHz	–	510–1605 kHz	590–187 m	V
Kurzwellenbereich	K		AM	9 kHz	–	3,95–26,1 MHz	76–11,5 m	V
Fernsehbereich I	F I	AM	FM	7 MHz	2–4	47–68 MHz	6,35–4,4 m	H/V
UKW-Bereich (II)	UKW		FM	300 kHz	2–55	87,5–104 MHz	3,4–2,9 m	H
Fernsehbereich III	F III	AM	FM	7 MHz	5–12	174–230 MHz	1,7–1,3 m	H/V
Fernsehbereich IV	F IV	AM	FM	8 MHz	21–39	470–622 MHz	64–48 cm	H/V
Fernsehbereich V	F V	AM	FM	8 MHz	40–60	622–790 MHz	48–38 cm	H/V

4.7.3 Empfangsantennen

Empfangsantennen sind wie Sendeantennen offene Schwingkreise. In ihnen werden die von der Sendeantenne ausgehenden elektrischen und magnetischen Felder wirksam. Sie nehmen die elektromagnetischen Schwingungen auf und geben sie an den Empfänger weiter.

Antennen für LW-, MW- und KW-Empfang nehmen meist die elektrischen Felder der Senderwellen auf. Sie wirken wie Kondensatoren, in denen die Antenne selbst die eine Platte bildet, die Erde die zweite. Die von der Sendeantenne ausgehenden elektrischen Felder stehen senkrecht zur Erde und durchsetzen den Raum zwischen den Kondensatorplatten. Sie rufen damit in der Antenne eine hochfrequente Wechselspannung hervor (**4**.88).

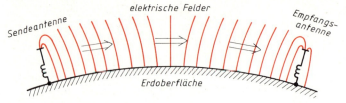

4.88 Zusammenwirken von Sende- und Empfangsantenne

Stabantenne. Anfangs herrschte die waagerecht ausgespannte Hochantenne vor, heute die Stabantenne. Sie besteht aus einem metallischen Stab, der senkrecht am Empfänger oder über dem Hausdach (isoliert) befestigt ist (**4**.89).

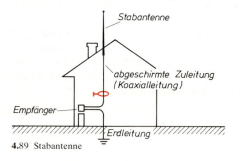

4.89 Stabantenne

Antennenlänge. Eine Antenne hat eine günstige Abmessung, wenn sie die Länge einer Viertelwelle hat. Diese Bedingung können MW- und LW-Empfangsantennen nicht erfüllen. Deshalb schaltet man hier eine Spule oder einen Kondensator zu (**4**.90). Die Spule in Reihe mit dem Antennendraht (Eigeninduktivität der Antenne) vergrößert die Gesamtinduktivität des offenen Schwingkreises und wirkt daher als elektrische „Verlängerung" der Antenne. Ein mit der Antenne in Serie geschalteter Kondensator liegt mit der Eigenkapazität der Antenne in Reihe. Er verkleinert die Antennenkapazität und wirkt so als „elektrische Verkürzung" der Antenne.

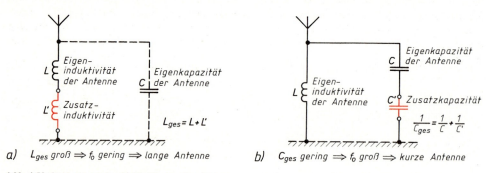

4.90 a) Verlängerungsspule, b) Verkürzungskondensator

Die Ferritantenne nimmt die magnetischen Feldlinien des abgestrahlten Sendersignals auf. Sie besteht aus einem etwa 140 mm langen und 8 mm dicken Ferritstab, auf den die Antennenspule aufgeschoben wird. Meist bildet eine Spule mit dem Drehkondensator zusammen einen Schwingkreis (**4**.91). Ferritantennen haben eine ausgeprägte Richtwirkung: Die in der Rich-

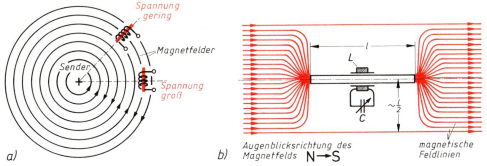

4.91 Wirkung der Ferritantenne
a) Stellungen der Ferritantenne zum Sender
b) Magnetfeld in der Nähe einer Ferritantenne

tung der Wirkungsebene ankommenden Wellen werden gut aufgenommen (4.91a), die senkrecht (also in Richtung der Spulenachse) ankommenden Wellen dagegen fast gar nicht. Diese Eigenschaft der Ferritantennen nutzt man zum Ausblenden störender Sender.

Damit eine möglichst große Spannung in der Spule induziert wird, sollen die Abmessungen und die Permeabilität des Ferritstabs groß sein.

Die in der Luft parallel verlaufenden magnetischen Feldlinien weichen von der geradlinigen Struktur ab, wenn sie in die Nähe eines Körpers mit geringem magnetischen Widerstand (d.h. höherer Permeabilität) gelangen. Das Kraftlinienfeld, das in den Stab hineingezogen wird, ist um so größer, je länger der Stab ist. Bei einem Abstand von etwa halber Stablänge ist die direkte Strecke durch die Luft schließlich ebenso lang wie die über den Ferritstab.

> Ferritantennen haben eine ausgeprägte Richtwirkung. In größeren Rundfunkempfängern sind sie meist drehbar angeordnet (Peilantennen).

Dipolantennen benutzt man in den VHF- und UHF-Bereichen (UKW-Rundfunk und Fernsehen). Im einfachsten Fall besteht ein Dipol aus zwei in einer Geraden angeordneten Metallstäben (4.92a). Die Resonanzfrequenz einer solchen Antenne wird durch die Länge der beiden Stäbe bestimmt. Lange Stäbe bilden größere Induktivitäten und Kapazitäten als kurze. Weil die Antenne als Schwingkreis wirkt, ergibt sich eine um so höhere Resonanzfrequenz, je kürzer die Antennenstäbe sind.

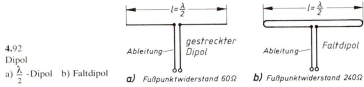

4.92 Dipol
a) $\frac{\lambda}{2}$-Dipol b) Faltdipol
a) Fußpunktwiderstand 60Ω
b) Fußpunktwiderstand 240Ω

> Ein Dipol wird durch seine Stablänge auf eine bestimmte Resonanzfrequenz abgestimmt.

Beträgt die Resonanzwellenlänge λ, ist für den Dipol eine Gesamtlänge von $\lambda/2$ erforderlich. Jeder Dipolstab muß demnach $\lambda/4$ lang sein. Die Dipollänge hängt allerdings auch von der Dicke (Stärke) der Stäbe ab. Für etwa 1 cm dicke Stäbe ergibt sich ein Verkürzungsfaktor $K = 0{,}94$ bei einer Wellenlänge von $\lambda = 3$ m.

Fußpunktwiderstand. Der $\lambda/2$-Dipol verhält sich wie ein Reihenschwingkreis bei Resonanz. Der Resonanzwiderstand eines Reihenschwingkreises ist gering, beim $\lambda/2$-Dipol etwa 60 Ω. Bei Empfangsantennen heißt er Fußpunktwiderstand.

Falt- und Streckdipol. Der gefaltete Dipol (**4.**92b) ist etwas breitrandiger als der gestreckte (**4.**92a). Er hat einen Fußpunktwiderstand von 240 Ω. Als Empfangsantennen benutzt man meist Faltdipole (**4.**94a).

Dipole haben eine ausgeprägte Richtwirkung. Die aufgenommene Spannung ist am größten, wenn die Dipolachse senkrecht zur Verbindungslinie zwischen Sender und Empfangsantennenstandort liegt (Dipol A in **4.**93). Der Empfang ist am ungünstigsten, wenn die Dipolachse in Richtung auf den Sender weist (Dipol B in **4.**93).

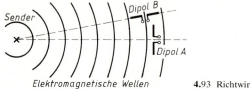

4.93 Richtwirkung eines Dipols

> Dipolantennen haben eine ausgeprägte Richtwirkung. Die vorzugsweise verwendeten Faltdipole haben einen Fußpunktwiderstand von 240 Ω.

Reflektorantennen. Um aus einer bestimmten Richtung eine möglichst große Empfangsspannung zu erzielen und den Empfang aus der Gegenrichtung weitgehend zu unterdrücken, nimmt man eine Reflektorantenne. Hier ist der stabförmige Reflektor in etwa $\lambda/4$-Abstand auf der vom Sender abgewandten Dipolseite angeordnet (**4.**94b).

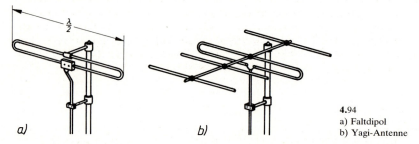

4.94
a) Faltdipol
b) Yagi-Antenne

Yagi-Antenne. Richtwirkung und Leistungsfähigkeit eines Dipols steigern sich erheblich, wenn man neben dem Reflektor einen oder mehrere Richtstäbe (Direktorstäbe) auf der dem Sender zugewandten Seite anbringt (**4.**94b). Diese Antenne ist nach dem japanischen Physiker Yagi benannt. Der Reflektor und die zusätzlichen Direktorstäbe nutzen die Laufzeit- und Phasenunterschiede zwischen der direkten Senderstrahlung und den von den Stäben aufgenommenen und wieder abgestrahlten Wellen. Solche Mehrelemente-Antennen sind in der Vorzugsrichtung wesentlich empfindlicher als einfache Dipole (**4.**95).

> **Antennengewinn.** Das Verhältnis der Empfangsspannung von Mehrelemente-Antennen zu der einfacher Dipolantennen heißt Antennengewinn. Er wird in dB angegeben und liegt je nach Konstruktion und Wellenbereich zwischen 3 und 18 dB.

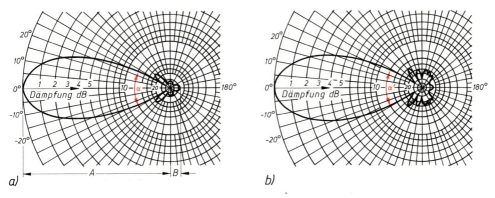

4.95 Yagi-Antenne, a) horizontale, b) vertikale Richtcharakteristik

Das Vor-Rückverhältnis ist ein weiterer Kennwert der Antenne (**4.95**a). Man versteht darunter das Verhältnis der Empfangsspannung aus der Vorzugsrichtung (0°, Spannung A) zur aufgenommenen Spannung in entgegengesetzter Richtung (180°, Spannung B). Es wird ebenfalls in dB angegeben und liegt zwischen 10 und 30 dB.

Aus der horizontalen und vertikalen Richtcharakteristik entnimmt man die Öffnungswinkel α und α'. Je kleiner sie sind, desto größer wird der Antennengewinn. Aus Bild **4.95** ist zu erkennen, daß die Antenne möglichst genau auf die zu empfangenden Sender eingerichtet werden muß.

Anpassungsübertrager. Um Reflexionen zu vermeiden, wird die Antennenenergie dem Empfänger über eine angepaßte Leitung zugeführt. Der Wellenwiderstand der Antennenableitung muß mit dem Fußpunktwiderstand der Antenne übereinstimmen (s. Abschn. 4.2) – sonst muß man einen Anpassungsübertrager zwischenschalten (**4.96**). Er paßt zugleich eine symmetrische Antenne (Dipol) an eine unsymmetrische Leitung (Koaxialleitung) an. Die Abschirmung der Koaxialleitung verhindert, daß die Antennenleitung Störspannungen aus Kraftfahrzeugen, Motoren, Schaltern usw. aufnimmt. Außerdem kann man diese Leitungen ohne Nachteil in Schutzrohren oder unter Putz verlegen.

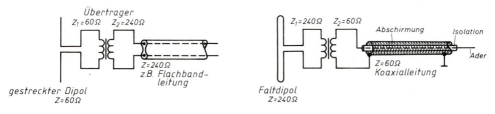

4.96 Anpassungsübertrager

Antennenweiche. Meist überträgt man über eine Antennenleitung mehrere Programme und Wellenbereiche. Um die gegenseitige Beeinflussung auszuschließen, entkoppelt man Antenne und Antennenleitung durch Zwischenglieder (Antennenweichen, **4.97**). Das gleiche geschieht am Empfänger-Eingang. Die Weichen am Anfang und Ende der Antennenleitung bestehen aus Hoch-, Tief- und Bandpässen. Sie haben eine Durchgangsdämpfung von 0,5 bis 2 dB. Die durch die Antennenweiche auftretende Dämpfung muß man evtl. durch einen Antennenverstärker ausgleichen.

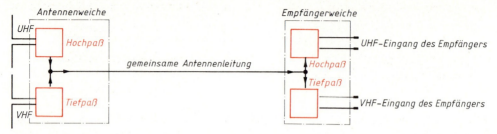

4.97 Mehrfachausnutzung der Antennenleitung am Beispiel von VHF- und UHF-Bereich (Antennenweiche)

> Anpassungsübertrager gleichen Wellen- und Fußpunktwiederstand einander an und passen den Dipol an die Koaxialleitung an. Antennenweichen ermöglichen den Empfang mehrerer Wellenbereiche über ein Antennenkabel.

Gemeinschaftsantennen für Tonrundfunk und Fernsehen gibt es in modernen Mehrfamilienhäusern. Dabei erhält jedes Empfangsgerät nur einen kleinen Teil der aufgenommenen Signalspannung, weil diese auf alle angeschlossenen Empfänger verteilt wird und dafür dämpfende Entkopplungsglieder erforderlich sind. Um einen einwandfreien Empfang mit allen angeschlossenen Geräten zu sichern, müssen folgende in den VDE-Bestimmungen festgelegten Mindest- und Höchstpegel an der letzten Antennensteckdose eingehalten werden (VDE 0855):

UKW (Stereoempfang)	Mindestpegel 40 dB µV	Höchstpegel 94 dB µV
Fernsehen, VHF-Bereiche	Mindestpegel 54 dB µV	Höchstpegel 88 dB µV
Fernsehen, UHF-Bereiche	Mindestpegel 57,5 dB µV	Höchstpegel 88 dB µV

Die unvermeidlichen Dämpfungen gleicht man durch Antennenverstärker aus (**4.**98). In Großgemeinschafts-Antennenanlagen mit sehr vielen Empfängeranschlüssen und sehr langen Verbindungskabeln schaltet man an mehreren Stellen Verstärkergruppen ein. Alle Leitungen müssen, um Reflexionen zu vermeiden, am Ende mit ihrem Wellenwiderstand abgeschlossen sein.

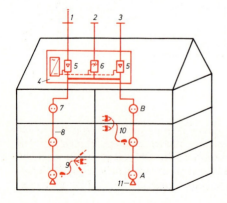

4.98
Gemeinschaftsantenne eines Mehrfamilienhauses
1 Rundfunkantenne
2 VHF-Fernsehantenne
3 UHF-Fernsehantenne
4 Gehäuse mit Netzgerät
5 Transistorverstärker
6 Bereichspaß
7 Gemeinschaftsantennen-Steckdose
8 Koaxialkabel
9 Rundfunkempfänger-Anschlußkabel
10 Fernsehempfänger-Anschlußkabel
11 Abschlußwiderstand

4.7.4 VDE-Sicherheitsbestimmungen für Antennenanlagen

VDE 0855 enthält alle Bedingungen zur Errichtung von Antennenanlagen. Die technischen Vorschriften der Deutschen Bundespost (Verfügung 334) stimmen im wesentlichen mit ihnen überein.

> Die wichtigsten Sicherheitsforderungen an den Antennenbauer sind ausreichende Festigkeit und Erdung der Antennenstandrohre.

Festigkeit. Für Antennenstandrohre muß eine hohe Festigkeit gewährleistet sein. Gas- und Wasserrohre sowie Rohre, die mit Muffen verbunden sind, erfüllen diese Bedingungen nicht. Antennenstandrohre dürfen bei Sturm nur abgebogen werden, nicht abbrechen. Stahlrohre müssen feuerverzinkt oder gleichwertig gegen Korrosion geschützt sein und im Einspannbereich eine Wanddicke von mindestens 2 mm haben. Das Standrohr ist am tragenden Bauteil mit zwei Halterungen zu befestigen, deren Abstand voneinander mindestens $1/6$ der gesamten Rohrlänge beträgt (**4.**99a). Verbindungen mit verschiedenen Metallen, bei denen Korrosionsgefahr durch Elementbildung besteht, sind zu vermeiden. Standrohre dürfen nicht mit Gips oder Kunststoffdübel am Mauerwerk befestigt werden. An Schornsteinen darf man Antennen nur in Ausnahmefällen befestigen. Die gesamte Antennenanordnung muß zuverlässig gegen Verdrehung gesichert sein. Bild **4.**99b faßt die wichtigsten Abstände von Starkstromfreileitungen bis 1000 V zusammen. Beim Abknicken von Antennenteilen muß die Berührung von Starkstromleitungen ausgeschlossen sein.

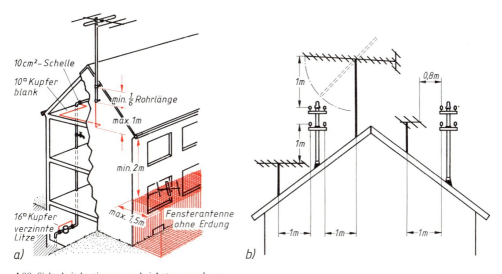

4.99 Sicherheitsbestimmungen bei Antennenanlagen
   a) Erdungsleitung innerhalb des Hauses
   b) Abstände von Starkstrom-Freileitungen bis 1000 V

Erdung. Zum Schutz gegen Blitzschäden und luftelektrische Überspannungen müssen die außerhalb von Gebäuden angebrachten leitfähigen Teile der Antennenanlage über eine Erdungsleitung mit einem Erder verbunden werden (**4.**99a). Die Verwendung von Rohrnetzen der

Elektrizitätsversorgungsunternehmen als Erder ist nur mit deren Genehmigung zulässig. Blitzschutzanlagen und Hauserder mit Erdsammelschiene, an die alle Metallsysteme angeschlossen werden, sind als Erder erlaubt. Wenn ein geeigneter Erder fehlt, bringt man Band- oder Staberder in den Erdboden.

Weitere Bestimmungen. Antennenanlagen dürfen die Arbeit des Schornsteinfegers nicht behindern. Zum Schutz der Vögel müssen alle Drähte und Leitungen mehr als 1 mm Durchmesser haben. Durch Antennenanlagen darf keine Brandgefahr entstehen.

Übungsaufgaben zu Abschnitt 4.7

1. Erklären Sie anhand einer Skizze die Wirkungsweise einer Antenne.
2. Was versteht man unter Polarisationsebene elektromagnetischer Wellen?
3. Warum sinken die Reichweiten der Bodenwellen mit zunehmender Senderfrequenz?
4. Wodurch entstehen Schwunderscheinungen?
5. Warum gibt es im UKW-Bereich keine Schwunderscheinungen?
6. Welche Hindernisse können den Empfang im UKW-Bereich beeinträchtigen?
7. Wodurch können auf dem Bildschirm Geisterbilder entstehen?
8. Nennen Sie Vor- und Nachteile der quasioptischen Wellenausbreitung.
9. Welche Felder werden von Lang-, Mittel- und Kurzwellenantennen aufgenommen? Begründen Sie Ihre Antwort.
10. Wodurch kommt es zur Richtwirkung der Ferritantenne (Peilantenne)?
11. Wie lang müssen die Dipolstäbe eines Dipols zum Empfang folgender Frequenzen sein?
 a) 88 MHz, b) 300 MHz, c) 470 MHz, d) 790 MHz.
12. Warum müssen Antennenwiderstand und Wellenwiderstand der Leitung übereinstimmen?
13. Was versteht man unter Öffnungswinkel und Antennengewinn?
14. Welche Aufgaben haben Antennenweichen?
15. Welche Mindest- und Höchstpegel gelten für den VHF-Bereich?
16. Wo sind die Bestimmungen zur Errichtung von Antennenanlagen zusammengestellt?
17. Warum darf man keine Gas- oder Wasserrohre als Antennenstandrohre verwenden?
18. Wie weit müssen die Einspannstellen des Antennenstandrohrs mindestens voneinander entfernt sein?
19. Welche Teile der Antennenanlage sind zu erden?
20. Welche Erder darf man für Antennenanlagen verwenden?

5 Rundfunkempfänger

5.1 Grundlagen der Rundfunkempfangstechnik

Im Rundfunksender werden hochfrequente Schwingungen erzeugt, die mit dem zu übertragenden niederfrequenten Signal moduliert werden. Das modulierte Signal wird über die Sendeantenne abgestrahlt. Rundfunksender im Lang-, Mittel- und Kurzwellenbereich arbeiten mit der Amplitudenmodulation (AM), UKW-Rundfunksender sind dagegen frequenzmoduliert (FM).

Aufbau eines Rundfunksenders (5.1). Das NF-Signal wird im Studio aufbereitet und durch einen Dynamikbegrenzer so begrenzt, daß eine Übersteuerung des Senders ausgeschlossen ist. Die Trägerschwingung wird im Steuersender von einem Quarzoszillator erzeugt. Außer der Grundschwingung, die mit größter Amplitude auftritt, entsteht eine Vielzahl Oberwellen. Um diese Oberwellen zu unterdrücken, sind dem Steuersender mehrere abgestimmte Verstärkerstufen nachgeschaltet. Die Trägerschwingungen und das NF-Signal werden dem Modulator zugeführt. Leistungsverstärker bringen die modulierten Schwingungen auf die gewünschte Amplitude, und die sorgfältig angepaßte Antenne strahlt sie ab.

Der Rundfunkempfänger nimmt über die Antenne die elektromagnetischen Wellen des Senders auf, verstärkt sie und formt sie in akustische Signale um.

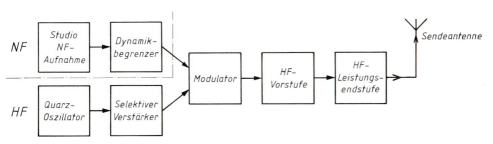

5.1 Blockschaltplan eines Rundfunksenders

Versuch 5.1   Ein nicht entstörter Spielzeugmotor (oder ein Haushaltsgerät) wird mit einem Rundfunkempfänger gemeinsam in Betrieb gesetzt. Das Ausgangssignal des Empfängers wird oszillografiert.

Ergebnis   Starke Störungen werden sichtbar.

Empfangsstörungen. Auf dem Übertragungsweg und über die Netzzuleitung können vielfältige Störungen auftreten und in den Empfänger gelangen. Sie beeinträchtigen den Rundfunkempfang und machen ihn manchmal sogar unmöglich.

Der Name Funktechnik ist von „Funken" hergeleitet. Wo elektrische Funken auftreten, werden Schwingungen hervorgerufen und abgestrahlt. Sehr energiereiche Funken sind Blitze. Jeder weiß aus Erfahrung, daß niedergehende Blitze im Rundfunkempfänger auf der Kurz-, Mittel- und Langwelle heftige Krachgeräusche verursachen. Zu den Gewitterstörungen kommen noch andere meteorologische Störungen, z.B. elektrische Aufladungen der Atmosphäre. Man nennt sie atmosphärische Störungen.

In elektrischen Anlagen gibt es an vielen Stellen Schalter, Unterbrecher, Wähleinrichtungen, Motoren usw., an denen Funken und damit hochfrequente Schwingungen auftreten. Solche Stellen wirken wie Sender. Die vom Funken erzeugten Frequenzen sind sehr verschieden und so vielfältig (breitbandig), daß sie die Skala der Rundfunkwellen überstreichen. Die Folge davon ist, daß die Störwellen alle von den Rundfunksendern gesendeten Wellen zusätzlich modulieren. Dabei handelt es sich um Amplitudenmodulationen. Bei der Wiedergabe erzeugen sie Verzerrungen, Prasseln und Knacken.

> Funken verursachen hochfrequente Schwingungen, die den Rundfunkempfang stören.

Die Abstrahlung der Störwellen in den Raum ist auf einen kleinen Umkreis beschränkt, doch breiten sich die Wellen intensiv längs der von der Störquelle ausgehenden Leitung aus, weil sie auf einer Leitung weniger schnell an Energie verlieren.
Hochfrequente Wechselströme treten auch bei Thyristoren in Phasenanschnittsschaltungen auf (z. B. Dimmer). Die steilflankigen Stromanstiege haben ein sehr breites Frequenzspektrum.

Versuch 5.2 Versuch 5.1 wird wiederholt, jedoch werden Störschutzkondensatoren und -drosseln zugeschaltet (**5.**2).

Ergebnis Es gelangen keine oder nur sehr geringe Störschwingungen zum Empfänger.

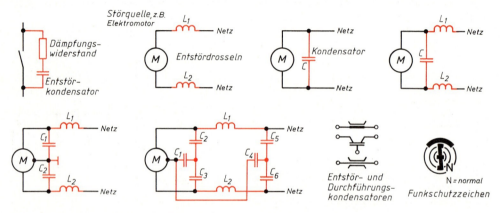

5.2 Entstörmaßnahmen (Schaltung von Entstörkondensatoren und -drosselspulen)

Entstörfilter. Um Störschwingungen zu unterdrücken oder abzuschwächen, benutzt man Drosseln und Kondensatoren. Der induktive Widerstand einer Störschutzdrossel muß so groß sein, daß Frequenzen ab 120 kHz nicht mehr durchgelassen werden; gleichzeitig darf die Netzspannung an ihnen keinen merkbaren Spannungsabfall hervorrufen. Je näher die Drosseln an der Störquelle liegen, desto wirksamer werden sie, denn jedes Stück freier Zuleitung wirkt wie eine Antenne.
Zusätzlich zu den Drosseln schaltet man Störschutzkondensatoren in den Stromkreis. Man legt sie parallel zur Störquelle. Damit möglichst wenig Störenergie abgestrahlt werden kann, schaltet man die Kondensatoren ebenfalls nahe an die Störquelle.

> Störschutzkondensatoren schaltet man parallel und – wie die Drosseln – möglichst nah zur Störquelle.

Bild **5**.2 zeigt die wichtigsten Entstörmaßnahmen. Sie sind mit den entsprechenden Vorschriften in VDE 0875 festgelegt. Entstörkondensatoren haben Kapazitäten zwischen 2 nF und 100 nF. Funkentstörte Geräte tragen das Funkschutzzeichen.

Störungen durch Funkenbildung sind amplitudenmoduliert und wirken deshalb vor allem in den AM-Bereichen. Der UKW-Rundfunk mit seiner Frequenzmodulation ist viel unempfindlicher gegen diese Störungen – ein bedeutender Vorteil des FM-Rundfunks.

Andere Störungen. Die Ausbreitung und Reflexion elektromagnetischer Schwingungen bedingen den Schwund (Fading). Außerdem können durch hohe Gebäude Schattenzonen entstehen, die den Rundfunkempfang beeinträchtigen (s. Abschn. 4.7). Andere Störungen werden durch die Überlagerungen der Wellenbereiche mit Sendern verursacht. Die Überlagerung und Beeinflussungen entstehen z.T., erst im Rundfunkempfänger und können kaum rückgängig gemacht werden.

Aufbau eines Rundfunkempfängers (Geradeaus-Empfänger, **5**.3). Die elektromagnetischen Wellen werden durch die Antenne in hochfrequente elektrische Spannungsschwankungen umgesetzt. Der Hochfrequenzverstärker wählt aus den vielen verschiedenen Senderfrequenzen die gewünschte aus und verstärkt sie auf einen Spannungswert, der die folgende Empfängerstufe steuern kann. Die Schwingungen werden demoduliert, d.h., die im Sender aufmodulierte Signalspannung wird von der Trägerwelle befreit. Das so gewonnene niederfrequente Signal wird verstärkt und dem Lautsprecher (akustischer Wandler) zugeführt.

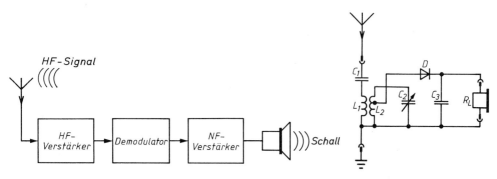

5.3 Blockschaltplan eines Rundfunkempfängers (Geradeaus-Empfänger) **5**.4 Detektorempfänger

Geradeaus-Empfänger. Bild **5**.4 zeigt die Schaltung eines Detektorempfängers. Er ist der einfachste AM-Empfänger und zugleich Grundlage für andere Empfängerschaltungen.

Der Kondensator C_1 trennt die Empfangsantenne vom Empfänger. Über die Spule L_1 wird die Antenne an den Schwingkreis angepaßt. Die Spule überträgt die Antennenspannung durch induktive Kopplung auf den Parallelschwingkreis L_2 C_2. Mit dem Drehkondensator stellt man die gewünschte Empfangsfrequenz ein (Abstimmkreis). Aus den vielen eingekoppelten Senderfrequenzen wird durch die Resonanzüberhöhung des Schwingkreises die gewünschte Empfangsfrequenz hervorgehoben. Durch die Anzapfung der Schwingkreisspule vermeidet man eine starke Kreisdämpfung.

Der Demodulator besteht aus der Diode D, dem Ladekondensator C_3 und dem Lastwiderstand R_L (Arbeitswiderstand). Der Lastwiderstand ist in diesem Fall ein Kopfhörer, also ein elektroakustischer Wandler. Durch das Zusammenwirken der Bauelemente ergibt sich am Lastwiderstand das niederfrequente Signal, dessen Größe beim Empfang des Ortssenders für eine geringe Lautstärke im Kopfhörer ausreicht. (Demodulationsvorgang s. Abschn. 5.2.4)

> Von einem Geradeaus-Empfänger spricht man, wenn das Signal auf direktem Weg (ohne Umsetzung in einen anderen Frequenzbereich) von der Empfangsantenne zum NF-Verstärker gelangt.

Die ersten Rundfunkgeräte waren solche Geradeaus-Empfänger. Eine Verbesserung der Empfangslautstärke bringt der Geradeaus-Empfänger nach Bild **5.**5. Der Lastwiderstand ist hier durch ein Potentiometer ersetzt, das als Spannungsteiler wirkt. Die Steuerspannung, die den folgenden NF-Verstärker speist, kann man damit in gewissen Grenzen verändern.

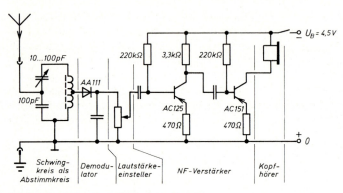

5.5 Geradeaus-Empfänger (Einkreisempfänger)

Mit solchen Einkreisempfängern ist meist nur ein kräftiger Ortssender befriedigend zu empfangen (Mittel- oder Langwelle). Bei entfernteren Sendern muß man das Antennensignal durch mehrere HF-Stufen verstärken. Heute werden Geradeaus-Empfänger nicht mehr gebaut, weil sie die Anforderungen an Trennschärfe und Empfindlichkeit nur mit großem Aufwand erfüllen können. Statt dessen hat man Schaltungen entwickelt, mit denen man alle zu empfangenden Frequenzen auf eine konstante Frequenz (Zwischenfrequenz) umsetzt und in mehrstufigen Verstärkern mit festabgestimmten Schwingkreisen und Filtern verstärkt (Überlagerungsempfänger).

Übungsaufgaben zu Abschnitt 5.1

1. Warum wird die Trägerschwingung eines Rundfunksenders durch Quarzoszillatoren erzeugt?
2. In den AM-Bereichen machen sich atmosphärische Störungen stärker bemerkbar als im FM-Bereich. Begründen Sie diese Erscheinung.
3. An welchen Stellen entstehen an elektrischen Anlagen Störungen? Erklären Sie die Wirkung der Störungen.
4. Durch welche Maßnahmen lassen sich Störungen unterdrücken? Erklären Sie die Wirkung der Maßnahmen.
5. Welche Aufgabe hat der Parallelschwingkreis im Detektorempfänger?
6. Erklären Sie den Begriff „Geradeaus-Empfänger".

5.2 Überlagerungsempfänger (Super)

Super ist eine Abkürzung von „Superheterodyne-Empfänger" (super: lat. über; hetero: gr. andersartig, fremd; dyne: gr. Kraft; also etwa „über eine andere Kraft").

> Überlagerungsempfänger oder Super sind leistungsfähige Rundfunkempfänger, in denen die Eingangsfrequenzen durch Mischen mit einer Oszillatorfrequenz auf eine Festfrequenz (Zwischenfrequenz) umgesetzt werden.

Aufbau und Funktion (5.6). Die von der Antenne aufgenommenen HF-Signale werden in der Eingangsstufe verstärkt. In einfachen Schaltungen besteht die Eingangsstufe nur aus der Antennenkopplung und dem Eingangsschwingkreis. In der Eingangsstufe wird die gewünschte Senderfrequenz f_e durch einen oder zwei Schwingkreise (Abstimmkreise) hervorgehoben, ausgewählt (selektiert) und dem Mischer (Mischstufe) zugeführt. Gleichzeitig wird der Mischstufe eine im Oszillator erzeugte hochfrequente Wechselspannung mit der Oszillatorfrequenz f_o zugeleitet. In der Mischstufe entsteht aus beiden Frequenzen eine neue konstante Frequenz, die Zwischenfrequenz f_z.

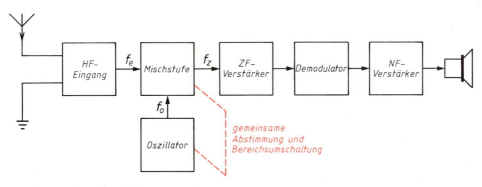

5.6 Blockschaltplan eines Überlagerungsempfängers (Super)

> Bei richtiger Einstellung und Abstimmung des Oszillators ist die Zwischenfrequenz stets gleich.

Bedingung dafür ist, daß der Eingangs- und der Oszillatorschwingkreis gleichzeitig und gleichmäßig abgestimmt werden (Gleichlauf). Der Zwischenfrequenzverstärker (ZF-Verstärker) arbeitet mit 4 bis 10 fest abgestimmten Schwingkreisen. Er verstärkt das Nutzsignal und blendet unerwünschte Fremdsignale aus. Der Demodulator erzeugt aus dem modulierten Zwischenfrequenzsignal die niederfrequente Signalspannung, die über Vor- und Leistungsverstärker dem Lautsprecher zugeführt wird.

Differenzfrequenz. Gegenüber dem Geradeaus-Empfänger beschreitet die Signalverarbeitung im Überlagerungsempfänger also einen Umweg, indem das aufgenommene modulierte HF-Signal mit einer im Empfänger erzeugten HF-Schwingung gemischt wird. Dabei entstehen am

Ausgang der Mischstufe vier verschiedene Frequenzen (**5.**7): die eingespeisten Eingangsfrequenz f_e und Oszillatorfrequenz f_o, ihre Summenfrequenz und ihre Differenzfrequenz f_z. Die letzte wird durch den Zwischenfrequenzverstärker ausgesiebt und verstärkt. Liegt die Oszillatorfrequenz immer um den gleichen Betrag o b e r h a l b der Eingangsfrequenz, erhält man bei allen Empfangsfrequenzen die gleiche, vorher festgelegte Differenzfrequenz als Zwischenfrequenz f_z. Die Zwischenfrequenz entsteht nach der Gleichung

$$f_z = f_o - f_e$$

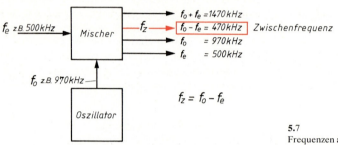

5.7
Frequenzen am Ein- und Ausgang der Mischstufe

Beispiel 5.1   Frequenzverhältnisse für den Mittelwellenbereich

Eingangsfrequenz f_e	Oszillatorfrequenz f_o	Summenfrequenz	Differenzfrequenz f_z
500 kHz	970 kHz	1470 kHz	470 kHz
1000 kHz	1470 kHz	2470 kHz	470 kHz
1500 kHz	1970 kHz	3470 kHz	470 kHz

Die Schwingkreise des Zwischenfrequenzverstärkers werden auf die Differenzfrequenz (Zwischenfrequenz) abgestimmt.

Die heute gebräuchlichen Zwischenfrequenzen für die AM-Bereiche liegen zwischen 460 und 472 kHz, für den UKW-Bereich auf 10,7 MHz, im Fernsehempfänger auf 5,5 MHz (Ton-ZF).

Versuch 5.3   Der Antenneneingang des Rundfunkgeräts wird mit einem modulierten Meßsender verbunden. Den Empfänger stellt man auf 600 kHz ein, den Meßsender zunächst ebenfalls auf 600 kHz. Im Lautsprecher ertönt der Modulationston des Meßsenders. Nun wird die Frequenz des Meßsenders um den doppelten Betrag der im Gerät verwendeten ZF erhöht (z. B. 600 kHz + 2 · 470 kHz = 1540 kHz).

Ergebnis   Auch jetzt wird der Modulationston des Meßsenders hörbar.

Spiegelfrequenzstörung. Der Überlagerungsempfänger hat auch einen Nachteil: Wird gleichzeitig ein zweiter Sender empfangen, dessen Sendefrequenz um den Betrag der Zwischenfrequenz o b e r h a l b der Oszillatorfrequenz f_o liegt, bildet dieser mit der Oszillatorfrequenz ebenfalls die Zwischenfrequenz f_z. Weil die Empfangsfrequenz f_e und die Störfrequenz spiegelbildlich zur Oszillatorfrequenz f_o liegen, spricht man beim Störsender auch vom Spiegelfrequenzsender. Seine Sendefrequenz ist die Spiegelfrequenz f_{sp}.

Der ZF-Verstärker verstärkt gleichzeitig das gewünschte Sendesignal und das Signal des störenden Spiegelfrequenzsenders.

Hinter der Mischstufe können beide Sender nicht mehr voneinander getrennt werden. Die Spiegelfrequenz errechnet man nach der Formel

Spiegelfrequenz $f_{sp} = f_o + f_z$
$f_{sp} = f_e + 2\,f_z.$

Bild **5.**8 zeigt die Lage der Spiegelfrequenz zur Empfangsfrequenz f_e und Oszillatorfrequenz f_o im Frequenzdiagramm.

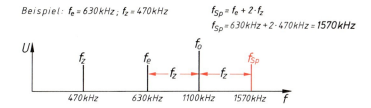

5.8
Lage der Spiegelfrequenz
im Frequenzdiagramm

Es wurde bereits darauf hingewiesen, daß bei der Abstimmung eines Überlagerungsempfängers auf einen Sender nicht nur der Eingangs-, sondern auch der Oszillatorschwingkreis abzustimmen sind, denn mit der Eingangsfrequenz muß gleichzeitig die Oszillatorfrequenz geändert werden. Dabei müssen die Abstände der Oszillatorfrequenz und der Eingangsfrequenz stets gleich bleiben.

Wie sich beim Eindrehen der Abstimmkondensatoren die Oszillatorfrequenz f_s gleichlaufend ändert, zeigt Bild **5.**9. Dabei bleiben die Abstände (Differenzfrequenzen) zwischen den drei Frequenzen f_e, f_o und f_z gleich.

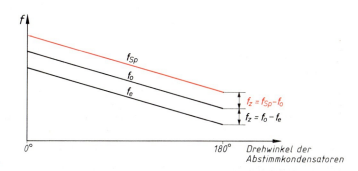

5.9
Lage der Spiegelfrequenz zu
Eingangs- und Oszillatorfrequenz

Wegen des möglichen Spiegelfrequenzempfangs können bestimmte Sender innerhalb des Empfangsbereichs zweimal empfangen werden – einmal an der richtigen, eingestellten Stelle der Skala und einmal als Spiegelfrequenzsender.

Spiegelfrequenzbereich. Bild **5.**10 zeigt die Spiegelfrequenzbereiche für das Mittelwellenband und das UKW-Band II. Im MW-Band überschneiden sich die beiden Bänder. Sender in diesem Bereich können also als Spiegelfrequenzsender auftreten und am unteren Bandende zwischen 550 und 560 kHz den Empfang stören. Das kann vor allem in den Kurzwellenbändern geschehen, weil hier die Überlappungen besonders groß sind. Im UKW-Band entstehen keine Überlappungen.

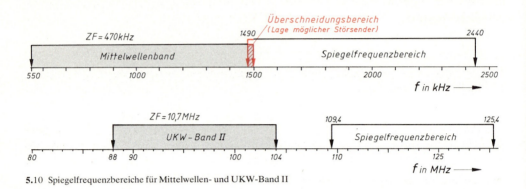

5.10 Spiegelfrequenzbereiche für Mittelwellen- und UKW-Band II

Meist lassen sich die Spiegelfrequenzstörungen durch einen auf den Überschneidungsbereich fest abgestimmten Vorkreis unterdrücken. Man schaltet diesen Vorkreis als Eingangskreis vor die Mischstufe. In der Regel verursachen nur starke Ortssender Spiegelfrequenzstörungen, weil nur sie das Sperrfilter am Empfänger-Eingang überwinden können.

ZF-Störsender können ebenfalls im Überlagerungsempfänger auftreten. Es kommt auch vor, daß starke Sender auf oder dicht neben der Zwischenfrequenz arbeiten. Diese Sender werden bei allen Eingangsfrequenzen vom Gerät aufgenommen und überlagern die Nutzsignale der gewünschten Sender (Pfeifstellen).

> Sender, die um den Betrag der Zwischenfrequenz voneinander arbeiten, bilden bei ausreichenden Amplituden die Zwischenfrequenz und werden deshalb vom Empfänger aufgenommen und verstärkt.

Die Zwischenfrequenz muß darum in eine Lücke des Wellenbands gelegt werden.

ZF-Saug- oder -Sperrkreise ordnet man im Antennenkreis oder vor dem Mischer für die Zwischenfrequenz an, um ZF-Störsender und ZF-Einstrahlungen zu verhindern. Sie unterbinden nicht nur den Empfang von Störsendern, die auf der Zwischenfrequenz arbeiten, sondern auch die ZF-Abstrahlung des eigenen Geräts über die Antenne.

5.2.1 Antennenkopplungen und HF-Eingangsstufen

Antennenersatzschaltung. Im Abschn. 4.7.3 wurde dargestellt, daß Empfangsantennen offene Schwingkreise sind. Antennen für die Lang-, Mittel- und Kurzwellenbereiche nehmen meist die elektrischen Felder des Senders auf; sie wirken dabei durch ihre Kapazitäten. Die Ersatzschaltung dieser Antennen besteht darum aus der Reihenschaltung eines Kondensators von etwa

200 pF und eines Wirkwiderstands. Die in der Antenne wirksame Energie stellt man durch das Symbol eines Generators dar. Mit der Induktivität im Empfängereingang bildet die Antenne einen Schwingkreis (**5.**11). Der Wirkwiderstand der Antenne bedämpft den Schwingkreis. Die Antennenkapazität bestimmt die Resonanzfrequenz des Kreises.

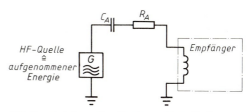

5.11 Ersatzschaltung einer Empfangsantenne für die AM-Bereiche

> Je nach Art der Antennenkopplung wirkt sich die Antenne mehr oder weniger auf den Eingangsschwingkreis aus.

Kapazitive Kopplung. Bei der kapazitiven Antennenankopplung wird die Antenne über einen Kondensator entweder mit dem Scheitelpunkt (Spannungskopplung) oder mit dem Fußpunkt (Stromkopplung) des Eingangsschwingkreises verbunden.

Spannungskopplung. Die Kopplung am Scheitelpunkt geschieht über einen kleinen Kondensator C_k (**5.**12). Die Antennenkapazität und der Koppelkondensator liegen in Reihe; beide beeinflussen die Resonanzfrequenz des Eingangsschwingkreises, besonders bei ausgedrehtem Drehkondensator C. Um die Einwirkung des Koppelkondensators möglichst gering zu halten, muß seine Kapazität klein sein (z. B. 22 pF). Für hohe Frequenzen ist der kapazitive Widerstand X_c des Koppelkondensators geringer als bei niedrigen. Sender im oberen Teil des Frequenzbands werden dadurch bevorzugt; gleichzeitig steigt die Gefahr des Spiegelfrequenzempfangs. Spannungskopplungen werden daher nur bei sehr einfachen Taschenempfängern vorgesehen.

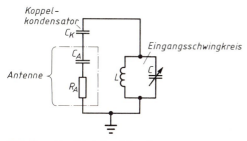

5.12 Kapazitive Scheitelpunktkopplung (Spannungskopplung)

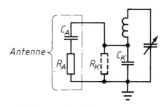

5.13 Kapazitive Fußpunktkopplung (Stromkopplung)

Stromkopplung. Bei der kapazitiven Fußpunktkopplung wird der Antennenstrom über den Koppelkondensator C_k (3 bis 4,7 nF) geleitet. Der Koppelkondensator liegt mit dem Abstimmungskondensator C gemeinsam im Eingangsschwingkreis (**5.**13).

Am kapazitiven Widerstand des Koppelkondensators entsteht durch den Antennenstrom eine HF-Spannung. Weil der kapazitive Widerstand des Koppelkondensators mit steigender Frequenz abnimmt, sind in dieser Schaltung Sender am unteren Bandende (550 kHz) bevorzugt. Die Fußpunktkopplung wirkt daher umgekehrt wie die Scheitelpunktkopplung.

Brummunterdrückung. Für die Netzfrequenz ist der Koppelkondensator C_k ein besonders hoher Widerstand. Einstrahlungen auf die Antennenzuleitungen durch das Netz verursachen an ihm Brummspannungen mit Netzfrequenz. Deshalb erweitert man die Schaltung häufig durch einen Widerstand R_k zu einem RC-Tiefpaß. Seine obere Grenzfrequenz liegt zwischen der Frequenz des letzten Langwellensenders (150 kHz) und der Netzfrequenz (50 Hz).

Induktive Kopplung. Hierbei koppelt man die Antenne über eine Koppelspule an, die mit der Spule des Eingangsschwingkreises einen Übertrager bildet (**5.**14). Die Koppelspule bildet mit der Antenne einen Schwingkreis. Seine Resonanzfrequenz darf nicht in den Abstimmbereich fallen, weil sich für Sender dieser Frequenz viel größere Spannungen ergäben als für Sender außerhalb der Resonanzfrequenz. Die Trennschärfe des Geräts würde dadurch beeinträchtigt.

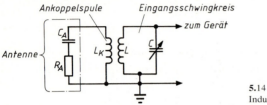

5.14
Induktive Kopplung

Niederinduktive Kopplung. Bei geringer Induktivität der Koppelspule (niederinduktive Kopplung) liegt die Resonanzfrequenz des Antennenkreises oberhalb des Abstimmkreises. Dadurch steigt die Gefahr des Spiegelfrequenzempfangs.

Hochinduktive Kopplung. Günstiger ist es, die Induktivität der Koppelspule groß zu machen (hochinduktive Kopplung), weil die Resonanzfrequenz dann unterhalb des Empfangsbereichs liegt. Der Antennenkreis wird für hohe Frequenzen unempfindlicher, damit die Gefahr des Spiegelfrequenzempfangs geringer. Allerdings steigt die Kreisempfindlichkeit am unteren Bandende und damit im Bereich der Zwischenfrequenz. Abhilfe wird durch ZF-Saug- oder -Sperrkreise geschaffen.

> Die Art der Antennenankopplung beeinflußt die Empfindlichkeit und die Störmöglichkeiten eines Empfängers.

Bild **5.**15 stellt die Antennenkreis-Resonanzkurve für den Mittelwellenbereich grafisch dar. Es ist deutlich zu erkennen, daß ein ZF-Saugkreis die hohe Empfindlichkeit für ZF-Einkopplungen herabsetzt.

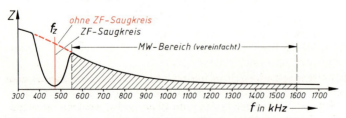

5.15 Antennenkreisresonanz bei hochinduktiver Kopplung (MW-Bereich)

Bild **5.**16 zeigt einen Schaltungsauszug aus einem Rundfunkgerät. Für den Kurzwellenbereich ist eine induktive Kopplung vorgesehen. Die Koppelspule L_1 überträgt die Antennenenergie auf den Eingangsschwingkreis für Kurzwellen. Die Ankopplung der Antenne für den Lang- und Mittelwellenbereich erfolgt über eine kapazitive Fußpunktkopplung. Das *RC*-Glied dient der Brummunterdrückung. In der Antennenleitung liegen Trennkondensator und ZF-Sperrkreis. Für die Bereichsumschaltung sind Tastenkontakte vorgesehen.

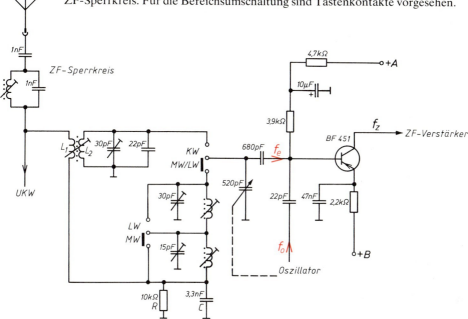

5.16 Schaltungsbeispiel für Antennenkopplung

Ferritantenne. Die Wirkung der Ferritantenne ist in Abschn. 4.7.3 dargestellt. Ferritantennen verwendet man meist zum Empfang der Sender im Lang- und Mittelwellenband. In einfachen Empfängern arbeitet die Ferritantenne ohne zusätzliche Anschlußmöglichkeit einer Außenantenne (**5.**17).

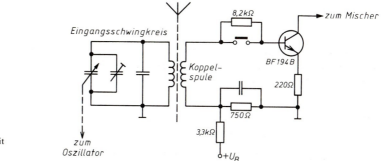

5.17
Einfache Ferritantenne
ohne Anschlußmöglichkeit
einer Außenantenne

Der Eingangsschwingkreis ist getrennt von der Koppelspule. Er wird mit dem Drehkondensator auf die gewünschte Empfangsfrequenz abgestimmt. Das magnetische Wechselfeld der entstehenden Resonanzfrequenz wird im Ferritstab verstärkt und über die Koppelspule dem Eingangstransistor oder der Mischstufe zugeführt.

In der Schaltung nach Bild **5.**18 arbeitet die Ferritantenne im Mittel- und Langwellenbereich. Im Kurzwellenbereich wird die Antennenspannung über eine Anzapfung in den Eingangsschwingkreis gekoppelt. Weil die Antenne nicht parallel zum Gesamtschwingkreis liegt, bedämpft sie den Eingangsschwingkreis nicht so stark. Über eine Koppelspule leitet man die Antennenspannung dem HF-Transistor zu. Die Außenantenne wird hier nicht mit der Ferritantenne verbunden.

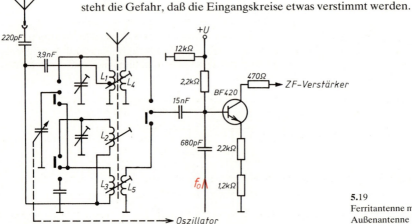

5.18
Ferritantenne und Außenantenne

Im Beispiel **5.**19 ist die Ferritantenne mit der Außenantenne verbunden. Die Spulen der Eingangskreise werden in den verschiedenen Wellenbereichen miteinander kombiniert, die Kreise durch Trimmer und durch Verschieben der Spulen auf dem Ferritstab abgeglichen. Die Koppelspule L_5 wirkt für den Mittel- und Langwellenbereich. Diese Schaltung erfordert nur wenige Umschaltkontakte. Beim Anschluß verschiedener Außenantennen besteht die Gefahr, daß die Eingangskreise etwas verstimmt werden.

5.19
Ferritantenne mit angekoppelter Außenantenne

Autoantennen sind verhältnismäßig kurze Antennenstäbe mit ziemlich langen, abgeschirmten Ableitungen. Dadurch entsteht am Empfängereingang nur eine geringe Spannung. Außerdem wirken sich die Antennenkapazität und die Kapazität der Zuleitungen auf den Eingangsschwingkreis aus. Deshalb sind beim Autoempfänger besondere Maßnahmen zur Antennenankopplung nötig. Antennen- und Zuleitungskapazitäten benutzt man als Schwingkreiskapazitäten.

Bild **5.**20 zeigt zwei Grundschaltungen. In **5.**20a wird die Antenne über einen Kondensator C_1 am Fußpunkt des Eingangsschwingkreises eingekoppelt. Die Antennen- und Zuleitungskapazitäten C_A und C_L liegen parallel zu C_1 und bilden einen Teil des Schwingkreises. Unterschiedliche Kabel- und Antennenkapazitäten gleicht man bei der Montage durch entsprechendes Einstellen des Trimmers C_1 aus.

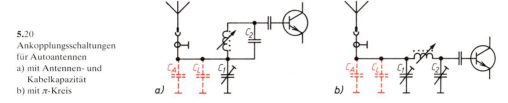

5.20
Ankopplungsschaltungen
für Autoantennen
a) mit Antennen- und Kabelkapazität
b) mit π-Kreis

Das Beispiel in **5.**20b zeigt die Erweiterung des Eingangskreises durch die Antennen- und Leitungskapazität zu einem π-Kreis (π-Filter s. Abschn. 1.5.4.7). Der Schwingkreis wirkt als Bandpaß für einen schmalen Frequenzbereich mit steilen Flanken. Die Schaltung hat den Vorteil, daß die natürlichen Kapazitäten der Antenne und der Zuleitung parallel zur Kapazität C_1 liegen und deshalb sehr einfach in den Eingangskreis einbezogen werden können. Einen entsprechenden Schaltungsauszug aus einem Autoempfänger zeigt Bild **5.**21.

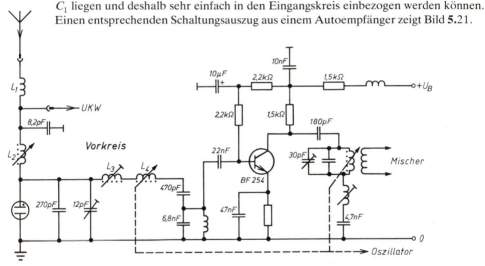

5.21 Schaltungsauszug aus einem Autoempfänger (MW)

> Beim Autoempfänger wird die Empfangsantenne zum Bestandteil des Eingangskreises.

Der vereinfachte Schaltplan stellt nur den Mittelwellenbereich dar. Im Antenneneingang liegt die UKW-Drossel L_1, die den Bereich über 120 MHz dämpfen soll. Der ZF-Sperrkreis ist mit L_2 und einem Festkondensator aufgebaut. Zum Ableiten statischer Aufladungen der Antenne dient eine kleine Glimmlampe. Der π-Eingangskreis ist deutlich zu erkennen. Das Sendersignal wird einer HF-Verstärkerstufe zugeführt, die über einen weiteren abstimmbaren Schwingkreis (Zwischenkreis) die Eingangsfrequenz zum Mischer liefert. Die Vorselektion (Selektion, lat.: Auslese) durch den Eingangskreis und die Wirkung des Zwischenkreises ergeben eine hohe Trennschärfe bei großer Empfangsleistung.

Die Ankopplung der UKW-Antennen an die Empfänger-Eingänge erfolgt über Anpassungsübertrager, also induktiv. Der Übertrager wird so ausgelegt, daß der Wellenwiderstand der Antenne und deren Ableitung an die Impedanz des Verstärkereingangs angepaßt werden. Außerdem ergänzt man meist beide oder die Sekundärwicklung des Übertragers durch Parallelkapazitäten zu Schwingkreisen. Dadurch steigert man die Empfindlichkeit des Geräts. Die Resonanzkreise haben geringe Kreisgüten, also große Bandbreiten. Sie werden auf Bandmitte abgestimmt (**5.**22a).

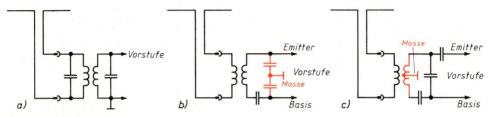

5.22 UKW-Antennenkopplungen
  a) Ankopplung über breitbandige Schwingkreise
  b) Zwischenbasisschaltung mit kapazitivem Spannungsteiler
  c) Zwischenbasisschaltung mit induktivem Spannungsteiler

> Im UKW-Bereich erweitert man häufig den Eingangs-Übertrager zu einem breitbandigen Schwingkreis und steigert so die Empfindlichkeit.

FM-Vorstufe. In FM-Empfängern werden die Transistoren der Vorstufe sehr oft in Basisschaltung betrieben. Dadurch ergeben sich für den Transistor eine höhere Grenzfrequenz und eine sehr geringe Rückwirkung. Außerdem ist im UKW-Bereich der Eingangswiderstand der Basisschaltung größer als der der Emitterschaltung. Dadurch wird der Eingangskreis weniger bedämpft.

HF-Vorstufe im UKW-Bereich. UKW-Empfänger betreibt man mit HF-Vorstufen. Die Vorstufe verstärkt das Antennensignal und mindert die Gefahr, daß die Oszillatorfrequenz über Eingangskreis und Antenne abgestrahlt wird.

Zwischenbasisschaltung. UKW-Vorstufen arbeiten manchmal in Zwischenbasisschaltung. Dabei liegt der Massepunkt des Transistors (Bezugspunkt) weder an der Basis noch am Emitter, sondern zwischen beiden, weil der Eingangsschwingkreis einen kapazitiven (**5.**22b) oder induktiven Abgriff (**5.**22c) hat, der den Bezugspunkt entsprechend verlagert. Die Eigenschaften der Stufe werden dadurch verbessert: Je nach Lage des Anzapfungspunkts kann man den Eingangswiderstand der Stufe so bemessen, daß die Kreisdämpfung gering wird und gleichzeitig die Rückwirkung des Transistors klein bleibt.

Stabantennen. Verwendet man Stabantennen als Empfangsantennen, ergeben sich andere Eingangsschaltungen. Die Schaltung des Reiseempfängers (**5.**23a) arbeitet mit einer aperiodischen Vorstufe, d.h., das vollständige Antennensignal wird ohne Vorselektion der Empfangsfrequenz dem Eingangstransistor zugeführt. In der Antennenleitung liegen Oberwellendrossel und Ankoppelkondensator. Der Transistor arbeitet in Basisschaltung. Dadurch bleibt die Rückwirkung der Stufe klein. Im Kollektorkreis der Stufe liegt der erste Abstimmkreis.

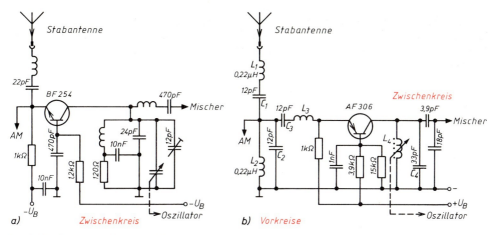

5.23 UKW-Eingangsschaltungen mit Stabantenne
a) Reisesuper b) Autoempfänger

Bild **5.23**b zeigt als Schaltungsausschnitt die Eingangsstufe eines Autoempfängers. Über Oberwellensperrdrossel L_1 und Trennkondensator C_1 gelangt die Antennenspannung an den Eingangskreis C_2, L_2, der fest auf Bereichsmitte abgestimmt ist. Von seinem Scheitelpunkt gelangt die Spannung über den Serienkreis $C_3 L_3$ an den Emitter des Transistors. Im Zwischenkreis liegt das UKW-Variometer L_4 als Abstimmelement. Es bildet zusammen mit C_4 den Resonanzkreis. Über einen kapazitiven Spannungsteiler wird der Mischer angekoppelt.

Antennenkopplung in Heimempfängern. In Heimempfängern schließt man die Antenne unsymmetrisch über einen 75 Ω-Normeingang an (**5.24**). Im dargestellten Beispiel gelangt die Antennenspannung über einen Trennkondensator zur Koppelspule L_1 und von dort induktiv auf den Vorkreis L_2, C_1, C_2. Der Kreis wird mit einem Kapazitätsdiodenpaar abgestimmt. Über den Serienkreis $C_3 L_3$ gelangt das Signal auf den Emitter des HF-Vorstufentransistors. Der Transistor arbeitet in Basisschaltung; in seinem Kollektorkreis liegt ein weiterer abstimmbarer Schwingkreis (Zwischenkreis). Die Vorstufe verstärkt die Empfangsspannung, gleichzeitig werden die Abstrahlung der Oszillatorfrequenz über die Antenne und das Rauschen geringer.

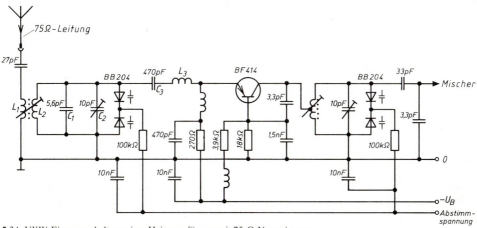

5.24 UKW-Eingangsschaltung eines Heimempfängers mit 75-Ω-Normeingang

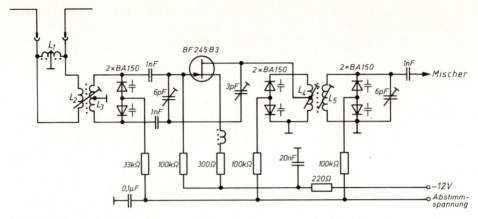

5.25 UKW-Eingangsschaltung mit FET

In Spitzengeräten (**5.**25) schaltet man ein zweikreisiges abstimmbares Bandfilter zwischen HF-Vorstufe und Mischer. Alle Kreise werden mit Kapazitätsdioden abgestimmt.

Das Antennensignal gelangt über die Koppelspule L_2 auf den Vorkreis. L_1 verhindert die Abstrahlung der Oszillator-Oberwellen. Der Vorkreis steuert den Feldeffekttransistor. Feldeffekttransistoren sind rauscharm und kreuzmodulationsfest. (Unter Kreuzmodulation versteht man die Überlagerung und Mischung des Nutzsignals mit einem Störsender.) Dadurch wird die Empfindlichkeit des Geräts gesteigert. Das zweikreisige Bandfilter als Zwischenkreis verbessert die Trennschärfe und damit die Empfangsleistung. Die Abstimmkreise sind gegenseitig durch Widerstände entkoppelt. Die Rückwirkung des FET bedämpft man durch einen kleinen Trimmer (Neutralisation).

5.2.2 Misch- und Oszillatorstufen

In der Mischstufe wird die Eingangsfrequenz f_e mit der Oszillatorfrequenz f_o gemischt. Dabei entsteht die Zwischenfrequenz f_z als Differenzfrequenz durch Modulation der beiden Frequenzen f_e und f_o. Das Wort „Überlagerungsempfänger" trifft also nicht genau den Sachverhalt der Modulation (s. Abschn. 4.6).

Additive und multiplikative Mischung. Grundsätzlich unterscheidet man zwei Arten der Mischung: die additive (**5.**26a) und die multiplikative Mischung (**5.**26b). Bei der additiven

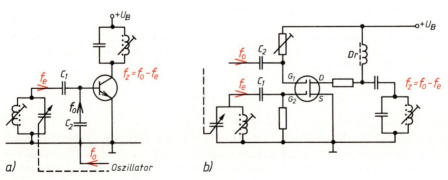

5.26 a) Additive, b) multiplikative Mischstufe

Mischung werden beide Signale f_e und f_o der gleichen Steuerstrecke (Basis – Emitter – Strecke) eines Transistors zugeführt.

> An der gekrümmten Steuerkennlinie (Eingangskennlinie) des Transistors entsteht die Modulation, d. h. die gegenseitige Beeinflussung beider Signale.

Dabei ist es wichtig, daß der Arbeitspunkt des Transistors den unlinearen Bereich der Kennlinie nicht verläßt. Ein automatische Verstärkungsregelung (AVR, s. Abschn. 5.2.5) ist deshalb in dieser Stufe ungünstig. Die beiden zu mischenden Signalfrequenzen müssen nicht unbedingt auf die Basis gekoppelt werden; häufig speist man die Oszillatorfrequenz in die Emitterleitung ein. Das ist auch gleichgültig, denn die Emitterleitung gehört zur Steuerstrecke (Eingangsdiode) des Transistors.

Moderne Dual-Gate-FET ermöglichen eine multiplikative Mischung, wie man sie in älteren Rundfunkgeräten durch Mehrgitterröhren (Hexoden) erreichte. Der Name „multiplikative Mischung" rührt daher, daß der Transistorstrom (Drainstrom) erst durch die Wirkung des Gate 1 (Eingangsfrequenz f_e) und danach noch einmal durch die Wirkung des Gate 2 (Oszillatorfrequenz f_o) beeinflußt (gesteuert) wird. Die dabei entstehende Modulation verursacht auch die Zwischenfrequenz. Der additiven Mischung gegenüber hat die multiplikative vor allem in FM-Tunern gewisse Vorteile: Mischverstärkung und Störfestigkeit sind größer als bei bipolaren Transistor-Mischstufen.

Schaltungsmöglichkeiten von Mischstufen

Eine selbstschwingende Mischstufe arbeitet direkt auf das erste ZF-Filter (**5.**27 a auf S. 366). In diesem einfachsten Fall ist die Mischstufe also gleichzeitig Oszillator, d. h., der Transistor erfüllt mehrere Funktionen. Der Nachteil dieser Stufe ist, daß man sie nicht gut in die automatische Verstärkungsregelung (AVR) einbeziehen kann. Bei der AVR verschieben sich nämlich die Arbeitspunkte der geregelten Transistoren in steile oder weniger steile Kennlinienbereiche. Eine starke Verschiebung ist bei der selbstschwingenden Mischstufe nicht zulässig, weil sich der Oszillator dadurch verstimmen könnte und weil für den Mischvorgang (Modulation) eine gekrümmte Kennlinie des Mischers nötig ist. Diese Krümmung ist aber nur auf einem bestimmten Bereich der Transistorkennlinie gegeben.

Bei getrennter Mischstufe und Oszillator (**5.**27 b) kann die Mischstufe in bestimmten Bereichen geregelt werden. Allerdings kann auch in diesem Fall der Oszillator beeinflußt werden, wenn die Regelspannung stark ansteigt. Misch- und Oszillatorstufen arbeiten mit getrennten Transistoren und können daher optimal ausgelegt werden.

Durch einen Zwischenkreis steigert man Fernempfang und Selektivität (**5.**27 c). In diesem Fall arbeitet eine geregelte Vorstufe auf den Zwischenkreis. Die selbstschwingende Mischstufe arbeitet wie im ersten Fall mit einem Transistor; sie wird nicht geregelt.

Alle drei Stufen sind mit je einem Transistor aufgebaut (**5.**27 d). In dieser aufwendigsten Schaltung kann man die drei Stufen günstig auslegen und aufeinander abstimmen. Auch hier wird die Vorstufe mit in die AVR einbezogen.

Die in den vereinfachten Darstellungen angedeuteten Vor- und Zwischenkreise können auch zweikreisige Bandfilter sein. Alle abstimmbaren Schwingkreise müssen gleichzeitig und gleichmäßig (mechanisch mit Drehkondensatoren oder elektrisch mit Kapazitätsdioden) abgestimmt werden.

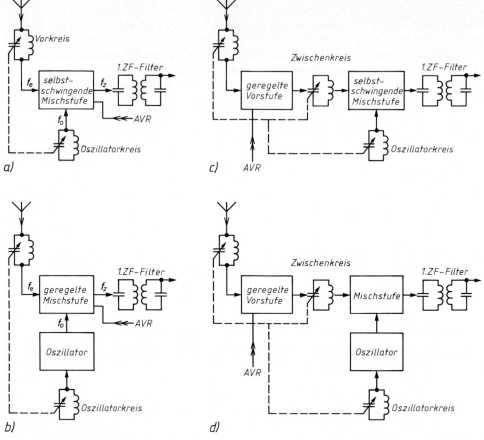

5.27 Schaltungsmöglichkeiten für Misch- und Oszillatorstufen
  a) Selbstschwingende Mischstufe
  b) Mischer und Oszillator getrennt
  c) Geregelte Vorstufe und selbstschwingende Mischstufe
  d) Vor-, Misch- und Oszillatorstufen getrennt

Gleichlauf zwischen Vor- und Oszillatorkreis. Beim Durchdrehen der Senderabstimmung muß sich stets die gleiche Zwischenfrequenz ergeben; d.h., es muß immer der gleiche Abstand zwischen der Oszillatorfrequenz f_o und der Empfangsfrequenz f_e eingehalten werden.

Gleichlaufbedingung. Diese Bedingung führt zu einer Schwierigkeit. Wird z. B. im Mittelwellenbereich vom Eingangskreis ein Frequenzbereich von 500 bis 1500 kHz bestrichen, muß der Oszillator bei einer Zwischenfrequenz von 460 kHz einen Frequenzbereich von 960 bis 1960 kHz durchlaufen. Das Verhältnis der größten zur kleinsten Eingangsfrequenz oder der größten zur kleinsten Oszillatorfrequenz heißt Frequenzvariation. Die Frequenzvariation des Eingangskreises ist 1500 kHz : 500 kHz = 3 : 1, die des Oszillatorkreises jedoch nur 1960 kHz : 960 kHz = 2,04 : 1. Die Frequenzvariation beider Kreise ist also verschieden groß. Da man zum Abstimmen der Kreise die Kreiskapazitäten durch Drehkondensatoren oder Kapazitätsdioden ändert, muß auch das Verhältnis der Anfangskapazität zur Endkapazität (Kapazitätsvariation) beider Drehkondensatoren oder Kapazitätsdioden verschieden groß sein. Im Oszillatorkreis ist eine geringere Kapazitätsvariation erforderlich als im Eingangskreis. Um trotzdem einen einwandfreien Gleichlauf zwischen beiden Kreisen zu erreichen, verwendet man entweder für die beiden Drehkondensatoren verschieden geschnittene Platten oder schaltet in den Oszillatorkreis zusätzliche Kondensatoren, so daß sich die geforderte Kapazitätsvariation ergibt.

Weil man im Lang- und Kurzwellenbereich noch andere Kapazitätsvariationen erreichen muß, kommen für Mehrbereichssuper Drehkondensatoren mit unterschiedlichem Plattenschnitt nicht in Betracht. Diese Lösung wählt man nur für einfache Taschenempfänger mit einem AM-Bereich oder für Geräte, die nur den Mittel- und den UKW-Bereich empfangen.

Bild 5. 28 zeigt die grundsätzliche Anordnung der Zusatzkondensatoren zur Bereichseinengung des Oszillatorkreises.

5.28
Bereichseinengung durch zusätzliche Kondensatoren C_p und C_s

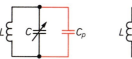

Der Parallelkondensator C_p vergrößert die Anfangskapazität des Schwingkreises, die aus der Anfangskapazität C_a des Drehkondensators und der Parallelkapazität C_p besteht. Bei ausgedrehtem Drehkondensator macht sich C_p an der Gesamtkapazität nicht so stark bemerkbar. Die erforderlichen Parallelkapazitäten berechnet man mit den Formeln

$$V_c' = \frac{C_e + C_p}{C_a + C_p} \qquad C_p = \frac{C_e - V_c' \cdot C_a}{V_c' - 1}$$

C_e = Endkapazität des Drehkondensators (eingedreht)
C_a = Anfangskapazität des Drehkondensators (ausgedreht)
V_c' = erforderliches Kapazitätsverhältnis

Der Serienkondensator C_s verringert die Endkapazität des Schwingkreises. Im eingedrehten Zustand des Drehkondensators (Endkapazität) macht sich C_s weniger stark bemerkbar als im ausgedrehten. Dadurch wird die Kapazitätsvariation verkleinert. Den Serienkondensator C_s berechnet man mit den Formeln

$$V_c = \frac{C_e}{C_a} \qquad C_s = C_e \frac{V_c' - 1}{V_c - V_c'}. \qquad V_c = \text{Kapazitätsvariation des Drehkondensators}$$

Meist wird der Serienkondensator C_s mit einem Trimmer C_p kombiniert. Dessen Kapazität muß man der Anfangs- und Endkapazität des Drehkondensators hinzurechnen.

Auch der sorgfältigste Abgleich der Schwingkreise bewirkt keinen vollkommenen Gleichlauf zwischen Vor- und Oszillatorkreis, doch kann man an drei Skalenpunkten die erforderliche Oszillatorfrequenz genau erreichen (Abgleichpunkte, **5.29**). die dazwischen liegenden Werte der Oszillatorfrequenzen weichen etwas vom Sollwert ab. Diese Abweichungen bringen jedoch bei gut abgeglichenen Geräten keinen merkbaren Nachteil.

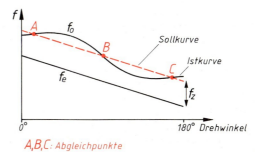

A,B,C: Abgleichpunkte
5.29 Gleichlauf von Vor- und Oszillatorkreis

Bereichseinengung. Bei Empfängern mit Zwischenkreisen müssen Eingangs-, Zwischen- und Oszillatorkreis zu möglichst vollkommenem Gleichlauf gebracht werden. Es wurde schon deutlich, daß Parallel- oder Serienkondensatoren die Kapazitäts- und damit auch die Frequenzvariation des Oszillatorkreises einengen. Der Drehwinkel des Drehkondensators und der Weg des Skalenzeigers auf der Senderskala bleiben jedoch gleich, d. h., bei gleicher Skalenlänge wird ein kleinerer Frequenzbereich überstrichen – es entsteht eine Bandspreizung. Die Bandspreizung verwendet man bei manchen Geräten im KW-Bereich. Durch Unterteilen des Kurzwellenbands in kleinere Bereiche und durch Zuschaltung von Verkürzungskondensatoren (C_p oder C_s) erzielt man bei gleicher Skalenbreite eine erhebliche Bandspreizung, die das Einstellen der Kurzwellensender wesentlich erleichtert.

Kurzwellenlupe. Auf das Aufteilen des KW-Bereichs kann man verzichten, wenn man den normalen Drehkondensator nur zur Grobabstimmung benutzt und die Feinabstimmung mit einem zweiten Abstimmknopf vornimmt. Das kann z.B. ein zusätzlicher Drehkondensator geringerer Kapazität sein (**5.**30 a) oder eine kleine veränderbare Spule mit verschiebbarem Kern (**5.**30 b).

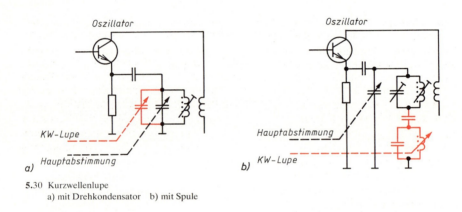

5.30 Kurzwellenlupe
   a) mit Drehkondensator   b) mit Spule

Die zusätzliche Abstimmung wirkt wie eine Lupe (Kurzwellenlupe), weil die Oszillatorfrequenz bei fester Grobeinstellung nochmals um die Breite eines KW-Bands (z. B. 25-m-Band) auf die gesamte Skalenlänge auseinandergezogen wird. Der Vorkreis bleibt fest eingestellt, weil er für den KW-Bereich so breitbandig ist, daß fast kein Empfindlichkeitsverlust eintritt. In speziellen Empfängern hat die Kurzwellenlupe eine besondere Skala.

Vereinfachte Schaltungsauszüge

Selbstschwingende Mischstufe für den MW-Bereich (5.31). Die Mischstufe arbeitet mit einem Germaniumtransistor, der Oszillator in Meißner-Schaltung. Am Basisanschluß wird die Eingangsspannung u_{fe} eingekoppelt. Die Vorkreise sind nicht vollständig gezeichnet. Über die Rückkopplungsspulen für den Oszillator koppelt man die Zwischenfrequenz aus. Die Serienkondensatoren C_1 und C_2 dienen der Bereichseinengung der Oszillatorkreise. Über ein *RC*-Siebglied legt man eine Regelspannung (AVR) an die Transistorbasis. Diese Regelspannung ist durch besondere Maßnahmen (vgl. Abschn. 5.2.5) auf einen engen Spannungsbereich begrenzt. Eine Mindestspannung (Schwellenwert) kann nicht unterschritten werden, damit der Arbeitspunkt des Transistors nur einen bestimmten Kennlinienbereich überstreicht und störende Einflüsse gering bleiben.

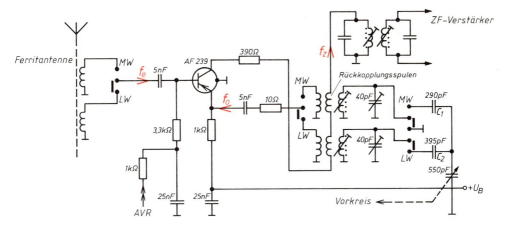

5.31 Selbstschwingende Mischstufe (LW)

Fremdgesteuerte Mischstufe mit getrenntem Oszillator (5.32). Über Vorkreis und Ferritantenne führt man die Eingangsfrequenz f_e der Vorstufenbasis zu. Gleichzeitig liegt an der Basis die Regelspannung. Am Emitter speist man die Oszillatorspannung f_o über einen Koppelkondensator und die Spule L_1 ein. Das ZF-Filter ist über einen 220-Ω-Widerstand mit dem Transistor verbunden. Der Oszillator arbeitet in Meißner-Schaltung. Sein Schwingkreis besteht aus den Spulen L_2 und L_4 sowie dem nötigen Serien- und Parallelkondensator zum Abstimmkondensator. Über eine Rückkopplungsspule L_3 wird der Oszillator mitgekoppelt. Sein Transistor arbeitet in Basisschaltung. Der Emitter liegt über einem Koppelkondensator an einer Anzapfung des Oszillatorkreises. Durch die Anzapfung wird die Dämpfung des Schwingkreises gering gehalten. Dadurch steigt die Schwingsicherheit der Schaltung.

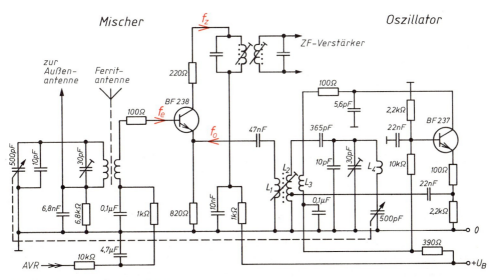

5.32 Fremdgesteuerte Mischstufe (UKW)

Selbstschwingende Mischstufe für den UKW-Bereich (5.33). Hier besteht die Gefahr, daß bei großen Eingangsspannungen (über 50 mV) eine Verstimmung des Oszillators eintritt, wodurch sich seine Abstimmung auf den Sender änderte. Die Folge wären starke Verzerrungen. In den Zwischenkreis ist deshalb eine mit 0,3 V in Sperrichtung vorgespannte Diode D geschaltet. Sie wird mit steigender Eingangsspannung leitend und bedämpft dadurch den Kreis.

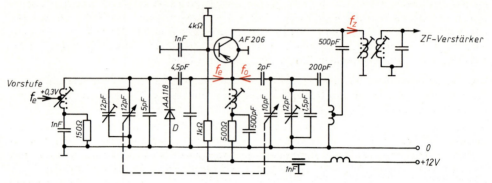

5.33 Selbstschwingende Mischstufe (UKW)

Für Antennenspannungen über 50 mV an 60 Ω sind Maßnahmen gegen eine Übersteuerung des Oszillators erforderlich.

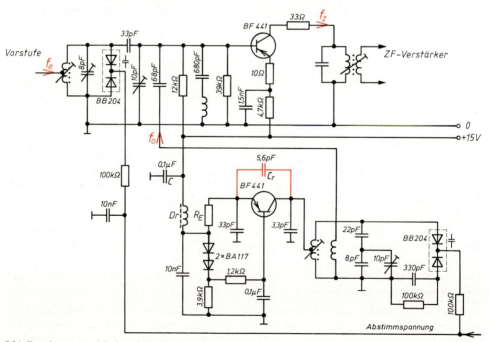

5.34 Fremdgesteuerter Mischer mit Oszillator (UKW)

Der Germaniumtransistor arbeitet in Basisschaltung. Eingangs- und Oszillatorfrequenz liegen am Emitter des Transistors. Die Mitkopplung geschieht über einen Koppelkondensator im Kollektorkreis. Gleichzeitig wird am Kollektor die Zwischenfrequenz ausgekoppelt.

Fremdgesteuerte Mischstufe mit Oszillator für den UKW-Bereich (5.34). Die Schwingkreise werden über Kapazitätsdioden abgestimmt. Durch die Gegentaktanordnung dieser Dioden hält man bei großen Aussteuerungen die Verzerrungen klein, weil das Signal die Dioden gegenphasig ansteuert und so die Kapazitätsänderungen beider Dioden aufhebt. Durch eine Koppelspule wird die Oszillatorfrequenz aus dem Schwingkreis ausgekoppelt und dem Basiskreis des Mischers zugeführt. Die Betriebsspannung erhält der Oszillator über eine Drossel Dr. In Verbindung mit dem Kondensator C ergibt sich vom Oszillator aus ein LC-Tiefpaß. Er verhindert das Ausbreiten der Oszillatorfrequenz über die Versorgungsleitung.

Ersatzschaltungen des UKW-Oszillators. UKW-Oszillatoren arbeiten meist nach einem besonderen System, das auch im Beispiel 5.34 verwendet wurde. Bild 5.35a zeigt eine stark vereinfachte Ersatzschaltung.

Bei niedriger Signalfrequenz liegen in der Basisschaltung die Ströme i_1 und i_2 in Phase. Bei steigender Frequenz bleibt i_2 immer mehr hinter i_1 zurück. Ursache dafür ist die Elektronenlaufzeit im Transistor. Im UKW-Bereich eilt der Ausgangsstrom dem Eingangsstrom um etwa 90° nach. Eine übliche Oszillatorschaltung kann nicht mehr arbeiten, weil das zurückgeführte Signal die Phasenbedingungen nicht erfüllt (s. Abschn. 3.5.1). Um ungedämpfte Schwingungen zu erzeugen, muß man diese Phasenverschiebung zwischen Eingangs- und Ausgangssignal rückgängig machen.

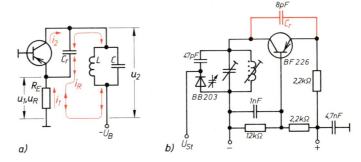

5.35
UKW-Oszillator
a) Grundschaltung
b) Basisschaltung

Das erreicht man mit dem RC-Glied R_E und C_r. Allerdings muß der Wert des Emitterwiderstands klein gegen den Blindwiderstand des Kondensators C_r sein; darum wählt man einen Kondensator mit sehr geringer Kapazität (4 bis 10 pF). Da der kapazitive Blindwiderstand im Stromkreis überwiegt, treibt die Spannung u_2 über das RC-Glied R_E–C_r einen Strom, der ihr um fast 90° voreilt. Der Strom i_R erzeugt am Emitterwiderstand eine Signalspannung u_R, die mit der Eingangsspannung u_1 phasengleich ist. Damit sind die Phasenbedingungen erfüllt – der Oszillator schwingt.

Diese Oszillatorschaltung kann nur schwingen, wenn der Laufzeiteffekt eine Phasenverschiebung von etwa 90° erzeugt, d.h., die Schaltung arbeitet nur in einem bestimmten Frequenzbereich.

Ein weiteres Beispiel zeigt Bild 5.35b. Eine Kapazitätsdiode stimmt den Oszillatorkreis durch. Der Rückkopplungskondensator hat eine Kapazität von 8 pF.

Zwischenstufe, Mischstufe und Oszillator im UKW-Bereich. Bild 5.36 zeigt den Schaltungsauszug aus einem UKW-Tuner mit Feldeffekttransistoren. Das Eingangssignal wird dem Source-Anschluß des FET zugeführt. Diese Stufe arbeitet in Gate-Schaltung, weil der Gate-Anschluß

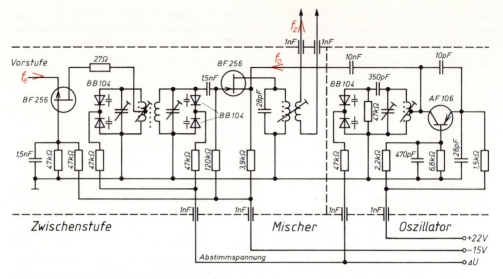

5.36 Zwischenstufe, Mischstufe und Oszillator (UKW)

über 1,5 nF mit der Masseleitung verbunden ist. In dieser Schaltung ist die Stufe besonders rückwirkungsarm. Das zweikreisige Zwischenbandfilter wird wie der Oszillatorkreis mit Kapazitätsdiodenpaaren durchgestimmt.

Der Mischer ist in Source-Schaltung angeordnet. Die Eingangsfrequenz f_e wird dem Gate-, die Oszillatorfrequenz f_o dem Source-Anschluß zugeführt. Die Oszillatorschaltung ist mit einem bipolaren Transistor aufgebaut. Man erkennt am typischen Rückkopplungskondensator zwischen Kollektor und Emitter das vorher erläuterte Schaltprinzip für UKW-Oszillatoren. Um Störabstrahlung zu vermeiden, sind alle Stufen in ein geschlossenes Metallgehäuse eingebaut. Alle Versorgungsleitungen werden über Durchführungskondensatoren angeschlossen.

Multiplikative Mischung. Manche Geräte haben im UKW-Bereich multiplikative Mischung, die bekanntlich einige Vorteile bietet. Bild **5.**37 zeigt die vollständige Schaltung einer Mischstufe mit Dual-Gate-FET.

Die Vorstufe liefert die Signalspannung an den Zwischenkreis und an Gate 1. Der 100-kΩ-Widerstand an $G1$ erzeugt die nötige geringe Vorspannung. Über einen Koppelkondensator

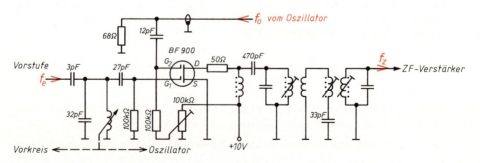

5.37 Multiplikativer Mischer mit Dual-Gate. FET (UKW)

wird die Oszillatorspannung an $G2$ gebracht. Den Arbeitspunkt der zweiten Steuerstrecke stellt man mit einem Trimmwiderstand ein. Der Reihenwiderstand von 50 Ω in der Drain-Zuleitung verhindert Störschwingungen, die bei modernen FET wegen der sehr hohen Grenzfrequenzen im UHF-Bereich auftreten könnten. Die Betriebsspannung erhält der Transistor über eine HF-Drossel Dr. Über den Trennkondensator von 470 pF speist der Mischer ein dreikreisiges ZF-Bandfilter.

Übungsaufgaben zu Abschnitt 5.2.1 und 5.2.2

1. Warum müssen Vor- und Oszillatorkreise beim Überlagerungsempfänger gleichzeitig abgestimmt werden?
2. Wodurch entsteht die Zwischenfrequenz?
3. Welche Frequenzen entstehen am Ausgang einer Mischerstufe? (Beispiel: f_e = 1455 kHz, f_o = 1923 kHz).
4. Welche Frequenzbereiche sind für die Zwischenfrequenz geeignet?
5. Was versteht man unter Spiegelfrequenzstörungen? Wie kann man sie vermeiden?
6. Zeichnen Sie den Spiegelfrequenzbereich für LW.
7. Bei der kapazitiven Antennenankopplung unterscheidet man Spannungs- und Stromkopplung. Erklären Sie diese Begriffe.
8. Wie kommt es bei kapazitiver Antennenankopplung zur Brummeinstreuung?
9. Bei der induktiven Antennenkopplung bildet die Koppelspule mit der Antennenkapazität einen Schwingkreis. Warum darf seine Resonanzfrequenz nicht im Empfangsbereich liegen?
10. Welche Vor- und Nachteile haben niedrig- und hochinduktive Antennenankopplungen?
11. Zeichnen Sie aus Bild **5.**18 einen Schaltungsauszug, der den Signalfluß bei Kurzwellenempfang erkennen läßt.
12. Welche Maßnahmen trifft man beim Ankoppeln einer Autoantenne? Begründen Sie die Schaltungen.
13. Welche Vorteile bietet die Zwischenbasisschaltung?
14. Was versteht man unter einer aperiodischen Vorstufe?
15. Welche Aufgabe hat der Kondensator C_2 in Bild **5.**24?
16. Welchen Vorteil bietet ein zweikreisiges Bandfilter (**5.**25) gegenüber einem einfachen Schwingkreis?
17. Warum trifft der Ausdruck „Überlagerungsempfänger" für einen Superhet nicht genau zu?
18. Welche Mischungsarten gibt es? Nennen Sie ihre Vor- und Nachteile.
19. Beschreiben Sie die Schaltungsmöglichkeiten für Misch- und Oszillatorschaltungen.
20. Wie erreicht man den Gleichlauf zwischen Vor- und Oszillatorkreis?
21. Der MW-Bereich von 550 bis 1600 kHz soll mit einem Drehkondensator C_a = 35 pF, C_e = 500 pF überstrichen werden. Die erforderliche Parallelkapazität ist zu berechnen.
22. Wie groß müßte der Serienkondensator sein, wenn man die Daten aus Aufgabe 22 benutzt?
23. Wie arbeitet eine Kurzwellenlupe? Welche Aufgabe erfüllt sie?
24. Zeichnen Sie als Schaltungsauszug aus Bild **5.**31 den Mittelwellenoszillator.
25. Warum arbeiten UKW-Empfänger meist mit einer HF-Vorstufe?
26. Zeichnen Sie als Schaltungsauszug aus Service-Unterlagen den Stromlaufplan eines UKW-Oszillators. Erklären Sie seine Funktion.

5.2.3 Zwischenfrequenzverstärker (ZF-Verstärker)

Versuch 5.4 Am Eingang eines ZF-Verstärkers wird ein Prüfsender (moduliert) angeschlossen. Das Ausgangssignal des ZF-Verstärkers mißt man mit einem NF-Spannungsmesser oder dem Oszilloskop. Zunächst wird der Sender auf die ZF eingestellt (z. B. 460 kHz), dann vergrößert und verkleinert man die Frequenz langsam. Dabei wird das Ausgangssignal jeweils gemessen und in ein vorbereitetes Koordinatensystem eingetragen.

Ergebnis Die Durchlaßkurve des ZF-Verstärkers entsteht.

Der Zwischenfrequenzverstärker liegt zwischen Mischer und Demodulator eines Rundfunkempfängers. Seine Eigenschaften bestimmen die Empfindlichkeit und Trennschärfe des Geräts. Er trägt den Hauptteil der Gesamtverstärkung. Die ZF-Signale mit 10,7 MHz für den FM-Bereich und 460 bis 475 kHz für die AM-Bereiche können dem gleichen ZF-Verstärker zugeführt werden. Die Eingangskreise der Bandfilter für beide Zwischenfrequenzen sind in Reihe geschaltet (**5.**38), denn die Signalfrequenz der AM- und FM-Zwischenfrequenzen haben einen so großen Abstand voneinander, daß eine gegenseitige Störung ausgeschlossen ist.

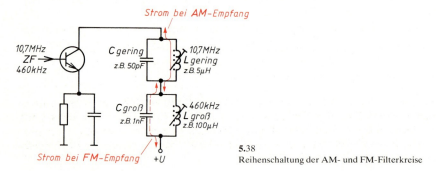

5.38
Reihenschaltung der AM- und FM-Filterkreise

Beim UKW-Bereich ist der kapazitive Blindwiderstand des Kondensators im AM-Bandfilter sehr gering. Der Kondensator läßt den Signalstrom mit $f = 10{,}7$ MHz ungehindert fließen. Andererseits ist beim AM-Empfang die Induktivität des UKW-Bandfilters klein; ihr induktiver Widerstand spielt für die ZF von 460 kHz keine Rolle, der Signalstrom mit $f = 460$ kHz kann ungehindert über den oberen Schwingkreis fließen.

Die Eigenschaften des ZF-Verstärkers bestimmen Empfindlichkeit und Trennschärfe des Geräts. In der Regel haben ZF-Verstärker zwei bis drei Stufen. Häufig wird der AM-Mischer als erste ZF-Stufe für den FM-Bereich genutzt.

Neutralisation. Über die Rückwirkungskapazität eines Transistors (Kollektorbasis-Kapazität) kann es in ZF-Verstärkern zu unkontrollierbaren (wilden) Schwingungen kommen. Begünstigt wird die Schwingneigung einer ZF-Verstärkerstufe, weil im Basis- und Kollektorkreis Schwingkreise mit gleicher Resonanzfrequenz liegen (Huth-Kühn-Oszillator). Die schädliche Rückwirkung muß deshalb aufgehoben (neutralisiert) werden.

Die innere Mitkopplung über den Transistor wird unwirksam (neutralisiert), wenn man seinem Eingang eine um 180° entgegengesetzte Signalspannung gleicher Amplitude aus dem Ausgangskreis zuführt.

Bild **5.**39 zeigt eine neutralisierte ZF-Verstärkerstufe und eine Aufgliederung des Ausgangskreises mit den entsprechenden Teilspannungen. Die Schwingkreisspule ist durch eine Anzapfung in zwei Teilinduktivitäten L und L' aufgeteilt. Sie bilden einen induktiven Spannungsteiler, dessen Anzapfung an Masse liegt. Die Gesamtspannung u wird so in zwei Teilspannungen u_1 und u_2 aufgeteilt, daß diese gegen den Massepunkt M um 180° phasengedreht erscheinen. Im ZF-Verstärker führt der Neutralisationszweig vom Fußpunkt des Kreises B zurück zur Basis

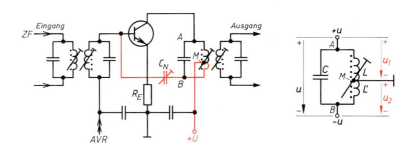

5.39 Neutralisation

des Transistors. Der Neutralisationskondensator C_N ist einstellbar (häufig jedoch auch als Festkondensator ausgeführt). An der Basis heben sich die störende Mitkopplungsspannung und die zurückgeführte Gegenkopplungsspannung auf – die Stufe ist neutralisiert.

Einen vollständigen ZF-Verstärker für AM und FM zeigt Bild **5.**40. Der Transistor $V1$ wirkt für die AM-Bereiche als selbstschwingender Mischer. Bei UKW-Empfang arbeitet er als erster ZF-Verstärker. Diese Stufe ist nicht neutralisiert – im Gegensatz zur zweiten ($C_N = 1{,}5$ pF). Die Schwingkreise für AM und FM sind in Reihe geschaltet, der Transistor $V3$ ist ebenfalls neutralisiert. Ihm folgen die Demodulatoren für FM und AM.

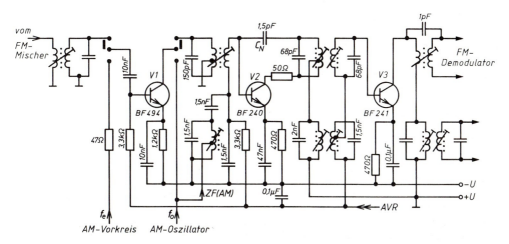

5.40 ZF-Verstärker für AM und FM

Ähnliche Schaltungen werden in den meisten Empfängern verwendet. In den aufwendigen Schaltungen hochwertiger Empfänger trennt man die ZF-Verstärker für die AM-Bereiche vom Verstärker für den FM-Bereich. Auf diese Weise können die hohen Anforderungen an Trennschärfe und Empfangsleistung von Spitzengeräten verwirklicht werden.

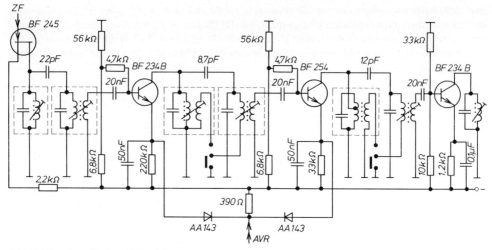

5.41 ZF-Verstärker für die AM-Bereiche

Der ZF-Verstärker für AM in Bild 5.41 ist vierstufig, arbeitet mit der ZF von 460 kHz und hat sieben ZF-Kreise. Die Bandbreite ist umschaltbar. Die Kopplungsarten der Filterkreise untereinander und der Transistoren mit den Filtern sind unterschiedlich. Die Filterkreise haben Kopfpunktkopplung. Die Transistoren sind auf der Sekundärseite der Filter durch Koppelspulen magnetisch angekoppelt. Die beiden mittleren Bandfilter arbeiten mit umschaltbaren Kopplungen. In der gezeichneten Schalterstellung werden die Schwingkreise über den Koppelkondensator an den Scheitelpunkten lose gekoppelt. Folglich sind das Frequenzspektrum schmal und die Trennschärfe groß. Bei Bedarf schaltet man über die angegebenen Umschalter zusätzlich Koppelspulen ein, die durch induktive Übertragung eine feste Kopplung bewirken – die Bandbreite der Filter steigt.

Der ZF-Verstärker für FM in Bild 5.42 arbeitet mit der Zwischenfrequenz von 10,7 MHz. Die ZF-Filter sind Kombinationen aus gewöhnlichen, magnetisch gekoppelten Schwingkreisen mit keramischen Resonatoren. Die Widerstände in den Kollektorleitungen verringern den Einfluß

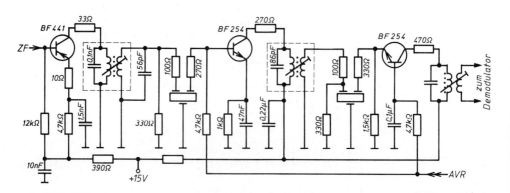

5.42 ZF-Verstärker für den FM-Bereich

der Kollektorkapazitäten auf die Schwingkreise, der die Kreise stark verstimmen könnte. Da die verwendeten Transistoren eine geringe Rückwirkung haben, wurde auf eine Neutralisierung der Verstärkerstufen verzichtet. Außerdem entsteht eine gewisse Entkopplung durch die Resonatoren. Die dritte Transistorstufe arbeitet in Basisschaltung. Sie hat die geringste Rückwirkung. Der Basisanschluß ist über einen 0,1-µF-Kondensator für das Signal geerdet.

Integrierte Funktionseinheiten. In Rundfunk- und Fernsehgeräten werden in zunehmendem Maße ganze Baugruppen und Funktionseinheiten mit integrierten Schaltungen ausgeführt (*IC*). Im Beispiel **5.**43 sind der ZF-Verstärker für 10,7 MHz, der FM-Demodulator mit Begrenzer und ein NF-Ausgang zu einem integrierten Baustein (TBA 120) vereinigt. Die Anzahl der äußeren Bauelemente ist gering. Der integrierte ZF-Verstärker ist sechsstufig. Er bewirkt eine ZF-Spannungsverstärkung von 60 dB, erzeugt eine ZF-Ausgangsspannung von 260 mV und eine NF-Ausgangsspannung von etwa 1 V. Die Eingangsspannung für den Begrenzungseinsatz liegt bei 60 µV.

In gleichen oder ähnlichen Gehäusen (DIL = dual in line, QIL = quad in line) werden auch integrierte ZF-Verstärker für AM und FM angeboten. In vielen Fällen sind auch Stereodekoder und NF-Vorverstärker integriert. Auch in der Unterhaltungselektronik steigt der Integrationsgrad weiter.

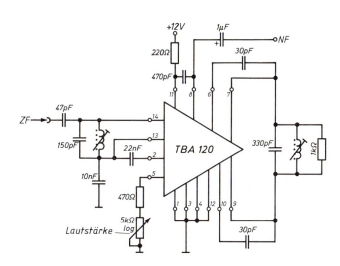

5.43 FM-ZF-Verstärker mit integriertem Baustein (Linearschaltung)

5.2.4 Demodulatoren für AM und FM

Bei der Demodulation eines modulierten HF-Trägers gewinnt man die aufgeprägte NF-Information zurück. Die Summe aus der Trägerfrequenz und den Seitenfrequenzen (Seitenbändern) bildet die Hüllkurve des Gesamtsignals. Die Hüllkurve ist das Abbild der NF-Information (**5.**44).

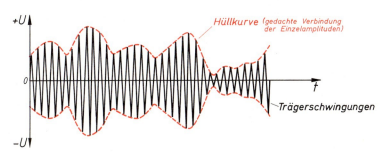

5.44 Amplitudenmodulierter Träger

Seitenbänder. Zur verzerrungsfreien Demodulation eines amplitudenmodulierten Signals müssen der Träger und mindestens ein Seitenband empfangen werden. Funkamateure, kommerzielle Stationen und Fernsehen benutzen das Einseitenband-Verfahren (SSB-Verfahren, single side band), im AM-Rundfunk überträgt man beide Seitenbänder.

Versuch 5.5 Das amplitudenmodulierte Signal eines Prüfgenerators (Meßsenders) wird einer Gleichrichterschaltung zugeführt (**5.**45). Das Ausgangssignal wird auf dem Oszilloskop (**5.**45 b und c) dargestellt. Diese Schaltung wird schrittweise nach den Bildern **5.**46 a und **5.**47 a erweitert.

Ergebnis Die Wirkung der einzelnen Bauelemente ist deutlich in den Oszillogrammen erkennbar. Vergleichen Sie **5.**45 b c bis **5.**47 b c.

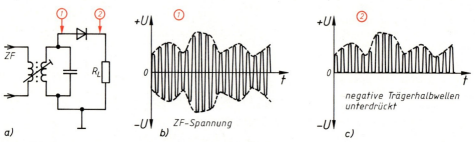

5.45 a) HF-Gleichrichtung, b) Oszillogramm an Punkt ①, c) Oszillogramm an Punkt ②

Hüllkurve. Bild **5.**45 zeigt einen Teil des letzten ZF-Filters mit nachgeschaltetem Gleichrichter und Lastwiderstand R_L. Vor dem Gleichrichter liegt die vollständige, modulierte ZF-Spannung (Oszillogramm ① – vereinfacht, um die Trägerschwingungen und den Verlauf der Hüllkurve gleichzeitig darzustellen). Die Diode unterdrückt die negativen Halbwellen des Träger (Oszillogramm ②). Durch die Gleichrichter selbst entsteht noch nicht die Hüllkurve (also das NF-Signal), denn die Momentanwerte der Spannung gehen immer wieder auf Null zurück.

> Der Verlauf der Hüllkurve entspricht dem NF-Signal. Sie ist eine gedachte Verbindungslinie der einzelnen Trägeramplituden und liegt im positiven wie im negativen Bereich symmetrisch zur Zeitachse.

Spitzenwertgleichrichter. Zur Erzeugung der Hüllkurve muß man die Spitzenwerte (Amplituden) der Halbwellen miteinander verbinden. Man erreicht dies annäherungsweise durch Hinzuschalten des Ladekondensators C (**5.**46 a). C wird über die Diode aufgeladen. Sobald die

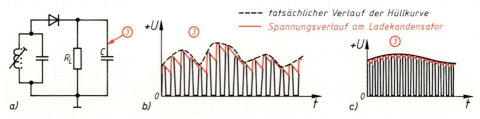

5.46 Nachbildung der Hüllkurve am Ladekondensator
a) Demodulator b) Ladespannung an C c) Ausschnitt

Diode wieder sperrt, beginnt sich C über den Lastwiderstand R_L zu entladen. Die Zeitkonstante des RC-Gliedes muß so gewählt werden, daß sich die Kondensatorspannung während der Diodensperrzeit nicht wesentlich ändert. Solche Gleichrichter heißen Spitzenwertgleichrichter.

Die Spitzenwerte der Trägerhalbwellen unterscheiden sich nicht so kraß voneinander, wie in den Bildern dargestellt. Die tatsächlichen Amplitudenverhältnisse gibt der kleine Ausschnitt des Oszillogramms ③ in Bild **5.**46 wieder.

Die HF-Halbwellen werden durch das Tiefpaß-Glied $R_S\ C_S$ ausgesiebt (**5.**47b). Der Spannungsverlauf ④ zeigt die NF-Spannung mit Gleichspannungsanteil, der vom Koppelkondensator C unterdrückt wird ⑤. Hinter C kann man die NF-Wechselspannung entnehmen (**5.**47c).

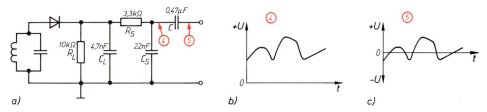

5.47 Aussieben der HF-Trägerhalbwellen und Bildung der NF-Wechselspannung
   a) Vollständige Schaltung
   b) NF-Spannung mit Gleichspannungsanteil
   c) NF-Wechselspannung

Bild **5.**48 zeigt in einem Schaltungsauszug den AM-Demodulator vom letzten ZF-Filter bis zum Lautstärkeeinsteller. Die positive Vorspannung und die Auskopplungsleitung (AVR) braucht man für die Erzeugung der Regelspannung (Schwundausgleich).

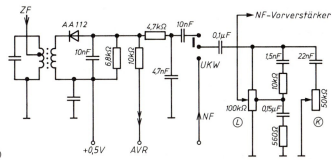

5.48
AM-Demodulator (Schaltungsauszug)

FM-Demodulator. Bei der Demodulation frequenzmodulierter Trägerschwingungen sind zwei Schritte nötig: zunächst die Umwandlung der FM in eine AM durch einen frequenzabhängigen Wandler (Diskriminator; lat.: Unterscheider, Absonderer, Trenner) und danach eine AM-Demodulation.

> Der Diskriminator wandelt die Frequenzmodulation (FM) in eine Amplitudenmodulation (AM) um.

FM-AM-Wandler. Das wesentliche Bauelement eines Diskriminators ist ein frequenzabhängiger Widerstand, d. h. ein Widerstand, der sich mit der Frequenz ändert. Die einfachsten Diskriminatoren sind Spule und Kondensator, weil ihre Blindwiderstände frequenzabhängig sind.

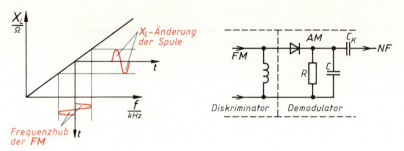

5.49 FM-Demodulator mit Diskriminatorspule

Schwankt die Frequenz der an einer Spule liegenden Spannung im Rhythmus der Tonfrequenz, schwankt im gleichen Rhythmus auch der Blindwiderstand X_L (5.49). Der Spannungsabfall an der Spule ändert sich im Takt der Tonfrequenz. Die entstehende AM wird durch einen Spitzenwertgleichrichter demoduliert.

Diese Schaltung eignet sich nicht für die Praxis, weil die Frequenzänderungen und damit die Änderungen der Ausgangsspannung – bezogen auf die Trägerfrequenz – sehr klein sind (0,1%).

Flankendiskriminator. Bessere Ergebnisse erzielt man mit einem Schwingkreis, den man nicht auf die Senderfrequenz abstimmt, sondern absichtlich so verstimmt, daß die Empfangsfrequenz auf der Mitte der Flanke liegt (5.50). Man nennt diese Schaltung deshalb Flankendemodulator oder Flankendiskriminator. Um möglichst große Widerstandsänderungen und damit Spannungsänderungen am Schwingkreis hervorzurufen, muß der Diskriminator-Schwingkreis eine große Flankensteilheit haben. Es kommt daher nur ein Schwingkreis hoher Güte in Frage. Da die Flanken der Resonanzkurve stets eine gewisse Krümmung haben, arbeitet der einfache Flankendemodulator nicht verzerrungsfrei. Nachteilig ist der nur geringe Frequenzhub.

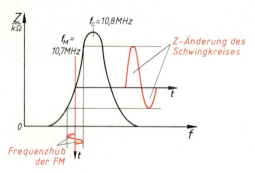

5.50 Schwingkreis als Diskriminator

Beim Differenzdiskriminator (Gegentaktdiskriminator) wird die Nichtlinearität nahezu aufgehoben, denn er enthält zwei Schwingkreise, die gegen die Mittenfrequenz von 10,7 MHz um den gleichen Betrag verstimmt sind (5.51). Schwingkreis 1 wird z. B. auf 10,6 MHz, Schwingkreis 2 auf 10,8 MHz abgeglichen. Die modulierte Trägerschwingung liegt genau in der Mitte $(B-B')$ zwischen den beiden Resonanzfrequenzen f_{o1} und f_{o2}. Die beiden in Reihe liegenden Schwingkreise (5.51c) ergeben eine Summenkennlinie (Gesamt-Kennlinie, 5.51b). die Krümmungen der Flanken heben sich gegenseitig auf. Die Summenkennlinie ist deshalb im mittleren Teil fast geradlinig. Diese Summenkurve heißt Diskriminatorkurve. Wird die Frequenz niedriger, bewegt sich der Arbeitspunkt auf der Diskriminatorkurve nach links in Richtung $A-A'$. Bei steigender Frequenz verschiebt er sich nach rechts $(C-C')$.

An der Schaltung des Gegentaktdiskriminators erkennt man, daß die beiden an den Filtersekundärkreisen entstehenden Teilspannungen durch die Diodenkombination wie in Bild 5.49 demoduliert werden. Die demodulierten Teilspannungen sind gegeneinander geschaltet, d. h., am Ausgang des Diskriminators entsteht die Differenzspannung U_{NF}. Bei unmoduliertem

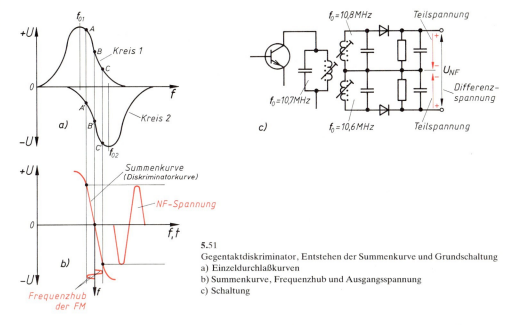

5.51 Gegentaktdiskriminator, Entstehen der Summenkurve und Grundschaltung
a) Einzeldurchlaßkurven
b) Summenkurve, Frequenzhub und Ausgangsspannung
c) Schaltung

Träger sind die Teilspannungen ($B - B'$) gleich groß – am Ausgang entsteht deshalb keine Spannung. Führt man dem Diskriminator dagegen Schwingungen zu, deren Frequenz größer oder kleiner ist als die Mittenfrequenz 10,7 MHz, sind die Teilspannungen verschieden groß. Zwischen den Ausgangsklemmen des Diskriminators ist demnach eine Spannung vorhanden, deren Größe gleich der Differenz der Teilspannungen ist. Führt man dem Diskriminator frequenzmodulierte Schwingungen zu, kann man am Schaltungsausgang eine tonfrequente Wechselspannung entnehmen.

> Der Nachteil des Gegentaktmodulators liegt darin, daß die beiden Sekundärkreise gleiche Eigenschaften haben müssen und sehr genau abzugleichen sind.

Außerdem dürfen bei Erwärmung keine Abweichungen von den Sollwerten auftreten.

Der Phasendiskriminator wandelt Frequenzänderungen zunächst in Phasenwinkeländerungen um (**5.**52). Die unterschiedlichen Phasenverschiebungen setzen sich in Spannungsänderungen

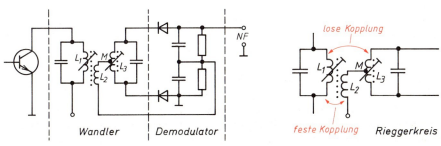

5.52 Phasendiskriminator und Rieggerkreis

381

um. Kernstück des Phasendiskriminators ist ein Filter mit drei Spulen. Die Schwingkreise mit den Spulen L_1 und L_3 sind auf 10,7 MHz abgeglichen und lose gekoppelt. Die Spulen L_1 und L_2 dagegen sind sehr fest gekoppelt. Über die Mittelanzapfung M wird die Spannung u_2 auf den Sekundärkreis gekoppelt. Darum muß zur Spannung u_2 noch die Spannung u_2-u_3 unter Berücksichtigung der Phasenverschiebung addiert werden (**5.**53). Diese Schaltung heißt nach dem Erfinder Rieggerkreis.

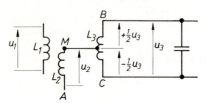

a) Rieggerkreis mit Spannungsangaben

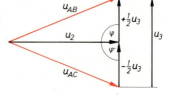

b) Zeigerdiagramm für den Resonanzfall (Sender ohne Signal)

5.53 Teilspannungen am Rieggerkreis (a) und ihre Addition im Zeigerdiagramm (b)

Wirkung des Rieggerkreises. Die sehr feste Kopplung der Spulen L_1 und L_2 ruft eine Spannung u_2 hervor, die unabhängig von der Signalfrequenz stets die gleiche Phasenlage hat wie u_1. Hier wird sie als Bezugsspannung mit dem Phasenwinkel 0° angenommen (**5.**53b). Diese Spannung führt man dem Sekundärkreis über die Mittelanzapfung M als Wechselspannung zu, die in der Phasenlage und Amplitude konstant ist. Durch die lose Kopplung der Schwingkreise ergibt sich im Sekundärkreis bei Resonanz eine Spannung u_3, die u_1 und damit auch u_2 gegenüber um 90° phasenverschoben ist. Von der Mittelanzapfung aus gesehen, teilt sich u_3 in zwei Komponenten $+1/2\,u_3$ und $-1/2\,u_3$. Beide Teilspannungszeiger stehen im Resonanzfall senkrecht auf u_2 (φ und φ'). Die geometrische Addition ergibt zwei gleichgroße Spannungen u_{AB} und u_{AC}. Weicht die ZF von der Mittenfrequenz 10,7 MHz ab, wird sie z. B. niedriger, steigt der kapazitive Blindwiderstand im Sekundärkreis, und der Schwingkreis gleicht mehr einem Kondensator. Der kapazitive Blindwiderstand bewirkt eine dem Strom nacheilende Spannung, also eine Drehung nach links. Da u_3 jetzt um einen bestimmten Winkel nacheilt, werden u_{AB} und u_{AC} unterschiedlich groß (**5.**54a). Steigt die Signalfrequenz am Rieggerkreis, ergeben sich umgekehrte Phasen- und Spannungsverhältnisse. Nun wird die Spannung u_{AB} größer als u_{AC} (**5.**54b).

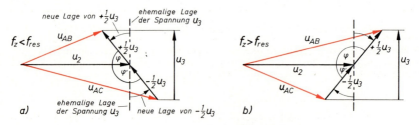

5.54 Teilspannungen am Rieggerkreis bei Modulation eines Senders
    a) $f < f_{res}$ b) $f > f_{res}$

Die Spannungen u_{AB} und u_{AC} ändern sich gegensinnig im Rhythmus der aufmodulierten Niederfrequenz.

Im Rieggerkreis wird die Frequenzmodulation (FM) in eine Amplitudenmodulation (AM) umgewandelt.

Die Spannungen u_{AB} und u_{AC} werden durch zwei symmetrische Gleichrichterschaltungen demoduliert (5.52). die beiden Arbeitswiderstände liegen in Reihe; darum tritt die Differenz der demodulierten Spannungen am Schaltungsausgang auf. Die Differenz ist Null, wenn der Sender unmoduliert ist (Mittenfrequenz). Bei moduliertem Sender schwankt das Ausgangssignal im Rhythmus der aufmodulierten NF.

Der Phasendiskriminator wird häufig zur automatischen Frequenznachstimmung benutzt.

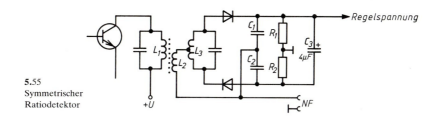

5.55 Symmetrischer Ratiodetektor

Im Ratiodetektor sind die Demodulatordioden nicht gegeneinander, sondern in Reihe geschaltet (5.55). Die NF wird an anderen Schaltungspunkten ausgekoppelt als beim Phasendiskriminator. Die Ersatzschaltung 5.56 verdeutlicht das. Die Spulen und Spulenteile sind durch Generatoren ersetzt worden, die Punkte A, M, B und C aus Bild 5.53 übernommen. Aus den Schaltungen 5.53 und 5.54 ist zu erkennen, daß die Summe der Spannungen u_{AB} und u_{AC} konstant bleibt – gleichgültig, welche Phasendifferenz gerade erreicht wird. Mit dieser Summenspannung wird der Kondensator C_3 aufgeladen. Die Spannungsteiler R_1, R_2 (Arbeitswiderstände der beiden Demodulatoren) haben die gleichen Werte, teilen also die Kondensatorspannung in zwei gleiche Teilspannungen (z. B. 4 V).

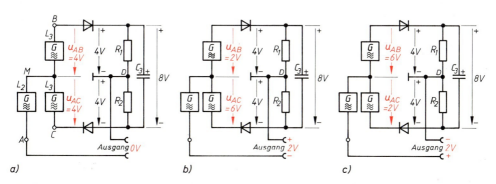

5.56 Ersatzschaltung des Ratiodetektors und Auskopplung der NF-Wechselspannung
 a) $f_z = f_{res}$ b) $f_z < f_{res}$ c) $f_z > f_{res}$

Bei unmoduliertem Sender sind u_{AB} und u_{AC} gleich groß. Zwischen den Brückenpunkten A–D besteht deshalb kein Spannungsunterschied – die Ausgangsspannung ist Null.
Bei moduliertem Sendersignal sind u_{AB} und u_{AC} unterschiedlich groß, ihre Summe ist jedoch konstant. An R_1 und R_2 tritt deshalb je die halbe Summenspannung auf. In der Brückendiagonalen A–D besteht ein Potentialunterschied von 2 V. Bei entgegengesetzter Frequenzänderung ergibt sich eine Ausgangsspannung mit entgegengesetzter Polarität. Die Ausgangsspannung ändert sich im Rhythmus der aufmodulierten NF.

Begrenzerwirkung. Der Ratiodetektor hat als wesentlichen Vorteil eine ausgeprägte Begrenzerwirkung. Nach Einschalten lädt sich der Kondensator C_3 auf die Summenspannung auf.

Diese Spannung ist ein Maß für die Senderfeldstärke, denn sie ist von der übertragenen Spannung des HF- und ZF-Verstärkers abhängig. Störimpulse sind Spannungsspitzen. Gelangt ein Störimpuls (also eine rasche Spannungsänderung) an den Eingang des Ratiodetektors, muß sich C_3 plötzlich stärker aufladen. Der Ladestrom wird jedoch über die Dioden vom Diskriminatorfilter geliefert. Die Dioden entziehen dem Schwingkreis in diesem Augenblick mehr Energie und bedämpfen ihn dadurch – Kreisgüte und Ausgangsspannung sinken auf den ehemaligen Wert.

Bei plötzlichen Spannungseinbrüchen sperren die Demodulatordioden vorübergehend (Spitzenwertgleichrichter). Deshalb wird der Kreis nicht bedämpft – Kreisgüte und Ausgangsspannung steigen. Die Spannung am Kondensator C_3 kann sich nur bei langsamen Feldstärkeänderungen oder beim Verstimmen des Oszillators ändern.

Unsymmetrische Schaltung. Bild **5.**57 zeigt die in modernen Geräten bevorzugte Schaltung eines Radiodetektors. Die NF wird hier nicht in den symmetrischen Brückenpunkten, sondern unsymmetrisch gegen Masse ausgekoppelt. Um die unterschiedlichen Durchlaßwiderstände der Dioden auszugleichen, legt man Längswiderstände in die Diodenzweige. Im Auskoppelpunkt wird ein Tiefpaß zum Aussieben des HF-Trägers angeordnet. Außerdem macht es die senderseitige kräftige Höhenanhebung (Preemphasis; pre lat.: vor, Emphais gr.: Nachdruck) wieder rückgängig (Deemphasis). Durch die Deemphasis werden FM-Störungen stark gemindert, weil Störgeräusche vorwiegend im oberen Tonfrequenzbereich liegen (Prasseln, Rauschen).

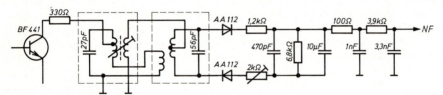

5.57 Unsymmetrischer Ratiodetektor (Schaltungsauszug)

Übungsaufgaben zu Abschnitt 5.2.3 und 5.2.4

1. Welche Aufgabe hat der ZF-Verstärker eines Überlagerungsempfängers?
2. Warum darf man ZF-Filter für die AM-Bereiche und für FM-Empfang in Reihe schalten?
3. Warum ist Neutralisation der ZF-Stufen nötig?
4. Zeichnen Sie aus Bild **5.**41 das zweite ZF-Filter. Erklären Sie daran Wirkungsweise und Kopplung des Filters für beide Schalterstellungen.
5. Warum entstehen bei überkritischer Ankopplung der Filterkreise in der Durchlaßkurve zwei Höcker?
6. Welche Teile des Sendesignals sind zur Demodulation im Empfänger unbedingt erforderlich?
7. Warum liefert der AM-Sender nicht die fertige Hüllkurve (NF-Signal), sondern Trägerschwingungen, deren Amplituden im Rhythmus der Hüllkurve schwanken?
8. Wozu dient der Ladekondensator im AM-Demodulator?
9. Das HF-Siebglied aus Bild **5.**47 (R_S = 3,3 kΩ und C_S = 22 nF) wird mit 500 mV NF-Spannung (f_U = 2 kHz) und 800 mV HF-Spannung (f_o = 460 kHz) gespeist. Welche Spannungen sind am Ausgang (Punkt 4) zu messen?
10. Warum eignet sich eine Spule nicht gut zum Aufbau eines FM-AM-Wandlers?
11. Gegentaktdiskriminatoren werden in der Massenfertigung von Rundfunkgeräten nur sehr selten verwendet. Begründen Sie das.
12. Wodurch ist ein Rieggerkreis gekennzeichnet? (Skizze, wesentliche Merkmale)
13. Welches Hauptanwendungsgebiet ergibt sich für Phasendiskriminatoren?
14. Wie kommt die Begrenzerwirkung des Ratiodetektors zustande?
15. Erklären Sie die Preemphasis und die Deemphasis. Was erreicht man durch diese Maßnahmen?

5.2.5 Verstärkungsregelung (AVR) und automatische Scharfabstimmung (AFC)

Die Verstärkungsregelung (fälschlich auch automatische Verstärkungsregelung, AVR genannt) dient dem Schwundausgleich und paßt das Gerät an die örtliche Senderfeldstärke an. Die Regelung zum Schwundausgleich setzt einen geschlossenen Regelkreis voraus. Wenn sich die Empfangsfeldstärke ändert, ändert sich zunächst auch die Höhe der ZF-Signalspannung und mit ihr die Größe der Demodulatorspannung. Diese Abweichung wird in eine entsprechende Regelspannung umgesetzt. Sie verändert die Verstärkung einiger Empfängerstufen so, daß die Signalspannung wieder annähernd den ursprünglichen Wert annimmt.

> Die Verstärkungsregelung (AVR) gleicht störende Schwankungen der Senderfeldstärke aus.

Die Voraussetzungen zur Durchführung der AVR bei AM- und FM-Empfängern sowie bei Heim- und Reiseempfängern sind unterschiedlich.

Schwundausgleich. In den AM-Bereichen ergeben sich Schwunderscheinungen aufgrund der Wellenausbreitung (Fading). Diese Lautstärkeunterschiede werden in gewissen Grenzen durch die Verstärkungsregelung ausgeglichen. Außerdem sollen beim Empfang verschiedener Sender mit unterschiedlichen Empfangsfeldstärken (z.B. bei der Grundabstimmung) möglichst gleiche Lautstärkeeindrücke entstehen. Auch dies erreicht man mit der AVR. Schließlich ändern sich bei Auto- und Reiseempfängern die Empfangsbedingungen und damit die Empfangsfeldstärken während der Fahrt. Die AVR gleicht diese starken Unterschiede weitgehend aus.

Anpassung. Im FM-Bereich treten zwar keine Schwunderscheinungen auf, doch muß der Empfänger an die örtliche Empfangsfeldstärke angepaßt und vor Übersteuerung geschützt werden – Hauptaufgabe der Verstärkungsregelung.

Versuch 5.6 In einem Rundfunkgerät wird die Regelspannungsleitung vom AM-Demodulator abgelötet und auf eine feste Vorspannung (z.B. +1,5 V) gelegt. Man stellt das Gerät mit Antenne auf einen MW-Sender ein und trennt dann die Antenne ab. Es machen sich Schwunderscheinungen bemerkbar. Nun versetzt man das Gerät wieder in den ursprünglichen Zustand. Der gleiche Sender bleibt eingestellt, die Antenne wird mehrfach ab- und zugeschaltet.

Ergebnis Die Schwunderscheinungen sind geringer oder gar nicht mehr vorhanden.

Regelkreis. Der Blockschaltplan 5.58 zeigt die in den Regelkreis einbezogenen Empfängerstufen (s. Abschn. 3.6.4). Gewöhnlich sind nicht alle Stufen beteiligt, der ZF-Verstärker jedoch immer.

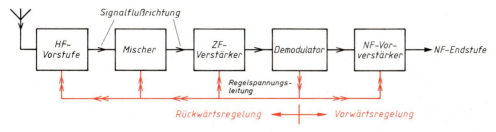

5.58 Blockschaltplan des Regelkreises für die Verstärkungsregelung

Rückwärtsregelung bedeutet, daß die Regelspannung entgegengesetzt zur Signalflußrichtung übertragen wird, also vom Demodulator aus auf Empfängerstufen, die vor dem Demodulator liegen.

Vorwärtsregelung bedeutet, daß die Regelspannung in Signalflußrichtung übertragen wird, also auf die NF-Vorstufe. Von dieser Möglichkeit wird jedoch nur selten Gebrauch gemacht. Streng genommen, ist die Vorwärtsregelung keine Regelung, weil sie nicht in den Regelkreis einbezogen ist.

Die Verstärkungsregelung setzt eine nichtlineare Steuerkennlinie des Verstärkerelements voraus. Transistoren haben eine stark nichtlineare Steuerkennlinie. Die Steilheit des Transistors und damit seine Verstärkung sind abhängig von der Lage des Arbeitspunkts auf der Steuerkennlinie. Verschiebt sich der Arbeitspunkt bei Änderung der Regelspannung, wird die Verstärkung zu einer Funktion der Regelspannung. Zu bedenken ist allerdings, daß zur AVR mit Transistoren eine Regelleistung aufzubringen ist.

Bei der Abwärtsregelung wird der Kollektorstrom des Transistors durch Verkleinern der Basisspannung herabgesetzt. Die Regelspannung wirkt direkt auf die Basis-Emitter-Strecke des Transistors (**5.**59). Dem Demulator wird der Gleichspannungsanteil des NF-Signals entnommen und der Transistorbasis über die beiden Tiefpässe R_1, C_1 und R_2, C_2 zugeführt. Deren Grenzfrequenzen liegen bei etwa 2 Hz. Der Gleichspannungsanteil des NF-Signals ist von der Empfangsfeldstärke abhängig. Bei steigender ZF-Spannung steigt auch die positive Regelspannung. Sie verschiebt den Arbeitspunkt des Transistors in den flacher verlaufenden Bereich der Steuerkennlinie (s. Abschn. 2.4.3) und bewirkt dadurch eine geringere Verstärkung der ZF-Stufe. Die Regelspannung wirkt der Basis-Emitter-Spannung entgegen.

Nachteil dieses Verfahrens: Die Bandbreite des Eingangsschwingkreises wird durch den zunehmenden Eingangswiderstand des Transistors geringer, denn der Kreis wird weniger bedämpft.

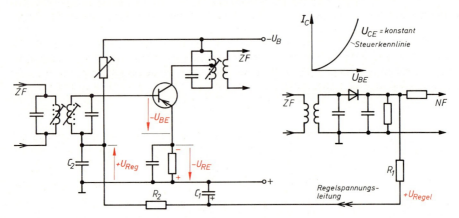

5.59 Abwärtsregelung (Ausschnitt)

Bei der Aufwärtsregelung (**5.**60) verfährt man umgekehrt: Der Kollektorstrom wird durch Erhöhen der Basis-Emitter-Spannung so weit erhöht, daß die Kollektor-Emitter-Spannung unter den Kniespannungswert abnimmt. Dabei wird der Kollektorstrom von der Kollektor-Emitter-Spannung abhängig ($U_{CB}=0$, Ausgangsdiode öffnet, Ausgangswiderstand r_a sinkt stark ab, s. Abschn. 3.7.1). Durch Vergrößern der Transistorströme sinken Eingangs- und Ausgangswiderstand (s. Abschn. 2.4.3). Dadurch werden Eingangs- und Ausgangsschwingkreis stark bedämpft – die Stufenverstärkung nimmt ab.

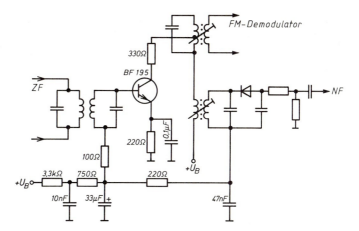

5.60
Aufwärtsregelung (Ausschnitt)

Für die Aufwärtsregelung sind zwei Voraussetzungen erforderlich:
- Der Transistor muß eine verhältnismäßig große Kniespannung haben (Regeltransistor).
- Im Kollektorkreis muß ein Widerstand liegen, an dem bei zunehmendem Kollektorstrom der nötige Spannungsabfall entsteht.

> Eine Aufwärtsregelung läßt Eingangs- und Ausgangswiderstand des Transistor bei zunehmender Regelspannung absinken. Die Stufenverstärkung nimmt dadurch ab.

In Rundfunkgeräten wird die Aufwärtsregelung selten verwendet.

Die Schwellwertregelung verhindert das Herabregeln der Verstärkung bei geringer Empfangsfeldstärke (5.61). Eine in Vorwärtsrichtung vorgespannte Diode läßt die Regelspannung erst bei einer Mindestfeldstärke wirksam werden. Die Regelspannung muß also größer als die Diodenvorspannung (den Schwellwert) sein. Bei geringer Richtspannung (Regelspannung) ist die Germaniumdiode in Vorwärtsrichtung leitend, denn ihre Anode (an U_1) ist positiver als die Kathode (an U_2). Erst wenn das negative Potential die Diode sperrt, wird die Regelspannung in der Regelspannungleitung und damit am Transistoreingang wirksam.

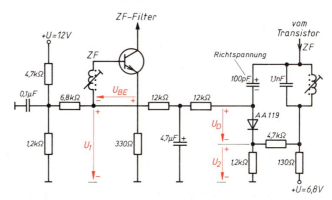

5.61
Schwellwertregelung (Ausschnitt)

Kombination. Die Aufwärtsregelung wird auch mit Verstärkungsregelung durch Dämpfungsdioden kombiniert. Dabei legt man die Diode so in die Schaltung, daß sie das Signal als Längsglied überträgt oder als Querglied den Transistor bedämpft.

Als Längsglied spannt man die Diode bei kleiner Regelspannung (geringe Feldstärke in Durchlaßrichtung) vor. Sie kann das Signal voll übertragen. Durch die ansteigende Regelspannung wird die Diode mehr und mehr gesperrt.

Als Querglied erzielt die Diode die entgegengesetzte Wirkung (**5.**62). Bei geringer Regelspannung bleibt sie gesperrt; dadurch wird der Eingangsschwingkreis nicht oder nur geringfügig bedämpft. Durch steigende Regelspannung wird die Diode in den Durchlaßbereich gesteuert; ihr Widerstand wird kleiner, der Kreis mehr oder weniger stark bedämpft.

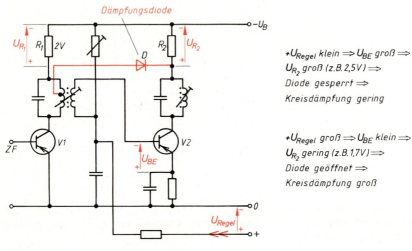

5.62 Verstärkungsregelung mit Dämpfungsdioden (Ausschnitt)

> Die AVR verkleinert die Verstärkung oder bedämpft die Schwingkreise. Die Verstärkungsregelung dient dem Schwundausgleich und der Anpassung des Geräts an die Empfangsfeldstärke.

Erzeugt wird die Regelspannung des FM-Bereichs ebenfalls im Demodulator. Über Tiefpaßglieder filtert man den Gleichspannungsanteil am Ratio-Detektor aus und überträgt ihn auf die entsprechenden Empfängerstufen (**5.**63 auf S. 389).

> Die Größe der Regelspannung an den Demodulatorausgängen ist ein Maß für die Größe der ZF-Spannung.

Die Höhe der ZF-Spannung hängt aber nicht allein von der Empfangsfeldstärke ab, sondern auch davon, wie genau der Empfänger auf den Sender abgestimmt ist (denn bei exakter Abstimmung entsteht in den Eingangskreisen und damit an der Mischstufe die größtmögliche Signalspannung). Deshalb kann man die Regelspannung auch zur Abstimmanzeige und zur automatischen Scharfabstimmung nutzen (AFC, engl.: **a**utomatic **f**requenzy **c**ontrol).

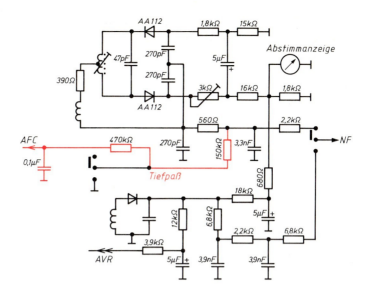

5.63 AM-FM-Demodulatoren mit Auskopplung für NF, AVR, Abstimmanzeige und AFC

Abstimmanzeige. Beim größten Zeigerausschlag des kleinen Zeigerinstruments ist das Gerät optimal abgestimmt. Manchmal liegt das Meßgerät so in der Schaltung, daß bei optimaler Einstellung des Empfängers Nullabgleich erfolgt (Brückenschaltung).

Die automatische Scharfeinstellung (AFC, automatische Frequenzregelung) wird häufig bei Auto- und Reiseempfängern sowie in Heimgeräten der gehobenen Klasse angewendet. Durch eine Nachstimmschaltung, die auf den Oszillator des Empfängers wirkt, werden diese Geräte genau auf den gewünschten Sender abgestimmt und dort festgehalten. Der Empfänger braucht dann von Hand nur ungefähr auf den betreffenden Sender abgestimmt zu werden.

Versuch 5.7 Ein UKW-Empfänger mit einer AFC-Taste wird bei ausgeschalteter AFC nur ungefähr auf die Mittenfrequenz eines FM-Senders eingestellt. Das Signal klingt verzerrt. Nun wird die AFC-Taste gedrückt.

Ergebnis Das Sendersignal ist unverzerrt, die Abstimmanzeige zeigt optimalen Ausschlag.

> Die automatische Scharfabstimmung (AFC) erleichtert das genaue Einstellen eines Senders.

Bild 5.64 zeigt einen Schaltungsauszug für den FM-Bereich. Die Diskriminatorspannung wirkt auf eine Kapazitätsdiode im frequenzbestimmenden Oszillatorkreis. Je nach Frequenzabweichung wird der Betrag der Nachstimmspannung größer oder geringer; entsprechend verändert sich die Oszillatorfrequenz. Bei genauer Abstimmung entsteht ein Gleichgewichtszustand (Regelabweichung → 0).

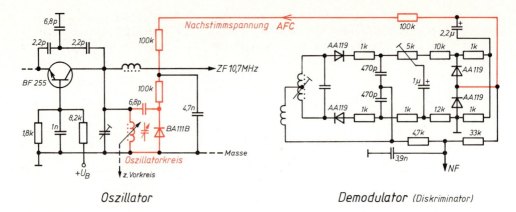

5.64 Oszillator und Demodulator (Diskriminator) zur automatischen Scharfabstimmung (AFC)

Beim Festsenderspeicher leitet man den Kapazitätsdioden in den Abstimmkreisen über Drucktasten verschiedene fest eingestellte Abstimmspannungen zu. Die Kapazitätsdioden im Vorkreis, Zwischenkreis und Oszillatorkreis sind durch die Abstimmspannungen auf bestimmte Kapazitätswerte festgelegt (**5.**65). Die Potentiometerknöpfe sind meist zugleich Drucktasten (Raster). Über diese Kontakte leitet man die vorgewählten Abstimmspannungen auf die entsprechende Zuleitung. So lassen sich die wichtigsten Sender rasch und genau einstellen (Speicher). Das Hauptpotentiometer ist mit dem Zeiger der großen Senderskala verbunden. Die Abstimmung muß sorgfältig stabilisiert sein, denn jede Abweichung vom Sollwert macht sich als Verstimmung der Schwingkreise unangenehm bemerkbar. Meist wird der Festsenderspeicher mit der automatischen Scharfabstimmung kombiniert.

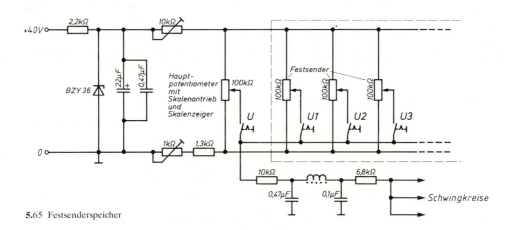

5.65 Festsenderspeicher

5.2.6 NF-Vorstufe

Niederfrequenzverstärker sollen das demodulierte Sendersignal oder das NF-Signal von der Schallplatte oder dem Magnetband so aufbereiten und verstärken, daß es mit der gewünschten Leistung möglichst naturgetreu über die Lautsprecher wiedergegeben werden kann.

Den Aufbau eines vollständigen NF-Verstärkers zeigt Blockschaltplan 5.66. Nicht alle Rundfunkgeräte haben einen Entzerrer-Verstärker (z.B. Auto- und Reiseempfänger). Im Plan ist nur ein Kanal dargestellt; für stereofone Wiedergabe sind zwei gleiche Wiedergabeverstärker nötig.

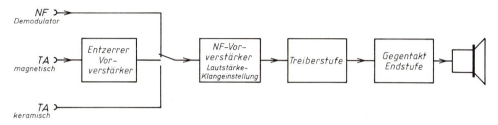

5.66 Blockschaltplan eines NF-Verstärkers

Versuch 5.8 Ein Plattenspieler mit magnetischem Tonabnehmersystem wird an ein Rundfunkgerät oder einen NF-Verstärker ohne Entzerrer-Verstärker angeschlossen.
Zugleich schließt man einen Plattenspieler mit keramischem Tonabnehmersystem an ein Rundfunkgerät oder einen NF-Verstärker mit Entzerrer-Verstärker an.

Ergebnis Die Wiedergabe ohne Entzerrer-Verstärker klingt leise und hart. Die Wiedergabe mit keramischem Abnehmersystem und mit Entzerrer-Verstärker klingt übersteuert. Ursache: Das keramische System erzeugt eine größere Signalspannung, als der Vorverstärker verarbeiten kann.

Entzerrer-Vorverstärker. Bild 5.67 zeigt einen zweistufigen Vorverstärker für magnetische Tonabnehmer. Vom Kollektor des zweiten Transistors zum Emitter des ersten liegt der Zweig einer frequenzabhängigen Gegenkopplung. Sie koppelt den oberen Frequenzbereich gegen und dient der Schneidkennlinien-Entzerrung. Ein zweiter Gegenkopplungskanal reicht vom Emitter des zweiten Transistors zur Basis des ersten, dessen Basisvorspannung damit vom Spannungsabfall an der Emitterkombination des Folgetransistors abgeleitet wird. Die Basisvorspannung des ersten Transistors ändert sich nur bei langsamer Arbeitspunktverschiebung des Folgetransistors. Der Verstärker wird dadurch temperaturstabilisiert.

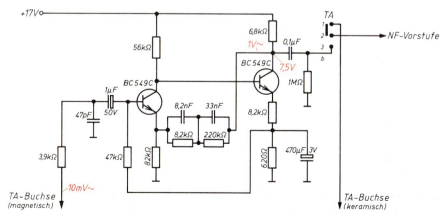

5.67 Entzerrer-Vorverstärker

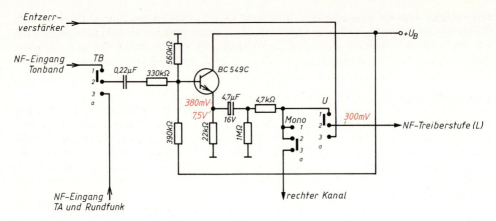

5.68 NF-Vorverstärker in Kollektorschaltung

Die NF-Vorstufe in Bild **5.**68 arbeitet als Emitterfolger (Kollektorschaltung). Die Spannung läßt sich hier nicht verstärken, vielmehr sorgt die Stufe für eine günstige Anpassung an den NF-Treiber.

Ein weiteres Schaltungsbeispiel (Stereo) zeigt Bild **5.**69. Die Feldeffekttransistoren arbeiten für beide Kanäle in Source-Schaltung, die Lautstärkeeinsteller wirken als Spannungsteiler. Diese liegen am Eingang des NF-Verstärkers.

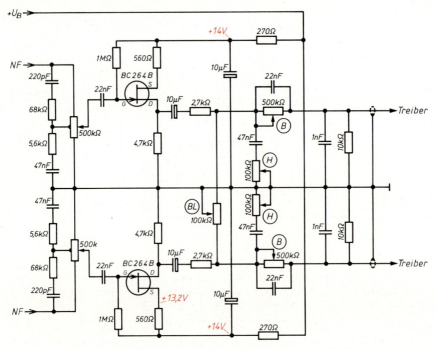

5.69 NF-Vorverstärker (Stereo) mit Einstellpotentiometer für Lautstärke, Höhen und Tiefen

Gehörrichtige Lautstärkeeinstellung. Die Empfindlichkeit des menschlichen Ohrs für tiefe Töne ist bei niedriger Lautstärke gering. Die Lautstärkepotentiometer in Bild **5.**69 sind deshalb am unteren Ende angezapft und mit zusätzlichen *RC*-Gliedern versehen. Bei geringer Lautstärke (Schleifer am masseseitigen Anschluß) werden hohe und mittlere Töne unterdrückt, die Bässe erscheinen etwas lauter (s. Abschn. 4.4 und 1.5.4).

Klangeinstellung. Über zusätzliche Potentiometer kann man hohe und tiefe Töne getrennt einstellen. Die Schleifer der Potentiometer zur Baßeinstellung *B* überbrücken je nach Stellung den verhältnismäßig großen Widerstand mehr oder weniger stark. Dadurch werden niedrige Frequenzen gut oder weniger gut übertragen. Die Höheneinstellungs-Potentiometer *H* bilden mit den 0,047-µF-Kondensatoren einen Querzweig zum Übertragungsweg. Je nach Schleiferstellung wird der geringe Wechselstromwiderstand X_C des Kondensators wirksam und dämpft Signale hoher Frequenz. Der Balanceeinsteller (*BL*) bewirkt einen Nebenschluß für den einen oder anderen Kanal.

Integrierte Schaltkreise können als NF-Vorverstärker und Endstufen eingesetzt werden.

5.2.7 NF-Endstufe

Die Endstufen bringen die Signalleistung zum Betrieb der Lautsprecher auf. In Rundfunkgeräten verwendet man fast ausschließlich Gegentaktverstärker (s. Abschn. 3.2). Bild **5.**70 zeigt den vollständigen Stromlaufplan eine NF-Verstärkers mit Vorstufe, Treiberstufe und Leistungsverstärker.

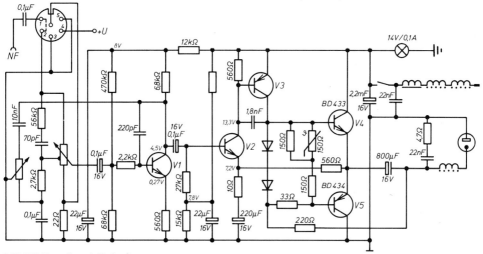

5.70 NF-Vorstufe und -Endstufe

Der Vorverstärker arbeitet in Emitterschaltung. Durch den nicht überbrückten Emitterwiderstand erreicht man eine frequenzunabhängige Gegenkopplung. Am Eingang dieser Stufe liegt die Klangblende. Zusätzlich wirkt eine Tiefenanhebung durch eine frequenzabhängige Gegenkopplung vom Kollektor zur Basis des Vortransistors *V*1.

Die Treiberstufe hat zwei Komplementärtransistoren in direkter Kopplung (*V*2 und *V*3 in Gleichspannungskopplung). Bei positiver Signalhalbwelle an der Basis von *V*2 steigt dessen Kollektorstrom. Der steigende Kollektorstrom ruft an seinem Lastwiderstand (560 Ω) einen steigenden Spannungsabfall hervor. Deshalb wird der PNP-Transistor $V3$ ebenfalls stärker leitend. Die beiden Dioden im Laststromkreis von $V3$ sind in Durchlaßrichtung gepolt. An ihnen fällt eine vom Signalstrom unabhängige Gleichspannung ab, die die Basisvorspannungen der Leistungstransistoren bestimmt.

Temperatur-Kompensation. Die Temperatur der Komplementär-Endstufe kompensiert man durch einen Heißleiter im Basisspannungsteiler. Er ist in thermischem Kontakt mit der Endstufe. Beide Endtransistoren werden gleichzeitig durch die gleiche Signalhalbwelle gesteuert. Wirkt am Ausgang von $V3$ z.B. eine negative Signalhalbwelle, sperrt $V4$ und wird $V5$ stark leitend. Dann entlädt sich der 800-μF-Kondensator über $V5$; er ersetzt deshalb eine Betriebsspannungsquelle (s. Abschn. 3.2.3).

Die Endstufe in Bild **5.**71 arbeitet mit zwei gleichen Leistungstransistoren. Die zum Aussteuern der Gegentakt-Endstufe ($V5$ und $V7$) nötige Leistung und Phasendrehung erzeugt eine Treiberstufe mit komplementären Transistoren $V4$ und $V6$. Die Treiberstufe besteht aus dem Transistor $V2$. Die Basisvorspannung für die Treibertransistoren wird z.T. durch $V3$ erzeugt.

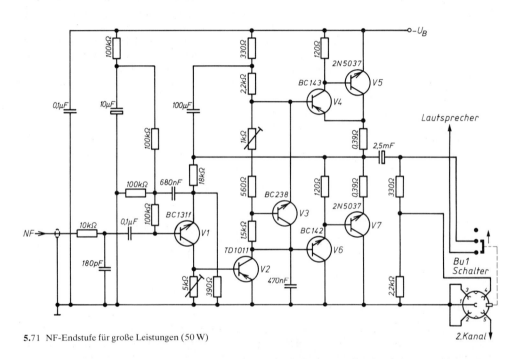

5.71 NF-Endstufe für große Leistungen (50 W)

Seine Kollektor-Emitter-Spannung bestimmt die Lage ihrer Arbeitspunkte. Durch die direkte Kopplung der Transistoren bewirkt eine Veränderung der Spannung U_{CE} an $V3$ auch eine Arbeitspunktverschiebung an $V5$ und $V7$. Den Ruhestrom der Endstufe stellt man mit dem Trimmpotentiometer ein. Bei Gegentakt-B-Verstärkern ist der Ruhestrom sehr gering (z.B. 10 mA). Direkt gekoppelte Gegentakt-Endstufen erreichen eine große NF-Bandbreite bei großer Leistung und gutem Wirkungsgrad.

Oft montiert man den Transistor $V3$ mit auf die Kühlkörper der Endstufen. Dadurch schützt man die Endstufe thermisch: Bei steigender Temperatur der Endtransistoren wird $V3$ stärker leitend, der Spannungsabfall an ihm sinkt, dadurch sinken auch die Basisvorspannungen der beiden Treibertransistoren und der Endtransistoren.

In Geräten der Spitzenklasse entfällt der große Ladekondensator (2500 µF) im Lautsprecherkreis, da er die tiefen Töne (lange Schwingungsdauer bei großer Amplitude) benachteiligt. Er wird durch ein zweites Netzteil ersetzt (Doppelnetzteil).

Übungsaufgaben zu Abschnitt 5.2.5 bis 5.2.7

1. Welche Aufgaben erfüllt die Verstärkungsregelung in den AM-Bereichen und im FM-Bereich?
2. Erklären Sie die Begriffe Vorwärtsregelung, Rückwärtsregelung, Aufwärtsregelung, Abwärtsregelung.
3. Welchen Nachteil hat die Abwärtsregelung?
4. Wie arbeitet die Aufwärtsregelung?
5. Erklären Sie den Vorteil einer Schwellwertregelung.
6. Wozu dient die Abstimmanzeige?
7. Warum genügt es, bei der automatischen Scharfabstimmung nur den Oszillatorkreis nachzustimmen?
8. Wie arbeitet ein Festsenderspeicher?
9. Warum muß ein magnetisches Tonabnehmersystem über einen Entzerrer-Vorverstärker angeschlossen werden?
10. Nennen Sie Vor- und Nachteile der verschiedenen Tonabnehmersysteme.
11. Was versteht man unter gehörrichtiger Lautstärkeeinstellung?
12. Warum wird die Lautstärke nicht im HF- oder ZF-Verstärker eingestellt?
13. Welche Vorteile bietet der NF-Gegentaktverstärker gegenüber dem NF-Eintaktverstärker?
14. Welche Aufgabe hat der Ladekondensator im Lastkreis einer eisenlosen Endstufe?
15. Zeichnen Sie als Schaltungsauszug aus Bild **5.**71 die Grundschaltung einer eisenlosen Endstufe. Erklären Sie ihre Wirkungsweise.
16. Warum arbeiten Geräte der Spitzenklasse mit Doppelnetzteilen?

5.3 Rundfunkstereofonie

5.3.1 Grundlagen stereofoner Übertragung

Die stereofone Wiedergabe (stereo, griech.: räumlich) beruht darauf, daß durch zwei gleichwertige, aber getrennte Aufnahme- und Wiedergabekanäle Schallsignale unterschiedlicher Intensität und Laufzeit auf unsere Ohren übertragen werden. Dadurch entsteht bei Musikübertragungen ein nahezu natürlicher Klang- und Richtungseindruck.

Kompatibilität. In der Rundfunkstereofonie muß das Sendersignal so zusammengesetzt werden, daß auch monaural (einohrig) arbeitende Empfänger das vollständige NF-Signal als Summensignal $L + R$ wiedergeben können – die Übertragungsart muß kompatibel (lat.: vereinbar) sein. Eine Möglichkeit dazu bietet das Summe-Differenz-Verfahren.

Summen- und Differenzverfahren. Rechts- und Linkssignal werden nicht direkt über getrennte Kanäle übertragen. Vielmehr werden das Summensignal $(L + R)$ und das Differenzsignal $(L - R)$ in besonderer Weise aus den Rechts- und Linkssignalen zusammengefügt (**5.**72). Die beiden Mikrofonübertrager sind Matrixübertrager (lat.: geordnetes Schema). Ihre beiden

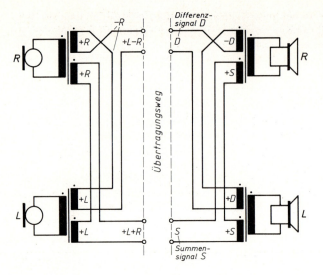

5.72
Matrixschaltung mit Übertragern zum Erzeugen von Summen- und Differenzsignal bei Stereoübertragung. Alle Spulen haben gleichen Wickelsinn. Die Spulenanfänge sind mit einem Punkt gekennzeichnet

Wicklungen auf der Sekundärseite sind so zusammengeschaltet, daß sich einerseits das Summensignal $S = L + R$, andererseits das Differenzsignal $D = L - R$ bilden. Diese zusammengesetzten Signale werden drahtlos übertragen. Auf der Empfängerseite werden sie mit Hilfe zweier Matrixübertrager wiederum in Links- und Rechtsignal umgewandelt. Im Empfänger bilden die Matrixübertrager aus den Signalen $S = L + R$ und $D = L - R$ also nochmals Summe und Differenz:

$$
\begin{array}{ll}
\text{Summe} & \quad S = +L+R \\
& +D = +L-R \\ \hline
& = 2L
\end{array}
\qquad
\begin{array}{ll}
\text{Differenz} & \quad S = +L+R \\
& -D = -L+R \\ \hline
& = 2R
\end{array}
$$

> Die Summe aus den Signalen S und D ergibt das L-Signal, die Differenz der Signale S und D ergibt das R-Signal.

Die entgegengesetzten Signalanteile heben sich auf. In den Lautsprechern werden Links- und Rechts-Signal getrennt wiedergegeben.

5.3.2 Multiplexsignal

Für die HF-Übertragung müssen Summensignal S und Differenzsignal D einem HF-Träger aufmoduliert werden (**5.**73). Das Summensignal $L + R$ moduliert den FM-Sender in der gleichen Weise wie bei Monosendungen. Damit stellt man sicher, daß auch die monauralen Empfänger das Programm mit vollem Inhalt empfangen.

Beim Pilottonverfahren wird das Differenzsignal einem 38-kHz-Hilfsträger aufmoduliert, den man selbst mit einem Ringmodulator (s. Abschn. 4.6.2) bis auf einen Rest von etwa 1% unterdrückt. Diese Trägerunterdrückung ist u.a. nötig, um in Mono-Empfängern Störungen zu verhindern. Die Seitenbänder des aufmodulierten Differenzsignals reichen von 23 bis 53 kHz (38 ± 15 kHz). Zur Demodulation des Differenzsignals ist es erforderlich, den im Sender unterdrückten Hilfsträger im Empfänger wiederherzustellen. Der Sender strahlt deshalb einen

19-kHz-Pilotton ab, der 8 bis 10% des Modulationsgrads beansprucht. Die Frequenz des Pilottons darf nicht mehr als ±2 Hz vom Sollwert abweichen. Außerdem muß der Pilotton phasenstarr zum 38-kHz-Hilfsträger sein.

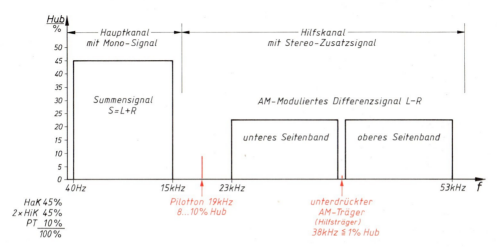

5.73 Frequenzdiagramm des Stereo-Multiplexsignals bei voller Stereo-Information (entweder nur *L*- oder *R*-Signal)

Das Gesamtsignal zur Stereoübertragung heißt Multiplexsignal (lat.: vielfältig). Seine Zusammensetzung zeigt Bild **5.**74. In einer Matrix-Schaltung (z.B. mit Matrix-Übertragern) bildet man Summen- und Differenzsignal. Dabei nehmen die Mikrofone die Tonfrequenzen für den linken und den rechten Kanal getrennt auf. Die vom 19-kHz-Oszillator erzeugten unmodulierten Schwingungen werden als Pilotton zugefügt. Den Pilotton führt man einem Frequenzverdoppler zu. Der an seinem Ausgang zur Verfügung stehende 38-kHz-Hilfsträger ist deshalb phasenstarr (ohne gegenseitige Phasenverschiebung) aus dem Pilotton abgeleitet. Den Hilfsträger (38 kHz) leitet man dem AM-Modulator zu und unterdrückt ihn im Ringmodulator wieder. Schließlich wird das Signalgemisch (Multiplexsignal) über einen FM-Modulator und -Sender

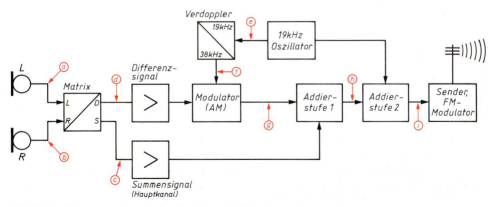

5.74 Blockschaltplan eines Stereosenders (Entstehen des Multiplexsignals)

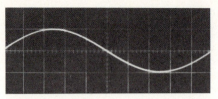

a) linker Kanal 1,9 kHz

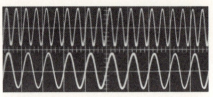

Signalfrequenzen
e) 19 kHz   f) 38 kHz

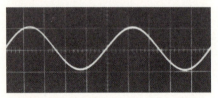

b) rechter Kanal 3,8 kHz

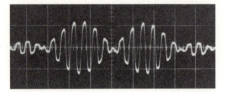

g) 38 kHz, moduliert mit $(L-R)$, Träger unterdrückt

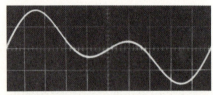

c) Summe $(L+R)$

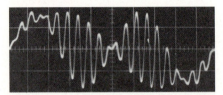

h) Summierung von Kurve c und g: $(L+R) + 38$ kHz, moduliert mit $(L-R)$, Träger unterdrückt

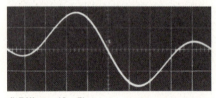

d) Differenz $(L-R)$

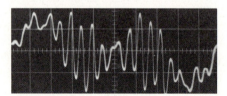

i) Summierung von h + Pilotton ergibt das Stereo-Multiplex-Signal

5.75 Oszillogramme der Signalspannungen, die das Multiplexsignal bilden

abgestrahlt. Bild **5.**75 zeigt die wichtigsten Oszillogramme der Signale, die zusammen das Multiplexsignal bilden. Die Buchstaben *a* bis *i* sind in **5.**74 an den entsprechenden Stellen des Blockschaltplans angegeben.

> Die aus den getrennt aufgenommenen Links- und Rechtssignalen gebildeten Summen- und Differenzsignale werden im AM-Verfahren als Multiplexsignal ausgestrahlt und im Stereo-Decoder des Empfängers wieder in Links- und Rechtssignale zerlegt.

5.3.3. Stereo-Decoder

Die wichtigsten Verfahren zur Decodierung des Multiplexsignals sind in den Blockschaltplänen **5.**76, **5.**78 und **5.**80 dargestellt. Grundsätzlich muß der im Stereo-Zusatzkanal zwischen den AM-Seitenbändern liegende, unterdrückte 38-kHz-Hilfsträger im Empfänger wiederhergestellt werden, und zwar mit einer ausreichenden Amplitude. Dazu synchronisiert man entweder einen 38-kHz-Oszillator mit der 19-kHz-Pilotfrequenz oder gewinnt den Hilfsträger durch Verdoppeln der 19-kHz-Frequenz. Die Demodulation der Seitenbänder ohne Träger hätte eine starke Verzerrung zur Folge.

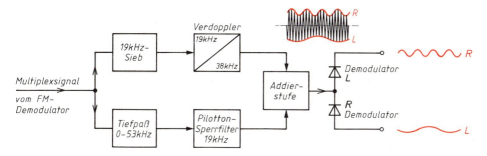

5.76 Blockschaltplan eines Decoders nach dem Hüllkurvenverfahren

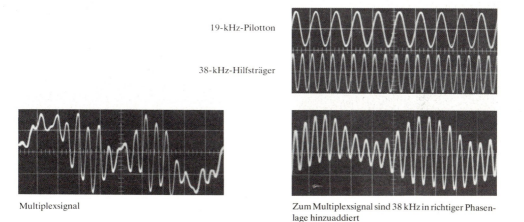

5.77 Signale, die im Decoder **5.**76 auftreten (Hüllkurvenverfahren)

Beim Hüllkurvenverfahren erhält man den Hilfsträger durch Aussieben und Verdoppeln der Pilotfrequenz (**5.**76). Die 38-kHz-Hilfsträgerschwingung wird zum Multiplexsignal addiert. Dabei entsteht als Umhüllende der HF-Schwingungen auf der einen Hälfte die Frequenz des linken Kanals, auf der anderen die des rechten Kanals. Die endgültige Demodulation besorgen zwei gegensinnig gepolte Demodulatoren oder ein Hüllkurvendemodulator. Die entsprechenden Oszillogramme zeigt Bild **5.**77. Die ehemaligen Signalfrequenzen L und R sind als Umhüllende deutlich zu erkennen (s. **5.**75).

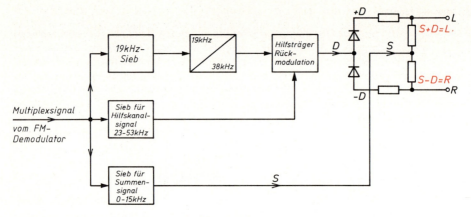

5.78 Blockschaltplan eines Decoders nach dem Matrixverfahren

Beim Matrixverfahren wird ebenfalls der Hilfsträger ausgesiebt und verdoppelt (**5.**78). Das das Differenzsignal enthaltende Stereo-Zusatzsignal führt man über ein Filter dem Rückmodulator zu. Dort entsteht wieder das vollständige Differenzsignal. Bild **5.**79 zeigt die Oszillogramme. Im Rückmodulator addiert man den 38-kHz-Träger aus dem Frequenzverdoppler zum amplitudenmodulierten $(L-R\text{-})$Signal hinzu (Träger unterdrückt). Am Ausgang entsteht das modulierte Differenzsignal. Über zwei Dioden erzeugt man die Komponenten $+D$ und $-D$. Diese beiden NF-Signale bringt man in einer Matrix mit dem Summensignal $S = L + R$ zusammen. Nach den Formeln $S + D = 2\,L$ und $S - D = 2\,R$ bilden sich die gewünschten Links- und Rechtssignale.

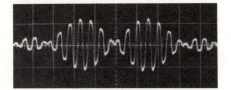

38 kHz, moduliert mit $(L-R)$, Träger unterdrückt

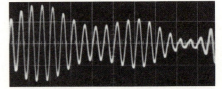

38 kHz, moduliert mit $(L-R)$

5.79 Signale, die im Decoder **5.**78 auftreten (Matrixverfahren)

Beim Zeitmultiplexverfahren (**5.**80) steuert der aufbereitete 38-kHz-Hilfsträger einen Diodenumschalter (Synchronmodulator oder Ringdemodulator genannt, s. Abschn. 4.6.2). Die Dioden des Demodulators legen das Multiplexsignal abwechselnd an den linken und den rechten NF-Kanal. Der Diodenschalter muß synchron mit der Hilfsträgerfrequenz arbeiten.

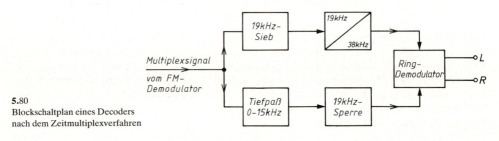

5.80 Blockschaltplan eines Decoders nach dem Zeitmultiplexverfahren

Frequenzverdoppler. Den Pilotton erzeugt man aus dem Pilotton meist durch Frequenzverdoppelung. Ein Frequenzverdoppler ist im Grunde ein Zweiweggleichrichter, der über eine Verstärkerstufe einen Schwingkreis mit entsprechender doppelter Resonanzfrequenz speist. Bild 5.81 zeigt einen Schaltungsauszug.

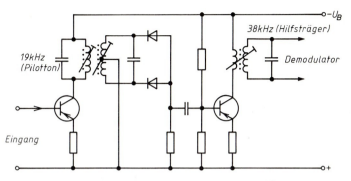

5.81 Frequenzverdoppler

Bild 5.82 zeigt die Gesamtschaltung eines Stereo-Decoders nach dem Zeitmultiplexverfahren. Das Multiplexsignal gelangt über einen Tiefpaß zum ersten Transistor. Über ein Auskoppelfilter (19-kHz-Sperre) wird es zur Mittelanzapfung des 38-kHz-Schwingkreises und zum Synchrondemodulator geführt (s. Abschn. 8.2.6). Gleichzeitig speist der erste Transistor den Frequenzverdoppler. Eine Koppelspule leitet den Hilfsträger dem Synchrondemodulator zu. Schaltdioden legen das Signal im 38-kHz-Rhythmus abwechselnd an beide NF-Kanäle. Die NF-Vorstufen heben die NF-Signale so weit an, daß sie die NF-Verstärker voll aussteuern können. Mit einem Stellwiderstand von 10 kΩ symmetriert man die Schaltung.

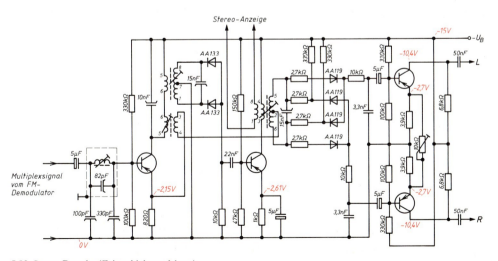

5.82 Stereo-Decoder (Zeitmultiplexverfahren)

Stereo-Decoder werden häufig als integrierte Schaltungen aufgebaut und verwendet (z. B. TBA 450 N) Bild **5.**83 zeigt ein Beispiel von zahlreichen Varianten.

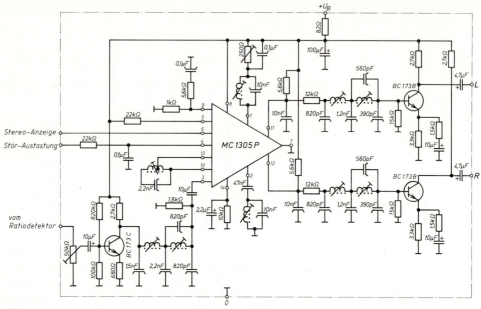

5.83 Stereo-Decoder mit IC

Übungsaufgaben zu Abschnitt 5.3

1. Warum verwendet man in der HF-Stereofonie das Summe-Differenz-Verfahren?
2. Wodurch erreicht man, daß monaurale Rundfunkgeräte stereofone Sendungen verzerrungsfrei wiedergeben?
3. Was ist ein Multiplexsignal?
4. Warum wird der 38-kHz-Hilfsträger im Sender unterdrückt?
5. Welche Aufgabe hat der Pilotton?
6. Warum kann ein monauraler Empfänger das Multiplexsignal nicht vollständig entschlüsseln (demodulieren)?
7. Nennen Sie verschiedene Decoderarten.
8. Wie arbeitet ein Frequenzverdoppler (19 kHz → 38 kHz)?
9. Wie wird in der Schaltung **5.**79 der Hilfsträger erzeugt?

6 Magnetische Schallaufzeichnung

6.1 Grundlagen der Magnetbandtechnik

Bei der Schallaufzeichnung nimmt das magnetische Verfahren neben dem Lichttonverfahren und der Schallplatte einen hervorragenden Platz ein. Erfinder ist der Däne Valdemar Poulsen. Er baute 1898 das erste Magnettongerät. 1928 erfand Fritz Pfleumer das mit Eisenpulver beschichtete Magnetband.

Wirkungsweise (6.1). Über einen Aufnahmeverstärker werden die Mikrofonströme einem Aufnahmekopf zugeführt. Vorher durchläuft das Magnetband ein hochfrequentes Wechselfeld, um Reste einer alten Aufnahme zu löschen und das Band für eine Neuaufnahme vorzubereiten. In der Spule des Aufnahmekopfs fließt der niederfrequente Signalstrom; er erzeugt im Eisen und im Luftspalt des Aufnahmekopfs ein magnetisches Wechselfeld. Im Luftspalt treten die magnetischen Feldlinien nach außen aus und magnetisieren das vorbeiziehende Tonband im Rhythmus des niederfrequenten Wechselfelds. Im Tonband bleibt die Magnetisierung der Eisenteilchen (Remanenz) bestehen.

Bei der Wiedergabe läuft das magnetisierte Band mit gleicher Geschwindigkeit wie bei der Aufnahme am Luftspalt des Wiedergabekopfs vorbei. Im Wiedergabekopf wird eine Signalspannung induziert, die über den Wiedergabeverstärker dem Lautsprecher zugeführt wird.

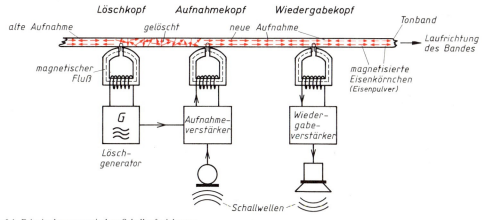

6.1 Prinzip der magnetischen Schallaufzeichnung

> Jedes Tonbandgerät enthält die zum Löschen, zur Aufnahme und zur Wiedergabe erforderlichen Köpfe, Generatoren und Verstärker.

Vorteile gegenüber anderen Verfahren: sofortige Kontrolle der Aufnahme (Hinterbandkontrolle), beliebig häufiges Löschen und Neuaufnehmen, lange Spieldauer, einfaches Aufnahmeverfahren, Tonbänder können geschnitten und geklebt werden.

Kassettentonbandgeräte und Videorecorder (MAZ) arbeiten nach dem gleichen Prinzip.

6.2 Aufbau von Tonbandgeräten

Aufbau eines Spulen-Tonbandgeräts (6.2). Das Tonband läuft vom Abwickelteller über Umlenkrollen zum Aufwickelteller. Dabei wird es über genau eingestellte Bandführungen an den drei Magnetköpfen vorbeigeleitet. Eine mit Gummi belegte Andruckrolle drückt das Band gegen die Tonwelle. Diese Tonwelle ist der eigentliche Antrieb für das Tonband. Darum muß sie mit konstanter Drehzahl laufen.

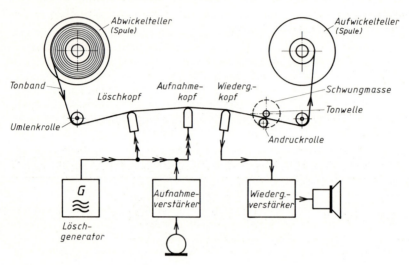

6.2 Aufbau eines Spulen-Tonbandgeräts

> Drehzahlschwankungen der Tonwelle beeinflussen die Bandgeschwindigkeit und machen sich deshalb sehr unangenehm als Tonhöhenschwankungen bemerkbar.

Die Schwungmasse ist mit der Tonwelle starr gekoppelt und dämpft die Drehzahlschwankungen. Die Reibung zwischen Andruckrolle und Tonwelle bewirkt die konstante Bewegung des Tonbands am Löschkopf, Sprechkopf und Hörkopf vorbei zum Aufwickelteller (Aufwickelspule). In einfachen Tonbandgeräten werden Wiedergabe- und Aufnahmekopf zu einem Kombikopf zusammengefaßt.

Auf- und Abwickelspulen dürfen sich nicht mit konstanter Drehzahl bewegen, denn sie müssen sich während der Aufnahme oder Wiedergabe laufend den sich ändernden Wickeldurchmesser der Spulen anpassen. Außerdem muß man dafür sorgen, daß das Tonband gespannt bleibt und mit etwa konstantem Bandzug transportiert wird.

Bandgeschwindigkeiten. Die ursprünglich festgelegte Bandgeschwindigkeit von 30 Zoll je Sekunde (76,2 cm/s) ist unwirtschaftlich. Durch verbesserte Technik hat man sie nach und nach herabgesetzt, wobei man die Geschwindigkeit jeweils halbierte: 76,2 cm/s, 38,1 cm/s und 19,05 cm/s bei Studiogeräten; 19,05 cm/s, 9,53 cm/s, 4,75 cm/s und 2,38 cm/s bei Heimgeräten.

Wiedergabequalität und Frequenzgang eines Tonbandgeräts hängen von vielen mechanischen und elektrischen Eigenschaften ab.

Der Aufbau der Magnetköpfe ist besonders wichtig. Um die Spaltbreite genau zu definieren, bringt man hartes, unmagnetisches Material in den Kopfspalt (Kupfer-Beryllium, Glimmer oder Siliziumoxid). Dadurch werden die magnetischen Feldlinien stark nach außen gedrängt und erzeugen im Band ein kräftiges Feld. Sprech- und Hörköpfe bestehen aus weichmagnetischem Material hoher Permeabilität, Löschköpfe meist aus Ferriten (geringe Verluste).

Spalteffekt. Die Abbildung einer Tonschwingung auf dem Tonband besteht aus je zwei entgegengesetzt magnetisierten Bandstücken. Der Spalt des Wiedergabekopfs muß kleiner als eine Wellenlänge des magnetisch gespeicherten Tons sein, weil sich sonst die Nord- und Südpole der magnetisierten Bezirke (Molekularmagnete) vor dem Kopfspalt aufheben (**6**.3).

Aus der Bandgeschwindigkeit und höchsten Frequenz des aufgezeichneten Signals ergibt sich die Wellenlänge einer Schwingung auf dem Tonband.

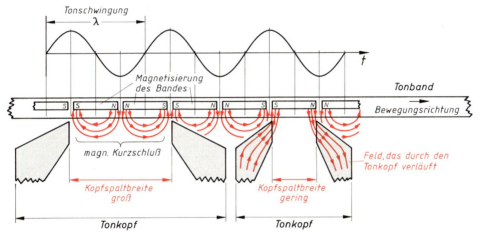

6.3 Einfluß der Kopfspaltbreite auf die höchste Signalfrequenz

$$\text{Tonschwingung } \lambda = \frac{\text{Bandgeschwindigkeit}}{\text{höchste Frequenz}}$$

Beispiel 6.1 $V = 9{,}5$ cm/s, $f_o = 15$ kHz.

$$\lambda = \frac{9{,}5 \text{ cm} \cdot \text{s}}{15 \cdot 10^3 \text{ s}} = \mathbf{6{,}3 \text{ μm}}$$

Eine zufriedenstellende Aufnahme- und Wiedergabequalität ist jedoch nur zu erwarten, wenn die Spaltbreite des Magnetkopfs kleiner als die kleinste Wellenlänge auf dem Band ist. Heute verwendet man Köpfe von etwa 5 bis 10 μm.

Für die Aufzeichnung und Wiedergabe hoher Frequenzen ist die Kopfspaltbreite von entscheidender Bedeutung.

Vollspur-, Halbspur- und Viertelspurköpfe werden unterschieden (**6.**4). Für quadrofone Aufnahmen baut man Vierspurköpfe. Hör- und Sprechköpfe müssen sorgfältig gegen Fremdspannungen und Fremdfelder abgeschirmt werden.

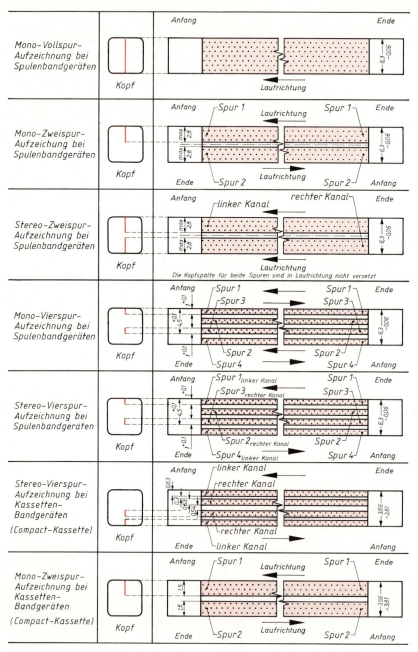

6.4 Spurlagen und Kopfausführungen

6.3 Aufnehmen und Löschen

Vormagnetisierung. Bei der Aufnahme eines Signals magnetisiert man die Trägerschicht (Eisenoxid, Chromoxid) des Bandes durch den Aufsprechknopf im Rhythmus der Signalschwingungen. Ohne diese Vormagnetisierung wird das Signal stark verzerrt, weil den Elementarmagneten der Trägerschicht eine Mindestfeldstärke zugeführt werden muß, um sie in eine neue Richtung zu drehen. Bei geringen Signalfeldstärken wird die Lage der Elementarmagnete nicht verändert.

Bild **6.**5 verdeutlicht dies. Wird bei der Aufnahme die magnetische Feldstärke H im Band von Null auf den Wert A oder B verstärkt, erfolgt keine anhaltende Magnetisierung des Bandes. Erst wenn die Feldstärke über A oder B hinausgeht, entsteht im Band der remanente Magnetismus B_R. Ließe man die Signalfeldstärke ohne Vormagnetisierung um den Nullpunkt schwanken, ergäbe sich wegen der Form der Magnetisierungslinie (Hysteresisschleife) eine stark verzerrte Aufnahme – das Signal wäre unbrauchbar.

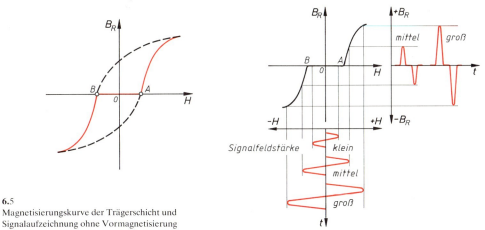

6.5
Magnetisierungskurve der Trägerschicht und Signalaufzeichnung ohne Vormagnetisierung

Die Hochfrequenz-Vormagnetisierung verhindert Verzerrungen bei der Aufnahme des Signals.

Dem niederfrequenten Aufsprechstrom wird ein Hochfrequenzstron (**6.**6) mit der konstanten Amplitude OA und OB überlagert (Addition, nicht Modulation). Durch Addition der Augenblickswerte beider Signale entsteht eine Summenkurve, die sich aus den Teilschwingungen 1 bis 4 zusammensetzt, weil nur die stark ausgezogenen Signalanteile in der Trägerschicht einen remanten Magnetismus verursachen können. In den Signalpausen wirkt das Magnetfeld der HF-Vormagnetisierung entmagnetisierend.

Die Qualität der Aufnahme hängt entscheidend von der Größe des Vormagnetisierungsstroms ab. Es muß deshalb den Bereich $A - B$ genau abdecken.

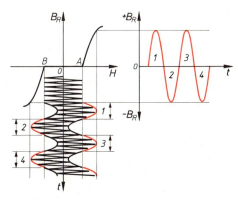

6.6 HF-Vormagnetisierung

Vorverzerrung. Bei richtig eingestellter Vormagnetisierung ist die wirksame Magnetisierung des Bandes dem Signalstrom proportional. Der Aufnahmekopf hat jedoch einen induktiven Widerstand, der mit steigender Frequenz zunimmt. Da die Magnetisierung des Bandes für alle Frequenzen gleich sein soll, muß man den Kopf eine mit der Frequenz ansteigende Spannung zuführen. Außerdem treten Verluste durch Unmagnetisieren und durch Wirbelströme auf, die sich im oberen Frequenzbereich besonders bemerkbar machen. Der Frequenzgang des Aufsprechverstärkers (**6.**7) hat deshalb in oberen Bereich eine wesentlich geringere Dämpfung als im unteren (Vorverzerrung). Dadurch erhält man ein günstiges Verhältnis zwischen der Nutz- und der Störspannung.

> Durch die Hochfrequenzvormagnetisierung erreicht man die geringsten Verzerrungen und Rauschpegel. Ihre Einstellung ist entscheidend für die Aufnahmequalität.

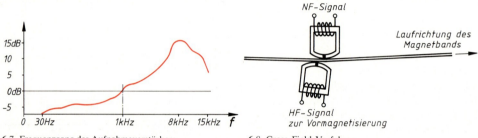

6.7 Frequenzgang des Aufnahmeverstärkers   6.8 Cross-Field-Verfahren

Aussteuerungskontrolle. Während der Tonbandaufnahme muß man die Aussteuerung sorgfältig überwachen, denn Übersteuerungen des Bandes führen zu starken Verzerrungen (Sättigung). In vielen Tonbandgeräten verwendet man dazu kleine Zeigerinstrumente (Drehspulsysteme). Das Aufsprechsignal wird dem Drehspulmeßwerk über einen Gleichrichter zugeführt.

Cross-Field-Verfahren. Bei der magnetischen Signalaufzeichnung muß man dem Aufsprechkopf neben dem NF-Signal auch das HF-Signal zur Vormagnetisierung zuführen. Das Feld zur HF-Vormagnetisierung löscht dabei bestimmte Signalanteile des NF-Nutzsignals im oberen Frequenzbereich. Dies zeigt sich besonders bei geringen Bandgeschwindigkeiten und läßt sich durch Trennen des HF- und NF-Magnetfelds vermeiden. Dabei läuft das Band zwischen zwei sich gegenüberliegenden Magnetköpfen hindurch (**6.**8). Diese Aufnahmeart heißt Cross-Field-Verfahren (engl.: sich kreuzende Felder). Bei niedrigen Bandgeschwindigkeiten (4,75 cm/s) erreicht man eine obere Aufzeichnungsfrequenz von etwa 15 kHz.

Löschen. Bei jeder Neuaufnahme läuft das Band zunächst am Löschkopf vorbei. Er wird von hochfrequentem Löschstrom (40 bis 100 kHz) durchflossen und erzeugt im Spalt ein magnetisches Wechselfeld. Die vorher geordneten Elementarmagnete des Tonbands (alte Aufnahme) werden beim Vorbeiziehen am Löschkopf regellos durcheinandergestoßen und bleiben in dieser ungeordneten Lage bis zu ihrer Neuordnung durch den Aufsprechkopf (neue Aufnahme). Beim Vorbeiziehen ist das magnetische Wechselfeld am stärksten, wenn sich diese Bandstelle genau dem Kopfspalt gegenüber befindet. Entfernt sie sich, wird die Wirkung des Wechselfelds schwächer und hört schließlich ganz auf – das Band ist entmagnetisiert (gelöscht).

> Beim Löschen magnetisiert man das vorübergleitende Tonband mit einem Wechselfeld, ansteigend bis zur Sättigung, dann abfallend auf Null.

6.4 Wiedergabe, Bandarten und Spieldauer

Bei der Wiedergabe läuft das Band mit der gleichen Geschwindigkeit wie beim Aufnehmen am Wiedergabe- oder Hörkopf vorbei. Das magnetisierte Tonband erzeugt im Hörkopf nach dem Induktionsgesetz eine Spannung, deren Verlauf dem Rhythmus der im Band aufgezeichneten Magnetisierung entspricht. Die im Hörkopf induzierte Spannung wird im Wiedergabeverstärker auf den gewünschten Pegel angehoben und dem Lautsprecher zugeführt.

Durch die Induktivität des Hörkopfs entsteht auch bei der Wiedergabe eine Frequenzabhängigkeit, denn wenn sich die aufgezeichnete Frequenz ändert, ändert sich auch die Signalspannung im Wiedergabekopf; sie steigt proportional mit der Frequenz. Nach dem Induktionsgesetz

$$u_0 = - N \frac{\Delta \Phi}{\Delta t}$$

bestimmt die Schnelligkeit der Magnetfeldänderung die Höhe der induzierten Spannung. Außerdem beeinflussen der Selbstentmagnetisierungs-Effekt des Bandes (Banddämpfung) und die Spaltbreite des Wiedergabekopfs den Frequenzgang des Wiedergabekanals.

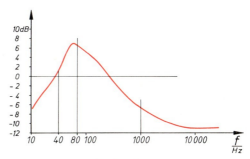

6.9 Frequenzgang des Wiedergabeverstärkers

Der Frequenzgang des Wiedergabeverstärkers (**6.9**) muß diesen Erscheinungen angepaßt sein. Er muß so ausgelegt werden, daß auch insgesamt ein nahezu linear verlaufender Frequenzgang erzielt wird.

Vergleicht man die Frequenzgänge des Aufnahme- und des Wiedergabeverstärkers, erkennt man die entgegengesetzt verlaufenden Kurven: beim Wiedergabeverstärker geht die Verstärkung mit steigender Aufzeichnungsfrequenz zurück.

> Bei der Wiedergabe wird aufgrund des Induktionsgesetzes im Hörkopf eine Spannung erzeugt. Ihre Höhe ist frequenzabhängig.

Bandarten. Die Breite der bei Heimgeräten verwendeten Tonbänder beträgt meist 6,25 mm, bei Bandkassetten 3,81 mm. Um die Spieldauer bei gegebenem Wickeldurchmesser zu erhöhen, wurde die Banddicke herabgesetzt. Heute unterscheidet man folgende Bänder:

Normal- oder Standardband mit 52 µm Banddicke. Dabei nimmt die Stärke der Magnetschicht nur 10 bis 20 µm ein.

Langspielband mit 36 µm Banddicke, Schichtstärke etwa 8 bis 16 µm. Bei gleichem Wickeldurchmesser wie bei Standardband erzielt man mit dem Langspielband die eineinhalbfache Spieldauer.

Doppelspielband mit 26 µm Banddicke. Bei gleichem Wickeldurchmesser wie beim Standardband ist die doppelte Bandlänge untergebracht.

Tripel- oder Dreifachspielband mit nur 18 µm Banddicke, 6 µm Schichtdicke und dreifacher Spieldauer gegenüber dem Standardband.

Quaduple- oder Vierfachspielband mit 13 µm Banddicke und 6 µm Schichtdicke. Dieses Band mit vierfacher Laufzeit wird nur in Kompakt-Kassetten angeboten.

Low-Noise-Band (engl.: niedriges Störgeräusch) mit einer Magnetschicht aus besonders behandeltem Eisenoxid, die das Grundrauschen stark herabsetzt. Die Aufnahmequalität bei geringen Bandgeschwindigkeiten steigt entsprechend.

Chromdioxid-Band für Kassetten-Tonbandgeräte mit sehr niedrigen Geschwindigkeiten (4,76 cm/s). Die günstige Form der Chromdioxid-Partikel ermöglicht eine gute Aussteuerung. Außerden ergibt sich eine große Empfindlichkeit bei hohen Frequenzen. Weil die Koerzitivfeldstärke höher ist als beim Eisenoxid-Band, muß ein etwa 1,3fach höherer Vormagnetisierungsstrom aufgebracht werden. Der Frequenzumfang des Aufsprechverstärkers muß durch Umschalten dem Chromdioxid-Band angepaßt werden.

6.5 Moderne Aufnahmeverfahren

Dolby-Stretch-Verfahren. Zur Unterdrückung von Störgeräuschen, Bandrauschen und Lautstärkespitzen entwickelte der Amerikaner Dolby ein besonderes Aufnahme- und Wiedergabeverfahren (Dolby-Stretch; stretch engl.: strecken). Der Dolby-Stretcher enthält im Aufnahme- und Wiedergabekanal je vier Filter, die den gesamten Frequenzbereich in vier Frequenzbänder aufteilen. Jedem Filter (Hoch-, Tief- und Bandpässe) ist eine Kompressorschaltung (Verdichter) zugeordnet. Die Aufteilung des Frequenzspektrums in Bänder entspricht den Geräuschspektren die durch Bandgeräusche, Rumpeln, Brummen usw. verursacht werden.

Bei der Aufnahme wird ein Teil des NF-Signals über die Aufnahmefilter geleitet und zum Originalsignal addiert (**6.**10). Treten geringe Nutzpegel des Aufnahmesignals auf (unterhalb eines bestimmten Schwellwerts), verstärkt man sie im Stretcher. Dabei zerlegt man das Gesamtsignal in vier Hauptfrequenzbereiche (Aufnahmefilter). Durch die Verstärkung im Aufnahme-Stretcher bekommen diese (vorher sehr schwachen) Signalanteile eine große Amplitude. Dadurch vergrößert sich ihr Abstand zum Grundgeräuschpegel (Rauschen) des Bandes.

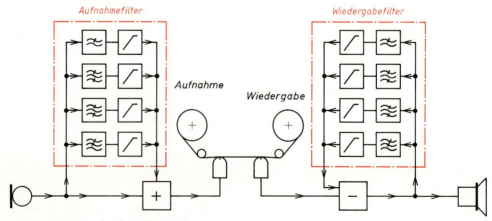

6.10 Blockschaltplan eines Dolby-Stretchers

Bei der Wiedergabe durchläuft ein Signalteil eine gleiche Filterschaltung und wird danach vom „gestretchten" Signal subtrahiert, denn die ehemaligen Amplitudenverhältnisse des Originalsignals müssen wiederhergestellt werden. Kleine Nutzpegel unterhalb eines Schwellwerts erscheinen so wieder in der ehemaligen Lautstärke. Dieser Kanal arbeitet als Expander (Ausdehner), so daß der Nutzpegel den ursprünglichen Wert hat, ohne schwache Signale in den Störgeräuschen verschwinden zu lassen. Störgeräusche kann man auf diese Weise unterdrücken. Die Verstärkung im Aufnahmekanal und die Dämpfung im Wiedergabekanal sind gleich groß. Der Nutzpegel bekommt dadurch seinen ehemaligen Wert. Der Abstand zwischen Nutz- und Störpegel ist jedoch größer geworden.

DNL-Verfahren. Die DNL-Schaltung (engl.: **D**ynamic **N**oise **L**imiter = dynamischer Rauschbegrenzer) ist eine zusätzliche Schaltung zur Rauschminderung bei Kassettengeräten mit geringer Bandgeschwindigkeit. Störendes Bandrauschen beginnt bei einer Frequenz von 4 kHz und umfaßt den oberen Tonfrequenzbereich bis 20 kHz (und darüber hinaus). Besonders unangenehm ist das Bandrauschen bei leisen Musik- oder Sprachpassagen und in Pausen.

Untersuchungen haben gezeigt, daß der von Musikinstrumenten erzeugte Schall während leiser Passagen fast keine Oberwellen enthält, sondern nur Grundtöne. Außerdem haben nur wenige Musikinstrumente einen Grundtonbereich, der 4,5 kHz wesentlich übersteigt.

Das DNL-System bewirkt, daß während der Wiedergabe leiser Musikpassagen die hohen Rauschfrequenzen unterdrückt werden. Bei der Wiedergabe lauter Musikpassagen bleibt die DNL-Schaltung dagegen unwirksam. Die DNL-Schaltung wirkt deshalb wie ein frequenz- und pegelabhängiges dynamisches Filter.

Blockschaltplan (6.11). Das Eingangssignal S wird in einer Verstärkerstufe in die beiden Signale $S1$ und $S2$ aufgeteilt und voneinander entkoppelt. $S1$ durchläuft eine Phasenumkehrstufe und einen Abschwächer (Dämpfungsglied). Über eine Summierstufe gelangt es zum NF-Verstärker und zum Lautsprecher. Dieser „direkte Kanal" ist breitbandig. Signal $S2$ durchläuft ein Hochpaßfilter mit einer Grenzfrequenz von 5 kHz, einen Verstärker und einen dynamischen Abschwächer. Anschließend addiert man es dem Signal $S1$ hinzu.

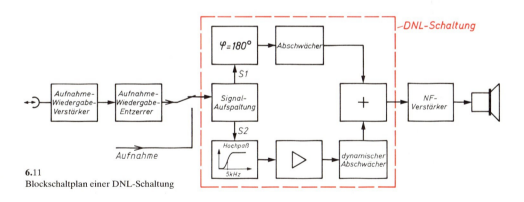

6.11
Blockschaltplan einer DNL-Schaltung

Bei großen Eingangssignalen dämpft der dynamische Abschwächer das Signal $S2$ so stark, daß es im Summierer unterdrückt erscheint. Am Eingang des NF-Verstärkers liegt nur das Signal $S1$, daß das gesamte Frequenzspektrum enthält.

Bei kleinen Eingangssignalen dämpft der dynamische Abschwächer das Signal $S2$, wobei $S2$ nur Frequenzen größer als ca. 5 kHz enthält. $S2$ ist jedoch gegen das breitbandige Signal $S1$ um 180° phasenverschoben. Die Signalanteile oberhalb von 5 kHz heben sich im Summierer auf. Dadurch erscheinen bei leisen Musikpassagen in Pausen die hohen Frequenzen (und damit auch das Bandrauschen) sehr stark abgeschwächt.

Übungsaufgaben zu Abschnitt 6

1. Beschreiben Sie die Wirkungsweise eines Tonbandgerätes.
2. Welche Vorteile bietet die Tonbandtechnik gegenüber anderen Aufzeichnungsverfahren?
3. Wie machen sich Drehzahlschwankungen bemerkbar? Begründen Sie die Antwort genau.
4. Warum wird der Bandtransport nicht durch die Wickelteller bewirkt?
5. Warum haben die Magnetköpfe einen Luftspalt?
6. Sprech- und Hörköpfe sind aus weichmagnetischem Eisen gefertigt. Begründen Sie diesen Aufbau.
7. Erklären Sie den Aufnahmevorgang.
8. Welchen Vorteil hat die HF-Vormagnetisierung gegenüber einer Gleichstrom-Vormagnetisierung?
9. Der Aufnahmekopf hat einen induktiven Widerstand. Welche Forderung ergibt sich daraus für den Frequenzgang des Aufsprechverstärkers?
10. Was versteht man unter Cross-Field-Verfahren?
11. Welche Aufgaben hat ein Dolby-Stretcher?
12. Erklären Sie den Löschvorgang.
13. Der Frequenzgang des Wiedergabeverstärkers ist nicht linear. Begründen Sie diesen Sachverhalt.
14. Nennen Sie die wichtigsten Bandarten und ihre Eigenschaften.

7 Schwarzweiß-Fernsehtechnik

Aufgabe des Fernsehens ist es, bewegte Bilder drahtlos zu übertragen. Bei der technischen Lösung dieses Problems erkannte man bald, daß eine Nachbildung des natürlichen Sehens – also die gleichzeitige Übertragung eines vollständigen Bildes mit allen Einzelheiten – nicht zu verwirklichen ist. Daraus ergab sich die Notwendigkeit, das zu übertragende Bild in viele einzelne Punkte aufzulösen und am Empfangsort wieder zusammenzufügen.

Bei der elektrischen Übertragung eines Bildes werden viel mehr Informationen je Zeiteinheit übertragen als bei der Musik. Deshalb sind Aufwand und Frequenzbereich zur trägerfrequenten Übertragung eines Fernsehprogramms erheblich größer als beim tonfrequenten Hörrundfunk.

7.1 Grundlagen der Bildübertragung

Versuch 7.1 Ein Bogen Millimeterpapier wird aus zunehmenden Entfernungen betrachtet.

Ergebnis Bei wachsendem Betrachtungsabstand und gesunden Augen verschwindet zuerst die vertikale Teilung, danach die horizontale.

Das Auflösungsvermögen des Auges ist begrenzt und unterschiedlich für waagerechte und senkrechte Details. Außerdem kann das menschliche Auge nicht mehr als 18 Lichteindrücke je Sekunde voneinander trennen.

> Das begrenzte Auflösungsvermögen unserer Augen ermöglicht das Fernsehverfahren der Bildzerlegung.

Bildzerlegung. Das einfachste Verfahren zur Bildzerlegung ist die Aufteilung in kleine Quadrate (**7.1**). Die Lage jedes Quadrats (Bildpunkt) läßt sich durch die Spalten- und Zeilenzahl eindeutig angeben. Je feiner das Teilungsnetz (Raster), desto genauer die Wiedergabe der Details.

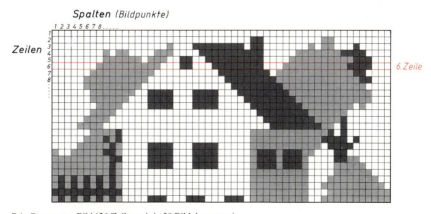

7.1 Gerastertes Bild (26 Zeilen mit je 50 Bildelementen)

Versuche haben ergeben, daß die Mindestzeilenzahl bei günstigstem Betrachtungsabstand etwa 900 beträgt. Bei dieser Zeilenzahl kann man die einzelnen Zeilen gerade nicht mehr getrennt voneinander wahrnehmen. Eine hohe Bildauflösung erfordert einen größeren technischen Aufwand für die Übertragung. Deshalb wurde eine Kompromißlösung gefunden und die Zeilenzahl so weit verringert, daß die Zeilenstruktur noch nicht störend wirkt.

Versuch 7.2 Betrachten Sie Bild **7.**1 aus etwa 2 m Entfernung.

Ergebnis Das Raster ist kaum noch sichtbar, die grobe Bildstruktur verschwindet.

CCIR-Norm. Die bei uns eingeführte CCIR- oder Gerber-Norm (CCIR = Comité Consultatif International des Radio communications = Internationales beratendes Komitee für Rundfunkfragen) legt 625 Zeilen fest.

Die Fernsehkamera tastet die Bildvorlage zeilenweise ab. Die Helligkeitseindrücke der einzelnen Bildstellen (Bildpunkte) werden dabei in verschieden große Ströme oder Spannungen umgesetzt. Man überträgt nicht nur Schwarzweiß-Eindrücke, sondern auch dazwischen liegende Lichteindrücke, d. h. verschiedene Grautöne.

Betrachtet man in Bild **7.**1 z. B. die 6. Zeile, erkennt man, daß die ersten sechs Bildpunkte die Information »weiß« darstellen. Dieser Information wird eine bestimmte Spannung zugeordnet. Die Bildpunkte 7 bis 15 sind »grau«. Der entsprechende Spannungs- oder Stromwert muß sich vom Signalwert »weiß« deutlich unterscheiden. Anschließend folgen wieder drei weiße Bildpunkte, dann zwei schwarze usw. Die Information »schwarz« muß sich elektrisch vom Signalwert »grau« unterscheiden.

In der CCIR-Norm hat man wegen der geringeren Störmöglichkeiten den schwarzen Bildpunkten die größte Signalspannung und den weißen die kleinste Signalspannung zugeordnet. Bild **7.**2 zeigt den Signalspannungsverlauf der 6. Zeile aus Bild **7.**1. (Die Spannungswerte sind nur angenommen.)

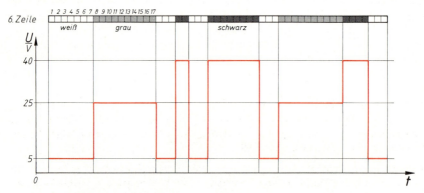

7.2 Spannungsverlauf der 6. Zeile

Die Übertragung bewegter Bilder ist schwieriger als die feststehenden Bilder. Beim Tonfilm werden je Sekunde etwa 25 Einzelbilder auf die Leinwand projiziert. Durch die Trägheit der Augen entsteht dabei für den Betrachter ein geschlossener Bewegungsablauf.

Versuch 7.3 Mit einem kleinen Filmprojektor, dessen Laufgeschwindigkeit sich stark verändern läßt, wird ein Film vorgeführt. Die Laufgeschwindigkeit stellt man zunächst auf 5 bis 7 Bilder je Sekunde ein und erhöht dann langsam bis auf 24 Bilder je Sekunde.

Ergebnis Bei geringerer Vorführgeschwindigkeit sind die Bewegungsabläufe abgehackt, nicht fließend. Bei der Geschwindigkeit von etwa 16 Bilder je Sekunde kann man die einzelnen Bewegungsphasen nicht mehr unterscheiden.

Zeilensprungverfahren. Bei der Filmprojektion erscheint das Bild stets mit seiner ganzen Fläche, während es beim Fernsehempfang punkt- oder zeilenweise aufgebaut wird. Darum ist für eine flimmerfreie Wiedergabe eine Bildzahl von 50 je Sekunde erforderlich. Eine so hohe Bildwechselzahl ist jedoch mit Rücksicht auf den technischen Aufwand und die Übertragungsbandbreite unrealistisch. Deshalb löst man jedes Bild in zwei Teilbilder auf. Vom ersten Teilbild werden nur die Zeilen 1, 3, 5, 7 ..., vom zweiten Teilbild nur die Zeilen 2, 4, 6, 8 ... übertragen. Bei diesem Zeilensprungverfahren wird jedes Halbbild in $1/50$ s, das Gesamtbild in $1/25$ s im Fernsehempfänger aufgezeichnet. Jedes Halbbild besteht demnach aus $312^1/_2$ Zeilen. Das zweite Halbbild beginnt nicht am linken Bildrand, sondern in der Mitte der Zeile, und das erste Halbbild hört in der Mitte des unteren Bildrands auf. Bild **7.**3 zeigt das Schema des Zeilensprungverfahrens für eine geringe Zeilenzahl.

Das System der horizontalen und vertikalen Ablenkung des Elektronenstrahls auf dem Bildschirm heißt Raster.

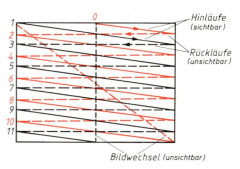

7.3 Zeilensprungverfahren (Raster)

> Bei der Bildübertragung werden in jeder Sekunde 25 Vollbilder oder 50 Halbbilder gesendet.

Die Zeilenfrequenz, d.h. Zeilen je Zeiteinheit, errechnet man aus der festgelegten Zeilenzahl und der Halbbildfrequenz (Rasterfrequenz, Bildfrequenz). Ein Vollbild besteht aus 625 Zeilen, in jeder Sekunde werden 25 Vollbilder übertragen. Also müssen 25 · 625 = 15 625 Zeilen je Sekunde geschrieben werden.

> Die Zeilenfrequenz beträgt 15 625 Hz.

Im Sender leitet man Zeilenfrequenz und Bildfrequenz aus der doppelten Zeilenfrequenz (2 · 15 625 Hz = 31 250 Hz) durch Frequenzteilung ab (31 250 ist durch 15 625 und durch 50 teilbar). So lassen sich beide Frequenzen starr miteinander verbinden – eine wichtige Voraussetzung zur Herstellung eines feststehenden Rasters.

Das Bildformat hat ein Seitenverhältnis von 4:3. Es wurde vom Tonfilm übernommen. Die Kamera tastet dieses Seitenverhältnis ab, und der Sender strahlt die entsprechende Information aus. Das Seitenverhältnis der Fernsehschirme moderner Fernsehgeräte beträgt nur 5:4. Diese Bildschirme werden in Zeilenrichtung etwas überschrieben.

> Die Bandbreite des Übertragungskanals wird im wesentlichen durch Zeilenzahl und Rasterfrequenz (Bildfrequenz) bestimmt.

Ein einfaches Rechenbeispiel soll das verdeutlichen.

Beispiel 7.1 Bei einer festgelegten Normzeilenzahl von 625 und einem Seitenverhältnis von 4:3 ergäben sich $(625 \cdot 4/3) = 833$ Bildpunkte je Zeile, wenn man das Bild in vertikaler und horizontaler Richtung gleichmäßig aufteilte. Wie Versuch 7.1 zeigt, ist das Auflösungsvermögen der Augen in vertikaler Richtung etwas geringer. Deshalb kommt man mit etwa 720 Bildpunkten je Zeile aus. Das ergibt $720 \cdot 625 = 450\,000$ Bildpunkte je Bild. Je Sekunde werden 25 ganze Bilder geschrieben. Die Bildpunktzahl je Sekunde beträgt also $25 \cdot 450\,000 = 11\,250\,000$.

Das kleinstmögliche Muster (bestmögliche Auflösung) entsteht, wenn die Bildpunkte abwechselnd schwarz und weiß sind. Die Bildröhre muß darum mit einer Rechteckspannung von $11\,250\,000 : 2 = 5625$ kHz angesteuert werden, denn die Spannung für einen dunklen und einen hellen Bildpunkt entspricht dem Wechsel von einer großen zu einer geringen Spannung usw. (**7.4**).

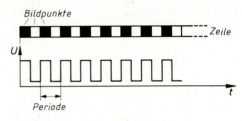

7.4 Spannungsverlauf bei abwechselnd schwarzen und weißen Bildpunkten

Die Bandbreite des Übertragungskanals muß demnach für einen Sinus-Übergang von Schwarz auf Weiß mindestens 5,62 MHz betragen. Zur Übertragung von **Rechteckschwingungen** ist sogar eine erheblich größere Bandbreite erforderlich. In der Praxis begnügt man sich mit einer Bandbreite von 5,0 MHz (Videobandbreite).

> Aus der Berechnung der Bandbreite erkennt man, daß eine Vergrößerung der Zeilenzahl eine Steigerung der Bandbreite erfordert. So würde eine verdoppelte Zeilenzahl die Bandbreite ungefähr vervierfachen.

7.1.1 Fernsehnormen, BAS-Signal

Normsysteme. Das deutsche Fernsehen arbeitet mit der CCIR-Norm. Sie hat ein günstiges Verhältnis zwischen Bildqualität, Übertragungsbandbreite und technischem Aufwand. Daneben gibt es einige andere Normsysteme, die in Tabelle **7**.5 zusammengestellt sind.

Tabelle **7**.5 **Daten der verschiedenen Fernsehnormen** (BT = Bildträger, TT = Tonträger)

Norm	Mod.-Art BT	Modulat.-Richtung BT	Mod.-Art TT	Abstand BT/TT MHz	Kanalbreite MHz	Zeilenzahl	ZF BT/TT MHz
CCIR*-Norm VHF	AM	negativ	FM	5,5	7	625	38,9 /33,4
CCIR*-Norm UHF[1]	AM	negativ	FM	5,5	8	625	38,9 /33,4
Belgien 625 Z VHF	AM	positiv	AM	5,5	7	625	38,9 /33,4
Belgien 819 Z VHF	AM	positiv	AM	5,5	7	819	38,9 /33,4
Frankreich VHF	AM	positiv	AM	11,15	14	819	28,05/39,2
Frankreich UHF[2]	AM	positiv	AM	6,5	8	625	32,7 /39,2
England 405 Z	AM	positiv	AM	3,5	5	405	34,65/38,15
England 625 Z[3]	AM	negativ	FM	6	8	625	39,15/33,5
USA (FCC)**	AM	negativ	FM	4,5	6	525	45,75/41,25
Ostnorm (OIRT)***	AM	negativ	FM	6,5	8	625	34,25/27,75

```
 *  CCIR = Comité Consultatif International des Radio communications        1) Standard G
         = Internationales beratendes Komitee für Rundfunkfragen (Sitz Genf) 2) Standard L
 ** FCC  = Federal Communication Commission                                  3) Standard I
*** OIRT = Organisation International des Radiodiffusion el Télévision           des CCIR
```

Tabelle 7.6 **Fernsehkanäle der CCIR-Norm**

Bereich	Kanal	Frequenzbereich MHz	Bild-Trägerfrequenz MHz	Ton-Trägerfrequenz MHz
I (UKW)	2	47 … 54	48,25	53,75
	3	54 … 61	55,25	60,75
	4	61 … 68	62,25	67,25
III (VHF)	5	174 … 181	175,25	180,75
	6	181 … 188	182,25	187,75
	7	188 … 195	189,25	194,75
	8	195 … 202	196,25	201,75
	9	202 … 209	203,25	208,75
	10	209 … 216	210,25	215,75
	11	216 … 223	217,25	222,75
IV (UHF)	21	470 … 478	471,25	476,75
	22	478 … 486	479,25	484,75
	.	…..	.	.
	37	598 … 606	599,25	604,75
V (UHF)	38	606 … 614	607,25	612,75
	39	614 … 622	615,25	620,75
	.	…..	.	.
	60	782 … 790	783,25	788,75

Die Fernsehkanäle der CCIR-Norm zeigt Tabelle 7.6. Die Breite eines Fernsehkanals ist in den Bereichen I und III mit 7 MHz, in den Bereichen IV und V mit 8 MHz festgelegt. Ton- und Bildinformation werden beim Fernsehen auf zwei getrennten Trägerwellen aufmoduliert: dem Bildträger (BT) und dem Tonträger (TT). Der Tonträger liegt 0,25 MHz oder 1,25 MHz (Band IV, V) unterhalb der oberen Frequenzgrenze jedes Fernsehkanals (7.7). Der Bildträger liegt genau 5,5 MHz unter dem zugehörigen Tonträger. Der Abstand zwischen der unteren Kanalgrenze und dem Bildträger beträgt 1,25 MHz.

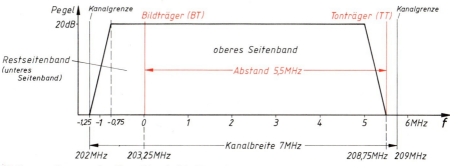

7.7 Frequenzdiagramm eines Fernsehkanals (hier Kanal 9)

Die Modulation von Bild- und Tonsender ist unterschiedlich. Der Bildsender (Bildträger) ist amplitudenmoduliert. Es wird Negativmodulation verwendet, d.h., einer Abnahme der Helligkeit auf der Bildvorlage oder Szene entspricht eine Zunahme der Signalspannung. Die Negativmodulation ist vorteilhaft, weil Störspannungen (Zündfunken usw., die ja steile Spannungsimpulse darstellen) als dunkle Punkte auf dem Bildschirm erscheinen. Dunkle Punkte aber werden vom Auge nicht so störend empfunden wie helle. Der **Tonsender** (Tonträger) dagegen wird **frequenzmoduliert**. Für 100% Modulation beträgt der Frequenzhub 50 kHz. Die Leistung des Tonsenders erreicht in der Regel nur $^1/_3$ der Bildsenderleistung.

Restseitenbandverfahren. Das Signal, mit dem der Bildträger moduliert wird, heißt auch **BAS-Signal** (**B**ild-**A**ustast-**S**ynchron-Signal). Es wird mit Restseitenband übertragen, wobei das untere Seitenband z.T. unterdrückt wird (**7**.7). Die vollständige Information ist (wie in Abschn. 4 und 5 gesagt) auch in **einem** Seitenband vorhanden (Einseitenbandverfahren). Verzerrungen gleicht man durch eine entsprechend geformte Empfängerdurchlaßkurve aus (s. Abschn. 7.2.1).

> Durch das Restseitenbandverfahren (Einseitenbandverfahren) ist statt 11 MHz nur 7 MHz Bandbreite je Kanal nötig.

Synchronisierung. Jeder von der Fernsehkamera abgetastete Bildpunkt muß im Empfänger zur gleichen Zeit an der gleichen Stelle des Bildschirms entstehen. Sender und Empfänger müssen also synchron arbeiten (synchron, gr.: gleichzeitig, gleichlaufend). Zur Synchronisierung des Empfängers (Bild- und Zeilenkippteil) werden zusammen mit dem Bildinhalt am Ende jeder Zeile und jedes Halbbilds Zeilen- und Bildsynchronsignale übertragen. Beide Impulsfolgen werden im Sender erzeugt und in das Videosignal eingeblendet.

> Sender und Empfänger werden durch Gleichlaufzeichen miteinander synchronisiert.

Das Fernsehsignal einer Zeile zeigt Bild **7**.8. Der Bildinhalt entspricht einem Balkenmuster und einer Grauskala (Grautreppe) mit den beiden Extremwerten Schwarz und Weiß in Negativmodulation. Die Synchronimpulse strahlt man mit maximaler Senderleistung (100%) ab. Der **Schwarzwert** (Schwarzpegel) liegt bei 73% der Maximalamplitude. Der 75-%-Wert heißt **Austastwert** (Austastpegel). Bei Erreichen des Austastwerts wird der Elektronenstrahl in der Bildröhre völlig unterdrückt. Den **Weißwert** (Weißpegel) hat man auf 10% der Maximalamplitude festgelegt. Weil die Ton-ZF von 5,5 MHz aus der Mischung des Bild- und Tonträgers gewonnen wird, darf der Bildträger an keiner Stelle auf den Wert Null fallen, denn dabei würde der Bildträger nicht gesendet – Ton-ZF und Fernsehton fielen für diese Zeit aus. Die Spannun-

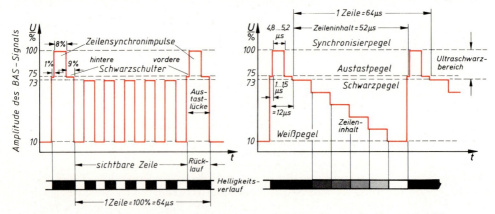

7.8 Zeitdiagramm (Amplitudenverlauf) des BAS-Signals (Zeilen)

gen aller Grauwerte liegen zwischen 10% und 73% der Maximalamplitude. Der Bereich oberhalb des Schwarzpegels heißt Ultraschwarzbereich.

Zeilensynchronimpulse werden am Ende jeder Zeile eingeblendet (**7.8**). Sie lösen den Zeilenrücklauf aus. Der Zeilen- oder Rücklaufimpuls dauert nur 4,8 bis 5,2 μs. Bevor er eintrifft, hebt die vordere Schwarzschulter den Signalpegel so weit an, daß der Elektronenstrahl in der Bildröhre unterdrückt bleibt. Wenn der Zeilensynchronimpuls abgeklungen ist, wird das Gerät durch die hintere Schwarzschulter für weitere 5,12 μs ausgetastet. Durch die Schwarzschulter erreicht man eine saubere Trennung zwischen dem Synchronimpuls und dem Bildinhalt. Während der gesamten Austastzeit von etwa 12 μs läuft der Elektronenstrahl zum neuen Zeilenanfang zurück. Die Gesamtzeilendauer ist 64 μs; das entspricht einer Zeilenfrequenz von 15 625 Hz.

Versuch 7.4 Ein Bildmustergenerator wird mit einem Oszilloskop verbunden. Den Generator stellt man so ein, daß er eine Grautreppe erzeugt. Das Oszilloskop wird mit der Zeilenfrequenz getriggert. Verändern Sie die Einstellmöglichkeiten am Bildmustergenerator (z.B. Balkenzahl, Kontrast, Amplitude) und beobachten Sie dabei das Oszillogramm. Wiederholen Sie den Versuch mit der Ablenkfrequenz (Triggerung) von 50 Hz.
Der Versuch verdeutlicht die vorangegangenen Ausführungen.

Bildsynchronimpulse zur Bild- oder Vertikalsynchronisierung sind keine Einzelimpulse wie die Zeilensynchronimpulse, sondern stark gegliederte Impulsfolgen. Zunächst besteht der Bildwechselimpuls aus fünf Einzelimpulsen mit einer Dauer von 2,5 Zeilen (**7.9**). Die Vorderflanken der Impulse haben Halbzeilenabstand. Dieser Rhythmus bewirkt, daß auch während des verhältnismäßig langen Bildwechsels (1,16 bis 1,41 ms) der Zeilengenerator des Empfängers weiter synchronisiert wird. Außer den Hauptimpulsen sendet man je fünf Vor- und Nachimpulse (Trabanten) im Halbzeilenrhythmus. Ohne diese Ausgleichsimpulse würden die ineinandergeschobenen Halbbilder nicht exakt geschrieben (schlechter Zeilensprung, s. Abschn. 7.3.1). Während des gesamten Bildwechsels wird die Synchronisation des Zeilenablenkteils aufrechterhalten. Die Halbbilddauer mit Bildrücklauf beträgt 20 ms; das entspricht einer Frequenz von 50 Hz. Das Fernsehbild bleibt während des Bildrücklaufs ausgetastet (Austastpegel), damit der Bildwechsel unsichtbar ist.

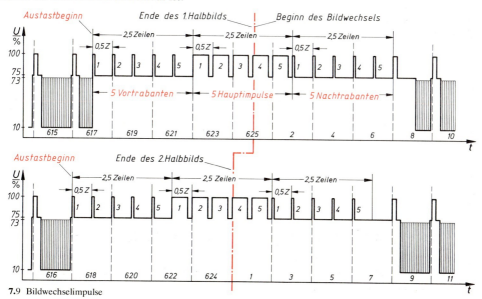

7.9 Bildwechselimpulse

> Zeilensynchronimpulse sind Einzelimpulse, Bildsynchronimpulse sind stark gegliederte Impulsfolgen.

7.1.2 Bildaufnahmeröhren und Fernsehsender

Das Objektiv einer Fernsehkamera projiziert das optische Bild der Szene auf eine Bildaufnahmeröhre, die das Bild in elektrische Signale umsetzt. Die Aufnahmeröhren tasten die einzelnen Bildpunkte zeilenweise durch einen Elektronenstrahl ab. Die Rastersignale erzeugt man durch einen Taktgebergenerator im Studio. Die Gleichlaufzeichen (Wechselimpulse, Synchronimpulse) werden mit dem Bildinhalt gesendet.

> Bildaufnahmeröhren (Kameraröhren) bestehen aus einem Bildwandler (der aus dem optischen Bild ein elektrisches Ladungsbild erzeugt), einer Speicherplatte (die das Ladungsbild kurzzeitig speichert) und einer Abtasteinrichtung.

Vidikon und Plumbikon sind die einfachsten Bildaufnahmeröhren (videre, lat.: sehen, ikon, gr.: Bild; **7.**10).

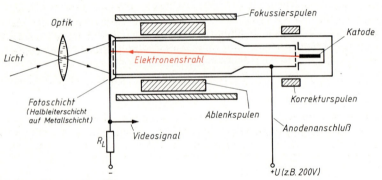

7.10 Vidikon bzw. Plumbikon

Eine Halbleiterschicht aus Selen (Vidikon) oder Bleioxid (Plumbikon), die auf einer sehr dünnen, durchsichtigen Metallschicht liegt, ist zugleich Bildwandler und Speicherplatte (Fotoschicht). Das projizierte optische Bild beeinflußt die Leitfähigkeit dieser Schicht. An hellen Stellen wird die Fotoschicht stärker leitend. Durch die elektrische Abtastung ergeben sich unterschiedliche Ausgleichsströme, die man als Spannungsänderungen an einem Lastwiderstand abnimmt.

Das Vidikon kann durch seinen einfachen Aufbau kleine Abmessungen haben (15 cm Länge, 2,5 cm Durchmesser). Sein Nachteil ist ein störender Nachzieheffekt bei bewegter Kamera oder bewegten Bildern. Beim Plumbikon verwendet man Bleioxid (plumbum, lat.: Blei) als Halbleiterschicht und vermeidet damit den Nachzieheffekt. Vidikons benutzt man vielfach in industriellen Fernsehanlagen, Farbfernsehkameras dagegen arbeiten mit Plumbikons.

Das Superikonoskop ist komplizierter aufgebaut. Das Elektronenstrahlsystem zum Abtasten der Speicherplatte ist seitlich angebracht (**7.**11). Der Fotokatode gegenüber liegt die Speicherplatte, eine dünne, außen versilberte Glimmerplatte. Ihre Vorderseite ist mit sehr dünnen

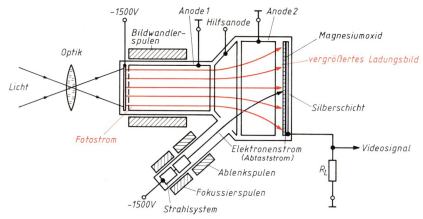

7.11 Superikonoskop

Magnesiumoxid-Teilchen beschichtet. Sie bilden mit der Silberschicht viele kleine Kondensatoren, die den Bildpunkten (Raster) entsprechen.

Das optische Bild löst auf der Fotokatode einen Fotostrom aus. Durch die Wirkung der Bildwandlerspulen wird das vergrößerte Ladungsbild auf der Speicherplatte erzeugt. Der von der Katode ausgehende Elektronenstrahl trifft schräg auf die Speicherplatte und tastet die Ladungen entsprechend dem Zeilenraster ab. Dabei werden die kleinen Kapazitäten mehr oder weniger aufgeladen. Bei jeder Auf- oder Umladung eines Kondensators fließt ein Ausgleichsstrom zur Rückseite der Speicherplatte. Am Lastwiderstand entsteht durch den wechselnden Ausgleichsstrom das Videosignal.

Das Superikonoskop erfordert eine sehr hohe Beleuchtungsstärke der Bildvorlage oder Szene. Es hat einen hohen Kontrastumfang.

Beim Superorthikon (ortho, gr.: richtig) liegt wenige Zentimeter von der Fotokatode entfernt die Speicherplatte – eine 2 bis 5 µm dicke Glasfolie, vor die ein feinmaschiges Drahtnetz gespannt ist (**7.**12). Die Glasfolie muß eine bestimmte Leitfähigkeit haben und wird deshalb von außen auf 35 °C geheizt.

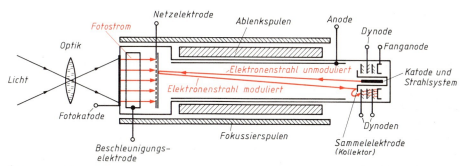

7.12 Superorthikon

Von der Katode geht ein fokussierter Elektronenstrahl zur Speicherplatte und tastet sie ab. Das Objektiv bildet ein optisches Bild auf der Fotokatode ab. Die abgelösten Elektronen werden stark beschleunigt und prallen auf die Glashaut, wo sie Sekundärelektronen auslösen. Die abwandernden Sekundärelektronen werden vom Drahtnetz aufgenommen und erzeugen auf der Glasfolie ein Ladungsbild. Der Abtaststrahl neutralisiert das Ladungsbild, die überschüssigen Elektronen kehren zurück zur Sammelelektrode, die die Katode ringförmig umgibt. Der zurückkehrende Strahl ist daher mit den Helligkeitswerten der einzelnen Bildelemente moduliert und prallt schließlich auf einen Sekundärelektronen-Vervielfacher. Auf den Prallanoden (Dynoden) des Vervielfachers entstehen Sekundärelektronen. Sie steigern die Empfindlichkeit der Röhre 2000fach.

Das Superorthikon ist daher sehr lichtempfindlich. Sein Kontrastumfang ist jedoch geringer als beim Superikonoskop.

> Vidikon und Plumbikon sind die einfachsten Bildaufnahmeröhren. Industrielle Fernsehanlagen arbeiten meist mit Vidikons, Farbfernsehkameras benutzen Plumbikons.
>
> Superikonoskop und Superorthikon sind kompliziertere Aufnahmeröhren.

Der Blockschaltplan eines Fernsehsenders (7.13) zeigt die stark vereinfachten Strukturen des Bild- und Tonsenders. Ein Taktgeber, der mit der doppelten Zeilenfrequenz arbeitet, erzeugt über Frequenzteiler die starr gekoppelten Zeilen- und Bildwechselimpulse. Er versorgt Kameras und Sender (Impuls-Zentrale). Kamera und Mikrofon liefern ihre Signale ans Studio. Der Bildinhalt wird einer Addierstufe zugeführt, die die Synchronimpulse in das Videosignal eintastet. Ein Quarzoszillator erzeugt eine HF-Spannung mit 38,9 MHz (spätere Bild-ZF), mit der das BAS-Signal zunächst amplitudenmoduliert wird. Das anschließende Filter unterdrückt das untere Seitenband zum Teil (Restseitenbandverfahren). In einer Mischstufe wird der HF-Träger zugeführt. Über eine Antennenweiche speist die Endstufe die Sendeantenne. Der Tonsender unterscheidet sich nicht wesentlich vom Hörfunksender. Die Quarzoszillatoren sind so miteinander verkoppelt, daß der Bild-Tonträger-Abstand von 5,5 MHz genau eingehalten wird. Über die Antennenweiche verbindet man die Endstufe mit der Antenne.

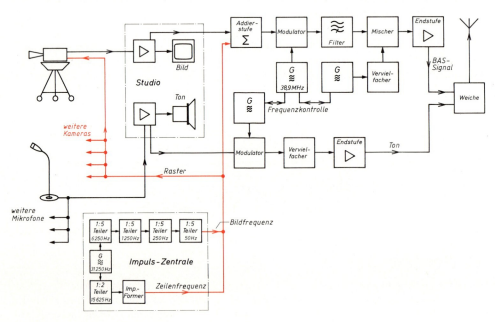

7.13 Blockschaltplan eines Fernsehsenders

Übungsaufgaben zu Abschnitt 7.1

1. Die Bandbreite eines Fernsehkanals ist wesentlich breiter als die eines Hörrundfunkkanals. Begründen Sie diese Notwendigkeit.
2. Was versteht man unter der günstigsten Zeilenzahl? Warum wird sie beim Fernsehen nicht verwendet?
3. Warum verwendet man beim Fernsehen das Zeilensprungverfahren?
4. Berechnen Sie die theoretisch nötige Bandbreite eines 755-Zeilen-Fernsehsystems (Bildformat 5:4).
5. Nennen Sie die wichtigsten Größen eines Fernsehkanals.
6. Was versteht man unter Negativmodulation? Welche Vorteile hat sie?
7. Zeichnen Sie das Zeitdiagramm für die 8. Zeile aus Bild **7.1**. Die Synchronimpulse, Austast- und Schwarzpegel sind anzugeben.
8. Warum werden die langen Bildwechselimpulse im Halbzeilenrhythmus unterbrochen?
9. Was ist ein BAS-Signal?
10. Aus welchen Grundelementen besteht eine Bildaufnahmeröhre?
11. Welche Vor- und Nachteile hat ein Vidikon?
12. Wodurch wird die hohe Lichtempfindlichkeit eines Superorthikons erreicht?
13. Im Taktgeber der Impulszentrale wird die doppelte Zeilenfrequenz erzeugt. Begründen Sie diese Maßnahme.
14. Nennen Sie die wichtigsten Stufen eines Fernsehsenders (Bildteil).

7.2 Videoteil und Tonteil des Fernsehempfängers

Aufbau und Funktion eines Fernsehgeräts zeigt der Blockschaltplan 7.14. Die Spannungsangaben sind ungefähre Werte, die die Größenordnungen der Signalspannungen angeben sollen. Es handelt sich dabei um Spitze-Spitze-Werte.

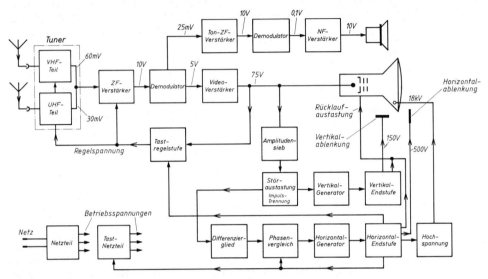

7.14 Blockschaltplan eines Schwarzweiß-Fernsehgeräts

Die Antennenspannung wird dem Kanalwähler zugeführt (Tuner). Je nach Ausführung unterscheidet man Allbereich-Kanalwähler oder getrennte UHF- und VHF-Kanalwähler. Im Tuner mischt man das Eingangssignal mit einer Oszillatorspannung (Superprinzip). Das entstehende ZF-Signal wird im ZF-Verstärker verstärkt und im folgenden Demodulator gleichgerichtet. Im Demodulator entstehen sowohl das Videosignal als auch die Ton-ZF. Die Ton-ZF ergibt sich durch Mischung des Bild- und Tonträgers (5,5-MHz-Abstand). Die weitere Führung und Verarbeitung des Tonsignals geschieht wie im Rundfunkgerät.

Der Videoverstärker bringt das demodulierte Videosignal auf den Pegel, der zur Aussteuerung der Bildröhre nötig ist. Gleichzeitig gelangt das Signal über eine Impulsabtrennstufe (Amplitudensieb) und eine Störaustaststufe auf die Kippteile des Fernsehgeräts. Das Amplitudensieb trennt die Synchronimpulse vom Bildinhalt des BAS-Signals. Die Synchronimpulse zur Zeilen- und Bildsynchronisation werden ebenfalls voneinander getrennt und den entsprechenden Generatoren zugeleitet. Der Bildkippteil wird durch die Synchronimpulse selbst synchronisiert. Dagegen wird der Horizontalgenerator indirekt synchronisiert, indem ein Phasenvergleicher Soll- und Istfrequenz vergleicht. Bei einer Frequenz- oder Phasenabweichung bringt eine Regelspannung den Horizontalgenerator wieder auf die Sollfrequenz. Die den Ablenkgeneratoren folgende Vertikal- und Horizontalendstufe speist die Ablenkspulen. Die zum Betrieb der Bildröhre nötige Hochspannung erzeugt man in einer Zusatzwicklung des Zeilentransformators.

Zeilen- und Bildablenkimpulse werden auch zur Rücklaufaustastung der Bildröhre verwendet. Die automatische Verstärkungsregelung wirkt meist auf den Kanalwähler und den ZF-Verstärker. Die Regelspannung gewinnt man in einer besonderen Tastregelstufe. Die Energieversorgung übernehmen Netzteile, die man aus dem Stromnetz und aus der Horizontalendstufe speist.

7.2.1 Kanalwähler (Tuner)

Aufbau und Funktion. Im Kanalwähler sind die HF-Verstärkerstufe, Filter zur Bandtrennung und die Mischstufe mit dem Oszillator untergebracht. Der Kanalwähler bewirkt eine Vorselektion, d.h. die Auswahl und Vorverstärkung eines Übertragungskanals aus den breiten Übertragungsbändern.

In einigen älteren Fernsehempfängern sind VHF-Kanalwähler und UHF-Tuner getrennte Baueinheiten. Heute sind sie meist zu einer Baugruppe vereinigt (Allbereichtuner). Bild **7.**15 zeigt den Blockschaltplan eines modernen Allbereichstuners mit PIN-Dioden-Abschwächer (s. S. 430).

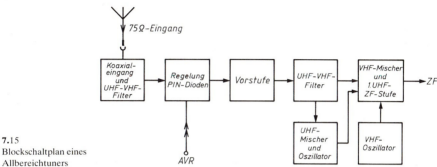

7.15 Blockschaltplan eines Allbereichtuners

Über den 75-Ω-Eingang ist die Antenne angeschlossen (Koaxialeingang). Über einen UHF-Hochpaß und VHF-Bandpässe leitet man das Signal auf einen PIN-Dioden-Abschwächer. Er paßt das Gerät an die Senderfeldstärke (AVR) an. Die HF-Vorstufe arbeitet sowohl im UHF- als auch im VHF-Bereich. Der VHF-Bereich hat eine getrennte Mischstufe und einen getrennten Oszillator. Dagegen arbeitet der UHF-Bereich mit einer selbstschwingenden Mischstufe. Der VHF-Mischer übernimmt für den UHF-Bereich die Funktion der ersten ZF-Stufe.

Durchlaßkurve. Der Kanalwähler hat eine von der CCIR-Norm vorgeschriebene Durchlaßkurve (7.16). Ihre Form wird durch das leicht überkritisch gekoppelte Filter zwischen Vorstufe und Mischer sowie den Empfangskreis bestimmt. Die Bandbreite des Filters beträgt etwa 9 bis 10 MHz. Bild- und Tonträger liegen ungefähr in den Höckerpunkten. Die Bandbreite der Durchlaßkurve muß groß genug sein, um das obere Seitenband und das untere Restseitenband ohne Abschwächung zu übertragen. Die Einsattelung zwischen den Höckern beträgt etwa 10 bis 15% der Maximalamplitude.

Versuch 7.5 An einem älteren Fernsehgerät wird die Feinabstimmung am Kanalwähler langsam vom linken zum rechten Anschlag durchgedreht.

Ergebnis Bild und Ton sind nur in einem engen Einstellbereich scharf, ohne Verzerrung und Überzeichnung. Durch die Verstimmung des Oszillators (Feinabstimmung) wandern Bild- und Tonträger auf die untere oder obere Flanke der Durchlaßkurve – Bild- und Tonqualität lassen stark nach (Amplitudenfehler).

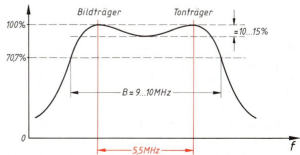

7.16 Durchlaßkurve des Kanalwählers

Beim Umsetzen der Empfangsfrequenz in die Zwischenfrequenz entstehen immer eine Tonträgerfrequenz von 33,4 MHz und eine Bildträgerfrequenz von 38,9 MHz.

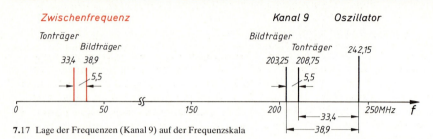

7.17 Lage der Frequenzen (Kanal 9) auf der Frequenzskala

Das Frequenzdiagramm **7.**17 zeigt die Lage von Bild- und Ton-ZF sowie BT und TT von Kanal 9. Bild- und Tonträger der Nachbarkanäle ergeben mit der Oszillatorfrequenz auch Zwischenfrequenzen. Diese dürfen nicht in den Durchlaßbereich des ZF-Verstärkers fallen.

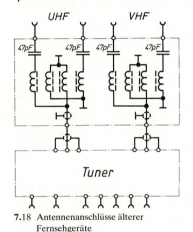

7.18 Antennenanschlüsse älterer Fernsehgeräte

Antennenanpassung. Die Schaltung zur Anpassung der Fernsehantenne an den Empfänger ist wichtig für ein gutes Netz-Störspannungs-Verhältnis (mindestens 100:1). Die Antennenanschlußplatte in Bild **7.**18 ermöglicht gute Anpassung und Symmetrierung. Dieser Spezialübertrager (Breitbandübertrager) wird häufig auch Balun genannt (*bal*anced ≙ symmetrisch, *un*balanced ≙ unsymmetrisch).

In modernen Fernsehgeräten verwendet man 75-Ω-Normeingänge (**7.**19). Das Antennensignal gelangt über einen UHF-Hochpaß aus zwei *CL*-Gliedern und einem kapazitiven Teiler auf die Vorstufe oder auf ein PIN-Dioden-Dämpfungsglied. Im VHF-Bereich wird das Empfangssignal über den Eingangstiefpaß, die UKW-Bandsperre und den Band-I/III-Bandpaß zur HF-Vorstufe geleitet. Die Bandumschaltungen bewirken meist Schalterdioden.

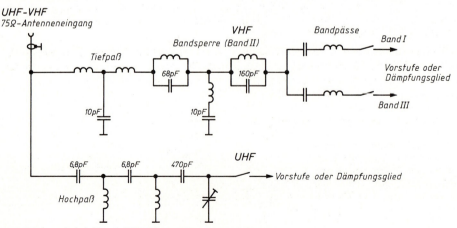

7.19 Schaltungsbeispiel für ein UHF-Eingangsfilter mit 75-Ω-Eingang

VHF-Vorstufe. Rauschen macht sich auf dem Bildschirm als Schnee oder Grieß bemerkbar. Deshalb muß der Vorstufentransistor besonders rauscharm sein.

> Die Empfindlichkeit eines Fernsehempfängers wird durch das Rauschen der Eingangsstufen bestimmt.

Bild **7.**20 zeigt die Vorstufe eines VHF-Tuners. Vom Eingangsfilter gelangt das Sendersignal an den Eingangstransistor. Er arbeitet in Basisschaltung. Die Verstärkung der Stufe ist 10 bis 14 dB. Die automatische Regelung (AVR-Leitung) der Vorstufe verhindert eine Übersteuerung des Tuners. Meist verwendet man eine Aufwärtsregelung. Kapazitätsdioden BB 142 stimmen das Bandfilter auf die Empfangskanäle ab. Die Bereichsumschaltung nehmen Schalterdioden BA 243 vor. Mit dem Eingangsfilter und dem Zwischenbandfilter erreicht man die geforderte Durchlaßkennlinie.

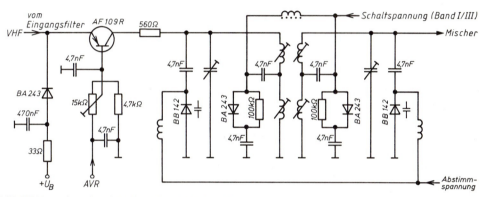

7.20 HF-Verstärker mit Zwischenbandfilter (VHF-Bereiche)

Mischstufe. Das in der Vorstufe verstärkte Eingangssignal (f_e) und das Oszillatorsignal (f_o) liegen am Emitter des Mischtransistors (**7.**21) und werden dort additiv gemischt. Auch die Mischstufe arbeitet in Basisschaltung. Am Ausgang der Mischstufe liegt das erste ZF-Filter. Die Kapazitäten C_1 bis C_4 und die Induktivität L_1 bestimmen die Resonanzfrequenz des Filterkreises. Über einen induktiven Spannungsteiler L_2, L_3 wird die ZF-Spannung auf den Sekundärkreis des Filters gekoppelt. Der Spannungsteiler ist mit in den Kreis einbezogen. Das erste ZF-Filter ist breitbandig.

Im UHF-Bereich arbeitet der VHF-Mischer meist als erste ZF-Stufe. Deshalb ist im dargestellten Schaltungsbeispiel die Einspeisung des ZF-Signals über einen Schalter angedeutet. In der Praxis nimmt man die VHF-UHF-Umschaltung über eine Schalterdiode vor.

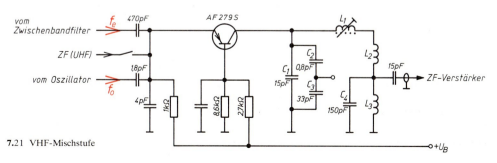

7.21 VHF-Mischstufe

VHF-Oszillator. Er gleicht in Aufbau und Funktion den Oszillatorschaltungen in UKW-Radios (**7.**22). Die Kanäle werden mit der Kapazitätsdiode BB 142 abgestimmt, die Bandumschaltung übernimmt eine Schalterdiode BA 243. Die Schwingbedingungen des Oszillators wurden bereits in Abschn. 5.2.2 dargestellt.

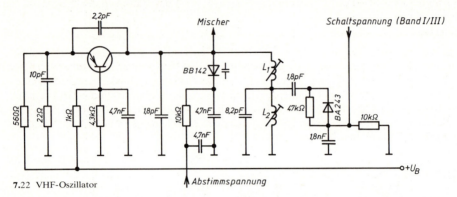

7.22 VHF-Oszillator

UHF-Kanalwähler sind anders aufgebaut als VHF-Kanalwähler. Ihre Schwingkreise bestehen nicht aus den üblichen gewickelten Spulen, sondern aus Lecherleitungen oder Hohlraumresonatoren. In den Topfkreisen findet der Schwingungsvorgang nur im Inneren der Kammern statt. Kopplungsschlitze oder -schleifen übertragen die Energie von einer Kammer in die folgende.

> Beim UHF-Tuner sind die Kammern, in denen die Bauelemente untergebracht sind, abgestimmte Schwingkreise (Topfkreise, Hohlraumresonatoren).

Bild **7.**23 zeigt den Stromlaufplan eines UHF-Tuners. Der Vorstufentransistor AF 279 wird über den Eingangshochpaß mit dem Empfangssignal versorgt. Die Eingangsstufe arbeitet in

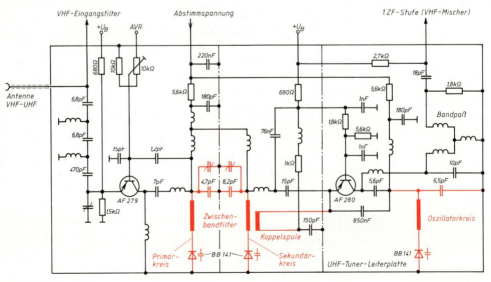

7.23 UHF-Kanalwähler

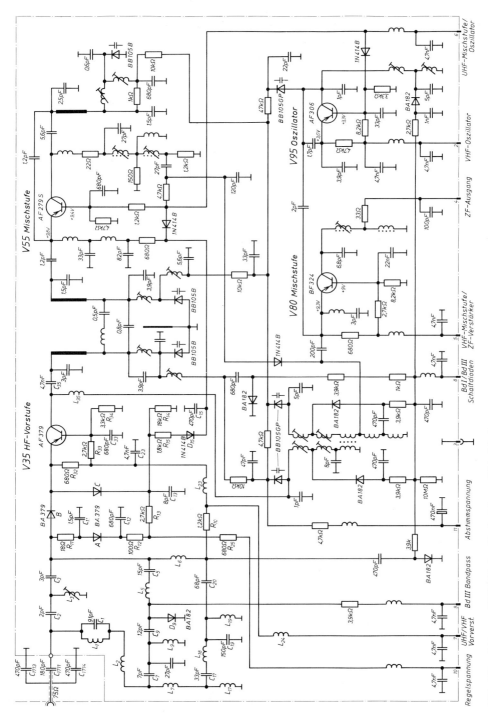

7.24 Allbereichtuner mit PIN-Dioden-Abschwächer und Schaltdioden

Basisschaltung. Am Ausgang der Vorstufe liegt der Primärkreis des Zwischenbandfilters. Kapazitätsdioden BB 141 stimmen beide Filterkreise durch. Das Bandfilter speist die selbstschwingende Mischstufe mit dem Transistor AF 280. Auch sie arbeitet in Basisschaltung. Der Oszillatorschwingkreis wird gleichfalls mit einer Kapazitätsdiode BB 141 durchgestimmt. Die ZF-Auskopplung geschieht am Kollektor des Mischers über einen Bandpaß, der sie dem VHF-Tuner zuleitet. Der Mischer arbeitet für den UHF-Bereich als erste ZF-Stufe.

Der Allbereichtuner in Bild **7.**24 auf S. 429 arbeitet mit einem PIN-Dioden-Abschwächer. Das Antennensignal gelangt über einen UHF-Hochpaß oder zwei diodengeschaltete VHF-Bandpässe auf den PIN-Dioden-Abschwächer mit den Dioden, A, B und C. Im ungeregelten Zustand ist Diode B geöffnet, die Querdioden A und C sind gesperrt (**7.**25). PIN-Dioden sind stromgesteuerte Widerstände. Die Regelspannung beträgt $+10\,V$ im ungeregelten und $+2\,V$ im maximal geregelten Zustand. Beim Ansteigen der Regelspannung (abnehmende positive Spannung) sperrt die Diode B mehr und mehr (Diodenstrom nimmt ab, ihr Widerstand steigt), und die Dioden A und C beginnen zu leiten. Die Dioden A und C in den Querzweigen dämpfen das Eingangssignal. Der HF-Vorstufentransistor AF 379 arbeitet ohne Regelung. Dadurch bleiben die nichtlinearen Verzerrungen besonders gering. Abschwächer und Vorstufe arbeiten für VHF und UHF gleichermaßen. Der VHF-Bereich hat einen getrennten Oszillator und eine separate Mischstufe. Für den UHF-Bereich ist eine selbstschwingende Mischstufe vorgesehen. Hier hat der VHF-Mischer die Funktion der ersten ZF-Stufe.

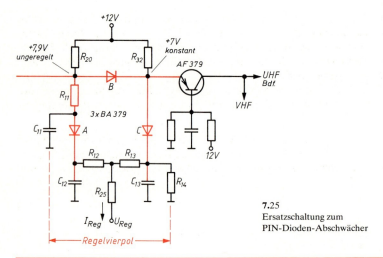

7.25
Ersatzschaltung zum
PIN-Dioden-Abschwächer

Der Kanalwähler eines Fernsehgeräts besteht aus einer HF-Verstärkerstufe, einem Bandfilter und der Mischstufe mit dem Oszillator.

7.2.2 Bild-ZF-Verstärker

Im Tuner setzt man die Eingangssignale auf die festgelegten Zwischenfrequenzen von 33,4 MHz und 38,9 MHz um.

Der ZF-Verstärker verstärkt das Signal so weit, daß der Bilddemodulator und die Video-Endstufe ausgesteuert werden können.

Ein drei- bis vierstufiger Transistorverstärker oder eine entsprechend integrierte Schaltung erreichen eine Spannungsverstärkung von 7000 bis 10000. Um ein Übersprechen der Nachbarkanäle auszuschließen, muß der ZF-Verstärker die nötige Trennschärfe haben. Gleichzeitig umfaßt die Bandbreite den Frequenzabstand von Bild- und Tonträger. Der ZF-Verstärker muß regelbar sein, weil man die Bildröhre trotz unterschiedlicher Eingangsfeldstärken möglichst gleichmäßig aussteuern will.

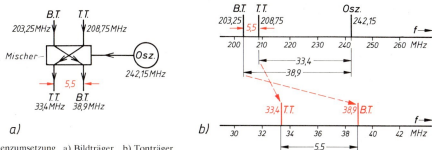

7.26 Frequenzumsetzung a) Bildträger b) Tonträger

Frequenzumsetzung. Die im Mischer auftretende Frequenzumsetzung wurde bereits in Bild 7.17 angesprochen. Zur Erläuterung der dabei zu berücksichtigenden Verschiebungen faßt Bild 7.26 die Zahlen für Kanal 9 zusammen. Im Sendersignal liegt der Bildträger auf einer niedrigeren Frequenz als der Tonträger; sein Abstand zur Oszillatorfrequenz ist aber größer. Daraus ergibt sich, daß die Lage des Bildträgers im ZF-Spektrum eine höhere Frequenz einnimmt. Beim Tonträger sind die Zahlenverhältnisse umgekehrt. Der Frequenzabstand von 5,5 MHz zwischen Bild- und Tonträger bleibt erhalten (Intercarrier- oder Zwischenträger-Verfahren).

Norm-Durchlaßkurve. Die Durchlaßkurve des ZF-Verstärkers liegt innerhalb strenger Toleranzgrenzen. Ihre Form zeigt Bild 7.27. Einfache Bandfilter genügen nicht. Erforderlich sind a) Bandfilter mit unterschiedlichem Kopplungsgrad, versetzt abgestimmten Einzelkreisen und

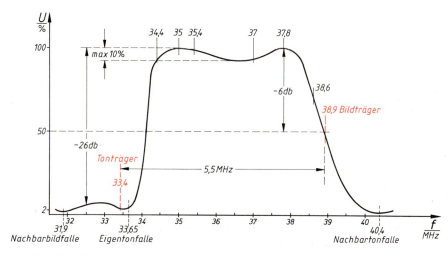

7.27 Norm-Durchlaßkurve

einem überkritisch gekoppelten Bandfilter oder b) versetzt abgestimmte Band- und Brückenfilter. Die gezeigte Durchlaßkurve ist also eine Summenkurve aus sich überlappenden Einzel-Durchlaßkurven.

Fallen (Traps). Um den Eigenton auf 10% abzusenken, kombiniert man auf etwa 33,65 MHz abgestimmte Eigentonfallen (Absorptionskreise, Saugkreise) mit dem Bandfilter. Diese Fallen senken den Nachbarbildträger auf 31,9 MHz auf etwa 2% ab und dämpfen den Nachbartonträger auf 40,4 MHz auch auf 2%.

Nyquistflanke. Bei der Fernsehübertragung verwendet man das Restseitenbandverfahren (s. Abschn. 7.1.1). Da sich bei der Demodulation die Spannungen der beiden Seitenbänder addieren würden, erhielte man für die Videofrequenzen von 0 bis etwa 1 MHz eine doppelt so hohe Spannung wie für die übrigen (höheren) Modulationsfrequenzen. Videosignale bis 1 MHz erschienen also auf dem Bildschirm mit doppeltem Kontrast. Deshalb legt man den Bildträger auf die Mitte einer gleichmäßig abfallenden Flanke der ZF-Durchlaßkurve (Nyquistflanke, **7.**28). Die Spannungen rechts und links vom Bildträger ergänzen sich dadurch zu jeweils 100%. Amplitudenfehler können nicht auftreten.

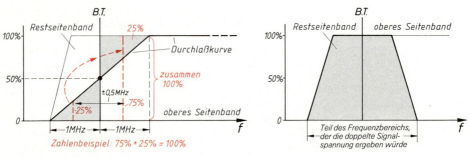

7.28 Wirkung der Nyquistflanke

Bild **7.**28 zeigt als Beispiel eine Seitenfrequenz, die 75% der Gesamtamplitude erreicht. Durch die Nyquistflanke wird das obere Seitenband mit nur 25% der Gesamtamplitude übertragen. Als Summenspannung ergibt sich am Demodulator 100% der Gesamtamplitude. Für alle anderen Seitenfrequenzen im Bereich der Nyquistflanke ergeben sich entsprechende Amplitudenverhältnisse (grau angelegte Dreiecke).

> Durch den auf der Mitte der Nyquistflanke liegenden Bildträger vermeidet man die beim Restseitenbandverfahren möglichen Amplitudenfehler.

Eingangsbandfilter. Bild **7.**29a zeigt die Schaltung eines Eingangsbandfilters im ZF-Verstärker. Man erkennt ein dreikreisiges Bandfilter und zwei Saugkreise (Fallen). Der erste Kreis liegt am Mischerausgang im Kanalwähler. Die Kreiskapazitäten treten z.T. als Transistor-, Kabel- und Schaltkapazitäten auf. Durch eine Fußpunktkopplung sind die Kreise untereinander gekoppelt.

> Saugkreise blenden Nachbarkanalträger aus.

Brückenfilter benutzt man zur Unterdrückung des Eigentons und der Nachbarkanäle (**7.**29b). Sie werden so aufgebaut, daß in den Brückendialogen fast keine Spannung (10%) mit der zu unterdrückenden Frequenz (z.B. Eigenton) auftreten kann. Damit ist eine maximale Unterdrückung der unerwünschten Signale möglich. Ein Brückenfilter kann Fallen ersetzen.

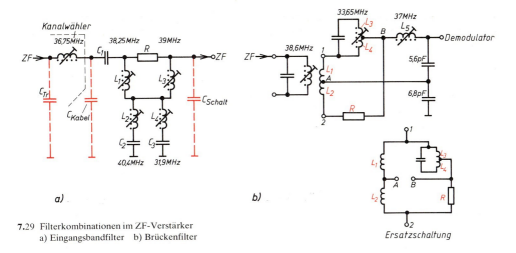

7.29 Filterkombinationen im ZF-Verstärker
a) Eingangsbandfilter b) Brückenfilter   Ersatzschaltung

Schaltungsbeispiele. Bild 7.30 zeigt zwei verschiedene ZF-Verstärkerstufen mit den entsprechenden Filtern. In der Schaltung a) erkennt man das Brückenfilter. Der Transistor arbeitet mit einer Aufwärtsregelung. Man erreicht dadurch bei einem Regelumfang von 50 bis 60 dB eine geringe Kreuzmodulation, weil man im geradlinigen Teil der Transistor-Eingangskennlinie arbeitet und sich ein fast konstanter Eingangswiderstand der Stufe ergibt.

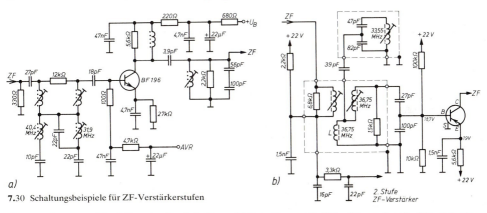

7.30 Schaltungsbeispiele für ZF-Verstärkerstufen

Das zweikreisige Bandfilter in der Schaltung b) hat eine zusätzliche Koppelspule. Die Schwingkreiskapazitäten bestehen z.T. aus den Schaltkapazitäten. Über einen Koppelkondensator 39 pF ist ein Absorptionskreis (Falle) mit der Resonanzfrequenz 33,55 MHz angeschlossen. Aus der Durchlaßkurve in Bild 7.27 ist zu entnehmen, daß dieser Resonanzkreis in der Nähe des Eigentonträgers arbeitet.

Bild 7.31 zeigt einen vollständigen ZF-Verstärker mit Einzelbauelementen. Der erste Teil des ersten Bandfilters liegt im Tuner. Die Fallen sind an den Basiskreis des Transistors V_1 gekoppelt. Die Kopplung für die Eigentonfalle (33,44 MHz) ist induktiv. Die für den Nachbartonträger (40,4 MHz) und den Nachbarbildträger (31,9 MHz) vorgesehenen Fallen sind über L_1 angekoppelt. Der geregelte Transistor V_1 arbeitet im Kollektorkreis auf eine Drossel D, die mit den Schaltungskapazitäten wie ein auf Bandmitte eingestelltes Bandfilter wirkt. Zur weiteren Selektion sind die Kreise mit L_2 und L_3 vorgesehen. Die nichtgeregelten Stufen sind neutralisiert.

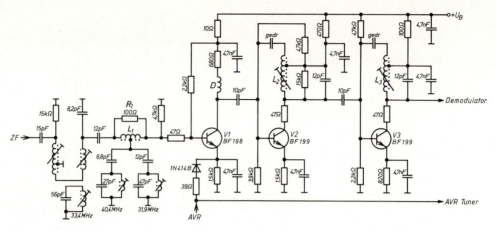

7.31 ZF-Verstärker mit Transistoren

Bild **7.**32 zeigt die Schaltung eines Bild-ZF-Verstärkers mit einem integrierten Baustein. Die Durchlaßkurve erreicht man durch die umfangreiche Filterkombination am Eingang der Schaltung. Der Baustein enthält außerdem den Videogleichrichter und die Tastregelstufe (s. Abschn. 7.2.5).

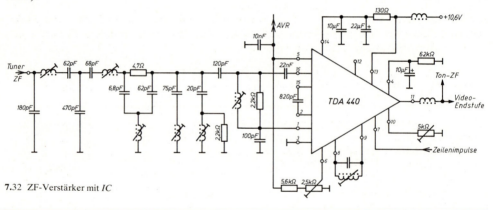

7.32 ZF-Verstärker mit *IC*

Der ZF-Verstärker übernimmt die Selektion und die Hauptverstärkung im Fernsehempfänger.

7.2.3 Videogleichrichter und Videoverstärker

Nach der letzten ZF-Verstärkerstufe folgt der Videogleichrichter. In ihm entstehen das BAS-Signal und die Ton-ZF von 5,5 MHz (Intercarrier-Verfahren). Die Grundschaltung des Video-Demodulators zeigt Bild **7.**33. Sie ist die eines AM-Demodulators in Reihenschaltung (s. Abschn. 5.2.4).

Zeitkonstanten. Eine gute Bildauflösung erfordert eine obere Grenzfrequenz der Schaltung von etwa 5 MHz. Bei einer Schaltkapazität von 10 pF wird der Lastwiderstand R maximal etwa 3 kΩ.

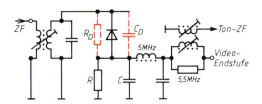

7.33 Grundschaltung eines Bilddemodulators

Der Widerstand der Diode in Durchlaßrichtung R_D und ihre Sperrschichtkapazität C_D bilden mit den Bauelementen R und C Spannungsteiler. Um einen günstigen Wirkungsgrad der Schaltung zu erreichen, verwendet man spezielle Dioden.

Höhenanhebung. Zur Kompensation schädlicher Kapazitäten verwendet man zusätzliche Spulen. Sie bilden gemeinsam mit den Schaltkapazitäten einen Schwingkreis mit der Resonanzfrequenz von etwa 5 MHz. Dadurch wird die Verstärkung im oberen Frequenzbereich angehoben. Bedämpfungswiderstände parallel zum Schwingkreis verhindern Resonanzspitzen.

Ton-ZF. Aus der Differenzfrequenz von Bild- und Tonträger (5,5 MHz) entsteht an der gekrümmten Kennlinie der Demodulatordiode die Ton-ZF (Mischung). Am Ausgang des Videogleichrichters kann man sie aussieben. Saug- und Sperrkreise verhindern, daß die 5,5-MHz-Ton-ZF an die Bildröhre gelangt, wo sie durchlaufende dunkle Streifen auf dem Bildschirm hervorrufen würden (Ton in Bild).

Direkte Kopplung. Die Verstärkerstufen zwischen Demodulator und Bildröhre sind direkt gekoppelt, denn das Videosignal besteht aus einer Mischspannung, deren Gleichspannungsanteil mit übertragen werden muß (**7.**45b).

> Der Gleichspannungsanteil des Videosignals bestimmt die Grundhelligkeit des Bildes.

Bild **7.**34 zeigt die Schaltung eines Videogleichrichters. Die Gleichrichterdiode liegt auf dem gleichen Potential wie die Basis des Folgetransistors (Treiberstufe), denn durch die direkte Kopplung ist der Gleichrichterkreis mit dem Basiskreis der Treiberstufe leitend verbunden. Den Arbeitspunkt kann man am Potentiometer einstellen. Die Treiberstufe arbeitet als Emitterfolger.

Aufgaben des Videoverstärkers. Am Ausgang des Videogleichrichters steht das BAS-Signal mit einer Amplitude von 2 bis 4 V zur Verfügung. Zur Aussteuerung der Bildröhre sind aber etwa 70 V nötig. Diese geforderte Steuerspannung erzeugt ein Breitbandverstärker,

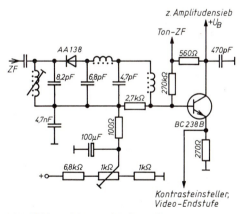

7.34 Bilddemodulator und Treiberstufe

der das Frequenzband von 0 bis etwa 5,5 MHz verzerrungsfrei verstärkt. Dem Videoverstärker entnimmt man nicht nur das Signal zur Ansteuerung der Bildröhre, sondern auch die Signale zur Ansteuerung des Amplitudensiebs, der Tastregelstufe und häufig auch die Ton-ZF. Außerdem wird im Videoverstärker die Kontrasteinstellung vorgenommen. (Unter Kontrast versteht man den Unterschied zwischen hellstem Weiß und dunkelstem Schwarz.)

Anforderungen an den Videoverstärker. Bild **7.**35 zeigt das Prinzip eines zweistufigen Videoverstärkers. Die erste Stufe arbeitet für das BAS-Signal in Kollektorschaltung. Ihr großer Eingangs- und geringer Ausgangswiderstand bewirken eine günstige Anpassung des Gleichrichters an die Endstufe. Beide Stufen sind galvanisch gekoppelt: Gleich- und Wechselgrößen werden gleichmäßig verstärkt, so daß außer dem Bildinhalt auch die Grundhelligkeit übertragen wird. Die Spannungen für das Amplitudensieb, die getastete Regelung und die Ton-ZF stehen mit gleichbleibender Amplitude unabhängig von der Kontrasteinstellung zur Verfügung. In der Kollektorleitung des Emitterfolgers liegt ein Schwingkreis als Arbeitswiderstand, der für die Frequenz 5,5 MHz wirksam ist. Am Schwingkreis koppelt man die Ton-ZF aus.

> Der Videoverstärker ist ein direkt gekoppelter Breitbandverstärker.

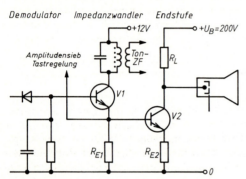
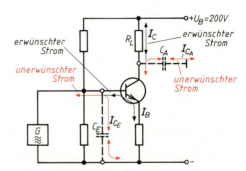

7.35 Vereinfachte Schaltung eines zweistufigen Videoverstärkers

7.36 Wirkung der Schalt- und Transistorkapazitäten

Breitbandverstärkung. Bei der Verstärkung eines breiten Frequenzbands treten Probleme auf: Schalt- und Transistorkapazitäten machen sich für hohe Signalfrequenzen störend bemerkbar. Die in Bild **7.**36 angedeuteten Eingangs- und Ausgangskapazitäten setzen sich aus den unvermeidbaren Schaltkapazitäten und den Sperrschichtkapazitäten des Transistors zusammen. Die hochfrequenten Signalströme fließen z. T. über diese Nebenschlüsse. Der ausgangsseitige Signalstrom fließt teilweise über C_A; deshalb entsteht am Lastwiderstand eine entsprechend kleinere Signalspannung. Je mehr die Signalfrequenz ansteigt, desto größer wird der Signalanteil, der über die schädliche Kapazität fließt. Damit ein ausreichend großer (erwünschter) Strom über den Lastwiderstand fließt, muß dieser klein gegen den kapazitiven Blindwiderstand der Störkapazität C_A sein. Kleine Lastwiderstände (ca. 4 kΩ) bewirken aber nur geringe Verstärkungen. Deshalb sind verhältnismäßig große Kollektorströme (z. B. 30 mA) nötig, damit am Stufenausgang eine ausreichend große Signalamplitude entsteht. Außerdem muß der Endstufentransistor mit hoher Betriebsspannung arbeiten (z. B. 200 V), um eine genügend große Videospannung zum Ansteuern der Bildröhre zu erzielen. Den Verstärkungsabfall im oberen Videofrequenzbereich kompensieren zusätzliche Schwingkreise.

> Breitbandverstärker arbeiten mit kleinen Lastwiderständen.

Aussteuerung der Endstufe. Das Videosignal steuert die Endstufe aus. Wenn die Synchronimpulse wie in Bild **7.**37a vor der Endstufe ausgekoppelt werden, können sie bei der Aussteuerung der Endstufe unberücksichtigt bleiben. Der Schwarzwert liegt dann am unteren

Aussteuerungspunkt, die Synchronimpulse sind dadurch vom Videosignal abgetrennt. Werden die Impulse dagegen hinter dem Video-Endverstärker ausgekoppelt, müssen sie mit übertragen werden. Der Aussteuerungsbereich engt sich dadurch ein (**7.**37b).

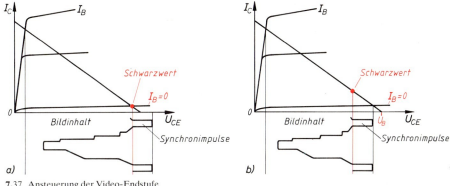

7.37 Ansteuerung der Video-Endstufe
a) bei vorher ausgekoppelten Synchronimpulsen
b) bei nachher ausgekoppelten Synchronimpulsen

Kontrasteinstellung. Bild **7.**38 zeigt die vollständige Schaltung eines zweistufigen Videoverstärkers. Die den Frequenzgang bestimmenden *RC*-Glieder und Schwingkreise sind hervorgehoben. Ein Problem ist die Kontrasteinstellung. Bei Kontrasteinstellung durch einen Spannungsteiler im Emitterkreis der Endstufe (wie z.B. beim Lautstärkeeinsteller in der Vorstufe eines NF-Verstärkers) würde sich jeweils der Schwarzwert und damit die Bildhelligkeit ändern. Dies vermeidet man durch eine Gleichspannungsbrücke (*A, B, C, D*) mit dem Kontrasteinsteller im Brückenzweig. An den Brückenpunkten 1 und 2 herrscht gleiches Potential. Darum verändert sich beim Verstellen des Potentiometers der Schwarzwert (Gleichspannung) nicht – trotz Änderung des Signalwerts (Wechselspannungsanteil). Der Signalspannungsverlauf am Stufenausgang ist angedeutet. Die Lage der Schwarzschulter bleibt, obwohl sich die Signalspannung (Signalamplitude) ändert.

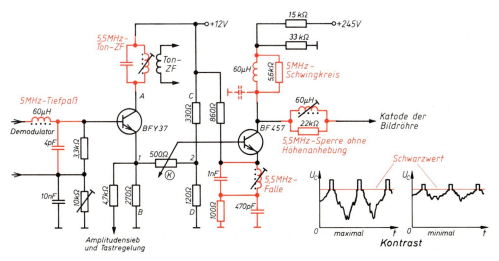

7.38 Zweistufiger Videoverstärker

Bild **7.**39 zeigt die Schaltung eines einstufigen Videoverstärkers. Eine integrierte Schaltung, die den Videomodulator, die getastete Regelung usw. umfaßt, liefert das BAS-Signal an die Basis des Endtransistors. Die Kontrasteinstellung geschieht im Emitterkreis durch eine Brückenschaltung (*V, A, B, C*). Für die Bildrücklauf-Dunkeltastung leitet man positive Bildrücklaufimpulse über zwei Dioden auf den Emitter. Dadurch werden das Potential des Emitters auf das der Basis angehoben und die Video-Endstufe während des Rücklaufs gesperrt. Die Frequenzkompensierung erfolgt im Kollektorkreis. Der 5,5-MHz-Sperrkreis unterdrückt die Ton-ZF.

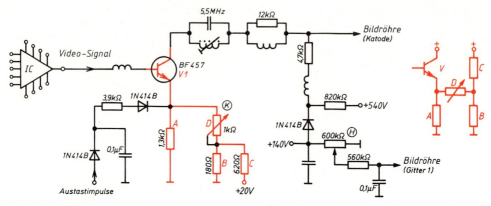

7.39 Einstufiger Videoverstärker

Übungsaufgaben zu Abschnitt 7.2.1 bis 7.2.3

1. Welche Informationen kann man dem Blockschaltplan des Fernsehempfängers entnehmen?
2. Welche Aufgaben erfüllt der Tuner?
3. Skizzieren Sie die Form der Durchlaßkurve und geben Sie die Lage des Bild- und Tonträgers an.
4. Wodurch entstehen bei einem schlecht eingestellten Fernsehgerät (Kanalwähler) Amplitudenfehler?
5. Zeigen Sie an einem Zahlenbeispiel das Zustandekommen der Bild- und Tonträgerfrequenzen im ZF-Bereich.
6. Welche Aufgabe hat der Eingangsübertrager im Kanalwähler?
7. Skizzieren Sie die Grundschaltung einer HF-Vorstufe mit Zwischenbandfilter.
8. Skizzieren Sie die Grundschaltung einer VHF-Mischstufe.
9. Welche Vorteile hat ein PIN-Dioden-Abschwächer gegenüber einer geregelten HF-Vorstufe?
10. Warum muß der ZF-Verstärker geregelt werden?
11. Was versteht man unter einer Frequenzfalle?
12. Wie arbeitet ein Absorptionskreis?
13. Beschreiben Sie die Form der Norm-Durchlaßkurve.
14. Welche Bedeutung hat die Nyquistflanke?
15. Skizzieren Sie aus Industrie-Unterlagen in einem Schaltungsauszug ein Eingangsbandfilter.
16. Erklären Sie die Wirkungsweise des Brückenfilters mit Hilfe der in Bild **7.**29 angegebenen Ersatzschaltung.
17. Welche Aufgaben erfüllt der Videogleichrichter?
18. Welche Rolle spielt die Zeitkonstante des Videogleichrichters?
19. Begründen Sie die Notwendigkeit der direkten Kopplung zwischen Videogleichrichter und Bildröhre (Vor- und Nachteile).
20. Wie erreicht man eine große Bandbreite beim Videoverstärker?
21. Skizzieren Sie als Schaltungsauszug aus Service-Unterlagen einen zweistufigen Videoverstärker und erklären Sie die Wirkungsweise.
22. Warum darf man beim Betätigen des Kontrasteinstellers den Schwarzwert nicht verändern?

7.2.4 Ankopplung der Bildröhre

Das Videosignal gelangt von der Video-Endstufe in direkter Kopplung auf die Bildröhre. Grundsätzlich kann es die Bildröhre über die Katode oder das Steuergitter (Wehneltzylinder) ansteuern. Meist wird der Katode ein positives Videosignal zugeführt. Dabei erhält der Wehneltzylinder eine feste Spannung. Mit steigender positiver Katodenspannung (und damit steigender negativer Gitterspannung) sinkt die Helligkeit des geschriebenen Bildpunkts.

Die Steuerkennlinie einer Bildröhre zeigt Bild **7**.40. Den Strahlstrom der Bildröhre bestimmt die Spannung zwischen der Katode und dem Wehneltzylinder. Der Aussteuerungsbereich einer Bildröhre liegt etwa zwischen -10 und -70 V. Bei einer negativen Gitterspannung von 85 V ist der Strahlstrom völlig unterdrückt. Die Schwarzschulter des Videosignals muß auf einen bestimmten Spannungswert gebracht und dort festgehalten werden. Das angedeutete negativ gerichtete Videosignal am Wehneltzylinder entspricht einem positiv gerichteten an der Katode der Bildröhre.

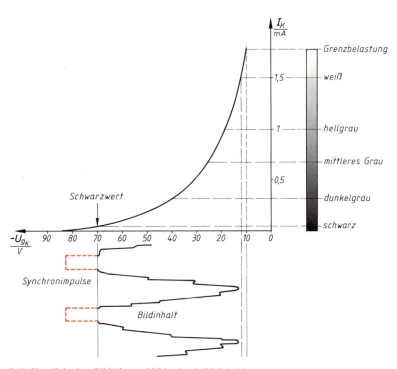

7.40 Kennlinie einer Bildröhre und Videosignal (Bildinhalt)

> Die Helligkeit eines Bildpunkts hängt vom Augenblickswert des Strahlstroms ab.

Zeitdiagramm des BAS-Signals. Die Signalverläufe an den wichtigsten Stellen des Videoverstärkers zwischen Videogleichrichter und Bildröhre zeigt Bild **7**.41. Die erste Stufe verursacht keine Phasendrehung (Kollektorschaltung des Transistors $V1$). Der Transistor $V2$ (Emitterschaltung bewirkt eine Phasendrehung von 180°) erzeugt ein positives Signal an der Katode der Bildröhre.

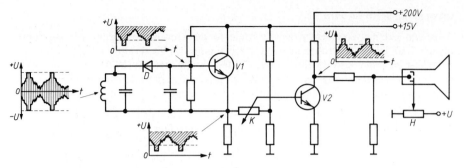

7.41 Signalverlauf vom Videogleichrichter bis zur Bildröhre

Die Spannungen an den Elektroden einer Bildröhre sind in Bild **7.**42 a dargestellt. Je nach Röhrentyp können sie etwas abweichen. Die Gitter 3 und 5 sind im Innern der Röhre mit der Hochspannung verbunden (innerer Belag der Bildröhre).

Helligkeits- und Schärfeeinstellung. Bild **7.**42 b zeigt die Schaltung der Bildröhre A 31 − 20 W mit allen Anschlüssen einschließlich der Energieversorgung. Mit einem Potentiometer (Spannungsteiler) stellt man die Helligkeit (Grundhelligkeit) der Röhre ein, indem man die positive Spannung am Wehneltzylinder verändert. Die Bündelung des Strahlstroms (Fokussierung) hängt vom Verhältnis der Spannungen an den Fokussierelektroden ab. Die Spannung am Gitter G_4 kann man dazu am Potentiometer $P2$ einstellen (Service-Unterlagen). Die hohe Gleichspannung gewinnt man meist im Zeilenablenkteil (Boosterspannung).

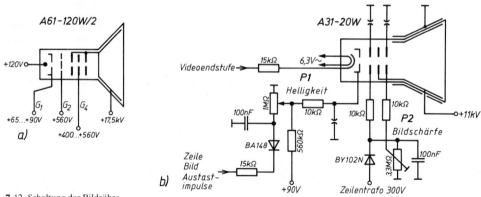

7.42 Schaltung der Bildröhre
　　a) Spannung an der Bildröhre
　　b) Helligkeits- und Schärfeeinstellung des Strahlstroms

Leuchtfleckunterdrückung. Beim Ausschalten des Fernsehgeräts setzt sofort die Ablenkung des Elektronenstrahls aus. Weil sich jedoch die Katode der Bildröhre nur langsam abkühlt, emittiert sie noch einige Zeit Elektronen. Außerdem bleibt die Hochspannung als Ladung auf dem Innen- und Außenbelag der Röhre noch längere Zeit bestehen. Der Elektronenstrahl trifft den Leuchtschirm in der Mitte. Es entsteht ein Leuchtfleck großer Helligkeit, der den Schirm an dieser Stelle zerstören kann. Deshalb muß man den Nachleuchtfleck unterdrücken, z. B. durch die Schaltung nach Bild **7.**43 a. Hier halten der Kondensator C und der Widerstand R nach dem Ausschalten noch eine zeitlang eine Gleichspannung am Schirmgitter G_2, die emittierte Elektronen ableitet.

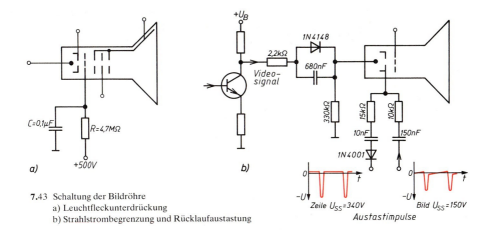

7.43 Schaltung der Bildröhre
 a) Leuchtfleckunterdrückung
 b) Strahlstrombegrenzung und Rücklaufaustastung

Den schädlichen Nachleuchtfleck nach Ausschalten des Geräts unterdrückt man durch Absaugen der emittierten Restladung.

Strahlstrombegrenzung. Wenn man die Bildröhre mit geringer Gitterspannung betreibt, wird sie überlastet. Eine längere Überlastung beschädigt oder zerstört den Bildschirm. Deshalb schaltet man zwischen Videoverstärker und Bildröhre eine Kondensator-Dioden-Kombination zur Begrenzung des Katodenstroms (**7.**43b).
Bei geringer Aussteuerung der Bildröhre (kleines Videosignal) ist die Anode der Diode positiver als ihre Katode – sie ist in Durchlaßrichtung gepolt (Gleichstromkopplung). Steigt die Aussteuerung der Endstufe, wird die Kollektor-Emitter-Spannung des Endstufentransistors an hellen Bildstellen so gering, daß die Anode weniger positiv ist als die Katode – die Kopplungsdiode sperrt. Nun überträgt nur der Kopplungskondensator das Videosignal. Der Strahlstrom wird dadurch begrenzt.

Bei sehr großer Bildhelligkeit muß der Strahlstrom der Bildröhre begrenzt werden.

Rücklaufaustastung. Die schnellen Zeilen- und Bildrückläufe dürfen auf dem Bildschirm nicht zu sehen sein, denn sie würden als störende helle Linien erscheinen. Der Elektronenstrahl muß deshalb während der Rücklaufzeiten unterbrochen werden. Dazu koppelt man aus den Ablenkteilen negative Rücklaufimpulse (Austastimpulse) aus und führt sie über Koppelkondensatoren oder Dioden dem Wehneltzylinder (Steuergitter) zu (**7.**43b). Die Austastimpulse müssen so groß sein, daß sie auch bei großer Bildhelligkeit die Rücklaufaustastung sicherstellen. Austastdioden blenden den positiven Spannungsanteil der Rücklaufimpulse aus.

Während der Zeilen- und Bildrückläufe wird der Elektronenstrahl der Bildröhre unterbrochen.

Bild **7.**44 zeigt eine Bildröhre mit vollständiger Schaltung. Zur Bildrücklauf-Austastung leitet man positive Bildrücklaufimpulse auf den Emitter der Video-Endstufe. Dadurch wird die

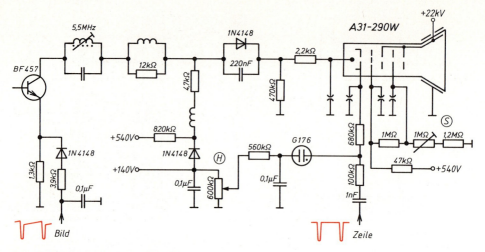

7.44 Vollständige Schaltung einer Bildröhre

Endstufe stromlos. Die Helligkeit stellt man durch Verändern des Gleichspannungspotentials am Wehneltzylinder ein. Über einen Spannungsteiler wird die entsprechende Spannung abgegriffen und über die Glimmlampe G 176 ans Steuergitter geführt. G 176 ist durch die Zeilenrücklaufimpulse leitend. Sobald die Zeilenrücklaufimpulse ausfallen (Abschalten des Geräts), erlischt die Glimmlampe, der Wehneltzylinder wird durch den sofort einsetzenden Gitterstrom stark negativ aufgeladen und unterbricht den Strahlstrom (Leuchtfleckunterdrückung). Der Strahlstrom wird begrenzt durch eine Diode mit Zusatzkondensator in der Katodenzuleitung ($I_{max} = 300\,\mu A$). Kleine Funkenstrecken halten statische Aufladungen und Überspannungen von den Bildröhrenanschlüssen fern.

7.2.5 Automatische Verstärkungsregelung (AVR)

Aufgabe der AVR. Für einen einwandfreien Fernsehempfang müssen die Spitzenwerte der Signalspannung an der Bildröhre weitgehend unabhängig sein von der Empfangsfeldstärke an der Antenne. Außerdem ist das Fernsehgerät bei hoher Empfangsfeldstärke vor Übersteuerung zu schützen. Diese Aufgaben erfüllt die AVR. Sie hält bei einer Änderung der Antennenspannung im Verhältnis 1 : 500 ($\hat{=} 54$ dB) die Signalspitzenspannung an der Bildröhre konstant.

Versuch 7.6 Ein Fernsehgerät wird mit einem Prüfsender verbunden. Die AVR ist außer Betrieb gesetzt (Abgleichanweisung beachten!). Die Ausgangsspannung des Prüfsenders wird verstellt. Auf dem Bildschirm des Fernsehgeräts kann man deutlich die Wirkungen der Eingangsspannungs-Schwankungen beobachten. Jetzt wird die AVR wieder eingeschaltet und der Versuch wiederholt.

Ergebnis In weiten Grenzen bleibt die Veränderung der Eingangsspannung ohne Wirkung auf die Signalspannung an der Bildröhre.

In Abschn. 5.2.5 wurde bereits die AVR in Rundfunkgeräten erläutert. Zwischen ihr und der Regelung im Fernsehgerät besteht jedoch ein grundlegender Unterschied: Die Regelspannung im Fernsehgerät läßt sich nicht einfach aus dem demodulierten Gesamtsignal (Videosignal) ableiten wie im Rundfunkgerät, wo der Gleichspannungsmittelwert eines modulierten Trägers bei konstanter Empfangsfeldstärke gleich bleibt, auch wenn sich die Amplitude der Hüllkurve (NF-Signal) ändert (**7.**45a). Die Höhe der Regelspannung entspricht diesem Mittelwert U_m. Bei Feldstärkeänderungen ändert sich die Trägeramplitude und mit ihr die Regelspannung.

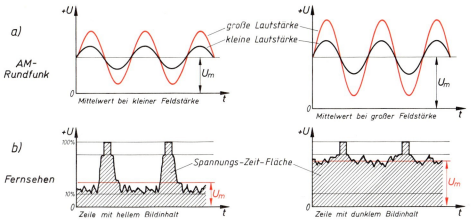

7.45 Spannungsmittelwerte
a) in Abhängigkeit der Laut- und Feldstärke im Rundfunkgerät (an der Demodulatordiode)
b) in Abhängigkeit des Bildinhalts im Fernsehgerät

Prinzip der getasteten Regelung. Im Fernsehgerät kann man die demodulierte HF-Spannung nicht als Regelspannung benutzen, weil ihr Mittelwert U_m vom augenblicklich gesendeten Bildinhalt abhängt (**7.**45b). Bei einer Zeile mit überwiegend hellem Bildinhalt ist der Gleichspannungswert klein, bei überwiegend dunklem Inhalt dagegen ergibt sich ein hoher Mittelwert. Diese Regelspannung würde dunkle Bildstellen aufhellen (große Regelspannung, geringe Verstärkung) und helle abdunkeln (geringe Regelspannung, große Verstärkung). Außerdem würde sie durch kräftige Störspannungen (Spannungsspitzen) unerwünscht beeinflußt.

Statt dessen erzeugt man die Regelspannung im Fernsehgerät mit den Zeilensynchronimpulsen, deren Höhe ein Maß für die Senderfeldstärke ist und die unabhängig vom Bildinhalt sind. Diese Regelspannung wird nur während der Zeilensynchronimpulse gebildet (getastete Regelung). Dadurch sind nur die Zeilenimpulse Grundlage des Spannungswerts, während die Störimpulse im Bildinhalt und der Bildinhalt selbst ausgeblendet bleiben (**7.**46). Zum Tasten, d.h. zum Öffnen der Regelspannungserzeugung, braucht man eine Steuerspannung, die im Takt der Zeilensynchronimpulse auftritt. Diese Spannung liefert die Zeilenendstufe.

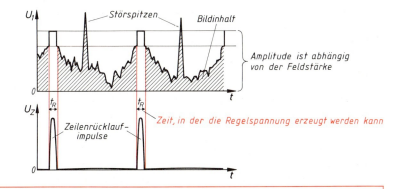

7.46
Zusammentreffen
der Synchron-
und Rücklaufimpulse

Bei der getasteten Regelung benutzt man die Zeilensynchronimpulse zur Erzeugung der Regelspannung.

Schaltung der Tastregelstufe (7.47). Der Emitter des PNP-Transistors ist über einen Spannungsteiler positiv vorgespannt. Um die Basis-Emitter-Strecke des Transistors leitend zu machen, muß die Basis negativ gegen den Emitter sein. Solange die Basis-Emitter-Spannung kleiner ist als die Schleusenspannung, bleibt der Transistor gesperrt. Die positive Spannung des BAS-Signals an der Basis ist immer dann sehr gering, wenn der Zeilensynchronimpuls anliegt. Sinkt die Signalspannung an der Basis zu diesem Zeitpunkt z.B. auf +0,3 V, ergibt sich eine Basis-Emitter-Spannung von −0,7 V (denn sie besteht aus der Potentialdifferenz des BAS-Signals und der Emittervorspannung). In diesem Augenblick öffnet sich die Basis-Emitter-Strecke (Eingangsdiode). Ein Emitterstrom kann jedoch nur fließen, wenn gleichzeitig der aus dem Zeilentrafo kommende, negativ gerichtete Zeilenrücklaufimpuls dem Transistor ein negatives Potential am Kollektor (Betriebsspannung) liefert. Die Höhe des Kollektorstroms hängt von der Basis-Emitter-Spannung, also von der Höhe des Synchronsignals ab. Er fließt über die leitende Diode und lädt den Kondensator C_1 mit der eingezeichneten Polarität auf.

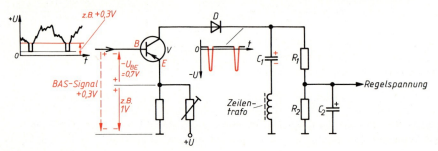

7.47 Grundschaltung einer Tastregelstufe (getastete Regelung)

Während der Übertragung des Bildinhalts bleibt der Transistor gesperrt. In dieser Zeit entlädt sich der Kondensator C_1 über den Spannungsteiler R_1, R_2. Dabei lädt sich der Elektrolytkondensator C_2 auf. An ihm nimmt man die gesiebte Regelspannung ab. Die Diode verhindert die Entladung des Kondensators C_1 über den Sperrwiderstand des Transistors. Bei steigender Senderfeldstärke steigt die Regelspannung.

Der Blockschaltplan 7.48 umfaßt die in den Regelkreis einbezogenen Stufen des Fernsehgeräts und die Zeilenendstufe. Die verschiedenen Regelungsarten wurden bereits in Abschn. 5.2.5 behandelt. Sie gelten auch für Fernsehgeräte (z.B. Aufwärtsregelung, Abwärtsregelung, Bedämpfung von Schwingkreisen).

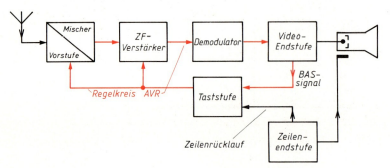

7.48 Blockschaltplan der an der getasteten Regelung beteiligten Empfängerstufen

Anfangsunterdrückung. Im Fernsehgerät regelt man nicht nur den ZF-Verstärker, sondern auch die HF-Vorstufe im Tuner. Die Regelspannung wird der Eingangsstufe jedoch nicht direkt zugeführt, weil schon bei geringen Eingangsspannungen eine Regelspannung entstünde und die Verstärkung des Tuners verminderte. Dabei würde sich das Nutz-Rausch-Verhältnis verschlechtern. Deshalb unterdrückt man in einer besonderen Transistorstufe bei geringen Empfangsfeldstärken die Regelspannung (Schwellwertregelung, Anfangsunterdrückung, gelegentlich auch „verzögerte Regelung" genannt). Durch den Spannungsteiler in der Emitterleitung (7.49) wird der Arbeitspunkt des Transistors so eingestellt, daß er erst von einer bestimmten Höhe (Schwelle) der eingespeisten Regelspannung an seinen Strom ändert. Dadurch ändert sich auch erst dann die Ausgangsspannung. Außerdem kehrt sich die Polung der Regelspannung um (Aufwärtsregelung eines PNP-Transistors im Tuner).

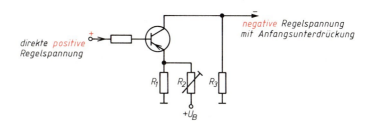

7.49
Regelspannung mit
Anfangsunterdrückung und
Umkehrung

> Bei der Schwellwertregelung beginnt die Regelung des Tuners oberhalb einer bestimmten Empfangsspannung.

Bild **7.**50 zeigt ein Schaltbeispiel mit Einzelbauelementen. Der Transistor $V1$ erhält keine Kollektorgleichspannung, sondern über R_1 und C_1 negative Zeilenrücklaufimpulse. Der Emitter ist über einen Spannungsteiler fest auf 2 V vorgespannt. Die Basis bekommt von der BAS-Vorstufe das Videosignal mit $U_{ss} = 3$ V. Nur während des Synchronimpulses ist die Basis des Transistors negativ gegenüber dem Emitter, und nur dann kann in einem PNP-Transistor

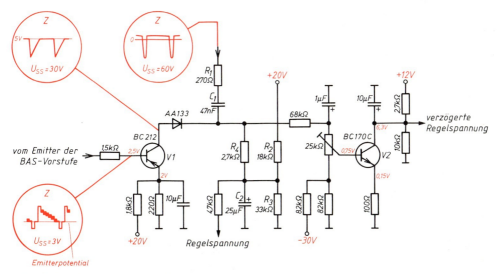

7.50 Schaltungsbeispiel einer Tastregelstufe

Kollektorstrom fließen. Die Diodenkatode ist positiv vorgespannt ($R2$, $R3$, $R4$). Außerdem liegt an der Katode der positive Anteil der Zeilenimpulse. Erst wenn der Augenblickswert des negativen Rücklaufimpulses die positive Spannung übersteigt, fließt ein Kollektorstrom und lädt C_1 auf. Die Diodenvorspannung läßt die Regelung erst wirksam werden, wenn das Ausgangssignal des ZF-Verstärkers den erforderlichen Wert erreicht hat. Das RC-Glied R_4 und C_2 siebt die gewonnene Regelspannung. Der Transistor $V2$ erhält eine negative Basisvorspannung. Er wird erst leitend, wenn die Spannung am Schleifer des Stellwiderstands positiver als die Emitterspannung ist. Die Teilspannung am Ausgangsspannungsteiler bildet die Regelspannung (Schwellwertregelung) für den Tuner.

In Empfängerschaltungen mit integrierten Schaltkreisen (**7.**32) ist die Tastregelstufe meist mit dem ZF-Verstärker und dem Demodulator kombiniert.

7.2.6 Tonteil

Der Tonteil eines Fernsehgeräts besteht aus dem Ton-ZF-Verstärker, dem Demodulator und dem NF-Vor- und -Endverstärker (**7.**51). Im Bild-ZF-Verstärker werden Bild und Ton gemeinsam verstärkt. Im Videogleichrichter bilden Bildträger (38,9 MHz) und Tonträger (33,4 MHz) eine Schwebung von 5,5 MHz – die Differenzfrequenz aus beiden (Intercarrier-Verfahren).

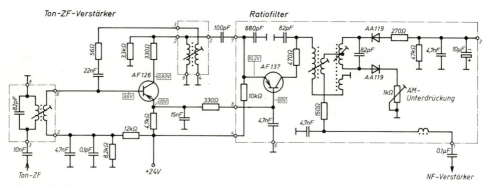

7.51 Ton-ZF-Verstärker

> Beim Zwischenträger- oder Intercarrier-Verfahren wird die Ton-ZF aus der Differenz von Bild- und Tonträger gewonnen.

Diese Differenzfrequenz (Ton-ZF) kann man unmittelbar am Videogleichrichter oder hinter dem Videoverstärker auskoppeln. Dazu verwendet man meist einen auf 5,5 MHz abgestimmten Schwingkreis.

Intercarrierbrummen. Um eine unverzerrte Ton-ZF zu erhalten, muß bei der Gleichrichtung der Schwebung die Tonträgerspannung viel kleiner als die Bildträgerspannung sein. Wird die Tonträgeramplitude durch Fehlabgleich oder Falscheinstellung des Geräts im Bild-ZF-Verstärker zu groß, gelangen die Amplitudenänderungen des Bildinhalts mit in den Tonkanal. Dabei wirkt die 50-Hz-Bildwechselfrequenz (Bildsynchronimpulse) besonders störend (Intercarrierbrummen).

Ein Vorteil des Intercarrier-Verfahrens liegt darin, daß man die Differenzfrequenz (Ton-ZF) aus Bild- und Tonträger gewinnt und nicht durch eine zusätzliche Oszillator- und Mischstufe. Langsame Frequenzänderungen (Driften) des Tuneroszillators können sich deshalb nicht auf den Tonkanal auswirken, denn die Sender liefern die Differenzfrequenz von 5,5 MHz zwischen Bild- und Tonträger mit hoher Genauigkeit.

Die Schaltung des Tonteils entspricht weitgehend dem FM-Rundfunkempfänger (**7.**51). Die Gesamtverstärkung ist etwa 1000fach. In modernen Geräten ist der Ton-ZF-Verstärker als integrierte Schaltung aufgebaut (**7.**52). Die Ausgangsspannung reicht zur Aussteuerung des NF-Verstärkers.

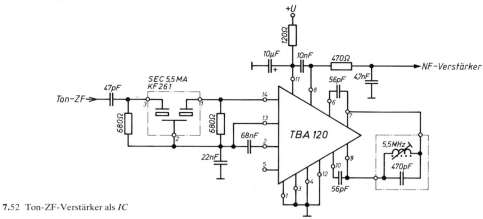

7.52 Ton-ZF-Verstärker als *IC*

Die Leistungsverstärker sind in den meisten Fernsehempfängern ebenfalls als integrierte Bausteine ausgeführt, weil die NF-Ausgangsleistung nicht so hoch zu sein braucht wie bei HiFi-Rundfunkgeräten. Bild **7.**53 zeigt ein Schaltungsbeispiel.

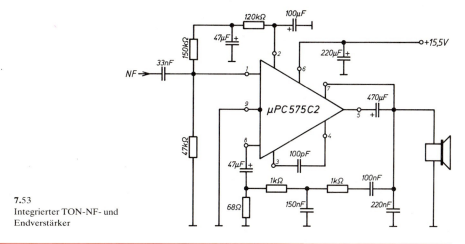

7.53 Integrierter TON-NF- und Endverstärker

Übungsaufgaben zu Abschnitt 7.2.4 bis 7.2.6

1. Warum ist eine direkte Kopplung zwischen Video-Endstufe und Bildröhre nötig?
2. Zeichnen Sie mit Hilfe von Industrie-Unterlagen die Steuerkennlinie der Bildröhre A 31 – 290 W. Erklären Sie ihren Verlauf und geben Sie alle Betriebsspannungen der Bildröhre an.
3. Zeichnen Sie als Schaltungsauszug aus Service-Unterlagen die Schaltung einer Bildröhre und geben Sie alle Spannungen an.

4. Wodurch kann die Helligkeit einer Bildröhre eingestellt werden?
5. Wodurch verhindert man das Entstehen eines Leuchtflecks beim Abschalten eines Fernsehgeräts?
6. Erklären Sie die Notwendigkeit und die Wirkungsweise der Strahlstrombegrenzung.
7. Wodurch erreicht man die Rücklaufaustastung?
8. Erklären und begründen Sie den Verlauf des Videosignals für die Schaltung in Bild **7.**44 (Basis der Video-Endstufe bis Bildröhre).
9. Was versteht man unter getasteter Regelung?
10. Wie wird die Regelspannung im Fernsehgerät gewonnen?
11. Warum darf der Bildinhalt nicht zum Ausgangswert der Regelspannung gemacht werden?
12. Warum wendet man beim Tuner eine Schwellwertregelung an?
13. Wie kann man eine Schwellwertregelung erreichen?
14. Welche Regelungsarten werden in Fernsehgeräten verwendet?
15. Zeichnen Sie als Schaltungsauszug aus Service-Unterlagen eine geregelte ZF-Verstärkerstufe und erklären Sie die Funktion der Schaltung.
16. Was versteht man unter dem Intercarrier-Verfahren?
17. Welchen Vorteil bietet dieses Verfahren?
18. Wie kommt es zum Intercarrierbrummen?
19. Auf welche Weise wird die Ton-ZF erzeugt?
20. Zeichnen Sie als Schaltungsauszug aus Service-Unterlagen einen NF-Vor- und -Endverstärker für einen Fernsehempfänger. Vergleichen Sie die Schaltung mit der eines Rundfunkempfängers.

7.3 Erzeugung des Rasters

Die zur Erzeugung des Rasters vorgesehenen Empfängerstufen im Fernsehgerät arbeiten grundsätzlich anders als die bisher dargestellten Schaltungen. Hier geht es um die Erzeugung und Verarbeitung von Impulsen (Kippstufen). Die Transistoren in diesen Empfängerstufen wirken darum meist als Schalter, die (im Gegensatz zu den Transistoren in den übrigen Empfängerstufen) nur zwei Betriebszustände haben – leitend oder gesperrt (nichtleitend).

> Die Schaltungen zur Horizontal- und Vertikalablenkung haben die Aufgabe, solche Ströme durch die Ablenkspulen der Bildröhre zu treiben, die ein unverzerrtes, feststehendes Raster auf dem Bildschirm entstehen lassen.

7.3.1 Impulsabtrennstufe (Amplitudensieb)

Das BAS-Signal führt neben dem Bildinhalt und dem Austastpegel auch die Synchronzeichen zur Erzeugung eines feststehenden Rasters mit sich. Diese Synchronzeichen (Synchronimpulse) müssen vom übrigen Signal abgetrennt und nach Zeilen- und Bildsynchronimpulsen sortiert werden. Diese Aufgabe löst man mit der Impulsabtrennstufe, dem Amplitudensieb.

> Die Impulsabtrennstufe trennt die Synchronimpulse vom Bildinhalt.

Aufgaben der Impulsabtrennstufe
– Die Synchronimpulse vom Bildinhalt trennen.
– Die Synchronimpulse mit gleichbleibender Amplitude herstellen, damit die Synchronisation (feststehendes Bild) bei kleinen und großen Empfangsfeldstärken gesichert ist.
– Die Zeilenimpulse von den Bildsynchronisierimpulsen trennen.
– Störaustastung vornehmen (d. h. Ausgangssignal unterdrücken) bei Störspannungen, die den Ablenkgeneratoren Synchronimpulse vortäuschen und so zu Fehlsynchronisationen führen.

Funktion der Impulsabtrennstufe (7.54 a). Durch den Basisspannungsteiler ist die Basis-Emitter-Spannung des Transistors so eingestellt, daß er gerade schwach leitend ist (B-Betrieb). Über den Koppelkondensator C gelangt das BAS-Signal an die Basis. Das positive Signal bewirkt einen Basis-Emitter-Strom, der den Kondensator C mit der angegebenen Polarität lädt und darum die positive Basisvorspannung schwächt. Die Vorspannung sinkt dabei so weit ab, daß

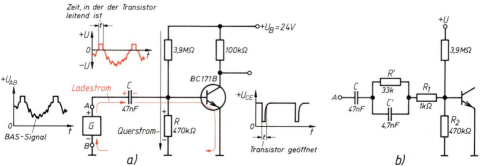

7.54 Amplitudensieb
a) Grundschaltung b) *RC*-Glieder unterschiedlicher Zeitkonstanten

nur noch der über dem Nullpotential liegende (also positive) Teil des BAS-Signals den Transistor aufsteuern kann. Am Kondensator stellt sich ein Gleichgewicht ein zwischen der während der Synchronimpulse aufgenommenen Ladung und der in den Impulspausen (Bildinhalt) über den Widerstand R abgegebenen Ladung. Damit ist die Aufgabe der Abtrennstufe erfüllt, denn an ihrem Ausgang entstehen nur die Synchronzeichen.

Einfluß der Störspitzen. Nachteilig an dieser Schaltung ist ihre Anfälligkeit gegen Störungen. Störspitzen, die die Höhe der Synchronzeichen erreichen, verursachen ebenfalls im Transistor einen Basisstrom und damit eine zusätzliche Aufladung des Koppelkondensators ungefähr auf den Spitzenwert der Störung und damit einen Basisstrom. Durch die große Zeitkonstante des RC-Glieds (7.54a) bliebe das Amplitudensieb längere Zeit gesperrt. Abhilfe schafft ein zweites, in Reihe geschaltetes RC-Glied ($R'C'$ in Bild 7.54b) mit einer wesentlich kleineren Zeitkonstante. Dadurch wird der Kondensator C' nach einigen Mikrosekunden auf die Störspitzenspannung aufgeladen. In den Zeiträumen zwischen den Störspitzen gibt C' seine Ladung über $R1$, $R2$ und den Generator (z.B. Videoverstärker) auf den Kondensator C; außerdem entlädt sich C' über R'. Die starke Aufladung von C' wird sehr rasch abgebaut. Damit verhindert man eine längere Sperrung des Amplitudensiebs durch Störspitzen.

Austastung der Störspitzen. Bei sehr großer Störspitzenamplitude läßt sich trotz des doppelten RC-Glieds eine längere Sperrung der Abtrennstufe nicht verhindern. In diesem Fall werden die Störspitzen ausgetastet (7.55). Das Amplitudensieb ($V1$) ist über einen zweiten Transistor ($V2$) mit der Masse verbunden. Dessen Basis ist positiv vorgespannt; er ist dadurch leitend und legt den Emitter von $V1$ an Masse. Zusätzlich liegt die Basis von $V2$ über einen Koppelkondensator und eine Diode am Videoverstärker. Dessen positive Gleichspannung (Betriebsspannung) sperrt die Diode (+2,5 V an Katode). Das negativ gerichtete Videosignal kann die Sperrung nicht aufheben. Störspitzen, die negativer als 2,5 V sind, passieren die Diode und sperren den Transistor $V2$. Dadurch wird die Abtrennstufe stromlos – die Störimpulse sind ausgetastet.

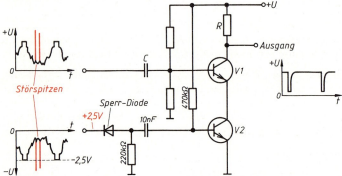

7.55
Grundschaltung eines Amplitudensiebs mit Störaustastung

Impulstrennung. Nach Trennung der Synchronimpulse vom Bildinhalt müssen Bild- und Zeilensynchronisierzeichen voneinander getrennt werden. Um diese Impulse zu unterscheiden, benutzt man als Bildsynchronisierzeichen, statt eines Einzelimpulses (Zeilenimpuls) fünf dicht aufeinander folgende, breite Einzelimpulse. Zwischen ihnen liegen im Halbzeilenabstand schmale Lücken. So erreicht man, daß auch während der Bildsynchronisation die Zeilenablenkung weiter synchronisiert wird (vgl. **7.**9).

Versuch 7.7 Schließen Sie an einen Rechteckgenerator ein RC-Glied einmal als Differenzierglied (Hochpaß) und einmal als Integrierglied (Tiefpaß) an (**7.**56). Die Periodendauer der Rechteckspannung muß klein gegen die Zeitkonstante des RC-Glieds sein. Messen Sie die Ausgangsspannungen mit dem Oszilloskop und vergleichen Sie sie miteinander.

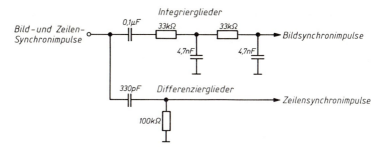

7.56
Siebglieder
zur Impulstrennung

Ergebnis Die Ausgangsspannungen unterscheiden sich deutlich: am Ausgang des Differenzierglieds entstehen steile Nadelimpulse, am Ausgang des Integrierglieds verschliffene Rechteckimpulse (Sägezahnimpulse).

Die Bildwechselimpulse werden durch Integrierglieder von den Zeilensynchronimpulsen getrennt.

Gelangen Zeilensynchronimpulse mit der Frequenz von 15 265 Hz an das Integrierglied, schließen die Kondensatoren sie kurz. Am Ausgang des Integrierglieds entsteht darum nur eine geringe Spannung. Die 50-Hz-Bildwechselimpulse dagegen laden die Kondensatoren stufenweise auf.

Ausgleichsimpulse. Den fünf Bildwechselimpulsen sind je fünf schmale Ausgleichsimpulse im Halbzeilenrhythmus vor- und nachgeschaltet (**7.**57). Ohne sie ergäben sich aus den Bildwech-

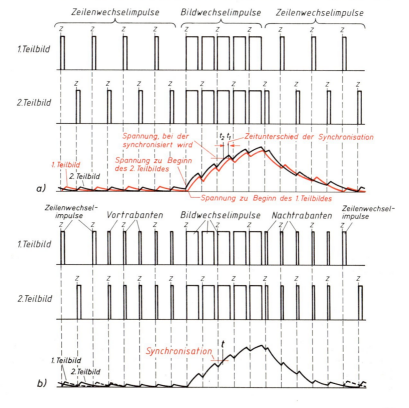

7.57
Bildsynchronisation
a) ohne Ausgleichs-
   impulse
b) mit Ausgleichs-
   impulsen

selimpulsen bei jedem Halbbild unterschiedliche Synchronisierspannungen (**7.**57 a). Für einen einwandfreien Zeilensprung muß der Vertikalgenerator mit genau gleichen Spannungswerten und exakt zeitgleich synchronisiert werden, weil sich sonst paarige Zeilen ergäben. Die Wirkung der Ausgleichsimpulse ist deutlich zu erkennen (**7.**57 b). Sie sorgen dafür, daß zu Beginn eines Teilbilds keine Ladespannung am Integrierglied liegt.

Bild **7.**58 zeigt die Schaltung eines Amplitudensiebs mit Störaustastung. Der Videovorverstärker liefert das BAS-Signal und die Vorspannung für die Diode AA 143. In der Basisleitung der Abtrennstufe liegen zwei RC-Glieder unterschiedlicher Zeitkonstanten. Die durch $V2$ abgetrennten Synchronimpulse gelangen über einen Koppelkondensator an die Basis von $V3$. Durch die gleichen Widerstände in Emitter- und Kollektorleitung entstehen zwei in der Phase entgegengesetzte Impulsreihen mit gleichem Spitze-Spitze-Wert. Sie werden anschließend voneinander getrennt und den entsprechenden Kippstufen zugeführt. Die Oszillogramme zeigen hier nur die zeilenfrequenten Signale, die Impulstrennung ist nicht dargestellt.

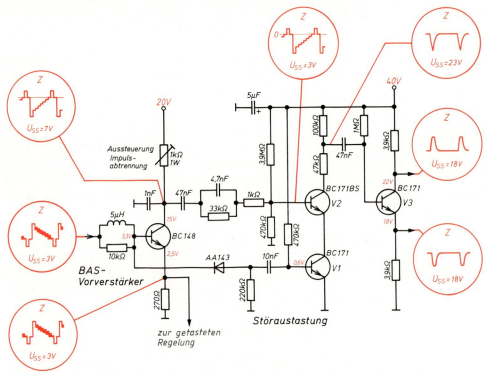

7.58 Vollständige Schaltung eines Amplitudensiebs mit Störaustastung

In integrierten Schaltungen (**7.**59 auf S. 453) sind mehrere Funktionsstufen vereinigt. Die dargestellte Schaltung enthält das Amplitudensieb mit Störaustastung, die Schaltung zur Impulstrennung, den Phasenvergleich (Synchronisation des Zeilengenerators) und den Zeilengenerator.

7.3.2 Ablenkgenerator (Bild- und Zeilenoszillator)

Die Impulse zur Aussteuerung der Ablenkstufen werden im Fernsehgerät erzeugt und durch die vom Sender gelieferten Gleichlaufzeichen synchronisiert. Die Synchronisation der Ablenkgeneratoren geschieht direkt, durch die Synchronimpulse selbst (Bildkippgenerator) oder indirekt, indem man aus den Gleichlaufzeichen und Hilfsimpulsen eine Regelspannung erzeugt.

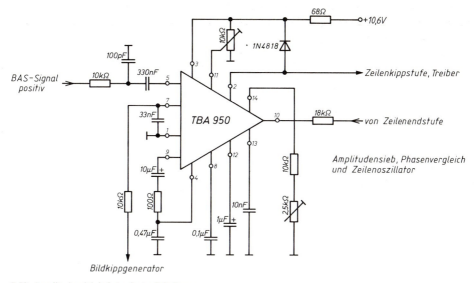

7.59 Amplitudensieb in integrierter Schaltung

> Der Bildkippgenerator wird durch die vom Sender gelieferten Gleichlaufzeichen direkt, der Zeilenkippgenerator dagegen indirekt synchronisiert.

Die anschließend erläuterten Generatorschaltungen kann man als Bild- und Zeilengeneratoren verwenden und daher direkt oder indirekt synchronisieren.

Versuch 7.8 Ein Sperrschwinger wird nach Bild 7.60 aufgebaut. Die Bauelemente ermittelt man am besten im Versuch. Vorschlag: $R1 = 4{,}7\,\text{k}\Omega$, $R2 = 10\,\text{k}\Omega$, $R3 = 47\,\Omega$, $C\,4{,}7\,\text{nF}$. $R2$ kann man durch ein 50-kΩ-Potentiometer ersetzen, Übertrager 1 : 1 bis 1 : 5. Ausgangs- und Basisspannung werden mit dem Oszilloskop dargestellt. Die Werte von $R1$, C und die Betriebsspannung werden verändert.

Ergebnis Die Schaltung erzeugt Kippschwingungen. Die Frequenz der Schwingungen ist abhängig vom Kondensator C, vom Widerstand $R1$ und von der Betriebsspannung.

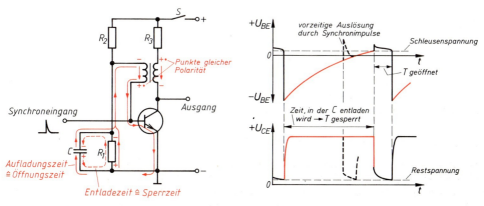

7.60 Grundschaltung eines Sperrschwingers mit Zeitdiagrammen von U_{CE} und U_{BE}

Der Sperrschwinger (7.60) (blocking oscillator) gleicht im Aufbau dem Meißneroszillator. Im Kollektorkreis des Transistors liegen die Primärseite eines fest gekoppelten Übertragers und der Widerstand R_3. Die Schwingfrequenz wird durch die RC-Kombination (C, R_1) bestimmt. Der Übertrager sorgt für eine feste **Mitkopplung** zwischen Ausgangs- und Eingangskreis. Schließt man den Schalter S, steigt I_C schnell an. Steigender Kollektorstrom bedeutet Zunahme des magnetischen Flusses im Übertrager. Dabei entsteht auf der Sekundärseite des Übertragers eine Spannung, die mit ihrem positiven Potential an der Basis des Transistors liegt. Der Kollektorstrom steigt bis auf einen Höchstwert; dabei sinkt die Kollektorspannung (durch den Widerstand R_3 bedingt) bis auf die Restspannung. Der Kollektorstrom kann nicht weiter zunehmen. Damit hört im Übertrager die Flußzunahme auf – die Induktionsspannung auf der Sekundärseite verschwindet. Der Kollektorstrom nimmt deshalb etwas ab.

Abnehmender Kollektorstrom bedeutet Flußabnahme im Übertrager. An der Sekundärseite entsteht nun eine Spannung umgekehrter Polarität (negatives Potential an der Basis), die den Kollektorstrom weiter schwächt usw. Der Transistor wird gesperrt, das Feld im Übertrager bricht zusammen. Die schnelle Flußänderung bewirkt einen kräftigen Spannungsstoß, der den Kondensator C sehr schnell auflädt. Dieser kann sich über R_1 entladen. Dabei entsteht ein Spannungsabfall, der den Transistor zunächst gesperrt hält (negativer Pol an der Basis). Der Entladevorgang ist beendet, wenn die vom Basisspannungsteiler gelieferte geringe positive Basisvorspannung den Transistor wieder öffnet. Damit beginnt der Kollektorstrom wiederum zu steigen usw.

Synchronisation. Durch positive Synchronisierimpulse, die man der Basis kurz vor dem Öffnungsmoment zuführt, kann man den Sperrschwinger vorzeitig zu einer Schwingung veranlassen. Die Kippfrequenz wird im wesentlichen durch die Zeitkonstante des *RC*-Glieds bestimmt.

Der astabile Multivibrator (meist nur Multivibrator genannt) pendelt zwischen zwei Betriebszuständen: Der eine Transistor ist geöffnet, während der andere sperrt. Dazwischen liegt der Übergang vom gesperrten in den leitenden Zustand und umgekehrt (metastabiler Zustand). Die Kippfrequenz hängt von den Zeitkonstanten der Koppelglieder ab. Der Multivibrator besteht aus einem zweistufigen RC-gekoppelten Verstärker, dessen Ausgang über den Kondensator $C1$ mit dem Eingang verbunden ist (s. Abschn. 3.1.2).

Versuch 7.9 Am Ausgang eines Multivibrators wird ein RC-Glied geschaltet (7.61; z.B. $R_5 = 10$ kΩ, $C = 1$ nF – je nach Arbeitsfrequenz Werte evtl. verkleinern oder vergrößern). Die Spannung am Kondensator wird mit dem Oszilloskop dargestellt.

Ergebnis Die sonst (ohne RC-Glied) etwa rechteckförmige Ausgangsspannung eines Multivibrators wird mit RC-Glied zu einer Sägezahnspannung.

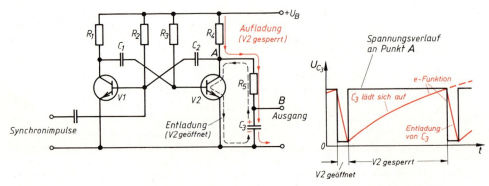

7.61 Grundschaltung eines astabilen Multivibrators und Spannungsverläufe am Ausgang (Ladekondensator)

Zur Erzeugung der Ablenksignale im Bild- oder Zeilenkippteil muß man das Impuls-Pause-Verhältnis des Multivibrators 10:1 wählen (**7.**61), damit ein Sägezahnsignal mit entsprechenden Anstiegs- und Abfallzeiten entsteht (unsymmetrisches Signal durch entsprechende Wahl der Koppelglieder).

Die Synchronisation des Multivibrators kann an einer Basis geschehen. Positive Synchronisierimpulse, die kurz vor Erreichen der Schleusenspannung des gesperrten Transistors eintreffen, verursachen ein vorzeitiges Öffnen des gesperrten und damit ein Sperren des leitenden Transistors.

Impulsgenerator. Bild **7.**62 zeigt die Grundschaltung eines Impulsgenerators mit komplementären Transistoren (Thyristor-Ersatzschaltung). Im zuerst angenommenen Ruhestand bekommt die Basis des Transistors $V1$ über den Spannungsteiler R_1, R_2 und R_3 eine hohe positive Sperrspannung. Weil $V1$ gesperrt ist, fällt an R_4 keine Spannung ab – $V2$ ist deshalb ebenfalls gesperrt. Der Spannungsabfall an R_E ist Null (Ausgangsspannung Null). Der Kondensator C ist zunächst entladen. Dadurch liegt Punkt A auf Masse. Über R_5 lädt sich der Kondensator C auf. Dadurch wird das Emitterpotential des Transistors $V1$ positiver. Die positive Basis-Emitter-Spannung von $V1$ (Sperrspannung) sinkt deshalb. Übertrifft die positive Emitterspannung von $V1$ die Spannung an R_1 um $-U_{BE}$, beginnt $V1$ zu leiten. Durch den Spannungsabfall an R_4 beginnt auch $V2$ zu leiten. Dadurch verkleinert sich die Spannung U_{23}. $V1$ und $V2$ schalten durch. Die Spannung an R_E steigt steil an. Jetzt kann sich der Kondensator C über R'_E, $V1$, $V2$ und R_E entladen. Die Kondensatorspannung sinkt, dadurch sinkt auch das Emitterpotential von $V1$ – beide Transistoren sperren wieder.

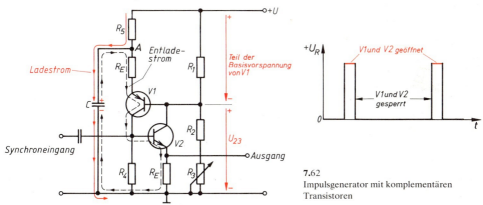

7.62 Impulsgenerator mit komplementären Transistoren

Synchronisation. Der Impulsgenerator kann durch positive Gleichlaufimpulse synchronisiert werden, die man an der Basis des Transistors $V2$ zuführt. Sie öffnen $V2$ und lösen so eine Kippschwingung aus. Mit R_3 kann man die Basisvorspannung von $V1$ und damit die Kippfrequenz ändern.

Vollständige Vertikal-Ablenkschaltung (**7.**63). Die Transistoren $V1$ und $V2$ bilden einen selbstschwingenden Vertikaloszillator mit den komplementären Transistoren $V1$ und $V2$ nach Bild **7.**62 (ohne Endstufe). Am Kollektor von $V2$ entstehen negative Impulse. Die Kondensatoren C_1 und C_2 arbeiten als Ladekondensatoren und laden sich über R_1, R_2, R_3 und R_4 auf. Der Ladevorgang wird über die Diode $D1$ unterbrochen, wenn diese durch die negativen Impulse durchschaltet. Die Kondensatoren entladen sich über $D1$ und $V2$. Dieser Vorgang dauert etwa 5 ms. Danach beginnt eine neue Aufladung. An der Basis des Treibertransistors $V3$ entsteht dadurch eine Sägezahnspannung, deren Amplitude man mit R_4 und deren Frequenz man mit R_5 einstellt. $V3$ arbeitet als Emitterfolger und steuert die Ablenk-Endstufe.

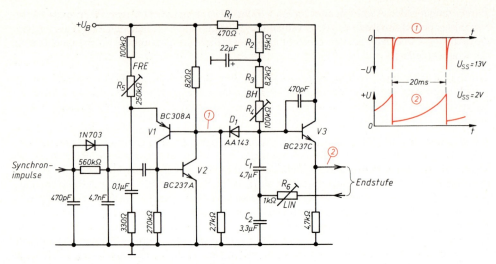

7.63 Vollständige Schaltung eines Vertikal-Ablenkgenerators

Der Horizontal-Oszillator schwingt mit 15 625 Hz. Seine Arbeitsfrequenz liegt bedeutend höher als die des Vertikal-Oszillators. Für die Zeilenablenkung verwendet man meist Sinusgeneratoren.

> Der Sinusgenerator besteht aus drei Funktionsstufen: Nachstimmstufe, Oszillator (Steuerstufe) und Impulsformer (Schaltstufe).

Die Stufenfolge des Sinusgenerators zeigt der Blockschaltplan **7.**64. Der Sinusgenerator wird stets indirekt (durch eine Regelspannung) synchronisiert weil die Genauigkeit der Synchronisation sehr hohen Anforderungen genügen muß. Die Regelspannung bewirkt in der Nachstimmstufe eine Änderung der Schwingkreiskapazität und damit der Schwingfrequenz. Erzeugt wird die Regelspannung durch einen Frequenz- und Phasenvergleicher.

7.64 Blockschaltplan eines Sinusgenerators

Im Oszillator des Sinusgenerators ist die Frequenz im wesentlichen durch Kapazität und Induktivität des Schwingkreises festgelegt (s. Abschn. 3.5.1). Darauf beruht die ausgezeichnete Betriebsstabilität des Generators.

Bild **7.**65 zeigt die Grundschaltung eines dreistufigen Zeilengenerators. Der Arbeitspunkt des Transistors $V1$ wird durch eine Regelspannung bestimmt. Durch Ändern des Arbeitspunkts kann man in gewissen Grenzen die inneren Kapazitäten des Transistors verändern (s. Abschn. 3.4.1). Die Kapazitäten von $V1$ liegen parallel zur Schwingkreiskapazität C_4 und bestimmen die Resonanzfrequenz des Kreises mit: Die Regelspannung beeinflußt über $V1$ die Resonanzfrequenz des Schwingkreises und damit die Arbeitsfrequenz des Horizontaloszillators. Dieser arbeitet mit dem Transistor $V2$ in Colpittschaltung (Spannungsteiler C_3, C_4).

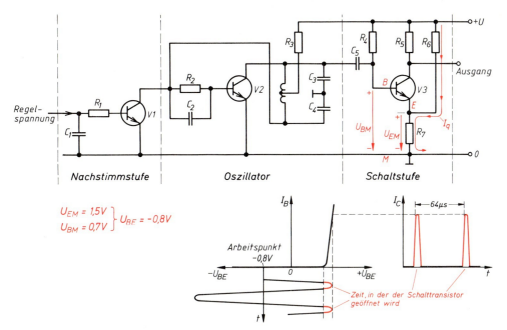

7.65 Schaltung eines Sinusgenerators

Der Oszillator des Sinusgenerators erzeugt eine sinusförmige Spannung. Er wird durch eine Regelspannung synchronisiert.

Impulsformung. Die Schaltstufe formt die Sinusschwingungen des Oszillators in steilflankige Impulse zur Ansteuerung der Zeilenendstufe um. Der Arbeitspunkt des Schalttransistors ist durch eine negative Basisvorspannung weit ins Sperrgebiet verlagert. Dadurch können nur die äußersten positiven Spitzen der Oszillatorschwingungen den Transistor $V3$ öffnen und einen entsprechenden Kollektorstrom hervorrufen. Am Ausgang der Schaltstufe entstehen Impulse mit einer Periodendauer von 64 µs.

In der Schaltstufe erzeugt man aus einer sinusförmigen Spannung die Ablenksignale zur Steuerung der Zeilen-Endstufe.

Synchronisation. Der Zeilengenerator wird über einen **Phasenvergleicher** indirekt synchronisiert, d. h. in einem geschlossenen Regelkreis (7.66a) vergleicht man Soll- und Istwert der Ablenkfrequenz miteinander und führt die Regelabweichung dem Zeilengenerator als Regelspannung zu. Zur indirekten Synchronisation braucht man demnach eine Regelspannung, deren Größe von der Abweichung zwischen Sender- und Eigenfrequenz des Oszillators abhängt.

Der Zeilenoszillator wird über einen Phasenvergleicher indirekt synchronisiert.

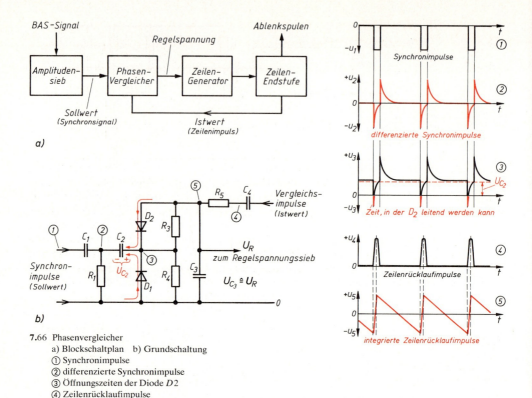

7.66 Phasenvergleicher
a) Blockschaltplan b) Grundschaltung
① Synchronimpulse
② differenzierte Synchronimpulse
③ Öffnungszeiten der Diode $D2$
④ Zeilenrücklaufimpulse
⑤ integrierte Zeilenrücklaufimpulse

Phasenvergleicher. An den Eingangsklemmen der Schaltung **7.**66b liegen die Synchronimpulse u_1 ①. Sie werden in ihrer Phasenlage mit den integrierten Zeilenrücklaufimpulsen u_4, u_5, ④ ⑤ (Sägezahn) verglichen, deren Frequenz der Zeilengenerator bestimmt. Durch Differenzierung der Eingangsimpulse u_1 an C_1, R_1 entstehen die Impulse u_2 ②. Für deren negative Spitzenwerte öffnen die Dioden D_1 und D_2. Sie laden den Kondensator C_2 in der eingezeichneten Polarität auf. An C_2 bildet sich eine mittlere Gleichspannung U_{C2} aus ③, die beide Dioden in Sperrichtung vorspannt (u_3). Man erkennt, daß nur die negativen Spitzen von u_3 die Dioden kurz öffnen können. In der Sperrzeit der Diode D_2 wird der Kondensator C_3 über den Sperrwiderstand der Diode D_2 und über R_3 etwas aufgeladen. Diese Ladung baut sich jedoch während der Öffnungszeit von D_2 wieder ab, so daß $U_{C3} \triangleq U_R$ nur einen kleinen mittleren Gleichspannungswert hat. Gleichzeitig liegt an C_3 die Vergleichsspannung u_4. Durch die eintreffenden Synchronimpulse leiten D_1 und D_2 kurzzeitig und legen dadurch zu diesem Zeitpunkt den Meßpunkt ④ über die leitenden Dioden an Masse (Klemmung). Dabei tritt eine Regelspannung U_R auf (**7.**67), die sich aus dem Gleichspannungsmittelwert der unterbrochenen (verschobenen) Vergleichsspannung (Sägezahn) ergibt. Die Höhe und die Polarität der Regelspannung U_R sind durch den Augenblickswert der Vergleichsspannung beim Durchschalten der Dioden bestimmt.

Bild **7.**67 zeigt die Verschiebung der Sägezahnspannung für verschiedene Frequenzverhältnisse. Man erkennt deutlich die Verschiebung des Gleichspannungswerts, wenn die Augenblickswerte der Vergleichsspannung positiv oder negativ sind. In einer Siebschaltung (Tiefpaß) glättet man die Regelspannung.

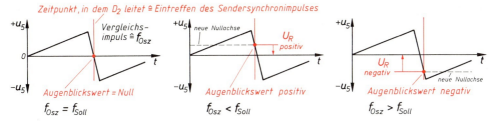

7.67 Entstehen der phasenabhängigen Regelspannung

Einen vollständigen Sinusgenerator mit Phasenvergleicher zeigt Bild **7.68**. Hier nimmt man die Vergleichsspannung aus dem Oszillator ab. Soll- und Istfrequenz werden in ihrer gegenseitigen Phasenlage verglichen. Je nach Abweichung entsteht eine positive oder negative Nachstimmspannung (Regelspannung), die – sorgfältig gesiebt – den ersten Transistor $V1$ (Reaktanzstufe) steuert. Der Arbeitspunkt des Transistors verschiebt sich; dadurch ändert der Transistor sein kapazitives Verhalten. Der Sinusoszillator mit Transistor $V2$ arbeitet in induktiver Dreipunktschaltung (Hartleyschaltung). Der erste Transistor $V3$ der zweistufigen Impulsformerstufe wird an der Basis mit der sinusförmigen Oszillatorspannung angesteuert. Die negativen Spitzen sperren den Transistor kurzzeitig und erzeugen am Kollektor Spannungsimpulse, mit denen man den zweiten Transistor $V4$ ansteuert. Dieser wirkt gleichzeitig als Impedanzwandler.

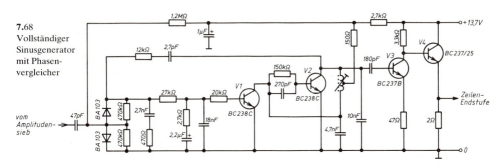

7.68 Vollständiger Sinusgenerator mit Phasenvergleicher

Übungsaufgaben zu Abschnitt 7.3.1 und 7.3.2

1. Erläutern Sie die Aufgaben des Amplitudensiebs.
2. Erläutern Sie das Prinzip der Impulsabtrennstufe.
3. Zeichnen Sie als Schaltungsauszug aus Service-Unterlagen die Grundschaltung eines Amplitudensiebs und erklären Sie die Schaltung.
4. Welchen Einfluß haben Störspitzen auf die Synchronisation?
5. Wodurch kann man kurzzeitige Störspitzen unwirksam machen?
6. Erläutern Sie die Aufgaben der RC-Glieder am Eingang der Impulsabtrennstufe.
7. Auf welche Weise werden Zeilen- und Bildsynchronimpulse voneinander getrennt?
8. Wie können starke Störspitzen ausgetastet werden? (Skizze, Grundschaltung)
9. Welche Aufgaben haben die Ausgleichsimpulse des Bildwechselsignals?
10. Warum sind die Bildsynchronimpulse durch schmale Lücken unterbrochen? (Rhythmus)
11. Wie erreicht man im Fernsehempfänger die Synchronisation der Ablenkstufen?
12. Wodurch unterscheiden sich Sperrschwinger und Multivibrator? Zeichnen und erläutern Sie die Schaltung eines Sperrschwingers.
13. Was ist direkte und indirekte Synchronisation?
14. Was bewirkt ein Phasenvergleicher?
15. Aus welchen Funktionsstufen ist ein Zeilengenerator aufgebaut?

7.3.3 Vertikalablenkung (Bildkipp-Endstufe)

Ablenkstrom. Der Vertikal-Endverstärker arbeitet anders als die Zeilen-Endstufe. Er ist ein Leistungsverstärker wie die NF-Endstufe. Die Endstufe bewirkt in den Ablenkspulen einen Strom, dessen zeitlicher Verlauf im Prinzip dem Bild **7.**69 entspricht. Während der Ablenkzeit (Hinlauf) muß die Änderungsgeschwindigkeit annähernd konstant sein, beim Rücklauf dagegen nicht, weil man hier den Elektronenstrahl in der Bildröhre unterdrückt.

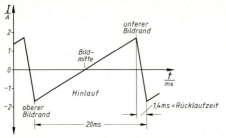

7.69 Ablenkstrom für die Vertikalablenkung

> Für die Bildablenkung braucht man einen etwa sägezahnförmigen Strom.

Bildkipp-Endstufen werden als Eintaktverstärker mit Anpassungsübertrager oder als Gegentaktschaltung ohne Übertrager gebaut (eisenlose Endstufe, **7.**70). In der Eintaktschaltung paßt man meist die Ablenkspulen über einen Übertrager an den höheren Innenwiderstand der Endstufe an. Dabei bilden der Wirkwiderstand der Ablenkspulen und die Induktivität des

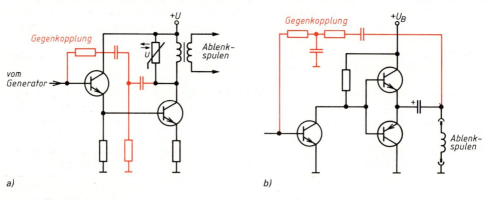

7.70 Grundschaltungen für Vertikal-Endstufen
  a) Eintakt-Endstufe
  b) eisenlose Gegentakt-Endstufe

Übertragers für die Endstufe eine Parallelschaltung (**7.**71 a). Die Parallelschaltung ergibt sich aus der Induktivität des Übertragers und den auf die Primärseite umgerechneten Drahtwiderstand der Ablenkspulen. Im Wirkwiderstand der Ablenkspulen muß ein Strom mit Sägezahnverlauf fließen; dazu gehört eine Sägezahnspannung (**7.**71 b). Diese liegt gleichzeitig an der Induktivität, in der sie einen Strom bewirkt. Sie treibt einen parabelförmigen Strom durch eine Induktivität. Dabei steigt der Strom so lange an, bis der Spannungswert durch Null geht (Phasenverschiebung). Insgesamt liefert die Endstufe einen Summenstrom, gebildet aus beiden Einzelströmen. Dazu muß die Steuerspannung an der Basis der Endstufe entsprechend geformt sein. Die nötige parabelförmige Verformung des Steuersignals erreicht man durch Gegenkopplungen, wie gleich erläutert wird.

> Das Ablenksignal der Endstufe muß parabelförmig verformt werden.

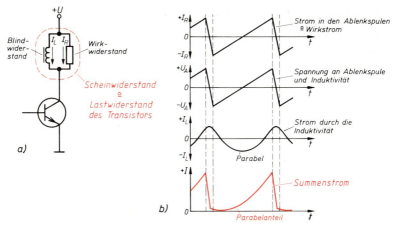

7.71 Ablenkströme in der Endstufe
a) Ersatzschaltplan des Lastwiderstands
b) Zeitdiagramme der Ausgangsspannung und -ströme

Linearitätseinstellung. Da ein sägezahnförmiger Strom- oder Spannungsverlauf nach der Fourieranalyse (s. Abschn. 1.1.5) aus der Grundwelle und den gerad- und ungeradzahligen Oberschwingungen besteht, kann man die Sägezahnform durch eine frequenzabhängige Gegenkopplung verändern (7.70), denn diese verändert die Amplituden der Oberschwingungen. Die Gegenkopplungskanäle wirken meist über zwei Verstärkerstufen. Mit Stellwiderständen kann man den Grad der Gegenkopplung, d. h. die Linearität einstellen.

Die Schaltung einer Eintakt-Endstufe zeigt Bild 7.72. Am Treibertransistor $V1$ wirkt ein vorgeformtes Sägezahnsignal. Die Amplitude der Sägezahnspannung stellt man mit dem Potentiometer BH (Bildhöhe) ein. $V1$ arbeitet als Emitterfolger. Sein Emitter führt die Sägezahnimpulse der Basis des Endstufentransistors $V2$ zu. Die Endstufe betreibt man als A-Verstärker. Der spannungsabhängige Widerstand begrenzt die Impulsspitzen während des Rücklaufs auf 100 V. Durch die Gegenkopplung erreicht man die parabelförmige Verformung des Ablenksignals.

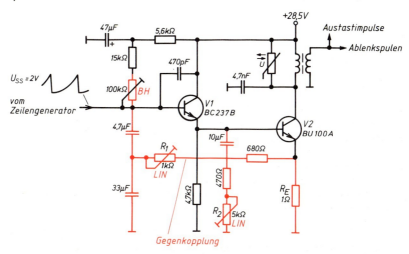

7.72 Schaltung einer Vertikal-Endstufe (Eintaktschaltung in A-Betrieb)

Am Emitterwiderstand der Endstufe entsteht eine sägezahnförmige Spannung, die man durch den Gegenkopplungskanal auf die Treiberstufe koppelt. Mit $R1$ läßt sich die Linearität am oberen Bildrand, mit $R2$ die Gesamtlinearität einstellen. Die Rücklauf-Austastimpulse ergeben sich an der Sekundärseite des Ausgangsübertragers.

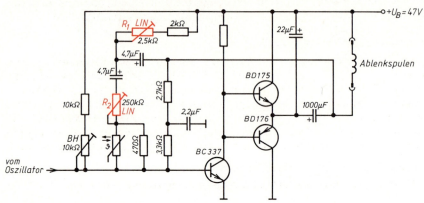

7.73 Vertikal-Endstufe mit Komplementärtransistoren (Gegentaktschaltung)

Die Schaltung einer Vertikal-Endstufe mit Komplementärtransistoren als Gegentaktschaltung zeigt Bild **7.**73. Sie besteht aus einem Treibertransistor, der mit den beiden Endtransistoren direkt (galvanisch) gekoppelt ist. Zur Stabilisierung und Linearisierung des Ablenkstroms verwendet man auch hier eine frequenzabhängige Gegenkopplung. Mit den beiden Trimmwiderständen $R_{LIN\,1}$ und $R_{LIN\,2}$ stellt man die Linearität ein. Ein Ausgangsübertrager entfällt.

Diese Schaltung ist kleiner, billiger und leistungsfähiger als die Eintaktschaltung.

Endstufe als Sperrschwinger. In der Schaltung **7.**74 bilden Sperrschwinger und Endstufe eine Einheit. Der erste Transistor $V1$ bewirkt die Phasendrehung, die beim Sperrschwinger durch die Sekundärwicklung des Übertragers hervorgerufen wird (s. Abschn. 7.3.2 und Bild **7.**60).

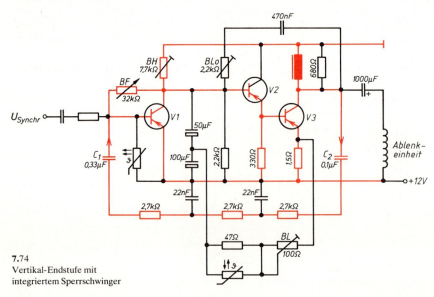

7.74
Vertikal-Endstufe mit
integriertem Sperrschwinger

Zwischen Phasendreher (V1) und Endstufe (V3) liegt der Treiber (V2). Er arbeitet in Kollektorschaltung und bewirkt darum keine Phasendrehung. Wenn V3 geöffnet wird, sinkt seine Kollektorspannung (positiver Spannungssprung), dadurch wird V1 gesperrt und V2 geöffnet. Der Strom I_c in V3 steigt bis zur Sättigung, die Spannungsänderung wird dadurch Null, und V1 öffnet. Wenn V1 geöffnet ist, sperren V2 und V3 (C_1 und C_2 laden sich auf, positiver Pol an der Basis V1). Nach dem Ladevorgang sperrt V1 wieder – der Vorgang beginnt von neuem.

7.3.4 Horizontalablenkung (Zeilen-Endstufe)

In der Horizontal- oder Zeilen-Endstufe werden Ströme erzeugt, die den Elektronenstrahl in der Bildröhre durch die Ablenkspulen 15625mal in der Sekunde ablenken. Dabei muß sich der Elektronenstrahl verhältnismäßig langsam vom linken zum rechten Bildrand bewegen und dann sehr schnell zum linken Rand zurückkehren. Die Zeilen-Endstufe wirkt nicht als Verstärker, sondern als Schalter. Das unterscheidet sie von einer NF-Endstufe oder von der Vertikal-Endstufe. Die Zeilenablenkung arbeitet mit der etwa 300fach höheren Frequenz als die Bildablenkung. Bei dieser hohen Frequenz ist eine Schaltstufe wirtschaftlicher als ein Leistungsverstärker.

Nebenaufgaben der Endstufe außer der Zeilenablenkung:
– Sie erzeugt die Anodengleichspannung für die Bildröhre (bei Schwarzweiß-Geräten etwa 17 kV, bei Farbgeräten ca. 25 kV).
– Sie liefert Rücklaufimpulse zur Erzeugung der Tastregelspannung, zur Austastung der Bildröhre beim Zeilenrücklauf und zur Erzeugung der Regelspannung, die den Zeilenoszillator auf die Sollfrequenz bringt.
– Sie liefert in Röhrengeräten eine „Boosterspannung" von 660 bis 1000 V, die man als Betriebsspannung für den Bildkipp-Oszillator und für den Tonteil benutzen kann.

> Die Zeilen-Endstufe erzeugt den Horizontal-Ablenkstrom sowie die Hochspannung für die Bildröhre und Hilfsimpulse.

Ablenkstrom. Der in den verschiedenen Zeilen-Endstufen (Röhren-, Transistor- oder Thyristorschaltungen) erzeugte Ablenkstrom hat eine charakteristische Form (**7.75**). In A ist der Ablenkstrom Null (Nulldurchgang); der Elektronenstrahl ist in diesem Augenblick auf der Zeilenmitte. Im positiven Maximalwert des Stroms (B) hat der Strahl das Zeilenende am rechten Bildrand erreicht. In C ist er zum Schreiben einer neuen Zeile an den linken Bildrand gesprungen; gleichzeitig hat der Ablenkstrom seine negative Amplitude. In D ist wieder die Bildmitte erreicht.

Die Einteilung des Ablenkstroms in die Abschnitte AB, BC und CD erleichtert die Beschreibung der Endstufen und ihrer Funktionen.

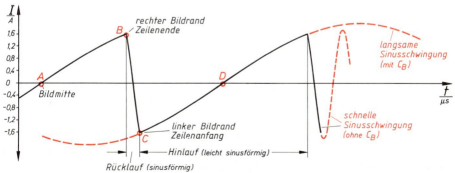

7.75 Zeitlicher Verlauf des Zeilenablenkstroms

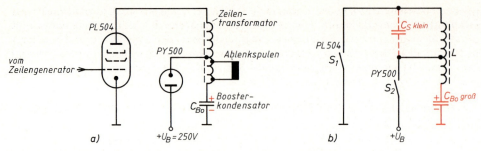

7.76 Grundschaltung einer Zeilen-Endstufe mit Röhren (a) und ihre Ersatzschaltung (b)

Röhrenschaltung. Da die Ablenkstufen noch sehr lange mit Elektronenröhren bestückt worden sind, wird auch die Röhrenschaltung (7.76) behandelt. Man kann die Bauteile leicht im vollständigen Stromlaufplan **7.**77 wiederfinden. Um die Schaltung noch weiter zu vereinfachen, zeigt Bild **7.**76b eine Ersatzschaltung. Die Schalter S_1 und S_2 ersetzen die Röhren; außerdem ist die Eigenkapazität C_s des Zeilentrafos hervorgehoben.

Die Funktion der Röhrenschaltung wird abschnittsweise behandelt (s. Bild **7.**75).

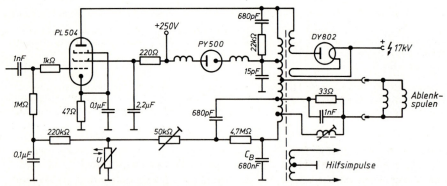

7.77 Stromlaufplan einer Zeilen-Endstufe mit Röhren

Abschnitt AB. Die vom Zeilengenerator gelieferte Spannung am Steuergitter der Zeilen-Endröhre ist so weit gesunken, daß der geladene Boosterkondensator (boost engl.: anheben, verstärken) einen kräftigen Anodenstrom über den Zeilentransformator durch die Zeilen-Endröhre treiben kann. Die Zeilen-Endröhre bleibt bis zum Zeilenende leitend (S_1 geschlossen, S_2 geöffnet). Transformatorwicklung und Boosterkondensator bilden einen Schwingkreis mit geringer Resonanzfrequenz. Bild **7.**75 verdeutlicht die langsame Sinusschwingung.

> Die Zeilen-Endröhre wird nur von Zeilenmitte bis Zeilenende aufgetastet. Sie wirkt als Schalter und entlädt den Boosterkondensator über den Zeilentrafo.

Abschnitt BC. Sobald der Elektronenstrahl den rechten Bildrand erreicht hat, wird die Zeilen-Endröhre durch eine negative Gitterspannung gesperrt (Schalter S_1 wird geöffnet). Die im Zeilentransformator und in den Ablenkspulen in Form des Magnetfelds gespeicherte Energie pendelt im Schwingkreis, der aus den Induktivitäten des Zeilentrafos und der Ablenkspulen mit ihrer Eigenkapazität besteht. Die gesperrte Zeilen-Endröhre (S_1 geöffnet) verhindert einen

Stromfluß über den Boosterkondensator. Die Resonanzfrequenz des verbleibenden Schwingkreises ist festgelegt. Er darf in der vorgesehenen Rücklaufzeit von 12 µs nur eine Halbschwingung ausführen. Durch die schnelle Stromänderung in den Spulen entsteht während des Zeilenrücklaufs eine sehr große negative Induktionsspannung an allen Wicklungen des Zeilentrafos. Diese Rücklaufimpulse verwendet man zur Austastung, Regelspannungserzeugung usw.

> Beim Zeilenrücklauf bilden Induktivität und Eigenkapazität des Zeilentrafos und der Ablenkspulen einen Schwingkreis großer Resonanzfrequenz.

Abschnitt CD. Sobald das negative Potential an der unteren Wicklungshälfte die positive Restspannung am Boosterkondensator übersteigt, erhält die Boosterdiode positive Betriebsspannung und leitet (S_2 geschlossen, weil die Katode der Boosterdiode negativer als ihre Anode ist). Der Boosterkondensator lädt sich auf. Seine Kapazität liegt jetzt am Schwingkreis und erzwingt eine Frequenzänderung der Schwingung. Der Ausschwingvorgang wird so gewählt, daß sein Nulldurchgang mit der Zeilenmitte zusammenfällt. Die dem Boosterkondensator im Abschnitt AB entnommene Energie wird beim Aufladen aus dem Netz im Abschnitt CD an den Kondensator zurückgeliefert. Beim Auf- und Entladen ändert sich die Spannung des Boosterkondensators nur wenig, weil seine Kapazität groß und die Lade-Entlade-Zeiten klein (26 µs) sind.

> Vom Zeilenanfang bis zur Zeilenmitte legt man den Boosterkondensator über die Boosterdiode erneut an den Schwingkreis. Dadurch verlangsamt sich der Ausschwingvorgang.

Hochspannungserzeugung. Während des Zeilenrücklaufs wird in einer besonderen Hochspannungswicklung des Zeilentransformators (**7.**77) mit vielen Windungen eine hohe Impulsspannung erzeugt (**7.**78a). Die Spannungsimpulse werden durch eine Hochspannungsdiode

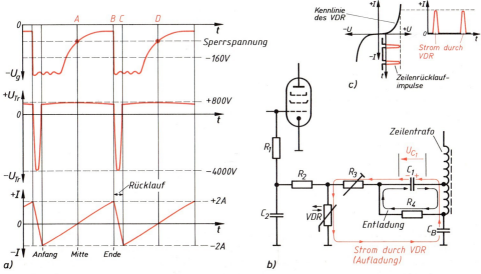

7.78 Zeilen-Endstufe
a) Die wichtigsten Impulse   b) Bildbreitenstabilisierung   c) Wirkungsweise des VDR

gleichgerichtet. Die Siebung der pulsierenden Gleichspannung übernimmt die Bildröhrenkapazität. Sie besteht aus einem Innen- und Außenbelag der Bildröhre (7.42). Die geringe Kapazität (10 nF) reicht in diesem Fall, weil die Brummfrequenz sehr hoch ist (Zeilenfrequenz).

Bildbreitenstabilisierung. Die Gittervorspannung für die Zeilen-Endröhre erzeugt man in der Zeilen-Endstufe durch Gleichrichten der Rücklaufimpulse. Die Gleichrichtung der Rücklaufimpulse erreicht man durch einen VDR (7.78b). Der Arbeitspunkt am VDR ist so eingestellt, daß nur die positiven Spitzen der Rücklaufimpulse einen Stromstoß ermöglichen (7.78c). Positive Rücklaufimpulse kann man durch entgegengesetzt gepolte Hilfswicklungen oder durch Wicklungsteile mit umgekehrtem Windungssinn erzeugen. Der Strom über den VDR lädt den Kondensator C_1 mit der eingezeichneten Polung auf. Sobald die Rücklaufspitze abgeklungen ist, sperrt der VDR – der Kondensator bleibt geladen. In den Impulspausen kann sich C_1 über R_4 nur unwesentlich entladen. Die an C_1 entstehende Gleichspannung wird über das Siebglied R_2, C_2 geglättet und der Zeilen-Endröhre als Gittervorspannung zugeführt.

Bei Netzspannungsschwankungen würden sich ohne Stabilisierung Hochspannung, Boosterspannung, Bildhelligkeit und -breite ändern. Deshalb wird der Arbeitspunkt der Zeilen-Endröhre durch eine von der Höhe der Rücklaufimpulse abhängige Regelspannung (Gittervorspannung), so verschoben, daß die Höhe der Zeilenrücklaufimpulse konstant bleibt. Wenn die Amplituden der Rücklaufimpulse erhalten bleiben, sind auch die übrigen Werte konstant. Sinkt z. B. die Netzspannung, sinkt zunächst auch die Bildbreite, mit ihr die Amplitude der Rücklaufimpulse und dadurch die negative Richtspannung an C_1. Mit sinkender negativer Gittervorspannung steigt die Zeit, in der die Zeilen-Endröhre leitet. Dadurch steigt die Bildbreite wieder.

> Durch eine Regelschaltung bleiben Bildbreite und Bildhelligkeit konstant.

Zeilen-Endstufe mit Transistoren. Bild 7.79 zeigt die Grundschaltung einer Zeilen-Endstufe mit Halbleitern, die wichtigsten Impulse und die Ersatzschaltung der Endstufe für zwei wichtige Betriebszustände. Zeitpunkt A kennzeichnet wieder die Zeilenmitte.

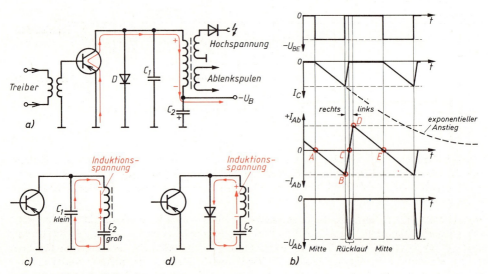

7.79 Zeilen-Endstufe mit Transistor
   a) Grundschaltung b) die wichtigsten Impulse c) und d) Ersatzschaltungen

Der an der Basis der Endstufe eintreffende Steuerimpuls öffnet den Transistor schlagartig. Sein Kollektorstrom steigt durch die Wirkung der Induktivität des Zeilentransformators exponentiell (e-Funktion). Wirksam wird allerdings nur der nahezu lineare Anfangsbereich des Stromanstiegs, weil der Transistor zum Zeitpunkt B sperrt ($U_{BE}=0$). In diesem Augenblick hat der Ablenkstrom seine negative Amplitude erreicht (**7.**79a), und der Hinlauf ist beendet. Jetzt bricht das in der Trafowicklung aufgebaute Magnetfeld zusammen. Die Induktionsspannung treibt einen Strom über die in Reihe liegenden Kapazitäten C_1 und C_2 (**7.**79c), wobei sich C_1 stark auflädt (geringe Kapazität). Die Induktivität des Zeilentransformators und die Gesamtkapazität C_1, C_2 bilden einen Schwingkreis, dessen Halbschwingung die vorgesehene Rücklaufzeit ausfüllt. Der Elektronenstrahl hat inzwischen den linken Bildrand erreicht (Punkt D). Der Schwingkreis würde weitere gedämpfte Schwingungen ausführen, doch sobald sich die Polarität der Induktionsspannung am Zeilentransformator umkehrt, leitet die Diode und schließt die Kapazität C_1 kurz (**7.**79d). Die große Kapazität C_2 verlangsamt die Schwingung. Auf diese Weise erhält man den ersten Teil des Hinlaufs (DE).

Beim Rücklauf entstehen in allen Wicklungen des Zeilentrafos kräftige Spannungsimpulse. Man benutzt sie wie in der Röhrenschaltung zur Erzeugung zusätzlicher Spannungen usw.

Bild **7.**80 zeigt den vollständigen Stromlaufplan einer Zeilen-Endstufe mit einem Endstufentransistor. Die Hochspannung erzeugt ein Spannungsvervielfacher (s. Abschn. 2.3.4).

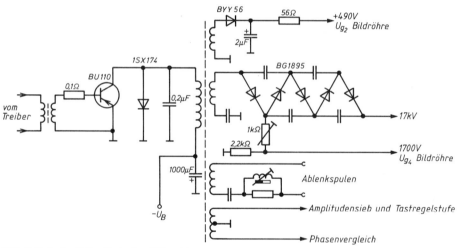

7.80 Vollständige Zeilen-Endstufe mit Transistor

Zeilen-Endstufe mit Thyristoren. Diese Schaltung ähnelt den bisher beschriebenen Zeilen-Endstufen. Als Hinlaufschalter verwendet man jedoch einen Thyristor an Stelle der Röhre oder des Transistors. Bild **7.**81 auf S. 468 zeigt die Schaltung in verschiedenen Ablenkphasen und die entsprechenden Ablenkströme.

Die Schaltung besteht aus zwei Resonanzkreisen: dem Kommutierungskreis (lat.: Stromwendungskreis, Rücklaufkreis) aus L_1 und C_1 und dem Ablenkkreis aus L_2 und C_2. Beide Kreise werden durch Thyristoren und Dioden zu bestimmten Zeitpunkten ein- und ausgeschaltet. Die Energie der Schwingkreise pendelt dabei im Rhythmus der Resonanzfrequenzen beider Kreise. Die im Kommutierungskreis auftretenden Verluste gleicht man beim Zeilenhinlauf durch die positive Versorgungsspannung aus.

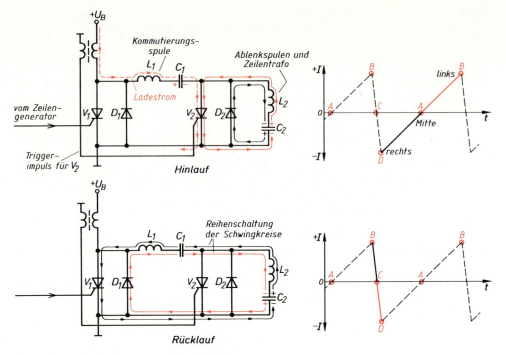

7.81 Grundschaltung einer Zeilen-Endstufe mit Thyristoren

> Die beiden Schwingkreise der Zeilen-Endstufe werden durch Thyristoren und Dioden zu genau festgelegten Zeitpunkten umgeschaltet.

In der ersten Hälfte des Hinlaufs (DA) fließt der Ablenkstrom aus der Induktivität L_2 (Ablenkspulen) über die leitende Diode D_2. Er lädt den Kondensator C_2 auf, wozu die in den Ablenkspulen gespeicherte Energie aus der vorhergehenden Ablenkperiode den Strom liefert. Die Resonanzfrequenz des Ablenkkreises wird so gewählt, daß der Elektronenstrahl in der halben Hinlaufzeit die Bildmitte erreicht (Nulldurchgang). Im Nulldurchgang kehrt sich die Richtung des Ablenkstroms um: Diode D_2 sperrt. Gleichzeitig wird der Thyristor $V2$ durch einen Triggerimpuls aus dem Übertrager vor dem Kommutierungskreis durchgeschaltet und übernimmt den Ablenkstrom (AB). C_2 entlädt sich dabei über die Ablenkspulen und $V2$, zugleich lädt sich C_1 über L_1 und $V2$ auf.

In der ersten Hälfte des Rücklaufs zündet ein Steuerimpuls aus dem Zeilengenerator Kommutierungsthyristor $V1$ (BC). Die Resonanzfrequenz – jetzt durch die Reihenschaltung der Spulen L_1, L_2 und der Kondensatoren C_1, C_2 bestimmt – liegt höher als die des Ablenkkreises. Beim Nulldurchgang kehrt sich die Stromrichtung im Kreis abermals um. Dadurch leitet Diode D_1 (CD). Durch die hohe Resonanzfrequenz des Kreises erreicht man den schnellen Rücklauf des Elektronenstrahls. Die Ablenkspulen speichern in dieser Ablenkphase Energie, die während des Hinlaufs wieder genutzt wird.

Die beim Zeilenrücklauf entstehenden kräftigen Spannungsimpulse werden wie in den vorher beschriebenen Schaltungen genutzt.

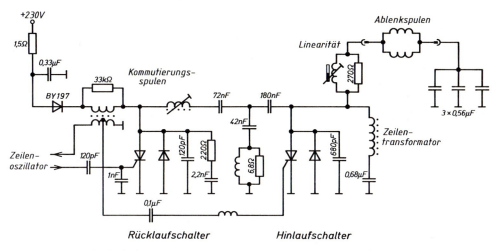

7.82 Zeilen-Endstufe mit Thyristoren

Bild 7.82 zeigt den Stromlaufplan einer Zeilen-Endstufe mit Thyristoren (ohne Hochspannungsteil und Hilfswicklungen). Man erkennt die eben beschriebene Schaltung mit den Thyristoren, Dioden und Schwingkreisen.

Übungsaufgaben zu Abschnitt 7.3.3

1. Wodurch unterscheiden sich Horizontal- und Vertikal-Endstufen?
2. Welche Form hat die Stromkurve in den Vertikal-Ablenkspulen? Begründen Sie die Notwendigkeit dieser Kurvenform.
3. Warum muß die Signalspannung am Eingang der Vertikal-Endstufe verformt werden?
4. Durch welche Schaltungsmaßnahmen erreicht man, daß die Vertikal-Endstufe einen Ablenkstrom in der geforderten Kurvenform erzeugt?
5. Wie kann man die Linearität des Ablenkstroms beeinflussen?
6. Zeichnen Sie aus Service-Unterlagen den Schaltungsauszug einer Vertikal-Endstufe in Gegentaktschaltung.
7. Wodurch wird die hohe Rücklaufspannung begrenzt?
8. Welche Aufgaben übernimmt die Zeilen-Endstufe?
9. Auf welche Weise wird die Hochspannung für die Bildröhre erzeugt?
10. Nennen und erklären Sie die einzelnen zeitlichen Abschnitte des Ablenkstroms und die dafür vorgesehenen Zeiten.
11. Wie wird in einer Röhrenschaltung die Bildbreite stabilisiert?
12. Welche Aufgabe übernimmt der Transistor in einer Zeilen-Endstufe?
13. Beschreiben Sie die Auswirkungen eines Boosterkondensators mit zu geringer Kapazität.
14. Was bewirkt der Einbau eines Zeilentrafos mit zu großer Induktivität?
15. Zeichnen Sie als Schaltungsauszug aus Service-Unterlagen den Stromlaufplan eines Spannungsverfünffachers.
16. Beschreiben Sie die Aufgabe der Kommutierungsspule in einer Zeilen-Endstufe.
17. Berechnen Sie die Resonanzfrequenz des Rücklaufkreises in einer Zeilen-Endstufe.

7.4 Netzgeräte

Ältere Fernsehgeräte sind mit Röhren bestückt. Die nötigen Betriebsspannungen gewinnt man ohne Netztransformator direkt aus dem Netz. Deshalb kann – je nach Anschluß des Netzsteckers – ein Außenleiter des Netzes mit dem Chassis verbunden sein. Bei Reparaturen besteht erhöhte Unfallgefahr, weil zwischen dem Chassis und anderen, geerdeten Geräten (z.B. Meßgeräten, Prüfgeneratoren) die volle Netzspannung liegen kann.

> Bei Reparaturen muß ein mit Röhren bestücktes Fernsehgerät über einen Trenntransformator mit dem Netz verbunden werden.

Netzteil für Röhrengeräte (7.83). Die Anodenspannungen gewinnt man durch Einweggleichrichtung. Die verschiedenen Betriebsspannungen leitet man über unterschiedliche RC-Glieder (Siebglieder) ab. Gleichzeitig wird dadurch eine unerwünschte Kopplung der einzelnen Empfängerstufen vermeiden.

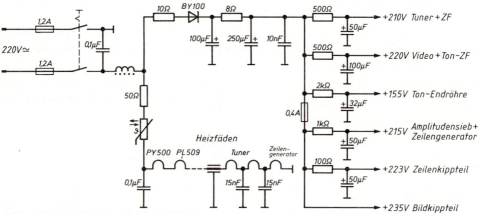

7.83 Netzteil eines älteren Fernsehgeräts (Röhrengerät)

Bei der Reihenschaltung der Heizfäden besteht die Gefahr, daß sich die Stufen gegenseitig beeinflussen und unerwünschte Signale von Stufe zu Stufe übertragen werden. Die Reihenfolge der Heizfäden wird so gewählt, daß die kritischen und empfindlichen Empfängerstufen möglichst an der Masseseite der Heizfadenkette liegen (Zeilenoszillator, Tuner). Außerdem verbindet man fast alle Heizfäden kapazitiv mit der Masse.

Der NTC-Widerstand im Heizkreis begrenzt den Einschaltstrom (Anlaßheißleiter).

Netzteil für Transistorgeräte. Fernsehgeräte, die ausschließlich mit Transistoren bestückt sind, haben meist ein stabilisiertes, kurzschlußfestes Netzteil (7.84). Der Brückengleichrichter speist den Ladekondensator C_1 mit 39 V, die durch den Längstransistor $V1$ auf etwa 27 V stabilisiert sind. Einen Teil der Ausgangsspannung greift man am Potentiometer R_1 ab und führt ihn dem Spannungsvergleicher $V3$ zu. Drei Dioden, darunter eine Z-Diode, sorgen am Emitter des Transistors $V3$ für eine temperaturstabile Referenzspannung. Schwankungen der Ausgangsspannung werden über $V3$ auf den Emitterfolger und schließlich auf den Längstransistor $V1$ geleitet, der sie bis auf einen geringfügigen Regelfehler ausgleicht.

Kurzschlußfestigkeit. Bei Kurzschluß entsteht am Widerstand R_2 ein hoher Spannungsabfall – die Ausgangsspannung sinkt stark ab. Dadurch wird $V3$ gesperrt, denn die Spannung an R_1

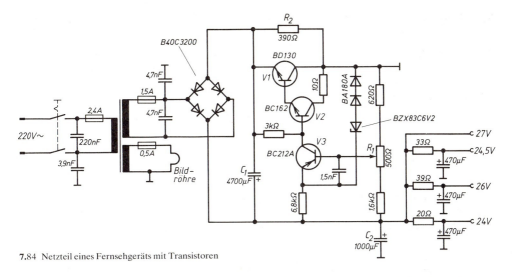

7.84 Netzteil eines Fernsehgeräts mit Transistoren

reicht nicht aus, um $V3$ leitend zu halten. Wenn $V3$ gesperrt ist, entfällt die Basis-Emitter-Spannung der übrigen Transistoren – sie sperren ebenfalls. Eine Überlastung des Längstransistors kann nicht auftreten.

Hochvoltnetzteil (Thyristornetzteil, 7.85). In Farbfernsehgeräten und gemischt bestückten Fernsehgeräten betreibt man häufig einige Transistoren (Farbdifferenz-Endstufen) und die

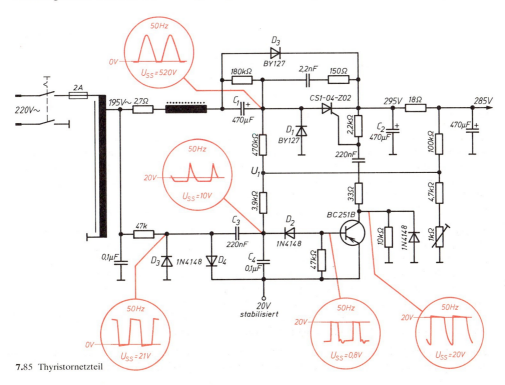

7.85 Thyristornetzteil

Röhren mit einer stabilisierten Spannung von etwa 280 V. Die Stabilisierung der hohen Spannung erreicht man durch eine Thyristorschaltung. Der Thyristor CS 1 ersetzt die Gleichrichterdiode (Phasenanschnittssteuerung).

Funktion. Um den Thyristor im Netzteil zu zünden, müssen zwei Bedingungen gleichzeitig erfüllt sein:
– Die Anode muß positiv gegenüber der Katode sein, d. h., der Augenblickswert der Spannung muß über der Spannung am Ladekondensator C_2 liegen.
– Der Transistor BC 251 B muß leitend sein.

Der Thyristor sperrt wieder, wenn der Augenblickswert der Netzspannung unter die Spannung des Ladekondensators C_2 absinkt. Man kann also innerhalb des Zeitraums, in dem die Netzspannung die Ladespannung überragt, durch entsprechende Wahl des Zündzeitpunkts den Beginn des Stromflusses bestimmen. Die Schaltung arbeitet verlustlos – man entnimmt dem Netz nur so viel Energie, wie der Verbraucher (Gerät) aufnimmt.

Das Netzteil arbeitet mit einer Verdopplerschaltung. Die Wechselspannung (195 V) liegt über C_1 am Gleichrichter D_1 und am Thyristor. Die Diode D_1 unterdrückt die negativen Halbwellen. Es entsteht eine Gleichspannung von etwa 240 V. An der Thyristoranode ist die über C_1 eingespeiste Wechselspannung dieser Gleichspannung überlagert (aufgestockt).

Die Zündimpulse werden im Transistor erzeugt. Er vergleicht eine stabilisierte Spannung von 20 V aus einem anderen Netzteil mit einem Teil der Ausgangsspannung $U1$. Solange die positive Ausgangsspannung den vorgesehenen Nennwert hat, sperrt die daraus abgeleitete Spannung $U1$ die Diode D_2 und damit den Transistor. Wenn infolge höherer Belastung die Ausgangsspannung abnimmt, wird die Teilspannung $U1$ ebenfalls geringer (weniger positiv), Transistor und Diode D_2 leiten. Aus dem Transformator leitet man eine Wechselspannung ab, die durch die Dioden D_3 und D_4 und die Kondensatoren C_3 und C_4 in Impulse umgeformt werden. Diese Impulse gelangen an die Basis des Transistors. Der Transistor verstärkt sie (Zündimpulse), und der Thyristor zündet. Durch die frühere Zündung des Thyristors steigt die übertragene Ladung (Strom · Zeit) – die Ausgangsspannung steigt wieder. Die Diode D_3 schützt den Thyristor vor Spannungsspitzen. Auch bei Kurzschlüssen ist der Thyristor geschützt, denn mit dem Zusammenbruch der Ausgangsspannung sinkt auch die Teilspannung $U1$. Dadurch leitet der Transistor dauernd – der Thyristor wird nicht gezündet (kein Zündimpuls).

Übungsaufgaben zu Abschnitt 7.4

1. Warum muß ein Röhrengerät bei Reparatur über einen Trenntransformator ans Netz geschlossen werden?
2. In welchen Fernsehgeräten werden Netztransformatoren benutzt?
3. Weshalb verwendet man in Fernsehgeräten mit Röhren Einweggleichrichter als Netzgleichrichter?
4. Welchen Vorteil haben Thyristornetzteile?
5. Zeichnen Sie als Schaltungsauszug den Netzteil eines transportablen Fernsehgeräts.

8 Farbfernsehtechnik

8.1 Grundlagen der Farbübertragung

Licht ist elektromagnetische Strahlung. Das elektromagnetische Strahlungsspektrum (spectrum, lat.: Bild) reicht von den Längstwellen ($\lambda = 10^5$ m) bis zu den kosmischen Strahlen ($\lambda = 10^{-16}$ m). Die vom menschlichen Auge als Licht wahrgenommene Strahlung umfaßt den engen Frequenzbereich von etwa $380 \cdot 10^{-9}$ m (Violett) bis $780 \cdot 10^{-9}$ m (Rot). Es ist keine Strahlung mit einer einzigen Wellenlänge, sondern ein Gemisch aus allen Wellenlängen dieses Bereichs. Das weiße Sonnenlicht füllt den gesamten Bereich des sichtbaren Lichts aus.

Spektralfarben

Versuch 8.1 Lassen Sie einen dünnen Sonnenstrahl (ersatzweise Lichtstrahl eines Diaprojektors mit Lochblende) durch ein Glasprisma fallen. Die austretenden Strahlen lenkt man auf eine weiße Projektionswand (weiße Pappe).

Ergebnis Im Prisma wird das weiße Sonnenlicht zerlegt (**8.1**). Die Beugung der Lichtwellen ist von der jeweiligen Wellenlänge abhängig. Die kürzesten Wellen werden am stärksten, die längsten am wenigsten gebeugt.

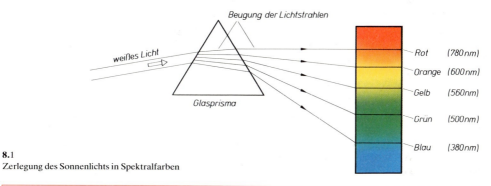

8.1 Zerlegung des Sonnenlichts in Spektralfarben

> Das weiße Sonnenlicht wird durch das Prisma in seine Spektralfarben zerlegt.

Komplementärfarben. So wie man weißes Licht in seine Spektralfarben zerlegen kann, läßt sich auch aus den farbigen Einzelkomponenten (Spektralfarben) wieder weißes Licht erzeugen. Man braucht dabei nicht alle Farben, sondern nur eine Spektral- und eine Mischfarbe, die sich aus den verbleibenden Spektralfarben zusammensetzen läßt. Diese Mischfarben heißen Komplementärfarben (complere, lat.: ergänzen). Alle Spektralfarben treten auch als Komplementärfarben auf, d.h. zu jeder Spektralfarbe gehört eine Komplementärfarbe. Diese beiden Farben ergeben zusammen weißes Licht. Das menschliche Auge kann eine Unterscheidung zwischen Spektral- und Komplementärfarben nicht wahrnehmen.

Versuch 8.2 Betrachten Sie den Bildschirm eines eingeschalteten Schwarzweiß-Fernsehgeräts mit einer Lupe.

Ergebnis Man erkennt deutlich blaue und gelbe Leuchtpunkte (Komplementärfarben).

> Durch zwei Komplementärfarben kann man weißes Licht erzeugen.

Die Netzhaut des Auges besteht aus lichtempfindlichen Stäbchen ($\approx$ 100 Millionen) und Zäpfchen ($\approx$ 10 Millionen). Die Stäbchen sind etwa 1000mal so empfindlich wie die Zäpfchen. Das farbige Sehen beruht darauf, daß im menschlichen Auge rot-, grün- und blauempfindliche Zäpfchen vorhanden sind. Die drei Farben Rot, Grün und Blau eines Bildes werden wegen ihrer unterschiedlichen Wellenlängen durch die Augenlinse verschieden stark gebeugt. Darum werden feine Einzelheiten eines farbigen Bildes durch das Auge nur unvollkommen aufgelöst. In der Technik nutzt man diese Eigenart: Beim Farbfernsehen kann man die Farbinformation deshalb mit geringer Bandbreite übertragen.

8.1.1 Farbmetrik

Die Dreifarbentheorie bildet die Grundlage für das Farbfernsehen. Sie besagt, daß sich sämtliche Gegenstandsfarben aus drei Primärfarben herstellen lassen. Man wählt die Primärfarben (Ausgangsfarben) so, daß sich keine durch Mischen der beiden anderen erzeugen läßt.

> Jede sichtbare Farbe läßt sich aus drei Primärfarben herstellen.

Die IBK (**I**nternationale **B**eleuchtungs**k**ommission) hat folgende Primärfarben festgelegt: Rot mit 700 nm, Grün mit 546 nm, Blau mit 436 nm (**8.**2). Sie heißen Normalfarben oder Eichreize.

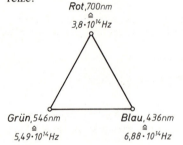

8.2 Primärfarbendreieck

Additive Farbmischung. Projiziert man verschiedenfarbiges Licht gleichzeitig auf eine weiße Fläche, mischen sich die Farben additiv.

Versuch 8.3 Richten Sie die Lichtkegel je eines Diaprojektors mit einem roten und einem grünen Filter so auf eine weiße Leinwand, daß sich die Farbreize zum Teil überschneiden.

Ergebnis Die nur von einem Projektor beleuchteten Flächen erscheinen rot oder grün, die von beiden beleuchtete Fläche erscheint gelb (**8.**3 a).

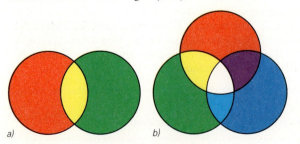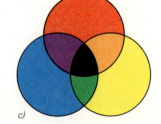

8.3 a) Additive Farbmischung aus zwei Primärfarben
b) Additive Farbmischung aus drei Primärfarben
c) Subtraktive Farbmischung

Versuch 8.4 Wiederholen Sie den Versuch mit drei Projektoren nach Bild **8.**3 b.

Ergebnis Die additive Mischung aller drei Primärfarben ergibt weißes Licht.

In der Farbbildröhre verwendet man die additive Lichtmischung.

Subtraktive Farbmischung. Wenn man Wasser- oder Deckfarben miteinander mischt oder verschiedenfarbige Gläser übereinanderlegt, ergibt sich eine subtraktive Farbmischung (**8.**3 c). Die subtraktiv gemischten Farben erscheinen dunkler als die Primärfarben. Die Stelle, an der sich alle drei Filter überlappen, erscheint schwarz. Bei der subtraktiven Farbmischung werden Farben aus dem Spektrum subtrahiert oder absorbiert (absorbieren, lat.: aufsaugen).

Die subtraktive Farbmischung verwendet man in Farbfernsehkameras zur Erzeugung der Farbauszüge Rot, Grün und Blau (**8.**7).

Bei der Betrachtung einer Farbe unterscheidet das Auge verschiedene Farbmerkmale.

Helligkeit oder Leuchtdichte

Versuch 8.5 Ein Diaprojektor wird über einen Stelltransformator betrieben. Ein farbiges Glas (Folie) ersetzt das Dia.

Ergebnis Bei verschiedenen Betriebsspannungen ergeben sich auf der Leinwand bei gleicher Farbe verschiedene Helligkeitseindrücke. Die Farbe selbst bleibt dabei unberührt, denn das Filterglas hat sich nicht verändert.

Die Leuchtdichte (Helligkeit) gibt die Stärke der Lichtempfindung im Auge an.

Farbton. Einen schmalen Streifen aus dem Spektrum des weißen Lichts bezeichnet man als Farbton. Licht, das nur aus einer einzigen Wellenlänge besteht, ist monochromatisches Licht (monochromatisch, griech.: einfarbig).

Der Farbton wird von der Wellenlänge der Lichtschwingung bestimmt.

Farbsättigung. Neben den reinen, gesättigten Farben des Spektrums gibt es die blasseren (pastellfarbigen) Farben. Sie entstehen, wenn einer gesättigten Farbe ein Weißanteil zugesetzt wird (**8.**4).

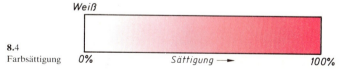

8.4 Farbsättigung

Versuch 8.6 Man mischt einer sattroten Tusche Wasser bei.

Ergebnis Der Farbton wird blasser (rosa), bis bei genügender Wassermenge keine rote Farbe mehr wahrnehmbar ist. Dieser Endzustand heißt entsättigt oder unbunt.

Die Farbsättigung wird durch den Weißanteil bestimmt.

Die Farbart (Chrominanz; chroma, griech.: Farbe) ergibt sich aus dem Farbton und der Farbsättigung.

Weiß. Weißes Licht wird durch Mischung der Spektralfarben Rot, Grün und Blau oder durch Mischung zweier Komplementärfarben erzeugt. In Farbbildröhren verwendet man Leuchtstoffe (Phosphore) mit den drei Primärfarben Rot, Grün und Blau.

Schwarz entsteht, wenn ein Gegenstand sämtliche Wellen eines Spektrums absorbiert. Eine dunkelgraue Fläche in heller Umgebung erscheint dem Auge ebenfalls schwarz (Bildschirm).

Farbkreis (8.5). Um den Zusammenhang der verschiedenen Farben darzustellen, ist der Farbkreis vorteilhafter als das Farbband (Spektralfarbenzug, s. Versuch 8.1). Ein Farbkreis entsteht, wenn der Spektralfarbenzug zu einem Kreis gebogen wird, so daß sich die Grenzwerte Rot und Blau berühren. Dabei muß man auch die Mischfarben aus Rot und Blau berücksichtigen. Beim Mischen von Rot und Blau entstehen die Purpurfarben, die im natürlichen Spektralfarbenband nicht vorkommen. Für die Farbkreisdarstellung gelten folgende Festlegungen: Der Radius des Kreises stellt die Farbsättigung dar, d.h., nach außen hin nimmt die Farbsättigung zu. Im Kreismittelpunkt liegen deshalb die entsättigten Farben, also der Weißpunkt. Der Farbton wird durch den Winkel des Drehzeigers angegeben. Auf diese Weise kann man eine Farbart durch einen Zeiger darstellen: Seine Länge symbolisiert die Farbsättigung, sein Winkel gegen die positive x-Achse (Bezugsachse) gibt den Farbton an. Komplementärfarben liegen sich auf dem Kreisumfang gegenüber.

8.5 Entstehen des Farbkreises aus dem Spektralfarbenzug

Jede Farbart kann durch einen Zeiger dargestellt werden.

Bild **8.**6 zeigt einige Beispiele. Im ersten Beispiel ist der Farbkreis mit angedeutet. Der Zeiger zeigt die Farbart Rot (Farbton und Sättigung). In den folgenden Beispielen werden Purpur mittlerer Sättigung, Grün geringerer Sättigung und Gelb mit sehr starker Sättigung symbolisiert.

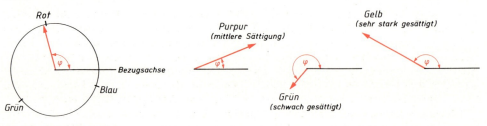

8.6 Verschiedene Farbzeiger

Übungsaufgaben zu Abschnitt 8.1.1

1. Wie entsteht weißes Licht?
2. Was sind Komplementärfarben?
3. Erläutern Sie den Unterschied zwischen additiver und subtraktiver Farbmischung.
4. An welchen Stellen des Übertragungskanals wird beim Farbfernsehen die additive oder die subtraktive Farbmischung verwendet?
5. Was versteht man unter Farbton?
6. Was versteht man unter Farbart?
7. Warum bietet der Farbkreis zur Darstellung von Farben Vorteile?
8. Skizzieren Sie einige Farbzeiger und erläutern Sie die damit symbolisierten Farbinformationen.

8.1.2 Normen, FBAS-Signal, Farbhilfsträger

Kompatibilität. Beim Festlegen der Farbfernsehnormen ging man davon aus, daß ein Schwarzweiß-Empfänger eine Farbsendung als Schwarzweißbild und ein Farbempfänger Schwarzweißsendungen wiedergeben können. Die neue Norm muß sich in das bereits bestehende System einfügen. Man nennt diese Forderung Kompatibilität (lat.-fr.: vereinbar, zusammenpassend). Folgende Voraussetzungen müssen dazu erfüllt sein:

– Horizontal- und Vertikalablenkfrequenz bleiben unverändert.
– Das Zeilensprungverfahren wird beibehalten.
– Gleicher Bild- und Tonträgerabstand (5,5 MHz).
– Der Kanalabstand (Videobandbreite) bleibt gleich.
– Die Bildträger-Information muß die Grundhelligkeit des Farbbilds enthalten. Sie bestimmt außerdem die Bildschärfe (Konturen).
– Die zusätzlichen Farbinformationen müssen im Sendersignal so untergebracht sein, daß sie im Schwarzweiß-Empfänger keine sichtbaren Störungen verursachen.

Die beiden letzten Voraussetzungen bringen neue Gesichtspunkte in die Übertragungstechnik.

Fernsehsysteme. Das in der Bundesrepublik Deutschland entwickelte und eingeführte PAL-System (engl.: **p**hase **a**lternation **l**ine ≙ zeilenfrequenter Phasenwechsel) ist eine Weiterentwicklung des amerikanischen NTSC-Systems (engl.: **N**ational **T**elevision **S**ystem **C**omitee). In Frankreich wurde – ebenfalls nach dem NTSC-System – das SECAM-Verfahren entwickelt und eingeführt (fr.: **sé**cuentielle **à m**émoire ≙ periodisch aufeinanderfolgende Speicherung). Die genannten Fernsehsysteme sind untereinander nicht kompatibel. Sie müssen jeweils umcodiert werden.

Die CCIR-Normen bilden die Grundlage für das PAL-System. Es hat gegenüber dem NTSC-System den Vorteil, daß Farbtonverfälschungen (die durch Phasenfehler im Sender, auf der Übertragungsstrecke oder im Empfänger auftreten) kompensiert werden (s. Abschn. 8.1.3).

In allen genannten Farbfernsehsystemen muß man das farbige Bild in mehrere Signale zerlegen und übertragen. In den folgenden Abschnitten werden diese Signalteile näher erläutert.

Farbauszüge. Zur Übertragung eines farbigen Bildes bestückt man die Farbfernsehkamera mit drei Aufnahmeröhren (**8.**7). Die liefern die drei Farbauszüge Rot, Grün und Blau. Unter einem Farbauszug versteht man den Bildteil, der nur den roten oder grünen oder blauen Anteil einer mehrfarbigen Bildvorlage enthält. Über das Objektiv gelangt der Lichtstrom auf ein dichroitisches Prisma (dichroitisch, gr.-lat.: Licht nach zwei Richtungen in verschiedene Farben zerlegen). Das dichroitische Prisma reflektiert auf seinen verschiedenen Ebenen blaues und rotes Licht, während das grüne ungehindert passiert. Über Umlenkspiegel und Filter erzeugt man in den Aufnahmeröhren durch Abtastung (s. Abschn. 7.1.2) die drei Spannungen U_R, U_G und U_B. Sie entsprechen den Rot-, Grün- und Blauanteilen (Farbauszügen) der bunten Bildvorlage.

Das Leuchtdichtesignal entspricht dem Signal, das eine Schwarzweiß-Kamera von einem farbigen Bild liefert. Die Werte der Leuchtdichte entsprechen den Grauwerten der einzelnen Farben. Man ermittelt sie, indem man eine Farbskala (Farbbalken) mit einer Schwarzweiß-Kamera abtastet und die dabei entstehenden Spannungen miteinander vergleicht. Die Verstärkung der Kamera wird hier so eingestellt, daß sie bei Weiß eine Ausgangsspannung von 1 V liefert. Das Leuchtdichtesignal für Weiß setzt sich so zusammen:

$$U_{\text{weiß}} = 0{,}30\, U_R + 0{,}59\, U_G + 0{,}11\, U_B$$

Das Leuchtdichtesignal setzt sich zusammen aus 30% der Spannung U_R, 59% der Spannung U_G und 11% der Spannung U_B. In einem Spannungsteilersystem (Matrix oder Y-Matrix) erzeugt man diese Teilspannungen.

Das Leuchtdichtesignal heißt auch Luminanzsignal (lumen, lat.: Licht) oder Y-Signal. Ausgestrahlt wird es bei Farb- und bei Schwarzweißsendungen. Es hat eine Bandbreite von 5 MHz (Videosignal). Die für die Spannungsteilung in der Y-Matrix erforderlichen Widerstände (Spannungsteiler) sind angegeben (**8.**7). Zur Weiterverarbeitung des Y-Signals erfolgt eine Phasendrehung ($-Y$-Signal). Das $-Y$-Signal ist nötig, um die Farbdifferenzsignale zu erzeugen.

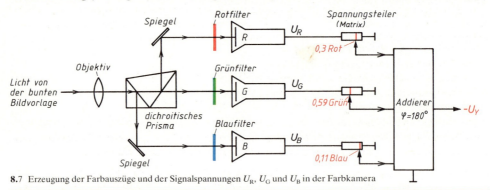

8.7 Erzeugung der Farbauszüge und der Signalspannungen U_R, U_G und U_B in der Farbkamera

Die Teilspannungen für das Y-Signal sind 0,30 Rot, 0,59 Grün und 0,11 Blau.

Die Teilspannungen für die festgelegte Farbskala (Grundfarben und ihre Komplementärfarben, geordnet nach sinkender Helligkeit) zeigt Bild **8.**8. Die Spannungsverläufe für die drei Farbauszüge dieser Farbbalkenfolge sind in Bild **8.**9 dargestellt.

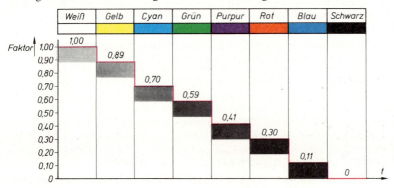

8.8 Grautreppe des Y-Signals, die aus einem Farbbalken entsteht

8.9
Farbauszüge aus der
Farbbalkenfolge

Farbdifferenzsignale. Die Farbart besteht aus dem Farbton und der Farbsättigung. Beide Farbinformationen sind so im Übertragungskanal unterzubringen, daß sich das Leuchtdichtesignal nicht beeinflussen und sich von diesem nicht beeinflussen lassen. Außerdem müssen die Farbinformationen bei einem unbunten Bild (Schwarzweiß-Übertragung) verschwinden. Diese Forderungen kann man durch Übertragen der Farbdifferenzsignale erfüllen. Man subtrahiert das Y-Signal (indem man das $-Y$-Signal addiert) vom R-, G- und B-Signal und erhält:

$$U_R - U_Y = \text{Rot-Differenzsignal} = R\text{-}Y\text{-Signal}$$
$$U_G - U_Y = \text{Grün-Differenzsignal} = G\text{-}Y\text{-Signal}$$
$$U_B - U_Y = \text{Blau-Differenzsignal} = B\text{-}Y\text{-Signal}$$

Zur Übertragung der drei Primärfarbauszüge sind nur zwei Differenzsignale erforderlich, denn das dritte kann durch die beiden anderen Farbdifferenzsignale ausgedrückt werden.

Beispiel 8.1 Ausgangspunkt $Y = 0{,}3\,R + 0{,}59\,G + 0{,}11\,B$. Subtrahiert man von beiden Seiten der Gleichung Y, erhält man $0 = 0{,}3\,(R-Y) + 0{,}59\,(G-Y) + 0{,}11\,(B-Y)$. Nach $G-Y$ aufgelöst ergibt sich:

$$G - Y = -\frac{0{,}3}{0{,}59}(R - Y) - \frac{0{,}11}{0{,}59}(B - Y) \quad \text{oder:} \quad \boxed{G - Y = -0{,}51\,(R - Y) - 0{,}19\,(B - Y)}$$

Der Vorteil besteht darin, daß man die beiden Farbdifferenzsignale durch ein besonderes Modulationsverfahren (s. Seite 479) gut übertragen kann. Man verwendet für die Übertragung der Farbinformation die beiden Farbdifferenzsignale $R-Y$ und $B-Y$, weil das $G-Y$-Signal das ungünstigste Signal-Rausch-Verhältnis hat.

Um den Inhalt eines Farbbilds vollständig zu übertragen, sind nur zwei Farbdifferenzsignale und das Leuchtdichtesignal erforderlich.

Diese Übertragung hat man gewählt, weil sich dadurch verhältnismäßig einfache Empfängerschaltungen ergeben. Die Farbdifferenzsignale heißen auch Farbartsignale oder Chrominanzsignale (chrom, gr.: Farbe). Im Empfänger gewinnt man die drei Grundfarben dadurch zurück, daß man zu den Farbdifferenzsignalen das Leuchtdichtesignal addiert.
Bild **8.**10 macht deutlich, wie die Differenzsignale entstehen. Außerdem erkennt man, daß kein Farbdifferenzsignal entstehen kann, wenn die Bildvorlage weiß oder schwarz ist.

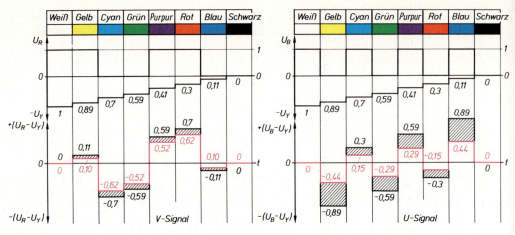

8.10 Entstehen der Farbdifferenzsignale! Die rot eingezeichneten Signale zeigen die reduzierten Signale V und U

Beim Zusammenfügen der Farbdifferenzsignale muß man noch die Amplituden der Signale reduzieren (abschwächen), weil sich sonst bei der späteren Modulation des *HF*-Trägers (Bildträgers) mit den Farbdifferenzsignalen eine unzulässig hohe Übermodulation ergäbe (s. Abschn. 4.6.2). Für das PAL-Verfahren wurden folgende Farbdifferenzsignale festgelegt:

$$U = \frac{B-Y}{2{,}03} \qquad V = \frac{R-Y}{1{,}14}$$

U und V sind die reduzierten Farbartsignale.

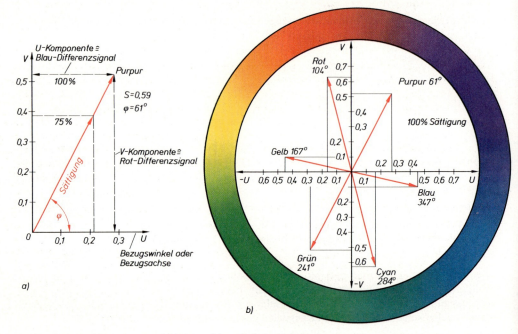

8.11 a) Zeigerdarstellung eines unreduzierten und des reduzierten Farbsignals
b) Zeigerdarstellung der Farbartsignale einer Farbbalkenfolge (Primärfarben und ihre Komplementärfarben)

Zeigerdarstellung (8.11). Jeder Farbart sind zwei Komponenten (U und V) zugeordnet. So gelten z.B. für Purpur die V-Komponente 0,52 und die U-Komponente 0,29. Die Farbe ist dabei 100% gesättigt. Man erkennt, daß eine Farbart als Zeiger darzustellen ist. Die Zeigerlänge gibt die Sättigung, der Phasenwinkel den Farbton an. Zeigerlänge und Phasenwinkel lassen sich einfach errechnen:

$$S = \sqrt{V^2 + U^2} \qquad \tan\varphi = \frac{V}{U}.$$

Auf diese Weise kann man alle Zeiger für die Norm-Farbbalkenfolge darstellen. Tabelle **8.12** faßt alle Zahlen und Winkelwerte zusammen. Die einzelnen Farben sind dem Phasenwinkel nachgeordnet.

Tabelle **8.12** **Farbsignale für die drei Primärfarben und die drei Komplementärfarben**

Farbe	Farbkamerasignale			Y'-Signal	Farbdifferenzsignale		reduzierte differenzsignale		Farbartsignal F	
									Amplitude	Phasenwinkel
	U'_R	U'_G	U'_B	U'_Y	$U'_R - U'_Y$	$U'_B - U'_Y$	V	U	S	φ
Purpur	1	0	1	0,41	0,59	0,59	0,52	0,29	0,59	61°
Rot	1	0	0	0,30	0,70	−0,30	0,62	−0,15	0,63	104°
Gelb	1	1	0	0,89	0,11	−0,89	0,10	−0,44	0,45	167°
Grün	0	1	0	0,59	−0,59	−0,59	−0,52	−0,29	0,59	241°
Cyan	0	1	1	0,70	−0,70	0,30	−0,62	0,15	0,63	284°
Blau	0	0	1	0,11	−0,11	0,89	−0,10	0,44	0,45	347°
Weiß	1	1	1	1	0	0	0	0	0	0
Grau	0,5	0,5	0,5	0,5	0	0	0	0	0	0
Schwarz	0	0	0	0	0	0	0	0	0	0

Quadraturmodulation mit unterdrücktem Träger. Die beiden Farbdifferenzsignale müssen e i n e m Träger aufmoduliert werden, und zwar so, daß sie sich nicht beeinflussen. Man bedient sich dazu der Quadraturmodulation. In Ringmodulatoren werden die beiden Farbdifferenzsignale U und V einem HF-Träger aufmoduliert. Dieser Träger wird Farbhilfsträger genannt und übernimmt die Farbinformation. Um Störungen zu vermeiden, muß man den Hilfsträger (wie bei der HF-Stereofonie, s. Abschn. 5.3.2) in Ringmodulatoren unterdrücken. Während der U-Modulator vom Oszillator direkt (0°) gesteuert wird, speist man den V-Modulator über einen Phasenschieber mit dem um 90° verschobenen Hilfsträger. Die Modulationsprodukte sind die geträgerten Farbdifferenzsignale F_V und F_U (**8.13** auf S. 482), deren Seitenbandschwingungen um 90° gegeneinander verschoben sind. Wegen des konstanten Phasenverschiebungswinkels der Hilfsträger von 90° heißt diese Modulationsart Quadraturmodulation.

In einer Addierstufe setzt man beide Komponenten zusammen (F-Signal), d.h., man addiert sie geometrisch. Das ist gleichbedeutend damit, daß man den Hilfsträger mit der Spannung $S=$ Zeigerlänge (**8.11** a) amplitudenmoduliert. Der Spannungsbetrag kennzeichnet dabei die Farbsättigung, der Phasenwinkel den Farbton. Die Phasenlage der Schwingungen wechseln also bei der Bildabtastung von Farbton zu Farbton, und ihre Amplituden wechseln mit der Farbsättigung (**8.11** und **8.12**). Polarität und Verhältnis von U und V ergeben die Phasenlage der Zeiger und damit die Farbe. Bild **8.13** b veranschaulicht nochmals die Zusammensetzung des Farbartsignals F. Die Ausgangssignale V und U sind rot angedeutet. Für die Primärfarbe Grün ist ein Rechenbeispiel (Zahlenbeispiel) angegeben.

Im Empfänger muß man das Summensignal wieder in die Komponenten (Differenzsignale F_U und F_V) zerlegen, den unterdrückten Träger hinzufügen und demodulieren.

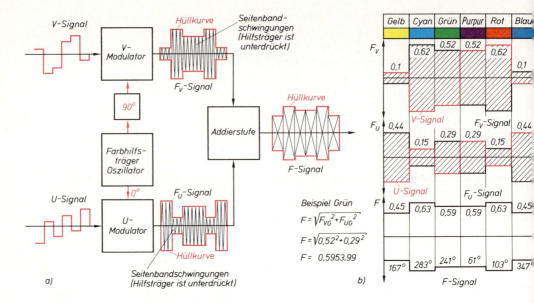

8.13 a) Zusammensetzung des Farbartsignals durch Quadraturmodulation
b) Modulationsprodukte F_V und F_U werden zum Farbartsignal zusammengesetzt

> Bei der Quadratmodulation wird das F-Signal aus den um 90° versetzten U- und V-Komponenten zusammengesetzt.

Diese aufwendige Zusammensetzung des Farbsignals ist nötig, weil sich die übertragenen Signalanteile nicht beeinflussen und mischen dürfen. Besonders wichtig ist es, daß die von der Kamera abgetastete Farbe im Empfänger wieder erzeugt werden kann. Dazu dient ein weiteres Hilfssignal: der Burst.

Der Burst oder das **Farbsynchronsignal** (burst, engl.: bersten) ist ein Bezugssignal für die Phasenlage des F-Signals. Der Farbton wird durch den Winkel bestimmt, den der Zeiger S gegen die Bezugsachse bildet. Damit der gesendete Farbton vom Empfänger richtig widergegeben werden kann, muß der Sender ein Bezugssignal liefern, das eine genaue Bestimmung des Phasenwinkels ermöglicht. Deshalb sendet man während jeder Zeile auf der hinteren Schwarzschulter (**8.**14 a) des Synchronimpulses 10 bis 12 Schwingungen des Farbhilfsträgers (4,43 MHz). Die Phasenlage des Burst ist durch die Norm festgelegt. Im Empfänger filtert man den Burst aus und synchronisiert mit ihm einen Oszillator (Referenzoszillator), der die im Sender unterdrückten Farbhilfsträgerschwingungen mit ausreichender Amplitude erzeugt. Die Schwingungen des Referenzoszillators müssen die gleiche Phasenlage haben wie der im Sender unterdrückte Farbhilfsträger – nur dann können bei der Demodulation die richtigen Farbdifferenzsignale U und V entstehen.

> Der Burst ist ein Bezugssignal für die Phasenlage des Farbartensignals.

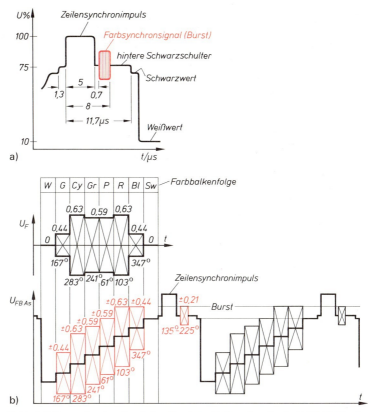

8.14 a) Zeilensynchronimpuls mit eingeblendetem Farbsynchronsignal b) FBAS-Signal

Das vollständige FBAS-Signal (**F**arb-**B**ild-**A**ustast-**S**ynchron-Signal) entsteht durch die Addition des Leuchtdichtesignals einschließlich Austast- und Synchronsignal mit dem Farbartsignal F (**8.**14b). Das Farbartsignal für die einzelnen Farbbalken überlagert sich den entsprechenden Helligkeitstreppen des Leuchtdichtesignals. Das Farbsynchronsignal (Burst) befindet sich auf der hinteren Schwarzschulter. Dieses Gesamtsignal wird dem Bildträger des Senders aufmoduliert und ausgestrahlt (Amplitudenmodulation negativ).

Farbhilfsträgerfrequenz. Versuche haben ergeben, daß das Auflösungsvermögen des menschlichen Auges für farbige Einzelheiten wesentlich geringer ist als für schwarzweiße. Der Kanal, in dem man das Farbartsignal überträgt, hat deshalb nur eine Bandbreite von 1,2 MHz (**8.**15a). Bei einer Restseitenbandübertragung von 0,6 MHz muß der Farbhilfsträger mindestens

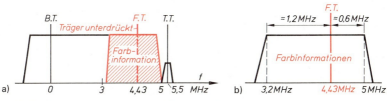

8.15 a) Lage der Farbinformation im Übertragungskanal
b) Lage des Farbträgers (Farbhilfsträgers) im Übertragungskanal

0,6 MHz von der oberen Videobandgrenze entfernt liegen. Deshalb kann bei einer Videobandbreite von 5 MHz die höchste Farbhilfsträgerfrequenz etwa 4,4 MHz betragen. Bei der Demodulation der Signale im Fernsehgerät bilden sich allerdings Differenzfrequenzen zwischen dem Bildträger und dem Farbhilfsträger (etwa 4,4 MHz) sowie zwischen Farbhilfsträger und Tonträger (ca. 1,1 MHz). Diese zusätzlichen Frequenzen machen sich auf dem Bildschirm als Moiré bemerkbar. Durch die Unterdrückung des Farbhilfsträgers kann man diese Störungen mildern, aber nicht vollständig unterbinden. Das störende Moiré fällt um so weniger auf, je höher der Farbträger liegt. Deshalb ordnet man den Farbhilfsträger in möglichst weitem Frequenzabstand vom Bildträger an.

> Der Farbhilfsträger wurde für das PAL-Verfahren auf 4,43316875 MHz festgelegt.

Bei dieser Hilfsträgerfrequenz besteht das Störmuster nur aus wenig auffallenden hell-dunklen Bildpunkten (Perlschnüre). Bild **8.**15 b zeigt einen Fernsehkanal.

8.1.3 PAL-System Farbfernsehsender

Phasenfehler. Bei der Quadraturmodulation entstehen phasen- und amplitudenmodulierte Schwingungen. Die Amplitudenmodulation kennzeichnet die Farbsättigung, die Phasenmodulation den Farbton. Die Bezugsphase überträgt der unmodulierte Farbhilfsträger (Burst). Auf dem Übertragungsweg zwischen Aufnahmekamera und Bildröhre darf die Phasenlage des modulierten Farbhilfsträgers nicht geändert werden, denn schon die geringsten Phasenverschiebungen rufen störende Farbtonänderungen hervor. Besonders kritisch beurteilen unsere Augen die Farbtöne der menschlichen Haut.

Phasenverschiebungen kann man auf dem Übertragungsweg aber nicht vermeiden. Der wesentliche Nachteil des NTSC-Verfahrens ist die Anfälligkeit gegenüber Phasenfehlern. Amerikanische NTSC-Empfänger haben zur Korrektur einen Einstellknopf. Er muß oft bedient werden.

Kompensation von Farbtonfehlern. Das in Deutschland von W. Bruch entwickelte PAL-System ermöglicht eine automatische Farbfehlerkompensation. Voraussetzung dafür ist, daß sich die Signalabläufe in zwei aufeinanderfolgenden Zeilen nur unwesentlich unterscheiden (durch das Zeilensprungverfahren ist hier die übernächste Zeile gemeint). Das ist meist der Fall. Man kompensiert einen Phasenfehler, indem man vor der Quadraturmodulation die *V*-Komponente des Farbsignals einer Zeile in ihrer Sollage (NTSC-Zeile), die Komponente in der darauffolgenden Zeile aber um 180° gedreht sendet (PAL-Zeile, **8.**16). Tritt z.B. auf dem Übertra-

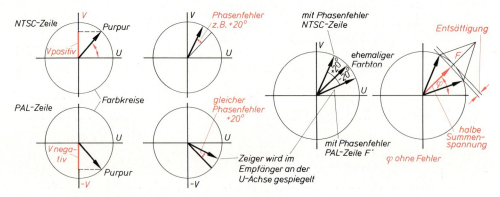

8.16 Wirkung der Phasenfehlerkompensation beim PAL-Verfahren

gungsweg ein Phasenfehler von 20° auf, wirkt er sich auf beide Zeilen gleichermaßen aus (+20°). Im Empfänger polt man die $-V$-Komponente wieder um, so daß der Zeiger F' eine Phasenlage von $-20°$ gegen den ehemaligen Farbzeiger bekommt. Beide Zeiger mit entgegengesetzten Farbfehlern werden geometrisch addiert. Dabei entsteht der Zeiger F mit der halben Länge des resultierenden Gesamtzeigers (Spannungsteiler). Seine Länge ist zwar etwas geringer als die des ehemaligen Farbzeigers, aber ohne Phasenfehler. Der kürzere Farbzeiger F bedeutet keine Farbtonverschiebung, sondern nur eine geringfügige Entsättigung, die das Auge nicht als störend empfindet.

Alternierender Burst (8.17). Da im Farbfernsehempfänger die senderseitige Umschaltung der V-Information rückgängig gemacht werden muß, wird der Burst je nach Art der gesendeten Zeile (NTSC- oder PAL-Zeile) mit unterschiedlicher Phasenlage gesendet. Sie beträgt $180° - 45°$ für die NTSC- und $180° + 45°$ für die PAL-Zeile. Hiermit wird der PAL-Umschalter im Empfänger synchronisiert. Diese Art der Übertragung des Farbsynchronsignals heißt alternierender Burst (alternieren, lat.: abwechseln) und ermöglicht im Empfänger die Synchronisation des PAL-Umschalters.

8.17 Alternierender Burst

Der alternierende Burst bewirkt im Empfänger eine zeilenweise Umschaltung des V-Signals.

Farbfernsehsender. Der vereinfachte Blockschaltplan eines Farbfernsehsenders verdeutlicht nochmals die stufenweise Codierung des Signals (**8.**18). Die Farbkamera liefert der Matrix das

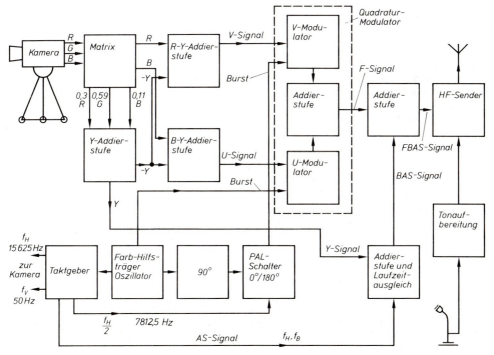

8.18 Blockschaltplan eines Fernsehsenders

RGB-Signal. Hier erzeugt man die Signalanteile, die in einer *Y*-Addierstufe das Leuchtdichtesignal ergeben. Die Rot- und Blau-Farbauszüge und das $-Y$-Signal ergeben in weiteren Addierern die reduzierten Farbdifferenzsignale *V* und *U*. In zwei Modulatoren und einer Addierstufe erfolgt die Quadraturmodulation mit Trägerunterdrückung. Der Träger (Farbhilfsträger), der den *V*-Modulator speist, wird zunächst um 90°, dann über den PAL-Schalter im Halbzeilenrhythmus (7812,5 Hz) zwischen 0° (bzw. 90°) und 180° (bzw. 270°) umgeschaltet. Der Taktgeber erzeugt die Ablenkimpulse für die Kamera und zur Synchronisierung der Empfänger. Er ist mit dem Farbträgeroszillator phasenstarr gekoppelt. In zwei weiteren Addierstufen vereint man das *Y*-Signal mit den Austast- und Synchronimpulsen zum *BAS*-Signal und schließlich zum vollständigen *FBAS*-Signal. Das *FBAS*-Signal wird dem Bildträger aufmoduliert. Der Tonkanal gleicht in der Signalaufbereitung dem der Schwarzweißtechnik.

Übungsaufgaben zu Abschnitt 8.1.2 und 8.1.3

1. Welche wesentlichen Voraussetzungen müssen für die Kompatibilität bei der Fernsehübertragung erfüllt werden?
2. Warum überträgt man beim Farbfernsehen das Leuchtdichtesignal (Luminanzsignal)?
3. Wie entsteht das Leuchtdichtesignal? Nennen Sie die Teilspannungen der Farbsignale.
4. Wie entstehen die Farbdifferenzsignale?
5. Auf welche Weise wird das Grün-Differenzsignal übertragen?
6. Was versteht man unter dem *V*- und *U*-Signal?
7. Welche Signalanteile sind im Chrominanzsignal enthalten?
8. Warum verwendet man beim Farbfernsehen die Quadraturmodulation?
9. Welche Informationen enthält das *FBAS*-Signal?
10. Weshalb braucht das Farbbartsignal eine geringere Bandbreite als das Luminanzsignal?
11. Warum wird der Burst vom Farbfernsehsender ausgestrahlt?
12. Begründen Sie die störende Auswirkung von Phasenfehlern.
13. Welche Voraussetzungen gelten für eine Phasenfehlerkorrektur?
14. Erklären Sie die Phasenfehlerkorrektur anhand einer Skizze.
15. Was versteht man unter alternierendem Burst?
16. Wodurch unterscheiden sich NTSC- und PAL-Zeile?
17. Beschreiben Sie den grundsätzlichen Signalverlauf in einem Farbfernsehsender.
18. Erklären Sie die Zusammensetzung des *FBAS*-Signals.
19. Welche Veränderungen treten im *FBAS*-Signal auf, wenn sich die Farbsättigung einiger Farben ändert?

8.2 PAL-Farbfernsehempfänger

8.2.1 Blockschaltplan

Im Blockschaltplan (**8.**19) sind die wichtigsten Funktionsstufen eines PAL-Farbfernsehempfängers zusammengestellt. Zur besseren Übersicht sind die Stufen, die zur Aufbereitung und Steuerung der Farbfernsehinformationen dienen, rot hervorgehoben. Alle übrigen Stufen gleichen denen eines Schwarzweißempfängers und werden deshalb nicht mehr eingehend dargestellt.

Grundsätzlich bieten sich zum Ansteuern der Bildröhre zwei Möglichkeiten: die *RGB*-Ansteuerung (Rot-, Grün-, Blau-Ansteuerung) und die Farbdifferenzansteuerung. Abschnitt 8.2.8 erläutert beide Verfahren. Im Blockschaltplan ist die RGB-Ansteuerung gewählt.

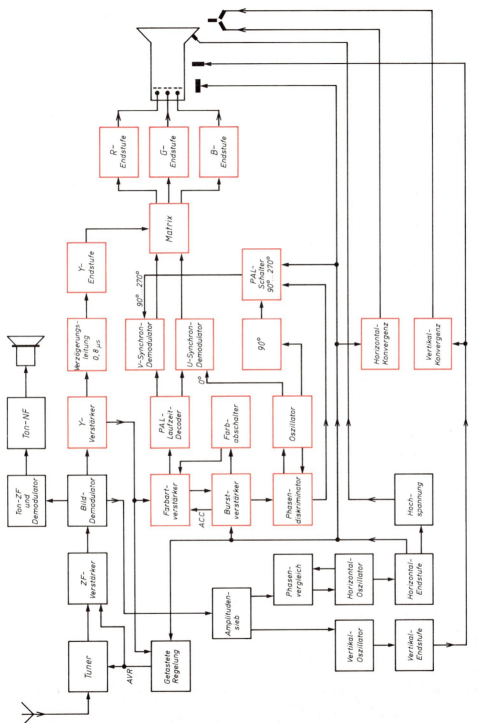

8.19 Vereinfachtes Blockbild eines PAL-Farbfernsehempfängers mit RGB-Ansteuerung der Farbbildröhre

Signalflußübersicht. In diesem Abschnitt wird ein Überblick über die Empfängerstufen und ihr Zusammenwirken gegeben. Die Einzelfunktionen werden in den folgenden Abschnitten behandelt.

Die rot eingezeichneten Stufen sind im Schwarzweißempfänger nicht vorhanden (s. Abschn. 7.2). Im Tuner verstärkt man die Eingangsspannung. Durch Mischen der Eingangssignale mit der Oszillatorfrequenz entsteht die Zwischenfrequenz. Die Verstärkung des Kanalwählers wird geregelt. Zusammen mit der Ton-ZF gewinnt man im Bilddemodulator (Video-Gleichrichter) das *FBAS*-Signal (Intercarrierverfahren). In der ersten Stufe des *Y*-Verstärkers wird das Farbartsignal (*F*-Signal) vom Leuchtdichtesignal getrennt. Um die geringere Laufzeit des Leuchtdichtesignals auszugleichen, leitet man es über eine Verzögerungsleitung der *Y*-Endstufe und der Matrix zu. In der Matrix entstehen durch Zusammenwirken mehrerer Signale die Rot-, Grün- und Blauinformationen, die über drei Endstufen der Bildröhre zugeführt werden.

Das ausgekoppelte Farbartsignal (Chrominanzsignal) speist den Farbartverstärker. Im PAL-Laufzeitdecoder wird die Quadraturmodulation rückgängig gemacht, d.h. das Farbartsignal (*F*-Signal) in seine Komponenten *U* und *V* zerlegt. Gleichzeitig nimmt man hier die Phasenfehlerkorrektur vor.

Die beiden Signale *U* und *V* werden in getrennten Synchrondemodulatoren demoduliert. Dabei muß man die zeilenweise Umschaltung der *V*-Komponente (PAL-Verfahren) wieder aufheben. Den Synchrondemodulatoren ist der senderseitig unterdrückte Farbhilfsträger wieder zuzuführen. Den Farbhilfsträger selbst gewinnt man in einem Oszillator, der über einen Phasendiskriminator gesteuert (synchronisiert) wird. Im gleichen Phasendiskriminator erzeugt man die PAL-Kennimpulse, die den PAL-Schalter steuern. Damit die senderseitige PAL-Umschaltung im Empfänger wieder aufgehoben werden kann, muß man den Farbhilfsträger von Zeile zu Zeile, und zwar gleichzeitig mit dem Sender umschalten. Dies übernimmt der PAL-Schalter. Damit Phasendiskriminator und Farbhilfsträgeroszillator genau arbeiten, muß man den vom Sender gelieferten Burst (Farbsynchronsignal) vom übrigen Signalgemisch trennen. In einem besonderen Burstverstärker trennt man den Burst vom Farbartsignal, indem man diesen Verstärker nur dann arbeiten läßt, wenn ihn ein Zeilenrücklaufimpuls auftastet (getasteter Burstverstärker). Bei Schwarzweißsendungen wird kein Farbsynchronsignal (Burst) gesendet. In diesem Fall sperrt man den Farbartverstärker über einen Farbabschalter (color-killer). Dadurch wird ein ungestörter Schwarzweißempfang möglich.

Das Raster erzeugt man auf gewohnte Weise. Über das Amplitudensieb werden Vertikalgenerator, Phasenvergleich und Horizontalgenerator gespeist. Die Endstufen erzeugen die Ablenkströme. Durch die räumliche Trennung der drei Elektronenstrahlsysteme in der Farbbildröhre ergeben sich an den Bildschirmrändern Kissenverzeichnungen. Durch Überlagern der Ablenkströme mit parabelförmigen Korrekturströmen kann man diese Verzerrungen ausgleichen. Die Konvergenzstufen (konvergieren, lat.: zusammenlaufen) bewirken die Rasterkorrektur.

Nach dieser Übersicht werden nun die einzelnen Empfängerstufen näher betrachtet und in ihrer Wirkungsweise erläutert. Dazu sind jeweils Schaltungsauszüge angegeben.

8.2.2 Tuner, ZF-Verstärker, Video- und Ton-Demodulator

Tuner, ZF-Verstärker, Tonteil und Videogleichrichter eines Farbgeräts unterscheiden sich grundsätzlich nicht von denen eines Schwarzweißempfängers. Die Frequenzstabilität des Oszillators muß besonders hoch sein, weil Bildträger und Farbhilfsträger jeweils auf den Flanken der Durchlaßkurve im ZF-Verstärker liegen. Geringe Veränderungen (Frequenzdrift) der Tunerabstimmung bewirken eine (relative) Verschiebung der Durchlaßkurven des Tuners und des ZF-Verstärkers, damit auch eine Änderung der Trägeramplituden, weil die entsprechenden Signalteile mehr oder weniger kräftig verstärkt werden. Die Folgen davon sind Farbsättigungsfehler. Außerdem muß die Durchlaßkurve des Tuners eng toleriert sein, denn alle Amplitudenfehler (Bildträger gegen Farbhilfsträger) bewirken ebenfalls Farbsättigungsfehler.

> Die Frequenzkonstanz des Kanalwählers muß groß sein, weil Frequenzdrift und Amplitudenfehler zu Farbsättigungsfehlern führen.

Bild-ZF-Verstärker. Für den Farbempfang sind die Anforderungen an den ZF-Verstärker ebenfalls höher als in Schwarzweißgeräten. Die Durchlaßkurve muß strengen Anforderungen an den Frequenzgang gerecht werden. Die Amplitudenverhältnisse sind genau einzuhalten. Vor allem ist zu vermeiden, daß sich aus Bild-, Ton- und Farbträger zusätzliche Mischfrequenzen (Differenzfrequenzen) mit merklichen Amplituden bilden. Aus diesen Gründen senkt man die Amplitude des Farbträgers um 50% (6 dB) ab. Die Frequenzabstände sind (**8.**15):

- Bildträger-Tonträger 5,5 MHz
- Bildträger-Farbträger 4,43 MHz
- Tonträger-Farbträger 1,07 MHz

Die beiden ersten erwünschten Differenzfrequenzen koppelt man aus. Die speisen den Ton-ZF-Verstärker bzw. den Farb-ZF-Verstärker. Das 1,07-MHz-Moiré macht sich auf dem Bildschirm störend bemerkbar. Außer den Differenzfrequenzen können Seitenfrequenzen als Summenfrequenzen entstehen. Summenfrequenzen muß man ausblenden. Sie liegen außerhalb der Durchlaßbereiche des folgenden ZF-Verstärkers. Die Schaltungstechnik des Bild-ZF-Verstärkers unterscheidet sich kaum von einem ZF-Verstärker im Schwarzweißgerät. In modernen Empfängern verwendet man integrierte Schaltungen. Die Durchlaßkurve erreicht man mit einem einzigen Kompaktfilter zwischen Tuner und ZF-Verstärker.

> Im Bild-ZF-Verstärker dürfen keine Amplitudenfehler auftreten. Er muß alle unerwünschten Seitenfrequenzen unterdrücken.

Die Ausgangsspannung des ZF-Verstärkers enthält die ZF-Spannung des Bildträgers mit 38,9 MHz, die ZF-Spannung des Farbhilfsträgers mit 34,47 MHz und die ZF-Spannung des Tonträgers mit 33,4 MHz. Diese Spannungen werden in getrennten Gleichrichterstufen in drei Komponenten zerlegt:

> **1. Ton-ZF (5,5 MHz).** Sie enthält das frequenzmodulierte NF-Signal.
> **2. Video-Signal (Leuchtdichtesignal von 0 bis 5 MHz).** Es enthält die Helligkeitsmodulation, die Synchronsignale und den Burst.
> **3. Farbartsignal (Farb-ZF mit 4,43 MHz).** Es enthält die Farbmodulation und ebenfalls den Burst.

Demodulationsstufen und Störfrequenzen. Bei der Gleichrichtung eines Frequenzgemisches entstehen neben dem gewünschten Signal stets Kombinationsfrequenzen aus allen beteiligten Zwischenfrequenzen. Würde die Ausgangsspannung des ZF-Verstärkers an einer einzigen Diode gleichgerichtet (Schwarzweißtechnik, s. Abschn. 7.2.3), entstünden Störfrequenzen aus Video-, Ton- und Farbartsignalen:

- Differenz aus Farb- und Tonträger mit 1,07 MHz.
- Differenzfrequenzen aus der Ton-ZF und den Videofrequenzen (ca. 1,1 MHz), die eine Differenz von 4,4 MHz bilden. Sie täuschen Farbinformationen vor!
- Kombinationsfrequenzen aus dem Video- und Farbkanal.

Außerdem können Signale aus dem Videoband in den Farbkanal gelangen (Cross-Color-Störungen). Man vermeidet diese Nachteile, indem man das Gesamtsignal (Multiplexsignal) vor der Gleichrichtung aufspaltet.

> Um Störfrequenzen zu vermeiden, muß man im Farbgerät das *FBAS*-Signal vor der Demodulation in Ton- und Videosignal aufspalten.

Bild **8.**20 zeigt ein Beispiel für einen Bild- und Tongleichrichter. Der Tongleichrichter ist tatsächlich ein Modulator (Diodenmischer), denn an seiner Diode entsteht die frequenzmodulierte Differenzfrequenz aus Bild- und Tonträger (Ton-ZF mit 5,5 MHz).

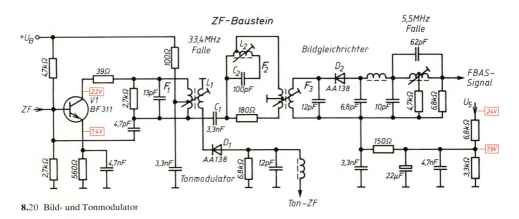

8.20 Bild- und Tonmodulator

Ton-Modulator. Im Kollektorkreis des Transistors $V1$ (**8.**20) liegt das Filter F_1. Der Ton-Modulator ist über die lose gekoppelte Spule L_1 mit dem Bandfilterkreis F_1 verbunden. Die Ton-ZF-Spannung wird über einen LC-Tiefpaß abgegriffen und dem Ton-ZF-Verstärker zugeführt.

Bilddemodulator. Über C_1 liegt das Brückenfilter F_2 mit der Eigentonfalle L_2, C_2. Der Filterkreis F_3 speist den Bilddemodulator D_2. Eine 5,5-MHz-Falle unterdrückt noch vorhandene Reste der Ton-ZF im Videokanal.

Integrierte ZF-Verstärker (z. B. TBA 440) enthalten meist regelbare ZF, die Demodulatorstufen und die Videovorstufe, außerdem die Tastregelstufe und eine Stufe zur Erzeugung der verzögerten Regelspannung für den Tuner.
Ton-ZF- und NF-Stufen, Ton-ZF-Verstärker, Lautstärkeeinstellung und NF-Verstärker gleichen den Schaltungen aus der Schwarzweißtechnik.

8.2.3 Y-Verstärker (Luminanzverstärker, Leuchtdichteverstärker)

Das im Videogleichrichter (Bilddemodulator) gewonnene *FBAS*-Signal muß für die Steuerung der Bildröhre aufbereitet werden. Außerdem spaltet man in der ersten Stufe des Verstärkers das *FBAS*-Signal in das Leuchtdichtesignal (Luminanzsignal) und das Farbartsignal (Chrominanzsignal) auf. Der Y-Verstärker heißt deshalb auch Luminanz- oder Leuchtdichteverstärker.

Aufgaben des Y-Verstärkers. Am Ausgang des Videogleichrichters liegt das *FBAS*-Signal mit einem Pegel von u_{ss} = 1 V bis 4 V. Es muß zur Steuerung der Bildröhre auf etwa u_{ss} = 100 V gebracht werden. Ferner muß der Y-Verstärker die Signalspannungen für die Impulsabtrennstufe, die Regelspannungserzeugung und den Farbartverstärker (Farb-ZF-Verstärker) liefern. Den Y-Verstärker legt man so aus, daß an ihm – unabhängig voneinander – Kontrast und Helligkeit eingestellt werden können.

> Die Helligkeit wird durch den Arbeitspunkt des Videoverstärkers, die Kontrasteinstellung durch die Verstärkung bestimmt.

Im Y-Verstärker muß man evtl. vorhandene Farbdifferenzsignale aussieben. Schließlich tastet man die Zeilen- und Bildrückläufe meist in der letzten Stufe des Y-Verstärkers aus.

Eine Übersicht über die Stufenfolge des Y-Verstärkers gibt Bild 8.21a. Der Verstärker ist dreistufig. Zwischen der 2. und 3. Stufe liegt eine Verzögerungsleitung. Um diese an den Verstärker anzupassen, schaltet man die 2. Stufe meist in Basisschaltung. Der Y-Verstärker speist entweder die Matrix (**8.**17, bei *RGB*-Ansteuerung) oder die Katoden der Bildröhre (**8.**21b, bei Farbdifferenzansteuerung). Bei der Farbdifferenzansteuerung liegt das Leuchtdichtesignal an den Katoden und das Farbdifferenzsignal an den Steuergittern der Bildröhre. Die Auflösung der Signalgemische in die Farbauszüge Rot, Grün und Blau geschieht hier erst in der Bildröhre (s. Abschn. 8.2.8).

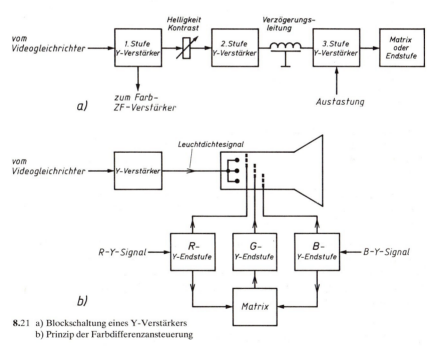

8.21 a) Blockschaltung eines Y-Verstärkers
b) Prinzip der Farbdifferenzansteuerung

Die Anforderungen an den Y-Verstärker sind hoch. Man verlangt eine sehr gute Linearität bei gleichzeitiger Unterdrückung evtl. vorhandener Farbdifferenzsignale, die auf dem Bildschirm ein Moiré erzeugen würden. Außerdem wünscht man zur Übertragung von Schwarzweiß-Sendungen die volle Bandbreite von 5 MHz, zugleich bei Farbsendungen die Unterdrückung von Frequenzen um 4,43 MHz im Videokanal.

Bild **8.**22 zeigt die Frequenzgänge für Schwarzweiß- und Farbempfang. In manchen Fernsehgeräten benutzt man deshalb umschaltbare Filter, die bei Farbsendungen eine Absenkung der Empfindlichkeit in der Nähe des Farbhilfsträgers bewirken. Mit der Frequenzbeschneidung (Bandeinengung) bei Farbübertragungen muß man einen Bildschärfeverlust in Kauf nehmen.

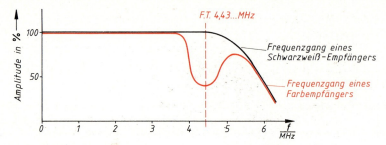

8.22 Absenkung des Videofrequenzgangs in der Nähe des Farbhilfsträgers

> Der Frequenzgang des Y-Verstärkers muß bei 4,43 MHz abgesenkt werden, weil die Farbträgerfrequenz ein störendes Moiré verursacht.

Laufzeitausgleich. Eine weitere Forderung an den Y-Verstärker ist die Verzögerung des Leuchtdichtesignals. Die Zeit, die ein Signal braucht, um einen Verstärker zu durchlaufen, hängt von der Bandbreite des Signals und des Verstärkers ab. Ein breitbandiger Verstärker (Y-Verstärker) wird vom breitbandigen Leuchtdichtesignal schneller durchlaufen als ein schmalbandiger Verstärker (Farb-ZF-Verstärker) vom schmalbandigen Farbartsignal. Dadurch wäre das Leuchtdichtesignal um 0,75 µs bis 0,8 µs eher an der Bildröhre als das Farbartsignal – die Folge wären verschwommene Bildkonturen. Zum Laufzeitausgleich verzögert man deshalb das Y-Signal mit einer Verzögerungsleitung (Verzögerungsspule).

Laufzeitunterschiede und Bandbreite. Will man z. B. ein Rechtecksignal verstärken, gilt es nach der Fourier-Analyse, ein Gemisch aus sinusförmigen Spannungen mit der Grundfrequenz und vielen (ungeradzahligen) Oberschwingungen zu übertragen (s. Abschn. 1.1.5). Hat der Verstärker eine große Bandbreite, werden entsprechend viele Oberschwingungen übertragen – die Anstiegs- und Abfallflanken des Rechtecks sind steil und scharf abgegrenzt. Ist dagegen die Bandbreite des Verstärkers gering, werden nur Schwingungen niedriger Frequenz übertragen – die Flankensteilheit des Ausgangssignals ist gering.

> Die Anstiegszeit eines Impulses wird um so kürzer, je größer die Bandbreite des Übertragungskanals ist.

Wirkung der Laufzeitleitung (Verzögerungsleitung). Der Y-Verstärker hat eine Bandbreite von etwa 5 MHz, der Farb-ZF-Verstärker (s. Abschn. 8.2.4) eine Bandbreite von nur 2 MHz. Die Farbdifferenzsignale überträgt man mit einer Bandbreite von etwa 600 kHz. Bei Farbänderungen ergeben sich sowohl für das Leuchtdichtesignal als auch für das Farbdifferenzsignal Spannungssprünge. Die unterschiedlichen Bandbreiten der entsprechenden Verstärker verursachen sehr unterschiedliche Anstiegszeiten (**8.**23 a). Der Spannungssprung des Farbdifferenzsignals erreicht deshalb seinen Endwert erst etwa 1,48 µs nach dem Signalsprung des Leuchtdichtesignals.

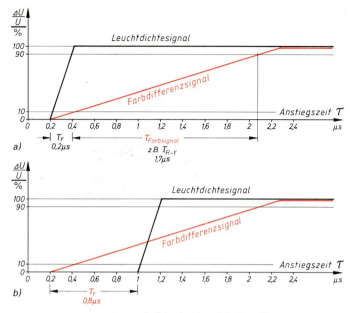

8.23 Spannungssprünge des Leuchtdichtesignals und des Farbdifferenzsignals
a) ohne Verzögerung   b) mit Verzögerung

Man verzögert das Leuchtdichtesignal so weit, daß die Mitte beider Anstiegsflanken etwa zusammentreffen.

Aufbau der Laufzeitleitung. Die Verzögerungsleitung entspricht einer größeren Zahl hintereinandergeschalteter gleicher T- oder π-Glieder, die aus den Induktivitäten L und den Kapazitäten C bestehen (**8.**24 a). Wird ein Signal an den Eingang einer derartigen LC-Kette glegt, kann

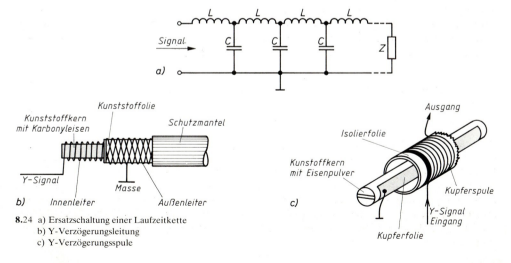

8.24 a) Ersatzschaltung einer Laufzeitkette
   b) Y-Verzögerungsleitung
   c) Y-Verzögerungsspule

das Signal am Ausgang mit einer Verzögerung abgenommen werden, weil der Aufbau des elektromagnetischen Feldes in jedem Teilglied eine gewisse Zeit in Anspruch nimmt (**8.**24b). In manchen Fällen werden auch Verzögerungsspulen (**8.**24c) verwendet. Man muß die Verzögerungsleitungen am Eingang und Ausgang sorgfältig anpassen (Leistungsanpassung), damit keine Reflexion entstehen (s. Abschn. 4.2). Schon geringe Reflexionen (3,2%) sind auf dem Bildschirm sichtbar.

Vollständige Schaltung eines Y-Verstärkers (**8.**25). Wegen der unteren Grenzfrequenz Null müssen alle Gleichstromkomponenten mit übertragen werden (galvanische Kopplung der Stufen). Nach der 1. Verstärkerstufe koppelt man das Farbartsignal und die Signale zur Speisung der getasteten Regelung und des Amplitudensiebs aus. Zwischen der 1. und 2. Stufe liegt ein Widerstandsnetzwerk (Brückenschaltung), an dem man Kontrast und Helligkeit einstellen kann (s. Abschn. 7.2.4). Die für die Farbe erwünschte Absenkung der Videofrequenz im Bereich des Farbträgers erreicht man mit einem abschaltbaren 4,43-MHz-Sperrkreis. Der Sekundärkreis des Filters wird über eine Schalterdiode wahlweise im Leerlauf (Farbe) oder im Kurzschluß (Schwarzweiß) betrieben. Durch den Kurzschluß der Sekundärwicklung steigt die Kreisdämpfung so stark, daß er unwirksam wird.

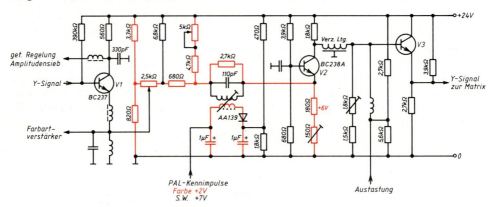

8.25 Dreistufiger Y-Verstärker mit Verzögerungsleitung

Die Verzögerungsleitung ist eingangs- und ausgangsseitig genau angepaßt. Die 2. Verstärkerstufe wird deshalb in Basisschaltung (hoher Ausgangswiderstand) betrieben. Der Basisspannungsteiler der letzten Stufe ist so ausgelegt, daß der Gesamtwiderstand dem Wellenwiderstand der Leitung entspricht. Die 3. Verstärkerstufe arbeitet in Kollektorschaltung. Der Basis des letzten Transistors führt man die negativen Austastimpulse zu; sie sperren $V3$.

In Empfängern mit integrierten Schaltungen und Modultechnik ist der Y-Verstärker (TDA 2560) meist mit anderen Empfängerstufen zusammengefaßt.

Übungsaufgaben zu Abschnitt 8.2.1 bis 8.2.3

1. Welche besonderen Anforderungen werden an den Tuner eines Farbempfängers gestellt?
2. Warum wirken sich Amplitudenfehler als Farbsättigungsfehler aus?
3. Welche Kombinationsfrequenzen müssen im ZF-Verstärker und bei der Demodulation des Multiplexsignals (*FBAS*-Signal) unterdrückt werden? Begründen Sie die Antwort.
4. Welche Signalspannungen liegen am Ausgang des Bild-ZF-Verstärkers?
5. Warum sind im Farbempfänger zwei ZF-Demodulatorstufen erforderlich?
6. Auf welche Weise entsteht die Ton-ZF?
7. Welche Aufgaben übernimmt der Y-Verstärker?

8. Erklären Sie anhand des Bilds **8.**25 die Wirkungsweise der Kontrast- und der Helligkeitseinstellung.

9. Warum müssen Farbdifferenzsignale im Leuchtdichteverstärker unterdrückt werden?

10. Welche besonderen Anforderungen stellt man an den Y-Verstärker?

11. Warum muß der Frequenzgang des Y-Verstärkers bei 4,43 MHz abgesenkt werden?

12. Wodurch wird ein Laufzeitunterschied zwischen dem Video- und Farbartsignal bewirkt?

13. Wie wird der Laufzeitunterschied zwischen Video- und Farbartsignal ausgeglichen?

14. Warum hat ein breitbandiger Verstärker eine geringe Anstiegszeit?

15. Erläutern Sie die Wirkungsweise der 2. Verstärkerstufe (**8.**25).

16. Erläutern Sie die Wirkungsweise der 3. Verstärkerstufe (**8.**25).

8.2.4 Farb-ZF-Verstärker (Farbartverstärker, Chrominanzverstärker)

Der Farb-ZF-Verstärker ist ein Resonanzverstärker, der nur den Frequenzbereich des modulierten Farbträgers (4,43 MHz) mit einer Bandbreite von etwa 1,35 MHz verstärkt und an den PAL-Demodulator liefert. Dieser Verstärker hat kein entsprechendes Gegenstück im Schwarzweiß-Empfänger.

Aufgaben des Farbartverstärkers. Man muß das trägerfrequente (und codierte) Farbartsignal, das im Bild-ZF-Verstärker um 6 dB (50%) abgesenkt wurde, auf einen Pegel bringen, der eine exakte Decodierung ermöglicht. D. h., der Verstärker muß eine ausreichende Leistung zur Speisung der niederohmigen PAL-Verzögerungsleitung (Signalaufspaltung) aufbringen. Zur besseren Übersicht zeigt Bild **8.**26 die in diesem Zusammenhang wichtigen Stufen des Farbteils.

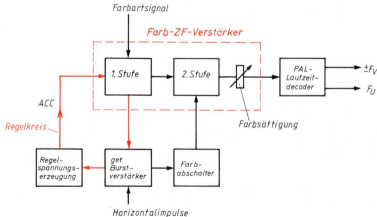

8.26 Blockschaltung des Farb-ZF-Verstärkers, Regelspannungserzeugung und Farbabschalter

Der im Bild-ZF-Verstärker auf 50% abgesenkte Farbträger muß im Farb-ZF-Verstärker auf 100% des Pegels gebracht werden.

Die Durchlaßkurve des Farbartverstärkers zeigt Bild **8.**27. Damit möglichst wenig Farbinformationen in den Y-Kanal gelangen können, hat man im ZF-Verstärker das Frequenzgebiet um 4,43 MHz stark bedämpft. Um die Dämpfung wieder auszugleichen, gibt man dem Farbartverstärker eine stark unsymmetrische Durchlaßkurve und erreicht so gleichzeitig die

495

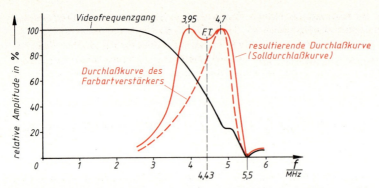

8.27 Zusammenhang zwischen Videofrequenzgang und Durchlaßkurve des Farbartverstärkers

Unterdrückung des Frequenzbands unterhalb 2 MHz. Die Solldurchlaßkurve des Farbartverstärkers (rot ausgezogene Kurve) entsteht im Zusammenhang mit der Durchlaßkurve des Bild-ZF-Verstärkers. Die Gesamtdurchlaßkurve hat einen Höckerabstand von etwa 1,05 MHz.

> Am Ausgang des Farbartverstärkers müssen beide Seitenbänder der Farbinformation mit gleichen Amplituden vorhanden sein.

Regelung des Farb-ZF-Verstärkers (ACC). Der Farbhilfsträger liegt auf einer Flanke der Bild-ZF-Durchlaßkurve. Deshalb verursachen geringe Verstimmungen des Tuners oder thermische Veränderungen des ZF-Verstärkers Verschiebungen der Farbsättigung (Änderung des Verhältnisses Bildträger–Farbträger). Um eine konstante Farbartsignal-Amplitude zu erhalten, regelt man die erste Stufe des Farbartverstärkers.

> Die Ausgangsspannung des Farbartverstärkers bestimmt die Farbsättigung.

So wie beim Bild-ZF-Verstärker die Zeilensynchronimpulse als Maß für die Regelspannungsgewinnung dienen (s. Abschn. 7.2.5), gewinnt man die Regelspannung für den Farbartverstärker aus dem Burst, da er vom Sender mit stets gleichbleibender Amplitude gesendet wird. Diese Regelung heißt auch **F**arb**k**ontrast**a**utomatik ACC (engl.: **A**utomatic **C**olour **C**ontrol).

Regelspannungserzeugung (**8.**28). Das vom getasteten Burstverstärker (s. Abschn. 8.2.7) gelieferte Burstsignal wird am Eingang der Schaltung gleichgerichtet und geglättet (Diode, RC-

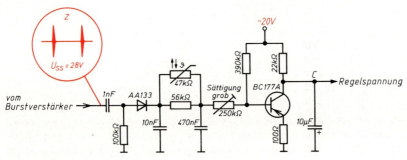

8.28 Regelspannungserzeugung

Siebglieder). Aus der Impulsfolge bildet man den positiven Gleichspannungsmittelwert. Er wirkt der negativen Spannung entgegen, die der Basis des Transistors über den Vorwiderstand (390 kΩ) zugeführt wird. Wenn z.B. die Amplitude des Farbartsignals steigt, wächst die Burstamplitude und damit der positive Mittelwert des Gleichspannungspotentials am Transistor. Die Kollektorspannung nimmt ab, und die Regelspannung an C wird negativer. Sie regelt den Farbartverstärker entsprechend herunter.

> Farbartsignal und Burstspannung hält man durch die Regelung des Farbartverstärkers konstant.

Die Einstellung der Farbsättigung nimmt man am Ausgang des Farbartverstärkers vor. Damit ist eine individuelle Einstellung der Farbsättigung möglich. Die automatische Farbkontrastregelung hält die Farbsättigung auf den gewählten Wert konstant.

Farbabschalter (Colorkiller). Bei Schwarzweiß-Sendungen oder bei einer Farbsendung mit stark verrauschtem Signal (geringe Empfangsfeldstärke) und bei gestörten Farbsendungen muß der Farbkanal des Empfängers gesperrt werden. Durch die Farbabschaltungen ist auch bei einer Störung des Farbteils ein störungsfreier Schwarzweiß-Empfang möglich.

> Wenn eine störungsfreie Farbwidergabe nicht möglich ist, muß der Farbabschalter den Farbkanal sperren.

Bild **8.**29 zeigt eine der vielen Schaltungsvarianten für den Farbabschalter. Die Schaltspannung wird in einem speziellen Phasendiskriminator (s. Abschn. 8.2.7) gewonnen und dem hochohmigen Eingang der Schaltung zugeführt (Darlington-Schaltung). Sie ist bei Schwarzweiß-Sendungen oder gestörter Farbsendung 1,4 V. Die Transistoren leiten, die Ausgangsspannung sinkt auf 0,2 V und sperrt dadurch den Farbartverstärker (**8.**30 auf S. 496). Bei Farbsendungen ist die Eingangsspannung nur 0,4 V, beide Transistoren sperren – die Ausgangsspannung steigt auf 18 V und öffnet den Farbartverstärker.

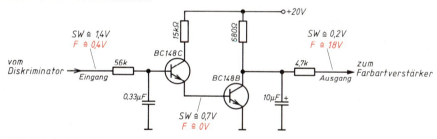

8.29 Farbabschalter (Colorkiller)

Die Schaltung eines Farbartverstärkers mit Einzelbauelementen zeigt Bild **8.**30. Die Filterschaltung vor dem ersten Transistor hält die niederfrequenten Anteile des Y-Signals aus der Farb-ZF fern. Der erste Transistor wird durch die Farbkontrastautomatik geregelt. Die Filter sind so abgeglichen, daß die in Bild **8.**27 geforderte Durchlaßkurve entsteht. Am Farbsättigungseinsteller kann man die Amplitude des Farbartsignals von Hand einstellen. Am Ausgang des Farb-ZF-Verstärkers liegt das Farbartsignal. D.h., aus dem zusammengesetzten *FBAS*-Signal sind Leuchtdichtesignal und Synchronimpulse durch die Wirkung des schmalbandigen Farbartverstärkers entfernt worden.

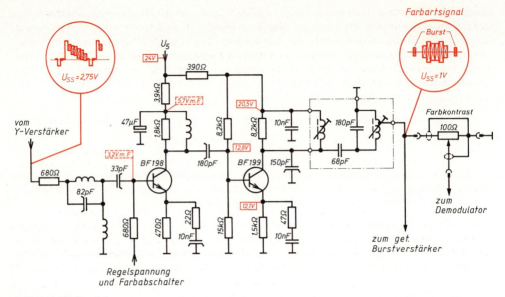

8.30 Farb-ZF-Verstärker

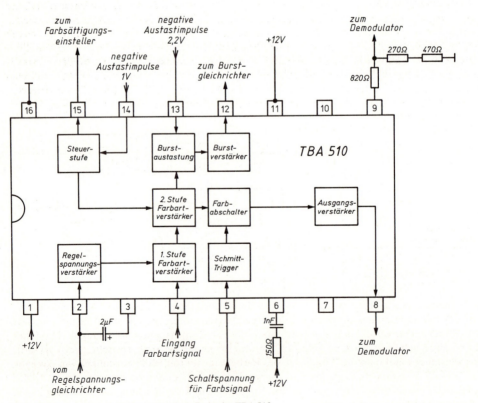

8.31 Funktionsschema des Farbartverstärkers-Bausteins TBA 510

Integrierte Farbartverstärker. Speziell für Farbfernsehgeräte mit *RGB*-Ansteuerung hat man die integrierte Schaltung TBA 510 als Farbartverstärker entwickelt (**8.**31). Der Farbartverstärker ist dreistufig. Das Signal durchläuft die regelbare Eingangsstufe, die man über einen Regelspannungsverstärker steuert. In der 2. Stufe wird die Farbsättigung über eine Steuerstufe beeinflußt. Das in der 2. Stufe verstärkte Farbartsignal gelangt über den Farbabschalter zum Ausgangsverstärker. Durch den niederohmigen Ausgangsverstärker paßt man die PAL-Verzögerungsleitung (Demodulator) an.

8.2.5 PAL-Laufzeitdecoder (Ultraschall-Verzögerungsleitung)

Der Farb-ZF-Verstärker liefert das vom Sender ausgestrahlte quadraturmodulierte Farbartsignal mit den beiden Farbdifferenzsignalen U und V, wobei die V-Komponente zeilenfrequent umgepolt ist (vgl. Bild **8.**11 und Abschn. 8.1.2).

Aufgabe des PAL-Laufzeitdecoders ist die Aufspaltung des quadraturmodulierten Farbartsignals in die Komponenten U und V. Der PAL-Laufzeitdecoder wird häufig auch PAL-Demodulator genannt. Diese Bezeichnung ist irreführend, denn hier nimmt man keine Demodulation, sondern eine Signalaufspaltung vor. Die ausgekoppelten Farbdifferenzsignale sind trägerfrequent. Die Aufspaltung des Farbartsignals in seine trägerfrequenten Komponenten (U und V) hat den Vorteil, daß sich Phasenfehler nicht als Farbtonänderungen auswirken. Sie werden zu geringfügigen Farbsättigungsfehlern (s. Abschn. 8.1.3).

Prinzip der Signalaufspaltung (**8.**32). Am Eingang der Schaltung liegt das quadraturmodulierte Farbartsignal, und zwar abwechselnd als NTSC- und als PAL-Zeile. Das Signal ist hier symbolisch mit seinen Komponenten U und V dargestellt. Die Zeiger F_1, F_2 usw. sind in Wirklichkeit Schwingungen bestimmter Amplituden und Phasenwinkel (s. Abschn. 8.1.2). Das Farbartsignal wird im Punkt A auf drei Kanäle aufgeteilt. Der mittlere Kanal enthält eine Verzögerungsleitung, die das Signal für etwa 64 µs (Zeilendauer) speichert (verzögert). In Kanal 3 dreht man das Signal um 180°. Über Punkt B speist man die Addierstufen 1 und 2 mit dem verzögerten Signal. Außerdem speist man die beiden Addierstufen über die beiden direkten Kanäle (1 und 3).

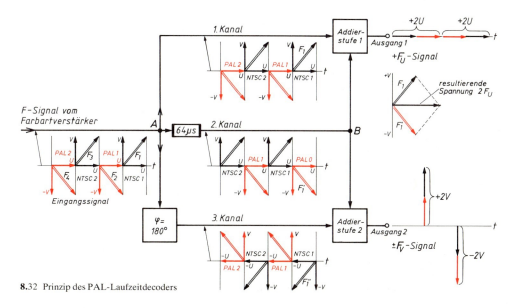

8.32 Prinzip des PAL-Laufzeitdecoders

Mit den Zeigerdiagrammen soll gezeigt werden, wie sich die Ausgangsspannungen des PAL-Laufzeitdecoders zusammensetzen. Durch die Addition der Spannungen NTSC 1 und PAL 0 (verzögerte PAL-Zeile) in der Addierstufe 1 (Zeiger $F1$ und $F1'$) ergibt sich am Ausgang 1 das positiv gerichtete F_U-Signal mit doppelter Amplitude ($2U$). Entsprechend bildet sich am Ausgang 2 das negativ gerichtete F_V-Signal.

> Die Signalaufspaltung besteht darin, daß man in jeder Zeile die Summe und die Differenzen zweier aufeinanderfolgender Zeilen mit den Farbartspannungen F und F' bildet.

Weil die Signale immer nur für die Dauer einer Zeile vorhanden sind, müssen sie um eine Zeile (64 µs) gespeichert (verzögert) werden.

Der PAL-Laufzeitdecoder liefert die beiden Komponenten F_U und $\pm F_V$ des Farbartsignals. Diese beiden Komponenten sind die gleichen, die man auf der Senderseite in den Modulatoren erzeugt und durch Addition (Quadraturmodulation) zum Farbartsignal zusammensetzt.

> Der PAL-Laufzeitdecoder zerlegt das Farbartsignal in die Komponenten F_U und $\pm F_V$ und kompensiert automatisch die Phasenfehler (PAL-System).

Die PAL-Laufzeitleitung besteht aus einem Quarzstab und zwei Wandlern (**8.**33 a). Man wandelt das elektrische Signal in eine Ultraschallwelle um und läßt diese über einen Quarzstab laufen (Ultraschall-Verzögerungsleitung). Die Länge der Quarzleitung bestimmt die Laufzeit des akustischen Signals. Am Ende der Laufzeitstrecke muß das Ultraschallsignal durch ein piezoelektrisches Element wieder in ein elektrisches Signal zurückverwandelt werden. Die Verzögerungszeit der Leitung ist etwas geringer als 64 µs (63,943 µs). Der genaue Abgleich wird durch eine kleine einstellbare elektrische Verzögerung im Gerät vorgenommen. Im Lauf der Zeit wurden Verzögerungsleitungen verschiedener Bauformen entwickelt (**8.**32 b). Durch Reflexion und Mehrfachreflexion des Ultraschallsignals kann man die äußere Form der Leitung verkleinern.

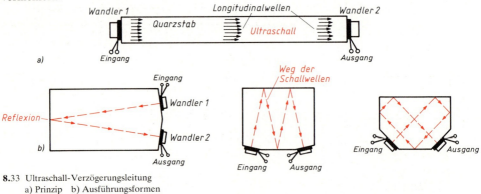

8.33 Ultraschall-Verzögerungsleitung
a) Prinzip b) Ausführungsformen

Schaltung eines PAL-Laufzeitdecoders mit Einzelbauelementen (**8.**34). Das Farbartsignal liegt an der Basis eines Transistors in Kollektorschaltung (Anpassung). Am Ausgang der Vorstufe teilt man das Signal auf. Das unverzögerte Signal speist man direkt in die Mitte des symmetrischen Übertragers ein. Den anderen Teil führt man der Verzögerungsleitung zu. In der Spule L_1 des Übertragers addiert man das verzögerte und das unverzögerte Signal, wäh-

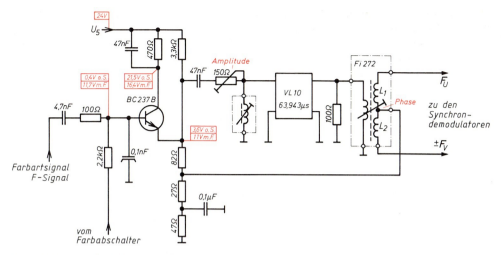

8.34 Schaltung eines PAL-Laufzeitdecoders

rend man sie in der Spule L_2 subtrahiert. Am Ein- und Ausgang der Verzögerungsleitung sind Korrekturglieder zur genauen Einstellung der Amplitude und der Phasenlage des Signals. Auf der Laufzeitleitung darf keine Phasenverschiebung zwischen eingespeistem und ausgekoppeltem Signal entstehen. Denn bei der Addition und Subtraktion der Signale im Übertrager entständen Farbtonfehler, weil die Addition der phasenverschobenen Komponenten die resultierende Spannung (Länge des Zeigers) und deren Phasenlage bestimmen würde.

Die Ein- und Ausgangssignale am PAL-Laufzeitdecoder zeigt Bild **8.**35. Man erkennt die Aufhebung der Quadraturmodulation (s. Bild **8.**13 auf S. 482).

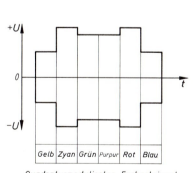

Quadraturmoduliertes Farbartsignal
F-Signal, Eingangssignal

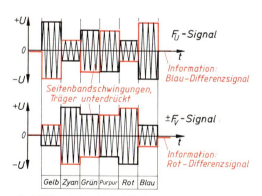

Farbdifferenzsignale (amplitudenmoduliert)
Ausgangssignale

8.35 Ein- und Ausgangssignale am PAL-Laufzeitdecoder

Die Ausgangssignale F_U und $\pm F_V$ sind nach wie vor amplitudenmodulierte HF-Signale (4,43 MHz), deren Träger unterdrückt sind.

Übungsaufgaben zu Abschnitt 8.2.4 und 8.2.5

1. Welche Aufgaben hat der Farbartverstärker?
2. Warum hat der Farbartverstärker eine unsymmetrische Durchlaßkurve?
3. Was versteht man unter ACC? Welche Aufgaben sind damit verbunden?
4. Woraus gewinnt man die Regelspannung zur Verstärkungsregelung des Farbartverstärkers?
5. Erläutern Sie die Wirkung des Farbsättigungseinstellers.
6. Welche Aufgaben hat der Farbschalter? In welchen Fällen soll er wirksam werden?
7. Skizzieren und erläutern Sie andere Schaltbeispiele für einen Farbabschalter (Service-Unterlagen).
8. Erläutern Sie den Unterschied zwischen dem Eingangs- und Ausgangssignal am Farb-ZF-Verstärker (**8.**30).
9. Wie kommt es zur Ausbildung des Farbartsignals im Farb-ZF-Verstärker?
10. Welche Informationen beinhaltet das Farbartsignal?
11. Nennen Sie die grundsätzliche Aufgabe des PAL-Laufzeitdecoders.
12. Wie erreicht man die Aufhebung der Quadraturmodulation?
13. Weshalb ist eine PAL-Laufzeitleitung nötig?
14. Welches Signal entsteht bei der Subtraktion des verzögerten und unverzögerten Farbartsignals?
15. Welche Ausgangssignale liefert der PAL-Laufzeitdecoder?
16. Warum ist der Ausdruck PAL-Demodulator irreführend?
17. Welcher Unterschied besteht zwischen der Y-Verzögerungsleitung und der PAL-Verzögerungsleitung (Aufbau und Wirkungsweise)?
18. Erläutern Sie den Unterschied zwischen dem Eingangssignal und den Ausgangssignalen (**8.**26) am PAL-Laufzeitdecoder.

8.2.6 Synchrondemodulatoren und PAL-Schalter

Die Ausgänge des PAL-Laufzeitdecoders liefern das F_U- und $\pm F_V$-Signal (**8.**35). Beide sind trägerfrequente Signale, deren Träger durch ein besonderes Modulationsverfahren (Ringmodulator) unterdrückt wurde. Die zu übertragenden Informationen (z. B. das Rot-Differenzsignal im Bild **8.**35) sind nicht in den Hüllkurven enthalten. Deshalb kann man die F_U- und $\pm F_V$-Signale nicht durch einfache AM-Demodulatoren demodulieren.

Aufgaben der Synchrondemodulatoren. Die trägerfrequenten Farbdifferenzsignale F_U und $\pm F_V$ müssen demoduliert werden, damit man die videofrequenten Farbdifferenzsignale $(B-Y)$ und $(R-Y)$ erhält. Außerdem muß der zeilenfrequente Polaritätswechsel (PAL-Verfahren) aufgehoben werden. Dazu ist ein elektronischer Umschalter nötig, der **PAL-Schalter**. Da man die Farbdifferenzsignale mit unterdrücktem Träger sendet, muß man den Träger wieder zusetzen (**8.**36). Dabei sind zwei Bedingungen zu erfüllen: Der Farbträger muß eine erheblich

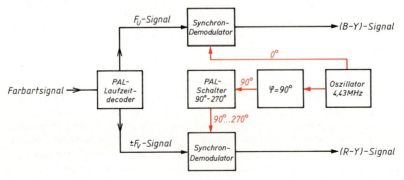

8.36 Blockbild der Synchrondemodulatoren und PAL-Schalter

höhere Amplitude als das Farbdifferenzsignal haben (Funktion des Demodulators), und der Hilfsträger für das $\pm F_V$-Signal muß um 90° gegen den Hilfsträger für das F_U-Signal verschoben sein. Diese Phasenverschiebung muß deshalb eingehalten werden, weil man auch im Sender die Signale F_U und F_V unter einem Winkel von 90° zusammensetzt (Quadraturmodulation).

> Bei der Demodulation der Differenzsignale muß der zugesetzte Hilfsträger die gleiche Phasenlage wie die Farbdifferenzsignale haben.

Außerdem muß man den Farbhilfsträger in zeilenfrequentem Wechsel zwischen 90° und 270° umschalten (s. Abschn. 8.1.3).

Wirkung der Synchrondemodulatoren. Beim Farbdifferenzsignal entspricht die Hüllkurve nicht der ursprünglichen Modulation (**8.**35 und **8.**37). Demoduliert man das Signal mit einem einfachen AM-Gleichrichter, entspricht die gewonnene Signalspannung nicht der gesendeten Information (**8.**37 a).

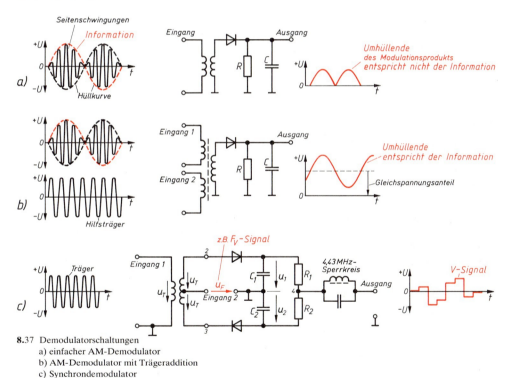

8.37 Demodulatorschaltungen
  a) einfacher AM-Demodulator
  b) AM-Demodulator mit Trägeraddition
  c) Synchrondemodulator

Die einfachste Art, ein entsprechendes Modulationsprodukt so gleichzurichten, daß man die Modulation wiedererhält, zeigt Bild **8.**37b. Einem AM-Gleichrichter werden gleichzeitig das Modulationsprodukt und die phasenrichtige Trägerschwingung zugeführt. Für die Diode liegen beide Signalspannungen in Serie. Die Summe beider Spannungen bildet die normale amplitudenmodulierte Trägerschwingung, deren Umhüllende der ursprünglichen Information entspricht. Der Nachteil dieser Schaltung liegt darin, daß der Gleichspannungsanteil von der Amplitude der Trägerschwingung abhängt.

In einer Gegentaktschaltung (**8.**37c) kann man die durch den Träger entstehende Gleichspannung kompensieren. Das Ausgangssignal kann man deshalb ohne Koppelkondensator (Schwarzwert) auf die folgenden Stufen übertragen. Der Träger liegt am Punkt 1 der Schaltung (u_T). Die an den Punkten 2 und 3 gegen die Mittelanzapfung liegenden Trägerspannungen (u_T) sind gegenphasig und öffnen periodisch die beiden Dioden. Ist kein Farbdifferenzsignal vorhanden, laden sich C_1 und C_2 gleich stark, aber gegensinnig auf – am Ausgang entsteht keine Spannung. Wirkt das Farbdifferenzsignal am Eingang 2 (u_F), ergibt sich, je nach Phasenlage der Schwingungen gegenüber der Phase der Trägerschwingung eine Verschiebung der Ladespannungen an den Kondensatoren C_1 und C_2 (u_1 und u_2 in den Bildern **8.**37c und **8.**38). Am Ausgang tritt die Differenz beider Ladespannungen (u_1 und u_2) als demoduliertes Farbdifferenzsignal auf, weil die Reihenschaltung der Dioden entgegengesetzt gepolte Richtspannungen an den Kondensatoren erzeugt. Die Ausgangsspannung entnimmt man an der Diagonalen der Brückenschaltung (Masse, Punkt 4). Die Brücke bilden die Bauelemente C_1, C_2, R_1 und R_2. Die HF-Reste des Hilfsträgers unterdrückt man mit einem 4,43-MHz-Sperrkreis.

8.38 Zusammensetzung der Teilspannungen am Synchrondemodulator

Die vollständige Schaltung beider Synchrondemodulatoren zeigt Bild **8.**39. Man erkennt, daß man dem V-Demodulator den Träger über eine Diodenschaltung einmal mit einer Phasenlage von 90° und in der nächsten Zeile mit einer Phasenlage von 270° speist. Dadurch hebt sich die im Sender bewirkte zeilenweise Umschaltung des Signals wieder auf (PAL-Verfahren).

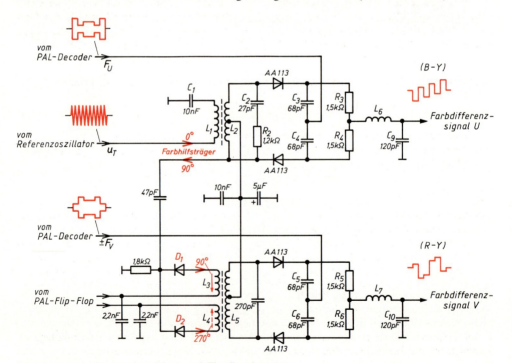

8.39 Schaltung der Synchrondemodulatoren mit Einzelbauelementen

PAL-Schalter. Die um 90° phasenverschobene Hilfsträgerschwingung führt man dem unteren Synchrondemodulator (V-Demodulator) über den PAL-Schalter zu, der sie nach jeder Zeile umpolt (**8.**39). Die Umpolung erreicht man über die Dioden D_1 und D_2 und die gegensinnig geschalteten Spulen L_3 und L_4. Die Dioden werden vom PAL-Schaltimpulsgenerator (**8.**40) abwechselnd geöffnet und gesperrt. Die Farb-Hilfsträgerschwingungen gelangen dabei während der NTSC-Zeile über D_1 an L_3 (90°) und während der PAL-Zeile über D_2 an L_4 (270°).

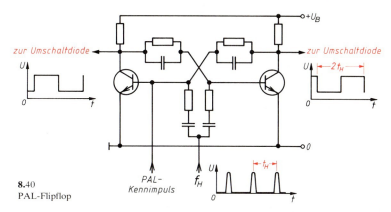

8.40 PAL-Flipflop

Der Schaltimpulsgenerator (PAL-Flipflop, **8.**40) ist das Herz des PAL-Schalters. Das Flipflop wird durch die Zeilenrücklaufimpulse getriggert. Zur Synchronisierung des Flipflops leitet man aus der periodischen Änderung der Burstphase in einer Phasenvergleichsschaltung (s. Abschn. 8.2.7) eine entsprechende Steuerspannung ab (PAL-Kennung). Sie sorgt dafür, daß der Farbhilfsträger im Empfänger zur gleichen Zeit wie im Sender in der augenblicklich geforderten Phasenlage 90° oder 270° zur Verfügung steht. Die vom PAL-Flipflop gelieferte Umschaltfrequenz ist gleich der halben Zeilenfrequenz (7,8 kHz), weil nur jede zweite Zeile umzuschalten ist.

> Durch den PAL-Schalter macht man die zeilenweise Umschaltung des F_V-Signals wieder rückgängig.

Das Funktionsschema des Synchrondemodulators TBA 520 zeigt Bild **8.**41 auf S. 506. In dieser integrierten Schaltung sind alle erforderlichen Stufen vereinigt, die aus dem Ausgangssignal des PAL-Laufzeitdecoders die drei Farbdifferenzsignale erzeugen.

8.2.7 Farbträgeraufbereitung

Farbträgerrückgewinnung. In Abschn. 8.1.2 wurde dargestellt, daß man die Farbsignalspannungen einem Farbhilfsträger aufmoduliert. Mit Rücksicht auf die Kompatibilität unterdrückt man jedoch bei der Modulation den Farbhilfsträger. Das dem HF-Träger aufmodulierte Signal enthält neben dem Ton- und Helligkeitssignal nur die Seitenbänder des Farbträgers. Um das Farbsignal im Empfänger wiederzugewinnen, muß man den Farbträger regenerieren und den Farbseitenbandsignalen (F_U und $\pm F_V$) zusetzen. Der neu gewonnene Farbhilfsträger muß genau die gleiche Frequenz und Phasenlage wie der Farbhilfsträger im Sender haben.

> Im Empfänger arbeitet ein quarzgesteuerter Oszillator, dessen Frequenz und Phasenlage man über eine Nachstimmschaltung mit dem Senderfarbträger synchronisiert.

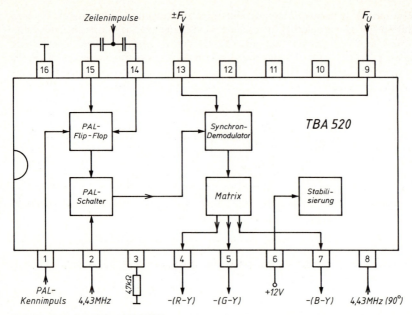

8.41 Synchrondemodulator TBA 520

Das Farbsynchronsignal (Burst) besteht aus 9 bis 11 Schwingungen des Farbhilfsträgers (**8.**42), die man symmetrisch zum Austastpegel auf der hinteren Schwarzschulter jeder Zeile untergebracht hat. Während des Bildwechsels wird kein Burst übertragen.

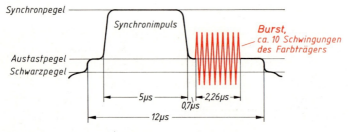

8.42 Zeilensynchronimpuls mit Burst

Aufgaben des Bursts. Der Burst liefert einige wichtige Informationen:
— Die Phasenlage des Bursts (135° oder 225°) ist die Bezugsphase für den Quarzoszillator.
— Das Vorhandensein des Bursts ist ein Zeichen dafür, daß es sich um eine Farbsendung handelt. Der Burst wirkt auf den Farbabschalter (s. Abschn. 8.2.4).
— Die Burstamplitude ist ein Maß für die Amplitude der Farb-ZF. Sie dient der Regelspannungserzeugung für den Farb-ZF-Verstärker (s. Abschn. 8.2.4).
— Die Polung des Bursts zeigt an, ob eine NTSC-Zeile oder eine PAL-Zeile gesendet wird (s. Abschn. 8.1.3). Sie dient deshalb zur Steuerung des PAL-Flipflops (PAL-Kennung).

Zur besseren Übersicht sind in der Blockschaltung **8.**43 die Empfängerstufen angegeben, die mittelbar oder unmittelbar mit der Farbträgeraufbereitung zusammenwirken.

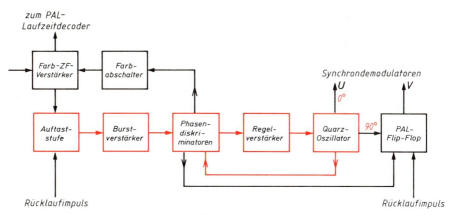

8.43 Blockschaltung der Stufen zur Aufbereitung des Farbhilfsträgers

Das Farbsynchronsignal (Burst) beeinflußt den Quarzoszillator, den Farbabschalter, die Farbkontrastautomatik und den PAL-Schalter.

Der getastete Burstverstärker (Burst-Auftaststufe und -Verstärker) hat die Aufgabe, den Burst vom Farbartsignal zu trennen und zu verstärken (8.44). Ähnlich wie bei der getasteten Regelung benutzt man auch hier Zeilenrücklaufimpulse zur Öffnung einer Verstärkerstufe. Der Burstverstärker muß genau zu dem Zeitpunkt geöffnet werden, in dem der Burst im Signal erscheint (Zeitverzug gegenüber dem Rücklaufimpuls).

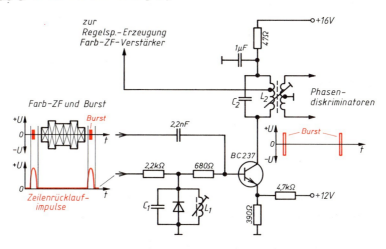

8.44 Getasteter Burstverstärker

Funktion. Der Transistor ist während des Zeilenhinlaufs gesperrt (keine Basisspannung, positive Emitterspannung). Während des Zeilenrücklaufs stößt der Rücklaufimpuls den Schwingkreis L_1, L_2, C_1 an. Er hat eine Eigenresonanz von etwa dreifacher Zeilenfrequenz. Die Diode verhindert jedoch die Ausbildung einer vollständigen Schwingung. Es entsteht nur eine positive Halbschwingung; die negative Halbschwingung wird durch die Diode unterdrückt. Die positive Halbschwingung entsteht durch die Wahl der Resonanzfrequenz und durch die auftretende

Phasenverschiebung genau in dem Augenblick, in dem am Basisanschluß der Burst auftritt. Die Halbschwingung öffnet den Transistor. Am Kollektor erscheint nur der verstärkte Burst.

> Durch einen getasteten Verstärker trennt man den Burst vom übrigen Farb-ZF-Signal.

Phasendiskriminator (Regelverstärker) und Quarzoszillator bilden einen Regelkreis (**8.**43). Der Diskriminator muß dafür sorgen, daß der Quarzoszillator (Referenzoszillator) phasensynchron mit dem Farbträger (Burst) des Senders arbeitet. Je nachdem, ob diese Bedingung erfüllt ist oder nicht, gibt er eine Regelspannung unterschiedlicher Polarität oder Höhe ab. Die Regelspannung wirkt auf eine Nachstimmschaltung (z.B. Kapazitätsdiode) und beeinflußt dadurch Frequenz und Phase des Oszillators. Außerdem steuert der Phasendiskriminator den Farbabschalter. Aufbau und Wirkungsweise des Phasendiskriminators entsprechen weitgehend dem Phasendiskriminator zur Synchronisierung des Horizontalgenerators (s. Abschn. 7.3.2).

Synchronisation des PAL-Flipflops. Der Phasendiskriminator gibt neben der gesiebten Regelspannung noch Impulse ab, die den Takt der halben Zeilenfrequenz haben. Sie wirken (meist über einen Schwingkreis) auf eine bistabile Kippschaltung (PAL-Flipflop), die die Umschaltimpulse für den PAL-Schalter liefert (s. Abschn. 8.2.6).

> Der Phasendiskriminator steuert den Referenzoszillator und das PAL-Flipflop.

Die Schaltung eines Phasendiskriminators zeigt Bild **8.**45. Die Burstschwingungen (u_B) speist man mit ihrer Soll-Phasenlage über den symmetrischen Übertrager in den Diskriminator ein (1–2). Auf der Sekundärseite des Übertragers entstehen gegen Masse gleiche, aber um 180° gedrehte 4,43-MHz-Sinusschwingungen. Vom Referenzoszillator speist man die Farbhilfsträ-

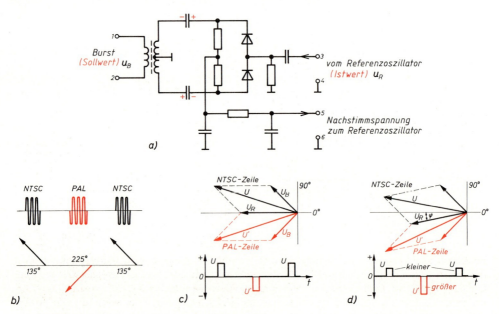

8.45 Phasendiskriminator a) zur Regelung der Farbhilfsträgerphase, b) alternierender Burst, c) Ausgangsspannung (Sollphase), d) Ausgangsspannung bei Phasenabweichung (φ)

gerschwingungen (u_R) über ein *RC*-Glied (Istwert) in die Brückenschaltung ein (3–4). Das *RC*-Glied bewirkt eine konstante Phasenverschiebung der Farbhilfsträgerschwingungen gegenüber dem Burst (**8.**45c). An den Klemmen 5–6 nimmt man die gesiebte Regelspannung zur Nachregelung des Referenzoszillators ab. Die Burstschwingungen werden von Zeile zu Zeile umgeschaltet (**8.**45b), so daß sich in der Sollphase (Oszillator arbeitet phasenrichtig) am Diskriminator die gleichgroßen Spannungen U und U' ergeben. Ungesiebt ergäben sich die eingezeichneten positiven und negativen Impulse.) Das Siebglied glättet die Impulse ein. In der Sollphasenlage ist darum die Regelspannung Null (s. Abschn. 7.3.2). Weichen die Farbhilfsträgerschwingungen von der Sollphasenlage (Winkel φ in Bild **8.**45d) ab, überwiegt die Spannung U' – am Siebglied entsteht eine negative Regelspannung.

Synchronisation des PAL-Flipflops. In der ungesiebten Ausgangsspannung des Diskriminators treten die Impulse U' im Halbzeilenrhythmus auf. Immer wenn eine PAL-Zeile gesendet wird, entsteht der Impuls U'. Mit diesen Impulsen (PAL-Kennung, PAL-Kennimpuls) synchronisiert man das PAL-Flipflop (s. Abschn. 8.2.6). D. h. man sorgt dafür, daß in dem Augenblick, in dem eine PAL-Zeile gesendet wird, der Farbhilfsträger über den PAL-Schalter mit der Phasenlage 270° an den *V*-Synchronmodulator gelangt.

> Die gesiebte Diskriminatorspannung (Regelspannung) synchronisiert den Quarzoszillator, die ungesiebte dagegen das PAL-Flipflop.

Den Referenzoszillator (Quarzoszillator) zeigt Bild **8.**46. Die Farbhilfsträgerfrequenz beträgt 4 433 618,75 Hz ± 5 Hz. Man braucht deshalb einen sehr stabilen Oszillator. Diese Bedingung erfüllt nur ein Quarzoszillator. Der Oszillator wird über eine Varicapdiode (s. Abschn. 2.3.8) durch eine Regelspannung indirekt synchronisiert. Der Transistor $V3$ arbeitet als Colpitts-

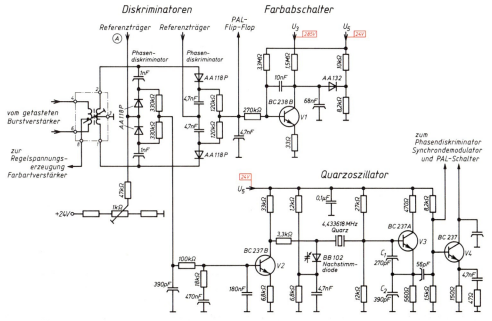

8.46 Phasendiskriminator, Farbabschalter, Regelverstärker und Quarzoszillator

Oszillator (s. Abschn. 2.7). Die Kondensatoren C_1 und C_2 bilden den Spannungsteiler für die Mitkopplung. Über den Transistor $V2$ (Regelverstärker) wird die Kapazitätsdiode (Nachstimmdiode) gesteuert. Transistor $V4$ dient als Trennverstärker für die folgenden Synchronmodulatoren.

Im Schaltungsbeispiel sind außerdem weitere Stufen zur Farbträgeraufbereitung angegeben.

Die integrierte Schaltung TDA 2522 faßt alle Stufen zur Farbträgeraufbereitung, die Synchrondemodulatoren, PAL-Schalter usw. zusammen (**8.**47). Die trägerfrequenten Komponenten des Farbartsignals werden getrennten Synchrondemodulatoren zugeführt. Die Teilerstufe des Oszillators liefert zwei um 90° gegeneinander phasenverschobene Signale. Der Phasendiskriminator erzeugt durch Vergleich der Phasenlagen des Farbsynchronsignals und des (R-Y-)Referenzsignals eine Nachstimmspannung, die den Oszillator steuert.

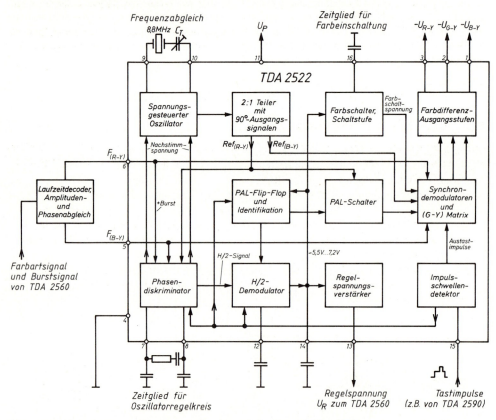

8.47 Synchrondemodulatoren und Farbträgeraufbereitung mit dem Baustein TDA 2522

Übungsaufgaben zu Abschnitt 8.2.6 und 8.2.7

1. Welche Aufgaben haben die Synchrondemodulatoren?

2. Warum muß der zugesetzte Farbhilfsträger die gleiche Phasenlage haben wie die Farbdifferenzsignale?

3. Warum kann man zur Demodulation der Farbinformationen keinen einfachen AM-Demodulator verwenden?

4. Warum muß bei der Demodulation der Farbinformationen der Farbhilfsträger zugesetzt werden?

5. Erklären Sie die Wirkungsweise des PAL-Schalters.
6. Erläutern Sie die Wirkungsweise des PAL-Flipflops.
7. Skizzieren Sie als Schaltungsauszug aus Service-Unterlagen einen V-Synchrondemodulator mit PAL-Schalter und Flipflop. Vergleichen Sie die Schaltungen.
8. Auf welchem Weg wird die Bezugsphase des Farbträgers übertragen?
9. Zu welchem Zeitpunkt während einer Zeile steht das Farbsynchronsignal zur Verfügung?
10. Welche Aufgaben hat der Burst?
11. Was versteht man unter alternierendem Burst?
12. Wie wird der Burst vom übrigen Signalgemisch getrennt?
13. Wodurch wird das PAL-Flipflop so synchronisiert, daß der Farbhilfsträger in der PAL-Zeile und in der NTSC-Zeile die jeweils richtige Phasenlage bekommt?
14. Skizzieren Sie als Schaltungsauszug aus Service-Unterlagen einen Referenzoszillator (Quarzoszillator).
15. Welche Aufgaben hat der Phasendiskriminator?
16. Warum muß die Ausgangsspannung des Phasendiskriminators zur Regelung des Oszillators gesiebt sein?
17. Skizzieren Sie aus Service-Unterlagen die Schaltung eines Regelspannungsverstärkers.

8.2.8 Ansteuerung der Farbbildröhre

Die Synchrondemodulatoren liefern die Farbdifferenzsignale $(B-Y)$ und $(R-Y)$. Zur Weiterverarbeitung dieser Signale und zum Ansteuern der Farbbildröhre bieten sich zwei Möglichkeiten (s. Abschn. 8.2.1):

Beim *RGB*-Verfahren braucht man die reinen Farbinformationen R, G und B. Sie müssen aus dem Leuchtdichtesignal (Y) und den beiden Farbdifferenzsignalen $(B-Y)$ und $(R-Y)$ gewonnen werden (**8.**48 a).

Beim Farbdifferenzverfahren braucht man die drei Farbdifferenzsignale $(B-Y)$, $(G-Y)$ und $(R-Y)$. Das Gründifferenzsignal muß aus den beiden anderen $(B-Y)$ und $(R-Y)$ gewonnen werden (**8.**48 b).

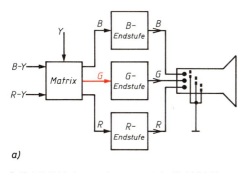
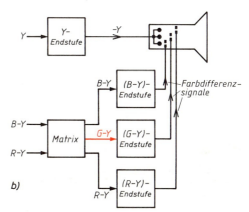

8.48 Möglichkeiten zur Ansteuerung der Farbbildröhre
 a) RGB-Verfahren
 b) Farbdifferenzverfahren

Erzeugung des Gründifferenzsignals beim Farbdifferenzverfahren. Die Matrix dazu ist einfach aufgebaut (**8.**49). Im Prinzip besteht sie aus Spannungsteilern. Zum Ausgleich der Dämpfung und zur Entkopplung sind die Spannungsteiler mit Verstärkerstufen kombiniert. Das Gründifferenzsignal kann man nach Abschn. 8.1.2 aus den beiden anderen Differenzsignalen gewinnen: $G-Y = -0{,}51\,(R-Y) - 0{,}19\,(B-Y)$. Außerdem kann man in dieser Stufe die Amplitudenreduzierung rückgängig machen. Die Differenzsignale $(B-Y)$ und $(R-Y)$ steuern die Transistoren $V1$ bzw. $V2$. An den Kollektoren erscheinen die gleichen Signale verstärkt, aber mit umgekehrtem Vorzeichen. Ein Teil beider Signale steuert über den Spannungsteiler R_1, R_2 und R_3 die Basis des Transistors $V3$. Der Spannungsteiler und die Stufenverstärkungen sind so ausgewählt, daß die in der angegebenen Gleichung nötigen Signalanteile zusammengefügt werden. Am Kollektor von $V3$ kann man $-(G-Y)$-Signal auskoppeln.

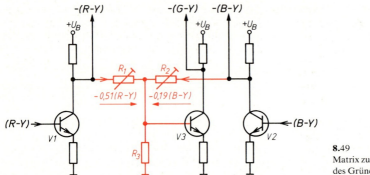

8.49
Matrix zur Erzeugung des Gründifferenzsignals

Zur Erzeugung des Grünsignals beim *RGB*-Verfahren geht man zunächst den gleichen Weg wie zum Gründifferenzsignal, denn zu den drei Differenzsignalen braucht man nur das Y-Signal hinzuzuaddieren, um die Farbsignale R, G und B zu erhalten (**8.**50). Die Differenzsignale führt man den Transistoren $V1$ und $V2$ zu. Entsprechende Teile der Eingangsspannungen wirken über den Spannungsteiler R_1, R_2 und R_3 (Matrix) an der Basis des Transistors $V3$. Hier entsteht das Gründifferenzsignal. Gleichzeitig wird den Transistoren über Spannungsteiler an

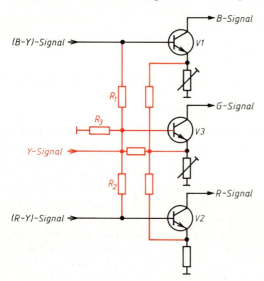

8.50
Matrix zur Erzeugung des Grünsignals

den Emittern das Leuchtdichtesignal zugeführt. An den Transistoren wirken die Leuchtdichtesignale an den Basisanschlüssen den Leuchtdichtesignalen an den Emittern entgegen (Doppelsteuerung der Transistoren) – sie heben sich auf. An den Kollektoren entstehen die entsprechenden Farbsignale R, G oder B.

Farbdifferenzansteuerung der Bildröhre. Bei der Differenzansteuerung führen die Gitter und die Katoden der Bildröhre Wechselspannungen. Das -Y-Signal steuert die Katoden (Parallelschaltung). Dieses Signal ist so gerichtet, daß Weiß die höchste positive Spannung an den Katoden ergibt. Gleichzeitig liegen an den Steuergittern die Farbdifferenzspannungen. An der Gitter-Katode-Strecke (Steuerstrecke der Bildröhre) wirkt die Differenzspannung beider Signale. Das Zustandekommen des Blausignals veranschaulicht Bild **8.**51. Zur genormten Farbbalkenfolge sind das -Y-Signal und das ($B-Y$)-Signal gezeichnet. Addiert man die Augenblickswerte der Spannungen, entsteht das Blausignal. Für den Farbton Cyan ist ein Zahlenbeispiel angegeben. Der Augenblickswert des -Y-Signals beträgt hier 70%, der des ($B-Y$)-Signals 30%; zusammen also 100%. Für den folgenden Farbton Grün sind die positiven und negativen Augenblickswerte gleich – der Augenblickswert des ($B-Y$)-Signals ist deshalb Null.
An den anderen Steuerstrecken entstehen die beiden anderen Farbsignale.

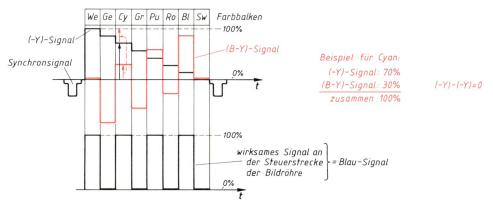

8.51 Entstehung des Blausignals aus dem -Y-Signal und dem B-Y-Signal

Bei der Farbdifferenzansteuerung entsteht die eigentliche Steuerspannung erst in der Bildröhre.

Gesamtschaltung der Farbdifferenzansteuerung (8.52 auf S. 514). Die Matrix wird über die Transistorvorstufe $V1$ und $V2$ gespeist. Diese Stufen arbeiten als Impedanzwandler. Sie passen die hochohmigen Ausgänge der Synchrondemodulatoren an die niedrigen Eingangswiderstände der Farbdifferenz-Endstufen an. Für die Widerstandsmatrix liefern die Vorstufen die Farbdifferenzsignale ($B-Y$) und ($R-Y$) zur Bildung des Gründifferenzsignals ($G-Y$). Der 22-kΩ-Widerstand und der 1-kΩ-Widerstand bestimmen als Spannungsteiler den Arbeitspunkt der ($G-Y$)-Endstufe.

Die Endstufen sind im Aufbau fast gleich. Die ($B-Y$)-Endstufe muß das Signal mit der größten Amplitude verarbeiten. Deshalb wählt man hier einen Transistor mit besonders hoher Sperrspannung und anderem Lastwiderstand als bei den anderen Stufen. Für die beiden anderen Endstufen begrenzt ein Spannungsteiler die hohe Betriebsspannung (280 V) auf etwa 210 V.

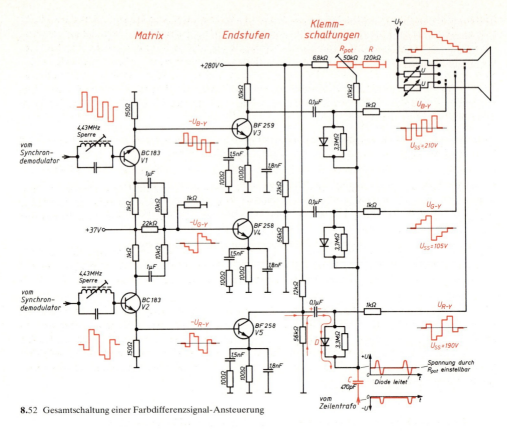

8.52 Gesamtschaltung einer Farbdifferenzsignal-Ansteuerung

An den Emittern der Endstufen liegen RC-Glieder für eine frequenzabhängige Gegenkopplung. Sie dienen zur Korrektur der Frequenzgänge.

Galvanische Trennung der Bildröhre. Die Bildröhre ist über Koppelkondensatoren mit den Endstufen verbunden. Die Trennung verhindert, daß Potentialverschiebungen (die nicht vom Nutzsignal hervorgerufen werden, sondern durch die Erwärmung der Endstufentransistoren, deren unterschiedliche Alterung usw.) an die Bildröhre gelangen. Diese Arbeitspunktverschiebungen würden Farbverfälschungen bewirken.

> Eine galvanische Trennung der Bildröhre von den Farbdifferenz-Endstufen verhindert Farbverfälschungen.

Klemmschaltungen. Durch die galvanische Trennung gehen die Gleichstromkomponenten der Farbdifferenzsignale verloren. Hinter den Trennkondensatoren schwankt der Gleichstromwert in Abhängigkeit vom Bildinhalt. Durch die Klemmschaltung kann man die Gleichspannungskomponente der Signale wieder herstellen (s. Abschn. 2.3.5). Über den Kondensator C und den Widerstand R differenziert man die Zeilenrücklaufimpulse. Die entstehenden Impulse überlagert man mit einer Gleichspannung, die an R_{pot} eingestellt wird. Die Klemmdioden D sind so gepolt, daß sie während der negativen Impulsspitzen leiten. Dadurch lädt sich der Koppelkondensator auf das Potential der Gittervorspannung. Während des Zeilenhinlaufs sind die

Klemmdioden gesperrt, weil jetzt ihre Katoden positiver als die Anoden sind. Auf diese Weise erzeugt man einen Gleichspannungsanteil, der dem vorher abgetrennten Anteil entspricht, d. h., die Farbdifferenzsignale werden auf ihre Nullinie geklemmt. Die Strahlströme der drei Elektronensysteme der Farbbildröhre sind zur Nachbildung der Information „Weiß" nicht gleich. Ihr Verhältnis zueinander hängt von den Leuchtstoffen und deren Wirkungsgrad ab. Außerdem müssen für eine genaue Schwarzeinstellung alle drei Systeme gleichzeitig die Sperrspannung erreichen. Aus diesen Gründen sind zum Ausgleich verschiedene VDR (s. Abschn. 2.2.3), in die Katodenleitungen gelegt.

Vorteile der Farbdifferenzansteuerung. Es ist nur eine Endstufe mit der Bandbreite 0 bis 5 MHz erforderlich (Y-Endstufe). Für die Farbdifferenzendstufen braucht man nur eine Bandbreite von ca. 1,5 MHz, weil die schmalbandigen Farbdifferenzsignale übertragen werden.

Nachteile der Farbdifferenzansteuerung. Man braucht vier Endstufen. Die Farbdifferenzendstufen müssen hohe Ausgangsspannungen liefern (etwa 180 V). Die endgültige Decodierung erfolgt an der gekrümmten Bildröhrenkennlinie (Farbtonfehler). Der Gleichspannungswert muß durch Klemmschaltungen wiederhergestellt werden.

RGB-**Ansteuerung der Bildröhre.** Bei der *RGB*-Ansteuerung speist man die Bildröhre mit den vollständig decodierten Farbsignalen (**8.**48a). Die Farbspannungen U_R, U_G und U_B werden in der Matrix gebildet, in den drei Farbsignal-Endstufen verstärkt und den Katoden der Farbbildröhre zugeführt.

Die Katodensteuerung der Bildröhre ist im Schwarzweiß-Empfänger üblich (s. Abschn. 7.2.4). Sie hat den Vorteil, daß die Steuergitter gemeinsam auf ein festes Potential gelegt werden können und für die Rücklaufaustastung oder ähnliche Aufgaben frei sind. Die Farbendstufen sind breitbandige Leistungsverstärker mit einer oberen Grenzfrequenz von 5 MHz. Alle drei Verstärker müssen genau aufeinander abgestimmt sein, weil sich bei Amplitudenverschiebungen Farbfehler einstellen.

> Die *RGB*-Endstufen sind Leistungsverstärker mit 0 bis 5 MHz Bandbreite.

Gesamtschaltung einer *RGB*-Ansteuerung (**8.**53, S. 516). Der Ausgang der Matrix- und Addierstufe liefert die decodierten Farbsignale; sie speisen die Treiberstufen. Am Transistor $V1$ kann man die Signalspannung Blau durch den Trimmer R_1 einstellen. Durch Verstellen des Trimmers ändert sich der Arbeitspunkt des Transistors und damit die Stufenverstärkung. Ebenso beeinflußt die Verstärkung des Transistors $V2$ die Signalspannung Grün. Diese Einstellungen sind erforderlich, um die unterschiedlichen Wirkungsgrade der drei Leuchtstoffe auszugleichen. Die drei Endstufen arbeiten in Basisschaltung. Dadurch erreicht man eine höhere Grenzfrequenz. Die bedämpften Spulen L_4, L_5 und L_6 gleichen den Verstärkungsabfall im oberen Frequenzbereich aus. Die Spulen L_7, L_8 und L_9 kompensieren die inneren Kapazitäten der Bildröhre und bewirken damit eine Korrektur der Frequenzgänge der Endstufen. Alle Elektroden der Farbbildröhre sind mit Funkenstrecken versehen. Sie verhindern eine übermäßige Auflading der entsprechenden Metallteile in der Bildröhre. Zusammen mit den Widerständen (2,2 kΩ; 1 MΩ) erreicht man eine Strombegrenzung und einen Schutz der Transistoren. Die Steuergitter (Wehneltzylinder) der Farbbildröhre liegen an einer festen Gleichspannung von 24 V. Die Wechselstromkreise sind über den 10 nF-Kondensator gegen Masse geschlossen.

Den Grauabgleich des Geräts nimmt man über drei Stellwiderstände vor. An ihnen werden die Schirmgitterspannungen der einzelnen Systeme getrennt eingestellt. Den Schirmgittern führt man auch die Austastimpulse zu.

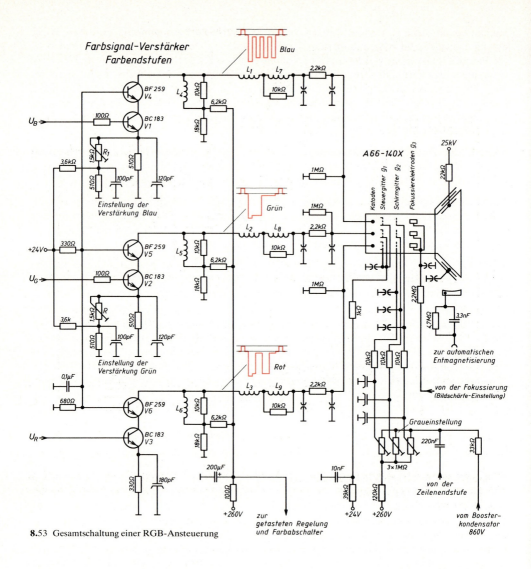

8.53 Gesamtschaltung einer RGB-Ansteuerung

Die integrierte Schaltung TBA 530 enthält die *RGB*-Matrix, die Treiberstufen und alle Korrekturglieder (**8.**54). Zur Aussteuerung der Farbbildröhren sind getrennte Endstufenplatinen vorgesehen. Im Beispiel ist nur die Blau-Endstufe gezeigt; die übrigen Farbendstufen hat man entsprechend angeschlossen; sie haben auch die gleiche Schaltung.

Bei modernen Farbfernsehgeräten überwiegt die *RGB*-Ansteuerung.

Vorteile der *RGB*-Ansteuerung. Die Farbsignale *R, G* und *B* bildet man in einer Matrix; dadurch werden Kontrolle und Serviceeinstellungen einfacher. Die erforderlichen Steuerspannungen sind geringer als bei der Differenzansteuerung (ca. 100 V). Die Steuergitter der Farbbildröhre bleiben für Einstellungen (Weißabgleich) frei. Es werden außerdem nur drei Endstufen nötig.

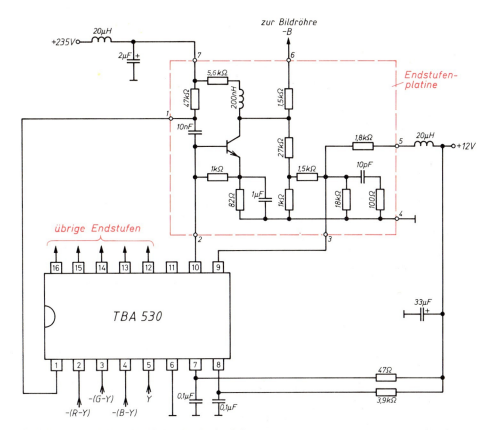

8.54 Integrierte Schaltung TBA 530 und Endstufenplatine

Nachteile der *RGB*-Ansteuerung. Die drei Videoendstufen müssen eine Bandbreite von 0 bis 5 MHz haben. Wegen der großen Bandbreite (kleine Lastwiderstände) treten in den Endstufen große Verlustleistungen auf (s. Abschn. 7.2.4).

Übungsaufgaben zu Abschnitt 8.2.8

1. Erläutern Sie das *RGB*-Verfahren.
2. Wie erzeugt man das Grün-Signal?
3. Zeichnen Sie aus Service-Unterlagen eine Matrix zur Erzeugung des Grün-Signals (mit allen Werten).
4. Wie erzeugt man das Grün-Differenzsignal?
5. Erläutern Sie das Farbdifferenzverfahren.
6. Skizzieren Sie aus Service-Unterlagen eine Farbdifferenz-Endstufe. Erklären Sie ihre Wirkungsweise.
7. Welche Nachteile hat die Farbdifferenzansteuerung der Bildröhre?
8. Wozu braucht man Klemmschaltungen?
9. Skizzieren Sie aus Service-Unterlagen verschiedene Klemmschaltungen. Erklären Sie ihre Wirkungsweise.
10. Welche Nachteile hat die *RGB*-Ansteuerung der Bildröhre?

8.2.9 Farbtestbild

Das Farbtestbild **8.**55 ist in der Bundesrepublik Deutschland offiziell eingeführt. Es ermöglicht folgende Kontrollen und Einstellungen:

- **Bildlage.** Der Kreismittelpunkt muß mit der Bildschirmmitte zusammenfallen.
- **Geometrie.** Zur Geometrieeinstellung dient der große Kreis.
- **Weißabgleich/Grauabgleich.** Grautreppe (Sättigungsregler zurückgedreht).
- **Konvergenz.** Zur Kontrolle dienen das Gitterfeld an den Außenseiten sowie die waagerechte und senkrechte Mittellinie des Testbilds.
- **Antennenanlage/Tuner/ZF-Verstärker.** Zur Kontrolle dienen die 1- bis 3-MHz-Streifen sowie der schmale senkrechte schwarze Streifen im weißen Feld unterhalb der MHz-Streifen.
- **Laufzeitleitung.** Die Phase wird so abgeglichen, daß die Sägezahnfelder $\pm V$ und $+U$ keinen Jalousieeffekt zeigen. Die Amplitude stellt man so ein, daß die farblosen Felder $+V$ und $\pm U$ keine Paarigkeit haben. Der Abgleich wird wechselseitig wiederholt.
- **Bezugsphase.** Bei falscher Phase sind beide Felder rechts unten ($+V$, $\pm U$) farbig. Man korrigiert die Bezugs-(0°)Phase, bis das innere Feld $+V$ möglichst unbunt ist und in der Farbe gerade umschlägt.
- **90°-Phase.** Ist das linke Feld ($+V$) unbunt, aber das rechte ($\pm U$) noch farbig, muß die 90°-Phase korrigiert werden, bis auch dieses Feld unbunt wird und in der Farbe umschlägt.
- **Richtiges Verhältnis Sättigung : Kontrast.** Man stellt den blauen Farbauszug her (Schirmgitter ,,Rot" und ,,Grün" der Bildröhre gegen Masse kurzschließen). Kontrast und Sättigungsregler auf Mittelstellung. ,,Helligkeit", wenn nötig auch ,,Helligkeit grob" dreht man so weit

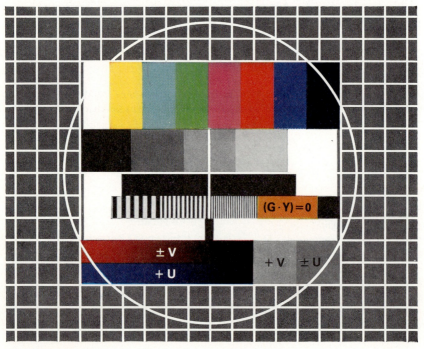

8.55 Farbtestbild

auf, daß das Schwarzfeld des Farbbalkens aufgehellt ist. Den Sättigungs-Grobregler stellt man so ein, daß das Gelbfeld des Farbbalkens dieselbe Blauhelligkeit hat wie das Schwarzfeld.

- **$R-Y$-Amplitude.** Man stellt den roten Farbauszug her (Schirmgitter ,,Blau'' und ,,Grün'' der Bildröhre gegen Masse kurzschließen). Dann wird die $R-Y$-Amplitude so eingestellt, daß das Grünfeld des Farbbalkens dieselbe Rothelligkeit hat wie das Schwarzfeld.
- **$G-Y$-Balance.** Nachdem der grüne Farbauszug hergestellt ist, stellt man die Grünbalance so ein, daß die Felder ,,Magenta'' (Purpur), ,,Rot'' und ,,Blau'' des Farbbalkens die gleiche Grünhelligkeit haben.
- **$G-Y$-Amplitude.** Den grünen Farbauszug beläßt man und stellt die $G-Y$-Amplitude so ein, daß das Purpurfeld des Farbbalkens dieselbe Grünhelligkeit hat wie das Schwarzfeld. Die beiden letzten Positionen werden wiederholt.

Mit diesem Testbild kann man alle wichtigen Service-Einstellungen beim Kunden und ohne Oszilloskop durchführen. Außerdem werden Phasenfehler durch die Antennenanlage beim Abgleich nach g) korrigiert.

9 Magnetische Bildaufzeichnung

Wie bei der Tonaufzeichnung gelingt es auch, Videosignale auf Magnetband aufzunehmen, zu speichern und fast beliebig oft wiederzugeben. Aufgenommene Videosignale können gemischt, geschnitten und gelöscht werden, so wie man es von der Tonaufzeichnung her gewohnt ist.

Für den Heimgebrauch sind die aufwendigen Studiogeräte mit ihren 2-Zoll-Magnetbändern und etwa 5 MHz Bandbreite zu teuer. Deshalb hat man kleinere und billigere Heimgeräte entwickelt, die mit einer Bandbreite von etwa 3,1 MHz auskommen. Die Grundlagen der magnetischen Signalaufzeichnung sind im Abschnitt 6 dargestellt worden. Aufnahmeverfahren, Speicherung, Wiedergabe und Löschen des Videosignals sind grundsätzlich gleich wie bei der Tonaufzeichnung – physikalisch sind beide Vorgänge identisch. Ein großer Unterschied besteht allerdings in den aufzuzeichnenden Signalfrequenzen. Während bei Tonaufzeichnungen die Maximalfrequenz bei 14 kHz liegt, gilt es im Videosignalbereich, Signalfrequenzen bis etwa 5 MHz zu speichern. Aus technischer Sicht muß man deshalb in der Bildaufzeichnung andere Wege beschreiten, als wir sie vom Tonbandgerät her kennen.

9.1 Grundlagen

Wie wir aus Abschnitt 6.2 wissen, muß die Kopfspaltbreite kleiner als die kleinste aufzuzeichnende Wellenlänge sein. Da man aus fertigungstechnischen Gründen den Kopfspalt nicht mehr wesentlich verkleinern kann und außerdem die elektrische Empfindlichkeit mit der Kopfspaltbreite stark abnimmt, muß man die Bandgeschwindigkeit erhöhen. Wie wirkt sich das auf Längs-, Quer- und Schrägschrift aus?

Längsschrift (9.1 a). Für ein Videosignal mit der Höchstfrequenz von 5 MHz ergibt sich je nach Kopfspaltbreite eine Bandgeschwindigkeit von 15 m/s bis 20 m/s. Diese hohe Bandgeschwindigkeit ist unpraktisch und äußerst unwirtschaftlich. Für eine angenommene Bandlänge von 1,2 km und eine Bandgeschwindigkeit von 20 m/s ergäbe sich bei der vom Tonbandgerät gewohnten Längsschrift eine Spieldauer von 60 Sekunden. Dieses Verfahren scheidet deshalb aus.

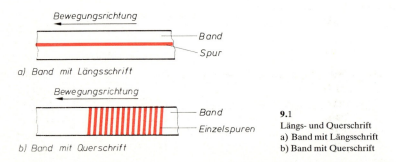

9.1
Längs- und Querschrift
a) Band mit Längsschrift
b) Band mit Querschrift

Querschrift (9.1 b). Bei der Längsschrift des Tonbandgeräts bewegt sich das Band am feststehenden Kopf vorbei. Man könnte auch den Kopf am feststehenden Band entlangbewegen. Bei Videogeräten wählt man eine Kombination aus Bandtransport und Kopfbewegung. So bewegt man bei aufwendigen Studiogeräten den Kopf quer zum Bandtransport. Aus beiden Bewegungen ergibt sich die Querschrift. Dieses Verfahren erfordert eine äußerst empfindliche und aufwendige Mechanik. Auch sie kommt für die Massenfertigung nicht in Betracht.

Schrägschrift (9.2). Bei Videorecordern verwendet man die Schrägschrift. Sie entsteht dadurch, daß man zwei Videoköpfe auf ein Rad montiert (Kopfrad) und dieses sehr schnell rotieren läßt. Gleichzeitig bewegt man das Magnetband in Drehrichtung langsam am rotierenden Kopf vorbei. Das Magnetband umschlingt dabei das Kopfrad um 186°. So vermeidet man die enorme Bandgeschwindigkeit und erhält trotzdem eine hohe Relativgeschwindigkeit zwischen Band und Videokopf und damit einen vertretbaren Bandverbrauch.

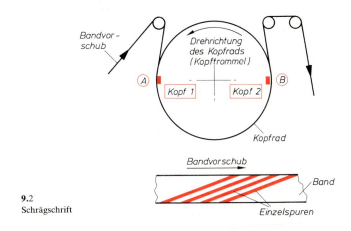

9.2 Schrägschrift

Beispiel 9.1 Die Kopfraddrehzahl beträgt 1500 1/min; das ergibt eine Umfangsgeschwindigkeit von z. B. 5,10 m/s. Die Bandgeschwindigkeit wird mit 2,44 cm/s angenommen. Die Abtastgeschwindigkeit berechnen wir aus 5,10 m/s − 0,0244 m/s = 5,08 m/s.

Die Kopfradtrommel ist dabei gegen die Bandvorschubrichtung geneigt (**9.3**). Dadurch entstehen auf dem Magnetband schräg verlaufende Spuren.

Das Videosignal wird mit Schrägschrift aufgezeichnet.

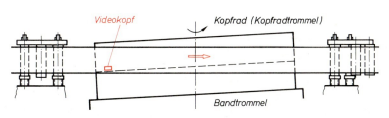

9.3 Neigung der Kopftrommel

Rotierende Übertrager. Das Videosignal überträgt man mit zwei Transformatoren, deren Primärwicklungen fest mit dem Lagerteil des Kopfrads verbunden und deren Sekundärwicklungen im rotierenden Kopfrad untergebracht sind (**9.**4). Die Übertragung ist berührungslos, da sich das Kopfrad mit 1500 1/min dreht. Der Abstand beider Übertragerhälften beträgt nur 0,05 mm. Die Wicklungen liegen in ringförmigen Vertiefungen einer weichmagnetischen Scheibe.

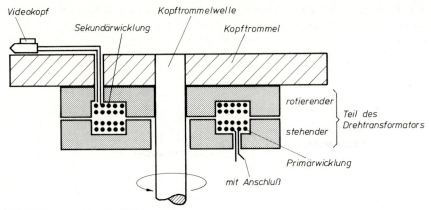

9.4 Prinzip des rotierenden Übertragers

Signalaufzeichnung (**9.**2a). Wie wir wissen, beträgt die Halbbildfrequenz 50 Hz. Man hat die Drehzahl des Kopfrads so festgelegt, daß je Kopfradumdrehung 2 Halbbilder (2 Spuren) geschrieben werden. In dem Augenblick, in dem Kopf *1* oder *2* die Position *A* erreicht hat, beginnt die Aufzeichnung eines Halbbilds; sie ist beim Erreichen der Position *B* abgeschlossen. Der Kopf *1* beginnt mit der Aufzeichnung der 1. Zeile und hört mit der 312,5. Zeile auf. Jetzt ist Kopf *2* in Position *A*, beginnt mit der Aufzeichnung der zweiten Hälfte der 312,5. Zeile und hört mit der 625. Zeile auf. Die Halbbilddauer beträgt 20 ms. In dieser Zeit muß der Kopf eine Spurlänge geschrieben haben. Die Spurlängen sind bei den verschiedenen Videosystemen unterschiedlich lang (s. Tab. **9.**7), z. B. 10,16 cm. Aus der Spurlänge und der Zeilenzahl je Halbbild ergibt sich die Zeilenlänge mit 0,325 mm.

> Jedes Halbbild entspricht der Länge einer Einzelspur auf dem Magnetband.

Winkelversatz der Kopfspalte. Um das Magnetband möglichst vollständig zu nutzen, läßt man zwischen den aufgezeichneten Einzelspuren keinen Abstand (Rasen). Dadurch können sich aber die Spuren gegenseitig beeinflussen (übersprechen). Diese Störung vermeidet man durch winkelversetzte Videospalte (**9.**5). Der eine Kopfspalt ist um $+\varphi°$, der andere um $-\varphi°$ gegen die Senkrechtstellung geneigt. Hierdurch entsteht zwischen benachbarten Einzelspuren ein Winkelversatz der Aufzeichnungen von $2 \cdot \varphi°$. Signale höherer Frequenz werden nur wiedergegeben, wenn der Kopfspalt genau senkrecht zur vorher aufgezeichneten Spur steht; deshalb können die um $2 \cdot \varphi°$ versetzten Signalaufzeichnungen nicht wiedergegeben werden.

> Der Winkelversatz der Kopfspalte mindert das Übersprechen benachbarter Halbbilder.

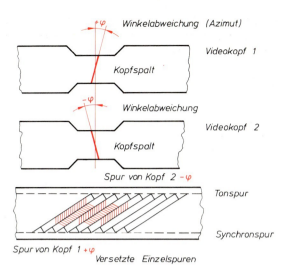

9.5
Kopfspaltneigung zur Vermeidung des Übersprechens

An die Videoköpfe als entscheidendes Bindeglied zwischen der Elektronik und dem Magnetband werden sehr hohe Anforderungen gestellt. Es sind Ringkerne hoher Permeabilität mit Luftspalt. Das Kernmaterial muß zur Vermeidung von Wirbelstromverlusten einen möglichst hohen spezifischen Widerstand, gleichzeitig eine hohe Standfestigkeit gegenüber Bandabrieb haben. Außerdem sind Eigenschaften wie geringes Materialrauschen, geringe Rauhtiefe und gute mechanische Verarbeitungsmöglichkeiten erwünscht. Diese Eigenschaften erfüllt weitgehend ein kristallines Mangan-Zinn-Ferrit. Die Bearbeitungstoleranzen sind äußerst eng. So muß man Abweichungen in der Kopfspaltbreite von $\pm 0{,}03$ µm und für die Spurbreite von $\pm 1{,}5$ µm einhalten (**9.6**).

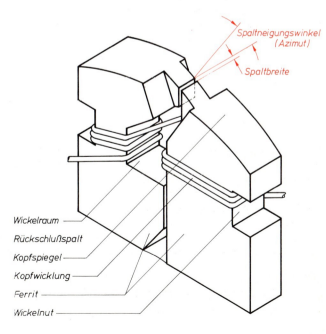

9.6
Aufbau eines Videokopfs

523

9.2 Vergleich der Aufzeichnungssysteme

Auf dem deutschen Markt werden unterschiedliche Systeme für Heim-Videorecorder angeboten. Die Kassetten sind deshalb nicht austauschbar. Die drei wichtigsten Videoaufzeichnungssysteme sind VHS, Betaformat (Betamax) und Video 2000. Die beiden ersten Systeme wurden in Japan entwickelt, Video 2000 dagegen in Europa. Die wesentlichen Systemunterschiede sind in Tabelle 9.7 zusammengefaßt. Man erkennt, daß viele unterschiedliche Parameter vorliegen. Außerdem sind auch die Kassetten mit unterschiedlichen Gehäuseabmessungen, Codierlöchern usw. ausgestattet. Die Bandführungen und Kopfräder der wichtigsten Videosysteme machen die Unterschiede besonders deutlich.

Tabelle 9.7 **Die wichtigsten Unterschiede der Videosysteme**

	VHS	Betaformat	Video 2000
Trommeldurchmesser	62 mm	74,487 mm	65 mm
Bandtransportgeschwindigkeit	23,39 mm/s	18,7 mm/s	24,41 mm/s
relative Geschwindigkeit	4,8462 m/s	5,8315 m/s	5,081 m/s
Spurneigungswinkel bei Spielbetrieb	5°57′50,3″	5°01′42″	2°38′42″
Spurneigungswinkel bei Standbild	5°56′07,4″	5°00″	2°38′06″
totale Videospurlänge	10,6 mm	10,6 mm	4,9 mm
effektive Spurlänge	10,07 mm	10,2 mm	4,69 mm
Video-Spurmitte	6,2 mm	6,01 mm	3,295 mm
Video-Spurbreite	49 µm	32,8 µm	22,6 µm
Synchronspurbreite	0,75 mm	0,6 mm	–
Tonspur (1)	0,35 mm	0,35 mm	0,25 mm
Tonspur (2)	0,35 mm	0,35 mm	0,25 mm
Tonspur-Referenz	11,65 mm	11,51 mm	0,375 mm
Kopfspalt-Azimut	±6°	±7°	±15°
Kopfumschaltzeitpunkt vor dem V-Impuls	5 bis 8 Zeilen	7 bis 10 Zeilen	3 bis 13 Zeilen

Beim VHS-System umschlingt man die Kopftrommel M-förmig (M-loading). Die Antriebswelle (Capstan) und die Andruckrolle liegen unmittelbar vor der Kassette (9.8). Der Kopfraddurchmesser ist der kleinste der drei Systeme (62 mm). Der Kopfspaltwinkel (Azimut) beträgt nur ±6°.

Beim Videosystem 2000 umschlingt man den Kopf meist auch M-förmig, doch unterscheidet sich die Bandführung deutlich (9.9). Dieses System hat den größten Kopfspaltwinkel mit ±15°. Das Spurschema zeigt, daß die Spurlänge nur bis zur Hälfte der Magnetbandbreite reicht (geringes Spurwinkelmaß von 2,647°). Dies erlaubt die doppelte Ausnutzung des Magnetbands, denn die Kassette läßt sich wenden und nochmals bespielen. Die Kassetten sind deshalb symmetrisch aufgebaut.

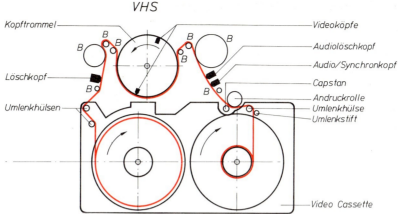

9.8 Bandführung beim VHS-System $B \triangleq$ Bandführungs- bzw. Bandumlenkelement

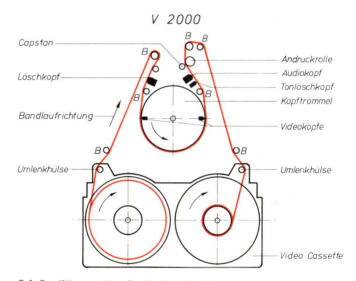

9.9 Bandführung und Spurlagen beim Videosystem 2000 $B \triangleq$ Bandführungs- bzw. Bandumlenkelement

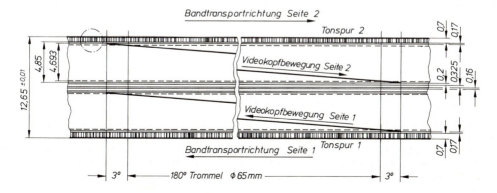

525

Das Betamaxsystem hat die komplizierteste Bandführung und den größten Kopfraddurchmesser (**9.**10). Die Bandvorschubgeschwindigkeit beträgt aber nur 18,7 mm/s.

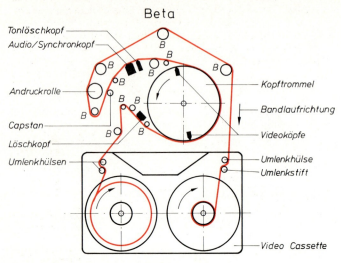

B ≙ Bandführungs- bzw. Bandumlenkelement

9.10 Bandführung beim Betamax-System

Gemeinsam sind bei allen Systemen die Kopfrad- und Capstan-Drehzahl durch Phasenvergleichsschaltungen und Servo-Elektronik so miteinander verknüpft, daß bei der Wiedergabe stets der Kopf *1* die Spur *1* abtasten läßt. In Aufbau und Arbeitsweise unterscheiden sich die drei Videosysteme nur geringfügig.

> Eine Steuerelektronik sorgt dafür, daß die Videoköpfe nur die Spuren abtasten, deren Magnetisierungsrichtung mit dem entsprechenden Kopfspaltwinkel übereinstimmt.

9.3 Blockschaltplan eines Videorecorders

Videoteil (9.11). Der eigene Empfangsteil (Tuner) ermöglicht es, eine Fernsehsendung aufzuzeichnen, während man gleichzeitig am Fernsehschirm ein anderes Programm verfolgt. Das HF-Signal gelangt über den Tuner in den Ton- und Bild-ZF-Verstärker. Nach der Demodulation entsteht die Ton-ZF wie im Fernsehgerät.

Der gesamte Tonkanal ist so aufgebaut, wie er uns vom Fernsehgerät her bekannt ist. Die Weiterverarbeitung des Tonsignals geschieht auf die gleiche Art wie in der Tonbandtechnik. Dabei kann die Aufnahme des NF-Signals auch noch über die AV- oder einer gesonderten Mikrofonbuchse kommen.

Aufbereitet wird das Videosignal in zwei getrennten Kanälen. Zunächst trennt man über entsprechende Filter das Schwarzweiß-Signal (Y-Signal) vom Farbartsignal. Der Y-Verstärker steuert einen FM-Modulator. Das umgesetzte Signal gelangt über eine Leistungsendstufe an die beiden Videoköpfe. Gleichzeitig verstärkt man in einem getrennten Kanal das Farbartsignal, das man ebenfalls über den Leistungsverstärker den Videoköpfen zuführt. Beide Signale werden am Eingang des Leistungsverstärkers gemischt.

Bei der Wiedergabe ist die Signalverarbeitung umgekehrt. Die von den Videoköpfen gelieferte Signalspannung überträgt man auf den Kopfverstärker. Anschließend trennt man das Y-Signal vom Farbartsignal. Beide Signale werden getrennt verstärkt und zusätzlich das Y-Signal demoduliert. Durch Mischung beider Signale erhält man das ehemalige vollständige FBAS-Signal zurück. Es gelangt zusammen mit dem Tonsignal zur AV-Buchse und über einen Modulator zum Fernsehgerät. Der Modulator ist ein Umsetzer, der das HF-Signal auf die Frequenz eines freien Fernsehkanals bringt.

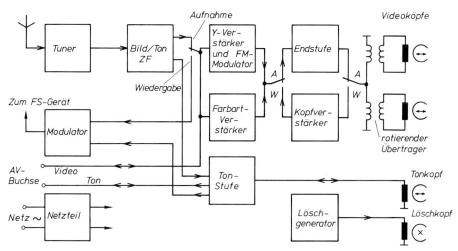

9.11 Blockbild des Videoteils

Servoteil. Neben dem Video- und Tonteil hat der Videorecorder einen sehr umfangreichen Servoteil (**9.12**). Vereinfacht kann man sagen, daß der Servoteil aus zwei Motorregelkreisen besteht: dem Kopfregelkreis und dem Bandregelkreis.

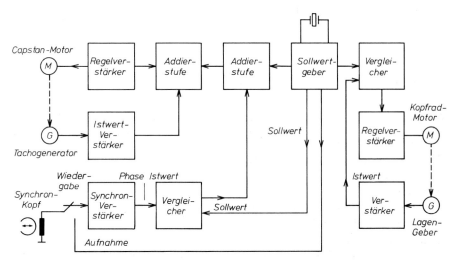

9.12 Blickbild des Servoteils

Im Kopfregelkreis (Kopfservo) tastet ein Lagengeber die Kopfraddrehzahl ab. Eine Impulsvergleichsschaltung vergleicht die Ist-Drehzahl mit der Sollwert-Vorgabe. Die erzeugte Regelspannung stellt über einen Regelverstärker die Motordrehzahl so lange nach, bis Sollwert und Istwert übereinstimmen.

Der Bandregelkreis (Bandservo) ist aufwendiger als der Kopfservo, denn er überwacht den Antrieb durch zwei Regelkreise. Zunächst erzeugt der auf der Capstanwelle befestigte Tachogenerator von der Drehzahl abhängige Impulse, die über einen Verstärker gelangen und in einer Vergleichsstufe mit dem Sollwert verglichen werden. Die entstehende Regelspannung beeinflußt wiederum die Motordrehzahl. Gleichzeitig wird der Sollwert vom Sollwertgeber mit einer weiteren Regelspannung aus einem Phasenregelkreis überlagert. Dieser zweite Regelkreis soll den Bandvorschub mit den Einschaltzeitpunkten der Videoköpfe synchronisieren. Auf einer getrennten Synchronspur (**9.**5) nimmt man während der Aufnahme Synchronimpulse im Abstand von 40 ms auf. Bei der Wiedergabe vergleicht man die abgelesenen Synchronimpulse mit der Videokopfposition. Die sich daraus ergebende Regelspannung führt man über eine Addierstufe dem Capstanregelkreis zu. Allerdings reicht auch diese aufwendige Regelung noch nicht ganz aus, um Fehler bei der Wiedergabe fremdbespielter Kassetten vollständig auszugleichen. Die Fehlerkorrektur nimmt man über einen Tracking-Regler vor. Beim Videosystem 2000 entfällt die Tracking-Regelung. Hier werden über besondere Regelungen die Videoköpfe nachgeführt.

9.4 Aufzeichnung des Videosignals

Wie wir am Beginn dieses Abschnitts feststellten, haben die magnetischen Bild- und Tonaufzeichnung andere Spurlagen, unterscheiden sich aber auch noch aus anderen Gründen.

Da das Videosignal Gleichspannungsanteile und sehr niedrige Frequenzanteile enthält und geringste Band-Kopf-Kontaktfehler zu Aplitudenfehlern, also Verfälschungen der übertragenen Information führen, kann man die Direktaufzeichnung nicht verwenden. Deshalb verwendet man im Y-Signalbereich (Leuchtdichtesignal, SW-Signal) zur magnetischen Aufzeichnung die Frequenzmodulation.

> Da die Gleichspannungsanteile nicht über den rotierenden Transformator übertragen werden können, setzt man das Videosignal in eine FM um.

9.4.1 Aufnahme des Helligkeitssignals

Die genannten Nachteile der Direktaufzeichnung lassen sich mit dem aufwendigen Umweg über die Frequenzmodulation vermeiden, denn die Gleichspannungsanteile und tiefste Signalfrequenzen werden jeweils bestimmten Frequenzen zugeordnet (**9.**13). Amplitudenfehler kann man durch Begrenzung des FM-Signals vermeiden.

> In der Frequenzmodulation ist jedem Spannungswert des Y-Signals eine Frequenz innerhalb des Hubbereichs zugeordnet.

Einengung des Frequenzbereichs. Um das Videosignal nach bestehender Norm aufzunehmen, muß der Recorder eine Bandbreite von etwa 5,5 MHz verarbeiten können. Aufwand und Preis sind für diese Aufgabe zu hoch. Bei Fernsehsendungen liegen etwa 90% der vorkommenden Y-Signalfrequenzen unterhalb von 3 MHz. Durch eine Begrenzung des Videosignals auf etwa 3 MHz ist es möglich, bei vertretbarem Bandverbrauch 90% der Bildinformation aufzuzeichnen.

Um den technischen Aufwand bei Heimgeräten in vertretbaren Grenzen zu halten, engt man die Videobandbreite ein.

Trennen von Y- und F-Signalen. Wie erwähnt, muß man das Leuchtdichtesignal und das Farbartsignal trennen. Man führt deshalb das FBAS-Signal einem Tiefpaß zu, dessen Durchlaßkennlinie die Farbinformationen unterdrückt und gleichzeitig die Bandbreite des Y-Signals auf etwa 3 MHz begrenzt. Das Farbartsignal mit dem Farbhilfsträger liegt bekanntlich oberhalb 3 MHz.

Umsetzen des Y-Signals in FM (9.13). Das ausgefilterte BAS-Signal beeinflußt mit seinen Spannungswerten einen Oszillator. Dabei ist jedem Spannungswert des Y-Signals eine Frequenz innerhalb des Hubbereichs zugeordnet. Der Hubbereich beginnt bei 3 MHz (VHS). Diese Frequenz entspricht dem Höchstwert der Synchronimpulse (Synchronboden).

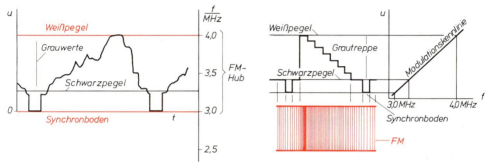

9.13 Umsetzung des Y-Signals in FM (VHS)

Weil dieser Gleichspannungswert genau festgelegt sein muß, leitet man das BAS-Signal über eine Klemmschaltung (9.14). Außerdem wird bei geklemmtem Synchronboden der Weißwert einer bestimmten Spannung zugeordnet. In einer besonderen Weißwertregelstufe wird die Amplitude des Y-Signals (Weißwert) auf einem konstanten Wert gehalten. Der bleibende Spannungshub entspricht damit einem Frequenzhub, also einer FM. Sie kann über die rotierenden Übertrager den Videoköpfen zugeführt werden.

Das Y-Signal wird vor der Aufzeichnung in FM umgewandelt.

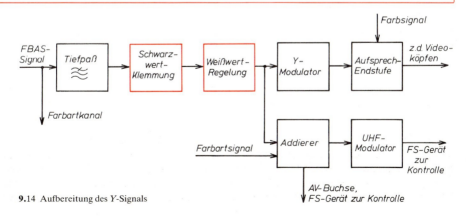

9.14 Aufbereitung des Y-Signals

529

9.4.2 Aufnahme des Farbartsignals

Auch der direkten Aufzeichnung des Farbartsignals stehen wichtige Gründe entgegen: Durch die auf 3 MHz begrenzte Bandbreite ist eine Aufzeichnung des Farbhilfeträgers und seiner Seitenfrequenzen, also des Farbartsignals (4,43...MHz), nicht möglich. Das Farbartsignal muß deshalb auf eine niedrigere Frequenz umgesetzt werden. Überdies würden die bei der Aufnahme und Wiedergabe auftretenden Gleichlaufschwankungen zu enormen Abweichungen der Farbhilfträgerfrequenz führen, die das Fernsehgerät nicht verarbeiten kann. Gleichlaufschwankungen können sowohl bei Bandvorschub als auch beim Kopfvorschub entstehen. Solche Fehler nennt man Zeitfehler.

> Vor der Aufzeichnung des Farbsignals wird die Frequenz auf eine niedrigere Trägerfrequenz (colour-under) umgesetzt (konvertiert).

Frequenzumsetzung. Der Aufnahmekanal für das Farbartsignal beginnt mit einem 4,43-MHz-Bandpaß zur Trennung des BAS-Signals vom Farbsignal (**9.**15). Der Bandpaß hat eine 5,5-MHz-Sperre zur Unterdrückung des Tonträgers; eine Gesamtbandbreite beträgt etwa 1 MHz. Die Frequenzherabsetzung (Konvertierung) erfolgt unter Benutzung der Zeilenfrequenz. Die Frequenz, auf die man den Farbträger mit seinen Seitenbändern heruntermischt, muß unterhalb von 1 MHz liegen, denn bis etwa 1 MHz reichen die Seitenbänder des FM-Signals aus dem Y-Kanal. Man wählt als neuen Farbhilfsträger die 40fache Zeilenfrequenz: 0,625 MHz. Das 4,43-MHz-Signal muß in die Frequenz 0,625 MHz umgesetzt werden. Dazu mischt man den 4,43-MHz-Hilfsträger mit einer Frequenz, die um 0,625 MHz höher liegt: 5,06 MHz.

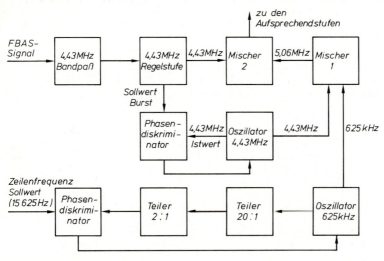

9.15 Signalumsetzung des Farbartsignals

Doppelte Mischung. Die 5,06-MHz-Hilfsfrequenz bekommt man durch Addition der unmodulierten Farbhilfsträger-Frequenz (Burst) und der 40fachen Zeilenfrequenz aus dem 0,625-MHz-Oszillator. Dieser Oszillator ist über einen Frequenzteiler mit einem Phasendiskriminator verbunden, der wiederum seine Sollimpulse vom Sender (Zeilenfrequenz) bezieht (Mischer 2).

Mischt man außerdem den 4,43-MHz-Farbhilfsträger (Farbartsignal) mit dem 5,06-MHz-Signal, ergeben sich als Differenzfrequenz die gewünschten 625 kHz.

Regelverstärker. Vor der Mischung durchläuft das Farbsignal einen Regelverstärker mit großem Regelumfang. Dieser Regelumfang ist nötig, weil sich die Amplitude des Farbträgers unter verschiedenen Empfangsbedingungen stark ändert, aber eine konstante Burst-Amplitude gebraucht wird. Über die Aufsprechverstärker addiert man das umgesetzte Farbartsignal zum Y-Signal.

> Ein Regelverstärker erzeugt eine konstante Burst-Amplitude.

9.4.3 Wiedergabe des Videosignals

Bei der Wiedergabe des aufgezeichneten Signals ist wiederum eine getrennte Signalverarbeitung für das Y-Signal und das Farbartsignal nötig. Das Gesamtsignal durchläuft allerdings zunächst den Video-Verstärker, der innerhalb der feststehenden Kopftrommel angeordnet ist.

Wiedergabe des Y-Signals (9.16). Eine Bandsperre unterdrückt das dem FM-Y-Signal überlagerte Farbartsignal. Das am Eingang des Regelverstärkers vorhandene Frequenzspektrum besteht aus den FM-Hubfrequenzen und den unteren Seitenfrequenzen bis etwa 1 MHz. Das FM-Y-Signal durchläuft einen geregelten Verstärker, an dessen Ausgang eine konstante Spitzenspannung von etwa 1 V steht. Der Regelverstärker speist gleichzeitig zwei Signalwege: einmal gelangt das Signal an einen Verstärker mit gleichzeitiger Begrenzerwirkung und folgendem Demodulator 1 zum anderen über einen Signalumschalter (Flipflop) an einen Zeilenspeicher (64 μs-Verzögerungsleitung) mit folgendem Demodulator 2. Die den Demodulatoren folgenden Tiefpässe unterdrücken die HF-Reste.

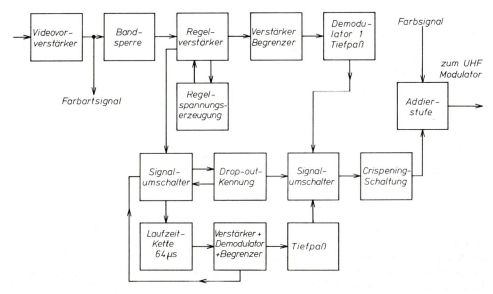

9.16 Blockschaltung für die Y-Signalwiedergabe

Drop-out-Kompensation. Drop-outs sind unvermeidbare kurze Signaleinbrüche oder -aussetzer, verursacht durch kleinste Fehler in der Magnetisierungsschicht des Bandes oder durch geringfügige Änderung des Band-Kopf-Kontakts. Sie machen sich im Schirmbild als störende kurze, horizontale Striche (Signalausfall) bemerkbar.

Bei fehlerfreier Zeile arbeitet deshalb Demodulator 1 und leitet das BAS-Signal über einen Umschalter an die Folgestufe. Außerdem speichert man diese fehlerfreie Zeile in der Verzögerungsschaltung (Laufzeitkette). Die Drop-out-Kennung (Schmitt-Trigger) veranlaßt bei gestörter Zeile über beide Signalumschalter die Einspeisung der letzten fehlerfrei gespeicherten Zeile in den Demodulator 2 und somit in den Wiedergabekanal. Bei dieser Kompensation setzt man voraus, daß der Inhalt zweier aufeinanderfolgender Zeilen nahezu gleich ist. Beim Einschieben der gespeicherten fehlerfreien Zeile an Stelle der gestörten Originalzeile entsteht für das Auge ein ungestörtes Bild.

> Die Drop-out-Kompensation beruht auf der Speicherung einer fehlerfreien Zeile, die man bei Bedarf (Drop-out) für die Originalzeile einschaltet.

Crispening-Schaltung. Nach der Drop-out-Kompensation durchläuft das BAS-Signal eine besondere Stufe zur Verbesserung der Bildschärfe. Die hochfrequenten Signalanteile des Signalgemischs werden, soweit sie den Rauschpegel deutlich überschreiten, verstärkt (hervorgehoben), differenziert, in der Phase um 180° gedreht und dem Signal wieder zugefügt. Dadurch verbessern sich die durch die Bandbreitenbegrenzung verursachten Schwarz-Weiß-Sprünge.

> Die Crispening-Schaltung verbessert die Bildqualität durch Hervorheben der Schwarz-Weiß-Übergänge.

Wiedergabe des Farbartsignals (9.17). Das umgesetzte Farbartsignal wird hinter dem Videovorverstärker ausgekoppelt und über einen gesonderten 625-kHz-Verstärker geleitet. Um es wieder in den ursprünglichen Frequenzbereich zu bringen, braucht man eine Hilfsfrequenz, die um diesen Betrag höher liegt: 0,625 MHz + 4,4336 MHz = 5,06 MHz. Wie bei der Aufnahme erhält man sie durch Addition der 40fachen Zeilenfrequenz (0,625 MHz) mit der quarzstabilisierten Oszillatorfrequenz von 4,4336 MHz. Subtrahiert man das umgesetzte Farbartsignal vom Hilfsträger 5,06 MHz, erhält man als Mischprodukt das Farbartsignal mit 4,436 MHz.

> Durch Mischen erhält man das Farbartsignal mit dem ursprünglichen Farbhilfsträger von 4,43 MHz zurück.

Zeitfehlerkompensation. Durch das in Bild **9.**17 dargestellte Aufnahme- und Wiedergabeverfahren des Farbartsignals kompensiert man die unvermeidbaren Zeitfehler, denn wenn das heruntergesetzte Farbartsignal z.B. einen Zeitfehler von +1% aufweist, hat sich auch seine Frequenz um diesen Wert erhöht. Die Zeilenfrequenz kommt ebenfalls vom Band, muß also den gleichen Zeitfehler haben. Der 0,625-MHz-Oszillator wird von der Zeilenfrequenz kontrolliert, die das Band liefert; seine Frequenz muß also auch um 1% erhöht sein. Die 40fache

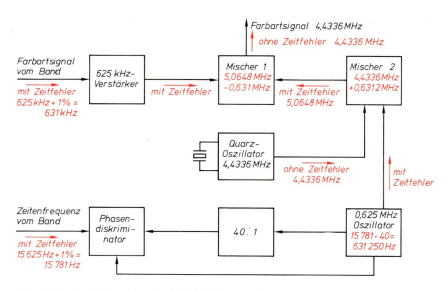

9.17 Wiedergabe des Farbartsignals und Zeitfehlerkompensation

Zeilenfrequenz (zwangsläufig mit dem Zeitfehler versehen) wird zur quarzstabilisierten Oszillatorfrequenz von 4,4336 MHz addiert. Von der entstehenden Hilfsfrequenz (ebenfalls mit Zeitfehler) subtrahiert man das zeitfehlerbehaftete Farbartsignal (Mischer 1). Dadurch kompensieren sich beide Zeitfehler. Am Ausgang des Mischers 1 steht das Farbartsignal mit 4,4336 MHz.

> Damit die Zeitfehler kompensiert werden, erzeugt man die Hilfsfrequenz für die Mischstufe 1 in der Mischstufe 2.

Das normgerechte Farbartsignal durchläuft ein Filter, um Seitenfrequenzen und Übersprechstörungen zu unterdrücken, und wird schließlich zum Y-Signal addiert. Das so gewonnene FBAS-Signal liegt am Eingang des UHF-Modulators.

9.5 Tonverarbeitung

Der wesentliche Unterschied zum gewohnten Tonaufzeichnungsverfahren der Kassetten-Tonbandgeräte ist beim Videorecorder die geringe Bandgeschwindigkeit (z. B. 2,44 cm/s). Das Videoband zeichnet die Toninformation je nach Mono- oder Stereoaufzeichnung auf einer oder zwei Spuren längs des Bandes mit feststehenden Köpfen auf.

Schaltung der Tonquellen (9.18). Der ZF-Demodulator liefert, je nach mitgesendeter Kennung, das Mono- oder Stereo-NF-Signal. Außerdem kann das Tonsignal als Mono- oder Stereosignal über die AV-Buchse eingespeist werden. Schließlich lassen sich für die direkte Vertonung oder eine Nachvertonung die entsprechenden NF-Signale an der Mikrofonbuchse abnehmen.

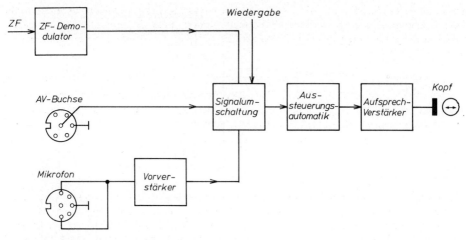

9.18 Schaltung der Tonquellen und des Tonkanals

Regelanpassung. Man hält aus verschiedenen Gründen den Pegel mit einer Aussteuerungsautomatik vor dem Aufsprechverstärker konstant (Aufnahme ohne Beisein mit Schaltuhr, unterschiedliche Mikrofonpegel usw.). Dazu bringt man vor dem Signalumschalter durch entsprechende Dämpfung oder Verstärkung alle Signalspannungen auf einen einheitlichen Wert (z. B. 10 mV). Der folgende Verstärker mit automatischer Regelspannung liefert eine Ausgangsspannung von etwa 1 V. Hier ist allerdings gleichzeitig mit der Verstärkung die Zeilenfrequenz (15,625 kHz) zu unterdrücken. Die Aufnahmeentzerrung des Aufsprechverstärkers ist so ausgelegt, daß die bei der Aufnahme auftretenden Verluste im Tonkopf ausgeglichen werden.

9.6 Servoregelung

Wie schon in der Übersicht beschrieben, sind die Videorecorder mit zwei Servo-Regelkreisen ausgestattet, und zwar für die Drehzahlregelung des Kopfrads und für den Bandantrieb. In beiden Regelkreisen findet ein Sollwert-Istwert-Vergleich statt. Die Sollwerte leitet man aus dem BAS-Signal oder aus einem Quarzoszillator ab.

Schwungradschaltungen (9.19). Zur Sollwert-Impulserzeugung dient ein astabiler Multivibrator, der bei der Aufnahme mit den Vertikalsynchronimpulsen und bei der Wiedergabe mit der 50-Hz-Netzfrequenz getriggert wird. Durch dieses indirekte Verfahren ergibt sich eine hohe Störsicherheit. Über einen Frequenzteiler (2:1) erzeugt man 25-Hz-Rechteckimpulse, die als

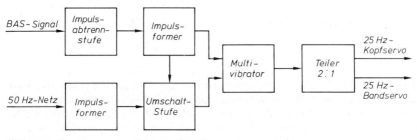

9.19 Sollwert-Impulserzeugung (Schwungradkreis)

Sollwertimpulse die Regelkreise des Kopf- und Bandservos steuern. In vielen Geräten erhöht man die Genauigkeit der Sollwert-Impulserzeugung durch einen Quarzoszillator. Das 25-Hz-Kontrollsignal zeichnet man mit dem Band auf. Es wird bei der Wiedergabe als Steuersignal benutzt.

> Das Servosystem stellt sicher, daß die Videokopfumdrehungen genau der halben Videosynchronfrequenz (25 Hz) entspricht. Bei der Wiedergabe müssen die Videoköpfe exakt die auf das Band aufgenommenen Spuren abtasten.

9.6.1 Kopftrommelservo

Bild **9.**20 zeigt das Prinzip der Servoschaltung. Die rotierende Videokopftrommel wird durch einen Gleichstrommotor direkt angetrieben. Zur Geschwindigkeitsauswertung dienen 60 rotierende Permanentmagnete, die im Motor untergebracht sind. Die entsprechenden Abtaster sind auf der den Motor umschließenden Frequenzgeneratorplatte verteilt. Rotiert der Kopf mit 25 1/min, ergibt sich ein 1,5-kHz-Ausgangssignal. Dieses Istwertsignal benutzt man während der Aufnahme und der Wiedergabe.

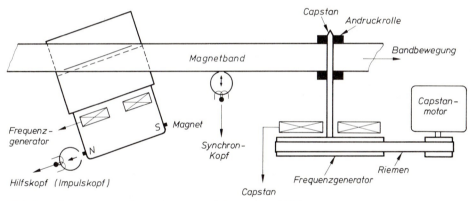

9.20 Frequenzgeneratoren im Antriebssystem eines Videorecorders (VHS)

In einem Frequenz-Spannungs-Umsetzer wertet man die Frequenz des Kopftrommelgenerators aus. Bei 1,5 kHz ergibt sich eine feste Ausgleichsspannung. Die Spannung nimmt mit steigender Frequenz ab und steigt bei kleinerer Eingangsfrequenz. Das Referenzsignal für den Phasenvergleich ergibt sich aus den abgetrennten und geteilten Vertikal-Synchronimpulsen.

> Der Geschwindigkeitsfehler steht dem Phasenregelkreis als Gleichspannung (Geschwindigkeitsfehlerspannung) zur Verfügung.

Impulskopf. Der Impulskopf wertet die einzelnen Kopftrommelumdrehungen aus und liefert ein 25-Hz-Signal an das Servosystem. Die unterschiedlichen Feldrichtungen der Kopftrommelmagneten erzeugen entgegengesetzt gerichtete Impulse, die in ihrer Polung je einem Videokopf zugeordnet sind. Die Impulse triggern ein Flipflop. Dieses Flipflopsignal gibt die Phasenlage der Videokopfumdrehung an, d. h. welcher Kopf die Spur auf dem Band schreibt oder abtastet.

Über einen elektronischen Umschalter (Kopfumschaltlogik) schaltet man den entsprechenden Videokopf ein bzw. aus.

> Durch die Abtastung des Kopfrads erreicht man die genaue Umschaltung der Videoköpfe.

9.6.2 Capstanservo

Die Capstanwelle wird direkt durch einen Gleichstrommotor oder über einen Antriebsriemen und entsprechende Schwungmasse angetrieben. Meist regelt man diesen Antriebsmotor in der Drehzahl und in der Phase. Dieser hohe Aufwand ist nötig, um Bilder störungsfrei wiederzugeben. Bei der Aufnahme und Wiedergabe nehmen die Soll- und Istwertimpulse unterschiedliche Wege.

> Der Bandvorschub wird über einen Phasenregelkreis genau stabilisiert.

Aufnahme (9.21 schwarz). Der meist quarzstabilisierte Sollwertgeber (Schwungradkreis) liefert 50-Hz-Impulse, die der Teiler auf 25 Hz herabsetzt. Diese Sollwert-Impulse gelangen über den Aufsprechverstärker an den Synchronkopf. Dort zeichnet man sie auf die Synchronspur. Gleichzeitig werden die Sollimpulse an einen Rampengenerator geleitet, dessen Trapezspannung an den Phasendiskriminator gelangt. Der Diskriminator vergleicht phasengenau die aus dem Tachogenerator stammenden Istwert-Impulse mit den Sollwert-Impulsen des Quarzoszillators. Die entstehende Regelspannung zieht den Motor auf die Solldrehzahl.

Wiedergabe (9.21 rot). Bei der Wiedergabe entnimmt man den Istwert dem Synchronkopf, der die aufgezeichneten 25-Hz-Impulse abtastet. Die verstärkten Istwertsignale gelangen über einen Impulsformer (Monoflop) an den Phasendiskriminator. In diesem Diskriminator vergleicht man, wie bei der Aufnahme, die vom Schwungradkreis gelieferten Sollwert-Impulse mit den vom Band stammenden Istwert-Impulsen. Der Regelverstärker sorgt für eine entsprechende Regelspannung, die eine Korrektur der Capstandrehzahl ermöglicht.

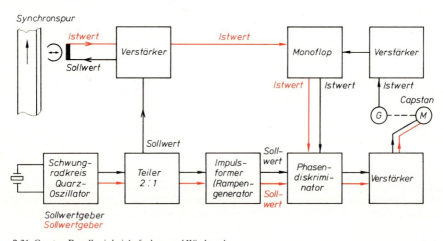

9.21 Capstan-Regelkreis bei Aufnahme und Wiedergabe

Übungsaufgaben zu Abschnitt 9

1. Warum verwendet man zur magnetischen Bildaufzeichnung das Schrägschriftverfahren?
2. Welche Spurlänge hat ein Halbbild?
3. Auf welche Weise überträgt man das Videosignal auf die rotierenden Videoköpfe?
4. Warum haben die Kopfspalten einen Winkelversatz?
5. Aus welchem Grunde muß man das Y-Signal vor der Aufzeichnung frequenzmodulieren?
6. Wie zeichnet man das Farbartsignal auf?
7. Erläutern Sie die Frequenzumsetzung des Farbartsignals.
8. Welchen Weg durchläuft das Y-Signal bei der Wiedergabe?
9. Was versteht man unter Drop-out-Kompensation?
10. Erläutern Sie die Zeitfehlerkompensation.

10 Digitaltechnik

Elektrotechnische Größen lassen sich nach zwei Prinzipien darstellen:

a)

b)

10.1 a) Analogprinzip, b) Digitalprinzip

- **nach dem Analogprinzip** = stetig, ohne Unterbrechung, wie bei Zeigerinstrumenten (Uhrzeiger),
- **nach dem Digitalprinzip** = unstetig, durch Ziffern mit unterschiedlichem Gewicht (**10.1**). Der Begriff „digital" (digit, engl.: Ziffer, Zeichen) stammt vom lateinischen Wort „digitus": Finger.

10.1 Zahlensysteme

Das uns bekannteste, aus den 10 Ziffern 0 bis 9 aufgebaute Zahlensystem ist das Zehner- oder **Dezimalzahlensystem**. Das einfachste, nur aus den beiden Ziffern 0 und 1 aufgebaute heißt **Dualsystem**. Grundsätzlich läßt sich ein Zahlensystem aus beliebig vielen Zeichen aufbauen. Neben dem Dezimalzahlensystem kommen in der Technik am häufigsten vor

- das Dualsystem mit den 2 Zeichen 0 und 1,
- das Oktalsystem mit den 8 Zeichen 0 bis 7,
- das Sedezimalsystem mit den 16 Zeichen 0 bis 9 und A bis F.

Basis. Alle genannten Zahlensysteme unterscheiden sich durch ihre Basis B, die die Anzahl der möglichen Ziffern je Stelle angibt. Schreiben wir die Jahreszahl 1985 in den verschiedenen Systemen auf, bietet sich ein zunächst ungewohntes Bild:

$1985_{(B=10)} = 11111000001_{(B=2)} = 3701_{(B=8)} = 7C1_{(B=16)}$

Im weiteren wird die Basis nur noch durch die Zahl angegeben.

10.1.1 Dezimalzahlensystem

Gewöhnlich werden technische Daten im Dezimalsystem angegeben. Darin hat jede Ziffer einer Zahl gemäß ihrer Stellung ein bestimmtes „Gewicht". Für die Jahreszahl 1985 bedeutet das z. B.

5 Einer, 8 Zehner, 9 Hunderter, 1 Tausender

Unsere Sprechweise von Zahlen hebt dieses Anordnungsschema nicht immer deutlich hervor, wie an dem Ausdruck „Neunzehnhundertfünfundachtzig" zu erkennen ist.

Übersichtlicher ist die mathematische, aufgelöste Schreibweise einer Zahl als Summe von Potenzen zur Basis 10.

In dieser Darstellungsweise wird jede ganze Zahl von rechts nach links gelesen, wobei die erste Ziffer mit 10^0, die zweite mit 10^1, die dritte mit 10^2, die vierte mit 10^3 usw. multipliziert werden. Insgesamt lassen sich bei 4 Ziffern im Zehnersystem 10000 verschiedene Zahlen (0 bis 9999) darstellen.

Beim Vergleich der Stellenzahl und der durch sie festgelegten Höchstzahl unterschiedlicher Zahlen ergibt sich ein einfacher Zusammenhang.

Stellenzahl	mögliche Zahlen	Höchstzahlen
1	0 bis 9	10^1
2	0 bis 99	10^2
3	0 bis 999	10^3
n	$10^n - 1$	10^n

> Die Anzahl der maximal möglichen Zahlen im Zehnersystem erhält man, indem man die Basis mit der Anzahl der zur Verfügung stehenden Stellen potenziert.
>
> $10^{\text{Stellenzahl}}$ = Anzahl möglicher Zahlen

Fest- und Gleitkommadarstellung. Die Schreibweise mit Zehnerpotenzen bleibt auch dann erhalten, wenn Dezimalzahlen mit Komma auftreten.

Beispiel 10.1 Die elektrische Größe $U = 10{,}38$ V soll mit Zehnerpotenzen geschrieben werden.

Lösung $U = (1 \cdot 10^1 + 0 \cdot 10^0 + 3 \cdot 10^{-1} + 8 \cdot 10^{-2})$ V

Man spricht in diesem Zusammenhang von der Festkommadarstellung einer Zahl. Bei Zahlen sehr unterschiedlicher Größe geht man häufig zur Gleitkommadarstellung über. Hierbei wird die Zahl durch eine Dezimalzahl mit einem von Null verschiedenen, ganzteiligen Anteil und einer Potenz dargestellt.

Beispiel 10.2 Die Zahlen a) 0,0000000000667 und b) 1820000000000000000 sind in Gleitkommadarstellung anzugeben.

Lösung a) $6{,}67 \cdot 10^{-11}$ b) $1{,}82 \cdot 10^{18}$

10.1.2 Dualzahlensysteme

Der Aufbau des Dezimalzahlensystems nach „Stellenwertigkeit" läßt sich auch auf alle anderen Zahlensysteme übertragen, wenn man statt der Potenzen von 10 eine andere Basis wählt.

> Von allen Zahlensystemen ist das Dualsystem mit der Basis 2 das einfachste, weil es nur aus den beiden Ziffern 0 und 1 besteht.

Weil auch in der Elektrotechnik viele Vorgänge durch zwei eindeutig festgelegte Schaltzustände (EIN – AUS) gekennzeichnet sind, eignet sich das Dualzahlensystem besonders gut für das maschinelle Sammeln, Übertragen und Verarbeiten von Nachrichten. Der Vorteil der einfachen Darstellungsweise wird allerdings erkauft mit einer größeren Stellenzahl der Dualzahlen. Im Dualzahlensystem muß schon beim Übergang von 1 nach 2 eine neue Stelle hinzugenommen werden – im Dezimalzahlensystem erst beim Übergang von 9 nach 10. Tabelle **10.**2 und Beispiel 10.3 verdeutlichen diese Unterschiede.

Tabelle **10**.2 **Darstellung von Zahlen im Dual- und Dezimalzahlensystem**

Dezimal	Dual	Dezimal	Dual	
0	0	10	1010	
1	1	11	1011	
2	10	12	1100	
3	11	13	1101	
4	100	14	1110	
5	101	15	1111	
6	110	16	10000	
7	111	17	10001	
8	1000	18	10010	
9	1001	19	10011	usw.

Beispiel 10.3 Die Jahreszahl 1985 ist in aufgelöster mathematischer Schreibweise im Dualzahlensystem darzustellen.

Lösung Die höchste auftretende Zweierpotenz ist $2^{10} = 1024$. Vermehrt man den Exponenten dieser Potenz um 1, erhält man die Stellenzahl der Dualzahl (10 + 1 = 11 Stellen).

$1 \cdot 2^{10} + 1 \cdot 2^9 + 1 \cdot 2^8 + 1 \cdot 2^7 + 1 \cdot 2^6 + 1 \cdot 2^5 + 1 \cdot 2^4 + 1 \cdot 2^3 + 1 \cdot 2^2 + 1 \cdot 2^1 + 1 \cdot 2^0$
$1024 + 512 + 256 + 128 + 64 + 0 + 0 + 0 + 0 + 0 + 1$
$ 1\,9\,8\,5$
Ergebnis: $1985_{(10)} = 11111000001_{(2)}$

Die Umwandlung einer ganzen Dezimalzahl in eine Dualzahl läßt sich schematisch auch so durchführen:

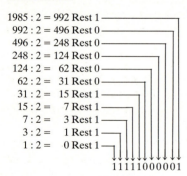

Man dividiert die Dezimalzahl so lange durch 2, bis das Ergebnis Null geworden ist. Die sich dabei ergebenden Reste bilden – von unten nach oben gelesen – die Ziffern der Dualzahl

Beim Umwandeln dezimaler Bruchzahlen läßt sich dieses Verfahren nur auf den Zahlenwertanteil vor dem Komma übertragen. Der Anteil hinter dem Komma wird mit 2 multipliziert und der ganzzahlige Anteil des erhaltenen Produkts getrennt geschrieben. Der verbleibende Rest wird wieder mit 2 multipliziert usw., bis der Anteil der Zahl hinter dem Komma Null wird oder eine periodische Wiederholung eintritt. Die ganzzahligen Anteile ergeben – von oben nach unten gelesen – die Ziffernfolge der Dualzahl rechts vom Komma.

$0{,}8125 \cdot 2 = 1{,}625 = 0{,}625 + 1$
$0{,}625 \cdot 2 = 1{,}25 = 0{,}25 + 1$
$0{,}25 \cdot 2 = 0{,}5 = 0{,}5 + 0$
$0{,}5 \cdot 2 = 1{,}0 = 0 + 1$
$\phantom{0{,}5 \cdot 2 = 1{,}0 = 0 +\;} 0{,}1101$

Beispiel 10.4 Die Dezimalzahl 123,40625$_{(10)}$ soll in eine Dualzahl umgewandelt werden.

Lösung

$\quad\quad\quad\quad\quad$ 123 : 2 = 61 R 1 $\quad$ Ganzteil
$\quad\quad\quad\quad\quad\;\,$ 61 : 2 = 30 R 1
$\quad\quad\quad\quad\quad\;\,$ 30 : 2 = 15 R 0
$\quad\quad\quad\quad\quad\;\,$ 15 : 2 = $\;$ 7 R 1
$\quad\quad\quad\quad\quad\quad$ 7 : 2 = $\;$ 3 R 1
$\quad\quad\quad\quad\quad\quad$ 3 : 2 = $\;$ 1 R 1
$\quad\quad\quad\quad\quad\quad$ 1 : 2 = $\;$ 0 R 1

$\quad\quad\quad\quad\quad\quad\quad\quad$ 1111011 , 01101

$\quad\quad\quad\,$ 0,40625 · 2 = 0,825 + 0 $\quad\quad$ Bruchteil
$\quad\quad\quad\;\,$ 0,825 · 2 = 0,625 + 1
$\quad\quad\quad\;\,$ 0,625 · 2 = $\;$ 0,25 + 1
$\quad\quad\quad\quad$ 0,25 · 2 = $\quad$ 0,5 + 0
$\quad\quad\quad\quad\;\,$ 0,5 · 2 = $\quad\quad\;$ 0 + 1

Ergebnis: 123,40625$_{(10)}$ = 1111011,01101$_{(2)}$

Die Umwandlung einer Dualzahl in eine Dezimalzahl ist erheblich einfacher, weil hierzu nur die Zweierpotenzen der Stellen addiert werden, in denen eine 1 in der Dualzahl auftritt. Die Summe aller Potenzen ist die gesuchte Dezimalzahl.

Beispiel 10.5 Wandel Sie die Dualzahl 11010100,101 in eine Dezimalzahl um.

Lösung
$\quad\quad\quad$ 1 $\quad$ 1 $\quad$ 0 $\quad$ 1 $\quad$ 0 $\quad$ 1 $\quad$ 0 $\quad$ 0 , 1 $\quad$ 0 $\quad$ 1
$\quad\quad\quad$ ↓ $\quad$ ↓ $\quad\quad\;$ ↓ $\quad\quad\;$ ↓ $\quad\quad\quad\quad\;$ ↓ $\quad\quad\;$ ↓
$\quad\quad\quad$ 2^7 + 2^6 $\quad$ + 2^4 $\quad$ + 2^2 $\quad\quad\quad$,+ 2^{-1} $\;$ + 2^{-3}
$\quad\quad\quad$ ↓ $\quad$ ↓ $\quad\quad\;$ ↓ $\quad\quad\;$ ↓ $\quad\quad\quad\quad\;$ ↓ $\quad\quad\;$ ↓
$\quad\quad\quad$ 128 + 64 $\;$ + 16 $\;$ + 4 $\quad\quad\quad\quad$ + 0,5 $\;\;$ + 0,125

Ergebnis: 212,625$_{(10)}$

10.1.3 Oktal- und Sedezimalsystem

Zahlensysteme, deren Basis durch eine Potenz von 2 gebildet werden, zeigen eine gewisse Verwandtschaft in den Darstellungsformen. Am gebräuchlichsten sind das Oktalsystem mit der Basis 8 (8 = 2^3) und das Sedezimalsystem mit der Basis 16 (16 = 2^4). Im letzteren werden die Zahlzeichen 10 bis 15 durch die Großbuchstaben A bis F ersetzt.

Tabelle **10.3** gibt einen Überblick über die bisher behandelten Zahlensysteme durch den Vergleich der Zahlen 0 bis 19.

Tabelle **10.3 Gegenüberstellung verschiedener Zahlensysteme**

Sedezimal Basis 16	Dezimal Basis 10	Oktal Basis 8	Dual Basis 2
0	0	0	0
1	1	1	1
2	2	2	10
3	3	3	11
4	4	4	100
5	5	5	101
6	6	6	110
7	7	7	111

Fortsetzung Tabelle **10.**3 nächste Seite

Fortsetzung Tabelle **10**.3

Sedezimal Basis 16	Dezimal Basis 10	Oktal Basis 8	Dual Basis 2
8	8	10	1000
9	9	11	1001
A	10	12	1010
B	11	13	1011
C	12	14	1100
D	13	15	1101
E	14	16	1110
F	15	17	1111
10	16	20	10000
11	17	21	10001
12	18	22	10010
13	19	23	10011

Umrechnungen vom Oktal- ins Dezimalsystem bzw. vom Sedezimal- ins Dezimalsystem und umgekehrt verlaufen nach dem gleichen Verfahren wie Umrechnungen vom Dual- ins Dezimalsystem. Der Unterschied besteht nur in der anderen Basis der Potenzen.

Beispiel 10.6 Die Dezimalzahl $1985_{(10)}$ soll umgewandelt werden a) in eine Oktalzahl, b) in eine Sedezimalzahl.

Lösung a) $1985 : 8 = 249$ R 1
$248 : 8 = 31$ R 0
$31 : 8 = 3$ R 7
$3 : 8 = 0$ R 3
$\downarrow\downarrow\downarrow\downarrow$
$1985_{(10)} = 3701_{(8)}$

b) $1985 : 16 = 124$ R 1
$124 : 16 = 7$ R C
$7 : 16 = 0$ R 7
$\downarrow\downarrow\downarrow$
$1985_{(10)} = 7C1_{(16)}$

Beispiel 10.7 a) Die Oktalzahl $476_{(8)}$ und b) die Sedezimalzahl $476_{(16)}$ sollen ins Dezimalsystem umgewandelt werden.

Lösung a) $\quad 4 \quad\quad\quad 7 \quad\quad\quad 6_{(8)}$
$\quad\downarrow \quad\quad\quad \downarrow \quad\quad\quad \downarrow$
$4 \cdot 8^2 \;+\; 7 \cdot 8^1 \;+\; 6 \cdot 8^0$
$\quad\downarrow \quad\quad\quad \downarrow \quad\quad\quad \downarrow$
$\;256 \;\;+\;\; 56 \;\;+\;\; 6 = 318_{(10)}$

b) $\quad 4 \quad\quad\quad 7 \quad\quad\quad 6_{(16)}$
$\quad\downarrow \quad\quad\quad \downarrow \quad\quad\quad \downarrow$
$4 \cdot 16^2 \;+\; 7 \cdot 16^1 \;+\; 6 \cdot 16^0$
$\quad\downarrow \quad\quad\quad \downarrow \quad\quad\quad \downarrow$
$\;1024 \;\;+\;\; 112 \;\;+\;\; 6 = 1142_{(10)}$

Umwandlung über das Dezimalsystem. Grundsätzlich lassen sich Umwandlungen zwischen Zahlensystemen immer über das gewohnte Dezimalsystem durchführen. Wegen der Verwandtschaft der $\text{Dual}_{(2)}$-, $\text{Oktal}_{(8=2^3)}$- und $\text{Sedezimal}_{(16=2^4)}$systeme vereinfacht sich die Umrechnung.

Deutlich wird dies in der Gegenüberstellung einer Zahl in den drei Systemen.

$1985_{(10)} = 11111000001_{(2)}$
$1985_{(10)} = 3701_{(8)}$
$1985_{(10)} = 7C1_{(16)}$

Teilt man eine ganzzahlige Dualzahl von rechts nach links in Dreiergruppen oder Triaden ein, entspricht der Zahlenwert jeder Triade der Ziffer im entsprechenden Oktalsystem. Ist die linke Triade unvollständig, füllt man sie nach links mit Nullen auf.

Beispiel 10.8 Die Dualzahl $11111000001_{(2)}$ ist in eine Oktalzahl umzuwandeln.

Lösung

Dualzahl	1 1	1 1 1	0 0 0	0 0 $1_{(2)}$
Triaden	0 1 1	1 1 1	0 0 0	0 0 1
Oktalzahl	3	7	0	$1_{(8)}$

$3 \cdot 8^3 + 7 \cdot 8^2 + 0 \cdot 8^1 + 1 \cdot 8^0 = 1985_{(10)}$

Beim umgekehrten Umwandeln – von einer Oktal- in eine Dualzahl – ersetzt man deren Ziffern durch ihre Triaden. Ohne die evtl. auftretenden Auffüll-Nullen ergibt sich direkt die Dualzahl.

Beispiel 10.9 Wandeln Sie die Oktalzahl $2163_{(8)}$ in eine Dualzahl um.

Lösung

Oktalzahl	2	1	6	3
Triaden	010	001	110	011
Dualzahl	1 0	0 0 1	1 1 0	0 1 $1_{(2)} = 1139_{(10)}$

Unterteilt man eine Dualzahl vom Komma aus in Viererguppen oder Tetraden, kann man damit direkt Dual- und Sedezimalzahlen miteinander umwandeln.

Beispiel 10.10 Umwandlung der Dualzahl $11111000001_{(2)}$ in eine Sedezimalzahl.

Lösung

Dualzahl	1 1 1	1 1 0 0	0 0 0 $1_{(2)}$
Tetraden	0 1 1 1	1 1 0 0	0 0 0 1
Sedezimalzahl	7	C	$1_{(16)}$

$7 \cdot 16^2 + 12 \cdot 16^1 + 1 \cdot 16^0 = 1985_{(10)}$

Beispiel 10.11 Wandeln Sie die Sedezimalzahl 4F0 in eine Dualzahl um.

Lösung

Sedezimalzahl	4	F	$0_{(16)}$
Tetraden	0 1 0 0	1 1 1 1	0 0 0 0
Dualzahl	1 0 0	1 1 1 1	0 0 0 $0_{(2)} = 1264_{(10)}$

Die Umwandlungsverfahren lassen sich auch auf Bruchzahlen übertragen, wenn man folgendes beachtet:

> Triaden und Tetraden werden grundsätzlich vom Komma aus nach links und rechts abgeteilt. Unvollständige Triaden und Tetraden werden im Ganzzahlteil nach links, im Bruchzahlteil nach rechts mit Nullen aufgefüllt.

Beispiel 10.12 Die Dualzahl $1100101101{,}01101111_{(2)}$ ist in eine a) Oktalzahl, b) Sedezimalzahl umzuwandeln.

Lösung a) Die Dualzahl wird vom Komma aus nach links und rechts in Triaden eingeteilt. Fehlende Nullen werden im Ganzzahlteil nach links, im Bruchzahlteil nach rechts ergänzt. Jede Triade bildet eine Ziffer der Oktalzahl.

Dualzahl in Triaden	001	100	101	101 ,	011	011	110
Oktalzahl	1	4	5	5 ,	3	3	$6_{(8)}$

543

b) Abteilung in Tetraden wie oben. Jede Tetrade bildet eine Ziffer der Sedezimalzahl.

$$\text{Dualzahl in Tetraden} \quad \underbrace{0011}_{3} \; \underbrace{0010}_{2} \; \underbrace{1101}_{D} \;,\; \underbrace{0110}_{6} \; \underbrace{1111}_{F_{(16)}}$$
Oktalzahl

10.1.4 Codierung

Viele elektrotechnische Bauteile können zwei eindeutig unterscheidbare Zustände annehmen (z. B. Lampen, Relaiskontakte, Schalter, Impulsgeber). Will man Informationen technisch verarbeiten oder speichern, liegt es deshalb nahe, sie zweiwertig zu verschlüsseln, d. h. binär zu codieren.

Binärsystem. Die Ziffern 0 und 1 des Dualzahlensystems sind ein codiertes Binärsystem, wie aus der Darstellung der Jahreszahl $1985_{(10)}$ im Dualsystem erkennbar ist.

$1985_{(10)} = 11111000001_{(2)}$

> Im Binärsystem gibt es nur zwei verschiedene Ziffern. Die einzelne Stelle heißt bit (abgekürzt aus dem engl. **b**inary dig**it**).

BCD-Codes. Codierungen, die Dezimalzahlen als Ganzes in Form einer Dualzahl verschlüsseln, werden nur selten verwendet. Häufiger sind Codierungen, bei denen jede Ziffer einer Dezimalzahl einzeln in ihre entsprechende Dualzahl überführt wird. Da nach Tab. **10**.3 jede Dezimalzahl 0 bis 9 mit maximal 4 Stellen des Dualsystems codiert werden kann, ist jeweils eine Tetrade erforderlich (4 bits).

$$\underbrace{0011}_{1} \; \underbrace{1001}_{9} \; \underbrace{1000}_{8} \; \underbrace{0101}_{5_{(10)}}$$

> Diese Form der Codierungen, bei denen jede Dezimalziffer für sich binär verschlüsselt wird, nennt man BCD-Codes (nach der engl. Bezeichnung **B**inary **C**oded **D**ecimals).

Da mit den 4 bits einer Tetrade insgesamt $2^4 = 16$ Kombinationen möglich sind, für die Dezimalziffern 0 bis 9 aber nur 10 davon gebraucht werden, lassen sich 6 weitere Zeichen verschlüsseln. Man nennt sie Pseudodezimale. Die Tetraden, in denen diese Pseudodezimalen codiert sind, heißen Pseudotetraden.

Der 8-4-2-1-Code ist der einfachste BCD-Code. Er nutzt die Dezimalzahlen 0 bis 9 gemäß ihrer Dualdarstellung durch die ersten 10 der insgesamt 16 vorhandenen Tetraden. Die Anforderungen an die Übertragungssicherheit und die Rechenvorteile (z. B. Übergang in eine neue Dezimalstelle erst bei 16; d. h. stets Addition einer 6) führten zur Entwicklung weiterer BCD-Codes mit anderer Verteilung der Pseudotetraden (**10.**4).

Alphanumerische Codes. Die maximal 16 Kombinationsmöglichkeiten einer Tetrade sind unzureichend, wenn man wie in Fernschreiben oder Rechenanlagen Zahlen, Buchstaben und Sonderzeichen codieren will. Codes mit diesen Möglichkeiten heißen alphanumerische Codes. Will man z. B. die Ziffern 0 bis 9 und das gesamte Alphabet verschlüsseln, braucht man in Ergänzung einer Tetrade mindestens zwei weitere bits, die gewöhnlich der Tetrade vorangestellt werden. Damit erhält man $2^6 = 64$ Verschlüsselungsmöglichkeiten.

Tabelle 10.4 **Vierstellige BCD-Codes** (Auswahl)

Codie-rung	8-4-2-1-Code	Aiken-Code	unsymmetrischer 2-4-2-1-Code	Stibitz-Code (Exzeß-3-Code)	4-2-2-1-Code	White-Code	Gray-Code	Glixon-Code	O'Brien-Code II	reflektierter Exzeß-3-Code
0000	0	0	0	–	0	0	0	0	–	–
0001	1	1	1	–	1	1	1	1	0	–
0010	2	2	2	–	2	–	3	3	2	0
0011	3	3	3	0	3	2	2	2	1	–
0100	4	4	4	1	–	–	7	7	4	4
0101	5	–	5	2	–	3	6	6	–	3
0110	6	–	6	3	4	–	4	4	3	1
0111	7	–	7	4	5	4	5	5	–	2
1000	8	–	–	5	–	5	(15)	9	–	–
1001	9	–	–	6	–	6	(14)	–	9	–
1010	–	–	–	7	6	–	(12)	–	7	9
1011	–	5	–	8	7	7	(13)	–	8	–
1100	–	6	–	9	–	–	8	8	5	5
1101	–	7	–	–	–	8	9	–	–	6
1110	–	8	8	–	8	–	(11)	–	6	8
1111	–	9	9	–	9	9	(10)	–	–	7

Neben den Ziffern und Buchstaben können auch Sonderzeichen codiert werden. Der in Tabelle 10.5 gezeigte Standard-BCD-Universal-Code bietet diese Möglichkeiten.

Tabelle 10.5 **Standard-BCD-Universal-Code**

	0	1	0	1	← 5. bit
	0	0	1	1	← 6. bit
0 0 0 0	ZW		–	+	
0 0 0 1	1	/	J	A	
0 0 1 0	2	S	K	B	
0 0 1 1	3	T	L	C	
0 1 0 0	4	U	M	D	
0 1 0 1	5	V	N	E	
0 1 1 0	6	W	O	F	
0 1 1 1	7	X	P	G	
1 0 0 0	8	Y	Q	H	
1 0 0 1	9	Z	R	I	
1 0 1 0	0				
1 0 1 1	=	.		.	
1 1 0 0	'	(	*	)	
1 1 0 1					
1 1 1 0					
1 1 1 1					

↓ ↓ ↓ ↓
4. bit 3. bit 2. bit 1. bit

Gebräuchliche Codes in Datenverarbeitungsanlagen enthalten bis zu 8 bits je Zeichen und erlauben damit die Verschlüsselung von maximal $2^8 = 256$ Zeichen. So codierte Informationen oder Codewörter nennt man Byte. Als Vielfaches eines Bytes sind gebräuchlich die Potenzen

$2^{10} = 1024$ Byte oder 1 kByte (Kilobyte)
$2^{20} = 1048576$ Byte oder 1 MByte (Megabyte)

Der EBCDI-Code (Extended-**BCD**-Interchange-Code) ist ein weit verbreiteter Code, der auf dieser Basis mit Tetraden aufgebaut ist. Bei ihm werden die 8 Datenbits eines Bytes in einen Zonen- und einen Ziffernteil unterteilt (**10**.6).

Tabelle **10**.6 **Extended-BCD-Interchange-Code (EBCDI-Code)**

					0	0	0	0	0	0	0	0	1	1	1	1	1	1	1	1	← 8. bit
					0	0	0	0	1	1	1	1	0	0	0	0	1	1	1	1	← 7. bit
					0	0	1	1	0	0	1	1	0	0	1	1	0	0	1	1	← 6. bit
					0	1	0	1	0	1	0	1	0	1	0	1	0	1	0	1	← 5. bit
				sedezimal	0	1	2	3	4	5	6	7	8	9	A	B	C	D	E	F	
0	0	0	0	0	NUL				SP	&	-									0	
0	0	0	1	1							/		a	j			A	J		1	
0	0	1	0	2									b	k	s		B	K	S	2	
0	0	1	1	3									c	l	t		C	L	T	3	
0	1	0	0	4									d	m	u		D	M	U	4	
0	1	0	1	5		Steuer-							e	n	v		E	N	V	5	
0	1	1	0	6		zeichen							f	o	w		F	O	W	6	
0	1	1	1	7									g	p	x		G	P	X	7	
1	0	0	0	8									h	q	y		H	Q	Y	8	
1	0	0	1	9									i	r	z		I	R	Z	9	
1	0	1	0	A					SM	¢	!	^	:								
1	0	1	1	B						.	$	,	#								
1	1	0	0	C						<	*	%	@								
1	1	0	1	D						(	)	–	'								
1	1	1	0	E						+	;	>	=								
1	1	1	1	F						|	¬	?	"								¤
↑	↑	↑	↑																		
4. bit	3. bit	2. bit	1. bit																		

Der ASCII-Code (**A**merican **S**tandard **C**ode for **I**nformation **I**nterchange) ist ein weiterer Code dieser Art. Obwohl auch hier zwei Tetraden verwendet werden, benutzt der ASCII zur reinen Codierung nur 7 bits. Das 8. bit dient häufig zum Prüfen der übertragenen Information (Prüf- oder Paritätsbit). Die Verschlüsselung der Daten zeigt Tabelle **10.7**.

Tabelle **10.7** **American Standard-Code for Information Interchange (ASCII-Code)**

					0	0	0	0	1	1	1	1	← 7. bit
					0	0	1	1	0	0	1	1	← 6. bit
					0	1	0	1	0	1	0	1	← 5. bit
				sede-zimal	0	1	2	3	4	5	6	7	
0	0	0	0	0				0	@	P		p	
0	0	0	1	1			!	1	A	Q	a	q	
0	0	1	0	2			"	2	B	R	b	r	
0	0	1	1	3			#	3	C	S	c	s	
0	1	0	0	4			$	4	D	T	d	t	
0	1	0	1	5			%	5	E	U	e	u	
0	1	1	0	6			&	6	F	V	f	v	
0	1	1	1	7			'	7	G	W	g	w	
1	0	0	0	8			(	8	H	X	h	x	
1	0	0	1	9	Steuer-zeichen		)	9	I	Y	i	y	
1	0	1	0	A			*	:	J	Z	j	z	
1	0	1	1	B			+	;	K	[	k	{	
1	1	0	0	C			,	<	L	\	l			
1	1	0	1	D			-	=	M	]	m	}	
1	1	1	0	E			.	>	N	^	n	~	
1	1	1	1	F			/	?	O	_	o	DEL	

4. bit → 3. bit → 2. bit → 1. bit →

10.2 Rechnen im Dualzahlensystem

Die Regeln zur Addition und Subtraktion von Dualzahlen lassen sich ohne weiteres aus denen der Dezimalzahlen herleiten.

10.2.1 Addition

Wichtigstes Merkmal des Addierens ist der Übertrag beim Übergang einer Stelle zur nächsthöheren Potenz des Zahlensystems. Bei Dezimalzahlen geschieht er erst von 9 zu einer Zahl gleich oder größer 10, bei Dualzahlen schon von 1 zu einer Zahl gleich oder größer 2.

Beispiel 10.13 Dezimalzahlen   Dualzahlen

$$\begin{array}{r} 976_{(10)} \\ +\ 318_{(10)} \\ \hline 1\ 1 \\ \hline 1294_{(10)} \\ =10100001110_{(2)} \end{array} \leftarrow \text{Überträge} \rightarrow \begin{array}{r} 1111010000_{(2)} \\ +\ 100111110_{(2)} \\ \hline 111111 \\ \hline 10100001110_{(2)} \\ =1294_{(10)} \end{array}$$

Da Rechenanlagen in einem Schritt stets nur zwei Ziffern addieren, kann man sich für die Addition von Dualzahlen auf sehr einfache Regeln beschränken:

$$\begin{array}{cccc} 0 & 0 & 1 & 1 \\ +\ 0 & +\ 1 & +\ 0 & +\ 1 \\ \hline 0 & 1 & 1 & \underline{1} \quad \text{Übertrag} \\ & & & 10 \end{array}$$

Sollen mehr als zwei Dualziffern in einer Stelle addiert werden, führt man die Aufgabe in Teilschritten auf die Grundregeln zurück.

Beispiel 10.14

$$\left.\begin{array}{r} 1 \\ +\ 1 \\ \\ +\ 1 \\ \underline{1} \\ 11 \end{array} \begin{array}{l} \text{1. Teilschritt} \\ \\ \text{2. Teilschritt} \\ \text{Übertrag} \end{array}\right\} \begin{array}{r} 1 \\ +\ 1 \\ \hline 1 \quad \text{Übertrag} \\ 10 \\ +\ 1 \\ \hline 11 \end{array}$$

Beispiel 10.15 Die Dezimalzahlen 75, 237, 97 und 302 sind im Dualzahlensystem zu addieren.

Lösung Zunächst wandeln wir die Dezimalzahlen in Dualzahlen um.

$$\begin{array}{r} 75_{(10)} =\ \ \ \ 1001011_{(2)} \\ 237_{(10)} =\ \ 11101101_{(2)} \\ 97_{(10)} =\ \ \ \ 1100001_{(2)} \\ 302_{(10)} = 100101110_{(2)} \end{array}$$

Dann addieren wir die ersten beiden Dualzahlen.

$\ \ \ \ \ 1001011$	
$+\ 11101101$	
$\underline{1\ \ 1111}$	Überträge
$\ \ 100111000$	1. Zwischenergebnis
$+\ \ \ 1100001$	Addition der 3. Zahl
$\underline{\ \ \ \ \ \ \ 11}$	Überträge
$\ \ 110011001$	2. Zwischenergebnis
$+\ 100101110$	Addition der 4. Zahl
$\underline{1\ \ 111}$	Überträge
$\ 1011000111_{(2)}$	Ergebnis

Kontrolle Durch Umrechnen des Ergebnisses in eine Dezimalzahl können wir die Addition im Dezimalzahlensystem kontrollieren.

$$1011000111_{(2)} = 711_{(10)}$$

10.2.2 Subtraktion

Beim Subtrahieren von Dualzahlen im Dezimalsystem muß man aus der nächsthöheren Stelle „borgen", wenn die Subtraktion zweier Ziffern nicht aufgeht. Zu beachten ist dabei: Überführt man die geborgte 1 in die rechts anschließende Stelle, muß man sie mit der Basis des verwendeten Zahlensystems (hier 10) multiplizieren und zur vorhandenen Ziffer addieren.

$$\begin{array}{r} 1\overset{\frown}{}10 = 1\cdot 10 \\ \cancel{2}\ 1\ 9_{(10)} \\ -\ 3\ 4_{(10)} \\ \hline 1\ 8\ 5_{(10)} \end{array}$$

In gleicher Weise verfährt man bei der Subtraktion im Dualsystem. Einziger Unterschied: Aus der geborgten 1 wird beim Überführen in die rechts anschließende Stelle nach Multiplikation mit der Basis (hier 2) eine 2.

$$\begin{array}{r} 1\cdot 2\ \ 1\cdot 2 \\ 0\ 2\ \ 0\ 2 \\ \cancel{1}\ 0\ \cancel{1}\ 0\ 0_{(2)} \\ -\ \ 1\ 0\ 1\ 0_{(2)} \\ \hline 1\ 0\ 1\ 0_{(2)} \end{array}$$

Umständlicher wird dieses Verfahren, wenn man über mehrere Stellen hinweg borgen muß.

$$\begin{array}{r} 1\cdot 2\ \ 1\cdot 2 \\ 0\ \overset{\frown}{2}^{1}2 \\ 1\ \cancel{1}\ \cancel{0}\ 0\ 0\ 1_{(2)} \\ -1\ 0\ 1\ \ 1\ 0\ 1_{(2)} \\ \hline 1\ 0\ 0_{(2)} \end{array}$$

Zusammenfassend ergeben sich diese drei Subtraktionsregeln:

$$\begin{array}{cccc} & & & \mathbf{2} \\ 0 & 1 & 1 & \cancel{1}0 \\ -\ 0 & -\ 0 & -\ 1 & -\ 1 \\ \hline 0 & 1 & 0 & 1 \end{array}$$

B-Komplement. Im Hinblick auf die maschinelle Verarbeitung von Zahlen läßt sich die Subtraktion vereinfachen, wenn man sie auf die Addition zurückführt. Dazu braucht man das Komplement des Subtrahenden. Als Basis-Komplement, kurz B-Komplement, versteht man die Ergänzungszahl auf die nächste Basispotenz. Im Dezimalzahlensystem ist die Zahl 3 das B-Komplement zur Zahl 7, weil sie diese auf die nächste Zehnerpotenz (hier 10) ergänzt. Im Dualzahlensystem ist entsprechend das B-Komplement zur nächsthöheren Zweierpotenz zu ergänzen. Also ist $11_{(2)}$ das B-Komplement zur Zahl $101_{(2)}$, weil die Summe aus beiden Zahlen nach der folgenden Rechnung $1000_{(2)} = 8_{(10)}$ ergibt.

$$\begin{array}{rl} 101_{(2)} & \text{Zahl} \\ +\ \ 11_{(2)} & \text{B-Komplement} \\ \hline 1000_{(2)} & \end{array}$$

Beispiel 10.16 Für die Zahlen 42, 578 und 2309 sollen die B-Komplemente a) im Dezimal-, b) im Dualzahlensystem gebildet werden.

Lösung

a)
	Zahl	42	578	2309
	B-Komplement	58	422	7691
	Summe	100	1000	10000

b)
	Zahl	101010	1001000010	100100000101
	B-Komplement	10110	110111110	11011111011
	Summe	1000000	10000000000	1000000000000

> Das B-Komplement einer Dezimalzahl ergibt sich durch Subtraktion der Zahl von der nächsthöheren Zehnerpotenz.
>
> Das B-Komplement einer Dualzahl findet man, indem man die Ausgangszahl durch Voranstellen der Ziffer Null um eine Stelle vergrößert und von rechts nach links die Nullen durch Einsen vertauscht. (Ausnahme: Bis einschließlich der ersten auftretenden 1 bleiben alle Ziffern der Ausgangszahl im (B-1)-Komplement erhalten.

(B-1)-Komplement. Während das Aufsuchen des B-Komplements im Dualzahlsystem zunächst schwieriger erscheint als im gewohnten Dezimalzahlsystem, verhält es sich mit der Bildung des (B-1)-Komplements hier umgekehrt. Wie der Name sagt, unterscheidet es sich vom B-Komplement dadurch, daß es um 1 vermindert ist. Im Dezimalsystem ist also die Zahl 2 das (B-1)-Komplement zur Zahl 7, während im Dualsystem die Zahl 10 das (B-1)-Komplement zu 101 ist.

Beispiel 10.17 Bilden Sie für die Zahlen 42, 578 und 2309 die (B-1)-Komplemente a) im Dezimal-, b) im Dualzahlensystem.

Lösung a) Zahl 42 578 2309
(B-1)-Komplement 57 421 7690
Summe 99 999 9999

b) Zahl 10101 1001000010 100100000101
(B-1)-Komplement 1010 110111101 11011111010
Summe 11111 1111111111 111111111111

> Das (B-1)-Komplement einer Dezimalzahl erhält man, indem man in jeder Stelle der Ausgangszahl die Ergänzungszahl zu 9 sucht.
>
> Das (B-1)-Komplement einer Dualzahl ergibt sich, wenn man gegenüber der Ausgangszahl alle vorhandenen Nullen durch Einsen und alle Einsen durch Nullen ersetzt.

Die so gefundenen (B-1)-Komplemente lassen ich durch Addition einer 1 leicht in das B-Komplement umwandeln.

Welchen Vorteil bietet die Subtraktion mit Hilfe von Komplementen? Dazu vergleichen wir dieses Verfahren mit dem herkömmlichen.

herkömmliches Verfahren		**Addition des B-Komplements**	
Minuend	433	Minuend	433
Subtrahend	− 291	B-Komplement des Subtrahenden	+ 709
Differenz	142	Summe	1̶142

Streicht man die vorangehende 1 (Übertrag) in der Komplementrechnung, stimmen beide Ergebnisse überein. Das gleiche gilt für Dualzahlen.

Minuend	110110001	Minuend	110110001
Subtrahend	− 100100011	B-Komplement des Subtrahenden	+ 11011101
Differenz	10001110	Summe	1̶10001110

Noch einfacher ist es, mit dem (B-1)-Komplement zu rechnen und eine 1 zu addieren.

Minuend	110110001
(B-1)-Komplement des Subtrahenden	+11011100
	+ 1
Summe	110001110

Solange das Ergebnis positiv ist (Minuend > Subtrahend), läßt sich daraus diese Regel für die Subtraktion durch Komplementaddition herleiten:

Tritt bei der Addition des B-Komplements ein Übertrag auf, wird er gestrichen, und das Ergebnis ist positiv.

Vertauschen wir in unserem Beispiel Minuend und Subtrahend, wird das Ergebnis negativ.

Minuend	291	Minuend		291
Subtrahend	− 433	B-Komplement des Subtrahenden	+	567
Differenz	− 142	Summe		858
		B-Komplement der Summe		142

Also ergibt sich bei der Addition durch das B-Komplement das positive Ergebnis durch die Komplementbildung der Summe. Daraus folgt:

Tritt bei der Addition mit B-Komplementen kein Übertrag auf, erhält man das Ergebnis einer Subtraktion bis auf das negative Vorzeichen durch erneute Komplementbildung der Summe.

Für Dualzahlen gilt entsprechend:

Minuend	100100011	Minuend		100100011
Subtrahend	− 110110001	B-Komplement des Subtrahenden	+	1001111
Differenz	− 10001110	Summe		101110010
		B-Komplement der Summe		10001110

oder mit dem (B-1)-Komplement:

Minuend		100100011
(B-1)-Komplement des Subtrahenden	+	1001110
	+	1
Summe		101110010
(B-1)-Komplement der Summe		10001101
	+	1
Ergebnis		−101110011

Beispiel 10.18 Führen Sie die Subtraktionen a) 183 − 61, b) 61 − 183 mit Komplementaddition im Dezimal- und Dualzahlensystem durch.

Lösung $183_{(10)} = 10110111_{(2)}$ $61_{(10)} = 111101_{(2)}$

a)	183				10110111
	− 61				− 111101
	↓				↓
	183	Der Subtrahend wird durch Voranstellen von Nullen			10110111
	− 061	auf die Länge des Minuenden gebracht.			− 00111101
	↓				↓
	183	Addition des (B−1)-Komplements vom Subtrahenden			10110111
	+ 938	und 1 addieren.			+ 11000010
	+ 1				+ 1
	1̶122	Übertrag streichen, Ergebnis ist positiv.			1̶01111010
	122				1111010
b)	61				111101
	− 183				− 10110111
	↓				↓
	61	Addition des (B−1)-Komplements vom Subtrahenden			111101
	+ 816	und 1 addieren.			+ 01001000
	+ 1				+ 1
	878	Tritt kein Übertrag in der Summe auf,			10000110
	121	(B−1)-Komplement bilden und 1 addieren.			01111001
	+ 1	Das sich ergebende B-Komplement ist der Zahlenwert			+ 1
	− 122	des Ergebnisses. Er ist negativ.			− 1111010

10.2.3 Multiplikation

Die Multiplikation von Dualzahlen ist besonders einfach, weil die Multiplikatoren nur aus Nullen oder Einsen bestehen können. So gibt es auch keine Überträge in den einzelnen Schritten.

Beispiel 10.19 Multiplizieren Sie die Zahlen $183_{(10)} = 10110111_{(2)}$ und $61_{(10)} = 111101_{(2)}$ a) im Dezimal-, b) im Dualzahlensystem miteinander.

Lösung

a) Multiplikand · Multiplikator

$183_{(10)} \cdot 61_{(10)}$

```
 1098
  183
─────
11163(10)
```

b) Multiplikand · Multiplikator

$10110111_{(2)} \cdot 111101_{(2)}$

```
  10110111
  10110111
  10110111
   10110111
    10110111
─────────────
10101110011011(2)
```

Rechenanlagen lösen Multiplikationen im Dualen durch Addition. Dabei wird der Multiplikand nur (stellenversetzt) addiert, wenn im Multiplikator eine 1 auftritt. Bei einer 0 gibt es nur eine Stellenversetzung nach rechts ohne Addition.

10.2.4 Division

Wie im Dezimalzahlensystem ist eine Division im Dualzahlensystem nichts anderes als eine verkürzte Subtraktion. Nutzt man zur fortgesetzten Subtraktion das im Abschnitt 10.2.2 beschriebene Verfahren der Komplementaddition, läßt sich auch die Division auf eine Addition zurückführen.

Beispiel 10.20 Dividieren Sie $327_{(10)} = 101000111_{(2)}$ durch $14_{(10)} = 1110_{(2)}$
a) im Dezimal-,
b) im Dual-,
c) im Dualsystem mit Komplementaddition.

Lösung

a)   327 : 14 = <u>23 R 5</u>
     −28
       47
     −42
        5

b)   101000111 : 1110 = <u>10111 R 101</u>
    − 1110
      11001
    − 1110
       10111
    −   1110
        10011
    −   1110
          101

c) Nach Ermittlung des B-Komplements des Divisors rechnet man:

   1110   Divisor
   0001   (B−1)-Komplement des Divisors
+   1
   0010   B-Komplement des Divisors

   101000111 : 1110 = <u>010111 R 101</u>
+ 0010

   1100   kein Übertrag, also negatives Ergebnis
                   (0 im Quotienten)
  10100   alter Minuend um 1 Stelle nach rechts verlängert
+ 0010
  1̶0110   Übertrag streichen, positives Ergebnis
                   (1 im Quotienten)
  01100
+ 0010
   1110   kein Übertrag (0 im Quotienten)

  11001
+ 0010
  1̶1011   Übertrag (1 im Quotienten)

  10111
+ 0010
  1̶1001   Übertrag (1 im Quotienten)

  10011
+ 0010
  1̶0101   Übertrag (1 im Quotienten). Da die letzte Stelle des
                   Minuenden erreicht ist, bleibt die letzte Zahl als Rest.

Übungsaufgaben zu Abschnitt 10.1 und 10.2

1. Was kann man an der Basis B eines Zahlensystems ablesen?
2. Wieviel Zahlen lassen sich im Sedezimalsystem mit 4 Ziffern darstellen?
3. Worin besteht der Unterschied zwischen Festkomma- und Gleitkommadarstellung einer Zahl?
4. Bei den Umwandlungsverfahren einer Dezimalzahl in eine Dualzahl muß man zwischen dem ganzzahligen Anteil und dem Zahlenanteil hinter dem Komma unterscheiden. Erklären Sie die unterschiedlichen Wege bei der Umwandlung.
5. Erläutern Sie die Umrechnungsverfahren vom Dual-, Oktal- und Sedezimalsystem in das Dezimalsystem.
6. Bei der Umwandlung von Oktal- bzw. Sedezimalzahlen in Dualzahlen unterteilt man die Ausgangszahl in Triaden bzw. Tetraden. Welche Vorteile ergeben sich daraus?
7. In welchem Zusammenhang spricht man von Pseudodezimalen und Pseudotetraden?
8. Nennen Sie die Additions- und Subtraktionsregeln von Dualzahlen.
9. Welchen Vorteil bietet die Subtraktion mit Hilfe des B-Komplements und (B-1)-Komplements?

10.3 Mathematische Grundlagen der Digitaltechnik

10.3.1 Binäre Funktionen

Funktion. Elektrische Schalter und Kontakte können nur zwei eindeutige Zustände annehmen: geöffnet oder geschlossen. Zur mathematischen Beschreibung braucht man deshalb eine Variable, die nur die beiden Werte 0 oder 1 haben kann. Zusammenhänge zwischen diesen Variablen bezeichnet als Funktionen. Für jede Kombination der Eingangsvariablen kann die Ausgangsvariable einer Funktion ebenfalls nur die Werte 0 oder 1 annehmen. Man spricht deshalb von binären Funktionen, deren Werte man in einer Funktionstabelle angeben kann.

Funktionstabelle. Die Größe einer Funktionstabelle richtet sich nach der Anzahl der beteiligten Eingangsvariablen e_1, e_2 usw. Schreibt man diese zeilenweise untereinander und fügt noch eine Zeile für die Ausgangsvariable a an, entsteht die erste Spalte der Tabelle. Die weiteren Spalten werden durch die Kombinationsmöglichkeiten bestimmt, die durch die Eingangsvariablen festgelegt sind. Da jede binäre Eingangsvariable mit den beiden Zuständen 0 oder 1 der anderen Eingangsvariablen kombiniert werden kann, ergeben sich insgesamt $2^2 = 4$ Kombinationen für 2 Eingangsvariable. Entsprechend erhält man $2^3 = 8$ Möglichkeiten bei 3 Eingangsvariablen usw.

> Für n binäre Eingangsvariable gibt es immer 2^n Kombinationen.

Ordnen lassen sich die Kombinationen innerhalb der Funktionstabelle, indem man die Spalten von links nach rechts in aufsteigender Reihenfolge mit Hilfe von Dualzahlen angibt.

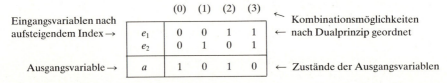

Die hier dargestellte Funktion liefert immer dann eine 1 für die Ausgangsvariable, wenn beide Eingangsvariablen den Wert 0 haben oder die erste Variable den Zustand 1 und die zweite den Zustand 0 annehmen.

Abgekürzt läßt sich das Ergebnis für die Ausgangsvariable in der letzten Zeile der Tabelle auch durch eine Dualzahl interpretieren: $1010_{(2)} = 10_{(10)}$. Diese Dualzahl fügt man, umgewandelt zur Dezimalzahl, als Index an die Ausgangsvariable an. Kennzeichnet man außerdem die Anzahl der beteiligten Eingangsvariablen durch eine hochgestellte Zahl bei der Ausgangsvariablen, ist mit dem Ausdruck

a_{10}^2 ⤺ Anzahl der beteiligten Eingangsvariablen
⤺ Dezimalzahl; entspricht der letzten Zeile einer Funktionstabelle, wenn sie als Dualzahl interpretiert wird

der gesamte Inhalt der Funktionstabelle und damit die binäre Funktion $a = f(e_1, e_2)$ beschrieben.

Beispiele 10.21 Geben Sie die Kurzformen für diese Funktionstabellen an.

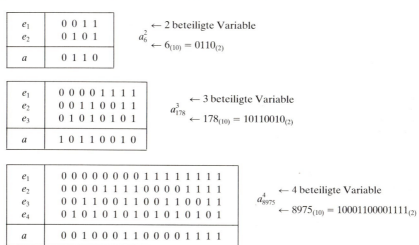

Beispiele 10.22 Die Kurzformen der binären Funktionen sind in einer Funktionstabelle anzugeben.

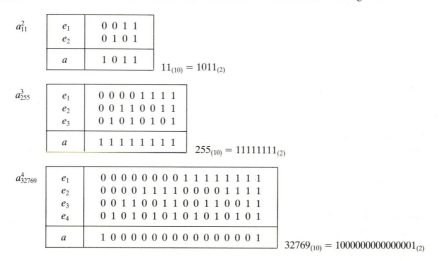

Grundfunktionen. Aus der Vielzahl binärer Funktionen betrachten wir im folgenden die drei wichtigsten – die Grundfunktionen, auf die sich alle anderen Funktionen zurückführen lassen (s. Abschn. 10.3.4): Negation, Konjunktion und Disjunktion.

Negation oder Verneinung (Symbol $\overline{e_1}$: sprich „e_1 nicht") heißt die Funktion einer Eingangsvariablen, wenn gilt:

> Die Ausgangsvariable nimmt immer den Wert 0 an, wenn die Eingangsvariable den Wert 1 hat, und umgekehrt.
>
> Funktionstabelle
>
> | e_1 | 0 1 |
> |---|---|
> | a | 1 0 |
>
> Kurzform a_2^1

Konjunktion oder UND-Verknüpfung (Symbol $e_1 \cdot e_2$: sprich „e_1 und e_2") nennt man eine Funktion zweier Eingangsvariablen, wenn gilt:

> Die Ausgangsvariable nimmt nur dann den Wert 1 an, wenn alle Eingangsvariablen den Wert 1 haben.
>
> Funktionstabelle
>
> | e_1 | 0 0 1 1 |
> |---|---|
> | e_2 | 0 1 0 1 |
> | a | 0 0 0 1 |
>
> Kurzform a_1^2

Disjunktion oder ODER-Verknüpfung (Symbol $e_1 + e_2$: sprich „e_1 oder e_2") heißt eine Funktion zweier Variablen, wenn gilt:

> Die Ausgangsvariable nimmt nur dann den Wert 0 an, wenn alle Eingangsvariablen den Wert 0 haben.
>
> Funktionstabelle
>
> | e_1 | 0 0 1 1 |
> |---|---|
> | e_2 | 0 1 0 1 |
> | a | 0 1 1 1 |
>
> Kurzform a_7^2

10.3.2 Normalform binärer Funktionen

Mit den drei Grundfunktionen lassen sich alle anderen binären Funktionen darstellen. Das Prinzip machen wir uns an Hand einer Funktionstabelle klar.

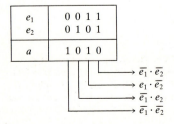

Zunächst wird vereinbart, die Funktionstabelle spaltenweise zu behandeln.

Schreibt man beim Auftreten einer 1 die Variable in bejahter Form e und beim Auftreten einer 0 in verneinter Form $\bar{e}$ auf, heißen die durch und verknüpften Funktionsterme für jede Spalte **Minterme**. Sie enthalten alle beteiligten Variablen.

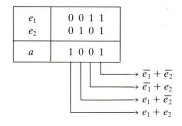

Eine andere Möglichkeit besteht darin, beim Auftreten einer 1 die Variable in verneinter Form $\bar{e}$ und beim Auftreten einer 0 in bejahter Form e anzugeben. Die so durch oder verknüpften Terme je Spalte heißen **Maxterme**. Auch sie enthalten alle beteiligten Variablen.

Disjunktive und konjunktive Normalform. Die Frage, wann eine Funktion den Wert 1 annimmt, läßt sich mit Hilfe der durch ODER verknüpften Minterme für die erste Funktion so beantworten:

$d = (\bar{e}_1 \cdot \bar{e}_2) + (e_1 \cdot \bar{e}_2)$

Diese disjunktiv verknüpften Minterme heißen disjunktive Normalform einer binären Funktion. Das gleiche erreicht man, wenn man für eine Funktion alle Maxterme durch UND (konjunktiv) verknüpft, die in der Funktionstabelle durch eine 0 gekennzeichnet sind. Hier handelt es sich um disjunktive Normalformen der binären Funktion.

Disjunktive und konjunktive Normalformen haben große Bedeutung für das Vereinfachen von Schaltungen (s. Abschn. 10.4).

Beispiel 10.23 Für die Ausgangsvariable in der Funktionstabelle soll die a) disjunktive, b) konjunktive Normalform angegeben werden.

e_1	0 0 0 0 1 1 1 1
e_2	0 0 1 1 0 0 1 1
e_3	0 1 0 1 0 1 0 1
a	1 0 0 1 1 1 0 1

Lösung a) Für die disjunktive Normalform verknüpfen wir die Minterme der Spalten disjunktiv, in denen die Ausgangsvariable den Zustand 1 annimmt.

$a_\mathrm{d} = (\bar{e}_1 \cdot \bar{e}_2 \cdot \bar{e}_3) + (\bar{e}_1 \cdot e_2 \cdot e_3) + (e_1 \cdot \bar{e}_2 \cdot \bar{e}_3) + (e_1 \cdot \bar{e}_2 \cdot e_3) + (\bar{e}_1 \cdot \bar{e}_2 \cdot \bar{e}_3)$

b) Beim Aufstellen der konjunktiven Normalform verknüpfen wir die Maxterme der Spalten konjunktiv, in denen die Ausgangsvariable den Zustand 0 annimmt.

$a_\mathrm{k} = (e_1 + e_2 + \bar{e}_3) \cdot (e_1 + \bar{e}_2 + e_3) \cdot (\bar{e}_1 + \bar{e}_2 + e_3)$

Die Frage, welche der beiden Normalformen zu bevorzugen ist, hängt von verschiedenen Umständen ab. Vom reinen Schreibaufwand für die Normalform her ist schon festzustellen, daß die Anzahl von Nullen und Einsen in der Ausgangsvariablen einen Anhaltspunkt geben. Sind mehr Nullen als Einsen vorhanden, wählt man die disjunktive, im anderen Fall die konjunktive Normalform.

10.3.3 Gesetze der Schaltalgebra

Der Begriff Algebra stammt aus dem Arabischen und beschreibt im Zahlenbereich die Gesetzmäßigkeiten beim Lösen von Gleichungen. Eine Algebra, die sich nur mit zweiwertigen (binären) Systemen befaßt, entwickelte der englische Mathematiker George Boole (1813–1864). Nach ihm heißt sie Boolesche Algebra. Ein Hauptanwendungsgebiet der Booleschen Algebra in der Technik ist die Berechnung von Schaltkreisen, die Schaltalgebra.

Während in der Zahlenalgebra eine Variable unendlich viele Werte annehmen kann, werden in der Schaltalgebra nur die beiden Werte 0 und 1 betrachtet. So führt die Angabe $x \neq 1$ in der Zahlenalgebra zu der Aussage, daß außer $x = 1$ unendlich viele andere Lösungen für die Variable x möglich sind, während in der Schaltalgebra aus $x \neq 1$ zwangsläufig die Lösung $x = 0$ folgt. Aus diesen Gründen sind nicht alle Rechengesetze der Zahlenalgebra auf die Schaltalgebra übertragbar. Andererseits gibt es in der Schaltalgebra Gesetze, die nicht in der Zahlenalgebra auftreten.

Viele Rechengesetze der Schaltalgebra können wir uns an Hand von elektrischen Schaltern und ihren Grundverknüpfungen veranschaulichen. Dabei gilt die Vereinbarung, daß einem geöffneten Schalter oder einer nichtleitenden Verbindung der Wert 0, einem geschlossenen Schalter oder einer leitenden Verbindung dagegen der Wert 1 zugeordnet sind (**10.**8).

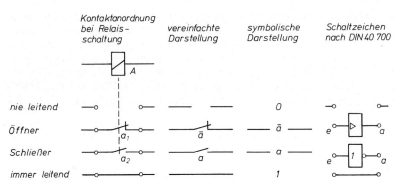

10.8 Kontaktanordnung und Schaltzeichen

Außer der Negation, deren elektrische Nachbildung durch einen Öffner bei entsprechender Wertzuweisung (geschlossener Kontakt in Ruhestellung: $\bar{a} = 1$) Bild **10.**8 zeigt, lassen sich auch die beiden anderen Grundfunktionen durch einfache elektrische Grundschaltungen nachbilden.

UND-Schaltung. Die Zeile für die Ausgangsvariable a in der Funktionstabelle für die Konjunktion enthält nur dann eine 1, wenn beide Eingangsvariablen ebenfalls eine 1 aufweisen. Diese Bedingung erfüllt die Reihenschaltung zweier Schalter oder Kontakte (Schließen), denn sie wird leitend (Wertzuweisung 1), wenn beide Kontakte geschlossen sind (Wertzuweisung 0, **10.**9).

e_1	0	0	1	1
e_2	0	1	0	1
a	0	0	0	1

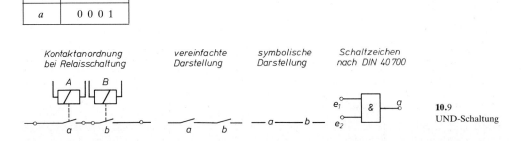

10.9 UND-Schaltung

ODER-Schaltung. Die Zeile für die Ausgangsvariable a in der Funktionstabelle für die Disjunktion enthält nur dann eine 0, wenn beide Eingangsvariablen eine 0 aufweisen. Diese Bedingung erfüllt eine Parallelschaltung zweier Kontakte (Schließen), denn sie leitet nur dann nicht mehr (Wertzuweisung 0), wenn beide Kontakte geöffnet sind (Wertzuweisung 0, **10.**10).

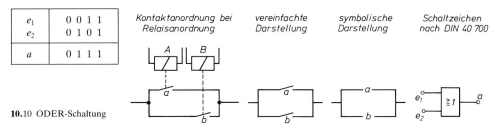

e_1	0 0 1 1
e_2	0 1 0 1
a	0 1 1 1

10.10 ODER-Schaltung

Rechengesetze. Zur Veranschaulichung der Rechengesetze betrachten wir jeweils Konjunktion und Disjunktion nebeneinander. Dabei verwenden wir je nach Übersichtlichkeit die symbolische Darstellung oder die Schaltzeichen der benutzten Verknüpfungen. Hinzu kommen die Funktionstabellen. Dabei werden nacheinander nur die Grundfunktionen angewendet. Das führt zu einer Vielzahl von Zeilen für die Ausgangsvariablen, weil sie sich z.T. wieder aus einer Grundfunktion zusammensetzen. Aus Platzgründen gehen wir daher von der bisherigen Tabellenform ab und wählen eine andere Form, in der Zeilen und Spalten vertauscht sind.

Kommutativ- oder Vertauschungsgesetz: Die Reihenfolge der Eingangsvariablen kann vertauscht werden.

$e_1 \cdot e_2 = e_2 \cdot e_1$ $e_1 + e_2 = e_2 + e_1$

e_1	e_2	$e_1 \cdot e_2$	$e_2 \cdot e_1$
0	0	0	0
0	1	0	0
1	0	0	0
1	1	1	1

e_1	e_2	$e_1 + e_2$	$e_2 + e_1$
0	0	0	0
0	1	1	1
1	0	1	1
1	1	1	1

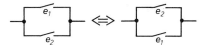

Assoziativ- oder Vereinigungsgesetz: Beim Auftreten von mehr als zwei Eingangsvariablen können beliebig viele zusammengefaßt werden.

$e_1 (e_2 \cdot e_3) = (e_1 \cdot e_2) e_3$ $e_1 + (e_2 + e_3) = (e_1 + e_2) + e_3$

e_1	e_2	e_3	$e_1 \cdot e_2$	$e_2 \cdot e_3$	$e_1 \cdot (e_2 \cdot e_3)$	$(e_1 \cdot e_2) \cdot e_3$
0	0	0	0	0	0	0
0	0	1	0	0	0	0
0	1	0	0	0	0	0
0	1	1	0	1	0	0
1	0	0	0	0	0	0
1	0	1	0	0	0	0
1	1	0	1	0	0	0
1	1	1	1	1	1	1

e_1	e_2	e_3	$e_1 + e_2$	$e_2 + e_3$	$e_1 + (e_2 + e_3)$	$(e_1 + e_2) + e_3$
0	0	0	0	0	0	0
0	0	1	0	1	1	1
0	1	0	1	1	1	1
0	1	1	1	1	1	1
1	0	0	1	0	1	1
1	0	1	1	1	1	1
1	1	0	1	1	1	1
1	1	1	1	1	1	1

Assoziativ- oder Vereinigungsgesetz

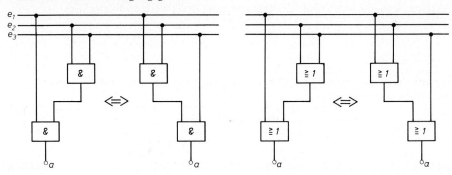

Distributiv- oder Verteilungsgesetz: Klammern können aufgelöst werden, indem man die Variable vor der Klammer mit jeder Variablen in der Klammer gemäß dem Rechenzeichen vor der Klammer ausrechnet.

$$e_1 (e_2 + e_3) = (e_1 \cdot e_2) + (e_1 \cdot e_3) \qquad e_1 + (e_2 \cdot e_3) = (e_1 + e_2)(e_1 + e_3)$$

e_1	e_2	e_3	$e_1 \cdot e_2$	$e_1 \cdot e_3$	$e_2 + e_3$	$e_1 \cdot (e_2+e_3)$	$(e_1 \cdot e_2)+(e_1 \cdot e_3)$
0	0	0	0	0	0	0	0
0	0	1	0	0	1	0	0
0	1	0	0	0	1	0	0
0	1	1	0	0	1	0	0
1	0	0	0	0	0	0	0
1	0	1	0	1	1	1	1
1	1	0	1	0	1	1	1
1	1	1	1	1	1	1	1

e_1	e_2	e_3	$e_1 + e_2$	$e_1 + e_3$	$e_2 \cdot e_3$	$e_1 + (e_2 \cdot e_3)$	$(e_1 + e_2) \cdot (e_1 + e_3)$
0	0	0	0	0	0	0	0
0	0	1	0	1	0	0	0
0	1	0	1	0	0	0	0
0	1	1	1	1	1	1	1
1	0	0	1	1	0	1	1
1	0	1	1	1	0	1	1
1	1	0	1	1	0	1	1
1	1	1	1	1	1	1	1

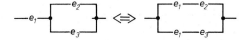
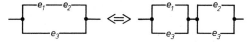

Interpretiert man die schaltalgebraischen Verknüpfungszeichen als Rechenzeichen wie in der Zahlenalgebra, kann nur für den links dargestellten Fall die Gültigkeit nachgewiesen werden. Ein Distributivgesetz, wie es rechts gezeigt ist, existiert in der Zahlenalgebra nicht.

Verknüpfungsgesetz von Variablen mit den Restwerten 0 und 1: Die konjunktive Verknüpfung einer Variablen mit 0 führt auf 0. Bei der konjunktiven Verknüpfung mit 1 bleibt die Variable erhalten.
Die disjunktive Verknüpfung einer Variablen mit 1 führt auf 1. Bei der disjunktiven Verknüpfung mit 0 bleibt die Variable erhalten.

$$e \cdot 0 = 0 \qquad e + 1 = 1 \qquad e \cdot 1 = e \qquad e + 0 = e$$

e	0	$e \cdot 0$
0	0	0
1	0	0

e	1	$e + 1$
0	1	1
1	1	1

e	1	$e \cdot 1$
0	1	0
1	1	1

e	0	$e + 0$
0	0	0
1	0	1

Verknüpfungsgesetz

Idempotenzgesetz: Eine Wiederholung der Verknüpfung mit derselben Variablen ändert den Wert der Ausgangsvariablen nicht.

$e_1 \cdot e = e$ $\hspace{4cm}$ $e + e = e$

e	e	$e \cdot e$
0	0	0
1	1	1

e	e	$e + e$
0	0	0
1	1	1

Absorptionsgesetz: a) Die Disjunktion einer 1. Variablen mit einer Konjunktion aus derselben Variablen mit einer 2. Variablen führt auf die erste zurück. Entsprechendes gilt für die Konjunktion.

$e_1 + (e_1 \cdot e_2) = e_1$ $\hspace{3cm}$ $e_1 (e_1 + e_2) = e_1$

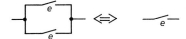

e_1	e_2	$e_1 \cdot e_2$	$e_1 + (e_2 \cdot e_2)$
0	0	0	0
0	1	0	0
1	0	0	1
1	1	1	1

e_1	e_2	$e_1 + e_2$	$e_1 \cdot (e_1 + e_2)$
0	0	0	0
0	1	1	0
1	0	1	1
1	1	1	1

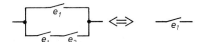 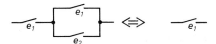

b) Die Konjunktion einer Variablen mit ihrer Negation führt auf 1, die Disjunktion auf 0.

$e_1 \cdot \overline{e_1} = 0$ $\hspace{4cm}$ $e_1 + \overline{e_1} = 1$

e_1	$\overline{e_1}$	$e_1 \cdot \overline{e_1}$
0	1	0
1	0	0

$= 0$

e_1	$\overline{e_1}$	$e_1 + \overline{e_2}$
0	1	1
1	0	1

$= 1$

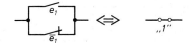

De Morgansche Gesetze: Die Verneinung einer Konjunktion entspricht der Disjunktion der verneinten Variablen. Die Verneinung einer Disjunktion entspricht der Konjunktion der verneinten Variablen.

$$\overline{e_1 \cdot e_2} = \overline{e_1} + \overline{e_2} \qquad\qquad \overline{e_1 + e_2} = \overline{e_1} \cdot \overline{e_2}$$

e_1	e_2	$\overline{e_1}$	$\overline{e_2}$	$\overline{e_1}+\overline{e_2}$	$e_1 \cdot e_2$	$\overline{e_1 \cdot e_2}$
0	0	1	1	1	0	1
0	1	1	0	1	0	1
1	0	0	1	1	0	1
1	1	0	0	0	1	0

e_1	e_2	$\overline{e_1}$	$\overline{e_2}$	$\overline{e_1}\cdot\overline{e_2}$	$e_1 + e_2$	$\overline{e_1 + e_2}$
0	0	1	1	1	0	1
0	1	1	0	0	1	0
1	0	0	1	0	1	0
1	1	0	0	0	1	0

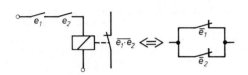
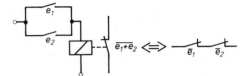

Gesetz der doppelten Verneinung: Wird eine verneinte Variable wiederum verneint, ist sie identisch mit der bejahten Variablen.

$$\overline{\overline{e}} = e$$

e	$\overline{e}$	$\overline{\overline{e}}$
0	1	0
1	0	1

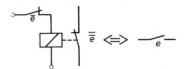

Tabelle **10.11** gibt noch einmal eine Übersicht über die Gesetze der Schaltalgebra.

Tabelle **10.11** **Gesetze der Schaltalgebra (Übersicht)**

Kommutativgesetz (Vertauschungsgesetz)	$e_1 \cdot e_2 = e_2 \cdot e_1$	$e_1 + e_2 = e_2 + e_1$
Assoziativgesetz (Vereinigungsgesetz)	$e_1 (e_1 \cdot e_3) = (e_1 \cdot e_2) e_3$	$e_1 + (e_2 + e_3) = (e_1 + e_2) + e_3$
Distributivgesetz (Verteilungsgesetz)	$e_1 (e_2 + e_3) = (e_1 \cdot e_2) + (e_1 \cdot e_3)$	$e_1 + (e_2 \cdot e_3) = (e_1 + e_2)(e_1 e_3)$
Verknüpfungsgesetze von Variablen mit Festwerten 0 und 1	$e \cdot 0 = 0$ $e \cdot 1 = e$	$e + 0 = e$ $e + 1 = 1$
Idempotenzgesetz	$e \cdot e = e$	$e + e = e$
Absorptionsgesetze	$e_1 + (e_1 \cdot e_2) = e_1$ $e_1 \cdot \overline{e_1} = 0$	$e_1 (e_1 + e_2) = e_1$ $e_1 + \overline{e_1} = 1$
De Morgansches Gesetz	$\overline{e_1 \cdot e_2} = \overline{e_1} + \overline{e_2}$	$\overline{e_1 + e_2} = \overline{e_1} \cdot \overline{e_2}$
Doppelte Negation		$\overline{\overline{e}} = e$

10.4 Vereinfachen von Funktionen

10.4.1 Rechnerisches Verfahren

Oft lassen sich binäre Funktionen einfacher darstellen, als aus dem vorgelegten Funktionsterm erkennbar ist. Jedoch kann man nur selten von vornherein erkennen, ob eine Funktion zu vereinfachen ist. Deshalb bleibt es weitgehend einem Versuch überlassen, durch die schaltalgebraischen Gesetze einen Vorteil zu erreichen und später über den vereinfachten Funktionsterm auch eine weniger aufwendige Schaltung entwerfen zu können.

Beispiel 10.24 Der Funktionsterm $a = (\overline{e_1} \cdot \overline{e_2}) + (\overline{e_1} \cdot e_2) + (e_1 \cdot e_2)$ soll mit Hilfe der schaltalgebraischen Gesetze vereinfacht werden.

Lösung $(\overline{e_1} \cdot \overline{e_2}) + (\overline{e_1} \cdot e_2) + (e_1 \cdot e_2)$
   ↑   ↑

Da in zwei Klammern jeweils dieselben Variablenzustände auftreten (1. und 2. Klammer $\overline{e_1}$ bzw. 2. und 3. Klammer e_2), kann man in einem dieser Fälle (z. B. für die 1. und 3. Klammer) das Distributivgesetz anwenden.

$(\overline{e_1}(\overline{e_2} + e_2)) + (e_1 \cdot e_2)$
   ↑

Nach dem Absorptionsgesetz ist eine ODER-Verknüpfung zwischen einer Variablen und ihrer Verneinung immer 1.

$(\overline{e_1} \cdot 1) + (e_1 \cdot e_2)$
   ↑

Konjunktive Verknüpfungen mit dem Festwert 1 führen wieder auf die Eingangsvariable.

$\overline{e_1} + (e_1 \cdot e_2)$

Die Anwendung des Distributivgesetzes führt zu

$(\overline{e_1} + e_1)(\overline{e_1} + e_2)$
   ↑

wobei nach wiederholter Anwendung des Absorptionsgesetzes

$1(\overline{e_1} + e_2)$
   ↑

und der konjunktiven Verknüpfung mit dem Festwert 1 die nicht weiter zu vereinfachende Form

$a = \overline{e_1} + e_2$ wird.

Das Ergebnis besagt, daß die Terme beider Seiten in der Gleichung $(\overline{e_1} \cdot \overline{e_2}) + (\overline{e_1} \cdot e_2) + (e_1 \cdot e_2) = \overline{e_1} + e_2$ äquivalent sind, also dieselbe Ergebnisspalte in der Funktionstabelle aufweisen. Die Tabelle zeigt die Richtigkeit des Vorgehens.

e_1	e_2	$\overline{e_1}$	$\overline{e_2}$	$\overline{e_1} + e_2$	$\overline{e_1} \cdot \overline{e_2}$	$\overline{e_1} \cdot e_2$	$e_1 \cdot e_2$	$(\overline{e_1} \cdot \overline{e_2}) + (\overline{e_1} \cdot e_2) + (e_1 \cdot e_2)$
0	0	1	1	1	1	0	0	1
0	1	1	0	1	0	1	0	1
1	0	0	1	0	0	0	0	0
1	1	0	0	1	0	0	1	1

Die Ungewißheit, ob mit diesem rechnerischen Umformen von Funktionstermen wirklich der einfachste Term gefunden wurde, führte zur Entwicklung anderer Verfahren mit genauerer Aussage: zum Verfahren nach Quine-McCluskey und zum Verfahren nach Karnaugh-Veitch.

10.4.2 Quine-McCluskey-Verfahren

Dieses Verfahren setzt voraus, daß die zur Vereinfachung bestimmte Funktion schon in der disjunktiven Normalform vorliegt. Andernfalls ist dies wie im Beispiel 10.25 sicherzustellen.

Beispiel 10.25 Die Funktionsterme $\overline{e_1} \cdot e_2 + \overline{e_1} \cdot \overline{e_2} + e_2$ sollen in die disjunktive Normalform umgewandelt werden.

Lösung Die ersten beiden Terme erfüllen die Forderung bereits, denn sie enthalten alle beteiligten Variablen in bejahter oder verneinter Form (Minterme). Das Erweitern des letzten Terms mit dem für die Konjunktion neutralen Term $e_2 \cdot 1 = e_2$

$$\overline{e_1} \cdot e_2 + \overline{e_1} \cdot \overline{e_2} + e_2 \cdot 1$$

und das anschließende Ersetzen des Festwerts nach dem Absorptionsgesetz $1 = e_1 + \overline{e_1}$ (gewählt wird die fehlende Variable)

$$\overline{e_1} \cdot e_2 + \overline{e_1} \cdot \overline{e_2} + e_2 (e_1 + \overline{e_1})$$

führt nach Anwendung des Distributivgesetzes auf den Klammerterm zu

$$\overline{e_1} \cdot e_2 + \overline{e_1} \cdot \overline{e_2} + e_1 \cdot e_2 + \overline{e_1} \cdot e_2$$

Nach dem Idempotenzgesetz genügt es, den zweimal auftretenden Term $\overline{e_1} \cdot e_2$ nur einmal aufzuführen. So bleibt als Ergebnis

$$\overline{e_1} \cdot e_2 + \overline{e_1} \cdot e_2 + e_1 \cdot e_2$$

Liegt ein Funktionsterm in der disjunktiven Normalform vor, läßt sich die Funktion wie in Beispiel 10.24 immer durch Ausklammern von Variablen vereinfachen, wenn sich zwei Minterme nur durch die bejahte oder verneinte Form einer Variablen wie folgt unterscheiden:

$$e_1 \cdot e_2 \cdot \overline{e_3} + e_1 \cdot \overline{e_2} \cdot \overline{e_3} = e_1 \cdot \overline{e_3} \underbrace{(e_2 + \overline{e_2})}_{= 1 \text{ (Absorptionsgesetz)}} = e_1 \cdot \overline{e_3}$$

Gruppeneinteilung. Um dies für eine umfangreichere Funktionsgleichung zu erreichen, müssen alle Minterme untersucht werden. Nach Beispiel 10.24 können die Möglichkeiten des Ausklammerns vielfältig sein. Deshalb teilt man die Funktionsterme nach Häufigkeit der bejahten Variablen in Gruppen ein. Nach Anzahl der in ihren Mintermen enthaltenen bejahten Variablen werden die Gruppen entsprechend einer Kennziffer aufgelistet (keine bejahte Variable – Kennziffer 0, eine bejahte – Kennziffer 1 usw.). Die Minterme bieten in dieser Liste einen übersichtlichen Vergleich, so daß die zu vereinfachenden Terme – falls möglich – schrittweise um eine Variable vermindert werden können. Dies läßt sich so oft durch weitere Listen wiederholen, bis im günstigsten Fall nur noch eine Variable übrig bleibt.

Beispiel 10.26 Die Funktion $a = \overline{e_1} \cdot e_2 \cdot \overline{e_3} + \overline{e_1} \cdot e_2 \cdot e_3 + \overline{e_1} \cdot \overline{e_2} \cdot e_3 + \overline{e_1} \cdot \overline{e_2} \cdot \overline{e_3}$ soll nach dem Verfahren von Quine-McCluskey vereinfacht werden.

Lösung Wir unterscheiden die Funktion zunächst nach Kennziffern, die mit der Anzahl der bejahten Variablen je Minterm übereinstimmen.

$$a = \underbrace{\overline{e_1} \cdot e_2 \cdot \overline{e_3}}_{\substack{\text{eine be-}\\\text{jahte Va-}\\\text{riable:}\\\text{Kenn-}\\\text{ziffer 1}}} + \underbrace{\overline{e_1} \cdot e_2 \cdot e_3}_{\substack{\text{zwei be-}\\\text{jahte Va-}\\\text{riable:}\\\text{Kenn-}\\\text{ziffer 2}}} + \underbrace{\overline{e_1} \cdot \overline{e_2} \cdot e_3}_{\substack{\text{eine be-}\\\text{jahte Va-}\\\text{riable:}\\\text{Kenn-}\\\text{ziffer 1}}} + \underbrace{\overline{e_1} \cdot \overline{e_2} \cdot \overline{e_3}}_{\substack{\text{keine be-}\\\text{jahte Va-}\\\text{riable:}\\\text{Kenn-}\\\text{ziffer 0}}}$$

Zur Übersicht tragen wir die so gefundenen Gruppen der Minterme in eine 1. Liste ein.

Kennziffer	1. Liste
0	$\overline{e_1} \cdot \overline{e_2} \cdot \overline{e_3}$
1	$\overline{e_1} \cdot e_2 \cdot \overline{e_3}$ $\overline{e_1} \cdot \overline{e_2} \cdot e_3$
2	$\overline{e_1} \cdot e_2 \cdot e_3$

Zur Untersuchung, ob sich zwei Minterme nur in der bejahten und verneinten Form e i n e r Variablen unterscheiden, vergleichen wir zeilenweise zunächst die Gruppen mit den Kennziffern 0 und 1, dann 1 und 2 usw.

Der Vergleich der Gruppen mit den Kennziffern 0 und 1 ergibt

$$\overline{e_1} \cdot \overline{e_2} \cdot \overline{e_3} + \overline{e_1} \cdot e_2 \cdot \overline{e_3} = \overline{e_1} \cdot \overline{e_3} \underbrace{(\overline{e_2} + e_2)}_{=1} = \overline{e_1} \cdot \overline{e_3}$$

$$\overline{e_1} \cdot \overline{e_2} \cdot \overline{e_3} + \overline{e_1} \cdot \overline{e_2} \cdot e_3 = \overline{e_1} \cdot \overline{e_2} \underbrace{(\overline{e_3} + e_3)}_{=1} = \overline{e_1} \cdot \overline{e_2}$$

Aus dem Vergleich der Gruppen mit den Kennziffern 1 und 2 erhalten wir

$$\overline{e_1} \cdot e_2 \cdot \overline{e_3} + \overline{e_1} \cdot e_2 \cdot e_3 = \overline{e_1} \cdot e_2 \underbrace{(\overline{e_3} + e_3)}_{=1} = \overline{e_1} \cdot e_2$$

$$\overline{e_1} \cdot \overline{e_2} \cdot e_3 + \overline{e_1} \cdot e_2 \cdot e_3 = \overline{e_1} \cdot e_3 \underbrace{(\overline{e_2} + e_2)}_{=1} = \overline{e_1} \cdot e_3$$

Alle behandelten Minterme der 1. Liste werden unterstrichen und die Ergebnisse in eine 2. Liste eingetragen. Als neue Kennziffern in dieser Liste fassen wir die Kennziffern der 1. Liste zusammen, so daß die neu aufgelisteten Gruppen wieder nach Anzahl der bejahten Variablen geordnet sind.

Kennziffer	2. Liste
01	$\overline{e_1} \cdot \overline{e_3}$ $\overline{e_1} \cdot \overline{e_2}$
12	$\overline{e_1} \cdot e_2$ $\overline{e_1} \cdot e_3$

In dieser Liste suchen wir wieder durch Vergleich neue Terme, die eine Variable weniger als die der 2. Liste enthalten.

$$\overline{e_1} \cdot \overline{e_3} + \overline{e_1} \cdot e_3 = \overline{e_1} \underbrace{(\overline{e_3} + e_3)}_{=1} = \overline{e_1}$$

$$\overline{e_1} \cdot \overline{e_2} + \overline{e_1} \cdot e_2 = \overline{e_1} \underbrace{(\overline{e_2} + e_2)}_{=1} = \overline{e_1}$$

Nach Unterstreichen der behandelten Terme ergibt sich eine 3. Liste, deren Kennziffern wiederum aus denen der 2. Liste zusammengesetzt sind.

Kennziffer	3. Liste
0112	$\overline{e_1}$ $\overline{e_1}$

565

Das Verfahren wird solange fortgesetzt, bis kein Ausklammern mit dem Ziel $(\bar{e}+e)=1$ mehr möglich ist. Nun schreiben wir aus allen Listen die nicht unterstrichenen Terme heraus und verknüpfen sie mit ODER. Der so erhaltene Term ist das Ergebnis des Vereinfachungsverfahrens. Hier also

$a = \bar{e}_1 + \bar{e}_1$ (Idempotenzgesetz)

$a = \bar{e}_1$

Zur Übersicht empfiehlt es sich, die Listen zusammenzufassen.

Kennziffer	1. Liste	Kennziffer	2. Liste	Kennziffer	3. Liste
0	$\bar{e}_1 \cdot \bar{e}_2 \cdot \bar{e}_3$	01	$\bar{e}_1 \cdot \bar{e}_3$	0112	$\bar{e}_1$
			$\bar{e}_1 \cdot \bar{e}_2$		
1	$\bar{e}_1 \cdot e_2 \cdot \bar{e}_3$	12	$\bar{e}_1 \cdot e_2$		
	$e_1 \cdot \bar{e}_2 \cdot \bar{e}_3$		$\bar{e}_1 \cdot e_3$		
2	$\bar{e}_1 \cdot e_2 \cdot e_3$				

Nicht immer lassen sich alle Terme der einzelnen Liste so weit vereinfachen wie im Beispiel 10.26. Es kann auch vorkommen, daß sich mehrere, wenn auch gleichwertige Lösungen nach diesem Verfahren ergeben, wie Beispiel 10.27 zeigt.

Beispiel 10.27 Nach dem Verfahren von Quine-McCluskey sind für die Funktion $a = \bar{e}_1 \cdot \bar{e}_2 \cdot \bar{e}_3 + \bar{e}_1 \cdot \bar{e}_2 \cdot e_3 + e_1 \cdot \bar{e}_2 \cdot \bar{e}_3 + \bar{e}_1 \cdot e_2 \cdot e_3 + e_1 \cdot e_2 \cdot e_3$ ein oder mehrere vereinfachte Funktionsterme zu ermitteln.

Lösung

Kennziffer	1. Liste	Kennziffer	2. Liste
0	$\bar{e}_1 \cdot \bar{e}_2 \cdot \bar{e}_3$	01	$\bar{e}_1 \cdot \bar{e}_2$
			$\bar{e}_1 \cdot \bar{e}_3$
1	$\bar{e}_1 \cdot \bar{e}_2 \cdot e_3$		
	$e_1 \cdot \bar{e}_2 \cdot \bar{e}_3$	12	$\bar{e}_1 \cdot e_3$
2	$\bar{e}_1 \cdot e_2 \cdot e_3$		$e_1 \cdot \bar{e}_3$
	$e_1 \cdot e_2 \cdot \bar{e}_3$		

Eine weitere Vereinfachung der 2. Liste ist nicht möglich. Die Lösungen ergeben sich dadurch, daß die nicht behandelten Terme einer Gruppe jeweils mit dem nicht behandelten Term einer anderen Gruppe disjunktiv verknüpft werden.

$a_1 = \bar{e}_1 \cdot \bar{e}_2 + \bar{e}_1 \cdot e_3 + e_1 \cdot \bar{e}_3$

$a_2 = \bar{e}_2 \cdot \bar{e}_3 + \bar{e}_1 \cdot e_3 + e_1 \cdot \bar{e}_3$

Von der Gültigkeit dieser Lösungen können wir uns anhand einer Funktionstabelle überzeugen.

e_1	e_2	e_3	$\bar{e}_1$	$\bar{e}_2$	$\bar{e}_3$	$\bar{e}_1 \cdot \bar{e}_2$	$\bar{e}_2 \cdot \bar{e}_3$	$\bar{e}_1 \cdot e_3$	$e_1 \cdot \bar{e}_3$	$\bar{e}_1 \cdot e_3 + e_1 \cdot \bar{e}_3$	a_1	a_2	a
0	0	0	1	1	1	1	1	0	0	0	1	1	1
0	0	1	1	1	0	1	0	1	0	1	1	1	1
0	1	0	1	0	1	0	0	0	0	0	0	0	0
0	1	1	1	0	0	0	0	1	0	1	1	1	1
1	0	0	0	1	1	0	1	0	1	1	1	1	1
1	0	1	0	1	0	0	0	0	0	0	0	0	0
1	1	0	0	0	1	0	0	0	1	1	1	1	1
1	1	1	0	0	0	0	0	0	0	0	0	0	0

Da die Minterme der gegebenen Funktion jeweils eine 1 repräsentieren (s. Abschn. 10.3.2), kann die letzte Spalte für a auch direkt aus der gegebenen Normalform hingeschrieben werden.

10.4.3 Grafisches Verfahren nach Karnaugh-Veitch (KV-Tafeln)

Bei diesem Verfahren wird ebenfalls nach Termen in der Ausgangsfunktion gesucht, die sich nur darin unterscheiden, daß eine Variable in einem Term in der bejahten und im anderen in der verneinten Form auftritt. In diesem Fall kann nach den Gesetzen der Schaltalgebra durch Ausklammern der gemeinsamen Variablen eine Variable entfallen, weil $e + \bar{e} = 1$ gilt.

Während das Aufsuchen dermaßen verwandter Terme nach rechnerischen Verfahren sehr viel Übung erfordert, verwendet man beim grafischen Verfahren nach Karnaugh-Veitch Tafeln (kurz KV-Tafeln), in denen durch Ankreuzen oder Eintragen einer Ziffer jeder Term der Ausgangsfunktion kenntlich gemacht wird. Wählt man den Tafelaufbau so, daß sich zwei benachbarte Felder immer nur durch den Zustand einer Variablen unterscheiden, müssen die gesuchten Minterme automatisch aneinandergrenzen (**10.12**).

Tabelle **10.12** Mögliche Variablenanordnung bei KV-Tafeln

2 Variablen

	e_1	$\bar{e}_1$
e_2	$e_1 \cdot e_2$	$\bar{e}_1 \cdot e_2$
$\bar{e}_2$	$e_1 \cdot \bar{e}_2$	$\bar{e}_1 \cdot \bar{e}_2$

3 Variablen

	e_3	$\bar{e}_3$	
$\bar{e}_1$	$\bar{e}_1 \cdot \bar{e}_2 \cdot e_3$	$\bar{e}_1 \cdot \bar{e}_2 \cdot \bar{e}_3$	$\bar{e}_2$
$\bar{e}_1$	$\bar{e}_1 \cdot e_2 \cdot e_3$	$\bar{e}_1 \cdot e_2 \cdot \bar{e}_3$	e_2
e_1	$e_1 \cdot e_2 \cdot e_3$	$e_1 \cdot e_2 \cdot \bar{e}_3$	e_2
e_1	$e_1 \cdot \bar{e}_2 \cdot e_3$	$e_1 \cdot \bar{e}_2 \cdot \bar{e}_3$	$\bar{e}_2$

4 Variablen

	e_2		$\bar{e}_2$		
e_1	$e_1 \cdot e_2 \cdot \bar{e}_3 \cdot \bar{e}_4$	$e_1 \cdot e_2 \cdot \bar{e}_3 \cdot e_4$	$e_1 \cdot \bar{e}_2 \cdot \bar{e}_3 \cdot e_4$	$e_1 \cdot \bar{e}_2 \cdot \bar{e}_3 \cdot \bar{e}_4$	$\bar{e}_3$
e_1	$e_1 \cdot e_2 \cdot e_3 \cdot \bar{e}_4$	$e_1 \cdot e_2 \cdot e_3 \cdot e_4$	$e_1 \cdot \bar{e}_2 \cdot e_3 \cdot e_4$	$e_1 \cdot \bar{e}_2 \cdot e_3 \cdot \bar{e}_4$	e_3
$\bar{e}_1$	$\bar{e}_1 \cdot e_2 \cdot e_3 \cdot \bar{e}_4$	$\bar{e}_1 \cdot e_2 \cdot e_3 \cdot e_4$	$\bar{e}_1 \cdot \bar{e}_2 \cdot e_3 \cdot e_4$	$\bar{e}_1 \cdot \bar{e}_2 \cdot e_3 \cdot \bar{e}_4$	e_3
$\bar{e}_1$	$\bar{e}_1 \cdot e_2 \cdot \bar{e}_3 \cdot \bar{e}_4$	$\bar{e}_1 \cdot e_2 \cdot \bar{e}_3 \cdot e_4$	$\bar{e}_1 \cdot \bar{e}_2 \cdot \bar{e}_3 \cdot e_4$	$\bar{e}_1 \cdot \bar{e}_2 \cdot \bar{e}_3 \cdot \bar{e}_4$	$\bar{e}_3$
	$\bar{e}_4$	e_4	e_4	$\bar{e}_4$	

5 Variablen

			e_1			
e_4	$\bar{e}_1 \cdot e_2 \cdot \bar{e}_3 \cdot \bar{e}_4 \cdot \bar{e}_5$	$\bar{e}_1 \cdot e_2 \cdot e_3 \cdot \bar{e}_4 \cdot \bar{e}_5$	$e_1 \cdot e_2 \cdot e_3 \cdot \bar{e}_4 \cdot \bar{e}_5$	$e_1 \cdot e_2 \cdot \bar{e}_3 \cdot \bar{e}_4 \cdot \bar{e}_5$		
	$\bar{e}_1 \cdot e_2 \cdot \bar{e}_3 \cdot \bar{e}_4 \cdot e_5$	$\bar{e}_1 \cdot e_2 \cdot e_3 \cdot \bar{e}_4 \cdot e_5$	$e_1 \cdot e_2 \cdot e_3 \cdot \bar{e}_4 \cdot e_5$	$e_1 \cdot e_2 \cdot \bar{e}_3 \cdot \bar{e}_4 \cdot e_5$	$\bar{e}_5$	e_2
	$\bar{e}_1 \cdot e_2 \cdot \bar{e}_3 \cdot e_4 \cdot e_5$	$\bar{e}_1 \cdot e_2 \cdot e_3 \cdot e_4 \cdot e_5$	$e_1 \cdot e_2 \cdot e_3 \cdot e_4 \cdot e_5$	$e_1 \cdot e_2 \cdot \bar{e}_3 \cdot e_4 \cdot e_5$		
	$\bar{e}_1 \cdot e_2 \cdot \bar{e}_3 \cdot e_4 \cdot \bar{e}_5$	$\bar{e}_1 \cdot e_2 \cdot e_3 \cdot e_4 \cdot \bar{e}_5$	$e_1 \cdot e_2 \cdot e_3 \cdot e_4 \cdot \bar{e}_5$	$e_1 \cdot e_2 \cdot \bar{e}_3 \cdot e_4 \cdot \bar{e}_5$		
	$\bar{e}_1 \cdot \bar{e}_2 \cdot \bar{e}_3 \cdot e_4 \cdot \bar{e}_5$	$\bar{e}_1 \cdot \bar{e}_2 \cdot e_3 \cdot e_4 \cdot \bar{e}_5$	$e_1 \cdot \bar{e}_2 \cdot e_3 \cdot e_4 \cdot \bar{e}_5$	$e_1 \cdot \bar{e}_2 \cdot \bar{e}_3 \cdot e_4 \cdot \bar{e}_5$		
	$\bar{e}_1 \cdot \bar{e}_2 \cdot \bar{e}_3 \cdot e_4 \cdot e_5$	$\bar{e}_1 \cdot \bar{e}_2 \cdot e_3 \cdot e_4 \cdot e_5$	$e_1 \cdot \bar{e}_2 \cdot e_3 \cdot e_4 \cdot e_5$	$e_1 \cdot \bar{e}_2 \cdot \bar{e}_3 \cdot e_4 \cdot e_5$	e_5	
	$\bar{e}_1 \cdot \bar{e}_2 \cdot \bar{e}_3 \cdot \bar{e}_4 \cdot e_5$	$\bar{e}_1 \cdot \bar{e}_2 \cdot e_3 \cdot \bar{e}_4 \cdot e_5$	$e_1 \cdot \bar{e}_2 \cdot e_3 \cdot \bar{e}_4 \cdot e_5$	$e_1 \cdot \bar{e}_2 \cdot \bar{e}_3 \cdot \bar{e}_4 \cdot e_5$		
	$\bar{e}_1 \cdot \bar{e}_2 \cdot \bar{e}_3 \cdot \bar{e}_4 \cdot \bar{e}_5$	$\bar{e}_1 \cdot \bar{e}_2 \cdot e_3 \cdot \bar{e}_4 \cdot \bar{e}_5$	$e_1 \cdot \bar{e}_2 \cdot e_3 \cdot \bar{e}_4 \cdot \bar{e}_5$	$e_1 \cdot \bar{e}_2 \cdot \bar{e}_3 \cdot \bar{e}_4 \cdot \bar{e}_5$		

e_3

Ähnlich wie beim Verfahren nach Quine-McCluskey muß die zu behandelnde Funktion in der Normalform vorliegen. Außerdem vereinbaren wir, immer dann eine 1 in die KV-Tafel einzutragen, wenn der entsprechende Minterm in der disjunktiven Normalform vorliegt. Liegt die Funktion in der konjunktiven Normalform vor, tragen wir für jeden Maxterm eine 0 in die KV-Tafel ein. Nach dem Übertragen untersuchen wir, ob sich die eingetragenen Ziffern zu solchen Blöcken zusammenfassen lassen, in denen sich unter sonst gleichen Bedingungen bestimmte Variable ändern. Diese können eliminiert werden (entfallen).

Beispiel 10.28 Die binäre Funktion $a = \overline{e_1} \cdot \overline{e_2} \cdot \overline{e_3} \cdot \overline{e_4} + e_1 \cdot \overline{e_2} \cdot \overline{e_3} \cdot \overline{e_4} + \overline{e_1} \cdot \overline{e_2} \cdot \overline{e_3} \cdot e_4 + \overline{e_1} \cdot e_2 \cdot e_3 \cdot e_4 + e_1 \cdot e_2 \cdot e_3 \cdot \overline{e_4} + e_1 \cdot e_2 \cdot e_3 \cdot e_4$ soll mit Hilfe einer KV-Tafel vereinfacht werden.

Lösung Bild **10.**13 zeigt, wie die Minterme durch Eintragen einer 1 in die KV-Tafel übertragen werden. Dann fassen wir neben- oder untereinander liegende gekennzeichnete Felder zu Blöcken zusammen. Zu beachten ist dabei, daß auch an den Rändern liegende Felder am gegenüberliegenden Rand ein entsprechendes „Nachbarfeld" haben.

Für jeden Block können wir nun den vereinfachten Term angeben, der nur noch die gemeinsamen Variablen enthält. Blöcke, von denen alle Einsen schon durch andere Blöcke erfaßt sind, können entfallen.

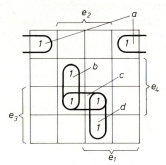

Für die vier Blöcke unserer KV-Tafel ergeben sich damit diese Terme:

Block a: $\overline{e_2} \cdot \overline{e_3} \cdot \overline{e_4}$ Block c: $e_2 \cdot e_3 \cdot e_4$

Block b: $\overline{e_1} \cdot e_2 \cdot e_4$ Block d: $e_1 \cdot e_2 \cdot e_3$

10.13

Block c kann entfallen, da er schon durch b und d erfaßt ist. Die verbleibenden Terme fassen wir disjunktiv zusammen und erhalten damit den vereinfachten Funktionsterm

$a = \overline{e_2} \cdot \overline{e_3} \cdot \overline{e_4} + \overline{e_1} \cdot e_2 \cdot e_4 + e_1 \cdot e_2 \cdot e_3$

Beim Zusammenfassen können außer Zweier- auch Vierer- oder Achterblöcke gebildet werden. Sie müssen nur immer symmetrisch zu einer Linie zwischen einer bejahenden und verneinenden Variablen liegen.

Beispiele 10.29 In den KV-Tafeln **10.**14 bis **10.**18 sind schon durch Zusammenfassung der Einsen Blöcke gebildet. Geben Sie jeweils den vereinfachten Funktionsterm an.

Lösung

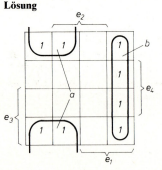

10.14
Block a: $\overline{e_1} \cdot \overline{e_4}$
Block b: $e_1 \cdot \overline{e_2}$
$a = \overline{e_1} \cdot \overline{e_4} + e_1 \cdot \overline{e_2}$

10.15
Block a: $\overline{e_2} \cdot e_4$
Block b: $e_1 \cdot e_2 \cdot \overline{e_3} \cdot e_4$
$a = \overline{e_2} \cdot e_4 + e_1 \cdot e_2 \cdot \overline{e_3} \cdot e_4$

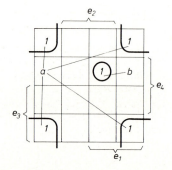

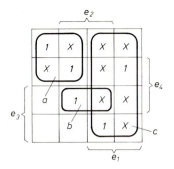
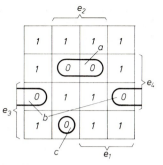

10.16

Die Einsen dieser KV-Tafel lassen sich nach der bisherigen Methode überhaupt nicht zusammenfassen. Erst durch eine Hilfsmaßnahme, nämlich durch das Eintragen von **redundanten Termen** (Terme, die möglich sind, in Wirklichkeit aber nicht auftreten), kann man Blöcke bilden. Diese führen häufiger zu einer einfachen Funktion, als wenn alle Terme in ihrer Ursprungsform erhalten bleiben.

Block a: $\overline{e_1} \cdot \overline{e_3}$
Block b: $e_2 \cdot e_3 \cdot e_4$
Block c: e_1

$a = e_1 + \overline{e_1} \cdot \overline{e_3} + e_2 \cdot e_3 \cdot e_4$

10.17

Hier überwiegen die Einsen, d.h. es wird sehr aufwendig, den vereinfachten Term aus der Vielzahl der Minterme herauszubekommen. In diesem Fall geht man besser zu den 0 über und verfährt sonst mit der Blockbildung wie bei den Mintermen.

Die Variablen der Maxterme sind disjunktiv, die Maxterme selbst konjunktiv verknüpft.

Block a: $e_2 \cdot \overline{e_3} \cdot e_4 = \overline{e_2} + e_3 + \overline{e_4}$
Block b: $\overline{e_2} \cdot e_3 \cdot e_3 = e_2 + \overline{e_3} + e_4$
Block c: $\overline{e_1} \cdot e_2 \cdot e_3 \cdot \overline{e_4} = e_1 + \overline{e_2} + \overline{e_3} + e_4$

$a = (\overline{e_2} + e_3 + \overline{e_4})(e_2 + \overline{e_3} + e_4)(e_1 + \overline{e_2} + \overline{e_3} + e_4)$

10.18

Die Einsen der Blöcke a und b lassen sich nicht, wie zunächst angenommen werden könnte, zu einem einzigen Block zusammenfassen, weil sie insgesamt nicht symmetrisch zu einer Trennungslinie zwischen einer bejahenden und verneinenden Variablen liegen, wie es bei Block c (symmetrisch zur Linie zwischen e_2 und $\overline{e_2}$) der Fall ist.

Block a: $\overline{e_3} \cdot e_4 \cdot \overline{e_5}$
Block b: $\overline{e_2} \cdot \overline{e_3} \cdot e_5$
Block c: $e_3 \cdot e_4$

$a = e_3 \cdot e_4 + \overline{e_2} \cdot \overline{e_3} \cdot e_5 + \overline{e_3} \cdot e_4 \cdot \overline{e_5}$

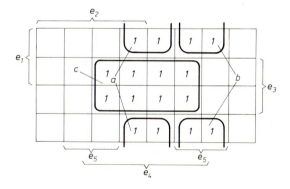

Übungsaufgaben zu Abschnitt 10.3 und 10.4

1. Wieviel Kombinationsmöglichkeiten einer binären Funktion ergeben sich für n binäre Eingangsvariablen? Welche Information entnehmen Sie der Kurzform a_{179}^3?
2. Erläutern Sie die Zusammenhänge zwischen Maxterm, Minterm, disjunktiver und konjunktiver Normalform.
3. Wodurch unterscheiden sich die Rechengesetze der Schaltalgebra von denen der Zahlenalgebra?
4. Nennen Sie Verfahren zur Vereinfachung von binären Funktionstermen.

10.5 Logische Schaltungen

Zur technischen Verwirklichung der im Abschnitt 10.3 behandelten Verknüpfungen binärer Funktionen benutzt man in der Elektrotechnik Schaltungen, in denen sich die binären Signale innerhalb bestimmter Spannungsgrenzen bewegen. Man nennt sie **logische Schaltungen**. Innerhalb dieser elektrotechnischen Schaltungen ist das Ausgangssignal von der Wahl der Betriebsspannung, dem Leistungswiderstand, den Eingangswiderständen folgender Geräte usw. abhängig. Wie die Verwirklichung der einfachen UND- und ODER-Verknüpfungen mit Relaisschaltungen aussehen könnte, zeigt Bild **10**.19.

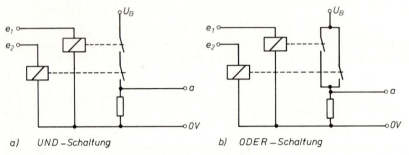

a) UND-Schaltung   b) ODER-Schaltung

10.19 Relaisschaltung eines UND- und ODER-Schaltglieds

In der Halbleitertechnik bewegen sich die den Signalen zugeordneten Spannungen in relativ sehr viel größeren Bereichen (**10**.20). Deshalb hat man auch eine andere Bezeichnung (Pegelwerte) für die Schaltkreise gewählt. Man nennt das am positiven Ende der Betriebsspannung liegende Signal H (engl. **h**igh = hoch) und entsprechend das am negativen Ende liegende Signal L (engl. **l**ow = niedrig). Zur Trennung liegt zwischen beiden Signalen ein verbotener Bereich.

Ein wichtiges Merkmal bei der Auswahl von Halbleiter-Schaltkreisen ist der Störspannungsabstand zwischen den H- und L-Signalen. Denn eine den Ausgangssignalen überlagerte Störspannung in den folgenden Schaltkreisen darf nicht zur Überschreitung des zulässigen Pegelbereichs führen.

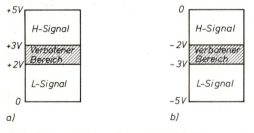

Nach den beiden Möglichkeiten, dem binären Wert den H-Bereich (positive Betriebsspannung) oder den L-Bereich (negative Betriebsspannung) zuzuordnen, unterscheidet man

– **die positive Logik:** $H \triangleq 1; L \triangleq 0$
– **die negative Logik:** $L \triangleq 1; H \triangleq 0$

10.20 H-, L- und verbotene Spannungsbereiche bei
a) positiver, b) negativer Betriebsspannung

10.5.1 Diodenschaltungen

Die einfachsten kontaktlosen Schaltglieder lassen sich mit Dioden realisieren. Wir betrachten in Tabelle **10**.21 die Schaltungen mit zwei Dioden, die nach der Polarität von Eingangssignalen und Betriebsspannung unterschieden werden.

Tabelle **10.21** **Diodenschaltungen für UND- und ODER-Schaltglieder**

Betriebsspannung / Eingangssignale	Pegeltabelle	Betriebsspannung / Eingangssignale	Funktion	
			positive Logik	negative Logik
Betriebsspannung positiv, Eingangssignale positiv	e_1: L L H H e_2: L H L H a: L L L H	Betriebsspannung negativ, Eingangssignale negativ	H-UND e_1: 0 0 1 1 e_2: 0 1 0 1 a: 0 0 0 1	L-ODER e_1: 1 1 0 0 e_2: 1 0 1 0 a: 1 1 1 0
Betriebsspannung positiv, Eingangssignale positiv	e_1: L L H H e_2: L H L H a: L H H H	Betriebsspannung negativ, Eingangssignale negativ	H-ODER e_1: 0 0 1 1 e_2: 0 1 0 1 a: 0 1 1 1	L-UND e_1: 1 1 0 0 e_2: 1 0 1 0 a: 1 0 0 0

Mit diesen Diodenschaltungen lassen sich je nach Wahl der positiven oder negativen Spannungen sowohl UND- als auch ODER-Schaltglieder in positiver wie in negativer Logik realisieren. Das Prinzip der Schaltungen ändert sich auch dann nicht, wenn statt der zwei betrachteten mehrere Eingänge verknüpft werden sollen. Technisch ergeben sich allerdings Einschränkungen beim Hintereinanderschalten mehrerer Diodenschaltungen, weil die Betriebsspannung für die folgenden Schaltungen je Stufe um die Schwellspannung der Diode steigt (s. Abschn. 2.3). Um nicht in den verbotenen Bereich zu kommen, müßten Spezialschaltungen entwickelt werden, womit kein universeller Einsatz der Bausteine mehr gewährleistet wäre. Ein weiterer Nachteil der passiven Diodenschaltung ist, daß keine Verneinungen (Signalumkehr) verwirklicht werden können.

In der Praxis vermeidet man diese Einschränkungen der Diodenschaltungen durch einen nachgeschalteten Transistor, der als Spannungsverstärker arbeitet.

10.5.2 Dioden-Transistor-Schaltungen

Die Änderungen, die sich durch einen als Verstärker nachgeschalteten Transistor in der Arbeitsweise einer Diodenschaltung ergeben, zeigt Bild **10.**22.

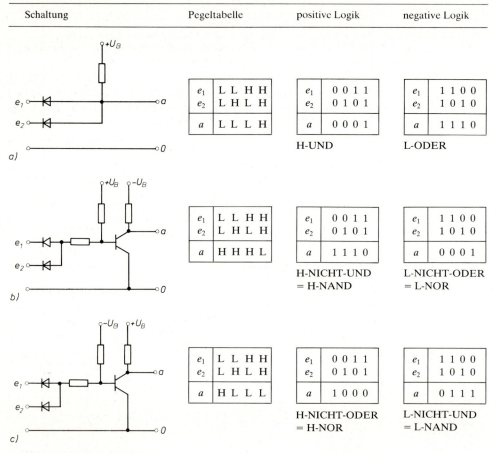

10.22 Dioden-Transistor-Schaltung
a) ohne Transistor, b) mit PNP-Transistor, c) mit NPN-Transistor in Emitterschaltung

Wie aus den Funktionstabellen **10.**22 b und c der Dioden-Transistorschaltungen zu entnehmen ist, tritt aufgrund der Signalumkehr eines einstufigen Transistor-Verstärkers (s. Abschn. 2.4.2) statt der UND- und ODER-Ausgangsfunktion a in der Tabelle immer die invertierte (in der binären Logik: verneinte) Ausgangsfunktion $\bar{a}$ auf. Schaltglieder dieses Typs gibt es vor allem in integrierten Schaltungen (IC) häufig. Nach DIN 40700 wird ihnen ein getrenntes Schaltzeichen zugeordnet, das sich aus den Grundfunktionen zusammensetzt (**10.**23).

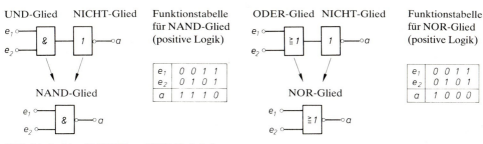

10.23 Schaltzeichen für NAND- und NOR-Verknüpfungen

Das **NAND-Glied** nimmt am Ausgang immer dann den Zustand 0 an, wenn alle Eingänge den Zustand 1 haben.

Das **NOR-Glied** nimmt am Ausgang immer dann den Zustand 1 an, wenn die Eingänge den Zustand 0 haben.

Außer den hier behandelten Dioden-Transistor-Schaltungen wurden aus den verschiedensten Gründen (integrierte oder diskrete Bauweise u.ä.) weitere Schaltungen entwickelt, von denen Bild **10.**24 einige zeigt. Sie gehören zur DTL-Schaltkreisfamilie (**D**ioden-**T**ransistor-**L**ogik).

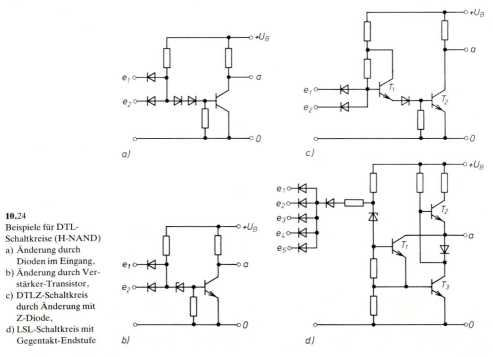

10.24
Beispiele für DTL-Schaltkreise (H-NAND)
a) Änderung durch Dioden im Eingang,
b) Änderung durch Verstärker-Transistor,
c) DTLZ-Schaltkreis durch Änderung mit Z-Diode,
d) LSL-Schaltkreis mit Gegentakt-Endstufe

10.5.3 Transistor-Transistor-Schaltungen

TTL-Schaltkreisfamilie. Anforderungen an die Schaltkreise (z. B. höhere Schaltgeschwindigkeit, zeitliche Verschiebung zwischen Eingangs- und Ausgangssignal, Verminderung der Verlustleistung sowie vereinfachte Herstellung und größere Packungsdichte in integrierten Schaltkreisen) führten zur TTL-Schaltkreisfamilie (**Transistor-Transistor-Logik**). Grundsätzlich werden bei Schaltkreisen dieser Art gegenüber der Eingangsstufe bei DTL-Schaltkreisen die Dioden durch einen Multi-Emitter-Transistor (Transistor mit mehreren Emittern, **10.**25) ersetzt, so daß sich in der einfachsten Ausführung die Bauweise nach Bild **10.**25 ergibt.

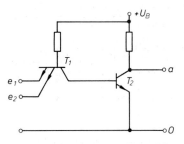

10.25 Aufbau eines TTL-Schaltkreises in H-NAND-Schaltung

Erweitert man diesen Schaltkreis um eine Gegentakt-Endstufe wie in Bild **10.**26 a, gelangt man je nach Wahl der Widerstände zu sehr kurzen Schaltzeiten. Mit dem gleichzeitigen Einbau von Dioden in die Emitterleitungen wird eine Sicherung gegen zu hohe Eingangsspannungen erreicht. Bild **10.**26 b zeigt dagegen einen TTL-Schaltkreis, bei dem vorrangig Wert auf eine geringe Verlustleistung gelegt wird.

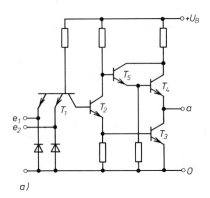 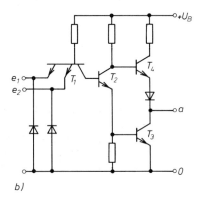

a) b)

10.26 TTL-H-NAND-Schaltkreis mit Gegentakt-Endstufe
a) mit kurzen Schaltzeiten, b) mit niedriger Verlustleistung

ECL-Schaltkreise. Noch kürzere Schaltzeiten mit TTL-Schaltkreisen erzielt man mit Emittergekoppelten ECL-Schaltkreisen (**E**mitter-**C**oupled-**L**ogic) nach Bild **10.**27 a. Der Aufbau dieser Schaltung mit einer Hilfsspannung U_H ermöglicht es, an den Ausgängen der gekoppelten Transistoren das H-NOR- und am Ausgang des Transistors T_3 das H-ODER-Signal abzugreifen.

I²L-Schaltkreis. Bild **10.**27 b stellt einen I²L-Schaltkreis dar (**I**ntegrierte-**I**njektions-**L**ogik), der sich durch Packungsdichte und niedrigen Betriebsstrom auszeichnet. Mit diesen Schaltungen sind in hochintegrierten Schaltungen bis zu 400 Schaltkreise je mm² möglich. Allerdings vergrößern sich bei niedriger Verlustleistung wiederum die Schaltzeiten.

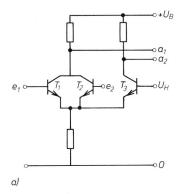
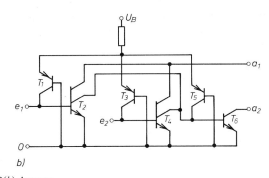

a)   b)

10.27 a) ECL-Schaltkreis mit H-NOR(a_1)- und H-NOR(b)-Ausgang
b) I²L-Schaltkreis mit H-NOR(a_1)- und N-ODER(a_2)-Ausgang, bestehend aus drei I²L-Grundbausteinen

MOS-FET. Besonders einfache Schaltkreise, die zudem eine extrem niedrige Verlustleistung aufweisen, lassen sich mit Hilfe von MOS-FETs (s. Abschn. 2.5.5) als N- oder P-Kanal-Schaltkreis aufbauen (**10.**28). Je nachdem, ob die MOS-FETs in einer Reihen- oder Parallelschaltung angeordnet werden, ergibt sich ein H-NAND- oder H-NOR-Schaltglied.

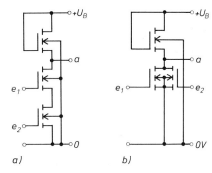

10.28 a) Einkanal-H-NAND- und b) -H-NOR-Schaltkreise in MOS-Technik

CMOS-Schaltkreis. P- und N-Kanal-MOS-FETs lassen sich kombinieren zu komplementären CMOS-Schaltkreisen (engl. **C**omplementary, **10.**29). Durch Parallel- und Reihenschaltung ergeben sich ebenfalls H-NAND- und H-NOR-Schaltkreise. CMOS-Schaltkreise ermöglichen wegen ihrer hohen Belastbarkeit (fan out) die Ansteuerung von 50 Schaltgliedern gleicher Bauart. Diese Eigenschaft erreicht keine andere Schaltkreisfamilie (maximal 20 nachschaltbare Bauelemente).

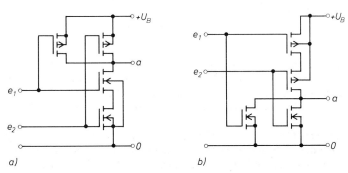

10.29 CMOS-Schaltkreise a) für H-NAND-, b) für H-NOR-Schaltglieder

10.5.4 Untersuchung von Schaltungen

Impulsdiagramm. Die Beschreibung von Zusammenschaltungen logischer Schaltkreise kann durch Funktionstabellen wie **10.**3 geschehen. Jedoch sind dabei nur die Kombinationen der Eingangsvariablen und der Zustand der Ausgangsvariablen dargestellt. Eine Möglichkeit, den Ablauf innerhalb einer Schaltung auch zeitlich zu verfolgen, bietet der Signalzeitplan oder das Impulsdiagramm. Die hierbei betrachteten rechteckigen Impulse für die Eingangsgrößen gewährleisten in Breite und Aufeinanderfolge, daß alle 2^4 Kombinationsmöglichkeiten für n Eingangsvariable im betrachteten Zeitraum auftreten. Ordnet man bei positiver Logik dem H-Pegel eine 1 und dem L-Pegel eine 0 zu, erhält man für die Schaltglieder der Grundverknüpfungen die Impulsdiagramme **10.**30.

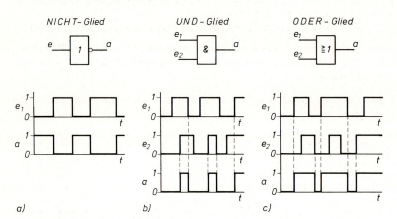

10.30 Impulsdiagramme für a) NICHT-, b) UND-, c) ODER-Glied

Impulsdiagramme für umfangreichere Zusammenschaltungen stellt man meist am Oszilloskop dar. Durch Verfolgen der Schaltzustände kann man die Ausgangsvariable in Abhängigkeit von der Eingangsvariablen auch wieder in anderer Form angeben, z. B. als Funktionstabelle.

Beispiel 10.30 Für die Zusammenschaltung **10.**31 a sollen das Impulsdiagramm vervollständigt und die Funktionstabelle angegeben werden.

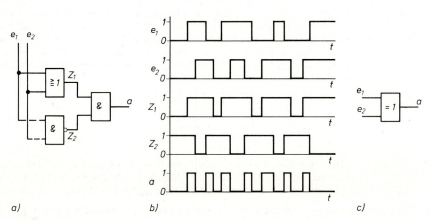

10.31 a) XOR-Schaltung, b) Diagramm, c) Schaltzeichen

Lösung Impulsdiagramm **10.**31b. Vergleichen wir den Impulsverlauf der Ausgangsvariablen mit denen der beiden Eingangsvariablen, erkennen wir, daß immer dann eine 0 am Schaltungsausgang auftritt, wenn e_1 und e_2 beide das Signal 0 oder beide das Signal 1 führen.

Funktionstabelle

e_1		0 0 1 1
e_2		0 1 0 1
a		0 1 1 0

Eine solche Schaltung heißt Exklusiv-ODER- oder kurz XOR-Schaltung. Zusammengefaßt wird die XOR-Schaltung auch als Schaltglied mit einem eigenen Schaltzeichen nach DIN 40700 gekennzeichnet (**10.**31c). Es unterscheidet sich vom Symbol der ODER-Schaltglieder dadurch, daß statt ≥ 1 verkürzt $= 1$ geschrieben wird.

Die mathematische Bezeichnung für die Exklusiv-ODER-Schaltung lautet **Antivalenz**.

Liegt eine Schaltung mit zwei, höchstens drei Eingangsvariablen vor, kann man das Impulsdiagramm auch simulieren, indem man die Schaltzustände der Variablen an allen Ein- und Ausgängen der Schaltglieder anschreibt.

Beispiel 10.31 Die Schaltung **10.**32a soll durch Anschreiben der Zustände an den Ein- und Ausgängen der Schaltglieder untersucht werden.

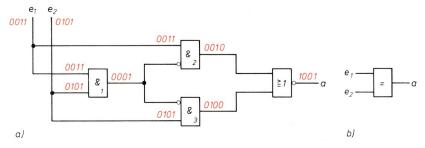

10.32 a) Äquivalenzschaltung, b) Schaltzeichen

Lösung Bei der Zustandsauswahl der Eingangsvariablen geht man wegen der Übersichtlichkeit wie beim Aufbau einer Funktionstabelle vor (s. Abschn. 10.3.1). Dann werden die vier Kombinationen, die bei zwei Eingangsvariablen möglich sind, nach dem Dualprinzip 00, 01, 10, 11 kombiniert. Entsprechend der Funktionsweise des 1. UND-Gliedes ergibt sich an dessen Ausgang die Kombination 0001, deren Negation (1110) am 2. UND-Glied mit e_1 (0011) zu 0010 und am 3. UND-Glied mit e_2 (0101) zu der Kombination 0100 führen. Diese beiden Ausgänge werden zunächst am ODER-Glied zu 0110 und durch die abschließende Negation am Ausgang zu 1001.

Funktionstabelle

e_1		0 0 1 1
e_2		0 1 0 1
a		1 0 0 1

Man nennt diese Schaltung mit dem Ergebnis der obenstehenden Funktionstabelle **Äquivalenz** (Negation der Antivalenz im Beispiel 10.30). Das Symbol **10.**32b unterscheidet sich von dem Antivalenzsymbol $(= 1)$ nur durch die fehlende 1 $(=)$.

Diese Untersuchungsmethode wird mit zunehmender Anzahl der Variablen sehr umständlich. Deshalb greift man dann auf die rechnerische Behandlung nach Abschnitt 10.3 zurück.

10.5.5 Entwurf von Schaltungen

Oft liegen Anforderungen an eine logische Schaltung vor, in denen das Verhalten der binären Eingangs- und Ausgangsgrößen zueinander beschrieben wird. Um danach eine Schaltung zu konstruieren, gehen wir in vier Schritten vor:

1. Funktionstabelle erstellen.
2. Disjunktive oder konjunktive Normalform an Hand der Funktionstabelle aufstellen.
3. Schaltung mit Hilfe der schaltalgebraischen Gesetze vereinfachen.
4. Den vereinfachten Funktionsterm an die zur Verfügung stehenden Schaltglieder anpassen (oft notwendig bei der Realisierung in NAND- oder NOR-Technik).

Beispiel 10.32 Bei der Konzeption einer Meldeanlage soll immer dann ein Alarm weitergegeben werden, wenn mindestens zwei der drei eingebauten Sicherungselemente (z.B. Öffnungskontakt, Magnetkontakt, Bewegungsmelder) eine Störung melden.

Lösung Beim Festlegen der Variablen wählen wir möglichst die Bezeichnungen der Kontakte (Großbuchstaben) und Variablen (Kleinbuchstaben) gleich.

Kontakte		Zustand der Variablen	
K_1	Kontakt 1	$k = 0$	Kontakt geöffnet (keine Störung)
K_2	Kontakt 2	$k = 1$	Kontakt geschlossen (Störung)
K_3	Kontakt 3	$s = 0$	Schalter geöffnet (kein Alarm)
S	Ausgangsschalter	$s = 1$	Schalter geschlossen (Alarm)

1. Die Funktionstabelle sieht danach so aus:

k_1	0	0	0	0	1	1	1	1
k_2	0	0	1	1	0	0	1	1
k_3	0	1	0	1	0	1	0	1
s	0	0	0	1	0	1	1	1

2. Da in der Funktionstabelle für die Ausgangsvariable gleich viel Nullen und Einsen auftreten, können wir sowohl die disjunktive als auch die konjunktive Normalform wählen.

$$s_d = \overline{k_1} \cdot k_2 \cdot k_3 + k_1 \cdot \overline{k_2} \cdot k_3 + k_s \cdot k_2 \cdot \overline{k_3} + k_1 \cdot k_2 \cdot k_3$$
$$s_k = (k_1 + k_2 + k_3)(k_1 + k_2 + \overline{k_3})(k_1 + \overline{k_2} + k_3)(\overline{k_1} + k_2 + k_3)$$

Ohne Vereinfachung lassen sich beide Normalformen direkt in die Schaltung **10.**33 umsetzen.

3. Zur Schaltungsvereinfachung wählen wir die disjunktive Normalform.

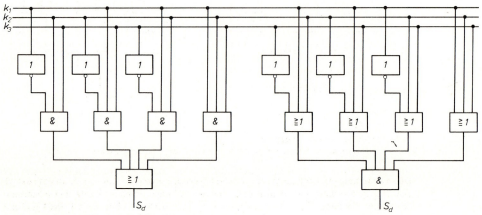

10.33 Disjunktive und konjunktive Normalform

Quine-McCluskey-Verfahren

Kenn-ziffer	1. Liste	Kenn-ziffer	2. Liste
2	$\overline{k_1} \cdot k_2 \cdot k_3$	23	$k_2 \cdot k_3$
	$k_1 \cdot \overline{k_2} \cdot k_3$		$k_1 \cdot k_3$
	$k_1 \cdot k_2 \cdot \overline{k_3}$		$k_1 \cdot k_2$
3	$k_1 \cdot k_2 \cdot k_3$		

$s = k_1 \cdot k_2 + k_1 \cdot k_3 + k_2 \cdot k_3$

Die Umsetzung dieses Funktionsterms zeigt gegenüber den Normalfunktionen eine deutliche Vereinfachung, da nur noch 4 statt 8 Schaltglieder gebraucht werden (**10.35**).

4. Realisierung der Schaltung, wenn nur a) NAND-, b) NOR-Glieder als integrierte Bausteine zur Verfügung stehen.

a) Da eine doppelte Verneinung nach Abschnitt 10.3.3 einer Bejahung gleichkommt, können wir an jeder beliebigen Stelle einer Schaltung doppelte Verneinungen einfügen. Zwischen dem Ausgang eines Schaltglieds und dem Eingang des folgenden Schaltglieds können sich dann die Verneinungen verschieben (nicht durch ein Schaltglied hindurch!).

Karnaugh-Veitch-Verfahren (**10.34**)

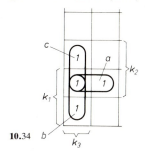

10.34

$s = k_1 \cdot k_2 + k_1 \cdot k_3 + k_2 \cdot k_3$

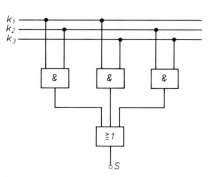

10.35 Vereinfachte Schaltfunktion

So entsteht nach dem Einfügen von doppelten Verneinungen zwischen den UND-Gliedern und dem ODER-Glied die Schaltung **10.36**.

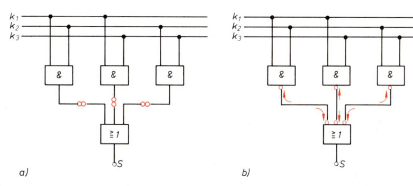

10.36 a) Einfügen doppelter Negationen,
b) Verschieben der Negationen an den Ein- oder Ausgang der Schaltglieder

Diese Schaltung enthält 3 geforderte NAND-Glieder und ein ODER-Glied, an dem jedoch alle Eingänge negiert sind. Weil aber nach den schaltalgebraischen Gesetzen (De Morgan) der Zusammenhang $\overline{k_1} + \overline{k_2} + \overline{k_3} = \overline{k_1 \cdot k_2 \cdot k_3}$ besteht, kann das ODER-Glied mit negierten Eingängen durch ein NAND-Glied (UND-Glied mit negiertem Ausgang) ersetzt werden (**10.**37). Damit enthält die Schaltung nur noch NAND-Schaltglieder und kann z. B. mit einem integrierten Baustein IC 7400 aufgebaut werden (**10.**38).

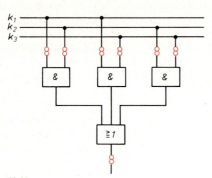

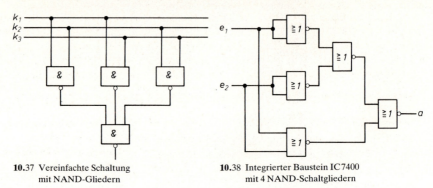

10.37 Vereinfachte Schaltung
mit NAND-Gliedern

10.38 Integrierter Baustein IC 7400
mit 4 NAND-Schaltgliedern

b) Die Verwirklichung mit NOR-Schaltgliedern erfordert größeren Aufwand.

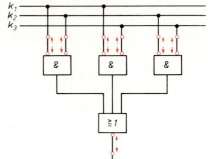

10.39
Einfügen von doppelten Negationen am Ausgang von ODER- oder am Eingang von UND-Gliedern

10.40
Durch Verschieben der Negationen erhält man sofort das NOR-Glied und 3 UND-Glieder, die ebenfalls durch NOR-Glieder (De Morgan) ersetzt werden können.

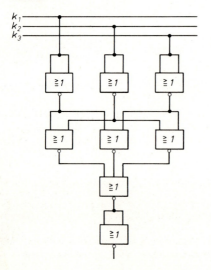

10.41
Nun müssen nur noch alle Eingangs- und die Ausgangsvariable negiert werden.
Da eine Negation mit Hilfe eines NAND- oder NOR-Gliedes einfach durch Belegen aller Eingänge mit derselben Variablen erreicht wird, erhält man nach Zusammenfassen der negierten Variablen eine Schaltung, in der nur noch NOR-Glieder enthalten sind.

10.6 Kippschaltungen, Speicherglieder

Bei den bisher behandelten logischen Schaltungen waren die Ausgangsvariablen nur vom Zustand der Eingangsvariablen, d.h. von äußeren Bedingungen abhängig. Durch Rückkopplungen bei logischen Schaltungen kann man jedoch erreichen, daß auch „innere" Zustände auftreten, die durch geeignete Beschaltung von außen (z.B. durch einen Taktgeber) geändert (Kippvorgänge) bzw. erhalten (Speichervorgänge) werden können. Man unterscheidet:

- **bistabile Kippstufen oder Flipflops,** wenn die Kippvorgänge von außen eingeleitet und von außen wieder geändert werden;
- **monostabile Kippstufen oder Monoflops,** wenn die Kippvorgänge zwar von außen eingeleitet werden, die Kippstufe aber nach einer bestimmten Zeit wieder in den Ausgangszustand zurückkehrt;
- **astabile Kippstufen,** wenn sowohl die Kippvorgänge als auch die Rückkippvorgänge selbsttätig ablaufen.

10.6.1 Bistabile Kippstufen (Flipflops)

Zur Untersuchung der Schaltzustände eines Flipflops aus NOR-Gliedern müssen die bereits vorhandenen Ausgangszustände mit berücksichtigt werden. Die Laufzeit eines neu auftretenden Signals durch die Schaltglieder hindurch ermöglicht die Unterscheidung zwischen einem „Ausgangssignal vorher Q_v" und dem sich ergebenden „Ausgangssignal nachher Q". Wählt man eines der beiden Ausgangssignale Q_v oder Q_v^* und kombiniert seine möglichen Zustände mit denen der Eingangsvariablen e_1 und e_2 nach Bild **10.42**, ergeben sich die in Tabelle **10.43** aufgelisteten $2^3 = 8$ Schaltkombinationen von e_1, e_2 und Q_v. Daraus lassen sich die wesentlichen Eigenschaften eines Flipflops herleiten:

Tabelle **10.43** Funktionstabelle für das NOR-Flipflop 10.42

Kennziffer	e_1	e_2	Q_v	Q	Q^*
0	0	0	0	0	1
1	0	0	1	1	0
2	0	1	0	1	0
3	0	1	1	1	0
4	1	0	0	0	1
5	1	0	1	0	1
6	1	1	0	0	0
7	1	1	1	0	0

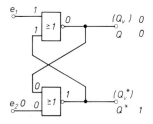

10.42 Flipflop mit NOR-Schaltgliedern (Zustand vorher)

Fall 1. Eine 0 an beiden Eingängen hat keine Veränderung der Ausgangszustände zur Folge. D.h., das Flipflop behält seinen Ausgangszustand bei (Speicherzustand).

Fall 2. Eine 1 an nur einem Eingang führt zu einem stabilen Zustand des Flipflops. So bewirkt eine 1 an e_2 an den Ausgängen Q eine 1 und an Q^* eine 0. Steht nur an e_1 eine 1 an, ergeben sich eine 0 an Q und eine 1 an Q^*. D.h., die Ausgangszustände ändern sich komplementär zueinander. Wegen der im Fall 1 beschriebenen Eigenschaften des Flipflops bleibt dieser erreichte Zustand auch dann erhalten, wenn das Eingangssignal an e_1 oder e_2 nur kurzfristig, d.h. als Impuls auftritt.

Fall 3. Eine 1 an beiden Eingängen bewirkt eine 0 an beiden Ausgängen des Flipflops. Im Gegensatz zu Fall 2 bleibt dieser Zustand nur so lange stabil, wie die Eingangssignale anstehen. Bei gleichzeitigem Abfall von e_1 und e_2 kippt das Flipflop in einen nicht vorhersagbaren Zustand. Da ein nicht definierter Zustand am Flipflop nicht sinnvoll sein kann, muß dieser Fall vermieden werden.

Schließen wir den Fall 3 mit der gleichzeitigen Ansteuerung beider Eingänge aus, lassen sich die Eigenschaften eines Basis-Flipflops so zusammenfassen:

> Die stabile Lage eines Flipflops ist durch die zueinander komplementären Ausgangszustände (Q/Q^*) 0/1 oder 1/0 gekennzeichnet.
>
> Durch die Ansteuerung nur eines Eingangs wird das Flipflop in einen dieser Zustände „gesetzt".
>
> Wechselt die Ansteuerung auf den anderen Eingang, „kippt" das Flipflop in die andere stabile Lage.
>
> Wird keiner der beiden Eingänge angesteuert, „speichert" das Flipflop den vorher gesetzten Zustand.

Die hier verwendeten Schaltzustände für ein NOR-Flipflop gelten bei H-NOR-Schaltungen und L-NAND-Schaltungen. Bei L-NOR- und H-NAND-Schaltungen müssen die Ansteuerungen mit einer binären 0 erfolgen.

Kennzeichnung. Da im stabilen Zustand eines Flipflops der eine Ausgang den komplementären Zustand des anderen einnimmt ($Q_1 = Q_2$), kann auf eine Numerierung der Ausgangszustände verzichtet werden.

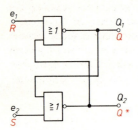

Verwendet man zur Kennzeichnung der beiden Ausgänge Q und Q^* sowie der beiden Eingänge S (engl. Set = setzen) und R (engl. Reset = zurücksetzen), werden R, S, Q und Q^* so angeordnet, daß die Ansteuerung des S-Eingangs das Flipflop in den Setzustand $Q = 1$ und $Q^* = 0$ bringt (**10.44**).

10.44 Spezielle Bezeichnungen der Ein- und Ausgänge am Flipflop

Bei den Schaltsymbolen nach DIN 40700 ist darauf zu achten, daß dem Setzeingang S der Ausgang Q und dem Rücksetzeingang R der Ausgang Q^* in einer Flipflophälfte zugeordnet sind. Ein schwarzer Balken in einem den Ausgängen Q oder Q^* zugeordneten Flipflophälften deutet symbolisch an, daß in der Grundstellung hier eine binäre 1 ansteht (**10.45**).

Mit den neuen Vereinbarungen können wir die Funktionstabelle eines Flipflops von der ausführlichen Form **10.**43 verkürzen (**10.46**).

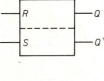

10.45 Symbole nach DIN 40700 für Flipflops oder RS-Kippglieder

Tabelle 10.46 **Verkürzte Funktionstabelle eines RS-Flipflops**

R	S	Q
0	0	Speicherzustand
0	1	1
1	0	0
1	1	undefiniert

Beispiel 10.33 Die zeitlichen Ausgangszustände Q und Q^* eines Flipflops sollen in einem Impulsdiagramm bei vorgegebenen Eingangssignalen S und R entwickelt werden.

Lösung (10.47) Eine 1 am S-Eingang bewirkt eine 1 an Q (0–1), die auch nach Signalabfall erhalten bleibt, bis eine 1 am R-Eingang ansteht (1–2). Von diesem Zeitpunkt (2) an steht an Q eine 0 an, die auch dann erhalten bleibt, wenn an R eine 0 anliegt (3). Mit einer 1 an S (4) wird Q wieder auf 1 gesetzt. Diese 1 bleibt auch dann erhalten, wenn das Signal an S mehrfach auftritt (5–7). Durch eine 1 an R erfolgt die Rücksetzung des Flipflops (8). Nach erneutem Setzen (10) tritt der zu vermeidende pseudostabile Zustand ein, daß beide Eingänge eine 1 führen (11–12). Bei gleichzeitigem Anlegen des Signals 0 an R und S (12) bleibt der vorherige Zustand erhalten. Da nicht festliegt, wie dieser Flipflopzustand vorher im allgemeinen war, ist der Zustand (11–12) undefiniert. Erst das Auftreten einer 1 an S (13) führt wieder zum Setzen des Flipflops.

Bis auf den schraffierten „verbotenen" Bereich treten am Ausgang Q^* die zu Q komplementären Zustände auf.

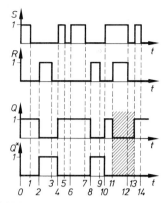

10.47 Impulsdiagramm eines RS-Flipflops

Getaktete Flipflops. Bei einem Flipflop liegt die Zeitdifferenz zwischen dem Anlegen des Eingangssignals und dem dadurch bedingten Auftreten eines Ausgangssignals im Nanosekundenbereich (10^{-9} oder 1 Milliardstel Sekunde). Werden mehrere Flipflops durchlaufen, können diese Laufzeiten stark variieren, was z. B. in Rechenanlagen stört. Damit die an den Eingängen anliegenden Informationen erst zu einem genau festgelegten Zeitpunkt (Takt) – dann aber gleichzeitig – in das Flipflop eingeschrieben werden, benutzt man zwei UND-Schaltglieder (**10.48**).

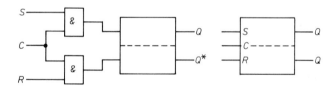

10.48
a) RS-Flipflop mit vorgeschalteten UND-Gliedern zur Taktsteuerung,
b) Symbol nach DIN 40700

Durch Vorschalten der UND-Glieder wird das Flipflop bei Anstehen eines R- oder S-Signals nur zur Übernahme der Information vorbereitet. Erst wenn auf dem C-Eingang (engl. clock = Uhr) ein Taktsignal erscheint, schaltet das UND-Glied durch, und die Information kann in das Flipflop „eingeschrieben" werden. Flipflops dieser Bauart nennt man **getaktete Flipflops**. Da das Flipflop während der ganzen Dauer des anstehenden C-Signals zur Aufnahme von Informationen bereit ist, heißt es auch **statisches Flipflop**. Seine Wirkungsweise zeigt Bild **10.49**a.

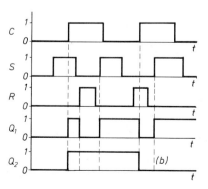

10.49
Impulsdiagramm eines taktgesteuerten RS-Flipflops
a) statisch, b) dynamisch (taktflankenanstiegs-abhängig)

Die anstehenden Signale an R und S werden nur während der Dauer des Taktimpulses C übernommen. Zwischen den Taktimpulsen behält das Flipflop seine stabile Lage bei – unabhängig davon, welche Informationen an den Eingängen anstehen.

Dynamischer Flipflop. Um zu verhindern, daß es während des anstehenden Taktimpulses beim statischen Flipflop zu Zustandsänderungen kommt (**10.**49a), verwendet man zur Steuerung statt des gesamten Taktes nur den Moment des Flankenanstiegs bzw. -abfalls. Nach Abschn. 1.5.4.3 und 3.7.3.2 lassen sich durch ein Differenzierglied aus den Flanken eines Rechteckimpulses je nach Wahl der RC-Kombination spitze Nadelimpulse formen. Ihre Breite kann gegenüber dem rechteckigen Ausgangsimpuls beliebig klein gehalten werden. Bei diesem vom Flankenanstieg abhängigen Signal zur Taktsteuerung des RS-Flipflops spricht man von einem dynamischen Flipflop (**10.**49b). In der symbolischen Kennzeichnung erhält der C-Eingang einen Pfeil nach Bild **10.**50.

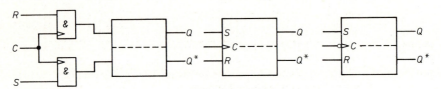

10.50 Taktgesteuertes oder taktsynchrones dynamisches RS-Flipflop
   a) Schaltung, b) Symbol nach DIN 40700 für Aktivierung beim Flankenwechsel von 0 nach 1, c) beim Flankenwechsel von 1 nach 0

JK-Flipflop. In Rechnern (Zählschaltungen) braucht man häufig Flipflops, deren Ausgänge bei jedem ankommenden Taktimpuls den Zustand wechseln. Die Schaltung muß demnach verhindern, daß undefinierte Zustände wie am RS-Flipflop entstehen (**10.**51). D.h., der undefinierte Zustand der Flipflops für eine 1 an den Eingängen R und S muß vermieden werden. Im Bild erkennen wir, daß diese Forderung durch die Rückführung der Ausgänge auf das UND-Glied erfüllt wird. Da niemals beide Ausgänge denselben Zustand annehmen, kann selbst bei Anliegen einer 1 an J und K durch den Taktimpuls immer nur ein UND-Glied eine 1 liefern. So wird der pseudostabile Zustand verhindert, und das Flipflop ändert bei jedem Takt seinen Zustand. Führen beide Eingänge eine 0, kann kein Kippvorgang am Flipflop ausgelöst werden.

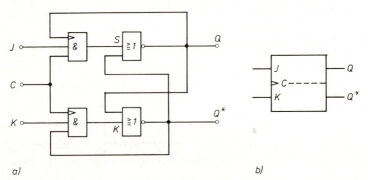

10.51 a) Entstehung eines JK-Flipflops aus einem RS-Flipflop mit NOR-Schaltgliedern,
   b) Schaltsymbol nach DIN 40700

Diese Funktionsweise des *JK*-Flipflops ist nur dann sichergestellt, wenn das Taktsignal am dynamischen *C*-Eingang lediglich so lange wirkt, bis das NOR-Schaltglied umschaltet. Es muß wieder abgefallen sein, wenn die zurückgeführten Signale am UND-Glied erscheinen, da das Flipflop sonst erneut umschaltet. Die genannten Einschränkungen führen zu längeren Schaltzeiten. Dadurch verringert sich die maximale Schaltfrequenz von Flipflops, die durch eine Flanke des *C*-Impulses angesteuert werden. Außerdem sind integrierte Schaltungen mit dynamischen Flipflops teurer als solche mit statischen. Deshalb werden in integrierten Schaltungen häufiger Master-Slave-Flipflops benutzt.

Master-Slave-Flipflops (engl. Meister bzw. Sklave) bestehen aus zwei hintereinander geschalteten Flipflops, die durch die Taktzustandsänderung sowohl von 0 nach 1 als auch von 1 nach 0 gesteuert werden (**10.**52).

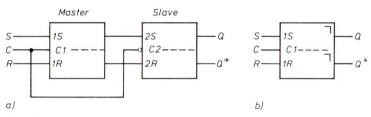

10.52 *RS*-Flipflop in Master-Slave-Anordnung
a) Aufbau, b) Schaltzeichen

Die Anordnung ist so aufgebaut, daß das 2. (Slave-)Flipflop die Information nur vom 1. (Master-)Flipflop übernehmen kann. Beim Auftreten des Taktsignals (Übergang von 0 nach 1) übernimmt zunächst das Master-Flipflop die anliegende Information, während das Slave-Flipflop des negierten *C*-Eingangs nicht zur Informationsaufnahme bereit ist. Erst beim Übergang des Taktsignals von 1 nach 0 kann der Master die Information an den Slave weitergeben. In dieser Zeit ist der Master wegen des fehlenden Taktsignals nicht zur Übernahme weiterer Informationen bereit. Nach Bild **10.**53 schaltet das Master-Flipflop auf 1, wenn der Taktimpuls von 0 nach 1 wechselt. Damit liegen die Signale 1 am Eingang S_2 und 0 an R_2 des Slave-Flipflops, wo sie nach Änderung des Taktimpulses von 1 nach 0 am Ausgang Q bzw. Q^* erscheinen. Da bei Anliegen einer 0 an R und S eines Flipflops keine Änderung am Masterausgang eintritt, kippt der Master erst bei ansteigender Taktflanke und einer 1 an R_1. Bei abfallender Taktflanke erscheinen die Informationen am Slaveausgang usw.

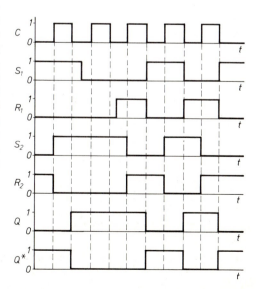

10.53 Impulsdiagramm eines taktzustandsgesteuerten *RS*-Master-Slave-Flipflops

585

D-Flipflop. Verbindet man bei einem *RS*-Flipflop den einen Informationseingang über ein Negationsglied mit der Signalleitung, die auch am anderen Eingang anliegt, kommt es zu einem *D*-Flipflop (**10.54**, engl. delay = verzögern). Nur während des Taktes ($C=1$) wird die an D anliegende Information in das Flipflop übernommen (**10.55**). Der *D*-Eingang ist somit dem *C*-Eingang untergeordnet. Verwendet wird das *D*-Flipflop häufig in Schieberegister-Anordnungen als Speicherelement für binär codierte Zeichen.

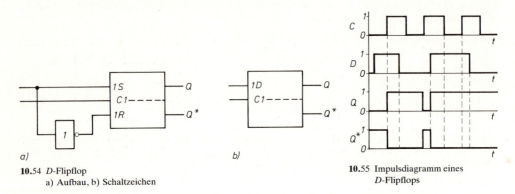

10.54 *D*-Flipflop
a) Aufbau, b) Schaltzeichen

10.55 Impulsdiagramm eines *D*-Flipflops

T-Flipflop (engl. trigger = Drücker). Bei diesem ebenfalls oft als Frequenzteiler eingesetzten Flipflop fehlen jegliche Informationseingänge. Nur der Takteingang (hier T) bestimmt das Verhalten des Flipflops, immer dann einen Kippvorgang einzuleiten, wenn die Taktflanke von 0 nach 1 wechselt (**10.56**).

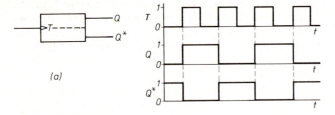

10.56 *T*-Flipflop
a) Schaltsymbol, b) Impulsdiagramm

10.6.2 Monostabile Kippstufen (Monoflops)

Wie der Name sagt, handelt es sich um Kippstufen, die im Gegensatz zu den Flipflops nur einen stabilen Zustand (Ruhelage) aufweisen. Wird das Monoflop durch einen Eingangsimpuls aus dieser Ruhelage in die unstabile oder quasistabile Arbeitslage gebracht, hält es diesen Zustand nur für eine begrenzte Zeit (Verzögerungszeit) ein. Danach kippt es ohne Einfluß von außen in die stabile Ruhelage zurück.

> Die Zeit Δt, die das Monoflop in der instabilen Arbeitslage verbringt, ist unabhängig von der Zeit, in der das Eingangssignal anliegt.

Der Aufbau eines Monoflips ist mit einem Differenzierglied in der Rückführung (s. Abschn. 3.7.3.3) oder mit einem Verzögerungsglied möglich (**10.57**).

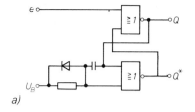
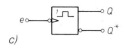
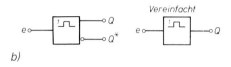
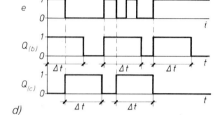

10.57 Monoflop
a) Aufbau mit NOR-Flipflop und Differenzierglied
b) Schaltglied mit Ansteuerung von 0 nach 1
c) Schaltglied für Ansteuerung einer 1/0-Flanke
d) Impulsdiagramm zu b) und c)

Monoflop als Taktgeber. Verwendet werden Monoflops vor allem als Taktgeber in Rechenanlagen zur Steuerung von Rechenprozessen, die in einem bestimmten Takt ablaufen müssen (**10.**58). Im Ruhezustand liegt über den Q_2^*-Ausgang eine 1 am UND-Glied an. Wird der Taktgeber durch eine weitere 1 am zweiten Eingang des UND-Gliedes angesteuert, kippt das 1. Monoflop für die Dauer der Verzögerungszeit in seine Arbeitslage und steuert beim Zurückfallen in die stabile Lage das 2. Monoflop in die Arbeitslage. Während dieser Zeit wird über die Rückführung der 0 von Q_2^* das Durchschalten des UND-Gliedes verhindert. D.h., ein neuer Takt kann erst nach Rückkehr des 2. Flipflops in die Ruhelage gestartet werden. Bei unterschiedlichen Verzögerungszeiten können an Q_1 und Q_2 entsprechende Impulse verschiedener Breiten abgegriffen werden.

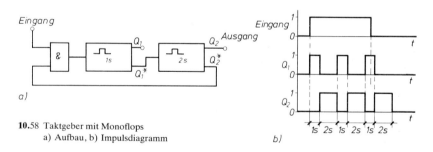

10.58 Taktgeber mit Monoflops
a) Aufbau, b) Impulsdiagramm

Da ein beliebiger Impuls am Eingang eines Monoflops einen genau definierten Impuls am Ausgang liefert, eignen sich Monoflops auch zur Wiederaufbereitung verzerrter Impulse.

10.6.3 Astabile Kippstufen (Multivibratoren)

Aufbau und Wirkungsweise dieses Kippglieds, das keinen stabilen Zustand kennt, sind ausführlich in Abschnitt 7.3.2 beschrieben. Die Impulse, die ohne Ansteuerung von den Multivibratoren geliefert werden, sind in ihrer Breite von der Dimensionierung ihrer Bauteile abhängig.

Multivibratoren lassen sich aus einfachen logischen Schaltungen aufbauen, wie Bild **10.**59 zeigt. Wegen der Erzeugung gleichbleibender Impulse setzt man sie in der Regel als Impulsgenerator ein.

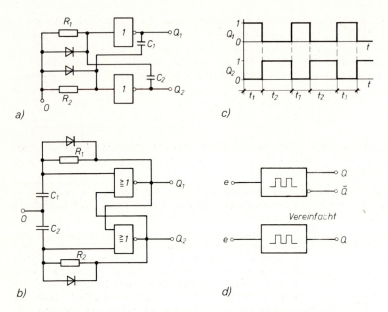

10.59 Aufbau eines Multivibrators a) aus Invertern, b) aus NOR-Gliedern mit zugehörigem Impulsdiagramm (c) und Schaltzeichen (d)

Übungsaufgaben zu Abschnitt 10.5 und 10.6

1. Wodurch sind die Begriffe positive und negative Logik zu erklären?
2. Geben Sie die Regeltabellen für eine H-UND- und eine L-ODER-Schaltung an.
3. Warum finden sehr oft NAND- und NOR-Schaltglieder beim Aufbau Verwendung?
4. Skizzieren Sie den Aufbau eines H-NAND-Schaltglieds in DTL- und TTL-Technik.
5. Welchen Vorteil bieten die in MOS-FET-Technik hergestellten Schaltkreise?
6. Erläutern Sie den Unterschied zwischen Flipflop und Monoflop.
7. Wie nennt man Kippstufen, bei denen Kipp- und Rückkippvorgänge selbsttätig ablaufen?
8. Warum werden Flipflops getaktet, und durch welchen Schaltungszusatz zum einfachen Flipflop realisiert man die Möglichkeit zur Taktsteuerung?
9. Erläutern Sie den Unterschied zwischen statischen und dynamischen Flipflops.
10. Nennen Sie die Verwendungsweisen von Monoflops.

10.7 Einfache Zählschaltungen (Register)

10.7.1 Zähler

In vielen elektronischen Geräten ist eine Aussage über die Anzahl der in einer Zeit ankommenden Impulse erforderlich. Dazu braucht man Zähler, die sich am einfachsten aus Kippgliedern und ihren logischen Verknüpfungen aufbauen lassen. Man unterscheidet Asynchronzähler (zeitliche Folge der ankommenden Impulse hat keinen Einfluß) und Synchronzähler (Flipflops werden gleichzeitig geschaltet). Der technische Aufbau dieser Schalt- und Speicherglieder mit binären Ein- und Ausgangssignalen bringt es mit sich, daß Zähler meist als Dualzähler entwickelt werden.

Beispiel 10.34 Entwickeln Sie das Impulsdiagramm eines vierstufigen Dualzählers und setzen Sie ihn anschließend a) mit 4 T-Flipflops zu einem asynchronen, b) mit 4 JK-Flipflops zu einem asynchronen und synchronen Zähler um.

Lösung Der Zähler arbeitet von 0 bis zur höchsten in 4 Binärstellen darstellbaren Zahl $1111_{(2)} = 15_{(10)}$. Beim Anlegen des 16. Impulses an den Eingang muß der Zähler von 1111 wieder in die Ausgangsstellung 0000 zurückgehen.

Übersetzen wir die Zahlen 0 bis 15 in den Binärcode 0000 bis 1111 und entwickeln für jede Stelle der Dualzahl ein Impulsdiagramm, erhalten wir die Darstellung **10.**60. Die zeitliche Folge der ankommenden Impulse bleibt unberücksichtigt (Asynchronzähler), da jedes Schaltglied durch das vorangehende angesteuert werden soll. Im Impulsdiagramm können wir zu jeder Zeit von unten nach oben die Dualzahl für die gezählten Impulse ablesen – für $5_{(10)} = 0101_{(2)}$ und $10_{(10)} = 1010_{(2)}$ sind sie im Bild farbig gekennzeichnet. Zum Verständnis der Impulsfolge bei einem Rückwärtszähler braucht das Impulsdiagramm nur von rechts nach links gelesen zu werden.

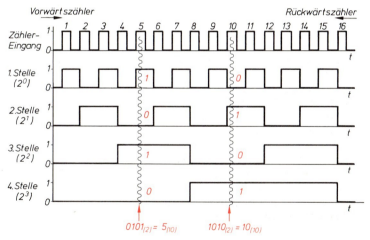

10.60 Impulsdiagramm eines vierstelligen Vorwärts- und Rückwärts-Dualzählers

a) Aufbau mit T-Flipflops

Jeder Stelle der vierstelligen Dualzahl wird ein Flipflop mit den Ausgangsbezeichnungen Q_1 (1. Stelle) bis Q_4 (4. Stelle) zugeordnet. Der Eingang des Zählers ist der T-Eingang des 1. Flipflops mit der Wertigkeit 2^0. Da das Flipflop beim Eintreffen eines Signals seinen

Zustand ändert, führt der Ausgang Q_1 beim Eintreffen des 1. Signals am Eingang das Signal 1, das beim Eintreffen des 2. Signals wieder zu 0 wird, beim 3. erneut zu 1 usw.

Weil entsprechend dem Impulsdiagramm das 2. Flipflop mit der Wertigkeit 2^1 am Ausgang Q_2 schon beim Eintreffen des 2. Impulses am Eingang des 1. Flipflops von 0 nach 1 kippen soll, muß zum Ansteuern der Q_1^*-Ausgang gewählt werden, weil er den geforderten Übergang von 0 nach 1 vollzieht. Entsprechendes gilt für die Ansteuerung des 3. Flipflops durch Q_2^* und des 4. Flipflops durch Q_3^* (**10.**61).

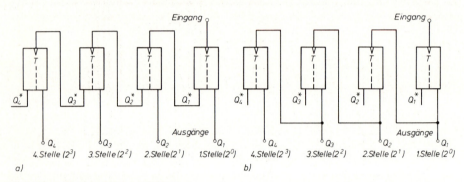

10.61 Vierstelliger Dualzähler mit T-Flipflops
a) Vorwärts-, b) Rückwärtszähler

b) Aufbau mit JK-Flipflops

Da ein JK-Flipflop durch Anlegen einer 1 an die Eingänge J und K zu einem T-Flipflop geschaltet werden kann, läßt sich die Lösung a) für einen asynchronen Zähler ohne weiteres übertragen. Durch zusätzliches Ansteuern der R-Eingänge aller Flipflops ermöglicht diese Schaltung **10.**62 gegenüber der Schaltung **10.**61 jederzeit eine Rücksetzung der Flipflops und damit des gesamten Zählers.

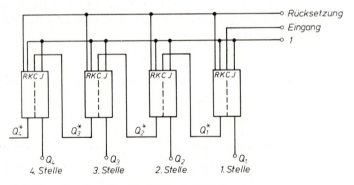

10.62 Vierstelliger Asynchron-Dualzähler mit JK-Flipflops

Legen wir statt der zeitlich beliebig auftretenden Zählimpulse eine mit bestimmter Frequenz ablaufende Impulsfolge an den Eingang des Dualzählers nach Bild **10.**60, können wir den Ausgängen Q_1 bis Q_4 eine ebenfalls konstante Impulsfrequenz entnehmen, die an Q_1 der Hälfte, an Q_2 einem Viertel, an Q_3 einem Achtel usw. entspricht. In diesem Fall arbeitet der Dualzähler als Frequenzteiler, der jedoch nur nach Potenzen von 2 teilen kann. Für andere Teilungsverhältnisse müssen wir Teile der dargestellten Schaltungen nach den geforderten Bedingungen miteinander verknüpfen, wie Beispiel 10.35 zeigen wird.

Anders als beim Asynchronzähler **10.**62, wo alle Flipflops durch die vorangehenden geschaltet werden, schaltet der Synchronzähler die Flipflops gleichzeitig (synchron) mit einem Taktsignal (**10.**63).

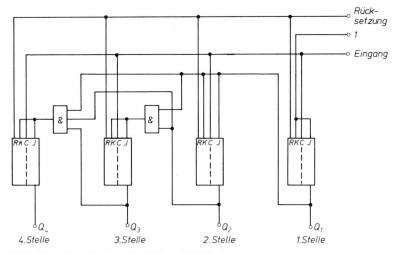

10.63 Vierstelliger Synchron-Dualzähler mit JK-Flipflops

BCD-Zähler. Da das Ablesen von Dualzahlen mit beliebig vielen Stellen an Zählern ungewohnt ist, benutzt man häufig nach Dekaden unterteilte Zähler. Statt von 0 bis 15 zählt man entsprechend nur von 0 bis 9, springt beim nächsten ankommenden Impuls wieder auf 0 und gibt eine 1 als Übertrag an die möglichst nächsthöhere Dekade weiter. Somit wird ein vierstelliger Dualzähler zur Darstellung nur einer Dezimalziffer benutzt. Das entspricht der BCD-Codierung von Dezimalzahlen. Solche BCD-Zähler lassen sich mit geringen Änderungen aus den Dualzählern entwickeln, wie Bild **10.**64 zeigt.

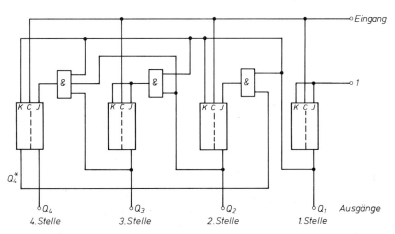

10.64 Zähldekade eines BCD-Zählers

591

Der BCD-Zähler arbeitet wie der Dualzähler bis zum Wechsel vom 9. bis 10. Taktimpuls. Nach dem Impulsdiagramm im Beispiel 10.34 darf einmal an dieser Stelle das 2. Flipflop nicht den Zustand 1 annehmen, weil bei diesem Taktimpuls alle Flipflops auf 0 gesetzt werden müssen. Man erreicht dies, indem man am Vorbereitungseingang J des 2. Flipflops durch ein UND-Glied zusätzlich eine 0 aufschaltet. Diese Bedingung liefert der Q_4^*-Ausgang des letzten Flipflops, der nach Anlegen des 8. Impulses den Zustand 0 annimmt. Zum anderen muß der Ausgang des 4. Flipflops beim Übergang wie alle anderen auf 0 gesetzt werden. Das läßt sich durch Verbinden des Q_1-Ausgangs des 1. Flipflops mit dem K-Eingang des letzten Flipflops erreichen, weil dieses nach dem 8. Impuls den Wert 1 angenommen hat.

Um die in einer Dekade des BCD-Zählers dual dargestellte Dezimalzahl auszugeben (etwa um eine Anzeige anzusteuern), benutzt man die Schaltglieder nach Bild **10.**65.

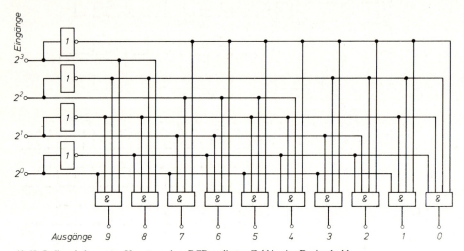

10.65 Codierschaltung zum Umsetzen einer BCD-codierten Zahl in eine Dezimalzahl

Beispiel 10.35 Die Schaltungen **10.**66 sollen mit Hilfe eines Impulsdiagramms auf ihr Teilungsverhältnis zwischen Ausgangs- und Eingangsfrequenz untersucht werden.

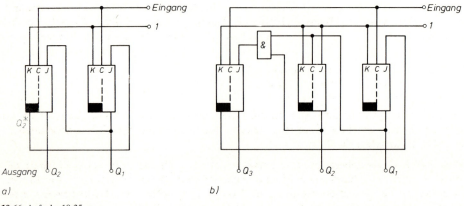

10.66 Aufgabe 10.35

Lösung a) (**10.**67) Beim Vergleich der Frequenzen erkennt man, daß die Periodendauer am Ausgang dreimal so groß ist wie am Eingang. Die Schaltung teilt also Frequenzen im Verhältnis $Q_2 : E = 1 : 3$.

b) (**10.**68) Durch Kombination der Schaltungen **10.**66 können beim Hintereinanderschalten weitere Teilungsverhältnisse erreicht werden. So ist etwa durch eine Reihenschaltung von **10.**66a und b ein Teilungsverhältnis von 15:1 zu erreichen.

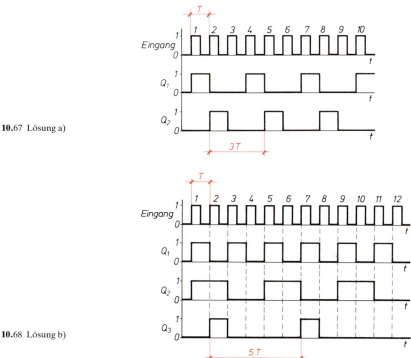

10.67 Lösung a)

10.68 Lösung b)

10.7.2 Register

Schieberegister. Durch Hintereinanderschalten von Flipflops kommt man zu einer Schaltung, die im allgemeinen als Register bezeichnet wird. Ihr Merkmal ist die jurzzeitige Aufnahme (Zwischenspeicherung) und Wiedergabe binärer Daten mit einem Taktimpuls (Schiebetakt) zum nächsten Flipflop. Solche Schaltungen heißen daher Schieberegister und haben drei Funktionen:

- Information einschreiben → Schreibvorgang
- Information speichern → Speichervorgang
- Information ausgeben → Lesevorgang

Aufgebaut sind Register in der Regel mit synchron geschalteten D-Flipflops. Wie in Abschnitt 6.1 erläutert, eignen sich diese besonders, weil die am Eingang anliegende Information mit dem Takt an den Ausgang des Flipflops gelangt.

Parallel- und Serienschieberegister. Je nachdem, ob man die Daten in einem Register mit einem Takt gleichzeitig (parallel) oder hintereinander (seriell) ein- oder ausgibt, spricht man von Parallel- und Serienschieberegistern. Bild **10.**69 zeigt Aufbau und Wirkungsweise eines Schieberegisters mit serieller Eingabe und paralleler Ausgabe, **10.**70 die parallele Eingabe und

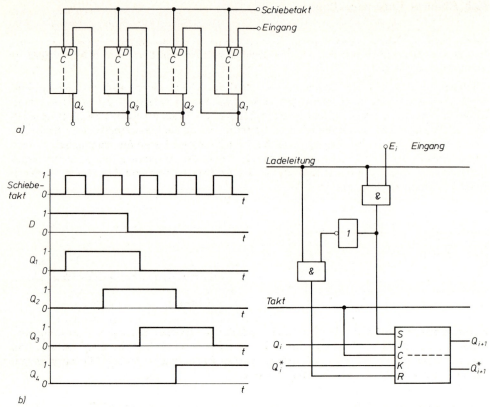

10.69 a) Aufbau, b) Impulsdiagramm eines Serien-Parallel-Schieberegisters mit D-Flipflops

10.70 Aufbau eines Parallel-Serien-Schieberegisters mit JK-Flipflops

serielle Ausgabe mit JK-Flipflops. Solange die Ladeleitung eine 0 führt, liegen S- und R-Eingänge der Flipflops ebenfalls auf 0. So kann keine neue Information in das JK-Flipflop eingelesen werden. Erst wenn die Ladeleitung eine 1 führt, wird für einen Eingang $E_i = 1$ über den S-Eingang das Flipflop auf $Q_1 = 1$ und für $E_i = 0$ über den R-Eingang auf $Q = 0$ gesetzt. Damit stehen die an den parallelen Eingängen $E_1 \ldots E_4$ liegenden Informationen an den Ausgängen der Flipflops bereit und können durch einen Taktimpuls am C-Eingang an das folgende Flipflop weitergegeben werden. Zugleich können die Informationen des vorangehenden Flipflops aufgenommen werden. Dieses Parallel-Serien-Schieberegister wird häufig mit Master-Slave-Flipflops ausgeführt, da die Übergabe einer Information bei gleichzeitiger Aufnahme einer neuen Information problematisch ist.

Je nachdem, ob man nach Bild **10.70** die Ausgänge eines Flipflops mit den Eingängen eines folgenden oder vorangehenden Flipflops verbindet, lassen sich die Informationen nach „rechts" oder nach „links" verschieben. Durch logische Verknüpfungen der Flipflops erreicht man mit e i n e r Anordnung sowohl einen Links- als auch einen Rechtsschiebebetrieb mit einem Schieberegister.

Ringregister. Verbindet man den Ausgang des letzten Flipflops mit dem Eingang des ersten Flipflops, ergibt sich ein Ringregister.

10.8 Einfache Rechenschaltungen

Im Abschnitt 10.2 wurde gezeigt, daß alle Rechenoperationen auf die Addition zurückzuführen sind. Deshalb wird hier nur die Addition und besonders die Addition von Dualzahlen in ihrer technischen Verwirklichung behandelt.

Übertrag. Bei der einfachen Addition zweier Dualzahlen ist zu unterscheiden, ob sie zu einem Übertrag $ü$ führt oder nicht. Nach den Rechenregeln im Abschnitt 10.2.1 ergibt sich beim Addieren zweier Dualzahlen a und b ohne Übergang die Summe s nach der Funktionstabelle **10.71 a**. Sie entspricht bis auf die fehlende letzte Ziffer der Funktionstabelle einer Antivalenz (vgl. hierzu Beispiel 10.30). Ergänzt man die Tabelle um eine Spalte für den möglichen Übertrag $ü$, erhält man die Funktionstabelle **10.71 b**. Durch die Abspaltung des Übertrags $ü$ entspricht die s-Spalte der Funktionstabelle für die Antivalenz, während die $ü$-Spalte der einer UND-Verknüpfung gleichkommt.

a	b	s
0	0	0
0	1	1
1	0	1
1	1	–

a)

a	b	s	ü
0	0	0	0
0	1	1	0
1	0	1	0
1	1	0	1

b)

10.71
Funktionstabelle zur Addition zweier Dualzahlen
a) ohne,
b) mit Übertrag

Halbaddierer. Schaltungen, die sich durch Verknüpfen logischer Schaltglieder so zusammenfügen lassen, daß sie am Ausgang sowohl die Summe s als auch den Übertrag $ü$ liefern, kann man auf vielfältige Weise verwirklichen. Sie heißen Halbaddierer (**10.72**). Mit ihnen können wir nur einzelne Stellen einer Dualzahl addieren.

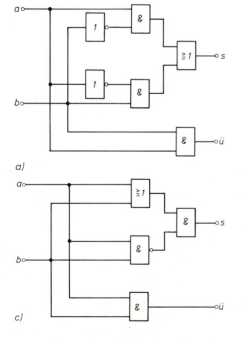

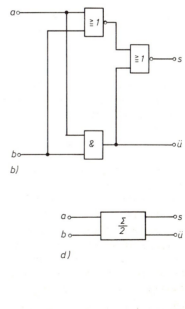

10.72
Halbaddierer, a) bis c) Schaltungen, d) Schaltzeichen

Volladdierer. Um mehrstellige Zahlen zu addieren, ist je Stelle ein evtl. Übertrag aus der vorangegangenen zu berücksichtigen. Für die Addition zweier Dualziffern an einer beliebigen Stelle der Dualzahl ergibt sich damit eine Addition aus den Ziffern a_i und b_i der i-ten Stelle und dem Übertrag $ü_{i-1}$ aus der vorangegangenen Stelle – also die Addition dreier Dualzahlen. Da das Assoziativgesetz gilt (s. Abschn. 10.3.3), können wir diese Addition dreier Ziffern in zwei Schritten durchführen:

$$a_i + b_i + ü_{i-1} = (a_i + b_i) + ü_{i-1}$$

Technisch bedeutet diese Zusammenfassung, daß die volle Addition zweier Dualziffern mit Hilfe zweier Halbaddierer und eines ODER-Gliedes ausgeführt werden kann. Denn es läßt sich sowohl aus der Addition der beiden Zahlen a_i und b_i in der Klammer ein Übertrag $ü$ als auch aus der Addition der Klammer $(a_i + b_i)$ und dem Übertrag $ü_{i-1}$ ein neuer Übertrag für die nächsthöhere Stelle $(i+1)$ bilden. Bild **10**.73 zeigt den Aufbau eines solchen Volladdierers.

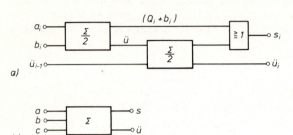

10.73 a) Aufbau, b) Schaltzeichen eines Volladdierers

Um mehrstellige Dualzahlen zu addieren, schaltet man je Stelle Volladdierer nach Bild **10**.73 hintereinander. Dabei kann man den Volladdierer der niedrigsten Stelle durch einen Halbaddierer ersetzen, da kein Übertrag aus vorangegangenen Stellen auftreten kann. Bild **10**.74 stellt die Zusammenschaltung eines 4-Bit-Volladdierers zur Addition zweier vierstelliger Dualzahlen dar.

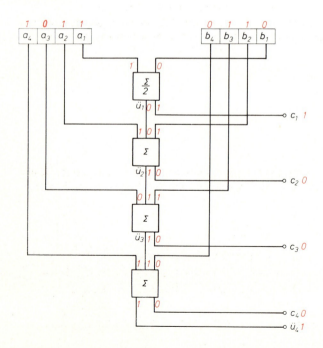

10.74 Schaltung eines Addierers für vierstellige Dualzahlen (4-Bit-Volladdierer) mit Beispiel $1011_{(2)} + 0110_{(2)} = 10001_{(2)} = 17_{(10)}$

Parallel- und Serienaddition. Bei der technischen Verwirklichung einer Addition zweier mehrstelliger Dualzahlen lassen sich die einzelnen Ziffern gleichzeitig (parallel) oder nacheinander (seriell) addieren. Während man für die Paralleladdition nach Bild **10.**74 bis auf die erste Stelle je einen Volladdierer braucht, ist die Serienaddition mit einem einzigen Volladdierer ausführbar. Die beiden zu addierenden Zahlen werden in Schieberegistern zur Verfügung gehalten und stellenweise in einem bestimmten Takt nacheinander in den Volladdierer eingelesen. Gleichzeitig ist die Summe aus der vorherigen Stelle in einem weiteren Schieberegister zu speichern.

Subtraktion. Da sich die Subtraktion einer Dualzahl auch durch Addition ihres *B*-Komplements durchführen läßt (s. Abschn. 10.2.2), können solche Aufgaben mit den beschriebenen Addierwerken behandelt werden. Voraussetzung ist eine Schaltung zur *B*-Komplementbildung, die die zu subtrahierende Zahl bei Serienaddition in ihr *B*-Komplement umwandelt. Eine solche Schaltung läßt sich aus einem Flipflop, einem UND- und einem XOR-Glied nach Bild **10.**75 aufbauen.

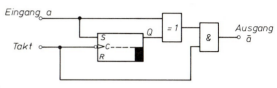

10.75
Schaltung für serielle B-Komplementbildung von Dualzahlen

Übungsaufgaben zu Abschnitt 10.7 und 10.8

1. Beschreiben Sie den Aufbau eines Zählers.
2. Worin besteht der Unterschied zwischen Synchron- und Asynchronzählern?
3. Erläutern Sie den Aufbau von Frequenzteilerschaltungen.
4. Welches Merkmal kennzeichnet ein Register, und worin besteht der Unterschied zwischen einem Parallel- und einem Serien-Schieberegister?
5. Beschreiben Sie Aufbau und Wirkungsweise von Halb- und Volladdierern, und geben Sie die Schaltungen für beide an.
6. Geben Sie Vor- und Nachteile sowie Konstruktionsmerkmale einer Schaltung zur Paralleladdition bzw. zur Serienaddition an.
7. Wie müssen Addierwerke abgewandelt werden, um sie auch zu Subtraktionsaufgaben benutzen zu können?

10.9 PLL-Kreis

Prinzip, Baugruppen. Mit dem PLL-Kreis (**p**hase **l**ocked **l**oop, engl. phaseneingerasteter Kreis) wird die Frequenz eines Oszillators mit einer vorgegebenen Soll-Frequenz synchronisiert (**10.**76).

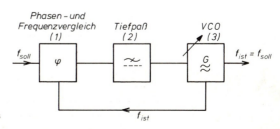

10.76
Übersichtsplan eines PLL-Kreises

Beide Frequenzen werden in einer Frequenz- und Phasenvergleichsschaltung (1) auf Frequenzabweichung und Phasenlage verglichen. Bei Abweichungen liefert der Vergleicher eine mit Impulsen behaftete Spannung, aus der in der folgenden Tiefpaßschaltung (2) eine der Abweichung proportionale Regelspannung gewonnen wird. Damit wird der Oszillator (3, VCO = **v**oltage **c**ontrolled **o**szillator, spannungsgesteuerter Oszillator) auf die Soll-Frequenz gezogen. Als Regelabweichung bleibt eine geringe Phasenverschiebung zwischen Soll- und Istfrequenz übrig, die um so kleiner ist, je genauer der VCO im ungeregelten Zustand schon mit der Sollfrequenz übereinstimmt.

> Der PLL-Kreis besteht aus einem spannungsgesteuerten Oszillator (VCO), einem Phasen- und Frequenzvergleich sowie einem Tiefpaß für die Regelspannung.

Die Synchronisation ist nur möglich, wenn die Abweichung der VCO-Frequenz auch im nichtsynchronisierten Fall in der Nähe der Sollfrequenz liegt (Fangbereich des PLL). Ist der PLL eingerastet, läßt sich die Oszillatorfrequenz über einen größeren Bereich „mitziehen" (Haltebereich des PLL). Bei zu großer Verstimmung rastet der Kreis aus, und der Oszillator schwingt frei auf seiner ursprünglichen Frequenz (**10.**77).

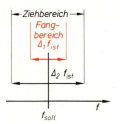

10.77 Fang- und Ziehbereich eines PLL

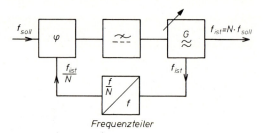

10.78 PLL für n-mal höherer Frequenzen als f_{soll}

Frequenzsynthese. Mit Hilfe eines PLL-Kreises lassen sich Oszillatoren auf andere Frequenzen als die Sollfrequenz bringen. Die Istfrequenz wird mit einem Frequenzteiler mit dem Teilerverhältnis N geteilt, so daß bei eingerastetem PLL $f_{ist} = N \cdot f_{soll}$ beträgt. Wird das Teilerverhältnis geändert, liefert der VCO Festfrequenzen im Abstand von f_{soll}, d. h., der Referenzoszillator mit f_{soll} legt die **S c h r i t t w e i t e** der Istfrequenzen fest. Um eine große Konstanz der Sollfrequenz zu erreichen, verwendet man Quarzoszillatoren mit hoher Frequenz, die auf die gewünschte Sollfrequenz heruntergeteilt wird (**10.**78).

Beispiel 10.36 $f_{soll} = 10$ kHz, $N = 2$ bis 5 (einstellbar)
$f_1 = 2 \cdot f_{soll} = 20$ kHz, $\qquad f_2 = 3 \cdot f_{soll} = 30$ kHz
$f_3 = 4 \cdot f_{soll} = 40$ kHz, $\qquad f_4 = 5 \cdot f_{soll} = 50$ kHz

Wird f_{soll} bei gleichen Teilerverhältnissen auf z. B. 5 kHz geändert, ergeben sich a) eine andere Stufung (um jeweils 5 kHz) und b) niedrigere Oszillatorfrequenzen (von 10 kHz bis 25 kHz).

Typische Anwendungsbereiche für die Frequenzsynthese sind elektronische Musikinstrumente, bei denen man die Töne einer Oktave aus einem „Mutteroszillator" gewinnt, die digitale Frequenzabstimmung in Hörrundfunk- und Fernsehempfängern sowie die Rückgewinnung des 38-kHz-Trägers aus dem 19-kHz-Pilotton bei der FM-Stereofonie.

> Wird zwischen VCO und Frequenzvergleich ein Teiler mit einstellbarem Teilerverhältnis N geschaltet, lassen sich Frequenzen mit $f_{ist} = N \cdot f_{soll}$ erzeugen.
> Der Abstand der Frequenzen untereinander (Frequenzraster) beträgt f_{soll}.

Rückgewinnung des 38-kHz-Trägers im Stereo-Decoder (10.79). Aus dem vom UKW-Sender bei der FM-Stereofonie übertragenen 19-kHz-Pilotton läßt sich mit Hilfe des PLL der 38-kHz-Träger zurückgewinnen. Der integrierte Schaltkreis des Stereodecoders enthält neben den üblichen Stufen zur Decodierung des Stereosignals einen VCO, der durch externe Bauelemente auf 76 kHz eingestellt wird. Diese Frequenz wird in zwei aufeinander folgenden Flipflop-Stufen jeweils halbiert, so daß am Ausgang die 19-kHz-Istfrequenz vorhanden ist. Diese wird im Phasen- und Frequenzvergleich mit dem Pilotton verglichen und bei Abweichung mit der Regelspannung nachgeregelt. Die nach dem ersten Flipflop erzeugten 38 kHz dienen zur Steuerung des eigentlichen Decoders, der je nach äußerer Beschaltung als Matrix- oder Schaltdecoder arbeitet. In einer zweiten Phasenvergleichsstufe werden Pilotton und herabgeteilte VCO-Frequenz erneut verglichen. Die hierbei gewonnene Regelspannung steuert die Stereoanzeige.

> Beim PLL-Stereodecoder wird mittels PLL der 38-kHz-Träger erzeugt.

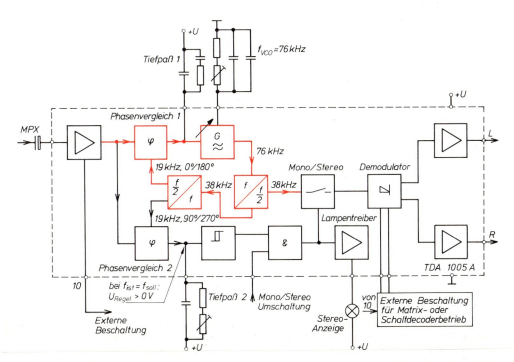

10.79 PLL-Stereodecoder

FM-Demodulator mit PLL. Der PLL kann zur Demodulation des FM-Signals verwendet werden. Der im PLL-IC integrierte VCO arbeitet auf der Zwischenfrequenz von 10,7 MHz (**10.**80). Aus den ZF-Verstärker wird dem Phasenvergleich des PLL die frequenzmodulierte Spannung zugeführt. Da sich diese Frequenz im Rhythmus der Modulation (NF) ändert, ergibt sich am Ausgang des Vergleichers eine Regelspannung, mit der der VCO nachgesteuert werden soll. Der zeitliche Verlauf dieser Spannung entspricht bei gerader Demodulatorkennlinie dem Modulationssignal. Sie wird deshalb nach Filterung im Tiefpaß und Verstärkung dem NF-Verstärker zugeführt.

> Beim PLL-FM-Demodulator ist die Regelspannung für den VCO proportional zum Modulationssignal.

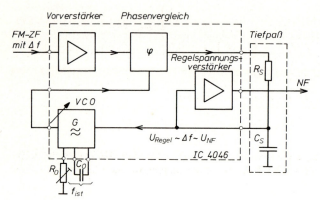

10.80
PLL-FM-Demodulator

Digitale Frequenzabstimmung bei Rundfunkempfängern. Im Bereich der Rundfunk-Mittel- und -Langwellenbänder haben die Trägerfrequenzen der einzelnen Sender einen Frequenzabstand von 9 kHz, im UKW-FM-Bereich von 50 kHz. Zum Empfang der Sender muß der Empfängeroszillator nur auf Festfrequenzen in diesen Rastern eingestellt werden. Bei hochwertigen Geräten verwendet man im AM-Bereich jedoch Raster von 1 kHz oder 0,5 kHz, bei FM von 25 kHz oder 12,5 kHz, wodurch der Frequenzbereich in feinere Schritte unterteilt wird.

Beim PLL-Synthesizer bildet der Empfängeroszillator den VCO (1) des PLL (**10.**81). Seine Frequenz wird im programmierbaren Teiler (2) auf $f_{ist} = f_{soll}$ geteilt und dem Phasen- und Frequenzvergleich (3) zugeführt. Dieser liefert über den Tiefpaß (4) die Abstimmspannung für die Kapazitätsdioden des Oszillators und des Vorkreises. Die Spannung ändert sich dann nicht mehr, wenn $f_{ist} = f_{soll}$ ist. Soll z. B. der UKW-Bereich in 25 kHz-Schritten aufgeteilt werden, muß die Sollfrequenz ebenfalls 25 kHz betragen. Da sich schon geringe Abweichungen von f_{soll} auf die mit dem PLL synchronisierte Oszillatorfrequenz auswirken, verwendet man als Referenzoszillator einen Quarzoszillator (5) von z. B. 4 MHz und teilt dessen Frequenz in einem Festteiler (6) von 4000 kHz : 25 kHz = 160 : 1 auf f_{soll}.

Zur Abstimmung des UKW-Bereichs von 87,5 MHz bis 108 MHz sind um 10,7 MHz höhere Oszillatorfrequenzen von $f_1 = 98{,}2$ MHz bis $f_n = 118{,}7$ MHz nötig. Hieraus und aus $f_{soll} = 25$ kHz ergeben sich diese Teilerverhältnisse des programmierbaren Teilers:

$N_1 = 98{,}2$ MHz : 25 kHz = 3928 und alle ganzzahligen Verhältnisse bis $N_n = 118{,}7$ MHz : 25 kHz = 4748.

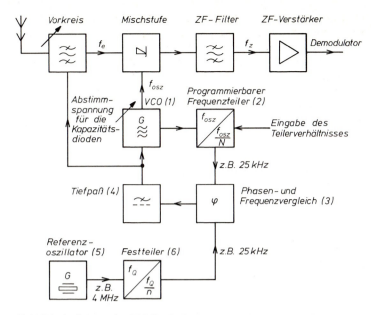

10.81 Prinzipschaltung eines PLL-Synthesizers

Bei der Mittelwellenabstimmung liegen die Oszillatorfrequenzen zwischen 526 kHz + 460 kHz = 986 kHz und 1606 kHz + 460 kHz = 2066 kHz. Bei einer angenommenen Schrittweite von 1 kHz ergeben sich diese Teilerverhältnisse:

Festteiler des Quarzoszillators: $N = 4$ MHz : 1 kHz = 4000
Programmierbarer Teiler des VCO: $N_1 = 986$ bis $N_n = 2066$

Die Senderabstimmung erfolgt, indem man von außen den Teiler auf ein bestimmtes Teilerverhältnis einstellt (programmiert).

Beispiel 10.37 Empfang des WDR bei 88,8 MHz
Oszillatorfrequenz: 99,5 MHz
Sollfrequenz: 25 kHz
Teilerverhältnis: 99,5 MHz : 25 kHz = **3980**

> Beim PLL-Synthesizer-Empfänger wird die Oszillatorfrequenz des VCO mit einem programmierbaren Teiler auf die Sollfrequenz gebracht. Die Senderabstimmung erfolgt durch Ändern des Teilerverhältnisses.

Da für den Frequenzbereich oberhalb 50 MHz noch keine programmierbaren Teiler in TTL-Technik zur Verfügung stehen, wird die Oszillatorfrequenz mit einem Vorteiler in ECL-Technik auf niedrigere Frequenz gebracht und dann in TTL-Teilern weiter verarbeitet. Das Teilerverhältnis wird über ein duales Datenwort von einem Mikrocomputer eingestellt.

Bild **10.**82 zeigt den Übersichtsplan eines Synthesizer-Tuners für AM- und FM-Empfang. Wegen der unterschiedlichen Sollfrequenzen werden für AM und FM unterschiedliche Tiefpässe verwendet.

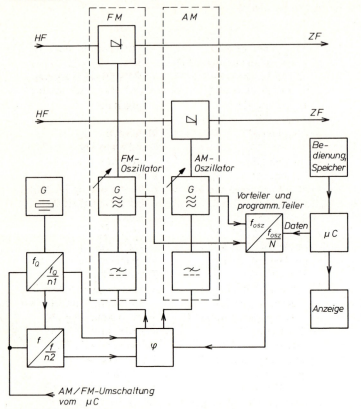

10.82 Übersichtsplan eines mikroprozessorgesteuerten AM/FM-Synthesizer-Tuners

Übungsaufgaben zu Abschnitt 10.9

1. Aus welchen Baugruppen besteht ein PLL?
2. Was bedeuten „Fangbereich" und „Haltebereich" beim PLL?
3. Wie wird im PLL-Stereodecoder der 38-kHz-Träger aus dem 19-kHz-Pilotton zurückgewonnen?
4. Mit Hilfe eines PLL soll eine konstante Istfrequenz f = 200 MHz erzeugt werden. Ein Quarzoszillator liefert eine Frequenz von 25 MHz. Skizzieren Sie den Übersichtsplan dieses PLL und begründen Sie die Wahl der verwendeten Baugruppen.
5. Ein NF-Generator soll hochkonstante Frequenzen von 100 Hz bis 20 kHz in Frequenzschritten von je 100 Hz liefern. Zur Verfügung stehen neben einem PLL-IC 4046 verschiedene Frequenzteiler und ein Quarzoszillator mit f_{Qu} = 1 MHz. Skizzieren Sie den Übersichtsplan.
6. Beschreiben Sie die Wirkungsweise eines PLL-FM-Demodulators.
7. Ein Mittelwellen-Empfänger soll mittels PLL im 9-kHz-Raster von 530 kHz bis 1610 kHz abgestimmt werden. Die ZF beträgt 460 kHz, der Quarzoszillator liefert f_{Qu} = 4,05 MHz.
    a) Skizzieren Sie den vollständigen Übersichtsplan.
    b) Erläutern Sie die Wirkungsweise der Schaltung.
    c) Berechnen Sie die Teilerverhältnisse der notwendigen Frequenzteiler.
    d) Welche Funktionen könnte ein Mikrocomputer bei diesem Synthesizer übernehmen?

Sachwortverzeichnis

(f = und folgende Seite, ff = und folgende Seiten)

Abfallzeit 20
Ablenk/generator 452
– strom 460, 463
Abschirmung 202
Abschlußwiderstand 295
Abschnürung 172
absoluter Nullpunkt 90
– Pegel 293
Absorptionsgesetz 561
Abstimmungsanzeige 389
Abwärtsregelung 386
8-4-2-1-Code 544
additive Farbmischung 474
– Mischung 364
Äquivalenz 577
Akustik 298
akustische Rückkopplung 301
– Verzögerungsleitung 326
akustischer Kurzschluß 320
Akzeptor 92
algebraische Addition 43
Allbereichtuner 429 f.
alphanumerischer Code 544
alternierender Burst 485
AM/FM-Synthesizer 602
Amplituden/begrenzung 253
– modulation (AM) 329
– – mit Trägerunterdrückung 333
– sieb 424, 449
Analog/prinzip 538
– verstärker 129
Anfangsunterdrückung 445
Ankopplung der Bildröhre 439
Anlaßheizleiter 470
Anodenstromsteuerung 193
Anpassung 205
–, induktive 247
–, kapazitive 249
Anpassungsübertragung 345
Ansteuerung der Farbbildröhre 511

Antennen/anlage 518
– – im Heimempfänger 363
– –, VDE-Sicherheitsvorschriften 347
– anpassung 426
– erdung 347
– festigkeit 347
– gewinn 344
– kopplung 356
– rauschen 297
–, Vor-Rückverhältnis 345
– weiche 345
Antivalenz 577
Arbeits/gerade 140
– punkt 130, 141, 143
– punktstabilisierung 149, 209, 222
– – durch Heißleiter 151
– –, gemeinsame 209
– –, Temperatureinfluß 149
ASCII-Code 547
Assoziativgesetz 559
astabile Kippstufe 581, 587
astabiler Multivibrator 282, 454
atmosphärische Störung 349
Augenblickswert 14, 26
Auflösungsvermögen des Auges 413
Aufwärtsregelung 386
Ausbreitungsgeschwindigkeit 13
Ausgangs/farben 474
– kennlinienfeld 134
– übertrager 213
– widerstand 157
Ausgleichsimpuls 451
Auskoppelkondensator 220
Aussteuerung der VideoEndstufe 436
Aussteuerungskontrolle 408
Austastwert, -pegel 418
Autoantenne 360
automatische Gatespannungserzeugung 174

– Scharfabstimmung (AFC) 389
– Verstärkungsregelung (AVR) s. Verstärkungsregelung

Balun 426
Band/arten 409
– breite 68
– filter 79 f.
– filterkopplung 79, 246
– geschwindigkeit 404
– paß 78
– servo 528
– sperre 78
– spreizung 368
Basis/schaltung 153, 245
– spannungssteuerung 145
– spannungsteiler 144, 208
– stromsteuerung 144
– widerstand 143, 161
BAS-Signal 418, 439
BCD-Code 544
– -Zähler 591
Begrenzerwirkung 383
(B-1)-Komplement 550
Bereichseinengung 368
Berliner Schrift 325
Berührungsschutzkondensator 32
Beschleunigungskondensator 277
Betamaxsystem 526
Betriebsverstärkung 235 f.
Bezugsphase 518
Bild/aufnahmeröhre 199, 420
– -Austast-Synchron-Signal (BAS) 418, 439
– breitenstabilisierung 466
– demodulator 490
– format 415
– kippendstufe 460
– kippgenerator 452
– lage 518
– oszillator 452

603

Bild/wandler 420
- zerlegung 413
- -ZF-Verstärker 430, 489
binäre Funktion 554
Binärsystem 544
bipolarer Transistor 126
bistabile Kippstufe 581
bistabiler Multivibrator 278
B-Komplement 549
Blind/größe 45
- leitwert 52
- strom 33, 39
- widerstand 39
Bodenwelle 339
Bogenmaß 15
Boolesche Algebra 557
Bootstrapkondensator 161
Braunsche Röhre 194
Breitband/lautsprecher 320
- übertrager 426
- verstärkung 249, 436
Bremsgitter 194
Brücken/filter 432
- gleichrichterschaltung 108
- schaltung 110
Brumm/spannung 109, 113
- unterdrückung 358
B-Schaltung 108
B-Verzerrung 221
Burst 482, 506
-, alternierender 485
- verstärker, getasteter 496, 507
Byte 546

Capstanservo 536
CCIR-Norm 414, 416f.
Chrominanz 476
- signal 479
- verstärker 495
CMOS-Schaltkreis 575
Codierung 544
Colorkiller 497
Colpitts-Oszillator 255
Crispening-Schaltung 532
Cross-Field-Verfahren 408

Dämpfung 291
Dämpfungsfaktor 291
Darlington-Verstärker 210
Dauerlast 314

Defektelektron 90
Delonschaltung 111
Delta-Farbbildröhre 199
Demodulation 328
Demodulationsstufen 489
Demodulator 351, 377, 424
de Morgansche Gesetze 562
Detektorempfänger 351
Dezibel 230, 292
Dezimalsystem 538
Dezimeterwelle (UHF) 562
D-Flipflop 586
DIAC 188
Dickschichttechnologie 289
differentieller Eingangs-
   widerstand 134
Differenz/ansteuerung 24
- diskriminator 380
- frequenz 353
- signal 395
- verfahren 395
- verstärker 224
Differenzierer 240
Diffusion 100
Diffusions/kapazität 242
- spannung 101
- verfahren 283
Digitaltechnik 538
Diode 103, 191
Dioden/schaltung 570
- strom 110
- -Transistor-Schaltung 571
Dipolantenne 343
Disjunktion 556
disjunktive Normalform 557
Diskriminator 379
- kurve 380
- spannung, gesiebte 509
Distributivgesetz 560
DNL-Verfahren 411
Dolby-Stretch-Verfahren 410
Donator 91
Doppelgate-FET 180
doppelte Verneinung, Gesetz
   562
Dotieren 91
Drainschaltung 178
- -Source-Durchbruch-
   spannung 173
- spannung 172
- stromsteuerung 171

Dreifarbentheorie 474
Dreipunktschaltung,
   induktive 255
-, kapazitive 255
Drifttransistor 286
Drop-out-Kompensation 532
Drossel 350
Druck/differenzmikrofon 313
- kammerlautsprecher 318
- mikrofon 312
DTL-Schaltkreisfamilie 573
Dual-Gate-FET 180
- system 538f.
- -, Addition 547f.
- -, Division 552
- -, Multiplikation 552
- -, Subtraktion 549
Dünnschichttechnologie 289
Dunkelstrom 123
Durchbruch zweiter Art 166
Durchlaß/bereich 104
- kurve 70, 425, 431
- widerstand 274
- - einer Diode 105
dynamische Kennwerte 133
- Konvergenz 201
dynamischer Innenwider-
   stand 264
- Lautsprecher 315
- Rauschbegrenzer (DNL)
   411
dynamisches Mikrofon 304

EBCDI-Code 546
Echo 301
ECL-Schaltkreis 574
Edison-Schrift 325
Effektivwert 17, 27
Eichreiz 474
Eigen/leitung 89, 103
- resonanz 315
Eingangs/bandfilter 432
- leitwert 176
- offsetspannung 233
- widerstand 154, 156
Einkreisempfänger 352
Einkristall 90
Einpulsverdoppler 111
Eintakt-A-Verstärker 213
- -Endstufe 461
- wandler 271

Einweggleichrichter 107, 110
eisenlose Spule 41
Elektret-Kondensatormikrofon 310
elektrische Arbeit 27
elektrischer Schwingkreis 58
elektro/akustischer Umsetzer 302
– magnetische Wellen 13, 338
– magnetischer Tonabnehmer 325
– statischer Lautsprecher 316
Elektron 88
Elektronen/optik 196
– röhre 194
– strahlablenkung 196
– strahlröhre 194
elektronische Sicherung 266
Emitter-Basis-Durchbruchsspannung 166
– folger 155
– geometrie 285
– grundschaltung 129
– kondensator 160
– widerstand 150, 159
Empfangs/antenne 341
– störung 349
Energieverlust 58
Entmagnetisierung 202
Entstör/filter 350
– kondensator 32
Entzerrer-Vorverstärker 391
Epitaxial-Verfahren 284
E-Schaltung 107
Exemplarsteuerung 149

Fading 351
Falle 432
Faltdipol 344
Farb/abschalter 497
– art 476
– artsignal 479, 489, 530, 532
– artverstärker 495
– auszug 477
– -Bild-Austast-Synchron-Signal (FBAS) 483
– bildröhre 199
– –, Ansteuerung 511
– differenzansteuerung 513

– differenzsignal 479
– differenzverfahren 511
– fernsehsender, Blockschaltplan 485
– hilfsträger 481
– hilfsträgerfrequenz 482
– kontrastautomatik 496
– kreis 476
– metrik 474
– reinheit 201
– sättigung 475
– synchronsignal 482, 506
– testbild 518
– ton 475
– tonfehler, Kompensation 474
– trägeraufbereitung 505
– trägerrückgewinnung 505
– tripel 200
– übertragung 473
– zwischenfrequenz (ZF) 489
– – verstärker 495
Feldplatte 98
Feldeffekttransistor (FET) 169
– -Analogverstärker 173
– -Rauschen 297
Fernseh/kanäle 417
– normen 416
– sender, Blockschaltplan 422
– systeme 477
– technik 473
– tonteil 446
Ferritantenne 342, 359
feste Kopplung 81
Fest/kommadarstellung 539
– senderspeicher 390
FET s. Feldeffekttransistor
Flanken/diskriminator 380
– steilheit 20, 81
Flipflop 278, 581
–, dynamisches 584
–, getaktetes 583
–, statisches 583
Flußwandler 272
FM-AM-Wandler 379
FM-Demodulator 379
– mit PLL 600
FM-Modulator 526

FM-Y-Signal 531
Foto/diode 122
– element 123
– widerstand 97
Fremd/erwärmung 93
– gesteuerte Mischstufe 369, 371
Frequenz 12, 298
– abhängige Gegenkopplung 250
– bereiche 12, 241
– bereichseinengung 528
– gang 163, 232
– – der Stromverstärkung 243
– hub 334
– modulation (FM) 334, 528
– synthese 598
– umsetzer 431, 530
– variation 366
– verdoppler 401
– weiche 322
F-Signal 529
Fünfschichtdiode 187
Funken 349
Funkentstörung 30 f.
Funktionstabelle 554
Fußpunktwiderstand 344

Galvanische Bildröhrentrennung 514
Gate/schaltung 178
– spannung 174
– spannungsteiler 180
– steuerimpuls 184
– vorspannung 179
gedämpfter Schwingkreis 58
Gegenkopplung 158
–, frequenzabhängige 250
Gegentakt-B-Verstärker 216
– diskriminator 380
– schaltung 504
– spannungswandler 271
– verstärker mit Ausgangsübertrager 215
gehörrichtige Lauteinstellung 393
Gemeinschaftsantenne 346
Geometrie 518
geometrische Addition 43
Geradeaus-Empfänger 351

605

Geräusch 299
Gerber-Norm 414
Germanium/diode 103
– spitzenkontaktdiode 121
Gesamt/leitwert 52
– verstärkung 205
geschlossener Schwingkreis 338
gesiebte Diskriminator-
   spannung 509
getastete Regelung 443
getasteter Burstverstärker 496, 507
Glättungsfaktor 113
Gleich/lauf 353
– laufbedingung 366
– richterschaltung 107
– richtwert 107
– spannungskomponente 20
– strom 11
– stromeingangswiderstand 173
– stromkopplung 207
– taktansteuerung 226
– taktunterdrückung 227, 232
– taktverstärkung 232
Gleitkommadarstellung 539
Glühemission 191
Graetzschaltung 108
Grau/abgleich 518
– wert 419
Greinacherschaltung 111
Grenzfrequenz 70, 78, 206
Grün/differenzsignal 512
– signal 512
Grund/helligkeit 440
– schwingung 21
– ton 299
Güte (grad) 68

Halbaddierer 595
Halbleiter 88
– bauelemente, Kennzeich-
   nung 105
– diode 100
– schaltung, integrierte 286
–, stromrichtungsunabhän-
   gige 92
– technologie 283
– werkstoffe 88

Halbspurkopf 406
Hall/generator 99
– sonde 98
– spannung 99
Haltestrom 185
Hartley-Oszillator 255
Heißleiter 92, 151
Helligkeit 195, 475
–, Einstellung 440
HF s. Hochfrequenz
Hochfrequenz (HF) 12
– schaltung 309
– spannungserzeugung 465
– verstärker 242
– –, selektiver 246
Hoch- und Tiefpässe mit RC-
   Schaltungen 69
– – mit RL-Schaltungen 75
Hochvoltnetzteil 471
Höchstpegel 346
Höhenanhebung 435
Hör/bereich 300
– schwelle 300
Horizontal/ablenkung 463
– oszillator 456
Hot-carrier-Diode 122
h-Parameter 139
Hüllkurven 378
– verfahren 399
Hybridgleichung 138
Hysterese 277

Idealer Kondensator 34
– Schwingkreis 58
Idempotenzgesetz 561
Impedanz 44, 315
– im Resonanzfall 67
– wandler 237
Impuls 19f.
– abtrennstufe 424, 449
– diagramm 576
– former 276, 457
– generator 455
– kopf 535
induktive Anpassung 247
– Belastung 39
– Blindleistung 40
– Dreipunktschaltung 255
– Kopplung 80, 358
induktiver Lastwiderstand 275

– Widerstand 35, 37
Induktivität 36
In-line-Farbbildröhre 199
Innenwiderstand, dynami-
   scher 264
Integrierer 239
Integrierglied 73
integrierte Funktionseinheit 377
– Halbleiterschaltung 286
integrierter Spannungsregler 270
– ZV-Verstärker 490
Intercarrier-Brummen 446
– -Verfahren 446
intervertierender gegenge-
   koppelter Verstärker 234
Ionenimplantation 285
Isolation der Schaltelemente 287
Isolierschicht-FET, An-
   reicherungstyp 180
–, Verarmungstyp 179
I^2L-Schaltkreis 574

JK-Flipflop 584, 590

Kalottenlautsprecher 319
Kaltleiter 94
Kameraröhre 199, 420
Kammerton 299
Kanalwähler 424f.
Kapazitäts/variation 366
– variationsdiode 120
kapazitive Anpassung 249
– Belastung 33
– Blindleistung 34
– Dreipunktschaltung 255
– Fußpunktkopplung 80, 357
– Kopfpunktkopplung 80
– Kopplung 357
– Scheitelpunktkopplung 357
kapazitiver Blindwiderstand 30
– Lastwiderstand 275
– Widerstand 29
Karnaugh-Veitch-Verfahren 567
Kaskadenschaltung 112
Kaskodeschaltung 211

keramischer Resonator 80
Kernblechschnitt 85
Kippstufe 581
–, astabile 581, 587
–, bistabile 581
–, monostabile 581, 586
Klang 299
– einstellung 393
Kleinsignalverstärkung 146, 177
Klemmschaltung 114, 514
Klirrfaktor 22, 158, 163
Knall 299
Kohlemikrofon 302
Kollektor-Basis-Gleichstromverhältnis 128
– -Basisstromverhältnis 136
– durchbruchspannung 164
– -Reststöme 165
– schaltung 155
– spannungs-Gegenkopplung 151
– spitzenströme 164
– verlustleistung 214
Kommutativgesetz 559
Kompatibilität 395, 477
Komplementär-Darlington 211
– endstufe 218
– farben 473
Kondensator-Ersatzschaltbild 34
–, idealer 34
– im Wechselstromkreis 29
– mikrofon 306
– verlustfaktor 34
Konjunktion 556
Konstantstromquelle 227
Kontrast 435
– einstellung 437
Konvergenz 201, 203, 518
Kopf/servo 528
– spaltneigung 522 f.
– trommelservo 535
Koppelkondensator 132
Kopplung, direkte 535
Kopplungs/arten 81
– faktor 85
Kreis/frequenz 15
– rauschen 227
Kristall/aufbau 89

– lautsprecher 317
– mikrofon 305
– tonabnehmer 326
kritische Kopplung 81
Kühlkörper 167
Kurzschluß-Ausgangswiderstand 176
– festigkeit 470
– stromverstärkung 137
Kurzwelle (kW) 340
Kurzwellenlupe 368
KV-Tafeln 567

Ladungsträger 90
Längsschrift 520
Langwelle (LW) 339
Lastwiderstand, induktiver 275
–, kapazitiver 275
Lateraleinheit 201
Laufzeit/ausgleich 492
– leitung 492, 518
Laut/sprecher 314
– sprechergruppen 321
– stärke 300
– stärkeneinstellung 324, 393
Lawinendurchbruch 103
LC-Bandpässe 78
– -Hoch- und Tiefpässe 77
– -Oszillator 252
– -Siebung 114
LDR 96
LED 124
Leerlaufverstärkung 230
L-Einsteller 324
Leistungs/begrenzung 152
– dreieck 44, 52, 55
– faktor 46
– reduzierung 167
– verlust 34
– verstärkung 148
Leit/fähigkeit 88
– wert 52
– wertdreieck 52, 55
Lenzsche Regel 38
Leucht/dichte 475
– dichtesignal 478, 489
– dichteverstärker 490
– diode 124
– fleckunterdrückung 440

– schirm 198
Licht 96, 473
– abhängiger Widerstand 96
lineare Verzerrung 162
Linearitätseinstellung 461
Liniendiagramm 14, 18
Loch 90
– maske 200
logische Schaltung 570
– –, Entwurf 578
lose Kopplung 81
Luminanz/signal 478
– verstärker 490
Lumineszenzdiode 124

Magnet/bandtechnik 403
– kopf 405
– system 325
magnetische Bildaufzeichnung 520
– Schallaufzeichnung 403
– Tonabnehmer 325
Magnetisierungskurve 39
Majoritätsträger 92
Master-Slave-Flipflop 585
Matrixverfahren 400
Maximalwert 14
Maxterme 557
Mehrquadranten-Kennlinienfeld 138, 140
Meißner-Oszillator 252
Mesa-Transistor 283
Meßwandler 82
Metall-Halbleiterdiode 122
Mikrofon 302
– anschluß 313
– schaltung 313
– verstärker 309
Mindestpegel 346
Minoritätsträger 92
Minterme 556
Misch/farbe 473
– stufe 364, 427
– –, Schaltungen 365
Mittel/punktschaltung 107, 110
– welle (MW) 339
Mittenspannungsstabilisierung 223
Modulation von Bild und Tonsender 417

607

Modulation der Trägerwellen 328
Modulationsarten 328
– grad 330
– index 335
Monoflop 280, 581, 586
– als Taktgeber 587
monolithisch integrierte Schaltung 286
monostabile Kippstufe 581, 586
monostabiler Multivibrator 280
– – mit Operationsverstärker 281
MOS-FET 182, 575
M-Schaltung 107
Multiplexsignal 396
multiplikative Mischung 364, 372
Multivibrator 587
–, astabiler 282, 454
–, bistabiler 278
–, monostabiler 280

Nachhall(zeit) 301
– gerät 326
NAND 572f.
N-Dotierung 91
Negation 556
negative Logik 570
Nenn/belastung 314
– scheinwiderstand 315
Netzgerät 470
–, serienstabilisiertes 262
–, spannungsgeregeltes 261
90°-Phase 518
Neutralisation 374
NF s. Niederfrequenz
nichtinvertierende gegengekoppelte Verstärker 236
– lineare Verzerrung 163
– sinusförmige Wechselgrößen 19
Niederfrequenz (NF) 12
– -Endstufe 393
– -Leistungsverstärker 213
– -Vorstufe 390
N-Leitung 91
NOR 572f.
Normalfarben 474

NPN-PNP-Kombination 208
NTC-Widerstand 92f.
NTSC-System 477
Nullkippspannung 185
Nyquistflanke 432

Ober/schwingung 21, 163
– welle 299
ODER 556, 558, 570, 572
offener Schwingkreis 338
Ohmscher Widerstand 24
Ohmsches Gesetz 25
Oktalsystem 538, 541
Operationsverstärker 228
– als Spannungsregler 270
–, Ein- und Ausgang 229
–, Kenndaten 230
Opto-Koppler 125
Oszillatorstufe 364

PAL-Farbfernsehempfänger 486
– -Flipflop 505
– -Laufzeitdecoder 499ff.
– -Laufzeitleiter 500
– -Schalter 502, 505
– -System 477, 484
Parallel/addition 597
– -Ersatzwiderstand 65
– -Gegentaktverstärker 215
– kondensator 367
– register 593
– schaltung aus Ohmschem Widerstand und Kondensator 51
– schaltung aus Ohmschem Widerstand und Spule 54
– schaltung aus Ohmschem Widerstand, Kondensator und Spule 56
– schwingkreis 63
– stabilisierung 118, 261
P-Dotierung 92
Pegel 293
Pentode 193
Periode(ndauer) 11
Phantomschaltung 309
Phase 16
Phasen/diskriminator 381, 508
– fehler 484

– gang 71
– schieber-Generator 258
– vergleicher 457f.
– verschiebung 16, 24, 32, 37, 40, 45, 53
– winkel 16
Phosphoreszenz 194
π-Kreis 361
π-Schaltung 75f.
piezoelektrischer Lautsprecher 317
Pilottonverfahren 396
PIN-Diode 122
Pinch-off-Spannung 172
Planartransistor 284
P-Leitung 92
PLL-FM-Demodulator 600
– -Kreis 597
– -Stereorecorder 599
– -Synthesizer 600
Plumbikon 420
PN-Übergang 100
Polar/diagramm 312
– koordination 311
positive Logik 570
Primärfarben 474
Pseudo/dezimale 544
– tetrade 544
PTC-Widerstand 94
Pulsgenerator mit UJT 189

Quadratischer Mittelwert 17
Quadraturmodulation 481, 503
Quarz 257
– oszillator 257, 509
Querschrift 520
Quine-McCluskey-Verfahren 564

Ratiodetektor 383
Raster 415
– erzeugung 449
Raumwelle 339
Rausch/abstand 297
– maß, -zahl 244
Rauschen 244, 296, 427
RC-Hochpaß als Differenzierglied 74
– -Kopplung 206
– -Oszillator 258

RC-Schaltung 43, 51
- -Siebglied 113
- -Tiefpaß als Integrierglied 71
RCL-Parallelschaltung 56
- -Schaltung 48
Rechenschaltung 595
reduziertes Farbartsignal 480
Referenzoszillator 509
Reflektorantenne 344
Regel/anpassung 534
- kreis 268, 444
- spannung 509
- spannungserzeugung 496
- verstärker 265, 508, 531
Register 589, 593
Reglerarten 269
Reihen/resonanzkreis 61
- schaltung aus Ohmschem Widerstand und Kondensator 43
- schaltung aus Ohmschem Widerstand, Kondensator und Widerstand 48
- schaltung aus Ohmschem Widerstand und Spule 47
- schwingkreis 60
Rekombination 90
relativer Pegel 293
Resonanz/fall 59
- frequenz 59, 315
Restseitenbandverfahren 418
RGB-Ansteuerung 515
- -Verfahren 511
Richt/charakteristik 310 f., 320
- diagramm 310
Rieggerkreis 381
Ring/demodulator 400
- modulator 333
- register 594
RL-Hochpaß als Integrierglied 77
- -Parallelschaltung 54
- -Schaltung 47
- -Tiefpaß als Differenzierglied 77
Röhren/rauschen 297
- schaltung 464
RS-Flipflop 582
Rück/laufaustastung 441

- wärtsregelung 386
- wirkungskapazität 243
Ruhestromeinstellung 221
Rundfunk/empfänger 349
- sender 349
- stereofonie 395

Sägezahnspannung 73
Sattelspule 197
Saugkreis 61
Schärfeeinstellung 440
Schall/druck 298
- ereignis 298
- geschwindigkeit 300
- plattenrille 325
- reflexion 301
- wand 321
- welle 298
Schalt/algebra 557
- elemente in integrierter Technologie 287
- -, Isolation 287
- impulsgenerator 505
- impulszeit 275
Schalterdiode 114
Schein/leistung 45
- leitwert 52
- widerstand 44
Scheitel/faktoren 17
- wert 14, 17
Schichttechnologie 289
Schieberegister 593
Schirmgitter 193
Schmerzschwelle 300
Schmitt-Trigger 276
- mit Operationsverstärker 277
Schneidkennlinien-Entzerrung 391
Schottky-Diode 122
Schrägschrift 521
Schutzdiode 276
Schwarzweiß-Bildröhre 198
- -Bildübertragung 413
- -Fernsehtechnik 413
Schwarzwert, -pegel 418
Schwebung 300, 329
Schwellenspannung 161
Schwellwertregelung 387, 445
Schwing/bedingungen 252
- kreis 57

-, elektrischer 58
-, gedämpfter 58
-, idealer 58
- kreisgüte 61
Schwund 351
- ausgleich 385
Schwungradschaltung 534
SECAM-Verfahren 477
Second Breakdown 166
Sedezimalsystem 538, 541
Seiten/band 378
- schrift 325
Selbst/induktionsspannung 35
- schwingende Mischstufe 365, 368, 370
selektiver Hochfrequenzverstärker 246
Sendeantenne 338
Serien-Gegentaktverstärker 217
- kondensator 367
- schieberegister 593
- stabilisiertes Netzgerät 262
- stabilisierung 261
Servo/regelung 534
- teil 527
Sicherung, elektronische 266
Siebschaltung 113
Siemensschaltung 111
Signal/aufspaltung 499
- einspeisung und -auskopplung 131
- zeitplan 576
Siliziumdiode 103
Sinus/eingangsspannung 240
- förmige Wechselgrößen 18
- förmige Wechselspannung 13, 15
- generator 456
- oszillator 252
Solarzelle 124
Source/schaltung 173
- widerstand 174
Spalteffekt 405
Spannungs/abhängiger Widerstand 95
- dreieck 44
- gegenkopplung 161, 209
- geregeltes Netzgerät 261
- kopplung 357

Spannungs/messung 24
- regler 269
- resonanz 61
- schicht-FET 170
- stabilisierung 118
- überhöhung 62
- übersetzung 83
- verdoppler 111
- vervielfacherschaltung 112
- verstärkung 131, 153
- verstärkungsmaß 230
- wandler 271
Spartransformator 86
Speicherglieder 581
Spektralfarben 473
Sperr/bereich 104
- kreis 64
- schichtkapazität 101, 120
- schichttemperatur 166
- spannung 110
- strom 103
- wandler 272
- schwinger 454, 462
- widerstand 105, 275
Spiegelfrequenz 354f.
- bereich 356
- störung 354
Spitze-Spitze-Wert 15
Spitzen/belastbarkeit 314
- diode 122
- klemmung 114
- wertgleichrichter 378
Sprungstrom 11
Spule, Ersatzschaltbild 40
- im Wechselstromkreis 35
Spulen-Tonbandgerät 404
Stabantenne 342, 362
Stabilisierungs/arten 261
- faktor 263
statische Kennwerte 133
- Konvergenz 201
stehende Wellen 295
Steilheit 176
Stell/transformator 86
- transistor 262
Stereo-Decoder 399
Steuer/feld 169
- gitter 192
Stör/abstand 297
- frequenz 489
- schutzkondensator 350

- spitze 450
- stellen 91
Strahlstrombegrenzung 441
Streckdipol 344
Streu/feld 85
- fluß 84
Streuung 85
Strom/begrenzung 267
- dreieck 51, 55
- gegenkopplung 150, 159
- kopplung 357
- messung 24
- meßwiderstand 266
- resonanz 64
- steuerkennlinie 136
- übersetzung 84
- verstärkung 153
Stufeneingangswiderstand 157
subtraktive Farbmischung 475
Summen/kurve 21
- schwingung 21
- signal 395
- verfahren 395
Summierverstärker 238
Super 353, 424
- ikonoskop 420
- orthikon 421
Synchronisierung 418, 455
Synchronmodulator 400, 502

Tast/grad 20
- regelstufe 443f.
- verhältnis 20
Tertiärkreis 80
Tetrade 543
T-Flipflop 586, 589
Thermistor 95
Thomsonsche Schwingungsformel 59
Thyristor 183
- löschung 185
- netzteil 471
- zündung 184f.
Tiefenschritt 325
Ton 299
- abnehmer 325
- aufnahme 407
- bandgerät 404
- demodulator 488
- löschen 407f.
- modulator 490

- schwingung 405
- wiedergabe 409
- zwischenfrequenz 433, 489
Toroidspule 197
Transformator 82
-, Aufbau 82
-, belasteter 84
- kopplung 207
-, unbelasteter 83
-, Wirkungsweise 83
Transistor als Analogverstärker 129
- als Schalter 274
- als Vierpol 138
-, bipolarer 126
- grundschaltungen 152
- kapazitäten 242
- kennlinien, -werte 133
- rauschen 297
- stufen, Kopplung 205
- technologie 283
- -Transistor-Schaltung 574
- verstärkung 140
Trap 432
Treiber/transistor 222
- stufe 393
Trennschärfe 79
TRIAC 183, 187
Triade 543
Trigger-Bauelemente 183, 187
Trinitron-Farbbildröhre 202
Triode 192
T-Schaltung Hochpaß 77
TTL-Schaltkreisfamilie 574
Tuner 424f., 488, 518

Überkopfzündung 185
überkritische Kopplung 81
Überlagerung 328
Überlagerungsempfänger 353
Übernahmeverzerrung 221
Übertrag 595
Übertrager 82
Übertragungs/bereich 315
- faktor 291
- technik 291
UHF-Kanalwähler 428
UKW s. Ultrakurzwelle
Ultrakurzwelle (UKW) 340
-, Antenne 362
-, Oszillator 371

Ultraschallverzögerung 327, 499
Ultraschwarzbereich 419
UND 556, 558, 570, 572
Unijunction-Transistor (UJT) 188
–, programmierbarer (PUT) 190
unsymmetrische Schaltung 384
unterkritische Kopplung 81

Valenz 89
Varicap 120
Varistor 95
VDE-Funkschutzzeichen 32
VDR 95
Vereinigungsgesetz 559
Verlust/leistung 164, 275
– leistungshyperbel 164
Verstärkungs/anlage 323
– ermittlung 140, 146, 175
– faktor 291
– regelung (AVR) 385, 442
Verknüpfungsgesetz 560
Vertauschungsgesetz 559
Verteilungsgesetz 560
Vertikal-Ablenkschaltung 455, 460
–, Endstufe 428
– FET 181
Vervielfacherschaltung 111
Verzerrung 143, 158, 162
– der Stromkurve 38
verzögerte Regelung 445
Verzögerungsleitung 492
VHF-Oszillator 428
– -Vorstufe 427
VHS-System 524
Video/gleichrichter 434, 488
– kopf 253
– recorder, Blockschaltbild 526
– signal 489
– signalaufzeichnung 522, 528

– signalwiedergabe 531
– system 2000 524
– teil 526
– tonverarbeitung 533
– übertrager 521
– verstärker 424, 434f.
Vidikon 420
Vierschichtdiode 187
Viertelspurkopf 406
Villardschaltung 111
virtueller Nullpunkt 235
Voll/addierer 596
– spurkopf 406
Volumenhalbleiter 92
Vormagnetisierung 407
Vorverstärkung 393
Vorverzerrung 408
Vorwärtsregelung 445
Vorwiderstand 119

Wärme/ableitung 164
– widerstand 166
Wechselspannungs/begrenzer 119
– kenngrößen 13
– verstärkung 147
Wechselstrom 11
– ausgangswiderstand 135
– ersatzbild 146
– leistung 26
– verstärkung 147
Wehneltzylinder 194
Weiß/abgleich 518
– wert, -pegel 419
Wellen/länge 12
– widerstand 294
Wertigkeit 88
Widerstands/dreieck 44
– rauschen 296
– übersetzung 84
Wien-Brückengenerator 259
Winkel/geschwindigkeit 14f.
– versatz 522
Wirbelstromverlust 40
Wirk/größen 45
– leitwert 52

Wirkungsgrad, A-Verstärker 215
–, B-Verstärker 218

XOR 576f.

Yagi-Antenne 344
Y-Signal 478, 526, 529, 531
Y-Verstärker 490, 526
–, Schaltung 494

Zählschaltung 589
Zahlensysteme 538
Z-Diode 116
Zehnerpotenz 538
Zeigerdiagramm 18
Zeilen/endstufe 463
– – mit Transistoren 466
– – mit Thyristoren 467
– frequenz 415
– oszillator 452
– sprungverfahren 415
– synchronisation 419
– transformator 86
Zeit/fehlerkompensation 532
– glied 280
– konstante 71f., 434
– multiplexverfahren 400
– wert 14
Zener/diode 116
– –, kennzeichnung 117
– –, Schaltungen 118
– durchbruch 103
Zentimeterwelle (SHF) 340
ZF s. Zwischenfrequenz
zusammengesetzter Wechselstromkreis 43
Zweipulsverdoppler 111
Zweiweggleichrichter 107
Zwischen/basisschaltung 362
– frequenz (ZF) 353
– – saug- oder -störkreis 356
– – störsender 356, 374
– – verstärker 488, 518
– trägerverfahren 446

Bildquellenverzeichnis

Bild **5**.75, **5**.77 und **5**.79 aus Funktechnische Arbeitsblätter, Franzis Verlag, München.
Bild **8**.11 b) und **8**.55 aus SABA-Service-Informationen, SABA GmbH, Villingen.